AF875702

Berechnung elektrischer Maschinen

Germar Müller, Bernd Ponick

Grundlagen elektrischer Maschinen
10., neu bearbeitete Auflage

ISBN 978-3-527-41205-1

Germar Müller, Karl Vogt, Bernd Ponick

Berechnung elektrischer Maschinen
7. Auflage

ISBN 978-3-527-41435-2

Germar Müller, Bernd Ponick

Theorie elektrischer Maschinen
6., völlig neu bearbeitete Auflage

ISBN 978-3-527-40526-8

Berechnung elektrischer Maschinen

Germar Müller, Karl Vogt, Bernd Ponick

Siebte Auflage

WILEY-VCH

Autoren

Prof. Dr. Germar Müller †
vormals Technische Universität Dresden,
Elektrotechnisches Institut, Dresden

Prof. Dr. Karl Vogt †
vormals Technische Universität Dresden,
Elektrotechnisches Institut, Dresden

Prof. Dr. Bernd Ponick
Leibniz-Universität Hannover,
Institut für Antriebssysteme
und Leistungselektronik, Hannover
E-mail: ponick@ial.uni-hannover.de

Titelbild
Feldbild einer zweipoligen Induktionsmaschine im Leerlauf (links) und im Stillstand (rechts)

Satz: Newgen KnowledgeWorks (P) Ltd., Chennai, India

Bibliografische Information der Deutschen Nationalbibliothek Die Deutsche Nationalbibliothek verzeichnet diese Publikation in der Deutschen Nationalbibliografie; detaillierte bibliografische Daten sind im Internet über http://dnb.d-nb.de abrufbar.

Print ISBN 9783527414352
ePDF ISBN 9783527354320
epub ISBN 9783527354306
oBook ISBN 9783527354313

© 2026 Wiley-VCH GmbH,
Boschstraße 12, 69469 Weinheim,
Germany

Druck und Bindung:
CPI Group (UK) Ltd, Croydon, CR0 4YY
C9783627414352_180526

Alle Rechte vorbehalten, einschließlich derer für Text- und Data-Mining und Training von Technologien der Künstlichen Intelligenz oder ähnlichen Technologien.

Kein Teil dieses Buches darf ohne schriftliche Genehmigung des Verlages in irgendeiner Form reproduziert oder in eine von Maschinen, insbesondere von Datenverarbeitungsmaschinen, verwendbare Sprache übertragen oder übersetzt werden. Die Wiedergabe von Warenbezeichnungen, Handelsnamen oder sonstigen Kennzeichen in diesem Buch berechtigt nicht zu der Annahme, dass diese von jedermann frei benutzt werden dürfen. Vielmehr kann es sich auch dann um eingetragene Warenzeichen oder sonstige gesetzlich geschützte Kennzeichen handeln, wenn sie nicht eigens als solche markiert sind.

Bevollmächtigte des Herstellers gemäß EU-Produktsicherheitsverordnung ist die WILEY-VCH GmbH, Boschstr. 12, 69469 Weinheim, Germany, e-mail: Product_Safety@wiley.com.

Der Verlag und die Autoren dieses Werks haben nach bestem Wissen und Gewissen gearbeitet, einschließlich einer gründlichen Überprüfung des Inhalts. Jedoch übernehmen weder der Verlag noch die Autoren Garantien oder Gewährleistungen hinsichtlich der Genauigkeit oder Vollständigkeit des Inhalts dieses Werks. Insbesondere schließen sie jegliche ausdrücklichen oder stillschweigenden Gewährleistungen aus, einschließlich Gewährleistungen der Handelsüblichkeit oder Eignung für einen bestimmten Zweck. Es kann keine Garantie durch Vertriebsmitarbeiter, schriftliche Verkaufsunterlagen oder Werbeaussagen übernommen oder erweitert werden. Der Verweis auf eine Organisation, Website oder ein Produkt als Quelle für weitere Informationen impliziert keine Unterstützung oder Empfehlungen durch den Verlag und die Autoren. Der Verkauf dieses Werks erfolgt unter der Voraussetzung, dass der Verlag keine professionellen Dienstleistungen erbringt. Die enthaltenen Ratschläge und Strategien sind möglicherweise nicht für Ihre Situation geeignet. Konsultieren Sie gegebenenfalls einen Spezialisten. Leser sollten sich darüber im Klaren sein, dass die in diesem Werk aufgeführten Websites zwischen dem Zeitpunkt der Erstellung und dem Zeitpunkt des Lesens geändert sein können oder nicht mehr existieren. Weder der Verlag noch die Autoren haften für entgangene Gewinne oder sonstige wirtschaftliche Schäden, einschließlich besonderer, zufälliger, Folgeschäden oder sonstiger Schäden.

Vorwort zur 7. Auflage

Gegenstand der Berechnung einer elektrischen Maschine ist die Ermittlung der quantitativen Zusammenhänge der in ihr wirkenden physikalischen Mechanismen mit dem Ziel, Aussagen über die Dimensionierung und Gestaltung einzelner Bauteile, über die Betriebseigenschaften der Maschine sowie über ihre Lebensdauer zu gewinnen. Dieser Thematik widmet sich das vorliegende Buch *Berechnung elektrischer Maschinen*. Es knüpft dazu unmittelbar an die beiden Bände *Grundlagen elektrischer Maschinen* und *Theorie elektrischer Maschinen* an, was u. a. durch die Verwendung einheitlicher Termini und Formelzeichen sowie durch zahlreiche Bezugnahmen auf diese Bände zum Ausdruck kommt.

Das Buch ist ursprünglich als Hochschullehrbuch für Studierende des Fachgebiets elektrische Maschinen verfasst worden. Sein Hauptanliegen ist die klare Herausarbeitung der für die Berechnung elektrischer Maschinen wesentlichen physikalischen Zusammenhänge und deren analytische Erfassung. Deshalb werden – soweit das möglich ist – die Berechnungsbeziehungen oder zumindest deren Hauptabhängigkeiten aus den physikalischen Gegebenheiten hergeleitet, und deshalb wird auch – weil notwendig und vom Stand der Entwicklung unabhängig – vielfach auf die klassische Literatur über elektrische Maschinen Bezug genommen, die, nebenbei bemerkt, im deutschen Sprachraum eine weltweit einzigartige Qualität besitzt. Die analytisch formulierten Zusammenhänge bilden die Grundlage für den heute allgemein praktizierten rechnergestützten Entwurf und die ebenfalls rechnergestützte Nachrechnung elektrischer Maschinen, die sich dann mit Hilfe der zu allen Teilaspekten vorhandenen umfangreichen Spezialliteratur verfeinern lässt.

Unter dem Entwerfen einer elektrischen Maschine versteht man dabei die Ermittlung aller Abmessungen ihrer elektrisch und magnetisch aktiven Bauteile, d. h. des Magnetkreises und der Wicklungen, aus den gewünschten Bemessungswerten von Leistung, Drehzahl und Spannung sowie ggf. unter Berücksichtigung zusätzlicher Bedingungen. Die Nachrechnung dient der Kontrolle des Entwurfs. Sie ist notwendig, weil der Entwurf wegen des Fehlens analytisch geschlossener Lösungen auf Erfahrungswerten basiert und weil sich die zusätzlichen Bedingungen meist nicht direkt rechnerisch im Entwurf berücksichtigen lassen, so dass ihre Einhaltung überprüft werden muss. Die Ergebnisse der Nachrechnung geben Hinweise zur weiteren Verbesserung und iterativen Optimierung des Entwurfs. Eine abschließende Kontrolle erfolgt heute zusätzlich oft über numerische Feldberechnungen, aber endgültig natürlich erst im Prüffeld und in manchen Fällen sogar erst bei der

Inbetriebnahme. Dann ist die Maschine aber bereits gebaut, und notwendige Korrekturen sind – wenn überhaupt – nur bedingt möglich. Die Treffsicherheit der Berechnung hat also eine hohe wirtschaftliche Bedeutung, wobei verantwortungsbewusst zwischen Rechenaufwand und Ergebnisgenauigkeit abgewogen werden muss. Das vorliegende Buch ist daher auch als wichtiges Hilfsmittel für alle mit der Entwicklung elektrischer Maschinen befassten Ingenieure gedacht.

Die Behandlung der einzelnen Berechnungsgänge aller vorkommenden elektrischen Maschinen scheitert an der Vielfalt hinsichtlich der Wirkungsweise, der Ausführungsform und der Betriebsbedingungen. Selbst wenn man nur eine Auswahl der wichtigsten Arten elektrischer Maschinen berücksichtigt, ist eine solche nach Maschinenarten getrennte Behandlung nicht sinnvoll, da in allen Berechnungsgängen viele gemeinsame Berechnungselemente enthalten sind. Das Buch ist deshalb in erster Linie nach diesen Berechnungselementen gegliedert. Um wesentliche Zusammenhänge deutlich hervorzuheben, beschränken sich die dargestellten Berechnungsbeispiele auf wichtige und typische elektrische Maschinen.

Im ersten Kapitel werden die Wicklungen elektrischer Maschinen behandelt. Neben einer Beschreibung der verschiedenen Möglichkeiten, Wicklungen auszuführen, stehen bei Strangwicklungen die Entwicklung der Zonenpläne sowie die Ableitung von Beziehungen zur Berechnung des Wiclungsfaktors und der Oberwellenstreuung im Mittelpunkt. Gegenüber der sechsten Auflage wurden vor allem neue Passagen zu Steckwicklungen (oft auch als Haarnadelwicklungen oder Hairpin-Wicklungen bezeichnet) ergänzt und die Ausführungen zu den Besonderheiten sechssträngiger Wicklungen erweitert. Dafür wurde der Abschnitt zu Kommutartorwicklungen etwas gekürzt.

Die Berechnung des magnetischen Kreises im Kapitel 2 dient der Dimensionierung aller flussführenden Teile sowie der Erregerwicklung oder der permanentmagnetischen Abschnitte im magnetischen Kreis von Gleichstrom- oder Synchronmaschinen bzw. der Ermittlung des Magnetisierungsstroms von Induktionsmaschinen oder Reluktanz-Synchronmaschinen. In diesem Kapitel wurde von allem der Abschnitt zur Erregung über Permanentmagnete erweitert. Die rechnerische Behandlung der Stromwendung im Kapitel 4 zur Dimensionierung von Wendepolwicklungen wurde dagegen gegenüber der sechsten Auflage etwas gekürzt.

Die Berechnung der Kräfte im Kapitel 7 ist Voraussetzung für die konstruktive Gestaltung einer Maschine. Grundlage für eine Aussage über die Lebensdauer ist vor allem die Berechnung der Erwärmung auf Basis der nach Kapitel 6 ermittelten Verluste. Hier wurden vor allem die Abschnitte zur Berechnung von Ummagnetisierungsverlusten und von zusätzlichen Verlusten durch Oberschwingungen erweitert und neue Abschnitte zur Berechnung von Wirbelstromverlusten in Permanentmagneten und zur Wärmeabführung ergänzt.

Die rechnerische Erfassung der Erscheinungen der Streuung im Kapitel 3, das um die Berechnung der Nutstreuung bei Zahnspulenwicklungen erweitert wurde, und der Stromverdrängung im Kapitel 5, in dem einige Ausführungen zu Träufelwicklungen mit parallelen Drähten ergänzt wurden, sowie die Bestimmung der Induktivitäten bzw. Reaktanzen und Zeitkonstanten im Kapitel 8 dienen der Vorausbestimmung der Betriebseigenschaften einer Maschine.

Das letzte Kapitel befasst sich mit dem Entwurf und den Berechnungsgängen der wichtigsten Arten elektrischer Maschinen. In Bezug auf die angegebenen Erfahrungswerte für die elektromagnetischen Beanspruchungen muss bemerkt werden, dass heute grundsätzlich auch höhere Beanspruchungen möglich wären. Eine übertriebene Genauigkeit bei der Angabe von Erfahrungsfaktoren scheint jedoch von vornherein wenig sinnvoll, da diese erstens für ohnehin nicht genau fassbare analytische Zusammenhänge stehen und zweitens erheblich von den sehr unterschiedlichen fertigungstechnischen und konstruktiven Gegebenheiten der Herstellerbetriebe abhängig sind. Um die im Abschnitt 9.3.3 am Beispiel des Feldberechnungsprogramms FEMAG Classic beschriebene Anwendung numerischer Feldberechnungsverfahren selbst nachzuvollziehen, können die Leser über die Adresse https://www.gtisoft.com/gt-femag/ kostenlos Zugang zur aktuellen Programmversion GT-FEMAG Designer erhalten, die allerdings auf die Grundfunktionalititäten begrenzt ist.

Neben den genannten inhaltlichen Ergänzungen konnten auch einige Fehler in Gleichungen korrigiert werden, die sich bei der sechsten Auflage eingeschlichen hatten. Den Lesern, die mich in den letzten Jahren auf derartige Fehler aufmerksam gemacht haben, sei an dieser Stelle herzlich gedankt.

Nach dem Tod des Autors der ersten fünf Auflagen, Prof. Dr. sc. techn. Karl Vogt, und des bisherigen Mitherausgebers und Mitautors der Buchreihe, Prof. Dr.-Ing. habil. Germar Müller, musste diese Neuauflage ohne den engen und fruchtbaren fachlichen Austausch mit Prof. Müller entstehen, der die Arbeit an der sechsten Auflage geprägt hatte. Berarbeitete Neuauflagen der Bände *Theorie elektrischer Maschinen* und *Grundlagen elektrischer Maschinen* sind für die kommenden beiden Jahre geplant.

Es ist mir ein Bedürfnis, an dieser Stelle denjenigen zu danken, die mich bei der vorliegenden Überarbeitung unterstützt haben, insbesondere den Herren M. Sc. Leander Eschenmann, M. Sc. Max Hullmann und M. Sc. Eike Krüger. Dank gebührt auch Prof. Dr.-Ing. Hans Otto Seinsch, dessen Vorlesung *Elektrische Antriebe* Teile des neuen Abschnitts über Wärmeabfuhr entstammen. Nicht zuletzt gilt mein Dank dem Verlag Wiley-VCH, Weinheim, insbesondere Frau Andrea Ramachandran, für die angenehme Zusammenarbeit und die Möglichkeit, das Werk in nunmehr siebter Auflage erscheinen zu lassen.

Hannover
im August 2025

Bernd Ponick

Vorwort zur 1. Auflage von 1972

Das vorliegende Buch ist als Lehrbuch für Studierende des Fachgebiets elektrische Maschinen verfasst worden. Darüber hinaus wendet es sich an die in der Praxis stehenden Ingenieure. Es soll ihnen helfen, ihre Kenntnisse um den physikalischen Kern der Berechnungsformalismen zu erweitern und zu vertiefen und damit eine Voraussetzung für die Weiterentwicklung dieser Formalismen schaffen.

Das Buch knüpft unmittelbar an die beiden Bücher von G. Müller *Grundlagen elektrischer Maschinen* und *Theorie rotierender elektrischer Maschinen* an. Verweise auf diese Bücher sind im Text durch die Kurzbezeichnungen Grdl. und Th. gekennzeichnet worden. Weitere zitierte Bücher sind im Literaturverzeichnis angegeben. Auf spezielle Literatur wird in Fußnoten verwiesen.

Entsprechend der Aufgabe eines Lehrbuchs ist die klare Herausarbeitung der für die Berechnung elektrischer Maschinen wesentlichen physikalischen Zusammenhänge und deren analytische Formulierung das Hauptanliegen des Buches. Daraus resultieren nachstehende Folgerungen für die gewählte Darstellung des Stoffes. Soweit z. Z. möglich ist, werden die Berechnungsbeziehungen oder zumindest deren Hauptabhängigkeiten aus den physikalischen Gegebenheiten hergeleitet. Jedem Abschnitt ist ein einleitender Überblick über die behandelte Problematik vorangestellt. Um wesentliche Zusammenhänge deutlich hervorzuheben, beschränken sich die angegebenen Beispiele auf wichtige und typische Fälle. Das gilt auch für die Aufbereitung der Berechnungsaufgaben für die rechentechnische Bearbeitung. Die Gliederung des Buches erfolgt in erster Linie nach den grundsätzlichen Berechnungs- und Entwurfsaufgaben, die allen oder zumindest mehreren elektrischen Maschinen gemeinsam sind.

Im ersten Hauptabschnitt werden die Wicklungen elektrischer Maschinen behandelt. Dabei führt die konsequente Herleitung der Wicklungsgesetze für Ankerwicklungen aus allgemeingültigen, bereits im Buch *Theorie rotierender elektrischer Maschinen* fixierten Ansätzen zu einigen bisher nicht üblichen Darstellungen. Das betrifft vor allem den Nutenstern der Ankerwicklungen.

Der zweite Hauptabschnitt ist der Darstellung der Berechnungselemente gewidmet. Gegenstand dieser Darstellung ist die Ermittlung der quantitativen Zusammenhänge der in den elektrischen Maschinen wirkenden Größen als Grundlage für die Auslegung dieser Maschinen. Die Behandlung des magnetischen Kreises erstreckt sich dabei bis zur Bestimmung der Luftspaltfeldkurven unter Berücksichtigung der Sättigung in den ferromagnetischen Teilen und bis zur Ermittlung des Einflusses der Belastungsströme. Im Abschnitt über Wärmeabführung in elektrischen Maschinen ist auch die Berechnung von Lüftern enthalten. Behandelt werden außerdem Streuung, Stromwendung, Stromverdrängung, Verluste, Kräfte, Induktivitäten, Reaktanzen und Zeitkonstanten.

Die beiden letzten Abschnitte befassen sich mit dem Entwurf und der Berechnung der wichtigsten elektrischen Maschinenarten. Wenn auch ein völliger Neuentwurf ohne besondere zusätzliche Bedingungen kaum noch praktische Bedeutung hat, muss er dennoch als grundlegende Voraussetzung für das Verständnis praktischer Entwurfsverfahren behandelt werden. Danach erfolgt die Darstellung des Maschinenentwurfs unter Berücksichtigung zusätzlicher Bedingungen. Dabei wird auch auf Optimierungsprobleme eingegangen. Den Abschluss bilden Berechnungsgänge und Berechnungsbeispiele.

Bei der Bearbeitung des Buches ist mir tatkräftige Hilfe zuteil geworden. Herr Prof. Dr.-Ing. habil. G. Müller hat den Abschnitt über Kräfte in elektrischen Maschinen verfasst und mir im Hinblick auf eine optimale Stoffdarstellung sein eigenes Vorlesungsmanuskript zur Verfügung gestellt. Mit den daraus erhaltenen Anregungen sowie durch zahlreiche persönliche Ratschläge trägt er erheblichen Anteil am Gelingen des Buches. Der Abschnitt über Wärmeabführung in elektrischen Maschinen ist von Herrn Dr. rer. nat. W. Reibetanz, Herrn Dipl.-Ing. Schubert und Herrn Dipl.-Ing. Eberhardt, TH Ilmenau, Sektion Elektrotechnik, erarbeitet worden. Die kritische Durchsicht des Manuskripts durch Herrn Dr.-Ing. Pfeifer und weitere Assistenten des Lehrgebiets elektrische Maschinen an der TU Dresden, Sektion Elektrotechnik, hat zu mancher Verbesserung geführt. Dem VEB Kombinat Elektromaschinenbau und dem VEB Bergmann Borsig bin ich durch viele zur Verfügung gestellte Maschinenbeispiele verbunden. Besonders verpflichtet fühle ich mich dem VEB Verlag Technik und vor allem seinem Lektor, Herrn Fischmann, für die gute Zusammenarbeit. Ihnen allen danke ich herzlich für die erwiesene Hilfe und das wohlwollende Entgegenkommen.

Dresden *Karl Vogt*

Inhaltsverzeichnis

Vorwort zur 7. Auflage *v*
Vorwort zur 1. Auflage von 1972 *ix*
Formelzeichen *xvi*

1 Wicklungen rotierender elektrischer Maschinen *1*
1.1 Allgemeine Bezeichnungen und Gesetzmäßigkeiten *2*
1.1.1 Allgemeine Bezeichnungen von am Energieumsatz beteiligten Wicklungen *3*
1.1.2 Allgemeine Gesetzmäßigkeiten von am Energieumsatz beteiligten Wicklungen *11*
1.2 Wicklungen mit ausgebildeten Strängen *19*
1.2.1 Wicklungsgesetze *20*
1.2.2 Wicklungsentwurf *34*
1.2.3 Bestimmung des Wicklungsfaktors *74*
1.2.4 Aussagen des Görges-Diagramms *88*
1.2.5 Bewertung der Entwürfe *94*
1.2.6 Wicklungsdimensionierung *105*
1.3 Kommutatorwicklungen *115*
1.3.1 Wicklungsgesetze und Wicklungsbezeichnungen *116*
1.3.2 Wicklungsentwurf *134*
1.3.3 Wicklungsdimensionierung *137*
1.4 Weitere Wicklungsarten *143*
1.4.1 Wicklungen auf ausgeprägten Polen *143*
1.4.2 In Nuten verteilt angeordnete Wicklungen *145*

2 Magnetischer Kreis *151*
2.1 Feldgleichungen und deren allgemeine Aussagen *151*
2.1.1 Allgemeine Aussagen der Feldgleichungen für die Berechnung magnetischer Kreise *152*
2.1.2 Prinzipieller Berechnungsgang bei der konventionellen Magnetkreisberechnung *154*
2.2 Ermittlung magnetischer Felder *161*
2.2.1 Feldgebiete konstanter Permeabilität ohne Durchflutung *161*

2.2.2 Feldgebiete konstanter Permeabilität mit Durchflutung *166*
2.3 Luftspaltfelder *168*
2.3.1 Einfluss von Polform und Durchflutungsverteilung auf das Luftspaltfeld als ebenes Feld ohne Einfluss der Nutung *169*
2.3.2 Einfluss der Unterbrechungen der Luftspaltbegrenzungsflächen auf das Luftspaltfeld *174*
2.4 Charakteristische Abschnitte des ferromagnetischen Teils des magnetischen Kreises *185*
2.4.1 Abschnitte mit annähernd homogenen Feldern *185*
2.4.2 Abschnitte mit sich längs des Integrationswegs ändernder Querschnittsfläche *186*
2.4.3 Abschnitte mit längs des Integrationswegs veränderlichem Fluss *190*
2.5 Gegenseitige Beeinflussung der Abschnittsfelder *199*
2.5.1 Einführende Betrachtung zur gegenseitigen Beeinflussung der Abschnittsfelder *200*
2.5.2 Iterative Ermittlung der gegenseitigen Beeinflussung *205*
2.5.3 Konzentrierte Erregerwicklung *206*
2.5.4 Verteilte erregende Wicklung bei gleichmäßiger Nutung *210*
2.5.5 Verteilte erregende Wicklung bei ungleichmäßiger Nutung *214*
2.6 Bestimmung der Leerlaufkennlinie *217*
2.6.1 Gleichstromerregung mit konzentrierter Erregerwicklung *217*
2.6.2 Gleichstromerregung mit verteilt angeordneter Erregerwicklung *222*
2.6.3 Mehrphasige Wechselstromerregung *223*
2.6.4 Sonderfälle der Erregung *225*
2.7 Einfluss der Belastungsströme auf das Feld der erregenden Wicklung *229*
2.7.1 Maschinen mit linearer Durchflutungsverteilung der Belastungsströme *230*
2.7.2 Maschinen mit konstantem Luftspalt und sinusförmiger Durchflutungsverteilung der Belastungsströme *234*
2.7.3 Maschinen mit nicht konstantem Luftspalt und sinusförmiger Durchflutungsverteilung der Belastungsströme *241*
2.8 Erregung durch permanentmagnetische Abschnitte *245*
2.8.1 EntMagnetisierungskennlinie *245*
2.8.2 Reversible Kennlinie *247*
2.8.3 Hartmagnetische Werkstoffe *248*
2.8.4 Dimensionierung von permanentmagnetischen Abschnitten *250*
2.8.5 Anordnung der permanentmagnetischen Abschnitte *252*
2.8.6 Einfluss der Ankerrückwirkung *255*

3 Streuung *259*
3.1 Allgemeine Erscheinungen und ihre Bezeichnungen *259*
3.2 Einführung der Teilstreufelder *261*
3.3 Spaltstreuung als Teil der Gesamtstreuung eines Wicklungspaars *262*
3.4 Gesamtstreuung eines Wicklungspaars *266*
3.5 Prinzipielle Vorgehensweise zur Berechnung der Streuung *271*
3.5.1 Prinzipielle Vorgehensweise zur Berechnung von Streuflüssen *272*

3.5.2 Prinzipielle Vorgehensweise zur Berechnung von Streuflussverkettungen *274*
3.6 Ermittlung von Streuflüssen in der Berechnungspraxis *279*
3.6.1 Nut-Zahnkopf-Streufluss *280*
3.6.2 Polstreufluss ausgeprägter Pole *282*
3.7 Ermittlung von Streuflussverkettungen in der Berechnungspraxis *284*
3.7.1 Nut- und Zahnkopfstreuung *284*
3.7.2 Wicklungskopfstreuung *293*
3.7.3 Oberwellenstreuung *296*
3.7.4 Polstreuung *300*

4 Stromwendung *305*
4.1 Stromwendevorgang *306*
4.1.1 Phasen des Stromwendevorgangs *306*
4.1.2 Prinzipieller Verlauf der Stromwendung *308*
4.1.3 Beanspruchung des Bürstenkontakts *312*
4.2 Prinzipielle analytische Behandlung der Stromwendung *313*
4.2.1 Maschengleichung der kommutierenden Masche *313*
4.2.2 Wendezone *314*
4.2.3 Gleichungssystem zur Berechnung der Stromwendung *317*
4.2.4 Betrachtungen zur Lösung des Gleichungssystems *319*
4.3 Genäherte Berechnung der Stromwendung *322*
4.3.1 Verlauf der Ankerreaktanzspannung *322*
4.3.2 Mittlere Ankerreaktanzspannung *325*
4.3.3 Wendepolwicklung *327*
4.4 Möglichkeiten zur Beeinflussung der Stromwendung *334*
4.4.1 Einfluss der Bürsten *335*
4.4.2 Einfluss der Wicklungsdimensionierung und der Wendepolgestaltung *338*

5 Stromverdrängung *341*
5.1 Prinzipielle Abhängigkeiten der Stromverdrängung *341*
5.1.1 Ermittlung der prinzipiellen Abhängigkeiten *342*
5.1.2 Gesichtspunkte für die Wicklungsdimensionierung *344*
5.2 Veranschaulichung der Erscheinung der Stromverdrängung *347*
5.2.1 Einseitige Stromverdrängung *347*
5.2.2 Zweiseitige Stromverdrängung *351*
5.2.3 Definition von Parametern *352*
5.3 Analytisch geschlossene Berechnung der Stromverdrängung *355*
5.3.1 Entwicklung der Grundgleichungen *355*
5.3.2 Massive Leiter *359*
5.3.3 Unterteilte Leiter *367*
5.3.4 Kunststäbe *374*
5.3.5 Kommutatorwicklungen *376*

6 Verluste *379*
6.1 Energiebilanz der elektrischen Maschine *379*
6.1.1 Verluste und Wirkungsgrad *379*
6.1.2 Nachweis des Wirkungsgrads *382*

6.2 Mechanische Verluste *384*
6.2.1 Verluste durch Gas- und Lagerreibung *384*
6.2.2 Verluste durch Bürstenreibung *385*
6.3 Grundverluste in den Stromkreisen *386*
6.3.1 Eigenschaften der Leitermaterialien *386*
6.3.2 Wicklungswiderstände *386*
6.3.3 Wicklungsverluste *389*
6.3.4 Bürstenübergangsverluste *390*
6.4 Grundverluste im magnetischen Kreis *391*
6.4.1 Eigenschaften des Magnetmaterials *392*
6.4.2 Ermittlung der Ummagnetisierungsverluste in der Berechnungspraxis *404*
6.5 Zusätzliche Verluste *407*
6.5.1 Zusätzliche Verluste durch Oberwellen im Luftspaltfeld *407*
6.5.2 Zusätzliche Verluste durch Oberschwingungen der speisenden Spannung und des speisenden Stroms *417*
6.5.3 Zusätzliche Verluste durch Stromverdrängung in Wicklungen *419*
6.5.4 Zusätzliche Verluste durch Wirbelströme in Permanentmagneten *420*
6.5.5 Quellen weiterer zusätzlicher Verluste *424*
6.6 Wärmeabführung *425*
6.6.1 Kühlungskonzepte *426*
6.6.2 Erwärmung eines homogenen Körpers *428*
6.6.3 Wärmewiderstände bei Wärmeleitung, Konvektion und Wärmestrahlung *430*
6.6.4 Vorausberechnung der Übertemperatur *432*

7 Kräfte *437*
7.1 Allgemeine Beziehungen zur Ermittlung der Kräfte *437*
7.1.1 Ermittlung der Kräfte auf stromdurchflossene Leiter ausgehend von den Feldgrößen *437*
7.1.2 Ermittlung der Grenzflächenkräfte *438*
7.1.3 Ermittlung der Kräfte aus der Induktivitätsänderung *439*
7.2 Tangentiale Kräfte auf Blechpakete *439*
7.3 Radiale Kräfte auf Blechpakete *442*
7.3.1 Allgemeine Erscheinungen *442*
7.3.2 Zugspannungswellen des resultierenden Luftspaltfelds und ihre Wirkung *445*
7.3.3 Magnetische Geräusche *447*
7.3.4 Einseitiger magnetischer Zug *449*
7.4 Axiale Kräfte auf Blechpakete *453*
7.4.1 Allgemeine Erscheinungen *453*
7.4.2 Axiale Kräfte aufgrund des Luftspaltfelds *454*
7.4.3 Axiale Kräfte aufgrund des Streufelds des Wicklungskopfs *460*
7.5 Kräfte auf in Nuten eingebettete Leiter *461*
7.5.1 Tangentiale Kräfte *461*
7.5.2 Radiale Kräfte *462*
7.6 Kräfte auf die Leiter im Wicklungskopf *466*

7.6.1 Allgemeine Erscheinungen und Beziehungen *466*
7.6.2 Vereinfachte Berechnung *469*

8 Induktivitäten, Reaktanzen und Zeitkonstanten *477*
8.1 Induktivitäten und Reaktanzen *477*
8.1.1 Grundlegende Zusammenhänge *477*
8.1.2 Induktivitäten und Reaktanzen des Luftspaltfelds *481*
8.1.3 Streuinduktivitäten und Streureaktanzen *496*
8.1.4 Charakteristische Induktivitäten und Reaktanzen *503*
8.2 Zeitkonstanten *513*
8.2.1 Eigenzeitkonstanten *513*
8.2.2 Charakteristische Zeitkonstanten *517*

9 Entwurfs- und Berechnungsgänge *525*
9.1 Grobentwurf *526*
9.1.1 Entwurfsgleichung *527*
9.1.2 Entwurfsrichtwerte *539*
9.2 Detaillierte Dimensionierung und analytische Nachrechnung *549*
9.2.1 Grundsätzliches Vorgehen *549*
9.2.2 Gleichstrommaschinen *551*
9.2.3 Induktionsmaschinen *555*
9.2.4 Synchronmaschinen *562*
9.2.5 Kleinmaschinen *567*
9.2.6 Optimierung des Entwurfs *571*
9.3 Nachrechnung mit Hilfe numerischer Feldberechnung *von K. Reichert* *573*
9.3.1 Grundlagen *573*
9.3.2 Numerische Feldberechnungsmethoden *579*
9.3.3 Anwendung numerischer Feldberechnungsmethoden *586*
9.3.4 Praktischer Einsatz der Finite-Elemente-Methode zur numerischen Feldberechnung *595*
9.4 Wicklungsumrechnung *605*
9.4.1 Anpassung an eine andere Bemessungsspannung *605*
9.4.2 Beeinflussung der charakteristischen Reaktanzen *606*
9.4.3 Berechnung einer Maschinenreihe *607*

Literaturverzeichnis *609*
Stichwortverzeichnis *615*

Formelzeichen

a	Abstand, Länge
a	Zahl der parallelen Zweige bei Strangwicklungen
a	Zahl der parallelen Zweigpaare bzw. Kreise bei Kommutatorwicklungen
$\tilde{a}$	Zahl der parallelen Zweige, allgemein
$\underline{a}$	$e^{j2\pi/3}$
a, b, c	Strangbezeichnungen einer Dreiphasenwicklung
a_v	Anteil der Nuten, in denen nur Spulenseiten desselben Strang liegen
$\boldsymbol{A}, A$	Fläche, Querschnittsfläche
A	Strombelag
A_m	magnetisches Vektorpotential
b	Breite, allgemein
b	Bogenlänge
b_i	ideeller Polbogen
$b_n(x)$	Feldform der Nutteilung
b_{zg}	Zonenbreite einer Spulengruppe
$\boldsymbol{B}, B$	magnetische Flussdichte
B_r	Remanenzflussdichte
B_{zs}	scheinbare Zahnflussdichte
c, C	Konstante, Faktor
c	Federkonstante
c	Maschinenkonstante der Gleichstrommaschine
c	spezifische Wärmekapazität
c_m	Faktor zur Ermittlung der mittleren Ankerreaktanzspannung
C	Ausnutzungsfaktor
C	Polformkoeffizient
C_{th}	Wärmekapazität
d	Dicke
d	Gittermaß, Abstand
dg	Differential der Größe g
D	Bohrungsdurchmesser
$\boldsymbol{D}, D$	Verschiebungsflussdichte
e	Exzentrizität
e, E	induzierte Spannung
e_r, E_r	Ankerreaktanzspannung
e_{tr}, E_{tr}	Transformationsspannung
E	Elastizitätsmodul
$\boldsymbol{E}, E$	elektrische Feldstärke
f	Frequenz
f	Funktion, allgemein
f	Streckenlast
f_d	Eigenfrequenz
f_M	Magnetisierungskurve
f_{MK}	Magnetisierungskennlinie
f_δ	Feldform
F	Kraft
$F(f)$	Frequenzfaktor
g	Funktion, allgemein
g	ganze Zahl
ggT	größter gemeinsamer Teiler
$\mathbb{G}$	Menge der geraden natürlichen Zahlen
h	Höhe, allgemein
$\boldsymbol{H}, H$	magnetische Feldstärke
H_c	Koerzitivfeldstärke
i, I	Stromstärke, allgemein
i_l	Leerlaufstrom
i_k	Kurzschlussstrom
i_μ	Magnetisierungsstrom
Im	Imaginärteil einer komplexen Größe
j	imaginäre Einheit
J	Massenträgheitsmoment
$\boldsymbol{J}, J$	Polarisation
k	ganze Zahl
k	Kommutatorstegzahl, Ankerspulenzahl
k	Konstante, Faktor
k	Faktor zur Berücksichtigung verlustvergrößernder Einflüsse
k	Sättigungsfaktor
k_c	Carterscher Faktor
k_r	Widerstandsverhältnis zur Berücksichtigung der Stromverdrängung

k_x	Reaktanzverhältnis zur Berücksichtigung der Stromverdrängung
l	Länge, allgemein
l	Gesamtlänge des Blechpakets (einschl. radialer Kühlkanäle)
l_{Fe}	reine Blechpaketlänge (ohne Kühlkanäle)
l_m	mittlere Windungslänge
l_s	mittlere Leiter- bzw. Stablänge
L	Induktivität, allgemein
L_{aa}	Selbstinduktivität einer Wicklung oder eines Strangs a
L_{ab}	Gegeninduktivität zwischen zwei Wicklungen oder Strängen a und b
m	Strangzahl einer Strangwicklung
m	Gangzahl einer Kommutatorwicklung
m	Maßstab, allgemein
m	Masse
m, M	Drehmoment
n	Drehzahl
n	ganze Zahl
n	Nenner der Lochzahl q
n	Zahl der übereinanderliegenden Leiter in einer Nut
$\boldsymbol{n}$	Einheitsvektor in Richtung der Flächennormalen
n_0	synchrone Drehzahl
N	Nutzahl
N'	Zahl der Strahlen im Nutenspannungsstern, Nutzahl der Urverteilung
N^*	Nutzahl der Urwicklung
$\mathbb{N}$	Menge der natürlichen Zahlen
N_0	Zahl der freien (unbewickelten) Nuten
N_g	Zahl der Nuten, in denen außer dem betrachteten Strang noch ein anderer liegt
N_o	Zahl der Nuten, in denen der betrachtete Strang in der Oberschicht liegt
N_u	Zahl der Nuten, in denen der betrachtete Strang in der Unterschicht liegt
N_v	Zahl der Nuten, in denen nur der betrachtete Strang liegt
Nu	Nußelt-Zahl
p	Druck
p	Laplace-Operator
p	Polpaarzahl
p, P	Leistung, allgemein
p'	Polpaarzahl der Urverteilung
p^*	Polpaarzahl der Urwicklung
p_v	relative Verlustleistung
P	Wirkleistung
P	Punkt
P_i	innere Leistung
P_q	Blindleistung
P_s	Scheinleistung
P_{th}	Wärmestrom
P_v	Verlustleistung
P_v^*	bewertete Verlustleistung
q	Lochzahl, Nutzahl je Pol und Strang
Q	Zahl der Spulen einer Spulengruppe
r	Radius, allgemein
r	Zahl der Nutdurchgänge mit positiver Teilleiterfolge
R	Widerstand
R_a	Rauheit
R_{th}	Wärmewiderstand
Re	Realteil einer komplexen Größe
s	Schlupf
$\boldsymbol{s}, s$	Weg
$\boldsymbol{S}, S$	Stromdichte
t	Zeit
t	Zahl der Kreise im Nutenspannungsstern, Zahl der Urverteilungen
t^*	Zahl der Urverteilungen je Urwicklung, Zahl der Kreise im Nutenspannungsstern der Urwicklung
t_s	Zahl der Schlüsse einer Kommutatorwicklung
T	Periodendauer
T	Zeitabschnitt
T	Zeitkonstante
T_C	Curie-Temperatur
T_m	elektromechanische Zeitkonstante
T_{th}	thermische Zeitkonstante
Ta	Taylor-Zahl
Ta_{mod}	modifizierte Taylor-Zahl
u	Umfang
u	Zahl der in einer Schicht nebeneinanderliegenden Spulenseiten in einer Nut
u, U	Spannung, allgemein
U_p	Polradspannung
U, V, W	Klemmenbezeichnungen einer Dreiphasenwicklung
$\mathbb{U}$	Menge der ungeraden natürlichen Zahlen
ü	Betrag des komplexen Übersetzungsverhältnisses der Induktionsmaschine
$ü_h$	reelles Übersetzungsverhältnis der Induktionsmaschine

v	Umfangsgeschwindigkeit, Geschwindigkeit
v	spezifische Verluste
$\tilde{v}$	Volumendichte der Verluste
V	magnetischer Spannungsabfall
V_o	magnetische Umlaufspannung
$\mathcal{V}$	Volumen
$\dot{\mathcal{V}}$	Volumenstrom
w	Windungszahl, allgemein
w	Strangwindungszahl, Zweigwindungszahl
w_m	magnetische Energiedichte
W	Spulenweite
W_m	magnetische Energie
x	Koordinate, allgemein
x	Längenkoordinate in Umfangsrichtung
x	bezogene Reaktanz
X	Reaktanz
X_d	synchrone Längsreaktanz
X_h	Hauptreaktanz
X_q	synchrone Querreaktanz
X_σ	Streureaktanz
y	Koordinate, allgemein
y	Verformung
y	Wicklungsschritt, allgemein
y_1	erster Teilschritt, Spulenschritt
y_2	zweiter Teilschritt, Schaltschritt
y_a	Schritt der Ausgleichsverbindungen
y_r	resultierender Schritt
y_v	Verkürzungsschritt
$y_\varnothing$	Durchmesserschritt (ungesehnte Spule)
z	Koordinate, allgemein
z	Leiterzahl, allgemein
z	Leiterzahl je Strang
z	Zähler der Lochzahl q
$\underline{Z}$	komplexer Widerstand, Impedanz
Z	Zahl der zur Ermittlung des Wicklungsfaktors zu addierenden Zeiger
$\mathbb{Z}$	Menge der ganzen Zahlen
Z^+, Z^-	Zahl der Zeiger je Zone im Nutenspannungsstern
α	Winkel, allgemein
α	Polbedeckungsfaktor
α	Reduktionsfaktor zur Ermittlung der reduzierten Leiterhöhe massiver Leiter
α^*	Reduktionsfaktor zur Ermittlung der reduzierten Leiterhöhe unterteilter Leiter
α_e	Faktor zur Berücksichtigung verminderter Flussverkettung
α_i	ideeller Polbedeckungsfaktor
α_n	Nutenwinkel
α_p	Abplattungsfaktor
α_T	Temperaturkoeffizient
α_{th}	Wärmeübergangskoeffizient
α_z	Zeigerwinkel
α_{ze}	Zonenwinkel im Nutenspannungsstern
α_{zg}	Zonenbreite der Spulengruppe in bezogenen Koordinaten
β	Winkel, allgemein
β	auf die Kommutatorstegteilung bezogene Größe
β	reduzierte Leiterhöhe massiver Leiter
β^*	reduzierte Leiterhöhe unterteilter Leiter
β_v	auf die Kommutatorstegteilung bezogene Schrittverkürzung
γ	Winkel, allgemein
γ	bezogene Winkelkoordinate ($= p\gamma'$)
γ	Hilfsfaktor zur Berechnung von k_c
γ	Phasenverschiebung zwischen den Strömen in Oberschicht und Unterschicht
γ'	Winkelkoordinate
δ	Eindringmaß
δ	Luftspaltlänge
δ	Polradwinkel
δ^*	Länge des Ersatzluftspalts
$\tilde{\delta}$	vergrößertes Eindringmaß
δ_i	ideelle Luftspaltlänge unter Berücksichtigung der Nutung
δ_i''	ideelle Luftspaltlänge unter Berücksichtigung von Nutung und magnetischem Spannungsabfall im Eisen
Δg	Änderung einer Größe g, Differenz
$\Delta\vartheta$	Übertemperatur, Temperaturdifferenz zum Kühlmittel
ε	bezogene Exzentrizität
ε	Winkel, allgemein
ε	zulässige Abweichung
ε'	Nutschrägungswinkel
ε''	magnetisch wirksame Exzentrizität
ε_{th}	Emissionsgrad
ζ	Pichelmayerscher Kommutierungsfaktor
η	Koordinate, allgemein
η	Spulenweite in bezogenen Koordinaten
η	Wirkungsgrad
η	Hilfsfaktor zur Berechnung des Widerstandsverhältnisses umgeschichteter unterteilter Leiter

η	Hilfsfunktion zur Kraftberechnung
η	Reduktionsfaktor
η_{dyn}	dynamische Viskosität
ϑ	Läuferlage
ϑ	relative Kommutierungszeit
ϑ	Temperatur in der Celsius-Skala
ϑ_{w}	relative Wendepoldurchflutung
Θ	Durchflutung
Θ	Durchflutungsverteilung (Felderregerkurve) des Luftspaltfelds
κ	elektrische Leitfähigkeit
λ	Hilfsfunktion zur Kraftberechnung
λ	relative Länge
λ	relativer magnetischer Leitwert
λ	Wellenlänge einer Feldharmonischen
λ	Ordnungszahl einer Oberschwingung
$\tilde{\lambda}$	vorzeichenbehafteter Oberschwingungsparameter
λ_{th}	Wärmeleitfähigkeit
λ_{δ}	relativer Luftspaltleitwert
Λ	magnetischer Leitwert
μ	Permeabilität
μ'	Ordnungszahl bzw. Polpaarzahl einer Drehwelle
$\tilde{\mu}'$	vorzeichenbehafteter Feldwellenparameter
μ_0	Permeabilität des leeren Raums
μ_{Fe}	Permeabilität des Eisens
μ_{r}	relative Permeabilität
μ_{rb}	Reibungskoeffizient
ν	bezogene Ordnungszahl bzw. Polpaarzahl einer Drehwelle
ν'	Ordnungszahl bzw. Polpaarzahl einer Drehwelle
$\tilde{\nu}'$	vorzeichenbehafteter Feldwellenparameter
ξ	Koordinate, allgemein
ξ	Wicklungsfaktor
ξ_{gr}	Gruppenfaktor, Zonenfaktor
ξ_{n}	Nutschlitzfaktor, Breitenfaktor
ξ_{schr}	Schrägungsfaktor
ξ_{sp}	Spulenfaktor, Sehnungsfaktor
ρ	Dichte eines Stoffs
ρ	bezogener Radius, Durchmesserverhältnis
ρ	Raumladungsdichte
σ	Streukoeffizient
σ	mittlerer Drehschub
σ	spezifische Verluste
σ	Zugspannung
σ_{SB}	Stefan-Boltzmann-Konstante
τ	Teilung
τ_{n}	Nutteilung
τ_{p}	Polteilung
φ	Phasenlage einer Wechselgröße
φ	Füllfaktor
φ	elektrisches Potential
φ_{m}	magnetisches Skalarpotential
$\varphi(\beta)$	Hilfsfunktion zur Berechnung des Widerstandsverhältnisses
$\varphi'(\beta)$	Hilfsfunktion zur Berechnung des Streuungsverhältnisses
Φ	magnetischer Fluss
ψ	Flussverkettung
$\psi(\beta)$	Hilfsfunktion zur Berechnung des Widerstandsverhältnisses
$\psi'(\beta)$	Hilfsfunktion zur Berechnung des Streuungsverhältnisses
ω	Kreisfrequenz
Ω	mechanische Winkelgeschwindigkeit

Indizes

a	Anker
a	Anzugs-
a	Ausgleich
a	axial
ä	Zonenänderung
a, b, c	Strangbezeichnung
A	Arbeitsmaschine
ab	Abschnitt
ab	Abgabe
ano	Anomalie
auf	Aufnahme
b	bewickelt
b	Blindanteil, Imaginärteil
B	magnetische Flussdichte
B	Bürste, Bürstenpaar
bek	bekannt
bez	bezogen, Bezug
bez	Bezugswicklung
bl	blockierend
char	charakteristisch
cu	Kupfer
d	elliptische Magnetisierung
d	Längsachse, Längsfeldkomponente
D	Dämpferkäfig
dyn	dynamisch
e	Erregerwicklung
el	elektrisch
ers	Ersatz
f	Fehler
F	Kraft
fd	Erregerwicklung bei Synchronmaschinen
Fe	Eisen, ferromagnetischer Werkstoff
g	gegeninduktiver Anteil
g	Gegensystem (symmetrische Komponente)
g	Stanzgrat
G	Gas
ges	gesättigter Wert

gr Grenzwert
gr Spulengruppe
h Hauptfeld
h horizontal
hyst Hysterese
i ideell
i induziert
i Strom
i allgemeine Bezifferung
irr irreversibel
iso Isolierung
j Joch
j allgemeine Bezifferung
J Polarisation
k Keilgebiet
k Kommutator
k Kompensationswicklung
k Kurzschluss
k allgemeine Bezifferung
K Kühlung
kipp Kipppunkt
krit kritisch
l Leerlauf
L Leiter, Leitergebiet
luft Luft
m magnetisch
m Mitsystem (symmetrische Komponente)
m moduliert
m räumlicher Mittelwert
m stromunabhängig
M Permanentmagnet
M Magnetkreis
max Maximalwert
mech mechanisch
min Minimalwert
MK Magnetisierungskennlinie
mod modifiziert
n nachlaufender Steg
n Normalkomponente
n Nut, Nutung
n allgemeine Bezifferung
N Bemessungsbetrieb, Bemessungswert
NH Nutharmonische
o oberer, Oberschicht
o Oberfläche
o Oberwelle
opt optimal
p bezogen auf Hauptwelle
p Pol
p allgemeine Bezifferung
P Punkt
ph Polhorn
pk Polkern
pl Pollücke
pn Pulsation
q Querachse, Querfeldkomponente
r radial
r relativ
r Ring
r rotatorisch
r Rücken
r Widerstand
r allgemeine Bezifferung
rb Reibung
red reduziert
res resultierend
rev reversibel
s Schalten
s scheinbar
s Schleifenwicklung
s Schwerpunkt
s selbstinduktiver Anteil
s Nutschlitz
s Stab
s Streusteggebiet
s stromabhängig
sch Polschuh
schr Schrägung
sp Spule
spt Spalt
st Steg
st Stirnraum
str Strang
t Tangentialkomponente
t tatsächlich
t Teil
T Temperatur
th thermisch
th k Konvektion
th l Wärmeleitung
th s Wärmestrahlung
tr transformatorisch
u Spannung
u Ummagnetisierung
u Umgebung
u unbewickelt
u unterer, Unterschicht
ü Nutgebiet über dem Leitergebiet
ü Übergang
v Ventilationskanal
v Verlust
v vertikal
v vorlaufender Steg
vzb vorzeichenbehaftet

w	Stromwärme
w	Wechselmagnetisierung
w	Wellenwicklung
w	Wendefeld, Wendepol
w	Wicklung
w	Wicklungskopf
w	Windung
w	Wirkanteil, Realteil
wb	Wirbel, Wirbelstrom
wz	Wendezone
x,y,z	Komponenten
x	Reaktanz
z	Zahn
z	Zahnkopf
z	Zone
z	Zusatz
zul	zulässig
zw	Zweig einer Kommutatorwicklung
δ	Luftspalt
Δ	Differenz
ε	Exzentrizität
ε	Dielektrizitätskonstante
λ	bezogen auf λ. Oberschwingung
μ	Wicklungsstrang, allgemein
μ	erregende Wicklung
μ	Magnetisierung
ν	Wicklungsstrang, allgemein
ν	verkettete Wicklung
ν	Teilgebiet
ν	bezogen auf ν. Harmonische
ν'	bezogen auf ν'. Harmonische
$\tilde{\nu}'$	bezogen auf den Feldwellenparameter $\tilde{\nu}'$
ξ, η	Komponenten
σ	Streuung, Streufeld
σ	bezogen auf Zugbelastung
0	bezogen auf Polmitte ($x = 0$), Hauptintegrationsweg
0	Bezugswert
0	Leerlauf
0	Nullsystem (symmetrische Komponente)
0	Synchronismus
1	Ständer
1,0	bei 1,0 T
1,5	bei 1,5 T
2	Läufer
∞	bezogen auf $\mu_{Fe} \to \infty$
$\sim$	Wechselstrom
∅	bezogen auf den Durchmesser
⅄	Sternschaltung
$\triangle$	Dreieckschaltung
$\triangle$	Differenz

Zusätzliche Kennzeichnung

$\boldsymbol{x}$	vektorielle Größe
$\hat{x}$	Amplitude
$\underline{x}$	komplexe Größe
$\overline{x}$	zeitlicher Mittelwert
$\overline{xy}$	Strecke
$\tilde{x}$	Unterscheidungskennzeichen, allgemein
x^*	Unterscheidungskennzeichen, allgemein
x^*	bezogene Größe
$\underline{x}^*$	konjugiert komplexe Größe
x'	Unterscheidungskennzeichen, allgemein
x'	auf die Ständerwicklung transformiert
x'	transienter Anteil
x''	Unterscheidungskennzeichen, allgemein
x''	subtransienter Anteil
x^+, x^-	Vorzeichenhinweis

1
Wicklungen rotierender elektrischer Maschinen

Die prinzipielle Wirkungsweise einer elektrischen Maschine beruht auf Wechselwirkungen zwischen magnetischen Feldern und Wicklungen. Dabei bestimmen Konfiguration und Art des magnetischen Felds, Anordnung und Schaltung der Wicklungen sowie die an ihren Klemmen wirkenden elektrischen Größen im Wesentlichen das Betriebsverhalten und damit die Maschinenart. Im Hinblick auf die Aufgaben, die die Wicklungen im Wirkungsmechanismus der elektrischen Maschine zu erfüllen haben, unterscheidet man

- Wicklungen, die über die Deckung der Verluste hinausgehend am Energieumsatz beteiligt sind wie z. B.
  - Ankerwicklungen von Gleichstrommaschinen, Einphasen-Reihenschlussmaschinen und Drehstrom-Kommutatormaschinen
  - Ankerwicklungen von Synchronmaschinen
  - Dämpferwicklungen von Synchronmaschinen im asynchronen Betrieb
  - Ständer- und Läuferwicklungen von Induktionsmaschinen
- Wicklungen, die abgesehen von der Deckung der Verluste nicht am Energieumsatz beteiligt sind wie z. B.
  - Erregerwicklungen
  - Wendepolwicklungen
  - Kompensationswicklungen
  - Dämpferwicklungen von Synchronmaschinen im synchronen Betrieb.

Ankerwicklungen sind Wicklungen, in denen die zum Energieumsatz erforderliche Spannung induziert wird. *Erregerwicklungen* erzeugen das zum Energieumsatz notwendige magnetische Feld, wenn dieses nicht, wie bei der Induktionsmaschine, bereits durch eine am Energieumsatz beteiligte Wicklung erregt wird. *Wendepolwicklungen* und *Kompensationswicklungen* sind Wicklungen, die Hilfsfelder zur Beeinflussung der Betriebseigenschaften einer Maschine erzeugen. Eine Sonderstellung nehmen die *Dämpferwicklungen* von Synchronmaschinen ein. Sie bewirken in erster Linie die Dämpfung unerwünschter Erscheinungen wie gegenlaufender Drehfelder und Pendelungen. Im Asynchronbetrieb jedoch wirken sie wie die

Läuferwicklungen von Induktionsmaschinen. Im Hinblick auf die geometrische Anordnung und die innere Schaltung unterteilt man die wichtigsten Wicklungen in:
- Wicklungen mit ausgebildeten Strängen
- Kommutatorwicklungen
- Wicklungen auf ausgeprägten Polen.

Die große Gruppe der sog. Wechselstromwicklungen wird durch Wicklungen gebildet, bei denen die in Nuten verteilten Einzelspulen zu einem oder mehreren Strängen zusammengeschaltet sind. In Nuten verteilte Wicklungen werden aber auch, z. B. bei Vollpol-Synchronmaschinen, als Erregerwicklungen ausgeführt. Bei Kommutatorwicklungen sind die in Nuten verteilten Einzelspulen zu einem oder mehreren in sich geschlossenen Kreisen zusammengeschaltet und mit einem Kommutator verbunden. Sie treten ausschließlich als Ankerwicklungen in Gleichstrommaschinen, in Einphasen-Reihenschlussmaschinen und in Drehstrom-Kommutatormaschinen auf. Wicklungen auf ausgeprägten Polen sind normalerweise konzentriert ausgeführte Erregerwicklungen. Eine Sonderstellung nehmen die sog. Zahnspulenwicklungen ein, deren Spulen jeweils nur einen Zahn umfassen und die deshalb den Polspulen ähneln (s. Bild 1.1.2); da die Spulen jedoch immer zu – i. Allg. mehreren – Strängen zusammengeschaltet sind und mit Wechselstrom gespeist werden, gehören sie ebenfalls zur Gruppe der Wechselstromwicklungen.

Im ersten Kapitel werden die Kennzeichen und Gesetze sowie der Entwurf und die Dimensionierung der genannten Wicklungsarten behandelt. Dabei führen die besonderen Kennzeichen einer Wicklung i. Allg. zu spezielleren Wicklungsbezeichnungen. Unter dem Entwurf einer Wicklung ist die Zuordnung der in den einzelnen Nuten der elektrischen Maschine liegenden Wicklungsteile von Wicklungen mit ausgebildeten Strängen und Kommutatorwicklungen zu den Wicklungssträngen bzw. Wicklungszweigen zu verstehen. Das hat unter Beachtung der geltenden Wicklungsgesetze zu geschehen. Die Dimensionierung einer Wicklung besteht vor allem in der Ermittlung der zum gewünschten Energieumsatz notwendigen Windungszahl sowie der Aufteilung der Wicklung in parallele Zweige und einzelne Spulen, was ebenfalls den geltenden Wicklungsgesetzen Rechnung tragen muss. Im weiteren Sinne gehören zur Dimensionierung auch die Bestimmung der Leiterabmessungen und die Gestaltung der Isolierung.

1.1 Allgemeine Bezeichnungen und Gesetzmäßigkeiten

Wie aus der Einleitung unschwer zu ersehen ist, nehmen im Hinblick auf den Wicklungsentwurf und die Wicklungsdimensionierung die Wicklungen mit ausgebildeten Strängen und die Kommutatorwicklungen eine Sonderstellung ein. Das beruht auf der großen Vielfalt dieser Wicklungen. Unabhängig von der Wicklungsart gibt es eine Anzahl von Bezeichnungen und Gesetzen, die allen über die Verlustdeckung hinausgehend am Energieumsatz beteiligten Wicklungen gemeinsam sind. Sie sollen zunächst behandelt werden.

Die Darstellung der räumlichen Verhältnisse in rotierenden elektrischen Maschinen kann wie im Band *Grundlagen elektrischer Maschinen* mit Hilfe der in Umfangsrichtung konzentrisch auf dem Bohrungsdurchmesser D verlaufenden *Längenkoordinate* x erfolgen. Häufig ist aber die Verwendung von *Polarkoordinaten* vorteilhaft.

Zwischen der Längenkoordinate x in Umfangsrichtung und der *Winkelkoordinate* γ' besteht der Zusammenhang

$$\gamma' = \frac{2x}{D}. \tag{1.1.1}$$

Im Band *Theorie elektrischer Maschinen*, Abschnitt 1.5.2, wird außerdem die *bezogene Winkelkoordinate*

$$\gamma = p\gamma' = \frac{2px}{D} \tag{1.1.2}$$

eingeführt, die im Folgenden ebenfalls, wo sinnvoll, verwendet wird. Winkelangaben im Koordinatensystem γ' werden z. T. auch als *mechanischer Winkel* und Winkelangaben im Koordinatensystem γ als *elektrischer Winkel* bezeichnet.

1.1.1 Allgemeine Bezeichnungen von am Energieumsatz beteiligten Wicklungen

Die wichtigsten Bezeichnungen für diejenigen Wicklungen, die am Energieumsatz über die Deckung der Verluste hinausgehend beteiligt sind, sind im Band *Theorie elektrischer Maschinen*, Abschnitt 1.4, angegeben. Dort werden auch die Wicklungsgesetze in der für das Verständnis erforderlichen Tiefe behandelt. Einige Angaben zur technischen Ausführung von Wicklungen sind auch bereits im Band *Grundlagen elektrischer Maschinen*, Abschnitt 2.3.1.2, zu finden. Im Hinblick auf eine eingehendere Behandlung von Wicklungen bedürfen die schon genannten Bezeichnungen natürlich einer inhaltlichen Erweiterung und einer Ergänzung durch neue Bezeichnungen. Dabei werden die schon eingeführten Bezeichnungen der Vollständigkeit halber noch einmal erwähnt.

1.1.1.1 Bezeichnung von Wicklungsteilen

Das natürliche Element einer Wicklung ist die *Spule*. Sie besteht aus mehreren unmittelbar neben- und/oder übereinander angeordneten und miteinander in Reihe geschalteten Windungen. Da innerhalb einer Spule kein Knotenpunkt existiert, werden alle Windungen der Spule von demselben Strom durchflossen.

Jede Spule einer in Nuten verteilten Wicklung belegt zwei Nuten des jeweiligen *Hauptelements*, d. h. des Ständers oder des Läufers, vollständig oder teilweise. Die in den beiden Nuten geradlinig verlaufenden Spulenteile heißen *Spulenseiten* und die Verbindungsteile zwischen den Spulenseiten *Spulenköpfe*, *Wicklungsköpfe* oder *Stirnverbindungen*. Mit *Spulenweite* bezeichnet man den Mittenabstand der beiden Spulenseiten, gemessen in Umfangsrichtung (s. Bild 1.1.1).

Die in der Spulenebene liegende Symmetrieachse einer Spule teilt diese in zwei Halbspulen bzw. jede Spulenwindung in zwei Halbwindungen oder *Leiter*. Besteht die Spule nur aus einer Windung, dann nennt man die Halbwindung *Stab*.

Wenn sich mehrere Spulenseiten in einer Nut befinden, dann sind diese meistens in zwei, seltener auch in mehr als zwei *Schichten* übereinander angeordnet. Innerhalb der einzelnen Schichten können auch mehrere Spulenseiten nebeneinanderliegen. Da sich die Spulenköpfe der einzelnen Spulen kreuzen (s. Bild 1.1.1), müssen sie in mehreren *Ebenen* oder *Etagen* aneinander vorbeigeführt werden (s. Bild 1.1.4).

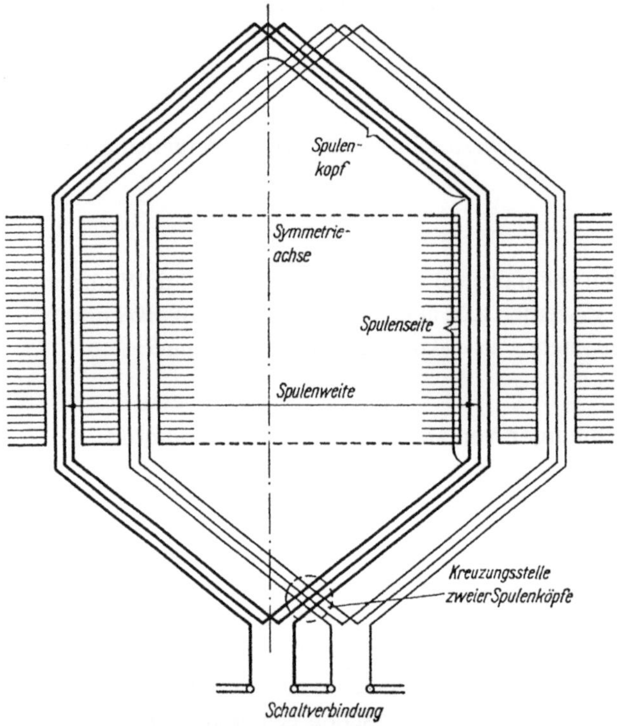

Bild 1.1.1 Bezeichnungen von Wicklungsteilen

Bild 1.1.2 Stirnansicht einer Zahnspulenwicklung
Werkbild Lenze

Eine Ausnahme bilden in dieser Beziehung die sog. *Zahnspulenwicklungen* (s. Bild 1.1.2), bei denen die beiden Seiten einer Spule immer in benachbarten Nuten liegen.

Mittels *Schaltverbindungen* werden die Einzelspulen zur Wicklung zusammengeschaltet. Ein Wicklungsteil, der für die Speisung mit phasengleichen Strömen vorgesehen ist und im Normalfall zwischen zwei Klemmen eines Hauptelements (d. h. des Ständers oder des Läufers einer Maschine) oder zwischen einer Klemme und dem Sternpunkt angeschlossen wird, wird als *Wicklungsstrang* oder kurz *Strang* bezeichnet. In Abgrenzung dazu ist es vielfach üblich, die Zuleitungen eines Mehrphasensystems, die die Stränge mit i. Allg. amplitudengleichen, jedoch zueinander phasenverschobenen elektrischen Größen speisen bzw. von der Maschine (im Fall eines Generators) entsprechend gespeist werden, als *Phasen* zu bezeichnen. Auf die Benutzung dieses in der Literatur oft mehrdeutig verwendeten Begriffs wird im Folgenden bewusst verzichtet.

Die Spulen eines Wicklungsstrangs müssen nicht alle in Reihe geschaltet werden, sondern es ist meist auch möglich, einen Strang mit mehreren parallelgeschalteten *Zweigen* in Reihe geschalteter Spulen auszuführen. Voraussetzung hierfür ist jedoch, dass bereits durch die Wicklungsanordnung eine gleichmäßige und phasengleiche Aufteilung des Stroms auf diese parallelen Zweige gewährleistet ist. Im Sonderfall existieren auch Teilparallelschaltungen (s. [1], Bd. III), bei denen z. B. ein Teil der Spulengruppen zueinander parallel liegen und diesen dann ein anderer Teil der Spulengruppen in Reihe geschaltet wird.

Mit *Spulengruppe* bezeichnet man eine Gruppe unmittelbar nebeneinanderliegender Spulen eines Strangs. Die Spulen einer Spulengruppe sind bei den meist vorliegenden Schleifenwicklungen (s. z. B. Bild 1.1.8) in der Regel direkt in Reihe geschaltet. Den Anteil des Umfangs, den die Spulenseiten eines Strangs im Bereich einer Polteilung einnehmen, nennt man *geometrische Zone* oder *Wicklungszone.*

Die Bezeichnungen der einzelnen Wicklungsteile sind zunächst nur definiert worden. Auf eine ausführliche Erläuterung kann an dieser Stelle verzichtet werden. Sie ergibt sich aus den Ausführungen in den folgenden Abschnitten.

1.1.1.2 Bezeichnung von Wicklungen

Bestimmend für die allgemeine Bezeichnung ganzer Wicklungen sind die Spulenweite, die Spulenwindungszahl, die Zahl der Schichten, die Zahl der Wicklungskopfebenen, die Form und Lage der Wicklungsköpfe, die Führung der Schaltverbindungen und die Herstellungsart der Spulen. Darüber hinaus existieren für die Wicklungen mit ausgebildeten Strängen und für die Kommutatorwicklungen noch

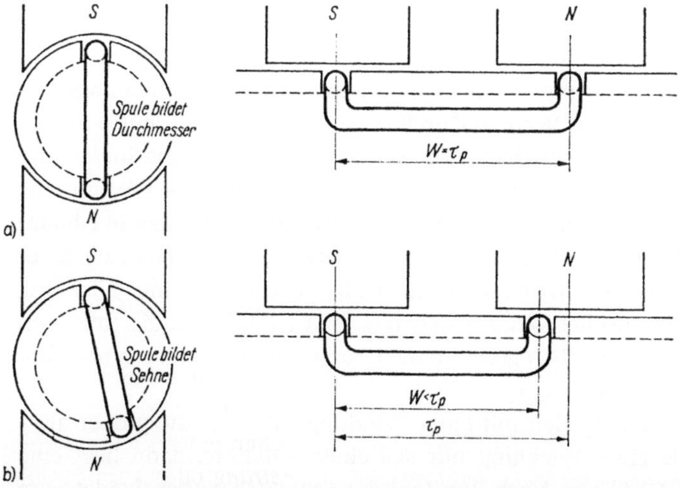

Bild 1.1.3 Bezeichnung einer Wicklung nach der Spulenweite. a) Durchmesserwicklung ($W = \tau_p$); b) gesehnte Wicklung ($W < \tau_p$)

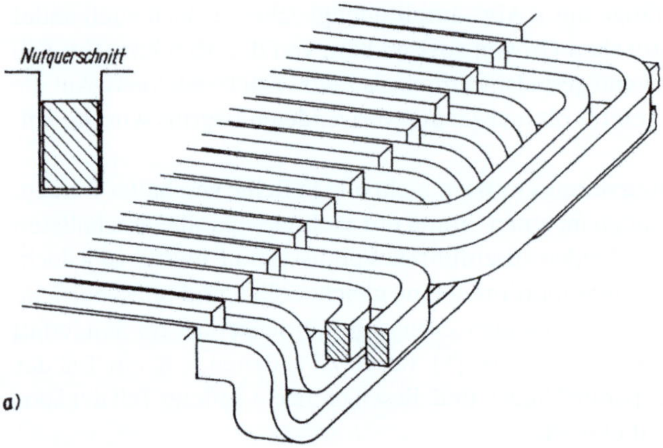

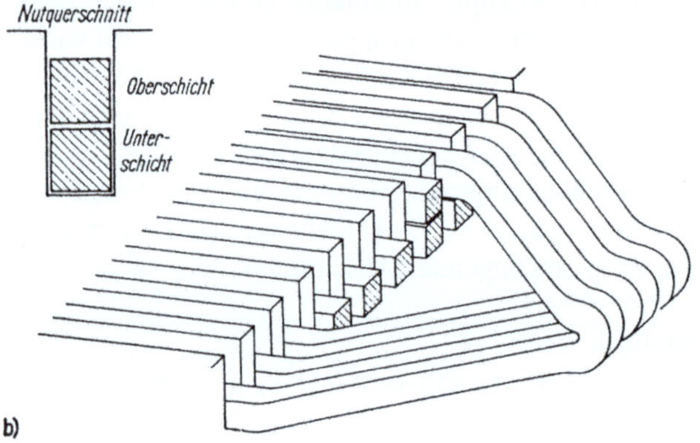

Bild 1.1.4 Bezeichnung einer Wicklung nach der Zahl der Schichten.
a) Einschichtwicklung; b) Zweischichtwicklung

spezielle Wicklungsbezeichnungen, die bei der Behandlung dieser Wicklungsarten eingeführt werden.

Ist die Spulenweite W der Spulen einer Wicklung gleich der Polteilung τ_p, das ist der längs des Bohrungsumfangs gemessene Achsenabstand aufeinander folgender Pole, so spricht man von *Durchmesserspulen*, da die Spulenköpfe bei einer zweipoligen Anordnung wie im Bild 1.1.3a einen Durchmesser bilden. Bei *gesehnten Spulen* ist die Spulenweite kleiner (oder auch größer) als die Polteilung, und die Spulenköpfe bilden bei einer zweipoligen Anordnung eine Sehne (s. Bild 1.1.3b). Wenn eine Wicklung ausschließlich aus Spulen gleicher Weite besteht, spricht man in Abhängigkeit von der Ausführung der Spulen von einer *Durchmesserwicklung* bzw. einer *gesehnten Wicklung* oder *Sehnenwicklung*. Wenn die Spulengruppen einer Wicklung aus koaxialen Spulen ungleicher Weite bestehen (s. Bild 1.1.4a), sind die einzelnen Spulen der Gruppe unterschiedlich gesehnt; die Gruppe als Ganzes kann aber wie eine aus Durchmesserspulen wirken.

Eine *Spulenwicklung* hat Spulen mit einer Windungszahl w_{sp}, die größer als 1 ist. Besteht jede Spule einer Wicklung nur aus einer Windung, dann liegt eine *Stabwicklung* (s. Bild 1.1.8) vor. Nach der Zahl der Schichten unterscheidet man vor allem *Einschichtwicklungen* und *Zweischichtwicklungen* (s. Bild 1.1.4). Wicklun-

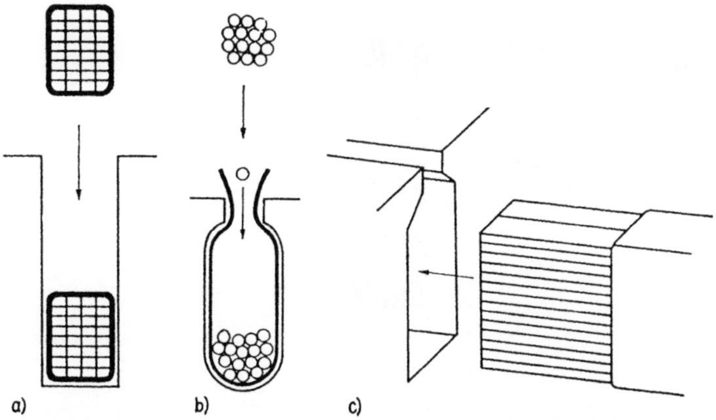

Bild 1.1.5 Bezeichnung einer Wicklung nach der Herstellungsart. a) Formspulen- oder Einlegewicklung; b) Träufelwicklung; c) Halbformspulenwicklung

gen mit mehr als zwei Schichten sind, abgesehen vom Sonderfall der Mehrschicht-Steckwicklungen (s. Unterabschn. 1.2.2.1d), selten.

Entsprechend der prinzipiellen Herstellungsart gibt es *Formspulen-* oder *Einlegewicklungen*, *Träufelwicklungen*, *Einziehwicklungen*, *Halbformspulenwicklungen* und *Mehrschicht-Steckwicklungen*, die eine Sonderform der Halbformspulenwicklungen sind.

Bei der *Formspulenwicklung* werden fertig geformte und vollständig isolierte Spulen oder Stäbe, deren Einzelleiter in der Regel rechteckig sind, in offene Nuten eingelegt (s. Bild 1.1.5a). Die *Träufelwicklung* entsteht dadurch, dass die in der Regel runden Einzelleiter vorgeformter Spulen in halb geschlossene, isolierte Nuten, ‚eingeträufelt' werden (s. Bild 1.1.5b). Nach dem Einträufeln werden die Spulen dann fertig geformt und die Nutisolierungen über den Spulenseiten geschlossen. Diese prinzipielle Herstellungsart wird bei größeren Stückzahlen oft maschinell ausgeführt. Das erfolgt entweder dadurch, dass eine oder mehrere Spulen gleichzeitig Windung für Windung maschinell in die betreffenden Nuten hineingewickelt oder dass mehrere mit Hilfe von Schablonen lose vorgefertigte Spulen in einem Arbeitsgang in die Nuten eingezogen werden. Die zuletzt genannte Herstellungsart, die sog. *Einzieh-* oder *Insertertechnik*, ist die produktivste Wickeltechnik für Runddrahtwicklungen.

Bei den selten vorkommenden *Halbformspulenwicklungen* werden halbgeformte Spulen, Halbspulen oder Stäbe mit meist fertig isolierten Spulenseiten axial in meist halb geschlossene Nuten eingeschoben (s. Bild 1.1.5c). Dabei ist nur ein Spulenkopf fertig geformt. Der zweite Spulenkopf wird nach dem Einschieben geformt und Leiter für Leiter zum Wicklungszug verbunden. Eine gewisse Bedeutung haben wegen des geringeren Verbindungsaufwands daher nur Halbformspulen mit nur einer Windung aus Massivleitern, die als Läuferwicklungen von Induktionsmaschinen mit Schleifringläufer eingesetzt werden, bei denen wegen der geringen Frequenz des Läuferstroms im Betrieb Stromverdrängung (s. Kap. 5) keine große Rolle spielt.

Die *Mehrschicht-Steckwicklung* ist eine Sonderform der Halbformspulenwicklung, bei der je Nut vier bis zehn Leiter mit rechteckigem Querschnitt übereinander liegen. Aufgrund der Form der einzelnen Wicklungselemente (s. Bild 1.1.6a) werden sie auch als *Haarnadelwicklungen* oder *Hairpin-Wicklungen* bezeichnet. Die Wick-

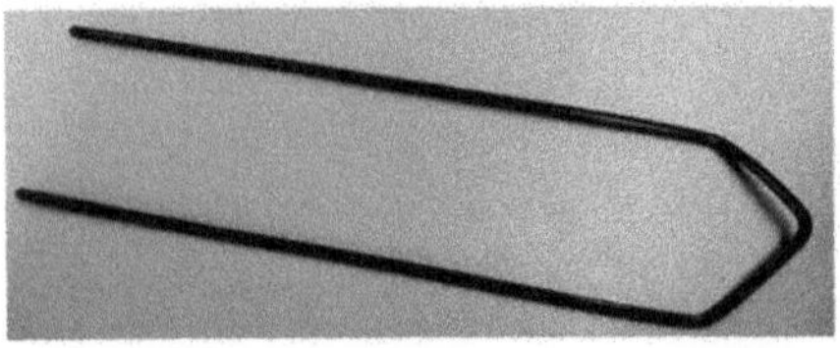

a)

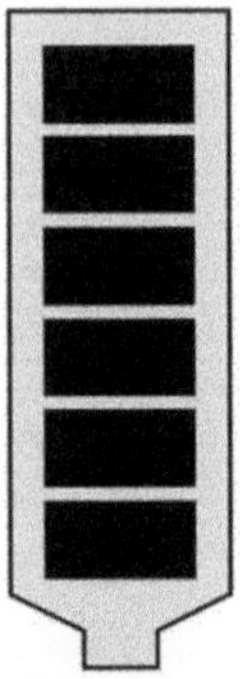

b)

c)

Bild 1.1.6 Mehrschicht-Steckwicklung. a) Einzelnes Wicklungselement; b) Nutquerschnitt einer Sechsschicht-Steckwicklung; c) Wicklungskopf auf der Steckseite einer Achtschicht-Steckwicklung

lungselemente besitzen jeweils nur eine Windung und werden wie Halbformspulen axial in meist halb geschlossene, parallelflankige Nuten eingeschoben, so dass eine Vier- bis Zehnschicht-Stabwicklung entsteht (s. Bild 1.1.6). Da sich derartige Wicklungen voll automatisiert herstellen lassen, sind sie besonders bei in großer Stückzahl hergestellten Fahrzeugantrieben verbreitet.

Nach der Form der Spulen bzw. der Wicklungsköpfe unterscheidet man *Rechteckspulenwicklungen* (s. Bilder 1.1.4a u. 1.2.7b–d, S. 36), *Trapezspulenwicklungen* (s. Bild 1.2.7e) und *Evolventenwicklungen* mit evolventenförmigen Spulenköpfen (s. Bild 1.1.7), die dann entstehen, wenn die Leiter im Wicklungskopf überall im gleichen Abstand gehalten werden. Rechteck- und Trapezspulenwicklungen werden fast nur als Einschichtwicklungen ausgeführt. Bei Trapezspulenwicklungen sind die Spulengruppen, mitunter auch die Einzelspulen, gleich geformt. Im letzteren Fall ergibt sich eine Wicklung mit Spulen gleicher Weite. Zweischichtwicklungen werden normalerweise aus Formspulen entsprechend Bild 1.1.4b hergestellt. Derartige *Formspulen* verwendet man gelegentlich auch für Einschichtwicklungen großer Maschinen. Sie haben gleiche Weite. Da die Wicklungsköpfe dieser Formspulenwicklungen eine Art Korb bilden, nennt man sie auch *Korbwicklung* (s. Bilder 1.1.1, 1.1.4b u. 1.2.12, S. 41).

Wenn man die Schaltverbindungen einer Korbwicklung oder auch einer Evolventenwicklung so anordnet, dass unmittelbar Spulen in Reihe geschaltet werden, die unter demselben Polpaar liegen, so entsteht ein schleifenförmiger Wicklungszug. Eine solche Wicklung nennt man *Schleifenwicklung* (s. Bild 1.1.8a u. b). Werden Spulen unmittelbar in Reihe geschaltet, die unter aufeinander folgenden Polpaaren

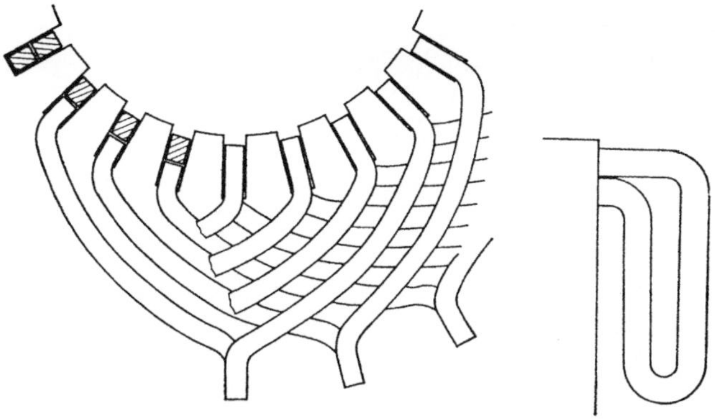

Bild 1.1.7 Bezeichnung einer Wicklung nach der Form der Wicklungsköpfe als Evolventenwicklung

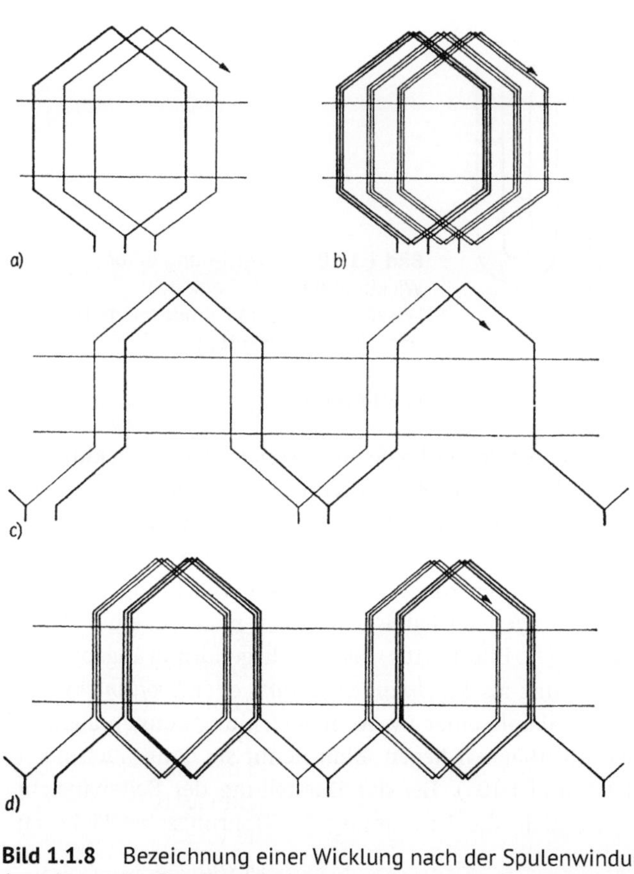

Bild 1.1.8 Bezeichnung einer Wicklung nach der Spulenwindungszahl und der Anordnung der Schaltverbindungen. a) Stab-Schleifenwicklung; b) Spulen-Schleifenwicklung; c) Stab-Wellenwicklung; d) Spulen-Wellenwicklung

liegen, so entsteht eine wellenförmige Wicklung, die *Wellenwicklung* (s. Bild 1.1.8c u. d). Die charakteristische Form dieser Wicklung ist besonders gut bei der Stabwicklung im Bild 1.1.8c zu erkennen.

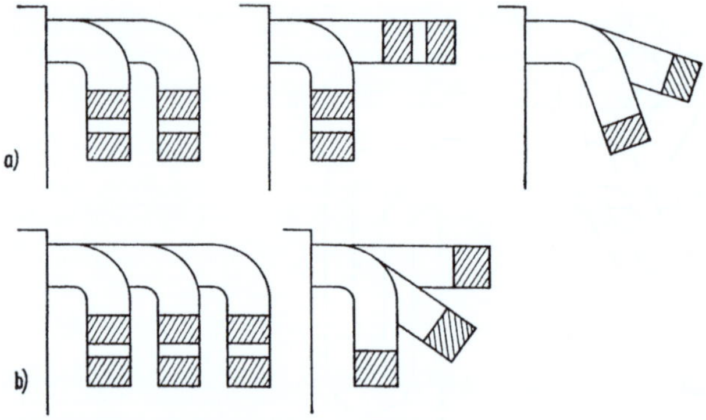

Bild 1.1.9 Bezeichnung einer Wicklung nach der Zahl der Ebenen im Wicklungskopf. a) Zweiebenen- oder Zweietagenwicklung; b) Dreiebenen- oder Dreietagenwicklung

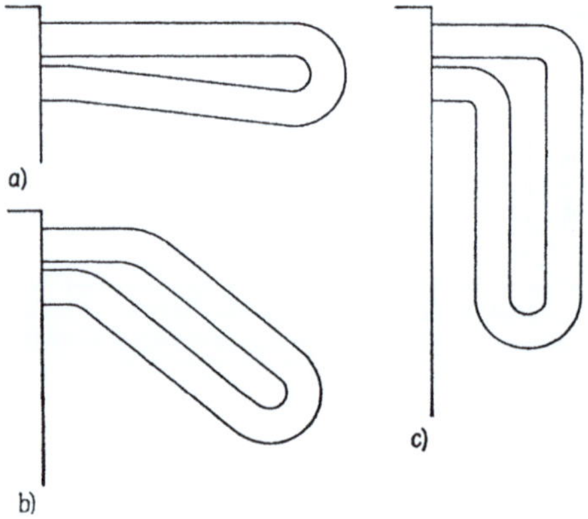

Bild 1.1.10 Bezeichnung einer Wicklung nach der Lage der Wicklungsköpfe. a) Zylindermantel- oder Zylinderwicklung; b) Kegelmantelwicklung; c) Stirnwicklung

Nach der Zahl der Ebenen, die die Spulenköpfe von Rechteckspulenwicklungen bilden, unterscheidet man *Zweiebenen-* oder *Zweietagenwicklungen* und *Dreiebenen-* oder *Dreietagenwicklungen* (s. Bilder 1.1.9 u. 1.1.4a). Bei Trapezspulen- und Evolventenwicklungen liegen die Spulenköpfe in zwei Ebenen. Sind die Spulenköpfe einer Korbwicklung zylinderförmig angeordnet, was bei Ständerwicklungen großer Polpaarzahl und bei Läuferwicklungen der Fall ist, so spricht man von einer *Zylindermantel-* oder *Zylinderwicklung* (s. Bild 1.1.10a). Sind sie kegelförmig angeordnet, dann bezeichnet man die Wicklung als *Kegelmantelwicklung* oder *Evolventenwicklung* (s. Bild 1.1.10b). Die Spulenköpfe einer Evolventenwicklung können auch in einer Ebene parallel zu den Stirnflächen liegen. Man nennt sie dann auch noch *Stirnwicklung* (s. Bilder 1.1.7 u. 1.1.10c). Bei der Darstellung der Seitenansicht von Wicklungsköpfen ist es üblich, die Krümmung der Bohrungsoberfläche zu vernachlässigen.

Tabelle 1.1.1 zeigt in zusammengefasster Form die Wicklungsbezeichnungen von am Energieumsatz beteiligten Wicklungen, ihre Kennzeichen und die kennzeichnenden Größen bzw. Anordnungen.

Tabelle 1.1.1 Allgemeine Bezeichnungen von am Energieumsatz beteiligten Wicklungen

Kennzeichnendes	**Kennzeichen**	**Bezeichnung**
Spulenweite	$W = \tau_p$	Durchmesserspule
	$W \lesseqgtr \tau_p$	gesehnte Spule
Spulenwindungszahl	$w_{sp} > 1$	Spulenwicklung
	$w_{sp} = 1$	Stabwicklung
Zahl der Schichten	1 Schicht	Einschichtwicklung
	2 Schichten	Zweischichtwicklung
	> 2 Schichten	Mehrschichtwicklung
Art der Herstellung	Formspulen werden eingelegt	Formspulen- oder Einlegewicklung
	Einzelleiter werden eingeträufelt	Träufelwicklung
	Spulen werden eingezogen	Einziehwicklung
	Halbformspulen werden eingeschoben	Halbformspulenwicklung, Steckwicklung
Form der Spulen bzw. Wicklungsköpfe	Rechteckform	Rechteckspulenwicklung
	Trapezform	Trapezspulenwicklung
	Evolventspulenköpfe	Evolventenwicklung
	Formspulen nach Bild 1.1.4b	Korbwicklung, Formspulenwicklung
Führung der Schaltverbindung von einer Spule	zu einer Spule unter Ausgangspolpaar	Schleifenwicklung
	zu einer Spule unter nächstfolgendem Polpaar	Wellenwicklung
Zahl der Wicklungskopfebenen bei Rechteckspulenwicklung	2 Ebenen	Zweiebenen- oder Zweietagenwicklung
	3 Ebenen	Dreiebenen- oder Dreietagenwicklung
Lage der Wicklungsköpfe bei Korb- oder Evolventenwicklung	längs Zylindermantel	Zylindermantel- oder Zylinderwicklung
	längs Kegelmantel	Kegelmantelwicklung
	längs Blechpaketstirnflächen	Stirnwicklung Evolventenwicklung

1.1.2 Allgemeine Gesetzmäßigkeiten von am Energieumsatz beteiligten Wicklungen

1.1.2.1 Ausgangsüberlegungen

Nach Band *Theorie elektrischer Maschinen*, Abschnitt 1.6.4, kann jede in Nuten eingebettete Spule bezüglich ihrer Verkettung mit dem Luftspaltfeld durch zwei Nutenspulen ersetzt werden, die sich über dem Rücken bzw. Joch schließen. Ist das Luftspaltfeld ein Drehfeld mit der Flussdichteverteilung

$$B_{\tilde{\nu}'} = \hat{B}_{\tilde{\nu}'} \cos\left(\tilde{\nu}'\gamma' - \omega_{\tilde{\nu}'}t - \varphi_{B,\tilde{\nu}'}\right) \tag{1.1.3}$$

mit dem Feldwellenparameter $\tilde{\nu}'$, d. h. der Ordnungszahl der Feldwelle $\nu' = |\tilde{\nu}'|$,[1] so ergibt sich für eine bezüglich der γ'-Koordinate ortsfeste Nutenspule an der

1 Zur Einführung von $\tilde{\nu}'$, ν' und ν siehe Band *Theorie elektrischer Maschinen*, Abschnitt 1.5.2. Der Betrag des Feldwellenparameters $\tilde{\nu}'$ gibt die Ordnungszahl ν' bezüglich des Gesamtumfangs und

Stelle γ'_ρ auf Basis der im Bild 1.1.14 festgelegten positiven Zählrichtungen die Flussverkettung (s. Bd. *Theorie elektrischer Maschinen*, Abschn. 1.6.4)

$$\psi_{\mathrm{n}\rho,\tilde{\nu}'} = w_{\mathrm{sp}\rho}\frac{1}{2}\Phi_{\tilde{\nu}'}\cos\left(\omega_{\tilde{\nu}'}t - \tilde{\nu}'\gamma'_\rho + \varphi_{\mathrm{B},\tilde{\nu}'} + \frac{\pi}{2}\right) \tag{1.1.4}$$

mit dem Fluss der Halbwelle eines Drehfelds (s. Bd. *Theorie elektrischer Maschinen*, Abschn. 1.6.4)

$$\Phi_{\tilde{\nu}'} = \frac{2}{\pi}\tau_{\mathrm{p}}l_{\mathrm{i}}\hat{B}_{\tilde{\nu}'}\frac{p}{\nu'} = \frac{Dl_{\mathrm{i}}}{\nu'}\hat{B}_{\tilde{\nu}'}. \tag{1.1.5}$$

Nach (1.1.3) liegt die Feldachse einer Drehwelle des Luftspaltfelds mit dem Feldwellenparameter $\tilde{\nu}'$, d. h. ihr Maximum, an der Stelle

$$\gamma'_{\mathrm{B}\tilde{\nu}'} = \frac{1}{\tilde{\nu}'}(\omega_{\tilde{\nu}'}t + \varphi_{\mathrm{B},\tilde{\nu}'}),$$

d. h. zur Zeit $t = 0$ an der Stelle $\varphi_{\mathrm{B},\tilde{\nu}'}/\tilde{\nu}'$. Mit (1.1.4) erhält man für die in der Nutenspule ρ induzierte Spannung

$$e_{\mathrm{n}\rho,\tilde{\nu}'} = -\frac{\mathrm{d}\psi_{\mathrm{n}\rho,\tilde{\nu}'}}{\mathrm{d}t} = \frac{1}{2}\omega_{\tilde{\nu}'}w_{\mathrm{sp}\rho}\Phi_{\tilde{\nu}'}\cos(\omega_{\tilde{\nu}'}t + \varphi_{\mathrm{B},\tilde{\nu}'} - \tilde{\nu}'\gamma'_\rho) \tag{1.1.6}$$

oder in der Darstellung der komplexen Wechselstromrechnung als sog. *ruhender Zeiger*

$$\underline{e}_{\mathrm{n}\rho,\tilde{\nu}'} = \frac{1}{2}\omega_{\tilde{\nu}'}w_{\mathrm{sp}\rho}\Phi_{\tilde{\nu}'}e^{\mathrm{j}(\varphi_{\mathrm{B},\tilde{\nu}'} - \tilde{\nu}'\gamma'_\rho)}. \tag{1.1.7}$$

Die in einer Nutenspule induzierte Spannung wird *Nutenspannung* genannt. Sie ist der innerhalb der Nut liegenden Spulenseite als Spulenseitenspannung zugeordnet. Für den Entwurf und die Beurteilung einer Wicklung sind zunächst nur die Verteilung der Spulenseiten auf die einzelnen Stränge und die den Spulenseiten zugeordneten Nutenspannungen von Bedeutung. Die Spulenbildung spielt dabei eine untergeordnete Rolle. Aus diesem Grund wird die Spulenseite zum Entwurfselement einer in Nuten eingebetteten Wicklung.

1.1.2.2 Allgemeine Gesetze der Zeigerdarstellung der Nutenspannungen

Lässt man über eine Wicklung das Drehfeld nach (1.1.3) laufen, so sind die Nutenspannungen entsprechend (1.1.6) sinusförmige Wechselspannungen. Ihre Zeiger bilden nach (1.1.7) wegen der gleichmäßigen Nutenverteilung einen radialsymmetrischen Zeigerstern, den man kurz als *Nutenspannungsstern* bezeichnet. Die Entwicklung eines solchen Nutenspannungssterns ist im Band *Theorie elektrischer Maschinen*, Abschnitt 1.6.4, bereits angedeutet worden. Zunächst sollen allgemeine Gesetzmäßigkeiten für den Nutenspannungsstern hergeleitet werden, der von einer positiv umlaufenden Drehwelle des Luftspaltfelds herrührt, deren Ordnungszahl $\nu' = p$ der Polpaarzahl der Maschine entspricht. Diese für den Energieumsatz in einer Maschine maßgebliche Welle wird als *Hauptwelle* bezeichnet. Die Gesetzmäßigkeiten lassen sich auf die den anderen Harmonischen entsprechenden Nutenspannungssterne übertragen, wobei zur Entwicklung eines Nutenspannungssterns grundsätzlich von positiv umlaufenden Drehwellen mit $\tilde{\nu}' > 0$ ausgegangen wird.

---

sein Vorzeichen den Umlaufsinn einer Drehwelle an. $\nu = \nu'/p$ ist die auf die Polpaarzahl p der Maschine und damit der Hauptwelle bezogene Ordnungszahl einer Drehwelle.

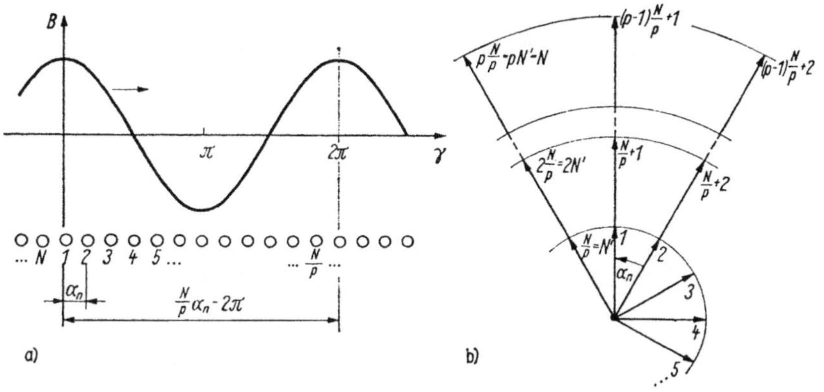

Bild 1.1.11 Entwicklung des Nutenspannungssterns für $N/p \in \mathbb{N}$. a) Hauptwelle des Luftspaltfelds und Nutenverteilung; b) Nutenspannungsstern

a) Die Nutzahl je Polpaar ist ganzzahlig

Bei ganzzahliger Nutzahl je Polpaar ergibt sich unter allen *p Polpaaren* des Drehfelds dieselbe Nutenverteilung und damit auch für alle p Polpaare derselbe Nutenspannungsstern. Es genügt die Ermittlung des Nutenspannungssterns für ein Polpaar. Bei einer gesamten *Nutzahl N* entfallen somit auf ein Polpaar, d. h. auf eine Periode des Drehfelds, N/p Nutteilungen (s. Bild 1.1.11a). Da eine Periode des Drehfelds einem Phasenwinkel der Nutenspannung von 2π bzw. 360° entspricht, erhält man für die Phasenverschiebung zwischen den Nutenspannungen zweier benachbarter Nuten, d. h. für den Winkel zwischen den Nutenspannungszeigern dieser Nuten, den sog. *Nutenwinkel*

$$\boxed{\alpha_\mathrm{n} = \frac{2\pi}{N} p}\,. \tag{1.1.8}$$

Im Nutenspannungsstern nach Bild 1.1.11b folgt, jeweils um α_n verschoben, Zeiger auf Zeiger. Nummeriert man die Nuten bzw. Zeiger, so hat der Zeiger $N/p+1$ wieder die Phasenlage des ersten Zeigers, und der Nutenspannungsstern wiederholt sich für das zweite Polpaar. Will man diese Wiederholung darstellen, so muss man einen zweiten Zeigerkreis mit N/p Zeigern anordnen. Bei ganzzahligem N/p ergibt sich demnach mit einer Polpaarzahl p ein Nutenspannungsstern mit p Zeigerkreisen. Dabei hat der Nutenspannungsstern $N' = N/p$ Zeigerstrahlen. Jeder Zeigerstrahl besteht aus p gleichphasigen Nutenspannungszeigern.

b) Die Nutzahl je Polpaar ist nicht ganzzahlig

Formal entfallen auf ein Polpaar, d. h. auf eine Periode des Drehfelds, auch bei einer nicht ganzzahligen Nutzahl je Polpaar N/p Nutteilungen, so dass (1.1.8) gültig bleibt. Um eine Periodenlänge des Luftspaltfelds von der Nut 1 entfernt liegt aber keine Nut (s. Bild 1.1.12a). Damit ergibt sich für das zweite Polpaar eine andere Nutenverteilung relativ zum Luftspaltfeld und auch ein anderer Nutenspannungsstern. Im Allgemeinen wiederholt sich die Nutenverteilung wie im Bild 1.1.12a relativ zum Luftspaltfeld erst nach p' Polpaaren, und es müssen $N' = p'N/p$ Nuten mit verschiedenphasigen Nutenspannungszeigern existieren. Ist $N > N'$ bzw. $p > p'$, so haben die Spannungszeiger der Nuten $N' + 1, 2N' + 1, \ldots, (t-1)N' + 1$ dieselbe

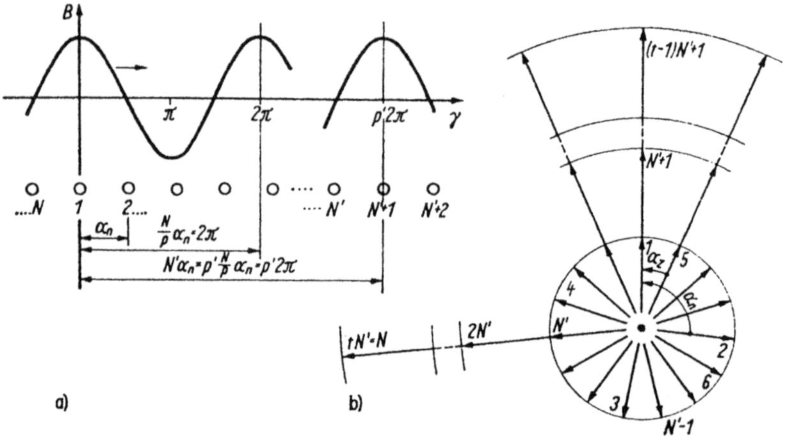

Bild 1.1.12 Entwicklung des Nutenspannungssterns für $N/p \notin \mathbb{N}$. a) Hauptwelle des Luftspaltfelds und Nutenverteilung; b) Nutenspannungsstern

Phasenlage wie der Spannungszeiger der Ausgangsnut 1. Mit diesen Zeigern beginnt jeweils eine Wiederholung des Nutenspannungssterns der N' verschiedenphasigen Spannungszeiger, d. h. ein neuer Zeigerkreis des Nutenspannungssterns. Bei der Übertragung der Nutbezifferung auf die Zeiger des Nutenspannungssterns muss man p'-mal in jedem Zeigerkreis umlaufen. Es entsteht ein Nutenspannungsstern mit t Zeigerkreisen und N' Zeigerstrahlen, die jeweils aus t gleichphasigen Nutenspannungszeigern bestehen (s. Bild 1.1.12b).

Jede elektrische Maschine hat also t elektrisch gleichwertige Nutenverteilungen mit einer Nutzahl $N' = N/t$ und einer Polpaarzahl $p' = p/t$. Eine derartige Nutenverteilung soll als *Urverteilung* bezeichnet werden. Abgesehen von dem seltenen Sonderfall der Einschicht-Bruchlochwicklungen mit Urwicklung zweiter Art (s. Abschn. 1.2.1.6b, S. 32) ist die Urverteilung identisch mit der sog. *Urwicklung*. Das ist eine von mehreren gleichwertigen Spulenverteilungen, aus denen die gesamte Wicklung besteht.

Für die Bestimmung von t muss man bei gegebenen Werten von N und p die kleinstmöglichen ganzen Zahlen für N' und p' suchen (sonst steckt in N' bereits eine Wiederholung der Nutenverteilung). t ist also der größte gemeinsame Teiler von N und p

$$t = \text{ggT}\,\{N, p\}. \tag{1.1.9}$$

Für $N/p \in \mathbb{N}$, wie im Unterabschnitt a vorausgesetzt, ist $t = p$ und damit $N' = N/p$ und $p' = p/p = 1$. Die in Tabelle 1.1.2 zusammengestellten allgemeinen Kennwerte des Nutenspannungssterns haben demnach auch für diesen Fall Gültigkeit.

Wenn der Nutenspannungsstern $N' = N/t$ Zeigerstrahlen aufweist, beträgt der Phasenwinkel zwischen benachbarten Zeigerstrahlen bzw. zwischen benachbarten Zeigern

$$\boxed{\alpha_z = \frac{2\pi}{N}t}. \tag{1.1.10}$$

Tabelle 1.1.2 Allgemeine Kennwerte des Nutenspannungssterns

$t = \text{ggT}\,\{N, p\}$	Zahl der Zeiger eines Zeigerstrahls = Zahl der Zeigerkreise eines Nutenspannungssterns
$N' = N/t$	Zahl der Zeigerstrahlen des Nutenspannungssterns = Zahl der Zeiger eines Zeigerkreises
$p' = p/t$	Zahl der Umläufe der Nutbezifferung eines Zeigerkreises des Nutenspannungssterns
$p/t - 1$	Zahl der bei der Nutbezifferung zu überspringenden Zeiger

Er wird als *Zeigerwinkel* bezeichnet. Ein Vergleich mit (1.1.8) zeigt, dass der Nutenwinkel

$$\alpha_\mathrm{n} = \frac{p}{t}\alpha_\mathrm{z} = p'\alpha_\mathrm{z} \tag{1.1.11}$$

ein Vielfaches des Zeigerwinkels sein kann. Für $t = p$ ist $\alpha_\mathrm{n} = \alpha_\mathrm{z}$, und man erhält eine fortlaufende Nutbezifferung der Zeiger. Für $t < p$ ist $\alpha_\mathrm{n} > \alpha_\mathrm{z}$, und die Nutbezifferung überspringt jeweils $p/t - 1$ Zeiger, d. h. beim Beziffern der Zeiger muss man in jedem Zeigerkreis des Nutenspannungssterns p/t-mal umlaufen.

Entsprechend Band *Theorie elektrischer Maschinen*, Abschnitt 1.6.4, ist der Nutenwinkel der von einem positiv umlaufenden Drehfeld der Ordnungszahl ν' induzierten Nutenspannungen

$$\alpha_{\mathrm{n},\nu'} = \frac{\nu'}{p}\alpha_\mathrm{n} = \nu\alpha_\mathrm{n}.$$

Ebenso gilt für den Zeigerwinkel

$$\alpha_{\mathrm{z},\nu'} = \frac{\nu'}{p}\alpha_\mathrm{z} = \nu\alpha_\mathrm{z}.$$

Der Nutenspannungsstern für die ν. Harmonische unterscheidet sich demnach vom Nutenspannungsstern der Hauptwelle nur dadurch, dass die ν-fachen Winkel auftreten und er entsprechend ν-mal so oft umlaufen wird.

c) Beispiele

Durch je ein Beispiel für $N/p \in \mathbb{N}$ und $N/p \notin \mathbb{N}$ sollen die behandelten Zusammenhänge veranschaulicht werden. Mit Rücksicht auf eine gute Übersichtlichkeit wird dabei eine kleinere Nutzahl gewählt, als bei elektrischen Maschinen üblich ist. Das Charakteristische der Arten von Nutenspannungssternen ist trotzdem zu erkennen.

1. Beispiel: $N = 27,\quad p = 3,\quad N/p = 9 \in \mathbb{N},\quad t = p = 3,$
$N' = 9,\quad p' = 1,\quad \alpha_\mathrm{n} = \alpha_\mathrm{z} = 40°.$

Der Nutenspannungsstern hat 9 Zeigerstrahlen zu je 3 Zeigern. Da $\alpha_\mathrm{n} = \alpha_\mathrm{z}$ ist, ergibt sich eine fortlaufende Zeigerbezifferung (s. Bild 1.1.13a).

2. Beispiel: $N = 30,\quad p = 4,\quad N/p = 7{,}5 \notin \mathbb{N},\quad t = 2 \neq p,$
$N' = 15,\quad p' = 2,\quad \alpha_\mathrm{n} = 24°,\quad \alpha_\mathrm{z} = 2 \cdot 24° = 48°,\quad p/t - 1 = 1.$

Der Nutenspannungsstern hat 15 Zeigerstrahlen zu je 2 Zeigern. Wegen $\alpha_\mathrm{n} = 2\alpha_\mathrm{z}$ wird bei der Übertragung der Nutziffern auf die Zeiger jeweils ein Zeiger über-

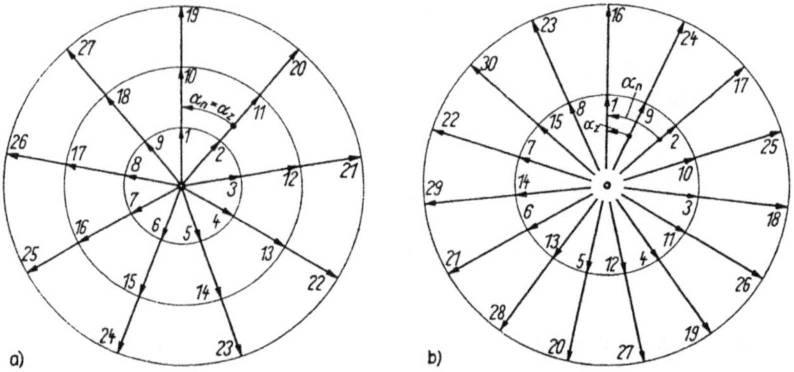

Bild 1.1.13 Beispiele für Nutenspannungssterne. a) $N = 27$, $p = 3$, $t = 3$, $N' = 9$, $p' = 1$, $\alpha_n = \alpha_z = 40°$; b) $N = 30$, $p = 4$, $t = 2$, $N' = 15$, $p' = 2$, $\alpha_n = 2\alpha_z = 48°$

sprungen ($p/t - 1 = 1$). Erst nach zweimaligem Durchlaufen jedes Zeigerkreises ($p/t = p' = 2$) sind alle Zeiger dieses Zeigerkreises beziffert (s. Bild 1.1.13b).

d) Anwendung des Nutenspannungssterns

Wie schon im Abschnitt 1.1.2.1 angedeutet worden ist und wie in den Abschnitten 1.2 und 1.3 noch gezeigt werden wird, ist die Spulenseite das Entwurfselement einer Wicklung. Beim Entwurf einer Wicklung mit ausgebildeten Strängen besteht der erste Schritt in der Aufteilung der Spulenseiten auf die einzelnen Stränge. Da die Spulenseitenspannungen durch die Nutenspannungszeiger dargestellt werden, kann diese Aufteilung in vielen Fällen durch die Zuordnung der Nutenspannungszeiger zu den einzelnen Strängen erfolgen. Damit wird der Nutenspannungsstern zum Hilfsmittel für den Wicklungsentwurf.

Die von einem Drehfeld in einer Spule, einer Spulengruppe oder einem Strang induzierte Spannung lässt sich durch vorzeichengerechte Addition der entsprechenden Nutenspannungszeiger ermitteln. Infolgedessen eignet sich der Nutenspannungsstern zur Entwicklung eines Zeigerbilds der Spulenspannungen, des sog. Spulenspannungssterns, zur Ermittlung der Strang-, Zweig- oder Spulengruppenspannungen, zur Bestimmung des sog. Wicklungsfaktors, zur Beurteilung der Symmetrie einer mehrsträngigen Wicklung und zur Untersuchung der Möglichkeit, Wicklungsteile parallelzuschalten. Der Wicklungsfaktor ist ein Faktor, der den Einfluss der Wicklungsanordnung auf das erregte magnetische Feld bzw. auf die induzierte Spannung ausdrückt (s. Abschn. 1.2.3, S. 74).

Kommutatorwicklungen sind ein- oder mehrfach in sich geschlossene Wicklungen. Bei der Addition der Nutenspannungszeiger entstehen demzufolge ein oder mehrere geschlossene Vielecke, die einen oder mehrere Umläufe haben können. Diese Vielecke nennt man Spannungsvielecke. Sie dienen zur Beurteilung der Symmetrie von Kommutatorwicklungen. Das geschieht also wiederum mit Hilfe eines gedachten Drehfelds (s. Abschn. 1.3.2, S. 134).

1.1.2.3 Allgemeine Wicklungsgesetze der am Energieumsatz beteiligten Spulen

Wie im Abschnitt 1.1.2.1 entwickelt wurde, induziert eine Drehwelle des Luftspaltfelds entsprechend (1.1.7) und (1.1.5) in einer ortsfesten Spule eine harmonische

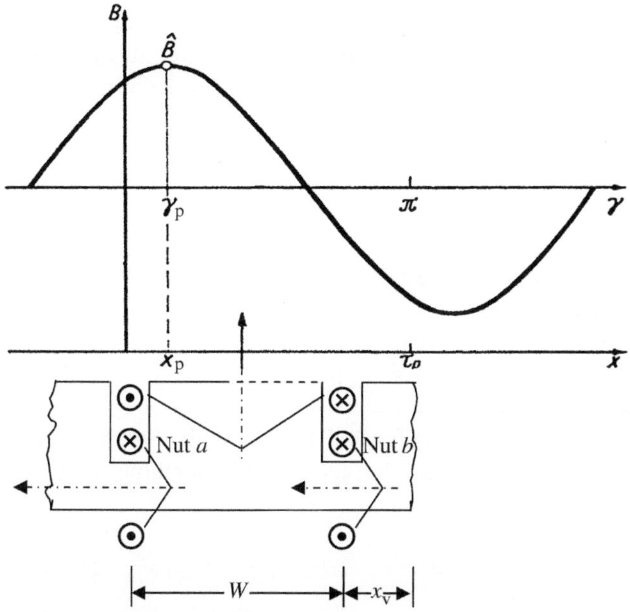

Bild 1.1.14 Zur Festlegung der positiven Zählrichtung für eine Spule

Nutenspannung $\underline{e}_n$, deren Amplitude proportional zur Flussdichteamplitude $\hat{B}$ der Feldwelle ist. Für die am Energieumsatz über die Deckung der Verluste hinausgehend beteiligten Spulen besteht unter Bezugnahme auf die Festlegung der positiven Zählrichtungen entsprechend Bild 1.1.14 zwischen der von der Hauptwelle des Luftspaltfelds in einer Spule induzierten Spannung $\underline{e}_{sp} = \underline{e}_{ab}$ und den Nutenspannungen $\underline{e}_{na}$ bzw. $\underline{e}_{nb}$ der Zusammenhang

$$\underline{e}_{sp} = \underline{e}_{ab} = -\underline{e}_{na} + \underline{e}_{nb}. \tag{1.1.12}$$

Die größte durch die Hauptwelle in einer Spule induzierte Spannung (im Folgenden auch als Hauptwellenspannung bezeichnet) entsteht bei Gegenphasigkeit der Zeiger $\underline{e}_{na}$ und $\underline{e}_{nb}$. Wie Bild 1.1.14 zu entnehmen ist, ergibt sich Gegenphasigkeit zweier Nutenspannungszeiger mit $\gamma = \pi$ bei einem Spulenseitenabstand $x = \tau_p$, d. h. bei einer Spulenweite $W = \tau_p$. Die größte Hauptwellenspannung liefert eine Durchmesserspule.

Entsprechend (1.1.2) und im Vorgriff auf (1.1.16) gilt für den Zusammenhang zwischen der *bezogenen Winkelkoordinate* γ, der *Winkelkoordinate* γ' und der *Längenkoordinate* in Umfangsrichtung x

$$\gamma = p\gamma' = \frac{\pi}{\tau_p}x. \tag{1.1.13}$$

Daraus ergibt sich die Darstellung der Hauptwelle des Luftspaltfelds in den verschiedenen eingeführten Koordinaten als

$$B = \hat{B}\cos(\gamma - \gamma_p) = \hat{B}\cos(p\gamma' - p\gamma'_p) = \hat{B}\cos\frac{\pi}{\tau_p}(x - x_p).$$

Die Ausführung von Durchmesserspulen ist aufgrund der geltenden Wicklungsgesetze nicht immer möglich und im Hinblick auf das Erzeugen von Feldoberwellen sowie das Reagieren auf Feldoberwellen i. Allg. auch nicht erwünscht. Man führt deshalb meistens gesehnte Spulen mit $W \lessgtr \tau_p$ aus. Für das elektromagnetische Verhalten der Spule ist es gleichgültig, ob man W größer oder kleiner als τ_p wählt. Um jedoch kleine Wicklungsköpfe, d. h. einen geringen Aufwand an Leitermaterial, zu erhalten, wählt man praktisch stets $W < \tau_p$. Bezieht man die Spulenweite auf die *Nutteilung*

$$\boxed{\tau_n = \frac{D\pi}{N}}, \tag{1.1.14}$$

d. h. wählt man die Nutteilung als Maßeinheit für die Spulenweite, so erhält man den sog. *Wicklungs-* oder *Nutenschritt*

$$\boxed{y = \frac{W}{\tau_n} = \frac{\tau_p - x_v}{\tau_n} = \frac{N}{2p} - y_v = y_\varnothing - y_v \approx \frac{N}{2p}}. \tag{1.1.15}$$

In (1.1.15) bedeuten x_v die Spulenverkürzung (s. Bild 1.1.14), y_v die *Schrittverkürzung* und $y_\varnothing = N/2p$ den *Durchmesserschritt*, der genau eine Polteilung umfasst. Die *Polteilung* ist dabei

$$\boxed{\tau_p = \frac{D\pi}{2p}}. \tag{1.1.16}$$

Der Wicklungsschritt ist also gleich der Zahl der auf dem Weg von der linken zur rechten Spulenseite einer Spule überschrittenen Nutteilungen.

Nach (1.1.13) erhält man für die Spulenweite in bezogenen Winkelkoordinaten unter Berücksichtigung von (1.1.8), (1.1.14), (1.1.15) und (1.1.16)

$$\begin{aligned}\eta &= \frac{W}{\tau_p}\pi = y\frac{\tau_n}{\tau_p}\pi = y\frac{2p}{N}\pi = y\alpha_n \\ &= (y_\varnothing - y_v)\alpha_n = \pi - \eta_v\end{aligned} \tag{1.1.17}$$

mit dem *Sehnungswinkel* $\eta_v = y_v\alpha_n$.

Ist z_a die *gesamte Leiterzahl*, w_a die *gesamte Windungszahl* und k die *gesamte Spulenzahl* der Wicklung (d. h. bei einer Strangwicklung aller Stränge der Wicklung), so ergibt sich für die *Spulenwindungszahl*

$$w_{sp} = \frac{w_a}{k} = \frac{z_a}{2k}. \tag{1.1.18}$$

Von allgemeiner Bedeutung ist noch die Zahl u der auf eine Nut entfallenden Spulen. Da die Zahl der Spulen halb so groß wie die Zahl der Spulenseiten ist, ist u auch die halbe Zahl der auf eine Nut entfallenden Spulenseiten oder die *Zahl der Spulenseiten einer Nut je Schicht einer Zweischichtwicklung*

$$\boxed{u = \frac{k}{N}}. \tag{1.1.19}$$

Mit der letzten Definition wird diese Größe etwas anschaulicher. Bei Wicklungen mit ausgebildeten Strängen liegt in jeder Nut und Schicht nur eine Spulenseite. Bei Einschichtwicklungen ist demnach $u = \frac{1}{2}$ und bei Zweischichtwicklungen $u = 1$. Die Spulenzahl von Zweischichtwicklungen ist doppelt so groß wie die Spulenzahl von Einschichtwicklungen gleicher Nutzahl. Kommutatorwicklungen werden normalerweise als Zweischichtwicklungen ausgeführt, wobei in jeder Nut und Schicht oft mehr als eine Spulenseite liegen. Kommutatorwicklungen mit mehr als zwei Schichten kommen nur in Sonderfällen vor. Für Kommutatorwicklungen hat die Zahl u mithin größere Bedeutung. u bezeichnet dann die Zahl der in jeder Schicht einer Nut nebeneinanderliegenden Spulenseiten. Daher muss man bei Kommutatorwicklungen zwischen dem *Nutenschritt* $y_n = y$ nach (1.1.15) – der Zahl der Nutteilungen zwischen linker und rechter Spulenseite – und dem *Spulenschritt* oder *ersten Teilschritt* $y_1 = uy_n$ unterscheiden, der angibt, wieviele Spulenseiten man weiterschreiten muss, um von der linken zur rechten Spulenseite einer Spule zu gelangen.

1.2 Wicklungen mit ausgebildeten Strängen

Wie schon in der Einleitung zum Abschnitt 1.1 angedeutet worden ist, sind Wicklungen mit ausgebildeten Strängen, im Folgenden kurz *Strangwicklungen* genannt, vorwiegend Wicklungen von Einphasen- oder Dreiphasen-Wechselstrommaschinen. Sie werden deshalb auch als *Wechselstromwicklungen* bezeichnet. Zu den Strangwicklungen kann man aber auch die in Nuten verteilt angeordneten, mit Gleichstrom gespeisten Erregerwicklungen von Vollpol-Synchronmaschinen rechnen.

Entsprechend der Bezeichnung *Wicklung mit ausgebildeten Strängen* werden die einzelnen Spulen dieser Wicklung unter Bildung von Spulengruppen zu Wicklungssträngen geschaltet. Vorherrschend ist die Reihenschaltung der Spulen innerhalb sowohl der Spulengruppe als auch des Strangs. Besonders bei sehr großen Synchron- und Induktionsmaschinen, aber auch bei kleineren Maschinen mit niedriger Bemessungsspannung ist jedoch die Bildung paralleler Wicklungszweige notwendig (s. Abschn. 1.2.6, S. 105).

Hinsichtlich der Anzahl der Stränge haben die dreisträngigen Maschinen die größte Bedeutung. Sie sind dem Dreiphasensystem der Energieversorgung angepasst. Ihre mit dem Dreiphasensystem verbundenen Wicklungen werden vielfach als *Drehstromwicklungen* bezeichnet. Mit einsträngigen Wicklungen werden vor allem Einphasengeneratoren zur Speisung von Bahnnetzen ausgeführt. Da es Zweiphasennetze praktisch nicht mehr gibt, kommen zweisträngige Wicklungen nur in kleinen Schleifringläufern und in Einphasen-Induktionsmotoren mit Hilfsstrang vor. Wicklungen mit mehr als drei Strängen sind, abgesehen von fünf- oder sechssträngigen Wicklungen bei Generatoren in Straßenfahrzeugen mit Verbrennungsmotor (umgangssprachlich oft als Lichtmaschinen bezeichnet) oder sechssträngigen Wicklungen bei großen, aus Stromzwischenkreisumrichtern gespeisten Synchronmotoren, sehr selten.

Strangwicklungen können als Einschicht- oder Zweischichtwicklungen oder als Mehrschicht-Steckwicklungen ausgeführt werden. Vor allem bei größeren Maschinen werden Zweischichtwicklungen wegen der einfacheren Möglichkeit der Sehnung, wegen der größeren Zahl der Freiheitsgrade beim Entwurf und wegen der technologisch vorteilhafteren Formspulenwicklung bevorzugt. Bei kleineren Induktionsmaschinen ist jedoch die Einschichtwicklung, ausgeführt als Rechteckspulen- oder Trapezspulenwicklung, weit verbreitet. Solche Wicklungen werden vielfach, ebenso wie die Mehrschicht-Steckwicklungen bei in großen Stückzahlen gefertigten Fahrzeugmotoren, maschinell hergestellt.

1.2.1 Wicklungsgesetze

Wenn jede Spulengruppe einer mehrsträngigen Wicklung dieselbe Spulenzahl besitzt, d. h. wenn die Wicklung nur gleich große Wicklungszonen bildet, sind ihr Entwurf und ihre Schaltung einfach und durchsichtig. Die Spulenanordnung und Zusammenschaltung wiederholt sich innerhalb jedes Polpaars. Haben die Spulengruppen jedoch unterschiedliche Spulenzahlen, so wiederholt sich die Wicklung nicht innerhalb jedes Polpaars, und ihre Symmetrie ist nicht ohne Weiteres erkennbar. Das wesentliche Ziel des folgenden Abschnitts ist die Ermittlung des Wiederholungszyklus und die Ableitung von Symmetriebedingungen für mehrsträngige Wicklungen.

1.2.1.1 Systematik der mehrsträngigen Wicklungen

Nach Abschnitt 1.1.1.1 werden die geometrischen Zonen einer Wicklung durch nebeneinanderliegende Spulenseiten eines Strangs gebildet, d. h. durch die Spulenseiten der Spulengruppen. Da bei Strangwicklungen in jeder Nut und Schicht nur eine Spulenseite liegt, ist die Zahl Q der Spulen einer Spulengruppe gleich der Zahl der Nuten bzw. Nutteilungen je Wicklungszone. Damit ergibt sich für die Breite der geometrischen Wicklungszone einer Spulengruppe im Längenmaß bzw. in der bezogenen Winkelkoordinate

$$b_{\mathrm{zg}} = Q\tau_{\mathrm{n}} \quad \text{bzw.} \quad \alpha_{\mathrm{zg}} = Q\alpha_{\mathrm{n}}. \tag{1.2.1}$$

Von Ausnahmefällen abgesehen, ist Q stets eine ganze Zahl. Ob Q bzw. b_{zg} oder α_{zg} für die einzelnen Spulengruppen der gesamten Strangwicklung von gleicher oder unterschiedlicher Größe sind, wird durch die *Nutzahl je Pol und Strang*

$$\boxed{q = \frac{N}{2pm}} \tag{1.2.2}$$

bestimmt. Im Sprachgebrauch ist für q auch die Bezeichnung *Lochzahl* üblich. Die Nutzahl je Pol und Strang ist das wichtigste Kennzeichen einer Strangwicklung.

Für *Ganzlochwicklungen* ist q eine ganze Zahl. Die Nutzahl je Pol und Strang ist dann – von den im Folgenden genannten Ausnahmen abgesehen – gleich der Zahl Q der Spulen je Spulengruppe, denn die Spulenseiten einer Spulengruppe belegen innerhalb einer Polteilung die auf einen Strang entfallenden Nuten (s. Bild 1.2.1). Für *Bruchlochwicklungen* ist q keine ganze Zahl. Wie im Abschnitt 1.2.2, Seite 34, gezeigt werden wird, kann ein nicht ganzzahliger Wert von q nur durch unterschiedliche Werte von Q, d. h. der Zahl der Spulen der einzelnen Spulengruppen, realisiert werden. Die Werte von Q müssen dabei so gewählt werden, dass ihr Mittelwert $Q_{\mathrm{m}} = q$ ist.

Die wichtigsten Ausnahmen von dem für Ganzlochwicklungen gültigen Normalfall mit $Q = q$ sind die Folgenden:

- Wicklungen mit geteilten Spulengruppen (s. Bild 1.2.7c, S. 36), die meist mit geradzahligem q ausgeführt werden, bilden in diesem Fall im Wicklungskopfbereich Teilgruppen mit einer Spulenzahl $Q/2 = Q_{\mathrm{m}}/2 = q/2$.
- Bei Wicklungen mit doppelter Zonenbreite (s. Bild 1.2.4b) fasst man, was nur bei Zweischichtwicklungen möglich ist, jeweils zwei normale Spulengruppen zusammen, so dass $Q_{\mathrm{m}} = 2q$ wird.

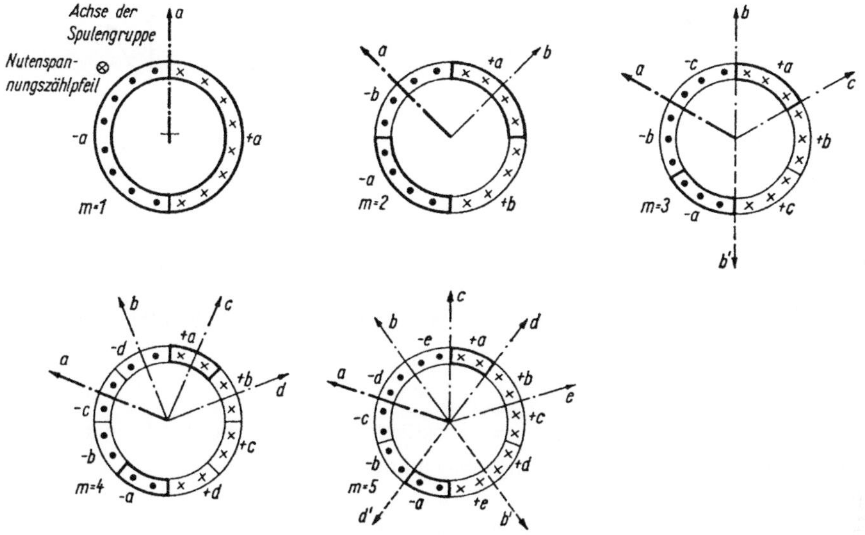

Bild 1.2.1 Systematik der Zonenbildung zweipoliger Einschichtwicklungen. Der Nutenspannungszählpfeil entspricht dem im Bild 1.1.14 eingeführten Umlaufzählsinn der Nutenspannung in der Nut; die Zonenbezeichnung ist noch nicht in jedem Fall identisch mit der allgemein üblichen Bezeichnung der Stränge

- Bei Wicklungen mit Zonenänderung ist Q abwechselnd $Q_a = q + q_\Delta$ und $Q_b = q - q_\Delta$.
- Für Wicklungen mit freien (unbewickelten) Nuten ist $Q_m < q$.

Ganzlochwicklungen bilden – von den genannten Ausnahmen abgesehen – nach dem hier Gesagten in allen Polteilungen gleich große Wicklungszonen. Die einsträngige, zweipolige Einschichtwicklung besitzt nur zwei Zonen (s. Bild 1.2.1, $m = 1$), die sog. *positive Zone* $+a$, in der der Durchlaufsinn der Spulenseiten bzw. die positiven Zählrichtungen der Spulenspannung und der Nutenspannung gleich sind, und die *negative Zone* $-a$, in der die positiven Zählrichtungen von Spulenspannung und Nutenspannung entgegengesetzt gerichtet sind. Bei symmetrischen mehrsträngigen Wicklungen muss jeder Strang denselben Teil des Umfangs einnehmen. Die Zonenaufteilung soll zunächst so erfolgen, dass sowohl die negativen als auch die positiven Zonen aller m Stränge unmittelbar nebeneinanderliegen, wie im Bild 1.2.1 am Beispiel zweipoliger Einschichtwicklungen für $m = 1 \ldots 5$ dargestellt ist. Dabei sind die m Strangachsen bzw. Spulengruppenachsen gleichmäßig über eine Polteilung (d. h. in der Winkelkoordinate γ' um $180°/p$) verteilt.

Eine wesentliche Aufgabe mehrsträngiger Wicklungen besteht i. Allg. darin, möglichst eine reine Hauptwelle des Luftspaltfelds

$$B_p(\gamma', t) = \hat{B}_p \cos\left(p\gamma' - 2\pi f t - \varphi_0\right)$$

aufzubauen. Dazu muss die Wicklung so gespeist werden, dass diese Hauptwelle von allen Strängen gleichphasig erregt wird. Bei den zweipoligen Anordnungen nach Bild 1.2.1 sind die Achsen der Stränge um den Winkel $\gamma'_m = \gamma_m = \pi/m$ am

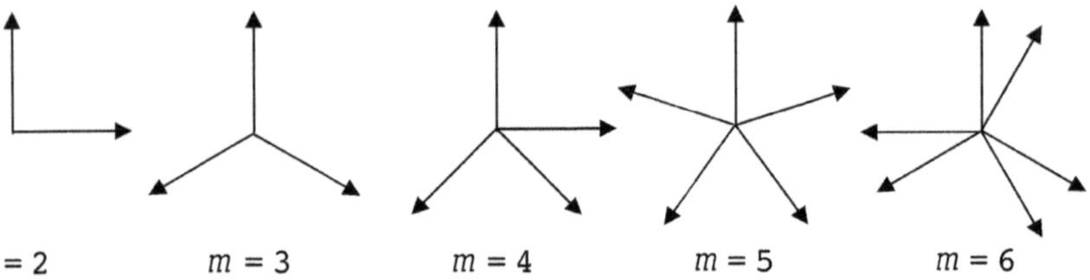

Bild 1.2.2 Mehrphasensysteme zur symmetrischen Speisung mehrsträngiger Wicklungen

Umfang versetzt. Bei $2p$-poligen Anordnungen ist dieser Versatz entsprechend

$$\gamma'_{\mathrm{m}} = \frac{1}{p}\gamma_{\mathrm{m}} = \frac{\pi}{mp}. \tag{1.2.3a}$$

Ein durch einen Wechselstrom $i_k = \hat{i}\cos(2\pi ft + \varphi_{\mathrm{m}k})$ gespeister Strang einer $2p$-poligen Anordnung, dessen Strangachse an der Stelle $\gamma'_{\mathrm{m}k} = k\gamma'_{\mathrm{m}}$ liegt, erregt u. a. ein $2p$-poliges Wechselfeld

$$\begin{aligned}B_{\mathrm{wp}}(\gamma', t) &= \hat{B}_{\mathrm{wp}} \cos p(\gamma' - \gamma'_{\mathrm{m}k}) \cos(2\pi ft + \varphi_{\mathrm{m}k}) \\ &= \frac{1}{2}\hat{B}_{\mathrm{wp}} \left\{\cos\left[p(\gamma' - \gamma'_{\mathrm{m}k}) - 2\pi ft - \varphi_{\mathrm{m}k}\right]\right. \\ &\quad \left. + \cos\left[p(\gamma' - \gamma'_{\mathrm{m}k}) + 2\pi ft + \varphi_{\mathrm{m}k}\right]\right\},\end{aligned}$$

das sich in zwei gegenläufige Drehwellen zerlegen lässt. Damit die positiv umlaufenden Teildrehwellen aller Stränge gerade gleichphasig sind und sich damit verstärken, muss

$$\varphi_{\mathrm{m}k} = -p\gamma'_{\mathrm{m}k} = -kp\gamma'_{\mathrm{m}} = -k\frac{\pi}{m}$$

sein. Daraus folgt, dass als Bedingung für die gleichphasige Erregung der Hauptwelle die Phasenverschiebung der Strangströme gerade dem räumlichen Versatz der Stränge in bezogenen Koordinaten (γ-Koordinaten)

$$\varphi_{\mathrm{m}} = p\gamma'_{\mathrm{m}} = \gamma_{\mathrm{m}} = \frac{\pi}{m} \tag{1.2.3b}$$

entsprechen muss. Die negativ umlaufenden Teildrehwellen aller Stränge löschen sich dann gerade aus, denn die Summe von m gegeneinander um

$$\varphi_{\mathrm{m}} - p\gamma'_{\mathrm{m}} = -2p\gamma'_{\mathrm{m}} = -\frac{2\pi}{m}$$

phasenverschobenen Kosinusfunktionen ist Null.

Die Forderung (1.2.3b) führt auf Mehrphasensysteme, deren Zeiger ebenso wie die Strangachsen zweipoliger Anordnungen gleichmäßig über 180° verteilt sind, d. h. sie sind axialsymmetrisch angeordnet und entsprechen damit den Strangachsen im Bild 1.2.1. Derartige Mehrphasensysteme zeigen jedoch bei der Zusammenschaltung der einzelnen Stränge erhebliche Nachteile. Eine Polygonschaltung der Stränge ist mit ihnen überhaupt nicht möglich. Außerdem ist bei einer Sternschaltung der Sternpunkt belastet, und zwar i. Allg. stärker als die Stränge selbst. Um diese Nachteile zu vermeiden, ist man bestrebt, Zonenbildungen vorzunehmen, die radialsymmetrische Mehrphasensysteme ermöglichen.

Bei mehrsträngigen Wicklungen mit ungerader Strangzahl erreicht man das ohne Schwierigkeiten durch Umpolung der geradzahligen Stränge, wie im Bild 1.2.1 durch gestrichelt eingetragene Spulengruppenachsen angedeutet ist. Es ergeben sich Mehrphasensysteme, wie im Bild 1.2.2 für $m = 3$ und $m = 5$ dargestellt, deren elektrische Größen von Strang zu Strang eine Phasenverschiebung von

$$\varphi_{\mathrm{m}} = \frac{2\pi}{m} \tag{1.2.4a}$$

aufweisen und deren Strangachsen im Winkelkoordinatensystem um den Winkel

$$\gamma'_{\mathrm{m}} = \frac{2\pi}{mp} \tag{1.2.4b}$$

am Umfang versetzt sind. Die Summe aller Ströme bzw. Spannungen ist in diesem Fall Null, und der Sternpunkt bei einer Sternschaltung wäre nicht belastet. Polygonschaltungen sind uneingeschränkt möglich. Praktische Bedeutung haben hier vor allem die Dreiphasensysteme.

Bei gerader Strangzahl ist eine Entlastung des Sternpunkts nur dann möglich, wenn die Strangzahl zumindest einen ungeradzahligen Teiler m_{u} enthält. Dann lassen sich, wie im Bild 1.2.2 für $m = 6$ mit $m_{\mathrm{u}} = 3$ gezeigt, durch Umpolung einzelner Stränge zumindest m/m_{u} Gruppen von m_{u} Strängen bilden, deren Stranggrößen untereinander eine Phasenverschiebung von

$$\varphi_{\mathrm{mg}} = \frac{2\pi}{m_{\mathrm{u}}} \tag{1.2.4c}$$

haben, wobei einander zugeordnete Stränge dieser m/m_{u} Gruppen eine Phasenverschiebung der Stranggrößen von

$$\varphi_{\mathrm{m}} = \frac{\pi}{m} \tag{1.2.4d}$$

und einen räumlichen Versatzwinkel von

$$\gamma'_{\mathrm{m}} = \frac{\pi}{mp} \tag{1.2.4e}$$

zueinander aufweisen. Praktische Bedeutung haben hier vor allem sechssträngige Wicklungen. Obgleich die Summe aller Ströme bzw. Spannungen Null ist, sind Polygonschaltungen nur in solchen Teilen möglich, innerhalb derer alle in Polygon geschalteten Stränge denselben Versatzwinkel zueinander haben. Sechssträngige Wicklungen lassen sich also z. B. in zwei getrennte Dreiecke schalten.

Besitzt die Strangzahl keinen ungeradzahligen Teiler, d. h. ist sie eine Potenz von 2, so ist die Summe aller Ströme bzw. Spannungen immer von Null verschieden, wie im Bild 1.2.2 für $m = 2$ und $m = 4$ erkennbar ist. Eine Entlastung des Sternpunkts bei Sternschaltung ist also nicht möglich. Wie das Beispiel $m = 4$ zeigt, lässt sich die Höhe der Sternpunktbelastung durch Umpolen einzelner Stränge aber zumindest reduzieren. Praktische Bedeutung besitzen vor allem zweisträngige Wicklungen, die bei Einphasenmaschinen mit Haupt- und Hilfsstrang eingesetzt werden, welche einen räumlichen Versatzwinkel von

$$\gamma'_{\mathrm{m}} = \frac{\pi}{2p} \tag{1.2.4f}$$

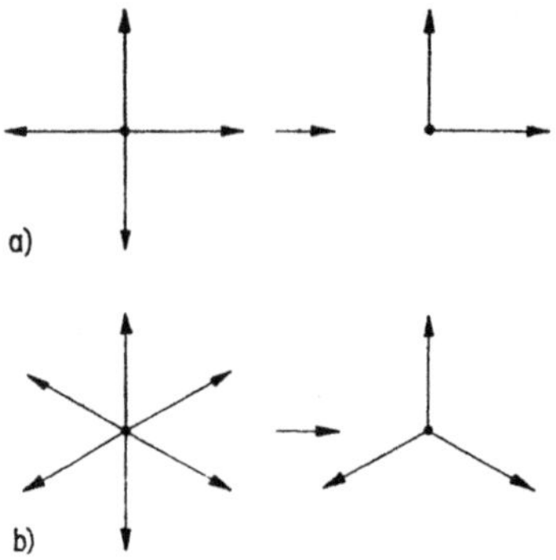

Bild 1.2.3 Reduktion von Mehrphasensystemen. a) Reduktion in ein reduziertes System; b) Reduktion in ein normales System

zueinander haben und deren Ströme bzw. Spannungen im Idealfall um

$$\varphi_\mathrm{m} = \frac{\pi}{2} \tag{1.2.4g}$$

phasenverschoben sind.

Die vorstehend beschriebenen Systeme mit geradzahliger Strangzahl bezeichnet man auch als *reduzierte Mehrphasensysteme*, da sich bei einer Verdoppelung der Phasenzahl, d. h. bei Ergänzung jedes Zeigers durch einen um 180° verschobenen, jeweils ein vollständig symmetrischer Zeigerstern aus $2m$ Zeigern mit einer Verschiebung von jeweils π/m ergibt. Ein Mehrphasensystem mit solch einem vollständig symmetrischen Zeigerstern wird als *radialsymmetrisches Mehrphasensystem* bezeichnet.

Vollständig radialsymmetrische Mehrphasensysteme mit beliebiger Phasenzahl können in drei Gruppen eingeteilt werden. Mehrphasensysteme mit ungerader Phasenzahl werden als *normale Systeme* bezeichnet. Radialsymmetrische Mehrphasensysteme, deren Phasenzahl 2 als einzigen geradzahligen Teiler hat, lassen sich durch Zusammenfassen der jeweils um 180° verschobenen Zeiger zu einem normalen System reduzieren (s. Bild 1.2.3b). Alle übrigen Mehrphasensysteme lassen sich auf gleiche Weise in ein reduziertes System überführen (s. Bild 1.2.3a).

Elektronisch gespeiste Kleinmaschinen wie Schrittmotoren oder EC-Motoren (s. Bd. *Grundlagen elektrischer Maschinen*, Abschn. 9.1 bzw. 9.2) werden z. T. mit Paaren von genau in derselben Achse magnetisierenden Wicklungsteilen ausgeführt, die allerdings jeweils nur eine Stromhalbwelle führen (sog. unipolare Speisung, s. Bd. *Grundlagen elektrischer Maschinen*, Abschn. 9.1.1). In manchen Veröffentlichungen werden Maschinen mit zwei um $\pi/2p$ am Umfang versetzt angeordneten Paaren von Wicklungsteilen als viersträngige Maschinen bezeichnet. Im Sinne der hier eingeführten Systematik, bei der verschiedene Stränge immer in voneinander verschiedenen Achsen magnetisieren, sind dies eindeutig zweisträngige Maschinen, die mit einem reduzierten Zweiphasensystem – wenngleich in unipolarer Variante – gespeist werden.

1.2.1.2 Gesetze der Zonenbildung

Im Abschnitt 1.1.1.1 wurde die Zonenbildung zunächst im Wesentlichen bei Einschichtwicklungen betrachtet. Zweischichtwicklungen bilden in jeder Schicht Zonen aus, die *Oberschichtzonen* und die *Unterschichtzonen* (s. Bilder 1.2.4 u. 1.2.11a,

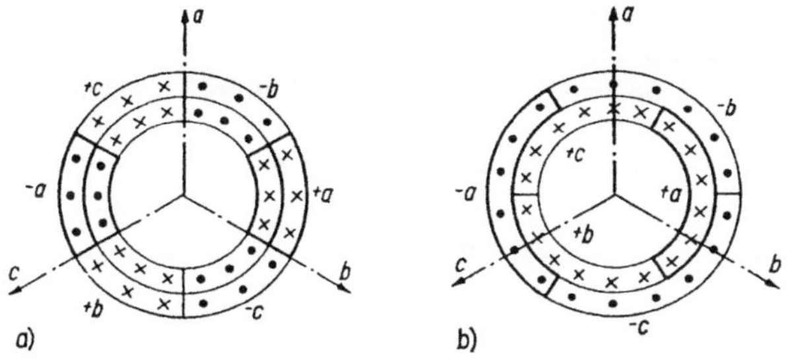

Bild 1.2.4 Zonenbildung von Zweischichtwicklungen. a) Normale Zonenbildung; b) Bildung von Zonen mit doppelter Zonenbreite

S. 39). Diese doppelte Zonenzahl deutet schon auf die doppelte Spulengruppenzahl bzw. Spulenzahl der Zweischichtwicklung gegenüber der Einschichtwicklung hin. Es wird vereinbart, die Spulen der Zweischichtwicklung so anzuordnen, dass deren linke Spulenseiten die Oberschichtzonen und deren rechte Spulenseiten die Unterschichtzonen bilden. Bei gesehnten Zweischichtwicklungen sind die Unterschichtzonen gegenüber den Oberschichtzonen verschoben (s. Bild 1.2.11b). Übereinanderliegende Zonen können auch unterschiedliche Breiten haben. Man spricht dann von einer *Zonenänderung* (s. Bild 1.2.11c). Ferner besteht bei der Zweischichtwicklung die bereits im Abschnitt 1.2.1.1 angedeutete Möglichkeit der Ausführung von Wicklungen mit doppelter Zonenbreite, was praktisch nur bei polumschaltbaren Wicklungen angewendet wird (s. Abschn. 1.2.2.3f, S. 60). Wie ebenfalls schon erwähnt worden ist, ergeben sich bei Bruchlochwicklungen zwangsläufig unterschiedliche Werte der Spulenzahl je Spulengruppe. Damit werden auch die Zonen (wie schon bei Wicklungen mit Zonenänderung) unterschiedlich breit. Diese Veränderung der Zonenbreite nennt man *natürliche Zonenänderung*. Schließlich soll noch erwähnt werden, dass Teile von Zonen eines Strangs in Zonen eines benachbarten anderen Strangs liegen können. Man spricht dann von einer *Zonenverschachtelung* bzw. *Strangverschachtelung*.

Bei Einschichtwicklungen benötigt jede Spule zwei Nuten. Auf jede Nut entfällt also eine halbe Spule ($u = \frac{1}{2}$). Bei Zweischichtwicklungen liegen in jeder Nut zwei Spulenseiten übereinander. Nach (1.1.19) ist damit die Gesamtspulenzahl der Wicklung für eine

$$\text{Einschichtwicklung} \qquad k = Nu = N/2, \tag{1.2.5a}$$

$$\text{Zweischichtwicklung} \qquad k = Nu = N. \tag{1.2.5b}$$

Einschichtwicklungen (s. Bild 1.2.1) und Zweischichtwicklungen mit doppelter Zonenbreite (s. Bild 1.2.4b) bilden eine Spulengruppe je Strang und Polpaar. Zweischichtwicklungen mit normaler Zonenbreite (s. Bild 1.2.4a) bilden zwei Spulengruppen je Strang und Polpaar. Für die elektrische Maschine mit p Polpaaren ergibt sich demnach als Gesamtzahl der Spulengruppen bei Einschichtwicklungen und bei Zweischichtwicklungen mit doppelter Zonenbreite pm und bei Zweischichtwicklungen mit einfacher Zonenbreite $2pm$. Mit $Q_\mathrm{m} = q$ bei einfacher bzw. $Q_\mathrm{m} = 2q$ bei doppelter Zonenbreite erhält man entsprechend (1.2.1) für die mittlere Zonenbreite $b_\mathrm{zm} = Q_\mathrm{m}\tau_\mathrm{n}$ und den mittleren Zonenwinkel $\alpha_\mathrm{zm} = Q_\mathrm{m}\alpha_\mathrm{n}$ über (1.1.8),

Tabelle 1.2.1 Kennwerte der Strangwicklungen

Wicklung	Spulenzahl k	Spulengruppenzahl	Mittlere Spulenzahl je Gruppe Q_m	Mittlere Zonenbreite b_{zm}	Mittlerer Zonenwinkel α_{zm}
Einschichtwicklung	$N/2$	pm	q	τ_p/m	π/m
Zweischichtwicklung mit normaler Zonenbreite	N	$2pm$	q	τ_p/m	π/m
Zweischichtwicklung mit doppelter Zonenbreite	N	pm	$2q$	$2\tau_p/m$	$2\pi/m$

Tabelle 1.2.2 Mehrphasensysteme elektrischer Maschinen

Strangzahl m	Mehrphasensysteme elektrischer Maschinen normale Systeme	reduzierte Systeme	Zugehörige unreduzierte Systeme
1			
2			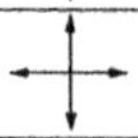
3			
4			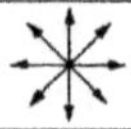
5			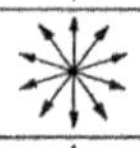
6		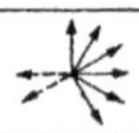	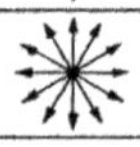

(1.1.14) und (1.1.16) die in Tabelle 1.2.1 angegebenen Ausdrücke. Sie gelten für Wicklungen ohne freie Nuten.

In Tabelle 1.2.2 sind einige Kennwerte von Strangwicklungen zusammengestellt. Daraus ist unschwer der für eine symmetrische Speisung einer mehrsträngigen Wicklung erforderliche Phasenverschiebungswinkel zu ermitteln. Dieser sog. *Strangwinkel* beträgt für normale Mehrphasensysteme

$$\alpha_{str} = \frac{2\pi}{m} \tag{1.2.6a}$$

und für reduzierte Mehrphasensysteme

$$\alpha_{str} = \frac{\pi}{m}. \tag{1.2.6b}$$

1.2.1.3 Symmetriebedingung

Eine Strangwicklung ist symmetrisch, wenn sie bei Speisung durch ein symmetrisches, ggf. reduziertes Mehrphasensystem eine Hauptwelle des Luftspaltfelds zu entwickeln vermag bzw. wenn die unter der Einwirkung der Hauptwelle in der

Wicklung induzierten Spannungen ein symmetrisches, ggf. reduziertes Mehrphasensystem bilden. Letzteres ist dann der Fall, wenn die in den Strängen induzierten Spannungen gleiche Amplitude und eine gegenseitige Phasenverschiebung nach (1.2.6a,b) haben. Hierzu ist, gleiche Windungszahlen aller Spulen vorausgesetzt, die Einhaltung von zwei Symmetriebedingungen notwendig:

Erste Symmetriebedingung: Die Spulenzahl der einzelnen Stränge muss gleich und normalerweise auch ganzzahlig sein.

Zweite Symmetriebedingung: Zu jedem Zeiger im Nutenspannungsstern der Wicklung, den man dem ersten der m Wicklungsstränge zuordnet, müssen $m - 1$ weitere Zeiger mit einer Phasenverschiebung nach (1.2.6a,b) existieren.

Wie ohne Weiteres einzusehen ist, genügt im Hinblick auf die Symmetrie das Einhalten der zweiten Symmetriebedingung, da diese eine symmetrische Aufteilung aller Nuten auf die einzelnen Stränge gewährleistet. Dabei kann sich jedoch eine ungerade Nutzahl je Strang ergeben, die im Fall der Einschichtwicklung keine ganzzahlige Spulenzahl je Strang zur Folge hätte.

Konsequenzen aus der ersten Symmetriebedingung:

Nach (1.2.5a,b) ist die Spulenzahl der Einschichtwicklung $N/2$ und die der Zweischichtwicklung N. Damit erhält man unter Berücksichtigung von (1.2.2) für die erste Symmetriebedingung

bei der Einschichtwicklung $$\frac{N}{2m} = pq \in \mathbb{N}, \tag{1.2.7a}$$

bei der Zweischichtwicklung $$\frac{N}{m} = 2pq \in \mathbb{N}. \tag{1.2.7b}$$

Die erste Symmetriebedingung der Zweischichtwicklung ist leichter zu erfüllen. Das ist ein Grund für die größere Zahl der Freiheitsgrade beim Entwurf solcher Wicklungen.

Einen Sonderfall stellt dabei die Einschichtstabwicklung dar. Mit ihr kann man ‚halbe' Windungen ausführen (s. Bild 1.2.5), die nur mit dem halben Fluss verkettet sind. Eine solche Wicklung entsteht bei ungerader Nutzahl je Strang, und es gilt als erste Symmetriebedingung (1.2.7b).

Konsequenzen aus der zweiten Symmetriebedingung:

Die zweite Symmetriebedingung erfordert, dass der Strangwinkel α_{str} nach (1.2.6a,b) ein ganzzahliges Vielfaches des Zeigerwinkels α_{z} nach (1.1.10), Seite 14, sein muss. Demnach gilt für normale Mehrphasensysteme

$$\frac{\alpha_{\mathrm{str}}}{\alpha_{\mathrm{z}}} = \frac{2\pi N}{m 2\pi t} = \frac{N}{mt} \in \mathbb{N} \tag{1.2.8a}$$

und für reduzierte Mehrphasensysteme

$$\frac{\alpha_{\mathrm{str}}}{\alpha_{\mathrm{z}}} = \frac{\pi N}{m 2\pi t} = \frac{N}{2mt} \in \mathbb{N}. \tag{1.2.8b}$$

Bei Zweischichtwicklungen ist die erste Symmetriebedingung in der zweiten Symmetriebedingung enthalten. Bei Einschichtwicklungen ist die erste Symmetriebedingung in der zweiten Symmetriebedingung für reduzierte Mehrphasensysteme enthalten.

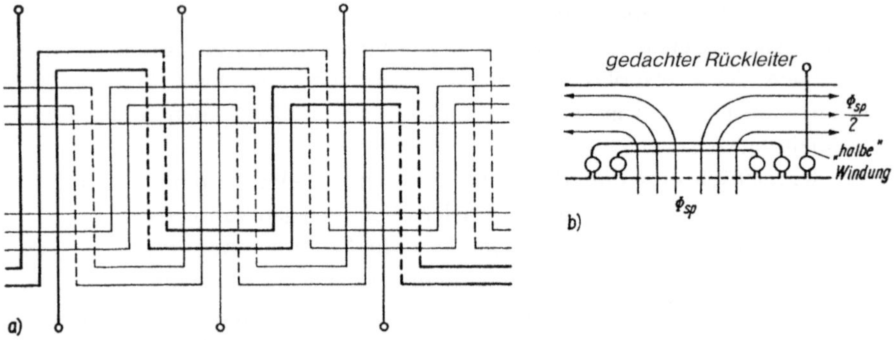

Bild 1.2.5 Einschichtstabwicklung mit ‚halben' Windungen. a) Wicklungsschema; b) Verkettung mit dem Spulenfluss Φ_{sp}

1.2.1.4 Ganzlochwicklungen

Als erstes Anwendungsbeispiel soll die *Symmetrie von Ganzlochwicklungen* untersucht werden. Die erste Symmetriebedingung

$$\frac{N}{2m} = pq \in \mathbb{N} \quad \text{bzw.} \quad \frac{N}{m} = 2pq \in \mathbb{N}$$

ist immer erfüllt, da p und q ganzzahlig sind. Für Ganzlochwicklungen ist die Nutzahl $N = 2pqm$ nach (1.2.2) ein Produkt ganzzahliger Faktoren. Dann ist der größte gemeinsame Teiler t von N und p die Polpaarzahl p selbst. Eine Ganzlochwicklung wiederholt sich also nach jedem Polpaar. Wird $t = p$ in die zweite Symmetriebedingung eingesetzt, so ergibt sich mit (1.2.2)

$$\frac{N}{mt} = \frac{N}{mp} = 2q \in \mathbb{N} \quad \text{bzw.} \quad \frac{N}{2mt} = \frac{N}{2mp} = q \in \mathbb{N}.$$

Die zweite Symmetriebedingung wird also von Ganzlochwicklungen auch stets erfüllt.

Ganzlochwicklungen sind stets symmetrisch.

Wegen $t = p$ ist nach (1.1.11) $\alpha_n = \alpha_z$. Der Nutenspannungsstern der Ganzlochwicklung hat eine fortlaufende Bezifferung (s. Abschn. 1.1.2.2c, Bsp. 1, u. Bild 1.1.13a, S. 16).

1.2.1.5 Symmetrische Bruchlochwicklungen

Bruchlochwicklungen sind nicht von vornherein symmetrisch. Eine günstigere Formulierung der Symmetriebedingungen, die im Folgenden hergeleitet wird, gestattet eine Berücksichtigung der Symmetriebedingungen bereits beim ersten Schritt des Entwurfs einer Wicklung. Der erste Entwurfsschritt ist die Wahl der Nutzahl je Pol und Strang, d. h. der Lochzahl q, die nach einer überschlägigen Schätzung der Nutzahl erfolgt. Ausgangspunkt der genannten Herleitung ist die Zerlegung der Nutzahl je Pol und Strang in einen teilerfremden gemeinen Bruch entsprechend

$$q = \frac{z}{n}. \tag{1.2.9}$$

Dabei ist der Nenner n eine den Charakter und den Entwurfsgang einer Bruchlochwicklung bestimmende Größe.

a) Einhaltung der ersten Symmetriebedingung

Mit (1.2.9) geht die erste Symmetriebedingung für Einschichtwicklungen entsprechend (1.2.7a)

$$\frac{N}{2m} = pq = p\frac{z}{n} \in \mathbb{N}$$

über in die Bedingung

$$\frac{p}{n} \in \mathbb{N}, \tag{1.2.10a}$$

denn da z und n teilerfremd sind, kann n nur in p ganzzahlig enthalten sein. Man erkennt, dass die normalerweise als Ausgangsgröße des Entwurfs vorliegende Polpaarzahl p sofort die für n möglichen Werte festlegt.

n muss ein ganzzahliger Bruchteil der Polpaarzahl p sein.

Für Zweischichtwicklungen und Einschichtstabwicklungen gilt mit (1.2.7b)

$$\frac{N}{m} = 2pq = 2p\frac{z}{n} \in \mathbb{N},$$

und damit erhält man die Bedingung

$$\frac{2p}{n} \in \mathbb{N}. \tag{1.2.10b}$$

Die Beziehung (1.2.10b) zeigt wieder die größere Freiheit beim Entwurf der Zweischichtwicklung, da sie mehr mögliche Werte für n zulässt als (1.2.10a).

n muss ein ganzzahliger Bruchteil der Polzahl $2p$ sein.

So ist es z. B. unmöglich, für $p = 1$ eine Einschicht-Bruchlochwicklung auszuführen, da dann $n = 1$ sein muss, während eine Zweischicht-Bruchlochwicklung mit $n = 2$ möglich ist.

b) Einhaltung der zweiten Symmetriebedingung

Die Anwendung der zweiten Symmetriebedingung (1.2.8a,b) erfordert die Bestimmung der Zahl der Urverteilungen t als größten gemeinsamen Teiler von N und p. Dieser Teiler lässt sich aus den Beziehungen

$$N = 2pqm = 2mz\frac{p}{n} \quad \text{und} \quad p = n\frac{p}{n}$$

ermitteln. Bei $p/n \in \mathbb{N}$ nach (1.2.10a) ist p/n folglich ein Teiler von N und p. Da z und n teilerfremd sind, können weitere Teiler von N und p nur in $2m$ und n enthalten sein. Diese Teiler sollen allgemein mit c bezeichnet werden, und es gilt

$$t = c\frac{p}{n}. \tag{1.2.11}$$

Damit wird aus der zweiten Symmetriebedingung für normale Mehrphasensysteme nach (1.2.8a)

$$\frac{N}{mt} = \frac{2mz\frac{p}{n}}{mc\frac{p}{n}} = \frac{2z}{c} \in \mathbb{N}. \tag{1.2.12}$$

Tabelle 1.2.3 Symmetriebedingungen für Bruchlochwicklungen

$q = \frac{z}{n}$; z und n teilerfremd	
Wicklungsart	**Symmetriebedingung**
Einschichtwicklung	$\frac{p}{n} \in \mathbb{N}$
Zweischichtwicklung Einschichtstabwicklung	$\frac{2p}{n} \in \mathbb{N}$
alle	$\mathrm{ggT}\,\{n, m\} = 1$

Als Teiler von n kann c kein Teiler von z sein. Mithin sind für c nur die beiden Werte $c = 1$ und $c = 2$ möglich. Für reduzierte Mehrphasensysteme gilt mit (1.2.8b)

$$\frac{N}{2mt} = \frac{2mz\frac{p}{n}}{2mc\frac{p}{n}} = \frac{z}{c} \in \mathbb{N}. \tag{1.2.13}$$

Diese Beziehung lässt nur den Wert $c = 1$ zu.

Für normale Mehrphasensysteme gilt nach Abschnitt 1.2.1.1 bzw. Tabelle 1.2.2 $m \in \mathbb{U}$. Der Teiler $c = 2$ von $2m$ und n steckt also nicht in m. Für reduzierte Mehrphasensysteme gilt zwar $m \in \mathbb{G}$, aber dafür kann c nur den Wert 1 haben. Die zweite Symmetriebedingung lässt sich demnach ganz allgemein formulieren als

$$\mathrm{ggT}\,\{n, m\} = 1. \tag{1.2.14}$$

Für $m = 3$ darf n also nicht durch 3 teilbar sein. Aus den Bedingungen (1.2.10a) und (1.2.14) folgt: Wenn in p nur der Faktor 3 enthalten ist ($p = 3, 9, 27\ldots$), lässt sich keine Einschicht-Bruchlochwicklung ausführen, da die nach Bedingung (1.2.10a) notwendige Teilbarkeit von n durch 3 der Bedingung (1.2.14) widerspricht.

Für $m = 2$ darf n nicht durch 2 teilbar sein. Gilt $p = 2^x$, so lässt sich für $m = 2$ keine symmetrische Bruchlochwicklung ausführen, da nach Gl. (1.2.10a,b) n durch 2 teilbar sein müsste. Die zweite Symmetriebedingung resultiert aus den notwendigen Phasenbeziehungen zwischen den Strängen. Existiert nur *ein* Strang, so entfällt die Anwendung der zweiten Symmetriebedingung.

Für $m = 1$ lautet die zweite Symmetriebedingung entsprechend (1.2.8a) $N/mt = N/t \in \mathbb{N}$. Da t ein Teiler von N ist, ist diese Bedingung stets erfüllt. In Tabelle 1.2.3 sind die Symmetriebedingungen für Bruchlochwicklungen zusammengestellt.

c) Wicklungen mit freien Nuten

Nach Unterabschnitt b sind für bestimmte Polpaarzahlen normalerweise keine symmetrischen Einschicht-Bruchlochwicklungen ausführbar. Lässt man jedoch in diesem Fall einige Nuten unbewickelt (freie Nuten), so wird die Ausführung möglich. Von den Wicklungen, die aus Symmetriegründen freie Nuten haben, sind nur solche für $m = 3$ von Bedeutung. Im Folgenden sollen daher nur dreisträngige Einschicht-Bruchlochwicklungen behandelt werden.

Natürlich müssen die N_0 freien Nuten so auf die drei Stränge verteilt werden, dass sich für jeden Strang die gleiche Leiterverteilung ergibt. Die Zahl der freien Nuten muss also durch 3 teilbar sein, und der Nutenwinkel zwischen den einander entsprechenden freien Nuten der drei Stränge muss 120° betragen. Die erste Symmetriebedingung (1.2.7a) betrifft die Notwendigkeit einer gleichen Anzahl von Spulen pro Strang. Sie gilt demnach für die Zahl der bewickelten Nuten, d. h. sie lautet jetzt

$$\frac{N - N_0}{6} \in \mathbb{N}. \qquad (1.2.15)$$

Die zweite Symmetriebedingung (1.2.8a) resultiert aus dem relativen Abstand zwischen zwei Nuten, d. h. der Nutteilung, und der Polpaarteilung. Sie ist daher auf die gesamte Nutzahl anzuwenden entsprechend

$$\frac{N}{3t} \in \mathbb{N}. \qquad (1.2.16)$$

Demzufolge gilt auch die zweite Form (1.2.14) der zweiten Symmetriebedingung

$$\text{ggT}\,\{n, 3\} = 1.$$

Der Grund, weshalb unter Nutzung freier Nuten auch für $p = 1, 3, 9, 27\ldots$ eine Einschicht-Bruchlochwicklung ausführbar ist, liegt darin, dass (1.2.15) eine ungerade Nutzahl je Strang bei einer geraden Zahl bewickelter Nuten je Strang zulässt. Damit gelten die Beziehungen (1.2.7b) und (1.2.10b), was mindestens $n = 2$ ermöglicht. Auch für die übrigen Polpaarzahlen verdoppelt sich die Zahl möglicher Entwürfe.

Mit $N/3 \in \mathbb{U}$ fordert (1.2.15)

$$\frac{N_0}{3} \in \mathbb{U}. \qquad (1.2.17)$$

Meistens wählt man $N_0 = 3$, da größere Zahlen freier Nuten keinen weiteren Vorteil, wohl aber den Nachteil geringer Ausnutzung der vorhandenen Nuten mit sich bringen. Für Wicklungen mit freien Nuten und normaler Zonenbreite beträgt die mittlere Spulenzahl je Spulengruppe entsprechend (1.2.6a)

$$Q_\text{m} = \frac{k}{pm} = \frac{N - N_0}{2pm} = \frac{N}{2pm} - \frac{N_0}{2pm} = q - \frac{N_0}{2pm}. \qquad (1.2.18)$$

1.2.1.6 Urwicklungen

Im Unterabschnitt 1.1.2.2b, Seite 13, ist festgestellt worden, dass sich die Nutenverteilung einer Wicklung nach $p' = p/t$ Polpaaren wiederholt. Es gibt dann t elektrisch völlig gleichwertige Nutenverteilungen, von denen jede einen Zeigerkreis des Nutenspannungssterns, d. h. alle möglichen Phasenwinkel der Nutenspannungen, umfasst. Es liegt der Gedanke nahe zu klären, ob sich die Spulenseiten dieser t gleichwertigen Urverteilungen zu t gleichwertigen selbstständigen symmetrischen Wicklungsteilen schalten lassen. Das ist offensichtlich dann der Fall, wenn die N' Nuten jeder der t Urverteilungen die erste Symmetriebedingung erfüllen. Die zweite Symmetriebedingung braucht nicht überprüft zu werden. Sie bezieht sich ja auf die Zeigerverteilung im Nutenspannungsstern, und diese ist für jeden der t Zeigerkreise des Nutenspannungssterns, d. h. für jede der t Urverteilungen, dieselbe.

Wenn N'/m geradzahlig ist, dann lässt sich nach (1.2.7a,b) mit den N' Nuten sowohl eine Einschicht- als auch eine Zweischichtwicklung ausführen. Ist N'/m ungeradzahlig, so kann nur eine Zweischichtwicklung realisiert werden. Zur Ausführung einer Einschichtwicklung ist eine gerade Nutzahl je Strang erforderlich. Für den kleinsten selbstständigen symmetrischen Wicklungsteil einer Einschichtwicklung benötigt man dann also zwei der t Urverteilungen mit insgesamt $2N'$ Nuten.

Den kleinsten selbstständigen symmetrischen Wicklungsteil einer Strangwicklung nennt man *Urwicklung*. Die gesamte Strangwicklung ist, wenn sie nicht allein aus der Urwicklung besteht, eine Kombination (in Reihen- oder/und Parallelschaltung) solcher Urwicklungen. Daraus folgt, dass man beim Entwurf einer Strangwicklung nur die Urwicklung zu entwerfen braucht. Je nachdem, ob N'/m geradzahlig oder ungeradzahlig ist, unterscheidet man Urwicklungen erster Art und zweiter Art.

a) Urwicklung erster Art

Für die Urwicklung erster Art gilt

$$\frac{N'}{m} = \frac{N}{mt} \in \mathbb{G}. \tag{1.2.19}$$

Da c nach Unterabschnitt 1.2.1.5b kein Teiler von z ist, ergibt im Fall des normalen Mehrphasensystems nach (1.2.12) nur $c = 1$ eine gerade Zahl für N/mt. Abgesehen von den nach Unterabschnitt 1.2.1.5b nicht möglichen Werten von n entsprechend z. B. (1.2.14) erfordert $c = 1$ stets ungeradzahlige Werte für n. Mit

$$t = c\frac{p}{n} = \frac{p}{n}$$

entsprechend (1.2.11) wird nach (1.1.11), Seite 15,

$$\alpha_\mathrm{n} = \frac{p}{t}\alpha_\mathrm{z} = n\alpha_\mathrm{z}.$$

Reduzierte Mehrphasensysteme bilden stets Urwicklungen erster Art, da (1.2.13) nur geradzahlige Werte für N/mt zulässt. Außerdem gilt ebenfalls $c = 1$ und $n \in \mathbb{U}$.

Wie schon erwähnt, umfasst die Urwicklung erster Art genau $t^* = 1$ Urverteilung der Spulenseiten. Die Nutzahl N^* der Urwicklung erster Art ist daher gleich der Nutzahl $N' = N/t$, und die Polpaarzahl p^* der Urwicklung erster Art ist gleich der Polpaarzahl $p' = p/t$. Die gesamte Wicklung umfasst also t Urwicklungen erster Art. Damit hat die Urwicklung erster Art die Kennwerte (vgl. Tabelle 1.2.4)

$$N^* = N' = \frac{N}{t}, \quad p^* = p' = \frac{p}{t} = n, \quad t^* = 1. \tag{1.2.20}$$

Da $N^* \in \mathbb{G}$ und $p^* \in \mathbb{U}$ ist, wiederholt sich die Abfolge der Zahl von Spulen je Spulengruppe Q innerhalb der Urwicklung zweimal, jedoch mit jeweils entgegengesetztem Durchlaufsinn. Diese zwei Hälften können bei Bedarf einander parallelgeschaltet werden, so dass sich maximal $a_\mathrm{max} = 2t$ parallele Wicklungszweige ausführen lassen.

Mit ihren Kennwerten erfüllt die Urwicklung erster Art beide Symmetriebedingungen nach (1.2.7a,b) und (1.2.8a,b), denn es ergibt sich nach (1.2.19) ein ganzzahliger Wert für N/mt bzw. $N/2mt$.

b) Urwicklung zweiter Art

Das Kennzeichen der Urwicklung zweiter Art ist

$$\frac{N'}{m} = \frac{N}{mt} \in \mathbb{U}. \tag{1.2.21}$$

Nach (1.2.12) und (1.2.13) kann (1.2.21) nur von normalen Mehrphasensystemen und nur von $c = 2$, d. h. nur bei geradzahligem n, erfüllt werden. Damit ergibt sich nach (1.2.11)

Tabelle 1.2.4 Kennwerte von Urwicklungen

Kennzeichen	$\frac{N}{tm} \in \mathbb{G}$	$\frac{N}{tm} \in \mathbb{U}$	
Bezeichnung	Urwicklung 1. Art	Urwicklung 2. Art	
Nenner n	$\in \mathbb{U}$	$\in \mathbb{G}$	
Zahl der Urverteilungen t	$\frac{p}{n}$	$2\frac{p}{n}$	
Maximalzahl paralleler Wicklungszweige $a_{\max}$	$2t = 2\frac{p}{n}$	$t = 2\frac{p}{n}$	
Nutenwinkel α_{n}	$n\alpha_{\mathrm{z}}$	$\frac{n}{2}\alpha_{\mathrm{z}}$	
Wicklungsart	Einschichtwicklungen Zweischichtwicklungen	Einschicht-wicklungen	Zweischicht-wicklungen
Nutzahl der Urwicklung N^*	$\frac{N}{t}$	$2\frac{N}{t}$	$\frac{N}{t}$
Polpaarzahl der Urwicklung p^*	$\frac{p}{t} = n$	$2\frac{p}{t} = n$	$\frac{p}{t} = \frac{n}{2}$
Zahl der Urverteilungen je Urwicklung t^*	1	2	1

$$t = c\frac{p}{n} = 2\frac{p}{n}$$

und nach (1.1.11)

$$\alpha_{\mathrm{n}} = \frac{p}{t}\alpha_{\mathrm{z}} = \frac{n}{2}\alpha_{\mathrm{z}}.$$

Die normale Einschichturwicklung zweiter Art erfüllt die erste Symmetriebedingung nach (1.2.7a) nur, wenn man $t^* = 2$ und $N^* = 2N'$ wählt. Nur dann ist

$$\frac{N^*}{2m} = \frac{N'}{m} = \frac{N}{mt} \in \mathbb{N}.$$

Die Einschichturwicklung zweiter Art umfasst also zwei aufeinander folgende der t Urverteilungen. Ihre Kennwerte sind demzufolge

$$N^* = 2\frac{N}{t}, \quad p^* = 2\frac{p}{t} = n, \quad t^* = 2. \qquad (1.2.22)$$

Mit diesen Werten wird auch die zweite Symmetriebedingung nach (1.2.8a) erfüllt; es ist

$$\frac{N^*}{mt^*} = \frac{2N'}{2m} = \frac{N}{mt} \in \mathbb{N}.$$

Die Zweischichturwicklung zweiter Art erfüllt die erste Symmetriebedingung nach (1.2.7b) bereits mit der Nutzahl $N^* = N'$; es ist

$$\frac{N^*}{m} = \frac{N'}{m} = \frac{N}{mt} \in \mathbb{N}.$$

Ihre Kennwerte sind demnach

$$N^* = \frac{N}{t}, \quad p^* = \frac{p}{t} = \frac{n}{2}, \quad t^* = 1. \qquad (1.2.23)$$

Die zweite Symmetriebedingung (1.2.8a) wird ebenfalls erfüllt; es ist

$$\frac{N^*}{m} = \frac{N'}{m} = \frac{N}{mt} \in \mathbb{N}.$$

Wegen $N^* \in \mathbb{U}$ lassen sich maximal $a_{\max} = t$ parallele Wicklungszweige schalten.

In Tabelle 1.2.4 sind die Kennwerte von Urwicklungen zusammengestellt.

c) Ganzlochurwicklungen

Nach Abschnitt 1.2.1.4 gilt $t = p$. Die Urwicklung einer Ganzlochwicklung umfasst also stets ein Polpaar. Für normale Mehrphasensysteme ergibt damit die zweite Symmetriebedingung nach (1.2.8b)

$$\frac{N}{mt} = \frac{N}{mp} = 2q \in \mathbb{G},$$

was nach (1.2.19) das Kennzeichen einer Urwicklung erster Art ist. Entsprechend (1.2.20) gilt daher

$$N^* = \frac{N}{p}, \quad p^* = \frac{p}{p} = 1, \quad t^* = 1. \tag{1.2.24}$$

Da auch Ganzlochwicklungen für reduzierte Mehrphasensysteme nach Unterabschnitt a Urwicklungen erster Art bilden, gilt:

- Ganzlochurwicklungen sind stets erster Art;
- Ganzlochurwicklungen umfassen nur ein Polpaar.

1.2.2 Wicklungsentwurf

Beim Entwurf einer Wicklung mit ausgebildeten Strängen handelt es sich um die Aufgabe, die in den N Nuten liegenden Spulenseiten für gegebene Werte der Polpaarzahl p und der Strangzahl m unter Beachtung der geltenden Wicklungsgesetze und unter Einhaltung zusätzlicher Nebenbedingungen zur vollständigen Wicklung zusammenzuschalten. Diese Aufgabe umfasst die Schritte

- Aufteilung der Spulenseiten auf die Stränge,
- Schaltung der Spulenseiten zu Spulen,
- Schaltung der Spulen zu Spulengruppen,
- Schaltung der Spulengruppen zu Strängen.

Eine wesentliche Randbedingung beim Wicklungsentwurf ist die Einhaltung der im Abschnitt 1.2.1.3 formulierten Symmetriebedingungen.

Der für das elektrische Verhalten einer Wicklung entscheidende Schritt ist die Aufteilung der Spulenseiten auf die Stränge. Dieser Schritt stellt zugleich den schwierigsten Teil des Wicklungsentwurfs dar. Um ihn zu erleichtern, sind viele Entwurfsschemata entwickelt worden, die den raschen Entwurf aller komplizierten Wicklungen gestatten. Der Nachteil solcher Schemata ist jedoch, dass man zu ihrer Anwendung eine Reihe schematischer, mehr oder weniger anschaulicher Regeln kennen muss, wobei zumeist der Zusammenhang mit der tatsächlichen Wicklung verloren geht. Der Aufgabe eines Lehrbuchs entsprechend sollen in diesem Abschnitt Entwurfsverfahren behandelt werden, die den tatsächlichen Wicklungsaufbau klar erkennen lassen. Für komplizierte Wicklungen bedeuten die darzustellenden Verfahren zwar einen größeren Zeitaufwand, aber dieser wird durch die größere Anschaulichkeit gerechtfertigt. Das Gesagte gilt auch für den in der Praxis stehenden Berechner. Die gängigen Wicklungen vermag jeder Berechner ohne besondere Schemata zu entwerfen, und für die wenigen übrig bleibenden komplizierteren Fälle lohnt sich nicht der Aufwand des Erlernens eines Entwurfsschemas.

Der übersichtlicheren Darstellung wegen beschränken sich die folgenden Unterabschnitte auf Wicklungen mit ungerader Strangzahl m. Die entwickelten

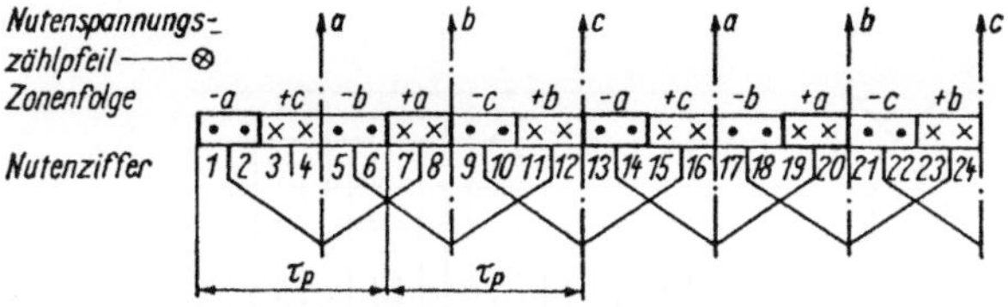

Bild 1.2.6 Zonenplan einer Einschicht-Ganzlochwicklung für $p = 2$, $m = 3$, $N = 24$, $q = 2$

Zusammenhänge sind jedoch mit geringen Anpassungen auf gerade Strangzahlen übertragbar.

1.2.2.1 Ganzlochwicklungen

Der Aufbau einer Ganzlochwicklung ist so einfach, dass die Aufteilung der Spulenseiten nach der im Abschnitt 1.2.1.2 behandelten Bildung der Zonen ohne Weiteres erfolgen kann. Jede Zone umfasst – abgesehen vom im Unterabschnitt b beschriebenen Sonderfall einer Ganzlochwicklung mit Zonenänderung – $Q = q$ Spulenseiten und gehört einem bestimmten Strang an. Entsprechend der Festlegung der positiven Zählrichtungen wird jeder Zone ein bestimmtes Vorzeichen zugeordnet, das sich auf die der Zone zugehörenden Spulenseiten überträgt. Die Darstellung der beschriebenen Zonenanordnung nennt man *Zonenplan* (s. Bilder 1.2.1 u. 1.2.4).

a) Einschichtwicklungen

Bild 1.2.6 zeigt den Zonenplan einer Einschicht-Ganzlochwicklung mit den Kennwerten $N = 24$, $p = 2$, $m = 3$. Die Zahl der Spulenseiten (bzw. der Nuten) je Zone ist nach (1.2.2)

$$Q = q = \frac{N}{2pm} = \frac{24}{2 \cdot 2 \cdot 3} = 2.$$

Entsprechend der gewählten Festlegung der positiven Zählrichtungen (s. Bild 1.1.14, S. 17) besteht die erste Zone aus $Q = q = 2$ *negativen Spulenseiten* bzw. *Nuten* des Strangs a. Es folgen zwei *positive Spulenseiten* bzw. *Nuten* des Strangs c usw. Für einen anderen Wert von $Q = q$ ändert sich die Zahl der Spulenseiten bzw. Nuten je Zone. Die Strangreihenfolge $-a, +c, -b, +a, -c, +b, -a, +c, -b, \ldots$ bleibt erhalten.

Nachdem sich aus dem Zonenplan die Verteilung der Spulenseiten ergeben hat, kann die Schaltung der Spulenseiten zu Spulen erfolgen. Das geschieht im *Wicklungsschema* (s. Bild 1.2.7), wobei man zunächst die 24 Nuten durch die entsprechenden Spulenseiten und Ziffern markiert. Dabei kann man der Übersichtlichkeit halber die negativen (linken) Spulenseiten durch ausgezogene, die positiven (rechten) Spulenseiten durch gestrichelte Linien darstellen. Je eine negative (linke) Spulenseite ist nunmehr mit je einer positiven (rechten) Spulenseite, die nach Abschnitt 1.1.2.3, Seite 16, etwa eine Polteilung entfernt ist, zu einer Spule zu verbinden. Bildet man Spulen gleicher Weite wie im Bild 1.2.7a, so muss man dabei m Zonen mit je $Q = q$ Nutteilungen überschreiten. Der Wicklungsschritt beträgt demnach unter Beachtung von (1.1.15), Seite 18, und (1.2.2)

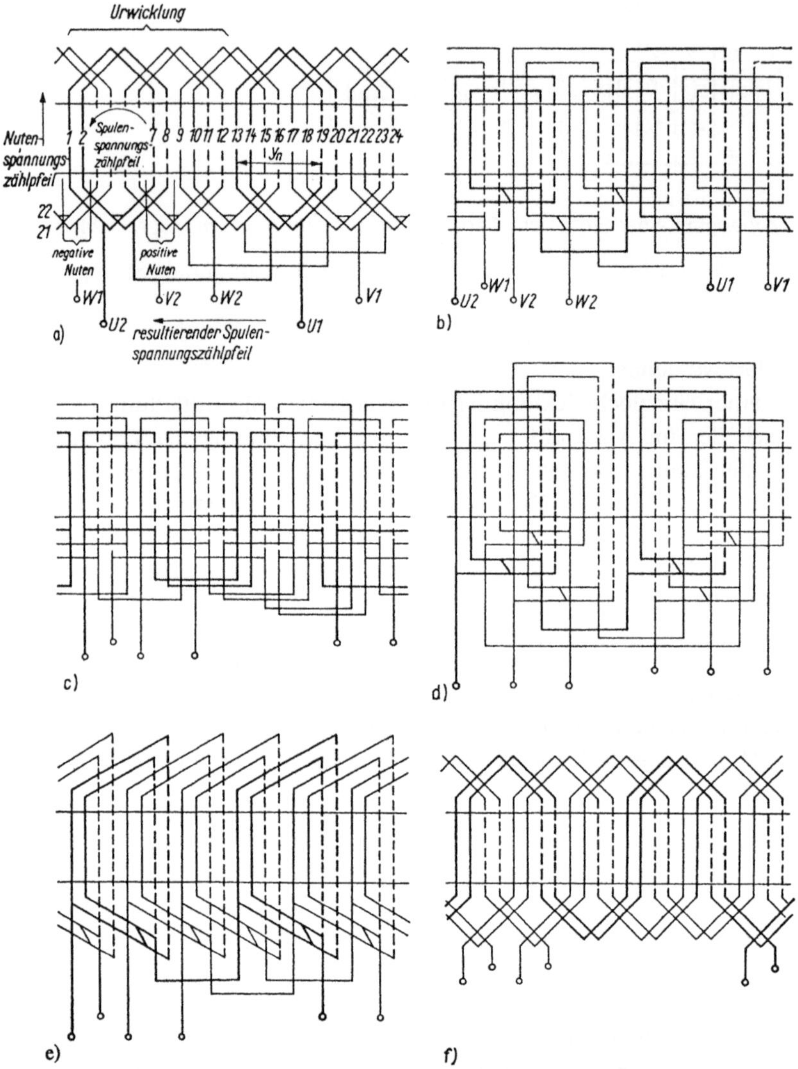

Bild 1.2.7 Beispiele von Wicklungsschemata der Einschichtwicklung für $p = 2, m = 3, N = 24, q = 2$ in unterschiedlicher Ausführung. a) Zylinder- oder Evolventenwicklung als Schleifenwicklung mit Spulen gleicher Weite; b) Zweiebenen-Schleifenwicklung mit Rechteckspulen; c) Dreiebenen-Schleifenwicklung mit geteilten Spulengruppen; d) Dreiebenen-Schleifenwicklung mit ungeteilten Spulengruppen; e) Trapezspulen-Schleifenwicklung mit gleich geformten Spulengruppen; f) Stab-Wellenwicklung

$$y = mq = \frac{N}{2p} = y_{\varnothing}. \tag{1.2.25}$$

Die Einschicht-Ganzlochwicklung ist stets eine Durchmesserwicklung. Daran ändert sich auch nichts, wenn man die Spulenseiten wie im Bild 1.2.7b zu einer Zweiebenenwicklung mit Rechteckspulen schaltet, so dass die Spulengruppen aus koaxialen Spulen bestehen. Der Begriff Durchmesserwicklung kennzeichnet das elektrische Verhalten der Wicklung, und das liegt mit der Verteilung der

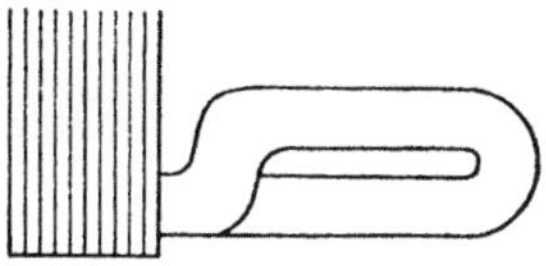

Bild 1.2.8 Wicklungskopf einer Einschicht-Zylinderwicklung mit Spulen gleicher Weite

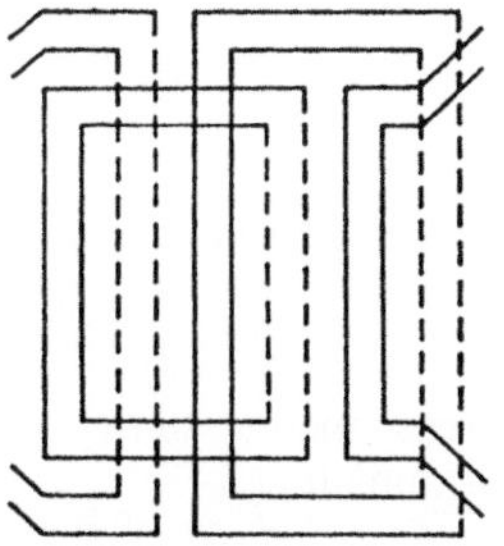

Bild 1.2.9 Zweiebenenwicklung mit gekröpfter Spulengruppe für $p = 1, m = 3, N = 12, q = 2$

Spulenseiten, die ja den Nutenspannungsstern bestimmt, fest. Bei der Rechteckspulenwicklung gibt es – abgesehen vom Trivialfall $Q = q = 1$ – immer Spulen, deren Wicklungsschritt vom Durchmesserschritt $y_{\varnothing}$ abweicht; im Mittel wirkt aber stets der Durchmesserschritt.

In den meisten Fällen schaltet man die Spulen einer Gruppe zur Bildung der Spulengruppe unmittelbar in Reihe. Nach Abschnitt 1.2.1.6 bildet jedes Polpaar der Ganzlochwicklung eine Urwicklung. Folglich sind alle Spulengruppen eines Strangs elektrisch gleichwertig. Sie können zur Strangbildung unter Berücksichtigung der positiven Zählrichtungen der Spulenspannungen parallel oder/und in Reihe geschaltet werden.

Bild 1.2.7 zeigt das Wicklungsschema der behandelten Einschicht-Ganzlochwicklung in sechs verschiedenen Schaltungsvarianten (s. auch Abschn. 1.1.1 u. Bild 1.1.8, S. 9). Diese sind bezüglich ihrer Wechselwirkung mit dem Luftspaltfeld identisch, da hierauf, wie bereits erwähnt, nur die Verteilung der Spulenseiten am Umfang Einfluss nimmt. Die Bezeichnung der Eingangsklemmen *U1*, *V1*, *W1* und der Ausgangsklemmen *U2*, *V2*, *W2* der drei Stränge *a*, *b* und *c* sind dabei dem Richtungssinn des resultierenden Zählpfeils der Spulenspannungen zugeordnet worden. Die Einschicht-Korbwicklung (s. Bild 1.2.7a u. f) hat den Nachteil, dass infolge der ungünstigen Kreuzungsverhältnisse im Wicklungskopf sofort nach dem Nutaustritt die zweite Ebene gebildet werden muss (s. Bild 1.2.8). Sie wird nur bei größeren Maschinen verwendet. Kleinere Maschinen werden vorwiegend mit einer Zweiebenenwicklung nach Bild 1.2.7b ausgeführt. Bei ungeraden Polpaarzahlen muss dabei eine Spulengruppe die Ebene wechseln. Sie wird als *gekröpfte Spulengruppe* ausgeführt (s. Bild 1.2.9). Der Vorteil der Trapezspulenwicklung nach Bild 1.2.7e beruht auf der günstigen Herstellung gleichgeformter Spulengruppen. Ihre Kreuzungsverhältnisse im Wicklungskopf sind günstiger als bei der Korbwicklung. Sie wird ebenfalls vorwiegend bei kleineren Maschinen angewendet. Wicklungen mit geteilten Spulengruppen nach Bild 1.2.7c und d bilden drei Ebenen. Sie haben kürzere Wicklungsköpfe, jedoch mehr Schaltverbindungen. Das bedeutet im Fall einer Spulenwicklung und besonders bei relativ großen Wicklungskopflängen wie im Fall zweipoliger Maschinen Einsparung an Wicklungsmaterial. Die Dreiebenenwicklung mit ungeteilten Spulengruppen hat den Vorteil, dass sie mechanisch

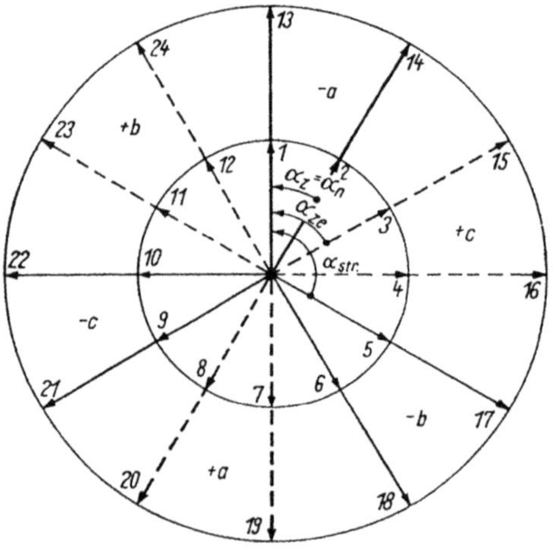

Bild 1.2.10 Nutenspannungsstern der Einschichtwicklung für $p = 2, m = 3, N = 24, q = 2, t = 2, N' = 12, \alpha_n = \alpha_z = 30°$

geteilt werden kann. Sie wird gern für große Langsamläufer vorgesehen, bei denen man aus Transportgründen Ständer und/oder Läufer zerlegbar herstellen muss. Wellenwicklungen mit ausgebildeten Strängen wendet man nur bei Stabwicklungen oder bei Mehrschicht-Steckwicklungen an. Sie haben den Vorteil der geringen Zahl von Schaltverbindungen, der besonders bei vielpoligen Maschinen zur Geltung kommt. Das beruht darauf, dass der zweite Wicklungskopf als Schaltverbindung wirkt. Im Fall der Spulenwicklungen ist das nicht möglich. Bei Wellenwicklungen sind die Spulen einer Spulengruppe nicht unmittelbar in Reihe geschaltet.

Bild 1.2.10 zeigt den Nutenspannungsstern der entworfenen Einschicht-Ganzlochwicklung. Seine Kennwerte (s. Tab. 1.1.2, S. 15) sind

Zahl der Zeigerkreise	$t = p = 2$,
Zahl der Zeigerstrahlen	$N' = N/t = N/p = 24/2 = 12$.

Wegen $t=p$ ist entsprechend (1.1.11) $\alpha_n = \alpha_z = 360° \cdot 2/24 = 30°$, und die Nutbezifferung ist fortlaufend ($p/t - 1 = 0$). Die Zugehörigkeit der einzelnen Nutenspannungszeiger zu den Zonen bzw. Strängen kann man entsprechend der Nutbezifferung aus dem Wicklungsschema übernehmen. Der Nutenspannungsstern der Einschicht-Ganzlochwicklung lässt Folgendes erkennen: Die gesamte Wicklung baut sich (wegen $p = 2$) aus zwei elektrisch völlig gleichwertigen Urwicklungen auf (s. Bild 1.2.7). Beide Urwicklungen können also strangweise parallelgeschaltet werden (Parallelschaltung der Spulengruppen).

Jedem Zeiger eines Strangs folgt um 180° verschoben ein Zeiger desselben Strangs, der zur Strangzone entgegengesetzten Vorzeichens gehört. Das ist das Kennzeichen einer Durchmesserwicklung.

Jeder der gleich breiten geometrischen Zonen im Wicklungsschema entspricht im Nutenspannungsstern eine *elektrische Zone* gleichen Zonenwinkels α_{ze} (s. Abschn. 1.2.1.1), die aus geschlossenen Bündeln zu je q Zeigern besteht. Es ist

$$\alpha_{ze} = q\alpha_n = \alpha_{zm} = \frac{\pi}{m}. \tag{1.2.26}$$

Für die entworfene Wicklung mit $m = 3$ gilt also $\alpha_{ze} = 60°$.

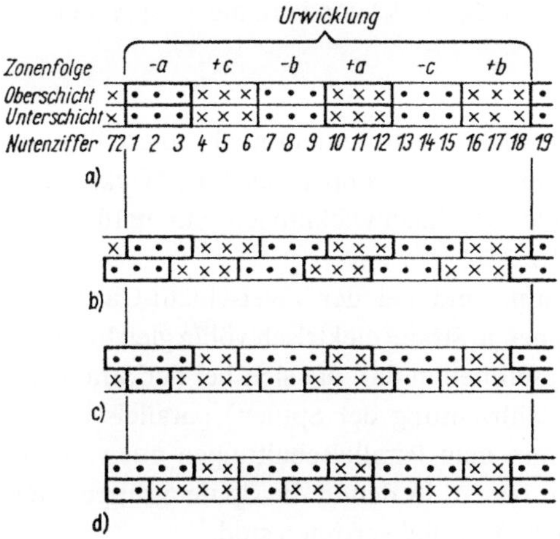

Bild 1.2.11 Zonenpläne der Zweischichtwicklung mit $p = 4$, $m = 3$, $N = 72$, $q = 3$ für eine Urwicklung.
a) Durchmesserwicklung;
b) gesehnte Wicklung;
c) Wicklung mit Zonenänderung;
d) doppelt gesehnte Wicklung

Der Winkel zwischen den Zeigerbündeln gleichen Vorzeichens aufeinander folgender Stränge ist der Strangwinkel α_{str}. Zwischen diesen beiden Zeigerbündeln liegt bei normalen Mehrphasensystemen, d. h. bei ungerader Strangzahl, immer ein Zeigerbündel mit entgegengesetztem Vorzeichen. Folglich wird

$$\alpha_{\text{str}} = 2\alpha_{\text{ze}} = 2q\alpha_{\text{n}} = \frac{2\pi}{m}.$$

Das ist derselbe Ausdruck, der sich nach (1.2.6a) ergibt. Mit $m = 3$ wird $\alpha_{\text{str}} = 120°$.

Eine Ganzlochwicklung kann auch über den Nutenspannungsstern entworfen werden. Man teilt den Nutenspannungsstern in $2m$ Zonen auf. Gegenüberliegende Zonen bilden die negative und positive Zone eines Strangs. Die Zonen gleichen Vorzeichens aufeinander folgender Stränge sind um den Strangwinkel α_{str} nach (1.2.6a,b) gegeneinander verschoben.

b) Zweischichtwicklungen

Wie schon im Abschnitt 1.2.1.2 angedeutet worden ist, muss beim Übergang zu einer Zweischichtwicklung jede Zone in eine Oberschicht- und eine Unterschichtzone aufgeteilt werden. Bei Durchmesserwicklungen liegen diese beiden Zonen im Zonenplan jeweils genau übereinander (s. Bild 1.2.11a). In Bezug auf das elektrische Verhalten besteht dann kein Unterschied zur Einschichtwicklung.

Wenn man die Wicklung gesehnt ausführt, ist die Spulenweite bzw. der Wicklungsschritt, d. h. der Abstand zwischen den linken (Oberschicht) und den rechten Spulenseiten (Unterschicht), kleiner als bei der Durchmesserwicklung. Die Verkleinerung des Wicklungsschritts um die Schrittverkürzung y_{v} (vgl. (1.2.25) u. (1.1.15), S. 18) auf

$$\boxed{y = y_{\varnothing} - y_{\text{v}} = mq - y_{\text{v}}} \qquad (1.2.27)$$

bedeutet eine gleichmäßige Verschiebung aller Unterschichtzonen nach links (s. Bild 1.2.11b).

Da es bezüglich der Wechselbeziehungen mit dem Luftspaltfeld gleichgültig ist, in welcher Schicht die Zonen angeordnet sind, erreicht man den gleichen Effekt durch eine Zonenänderung der Durchmesserwicklung (s. Bild 1.2.11c), indem man

Spulengruppen mit wechselnder Spulenzahl ($Q_a \neq Q_b$) vorsieht, die entsprechend

$$Q_m = \frac{Q_a + Q_b}{2} = q \qquad (1.2.28)$$

gewählt werden müssen. Sehnt man die Wicklung außerdem noch, so erhält man eine sog. *doppelt gesehnte Wicklung* (s. Bild 1.2.11d). Doppelt gesehnte Wicklungen werden praktisch nur noch als gesehnte Bruchlochwicklungen mit natürlicher Zonenänderung ausgeführt (s. Abschn. 1.2.2.2).

Wie man sich leicht überzeugen kann, sind bei der Zweischicht-Ganzloch-Urwicklung sogar die beiden Spulengruppen je Strang elektrisch völlig gleichwertig. Sie stellen somit die kleinsten Wicklungseinheiten dar, die sich bei der Strangbildung (unter Beachtung der positiven Zählrichtung der Spulen) parallelschalten lassen. Im Fall einer Zonenänderung kann man Parallelschaltungen nur vornehmen, wenn sich parallele Zweige bilden lassen, in denen die Spulengruppen der beiden Spulenzahlen Q_a und Q_b mit gleichem Anteil vertreten sind.

Die Zonenpläne im Bild 1.2.11 gelten für die Urwicklung einer Zweischicht-Ganzlochwicklung mit $N = 72$, $p = 4$, $m = 3$, $q = 72/(2 \cdot 4 \cdot 3) = 3$. Nach Abschnitt 1.2.1.6 sind Ganzlochurwicklungen stets erster Art. Die Kennwerte der vorliegenden Urwicklung sind nach (1.2.24)

$$N^* = \frac{N}{p} = \frac{72}{4} = 18, \quad p^* = 1, \quad t^* = 1.$$

Die gesamte Wicklung setzt sich aus vier derartigen Urwicklungen zusammen. Urwicklungen können – wie bereits gesagt – stets parallelgeschaltet werden. Der Entwurf der Urwicklung genügt.

Zweischichtwicklungen werden im Fall von Formspulenwicklungen vorzugsweise als Evolventenwicklungen ausgeführt. Im Läufer erscheinen diese stets als Zylinderwicklungen. Bild 1.2.12 zeigt die aus den Zonenplänen im Bild 1.2.11 gewonnenen Wicklungsschemata der Urwicklung. Zur besseren Übersicht zeichnet man die übereinanderliegenden Spulenseiten der beiden Schichten nebeneinander. Es wird vereinbart, die Unterschichtspulenseite links von der jeweiligen Oberschichtspulenseite anzuordnen. Der Wicklungsschritt der im Bild 1.2.12a als Durchmesserwicklung ausgeführten Wicklung beträgt nach (1.2.27) mit $y_v = 0$

$$y = y_\varnothing = mq = 3 \cdot 3 = 9.$$

Für die gesehnte Ausführung (s. Bild 1.2.11b) ist im Bild 1.2.12b $y_v = 1$ gewählt worden. Damit wird

$$y = mq - y_v = 3 \cdot 3 - 1 = 8.$$

Die Zonenänderung im Bild 1.2.12c ist so vorgenommen worden, dass sie ohne Berücksichtigung der Schichten die gleiche Spulenseitenverteilung wie die Sehnung ergibt (s. Bild 1.2.11b u. c). Damit erhält man die beiden Spulenzahlen je Spulengruppe zu $Q_a = 4$ und $Q_b = 2$, und (1.2.28) ist erfüllt mit $Q_m = (4 + 2)/2 = 3 = q$. Für die zweite Sehnung im Bild 1.2.12d ist ebenfalls $y_v = 1$ gewählt worden.

Bildet man nach erfolgter Zonenaufteilung die Spulen der Zweischichtwicklung, so stellt man fest, dass dabei Spulen entstehen, deren linke Spulenseiten positive Spulenseiten und deren rechte Spulenseiten negative Spulenseiten sind. Durchläuft man

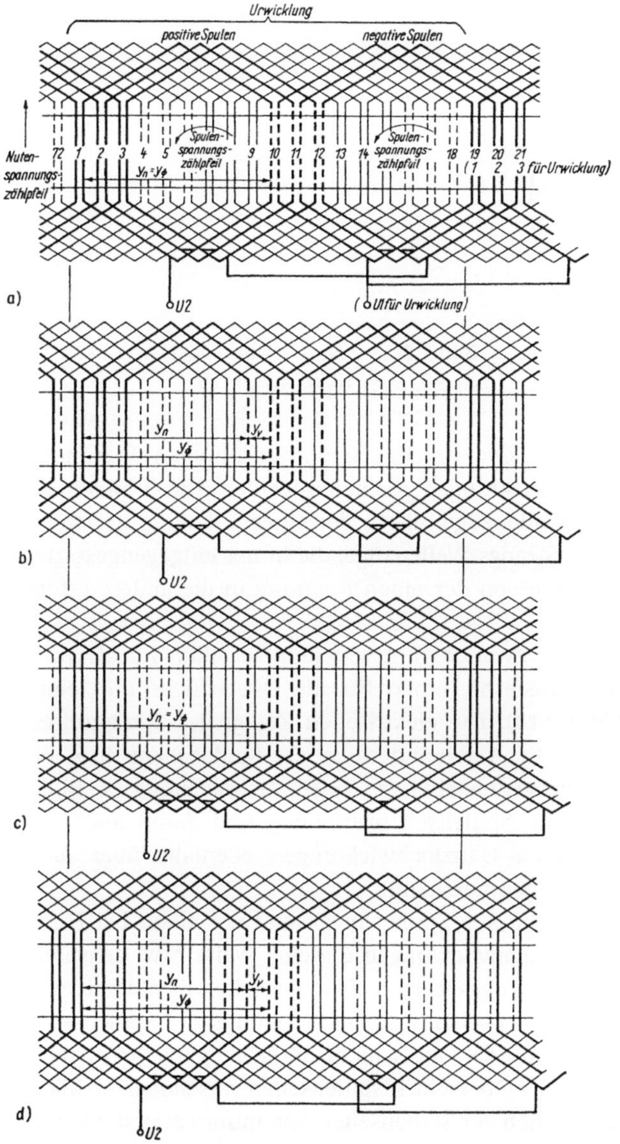

Bild 1.2.12
Wicklungsschemata der Zweischichtwicklung für $p = 4$, $m = 3$, $N = 72$, $q = 3$.
a) Durchmesserwicklung mit $y = y_\varnothing = 9$;
b) gesehnte Wicklung mit $y = y_\varnothing - y_v = 8$, $y_v = 1$;
c) Wicklung mit Zonenänderung mit $Q_a = 4$, $Q_b = 2$;
d) doppelt gesehnte Wicklung mit $Q_a = 4$, $Q_b = 2$ und $y = y_\varnothing - y_v = 8$

diese Spulen wie üblich von der positiven (gestrichelten) Spulenseite zur negativen (ausgezogenen) Spulenseite, so bewegt man sich gegen die im Bild 1.1.14, Seite 17, definierte positive Zählrichtung der Spulen, die für alle Spulen in der Rechtsschraubenzuordnung zu ihren radial gleich gerichteten Achsen verläuft. Im Gegensatz zu den bisher gebildeten Spulen, bei denen der genannte Durchlauf im Sinn der positiven Zählrichtung verläuft und die man deshalb auch *positive Spulen* nennt, treten demnach in der Zweischichtwicklung auch sog. *negative Spulen* auf. Bei der Strangbildung müssen diese Spulen natürlich so in den Strang eingefügt werden, dass im Zug des Strangs die positiven und negativen Spulenseiten der negativen Spulen in gleichem Sinn durchlaufen werden wie die der positiven Spulen (s. Bild 1.2.12).

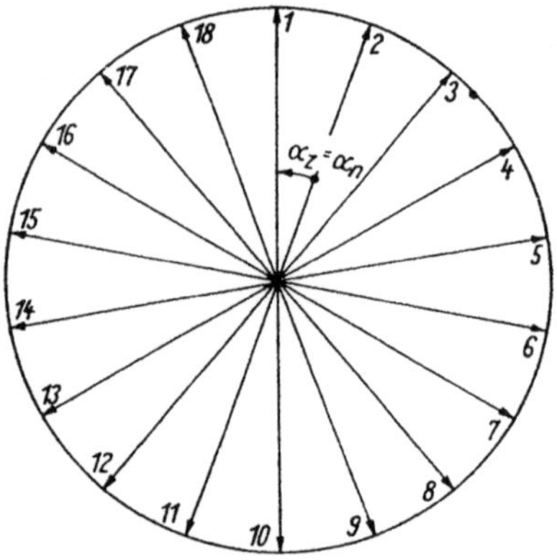

Bild 1.2.13 Nutenspannungsstern für $p^* = 1$, $N^* = 18$, $\alpha_n = \alpha_z = 20°$

Selbstverständlich können alle Zweischicht-Ganzlochwicklungen (besonders Stabwicklungen) auch als Wellenwicklungen geschaltet werden. Dabei bilden alle positiven Spulen jedes Strangs Wellenzüge, die in der einen Richtung umlaufen, und alle negativen Spulen jedes Strangs Wellenzüge, die in der entgegengesetzten Richtung umlaufen. Der Übergang von der einen Richtung in die andere erfolgt durch eine sog. *Umkehrverbindung* (s. Bild 1.2.22, S. 53).

Der Nutenspannungsstern der Zweischichturwicklung (s. Bild 1.2.13) führt auf zwei Spulenseiten-Spannungssterne, einen für die Oberschicht und einen für die Unterschicht (s. Bild 1.2.14). Die elektrischen Zonen der Spulenseiten-Spannungssterne zeigen die gleiche Aufeinanderfolge der Spulenseiten bzw. der Spulenseitenspannungen wie die geometrischen Zonen der Wicklung (s. Bilder 1.2.11 u. 1.2.12), so dass man die Spulenseitenverteilung und damit auch den Wicklungsentwurf von Zweischicht-Ganzlochwicklungen ebenfalls über diese Spulenseiten-Spannungssterne vornehmen kann.

Bei Zweischichtwicklungen haben alle Spulen meist und vor allem bei Hochspannungsmaschinen mit Formspulenwicklungen dieselbe Weite bzw. denselben Wicklungsschritt. Mit der Aufteilung der Oberschichtspulenseiten liegt damit auch die Aufteilung der Unterschichtspulenseiten fest. Die Verteilung der Spulenseiten der Unterschicht ist die gleiche wie die der Oberschicht. Sie ist lediglich um y Nutteilungen gegenüber der Verteilung der Oberschichtspulenseiten verschoben (s. Bilder 1.2.11 u. 1.2.12). Demzufolge hat auch der Spulenseiten-Spannungsstern der Unterschicht die gleiche Zeigerverteilung wie der der Oberschicht. Beide Zeigerverteilungen sind in Bezug auf zueinander gehörende Spulenseiten um den *Schrittwinkel*

$$\boxed{\eta = y\alpha_n = \pi - \eta_v} \tag{1.2.29}$$

gegeneinander verschoben, der gleich der Spulenweite in bezogenen Winkelkoordinaten nach (1.1.17), Seite 18, ist. Aus Bild 1.2.14 geht die Bedeutung des Sehnungswinkels η_v anschaulich hervor. Um diesen Winkel sind bei gesehnten Wicklungen die elektrischen Zonen der Unterschicht gegenüber den Zonen der Oberschicht mit gleichem Vorzeichen und gleicher Strangzugehörigkeit verschoben. Wegen der Gleichheit der Zeigerverteilung genügt die Zeichnung und Aufteilung des Spulenseiten-Spannungssterns der Oberschicht. Man nennt ihn kurz Nutenspannungsstern der Zweischichtwicklung.

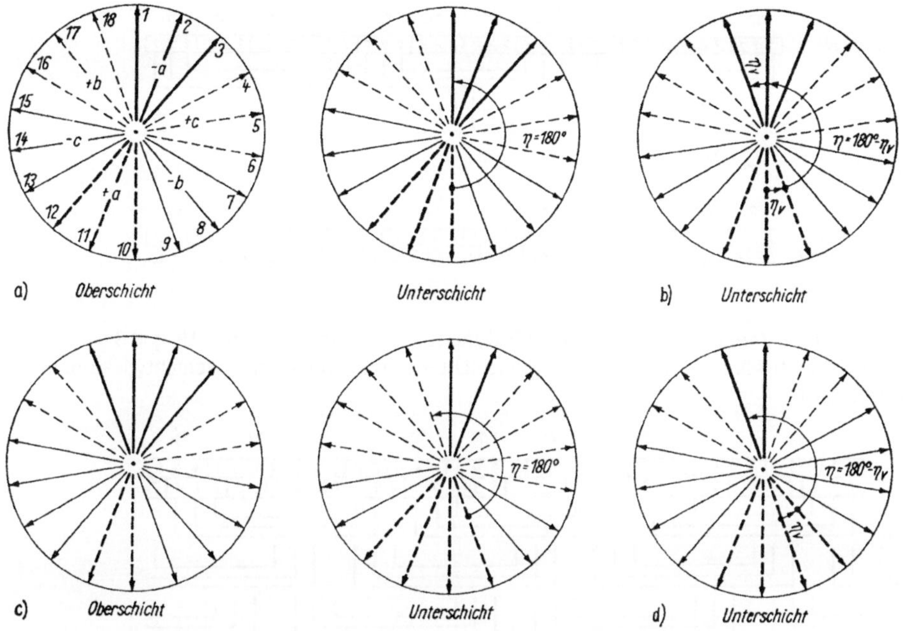

Bild 1.2.14 Spulenseiten-Spannungssterne der Zweischichturwicklung für $p^* = 1$, $m = 3$, $N' = N^* = 18$, $t^* = 1$, $q = 3$, $\alpha_n = \alpha_z = 20°$. a) Durchmesserwicklung mit $\eta = 180°$; b) gesehnte Wicklung mit $\eta = 180° - \eta_v = 160°$, Spulenseiten-Spannungsstern der Oberschicht wie a); c) Wicklung mit Zonenänderung; d) doppelt gesehnte Wicklung mit $\eta = 180° - \eta_v = 160°$, Spulenseiten-Spannungsstern der Oberschicht wie c)

Der Nutenspannungsstern der Urwicklung der behandelten Zweischicht-Ganzlochwicklung hat die Kennwerte:

Zahl der Zeigerkreise $\quad t^* = p^* = 1,$

Zahl der Zeigerstrahlen $\quad N' = N^*/t^* = N^* = 18.$

Wegen $t = p$ ist $\alpha_n = \alpha_z = 360° \cdot 1/18 = 20°$, und die Nutbezifferung ist fortlaufend (s. Bilder 1.2.13 u. 1.2.14).

c) Einziehwicklungen

Wie bereits im Abschnitt 1.1.1.2, Seite 5, angedeutet worden ist, werden bei der Inserter- oder Einziehtechnik mehrere vorgewickelte Spulengruppen in einem Arbeitsgang in die Nuten der Maschine eingezogen. Das erfordert eine bestimmte Flexibilität der Spulen, so dass sich nur Wicklungen aus Runddraht dafür eignen. Außerdem lassen sich nur kreuzungsfreie Spulen einziehen. Deshalb sind nur Rechteckspulen möglich, und es können nur aneinander grenzende Spulengruppen gleichzeitig eingezogen werden. Bild 1.2.15a zeigt eine dreisträngige Einschicht-Einziehwicklung für gerade Polpaarzahlen.

Man erkennt, dass mit dem ersten Einzug bereits die halbe Wicklung eingezogen ist. Um $2q = N/pm$ Nuten versetzt erfolgt der zweite Einzug. Es entsteht eine Zweiebenenwicklung. Zieht man über dieser Einschichtwicklung eine zweite, gegenüber der ersten um y_v Nuten verschobene Einschichtwicklung ein, so entsteht eine zweischichtige Wicklung mit vier Ebenen, die einer gesehnten Zweischicht-

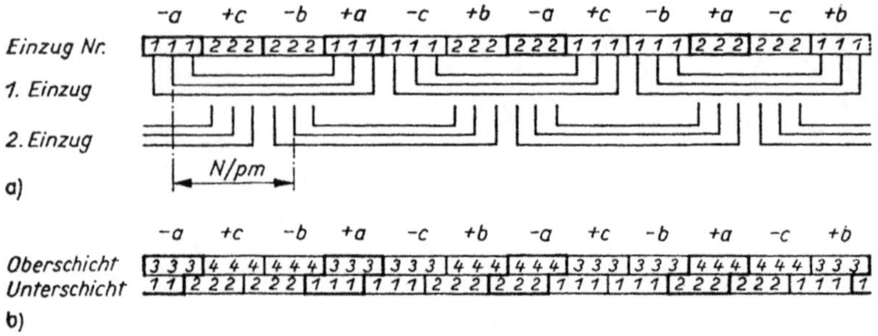

Bild 1.2.15 Zonenpläne der Einziehwicklung für $p \in \mathbb{G}$, $m = 3$, $N/p = 18$, $q = 3$.
a) Einschichtwicklung; b) gesehnte Zweischichtwicklung, aus zwei Einschichtwicklungen hergestellt

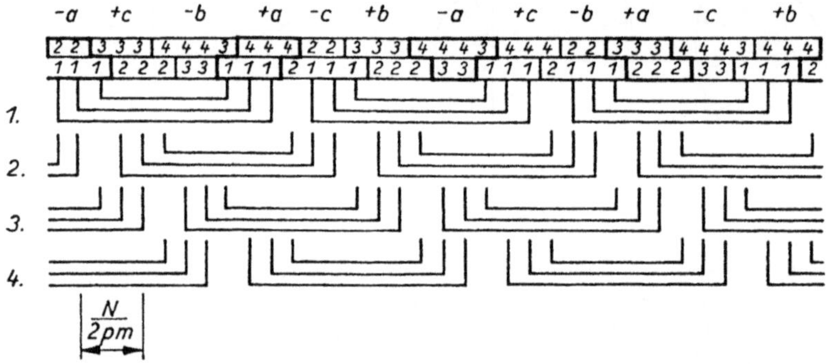

Bild 1.2.16 Zonenplan der gesehnten Zweischicht-Einziehwicklung für $p \in \mathbb{G}$, $m = 3$, $N/p = 18$, $q = 3$

wicklung entspricht (s. Bild 1.2.15b). Eine gesehnte Zweischichtwicklung mit echten gesehnten Spulen ($y < y_{\varnothing}$) ist im Bild 1.2.16 dargestellt, wobei allerdings der zweite und dritte Einzug sowohl in die Unter- als auch in die Oberschicht erfolgen, so dass in den Wicklungsköpfen eine gewisse ‚Unordnung' entsteht. Der Versatz der einzelnen Einzüge beträgt $q = N/2pm$ Nuten.

Voraussetzung für das Einziehen der Wicklungsanordnungen nach den Bildern 1.2.15 und 1.2.16 ist eine gerade Zahl von Spulengruppen, d. h. für ungerade Strangzahl eine gerade Polpaarzahl. Sind m und p ungerade, oder sollen geteilte Spulengruppen eingezogen werden, so kann die Wicklung nur strangweise mit einer Verschiebung von $q = N/2pm$ Nuten eingezogen werden (s. Bild 1.2.17). Das erfordert bei einer dreisträngigen Einschichtwicklung drei Einzüge und bei einer Zweischichtwicklung sechs Einzüge. Dabei entstehen drei bzw. sechs Wicklungskopfebenen.

Prinzipiell ist auch das Einziehen von Bruchlochwicklungen möglich.

d) Mehrschicht-Steckwicklungen

Mehrschicht-Steckwicklungen sind, wie bereits im Abschnitt 1.1.1.2 angedeutet worden ist, eine vergleichsweise neue Wicklungstechnologie, die auch für in Großserie gefertigte mittelgroße Maschinen, wie sie als Antriebe von Elektrofahrzeugen benötigt werden, einen vollautomatischen Wickelprozess ermöglicht. Sie werden oft auch als *Haarnadelwicklungen* oder *Hairpin-Wicklungen* bezeichnet. Die in

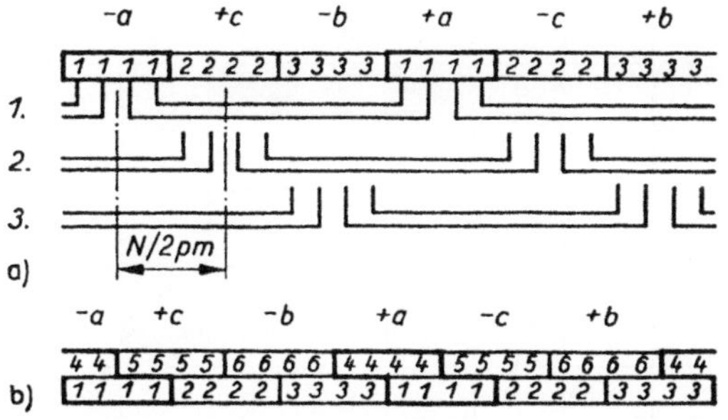

Bild 1.2.17 Zonenpläne der Einziehwicklung für $p \in \mathbb{U}$, $m = 3$, $N/p = 18$, $q = 3$.
a) Einschichtwicklung; b) gesehnte Zweischichtwicklung, aus zwei Einschichtwicklungen hergestellt

halb geschlossenen, meist parallelflankigen Nuten angeordneten Rechteckleiter (s. Bild 1.1.6b) ermöglichen einen hohen Nutfüllfaktor und besitzen damit neben einem geringen Gleichstromwiderstand auch eine gute Abfuhr der Verlustwärme zum Blechpaket hin. Die einzelnen Wicklungselemente (s. Bild 1.1.6a), die auch als Haarnadeln oder U-Pins bezeichnet werden, werden axial in die Nuten eingeschoben. Dabei ist ein Spulenkopf bereits fertig geformt. Die Seite, aus der die Wicklungselemente eingeschoben werden, wird als Steckseite bezeichnet (s. Bild 1.1.6c). Der Wicklungskopf auf der gegenüberliegenden Seite, der sog. Schweißseite, wird nach dem Einschieben aller Wicklungselemente maschinell geformt, und die Wicklungselemente werden durch Laserschweißen oder andere Verbindungstechniken zu den parallelen Zweigen verbunden.

Da die Leiterhöhe zur Begrenzung der Stromverdrängung (s. Kap. 5) das Eindringmaß nach (6.5.8) bei der maximalen Speisefrequenz nicht wesentlich überschreiten sollte, ist es erforderlich, pro Nut mehr als zwei Leiter übereinander anzuordnen, so dass die Zahl der Wicklungsschichten in der Regel im Bereich von vier bis zehn liegt. Damit bestehen grundsätzlich deutlich mehr Möglichkeiten zur Zonenbildung und zur Sehnung als bei Zweischichtwicklungen. Um die Zahl der Schaltverbindungen möglichst gering zu halten, ist eine Ausführung als Wellenwicklung von Vorteil, so dass lediglich ein oder zwei Umkehrverbinder je parallelem Zweig erforderlich sind.

Ein Paar übereinanderliegender Schichten wird als Korb bezeichnet. Die einzelnen Körbe sind in der Regel ungesehnt. Eine Sehnung der gesamten Wicklung lässt sich dann auf einfache Weise dadurch erreichen, dass die Körbe gegeneinander um eine oder zwei Nutteilungen verschoben werden. Die Wechselbeziehungen mit dem Luftspaltfeld gleichen damit denen einer gesehnten oder auch ungesehnten Zweischichtwicklung. Auch kompliziertere Formen der Sehnung sind grundsätzlich möglich, wie z. B. eine sog. Z-Sehnung, bei der bereits die einzelnen Körbe gesehnt sind, oder eine mehrstufige Sehnung, mit der sich noch feiner abgestufte Durchflutungsverteilungen erreichen lassen als mit einer Zweischichtwicklung; diese Formen werden aber nur selten ausgeführt.

Wenn mehrere parallele Zweige je Strang ausgeführt werden sollen, so muss zur Vermeidung von Kreisströmen zwischen den parallelen Zweigen darauf geachtet werden, dass die Zweige sowohl in Bezug auf die Wechselwirkungen mit dem Luftspaltfeld als auch in Bezug auf ihre Streuinduktivität und die Stromverdrängung (s. Kap. 5) symmetrisch sind. Alle Zweige müssen somit sowohl den

	Nut	1	2	⋯	7	8	⋯	13	14	⋯	19	20	⋯
	1	1	1	⋯	24	24	⋯	3	3	⋯	22	22	⋯
	2	21	21	⋯	2	2	⋯	23	23	⋯	4	4	⋯
Schicht	3	5	5	⋯	20	20	⋯	7	7	⋯	18	18	⋯
	4	17	17	⋯	6	6	⋯	19	19	⋯	8	8	⋯
	5	9	9	⋯	16	16	⋯	11	11	⋯	14	14	⋯
	6	13	13	⋯	10	10	⋯	15	15	⋯	12	12	⋯
		$-a$	$-a$	$+c, -b$	$+a$	$+a$	$-c, +b$	$-a$	$-a$	$+c, -b$	$+a$	$+a$	$-c, +b$

Bild 1.2.18 Ausschnitt aus einem Nutenbelegungsplan einer Sechsschicht-Steckwicklung mit $m = 3$, $N = 24$, $p = 2$, $q = 2$ und $a = 2$ (hellgrau: Zweig 1 des Strangs a; dunkelgrau: Zweig 2 des Strangs a

gleichen Nutenspannungsstern besitzen als auch die gleiche Zahl von Leitern pro Wicklungsschicht. Der Entwurf von Mehrschicht-Steckwicklungen erfolgt daher auf Basis sog. Nutenbelegungspläne (s. Bild 1.2.18), in denen zunächst alle Möglichkeiten zur Aufteilung der Einzelleiter auf die Stränge und die parallelen Zweige sowie zur Reihenfolge der Hintereinanderschaltung innerhalb der Zweige ermittelt werden. Dabei wird für jeden Leiter festgelegt, der wievielte Leiter in der Hintereinanderschaltung welches parallelen Zweigs von welchem Strang er ist. Aus diesen Möglichkeiten werden dann diejenigen ausgewählt, die die oben genannten Anforderungen an die Symmetrie bezüglich des Luftspaltfelds, der Streuinduktivität und der Stromverdrängung erfüllen und die die geringste Zahl an Schaltverbindungen und die geringste Zahl verschieden geformter Wicklungselemente erfordern [2, 3]. Zudem sollten die Anfangs- und die Endpunkte der parallelzuschaltenden Zweige möglichst nah beieinander liegen, und zur Vermeidung von Schwierigkeiten beim Formen des schweißseitigen Wicklungskopfs und beim Schweißprozess sollten möglichst alle Wicklungsschritte auf der Schweißseite gleich sein.

In der Regel lassen sich mehrere dutzend oder sogar einige hundert Nutenbelegungspläne finden, die alle genannten Anforderungen erfüllen und die im interessierenden Bereich der Speisefrequenzen praktisch dieselben Eigenschaften besitzen. Zwischen diesen vordergründig gleichen Wicklungsvarianten können jedoch gravierende Unterschiede in Bezug auf die transiente Potentialverteilung bestehen, die sich aufgrund der hohen Spannungsgradienten der speisenden Wechselrichter innerhalb der Wicklung ergibt (s. Bd. *Theorie elektrischer Maschinen*), und damit in Bezug auf die elektrische Beanspruchung der Windungsisolierung und der Hauptisolierung. Einzelheiten zu dieser komplexen Thematik können z. B. [4] entnommen werden.

Aufgrund der variablen Formgebung der einzelnen Wicklungselemente lassen sich bei Mehrschicht-Steckwicklungen auch ungerade Schichtzahlen ausführen, bei denen dann der radial außen liegende Korb eine Einschichtwicklung ist. Teils werden anstelle der U-Pins auch gerade Einzelleiter (sog. I-Pins) als Wicklungselemente genutzt, so dass nach dem Einschieben der Leiter beide Wicklungsköpfe geformt und verschweißt werden müssen, oder es werden sog. kontinuierliche Haarnadelwicklungen ausgeführt, bei denen zur Verringerung des Verbindungsaufwands ein wellenförmiger Zug aus mehreren Windungen vorgefertigt und dann eingelegt wird. Streng genommen ist dies aber keine Steckwicklung, und die einzelnen Wicklungselemente sind keine U-Pins oder Haarnadeln. Der geringere Verbindungsaufwand wird dann durch einen höheren Aufwand beim Biegen der wellenförmigen Leiterzüge und beim Einlegen der Wicklung erkauft.

e) Harmonische von Ganzlochwicklungen

Wie im Abschnitt 1.2.3.4, Seite 82, gezeigt wird, bildet ein Strang einer Ganzlochwicklung nur ungeradzahlige Harmonische $\nu = \nu'/p \in \mathbb{U}$ der Durchflutungsverteilung aus. Bei symmetrisch gespeisten mehrsträngigen Wicklungen fehlen außerdem diejenigen Harmonischen, deren Ordnungszahl ein Vielfaches der Strangzahl ist, da sie infolge der räumlichen Verschiebung der Stränge um den Winkel $2\pi/m$ von allen Strängen räumlich gleichphasig erregt werden und sich daher ebenso wie die Strangströme zu Null überlagern. Bei symmetrisch gespeister Wicklung entstehen so nur Durchflutungswellen, deren Feldwellenparameter der Beziehung

$$\tilde{\nu}' = p(1 + 2mg) \quad \text{mit} \quad g \in \mathbb{Z} \tag{1.2.30a}$$

genügen. Eine Ausnahme hiervon bilden Wicklungen mit Zonenänderung (einschließlich deren Grenzfall der Wicklungen mit doppelter Zonenbreite), die, wie im Unterabschnitt 1.2.3.4c, Seite 83, gezeigt wird, je nach Sehnung auch geradzahlige Harmonische ausbilden können ($\nu = \nu'/p \in \mathbb{N}$) und deren Feldwellenparameter bei symmetrischer Speisung der Bedingung

$$\tilde{\nu}' = p(1 + mg) \quad \text{mit} \quad g \in \mathbb{Z} \tag{1.2.30b}$$

genügen.

1.2.2.2 Bruchlochwicklungen

Im Prinzip erfolgt die Aufteilung der Spulenseiten der Bruchlochwicklungen ebenfalls entweder über den Zonenplan oder über den Nutenspannungsstern. Im Abschnitt 1.2.1.1, Seite 20, ist bereits angedeutet worden, dass bei Bruchlochwicklungen die Zahl Q der Spulen in den einzelnen Spulengruppen wegen $q \notin \mathbb{N}$ unterschiedliche Werte annehmen muss. Damit entstehen zwangsweise unterschiedliche Zonenbreiten bzw. ergibt sich eine natürliche Zonenänderung. Es gilt

$$Q \neq Q_{\mathrm{m}} = q \notin \mathbb{N}.$$

Der notwendige Wert von q kann nur als Mittelwert Q_{m} der verschiedenen Anzahlen von Q Spulen je Spulengruppe realisiert werden. Dabei ergibt jede Abweichung des Werts Q von q eine Störung des vollkommen symmetrischen Wicklungsaufbaus, wie er bei Ganzlochwicklungen ohne Zonenänderung vorliegt. Es wird später gezeigt werden, dass diese Störung eine Reihe nachteiliger Folgen hat. Man lässt deshalb die Anzahl Q von Spulen der einzelnen Spulengruppen nur um eine Spule variieren. Setzt man entsprechend (1.2.9)

$$q = \frac{z}{n} = g + \frac{z'}{n}, \tag{1.2.31}$$

wobei g eine natürliche Zahl darstellt, z' und n teilerfremd sind und $z' < n$ ist, so erhält man $Q_{\mathrm{m}} = q$, wenn man von jeweils n Spulengruppen z' Spulengruppen mit

$Q_a = g+1$ Spulen und $n-z'$ Spulengruppen mit $Q_b = g$ Spulen vorsieht entsprechend

$$Q_m = \frac{1}{n}\sum_{k=1}^{n} Q_k = \frac{z'(g+1)+(n-z')g}{n} = g + \frac{z'}{n} = q. \tag{1.2.32}$$

Wie leicht einzusehen ist, erhält man einen möglichst symmetrischen Wicklungsaufbau dann, wenn sich die Aufeinanderfolge der Spulengruppen mit Q_a und mit Q_b entlang des Umfangs so oft wie möglich wiederholt, d. h. wenn die Spulengruppen mit Q_a Spulen bzw. die mit Q_b Spulen möglichst gleichmäßig über den Umfang verteilt werden. Die günstigsten Verhältnisse liegen bei $n = 2$ vor, da man dann Q von Spulengruppe zu Spulengruppe wechseln lassen kann (s. Bild 1.2.50a, S. 98).

Zur Erfüllung von (1.2.32) sind n Spulengruppen je Strang nötig, denn $Q_m = q$ muss für jeden Strang realisiert werden. Damit beträgt die erforderliche Spulenzahl einer Urwicklung unter Beachtung von (1.2.2), (1.2.20) und (1.2.22) bei einer Einschichtwicklung

$$Q_m nm = qp^* m = \frac{N^*}{2} \tag{1.2.33}$$

und bei einer Zweischichtwicklung

$$2Q_m nm = 2qp^* m = N^*. \tag{1.2.34}$$

Da Einschicht-Bruchlochwicklungen heute im Wesentlichen in der Sonderausführung als Zahnspulenwicklung mit Zwischenzahn (s. Abschn. 1.2.2.3g, S. 69) von Bedeutung sind, beschränken sich die folgenden Betrachtungen auf Zweischicht-Bruchlochwicklungen. Andere Einschicht-Bruchlochwicklungen können grundsätzlich auf einfache Weise aus Zweischicht-Bruchlochwicklungen abgeleitet werden, indem die Spulenseiten der Ober- und der Unterschicht jeweils in zwei getrennten, nebeneinanderliegenden Nuten angeordnet werden. Es sind aber auch Varianten ausführbar, die komplizierteren Bildungsgesetzen unterliegen (s. z. B. [5], Abschn. 4.1).

Jede Spule einer Zweischichtwicklung besitzt eine Spulenseite in der Oberschicht und eine in der Unterschicht. Sie sind stets so ausführbar, dass alle Spulen die gleiche Weite haben. Bei der Aufteilung der linken Spulenseiten braucht dann auf die rechten Spulenseiten keine Rücksicht genommen zu werden, da diese im Gegensatz zur Einschichtwicklung stets den der Spulenweite entsprechenden Platz in der anderen Schicht finden. Es wird angenommen, dass die linken Spulenseiten in der Oberschicht liegen. Für diese Oberschichtspulenseiten gilt vereinbarungsgemäß der Nutenspannungsstern der Zweischichtwicklung (s. Abschn. 1.2.2.1b). Da ferner der Nutenspannungsstern der Zweischicht-Bruchlochurwicklung stets nur einen Zeigerkreis hat und damit auch nicht das Problem eventuell unterschiedlicher Zeigeraufteilungen zweier Zeigerkreise auftritt, bereitet es keine Schwierigkeiten, die Aufteilung der Spulenseiten der Zweischicht-Bruchlochwicklung völlig symmetrisch mit Hilfe des Nutenspannungssterns der Urwicklung vorzunehmen. Man bildet dazu für die einzelnen Stränge symmetrisch verteilte, geschlossene Zeigerbündel, da eine solche Aufteilung die geringste Abweichung der Zonen- und Durchflutungsverteilung vom Fall der Ganzlochwicklung ergibt.

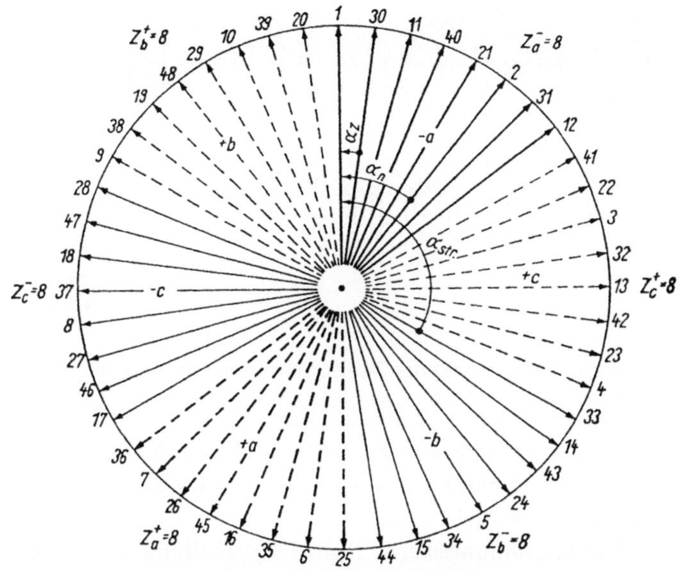

Bild 1.2.19 Nutenspannungsstern der Zweischichturwicklung erster Art für $p^* = 5$, $m = 3$, $N' = N^* = 48$, $q = 1\frac{3}{5}$, $t^* = 1$, $\alpha_n = 5\alpha_z = 37\frac{1}{2}°$

a) Zweischicht-Bruchlochurwicklungen erster Art

Kennzeichen einer Zweischicht-Bruchlochurwicklung erster Art ist nach (1.2.19)

$$\frac{N'}{m} = \frac{N^*}{m} = \frac{N}{mt} \in \mathbb{G}.$$

Daher ist eine Aufteilung der Zeiger des Nutenspannungssterns in Form gleich großer Zeigerbündel bzw. gleich großer elektrischer Zonen möglich. Als Beispiel soll eine Wicklung mit den Kennwerten $N = 192$, $p = 20$, $m = 3$, $q = 1\frac{3}{5}$, $n = 5 \in \mathbb{U}$ und damit entsprechend $N^* = 48$, $p^* = 5$, $t^* = 1$ entworfen werden. Der zugeordnete Nutenspannungsstern der Urwicklung im Bild 1.2.19 hat die Kennwerte

Zahl der Zeigerkreise	$t^* = 1$
Zahl der Zeigerstrahlen	$N' = N^*/t^* = 48$
Nutenwinkel	$\alpha_n = 360° p^*/N^* = 37{}^1\!/_2°$
Zeigerwinkel	$\alpha_z = 360° t/N^* = 360°/48 = 7{}^1\!/_2°$
Bezifferungssprung	$p^*/t^* - 1 = 4.$

Wegen $t^* = 1$ ist die Zahl der Zeigerstrahlen N' gleich der Zahl der Zeiger N^*, und auf jeden Strang entfallen $N^*/m = 48/3 = 16$ Zeiger, die in Z^- negative Zeiger (negative Spulenseiten bzw. Spulenseiten der negativen Zone) und Z^+ positive Zeiger (positive Spulenseiten bzw. Spulenseiten der positiven Zone) aufgeteilt werden müssen. Bei Urwicklungen erster Art ist die Zahl der Zeiger je Strang N^*/m nach (1.2.19) gerade. Für den Normalfall, dass keine Zonenänderung vorgesehen ist, kann man also stets $Z^+ = Z^-$ wählen, d. h. es lassen sich völlig gleiche elektrische Zonen bilden. Für die vorliegende Wicklung ist $Z^+ = Z^- = 8$. Entsprechend der normalen Zonenfolge $-a, +c, -b, +a, -c, +b$ (s. Abschn. 1.2.2.1, S. 35) bildet man

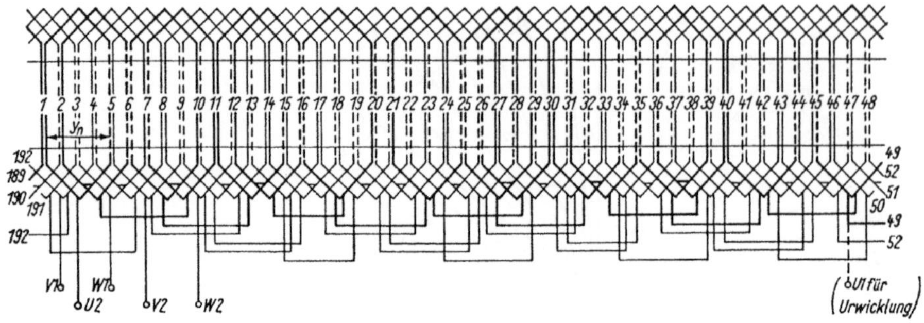

Bild 1.2.20 Wicklungsschema einer Urwicklung der Zweischicht-Bruchlochwicklung für $p = 20$, $m = 3$, $N = 192$, $q = 1\frac{3}{5}$

im Nutenspannungsstern Zonen aus jeweils acht Zeigern. Zunächst zählt man dazu $Z^- = 8$ Zeiger für die Zone $-a$ ab, danach $Z^+ = 8$ Zeiger für die Zone $+c$, dann $Z^- = 8$ Zeiger für die Zone $-b$ usw. (s. Bild 1.2.19).

Mit der Aufteilung des Nutenspannungssterns liegt die Aufteilung der Oberschichtspulenseiten im Wicklungsschema fest. Die Lage der Unterschichtspulenseiten ergibt sich nach dem gewählten Wicklungsschritt. Für Bruchlochwicklungen ist der Durchmesserschritt nach (1.2.25) wegen $q \notin \mathbb{N}$ nicht ausführbar. Für das betrachtete Beispiel wird

$$y_\varnothing = mq = 3 \cdot 1\frac{3}{5} = 4\frac{4}{5} \notin \mathbb{N}.$$

Wählt man z. B. eine Schrittverkürzung $y_v = 4/5$, so erhält man einen ganzzahligen, d. h. ausführbaren Wicklungsschritt von

$$y = mq - y_v = 4\frac{4}{5} - \frac{4}{5} = 4.$$

Zweischicht-Bruchlochwicklungen sind also stets gesehnte Wicklungen.

Im Wicklungsschema (s. Bild 1.2.20) liegt entsprechend dem Wicklungsschritt $y = 4$ die Unterschichtspulenseite (rechte Spulenseite) jeder Spule vier Nutteilungen von der Oberschichtspulenseite (linke Spulenseite) entfernt. Es entstehen in jedem Strang sechs Spulengruppen mit je zwei Spulen und vier Spulengruppen mit je einer Spule, und der Mittelwert wird wie erforderlich

$$Q_m = \frac{1}{10}(6 \cdot 2 + 4 \cdot 1) = \frac{16}{10} = 1\frac{3}{5} = q.$$

Bei der Strangbildung müssen die negativen Spulen wieder im umgekehrten Sinn in die Schaltung eingefügt werden (s. Abschn. 1.2.2.1b). Dabei ist es gleichgültig, ob man zunächst alle Spulengruppen gleichen Vorzeichens hintereinanderschaltet oder ob man von vornherein alle Spulengruppen alternierend zum Strang verbindet. Die einzelnen Urwicklungen können in Reihe, aber auch parallelgeschaltet werden. Wegen $Z^+ = Z^-$ lassen sich sogar die positiven Spulengruppen einer Urwicklung mit den negativen parallelschalten.

Wie im Abschnitt 1.2.3.4, Seite 82, gezeigt wird, erzeugt eine Ganzlochwicklung ohne Zonenänderung nur Harmonische mit $\nu = \nu'/p \in \mathbb{U}$. Für ihre Durchflutungsverteilung gilt daher

$$\Theta(x + \tau_p) = -\Theta(x),$$

und die Periodenlänge ihrer Grundharmonischen ist $2\tau_p$.

Die Periode der Durchflutungsverteilung von Bruchlochwicklungen erstreckt sich über eine der t Urverteilungen mit $p' = p/t = n$ Polpaaren. Es gilt also

$$\Theta(x + 2p'\tau_p) = \Theta(x)$$

mit einer Periodenlänge der Grundharmonischen von $2p'\tau_p = 2n\tau_p$. Darüber hinaus ergibt die Durchflutungsverteilung der Bruchlochwicklung erster Art höhere Harmonische aller Ordnungszahlen

$$\nu' = gt = g\frac{p}{n}, \quad g \in \mathbb{U}. \tag{1.2.35}$$

Besonders stark ausgeprägt ist natürlich die Hauptwelle mit der Ordnungszahl $\nu' = p$ und der Periodenlänge $2\tau_p$. Es existieren aber i. Allg. auch Harmonische mit $\nu' < p$, sog. *Subharmonische*, und ebenso Harmonische mit Ordnungszahlen oberhalb derjenigen der Hauptwelle, die gebrochene oder ganzzahlige Vielfache von p sind. Natürlich gibt es entsprechend (1.2.35) bezüglich der Winkelkoordinate γ' in jedem Fall nur Harmonische mit ganzzahligen Ordnungszahlen ν'.

Aus den vorstehenden Betrachtungen geht hervor, dass Bruchlochwicklungen mehr Harmonische ausbilden als Ganzlochwicklungen. Das Spektrum der Durchflutungswellen ist n-mal so dicht besetzt wie bei einer Ganzlochwicklung. Die hinzukommenden Harmonischen führen wie alle Harmonischen der Durchflutungsverteilung zu zusätzlichen Verlusten (s. Abschn. 6.5, S. 407), unerwünschten Radialzugspannungswellen (s. Kap. 7) und unerwünschten Drehmomenten (s. Bd. *Theorie elektrischer Maschinen*, Abschn. 1.7.5). Ihr Einfluss wird umso größer, je stärker die Zonenverteilung bzw. Durchflutungsverteilung der Bruchlochwicklung von der einer ähnlichen Ganzlochwicklung abweicht.

Bei symmetrisch gespeisten mehrsträngigen Wicklungen treten nicht alle ganzzahligen Harmonischen der Durchflutungsverteilung in Erscheinung. So fehlen im Spektrum Vielfache der Strangzahl, da sie infolge der räumlichen Verschiebung der Stränge um den Winkel $2\pi/m$ von allen Strängen räumlich gleichphasig erregt werden und sich daher ebenso wie die Strangströme zu Null überlagern. Bei symmetrischer Speisung entstehen dann nach [6] nur Durchflutungswellen, deren Feldwellenparameter der Bedingung

$$\tilde{\nu}' = p\left(1 + \frac{2mg}{n}\right) \quad \text{mit} \quad g \in \mathbb{Z} \tag{1.2.36}$$

genügen.

Die Zweischicht-Bruchlochwicklung mit Urwicklung erster Art hat genauso viele Urwicklungen wie Urverteilungen ($t^* = 1$, s. Tab. 1.2.4, S. 33) und lässt sich in maximal $a_{\max} = 2t$ parallelen Wicklungszweigen schalten.

b) Zweischicht-Bruchlochurwicklungen zweiter Art

Kennzeichen einer Zweischicht-Bruchlochurwicklung zweiter Art ist nach (1.2.21)

$$\frac{N'}{m} = \frac{N^*}{m} = \frac{N}{mt} \in \mathbb{U}.$$

Daher ist eine Aufteilung in $Z^+ = Z^-$ nicht möglich. Im Nutenspannungsstern sind daher nicht alle Zonen gleich. Trotzdem lässt sich die Wicklung ausgehend vom Nutenspannungsstern ohne Verschachtelung der Zonen bzw. Stränge entwerfen.

Als Beispiel wird eine Zweischichtwicklung mit $N = 42$, $p = 2$, $m = 3$ betrachtet. Ihre Lochzahl ist also gegeben zu

$$q = \frac{42}{2 \cdot 2 \cdot 3} = 3\frac{1}{2}.$$

Wegen $n = 2 \in \mathbb{G}$ liegt eine Zweischicht-Bruchlochurwicklung zweiter Art vor (s. Tab. 1.2.4). Ihre Kennwerte sind mit $t = 2p/n = 2$:

$$N^* = N/t = 42/2 = 21$$

$$p^* = n/2 = 2/2 = 1$$

$$t^* = 1.$$

Diese Urwicklung ist gleichzeitig ein Beispiel dafür, dass sich bei $p^* = 1$ eine Zweischicht-Bruchlochwicklung ausführen lässt (s. Abschn. 1.2.1.5a, S. 29). Der Nutenspannungsstern der Urwicklung nach Bild 1.2.21 hat die Kennwerte:

Zahl der Zeigerkreise	$t^* = 1 = p^*$
Zahl der Zeigerstrahlen	$N' = N^*/t^* = 21$
Nutenwinkel, Zeigerwinkel	$\alpha_n = \alpha_z = 360°/N^* = 360°/21 = 17\frac{1}{7}°$
Bezifferungssprung	$p^*/t^* - 1 = 0.$

Auf jeden Strang entfallen $N'/m = N^*/m = 21/3 = 7$ Zeiger, die sich also nicht in eine gleiche Zahl negativer und positiver Zeiger aufteilen lassen. Will man nur die natürliche Zonenänderung zulassen, so muss man $Z^+ = Z^- + 1$ oder $Z^+ = Z^- - 1$ wählen. Im zweiten Fall ergibt sich $Z^- = 4$, $Z^+ = 3$. In der bekannten Zonenfolge entstehen dann im Nutenspannungsstern elektrische Zonen mit wechselnden Zeigerzahlen (s. Bild 1.2.21).

Wenn eine Schrittverkürzung von $y_v = 1/2$ gewählt wird, erhält man den ganzzahligen und damit ausführbaren Wicklungsschritt

$$y = mq - y_v = 10\frac{1}{2} - \frac{1}{2} = 10.$$

Im Wicklungsschema nach Bild 1.2.22 erkennt man, dass alle positiven Spulengruppen vier Spulen und alle negativen Spulengruppen drei Spulen besitzen und einander daher nicht direkt parallelgeschaltet werden dürfen. Es können also nur $a_{max} = t$ parallele Wicklungszweige ausgeführt werden. Man erhält den Mittelwert $Q_m = 3^1/_2 = q$. Da alle negativen Spulengruppen ebenso wie alle positiven Spulengruppen untereinander dieselbe Spulenzahl aufweisen, kann man auch eine Wellenwicklung ausführen (s. Abschn. 1.2.2.1b). Es entsteht dann in jedem Strang ein Wellenzug der positiven Spulengruppen, der viermal in der einen Richtung durchlaufen wird, und ein Wellenzug der negativen Spulengruppen, der dreimal in der anderen Richtung durchlaufen wird. Beide Wellenzüge werden durch die sog. *Umkehrverbindung* in Reihe geschaltet. Zum besseren Erkennen der Wellenwicklung ist im Bild 1.2.22 das Wicklungsschema der vollständigen Wicklung angegeben.

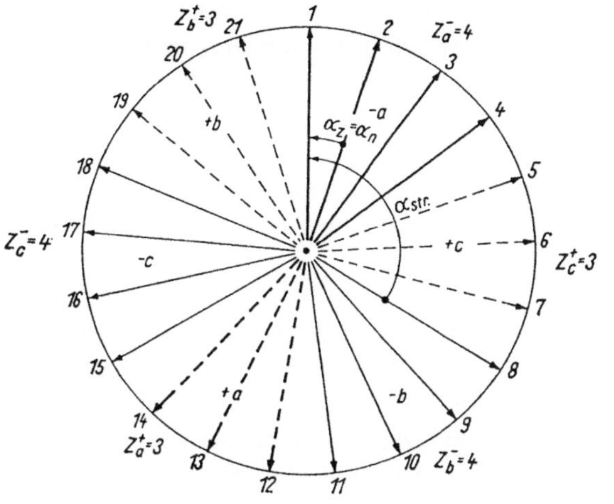

Bild 1.2.21
Nutenspannungsstern der Zweischichturwicklung zweiter Art für $p^* = 1$, $m = 3$, $N' = N^* = 21$, $q = 3\frac{1}{2}$, $t^* = 1$, $\alpha_n = \alpha_z = 17\frac{1}{7}°$

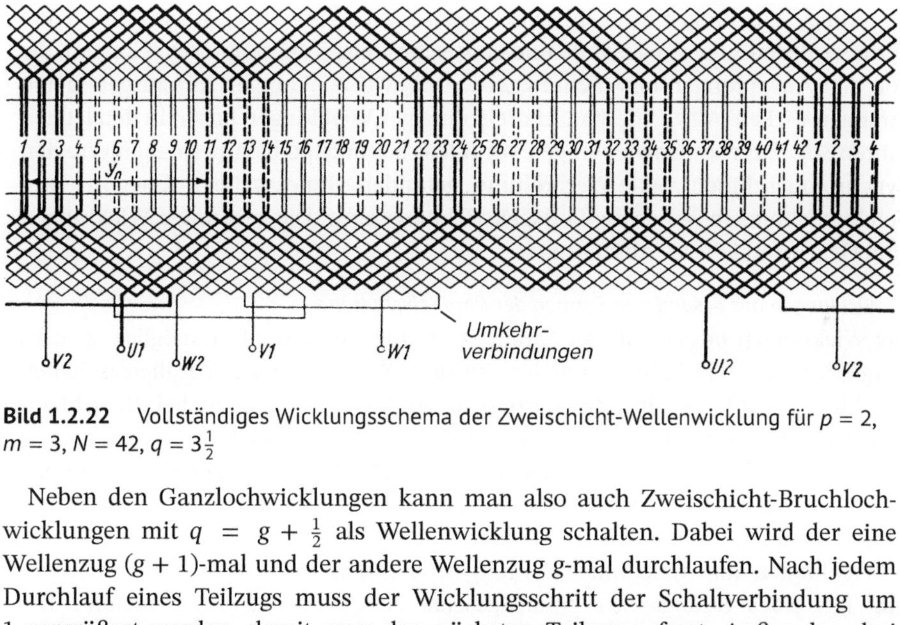

Bild 1.2.22 Vollständiges Wicklungsschema der Zweischicht-Wellenwicklung für $p = 2$, $m = 3$, $N = 42$, $q = 3\frac{1}{2}$

Neben den Ganzlochwicklungen kann man also auch Zweischicht-Bruchlochwicklungen mit $q = g + \frac{1}{2}$ als Wellenwicklung schalten. Dabei wird der eine Wellenzug $(g + 1)$-mal und der andere Wellenzug g-mal durchlaufen. Nach jedem Durchlauf eines Teilzugs muss der Wicklungsschritt der Schaltverbindung um 1 vergrößert werden, damit man den nächsten Teilzug erfasst. Außer den drei Umkehrverbindungen treten keine weiteren Schaltverbindungen auf. Bei allen übrigen Wicklungen wächst die Zahl der Schaltverbindungen mit der Zahl der Polpaare (s. z. B. Bild 1.2.20).

Urwicklungen zweiter Art erzeugen als Harmonische niedrigster Ordnungszahl ebenfalls solche mit $\nu' = t$. Ihre Durchflutungsverteilung ergibt aber neben ungeradzahligen auch geradzahlige Vielfache davon, so dass (1.2.35) übergeht in

$$\nu' = gt = g\frac{2p}{n}, \quad g \in \mathbb{N}$$

$$\text{bzw.} \quad \nu' = g\frac{p}{n}, \quad g \in \mathbb{G}. \tag{1.2.37}$$

Die Beziehung (1.2.36) zur Bestimmung der Feldwellenparameter gilt unverändert.

Die Zweischicht-Bruchlochwicklung mit Urwicklung zweiter Art hat genauso viele Urwicklungen wie Urverteilungen und lässt sich in maximal $a_{\max} = t$ parallelen Wicklungszweigen schalten (s. Tab. 1.2.4, S. 33). Da die Zahl t der Urverteilungen bei einer Urwicklung zweiter Art doppelt so groß ist wie bei einer Urwicklung erster Art und andererseits aber auch geradzahlige Vielfache von $\nu' = t$ erzeugt werden, bildet die Urwicklung zweiter Art nach (1.2.37) bei etwa gleich großem p und n auch ungefähr genauso viele Harmonische aus wie die Urwicklung erster Art nach (1.2.35).

1.2.2.3 Sonderwicklungen

Die in den Abschnitten 1.2.2.1 und 1.2.2.2 behandelten Wicklungen mit ungerader Strangzahl (insbesondere mit $m = 3$) sind die weitaus am häufigsten vorkommenden Strangwicklungen. Zu den Strangwicklungen, die außerdem noch angewendet werden, gehören Wicklungen mit gerader Strangzahl (insbesondere mit $m = 2$ und $m = 6$), einsträngige Wicklungen, gesehnte Einschichtwicklungen, Wicklungen für Polumschaltung, Wicklungen mit erweiterter Parallelschaltung und Teilparallelschaltung, Wicklungen mit gemischter Stern-Dreieck-Schaltung sowie – mit heute geringer Bedeutung – angezapfte und aufgeschnittene Kommutatorwicklungen, die von den Anzapfungen bzw. Schnittstellen her wie Wicklungen mit ausgebildeten Strängen wirken. Als Sonderbauart dreisträngiger Wicklungen haben in den letzten Jahren sog. Zahnspulenwicklungen vor allem bei hochpoligen permanenterregten Synchronmaschinen weite Verbreitung gefunden. Eine weitere Kategorie von Sonderwicklungen stellen die Luftspaltwicklungen dar. Die genannten Wicklungen sind Gegenstand dieses Abschnitts.

a) Wicklungen mit besonderen Formen der Parallelschaltung

Bei Wicklungen mit erweiterter Parallelschaltung werden, sofern möglich, zwecks Vergrößerung der Zahl paralleler Zweige Wicklungsteile parallelgeschaltet, die kleiner sind als die Spulengruppen. So lassen sich z. B. bei Einschicht-Ganzlochwicklungen mit $Q = q \in \mathbb{G}$ die beiden Teile geteilter Spulengruppen (s. Bild 1.2.7c, S. 36) parallelschalten. Eine ähnliche Aufteilung der Spulengruppen ist auch bei Zweischichtwicklungen möglich [1, 7]. Man erreicht auf diese Weise für $p = 1$ z. B. bei großen Turbogeneratoren bereits vier parallele Zweige.

Wicklungen mit Teilparallelschaltung sind Strangwicklungen, bei denen nur ein Teil jedes Strangs aus parallelgeschalteten Wicklungsteilen besteht. Die parallelgeschalteten Wicklungsteile haben dann einen entsprechend kleineren Leiterquerschnitt [1, 7].

b) Wicklungen mit geradzahliger Strangzahl

Wicklungen mit gerader Strangzahl haben heute vor allem mit $m = 2$ oder $m = 6$ Strängen Bedeutung. Der Entwurf von Wicklungen mit gerader Strangzahl verläuft prinzipiell genauso wie der von dreisträngigen Wicklungen. Man hat lediglich zu beachten, dass in der Zonenfolge das Vorzeichen nicht alterniert (s. Bild 1.2.1, S. 21, für $m = 2$).

b1) Zweisträngige Wicklungen

Da es zweiphasige Netze kaum noch gibt, kommen zweisträngige Wicklungen nunmehr praktisch ausschließlich als Ständerwicklungen von Einphasen-Induktionsmaschinen mit Haupt- und Hilfsstrang (s. Bd. *Grundlagen elektrischer Maschinen*,

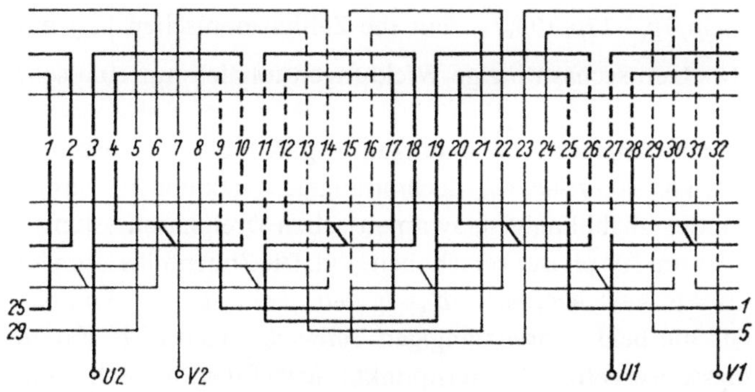

Bild 1.2.23 Wicklungsschema einer zweisträngigen Einschichtwicklung für $p = 2$, $N = 32$, $q = 4$

Abschn. 7.2) und z. T. von Einphasen-Synchronmaschinen vor sowie als zweisträngige Schleifringläuferwicklungen in Induktionsmaschinen geringer Leistung.

Beim Entwurf zweisträngiger Wicklungen gilt die Zonenfolge $-a, -b, +a, +b$. Bei zweisträngigen Einphasen-Induktionsmaschinen unterscheidet man zwischen symmetrischen, quasisymmetrischen und unsymmetrischen Ständerwicklungen. Bei symmetrischen Ständerwicklungen besitzen Haupt- und Hilfsstrang gleiche Nutzahlen, Windungszahlen und Leiterquerschnitte. Bei quasisymmetrischen Wicklungen sind zwar noch die Nutzahlen identisch; Windungszahl und Leiterquerschnitt von Haupt- und Hilfsstrang unterscheiden sich aber voneinander, wobei das Produkt aus Windungszahl und Leiterquerschitt für beide gleich ist. Damit lässt sich die Wicklung besser auf einen mit dem Hilfsstrang in Reihe geschalteten Kondensator abstimmen [8]. Bei unsymmetrischen Wicklungen besitzt der Hilfsstrang meist nur halb so viele Nuten und damit Spulen wie der Hauptstrang.

Bild 1.2.23 zeigt eine zweisträngige Ganzlochwicklung mit $N = 32$, $p = 2$, $q = 4$. Zweisträngige Wicklungen bilden im Wicklungskopf stets nur zwei Ebenen. Man führt sie vorzugsweise mit geteilten Spulengruppen aus.

b2) Sechssträngige Wicklungen

Sechssträngige Wicklungen bilden nach (1.2.30a) ein weniger dicht besetztes Spektrum von Harmonischen als dreisträngige Wicklungen. Bei symmetrisch gespeister Wicklung entstehen nur Durchflutungswellen mit den Feldwellenparametern

$$\tilde{\nu}' = p; -11p; 13p; -23p; 25p; \dots .$$

Sie besitzen damit auch eine geringere Oberwellenstreuung (s. Abschn. 3.7.3, S. 296) und im Vorgriff auf (1.2.68) wegen des geringeren Verhältnisses $q/y_{\varnothing}$ einen größeren Hauptwellen-Wicklungsfaktor als dreisträngige Wicklungen. Umgekehrt erregen bei symmetrischer, aber oberschwingungsbehafteter Speisung bestimmte Zeitharmonische – konkret die Harmonischen $|\tilde{\lambda}|f$ mit

$$\tilde{\lambda} = 7 + 12g \quad \text{mit} \quad g \in \mathbb{Z}, \tag{1.2.38}$$

wobei ein negatives Vorzeichen des vorzeichenbehafteten Oberschwingungsparameters $\tilde{\lambda}$ auf eine gegenüber der Grundschwingung umgekehrte Phasenfolge hinweist, – keine Hauptwelle des Luftspaltfelds, sondern nur Oberwellen mit den

Feldwellenparametern $-5p, 7p, -17p, 19p, \ldots$. Für die Zeitharmonischen $\left|\tilde{\lambda}\right| f$ mit $\tilde{\lambda} = -5, 7, -17, 19, \ldots$ besitzen sechssträngige Wicklungen folglich nur eine sehr geringe Induktivität.

Beim Entwurf sechssträngiger Wicklungen gilt die Zonenfolge $-a, -b, +e, +f, -c, -d, +a, +b, -e, -f, +c, +d$. Sechssträngige Wicklungen werden häufig aus zwei voneinander unabhängigen, symmetrischen Dreiphasensystemen gespeist, die gegeneinander um 30° phasenverschoben sind. Die Zonenfolge kann im Hinblick darauf auch als $-a', -a'', +c', +c'', -b', -b'', +a', +a'', -c', -c'', +b', +b''$ geschrieben werden. Für die beiden dreisträngigen Teilwicklungen a', b', c' und a'', b'', c'' werden vorzugsweise getrennte Sternpunkte ausgeführt, da sich dann gemäß Unterabschnitt 1.2.2.1e keine Oberschwingungsströme mit Frequenzen ausbilden können, die ein Vielfaches der dreifachen Grundfrequenz sind. Da nach Band *Theorie elektrischer Maschinen*, Abschnitt 1.5.7, die Sättigungsharmonische der Durchflutungshauptwelle mit $\nu' = 3p$ die dreifache Grundfrequenz besitzt, würden die von dieser in den Strängen induzierten Spannungen bei einem gemeinsamen Sternpunkt aller sechs Stränge Ströme dreifacher Grundfrequenz antreiben. Bei Synchronmaschinen hätten die Polradoberfelder mit $\nu' = 3p$ dieselbe Wirkung. Die Ausführung getrennter Sternpunkte vermeidet dies.

Aufgrund der geringen für die Oberschwingungen nach (1.2.38) wirksamen Induktivität werden sechssträngige Wicklungen vor allem bei aus stromeinprägenden Umrichtern gespeisten Synchron- und z. T. Induktionsmaschinen eingesetzt. Eingeprägte Stromoberschwingungen der Frequenzen $\left|\tilde{\lambda}\right| f$ mit $\tilde{\lambda} = -5, 7, -17, 19, \ldots$ haben dann nur geringe Spannungsoberschwingungen zur Folge. Umgekehrt würden aus diesem Grund bei spannungseinprägenden Umrichtern aus Spannungsoberschwingungen der genannten Frequenzen große Stromoberschwingungen entstehen, was schon aufgrund der damit verbundenen Verluste unerwünscht ist (s. Abschn. 6.5.2, S. 417).

c) Einsträngige Wicklungen

Einsträngige Wicklungen haben vor allem als Ständerwicklungen von Einphasengeneratoren zur Speisung von Bahnnetzen Bedeutung. Zu den einsträngigen Wicklungen kann man auch die in Nuten verteilt angeordneten Erregerwicklungen von Vollpol-Synchronmaschinen rechnen. Da einsträngige Wicklungen nur zwei Zonen je Polpaar ausbilden, ist der Entwurf besonders von Ganzlochwicklungen sehr einfach.

Grundsätzliches Bestreben jedes Entwurfs einer Strangwicklung (und das gilt auch für die verteilten Erregerwicklungen von Vollpol-Synchronmaschinen) ist die Erzielung einer Durchflutungsverteilung, die möglichst wenig von der sinusförmigen Hauptwelle abweicht. Wie auch aus Band *Theorie elektrischer Maschinen*, Abschnitt 1.5.5, hervorgeht und wie noch im Abschnitt 1.2.3, Seite 74, gezeigt werden wird, dienen diesem Ziel

- die Verteilung der Wicklung auf mehrere Nuten,
- die Anwendung von Bruchlochwicklungen,
- die Wicklungssehnung,
- die Zonenänderung.

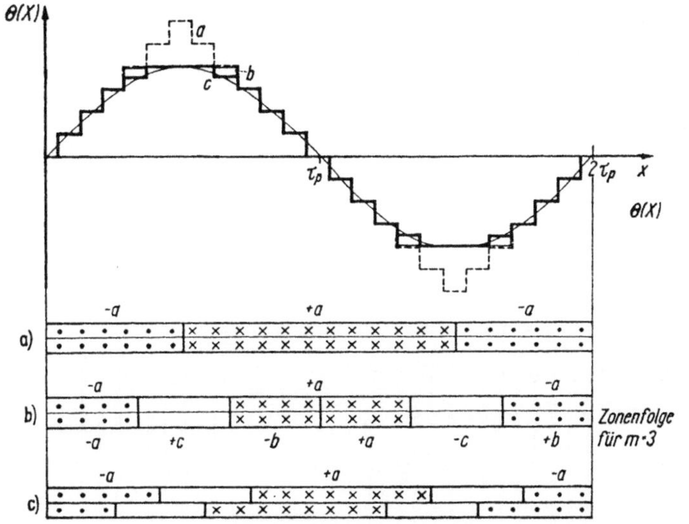

Bild 1.2.24 Zonenpläne und Durchflutungsverteilungen einsträngiger Wicklungen für $p = 1$, $N = 24$, $q = 12$. a) vollständige Bewicklung; b) 2/3-Bewicklung; c) 2/3-bewickelte, gesehnte Zweischichtwicklung

Bei der Speisung mehrsträngiger Wicklungen mit einem symmetrischen Mehrphasensystem der Ströme können sich einzelne Harmonische der Durchflutungsverteilungen der Stränge gegeneinander aufheben. Das betrifft z. B. die dritten Harmonischen bei der Speisung einer dreisträngigen Wicklung mit einem symmetrischen Dreiphasensystem der Ströme mit positiver oder negativer Phasenfolge. Die dritten Harmonischen der Stränge sind räumlich gleichphasig und überlagern sich ebenso wie die drei Strangströme zu Null. Wenn man eine dreisträngige Wicklung über zwei Klemmen einphasig einspeist, rufen die beiden stromführenden Stränge räumlich gleichphasige dritte Harmonische der Durchflutungsverteilung hervor, die aber von zeitlich gegenphasigen Strömen hervorgerufen werden, so dass sie sich ebenfalls gegeneinander auslöschen.

Von dieser Betrachtung ausgehend, gewinnt man eine Entwurfsmöglichkeit für einsträngige Wicklungen, indem man Zonen bildet, die etwa 2/3 einer Polteilung umfassen und die wie die Zonen eines Strangs einer dreisträngigen Wicklung innerhalb des Wicklungsschemas verteilt sind (s. Bild 1.2.24b u. c). Die Wirksamkeit dieser Maßnahme wird im Abschnitt 1.2.6.2, Seite 107, nachgewiesen.

Aus den vorstehenden Erörterungen folgt bereits eine Entwurfsmöglichkeit der einsträngigen Wicklung. Man entwirft eine dreisträngige Wicklung, lässt einen der Stränge weg und schaltet die beiden anderen gegensinnig in Reihe. Auf diese Weise entsteht eine Wicklung, bei der genau 2/3 aller Nuten, bewickelt' sind, und man spricht von einer *Zwei-Drittel-Bewicklung*.

Der direkte Entwurf einer einsträngigen Wicklung ist auch deshalb so einfach, weil die zweite Symmetriebedingung entfällt (s. Abschn. 1.2.1.5b, S. 29) und die erste Symmetriebedingung für Einschichtwicklungen nach (1.2.7a) lediglich eine gerade Nutzahl fordert. Da man jedoch sowieso freie Nuten vorsieht, entfällt auch

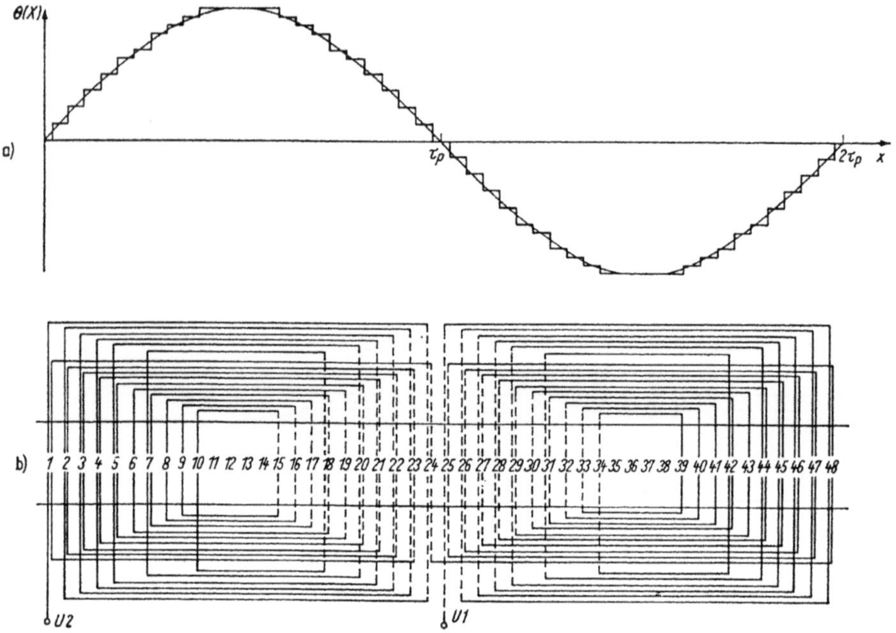

Bild 1.2.25 Einsträngige Wicklung mit angepasster Spulenseitenverteilung für $p = 1$, $N = 48$, $q = 24$. a) Durchflutungsverteilung; b) Wicklungsschema

noch diese Bedingung (s. Abschn. 1.2.1.5c, S. 30). Bei kleinen Polpaarzahlen ist die Zahl der Nuten je Pol so groß, dass man bereits mit einfach gesehnten Zweischicht-Ganzlochwicklungen Durchflutungsverteilungen erreicht, die einer sinusförmigen Hauptwelle schon recht nahe kommen (s. Bild 1.2.24c). Dabei entstehen Nuten, die nur mit einer Spulenseite belegt sind. Der Rest des Nutraums muss dann mit inaktivem Material gefüllt werden. Man wählt als Spulenzahl je Spulengruppe

$$Q \approx \frac{2}{3}q = \frac{N}{3p} \tag{1.2.39}$$

und eine zweckmäßige Schrittverkürzung (s. Abschn. 1.2.3, S. 74). Den Zonenplänen im Bild 1.2.24 liegen mit $y_v = 2$ die Kennwerte

$$N = 24, \quad p = 1, \quad m = 1,$$
$$q = \frac{N}{2p} = \frac{24}{2} = 12, \quad Q = \frac{2}{3}q = \frac{2}{3}12 = 8,$$
$$y = qm - y_v = 12 - 2 = 10$$

zugrunde. Bei sehr großer Nutzahl je Pol erhält man die günstigste Wicklungsverteilung, wenn man sich die von der Durchflutungsverteilung anzustrebende Hauptwelle vorgibt und dann eine Spulenseitenverteilung wählt, deren Durchflutungsverteilung dieser Hauptwelle optimal angepasst ist (s. Bild 1.2.25). Dabei ist die Amplitude der Hauptwelle ungefähr gleich der Gesamtdurchflutung je Pol (im Beispiel mit $N = 48$, $p = 1$, $Q = 2q/3 = 16$ ergibt sich also das Sechzehnfache der Durchflutung einer Spule). Noch besser ließe sich die gewünschte räumlich sinusförmige Verteilung erreichen, wenn der Abstand der einzelnen Nuten voneinander und die Windungszahlen der einzelnen Spulen entsprechend angepasst würden,

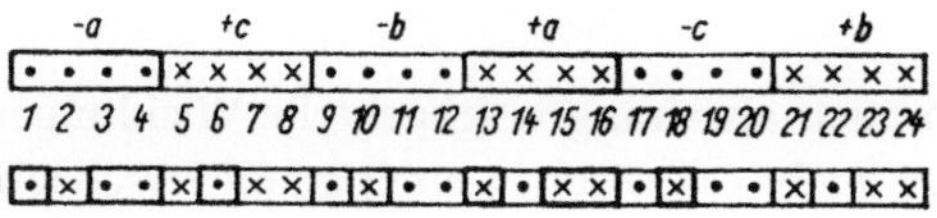

Bild 1.2.26 Zonenplan der Einschichtwicklung für $p = 1$, $m = 3$, $N = 24$, $q = 4$.
a) Ungesehnte Wicklung; b) um $y_v = 2$ gesehnte Wicklung

was jedoch i. Allg. – mit Ausnahme der Erregerwicklung von Synchronmaschinen mit massivem Vollpolläufer, bei denen die Nuten nicht gestanzt, sondern gefräst werden – unwirtschaftlich ist.

d) Gesehnte Einschichtwicklungen

Jede Einschichtwicklung, die der Bedingung $N/2m \in \mathbb{G}$ genügt, lässt sich gesehnt ausführen. Man kann jede zweite Spulenseite (gerade Nutziffern) als ‚zweite' Schicht auffassen, die man gegenüber der ‚ersten' Schicht (ungerade Nutziffern) verschiebt. Das ist der gleiche Vorgang, nach dem eine ungesehnte Zweischichtwicklung in eine gesehnte übergeführt wird. Folglich ist auf diese Weise eine gesehnte Einschichtwicklung entstanden. Bei der Verschiebung der ‚zweiten' Schicht kann man natürlich nur in dieser Schicht, d. h. im Bereich der geraden Nutziffern, bleiben. Das bedeutet, dass die Schrittverkürzung y_v nur geradzahlig sein kann. Damit ergibt sich als kleinste mögliche relative Schrittverkürzung von dreisträngigen Wicklungen

$$\left(\frac{y_v}{y_\varnothing}\right)_{\min} = \frac{2}{mq} = \frac{2}{3q}.$$

Der größte sinnvolle Wert der relativen Schrittverkürzung von dreisträngigen Wicklungen beträgt, wie im Abschnitt 1.2.6.2, Seite 107, gezeigt wird, etwa 0,2 (Unterdrückung der fünften Harmonischen). Wird der Ausdruck $2/(3q)$ größer als dieser Wert, so wird die Sehnung einer dreisträngigen Einschichtwicklung sinnlos. Für sinnvolle Sehnung gilt also die Bedingung

$$\frac{2}{3q} \leq 0{,}2 \text{ bzw. } q \geq \frac{10}{3}.$$

Als Beispiel soll eine gesehnte Einschichtwicklung mit $N = N^* = 24$, $p = 1$ und $m = 3$ entworfen werden. Da der Wert von q mit $q = 4$ an der Grenze der obigen Bedingung liegt, kann nur die kleinste Schrittverkürzung $y_v = 2$ gewählt werden.

Beim Wicklungsentwurf geht man vom Zonenplan der normalen, ungesehnten Wicklung aus (s. Bild 1.2.26a). Wie man sich leicht überzeugen kann, bewirkt die übliche Linksverschiebung der ‚zweiten' Schicht (geradzahlige Nutziffern) bei geradzahligen Werten von q und $y_v = 2$ lediglich eine Verschiebung der gesamten Zonen. Man muss in diesem Fall eine Verschiebung nach rechts vornehmen. Im vorliegenden Beispiel erfolgt also eine Rechtsverschiebung der Spulenseiten mit geradzahliger Nutziffer um $y_v = 2$ (s. Bild 1.2.26b).

Aus dem erhalten Zonenplan der gesehnten Wicklung ersieht man, dass die geometrischen Zonen der Wicklung verschachtelt sind. Bei geradzahligen Werten von q ist jede Zone auf beiden Seiten mit den Nachbarzonen verschachtelt (s. Bild 1.2.26), bei ungeradzahligen Werten von q ist die Verschachtelung nur einseitig. Nach dem Zonenplan lässt sich das Wicklungsschema zeichnen.

e) Strangverschachtelte Wicklungen

Wicklungen nach Bild 1.2.26b werden auch als strangverschachtelte Wicklungen bezeichnet. Für geradzahlige Werte von q gibt es zwischen einer strangverschachtelten Einschichtwicklung und einer gesehnten Einschichtwicklung entsprechend Unterabschnitt 1.2.2.3d keinen Unterschied. Bei ungeradzahligem q ergibt sich ein Unterschied daraus, dass eine strangverschachtelte Wicklung immer mit beiden Nachbarzonen verschachtelt ist. Daher kann sie aus Spulen gleicher Weite aufgebaut werden, was bei einer gesehnten Einschichtwicklung mit ungeradzahligem q nicht möglich ist. Strangverschachtelte Wicklungen können auch als Zweischichtwicklung ausgeführt werden.

f) Wicklungen für Polumschaltung

Will man Induktions- oder Synchronmaschinen, die an einem Netz fester Spannung und Frequenz arbeiten, mit mehreren Drehzahlen wirtschaftlich betreiben, so muss man sie mit Wicklungen ausrüsten, die eine Änderung der Polpaarzahl gestatten. Dafür gibt es zwei prinzipielle Möglichkeiten:

- Man führt die Maschine mit mehreren getrennten Wicklungen aus.
- Man setzt eine polumschaltbare Wicklung ein.

Gelegentlich kommt auch die Kombination beider Möglichkeiten zur Anwendung.

f1) Getrennte Wicklungen

Verwendet man zwei getrennte Wicklungen mit der kleineren Polpaarzahl p_1 (größere Drehzahl) und der größeren Polpaarzahl p_2 (kleinere Drehzahl), so ergibt (1.2.2), Seite 20, wegen der gleichen Nut- und Strangzahl die Bedingung

$$p_2 q_2 = p_1 q_1 . \tag{1.2.40}$$

Abgesehen von dieser Einschränkung kann das Verhältnis der Polpaarzahlen sowie auch die Aufteilung des Nutraums auf die beiden Wicklungen und damit das Verhältnis der Bemessungsleistungen in beiden Drehzahlstufen frei gewählt werden. Es bleibt allerdings jeweils jener Teil des Nutraums ungenutzt, den die gerade nicht angeschlossene Wicklung einnimmt. Dadurch muss die Leistung für beide Wicklungen gegenüber einer normalen Maschine gleicher Größe und Polpaarzahl aus Erwärmungsgründen herabgesetzt werden. Außerdem besitzt die Maschine bei Betrieb mit der am Nutgrund liegenden Wicklung eine große Streuung, so dass sie im Fall einer Induktionsmaschine ein kleines Kippmoment entwickelt (s. Bd. *Grundlagen elektrischer Maschinen*, Abschn. 5.5.3). Deshalb legt man die Wicklung mit der kleinen Polpaarzahl in den unteren und die mit der großen Polpaarzahl in den oberen Teil der Nuten, da mit zunehmender Polpaarzahl ohnehin ein Anwachsen der Streuung verbunden ist.

Zur Vermeidung unerwünschter Verkettungen beider Wicklungen werden möglichst Ganzlochwicklungen, allenfalls noch Bruchlochwicklungen mit $q = g + \frac{1}{2}$, verwendet. Diese Wicklungen zeichnen sich dadurch aus, dass der räumliche Versatzwinkel zwischen den Achsen der einzelnen Spulengruppen eines Strangs bei Einschichtwicklungen und bei Zweischichtwicklungen mit doppelter Zonenbreite $2\pi/p$ beträgt, was auf einen Phasenwinkel von $\alpha_{\mathrm{gr}} = 2\pi$ führt (s. Bild 1.2.27). Bei Zweischichtwicklungen mit normaler Zonenbreite ist der räumliche Versatzwinkel

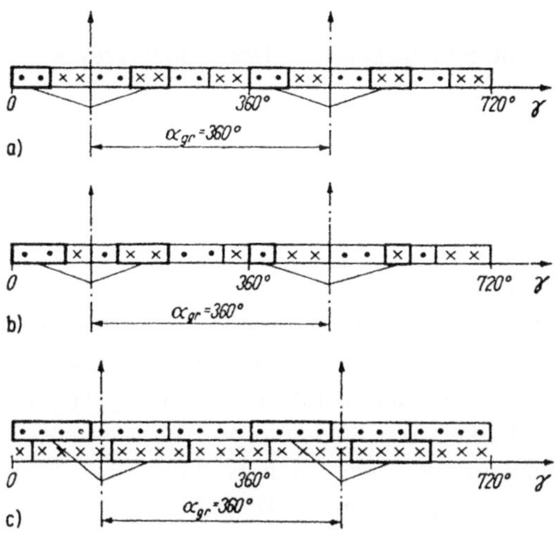

Bild 1.2.27 Wicklungen mit einem Phasenwinkel von 2π zwischen den Spulengruppen eines Strangs.
a) Einschicht-Ganzlochwicklung;
b) Einschicht-Bruchlochwicklung mit $q = g + \frac{1}{2}$;
c) Zweischichtwicklung mit doppelter Zonenbreite (gesehnt)

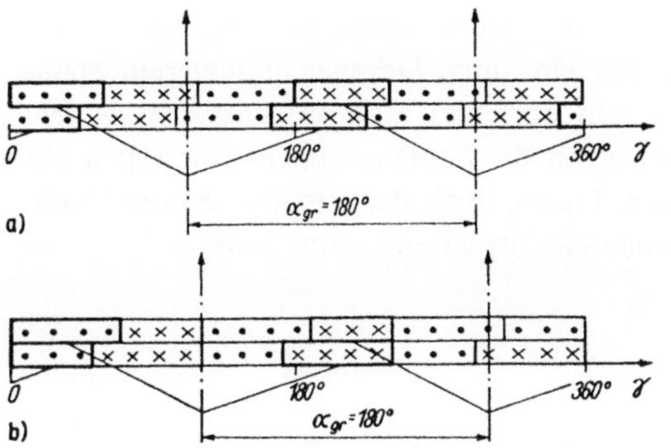

Bild 1.2.28 Wicklungen mit einem Phasenwinkel von π zwischen den Spulengruppen eines Strangs. a) Zweischicht-Ganzlochwicklung (gesehnt); b) Zweischicht-Bruchlochwicklung mit $q = g + \frac{1}{2}$

π/p und damit der Phasenwinkel $\alpha_{gr} = \pi$ (s. Bild 1.2.28). Nur bei den Wicklungen mit $\alpha_{gr} = 2\pi$ lassen sich Parallelschaltungen oder Dreieckschaltungen von Teilen der Wicklungsstränge (i. Allg. von einzelnen Spulengruppen) vornehmen, ohne dass Ausgleichsströme fließen, wenn die Wicklung außer Betrieb ist.

Die in Betrieb befindliche, symmetrisch gespeiste Wicklung erregt ein Spektrum von Drehwellen der Durchflutung (erregende Wicklung, Index e) mit den Feldwellenparametern entsprechend (1.2.30a)

$$\tilde{\nu}' = p_e(1 + 2mg) \quad \text{mit} \quad g \in \mathbb{Z}.$$

Spulengruppen der außer Betrieb befindlichen Wicklung (induzierte Wicklung, Index i) dürfen nur dann parallelgeschaltet werden, wenn die in ihnen vom erregenden System – insbesondere von dessen Hauptwelle – induzierten Spannungen entweder verschwinden oder gleichphasig und gleich groß sind.

Nach Abschnitt 1.2.3.2, Seite 77, induzieren in einer Spulengruppe grundsätzlich alle Feldwellen bis auf diejenigen, für die der Spulen- bzw. Sehnungsfaktor

$$\xi_{sp,\nu'} = \sin \frac{\nu'}{p} \frac{y}{y_\varnothing} \frac{\pi}{2}$$

Null wird. Bei ungesehnten Wicklungen ist dies insbesondere für alle $\nu'/p_\mathrm{i} \in \mathbb{G}$ der Fall. Das bedeutet, dass bei $p_\mathrm{e}/p_\mathrm{i} \in \mathbb{G}$ die Spulenspannung bzw. Spulengruppenspannung ebenfalls verschwindet.

Gleichphasig und gleich groß sind Spulengruppenspannungen, wenn bei gleichem Q der Phasenwinkel

$$\alpha_{\mathrm{gr},\nu'} = \frac{\nu'}{p_\mathrm{i}} 2\pi \tag{1.2.41}$$

ein ganzzahliges Vielfaches von 2π wird. Die Werte von $p_\mathrm{e}/p_\mathrm{i}$, bei denen das der Fall ist, sind in Tabelle 1.2.5 zusammengestellt. Dabei ist zu beachten, dass bei Zweischichtwicklungen mit dem Vorzeichen der Spulengruppe auch das Vorzeichen der induzierten Spannung wechselt. Außer den in Tabelle 1.2.5 angegebenen Fällen uneingeschränkter Parallelschaltbarkeit von Spulengruppen gibt es noch viele Fälle, bei denen bestimmte Spulengruppen oder auch Wicklungsteile aus mehreren Spulengruppen parallelgeschaltet werden können. Diese Fälle kann man durch Zeichnen des Zeigerdiagramms der Spulengruppenspannung ermitteln.

Eine Polygonschaltung darf nur bei ungerader Strangzahl und nur dann vorgenommen werden, wenn die in den einzelnen Strängen induzierten Spannungen entweder verschwinden oder ein normales Mehrphasensystem bilden. Die Strangspannungen verschwinden, wenn die Spulengruppenspannungen ein radialsymmetrisches Mehrphasensystem bilden, denn dann ist ihre Summe Null. Die Strangspannungen bilden ein normales Mehrphasensystem, wenn

$$\tilde{\nu}' = \pm p_\mathrm{i}(1 + 2mg) \quad \text{mit} \quad g \in \mathbb{Z}$$

Tabelle 1.2.5 Induzierte Spannungen in der abgeschalteten Wicklung polumschaltbarer Maschinen

$\frac{p_\mathrm{e}}{p_\mathrm{i}}$	**Wicklungsart**	**Spulengruppenspannung**	**Parallelschaltung von Spulengruppen**	**Strangspannung**	**Dreieckschaltung**
$\in \mathbb{G}$	Durchmesserwicklung	$= 0$	uneingeschränkt möglich	$= 0$	möglich
$\in \mathbb{N}$	Einschichtwicklung	gleichphasig	möglich	$\neq 0$	nur bei $\frac{p_\mathrm{e}}{3p_\mathrm{i}} \notin \mathbb{N}$ möglich
$\in \mathbb{U}$	Zweischichtwicklung				
$\in \mathbb{G}$	Zweischichtwicklung	paarweise gegenphasig	nur zum Teil möglich	bei Ganzlochwicklung	
$\in \mathbb{U}/2$	Einschichtwicklung			$= 0$	möglich
Alle übrigen Werte	beliebig	symmetrisches Mehrphasensystem	nur zum Teil möglich	$= 0$	möglich

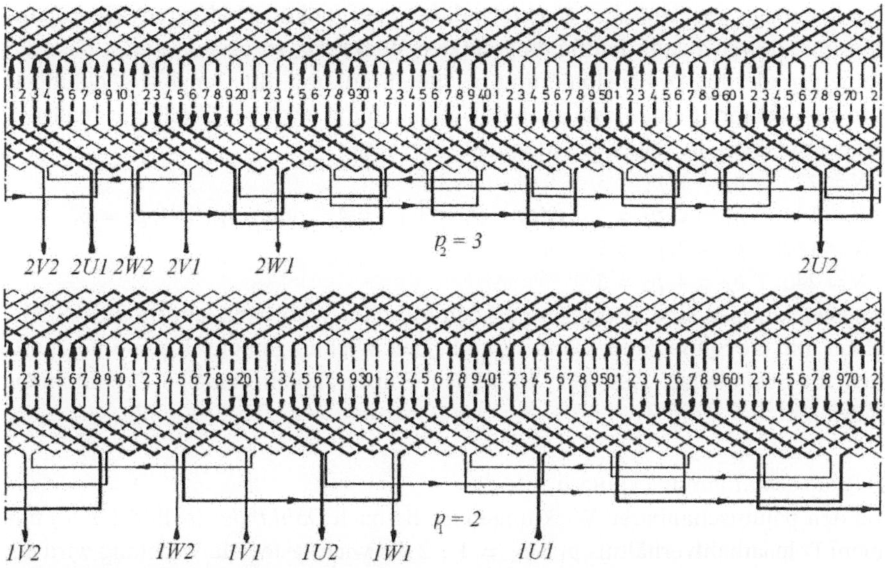

Bild 1.2.29 Polumschaltbare Wicklung aus zwei galvanisch getrennten Zweischichtwicklungen mit Spulen gleicher Weite für $N = 72$, $p_1 = 2$, $p_2 = 3$

erfüllt wird. Für ungerade Strangzahlen ist das der Fall, wenn ν'/p_i und insbesondere p_e/p_i nicht durch m teilbar ist. Andernfalls werden in den Strängen gleichphasige Spannungen induziert, die innerhalb des Polygons Kreisströme antreiben (s. Tab. 1.2.5).

f2) Pungawicklung

Polumschaltbare Maschinen mit zwei galvanisch getrennten Zweischichtwicklungen besitzen vier Spulenseiten je Nut, die in radialer Richtung übereinanderliegen. Bei Hochspannungsmotoren führt diese Ausführung wegen des großen Anteils der Isolierung am Nutvolumen und wegen der notwendigen Abstände vom Blechpaket und metallischen Konstruktionsteilen im Stirnraum zu relativ großen und damit unwirtschaftlichen Maschinen. Bei bestimmten Kombinationen von Polpaarzahlen kann man jedoch eine Wicklungsart verwenden, welche aus Zweischichtspulen gleicher Weite besteht und bei der die Gesamtzahl der Spulen am Umfang mit der Nutzahl übereinstimmt. Für die Polpaarzahlen $p_1 = 2$ und $p_2 = 3$ ist das Wicklungsschema mit $N = 72$ Nuten im Bild 1.2.29 dargestellt, der Übersichtlichkeit wegen getrennt für die beiden Polpaarzahlen. Man erkennt, dass jede der beiden Wicklungen nur mit einer Spulenseite in jeder Nut vertreten ist. In Nuten, in denen die Oberschicht durch die sechspolige Wicklung belegt ist, füllt die vierpolige Wicklung die Unterschicht. Die Spulen beider Wicklungen besitzen den gleichen Wicklungsschritt von $y = 15$. Da jede der beiden Wicklungen in Oberschicht und Unterschicht jeweils nur die übernächste Nut belegt, verhält sich die Wicklung in jeder Polpaarzahl elektromagnetisch wie eine strangverschachtelte Einschichtwicklung. Die sog. *Übersehnung* bei $p_2 = 3$, d. h. die Ausführung von $y > y_\varnothing$, entspricht elektromagnetisch einem Wicklungsschritt von $y = 9$, erfordert jedoch eine größere Länge des Wicklungskopfs.

Der einzige wesentliche Nachteil dieser bei polumschaltbaren Hochspannungsmaschinen relativ häufig eingesetzten Wicklungsart besteht darin, dass die Freiheitsgrade der Dimensionierung bei Beschränkung auf Ganzlochwicklungen sehr eingeschränkt sind. Eine genaue Untersuchung zeigt bei überhaupt realisierbaren Nutzahlen die folgenden Möglichkeiten auf:

- $N = 72$: $p_1 = 2, p_2 = 3$,
- $N = 144$: $p_1 = 2, p_2 = 3$ oder $p_1 = 3, p_2 = 4$ oder $p_1 = 4, p_2 = 6$,
- $N = 180$: $p_1 = 3, p_2 = 5$,
- $N = 240$: $p_1 = 4, p_2 = 5$.

Pungawicklungen sind also relativ großen Maschinen vorbehalten. Da die Spulenzahlen und die Spulenabmessungen der beiden Wicklungen gleich sind und damit auch ihr Strombelag, lässt sich in beiden Polpaarzahlen dasselbe Drehmoment realisieren.

f3) Polumschaltbare Wicklungen

Von den polumschaltbaren Wicklungen ist die nach *Dahlander* (s. Bild 1.2.30) mit einem Polpaarzahlverhältnis $p_1 : p_2 = 1 : 2$ die wichtigste. Die Wicklung wird als Zweischichtwicklung ausgeführt. In Bezug auf die niedrige Polpaarzahl p_1 hat die Wicklung die normale Zonenbreite

$$b_{\mathrm{zm}} = \frac{\tau_{\mathrm{p1}}}{m} = 2\frac{\tau_{\mathrm{p2}}}{m}.$$

In Bezug auf die hohe Polpaarzahl p_2 liegt also wegen $\tau_{\mathrm{p2}} = \tau_{\mathrm{p1}}/2$ eine Wicklung mit doppelter Zonenbreite vor (vgl. Tab. 1.2.1, S. 26).

Nach Unterabschnitt 1.2.2.1e, Seite 47, können Wicklungen mit doppelter Zonenbreite auch geradzahlige Harmonische $\nu'/p \in \mathbb{G}$ ausbilden, was aufgrund der damit verbundenen parasitären Effekte bei Induktionsmaschinen grundsätzlich unerwünscht ist. Um dies zu vermeiden, muss die Wicklung in der hohen Polpaarzahl ungesehnt ausgeführt werden, da dann der Sehnungs- bzw. Spulenfaktor für alle geradzahligen Harmonischen Null wird. Für die niedrige Polpaarzahl p_1 ist die Spulenweite dann gleich der halben Polteilung, so dass eine starke Sehnung vorliegt.

Die im Bild 1.2.30 dargestellte Wicklungsanordnung, die ein Polpaar bezüglich der niedrigen Polpaarzahl umfasst, stellt das Grundelement einer Dahlanderwicklung dar. Es besteht aus zwei Spulengruppen je Strang. Diese müssen so zusammengeschaltet werden, dass sie bei der hohen Polpaarzahl gleichsinnig und bei der niedrigen Polpaarzahl ungleichsinnig durchlaufen werden. Die Zusammenschaltung der Spulengruppen kann sowohl durch Reihenschaltung als auch durch Parallelschaltung erfolgen. Die Gruppenpaare der Stränge können ihrerseits in Stern oder in Vieleck, d. h. für $m = 3$ in Dreieck, geschaltet werden. Damit ergeben sich die im Bild 1.2.31 dargestellten vier Schaltungsmöglichkeiten Stern, Doppelstern, Dreieck und Doppeldreieck. Wenn die p_1 positiven und die p_1 negativen Spulengruppen einander jeweils parallelgeschaltet werden, erhält man die im Bild 1.2.31 angegebenen Werte der Spulengruppenspannung U_{gr} in Abhängigkeit vom Außenleiter-Wert der Klemmenspannung U_{N}. Die Spulengruppenspannung steigt von der Sternschaltung zur Doppeldreieckschaltung stetig an. In der gleichen Richtung erhöht sich dann auch der Fluss bzw. die Amplitude der Hauptwelle des Luftspaltfelds. Unter dem Gesichtspunkt gleicher Stromwärmeverluste kann in

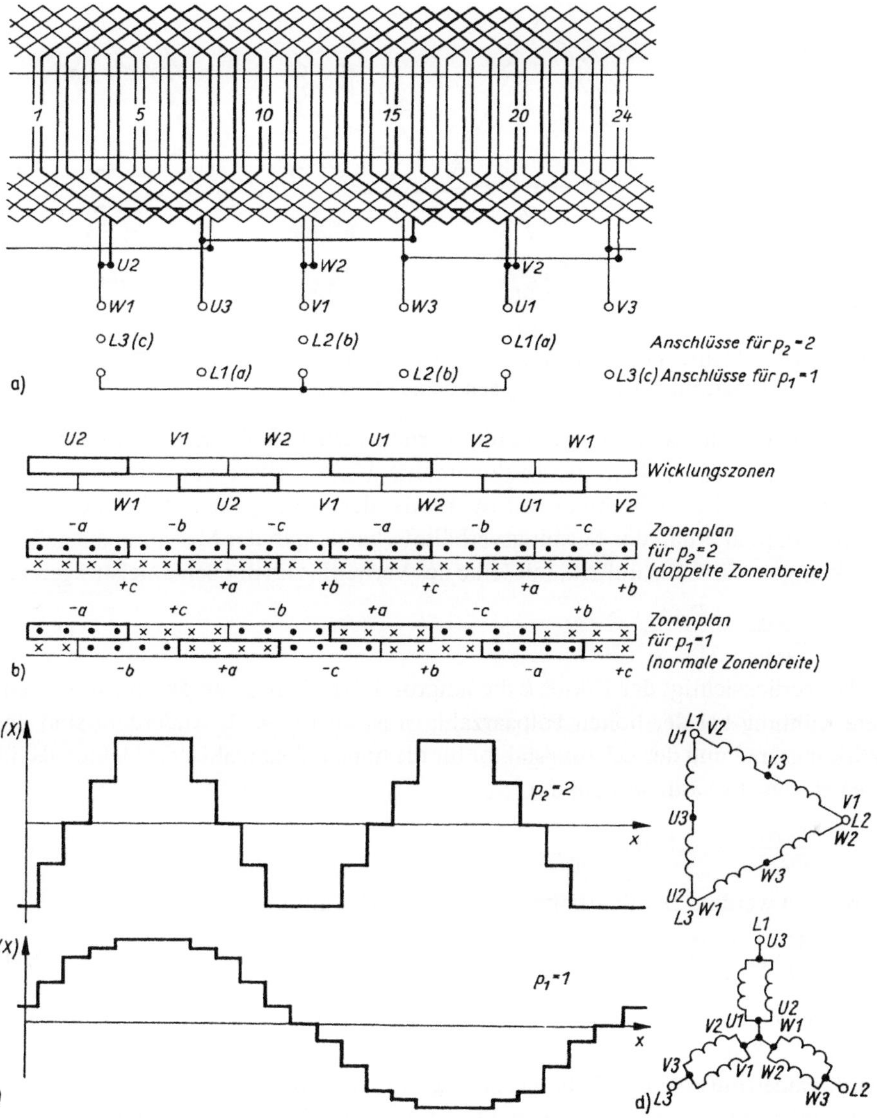

Bild 1.2.30 Polumschaltbare Wicklung nach Dahlander für $p_1 = 1$, $p_2 = 2$, $m = 3$, $N = 24$. a) Wicklungsschema; b) Zonenpläne; c) Durchflutungsverteilungen für gleiche Gesamtdurchflutung und $i_a = -2i_b = -2i_c$; d) Schaltschemata

allen vier Schaltungen der gleiche Strom I_{gr} pro Spulengruppe zugelassen werden. Damit ergeben sich die im Bild 1.2.31 angegebenen Werte der Scheinleistung, die bei Betrieb an der gleichen Spannung erreicht werden können.

Welche der Schaltungen für die hohe und welche für die niedrige Polpaarzahl verwendet wird, hängt von verschiedenen Faktoren ab. Es ist naheliegend, die Schaltungen so zu wählen, dass ein Teil der Schaltverbindungen erhalten bleibt.

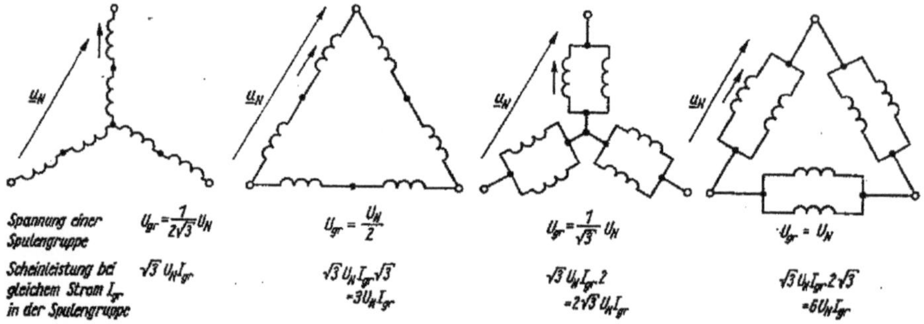

Bild 1.2.31 Möglichkeiten der Zusammenschaltung der sechs Gruppen je Polpaar der niedrigen Polpaarzahl einer dreisträngigen Dahlanderwicklung

Ein zweiter Gesichtspunkt ist das zu fordernde Verhältnis der mechanischen Leistungen $P_{\mathrm{mech2}}/P_{\mathrm{mech1}}$ bzw. der Drehmomente M_2/M_1. Diese Verhältnisse werden durch die Drehzahl-Drehmoment-Kennlinie der gekuppelten Arbeitsmaschine bestimmt. Man erhält das Leistungsverhältnis, bei dem in der Maschine die gleiche Wicklungserwärmung auftritt, mit Hilfe des Verhältnisses der Scheinleistungen zu

$$\frac{P_{\mathrm{mech2}}}{P_{\mathrm{mech1}}} = \frac{P_{\mathrm{s2}}}{P_{\mathrm{s1}}} \frac{\eta_2 \cos \varphi_2}{\eta_1 \cos \varphi_1} k. \tag{1.2.42}$$

Dabei berücksichtigt der Faktor k die aufgrund der niedrigeren Drehzahl schlechtere Kühlung bei der hohen Polpaarzahl; es ist also $k < 1$. Außerdem sind der Wirkungsgrad und der Leistungsfaktor für die hohe Polpaarzahl stets kleiner als für die niedrige. Es kann deshalb mit

$$\frac{P_{\mathrm{mech2}}}{P_{\mathrm{mech1}}} \approx (0{,}7...0{,}8) \frac{P_{\mathrm{s2}}}{P_{\mathrm{s1}}} \tag{1.2.43}$$

gerechnet werden. Damit erhält man für das Verhältnis der Drehmomente

$$\frac{M_2}{M_1} \approx \frac{p_2}{p_1} \frac{P_{\mathrm{mech2}}}{P_{\mathrm{mech1}}} \approx (1{,}4...1{,}6) \frac{P_{\mathrm{s2}}}{P_{\mathrm{s1}}}. \tag{1.2.44}$$

Bei der Dimensionierung der Maschine ist zu beachten, dass der Luftspaltfluss durch die Spannung über den unverändert bleibenden Spulengruppen diktiert wird. Dabei muss lediglich berücksichtigt werden, dass der Wicklungsfaktor einer Spulengruppe gegenüber dem Feld mit der niedrigen Polpaarzahl vor allem aufgrund der starken Sehnung geringer ist als gegenüber dem Feld mit der hohen Polpaarzahl. Bei großen Lochzahlen q ist das Verhältnis der Wicklungsfaktoren im Vorgriff auf (1.2.68), Seite 83, und (1.2.75), Seite 84,

$$\frac{\xi_{\mathrm{p2}}}{\xi_{\mathrm{p1}}} = \frac{\sin \frac{\pi}{2} \frac{\sin \pi/3}{\pi/3}}{\sin \frac{1}{2}\frac{\pi}{2} \frac{\sin \pi/6}{\pi/6}} = \frac{\frac{3\sqrt{3}}{2\pi}}{\frac{1}{\sqrt{2}}\frac{3}{\pi}} = \sqrt{\frac{3}{2}}. \tag{1.2.45}$$

Damit erhält man für das Verhältnis der Luftspaltflüsse unter Verwendung der im Bild 1.2.31 angegebenen Spulengruppenspannungen

$$\frac{\Phi_{\mathrm{h2}}}{\Phi_{\mathrm{h1}}} = \frac{U_{\mathrm{gr2}} \xi_{\mathrm{p1}}}{U_{\mathrm{gr1}} \xi_{\mathrm{p2}}} = \sqrt{\frac{2}{3}} \frac{U_{\mathrm{gr2}}}{U_{\mathrm{gr1}}}. \tag{1.2.46}$$

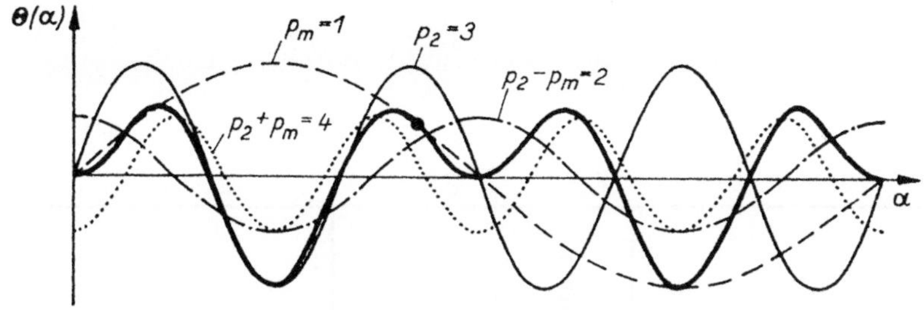

Bild 1.2.32 Pol-Amplituden-Modulation

Der Luftspaltfluss bestimmt die Hauptwellenamplitude des Luftspaltfelds entsprechend

$$\Phi_{\mathrm{h}} = \frac{2}{\pi}\tau_{\mathrm{p}} l_{\mathrm{i}} \hat{B}_{\mathrm{p}}.$$

Dabei ist die Polteilung für die hohe Polpaarzahl nur halb so groß wie für die niedrige, was auf

$$\frac{\hat{B}_{\mathrm{p2}}}{\hat{B}_{\mathrm{p1}}} = \frac{\Phi_{\mathrm{h2}}}{\Phi_{\mathrm{h1}}}\frac{p_2}{p_1} = 2\frac{\Phi_{\mathrm{h2}}}{\Phi_{\mathrm{h1}}} = 2\sqrt{\frac{2}{3}}\frac{U_{\mathrm{gr2}}}{U_{\mathrm{gr1}}} \tag{1.2.47}$$

führt.

Die gebräuchlichste Form der Dahlanderschaltung arbeitet mit der Dreieckschaltung für die hohe und der Doppelsternschaltung für die niedrige Polpaarzahl. Sie ist in der ersten Zeile von Tabelle 1.2.6 einschließlich der für die beiden Polpaarzahlen an der Klemmenplatte herzustellenden Anschlüsse dargestellt. Die Art der Umschaltung sichert, dass sich beim Übergang von der hohen Polpaarzahl zur niedrigen der Durchlaufsinn jeweils einer der beiden Gruppen eines Strangs ändert, wie es entsprechend Bild 1.2.30 erforderlich ist. Beim Entwurf der Schaltung ist außerdem darauf zu achten, dass bei beiden Polpaarzahlen der gleiche Umlaufsinn des Drehfelds entsteht. Daher muss beim Umschalten außerdem die Phasenfolge der Stränge umgekehrt werden.

Außer der Schaltungskombination Dreieck-Doppelstern werden auch die Schaltungskombinationen Doppelstern-Dreieck und Stern-Doppelstern verwendet, die ebenfalls in Tabelle 1.2.6 aufgeführt sind. Die Tabelle enthält für die betrachteten Schaltungskombinationen ferner die Verhältnisse der mechanischen Leistungen, der Drehmomente und der Flussdichteamplituden der jeweiligen Hauptwellen des Luftspaltfelds, die sich ausgehend von den realisierbaren Scheinleistungen ergeben.

Andere Polpaarverhältnisse als 1:2 erreicht man durch eine sog. *Pol-Amplituden-Modulation* (PAM) [9]. Hierbei wird eine Strangwicklung mit der Polpaarzahl p_2 entsprechend einer Modulierungspaarzahl p_{m} abschnittsweise umgeschaltet. Auf diese Weise entstehen nach der Beziehung

Tabelle 1.2.6 Wichtigste Schaltungskombinationen bei der Dahlanderschaltung und ihre Eigenschaften

Schaltungsart p_2 p_1	Schaltung	Anschlüsse an der Klemmenplatte p_2 p_1	$\frac{P_{mech2}}{P_{mech1}}$	$\frac{M_2}{M_1}$	$\frac{\hat{B}_2}{\hat{B}_1}$	Kennzeichen der Lage der beiden Bemessungspunkte in der n-M-Ebene
△ ⅄⅄	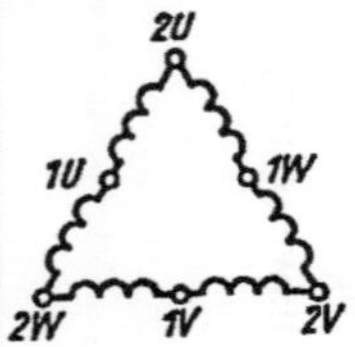	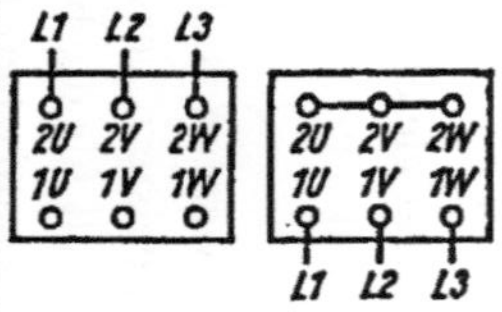	0,6 … 0,7	1,2 … 1,4	1,4	etwa gleiches Drehmoment bei beiden Drehzahlen
⅄⅄ △	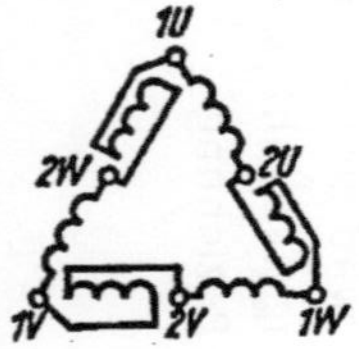	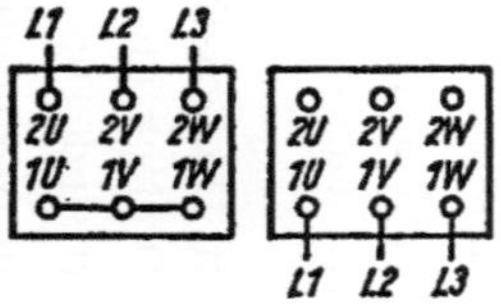	0,8 … 0,9	1,6 … 1,8	1,9	etwa gleiche Leistung, d.h. mit zunehmender Drehzahl abnehmendes Drehmoment
⅄ ⅄⅄	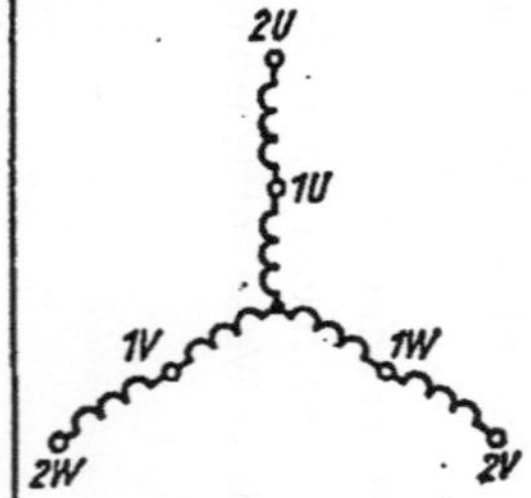	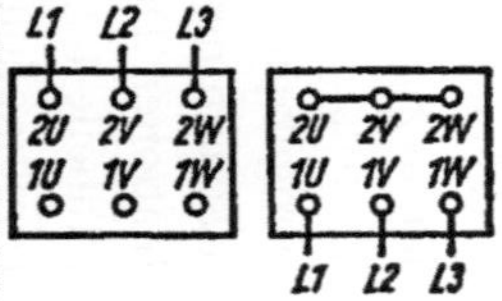	0,35 … 0,40	0,70 … 0,80	0,8	mit zunehmender Drehzahl zunehmendes Drehmoment

$$\sin p_2\alpha \sin p_{\mathrm{m}}\alpha = \frac{1}{2}\left[\cos(p_2 - p_{\mathrm{m}})\alpha - \cos(p_2 + p_{\mathrm{m}})\alpha\right]$$

zwei Harmonische in der Durchflutungsverteilung mit den Polpaarzahlen $p_2 - p_{\mathrm{m}}$ und $p_2 + p_{\mathrm{m}}$. Im Bild 1.2.32 ist als Beispiel der Fall $p_2 = 3$, $p_{\mathrm{m}} = 1$, $p_2 - p_{\mathrm{m}} = 2$ und $p_2 + p_{\mathrm{m}} = 4$ dargestellt. Durch gezielten Wicklungsentwurf (Schaltung, Verteilung) muss eine der Harmonischen so unterdrückt werden, dass im Wesentlichen nur noch die andere zur Auswirkung kommt. So einfach das Prinzip ist, so kompliziert ist die praktische Ausführung, wenn man akzeptable Durchflutungsverteilungen erreichen will. Die Unterdrückungsmaßnahmen bestehen in erster Linie in stark unterschiedlichen Zonenänderungen bis zur doppelten Zonenbreite einzelner Zonen und in erheblichen Strangverschachtelungen. Das Ergebnis sind recht komplizierte Wicklungsverteilungen, die aufgrund ausgeprägter parasitärer Effekte bis auf wenige Ausnahmen von den Motorenherstellern nicht verwendet werden. Die Dahlanderwicklung kann als Sonderfall einer PAM-Wicklung mit $p_{\mathrm{m}} = p_2/2$ und $p_1 = p_2 - p_{\mathrm{m}} = p_2/2$ aufgefasst werden.

Bild 1.2.33 zeigt ein Beispiel einer PAM-Wicklung mit $p_2 = 3$, $p_{\mathrm{m}} = 1$ und $p_1 = p_2 - p_{\mathrm{m}} = 2$. Die für die kleinere Polpaarzahl umzuschaltenden Wicklungsteile sind im Plan der Wicklungszonen schraffiert angegeben. Im Bild 1.2.34 sind die entsprechenden Nutenspannungssterne dargestellt. Man erkennt einerseits die ausgeprägte Strangverschachtelung, andererseits aber auch den hinsichtlich der elektrischen Wirksamkeit völlig symmetrisch aufgeteilten Nutenspannungsstern.

In der Praxis hat sich gezeigt, dass die nach der Pol-Amplituden-Modulation umschaltbaren Wicklungen gegenüber der Anordnung mit zwei getrennten Wicklungen nur dann Vorteile aufzuweisen haben, wenn das Polpaarverhältnis nicht mehr von 1 abweicht, als es bei 2 : 3 der Fall ist. Polumschaltbare Wicklungen haben i. Allg. wegen der ungünstigeren Wicklungsverteilung eine größere Oberwellenstreuung (s. Abschn. 3.7.3, S. 296) und einen kleineren Wicklungsfaktor als Normalwicklungen. Ersteres äußert sich vor allem in kleinerem Anzugs- und Kippmoment. Davon abgesehen, führen sie aber in vielen Fällen zu besseren Betriebsparametern als zwei getrennte Wicklungen. Polamplitudenmodulierte Wicklungen können auch für mehr als zwei Polpaarzahlen umschaltbar ausgeführt werden.

Durch gleichsinnige Erregung benachbarter Pole und Anwendungen polumschaltbarer Ankerwicklungen können auch elektrisch erregte Synchronmaschinen polumschaltbar ausgeführt werden, was jedoch nur in sehr seltenen Fällen wirtschaftlich ist.

g) Zahnspulenwicklungen

Unter einer Zahnspulenwicklung versteht man eine mehrsträngige Wicklung, deren Spulen den Schritt $y = 1$ haben. Dies führt, wie bereits Bild 1.1.2, Seite 4, zeigt, auf komplett entflochtene und besonders kurze Wicklungsköpfe. Aufgrund ihrer rein äußerlichen Ähnlichkeit mit den Erregerwicklungen von Gleichstrommaschinen oder Schenkelpol-Synchronmaschinen werden Zahnspulenwicklungen in der Literatur z. T. auch als Polwicklungen und die einzelnen Zähne als Pole bezeichnet. Dies verstellt jedoch den Blick auf ihre Wirkungsweise und erschwert damit ihre analytische Durchdringung.

Zahnspulenwicklungen sind symmetrische, i. Allg. dreisträngige Bruchlochwicklungen, deren Lochzahl $q < 1$ ist. Wegweisend für ihr Verständnis sind vor allem die Arbeiten von *Huth* [10]. Zu unterscheiden ist zwischen Zweischicht-

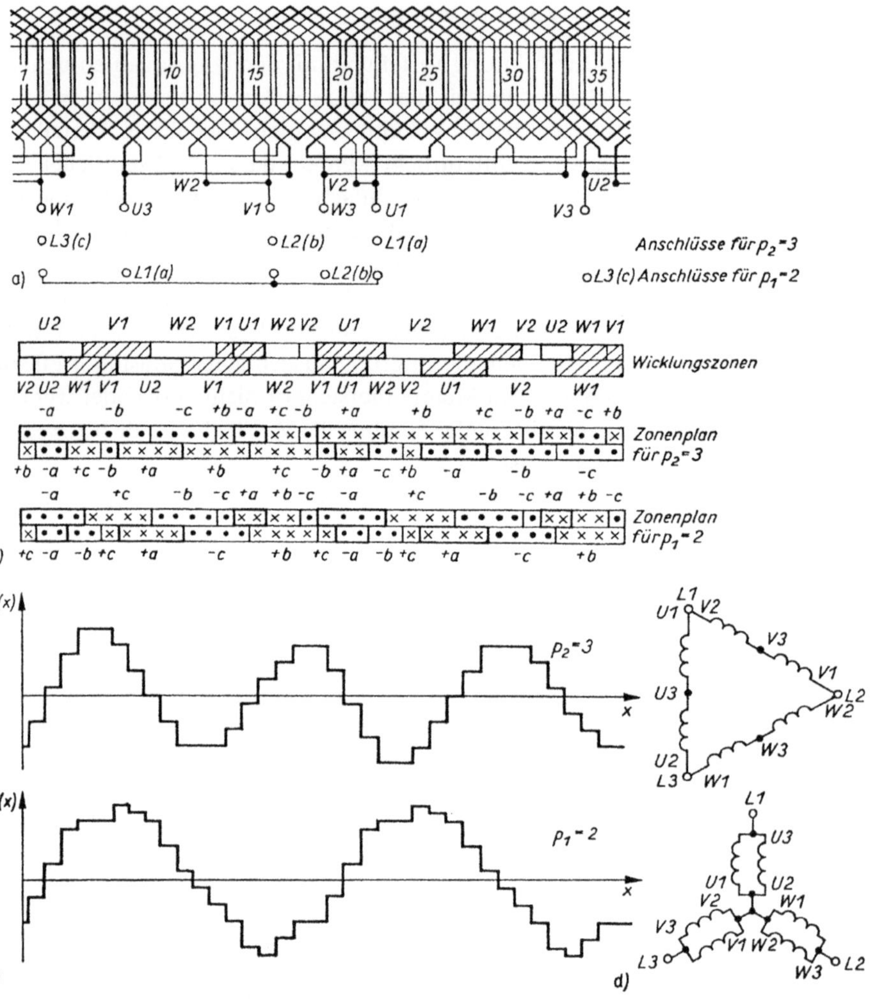

Bild 1.2.33 Polumschaltbare Wicklung nach der Pol-Amplituden-Modulation für $p_1 = 2$, $p_2 = 3$, $m = 3$, $N = 36$. a) Wicklungsschema; b) Zonenpläne; c) Durchflutungsverteilungen für $i_a = -2i_b = -2i_c$; d) Schaltschemata

Zahnspulenwicklungen, bei denen in jeder Nut zwei Spulenseiten nebeneinanderliegen (s. Bild 1.2.35a), die sich über benachbarte Zähne schließen, und Einschicht-Zahnspulenwicklungen, bei denen jede Nut nur eine Spulenseite enthält (s. Bild 1.2.35b), so dass jeweils zwischen zwei bewickelten Zähnen ein unbewickelter erscheint.

Da die Spulenweite mit einer Nutteilung festliegt, ergibt sich mit Rücksicht auf den Wicklungsfaktor der Hauptwelle (s. Abschn. 1.2.3) die Forderung

$$\frac{2}{3} \leq \frac{y}{y_\varnothing} = \frac{1}{y_\varnothing} \leq \frac{4}{3}.$$

Damit erhält man mit $y_\varnothing = N/(2p)$ als Bedingung für die Wahl der Nutzahl

$$3p \geq N \geq \frac{3}{2}p. \tag{1.2.48}$$

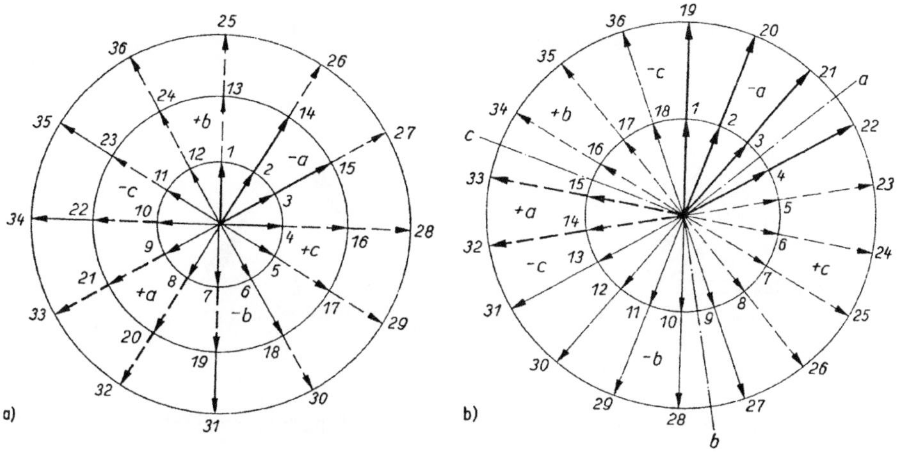

Bild 1.2.34 Nutenspannungssterne der polumschaltbaren PAM-Wicklung für $p_1 = 2$, $p_2 = 3$, $m = 3$, $N = 36$. a) $p = p_2 = 3$; b) $p = p_1 = 2$

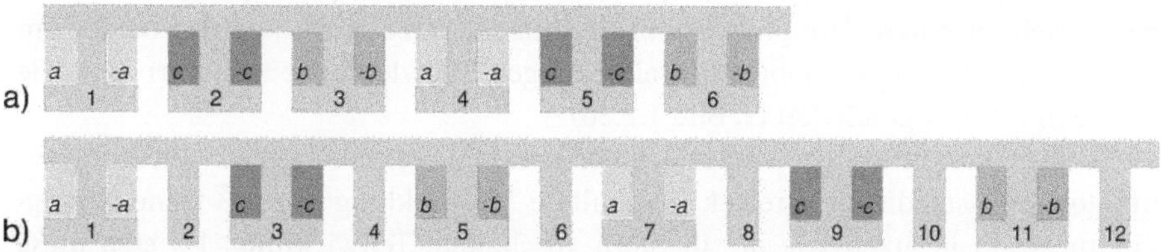

Bild 1.2.35 Arten von Zahnspulenwicklungen. a) Zweischicht-Zahnspulenwicklung mit $m = 3$, $p = 4$, $N = 6$; b) Einschicht-Zahnspulenwicklung mit $m = 3$, $p = 4$, $N = 12$

Andererseits muss die Nutzahl natürlich bei Zweischicht-Zahnspulenwicklungen entsprechend $N/m \in \mathbb{N}$ ganzzahlig durch die Strangzahl teilbar sein. Bei Einschicht-Zahnspulenwicklungen muss entsprechend Bild 1.2.35b sogar die schärfere Forderung $N/(2m) \in \mathbb{N}$ erfüllt werden. Diese Bedingungen führen dazu, dass für jede Polpaarzahl nur eine bis maximal drei sinnvoll ausführbare Zahnspulenwicklungen existieren.

Wie die Beispiele in den Unterabschnitten 1.2.5g und h, Seite 100, zeigen werden, besitzen Zahnspulenwicklungen grundsätzlich eine deutlich größere Oberwellenstreuung als verteilte Wicklungen. Aufgrund der damit verbundenen parasitären Effekte ist ihr Einsatz bei Induktionsmaschinen i. Allg. nicht sinnvoll. Für permanenterregte Synchronmaschinen, und insbesondere für solche mit hoher Polpaarzahl, sind Zahnspulenwicklungen jedoch oft vorteilhaft und finden breite Anwendung. Wie Bild 1.2.35b zeigt, kann es bei Einschicht-Zahnspulenwicklungen vorkommen, dass am Umfang abwechselnd breitere und schmalere Zähne auftreten. Die Folge, dass hierdurch die Nutschlitze nicht mehr äquidistant am Umfang verteilt sind, muss auch bei der Ermittlung des Wicklungsfaktors berücksichtigt werden, den man dann über (1.2.55) erhält.

h) Wicklungen mit gemischter Stern-Dreieck-Schaltung

Wicklungen mit gemischter Stern-Dreieck-Schaltung erlauben es theoretisch, die Vorteile sechssträngiger Wicklungen (s. Unterabschn. b2) – namentlich den höheren

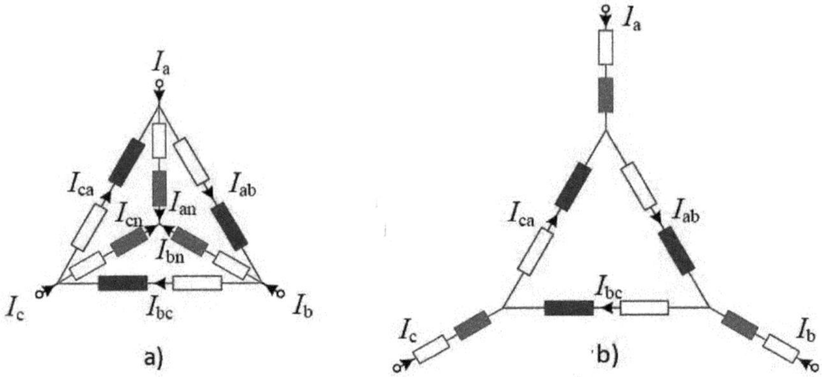

Bild 1.2.36 Wicklungen mit gemischter Stern-Dreieck-Schaltung nach [5].
a) Parallelschaltung; b) Reihenschaltung

Hauptwellen-Wicklungsfaktor und den Wegfall der Harmonischen der Durchflutungsverteilung mit den Feldwellenparametern $\tilde{\nu}' = -5p, 7p, -17p, 19p, \ldots$ – auch bei Betrieb an einem Dreiphasennetz zu nutzen. Dazu wird eine der beiden im Unterabschnitt b2 beschriebenen dreisträngigen Teilwicklungen in Stern und die andere in Dreieck geschaltet (s. Bild 1.2.36).

Um die Durchflutungsverteilung einer idealen sechssträngigen Wicklung zu erhalten, müsste die in Dreieck geschaltete Teilwicklung die $\sqrt{3}$-fache Strangwindungszahl besitzen wie die in Stern geschaltete Teilwicklung. Da sich diese Forderung aufgrund der notwendigerweise ganzzahligen Windungszahlen nie ganz erreichen lässt, können auch die eingangs genannten Vorteile nie ganz erreicht werden. Die Durchflutungsverteilung enthält somit immer auch Harmonische mit $\tilde{\nu}' = -5p, 7p, -17p, 19p, \ldots$, allerdings mit deutlich geringerer Amplitude als bei einer dreisträngigen Wicklung. Entsprechend sind auch die mit diesen Harmonischen verbundenen unerwünschten Wirkungen wie zusätzliche Verluste (s. Abschn. 6.5.1, S. 407) oder magnetische Geräusche (s. Abschn. 7.3.3, S. 447) kleiner.

i) Luftspaltwicklungen

Eine Luftspaltwicklung ist nicht innerhalb von dem Luftspalt zugewandten Nuten des Ständers oder Läufers untergebracht und damit nicht von ferromagnetischem Material umgeben, sondern sie ist entweder direkt an der Oberfläche eines Hauptelements befestigt, oder sie bildet als freitragender Zwischenständer oder Zwischenläufer selbst ein dann eisenloses Hauptelement. Die Vorteile einer derartigen Ausführung liegen darin, dass die Oberfläche des ferromagnetischen Teils zum Luftspalt hin rein zylindrisch ausgeführt werden kann, so dass sich keinerlei magnetische Vorzugsstellungen und damit auch keine damit verbundenen sog. Rastmomente ergeben.

Im Gegensatz zu in Nuten untergebrachten Wicklungen sind Luftspaltwicklungen dem Luftspaltfeld ausgesetzt, so dass der Energieumsatz nicht über maxwellsche Grenzflächenkräfte, sondern direkt über die Lorentzkraft auf die stromdurchflossenen Leiter erfolgt. Das muss bei der mechanischen Dimensionierung der Wicklung berücksichtigt werden.

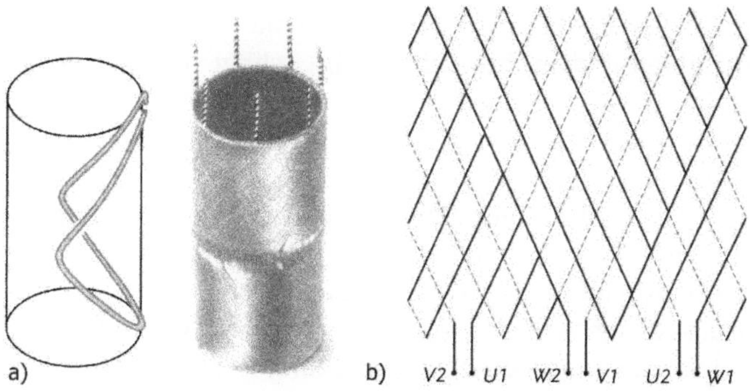

Bild 1.2.37 Luftspaltwicklungen. a) Ansicht einer Schleifenwicklung nach Maxon; b) Wicklungsschema einer dreisträngigen Wellenwicklung nach Faulhaber

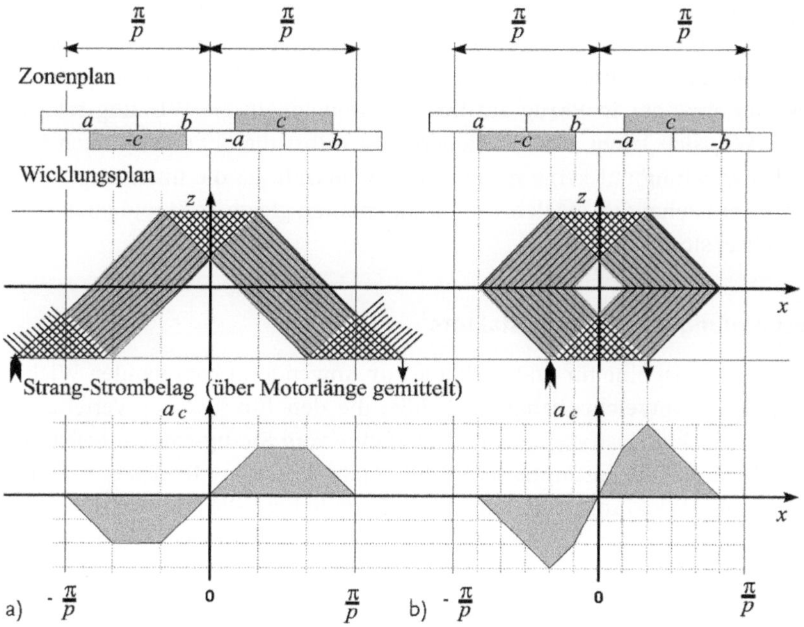

Bild 1.2.38 Zonenplan, Wicklungsplan und über die Länge gemittelter Strombelag von Luftspaltwicklungen nach [11]. a) Wellenwicklung nach Faulhaber; b) rhombenförmige Schleifenwicklung nach Maxon.

Im Bereich kleiner Leistungen werden Luftspaltwicklungen meist als Zweischichtwicklungen ausgeführt, wobei jede Schicht in der Höhe nur aus einem Leiter besteht. Am Umfang benachbarte Windungen berühren sich, so dass die gesamte Wicklung schließlich zu einem selbsttragenden Zylinder verklebt oder verbacken werden kann. Bei Gleichstrommaschinen rotiert dieser Zylinder als Glockenläufer zwischen dem erregenden Permanentmagneten innen und einem ebenfalls feststehenden magnetischen Rückschluss außen, während bei kleinen permanenterregten Synchronmaschinen oder Elektronikmotoren (auch als EC-Motoren, BLDC-Motoren oder bürstenlose Gleichstrommotoren bezeichnet) umgekehrt der Wicklungszylinder alleine den Ständer bildet, innerhalb dessen der erregende Permanentmagnet und außerhalb dessen ein magnetischer Rückschluss rotieren.

Es ist möglich und vorteilhaft, diese Luftspaltwicklungen ohne oder mit verkürztem Wicklungskopf auszuführen, indem ihre Leiter selbst schräg verlaufen. Das kann sowohl in einer Ausführung als Wellenwicklung geschehen (s. Bilder 1.2.37b u. 1.2.38a) als auch in einer Ausführung als rhombenförmige Schleifenwicklung (s. Bilder 1.2.37a u. 1.2.38b).

Im Bereich großer Leistungen werden Luftspaltwicklungen z. T. als Ständerwicklung von Synchronmaschinen mit supraleitender Erregerwicklung eingesetzt, bei denen aufgrund der hohen Luftspaltflussdichte die Zähne des Ständerblechpakets so stark gesättigt würden, dass es zur Vermeidung unnötiger Verluste vorteilhaft ist, sie wegzulassen und nur ein Joch als magnetischen Rückschluss auszuführen.

Die Wicklungszylinder kommen der Modellvorstellung einer über die gesamte Nutteilung gleichmäßig verteilten Nutdurchflutung (s. Abschn. 1.2.3.3, S. 80) recht nahe. Die Wicklungen werden i. Allg. mit doppelter Zonenbreite ausgeführt. Bild 1.2.38 zeigt zum einen, wie die nicht unerhebliche Schrägung durch Mittelwertbildung über die Aktivteillänge berücksichtigt werden kann. Zum anderen wird deutlich, dass die Ausführungen als rhombenförmige Schleifenwicklung und als Wellenwicklung einander in Bezug auf ihre elektromagnetische Wirkung relativ ähnlich sind. Wie sich leicht nachvollziehen lässt, führt die Schrägung auch im Fall der Wellenwicklung auf keine resultiernde Axialkraft, da die unter ungleichnamigen Polen entstehenden axialen Kraftkomponenten gleich groß und einander entgegengerichtet sind.

1.2.3 Bestimmung des Wicklungsfaktors

Der *Wicklungsfaktor* ist eine für praktisch alle zur Anwendung kommenden Wicklungen einführbare vorzeichenbehaftete Größe, die den Einfluss der Verteilung der Leiter eines Wicklungsstrangs einerseits auf eine vom Strangstrom aufgebaute Durchflutungswelle einer bestimmten Ordnungszahl ν' und andererseits auf die Flussverkettung des Wicklungsstrangs mit einer Flussdichtewelle einer bestimmten Ordnungszahl ν' wiedergibt. Auf die allgemeinen Zusammenhänge wird im Band *Theorie elektrischer Maschinen*, Abschnitt 1.6.4, näher eingegangen. Wie dort gezeigt wird, kann man den Wicklungsfaktor eines Wicklungsstrangs entweder durch die Entwicklung der Durchflutungsverteilung in eine Fourierreihe gewinnen oder aber dadurch, dass man gedanklich ein positiv umlaufendes Drehfeld der Ordnungszahl ν' auf die Wicklung wirken lässt und die im Strang induzierte Spannung ermittelt. Die zuletzt genannte Vorgehensweise ist gegenüber der Bestimmung des Wicklungsfaktors aus der Durchflutungsverteilung oft vorteilhaft.

Die induzierte Spannung lässt sich aus der Summe der Spulenseitenspannungen bzw. der Nutenspannungen gewinnen. Andererseits tritt in der allgemeinen Beziehung für die im Strang induzierte Spannung der Wicklungsfaktor $\xi_{\nu'}$ auf, der den Einfluss der Spulenseitenverteilung auf die Amplitude und das Vorzeichen der einzelnen Harmonischen der Strangspannung berücksichtigt. Da die Summe der Nutenspannungen durch eine Summation der betreffenden Nutenspannungszeiger des Nutenspannungssterns gewonnen werden kann, kann auch der Wicklungsfaktor aus dem Nutenspannungsstern bestimmt werden.

Alle folgenden Betrachtungen gelten ausschließlich für sog. *symmetrische Wicklungen*, d. h. für solche Wicklungen, bei denen die den Strom führenden Leiter jedes

Strangs symmetrisch zu einer oder mehreren Achsen am Umfang verteilt sind. Außerdem wird vorausgesetzt, dass alle Spulen dieselbe Windungszahl w_{sp} haben. Diese Voraussetzungen sind für alle in diesem Band behandelten Ganzloch- und Bruchlochwicklungen erfüllt.

1.2.3.1 Prinzipielle Bestimmung

Die von einer Drehwelle des Luftspaltfelds, die die Ordnungszahl ν' besitzt, in einer Spule induzierte Spannung kann durch die Nutenspannungszeiger der an den Stellen γ'_a und γ'_b liegenden Spulenseiten ausgedrückt werden. Ihr Zeiger bestimmt sich nach (1.1.7), Seite 12, und (1.1.12) mit der vereinfachten Schreibweise $\varphi_{\nu'}$ des Phasenwinkels $\varphi_{B,\nu'}$ zu

$$\begin{aligned} \underline{e}_{sp,\nu'} &= -\underline{e}_{na,\nu'} + \underline{e}_{nb,\nu'} = -\hat{e}_{n,\nu'} e^{j(\varphi_{\nu'} - \nu'\gamma'_a)} + \hat{e}_{n,\nu'} e^{j(\varphi_{\nu'} - \nu'\gamma'_b)} \\ &= \hat{e}_{n,\nu'} e^{j(\varphi_{\nu'} - \nu'\gamma'_a - \pi)} + \hat{e}_{n,\nu'} e^{j(\varphi_{\nu'} - \nu'\gamma'_b)} = \underline{e}'_{na,\nu'} + \underline{e}_{nb,\nu'} . \end{aligned} \tag{1.2.49}$$

Die Amplitude der Nutenspannung beträgt dabei entsprechend (1.1.7)

$$\hat{e}_{n,\nu'} = \frac{1}{2}\omega_{\nu'} w_{sp} \Phi_{\nu'} . \tag{1.2.50}$$

Die Einführung des Zeigers $\underline{e}'_{na,\nu'} = -\underline{e}_{na,\nu'}$ bedeutet ein Umklappen eines negativen Nutenspannungszeigers in eine positive elektrische Zone des betreffenden Strangs, d. h. in einen Bereich des Nutenspannungssterns, in dem positive Nutenspannungszeiger liegen. Für den Strangspannungszeiger gilt unter Verwendung des im Band *Theorie elektrischer Maschinen*, Abschnitt 1.6.4, abgeleiteten Zusammenhangs $\hat{e}_{\nu'} = \omega_{\nu'}(w\xi_{\nu'})\Phi_{\nu'}$

$$\begin{aligned} \underline{e}_{str,\nu'} &= \sum_{\rho} \underline{e}_{n\rho,\nu'} = \sum_{\rho} \hat{e}_{n,\nu'} e^{j(\varphi_{\nu'} - \nu'\gamma'_\rho)} = \omega_{\nu'}(w\xi_{\nu'})\Phi_{\nu'} e^{j(\varphi_{\nu'} - \nu'\gamma'_{str} - \pi/2)} \\ &= \xi_{\nu'} \frac{2w}{w_{sp}} \hat{e}_{n,\nu'} e^{j(\varphi_{\nu'} - \nu'\gamma'_{str} - \pi/2)} . \end{aligned} \tag{1.2.51}$$

Es brauchen also nur $Z = 2w/w_{sp}$ positive Nutenspannungszeiger addiert zu werden. $\gamma'_{str} = \gamma_{str}/p$ bezeichnet die Lage der *Strangachse*, d. h. *der* Symmetrieachse der Durchflutungsverteilung einer Urwicklung, bei der die Hauptwelle mit der Ordnungszahl p ihren positiven Maximalwert besitzt. Sofern ebenso viele positive wie negative Spulenseiten am Umfang existieren, gibt es immer mindestens eine derartige Strangachse.

Zur einfachen Ermittlung der Phasenwinkel der Nutenspannungszeiger wird für jede Ordnungszahl ν' eine *Bezugswicklung* definiert. Diese Bezugswicklung ist eine Strangwicklung mit derselben Windungszahl $w = w_{sp}Z/2$ wie der betrachtete Wicklungsstrang. Sie besteht aus ν' konzentrierten, gleichmäßig am Umfang verteilten Spulen mit je $w_{sp,e} = w/\nu'$ Windungen. Die Achse der Bezugswicklung liegt an derselben Stelle γ'_{str} wie die des zu untersuchenden Wicklungsstrangs (s. Bild 1.2.39); der (positive) Bezugsleiter liegt an der Stelle

$$\gamma'_{bez} = \gamma'_{str} + \frac{\pi}{2\nu'} .$$

Man bezeichnet eine solche Wicklung mit einer konzentrierten Spule je Polpaar auch als *Einlochwicklung* der Polpaarzahl ν'. Sie hat die Eigenschaft, dass alle Nutenspannungen gleichphasig sind. Sie addieren sich somit algebraisch und liefern einen Spannungszeiger entsprechend

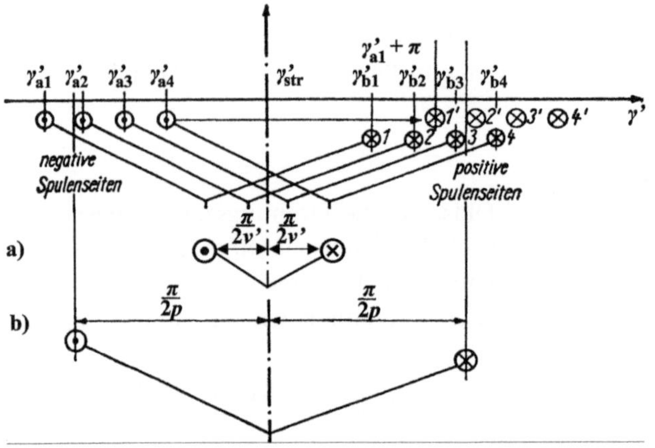

Bild 1.2.39 Einführung einer Bezugswicklung. a) Allgemeine Bezugswicklung; b) Bezugswicklung für $\nu' = p$

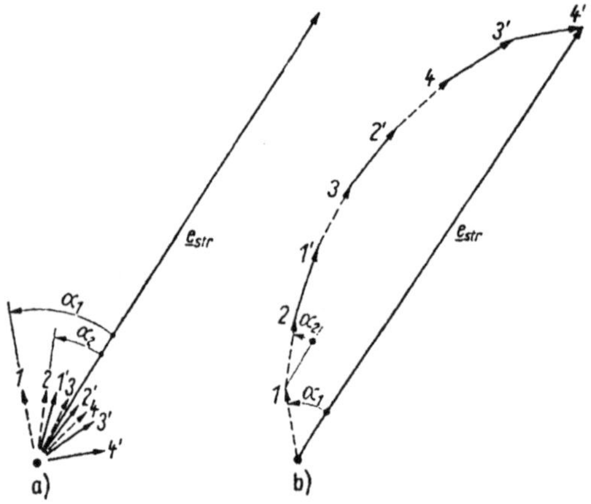

Bild 1.2.40 Addition der Nutenspannungszeiger zur Ermittlung des Wicklungsfaktors. a) Zeigerbüschel der Nutenspannungen des betrachteten Strangs; b) Addition der Nutenspannungszeiger zum Strangspannungzeiger.
Die Spannungszeiger der positiven Nuten sind gestrichelt; die Spannungszeiger der negativen Nuten sind umgeklappt dargestellt

$$\begin{aligned}\underline{e}_{\mathrm{bez},\nu'} &= 2\nu' \frac{w_{\mathrm{sp,e}}}{w_{\mathrm{sp}}} \hat{e}_{\mathrm{n},\nu'} e^{\mathrm{j}(\varphi_{\nu'} - \nu' \gamma'_{\mathrm{str}} - \pi/2)} \\ &= \frac{2w}{w_{\mathrm{sp}}} \hat{e}_{\mathrm{n},\nu'} e^{\mathrm{j}(\varphi_{\nu'} - \nu' \gamma'_{\mathrm{str}} - \pi/2)} .\end{aligned} \tag{1.2.52}$$

Der Wicklungsfaktor $\xi_{\nu'}$ beschreibt die Relation zwischen der in der realen Wicklung von einem positiven Drehfeld der Ordnungszahl ν' induzierten Spannung und der nach (1.2.52). Sein Vorzeichen gibt an, ob die Durchflutungswelle dieser Ordnungszahl bei Einspeisung des betrachteten Strangs in der Strangachse, in der die Hauptwelle der Ordnungszahl p definitionsgemäß ein Maximum hat, ebenfalls ein Maximum oder aber ein Minimum hat. Andere Fälle kommen bei symmetrischen Wicklungen nicht vor.

Die Beziehungen (1.2.51) und (1.2.52) liefern für die Bestimmung des Wicklungsfaktors den Zusammenhang

$$\xi_{\nu'} = \frac{\underline{e}_{\mathrm{str},\nu'}}{\underline{e}_{\mathrm{bez},\nu'}} = \frac{\hat{e}_{\mathrm{str},\nu'}}{\hat{e}_{\mathrm{bez},\nu'}} . \tag{1.2.53}$$

Setzt man (1.2.51) und (1.2.52) in (1.2.53) ein, so ergibt sich für den Wicklungsfaktor die einfache Bestimmungsgleichung

$$\begin{aligned}\xi_{\nu'} &= \frac{\sum_\rho \hat{e}_{\mathrm{n},\nu'} e^{\mathrm{j}(\varphi_{\nu'} - \nu'\gamma'_\rho)}}{\frac{2w}{w_{\mathrm{sp}}}\hat{e}_{\mathrm{n},\nu'} e^{\mathrm{j}(\varphi_{\nu'} - \nu'\gamma'_{\mathrm{str}} - \pi/2)}} \\ &= \frac{w_{\mathrm{sp}}}{2w}\sum_\rho e^{\mathrm{j}[\nu'(\gamma'_{\mathrm{str}} - \gamma'_\rho) + \pi/2]} = \frac{w_{\mathrm{sp}}}{2w}\sum_\rho \mathrm{j}e^{\mathrm{j}\nu'(\gamma'_{\mathrm{str}} - \gamma'_\rho)} .\end{aligned} \tag{1.2.54}$$

Die Summe in (1.2.54) bedeutet die Addition der Einheitszeiger der Nutenspannungen. Dabei ist $\nu'\left(\gamma'_{\mathrm{str}} - \gamma'_\rho\right) + \pi/2$ das ν'-fache des aus Bild 1.2.39 zu ersehenden Differenzwinkels zwischen der positiven Spulenseite der Bezugswicklung und den positiven (bzw. um π verschobenen negativen) Spulenseiten der zu untersuchenden Strangwicklung. Das ist aber auch der Differenzwinkel zwischen dem Zeiger der resultierenden Strangspannung und den einzelnen Nutenspannungszeigern des Strangs (negative Spannungszeiger umgeklappt). Bei symmetrischen Wicklungen bildet der Strangspannungszeiger die Symmetrieachse des zu addierenden Zeigerbündels. Seine Lage ist deshalb leicht zu finden. $2w/w_{\mathrm{sp}}$ stellt die Zahl der zu berücksichtigenden Spulenseiten dar, d. h. die Zahl der zu addierenden Zeiger.

Der Wicklungsfaktor $\xi_{\nu'}$ ist nach z. B. (1.2.53) eine reelle Größe. Folglich muss auch die Zeigersumme in (1.2.54) reell sein. Bildet man die Realteile der

$$Z = \frac{2w}{w_{\mathrm{sp}}}$$

Glieder in (1.2.54), so erhält man die Beziehung

$$\boxed{\xi_{\nu'} = \frac{1}{Z}\sum_{\rho=1}^{Z} \sin\nu'\left(\gamma'_\rho - \gamma'_{\mathrm{str}}\right)} , \tag{1.2.55}$$

die eine bequeme analytische Ermittlung des Wicklungsfaktors einer beliebigen symmetrischen Wicklung gestattet, sofern alle Spulen – wie vorausgesetzt wurde – dieselbe Windungszahl haben.

1.2.3.2 Spulen und Spulengruppen

a) Einzelspule

Zur Ermittlung des Wicklungsfaktors einer einzelnen Spule, die den Wicklungsschritt y besitzt und deren Spulenseiten an den Stellen

$$\gamma'_{\mathrm{a}} = \gamma'_{\mathrm{str}} - \frac{y}{y_\varnothing}\frac{\pi}{2p}$$

$$\gamma'_{\mathrm{b}} = \gamma'_{\mathrm{str}} + \frac{y}{y_\varnothing}\frac{\pi}{2p}$$

liegen, müssen nur ihre beiden Nutenspannungszeiger zum Spulenspannungszeiger addiert werden. $y_\varnothing$ ist dabei der bereits im Abschnitt 1.1.2.3, Seite 16, eingeführte

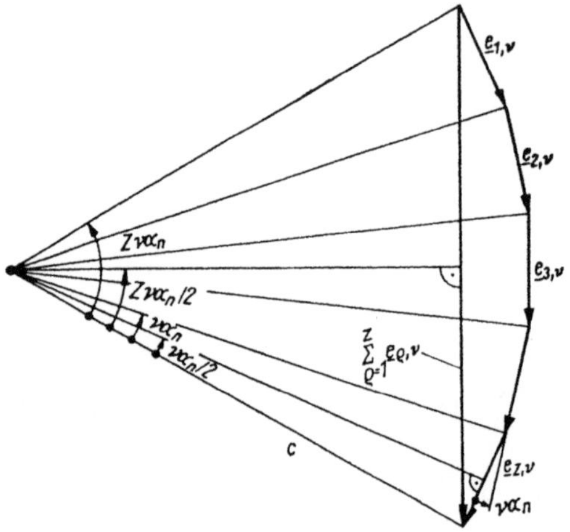

Bild 1.2.41 Ermittlung des Gruppenfaktors für $q = 5$, $\nu' = p$

Durchmesserschritt, der genau eine Polteilung umfasst. (1.2.55) vereinfacht sich damit zu

$$\xi_{\mathrm{sp},\nu'} = \frac{1}{2}\left[\sin\left(\nu'\frac{y}{y_{\varnothing}}\frac{\pi}{2p}\right) + \sin\left(-\nu'\frac{y}{y_{\varnothing}}\frac{\pi}{2p} + \pi\right)\right]$$

$$\boxed{\xi_{\mathrm{sp},\nu'} = \sin\frac{\nu'}{p}\frac{y}{y_{\varnothing}}\frac{\pi}{2}}\,. \qquad (1.2.56)$$

Im Fall einer einzelnen Spule gilt diese Beziehung für alle $\nu' \in \mathbb{N}$.

Sind p derartige Spulen gleichmäßig, d. h. jeweils um den Winkel $2\pi/p$ gegeneinander versetzt, am Umfang verteilt, so sind ihre Spulenspannungszeiger um jeweils

$$\alpha_{\nu'} = \nu'\frac{2\pi}{p}$$

gegeneinander phasenverschoben. Die Addition aller Spulenspannungszeiger führt damit für alle $\nu'/p \notin \mathbb{N}$ auf den Wert Null; für $\nu'/p \in \mathbb{N}$ addieren sie sich dagegen phasengleich. Der Wicklungsfaktor von p gleichmäßig am Umfang verteilten Spulen berechnet sich daher nur für $\nu = \nu'/p \in \mathbb{N}$ nach (1.2.56) und ist für alle anderen Werte von ν' Null. Bei Einspeisung der Spulenfolge treten also in der Durchflutungsverteilung nur Harmonische auf, die bezüglich der Polpaarteilung ganzzahlige Ordnungszahlen besitzen, und umgekehrt wird die Spulenfolge nur von Flussdichtewellen mit bezüglich der Polpaarteilung ganzzahligen Ordnungszahlen induziert.

Der Ausdruck (1.2.56) ist der im Band *Theorie elektrischer Maschinen*, Abschnitt 1.5.5, hergeleitete *Spulenfaktor*, der in der Literatur oft auch als *Sehnungsfaktor* bezeichnet wird.

b) Spulengruppe

Wenn q Einzelspulen eine einzelne Spulengruppe nebeneinanderliegender Spulen gleicher Weite bilden, dann unterscheiden sich ihre Spulenspannungszeiger jeweils um den Winkel

$$\frac{\nu'}{p}\alpha_{\mathrm{n}} = \frac{2\pi\nu'}{N}. \tag{1.2.57}$$

Die Zeigersumme in (1.2.54) stellt demnach einen Teil eines regelmäßigen Vielecks dar (s. Bild 1.2.41), dessen Seiten die q Spulenspannungszeiger bilden. Wird die Seitenlänge zu Eins gewählt, so beträgt der Abstand der Polygonpunkte vom Mittelpunkt des regelmäßigen Vielecks

$$c = \frac{1}{2\sin\frac{\nu'}{p}\frac{\alpha_{\mathrm{n}}}{2}}.$$

Der Summenzeiger hat dann die Länge

$$2c\sin q\frac{\nu'}{p}\frac{\alpha_{\mathrm{n}}}{2} = \frac{\sin q\frac{\nu'}{p}\frac{\alpha_{\mathrm{n}}}{2}}{\sin\frac{\nu'}{p}\frac{\alpha_{\mathrm{n}}}{2}}.$$

Gegenüber der arithmetischen Summe der q Spulenspannungszeiger vermindert sich die Summenspannung damit um den Faktor

$$\xi_{\mathrm{gr},\nu'} = \frac{\sin q\frac{\nu'}{p}\frac{\alpha_{\mathrm{n}}}{2}}{q\sin\frac{\nu'}{p}\frac{\alpha_{\mathrm{n}}}{2}} = \frac{\sin\nu' q\frac{\pi}{N}}{q\sin\nu'\frac{\pi}{N}}. \tag{1.2.58}$$

Der resultierende Wicklungsfaktor einer einzelnen Spulengruppe ist damit gegenüber dem einer Einzelspule um diesen Faktor reduziert und beträgt somit

$$\boxed{\xi_{\nu'} = \xi_{\mathrm{sp},\nu'}\xi_{\mathrm{gr},\nu'} = \sin\frac{\nu'}{p}\frac{y}{y_{\varnothing}}\frac{\pi}{2}\frac{\sin\nu' q\frac{\pi}{N}}{q\sin\nu'\frac{\pi}{N}}} \tag{1.2.59}$$

für alle $\nu' \in \mathbb{N}$.

Analog zu den Ausführungen im Unterabschnitt 1.2.3.2a ist der Wicklungsfaktor für p gleichmäßig am Umfang verteilte identische Spulengruppen für alle $\nu = \nu'/p \notin \mathbb{N}$ Null. Für alle $\nu = \nu'/p \in \mathbb{N}$ berechnet er sich nach (1.2.59). Der Faktor nach (1.2.58) ist der im Band *Theorie elektrischer Maschinen*, Abschnitt 1.5.5, hergeleitete *Gruppenfaktor*, der auch als *Zonenfaktor* bezeichnet wird.

c) Einfach strangverschachtelte Spulengruppe

Bei einer einfach strangverschachtelten Wicklung (s. Abschn. 1.2.2.3e, S. 60) sind die beiden äußeren Spulenspannungszeiger jeder Spulengruppe gegenüber den jeweils benachbarten um das Dopplete des Winkels $\nu'\alpha_{\mathrm{n}}/p$ nach (1.2.57) verschoben. Die mittleren $q-2$ Spulenspannungszeiger einer Spulengruppe bilden weiterhin den Teil eines regelmäßigen Vielecks (s. Bild 1.2.42), zu dem die beiden äußeren Zeiger hinzuaddiert werden müssen. Analog zum Vorgehen im Unterabschnitt 1.2.3.2b lässt sich der Gruppenfaktor einer einfach strangverschachtelten Spulengruppe bestimmen, indem der Summenzeiger gebildet und ins Verhältnis zur arithmetischen Summe der q Einzelzeiger gesetzt wird. Die Länge des normierten Summenzeigers kann Bild 1.2.42 als

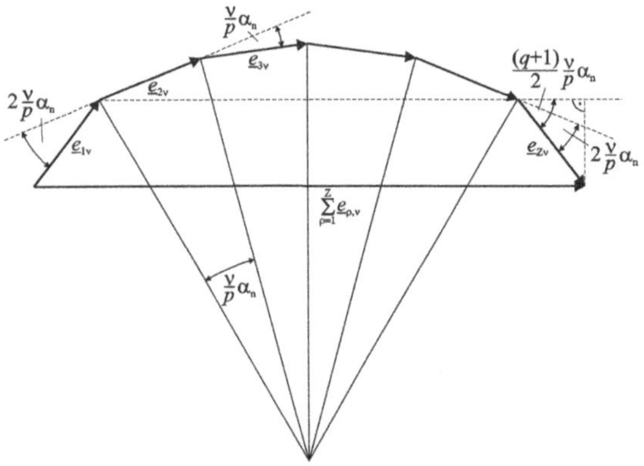

Bild 1.2.42 Ermittlung des Wicklungsfaktors bei Strangverschachtelung

$$2c\sin(q-2)\frac{\nu'}{p}\frac{\alpha_n}{2} + 2\cos\frac{q+1}{2}\nu'\frac{2\pi}{N} = \frac{\sin\frac{\nu'}{p}(q-2)\frac{\alpha_n}{2}}{\sin\frac{\nu'}{p}\frac{\alpha_n}{2}} + 2\cos\nu'(q+1)\frac{\pi}{N}$$

entnommen werden. Der Gruppenfaktor ergibt sich unter Verwendung von (1.2.57) zu

$$\begin{aligned}
\xi_{\mathrm{gr},\nu'} &= \frac{\sin\nu'(q-2)\frac{\pi}{N} + 2\sin\nu'\frac{\pi}{N}\cos\nu'(q+1)\frac{\pi}{N}}{q\sin\nu'\frac{\pi}{N}} \\
&= \frac{\sin\nu'(q-2)\frac{\pi}{N} + \sin\nu'(q+2)\frac{\pi}{N} + \sin\nu'(-q)\frac{\pi}{N}}{q\sin\nu'\frac{\pi}{N}} \\
&= \frac{\sin\nu' q\frac{\pi}{N}}{q\sin\nu'\frac{\pi}{N}}\left(2\cos\nu' 2\frac{\pi}{N} - 1\right) && (1.2.60) \\
&= \frac{\sin\nu' q\frac{\pi}{N}}{\frac{q}{2}\sin\nu' 2\frac{\pi}{N}}\cos\nu' 3\frac{\pi}{N}. && (1.2.61)
\end{aligned}$$

Damit beträgt der resultierende Wicklungsfaktor einer einzelnen einfach strangverschachtelten Spulengruppe

$$\boxed{\xi_{\nu'} = \xi_{\mathrm{sp},\nu'}\xi_{\mathrm{gr},\nu'} = \sin\frac{\nu'}{p}\frac{y}{y_\varnothing}\frac{\pi}{2}\frac{\sin\nu' q\frac{\pi}{N}}{\frac{q}{2}\sin\nu' 2\frac{\pi}{N}}\cos\nu' 3\frac{\pi}{N}} \qquad (1.2.62)$$

für alle $\nu' \in \mathbb{N}$.

Analog zu den Ausführungen in 1.2.3.2a ist der Wicklungsfaktor für p gleichmäßig am Umfang verteilte identische Spulengruppen für alle $\nu = \nu'/p \notin \mathbb{N}$ Null. Für alle $\nu = \nu'/p \in \mathbb{N}$ berechnet er sich nach (1.2.62).

1.2.3.3 Einfluss der Breite des Nutschlitzes

Bisher wurde stillschweigend vorausgesetzt, dass die Spulenseiten jeweils in der tangentialen Mitte der Nuten konzentriert sind. Einen glatten Luftspalt vorausgesetzt,

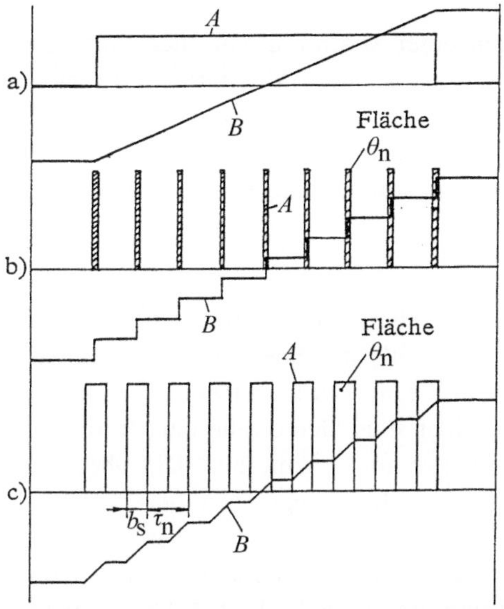

Bild 1.2.43 Einfluss der Breite des Nutschlitzes auf die Flussdichteverteilung bei glattem Luftspalt;
a) Durchflutung über die gesamte Nutteilung fein verteilt;
b) Durchflutung in Nutmitte konzentriert;
c) Durchflutung über die Nutöffnung verteilt.
A: Strombelagskurve
B: Flussdichtekurve
Θ_n: Nutdurchflutung

und unter der Annahme eines abschnittsweise quasihomogenen Felds entsteht bei Stromfluss in den Spulenseiten eine treppenförmige Flussdichteverteilung wie im Bild 1.2.43b.

Tatsächlich sind die Nuten zum Luftspalt hin geöffnet. Wird berücksichtigt, dass die Spulenseiten und damit auch der Strombelag der Spulen über die Breite des Nutschlitzes b_s gleichmäßig verteilt sind, so entsteht unter den gleichen Voraussetzungen eine Flussdichteverteilung nach Bild 1.2.43c. Die Änderung im Vergleich zum Fall konzentrierter Nutdurchflutung kann mit Hilfe des *Nutschlitz-* oder *Breitenfaktors* nach [12]

$$\boxed{\xi_{n,\nu'} = \frac{\sin \nu' \frac{b_s}{\tau_n}\frac{\pi}{N}}{\nu' \frac{b_s}{\tau_n}\frac{\pi}{N}} = \frac{\sin \nu' \frac{b_s}{D}}{\nu' \frac{b_s}{D}}} \tag{1.2.63}$$

angegeben werden.

Im Grenzfall $b_s = 0$ folgt $\xi_{n,\nu'} = 1$, und im anderen Grenzfall $b_s = \tau_n$, bei dem wie im Bild 1.2.43a die Spulenseiten jeweils über die gesamte Nutteilung fein verteilt angenommen werden, folgt

$$\xi_{n,\nu'} = \frac{\sin \nu' \frac{\pi}{N}}{\nu' \frac{\pi}{N}}. \tag{1.2.64}$$

Das Produkt aus dem Gruppenfaktor nach (1.2.58) und dem Nutschlitzfaktor nach (1.2.64) geht dann mit $N = 2pmq$ über in den sog. Gruppen- bzw. Zonenfaktor für fein verteilten Strombelag

$$\xi_{\mathrm{gr}\infty,\nu'} = \frac{\sin \nu' q \frac{\pi}{N}}{q \sin \nu' \frac{\pi}{N}} \frac{\sin \nu' \frac{\pi}{N}}{\nu' \frac{\pi}{N}} = \frac{\sin \frac{\nu'}{p}\frac{1}{m}\frac{\pi}{2}}{\frac{\nu'}{p}\frac{1}{m}\frac{\pi}{2}}. \tag{1.2.65}$$

1.2.3.4 Ganzlochwicklungen

Die Zeigerverteilung der Nutenspannungen einer Strangwicklung liegt mit dem Nutenspannungsstern der Urwicklung fest. Für die nach Abschnitt 1.2.3.1 mögliche Ermittlung des Wicklungsfaktors genügt demnach die Untersuchung des Nutenspannungssterns der Urwicklung. Der Nutenspannungsstern von Ganzlochwicklungen besteht für jede Zone aus einem zusammenhängenden Zeigerbündel (s. Bilder 1.2.10, S. 38, u. 1.2.14, S. 43).

a) Einschichtwicklungen

Einschicht-Ganzlochwicklungen bestehen in jedem Strang aus p gleichmäßig am Umfang verteilten Spulengruppen von jeweils q Spulen. Eine von einem Wicklungsstrang aufgebaute Durchflutungswelle der Ordnungszahl ν' bzw. die Flussverkettung des Wicklungsstrangs mit einer Flussdichtewelle der Ordnungszahl ν' hängt nur von der Verteilung der Leiter am Umfang ab, nicht aber von der Verbindung der Leiter im Wicklungskopf. Unabhängig von der tatsächlichen Ausführung der Wicklung darf daher davon ausgegangen werden, dass alle Spulen Durchmesserspulen der Weite $y = y_{\varnothing}$ sind. Einschichtwicklungen ohne Strangverschachtelung entsprechen damit dem im Unterabschnitt 1.2.3.2b zuletzt betrachteten Fall. Mit $N = 2pmq = 2py_{\varnothing}$ wird der Gruppenfaktor nach (1.2.58) zu

$$\xi_{\mathrm{gr},\nu'} = \frac{\sin \frac{\nu'}{p}\frac{1}{m}\frac{\pi}{2}}{q \sin \frac{\nu'}{p}\frac{1}{mq}\frac{\pi}{2}} = \frac{\sin \frac{\nu'}{p}\frac{q}{y_{\varnothing}}\frac{\pi}{2}}{q \sin \frac{\nu'}{p}\frac{1}{y_{\varnothing}}\frac{\pi}{2}}, \tag{1.2.66}$$

und für den resultierenden Wicklungsfaktor ergibt sich gemäß (1.2.59) mit $y = y_{\varnothing}$

$$\boxed{\xi_{\nu'} = \xi_{\mathrm{sp},\nu'}\xi_{\mathrm{gr},\nu'}\xi_{\mathrm{n},\nu'} = \sin \frac{\nu'}{p}\frac{\pi}{2} \frac{\sin \frac{\nu'}{p}\frac{q}{y_{\varnothing}}\frac{\pi}{2}}{q \sin \frac{\nu'}{p}\frac{1}{y_{\varnothing}}\frac{\pi}{2}} \xi_{\mathrm{n},\nu'}} \,. \tag{1.2.67}$$

Der Spulenfaktor $\xi_{\mathrm{sp},\nu'}$ ist für alle $\nu = \nu'/p \in \mathbb{G}$ Null und hat für alle $\nu = \nu'/p \in \mathbb{U}$ den Betrag Eins. $\xi_{\nu'}$ ist also nur für $\nu'/p \in \mathbb{U}$ von Null verschieden.

b) Zweischichtwicklungen ohne Zonenänderung

Zweischicht-Ganzlochwicklungen besitzen $2p$ Spulengruppen je Strang, für die – wie auch bereits im Unterabschnitt 1.2.3.4a geschehen – angenommen werden kann, dass sie aus Spulen gleicher Weite y bestehen. Sie lassen sich aus zwei um den Winkel π/p am Umfang versetzten, entgegengesetzt durchlaufenen Teilwicklungen zusammensetzen, die ihrerseits aus p gleichmäßig am Umfang verteilten Spulengruppen mit jeweils q Spulen der Weite y bestehen. Die beiden Teilspannungen sind um den Winkel $\nu'\pi/p + \pi$ gegeneinander phasenverschoben und addieren sich daher für alle $\nu = \nu'/p \in \mathbb{G}$ zu Null und für alle $\nu = \nu'/p \in \mathbb{U}$ algebraisch. Der resultierende Wicklungsfaktor von Zweischicht-Ganzlochwicklungen ohne Zonenänderung und ohne Strangverschachtelung beträgt daher entsprechend (1.2.59) und mit $N = 2py_{\varnothing}$ für alle $\nu = \nu'/p \in \mathbb{U}$

$$\boxed{\xi_{\nu'} = \xi_{\mathrm{sp},\nu'}\xi_{\mathrm{gr},\nu'}\xi_{\mathrm{n},\nu'} = \sin\frac{\nu'}{p}\frac{y}{y_\varnothing}\frac{\pi}{2}\frac{\sin\dfrac{\nu'}{p}\dfrac{q}{y_\varnothing}\dfrac{\pi}{2}}{q\sin\dfrac{\nu'}{p}\dfrac{1}{y_\varnothing}\dfrac{\pi}{2}}\xi_{\mathrm{n},\nu'}} \,. \tag{1.2.68}$$

c) Zweischichtwicklungen mit Zonenänderung

Bei Zweischicht-Ganzlochwicklungen mit Zonenänderung (s. Abschn. 1.2.2.1b, S. 39) setzt sich jeder Strang je zur Hälfte aus Zonen mit $q + q_\Delta$ Spulenseiten und aus Zonen mit $q - q_\Delta$ Spulenseiten zusammen. Die Wicklung kann als aus zwei Teilwicklungen mit je p gleichmäßig am Umfang verteilten Spulengruppen bestehend aufgefasst werden, von denen die eine die Lochzahl $q + q_\Delta$ und die andere die Lochzahl $q - q_\Delta$ besitzt. Wie Bild 1.2.11c, Seite 39, zeigt, haben beide Teilwicklungen dieselbe Achse, die damit auch Strangachse ist, und denselben Wicklungsschritt y. Die Wicklungsfaktoren der beiden Teilwicklungen können entsprechend (1.2.58) und (1.2.59) für alle $\nu = \nu'/p \in \mathbb{N}$ über

$$\xi_{\nu'} = \sin\frac{\nu'}{p}\frac{y}{y_\varnothing}\frac{\pi}{2}\frac{\sin(q \pm q_\Delta)\nu'\dfrac{\pi}{N}}{(q \pm q_\Delta)\sin\nu'\dfrac{\pi}{N}}\xi_{\mathrm{n},\nu'} \tag{1.2.69}$$

berechnet werden. Da beide Teilwicklungen dieselbe Achse haben, addieren sich die Teilwicklungsspannungen phasengleich zur Summenspannung. Der Wicklungsfaktor des gesamten Strangs ist daher die mit den Lochzahlen der Teilwicklungen gewichtete Summe der Wicklungsfaktoren der Teilwicklungen.

Ist die Wicklung mit Zonenänderung keine Durchmesserwicklung, sondern besitzt sie wie im Bild 1.2.11d einen Wicklungsschritt $y \neq y_\varnothing$, entstehen neben den ungeradzahligen auch geradzahlige Harmonische, für die sich die Teilwicklungsspannungen nicht mehr gleichphasig, sondern gegenphasig addieren. Damit ergibt sich für die Wicklungsfaktoren der Zusammenhang

$$\begin{aligned}\xi_{\nu'} &= \frac{1}{2q}\left[(q+q_\Delta)\sin\frac{\nu'}{p}\frac{y}{y_\varnothing}\frac{\pi}{2}\frac{\sin\nu'(q+q_\Delta)\dfrac{\pi}{N}}{(q+q_\Delta)\sin\nu'\dfrac{\pi}{N}}\right.\\ &\qquad\left.\pm(q-q_\Delta)\sin\frac{\nu'}{p}\frac{y}{y_\varnothing}\frac{\pi}{2}\frac{\sin\nu'(q-q_\Delta)\dfrac{\pi}{N}}{(q-q_\Delta)\sin\nu'\dfrac{\pi}{N}}\right]\xi_{\mathrm{n},\nu'}\\ &= \sin\frac{\nu'}{p}\frac{y}{y_\varnothing}\frac{\pi}{2}\frac{\sin(q+q_\Delta)\nu'\dfrac{\pi}{N} \pm \sin(q-q_\Delta)\nu'\dfrac{\pi}{N}}{2q\sin\nu'\dfrac{\pi}{N}}\xi_{\mathrm{n},\nu'}\,.\end{aligned} \tag{1.2.70}$$

Dabei gilt das obere Vorzeichen für ungeradzahlige Werte $\nu = \nu'/p \in \mathbb{U}$ und das untere Vorzeichen für geradzahlige Werte $\nu = \nu'/p \in \mathbb{G}$. Dies lässt sich auch formulieren als

$$\xi_{\nu'} = \sin\frac{\nu'}{p}\frac{y}{y_\varnothing}\frac{\pi}{2}\frac{\sin(q+q_\Delta)\nu'\dfrac{\pi}{N} - \cos\left(\dfrac{\nu'}{p}\pi\right)\sin(q-q_\Delta)\nu'\dfrac{\pi}{N}}{2q\sin\nu'\dfrac{\pi}{N}}\xi_{\mathrm{n},\nu'} \tag{1.2.71}$$

oder mit Hilfe der Additionstheoreme als

$$\xi_{\nu'} = \sin\frac{\nu'}{p}\frac{y}{y_\varnothing}\frac{\pi}{2}\frac{\sin\nu' q\dfrac{\pi}{N}}{q\sin\nu'\dfrac{\pi}{N}}\cos\nu' q_\Delta\frac{\pi}{N}\xi_{\mathrm{n},\nu'} \quad \text{für} \quad \frac{\nu'}{p} \in \mathbb{U} \tag{1.2.72a}$$

$$\xi_{\nu'} = \sin\frac{\nu'}{p}\frac{y}{y_\varnothing}\frac{\pi}{2}\frac{\cos\nu' q\frac{\pi}{N}}{q\sin\nu'\frac{\pi}{N}}\sin\nu' q_\Delta\frac{\pi}{N}\xi_{\mathrm{n},\nu'} \quad \text{für} \quad \frac{\nu'}{p}\in\mathbb{G}. \tag{1.2.72b}$$

Mit $N = 2py_\varnothing$ wird daraus

$$\xi_{\nu'} = \sin\frac{\nu'}{p}\frac{y}{y_\varnothing}\frac{\pi}{2}\frac{\sin\frac{\nu'}{p}\frac{q}{y_\varnothing}\frac{\pi}{2}}{q\sin\frac{\nu'}{p}\frac{1}{y_\varnothing}\frac{\pi}{2}}\cos\frac{\nu'}{p}\frac{q_\Delta}{y_\varnothing}\frac{\pi}{2}\xi_{\mathrm{n},\nu'} \quad \text{für} \quad \frac{\nu'}{p}\in\mathbb{U} \tag{1.2.73a}$$

$$\xi_{\nu'} = \sin\frac{\nu'}{p}\frac{y}{y_\varnothing}\frac{\pi}{2}\frac{\cos\frac{\nu'}{p}\frac{q}{y_\varnothing}\frac{\pi}{2}}{q\sin\frac{\nu'}{p}\frac{1}{y_\varnothing}\frac{\pi}{2}}\sin\frac{\nu'}{p}\frac{q_\Delta}{y_\varnothing}\frac{\pi}{2}\xi_{\mathrm{n},\nu'} \quad \text{für} \quad \frac{\nu'}{p}\in\mathbb{G}. \tag{1.2.73b}$$

Die Wahl von q_Δ stellt einen weiteren Freiheitsgrad im Wicklungsentwurf dar, der zusätzlich zur Sehnung die gezielte Unterdrückung bestimmter Harmonischer erlaubt, weshalb gesehnte Zweischicht-Ganzlochwicklungen mit Zonenänderung auch als *doppelt gesehnte Wicklungen* bezeichnet werden. Da sie aber, wie bereits erläutert, nicht nur ungeradzahlige, sondern im Gegensatz zu gesehnten Zweischicht-Ganzlochwicklungen ohne Zonenänderung zusätzlich auch geradzahlige Harmonische erzeugen, ist ihre praktische Bedeutung gering.

Ungesehnte Zweischicht-Ganzlochwicklungen mit Zonenänderung besitzen dagegen dieselben Wicklungsfaktoren wie gesehnte Zweischicht-Ganzlochwicklungen ohne Zonenänderung, da bei $y = y_\varnothing$ der Spulenfaktor $\xi_{\mathrm{sp},\nu'}$ für alle $\nu = \nu'/p \in \mathbb{G}$ zu Null wird. Die Umformung

$$\begin{aligned}\sin\frac{\nu'}{p}\frac{y}{y_\varnothing}\frac{\pi}{2} &= \sin\frac{\nu'}{p}\left(1-\frac{y_\mathrm{v}}{y_\varnothing}\right)\frac{\pi}{2}\\ &= \sin\frac{\nu'}{p}\frac{\pi}{2}\cos\frac{\nu'}{p}\frac{y_\mathrm{v}}{y_\varnothing}\frac{\pi}{2} - \underbrace{\cos\frac{\nu'}{p}\frac{\pi}{2}}_{=0\text{ für }\frac{\nu'}{p}\in\mathbb{U}}\sin\frac{\nu'}{p}\frac{y_\mathrm{v}}{y_\varnothing}\frac{\pi}{2}\end{aligned} \tag{1.2.74}$$

zeigt bei Vergleich mit (1.2.73a), dass eine Zonenänderung für alle $\nu = \nu'/p \in \mathbb{U}$ dieselbe Wirkung hat wie eine Schrittverkürzung um $y_\mathrm{v} = q_\Delta$.

Treibt man die Zonenänderung so weit, dass $q_\Delta = q$ ist und damit die eine der Zonen $2q$ Nuten und die andere gar keine Nuten mehr aufweist, so liegt eine *Wicklung mit doppelter Zonenbreite* vor, wie sie z. B. bei Dahlanderwicklungen in der hohen Polzahl auftritt. (1.2.72a,b) und (1.2.73a,b) werden für diesen Fall für alle $\nu = \nu'/p \in \mathbb{N}$ zu

$$\boxed{\xi_{\nu'} = \sin\frac{\nu'}{p}\frac{y}{y_\varnothing}\frac{\pi}{2}\frac{\sin\nu' 2q\frac{\pi}{N}}{2q\sin\nu'\frac{\pi}{N}}\xi_{\mathrm{n},\nu'} = \sin\frac{\nu'}{p}\frac{y}{y_\varnothing}\frac{\pi}{2}\frac{\sin\frac{\nu'}{p}\frac{2q}{y_\varnothing}\frac{\pi}{2}}{2q\sin\frac{\nu'}{p}\frac{1}{y_\varnothing}\frac{\pi}{2}}\xi_{\mathrm{n},\nu'}}\,. \tag{1.2.75}$$

d) Strangverschachtelte Einschichtwicklungen

Eine einfach strangverschachtelte Einschicht-Ganzlochwicklung besteht aus p der im Unterabschnitt 1.2.3.2c behandelten Spulengruppen, die gleichmäßig am Umfang verteilt sind. Es darf davon ausgegangen werden, dass sie aus Durchmesserspulen mit $y = y_\varnothing$ aufgebaut sind. Nach (1.2.62) und mit $N = 2py_\varnothing$ beträgt ihr resultierender Wicklungsfaktor für alle $\nu = \nu'/p \in \mathbb{N}$

$$\xi_{\nu'} = \xi_{\mathrm{sp},\nu'}\xi_{\mathrm{gr},\nu'}\xi_{\mathrm{n},\nu'} = \sin\frac{\nu'}{p}\frac{\pi}{2}\frac{\sin\dfrac{\nu'}{p}\dfrac{q}{y_\varnothing}\dfrac{\pi}{2}}{\dfrac{q}{2}\sin\dfrac{\nu'}{p}\dfrac{2}{y_\varnothing}\dfrac{\pi}{2}}\cos\left(\frac{\nu'}{p}\frac{3}{y_\varnothing}\frac{\pi}{2}\right)\xi_{\mathrm{n},\nu'} . \quad (1.2.76)$$

Da der Spulenfaktor $\xi_{\mathrm{sp},\nu'}$ für alle $\nu = \nu'/p \in \mathbb{G}$ Null ist, entstehen nur ungeradzahlige Harmonische. Der Vergleich mit (1.2.74) zeigt, dass eine einfach strangverschachtelte Einschicht-Ganzlochwicklung für alle Harmonischen denselben Wicklungsfaktor hat wie eine um $y_\mathrm{v} = 3$ gesehnte Zweischicht-Ganzlochwicklung mit halber Nutzahl, d. h. halbem Durchmesserschritt und halber Lochzahl. Aufgrund dieser relativ großen äquivalenten Schrittverkürzung ist die Ausführung einer Strangverschachtelung i. Allg. nur für $q \geq 5$ sinnvoll.

e) Strangverschachtelte Zweischichtwicklungen

Einfach strangverschachtelte Zweischicht-Ganzlochwicklungen besitzen $2p$ Spulengruppen, für die – wie auch bereits im Unterabschnitt a geschehen – angenommen werden kann, dass sie aus Spulen der gleichen Weite y bestehen. Analog zu Unterabschnitt 1.2.3.4b lassen sie sich aus zwei um den Winkel π/p am Umfang versetzten, entgegengesetzt durchlaufenen Teilwicklungen zusammensetzen, deren Teilspannungen um den Winkel $\nu'\pi/p + \pi$ gegeneinander phasenverschoben sind und die sich daher für alle $\nu = \nu'/p \in \mathbb{G}$ zu Null und für alle $\nu = \nu'/p \in \mathbb{U}$ phasengleich addieren. Der resultierende Wicklungsfaktor einfach strangverschachtelter Zweischicht-Ganzlochwicklungen ohne Zonenänderung beträgt daher entsprechend (1.2.62) und mit $N = 2py_\varnothing$ für alle $\nu = \nu'/p \in \mathbb{U}$

$$\xi_{\nu'} = \xi_{\mathrm{sp},\nu'}\xi_{\mathrm{gr},\nu'}\xi_{\mathrm{n},\nu'} = \sin\frac{\nu'}{p}\frac{y}{y_\varnothing}\frac{\pi}{2}\frac{\sin\dfrac{\nu'}{p}\dfrac{q}{y_\varnothing}\dfrac{\pi}{2}}{\dfrac{q}{2}\sin\dfrac{\nu'}{p}\dfrac{2}{y_\varnothing}\dfrac{\pi}{2}}\cos\left(\frac{\nu'}{p}\frac{3}{y_\varnothing}\frac{\pi}{2}\right)\xi_{\mathrm{n},\nu'} . \quad (1.2.77)$$

Da die Strangverschachtelung, wie im Unterabschnitt 1.2.3.4d dargelegt, wie eine Sehnung um $y_\mathrm{v} = 3$ wirkt, werden strangverschachtelte und zusätzlich gesehnte Zweischichtwicklungen (ebenso wie gesehnte Zweischichtwicklungen mit Zonenänderung) als *doppelt gesehnte Wicklungen* bezeichnet.

f) Mehrschicht-Steckwicklungen

Bei den meisten praktisch ausgeführten Mehrschicht-Steckwicklungen führt der Zonenplan auf eine Durchflutungsverteilung am Umfang, die der einer gesehnten oder ungesehnten Zweischichtwicklung ohne Zonenänderung entspricht, so dass für den resultierenden Wicklungsfaktor (1.2.68) gilt. Sofern jedoch die grundsätzlich möglichen, zahlreichen Freiheitsgrade bei der Gestaltung des Wicklungsplans, z. B. durch Ausführung einer mehrstufigen Sehnung (s. Unterabschn. 1.2.2.1d, S. 44), ausgeschöpft werden, ist es kaum möglich, eine einfache Beziehung für den resultierenden Wicklungsfaktor anzugeben, die alle denkbaren Varianten einschließt. Daher muss in diesen Fällen die aus dem Nutenspannungsstern als (1.2.55) abgeleitete Beziehung

$$\xi_{\nu'} = \xi_{n,\nu'} \frac{1}{Z} \sum_{\rho=1}^{Z} \sin \nu' \left(\gamma'_\rho - \gamma'_{str}\right) \tag{1.2.78}$$

angewendet werden.

1.2.3.5 Zweischicht-Bruchlochwicklungen

Bruchlochwicklungen haben Spulengruppen unterschiedlicher Spulenzahl und damit auch keinen gleichen Gruppenfaktor der einzelnen Spulengruppen. Zudem variiert der Abstand zwischen den einzelnen Spulengruppen. Die Ableitung eines resultierenden Gruppenfaktors ist daher relativ aufwendig. Sie geht auf *Klima* zurück und kann z. B. [13] entnommen werden. Hier soll lediglich das Ergebnis als

$$\xi_{gr,\nu'} = \frac{\sin \frac{\nu'}{\nu^*} q_a \frac{1+g^* N^*}{p^*} \frac{\pi}{N^*} - \cos \frac{\nu'}{\nu^*} \frac{1+g^* N^*}{p^*} \pi \sin \frac{\nu'}{\nu^*} q_b \frac{1+g^* N^*}{p^*} \frac{\pi}{N^*}}{\frac{N^*}{m} \sin \frac{\nu'}{\nu^*} \frac{1+g^* N^*}{p^*} \frac{\pi}{N^*}} \tag{1.2.79}$$

wiedergegeben werden, welches für Zweischicht-Bruchlochwicklungen sowohl erster als auch zweiter Art mit ungerader Strangzahl m gilt. Hierin sind

- $N^* = N/t$ die Nutzahl und $p^* = p/t$ die Polpaarzahl der Urwicklung nach (1.2.20) bzw. (1.2.23), Seite 33,
- g^* die kleinste natürliche Zahl, für die der Ausdruck

  $$\tilde{g} = \frac{1+g^* N^*}{p^*}$$

  ganzzahlig ist,
- q_a und q_b diejenigen ganzen Zahlen, die dem Wert $N^*/(2m)$ benachbart liegen,
- $\nu^* = t$ die kleinste Ordnungszahl der von einem Strang erzeugten bzw. in ihm induzierenden Harmonischen.

Der resultierende Wicklungsfaktor kann damit in der Form

$$\boxed{\xi_{\nu'} = \sin \frac{\nu'}{p} \frac{y}{y_\varnothing} \frac{\pi}{2} \frac{\sin \frac{\nu'}{\nu^*} q_a \tilde{g} \frac{\pi}{N^*} - \cos \frac{\nu'}{\nu^*} \tilde{g} \pi \sin \frac{\nu'}{\nu^*} q_b \tilde{g} \frac{\pi}{N^*}}{\frac{N^*}{m} \sin \frac{\nu'}{\nu^*} \tilde{g} \frac{\pi}{N^*}} \xi_{n,\nu'}} \tag{1.2.80}$$

angegeben werden. Bei Urwicklungen erster Art gilt dies nach (1.2.35), Seite 51, für alle $\nu'/t \in \mathbb{U}$ und damit für alle $\nu' n/p \in \mathbb{U}$. Bei Urwicklungen zweiter Art gilt dies nach (1.2.37) für alle $\nu'/t \in \mathbb{N}$ und damit für alle $\nu' n/p \in \mathbb{G}$.

Für Zweischicht-Bruchlochwicklungen mit Urwicklung erster Art, d. h. für $N^* \in \mathbb{G}$, gilt

$$q_a = q_b = \frac{N^*}{2m},$$

und (1.2.80) vereinfacht sich zu

$$\xi_{\nu'} = \sin\frac{\nu'}{p}\frac{y}{y_\varnothing}\frac{\pi}{2}\frac{\sin\frac{\nu'}{\nu^*}\tilde{g}\frac{\pi}{2m}\left(1-\cos\frac{\nu'}{\nu^*}\tilde{g}\pi\right)}{\frac{N^*}{m}\sin\frac{\nu'}{\nu^*}\tilde{g}\frac{\pi}{N^*}}\xi_{\mathrm{n},\nu'}$$

$$= \sin\frac{\nu'}{p}\frac{y}{y_\varnothing}\frac{\pi}{2}\frac{2\sin\frac{\nu'}{\nu^*}\tilde{g}\frac{\pi}{2m}\sin^2\frac{\nu'}{\nu^*}\tilde{g}\frac{\pi}{2}}{\frac{N^*}{m}\sin\frac{\nu'}{\nu^*}\tilde{g}\frac{\pi}{N^*}}\xi_{\mathrm{n},\nu'}\,. \tag{1.2.81}$$

Die manuelle Auswertung von (1.2.80) bzw. (1.2.81) ist recht mühsam. Zudem interessieren bei hochpoligen Synchrongeneratoren, einem der verbreitetsten Anwendungsgebiete von Bruchlochwicklungen, mit Rücksicht auf die Ermittlung der vom Erregersystem hervorgerufenen Harmonischen in der induzierten Spannung vor allem die Wicklungsfaktoren der Ankerwicklung für die vom Erregersystem erzeugten Harmonischen $\nu'/p \in \mathbb{U}$. Für diesen Fall ist der nachfolgend beschriebene Weg zur Bestimmung des Gruppenfaktors vorteilhaft.

Im Abschnitt 1.2.2.2, Seite 47, ist festgestellt worden, dass der Nutenspannungsstern einer normal entworfenen Zweischicht-Bruchlochwicklung ebenso wie der Nutenspannungsstern einer Ganzlochwicklungen geschlossene Zeigerbündel je Zone aufweist, wobei an der Bildung jeder dieser Zonen alle Spulengruppen des betreffenden Strangs beteiligt sind (s. Bilder 1.2.19, S. 49, u. 1.2.21, S. 53). Diese Tatsache gestattet die Anwendung von (1.2.58), die für geschlossene Zeigerbündel gilt.

a) Zweischicht-Bruchlochurwicklungen erster Art für $\nu'/p \in \mathbb{U}$

Für diese Wicklungen beträgt die Zeigerzahl je Strang (s. Tab. 1.2.4, S. 33)

$$\frac{N^*}{m} = \frac{N}{tm} \in \mathbb{G},$$

und es kann $Z^+ = Z^-$ gesetzt werden (s. Abschn. 1.2.2.2a). Dabei entstehen wie bei der Ganzlochwicklung gleich große Zonen (s. Bild 1.2.19), und die negativen Zeiger fallen nach dem Umklappen auf die positiven. Die für (1.2.58) maßgebende Zeigerzahl ist Z^+ und der Winkel zwischen den Zeigern α_z. Außerdem gilt für die Urwicklung erster Art $p^* = n$ und $\alpha_\mathrm{z} = \alpha_\mathrm{n}/n$. Damit wird

$$Z^+ = \frac{N^*}{2m} = p^* q = nq = \frac{n\pi}{m\alpha_\mathrm{n}},$$

und für den aus den elektrischen Zonen des Nutenspannungssterns abgeleiteten sog. *Zonenfaktor der äquivalenten Ganzlochwicklung* ergibt sich

$$\xi_{\mathrm{gr},\nu'} = \frac{\sin nq\frac{\nu'}{p}\frac{\alpha_\mathrm{z}}{2}}{nq\sin\frac{\nu'}{p}\frac{\alpha_\mathrm{z}}{2}} = \frac{\sin q\frac{\nu'}{p}\frac{\alpha_\mathrm{n}}{2}}{nq\sin\frac{\nu'}{p}\frac{\alpha_\mathrm{n}}{2n}}\,. \tag{1.2.82}$$

Für den resultierenden Wicklungsfaktor erhält man dann

$$\boxed{\xi_{\nu'} = \xi_{\mathrm{sp},\nu'}\xi_{\mathrm{gr},\nu'}\xi_{\mathrm{n},\nu'} = \sin\frac{\nu'}{p}\frac{y}{y_\varnothing}\frac{\pi}{2}\frac{\sin\frac{\nu'}{p}\frac{q}{y_\varnothing}\frac{\pi}{2}}{nq\sin\frac{\nu'}{p}\frac{1}{ny_\varnothing}\frac{\pi}{2}}\xi_{\mathrm{n},\nu'}\quad\text{für alle}\quad\frac{\nu'}{p}\in\mathbb{U}}\,. \tag{1.2.83}$$

Dabei wird nq auch als *Lochzahl der äquivalenten Ganzlochwicklung* bezeichnet. Die Berücksichtigung der Sehnung erfolgt wie im Unterabschnitt 1.2.3.4a durch den Spulenfaktor nach (1.2.56). Eine Zonenänderung wird normalerweise nicht vorgenommen. Es muss noch einmal betont werden, dass (1.2.83) ausschließlich für ungeradzahlige Harmonische $\nu = \nu'/p$ angewendet werden darf; für alle anderen Ordnungszahlen muss (1.2.81) ausgewertet werden.

b) Zweischicht-Bruchlochurwicklungen zweiter Art für $\nu'/p \in \mathbb{U}$

Für Urwicklungen zweiter Art beträgt die Zeigerzahl je Strang

$$\frac{N^*}{m} = \frac{N}{tm} \in \mathbb{U},$$

und damit ist $Z^+ \neq Z^-$. Bei ungerader Strangzahl m ist dann auch die Zahl der Zeiger des Nutenspannungssterns $N^* \in \mathbb{U}$ (s. Bild 1.2.21), und die umgeklappten negativen Zeiger fallen zwischen die positiven. Im Normalfall wählt man $|Z^- - Z^+| = 1$, so dass die umgeklappten negativen Zeiger mit den positiven wieder ein geschlossenes Bündel bilden. Da für die Urwicklung zweiter Art $p^* = n/2$ gilt, besteht dieses Bündel aus

$$Z = Z^+ + Z^- = \frac{N^*}{m} = 2p^*q = nq$$

Zeigern mit einem Winkel von

$$\frac{\alpha_z}{2} = \frac{\alpha_n}{n}$$

zwischen den Zeigern (s. Tab. 1.2.4). Nach (1.2.58) ergibt sich damit für den Gruppenfaktor

$$\xi_{gr,\nu'} = \frac{\sin nq\dfrac{\nu'}{p}\dfrac{\alpha_z}{4}}{nq\sin\dfrac{\nu'}{p}\dfrac{\alpha_z}{4}} = \frac{\sin q\dfrac{\nu'}{p}\dfrac{\alpha_n}{2}}{nq\sin\dfrac{\nu'}{p}\dfrac{\alpha_n}{2n}}. \tag{1.2.84}$$

Der letzte Ausdruck in (1.2.84) ist der gleiche wie in (1.2.82) für Zweischicht-Bruchlochwicklungen erster Art, so dass der resultierende Wicklungsfaktor ebenfalls durch (1.2.83) gegeben ist.

In Tabelle 1.2.7 sind sämtliche Bestimmungsgleichungen für den Wicklungsfaktor zusammengestellt. In Tabelle 1.2.8 sind die Zonen- bzw. Gruppenfaktoren und im Bild 1.2.44 die Sehnungs- bzw. Spulenfaktoren von dreisträngigen Wicklungen angegeben.

1.2.4 Aussagen des Görges-Diagramms

Das Durchflutungspolygon nach Görges ist unter der Voraussetzung gleichmäßiger Nutung ein elegantes Hilfsmittel zur grafischen Beurteilung des von einer Wicklung erzeugten Oberwellengehalts der Felderregerkurve und zur geschlossenen Ermittlung der Oberwellenstreuung. Görges hat bereits im Jahr 1907 gezeigt, dass sich die Durchflutungsverteilung einer mehrsträngigen Maschine direkt aus dem Zeigerdiagramm der Nutdurchflutungen ableiten lässt. Dies soll im Folgenden für den Fall

Tabelle 1.2.7 Beziehungen zur Ermittlung des Wicklungsfaktors

Wicklungsart bzw. Wicklungsfaktor	**Feldwellenparameter bei symmetrischer Speisung ($g \in \mathbb{Z}$)**	**Bestimmungsgleichung**	**Geltungsbereich der Bestimmungsgleichung**
Nutschlitzfaktor		$\xi_{n,\nu'} = \frac{\sin \nu' \frac{b_s \pi}{\tau_n N}}{\nu' \frac{b_s \pi}{\tau_n N}} = \frac{\sin \nu' \frac{b_s}{D}}{\nu' \frac{b_s}{D}}$	$\nu' \in \mathbb{N}$
einzelne Spule	$\tilde{\nu}' \in \mathbb{Z}$	$\xi_{\nu'} = \xi_{sp,\nu'} \xi_{n,\nu'} = \sin \frac{\nu' y \pi}{p y_\varnothing 2} \xi_{n,\nu'}$	$\nu' \in \mathbb{N}$
einzelne Spulengruppe ohne Strangverschachtelung	$\tilde{\nu}' \in \mathbb{Z}$	$\xi_{\nu'} = \xi_{sp,\nu'} \xi_{gr,\nu'} = \sin \frac{\nu' y \pi}{p y_\varnothing 2} \frac{\sin \nu' q \frac{\pi}{N}}{q \sin \nu' \frac{\pi}{N}} \xi_{n,\nu'}$	$\nu' \in \mathbb{N}$
Einschicht-Ganzlochwicklung ohne Strangverschachtelung	$\tilde{\nu}' = p\,(1 + 2mg)$	$\xi_{\nu'} = \sin \frac{\nu' \pi}{p 2} \frac{\sin \frac{\nu' q \pi}{p y_\varnothing 2}}{q \sin \frac{\nu' \pi}{p y_\varnothing 2}} \xi_{n,\nu'}$	$\frac{\nu'}{p} \in \mathbb{U}$
Zweischicht-Ganzlochwicklung normaler Zonenbreite	$\tilde{\nu}' = p\,(1 + 2mg)$	$\xi_{\nu'} = \sin \frac{\nu' y \pi}{p y_\varnothing 2} \frac{\sin \frac{\nu' q \pi}{p y_\varnothing 2}}{q \sin \frac{\nu' \pi}{p y_\varnothing 2}} \xi_{n,\nu'}$	$\frac{\nu'}{p} \in \mathbb{U}$
Zweischicht-Ganzlochwicklung doppelter Zonenbreite	$\tilde{\nu}' = p\,(1 + mg)$	$\xi_{\nu'} = \sin \frac{\nu' y \pi}{p y_\varnothing 2} \frac{\sin \frac{\nu' 2q \pi}{p y_\varnothing 2}}{2q \sin \frac{\nu' \pi}{p y_\varnothing 2}} \xi_{n,\nu'}$	$\frac{\nu'}{p} \in \mathbb{N}$
Zweischicht-Ganzlochwicklung mit Zonenänderung	$\tilde{\nu}' = p\,(1 + mg)$	$\xi_{\nu'} = \sin \frac{\nu' y \pi}{p y_\varnothing 2} \frac{\sin \frac{\nu' q \pi}{p y_\varnothing 2}}{q \sin \frac{\nu' \pi}{p y_\varnothing 2}} \cos \frac{\nu' q_\Delta \pi}{p y_\varnothing 2} \xi_{n,\nu'}$	$\frac{\nu'}{p} \in \mathbb{U}$
		$\xi_{\nu'} = \sin \frac{\nu' y \pi}{p y_\varnothing 2} \frac{\cos \frac{\nu' q \pi}{p y_\varnothing 2}}{q \sin \frac{\nu' \pi}{p y_\varnothing 2}} \sin \frac{\nu' q_\Delta \pi}{p y_\varnothing 2} \xi_{n,\nu'}$	$\frac{\nu'}{p} \in \mathbb{G}$

Fortsetzung

Tabelle 1.2.7 Fortsetzung

Wicklungsart bzw. Wicklungsfaktor	**Feldwellenparameter bei symmetrischer Speisung ($g \in \mathbb{Z}$)**	**Bestimmungsgleichung**	**Geltungsbereich der Bestimmungsgleichung**
Einfach strangverschachtelte Einschicht-Ganzlochwicklung	$\tilde{\nu}' = p\,(1+2mg)$	$\xi_{\nu'} = \sin\frac{\nu'\pi}{p2}\frac{\sin\frac{\nu' q\pi}{py_\varnothing 2}}{\frac{q}{2}\sin\frac{\nu' 2\pi}{py_\varnothing 2}}\cos\frac{\nu' 3\pi}{py_\varnothing 2}\xi_{\mathrm{n},\nu'}$	$\frac{\nu'}{p} \in \mathbb{U}$
Einfach strangverschachtelte Zweischicht-Ganzlochwicklung	$\tilde{\nu}' = p\,(1+2mg)$	$\xi_{\nu'} = \sin\frac{\nu' y\pi}{py_\varnothing 2}\frac{\sin\frac{\nu' q\pi}{py_\varnothing 2}}{\frac{q}{2}\sin\frac{\nu' 2\pi}{py_\varnothing 2}}\cos\frac{\nu' 3\pi}{py_\varnothing 2}\xi_{\mathrm{n},\nu'}$	$\frac{\nu'}{p} \in \mathbb{U}$
Zweischicht-Bruchlochwicklung mit natürlicher Zonenänderung	$\tilde{\nu}' = p\left(1+\frac{2mg}{n}\right)$	$\xi_{\nu'} = \sin\frac{\nu' y\pi}{py_\varnothing 2}\frac{\sin\frac{\nu' q_\mathrm{a}\tilde{g}\pi}{\nu^* N^*} - \cos\frac{\nu'\tilde{g}\pi}{\nu^*}\sin\frac{\nu' q_\mathrm{b}\tilde{g}\pi}{\nu^* N^*}}{\frac{N^*}{m}\sin\frac{\nu'\tilde{g}\pi}{\nu^* N^*}}\xi_{\mathrm{n},\nu'}$	1.Art : $n\nu'/p \in \mathbb{U}$ 2.Art : $n\nu'/p \in \mathbb{G}$
		$\xi_{\nu'} = \sin\frac{\nu' y\pi}{py_\varnothing 2}\frac{\sin\frac{\nu' q\pi}{py_\varnothing 2}}{nq\sin\frac{\nu'\pi}{pny_\varnothing 2}}\xi_{\mathrm{n},\nu'}$	$\frac{\nu'}{p} \in \mathbb{U}$
Bestimmung des Wicklungsfaktors für beliebige Wicklungen mit gleicher Spulenwindungszahl aus dem Nutenspannungsstern		$\xi_{\nu'} = \xi_{\mathrm{n},\nu'}\frac{1}{Z}\sum_{\rho=1}^{Z}\sin\nu'\left(\gamma'_\rho - \gamma'_{\mathrm{str}}\right)$	$\nu' \in \mathbb{N}$

Tabelle 1.2.8 Gruppen- bzw. Zonenfaktoren dreisträngiger Wicklungen für $\nu = \nu'/p \in \mathbb{U}$

$q = \frac{z}{n}$; **z und n teilerfremd**

nq	$\xi_{gr,p}$	$\xi_{gr,3p}$	$\xi_{gr,5p}$	$\xi_{gr,7p}$	$\xi_{gr,9p}$	$\xi_{gr,11p}$
1	1,000	1,000	1,000	1,000	1,000	1,000
2	0,966	0,707	0,259	−0,259	−0,707	−0,966
3	0,960	0,667	0,218	−0,177	−0,333	−0,177
4	0,958	0,653	0,205	−0,158	−0,271	−0,126
5	0,957	0,647	0,200	−0,150	−0,247	−0,109
6	0,956	0,644	0,197	−0,145	−0,236	−0,102
7	0,956	0,642	0,196	−0,143	−0,229	−0,098
8	0,956	0,641	0,195	−0,141	−0,225	−0,095
9	0,956	0,640	0,194	−0,140	−0,222	−0,093
10	0,955	0,639	0,193	−0,139	−0,220	−0,092
20	0,955	0,637	0,192	−0,137	−0,214	−0,088
∞	0,955	0,637	0,191	−0,136	−0,212	−0,087

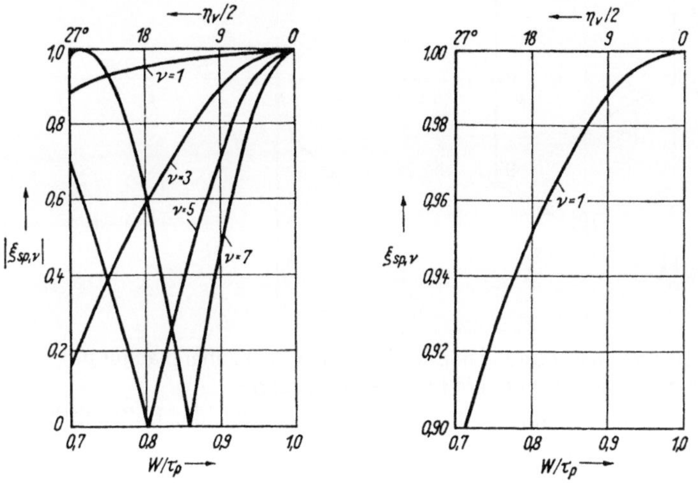

Bild 1.2.44 Spulen- bzw. Sehnungsfaktor für $\nu = \nu'/p \in \mathbb{U}$

symmetrischer dreisträngiger Wicklungen gezeigt werden, die aus einem symmetrischen Dreiphasensystem positiver Phasenfolge der Ströme gespeist werden.

Das Görgesdiagramm stellt die Zeiger der Durchflutungen für alle Integrationswege dar, die entsprechend Bild 1.2.45 von einem Hauptelement ausgehend in der Mitte eines Zahns *zi* über den Luftspalt treten und sich über den benachbarten Zahn z(*i*+1) wieder schließen, wobei sie die rechts vom Zahn *zi* liegende Nut n*i* umfassen. Für die in der Rechtsschraubenzuordnung zum Umlaufsinn des Integrationswegs positiv gezählte Nutdurchflutung Θ_{ni} macht das Durchflutungsgesetz in der Darstellung der komplexen Wechselstromrechnung die Aussage

$$\underline{V}_{\delta z(i+1)} - \underline{V}_{\delta zi} = \underline{\Theta}_{ni}. \quad (1.2.85)$$

Dabei ist $V_{\delta zi}$ der magnetische Spannungsabfall über dem Luftspalt im Bereich des Zahns *zi*. Er bestimmt unter Einführung eines ideellen Luftspalts, der den

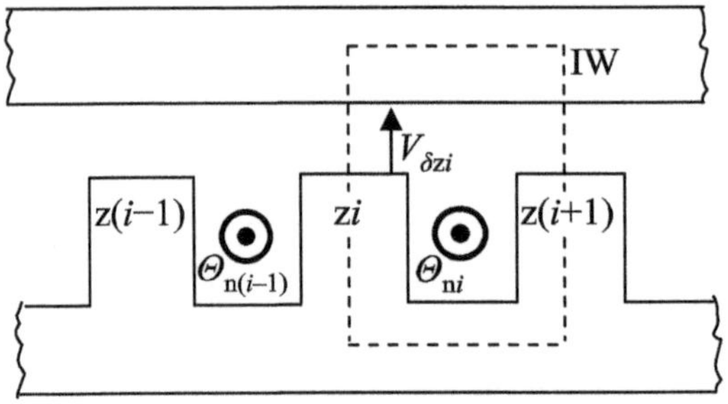

Bild 1.2.45 Zur Ableitung des Görgesdiagramms

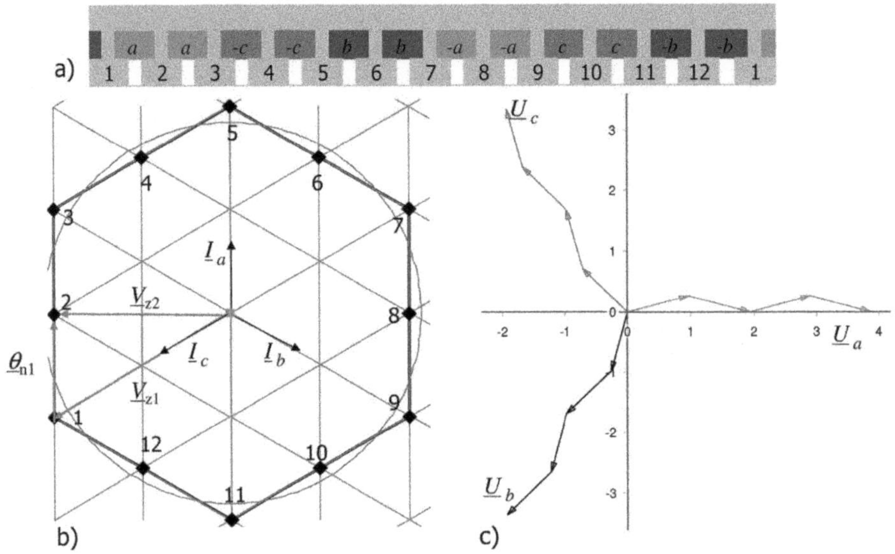

Bild 1.2.46 Einschicht-Ganzlochwicklung mit $m = 3$ und $q = 2$. a) Zonenplan für $p = 1$; b) Görgesdiagramm; c) Strangspannungsstern für eine Urwicklung

magnetischen Spannungsabfall über dem Zahn berücksichtigt, die Luftspaltflussdichte im Bereich des Zahns zu

$$B_{\delta i} = \frac{\mu_0}{\delta_i''} V_{\delta zi}. \tag{1.2.86}$$

Da die Summe aller Nutdurchflutungen über den Bereich einer Urwicklung

$$\sum_{i=1}^{N^*} \underline{\Theta}_{ni} = 0$$

ist, liefert die Summe der Zeiger $\underline{\Theta}_{ni}$ über alle Nuten einer Urwicklung einen geschlossenen Polygonzug. Entsprechend (1.2.85) verlaufen die Zeiger aller Spannungsabfälle $\underline{V}_{\delta zi}$ von einem gemeinsamen Ursprung zu den Knotenpunkten des Polygonzugs. Andererseits erhält man als Projektion der Zeiger aller Spannungsabfälle $\underline{V}_{\delta zi}$ auf die umlaufende Zeitachse in jedem Augenblick die Felderregerkurve bzw. Durchflutungsverteilung und über (1.2.86) die Flussdichteverteilung des Luftspaltfelds als Treppenkurve entsprechend der jeweils über einer Nutteilung konstanten Durchflutung bzw. Flussdichte. Diese Flussdichteverteilung muss zur Gewährleistung der Quellenfreiheit des magnetischen Felds in jedem Augenblick rein periodisch sein. Das erfordert offensichtlich, dass der gemeinsame Ursprung der Zeiger der Spannungsabfälle $\underline{V}_{\delta zi}$ im Mittelpunkt des geschlossenen Polygonzugs der Nutdurchflutungen liegen muss.

Wird z. B. eine dreisträngige Wicklung mit einem symmetrischen Drehstromsystem gespeist, so sind die Durchflutungen der Nuten bezogen auf die Rechtsschraubenzuordnung zum Integrationsweg gegeneinander bei Einschichtwicklungen um Vielfache von 60° und bei gesehnten Zweischichtwicklungen um Vielfache von 30° phasenverschoben. Als Beispiel zeigt Bild 1.2.46a den Zonenplan und Bild 1.2.46b das Görgesdiagramm einer Einschicht-Ganzlochwicklung mit $m = 3$ Strängen und $q = 2$ Nuten je Pol und Strang. Der Polygonzug schließt sich nach einer doppelten Polteilung, was bei Ganzlochwicklungen einer Urwicklung entspricht.

Da also das Görgesdiagramm alle Informationen über die räumliche und zeitliche Verteilung des Luftspaltfelds enthält, gibt es auch Auskunft über den Oberwellengehalt der von einer Wicklung erregten Durchflutungsverteilung. Im fiktiven Fall einer räumlich sinusförmig verteilten Wicklung wäre das Görgesdiagramm ein Kreis, und es würde nur eine Hauptwelle der Ordnungszahl p erzeugt werden. In umgekehrter Richtung argumentiert heißt das: Damit sich als Felderregerkurve bzw. Durchflutungsverteilung eine rein sinusförmige Hauptwelle ergibt, müssen alle Zeiger der magnetischen Spannungen dieselbe Länge haben und sehr eng nebeneinanderliegen, so dass die Kurve entlang ihrer Spitzen einen Kreis beschreibt. Die Abweichung des Görgesdiagramms von der Kreisform und der Abstand der Knotenpunkte des Görgesdiagramms von dem Kreis, der der Hauptwelle entspricht, sind also ein Maß für den Oberwellengehalt der Durchflutungsverteilung und damit des Luftspaltfelds.

Das Görgesdiagramm wird so oft durchlaufen, wie sich die Zuordnung der Nutdurchflutungen innerhalb einer Urwicklung entlang des Umfangs der Maschine wiederholt. Die Zahl der Durchläufe ist gleich der Zahl der Urwicklungen. *Klima* hat nachgewiesen, dass bei einem zum Schwerpunkt zentrisch symmetrischen Görgesdiagramm, d. h. bei einem Görgesdiagramm mit zwei senkrecht aufeinander stehenden Symmetrieachsen, in der Durchflutungsverteilung nur Harmonische auftreten, deren Ordnungszahl ν' ein ungeradzahliges Vielfaches von t ist, d. h. dass $\nu'/t \in \mathbb{U}$ gilt. Bei einem zentrisch unsymmetrischen Polygon entstehen sowohl ungeradzahlige als auch geradzahlige Vielfache.

Das Görgesdiagramm gestattet – allerdings beschränkt auf den Fall gleichmäßiger Nutung, konzentrierter Nutdurchflutungen und eines konstanten Luftspalts – einfach und elegant die Bestimmung der Oberwellenstreuung. Bei N gleichmäßig über den Umfang verteilten Nuten hat die aus dem Görgesdiagramm ableitbare Durchflutungsverteilung N Abschnitte mit jeweils konstanter magnetischer Spannung. Durch Summation der gespeicherten magnetischen Energien im Bereich aller Zähne erhält man direkt die gesamte gespeicherte magnetische Energie

$$W_\mathrm{m} = \sum_{\nu'} W_{\mathrm{m},\nu'} = \sum_{i=1}^{N} \frac{1}{2}\mu_0 \left(\frac{V_\mathrm{zi}}{\delta_\mathrm{i}''}\right)^2 \delta_\mathrm{i}'' l \frac{\pi D}{N}. \tag{1.2.87}$$

Damit lässt sich die im Abschnitt 3.7.3, Seite 296, angegebene Schreibweise des Koeffizienten der Oberwellenstreuung auf die Form

$$\sigma_{\text{o}} = \frac{\sum\limits_{\nu' \neq p} B_{\nu'}^2}{B_{\text{p}}^2} = \frac{\sum\limits_{\nu'} W_{\text{m},\nu'}}{W_{\text{m,p}}} - 1 = \frac{\frac{1}{N}\sum\limits_{i=1}^{N} V_{\text{i}}^2}{V_{\text{p}}^2} - 1 \tag{1.2.88}$$

bringen. Hierbei ist $\sum_{i=1}^{N} V_{\text{i}}^2$ das polare Trägheitsmoment der den Zähnen entsprechenden Knotenpunkte des Polygonzugs in Bezug auf eine Achse senkrecht zur Zeichenebene, und V_{p} ist das polare Trägheitsmoment des der Hauptwelle entsprechenden Kreises. Der sog. Trägheitsradius des Görgesdiagramms beträgt

$$R_{\text{g}} = \sqrt{\frac{1}{N}\sum_{i=1}^{N} V_{\text{i}}^2}. \tag{1.2.89}$$

Es ist ausreichend, diese Beziehung für eine Urwicklung auszuwerten, d. h. für einen Umlauf um das Görgesdiagramm.

Den Trägheitsradius der Hauptwelle erhält man aus dem Durchflutungsgesetz im Vorgriff auf (2.6.4) und mit $2mwI = N\Theta_{\text{n}}$ zu

$$\begin{aligned} R_{\text{p}} = V_{\text{p}} = \Theta_{\text{p}} &= \frac{mw\xi_{\text{p}}}{\pi p} I \\ &= \frac{\xi_{\text{p}}}{2\pi p} N\Theta_{\text{n}}, \end{aligned} \tag{1.2.90}$$

und der Koeffizient der Oberwellenstreuung wird damit zu

$$\sigma_{\text{o}} = \frac{R_{\text{g}}^2}{R_{\text{p}}^2} - 1. \tag{1.2.91}$$

Die Ausdrücke für R_{p} und R_{g} sind einfach auszuwerten und erfordern im Gegensatz zu der in (3.7.35), Seite 297, angegebenen Beziehung keine Summenbildung über eine unendliche Zahl von Summanden.

1.2.5 Bewertung der Entwürfe

Der Wicklungsfaktor der Hauptwelle (s. Abschn. 1.2.3) und die Oberwellenstreuung (s. Abschn. 1.2.4) sind die wichtigsten Kriterien zur Bewertung der elektromagnetischen Eigenschaften einer Wicklung. Das soll im Folgenden anhand einiger Beispiele veranschaulicht werden. Um die Unterschiede der verschiedenen Wicklungsvarianten zu verdeutlichen, wird in allen Beispielen von konzentrierten Nutdurchflutungen ausgegangen, d. h. von $b_{\text{s}} = 0$ und damit $\xi_{\text{n},\nu'} = 1$.

a) Einschicht-Ganzlochwicklung

Bild 1.2.46a zeigt den Zonenplan und Bild 1.2.46b das Görgesdiagramm einer Einschicht-Ganzlochwicklung mit $m = 3$, $q = 2$ und damit $y_{\varnothing} = mq = 6$. Ihr Hauptwellenwicklungsfaktor beträgt nach (1.2.67)

$$\xi_{\text{p}} = \sin\frac{p}{p}\frac{\pi}{2}\,\frac{\sin\frac{p}{p}\frac{q}{y_{\varnothing}}\frac{\pi}{2}}{q\sin\frac{p}{p}\frac{1}{y_{\varnothing}}\frac{\pi}{2}} = \frac{\sin\frac{2}{6}\frac{\pi}{2}}{2\sin\frac{1}{6}\frac{\pi}{2}} = 0{,}9659,$$

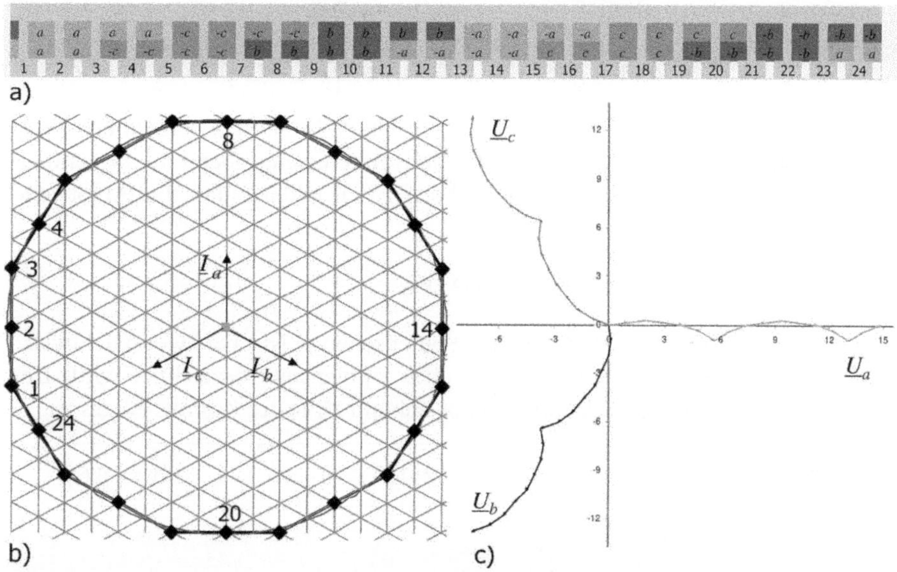

Bild 1.2.47 Unverschachtelte Zweischicht-Ganzlochwicklung mit $m = 3$, $q = 4$ und $y/y_\varnothing = 10/12$. a) Zonenplan für $p = 1$; b) Görgesdiagramm; c) Strangspannungsstern für eine Urwicklung

und damit gilt

$$R_\mathrm{p} = \xi_\mathrm{p}\frac{N}{2\pi p}\Theta_\mathrm{n} = \xi_\mathrm{p}\frac{y_\varnothing}{\pi}\Theta_\mathrm{n} = 1{,}8447 \cdot \Theta_\mathrm{n}.$$

Aus Bild 1.2.46b geht hervor, dass 6 Knotenpunkte des Polygonzugs den Abstand $2\Theta_\mathrm{n}$ vom Mittelpunkt des Polygons besitzen und die übrigen 6 Polygonpunkte den Abstand $\sqrt{2^2 - 1^2}\Theta_\mathrm{n}$ aufweisen. Der Trägheitsradius des Görgesdiagramms wird damit zu

$$R_\mathrm{g} = \sqrt{\frac{1}{12}\left[6 \cdot 2^2 + 6 \cdot (2^2 - 1^2)\right]\Theta_\mathrm{n}^2} = 1{,}8708 \cdot \Theta_\mathrm{n},$$

und für den Koeffizienten der Oberwellenstreuung ergibt sich

$$\sigma_\mathrm{o} = \frac{R_\mathrm{g}^2}{R_\mathrm{p}^2} - 1 = 2{,}85\,\%.$$

Das Görgesdiagramm ist zentrisch symmetrisch, was zeigt, dass nur ungeradzahlige Durchflutungsharmonische erzeugt werden.

Eine zusätzliche grafische Information bietet der Spannungsstern im Bild 1.2.46c, der die Addition der Nutenseitenspannungszeiger der Hauptwelle des Luftspaltfelds zu den resultierenden Strangspannungszeigern der $m = 3$ Stränge darstellt. Je weniger der Linienzug von einer Geraden abweicht, desto höher ist der Hauptwellenwicklungsfaktor ξ_p.

b) Unverschachtelte Zweischicht-Ganzlochwicklung ohne Zonenänderung

Bild 1.2.47a zeigt den Zonenplan und Bild 1.2.47b das Görgesdiagramm einer um 10/12 gesehnten Zweischicht-Ganzlochwicklung mit $m = 3$, $q = 4$ und damit $y_\varnothing = mq = 12$. Ihr Hauptwellenwicklungsfaktor ist nach (1.2.68)

$$\xi_{\mathrm{p}} = \sin\frac{p}{p}\frac{y}{y_{\varnothing}}\frac{\pi}{2}\frac{\sin\frac{p}{p}\frac{q}{y_{\varnothing}}\frac{\pi}{2}}{q\sin\frac{p}{p}\frac{1}{y_{\varnothing}}\frac{\pi}{2}} = \sin\frac{10}{12}\frac{\pi}{2}\frac{\sin\frac{4}{12}\frac{\pi}{2}}{4\sin\frac{1}{12}\frac{\pi}{2}} = 0{,}9250$$

und damit spürbar geringer als jener der im Unterabschnitt a betrachteten Einschichtwicklung. Das Görgesdiagramm zeigt andererseits aber eine wesentlich bessere Annäherung an den Hauptwellenkreis. Als Trägheitsradius der Hauptwelle ergibt sich

$$R_{\mathrm{p}} = \xi_{\mathrm{p}}\frac{N}{2\pi p}\Theta_{\mathrm{n}} = \xi_{\mathrm{p}}\frac{y_{\varnothing}}{\pi}\Theta_{\mathrm{n}} = 3{,}5334\cdot\Theta_{\mathrm{n}},$$

wobei mit $\Theta_{\mathrm{n}} = 2\Theta_{\mathrm{sp}}$ aufgrund der zwei Spulenseiten je Nut bei Zweischichtwicklungen das Doppelte der Durchflutung einer Spulenseite bezeichnet wird. Der Trägheitsradius des Görgesdiagramms lässt sich mit Hilfe des Kosinus-Satzes zu

$$\begin{aligned} R_{\mathrm{g}} &= \sqrt{\frac{1}{24}\left[6\cdot 3{,}5^2 + 6\cdot(4^2-2^2) + 12\cdot(3^2+1^2-2\cdot 3\cdot 1\cdot\cos 120^\circ)\right]\Theta_{\mathrm{n}}^2} \\ &= 3{,}5444\cdot\Theta_{\mathrm{n}} \end{aligned}$$

bestimmen, und damit folgt für den Koeffizienten der Oberwellenstreuung

$$\sigma_{\mathrm{o}} = \frac{R_{\mathrm{g}}^2}{R_{\mathrm{p}}^2} - 1 = 0{,}62\,\%.$$

Das Görgesdiagramm ist zentrisch symmetrisch, was zeigt, dass nur ungeradzahlige Durchflutungsharmonische erzeugt werden.

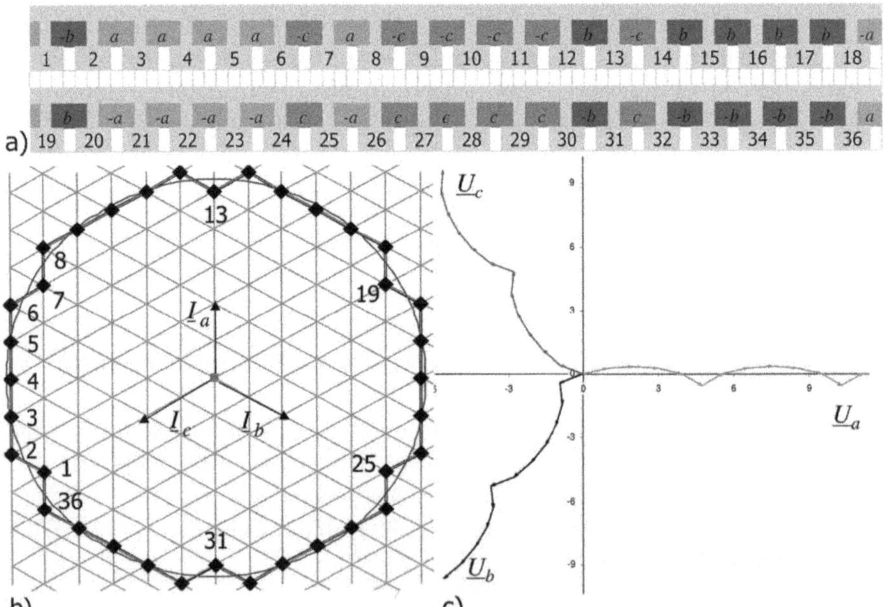

Bild 1.2.48 Strangverschachtelte Einschicht-Ganzlochwicklung mit $m = 3$ und $q = 6$.
a) Zonenplan für $p = 1$; b) Görgesdiagramm; c) Strangspannungsstern für eine Urwicklung

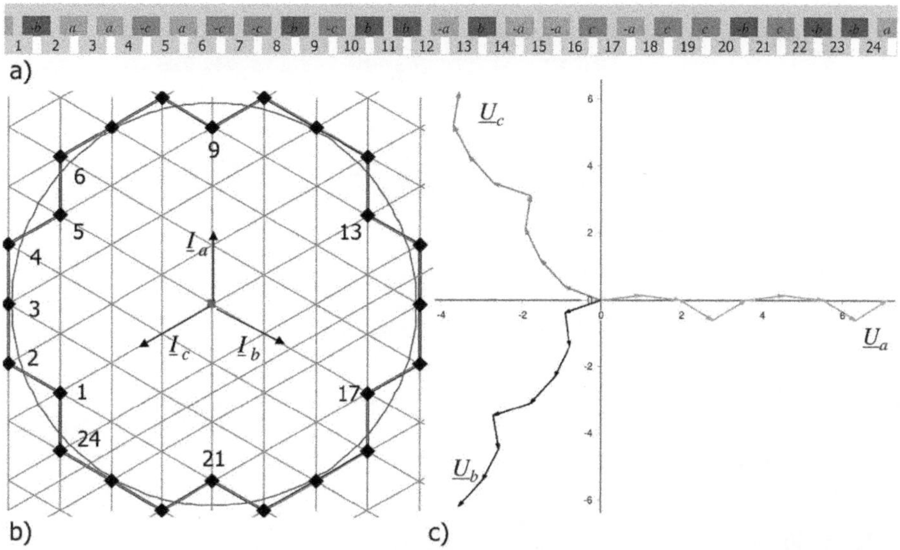

Bild 1.2.49 Strangverschachtelte Einschicht-Ganzlochwicklung mit $m = 3$ und $q = 4$.
a) Zonenplan für $p = 1$; b) Görgesdiagramm; c) Strangspannungsstern für eine Urwicklung

Die deutliche Verkleinerung des Koeffizienten der Oberwellenstreuung dieser Wicklung auf weniger als ein Viertel des Werts der im Unterabschnitt a betrachteten Einschichtwicklung ist auf die Wirkung der Sehnung und der vergrößerten Lochzahl zurückzuführen. Gerade die hier gewählte optimale 5/6-Sehnung verringert die Oberwellenstreuung spürbar, da in diesem Fall die Oberwellen mit den Feldwellenparametern $\tilde{\nu}' = -5p$ und $\tilde{\nu}' = 7p$ gleichermaßen reduziert werden. Der Preis dafür ist allerdings immer eine Reduktion des Hauptwellenwicklungsfaktors, wie auch Bild 1.2.47c zeigt.

c) Strangverschachtelte Einschicht-Ganzlochwicklung mit q = 6

Bild 1.2.48a zeigt den Zonenplan und Bild 1.2.48b das Görgesdiagramm einer einfach strangverschachtelten Einschicht-Ganzlochwicklung mit $m = 3$, $q = 6$ und damit $y_\varnothing = mq = 18$. Ihr Hauptwellenwicklungsfaktor beträgt nach (1.2.76)

$$\xi_\mathrm{p} = \sin\frac{p}{p}\frac{\pi}{2}\,\frac{\sin\frac{p}{p}\frac{q}{y_\varnothing}\frac{\pi}{2}}{\frac{q}{2}\sin\frac{p}{p}\frac{2}{y_\varnothing}\frac{\pi}{2}}\cos\frac{p}{p}\frac{3}{y_\varnothing}\frac{\pi}{2} = \frac{\sin\frac{6}{18}\frac{\pi}{2}}{\frac{6}{2}\sin\frac{2}{18}\frac{\pi}{2}}\cos\frac{3}{18}\frac{\pi}{2} = 0{,}9271.$$

Das Görgesdiagramm zeigt, dass durch die Strangverschachtelung die äußeren Punkte des Grund-Sechsecks – wie es z. B. im Bild 1.2.46 auftritt – nach innen eingezogen sind und damit näher am Hauptwellenkreis liegen, als dies ohne Strangverschachtelung der Fall wäre. Die Auswertung des Görgesdiagramms führt auf einen Koeffizienten der Oberwellenstreuung von $\sigma_\mathrm{o} = 0{,}42\,\%$, der – bei praktisch gleichem Hauptwellenwicklungsfaktor – noch geringer ist als bei der im Unterabschnitt b betrachteten gesehnten Zweischicht-Ganzlochwicklung.

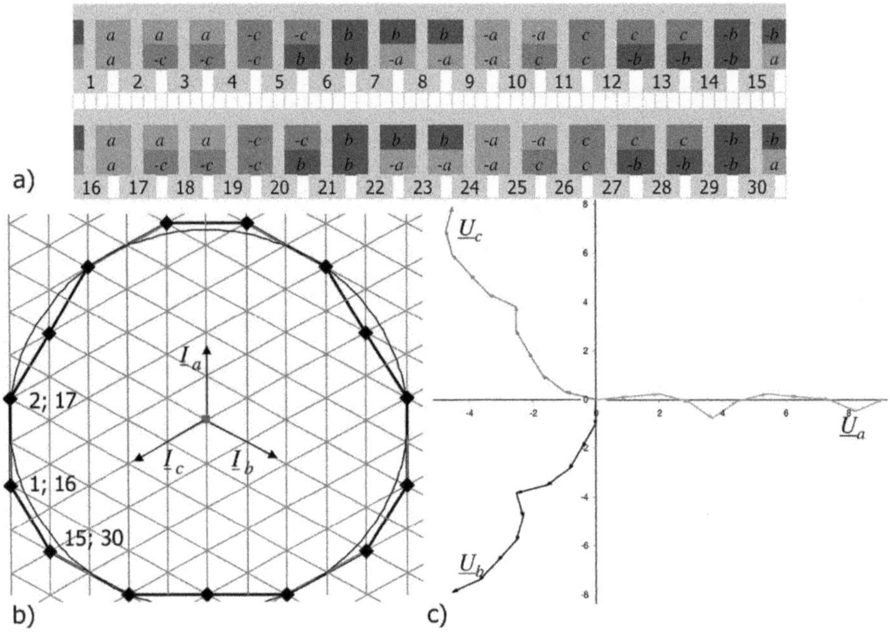

Bild 1.2.50 Zweischicht-Bruchlochwicklung mit $m = 3$, $p = 2$, $N = 30$, $q = 2^1/_2$ und $y/y_\varnothing = 6/7{,}5$. a) Zonenplan; b) Görgesdiagramm; c) Strangspannungsstern

d) Strangverschachtelte Einschicht-Ganzlochwicklung mit q = 4

Bild 1.2.49a zeigt den Zonenplan und Bild 1.2.49b das Görgesdiagramm einer einfach strangverschachtelten Einschicht-Ganzlochwicklung mit $m = 3$, $q = 4$ und damit $y_\varnothing = mq = 12$. Ihr Hauptwellenwicklungsfaktor beträgt nach (1.2.76)

$$\xi_\mathrm{p} = \sin\frac{p}{p}\frac{\pi}{2}\,\frac{\sin\frac{p}{p}\frac{q}{y_\varnothing}\frac{\pi}{2}}{\frac{q}{2}\sin\frac{p}{p}\frac{2}{y_\varnothing}\frac{\pi}{2}}\cos\frac{p}{p}\frac{3}{y_\varnothing}\frac{\pi}{2} = \frac{\sin\frac{4}{12}\frac{\pi}{2}}{\frac{4}{2}\sin\frac{2}{12}\frac{\pi}{2}}\cos\frac{3}{12}\frac{\pi}{2} = 0{,}8924.$$

Die Auswertung des Görgesdiagramms führt auf einen Koeffizienten der Oberwellenstreuung von $\sigma_\mathrm{o} = 1{,}12\,\%$. Der Hauptwellenwicklungsfaktor und der Koeffizient der Oberwellenstreuung sind damit nicht nur deutlich schlechter als bei der im Unterabschnitt c betrachteten strangverschachtelten Wicklung mit höherer Lochzahl, sondern sie sind auch schlechter als bei einer unverschachtelten Einschicht-Ganzlochwicklung gleicher Lochzahl. Das zeigt, dass die Strangverschachtelung von Einschichtwicklungen nur bei ausreichend großer Lochzahl q sinnvoll ist.

e) Zweischicht-Bruchlochwicklung (Halblochwicklung mit q = 2¹/₂)

Bild 1.2.50a zeigt den Zonenplan und Bild 1.2.50b das Görgesdiagramm einer Zweischicht-Bruchlochwicklung zweiter Art mit den Kenndaten $m = 3$, $p = 2$, $N = 30$, $q = 2^1/_2$ und $y/y_\varnothing = 6/7{,}5$. Ihr Hauptwellenwicklungsfaktor beträgt nach (1.2.80) oder (1.2.83)

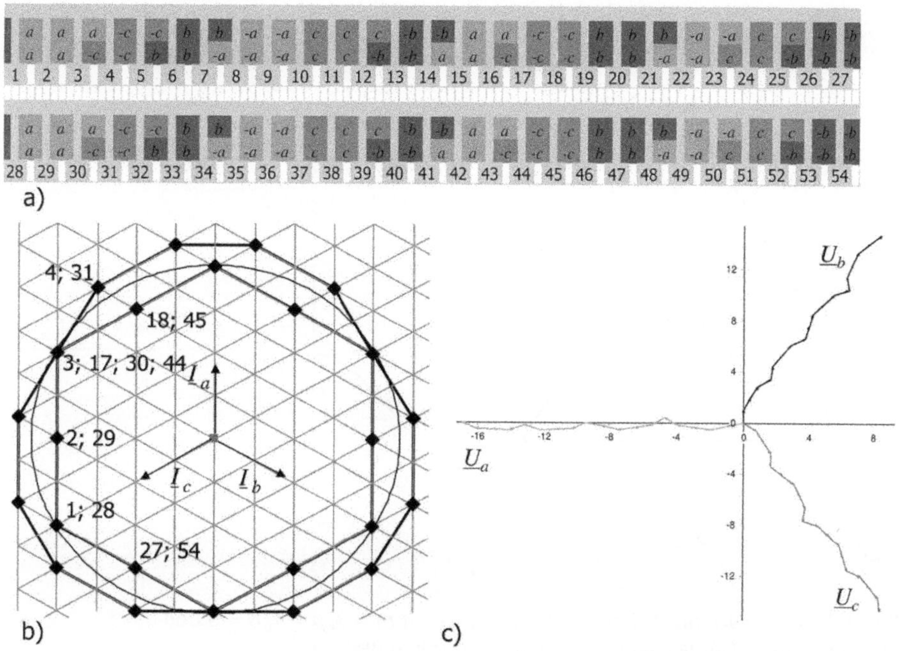

Bild 1.2.51 Zweischicht-Bruchlochwicklung mit $m = 3$, $p = 4$, $N = 54$, $q = 2^1/_4$ und $y/y_{\varnothing} = 6/6{,}75$. a) Zonenplan; b) Görgesdiagramm; c) Strangspannungsstern

$$\xi_{\mathrm{p}} = \sin\frac{p}{p}\frac{y}{y_{\varnothing}}\frac{\pi}{2}\,\frac{\sin\dfrac{p}{p}\dfrac{q}{y_{\varnothing}}\dfrac{\pi}{2}}{nq\sin\dfrac{p}{p}\dfrac{1}{ny_{\varnothing}}\dfrac{\pi}{2}} = \sin\frac{6}{7{,}5}\frac{\pi}{2}\,\frac{\sin\dfrac{2{,}5}{7{,}5}\dfrac{\pi}{2}}{2\cdot 2{,}5\sin\dfrac{1}{2\cdot 7{,}5}\dfrac{\pi}{2}} = 0{,}910.$$

Die Auswertung des Görgesdiagramms führt auf einen Koeffizienten der Oberwellenstreuung von $\sigma_{\mathrm{o}} = 1{,}73\,\%$. Das Diagramm ist zentrisch unsymmetrisch – ein Kennzeichen dafür, dass das bei symmetrischer Speisung erzeugte Oberwellenspektrum mit den Feldwellenparametern nach (1.2.36)

$$\tilde{\nu}' = p\left(1 + \frac{2m}{n}g\right) = p, -2p, 4p, -5p, 7p, -8p, 10p, -11p, 13p, \ldots$$

doppelt so dicht besetzt ist wie bei einer Ganzlochwicklung, weil es auch geradzahlige Harmonische enthält. Entsprechend $t = 2p/n = 2$ besteht die Wicklung aus 2 Urwicklungen, von denen jede $p^* = p/t = 1$ Polpaar umfasst, so dass sich das Görgesdiagramm bereits nach einem Umlauf schließt und insgesamt zweimal durchlaufen wird.

f) Zweischicht-Bruchlochwicklung (Viertellochwicklung mit $q = 2^1/_4$)

Bild 1.2.51a zeigt den Zonenplan und Bild 1.2.51b das Görgesdiagramm einer Zweischicht-Bruchlochwicklung zweiter Art mit den Kenndaten $m = 3$, $p = 4$, $N = 54$, $q = 2^1/_4$ und $y/y_{\varnothing} = 6/6{,}75$. Ihr Hauptwellenwicklungsfaktor beträgt nach (1.2.80) oder (1.2.83)

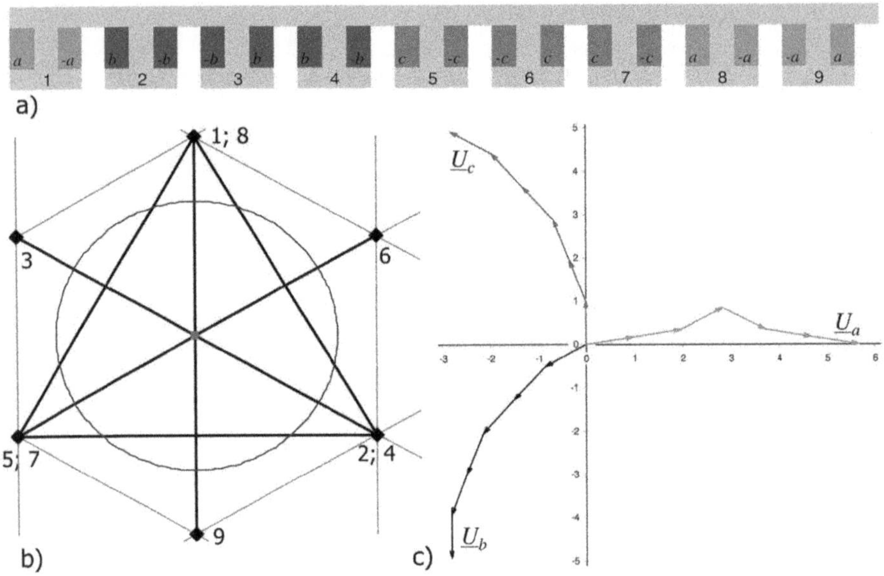

Bild 1.2.52 Zweischicht-Zahnspulenwicklung mit $m = 3$, $p = 4$, $N = 9$ und $q = 3/8$. a) Zonenplan; b) Görgesdiagramm; c) Strangspannungsstern

$$\xi_\mathrm{p} = \sin\frac{p}{p}\frac{y}{y_\varnothing}\frac{\pi}{2}\frac{\sin\frac{p}{p}\frac{q}{y_\varnothing}\frac{\pi}{2}}{nq\sin\frac{p}{p}\frac{1}{ny_\varnothing}\frac{\pi}{2}} = \sin\frac{6}{6{,}75}\frac{\pi}{2}\frac{\sin\frac{2{,}25}{6{,}75}\frac{\pi}{2}}{4\cdot 2{,}25\sin\frac{1}{4\cdot 6{,}75}\frac{\pi}{2}} = 0{,}941.$$

Die Auswertung des Görgesdiagramms führt auf einen Koeffizienten der Oberwellenstreuung von $\sigma_\mathrm{o} = 3{,}30\,\%$. Das Diagramm ist zentrisch unsymmetrisch. Entsprechend $t = 2p/n = 2$ besteht die Wicklung aus 2 Urwicklungen, von denen jede $p^* = p/t = 2$ Polpaare umfasst. Damit sich das Görgesdiagramm schließt, sind also zwei Umläufe nötig. Das gesamte Görgesdiagramm wird entsprechend der Zahl der Urwicklungen zweimal durchlaufen. Das von der Wicklung bei symmetrischer Speisung erzeugte Oberwellenspektrum enthält Durchflutungswellen mit den Feldwellenparametern nach (1.2.36)

$$\tilde{\nu}' = p\left(1 + \frac{2m}{n}g\right) = p, -\frac{1}{2}p, \frac{5}{2}p, -2p, 4p, -\frac{7}{2}p, \frac{11}{2}p, -5p, 7p, \ldots$$

und ist damit entsprechend $n = 4$ viermal so dicht besetzt wie bei einer Ganzlochwicklung.

g) Zweischicht-Zahnspulenwicklung mit $q = 3/8$

Bild 1.2.52a zeigt den Zonenplan und Bild 1.2.52b das Görgesdiagramm einer Zweischicht-Zahnspulenwicklung mit den Kenndaten $m = 3$, $p = 4$ und $N = 9$. Die Wicklung entspricht damit einer symmetrischen Zweischicht-Bruchlochwicklung zweiter Art mit $q = 3/8$ und $y/y_\varnothing = 1/1{,}125$. Ihr Hauptwellenwicklungsfaktor beträgt nach (1.2.80) oder (1.2.83)

$$\xi_\mathrm{p} = \sin\frac{p}{p}\frac{y}{y_\varnothing}\frac{\pi}{2}\frac{\sin\frac{p}{p}\frac{q}{y_\varnothing}\frac{\pi}{2}}{nq\sin\frac{p}{p}\frac{1}{ny_\varnothing}\frac{\pi}{2}} = \sin\frac{1}{1{,}125}\frac{\pi}{2}\frac{\sin\frac{0{,}375}{1{,}125}\frac{\pi}{2}}{8\cdot 0{,}375\sin\frac{1}{8\cdot 1{,}125}\frac{\pi}{2}} = 0{,}9452.$$

Im Görgesdiagramm ist keinerlei Kreisform mehr zu erkennen. Es ist andererseits relativ einfach auszuwerten. Als Trägheitsradius der Hauptwelle ergibt sich

$$R_\mathrm{p} = \xi_\mathrm{p} \frac{N}{2\pi p} \Theta_\mathrm{n} = \xi_\mathrm{p} \frac{y_\varnothing}{\pi} \Theta_\mathrm{n} = 0{,}33848 \cdot \Theta_\mathrm{n},$$

wobei $\Theta_\mathrm{n} = 2\Theta_\mathrm{sp}$ aufgrund der zwei in einer Nut nebeneinanderliegenden Spulenseiten auch das Doppelte der Durchflutung einer Spulenseite ist. Der Trägheitsradius des Görgesdiagramms ist

$$R_\mathrm{g} = 0{,}5 \cdot \Theta_\mathrm{n},$$

da alle den Zähnen entsprechenden Punkte des Görgesdiagramms diesen Abstand vom Mittelpunkt haben. Für den Koeffizienten der Oberwellenstreuung ergibt sich damit

$$\sigma_\mathrm{o} = \frac{R_\mathrm{g}^2}{R_\mathrm{p}^2} - 1 = 118{,}21\,\%.$$

Die Wicklung besitzt trotz der geringen Nutzahl zwar einen hohen Hauptwellenwicklungsfaktor, jedoch eine extrem hohe Oberwellenstreuung.

Entsprechend $t = 2p/n = 1$ besteht die Wicklung aus nur einer Urwicklung. Damit sich das Görgesdiagramm schließt, sind also $p^* = p/t = 4$ Umläufe nötig, von denen allerdings drei zu Linien entartet sind (z. B. vom Knotenpunkt des Zahns 2 zum Knotenpunkt des Zahns 3 und zurück zum Knotenpunkt des Zahns 4, der an derselben Stelle liegt wie der Knotenpunkt des Zahns 2). Das von der Wicklung bei symmetrischer Speisung erzeugte Oberwellenspektrum besitzt die Feldwellenparameter

$$\tilde{\nu}' = p\left(1 + \frac{2m}{n} g\right) = 4 + 3g = 4, 1, 7, -2, 10, -5, 13, -8, 16, \ldots$$

und damit alle nicht durch $m = 3$ teilbaren Werte. Es ist entsprechend $n = 8$ achtmal so dicht besetzt wie das einer Ganzlochwicklung.

h) Zweischicht-Zahnspulenwicklung mit $q = 1/2$

Bild 1.2.53a zeigt den Zonenplan und Bild 1.2.53b das Görgesdiagramm einer Zweischicht-Zahnspulenwicklung mit den Kenndaten $m = 3$, $p = 4$ und $N = 12$. Die Wicklung entspricht damit einer symmetrischen Zweischicht-Bruchlochwicklung zweiter Art mit $q = 1/2$ und $y/y_\varnothing = 1/1{,}5$. Ihr Hauptwellenwicklungsfaktor beträgt nach (1.2.80) oder (1.2.83)

$$\xi_\mathrm{p} = \sin \frac{p}{p} \frac{y}{y_\varnothing} \frac{\pi}{2} \frac{\sin \frac{p}{p} \frac{q}{y_\varnothing} \frac{\pi}{2}}{nq \sin \frac{p}{p} \frac{1}{n y_\varnothing} \frac{\pi}{2}} = \sin \frac{1}{1{,}5} \frac{\pi}{2} \frac{\sin \frac{0{,}5}{1{,}5} \frac{\pi}{2}}{2 \cdot 0{,}5 \sin \frac{1}{2 \cdot 1{,}5} \frac{\pi}{2}} = 0{,}8660.$$

Das Görgesdiagramm ist ein gleichseitiges Dreieck, welches $t = 2p/n = 4$mal durchlaufen wird und sich schon nach $p^* = p/t = 1$ Umlauf schließt. Der Trägheitsradius der Hauptwelle ist

$$R_\mathrm{p} = \xi_\mathrm{p} \frac{N}{2\pi p} \Theta_\mathrm{n} = \xi_\mathrm{p} \frac{y_\varnothing}{\pi} \Theta_\mathrm{n} = 0{,}4135 \cdot \Theta_\mathrm{n},$$

wobei $\Theta_\mathrm{n} = 2\Theta_\mathrm{sp}$ wiederum das Doppelte der Durchflutung einer Spulenseite ist. Als Trägheitsradius des Görgesdiagramms liest man wie im letzten Beispiel nach

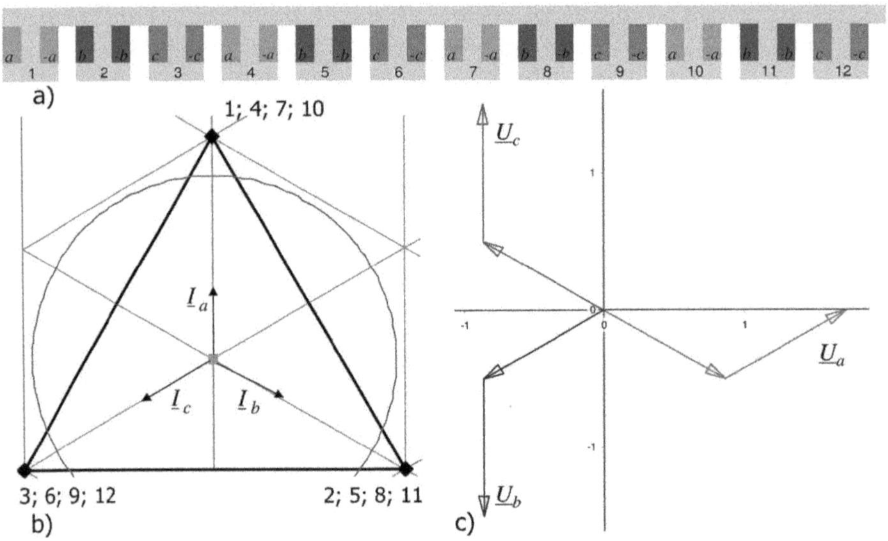

Bild 1.2.53 Zweischicht-Zahnspulenwicklung mit $m = 3$, $p = 4$, $N = 12$ und $q = 1/2$.
a) Zonenplan; b) Görgesdiagramm; c) Strangspannungsstern für eine Urwicklung

Unterabschnitt g

$$R_\mathrm{g} = 0{,}5 \cdot \Theta_\mathrm{n}$$

ab. Der Koeffizient der Oberwellenstreuung errechnet sich damit zu

$$\sigma_\mathrm{o} = \frac{R_\mathrm{g}^2}{R_\mathrm{p}^2} - 1 = 46{,}22\,\%.$$

Die Oberwellenstreuung ist also im Vergleich zur Zahnspulenwicklung im Beispiel nach Unterabschnitt g weniger als halb so groß, aber natürlich immer noch ein Vielfaches der Oberwellenstreuung von Ganzlochwicklungen, was jedoch durch einen spürbar kleineren Hauptwellenwicklungsfaktor erkauft wird. Das von der Wicklung bei symmetrischer Speisung erzeugte Oberwellenspektrum enthält wie bei jeder Halblochwicklung Feldwellen mit den Parametern

$$\tilde{\nu}' = p\left(1 + \frac{2m}{n}g\right) = p, -2p, 4p, -5p, 7p, -8p, 10p, -11p, 13p, \ldots$$

und ist damit weniger dicht besetzt als im Beispiel nach Unterabschnitt g. Wie sich leicht überprüfen lässt, haben jedoch alle Harmonischen denselben Wicklungsfaktor $\xi_{\nu'} = 0{,}8660$ wie die Hauptwelle.

i) Dahlanderwicklung

Bild 1.2.54a zeigt den Zonenplan für die niedrige Polpaarzahl der Dahlanderwicklung mit den Kenndaten $m = 3$, $p_1 = 2$, $p_2 = 4$, $N = 48$ und $y = 6$. Die Bilder 1.2.54b und c zeigen die Görgesdiagramme der Wicklung für die beiden Polpaarzahlen. Wie bei Dahlanderwicklungen üblich, liegt in der niedrigen Polpaarzahl $p_1 = 2$ eine normale, jedoch mit $y/y_{\varnothing 1} = 6/12$ stark gesehnte Zweischicht-Ganzlochwicklung

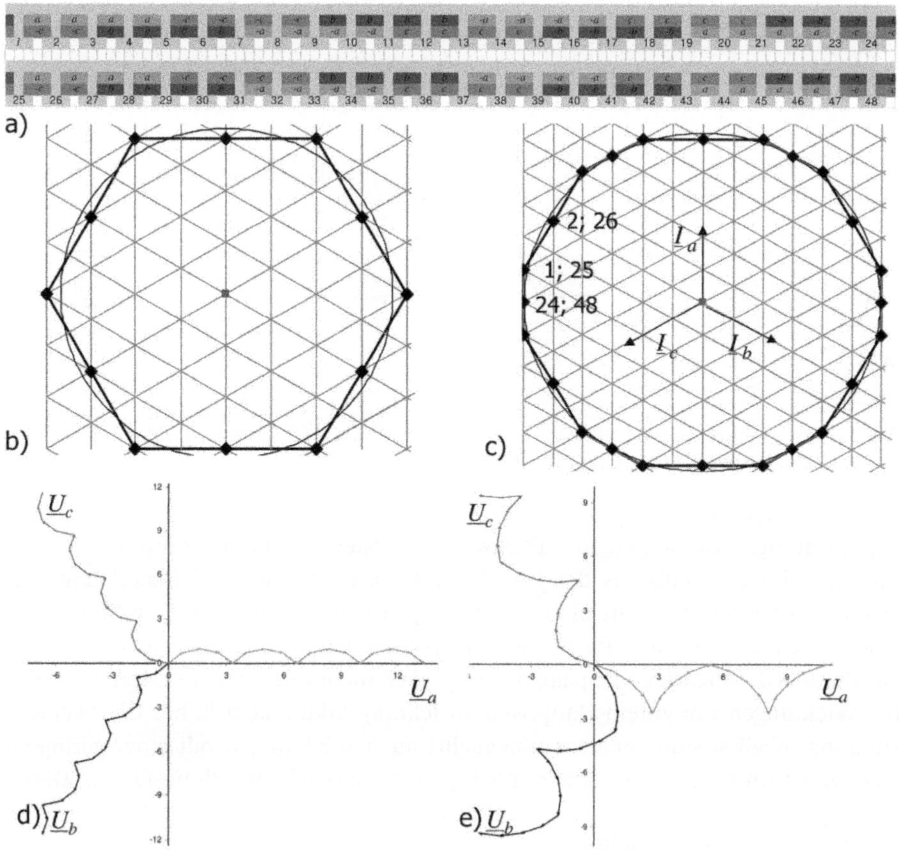

Bild 1.2.54 Dahlanderwicklung mit $m = 3$, $p_1 = 2$, $p_2 = 4$, $N = 48$ und $y = 6$. a) Zonenplan für $p_1 = 2$; b) Görgesdiagramm für $p_2 = 4$; c) Görgesdiagramm für $p_1 = 2$; d) Strangspannungsstern für $p_2 = 4$; e) Strangspannungsstern für $p_1 = 2$

mit $q = 4$ vor und in der hohen Polpaarzahl $p_1 = 4$ eine ungesehnte Zweischicht-Ganzlochwicklung mit doppelter Zonenbreite mit $q = 2$ und $y/y_{\varnothing 2} = 6/6$. Ihr Hauptwellenwicklungsfaktor beträgt in der niedrigen Polpaarzahl nach (1.2.68)

$$\xi_{\text{p1}} = \sin\frac{p}{p}\frac{y}{y_\varnothing}\frac{\pi}{2}\frac{\sin\frac{p}{p}\frac{q}{y_\varnothing}\frac{\pi}{2}}{q\sin\frac{p}{p}\frac{1}{y_\varnothing}\frac{\pi}{2}} = \sin\frac{6}{12}\frac{\pi}{2}\frac{\sin\frac{4}{12}\frac{\pi}{2}}{4\sin\frac{1}{12}\frac{\pi}{2}} = 0{,}6772$$

und in der hohen Polzahl nach (1.2.75)

$$\xi_{\text{p2}} = \sin\frac{p}{p}\frac{y}{y_\varnothing}\frac{\pi}{2}\frac{\sin\frac{p}{p}\frac{2q}{y_\varnothing}\frac{\pi}{2}}{2q\sin\frac{p}{p}\frac{1}{y_\varnothing}\frac{\pi}{2}} = \sin\frac{6}{6}\frac{\pi}{2}\frac{\sin\frac{2\cdot 2}{6}\frac{\pi}{2}}{2\cdot 2\sin\frac{1}{6}\frac{\pi}{2}} = 0{,}8365.$$

Der schlechte Hauptwellenwicklungsfaktor insbesondere in der niedrigen Polpaarzahl ist auch an dem sehr bauchigen Zeigerzug im Bild 1.2.54e erkennbar.

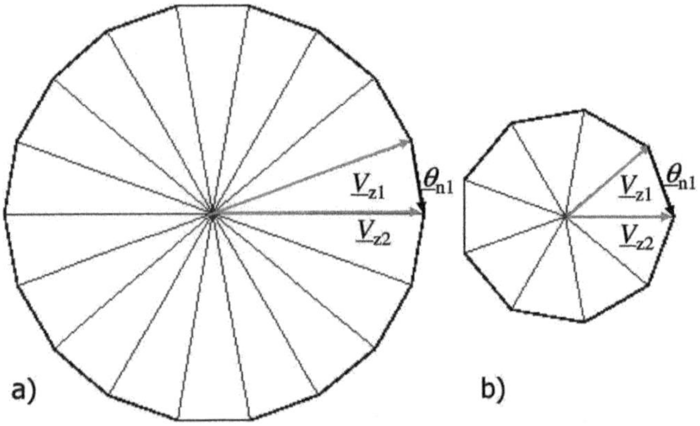

Bild 1.2.55 Käfigwicklung mit $N = 18$. a) Görgesdiagramm für Erregung mit $p = 1$; b) Görgesdiagramm für Erregung mit $p = 2$

Beide Görgesdiagramme sind zentrisch symmetrisch, was zeigt, dass in den Durchflutungsverteilungen nur Drehwellen entstehen, deren Ordnungszahl ein ungeradzahliges Vielfaches der jeweiligen Polpaarzahl ist. Die Auswertung der Görgesdiagramme führt für die niedrige Polpaarzahl auf den geringen Streukoeffizienten $\sigma_o = 0{,}89\,\%$ und für die hohe Polpaarzahl auf $\sigma_o = 2{,}84\,\%$. Insbesondere das Beispiel der niedrigen Polpaarzahl zeigt, dass nicht nur – wie im Unterabschnitt h – Wicklungen mit gutem Hauptwellenwicklungsfaktor, aber hoher Oberwellenstreuung möglich sind, sondern umgekehrt auch Wicklungen mit einer geringen Oberwellenstreuung, aber einem niedrigen Hauptwellenwicklungsfaktor. Diese beiden Beurteilungskriterien sind durch den Wicklungsentwurf praktisch unabhängig voneinander einstellbar.

j) Käfigwicklung

Bild 1.2.55a zeigt das Görgesdiagramm einer Käfigwicklung mit $N = 18$ Stäben, die von einem zweipoligen Feld erregt wird und in der sich damit nach (1.4.13), Seite 149, ein symmetrisches, $N/p = 18$phasiges Stromsystem ausbildet. Das Görgesdiagramm ist daher ein regelmäßiges Achtzehneck. Ein regelmäßiges N/p-Eck ist die bestmögliche Annäherung an den Hauptwellenkreis, die sich mit N Nuten erreichen lässt. Käfigwicklungen sind daher bei gegebener Nutzahl die Wicklungen mit der geringstmöglichen Oberwellenstreuung. Da alle Knotenpunkte des Polygonzugs denselben Abstand vom Mittelpunkt haben, beträgt der Trägheitsradius des Görgesdiagramms

$$R_g = \frac{1}{2\sin\dfrac{\pi p}{N}}\Theta_n,$$

und der Koeffizient der Oberwellenstreuung ergibt sich mit $\xi_p = 1$ nach (1.4.14) und dem Trägheitsradius der Hauptwelle entsprechend

$$R_p = \xi_p \frac{N}{2\pi p}\Theta_n = \frac{N}{2\pi p}\Theta_n$$

zu

$$\sigma_\mathrm{o} = \frac{R_\mathrm{g}^2}{R_\mathrm{p}^2} - 1 = \frac{\left(\frac{\pi p}{N}\right)^2}{\sin^2 \frac{\pi p}{N}} - 1. \tag{1.2.92}$$

Für das Beispiel $N = 18$, $p = 1$ folgt aus (1.2.92) $\sigma_\mathrm{o} = 1{,}02\,\%$. Wenn dieselbe Käfigwicklung von einem vierpoligen Feld erregt wird, erhält man das Görgesdiagramm nach Bild 1.2.44b, das entsprechend $N/p = 9$ ein Neuneck darstellt, und der Koeffizient der Oberwellenstreuung vervierfacht sich auf $\sigma_\mathrm{o} = 4{,}16\,\%$. Das verdeutlicht, dass eine geringe Oberwellenstreuung bei Käfigwicklungen – aber auch bei allen anderen Wicklungen – vor allem eine ausreichend große Nutzahl je Pol erfordert.

1.2.6 Wicklungsdimensionierung

Ziel der Wicklungsdimensionierung ist die Ermittlung einer geeigneten Wicklung, mit deren Kennwerten die zur Energiewandlung bei gegebener Spannung und Frequenz notwendige Windungszahl realisierbar ist und die bestimmte von der Maschinenart abhängige Randbedingungen erfüllt.

1.2.6.1 Dimensionierungsbeziehungen

Maßgebend für die Dimensionierung einer Strangwicklung ist die von der Hauptwelle des Luftspaltfelds in der Wicklung zu induzierende Spannung. Sie wird durch den Fluss einer Halbwelle der Hauptwelle des Luftspaltfelds bestimmt, der gleichzeitig die Amplitude $\hat{\Phi}_\mathrm{h}$ des die Spulen der Stränge durchsetzenden Wechselflusses darstellt. Entsprechend der Aussage des Induktionsgesetzes gilt (s. z. B. Bd. *Grundlagen elektrischer Maschinen*, Abschn. 4.1.3), mit $E_\mathrm{h} = |\underline{e}_\mathrm{hstr}|/\sqrt{2}$

$$\boxed{E_\mathrm{h} = \frac{\omega}{\sqrt{2}}(w\xi_\mathrm{p})\hat{\Phi}_\mathrm{h}}\,. \tag{1.2.93}$$

Dabei ist ω die Kreisfrequenz des die Wicklung durchsetzenden Wechselflusses. Wenn die Wicklung gegenüber dem induzierenden Luftspaltfeld geschrägt ist, muss die rechte Seite von (1.2.93) noch mit dem Schrägungsfaktor der Hauptwelle $\xi_\mathrm{schr\,p}$ nach (1.2.103) multipliziert werden. Die mit dem Hauptwellenwicklungsfaktor ξ_p multiplizierte Strangwindungszahl w, d. h. der Ausdruck $(w\xi_\mathrm{p})$, wird als *wirksame* oder *effektive Windungszahl* bezeichnet. Sie ist für die Verkettung eines Strangs mit der Hauptwelle des Luftspaltfelds bzw. für den Aufbau seiner Durchflutungshauptwelle maßgebend.

Die induzierte Spannung E_h wird durch die Klemmenspannung U_N im Bemessungsbetrieb und die vorgesehene Arbeitsweise der elektrischen Maschine (Motorbetrieb, Generatorbetrieb usw.) bestimmt. Die Kreisfrequenz ω liegt mit der Frequenz f des angeschlossenen Netzes entsprechend $\omega = 2\pi f$ fest. Der Wicklungsfaktor ξ_p variiert nur in engen Grenzen, und der Hauptfluss $\hat{\Phi}_\mathrm{h}$ für den Bemessungsbetrieb folgt beim Entwurf der Maschine aus der zugrunde liegenden Geometrie und der gewählten Flussdichteamplitude der Hauptwelle des Luftspaltfelds. Die Beziehung (1.2.93) ist demnach eine Bestimmungsgleichung für die Zahl der im Strang in Reihe geschalteten Windungen, die *Strangwindungszahl* oder sog. *spannungshaltende Windungszahl* w, bzw. für die Zahl z der in Reihe geschalteten Leiter des Strangs. Die spannungshaltende Windungszahl kann über

$$w = \frac{z}{2} = \frac{w_a}{am} = \frac{z_a}{2am} = \frac{Nz_n}{2am} \tag{1.2.94}$$

ausgedrückt werden durch die Zahl der Stränge m, die Zahl der parallelen Zweige je Strang a und die gesamte Windungszahl aller Stränge der Wicklung w_a bzw. die gesamte Leiterzahl aller Stränge der Wicklung z_a nach (1.1.18), Seite 18, sowie die Leiterzahl z_n je Nut. Wie in den vorangegangenen Abschnitten schon erwähnt worden ist, entstehen parallele Zweige durch Parallelschaltung von Wicklungsteilen. Werden dagegen Leiter großen Querschnitts zwecks günstigerer Herstellungstechnologie oder zur Beeinflussung der Stromverdrängung in jeweils a_t einzelne Teilleiter unterteilt, so liegen in einer Nut

$$z_t = a_t z_n \tag{1.2.95}$$

Teilleiter.

Setzt man (1.2.2), Seite 20, in (1.2.94) ein, so erhält man als sog. *Entwurfsgleichung* für Strangwicklungen

$$\boxed{w = \frac{Nz_n}{2am} = pq\frac{z_n}{a}}\ . \tag{1.2.96}$$

Die nach (1.2.93) annähernd bestimmte Strangwindungszahl muss entsprechend (1.2.96) durch geeignete Wahl der Wicklungskennwerte q, z_n und a bzw. N, z_n und a realisiert werden. Dabei liegt die Polpaarzahl p mit den Bemessungsdaten der Maschine entsprechend $p = f/n_0$ fest.

Die Wahl der Nutzahl N wird einerseits durch Erfahrungswerte für die Größe der Nutteilung τ_n (s. Abschn. 9.1.2.2, S. 544) und andererseits durch Bedingungen für die Festlegung der Lochzahl q (s. Abschn. 1.2.6.2 u. 1.2.6.3) bestimmt. Um eine Zweischichtwicklung ausführen zu können, muss die Leiterzahl z_n je Nut geradzahlig sein. Bei Einschichtwicklungen ist auch eine ungerade Leiterzahl je Nut ausführbar. Die Bildung paralleler Zweige ist notwendig, wenn bei relativ großer Nutzahl eine relativ kleine Windungszahl w realisiert werden muss. Das ist vor allem bei Niederspannungsmaschinen (aufgrund einer kleinen Spannung E_h), bei Großmaschinen (aufgrund eines großen Flusses $\hat{\Phi}_h$) oder bei schnelldrehenden, niederpoligen Maschinen mit hoher Betriebsfrequenz f und damit Kreisfrequenz ω häufig der Fall. Eine Bildung paralleler Zweige darf nur erfolgen, wenn die in ihnen vom Hauptfluss induzierten Spannungen gleich sind. Andernfalls treten unerwünschte Ausgleichsströme auf. Die Spannungsgleichheit von Wicklungsteilen kann man mit Hilfe des Nutenspannungssterns überprüfen. Danach sind Urwicklungen, eine gleiche Streureaktanz aller Urwicklungen vorausgesetzt, ohne Einschränkung parallelschaltbar, da sie den gleichen Nutenspannungsstern besitzen. Urwicklungen von Einschicht-Ganzlochwicklungen umfassen nur eine Spulengruppe je Strang. Man kann also bereits Spulengruppen parallelschalten. Das gilt nicht bei Zonenänderung, da sich dann die Nutzahl der Urwicklung verdoppelt. Wie aus den Nutenspannungssternen der Bilder 1.2.14, Seite 43, und 1.2.19, Seite 49, zu ersehen ist, entsteht in den negativen Spulengruppen einer normalen Zweischichturwicklung erster Art die gleiche Spannung wie in den positiven Spulengruppen, nur mit umgekehrtem Vorzeichen. Damit ergibt sich in diesem Fall die Möglichkeit der Bildung zweier paralleler Zweige sogar innerhalb der Urwicklung. Für die Ganzlochwicklung bedeutet das ebenfalls, dass man bereits Spulengruppen parallelschalten kann.

Natürlich muss die entsprechende Anzahl parallelschaltbarer Zweige vorhanden sein. Jede Ganzlochwicklung besteht z. B. aus p parallelschaltbaren Urwicklungen. Eine Bildung von a parallelen Zweigen ist in diesem Fall nur bei $p/a \in \mathbb{N}$ möglich. Im Fall von Zweischicht-Ganzlochwicklungen lassen sich zudem die beiden Spulengruppen jeder Urwicklung antiparallelschalten, so dass maximal $a = 2p$ parallele Wicklungszweige geschaltet werden können. Wie bereits im Abschnitt 1.2.2.2, Seite 47, erwähnt, lassen sich Bruchlochwicklungen erster Art mit maximal $a = 2t$ und Bruchlochwicklungen zweiter Art mit maximal $a = t$ parallelen Zweigen ausführen. Die Bedingungen der Parallelschaltung von polumschaltbaren Wicklungen sind im Unterabschnitt 1.2.2.3f, Seite 60, behandelt worden. Für Mehrschicht-Steckwicklungen gelten bei ggf. nicht identischen Nutstreuinduktivitäten der einzelnen Zweige weitere Einschränkungen (s. Unterabschn. 1.2.2.1d, S. 44, u. [14]),

1.2.6.2 Synchronmaschinen

Für Synchrongeneratoren besteht die Forderung nach einer praktisch sinusförmigen induzierten Spannung im Leerlauf (s. DIN EN IEC 60034-1). Dieser Forderung muss man bereits bei der Wahl der Wicklung Rechnung tragen. Nach Abschnitt 1.2.3.5, Seite 86, lassen sich höhere Harmonische der induzierten Spannung dadurch unterdrücken, dass man Wicklungen wählt, die für diese Harmonischen kleine Wicklungsfaktoren aufweisen, da eine Wicklung nur in dem Maße auf die Harmonischen im Luftspaltfeld reagiert, wie der Wicklungsfaktor angibt.

Nach Band *Theorie elektrischer Maschinen*, Abschnitt 1.5.5, zeigen die Amplituden der Durchflutungswellen des Ankers mit zunehmender Ordnungszahl abnehmende Tendenz, da ihre Amplituden proportional zu $\xi_{\nu'}/\nu'$ sind. Dabei treten relative Maxima auf, die durch die stark in Erscheinung tretenden, von der Wicklungsverteilung herrührenden Nutharmonischen verursacht werden, denen sich noch die von der Nutung herrührenden Nutungsharmonischen (s. Bd. *Theorie elektrischer Maschinen*, Abschn. 1.5.7) überlagern. Die von der Wicklungsverteilung herrührenden Maxima haben ihre Ursache darin, dass sowohl der Spulen- bzw. Sehnungsfaktor als auch der Zonen- bzw. Gruppenfaktor periodische Funktionen sind. Die Ordnungszahlen der Nutharmonischen sind gegeben als

$$\nu'_{\mathrm{NH}} = gN \pm p, \qquad (1.2.97)$$

wobei für Ganzlochwicklungen wegen $q \in \mathbb{N}$

$$\frac{\nu'_{\mathrm{NH}}}{p} = g2mq \pm 1 \in \mathbb{U} \qquad (1.2.98)$$

ist. Alle Ordnungszahlen von Nutharmonischen sind auch im Oberwellenspektrum des Polsystems enthalten. Sie machen sich in der induzierten Spannung aufgrund ihres großen Wicklungsfaktors besonders stark bemerkbar. Für Bruchlochwicklungen gilt wegen $nq = z \in \mathbb{N}$ und folglich

$$\frac{\nu'_{\mathrm{NH}}}{p} = g2m\frac{z}{n} \pm 1 \qquad (1.2.99)$$

nur für jede n. Nutharmonische $\nu'_{\mathrm{NH}}/p \in \mathbb{U}$. Daher macht sich nur jede n. Nutharmonische in der von den Oberwellen des Polsystems induzierten Spannung bemerkbar. Die anderen haben folglich keinen negativen Einfluss auf die Kurvenform der Spannung.

Der Gruppenfaktor nimmt für die auf $\nu' = p$ folgenden Ordnungszahlen zunächst stark ab. Diese Abnahme ist nach Tabelle 1.2.8, Seite 91, umso ausgeprägter, je größer der Ausdruck nq ist. Bei Ganzlochwicklungen ($n = 1$) wird man deshalb bestrebt sein, eine große Lochzahl q zu wählen. Ist das nicht möglich, so muss man Bruchlochwicklungen ($n > 1$) anwenden. Nach (1.2.68) bzw. den entsprechenden Beziehungen für andere Wicklungsarten können einzelne Harmonische durch geeignete Sehnung der Wicklung ganz zum Verschwinden gebracht werden, indem man den Wicklungsschritt y so wählt, dass der Spulenfaktor nach

$$\xi_{\mathrm{sp},\nu'} = \sin \frac{\nu'}{p} \frac{y}{y_\varnothing} \frac{\pi}{2}$$

und damit auch der Wicklungsfaktor $\xi_{\nu'}$ verschwinden. Das ist offenbar für

$$\frac{y}{y_\varnothing} = 2g\frac{p}{\nu'} \quad \text{mit} \quad g \in \mathbb{N} \tag{1.2.100}$$

der Fall.

Das Polsystem von Synchrongeneratoren erzeugt nur ungeradzahlige Harmonische $\nu'/p \in \mathbb{U}$. Die Harmonischen mit $\nu'/p = mg$ induzieren wegen

$$\frac{\nu'}{p}\alpha_{\mathrm{str}} = mg\frac{2\pi}{m} = g2\pi$$

in den Strängen der Ankerwicklung gleichphasige Spannungen der Frequenz $f\nu'/p$. Bei Sternschaltung der Ankerwicklung treten sie folglich in der verketteten Spannung nicht in Erscheinung. Im Fall einer Dreieck- bzw. Vieleckschaltung treiben diese Harmonischen Kreisströme an. Die durch die Kreisströme hervorgerufenen inneren Spannungsabfälle sind dann in Summe gleich der treibenden induzierten Spannung, so dass in der verketteten Spannung wiederum keine Harmonischen mit $f\nu'/p = mgf$ in Erscheinung treten. Zur Vermeidung der Kreisströme und der mit ihnen verbundenen Verluste wird die Ankerwicklung von Synchronmaschinen grundsätzlich in Stern geschaltet, sofern nicht auf andere Weise sichergestellt wird, dass ihr Polsystem keine Harmonischen mit $\nu'/p = mg$ erzeugt.

Im Fall dreisträngiger Vollpol-Synchronmaschinen führt die Forderung, keine Harmonischen mit $\nu' = 3pg$ zu erzeugen, unter Nutzung von (1.2.59) auf die Bedingung

$$\xi_{3pg} = \sin \frac{3pg}{p} \frac{\pi}{2} \frac{\sin 3pgq\frac{\pi}{N}}{q \sin 3pg\frac{\pi}{N}} = 0.$$

N ist dabei die fiktive Nutzahl, die der Läufer bei gleichmäßiger Nutung hätte. Die Bedingung ist für $3pgq/N \in \mathbb{Z}$ und damit für

$$q = \frac{2}{3}\frac{N}{2p} \tag{1.2.101}$$

erfüllt. Eine Zone der Erregerwicklung muss also gerade 2/3 einer Polteilung umfassen. So werden praktisch alle Vollpol-Synchronmaschinen mit Ausnahme von Massivläufern mit gefrästen Nuten ausgeführt.[2]

Um eine möglichst oberschwingungsfreie Kurvenform der Spannung zu erreichen, muss vor allem die Induktionswirkung von Oberwellenfeldern des Polsystems mit niedriger Ordnungszahl und von solchen mit der Ordnungszahl der Nutharmonischen unterdrückt werden. Die Oberwellenfelder des Polsystems mit niedriger Ordnungszahl lassen sich am besten durch Sehnung beeinflussen. Für die völlige Unterdrückung der fünften bzw. siebten Harmonischen müsste nach (1.2.100)

$$\frac{y}{y_\varnothing} = \frac{2g}{5} = \frac{4}{5} \quad \text{bzw.} \quad \frac{y}{y_\varnothing} = \frac{2g}{7} = \frac{6}{7}$$

gewählt werden (s. Bild 1.2.44, S. 91). Für den Fall der einfachen Sehnung, d. h. wenn keine zusätzliche Zonenänderung oder Strangverschachtelung erfolgt, wählt man vorzugsweise den Zwischenwert

$$\frac{y}{y_\varnothing} \approx \frac{5}{6},$$

mit dem man zwar keine der beiden betrachteten Harmonischen gänzlich unterdrücken kann, der aber eine starke Reduktion beider Harmonischen zur Folge hat (s. Bild 1.2.44). Man spricht dann von einer *optimalen Sehnung*. Mit doppelter Sehnung, d. h. mit zusätzlicher Zonenänderung oder Strangverschachtelung, könnte man beide Harmonischen entsprechend (1.2.73a) bzw. (1.2.77) gänzlich unterdrücken.

Eine besondere Schwierigkeit bei der Wahl der Wicklungssehnung liegt darin begründet, dass, wie *Klima* in [13] nachgewiesen hat, die Quadratsumme der Wicklungsfaktoren über eine Periode für Zweischicht-Ganzlochwicklungen ohne Zonenänderung und für Zweischicht-Bruchlochwicklungen im interessierenden Bereich $2/3 < y/y_\varnothing < 1$

$$\sum_{\nu'=p-N}^{p+N} \left(\xi_{\mathrm{sp},\nu'}\xi_{\mathrm{gr},\nu'}\right)^2 = \frac{1}{4} + \frac{3}{4}\frac{y}{y_\varnothing} \tag{1.2.102}$$

ist. Wie sich leicht nachprüfen lässt, ist die Änderung der Quadratsumme mit der Sehnung praktisch vollständig auf den sich ändernden Wicklungsfaktor des Hauptfelds zurückzuführen. Die Quadratsumme der Wicklungsfaktoren aller übrigen Wicklungsharmonischen ist somit praktisch unabhängig vom gewählten Wicklungsschritt y. Wenn eine Wicklungsharmonische durch eine entsprechende Sehnung unterdrückt wird, treten folglich andere Harmonische umso stärker hervor. Die besondere Bedeutung der Bruchlochwicklungen für Synchrongeneratoren liegt deshalb zum einen darin begründet, dass bei ihnen das Spektrum der Wicklungsharmonischen auch geradzahlige Oberwellen und Subharmonische umfasst, die im Spektrum der vom Polsystem erzeugten Drehwellen nicht auftreten. Wenn die Wicklungsfaktoren der ungeradzahligen Harmonischen zu Lasten

---

2 Wie bereits im Unterabschnitt 1.2.2.3c, Seite 56, erwähnt, wird aus demselben Grund des für $\nu' = 3pg$ verschwindenden Wicklungsfaktors die Ankerwicklung von Einphasen-Synchronmaschinen meist mit einer Zonenbreite ausgeführt, die 2/3 einer Polteilung umfasst.

der geradzahligen Harmonischen und der Subharmonischen abgesenkt werden, sinkt der Oberschwingungsgehalt der Leerlaufspannung. Zum anderen wirken Bruchlochwicklungen nach (1.2.83) in Bezug auf ungeradzahlige Harmonische wie Ganzlochwicklungen mit der wesentlich höheren Lochzahl nq. Wie Tabelle 1.2.8, Seite 91, zeigt, führt dies zu einer deutlichen Absenkung des Gruppen- bzw. Zonenfaktors für $\nu' \geq 11p$.

Die im Spektrum der Durchflutungsharmonischen von Bruchlochwicklungen gegenüber Ganzlochwicklungen hinzutretenden geradzahligen Harmonischen und Subharmonischen können bei Synchronmaschinen im Gegensatz zu Induktionsmaschinen toleriert werden, da ihre Amplitude und damit die durch sie verursachten parasitären Effekte aufgrund des i. Allg. größeren Luftspalts von Synchronmaschinen in akzeptablen Grenzen bleiben. In besonderem Maße gilt diese Aussage für permanenterregte Synchronmaschinen mit Oberflächenmagneten, da die Magnete wegen $\mu_\mathrm{r} \approx 1$ für die Wicklungsharmonischen der Ankerwicklung wie ein stark vergrößerter Luftspalt wirken. Dies ist einer der Gründe, warum bei diesen Maschinen Zahnspulenwicklungen mit $q < 1$ eingesetzt werden können, die ein besonders dicht besetztes Spektrum von Wicklungsharmonischen aufweisen.

Der Wicklungsfaktor der Nutharmonischen ist gleich dem der Hauptwelle (s. Bd. *Theorie elektrischer Maschinen*, Abschn. 1.5.5). Die Nutharmonischen lassen sich deshalb weder in der Durchflutungsverteilung noch in der induzierten Spannung einer Wicklung unterdrücken. Durch Wahl eines großen Werts von N/t kann man lediglich erreichen, dass die Ordnungszahlen der Nutharmonischen nach (1.2.99)

$$\frac{\nu'_\mathrm{NH}}{p} = g\frac{N}{p} \pm 1 = g2m\frac{z}{n} \pm 1$$

erst für möglichst große Werte und somit mit hinreichend kleinen Amplituden ungeradzahlig werden und damit im Spektrum des Polsystem auftreten. Große Werte von N/t erhält man mit großen Werten von N/p und durch Anwendung von Bruchlochwicklungen, da für diese – mit Ausnahme von $n = 2$ bei Urwicklungen zweiter Art – $p > t$ gilt. Lediglich hinsichtlich der Wirkung des Polsystems auf den Anker kann man die Nutharmonischen durch Schrägung der Ständer- oder der Läufernuten bzw. der Pole unterdrücken. Der Schrägungsfaktor genügt entsprechend Band *Theorie elektrischer Maschinen*, Abschnitt 1.6.6, der Beziehung

$$\xi_{\mathrm{schr},\nu'} = \frac{\sin\frac{\nu'\varepsilon'}{2}}{\frac{\nu'\varepsilon'}{2}}, \tag{1.2.103}$$

wobei ε' den Nutschrägungswinkel bezeichnet. Der Schrägungsfaktor kann mit

$$\nu'\varepsilon' = 2g\pi \tag{1.2.104}$$

zu Null gemacht werden. Schrägt man um eine Ankernutteilung, so gilt

$$\varepsilon' = \frac{\tau_\mathrm{n}\pi}{\tau_\mathrm{p}p} = \frac{2\pi}{N}$$

$$\nu'\varepsilon' = 2\frac{\nu'}{N}\pi.$$

Damit ist (1.2.104) für die Nutharmonischen $\nu'_\mathrm{NH} = gN \pm p$ annähernd erfüllt.

Wegen der günstigen Sehnungsmöglichkeit werden für Synchronmaschinen vorwiegend Zweischichtwicklungen verwendet, die gegenüber Einschichtwicklungen noch den Vorteil der größeren Entwurfsvielfalt und des günstigeren Aufbaus aus Formspulen aufzuweisen haben. Da die Ankerwicklungen von großen Schenkelpol-Synchronmaschinen nicht selten weit über hundert Spulen haben, tritt der zuletzt genannte Vorteil stark in Erscheinung. Zum Einbringen der Formspulen sind offene Nuten notwendig. Da Synchronmaschinen relativ große Luftspalte aufweisen, bleiben die nachteiligen Folgen dieser Maßnahme wie zusätzliche Verluste in erträglichen Grenzen. Für Schenkelpol-Synchronmaschinen ergibt (1.2.2), Seite 20, wegen der oft sehr großen Polpaarzahlen kleine Werte von q. Um genügend kleine Werte für die Gruppen- bzw. Zonenfaktoren der höheren Harmonischen zu erhalten, muss man dann, wie bereits erwähnt, Bruchlochwicklungen vorsehen.

Für Turbogeneratoren ist häufig $q > 6$. In diesem Fall sind die Gruppen- bzw. Zonenfaktoren der höheren Harmonischen bereits bei Ganzlochwicklungen genügend klein, so dass es ausreichend ist, sie durch Sehnung beeinflussen zu können. Die Wicklungsköpfe werden meist so gestaltet, dass Korbwicklungen (s. Bild 1.1.4b, S. 6) entstehen, die sich gegen Beanspruchung durch Kurzschlusskräfte gut abstützen lassen. Bei hochpoligen Maschinen wählt man häufiger die Zylindermantelform (s. Bild 1.1.10a, S. 10) mit ihrer einfacheren Spulenform, bei niederpoligen die Kegelmantelform der Wicklungsköpfe (s. Bild 1.1.10b) wegen der günstigeren Abstützungsmöglichkeit der relativ weiten Spulen. Stabwicklungen werden bei hochpoligen Maschinen vorzugsweise als Wellenwicklungen ausgeführt, da sie weniger Schaltverbindungen aufweisen, bei zwei- und vierpoligen Maschinen jedoch auch als Schleifenwicklungen. Die Wicklungen von Turbogeneratoren werden manchmal auch als Stirnwicklungen (s. Bild 1.1.10c) gestaltet. Die Wicklungsköpfe dieser Wicklungen lassen sich gut abstützen. Ihr Streufeld ist allerdings größer als das der Korbwicklungen.

Mehrschicht-Steckwicklungen wendet man hauptsächlich bei in großer Stückzahl automatisiert hergestellten Antriebsmotoren für Straßenfahrzeuge an, da sich durch die Rechteck-Profilleiter im Vergleich zu Runddrahtwicklungen ein höherer Nutfüllfaktor und eine bessere Wärmeabfuhr realisieren lassen. In der Regel werden sie als Ganzloch-Wellenwicklungen mit $2 \leq q \leq 4$ und geradzahliger Anzahl von Wicklungsschichten ausgeführt. Da eine Nutschrägung des Ankers meist nicht möglich ist, wird bei Bedarf der Rotor gestaffelt (bei permanenterregten Synchronmaschinen) oder geschrägt (bei elektrisch erregten Synchronmaschinen oder Induktionsmaschinen).

Einschichtwicklungen wendet man hauptsächlich bei kleineren Maschinen und bei Einphasenmaschinen an. Bei größeren Maschinen werden auch die Einschichtspulen als Formspulen ausgebildet und zu Rechteckspulen- (s. Bild 1.1.4a) oder auch Evolventenwicklungen (s. Bild 1.1.7, S. 9) gefügt.

Sechssträngige Wicklungen werden praktisch ausschließlich bei großen Synchronmaschinen eingesetzt, die aus Umrichtern mit Stromzwischenkreis gespeist werden, welche i. Allg. aus zwei dreiphasigen Teilstromrichtern mit um 30° phasenverschobenen Ausgangsgrößen bestehen. Die Wicklungen bezeichnet man daher auch als 2 × 3-strängige Wicklungen. Sie werden praktisch immer als 5/6-gesehnte Zweischichtwicklungen ausgeführt, da dann in jeder Nut jeweils eine Spulenseite jeder der beiden dreisträngigen Teilwicklungen liegt. Das ist vorteilhaft, weil es eine Verringerung der durch die Ankerstreuung bedingten Kommutierungsreaktanz bewirkt.

1.2.6.3 Induktionsmaschinen

Aufgrund des vergleichsweise kleinen Luftspalts verursachen die von Ständerwicklung und Läuferwicklung erzeugten Durchflutungsoberwellen von Induktionsmaschinen eine Reihe unerwünschter Erscheinungen. Zu diesen Erscheinungen zählen vor allem

- zusätzliche Verluste (s. Abschn. 6.5, S. 407),
- Oberwellenmomente, d. h. Drehmomentpendelungen oder Einsattelungen der Drehzahl-Drehmoment-Kennlinie (s. Bd. *Theorie elektrischer Maschinen*, Abschn. 2.5.2 u. 2.5.3),
- Radialkraftwellen und als deren Folge Geräusche (s. Abschn. 7.3, S. 442).

Mit einer großen Oberwellenstreuung ergibt sich ferner eine große Gesamtstreuung und damit ein geringes Kippmoment (s. Bd. *Grundlagen elektrischer Maschinen*, Abschn. 5.5.3), d. h. eine geringe Überlastbarkeit. Erste Bedingung für den Wicklungsentwurf ist es deshalb, einen möglichst geringen Oberwellenanteil im Luftspaltfeld zu gewährleisten (s. Abschn. 1.2.5, S. 94, u. 1.2.6.2).

Die dritte Harmonische der Ständerwicklung wird wie bei Synchronmaschinen im Fall der einsträngigen Wicklung durch $^2/_3$-Bewicklung vermieden. Bei dreisträngigen Maschinen führt eine Flussdichteoberwelle der Ordnungszahl $\nu' = 3p$, wie sie z. B. durch die Wirkung der Zahnsättigung entsteht, im Fall einer Dreieckschaltung der Ständerwicklung zu Kreisströmen.

Ab etwa 10 kW wendet man gesehnte Zweischichtwicklungen mit – soweit möglich – $^5/_6$-Spulenweite an, d. h. mit einer optimalen Sehnung, so dass Oberwellen mit $\nu' = 5p$ und $\nu' = 7p$ genügend unterdrückt werden. Zur Erzielung eines geringen Oberwellenanteils im Luftspaltfeld wird die Lochzahl q_1 des Ständers möglichst größer als 2 und zur Vermeidung geradzahliger und gebrochenzahliger Harmonischer praktisch immer ganzzahlig gewählt. Bruchlochwicklungen mit $q_1 = g + {}^1/_2$ werden nur gewählt, wenn q_1 sehr klein ist ($q_1 < 2$), wenn man im Fall von Schleifringläufer-Induktionsmaschinen die Kopplung zwischen den beiden Dreiphasenwicklungen über die Wicklungsoberwellen reduzieren will, in dem eine von ihnen als Halblochwicklung ausgeführt wird, oder wenn man den gleichen Blechschnitt für mehrere Drehzahlen verwenden bzw. eine Maschine mit mehreren Drehzahlen betreiben will (Polumschaltung). So ergeben sich z. B. für einen Blechschnitt mit $N = 36$ Nuten für p und q_1 die Wertepaare (1 und 6), (2 und 3), (3 und 2) und (4 und 1,5).

Wegen der kleinen Luftspalte vermeidet man bei Niederspannungsmaschinen offene Nuten, da sonst unerwünscht große zusätzliche Verluste die Folge wären (s. Abschn. 6.5, S. 407). Kleine Maschinen führt man deshalb vorwiegend mit Träufel- bzw. Einziehwicklungen in halb geschlossenen Nuten aus. Dabei werden meistens Zweietagenwicklungen gewählt. Für $p = 2$ und bei großen Polteilungen ergeben Dreietagenwicklungen mit geteilten Spulengruppen kleinere Wicklungsköpfe mit besseren Abkühlungsverhältnissen.

Wenn bei Träufelwicklungen größere Drahtdurchmesser als 2,5 mm erforderlich sind, unterteilt man die Leiter in mehrere parallele Teilleiter. Bei Einziehwicklungen unterteilt man bereits ab 1 bis 2 mm Drahtdurchmesser. Die Ständerwicklungen von Mittelspannungsmaschinen und z. T. auch von größeren Niederspannungsmaschinen führt man praktisch nur noch als Zweischichtwicklungen aus Formspulen mit einer Sehnung nahe an der optimalen 5/6-Sehnung[3] aus. Die dabei notwendigen offenen Nuten können zu erheblichen zusätzlichen Verlusten und anderen parasitären Effekten führen, falls man nicht magnetische Nutverschlusskeile mit $\mu_r \approx 5$ anwendet. Durch diese wird außerdem der Cartersche Faktor (s. Abschn. 2.3.2, S. 174) und damit der Magnetisierungsstrom der Maschine verringert.

Zur optimalen Anpassung der Leiterzahl je Nut an die erforderliche Strangwindungszahl nach (1.2.94) sind viele Möglichkeiten von Schaltkombinationen der Wicklungsteile erwünscht. Auch aus diesem Grund ist die Anwendung von Ganzlochwicklungen günstig. Führt man die Grundbemessung der Wicklung in Dreieckschaltung aus, so ist ein Anlassen in Stern-Dreieck-Schaltung (s. Bd. *Grundlagen elektrischer Maschinen*, Abschn. 5.7.1.5) möglich.

Die *Läuferwicklungen* kleiner Induktionsmaschinen mit Schleifringläufer sind meistens Zweietagen- oder auch Zweischicht-Ganzlochwicklungen in halb geschlossenen Nuten. Bei größeren Maschinen ab etwa 100 kW wählt man vorzugsweise Zweischicht-Ganzloch-Stabwicklungen, ebenfalls in halb geschlossenen Nuten. Die Wicklungen von Kurzschlussläufern werden als Einfach-, Doppel- oder Mehrfachkäfig mit verschiedenen Stabformen ausgebildet.

Die Wahl der Läufernutzahl ist entscheidend für die Ordnungszahlen der entstehenden Oberwellen. Günstige Verhältnisse ergeben sich, wenn bei Schleifringläufern die Lochzahl der dreisträngigen Läuferwicklung entsprechend

$$q_2 = \frac{N_2}{6p} = q_1 \pm 1 \tag{1.2.105}$$

um 1 von der der Ständerwicklung abweicht. Auch eine Abweichung um 2 ist noch möglich. Für den Kurzschlussläufer erhält man mit

$$N_2 = 2pmq_1 \pm 4p = N_1 \pm 4p \tag{1.2.106}$$

i. Allg. günstige Werte. Generell sollte N_2 geradzahlig sein, da andernfalls Rüttelkräfte entstehen können, die die Laufruhe der Maschine beeinträchtigen können.

Zur Unterdrückung unerwünschter Folgen von Oberwellen sind im Einzelnen die nachstehenden Nebenbedingungen einzuhalten, die in den Abschnitten 8.1.3 (S. 496), 8.1.4 (S. 503), 7.3.2 (S. 445) und Tabelle 7.3.2 (S. 449) detaillierter dargestellt und im Band *Theorie elektrischer Maschinen* entwickelt werden:

- *Unterdrückung asynchroner Oberwellenmomente*
  Ständerwicklung als gesehnte Zweischicht-Ganzlochwicklung ($y \approx {}^5/_6 y_\varnothing$) mit $q_1 \geq 3$.

---

3 Bei zweipoligen Maschinen mit Ganzformspulen kann der Wicklungsschritt aus fertigungstechnischen Gründen oft nur mit $y < 0{,}75 y_\varnothing$ ausgeführt werden.

Käfigwicklung mit Nutschrägung um eine Ständernutteilung und

$$N_2 \leq 1{,}25\,N_1.$$

- *Unterdrückung synchroner Oberwellenmomente*
  Es gelten vor allem die Nebenbedingungen

  $$N_2 \neq N_1 \quad \text{und} \quad N_2 \neq N_1 \pm 2p,$$

  die durch (1.2.105) und (1.2.106) bereits erfüllt werden.
- *Unterdrückung von Geräuschen bzw. Rüttelkräften*
  Die Geräuschbildung ist von Resonanzfrequenzen der Maschine gegenüber der Verformung durch Radialkraftwellen abhängig. Deshalb lassen sich keine allgemein gültigen Regeln für die Festlegung der Nutzahlen angeben. Es ist durchaus möglich, dass auch bei Nichterfüllung der folgenden Nebenbedingungen keine Geräusche auftreten. Die aus einfachen Überlegungen folgenden Bedingungen lauten

  $$N_2 \neq N_1, \quad N_2 \neq N_1 \pm 1, \quad N_2 \neq N_1 \pm (2p \pm 1).$$

  Diese und weitere in der Literatur angegebene Nebenbedingungen werden ebenfalls durch (1.2.105) und (1.2.106) erfüllt.
- *Vermeidung zusätzlicher Verluste*
  Bei nicht isolierten, geschrägten Stäben der Käfigwicklung können beträchtliche, quantitativ jedoch nur schwer vorausberechenbare Verluste vor allem durch sog. *Eisenquerströme* entstehen, welche sich zwischen benachbarten Stäben durch das Läuferblechpaket ausbilden. Zur Vermeidung von Eisenquerströmen wäre die Wahl von $N_1 = N_2$ besonders vorteilhaft, was sich aber mit Rücksicht auf die Entstehung synchroner Oberwellenmomente (sog. Nutenstellungen) und magnetischer Geräusche verbietet. Die zusätzlichen Verluste steigen für $N_2 > N_1$ deutlich stärker an als für $N_2 < N_1$, so dass $N_2 < N_1$ gewählt werden sollte.
  Isolierte Stäbe verhindern die Ausbildung von Eisenquerströmen und gestatten Ausführungen mit $N_2 > N_1$. Sie sind jedoch fertigungstechnisch problematisch und mit zusätzlichen Kosten verbunden. Zudem verschlechtert die Isolierung die Wärmeabfuhr aus dem Käfig und führt insbesondere zu einer größeren Anlauferwärmung. Wenn die Ausführung von $N_2 > N_1$ aus anderen Gründen vorteilhaft ist, z. B. weil sich so eine geringere Oberwellenstreuung der Läuferwicklung und damit ein höheres Kippmoment erreichen lässt, so sollte auf die Nutschrägung verzichtet werden.

Offensichtlich lässt sich keine einfache Regel zur Bestimmung der optimalen Läufernutzahl eines Käfigläufers finden.

Einphasen-Induktionsmaschinen besitzen neben dem Hauptstrang praktisch stets einen Hilfsstrang, der zum Anlassen und, wenn er im Betrieb eingeschaltet bleibt, zur Verbesserung des Betriebsverhaltens dient (s. Bd. *Grundlagen elektrischer Maschinen*, Abschn. 7.2, u. Bd. *Theorie elektrischer Maschinen*, Abschn. 5.1). Die Achse des Hilfsstrangs ist gegenüber der Achse des Hauptstrangs um $\tau_\mathrm{p}/2$ verschoben.

Dient der Hilfsstrang nur zum Anlassen, so besteht der Hauptstrang oft aus einer 2/3-bewickelten einsträngigen Wicklung. Der Hilfsstrang liegt dann in den freibleibenden Nuten. Er stellt demnach eine 1/3-bewickelte einsträngige Wicklung dar. Das wird als *unsymmetrische Wicklung* bezeichnet.

Dient der Hilfsstrang zur Verbesserung des Betriebsverhaltens, so sind Haupt- und Hilfsstrang als zweisträngige Wicklung mit gleicher Lochzahl in beiden Strängen ausgebildet. Um eine bessere Anpassung an die dem Hilfsstrang vorzuschaltende Impedanz zu erreichen, ist es oft vorteilhaft, eine sog. *quasisymmetrische Wicklung* auszuführen, bei der sich die Windungszahlen von Haupt- und Hilfsstrang voneinander unterscheiden.

Die Läuferwicklung von Einphasen-Induktionsmaschinen ist i. Allg. als stromverdrängungsarme Kurzschlusswicklung ausgeführt. In einem Stromverdrängungsläufer würden wegen der vom gegenlaufenden Drehfeld, das im Einphasenbetrieb entsteht, verursachten Stromkomponente mit nahezu doppelter Betriebsfrequenz erhebliche Verluste entstehen.

1.3 Kommutatorwicklungen

Kommutatorwicklungen sind Wicklungen, die über die Verlustdeckung hinaus am Energieumsatz einer Maschine beteiligt sind und bei denen die in Reihe geschalteten Einzelspulen einen oder auch mehrere in sich geschlossene Wicklungszüge bilden. Jeder Verbindungspunkt zweier Spulen ist mit einem Kommutatorsteg verbunden. Die Kommutatorstegzahl ist demnach gleich der Spulenzahl k. Die Kommutatorwicklung ist stets im Läufer der Maschine untergebracht. Die Verbindung mit der äußeren Schaltung erfolgt über Bürsten, die auf der Kommutatoroberfläche gleiten. Die Kommutatorwicklung bewegt sich demnach relativ zu den Bürsten. Unabhängig von der augenblicklichen Lage der einzelnen Wicklungselemente müssen zwischen den als äußere Zuleitungen dienenden Bürsten funktionsfähige und möglichst symmetrisch angeordnete Wicklungszweige existieren. Das ist der Grund, weshalb Kommutatorwicklungen in sich geschlossen sein müssen.

Im Bild 1.3.1 ist eine einfache Kommutatorwicklung schematisch dargestellt, die nur einen in sich geschlossenen Kreis bildet und mit zwei Bürsten versehen ist. Dabei sind in der Darstellung a) noch die Einzelspulen zu erkennen, die in schematischen Darstellungen vereinbarungsgemäß an den Stellen angeordnet sind, an denen sie in den Spulenseiten bzw. Nuten durch den Wechsel des Wicklungszweigs elektrisch wirksam werden. In der einfachsten, allgemein üblichen schematischen Darstellung b) ist der Wicklungszug nur noch als geschlossener Kreis angegeben.

Kommutatorwicklungen werden meist als Zweischichtwicklungen ausgeführt. Mehr als zwei Schichten kommen selten vor. Einschichtwicklungen gibt es praktisch nicht. Bei Kommutatorwicklungen für Gleichstrommaschinen und für Einphasen-Reihenschlussmaschinen entfallen normalerweise auf jedes Polpaar zwei Bürsten,

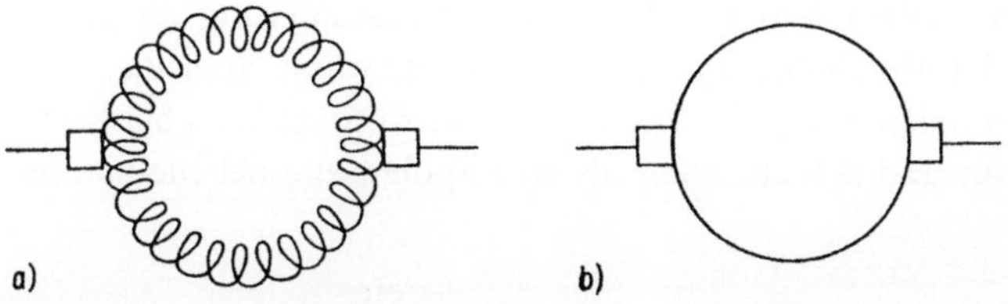

Bild 1.3.1 Schematische Darstellung von Kommutatorwicklungen. a) Darstellung in Einzelspulen; b) einfache Darstellung des Wicklungskreises

eine Eintritts- und eine Austrittsbürste (s. Bd. *Grundlagen elektrischer Maschinen*, Abschn. 3.2.3). Kommutatorwicklungen für Drehstrom-Kommutatormaschinen benötigen je Polpaar drei oder sechs Bürsten. Der prinzipielle Aufbau von Kommutatorwicklungen ist unabhängig von der Maschinenart, in der sie eingesetzt werden. Bei größeren Maschinen ist die Kommutatorwicklung grundsätzlich aus Formspulen aufgebaut. Bei Kleinmaschinen werden in Nuten eingebettete Runddrahtwicklungen, teilweise auch in der Sonderform der Zahnspulenwicklung, oder z. T. auch Luftspaltwicklungen eingesetzt.

1.3.1 Wicklungsgesetze und Wicklungsbezeichnungen

Beim Entwurf von Kommutatorwicklungen entfällt die Aufgabe, die einzelnen Spulen auf Stränge bzw. Zonen aufzuteilen. In dieser Hinsicht ist der Entwurf von Kommutatorwicklungen einfacher als der Entwurf mehrsträngiger Wicklungen. Dafür gibt es aber mehrere Möglichkeiten, die Einzelspulen in Reihe zu schalten. Die Forderung nach Wicklungssymmetrie gilt genauso wie bei den Strangwicklungen, wenn auch andere Bedingungen hierfür maßgebend sind. In den folgenden Abschnitten werden die Gesetze der Schaltung und der Symmetrie von Kommutatorwicklungen behandelt. Je nach dem Einfluss dieser Gesetze auf den Wicklungsaufbau treten dabei neue, nur für Kommutatorwicklungen geltende Bezeichnungen in Erscheinung. Sie werden im Folgenden eingeführt.

1.3.1.1 Prinzipielle Anordnung der Spulen

Jede Kommutatorwicklung bildet bezüglich der äußeren Zuleitungen über die Bürsten mehrere parallele Zweige. Die *Zahl der parallelen Zweige* ist stets geradzahlig. Sie wird deshalb mit $2a$ bezeichnet.[4] Die im Bild 1.3.1 schematisch dargestellte einfachste Kommutatorwicklung wird durch die beiden Bürsten in zwei parallele Zweige geschaltet ($2a = 2$). Im Vorgriff auf das annähernd kreisförmige, a-mal durchlaufene Spannungspolygon von Kommutatorwicklungen, welches auch in dem im Bild 1.3.1 dargestellten Wicklungskreis zum Ausdruck kommt, wird a z. T. auch als *Zahl der parallelen Kreise* bezeichnet. Wegen der endlichen Zahl k aller Ankerspulen schwankt die Zahl der Spulen je Zweig im Betrieb der Maschine um eine Spule, da es unwahrscheinlich ist, dass genau in dem Augenblick, in dem eine Spule einen Zweig verlässt, eine andere Spule in den Zweig eingeschaltet wird. Außerdem ändert sich die relative Lage aller Spulen innerhalb der Maschine periodisch mit der Drehung des Ankers. Im Zeitverlauf der über die Bürsten fließenden Ströme bzw. der zwischen den Bürsten herrschenden Spannungen entstehen dadurch unerwünschte Harmonische, deren Ordnungszahl von der Drehzahl n und der Gesamtzahl der Ankerspulen abhängt und die als *Stegoberschwingungen* bezeichnet werden. Abgesehen von kleinen Maschinen, deren Dimensionierung oft durch das Erfordernis minimaler Herstellkosten dominiert wird, wählt man die Zahl der Ankerspulen deshalb möglichst groß, was meistens dazu führt, dass bei Kommutatorwicklungen je Nut und Schicht mehr als eine Spulenseite nebeneinander

---

4 Dies ist ein historisch gewachsener Unterschied zu Strangwicklungen, bei denen die Zahl paralleler Wicklungszweige je Strang mit a bezeichnet wird.

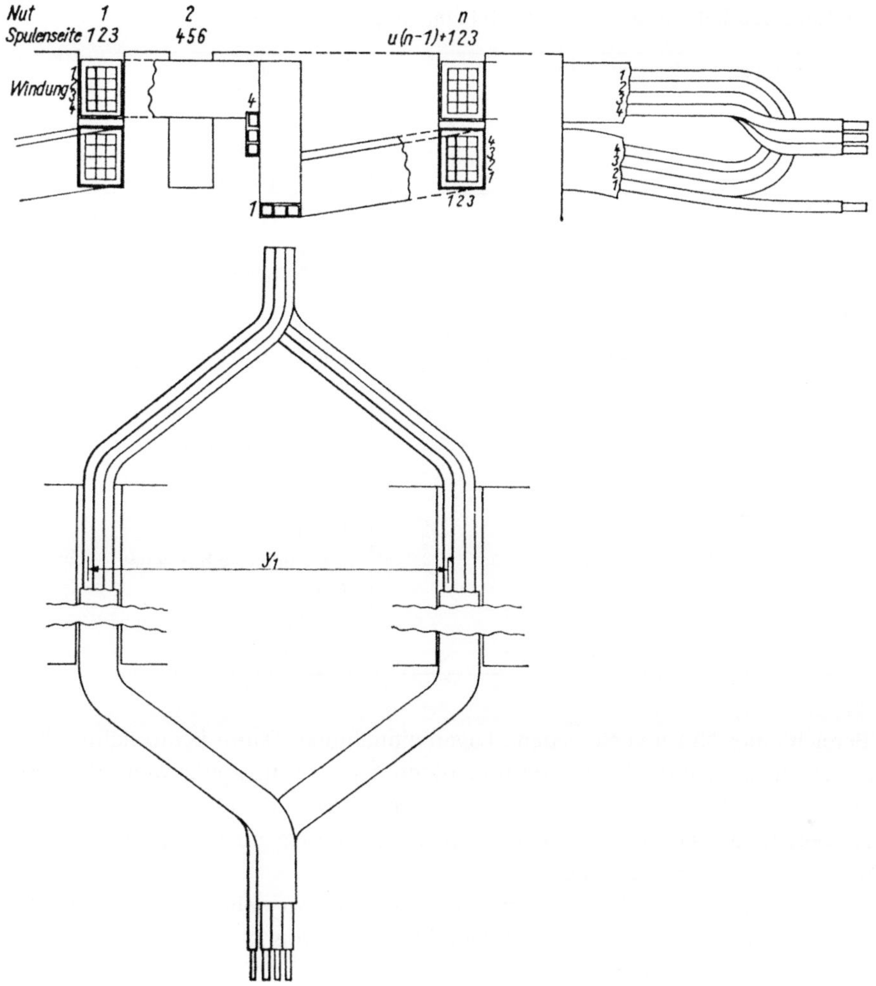

Bild 1.3.2 Normale Anordnung von Zweischichtformspulen einer ungetreppten Kommutatorwicklung für $u = 3$ und $w_{sp} = 4$

angeordnet werden ($u > 1$, s. Abschn. 1.1.2.3, S. 16).[5] Das Bestreben, die Spulenzahl k möglichst groß zu wählen, hat noch weitere Gründe, die später zu behandeln sind.

Bild 1.3.2 zeigt die normale Spulenanordnung der Zweischichtformspulen für Kommutatorwicklungen. Nach Möglichkeit fasst man die u Spulen, deren Spulenseiten in einer Nut nebeneinanderliegen, zu einer gemeinsam hergestellten und mit gemeinsamer Hauptisolierung versehenen Wicklungseinheit zusammen, die äußerlich wie eine Spule aussieht.

Nach der üblichen Wicklungstechnologie ist dabei die Reihenfolge der Spulenseiten innerhalb der Nuten für beide Spulenseiten identisch, während sich die Reihenfolge der übereinanderliegenden Windungen in radialer Richtung in der zweiten Schicht umkehrt. Prinzipiell kann jede Spulenseite innerhalb einer Schicht

5 In seltenen Fällen werden die u Spulenseiten übereinander angeordnet, so dass Wicklungen mit $2u$ Schichten entstehen.

Tabelle 1.3.1 Spezielle Bezeichnungen von Kommutatorwicklungen

Kennzeichnendes	Kennzeichen	Bezeichnung
Gangzahl	$m = 1$	eingängige Wicklung
	$m > 1$	mehrgängige Wicklung
	$m = 2$	zweigängige Wicklung
Nutenschritt	$y_n \in \mathbb{N}$	ungetreppte Wicklung
	$y_n \notin \mathbb{N}$	getreppte Wicklung, Treppenwicklung
Resultierender Schritt und Vorzeichen in der Schrittgleichung	$y_r = +m$ bzw. $y_r = \dfrac{k-m}{p}$	ungekreuzte Wicklung
	$y_r = -m$ bzw. $y_r = \dfrac{k+m}{p}$	gekreuzte Wicklung
Zahl der Schlüsse	$t_s = 1$	einfach geschlossene Wicklung
	$t_s > 1$	mehrfach geschlossene Wicklung
	$t_s = 2$	zweifach geschlossene Wicklung

im Bereich einer Nut u verschiedene Lagen einnehmen. Damit kennzeichnet der Nutenschritt y_n nach der Definition im Abschnitt 1.1.2.3 die Spulenweite W nicht mehr eindeutig. Eine eindeutige Festlegung der Spulenweite durch Schritte erhält man, wenn man statt der Nuten die nebeneinanderliegenden Spulenseiten als Zählelement der Schritte definiert.

Da man beim Weiterschreiten um eine Nut jeweils u nebeneinanderliegende Spulenseiten zählt, ergibt sich entsprechend (1.1.15), Seite 18, mit $k = Nu$ für die Spulenweite der *Spulenschritt* oder *erste Teilschritt* zu

$$\boxed{y_1 = uy_n = \frac{uN}{2p} - uy_v = \frac{k}{2p} - \beta_v \approx \frac{k}{2p}} \tag{1.3.1}$$

mit der Schrittverkürzung β_v. Für den Wicklungsentwurf einer Kommutatorwicklung hat demnach die Zahl der insgesamt nebeneinanderliegenden Spulenseiten eine größere Bedeutung als die Zahl der Nuten.

Da y_1 eine beliebige ganze Zahl ist, braucht y_n nach (1.3.1) im Gegensatz zu den Verhältnissen bei Strangwicklungen nicht ganzzahlig zu sein. Wie man sich leicht überzeugt, ist y_1 im Bild 1.3.2 durch $u = 3$ teilbar, d. h. $y_n = y_1/u$ ist eine ganze Zahl. Eine derartige Wicklung nennt man eine *ungetreppte Wicklung*. Ist y_n dagegen keine ganze Zahl, so entsteht eine *getreppte Wicklung* oder *Treppenwicklung*. Bei ihr liegen die Unterschichtspulenseiten der Spulen, deren Oberschichtspulenseiten in derselben Nut liegen, in zwei verschiedenen Nuten. Es gilt also (s. auch Tab. 1.3.1)

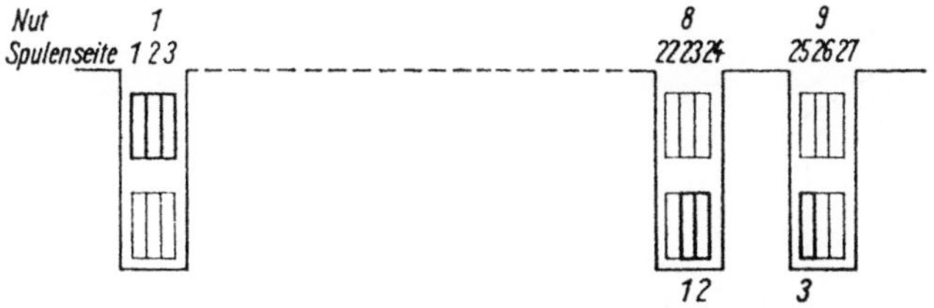

Bild 1.3.3 Anordnung der Spulenseiten einer getreppten Wicklung für $y_1 = 22$, $u = 3$ und $y_n = 7^1/_3$

$$\left.\begin{array}{ll}\text{für ungetreppte Wicklungen} & y_n = \dfrac{y_1}{u} \in \mathbb{N} \\ \text{für getreppte Wicklungen} & y_n = \dfrac{y_1}{u} \notin \mathbb{N}\end{array}\right\}. \tag{1.3.2}$$

Im Bild 1.3.3 ist eine getreppte Wicklung mit $y_1 = 23-1 = 22, u = 3, y_n = 22/3 = 7^1/_3$ dargestellt. Den nicht ganzzahligen Nutenschritt kann man auch folgendermaßen interpretieren: Als erstes schreitet man sieben ganze Nuten weiter. Für die Spule 1 im Bild 1.3.3 gelangt man damit von der linken Spulenseite der Nut 1 zunächst zur linken Spulenseite der Nut 8. Dann schreitet man $^1/_3$ Nut weiter und kommt so zur mittleren Spulenseite der Nut 8, d. h. zur rechten Spulenseite der betrachteten Spule 1. Will man die Lage der Spulenseiten innerhalb der Nut nicht besonders kennzeichnen, denn diese Lage hat keinen Einfluss auf die Verkettung mit dem Luftspaltfeld, so ist $y_n \notin \mathbb{N}$ der Mittelwert der tatsächlichen Nutenschritte. Im Beispiel von Bild 1.3.3 haben zwei Spulen den Nutenschritt 7 und eine Spule den Nutenschritt 8. Das ergibt einen Mittelwert $y_n = 7^1/_3$. Getreppte Wicklungen haben den Nachteil, dass man die u Spulen nicht mit einer gemeinsamen Hauptisolierung versehen kann, da sich das Spulenbündel in der einen Schicht (im Bild 1.3.3 in der Unterschicht) aufspaltet. Trotzdem werden sie wegen ihres günstigen Kommutierungsverhaltens (s. Kap. 4) bei großen Maschinen oft angewendet.

1.3.1.2 Prinzipielle Schaltungen

Wie schon in der Einleitung des Abschnitts 1.3.1 angedeutet worden ist, bestehen mehrere Möglichkeiten, die Einzelspulen zur in sich geschlossenen Kommutatorwicklung zu verbinden. Dabei sind zwei Bedingungen einzuhalten: Die Zusammenschaltung der Wicklung muss so erfolgen, dass erstens ein vollkommen gleichmäßiger Wicklungsaufbau entsteht und zweitens der Prozess der Energieumformung mit hohem Wirkungsgrad verläuft.

Die erste Bedingung resultiert aus der für Kommutatorwicklungen notwendigen Wicklungssymmetrie. Sie führt auf die Forderungen:

- Alle Spulen müssen die gleiche Weite besitzen.
- Alle in einem Wicklungszug aufeinander folgenden Spulen müssen den gleichen Abstand voneinander aufweisen.

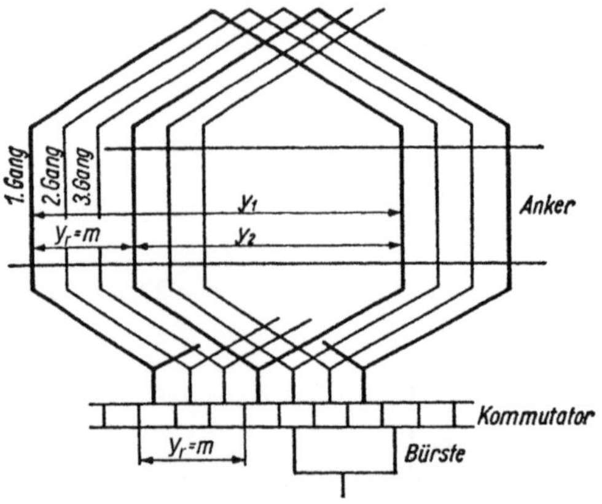

Bild 1.3.4 Zur Herleitung der Wicklungsgesetze mehrgängiger Kommutator-Schleifenwicklungen

Die zweite Bedingung ist prinzipieller Art. Sie führt auf die Forderungen:
- Die Spulenweite muss ungefähr gleich der Polteilung sein.
- Im Wicklungszug aufeinander folgende Spulen müssen etwa die gleiche relative Lage innerhalb der jeweiligen Polteilung haben. Dabei ist es für das elektrische Verhalten der Wicklung völlig gleichgültig, unter welchen Polpaaren die aufeinander folgenden Spulen liegen, d. h. ob eine Wellenwicklung oder eine Schleifenwicklung vorliegt.

a) Schleifenwicklung

Wenn aufeinander folgende Spulen unter demselben Polpaar liegen, entsteht eine *Schleifenwicklung* (s. Bild 1.3.4). Werden dabei Spulen übersprungen, so wird die Schleifenwicklung mehrgängig. Der *Schaltschritt* oder *zweite Teilschritt*, d. h. der Schritt von der zweiten (rechten) Spulenseite der Ausgangsspule zur ersten (linken) Spulenseite der folgenden Spule, muss auf alle Fälle in die Nähe der ersten (linken) Spulenseite der Ausgangsspule zurückführen (s. Bild 1.3.4). Wie für den ersten muss also auch für den zweiten Teilschritt gelten

$$y_2 \approx \frac{k}{2p}. \tag{1.3.3}$$

Verfolgt man den Wicklungszug einer Schleifenwicklung in einem bestimmten Zeitpunkt und beobachtet dabei das Vorzeichen der in den einzelnen Spulen induzierten Spannungen, so stellt man fest, dass dieses von Pol zu Pol wechselt (vgl. Bd. *Theorie elektrischer Maschinen*, Abschn. 1.4.2). Wenn der Prozess der Energieumformung mit hohem Wirkungsgrad verlaufen soll, müssen bei Gleich- und Wechselstrommaschinen an den Stellen dieses Vorzeichenwechsels die Bürsten angeordnet werden. Nur dann herrscht in den durch die aufliegenden Bürsten gebildeten Wicklungszweigen ein einheitliches Vorzeichen der induzierten Spannung. Die Zahl der Bürsten ist deshalb gleich der Polzahl $2p$. Da die Polarität aufeinander folgender Bürsten wechselt und die Bürsten derselben Polarität über die äußeren Zuleitungen miteinander verbunden sind, wird die Wicklung durch die $2p$ Bürsten in $2p$ parallele Zweige geschaltet. Außerdem liegen die m Gänge einer mehrgängigen Wicklung zueinander parallel (s. Bild 1.3.4). Für die Schleifenwicklung gelten demnach für den *resultierenden Schritt* und die Zahl der parallelen Zweige die Gesetze (s. Bild 1.3.4)

$$y_r = y_1 - y_2 = \pm m \tag{1.3.4}$$

$$2a = 2mp. \tag{1.3.5}$$

Dabei ist zu beachten, dass Schleifenwicklungen mit $m > 2$ nicht symmetrisch ausführbar sind (s. Abschn. 1.3.1.4). In (1.3.4) gilt das positive Vorzeichen für die sog. *ungekreuzte* und das negative Vorzeichen für die *gekreuzte* Schleifenwicklung. Im zweiten Fall kreuzen sich Anfang und Ende einer Spule im Wicklungskopf vor dem Kommutator, im ersten Fall nicht (s. auch Bd. *Grundlagen elektrischer Maschinen*, Abschn. 3.2.3).

Aus Bild 1.3.4 ist zu erkennen, dass zu jeder ersten (linken) Seite einer Spule ein bestimmter Kommutatorsteg gehört. Folglich tritt der resultierende Schritt auch am Kommutator zwischen den Spulenanfängen zweier aufeinander folgender Spulen auf. Wie aus Bild 1.3.4 weiter hervorgeht, werden die m Gänge einer Kommutatorwicklung durch die Bürsten parallelgeschaltet. Die Bürsten müssen demnach so breit sein, dass sie wenigstens m Stege überdecken.

b) Wellenwicklung

Wenn im Wicklungszug aufeinander folgende Spulen unter aufeinander folgenden Polpaaren liegen, entsteht eine *Wellenwicklung*. Prinzipiell können dabei auch Polpaare übersprungen werden (s. [1], Bd. II) Solche Wellenwicklungen haben allerdings wegen der langen Schaltverbindungen keine praktische Bedeutung. Für den resultierenden Schritt der Wellenwicklung gilt (s. Bild 1.3.5)

$$\boxed{y_r = y_1 + y_2}. \tag{1.3.6}$$

Endet der erste Wellenzug links bzw. rechts neben dem Ausgangssteg 1, so entsteht eine ungekreuzte bzw. eine gekreuzte eingängige Wellenwicklung; endet er nicht unmittelbar neben dem Ausgangssteg, so entsteht eine mehrgängige Wellenwicklung (s. Bd. *Grundlagen elektrischer Maschinen*, Abschn. 3.2.3). Nach Bild 1.3.5 überschreitet man beim Durchlaufen eines Wellenzugs, d. h. nach etwa einem Umlauf um den Ankerumfang,

$$py_r = k \mp m \tag{1.3.7}$$

Kommutatorstege. Das negative Vorzeichen gilt dabei für die ungekreuzte und das positive Vorzeichen für die gekreuzte Wellenwicklung. Mithin erhält man als resultierenden Schritt der Wellenwicklung

$$\boxed{y_r = \frac{k \mp m}{p}}, \tag{1.3.8}$$

wobei das negative Vorzeichen jetzt für die wegen der kürzeren Schaltverbindungen häufiger angewendete ungekreuzte Wellenwicklung gilt.

Bild 1.3.5 lässt erkennen, dass alle in der äußeren Schaltung miteinander verbundenen Bürsten gleicher Polarität auch durch einen Wellenzug der Wicklung unmittelbar miteinander verbunden sind. Prinzipiell ist also je Polarität nur eine Bürste notwendig. Die Wicklung besitzt je Gang zwei parallele Zweige. Durch die Bürsten können also keine zusätzlichen parallelen Zweige gebildet werden. Die Wellenwicklung hat demnach immer nur doppelt so viele parallele Zweige wie Gänge, und es gilt

$$2a = 2m. \tag{1.3.9}$$

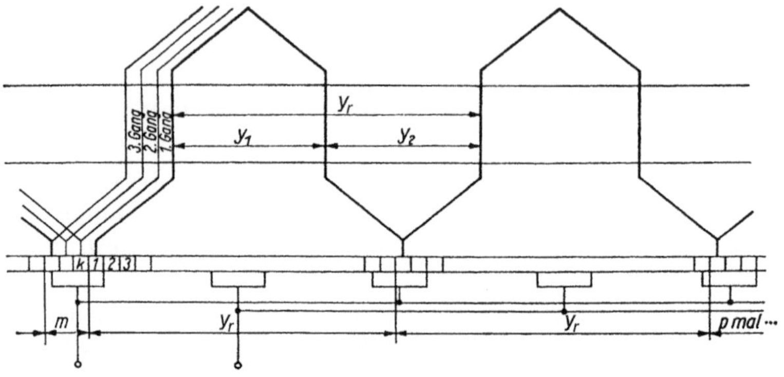

Bild 1.3.5 Zur Herleitung der Wicklungsgesetze mehrgängiger ungekreuzter Kommutator-Wellenwicklungen

Obgleich damit Wellenwicklungen unabhängig von ihrer Polzahl nur zwei Bürsten benötigen, werden sie aus anderen Gründen trotzdem meist mit $2p$ Bürsten ausgeführt. Bezüglich der Symmetrie (s. Abschn. 1.3.1.4) gibt es für die Gangzahl der Wellenwicklung im Gegensatz zur Schleifenwicklung keine prinzipielle Grenze. Da aber auch hier die Bürsten m Stege überdecken müssen, werden Wellenwicklungen auch bei großen Maschinen praktisch nur mit bis zu $m = 4$ Gängen ausgeführt.

1.3.1.3 Schließungsbedingungen

In der Einleitung zum Abschnitt 1.3 ist bereits erwähnt worden, dass Kommutatorwicklungen in sich geschlossen sind. Dieser Schluss kann einfach oder auch mehrfach erfolgen (s. Tab. 1.3.1, S. 118). Wie ohne Weiteres einzusehen ist, kann sich eine eingängige Schleifenwicklung nur einfach schließen, da schon ein einziger Durchlauf des Ankerumfangs alle Spulen erfasst. Eine m-gängige Wicklung kann sich dagegen mehrfach, aber höchstens m-fach schließen, da jeder Gang nur einen Schluss haben kann. Im Folgenden soll die Zahl t_s der Schlüsse einer Kommutatorwicklung allgemein ermittelt werden.

a) Schleifenwicklungen

Schleifenwicklungen mit $m > 2$ sind nicht symmetrisch ausführbar (s. Abschn. 1.3.1.4) und werden deshalb nur in Sonderfällen angewendet. Es braucht also nur der Fall $m = 2$ untersucht zu werden.

Beginnt der erste Gang am Steg 1, so durchläuft er zunächst alle ungeradzahligen Stege. Wenn die Zahl k der Kommutatorstege gerade ist, endet der erste Gang am Steg 1 und schließt sich somit. Die Wicklung ist zweifach geschlossen ($t_s = 2$). Ist k ungeradzahlig, so endet der erste Gang am Steg k bzw. 2. Er geht damit in den zweiten Gang über, der am Steg 1 endet und die Wicklung schließt. Demnach ist die Wicklung einfach geschlossen ($t_s = 1$). Allgemein gilt also

$$t_s = \text{ggT}\,\{k, m\}. \tag{1.3.10}$$

In Drehstrom-Kommutatormaschinen kommen auch Schleifenwicklungen mit $m = 3$ vor. Wie leicht einzusehen ist, ergibt sich ein dreifacher Schluss, wenn k durch 3 teilbar ist. In jedem anderen Fall ist die Wicklung einfach geschlossen.

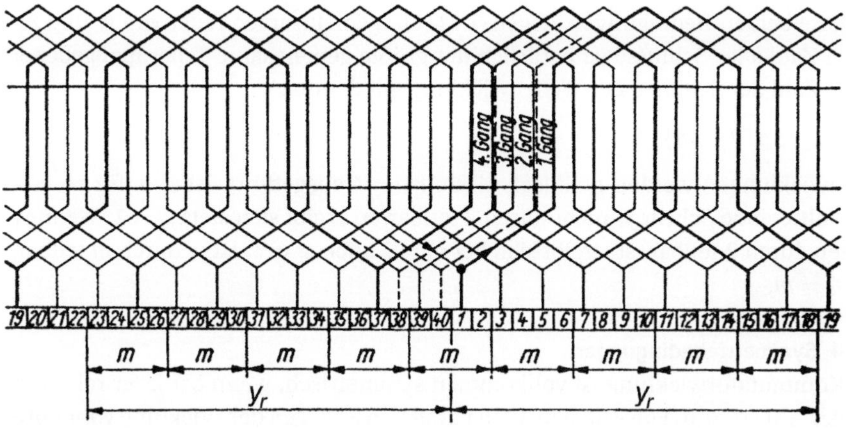

Bild 1.3.6 Zur Herleitung der Schließungsbedingungen für mehrgängige Wellenwicklungen

b) Wellenwicklungen

Auch die Wellenwicklungen können höchstens so viele Schlüsse wie Gänge haben. Im Bild 1.3.6 sind zwei Gänge einer viergängigen, ungekreuzten Wellenwicklung dargestellt. Der erste Gang beginnt am Steg 1. Sein erster Wellenzug endet am Steg 37. Jeder folgende Wellenzug liegt jeweils um $m = 4$ Stege nach links verschoben. Wie man sieht, trifft der erste Gang nicht wieder auf den Steg 1. Er trifft auf den Steg 3 und geht deshalb, ohne sich zu schließen, am Steg 39 in den dritten Gang über. Die Ursache dafür ist, dass m in y_r nicht ganzzahlig enthalten ist ($y_\mathrm{r}/m = 18/4 = 4{,}5$). Erst muss ein weiterer Gang, d. h. ein zweites Mal die Strecke y_r in Schritten von m Stegen durchlaufen werden, bevor die Wicklung auf den Steg 23 trifft, der über eine weitere Welle mit Steg 1 verbunden ist. Damit schließt sich der Wicklungszug. Ebenso schließt sich im Bild 1.3.6 der nur teilweise gestrichelt angedeutete zweite Gang über den vierten.

Werden, allgemein gesehen, vom Steg 1 beginnend bis zum Schluss der Wicklung n Gänge durchlaufen, so muss man n-mal die Strecke y_r in Schritten von m Kommutatorstegen durchschreiten. Die Strecke ny_r ist demnach die kleinste Strecke, in der m ganzzahlig enthalten ist (im Beispiel ist $ny_\mathrm{r}/m = 2 \cdot 18/4 = 9$). Das führt auf die Beziehung

$$ny_\mathrm{r} = mg.$$

Ist m bereits in y_r ganzzahlig enthalten ($n = 1$), so trifft schon das Ende des ersten Gangs auf den Steg 1, wie man sich nach Bild 1.3.6 leicht vorstellen kann. Dann ist $t_\mathrm{s} = m$, da sich jeder Gang schließt. Wenn jeweils n Gänge einen Schluss bilden, so ist die Zahl der Schlüsse

$$t_\mathrm{s} = \frac{m}{n}.$$

Aus beiden Beziehungen ergeben sich für y_r und m die Bedingungen

$$y_\mathrm{r} = \frac{m}{n} g = t_\mathrm{s} g$$

$$m = t_\mathrm{s} n.$$

Wie diese beiden Bedingungen zeigen, ist t_s ein gemeinsamer Teiler von y_r und m. Für die Zahl aller Schlüsse ist natürlich der größte gemeinsame Teiler maßgebend. Für die Zahl der Schlüsse der Wellenwicklung gilt demnach

$$t_s = \mathrm{ggT}\,\{y_r, m\}.$$

Wellenwicklungen werden praktisch bis zu $m = 4$ ausgeführt. Ist z. B. für $m = 2$ der resultierende Schritt y_r nicht durch 2 teilbar, so ergibt sich stets $t_s = 1$. Wenn y_r dagegen durch 2 teilbar ist, ergibt sich bei $m = 2$ auch $t_s = 2$. Ist y_r durch m teilbar, so ist $t_s = m$.

1.3.1.4 Symmetriebedingungen

Eine Kommutatorwicklung ist vollkommen symmetrisch, wenn bei jeder relativen Lage des Ankers zum Polsystem in allen parallelen Zweigen der Wicklung vom Luftspaltfeld die gleiche Spannung induziert wird. Dabei ist vorausgesetzt, dass unter allen Polpaaren die gleiche Flussdichteverteilung herrscht. Die wichtigste Symmetriebedingung ist bereits im Abschnitt 1.3.1.2 formuliert worden. Die geometrische Anordnung der Wicklung muss vollkommen gleichmäßig sein, d. h. die Wicklung muss aus gleichen Spulen bestehen, die durch gleiche Schaltverbindungen verbunden sind. Aus der Bedingung, dass sämtliche Spulenschritte y_r, y_1, y_2 ganzzahlig und für alle Spulen gleich sein müssen, folgen Symmetriebedingungen für k, N, u und andere Entwurfsgrößen. Als Kriterium für die Gleichheit der induzierten Spannungen verwendet man die Gleichheit der von einer gedachten Drehwelle des Luftspaltfelds mit $\tilde{\nu}' = p$ in der stillstehenden Wicklung induzierten Spannungen. Das bedeutet, dass man auch die Symmetrie einer Kommutatorwicklung über den Nutenspannungsstern kontrolliert. Der Zusammenhang zwischen Nuten- und Spulenspannungen ist wiederum durch

$$\underline{e}_{sp} = \underline{e}_{ab} = -\underline{e}_{na} + \underline{e}_{nb}$$

entsprechend (1.1.12) und Bild 1.1.14, Seite 17, gegeben. Der Nutenspannungsstern entspricht dem Spannungsstern der Spulenseitenspannungen einer Wicklungsschicht.

a) Schaltungssymmetrie

Wie bereits erwähnt, müssen sämtliche Spulenschritte y_r, y_1, y_2 ganzzahlig und für alle Spulen gleich sein . Die Bedingung $y_1 \in \mathbb{N}$ wird von allen Zweischichtwicklungen erfüllt. Wenn $y_r \in \mathbb{N}$ gilt, so ist nach (1.3.4) bzw. (1.3.6) auch $y_2 \in \mathbb{N}$. Die folgenden Überlegungen könnten sich demnach auf die Untersuchung des Ausdrucks $y_r \in \mathbb{N}$ beschränken.

Für Schleifenwicklungen ist mit (1.3.4) $y_r \in \mathbb{N}$ immer erfüllt. Für Wellenwicklungen ergibt sich mit (1.3.1) und (1.3.7) bzw. (1.3.8) im Fall einer Durchmesserwicklung die Bedingung

$$y_1 = \frac{k}{2p} = \frac{1}{2}\left(y_r \pm \frac{m}{p}\right) \in \mathbb{N}. \qquad (1.3.11)$$

Da für echte Wellenwicklungen $p \geq 2$ sein muss, sind Durchmesserwicklungen nur mit $m \geq 2$ möglich. Aus (1.3.7) erhält man die Beziehung

$$k = uN = y_r p \pm m, \qquad (1.3.12)$$

aus der entsprechend $y_r \in \mathbb{N}$ einige Bedingungen für die Wicklungskennwerte k, N und u resultieren. Die Beziehung (1.3.12) schränkt die Freizügigkeit in der Wahl dieser Werte erheblich ein. Das Hauptanwendungsgebiet eingängiger Wellenwicklungen umfasst Maschinen mit $p = 2$. Hierfür fordert (1.3.12) gemäß

$$k = uN = 2y_r \pm 1$$

ungeradzahlige Werte für k, N und u. Da die Werte für k und N relativ groß sind, ist diese Forderung leicht zu erfüllen. Dagegen können die wenigen möglichen Werte für u von 1, 3, 5 usw. zu großen Schwierigkeiten beim Entwurf der Wicklung führen.

b) Elektrische Symmetrie

Wie schon angedeutet worden ist, wird die elektrische Symmetrie mit Hilfe der von einer gedachten Drehwelle des Luftspaltfelds mit $\tilde{\nu}' = p$ in den Spulenseiten der stillstehenden Wicklung induzierten Nutenspannungen kontrolliert. Dabei wird angenommen, dass die Zahl der Spulen k gleich der Nutzahl N ist. Die Zeiger der Nutenspannungen bilden den sog. Nutenspannungsstern (s. Abschn. 1.1.2.2, S. 12). Innerhalb der Kommutatorwicklung sind alle Spulen bzw. Spulenseiten eines in sich geschlossenen Wicklungsteils in Reihe geschaltet. Zur Ermittlung der resultierenden Spannung werden deshalb die entsprechenden Nutenspannungszeiger aneinander gefügt, wobei die Nutenspannungszeiger negativer Spulenseiten entsprechend der vorzeichenbehafteten Addition umzuklappen sind. Um innere Ausgleichsströme als Folge von elektrischen Unsymmetrien zu vermeiden, müssen erstens die entstehenden Zeigerzüge von in sich geschlossenen Wicklungsteilen geschlossene Vielecke bilden, die jeweils zwei parallelen Zweigen entsprechen, und zweitens müssen die Zeigerzüge dieser parallelen Zweigpaare einer Wicklung deckungsgleich sein. Damit müssen die Zeigerzüge sämtlicher a Vielecke geschlossen und deckungsgleich sein. Ein solches Vieleck nennt man *Spannungsvieleck* oder *Spannungspolygon*. Wie schon erwähnt, entsprechen diese Vielecke den a parallelen Kreisen der Wicklung. Im Bild 1.3.10 sind z. B. die deckungsgleichen Spannungsvielecke einer eingängigen symmetrischen Schleifenwicklung dargestellt. Für $p = 2$ ergeben sich nach (1.3.5) vier parallele Zweige, d. h. zwei parallele Kreise und damit auch zwei Spannungsvielecke.

Wie leicht einzusehen ist, sind zur Bildung von a deckungsgleichen Spannungsvielecken a gleiche Teile und damit a Zeigerkreise des Nutenspannungssterns erforderlich. Nach Unterabschnitt 1.1.2.2b ist das dann der Fall, wenn die Symmetriebedingungen

$$\frac{N}{a} \in \mathbb{N} \tag{1.3.13a}$$

$$\frac{p}{a} \in \mathbb{N} \tag{1.3.13b}$$

erfüllt sind (s. z. B. Bild 1.3.10b, S. 136). Jeder Spannungszeiger einer Spule besteht aus zwei Teilzeigern – den Nuten- bzw. Spulenseitenspannungszeigern – der Spannungsvielecke. Zwischen zwei jeweils der Verbindungsstelle zweier solcher Spulenspannungszeiger entsprechenden Eckpunkten des Spannungsvielecks wird die Spannung beobachtet, deren Augenblickswert zwischen zwei Bürsten erscheint, die in diesem Augenblick auf den zugeordneten Kommutatorstegen aufliegen.

Sollen die Bürsten – die zunächst unendlich schmal angenommen werden – eine maximale Spannung abgreifen, was bei normalen Gleichstrommaschinen, Einphasen-Reihenschlussmaschinen und Drehstrom-Kommutatormaschinen der Fall ist, so müssen sie auf Kommutatorstegen gleiten, die zu diametralliegenden Punkten der Spannungsvielecke gehören. Bei Deckungsgleichheit der Spannungsvielecke sind die Spannungen sämtlicher zwischen zwei Bürsten unterschiedlicher Polarität liegenden Zweige tatsächlich gleich.

Bei Wellenwicklungen ist die Zahl der parallelen Zweige nach (1.3.9) mit $2a = 2m$ relativ klein und damit die Bedingung (1.3.13a) leicht zu erfüllen. Die Erfüllung der Bedingung (1.3.13b) führt dagegen bereits zu Schwierigkeiten. Ist z. B. $m = a = 2$, so kann diese Bedingung für ungeradzahlige Werte von p nicht erfüllt werden.

Bei Schleifenwicklungen mit $2a = 2mp$ entsprechend (1.3.5) ist die Zahl der parallelen Zweige bedeutend größer, so dass bereits die Erfüllung der Bedingung (1.3.13a) Schwierigkeiten bereitet. Die Bedingung (1.3.13b) geht mit (1.3.5) für Schleifenwicklungen über in

$$\frac{p}{a} = \frac{1}{m} \in \mathbb{N}$$

und ist offensichtlich mit mehrgängigen Wicklungen ($m > 1$) überhaupt nicht erfüllbar. Trotzdem besteht die Möglichkeit, auch in diesen Fällen symmetrische Wicklungen auszuführen, wie die folgenden Betrachtungen zeigen werden.

Die Symmetriebedingungen (1.3.13a,b) sind aus dem Nutenspannungsstern hergeleitet worden. Für Zweischichtwicklungen ist das aber nur der Nutenspannungsstern der Oberschichtspulenseiten. Hinzu kommt noch der Nutenspannungsstern der Unterschichtspulenseiten. Dadurch verdoppelt sich die Zahl der deckungsgleichen Teilsterne, und es ist auch die doppelte Zahl symmetrischer paralleler Kreise möglich. Das berührt allerdings nicht die Symmetriebedingung (1.3.13a), da die Zahl der Zeigerstrahlen des Nutenspannungssterns und damit auch N/a nach wie vor ganzzahlig sein muss. Dagegen vereinfacht sich die zweite Symmetriebedingung (1.3.13b) zu

$$\frac{2p}{a} \in \mathbb{N}. \tag{1.3.14}$$

Mit dieser Bedingung werden gemäß $2p/a = 2/m \in \mathbb{N}$ zweigängige, symmetrische Schleifenwicklungen, d. h. Wicklungen mit $2p/a = 1$, und gemäß $2p/a = 2p/m \in \mathbb{N}$ zweigängige symmetrische Wellenwicklungen auch mit ungerader Polpaarzahl möglich, wobei $2p/a = p$ ist. Allerdings muss die Unterschicht der Wicklung gleichwertig in den Wicklungsentwurf einbezogen werden. Die Verdopplung der Zahl der parallelen Kreise bzw. Gänge ist nur dann möglich, wenn zu jeder Oberschichtspulenseite des einen Gangs eine Unterschichtspulenseite des anderen Gangs mit gleicher Spannung in Bezug auf den Wicklungszug existiert. Da diese beiden Spulenseiten entgegengesetztes Vorzeichen haben, müssen die in ihnen induzierten Spannungen gleiche Amplitude und 180° Phasenverschiebung besitzen. Für Gleichheit der Amplitude sorgen die gleiche Windungszahl und das für alle Polteilungen, abgesehen vom wechselnden Vorzeichen der Flussdichte, gleiche Luftspaltfeld. Die 180°-Phasenverschiebung wird für zweigängige Schleifenwicklungen unter der mit Bedingung (1.3.13a) erfüllten Voraussetzung $N/2p = N/a \in \mathbb{N}$ durch einen Nutenschritt zwischen den beiden Spulenseiten von $y_{\varnothing} = N/2p$ erreicht.

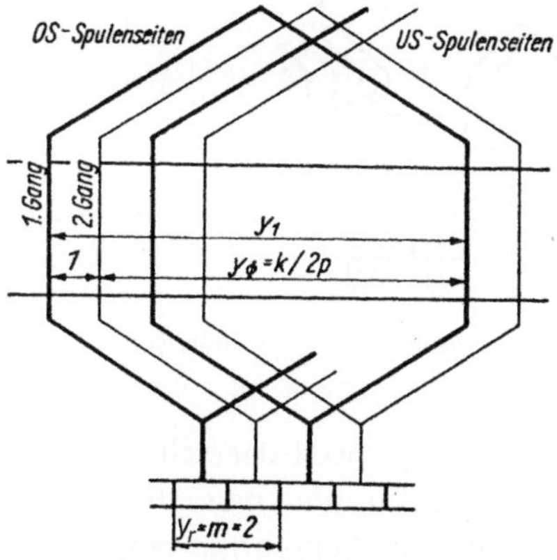

Bild 1.3.7 Zur Herleitung der Nebenbedingung für die zweigängige, symmetrische Schleifenwicklung mit $2p/a = 1$

Zunächst soll die zweigängige Schleifenwicklung untersucht werden. Dabei wird der Fall $u = 1$ bzw. $k = N$ betrachtet. Das ist der Fall, bei dem die Nutenschritte nach (1.3.2) gleich den Spulenschritten sind ($y_n = y_1$). Für die ungekreuzten, zweigängigen ($m = 2$) Schleifenwicklungen ergeben sich mit $y_\varnothing = N/2p = k/2p$ nach Bild 1.3.7 und mit (1.3.4) die Beziehungen

$$y_1 = \frac{k}{2p} + 1 \tag{1.3.15a}$$

$$y_2 = y_1 - m = \frac{k}{2p} - 1. \tag{1.3.15b}$$

Daraus folgt schließlich als Nebenbedingung

$$y_1 + y_2 = \frac{k}{p} \in \mathbb{G}. \tag{1.3.15c}$$

Mit p nach (1.3.5) und (1.3.13a) ist (1.3.15c) entsprechend

$$\frac{k}{p} = \frac{uN}{a/m} = 2\frac{N}{a} \in \mathbb{G}$$

tatsächlich erfüllbar. Das zeigt auch das Wicklungsbeispiel im Bild 1.3.11, Seite 138. Wegen $y_1 \neq k/2p$ ist allerdings keine Durchmesserwicklung möglich. Mit (1.3.15c) gilt auch $k \in \mathbb{G}$, d. h. die zweigängigen, symmetrischen Schleifenwicklungen sind nach Unterabschnitt 1.3.1.3a stets zweifach geschlossen ($t_s = 2$).

Für zweigängige Wellenwicklungen, bei denen $m = a = 2$ ist, existiert mit $N/a \in \mathbb{N}$ und $2p/a = p \in \mathbb{U}$ im Nutenspannungsstern zu jedem Zeiger stets ein und nur ein um 180° verschobener Zeiger – stets, weil $N \in \mathbb{G}$ ist, und nur, weil $N \in \mathbb{G}$ und $p \in \mathbb{U}$ keinen gemeinsamen Teiler $a = 2$ haben und demzufolge der Nutenspannungsstern nur einen Zeigerkreis besitzt. Aus Gründen der Symmetrie muss die zu dem um 180° verschobenen Zeiger gehörende Nut in der Maschine diametral zur Nut des Ausgangszeigers liegen. Zur Erzielung einer 180°-Phasenverschiebung kann der Schritt zwischen einer Oberschichtspulenseite des einen und der entsprechenden Unterschichtspulenseite des anderen Gangs demnach nur $k/2$ betragen. Nach (1.3.7) gilt für die ungekreuzte, zweigängige Wellenwicklung

$$\frac{k}{2} = 1 + y_r\frac{p}{2} = 1 + y_r\frac{p-1}{2} + \frac{y_r}{2} = 1 + y_r\frac{p-1}{2} + y_1.$$

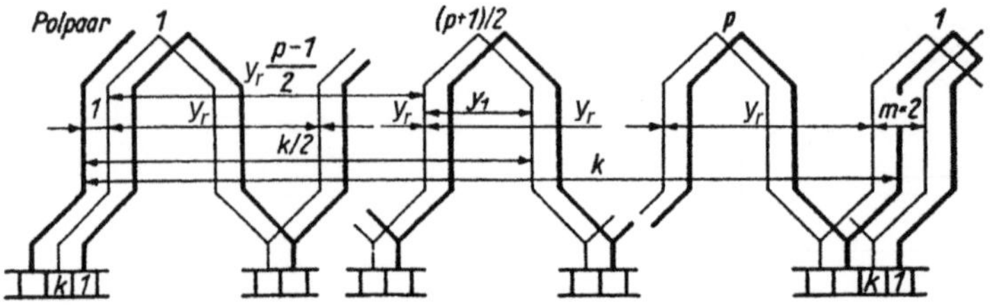

Bild 1.3.8 Zur Herleitung der Nebenbedingung für die zweigängige, symmetrische Wellenwicklung mit $p/2 \notin \mathbb{N}$

Die Umformung in dieser Beziehung ist deshalb erfolgt, weil der Schritt $y_r p/2$ mit $p/2 \notin \mathbb{N}$ in eine Reihe möglicher Teilschritte zerlegt werden muss. In diesem Sinne sind zur Erzielung des Schritts $k/2$ die folgenden Teilschritte notwendig (s. Bild 1.3.8): Teilschritt 1 ergibt den Schritt in den anderen Gang; dann erfolgen $(p-1)/2 \in \mathbb{N}$ resultierende Schritte y_r und zum Schluss der Spulenschritt $y_1 = y_r/2$. Damit ergibt sich als Nebenbedingung für die ungekreuzte, zweigängige, symmetrische Wellenwicklung mit $2p/a = p \in \mathbb{U}$

$$y_1 = y_2 = \frac{y_r}{2} = \frac{k-2}{2p} \in \mathbb{N}. \tag{1.3.16}$$

Nach (1.3.16) ist auch in diesem Fall keine Durchmesserwicklung möglich. Wegen $y_r \in \mathbb{G}$ und $m = 2$ sind solche Wellenwicklungen stets zweifach geschlossen ($t_s = 2$, s. Abschn. 1.3.1.3b).

Die Nebenbedingungen für zweigängige, symmetrische Wicklungen mit $p/a \notin \mathbb{N}$ garantieren für beide Gänge gleiche Spannungsvielecke. Daran ändert auch der Übergang zu $u > 1$ nichts, sofern diese Werte aus anderen Gründen möglich sind und die Bedingungen nach (1.3.15a,b) und (1.3.15c) bzw. (1.3.16) eingehalten werden. Lediglich die Zahl der Einzelzeiger vervielfacht sich (s. Bild 1.3.11c,d,e). Die Beziehung (1.3.15a,b) erzwingt für $u > 1$ getreppte Wicklungen. Für $u \in \mathbb{G}$ mögliche ungetreppte Wicklungen degenerieren zu eingängigen Wicklungen (s. [1], Bd. II), da in diesem Fall beide Gänge sämtliche Nuten gemeinsam durchlaufen und sich damit wie ein Gang verhalten. Gilt für zweigängige Wellenwicklungen $y_1 = y_2 = y_r/2 \in \mathbb{G}$, so ermöglichen die Forderungen (1.1.19), Seite 18, und (1.3.8) im interessierenden Bereich nur $u = 2$, so dass die Wicklungen zu eingängigen, ungetreppten Wicklungen mit $y_n = y_1/u \in \mathbb{N}$ degenerieren. Lediglich $y_1 = y_2 = y_r/2 \in \mathbb{U}$ liefern mit den möglichen Werten $u = 2$ und $u = 4$ echte zweigängige, getreppte Wicklungen.

Das Spannungsvieleck im Bild 1.3.11 verdeutlicht den Sinn der Nebenbedingungen für die zweigängigen, symmetrischen Wicklungen mit $p/a \notin \mathbb{N}$. Bei diesen Wicklungen gibt es nämlich keine phasengleichen Spulenspannungen. Das erkennt man an den Spulenspannungszeigern, die unter Andeutung der beiden Zeiger der Spulenseitenspannungen als ‚geknickte' Zeiger dargestellt sind. Zu den hergeleiteten Nebenbedingungen führt die Tatsache, dass die genannten Wicklungen nur dann symmetrisch sind, wenn die Spannungen aller im Wicklungszug aufeinander folgenden Spulenseiten unabhängig von ihrer Spulenzugehörigkeit gleiche Phasenverschiebung besitzen. Dann existieren wenigstens phasengleiche Spulenseitenspannungen.

Bei vollkommen symmetrischen Wicklungen bilden alle Wicklungszweige deckungsgleiche Spannungsvielecke.

c) Teilsymmetrie von Schleifenwicklungen

Der vorangehende Unterabschnitt hat gezeigt, dass mehrgängige Schleifenwicklungen nur mit $m = 2$ vollkommen symmetrisch ausführbar sind. Diese Bedingungen führen nicht nur zu einer bedeutenden Einschränkung des Anwendungsbereichs mehrgängiger Schleifenwicklungen, sondern auch zu unerwünschten Eigenschaften der Wicklungen. Mit $m = 2$ und (1.3.5) sowie (1.3.13a) wird der Ausdruck

$$\frac{N}{p} = m\frac{N}{a} \in \mathbb{G}$$

geradzahlig. Das führt zu ungünstigen Eigenschaften in Bezug auf entstehende Oberschwingungen der Spannungen und Ströme. Bedenkt man jedoch, dass eine vollkommene Symmetrie in der Praxis ohnehin nie existiert, so kann man kleine Abweichungen von der idealen Symmetrie durchaus zulassen, wobei sich die Möglichkeit anbietet, den Anwendungsbereich zweigängiger Schleifenwicklungen erheblich zu erweitern.

In der Praxis begnügt man sich deshalb bei der Bemessung von Schleifenwicklungen in vielen Fällen mit der Einhaltung von Teilsymmetrien. Eine solche Teilsymmetrie ist die Symmetrie innerhalb eines Gangs. Der Gang umfasst $2a/m = 2p$ parallele Zweige, d. h. $a/m = p$ parallele Kreise bzw. Spannungsvielecke, die deckungsgleich sein müssen. Außerdem ist wenigstens die gleiche Spulenzahl je parallelem Kreis erforderlich. Das führt zu den Bedingungen

$$\frac{N}{p} \in \mathbb{U} \tag{1.3.17a}$$

$$\frac{k}{a} \in \mathbb{N}, \tag{1.3.17b}$$

wobei wie gewünscht N/p ungeradzahlig und die nach diesen Bedingungen bemessene Wicklung eine getreppte Wicklung sein muss. Für geradzahliges N/p ergäbe sich mit $m = 2$ wegen $N/a \in \mathbb{N}$ eine symmetrische Wicklung. Nach $k/a = uN/2p$ kann sich nur mit geradzahligen Werten von u ein ganzzahliger Ausdruck ergeben. Ein geradzahliger Wert von u führt aber nur dann nicht dazu, dass die Wicklung zu einer eingängigen Wicklung degeneriert, wenn die Wicklung als getreppte Wicklung entworfen wird. Das bedeutet $y_1 \in \mathbb{U}$. Mit $k/a = k/2p \in \mathbb{N}$ wird $k \in \mathbb{G}$ und $t_s = 2$.

Will man mit $u \in \mathbb{U}$ teilsymmetrische Wicklungen ausführen, so wird bei $N/p \in \mathbb{U}$ lediglich $k/p = uN/p \in \mathbb{U}$, d. h. $k/a = k/2p \notin \mathbb{N}$. Damit ergeben sich die Bedingungen

$$\frac{N}{p} \in \mathbb{U} \tag{1.3.18a}$$

$$\frac{k}{p} \in \mathbb{U} \tag{1.3.18b}$$

für zweigängige Schleifenwicklungen mit oft ausreichender Teilsymmetrie. Aufgrund der Bedingung $N/p \in \mathbb{U}$ ergeben sich auch hier p deckungsgleiche Spannungsvielecke. Da aber die Zahl der Spulen je parallelem Kreis k/a ein Bruch mit dem Nenner 2 ist, bilden jeweils zwei parallele Kreise ein verschlungenes Vieleck. Mit $k/p \in \mathbb{U}$ wird für $p \in \mathbb{G}$ der Wert $t_s = 2$ und für $p \in \mathbb{U}$ der Wert $t_s = 1$. Bei teilsymmetrischen Wicklungen bestehen zwischen den parallelen Kreisen bzw. Gängen noch mehrere Punkte, zwischen denen keine Spannungsdifferenz besteht.

Diese Punkte sind im Spannungsvieleck erkennbar. Gilt schließlich die Bedingung

$$\frac{N}{p} \notin \mathbb{N}, \tag{1.3.19}$$

existieren nur so viele deckungsgleiche Spannungsvielecke, wie der größte gemeinsame Teiler von N und p angibt. Sind N und p teilerfremd, gibt es im Nutenspannungsstern keine phasengleichen Zeiger und zwischen den parallelen Kreisen bzw. Gängen keine Punkte ohne Spannungsdifferenz mehr. Die Wicklung ist trotz Schaltungssymmetrie dadurch völlig unsymmetrisch.

Die Wicklungsgesetze symmetrischer (auch teilweise symmetrischer) Kommutatorwicklungen sind in Tabelle 1.3.2 zusammengefasst dargestellt.

1.3.1.5 Ausgleichsverbindungen

Die im vorhergehenden Abschnitt durchgeführte Herleitung von Symmetriebedingungen ist unter der Voraussetzung erfolgt, dass unter allen Polpaaren die gleiche Flussdichteverteilung herrscht. Diese vollkommene Symmetrie des magnetischen Felds existiert in der Praxis ebensowenig wie eine vollkommene elektrische Symmetrie der Wicklungen. Magnetische Unsymmetrien führen zu ungleichen Zweigspannungen und damit zu inneren Ausgleichsströmen, die sich über gleichpolige Bürsten schließen. Dadurch werden die durch den Stromwendevorgang und den Stromübergang bereits stark beanspruchten Bürstenkontakte noch mehr belastet. Derartige Ausgleichsströme sind deshalb unerwünscht.

Bild 1.3.9 soll das Entstehen von Ausgleichsströmen verdeutlichen. Ursache für die Feldunsymmetrie ist dabei ein exzentrisch gelagerter Anker. Aufgrund der magnetischen Widerstandsverhältnisse führt der Pol 1 den stärksten und der Pol 3 den schwächsten Fluss. Nimmt man gleichen Fluss für die Pole 2 und 4 an, so sind, wie aus dem Wicklungsschema im Bild 1.3.9 hervorgeht, die beiden Zweigspannungen u_{12} und u_{41} und die beiden Zweigspannungen u_{23} und u_{34} gleich groß, da die Leiter der Zweige, in denen jeweils die gleichen Spannungen auftreten, einesteils in gleicher Zahl entweder unter dem Pol 2 oder dem Pol 4 und andernteils unter einem Pol gemeinsam liegen. Für die Spannungen u_{12} und u_{41} ist der gemeinsame Pol der Pol 1 und für die Spannungen u_{23} und u_{34} der Pol 3. Deshalb sind die beiden Spannungen u_{12} und u_{41} größer als die beiden Spannungen u_{23} und u_{34}. Im Bild 1.3.9 sind mögliche Richtungen für die Ströme angegeben, die die Spannungen anzutreiben versuchen. Es ist klar zu erkennen, dass die beiden größeren Spannungen gegen die beiden kleineren Spannungen einen Ausgleichsstrom i_{ag} antreiben, der über die beiden Bürsten gleicher Polarität 1 und 3 fließt. In dem über die Bürsten 2 und 4 führenden Kreis kompensieren sich je zwei gleich große und entgegenwirkende Zweigspannungen. In diesem Kreis fließt kein Ausgleichsstrom.

a) Ausgleichsverbindungen erster Art

Ordnet man die im Bild 1.3.9 als Ausgleichsverbindung erster Art angegebene Kurzschlussverbindung an, so fließt der Ausgleichsstrom i_{ag} vorwiegend über diese Verbindung. Da sich die Wicklung relativ zu den Bürsten bewegt, müssen solche Verbindungen an mehreren Stellen der Wicklung vorgesehen werden, damit sich immer eine Verbindung in der Nähe der Bürsten 1 und 3 befindet, um den Ausgleichsstrom übernehmen zu können. Diese sog. Ausgleichsverbindungen erster

Tabelle 1.3.2 Wicklungsgesetze symmetrischer Kommutatorwicklungen

	Wellenwicklung		**Schleifenwicklung**			
Resultierender Schritt	$y_r = y_1 + y_2 = \frac{k \mp m}{p}$		$y_r = y_1 - y_2 = \pm m$			
Zahl der parallelen Wicklungszweige	$2a = 2m$		$2a = 2mp$			
Zahl der Schlüsse	$t_s = \mathrm{ggT}\,\{y_r, m\}$		$t_s = \mathrm{ggT}\,\{k, m\}$			
Symmetrie	**vollkommen**		**vollkommen**		**teilweise**	
Symmetriebedingungen	$\frac{N}{a} \in \mathbb{N}$		$\frac{N}{a} \in \mathbb{N}$		$\frac{N}{p} \in \mathbb{U}, \quad \frac{2p}{a} = 1;$	
	$\frac{p}{a} \in \mathbb{N}$	$\frac{2p}{a} \in \mathbb{U}$	$\frac{p}{a} = 1$	$\frac{2p}{a} = 1$	$\frac{k}{a} \in \mathbb{N}$	$\frac{k}{p} \in \mathbb{U}$
Mögliche Gangzahlen	$\frac{p}{m} \in \mathbb{N}$	$\frac{2p}{m} \in \mathbb{U}$	$m = 1$	$m = 2$	$m = 2$	$m = 2$
Schritt der Ausgleichsverbindungen erster Art	–	–	$y_{a1} = \frac{k}{p}$	$y_{a1} = \frac{k}{p}$	$y_{a1} = \frac{k}{p}$	$y_{a1} = \frac{k}{p}$
Schritt der Ausgleichsverbindungen zweiter Art	$y_{a2} = \frac{k}{m}$	$y_{a2} = \frac{k}{m}$	–	$y_{a2} = 0$	$y_{a2} = 0$	$y_{a2} = \frac{k}{p}$
Führung der Ausgleichsverbindungen zweiter Art	längs einerAnkerseite	unter dem Ankerkern hindurch	–	unter dem Ankerkern hindurch	unter dem Ankerkern hindurch	längs einerAnkerseite
Nebenbedingungen für zweigängige Wicklungen	$p \in \mathbb{G}$	$p \in \mathbb{U}$ $y_1 = y_2 = \frac{y_r}{2}$ $t_s = 2$ $u = 1$ oder $u = 2; 4$ mit $y_1 \in \mathbb{U}$		$y_1 + y_2 = \frac{k}{p} \in \mathbb{G}$ $t_s = 2$	$y_1 \in \mathbb{U}$ $t_s = 2$ $u \in \mathbb{G}$	$p \in \mathbb{G} \rightarrow t_s = 2$ $p \in \mathbb{U} \rightarrow t_s = 1$ $u \in \mathbb{U}$

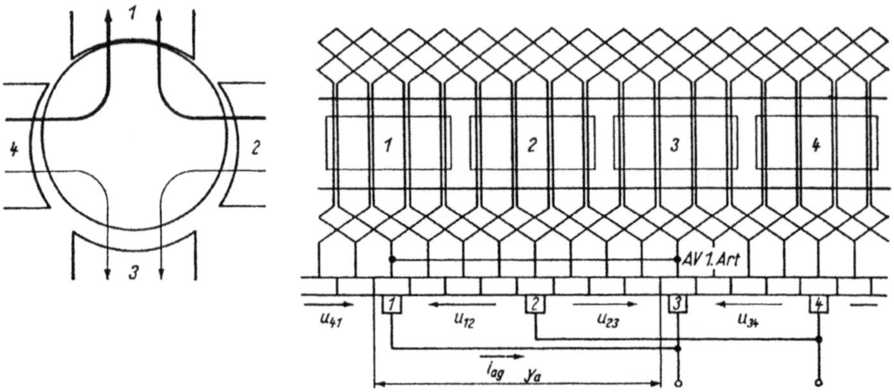

Bild 1.3.9 Zur Entstehung von Ausgleichsströmen durch Feldunsymmetrien

Art, die praktisch alle mehr oder weniger an der Leitung des Ausgleichsstroms beteiligt sind, entlasten also die Bürsten von den durch magnetische Unsymmetrien innerhalb der einzelnen Gänge verursachten Ausgleichsströmen. Sie dürfen natürlich die normale Funktion der Wicklung nicht stören und deshalb nur solche Punkte der Wicklung bzw. des Kommutators verbinden, zwischen denen theoretisch keine Spannungsdifferenz besteht. Solche Punkte ohne Spannungsdifferenz können innerhalb eines Gangs nur dann auftreten, wenn der Gang mehrere parallele Kreise besitzt. Das ist nur bei Schleifenwicklungen der Fall. Deshalb sind Ausgleichsverbindungen erster Art nur für Schleifenwicklungen möglich und auch notwendig. Außerdem existieren nur innerhalb vollkommen oder teilweise symmetrischer Wicklungen Punkte, zwischen denen keine Spannungsdifferenz besteht (vgl. Spannungsvielecke in den Bildern 1.3.10 u. 1.3.11).

Punkte, zwischen denen keine Spannungsdifferenz besteht, befinden sich am Kommutator genau um so viele Stege entfernt, wie auf ein Polpaar entfallen. Zu diesen Punkten zählen auch gleichpolige Bürsten. Demnach beträgt der Schritt der Ausgleichsverbindungen erster Art

$$y_{\mathrm{a1}} = \frac{k}{p}. \tag{1.3.20}$$

Sollen dabei tatsächlich nur Stege desselben Gangs verbunden werden, so muss y_{a1} durch die Gangzahl m entsprechend

$$\frac{y_{\mathrm{a1}}}{m} = \frac{k}{mp} \in \mathbb{N} \tag{1.3.21}$$

ganzzahlig teilbar sein. Für Wellenwicklungen ist die Anordnung von Ausgleichsverbindungen innerhalb eines Gangs wegen des Fehlens paralleler Kreise nicht möglich und auch nicht notwendig, da jeder Wicklungszweig alle Polpaare durchläuft, wodurch die Auswirkungen ungleicher Polflüsse bereits innerhalb des Zweigs ausgeglichen werden (s. Bild 1.3.12).

Die Ausgleichsverbindungen erster Art haben entweder die Form normaler Zweischichtwicklungsköpfe wie im Bild 1.3.10 oder die Form von Ringverbindungen wie im Bild 1.3.11. Sie werden normalerweise unter den Wicklungsköpfen der Kommutatorwicklung angeordnet. Die Bilder 1.3.10 und 1.3.11 zeigen, dass bei allen vollkommen symmetrischen und auch bei teilweise symmetrischen, zweigängigen Schleifenwicklungen Ausgleichsverbindungen erster Art möglich sind. Aus den Spannungsvielecken ist zu erkennen, wie durch die Ausgleichsverbindungen erster Art Punkte innerhalb der einzelnen Gänge, zwischen denen keine Spannungsdifferenz besteht, miteinander verbunden werden.

b) Ausgleichsverbindungen zweiter Art

Die Parallelschaltung der einzelnen Gänge einer mehrgängigen Wicklung erfolgt über die Bürsten. Auch hierbei fließen durch Unsymmetrien verursachte Ausgleichsströme über die Bürsten. Um die Bürsten von diesen Ausgleichsströmen zu entlasten, verbindet man deshalb Punkte der verschiedenen Gänge, zwischen denen theoretisch keine Spannungsdifferenz besteht, durch Ausgleichsverbindungen zweiter Art miteinander. Bei mehrfach geschlossenen Wicklungen werden die einzelnen in sich geschlossenen Wicklungsteile durch die Ausgleichsverbindungen zweiter Art unmittelbar galvanisch miteinander verbunden. Diese Ausgleichsverbindungen legen damit die Spannungsverteilung der sonst getrennten Wicklungsteile zueinander fest.

Für Schleifenwicklungen, die die Bedingung (1.3.21) erfüllen, liegen die Punkte, zwischen denen keine Spannungsdifferenz besteht, auf derselben Ankerseite (z. B. der Kommutatorseite) innerhalb desselben Gangs. Punkte verschiedener Gänge ohne Spannungsdifferenz müssen demnach auf verschiedenen Seiten des Ankers liegen, und die Ausgleichsverbindungen zweiter Art müssen unter dem Blechpaket des Ankers hindurchgeführt werden. Solche Ausgleichsverbindungen nennt man auch *Pungaverbindungen*. Das Hindurchführen unter dem Blechpaket des Ankers ist notwendig, damit das Luftspaltfeld in den Ausgleichsverbindungen keine Spannung induziert. Da nach Abschnitt 1.3.1.4 von den mehrgängigen Schleifenwicklungen nur zweigängige symmetrisch sind, braucht nur dieser Fall untersucht zu werden. Für $m = 2$ resultiert aus (1.1.19), Seite 18, (1.3.5) und (1.3.21) die Bedingung

$$\frac{y_{a1}}{2} = \frac{k}{2p} = \frac{k}{a} = \frac{uN}{2p} = u\frac{N}{a} \in \mathbb{N}. \tag{1.3.22}$$

Pungaverbindungen lassen sich demzufolge für vollkommen symmetrische Schleifenwicklungen ($N/a \in \mathbb{N}$, s. Bild 1.3.11) und für teilsymmetrische Wicklungen mit $k/a \in \mathbb{U}$ ausführen. In diesen Fällen ist der Schritt der Ausgleichsverbindungen zweiter Art, wie er sich aus den Spannungsvielecken ergibt, $y_{a2} = 0$. Bei teilsymmetrischen Wicklungen mit $k/a \in \mathbb{N}$ ist die Bedingung (1.3.22) nicht erfüllt. Die Ausgleichsverbindungen zweiter Art liegen dann auf einer Seite des Ankers und können mit den Ausgleichsverbindungen erster Art kombiniert werden.

Für Wellenwicklungen ergibt sich aus (1.3.8), dass $k/p = y_r \pm m/p$ nur im Sonderfall $m/p \in \mathbb{N}$ ganzzahlig ist, d. h. dass i. Allg. – von einem Ausgangssteg gerechnet – an der um k/p entfernten Stelle, zu der keine Spannungsdifferenz besteht, kein Steg liegt. Man muss dann g-mal k/p Schritte gehen, um auf einen Steg zu treffen, zu dem der Ausgangssteg keine Spannungsdifferenz hat. Soll bei einer ungekreuzten Wellenwicklung dieser Steg zum nächsten Gang gehören, dann muss man vom Ausgangssteg im ersten Gang g-mal den resultierenden Schritt $y_r \approx k/p$ entsprechend (1.3.8) gehen und noch einen Steg weiter, um zum genannten Steg des nächsten Gangs zu kommen. Damit ist der zurückgelegte Weg der Schritt der

Ausgleichsverbindung zweiter Art einer symmetrischen Wellenwicklung

$$y_{a2} = g\frac{k}{p} = y_r g + 1 = g\frac{k}{p} - g\frac{m}{p} + 1.$$

Hieraus ergibt sich $g = p/m \in \mathbb{N}$, und der Schritt der Ausgleichsverbindung wird

$$y_{a2} = \frac{k}{m}. \tag{1.3.23}$$

Für die zweigängige Wellenwicklung gilt $y_{a2} = k/2$. Die Voraussetzung $p/m = p/2 \in \mathbb{N}$ wird nur von geraden Polpaarzahlen erfüllt. Die Ausgleichsverbindungen liegen auf einer Ankerseite.

Zweigängige Wellenwicklungen mit ungerader Polpaarzahl sind nach Unterabschnitt 1.3.1.4b nur symmetrisch, wenn entsprechend (1.3.16) $y_1 = y_2 = y_r/2$ ist. Für diesen Sonderfall folgt aus der gleichen Betrachtung, die gerade für zweigängige Wellenwicklungen mit gerader Polpaarzahl angestellt wurde, dass entsprechend

$$y_{a2} = g\frac{k}{p} = y_1 2g + 1 = g\frac{k}{p} - 2g\frac{1}{p} + 1$$

$2g = p \in \mathbb{U}$ wird. Mit $y_{a2} = k/2$ gilt ebenfalls (1.3.23). Für g ergibt sich ein Bruch mit dem Nenner 2. Die Ausgleichsverbindung zweiter Art führt also nicht zum Anfang, sondern in die Mitte der übernächsten Spule der Wellenwicklung und damit auf die andere Seite des Ankers. Es liegt also eine Pungaverbindung vor. Zählt man $y_a = k/2$ Stege auf der Kommutatorseite ab, so kommt man in ein Gebiet entgegengesetzter Polarität.

Außer den Ausgleichsverbindungen erster und zweiter Art gibt es noch *Ausgleichsverbindungen dritter Art*. Sie haben die Aufgabe, die Induktivität kommutierender Wicklungsteile zu verkleinern. Das wird durch eine Spulenteilung erreicht, indem man eine Ausgleichsverbindung von der Spulenmitte zu einem Steg führt, der zwischen den beiden zu den Spulenseiten gehörenden Stegen liegt. Solche Ausgleichsverbindungen kommen nur bei Schleifenwicklungen vor. Als Pungaverbinder ausgeführte Ausgleichverbindungen zweiter Art wirken gleichzeitig als Ausgleichsverbindungen dritter Art (s. Bild 1.3.11). Bei teilsymmetrischen Schleifenwicklungen mit $k/p \in \mathbb{U}$ sind keine Ausgleichsverbindungen dritter Art möglich.

1.3.2 Wicklungsentwurf

Wegen der vollkommenen Schaltungssymmetrie normaler Kommutatorwicklungen, die auch nicht durch die Notwendigkeit einer Strangaufteilung gestört wird, stellt der Entwurf solcher Wicklungen nach gegebenen Kennwerten (N, k, m, p, w_{sp}) kein Problem dar. Natürlich müssen diese Kennwerte entsprechend den geltenden Wicklungsgesetzen ausführbar sein.

Der Entwurf symmetrischer Kommutatorwicklungen besteht lediglich darin, nach den gegebenen Kennwerten entsprechend (1.3.1), (1.3.3), (1.3.4), (1.3.6) und (1.3.8) die Spulenschritte zu berechnen bzw. zu wählen. Eine Kontrolle der Symmetriebedingungen (s. Abschn. 1.3.1.4) entscheidet, ob dabei Nebenbedingungen entsprechend (1.3.15a,b) und (1.3.16) zu beachten sind. Im Folgenden wird dies anhand von zwei Beispielen näher ausgeführt. Beispiele für mehrgängige, selbstausgleichende, teilsymmetrische oder unsymmetrische Wicklungen sowie

Kommutatorwicklungen für Mehrphasenbetrieb sind in dieser Auflage aufgrund der gesunkenen Bedeutung von großen Kommutatormaschinen nicht mehr enthalten. Sie können bei Bedarf Auflage 6 entnommen werden.

a) Ungekreuzte, eingängige, getreppte Schleifenwicklung mit $N/a \in \mathbb{G}$

Im Bild 1.3.10 ist das Wicklungsbeispiel mit

$$N = 12,\ p = 2,\ u = 3,\ k = 36,\ m = 1$$

dargestellt. Aus diesen Kennwerten ergibt sich unmittelbar

$$a = mp = 2,\ y_\mathrm{r} = m = 1,\ y_\mathrm{a1} = \frac{k}{p} = 18,\ t_\mathrm{s} = 1.$$

Die Kontrolle der Symmetrie zeigt, dass entsprechend

$$\frac{N}{a} = 6 \in \mathbb{N},\ \frac{p}{a} = 1$$

eine vollkommen symmetrische Wicklung vorliegt. Es müssen also keine Nebenbedingungen für die Teilschritte beachtet werden. Da eine getreppte Wicklung entstehen soll, wird der erste Teilschritt bei möglichst geringer Abweichung von $k/2p$ zu $y_1 = 10$ entsprechend $y_\mathrm{n} = 3^1/_3$ gewählt. Für den zweiten Teilschritt ergibt sich damit $y_2 = y_1 - y_\mathrm{r} = 9$.

Zum Entwurf der Wicklung fasst man für die Ober- und die Unterschicht jeder der $N = 12$ Nuten die je $u = 3$ in ihr nebeneinanderliegenden Spulenseiten zusammmen. Mit Hilfe der Teilschritte $y_1 = 10$ und $y_2 = 9$, die man an den nebeneinanderliegenden Spulenseiten abzählt, kann man nun die Einzelspulen des Wicklungsschemas einzeichnen und zur Wicklung aneinander fügen. An den Verbindungspunkten der Spulen sind die $k = 36$ Kommutatorstege anzuordnen. Die Bezifferung der Stege erfolgt nach der zugehörigen Oberschichtspulenseite (linke Spulenseite). Eingängige Schleifenwicklungen benötigen Ausgleichsverbindungen erster Art, deren Schritt entsprechend (1.3.20) $y_\mathrm{a1} = 18$ beträgt. Im Beispiel sind die Ausgleichsverbindungen in Form der üblichen Zweischichtwicklungsköpfe angeordnet. Je Nut ist eine Ausgleichsverbindung vorgesehen.

Es ist üblich, die Wicklungsschemata als Stabwicklung darzustellen, d. h. nur mit einer Windung je Spule. So ist auch in den bisherigen Beispielen verfahren worden. Natürlich gelten diese Schemata auch für Spulenwicklungen mit $w_\mathrm{sp} > 1$. Die besondere Kennzeichnung der Nuten durch Zusammenfassung der Spulenseiten (s. Bild 1.3.10a) erfolgt meistens nicht. Üblicherweise werden die Spulenseiten dabei gleichmäßig nebeneinander angeordnet.

Wegen $N/p \in \mathbb{N}$ hat der Nutenspannungsstern im Bild 1.3.10b $p = 2$ Zeigerkreise mit $N/p = 6$ Zeigerstrahlen. Die der Wicklungsschaltung entsprechende Aneinanderreihung der Nutenspannungszeiger ergibt ein zentralsymmetrisches Spannungsvieleck, da $N/a \in \mathbb{G}$ ist (s. Bild 1.3.10c). Jeder Zeiger im Spannungsvieleck ist ein Spulenspannungszeiger, der sich aus den beiden gleich großen Spulenseitenanteilen zusammensetzt, wobei negative Teilzeiger (linke Spulenseiten) umgeklappt sind. Für Durchmesserspulen mit ($y_\mathrm{n} = N/2p = 3$) ist dieser Zeiger gestreckt, für alle übrigen Spulen (z. B. Spule 3) geknickt. Die Teilvielecke der beiden parallelen Kreise sind deckungsgleich und gehen ineinander über ($t_\mathrm{s} = 1$). Es ist gut zu erkennen, dass die Ausgleichsverbindungen erster Art Punkte beider Spannungsvielecke miteinander

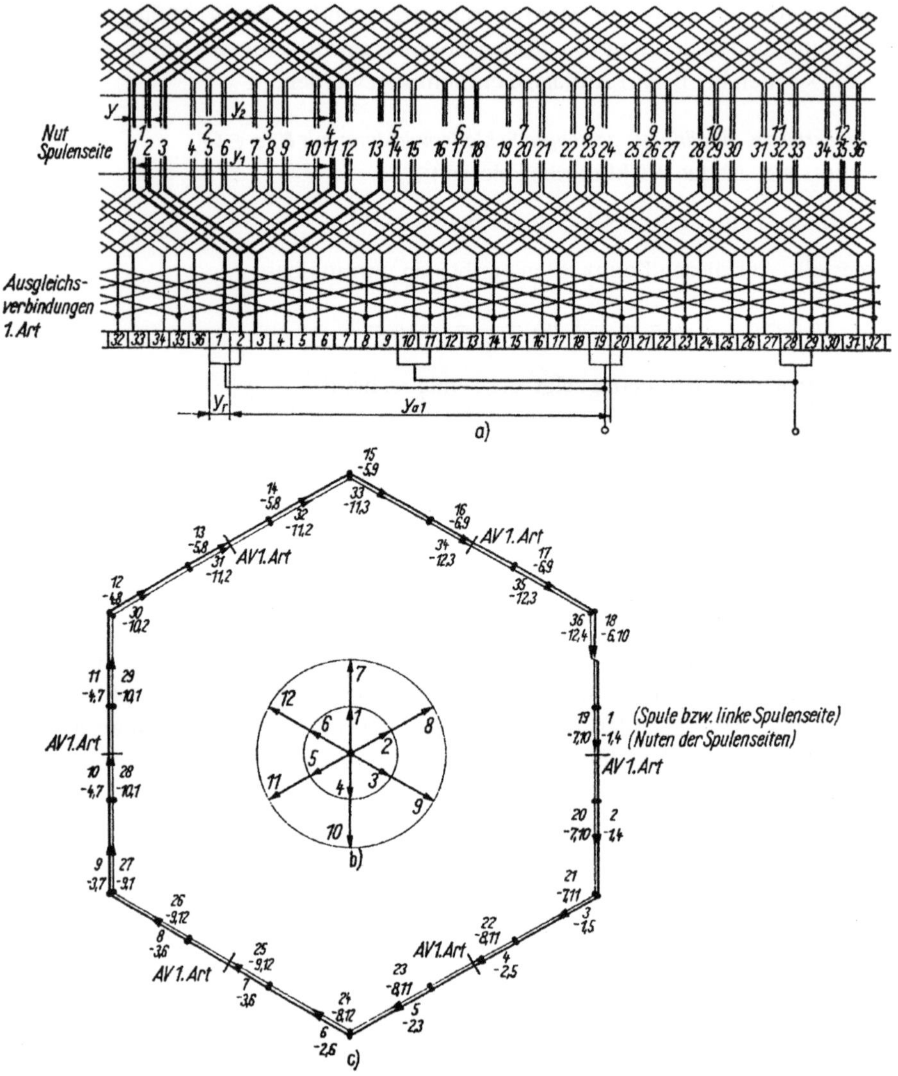

Bild 1.3.10 Ungekreuzte, eingängige, getreppte Schleifenwicklung für $p = 2$, $N = 12$, $u = 3$, $k = 36$, $m = 1$, $a = 2$, $y_r = 1$, $y_1 = 10$, $y_n = 3^1/_3$, $y_2 = 9$, $y_{a1} = 18$. a) Wicklungsschema; b) Nutenspannungsstern; c) Spannungsvieleck

verbinden, zwischen denen keine Spannungsdifferenz besteht, z. B. die Kommutatorstege 2 und 20 und damit den Beginn der Spulenspannungszeiger 2 und 20.

b) Ungekreuzte, zweigängige Schleifenwicklung mit Nebenbedingungen

Im Bild 1.3.11 ist das Wicklungsbeispiel mit

$$N = k = 24, p = 2, u = 1, m = 2$$

dargestellt. Aus diesen Kennwerten ergibt sich unmittelbar

$$a = mp = 4, y_r = m = 2, y_{a1} = \frac{k}{p} = 12, t_s = 2.$$

Die Kontrolle der Symmetrie

$$\frac{N}{a} = 6 \in \mathbb{N}, \frac{2p}{a} = 1$$

zeigt, dass die Wahl der Schritte an die Nebenbedingungen (1.3.15a,b) bzw. (1.3.15c)

$$y_1 = \frac{k}{2p} + 1 = 7, \quad y_2 = \frac{k}{2p} - 1 = 5$$

geknüpft ist. Da nach (1.3.22)

$$\frac{y_{a1}}{m} = \frac{k}{mp} = \frac{k}{2p} = 6 \in \mathbb{N}$$

ist, müssen die Ausgleichsbedingungen zweiter Art als Pungaverbindungen ($y_{a2} = 0$) ausgeführt werden (s. Bild 1.3.11a). Sie wirken damit gleichzeitig als Ausgleichsverbindungen dritter Art. Die Ausgleichsverbindungen erster Art sind als Ringverbindungen ausgeführt. Wegen $N/p = 12 \in \mathbb{N}$ hat der Nutenspannungsstern im Bild 1.3.11b $p = 2$ Zeigerkreise und $N/p = 12$ Zeigerstrahlen. Da $t_s = 2$ ist, bildet jeder Gang ein eigenes Spannungsvieleck, das zweimal durchlaufen wird (s. Bild 1.3.11c). Man erkennt, dass die Ausgleichsverbindungen zweiter bzw. dritter Art als Pungaverbinder Spulenanfänge des einen Gangs mit den Spulenmitten des anderen Gangs verbinden, zu denen keine Spannungsdifferenz besteht, z. B. den Anfang der Spule 6 mit der Mitte der Spule 5.

Bild 1.3.11d zeigt das Spannungsvieleck eines Polpaars ($N = 12$) der behandelten Wicklung für $u = 2$ mit $y_1 = k/2p + 1 = 24/2 + 1 = 13$ und Bild 1.3.11e für $u = 3$ mit $y_1 = 36/2 + 1 = 19$.

c) Ungekreuzte, eingängige Wellenwicklung

Es wird das Wicklungsbeispiel mit

$$N = k = 19, p = 2, u = 1, m = 1$$

betrachtet. Nach (1.3.8) müssen für $p = 2$ und $m = 1$ sowohl N als auch k und u ungeradzahlig sein. Das wird durch die gegebenen Werte erfüllt. Außerdem ergibt sich $a = m = 1$ und $y_r = (k-1)/p = 9$. Entsprechend $k/2p = 19/4$ wird $y_1 = 5$ und $y_2 = 4$ gewählt (s. Bild 1.3.12). Eingängige Wellenwicklungen haben nur einen parallelen Kreis ($a = m = 1$). Schaltungssymmetrische, eingängige Wellenwicklungen sind deshalb auch elektrisch symmetrisch. Eine Symmetriekontrolle sowie die Aufzeichnung des Spannungsvielecks sind nicht nötig.

1.3.3 Wicklungsdimensionierung

Ziel der Dimensionierung einer Kommutatorwicklung ist die Ermittlung der Wicklungskennwerte, mit denen sich die zur Energieumwandlung bei gegebener Spannung notwendige Windungszahl realisieren lässt. Damit verbunden ist die Wahl der Art bzw. der Schaltung der Wicklung. Streng genommen gehört zur Wicklungsdimensionierung auch noch die Ermittlung der Leiterabmessungen. Das erfolgt nach dem zulässigen Wert der Stromdichte und den vorliegenden Nutabmessungen.

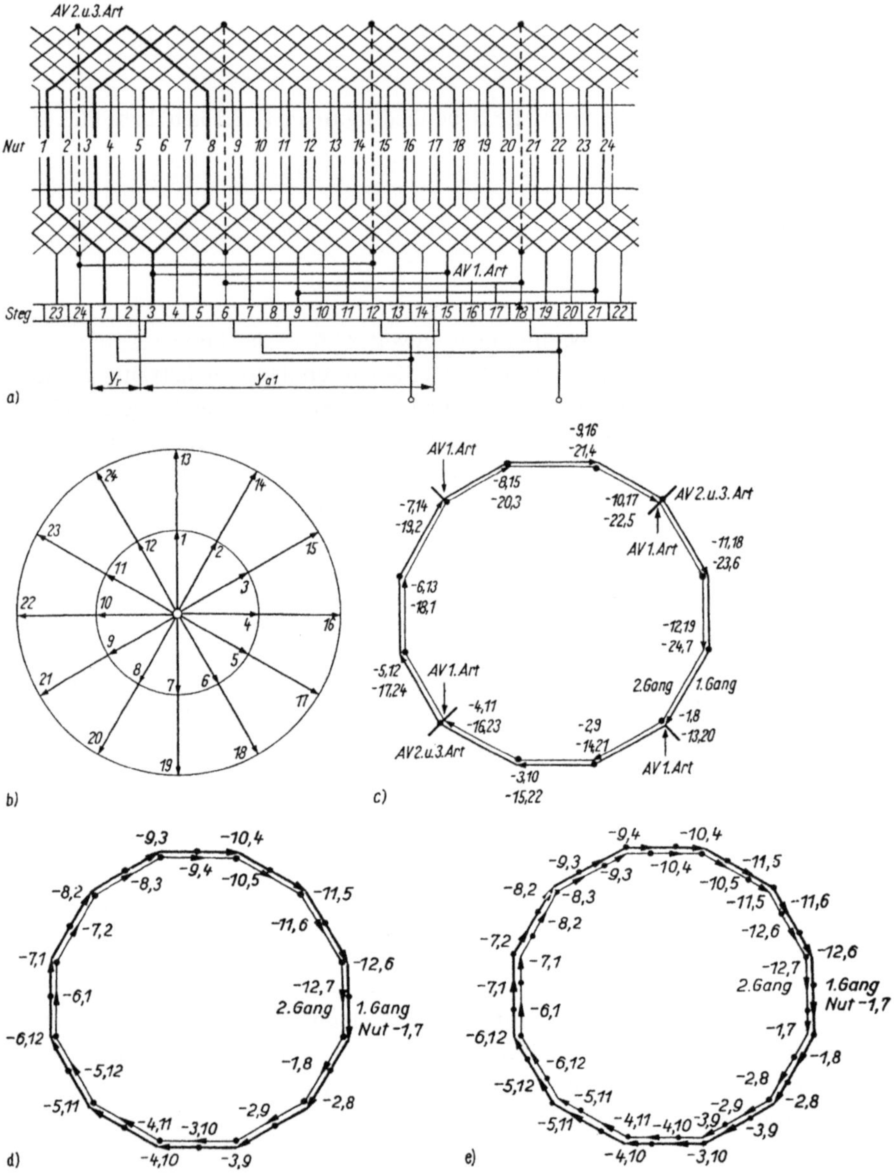

Bild 1.3.11 Ungekreuzte, zweigängige Schleifenwicklung für $p = 2$, $N = k = 24$, $u = 1$, $m = 2$, $a = 4$, $y_r = 2$, $t_s = 2$, $y_1 = y_n = 7$, $y_2 = 5$, $y_{a1} = 12$, $y_{a2} = 0$. a) Wicklungsschema; b) Nutenspannungsstern; c) Spannungsvieleck; d) Spannungsvieleck für $p = 1$, $k = 24$, $u = 2$, $y_1 = 13$; e) Spannungsvieleck für $p = 1$, $k = 36$, $u = 3$, $y_1 = 19$

1.3.3.1 Dimensionierungsbeziehungen

Die Dimensionierung einer Kommutatorwicklung wird ebenso wie die der Strangwicklungen durch die in der Wicklung zu induzierende Spannung bestimmt. Die hierfür maßgebenden Beziehungen sind im Band *Theorie elektrischer Maschinen*, Abschnitt 1.6.5, hergeleitet worden. Für Gleichstrommaschinen, deren Bürsten

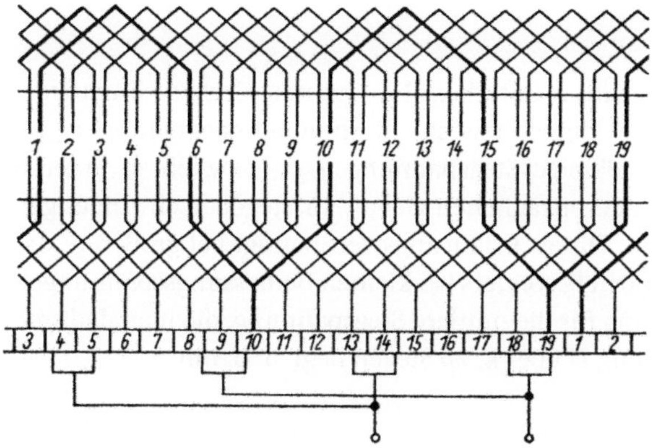

Bild 1.3.12 Ungekreuzte, eingängige Wellenwicklung für $p = 2$, $N = k = 19$, $u = 1$, $m = 1$, $a = 1$, $y_r = 9$, $y_1 = y_n = 5$, $y_2 = 4$

sich in Durchmesserstellung befinden, ist der im Band *Theorie elektrischer Maschinen* definierte Fluss Φ_B durch die Bürstenebene gleich dem Luftspaltfluss Φ_δ (s. Abschn. 2.3.1, S. 169). Damit geht die Beziehung für die über den Bürsten beobachtete Spannung (s. Bd. *Grundlagen elektrischer Maschinen*, Abschn. 3.3.2) über in

$$\boxed{E = -4wnp\Phi_\delta} \,. \tag{1.3.24}$$

Bei einer Einphasen-Reihenschlussmaschine (s. Bd. *Grundlagen elektrischer Maschinen*, Abschn. 7.4.2) induziert das Längsfeld, das vom Strom der Erregerwicklung auf den ausgeprägten Polen des Ständers aufgebaut wird und die Amplitude $\hat{\Phi}_d$ besitzt, mit der Frequenz des erregenden Ständerstroms eine Rotationsspannung. Für deren Effektivwert gilt

$$\boxed{E_r = \frac{4}{\sqrt{2}} wnp\hat{\Phi}_d} \,. \tag{1.3.25}$$

Aus den Bemessungsdaten der Maschinen ergeben sich die Werte für die induzierten Spannungen E bzw. E_r und für die Drehzahl n. Die Festlegung der Polpaarzahl p und des Flusses Φ geschieht beim Entwurf der Maschine. Damit ist auch die Windungszahl w eines Zweigs der Kommutatorwicklung bestimmt. Andererseits errechnet sich die Zweigwindungszahl durch Division der gesamten Ankerwindungszahl w_a durch die Zahl $2a$ der parallelen Zweige. Mit (1.1.18), Seite 18, ergibt sich damit die Entwurfsgleichung für Kommutatorwicklungen

$$\boxed{w = \frac{w_a}{2a} = \frac{z_a}{4a} = \frac{kw_{sp}}{2a}} \,. \tag{1.3.26}$$

Durch entsprechende Wahl der Wicklungskennwerte k, w_{sp} und a muss entsprechend (1.3.26) die nach (1.3.24) oder (1.3.25) geforderte Windungszahl w realisiert werden. Das Verhältnis der gewählten Zahl der parallelen Zweige $2a$ zur bereits beim Maschinenentwurf bestimmten Polpaarzahl legt dabei auch die Schaltung der Wicklung als Schleifenwicklung oder Wellenwicklung fest.

1.3.3.2 Wahl der Wicklung

a) Gleichstrommaschinen

Die Wahl der Spulen- bzw. Stegzahl k unterliegt bestimmten Grenzbedingungen. Die obere Grenze ist durch die kleinstmögliche Kommutatorstegteilung $\tau_{\mathrm{k,min}}$, die untere durch die höchste zulässige Stegspannung $u_{\mathrm{st,zul}}$ bzw. einen unteren Erfahrungswert gegeben, der einen erträglichen Gehalt an Stegoberschwingungen (s. Abschn. 1.3.1.1, S. 116) ergibt. Dieser Erfahrungswert beträgt bei größeren Maschinen 20 bis 30 Stege je Pol. Er tritt besonders bei kleinen Bemessungsspannungen in Erscheinung. Mit der Beziehung für die mittlere Stegspannung, die man dadurch erhält, dass die Klemmenspannung U über $k/2p$ Stegen liegt, d. h. mit

$$u_{\mathrm{st}} = \frac{U}{k/2p} \tag{1.3.27}$$

sowie der Beziehung für die Kommutatorstegteilung

$$\boxed{\tau_{\mathrm{k}} = \frac{D_{\mathrm{k}}\pi}{k}} \tag{1.3.28}$$

ergibt sich als Bestimmungsgleichung für die Stegzahl

$$\left.\begin{array}{ll} & \dfrac{2pU}{u_{\mathrm{st,zul}}} \\ \text{bzw.} & (20\ldots30)2p \end{array}\right\} \leq k \leq \frac{D_{\mathrm{k}}\pi}{\tau_{\mathrm{k,min}}}. \tag{1.3.29}$$

Für den Kommutatordurchmesser D_{k} finden sich Angaben im Abschnitt 9.2.2.3, Seite 553, entsprechend (9.2.1a,b). Zulässige Werte der Stegspannung sind

$u_{\mathrm{st,zul}} = 20$ bis 25 V für kleinere und mittlere Maschinen,

$u_{\mathrm{st,zul}} = 16$ V für große unkompensierte Maschinen,

$u_{\mathrm{st,zul}} = 20$ V für große kompensierte Maschinen.

Wie noch gezeigt werden wird, sind höhere Werte der Stegspannung mit unzulässigen Bedingungen für die Stromwendung verknüpft. Kommutatoren mit $D_{\mathrm{k}} \approx 200$ bis 400 mm haben eine kleinstmögliche Stegteilung von $\tau_{\mathrm{k,min}} \approx 4$ mm. Für kleinere Kommutatoren sind noch kleinere Werte möglich ($\tau_{\mathrm{k,min}} \approx 3$ mm). Bei großen Kommutatoren treten Werte bis $\tau_{\mathrm{k,min}} \approx 6$ mm auf.

Die gewählte Stegzahl k muss die Beziehungen (1.1.19), Seite 18, (1.3.8) und (1.3.17b) bzw. (1.3.18b) erfüllen. Das bedeutet, dass sie nicht nur den geltenden Wicklungsgesetzen, sondern über einen möglichen Wert von u auch einer ausführbaren Nutzahl entsprechen muss. Diese wird nach oben durch die technologisch kleinstmögliche Nutteilung $\tau_{\mathrm{n,min}}$ (bei größeren Maschinen etwa 12 mm) und nach unten durch das Bestreben, keine Nutungsharmonischen kleiner Ordnungszahl zu erhalten, begrenzt. Der Erfahrung nach genügen 8 bis 12 Nuten je Pol. Damit erhält man

$$(8\ldots12)2p \leq N = \frac{k}{u} \leq \frac{D\pi}{\tau_{\mathrm{n,min}}}. \tag{1.3.30}$$

Um günstige Bedingungen für die Kommutierung zu erhalten, wählt man nach Möglichkeit $u > 1$ und führt eine getreppte Wicklung aus.

Tabelle 1.3.3 Zur Wahl von Kommutatorwicklungen

Vergleich w und k	w_{sp}	a	Wicklungsart
$w > \frac{k}{2}$	> 1	1 p	eingängige Spulen-Wellenwicklung eingängige Spulen-Schleifenwicklung
$w \approx \frac{k}{2}$	1 > 1	1 p	eingängige Stab-Wellenwicklung eingängige Spulen-Schleifenwicklung
$\frac{k}{2p} < w < \frac{k}{2}$	1 > 1	> 1 p	mehrgängige Stab-Wellenwicklung eingängige Spulen-Schleifenwicklung
$w \approx \frac{k}{2p}$	1	p	eingängige Stab-Schleifenwicklung mehrgängige Stab-Wellenwicklung
$w < \frac{k}{2p}$	1	$> p$	mehrgängige Stab-Schleifenwicklung

Tabelle 1.3.3 zeigt für alle möglichen Relationen zwischen der nach (1.3.24) geforderten Zweigwindungszahl w und der nach (1.3.29) möglichen Spulen- bzw. Stegzahl die zur Erfüllung der Entwurfsgleichung (1.3.26) notwendigen Kombinationen von w_{sp} und a sowie die daraus resultierenden Wicklungsarten. Dabei ist festzustellen, dass das Verhältnis w/k von oben nach unten abnimmt. Das beruht vor allem auf einer Abnahme der Zweigwindungszahl w. Diese Abnahme ist nach (1.3.24) mit wachsender Leistung ($p\Phi_\delta$ wird größer), wachsender Drehzahl n und sinkender Spannung zu erwarten. Tabelle 1.3.3 lässt für fast jede Relation von w und k noch eine Wahl zwischen Wellen- und Schleifenwicklung zu. Im Folgenden sollen ein Vergleich zwischen beiden Wicklungsarten durchgeführt sowie weitere Auswahlgesichtspunkte erarbeitet werden, um die günstigere Wicklungsart zu ermitteln.

Bei gleichen Werten von w und k muss nach (1.3.26) unter Beachtung von (1.3.5) für die Schleifenwicklung (s) und (1.3.9) für die Wellenwicklung (w)

$$\left(\frac{w_{\mathrm{sp}}}{a}\right)_{\mathrm{s}} = \left(\frac{w_{\mathrm{sp}}}{mp}\right)_{\mathrm{s}} = \left(\frac{w_{\mathrm{sp}}}{a}\right)_{\mathrm{w}} = \left(\frac{w_{\mathrm{sp}}}{m}\right)_{\mathrm{w}}$$

gelten. Für gleiche Gangzahl m gilt dann

$$(w_{\mathrm{sp}})_{\mathrm{w}} = \frac{1}{p}(w_{\mathrm{sp}})_{\mathrm{s}} < (w_{\mathrm{sp}})_{\mathrm{s}}.$$

Der Zweigstrom i_{zw} einer Wicklung ergibt sich aus dem gesamten Ankerstrom i zu

$$i_{\mathrm{zw}} = \frac{i}{2a}. \tag{1.3.31}$$

Der Vergleich zwischen Schleifenwicklung und Wellenwicklung liefert bei gleichem Ankerstrom und gleicher Gangzahl

$$i = (2ai_{\mathrm{zw}})_{\mathrm{s}} = (2mpi_{\mathrm{zw}})_{\mathrm{s}} = (2ai_{\mathrm{zw}})_{\mathrm{w}} = (2mi_{\mathrm{zw}})_{\mathrm{w}}$$

und damit

$$(i_{\mathrm{zw}})_{\mathrm{w}} = p(i_{\mathrm{zw}})_{\mathrm{s}} > (i_{\mathrm{zw}})_{\mathrm{s}}.$$

Die Wellenwicklung besitzt die kleinere Spulenwindungszahl und den größeren Zweigstrom, d. h. den größeren Leiterquerschnitt. Damit hat sie das bessere Verhältnis von Leiterquerschnitt zu Isolierungsquerschnitt innerhalb der Nut, d. h. den besseren Nutfüllfaktor. Da sie außerdem keine Ausgleichsverbindungen erster Art benötigt, ist sie bei gleicher Gangzahl stets der Schleifenwicklung vorzuziehen (s. Tab. 1.3.3, Fall $w > k/2$ u. $w \approx k/2$). Dabei können allerdings Schwierigkeiten in der Einhaltung der Schaltungssymmetrie auftreten (s. Abschn. 1.3.1.4a, S. 124).

Eine Stabwicklung ($w_{sp} = 1$) ist einer Spulenwicklung ($w_{sp} > 1$) wegen des besseren Nutfüllfaktors vorzuziehen (s. Tab. 1.3.3, Fall $k/2p < w < k/2$). Eine mehrgängige Stab-Wellenwicklung hat hinsichtlich der Nutfüllung und der notwendigen Ausgleichsverbindungen gegenüber der eingängigen Stab-Schleifenwicklung keine Vorteile mehr. Aufgrund der günstigeren Schaltungssymmetrie wird dann die Schleifenwicklung vorgezogen. Das gilt auch dann noch, wenn die Stab-Schleifenwicklung mehrgängig wird (s. Tab. 1.3.3, Fall $w \approx k/2p$ u. $w < k/2p$). In Tabelle 1.3.3 ist für jede Zuordnung von w und k die günstigere Wicklungsart zuerst angegeben. Beachtet man die Abhängigkeit der Relation von w und k von der Leistung der Maschine, so kommt man zu folgenden allgemeinen Aussagen:

- Der Anwendungsbereich der Wellenwicklung umfasst vorzugsweise Maschinen kleiner und mittlerer Leistung.
- Der Anwendungsbereich der Schleifenwicklung umfasst Maschinen großer Leistung.
- Eine Ausnahme hiervon bilden kleine zweipolige Maschinen, bei denen prinzipiell keine Wellenwicklungen möglich sind.

Nur bei Maschinen sehr großer Leistung und solchen, die unter schwierigen Bedingungen – wie z. B. bei Walzenzugmotoren durch die ausgeprägten Belastungsstöße – betrieben werden, ist die Anordnung aller möglichen Ausgleichsverbindungen notwendig. Im Fall $u > 1$ verbindet man normalerweise höchstens N Kommutatorstege durch Ausgleichsverbindungen erster Art miteinander (s. Bild 1.3.10, S. 136). Kleinere Maschinen versieht man meistens nur mit einigen Ausgleichsverbindungen erster Art, so dass etwa jeder sechste bis zwölfte Steg angeschlossen ist. Für Ausgleichsverbindungen zweiter Art gilt prinzipiell das gleiche. Sollen diese jedoch als Ausgleichsverbindungen dritter Art wirksam werden, so muss jede mögliche Ausgleichsverbindung ausgeführt werden.

b) Einphasen-Reihenschlussmaschinen und Drehstrom-Kommutatormaschinen

Im Prinzip gelten die gleichen Kriterien für die Wicklungswahl. Die Windungszahl w ergibt sich nach (1.3.25). Die Spulen- bzw. Stegzahl k wird nach oben wiederum durch die kleinstmögliche Stegteilung begrenzt, wobei ähnliche Werte wie für Gleichstrommaschinen ausgeführt werden. Die untere Grenze zieht auch hier eine zulässige Stegspannung.

Die Kommutierung von Einphasen-Reihenschlussmaschinen und Drehstrom-Kommutatormaschinen wird zusätzlich durch die vom Hauptfluss auf transformatorischem Weg in den während der Kommutierung kurzgeschlossenen Spulen induzierte Spannung beeinflusst. Man nennt sie deshalb *Transformationsspannung*

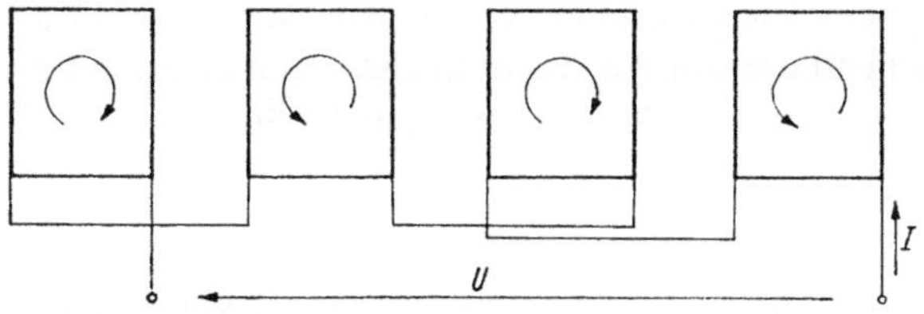

Bild 1.4.1
Reihenschaltung von
$2p = 4$ Polspulen

e_{tr}. Der Effektivwert dieser Spannung beträgt

$$E_{tr} = \frac{2\pi}{\sqrt{2}} f w_{sp} \hat{\Phi}_d. \tag{1.3.32}$$

Dividiert man (1.3.25) durch (1.3.32) und führt dabei (1.3.26) ein, so erhält man für die Kommutatorstegzahl die Beziehung

$$k = \frac{a\pi f}{pn} \frac{E_r}{E_{tr}}, \tag{1.3.33}$$

aus der man erkennt, dass die untere Grenze für k durch die zulässige Transformationsspannung (Werte s. Abschn. 4.4.2, S. 338) bestimmt wird.

1.4 Weitere Wicklungsarten

Die bisher behandelten Wicklungen, also Wicklungen mit ausgebildeten Strängen und Kommutatorwicklungen, sind ihrer Aufgabe nach normalerweise Wicklungen, die über die Verlustdeckung hinaus am Energieumsatz einer Maschine beteiligt sind. Eine Ausnahme bildet – wie bereits gesagt – die Erregerwicklung von Vollpol-Synchronmaschinen, die wie eine Strangwicklung aufgebaut ist. Alle noch nicht behandelten Wicklungsarten sind – abgesehen von den Käfigwicklungen von Induktionsmaschinen – im Polsystem der elektrischen Maschinen angeordnet, wobei es gleichgültig ist, ob dieses ausgeprägte Pole besitzt oder nicht.

1.4.1 Wicklungen auf ausgeprägten Polen

Die Aufgabe von Wicklungen auf ausgeprägten Polen, die auch als *Polwicklungen* bezeichnet werden, ist die Erregung des Luftspaltfelds der elektrischen Maschinen. Sie sind nicht am Energieumsatz der Maschine beteiligt. Ihr wesentliches Kennzeichen besteht darin, dass normalerweise je Pol eine konzentriert angeordnete Spule vorgesehen ist (s. Bd. *Grundlagen elektrischer Maschinen*, Abschn. 3.2.1). Einzige Symmetriebedingung ist die gleiche Durchflutung aller Polspulen. Das wird durch gleiche Windungszahl der $2p$ Einzelspulen erreicht, wobei auch halbe Windungen möglich sind.

1.4.1.1 Nebenschlusswicklungen

Nebenschlusswicklungen auf ausgeprägten Polen sind Erregerwicklungen, die mit vorgegebener Spannung betrieben werden. Ist A_L der Leiterquerschnitt, w_p die Windungszahl und l_m die mittlere Windungslänge einer Polspule, so beträgt deren Widerstand

$$R = \frac{w_p l_m}{\kappa A_L}. \tag{1.4.1}$$

Wenn über den $2p$ in Reihe geschalteten Polspulen die Gleichspannung U liegt, wobei der Umlaufsinn entsprechend der von Pol zu Pol wechselnden Polarität des Felds von Spule zu Spule wechseln muss (s. Bild 1.4.1), so fließt der Strom

$$I = \frac{U}{2pR} = \frac{U\kappa A_{\mathrm{L}}}{2pw_{\mathrm{p}}l_{\mathrm{m}}}. \tag{1.4.2}$$

Für κ muss dabei natürlich die Leitfähigkeit der betriebswarmen Wicklung eingesetzt werden. Löst man (1.4.2) nach der Leiterquerschnittsfläche A_{L} auf, so erhält man

$$A_{\mathrm{L}} = \frac{2pIw_{\mathrm{p}}l_{\mathrm{m}}}{\kappa U} = \frac{2p\Theta l_{\mathrm{m}}}{\kappa U} \tag{1.4.3}$$

und erkennt, dass durch die von einer Polwicklung geforderte Durchflutung $\Theta = Iw_{\mathrm{p}}$ der Leiterquerschnitt A_{L} festgelegt ist. Dabei muss man zunächst die mittlere Windungslänge l_{m} schätzen. Danach berechnet man mit der durch die zulässige Stromdichte $S = I/A_{\mathrm{L}}$ bestimmten Windungszahl

$$w_{\mathrm{p}} = \frac{\Theta}{I} = \frac{\Theta}{A_{\mathrm{L}}S} \tag{1.4.4}$$

den notwendigen Wickelraum, d. h. die Querschnittsfläche A_{sp} einer Polspule. Für Runddrahtwicklungen mit einem Durchmesser d_{iso} des isolierten Drahts gilt

$$A_{\mathrm{sp}} = \frac{w_{\mathrm{p}}d_{\mathrm{iso}}^2}{\varphi_{\mathrm{w}}}. \tag{1.4.5}$$

Hierin ist der *technologische Füllfaktor* von Runddrahtwicklungen φ_{w} ein Erfahrungswert, der die entsprechend dem Herstellungsverfahren mögliche Wickelgüte berücksichtigt. Es ist

$\varphi_{\mathrm{w}} = 0{,}75 \ldots 0{,}85$ bei Herstellung durch Wickelmaschinen,

$\varphi_{\mathrm{w}} = 0{,}9 \ldots 0{,}95$ bei Handwicklungen mit kleinem Drahtquerschnitt,

$\varphi_{\mathrm{w}} = 1{,}05 \ldots 1{,}1$ bei Handwicklungen mit großem Drahtquerschnitt.

Der große Füllfaktor bei Handwicklungen größeren Drahtquerschnitts beruht darauf, dass es hierbei möglich ist, die Windungen einer Lage sauber nebeneinander und die Windungen der folgenden Lagen zwischen die Windungen der vorhergehenden zu legen (s. Bild 1.4.2). Dadurch ist der Platzbedarf einer Windung kleiner als d_{iso}^2. Zwischen dem technologischen Füllfaktor und dem *Kupferfüllfaktor* φ_{cu}, d. h. dem Verhältnis des Leiterquerschnitts ohne Isolierung zum benötigten Wickelraum, besteht unter Berücksichtigung der Dicke der Drahtisolierung b_{iso} der Zusammenhang

$$\varphi_{\mathrm{cu}} = \varphi_{\mathrm{w}}\frac{\pi\,(d_{\mathrm{iso}} - b_{\mathrm{iso}})^2}{4d_{\mathrm{iso}}^2} = \varphi_{\mathrm{w}}\frac{\pi}{4}\left(1 - \frac{b_{\mathrm{iso}}}{d_{\mathrm{iso}}}\right)^2 \approx 0{,}75\varphi_{\mathrm{w}}. \tag{1.4.6}$$

Den genauen Spulenquerschnitt einer Profildrahtwicklung ermittelt man durch eine *Wickelraumbilanz*, indem man sich eine Skizze der Leiteranordnung anfertigt. Aus der tatsächlichen Leiteranordnung ergibt sich die tatsächliche mittlere Windungslänge (s. Abschn. 6.3.2, S. 386) und der tatsächliche Wicklungswiderstand. Weicht dieser stark von dem zunächst nach (1.4.1) ermittelten Wert ab, so muss besonders dann, wenn die Abweichung positiv ist, nach (1.4.3) eine Korrektur

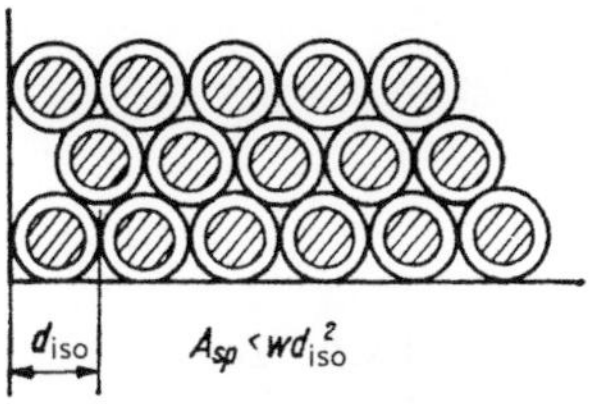

Bild 1.4.2 Spulenquerschnitt bei Runddraht mit größerem Durchmesser

des Leiterquerschnitts vorgenommen werden, da die Wicklung sonst nicht die geforderte Durchflutung aufbringt.

1.4.1.2 Reihenschlusswicklungen

Zu den Reihenschlusswicklungen auf ausgeprägten Polen gehören Reihenschluss-Erregerwicklungen und Wendepolwicklungen (s. Bd. *Grundlagen elektrischer Maschinen*, Abschn. 3.2.3). Sie werden mit vorgegebener Stromstärke betrieben. Ihre Berechnung ist deshalb sehr einfach. Aus der geforderten Durchflutung Θ eines Pols und der gegebenen Stromstärke I bestimmt man die Windungszahl der Polspule zu

$$w_{\mathrm{p}} = \frac{\Theta}{I}. \tag{1.4.7}$$

Bei Einphasen-Reihenschlussmaschinen ist dementsprechend $w_{\mathrm{p}} = \hat{\Theta}/I\sqrt{2}$. Der Leiterquerschnitt A_{L} ergibt sich aus der zulässigen Stromdichte S.

1.4.2 In Nuten verteilt angeordnete Wicklungen

Auch Erregerwicklungen können in Nuten verteilt angeordnet sein. Das ist – wie bereits gesagt – bei Vollpol-Synchronmaschinen der Fall (s. Bd. *Grundlagen elektrischer Maschinen*, Abschn. 6.14.1.2). Ihre Berechnung erfolgt wie im Abschnitt 1.4.1.1 aus der Gesamtdurchflutung je Pol, wobei die mittlere Windungslänge für Spulen unterschiedlicher Weite zu bilden ist (s. Abschn. 6.3.2, S. 388). Sie können aber auch wie im Unterabschnitt 1.2.2.3c, Seite 56, als Sonderfall einsträngiger Wicklungen betrachtet werden. Eine nochmalige Behandlung erübrigt sich demnach.

Weitere in Nuten verteilt angeordnete Wicklungen sind – abgesehen von den im Abschnitt 1.2 behandelten Strangwicklungen – Kompensationswicklungen, Dämpferwicklungen von Synchronmaschinen und Käfigwicklungen von Induktionsmaschinen.

1.4.2.1 Kompensationswicklungen

Kompensationswicklungen haben die Aufgabe, unerwünschte Luftspaltfelder von Ankerströmen zu kompensieren. Diese Felder sind deshalb vielfach unerwünscht, weil sie Verzerrungen des Luftspaltfelds und damit eine lokale Sättigung der Eisenwege verursachen (s. Bd. *Grundlagen elektrischer Maschinen*, Abschn. 3.3.1). Berechnungsgrundlage für eine Kompensationswicklung ist, dass sie innerhalb eines bestimmten Bereichs die Durchflutung der Ankerwicklung aufzuheben hat. Ihre Leiter müssen deshalb in der Nähe der Ankerleiter liegen und in entgegengesetzter Richtung wie diese vom gleichen Strom durchflossen werden.

Im Fall der Gleichstrommaschine ist die Kompensationswicklung in den Polschuhen untergebracht. Die Kompensation des Ankerfelds soll im Bereich des ideellen Polbogens $\alpha_{\mathrm{i}}\tau_{\mathrm{p}}$ (s. Bild 1.4.3 u. Abschn. 2.3.1, S. 169) erfolgen. Wenn z_{a} die gesamte

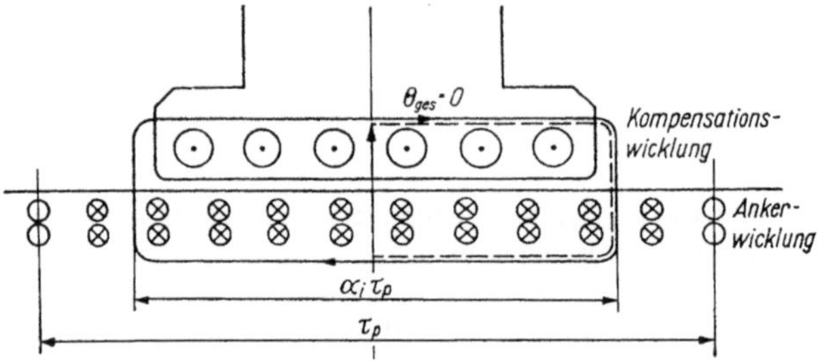

Bild 1.4.3 Zur Ermittlung der Leiterzahl der Kompensationswicklung

Leiterzahl der Ankerwicklung ist und $I_{zw} = I/2a$ der in den Ankerleitern fließende Zweigstrom, so ergibt sich nach Einführung des *Ankerstrombelags* entsprechend

$$A = \frac{z_a I_{zw}}{D\pi} = \frac{z_a I}{2aD\pi} \tag{1.4.8}$$

für den im Bild 1.4.3 eingezeichneten Integrationsweg eine umfasste Ankerdurchflutung von

$$\Theta_a\left(\frac{\alpha_i \tau_p}{2}\right) = z_a I_{zw} \frac{\alpha_i \tau_p}{2D\pi} = \frac{\alpha_i \tau_p A}{2} \tag{1.4.9}$$

sowie eine umfasste Durchflutung der Kompensationswicklung, die je Polschuh z_k Leiter besitzt und vom gesamten Ankerstrom I durchflossen wird, von

$$\Theta_k = \frac{-z_k I}{2}. \tag{1.4.10}$$

Wenn das gesamte Ankerfeld im genannten Bereich kompensiert werden soll, muss die vom Integrationsweg umfasste Gesamtdurchflutung

$$\Theta_{ges} = \Theta_k + \Theta_a\left(\frac{\alpha_i \tau_p}{2}\right) = -\frac{z_k I}{2} + \frac{\alpha_i \tau_p A}{2}$$

verschwinden. Damit erhält man schließlich für die Zahl der Leiter der Kompensationswicklung je Polschuh

$$z_k = \frac{\alpha_i \tau_p A}{I} = \frac{\alpha_i \tau_p z_a}{2aD\pi}. \tag{1.4.11}$$

Da z_k eine ganze Zahl sein muss, ist der nach (1.4.11) ermittelte Wert i. Allg. nur näherungsweise realisierbar. Zur Vermeidung unerwünscht großer Flusspulsation und damit verbundener magnetischer Geräusche wählt man für die Kompensationswicklung eine um wenigstens 10 bis 15 % gegenüber der Ankernutteilung abweichende Nutteilung.

1.4.2.2 Dämpferwicklungen von Synchronmaschinen

Dämpferwicklungen von Synchronmaschinen sind Kurzschlusswicklungen, deren Leiter bei Vollpol-Synchronmaschinen in den Nuten der Erregerwicklung oder in gesonderten Dämpfernuten zwischen den Erregernuten und bei Schenkelpol-Synchronmaschinen in gesonderten Nuten der Polschuhe untergebracht sind. Ihr Aufbau ist im Prinzip der gleiche wie der einer Käfigwicklung einer Induktionsmaschine. Bei Schenkelpol-Synchronmaschinen fehlen natürlich die Stäbe in der Pollücke.

Dämpferwicklungen dienen zur Verbesserung des stationären und nicht stationären Betriebsverhaltens (s. Bd. *Grundlagen elektrischer Maschinen*, Abschn. 6.2 u. 7.3). Wie die Käfigwicklungen von Induktionsmaschinen ermöglichen sie den asynchronen Selbstanlauf und ggf. den stationären Asynchronbetrieb der Synchronmaschine. Sie haben ferner die Aufgabe, das im unsymmetrischen Betrieb, d. h. bei sog. Schieflast, und im Extremfall des Einphasenbetriebs auftretende inverse Drehfeld mit $\tilde{\nu}' = -p$ abzudämpfen, das sonst große Verluste hervorrufen würde. Eine der wichtigsten Aufgaben der Dämpferwicklung ist die Dämpfung von Pendelungen, zu denen die Synchronmaschine bei asynchronem Betrieb, bei Laststößen und bei angekuppelten Aggregaten mit periodischem Drehmomentverlauf (z. B. Kolbenkompressoren oder Dieselmotoren) leicht angeregt wird (s. Bd. *Theorie elektrischer Maschinen*, Abschn. 3.2 u. 3.4).

Aufgrund des nicht einfach zu erfassenden Wirkungsmechanismus erfolgt die Bemessung einer Dämpferwicklung i. Allg. nach Erfahrungswerten. Wenn nötig, kann anschließend eine Nachrechnung der bemessenen Wicklung vorgenommen werden. Dazu interessieren die Induktivitäten bzw. Reaktanzen und die Zeitkonstanten, die von der Dimensionierung der Dämpferwicklung beeinflusst werden (s. Kap. 8). Wie bereits gesagt, ordnet man die Stäbe der Dämpferwicklung bei Schenkelpol-Synchronmaschinen in Nuten der Polschuhe an. Zur Vermeidung unerwünscht großer Flusspulsationen und Geräusche wählt man bei ungeschrägten Nuten meist eine Nutteilung, die 10 bis 15 % von der Ankernutteilung abweicht, obgleich die Ausführung identischer Nutteilungen den Vorteil minimaler zusätzlicher Verluste hätte, da dann keine Verkettung der Maschen des Dämpferkäfigs mit den Nut- und Nutungsharmonischen des Ankers existiert. Schrägt man jedoch die Dämpfernuten gegenüber den Ankernuten (meistens um eine Ankernutteilung), so entfällt diese Bedingung, und man kann auch gleiche Nutteilungen ausführen. Die Dämpferwicklung kommt nur dann voll zur Wirkung, wenn sämtliche Dämpferstäbe durch Kurzschlussringe miteinander verbunden sind, die also auch über die von Käfigstäben freien Pollücken reichen.

Als Dämpferwicklung wirken auch massive Polschuhe von Schenkelpol-Synchronmaschinen und der massive Läuferballen von Vollpol-Synchronmaschinen. Dabei können die massiven Polschuhe von Schenkelpol-Synchronmaschinen wie bei der Ausführung mit einem ausgeprägten Käfig durch stirnseitige Kurzschlussringe miteinander verbunden werden. Dies ist elektromagnetisch vorteilhaft, aber in der konstruktiven Ausführung wegen des Stromübergangs vom Polschuh zum Kurzschlussring problematisch, der auch bei möglichen Relativbewegungen aufgrund unterschiedlicher thermischer Längenänderungen bei starker Erwärmung gewährleistet sein muss, wie sie während des asynchronen Anlaufs auftreten können. Obwohl ihr massiver Läuferballen bereits als Dämpferkäfig wirkt, werden Synchronmaschinen mit massivem Vollpolläufer, welche i. Allg. Turbogeneratoren sind, meist mit einer besonderen Dämpferwicklung ausgeführt. In manchen Fällen besteht diese aus Kupfer-Dämpferstäben, die unterhalb der Verschlusskeile untergebracht sind und die durch separate Kupferringe unterhalb der Kappenringe kurzgeschlossen werden. Meistens verwendet man jedoch die Nutverschlusskeile selbst als Dämpferstäbe, die dann aus Festigkeitsgründen aus einer festen Bronzelegierung anstatt aus Kupfer bestehen.

Der zur Beherrschung der Fliehkräfte auf die Wicklungsköpfe der Erregerwicklung erforderliche sog. Kappenring dient dann gleichzeitig als Kurzschlussring für die Keile. Vollpol-Synchronmaschinen mit geblechtem Läufer besitzen meist einen vollständig ausgebildeten Dämpferkäfig mit Kupferendplatten.

In Synchrongeneratoren hat die Dämpferwicklung vorwiegend die Aufgabe, inverse Felder abzudämpfen. Damit diese Aufgabe mit geringen Verlusten verbunden ist, strebt man einen möglichst kleinen Widerstand der Dämpferwicklung an. Man wählt als gesamten Querschnitt der Dämpferstäbe etwa 20 bis 30 % des Gesamtquerschnitts der Ankerwicklung und als Material – mit Ausnahme der bereits erwähnten Verschlusskeile bei Maschinen mit massivem Vollpolläufer – Kupfer. Bei Einphasengeneratoren kommen Werte über 30 % des Querschnitts der Ankerwicklung vor. Die Frequenz der von inversen Feldern in den Dämpferstäben verursachten Ströme ist doppelt so groß wie die Betriebsfrequenz. Demzufolge muss überprüft werden, ob Maßnahmen zur Unterdrückung der Stromverdrängung notwendig sind (s. Kap. 5). Für die Kurzschlussringe wählt man etwa 30 bis 50 % des Gesamtstabquerschnitts je Pol.

In Synchronmotoren hat die Dämpferwicklung vorwiegend die Aufgabe, Pendelungen abzudämpfen sowie den asynchronen Hochlauf zu ermöglichen. Eine Vergrößerung des Hochlaufmoments erhält man bei vergrößertem Widerstand der Dämpferwicklung (s. Bd. *Grundlagen elektrischer Maschinen*, Abschn. 5.5.3). Man wählt deshalb entweder schlechter leitendes Material (z. B. Bronze) oder einen kleineren Querschnitt (z. B. nur 10 % des Querschnitts der Ankerwicklung), sofern letzteres unter Berücksichtigung der Anlaufwärme (s. Bd. *Grundlagen elektrischer Maschinen*, Abschn. 5.7.1.9) zulässig ist. Bei über Frequenzumrichter gespeisten Synchronmotoren entsteht während des Anlaufs keine besondere Anlaufwärme. Jedoch ist bei der Dimensionierung der Dämpferwicklung zu beachten, dass die durch Stromharmonische verursachten zusätzlichen Feldwellen des Ankers, insbesondere solche, deren Ordnungszahl der Polpaarzahl p entspricht, im Käfig auch bei sonst symmetrischer Speisung dämpfende Ströme antreiben.

1.4.2.3 Käfigwicklungen von Induktionsmaschinen

Obgleich Käfigwicklungen von Induktionsmaschinen in ihrer Ausführung den Dämpferwicklungen von Synchronmaschinen ähnlich sind, geschieht ihre Dimensionierung nach anderen Kriterien. Dies ist darin begründet, dass Käfigwicklungen von Induktionsmaschinen im Gegensatz zu Dämpferwicklungen auch über die Deckung der Verluste hinausgehend am Energieumsatz beteiligt sind. Sie können daher wie symmetrische, mehrsträngige Wicklungen behandelt werden.

Bei der Wahl der Läufernutzahl sind eine Reihe von Kriterien zu beachten, die im Abschnitt 1.2.6.3, Seite 112, erläutert werden. Der Stab- und der Ringquerschnitt ergeben sich als Quotient aus dem Stab- bzw. Ringstrom im Bemessungsbetrieb und der unter thermischen Gesichtspunkten oder im Hinblick auf den Wirkungsgrad zulässigen Stromdichte zu

$$A_\mathrm{s} = \frac{I_\mathrm{s}}{S_\mathrm{s}} \quad \text{bzw.} \quad A_\mathrm{r} = \frac{I_\mathrm{r}}{S_\mathrm{r}}. \tag{1.4.12}$$

Teilweise spielt auch die zur Beherrschung der beim asynchronen Anlauf in der Läuferwicklung entstehenden Verlustwärme erforderliche Wärmekapazität eine Rolle.

Um den Stabstrom I_s zu ermitteln, muss der Zusammenhang zwischen diesem und dem auf den Ständer bezogenen sog. transformierten Läuferstrom $I'_2 \approx I_1$ bekannt sein. Dieser Zusammenhang wird im Band *Theorie elektrischer Maschinen*, Abschnitt 1.8.2, ausführlich entwickelt. Auf dasselbe Ergebnis führt unter der Annahme, dass die Nutzahl des Käfigs je Polpaar ganzzahlig ist, auch die folgende Überlegung:

Für den Fall $N_2/p \in \mathbb{N}$ bildet sich im Käfig bei Erregung durch das Hauptfeld ein symmetrisches N_2/p-phasiges Stromsystem aus (vgl. Abschn. 1.2.5j, S. 104). Wenn N_2/p gerade ist, kann die Käfigwicklung damit als symmetrische mehrsträngige Wicklung mit

$$m_2 = \frac{N_2}{2p} \tag{1.4.13}$$

Strängen aufgefasst werden, wobei jeder der Stränge aus je einem Stab je Pol und damit insgesamt $2p$ Stäben besteht, die jeweils gleich- bzw. gegenphasige Ströme führen. Fasst man die Stäbe, die um eine Polteilung voneinander entfernt sind, jeweils gedanklich zu einer Windung zusammen, so existiert je Polpaar und Strang genau eine Windung. Dies entspricht einer Durchmesserwicklung. Für den Wicklungsfaktor gilt daher

$$\xi_{2,\nu'} = 1 \quad \text{für alle} \quad \nu' \in \mathbb{N}. \tag{1.4.14}$$

Den p Polpaaren entsprechend besitzt jeder Strang p Windungen, die denselben Strom I_s führen und daher als $a = p$ parallele Zweige je Strang aufgefasst werden können. Die Strangwindungszahl ist daher

$$w_2 = 1, \tag{1.4.15}$$

und der Zusammenhang zwischen Strangstrom und Stabstrom ist durch

$$I_2 = pI_s \tag{1.4.16}$$

gegeben. Aus der Gleichsetzung der Durchflutungen folgt schließlich unter Verwendung von (1.4.14), (1.4.15) und (1.4.16) der Zusammenhang zwischen dem transformierten Läuferstrom und dem Stabstrom zu

$$m_1(w\xi_p)_1 I'_2 = m_2(w\xi_p)_2 I_2 = m_2(w\xi_p)_2 p I_s$$

und damit

$$I_s = \frac{m_1(w\xi_p)_1}{m_2(w\xi_p)_2 p} I'_2 = \frac{2m_1(w\xi_p)_1}{N_2} I'_2. \tag{1.4.17}$$

Mit dieser Modellvorstellung kann die Dimensionierung der Käfigwicklung von Induktionsmaschinen analog zu der von Strangwicklungen erfolgen. Entsprechend Band *Grundlagen elektrischer Maschinen*, Abschnitt 5.4.2.1, ist der Zusammenhang zwischen Stabstrom und Ringstrom mit

$$I_r = \frac{I_s}{2\sin\dfrac{\pi p}{N_2}} \tag{1.4.18}$$

gegeben. Damit kann auch der Querschnitt des Kurzschlussrings bestimmt werden.

Im Gegensatz zu Synchronmotoren, bei denen die Käfigwicklung allein nach Gesichtspunkten des Anlaufs und die Erregerwicklung allein nach Gesichtspunkten des stationären Betriebs dimensioniert werden kann, stellt die Festlegung der Nutform, der Nut- und Ringabmessungen und des Leitermaterials der Käfigwicklung von Induktionsmaschinen immer einen Kompromiss zwischen den Erfordernissen des asynchronen Anlaufs und des stationären Betriebs dar.

2
Magnetischer Kreis

Im Folgenden wird die Nachrechnung des magnetischen Kreises einer rotierenden elektrischen Maschine behandelt. Diese Nachrechnung des magnetischen Kreises hat im Fall der elektrischen Erregung zum Ziel, für eine gegebene Konfiguration mit bekannten – ggf. iterativ gewonnenen – Abmessungen, den Zusammenhang zwischen dem das Betriebsverhalten der betrachteten Maschine in erster Linie bestimmenden Luftspaltfluss durch eine Polteilung und der zu dessen Erzeugung aufzubringenden Durchflutung zu gewinnen. Ausgehend davon erfolgt die Dimensionierung der Erregerwicklung bzw. erhält man die Größe des Magnetisierungsstroms in einer am Energieumsatz beteiligten Wicklung. Wenn Schwierigkeiten hinsichtlich der Dimensionierung der Erregerwicklung oder der Größe des Magnetisierungsstroms auftreten, muss auf die Konfiguration korrigierend Einfluss genommen werden.

Im Fall der Permanenterregung enthält die gegebene Konfiguration mit bekannten – ggf. iterativ gewonnenen – Abmessungen von vornherein die permanentmagnetischen Abschnitte. In diesem Fall liefert die Nachrechnung des magnetischen Kreises unter Berücksichtigung des Permanentmagnetmaterials direkt einen Wert für den Luftspaltfluss durch eine Polteilung. Wenn dieser nicht mit dem erforderlichen Wert übereinstimmt, muss auf die Konfiguration korrigierend Einfluss genommen werden.

Die Berechnung des magnetischen Kreises einer rotierenden elektrischen Maschine erfolgt grundsätzlich zunächst für den stationären Leerlauf, d. h. für den Fall, dass nur die erregende Wicklung von einem Gleich- oder Wechselstrom konstanter Größe durchflossen wird. Das geschieht schon mit Rücksicht auf den Leerlaufversuch, der üblicherweise durchgeführt wird und über den das Ergebnis der magnetischen Nachrechnung elegant kontrolliert werden kann. Der Einfluss der Belastungsströme wird nachträglich berücksichtigt.

2.1 Feldgleichungen und deren allgemeine Aussagen

Zur konventionellen oder nur orientierenden Berechnung magnetischer Kreise müssen die Grundgleichungen der elektromagnetischen Feldtheorie entsprechend aufbereitet werden. Dabei zeigt es sich, dass die speziellen Konfigurationen und zulässige vereinfachende Annahmen in vielen Fällen zu relativ einfachen Beziehungen und damit zu einer recht praktikablen analytischen Behandlung dieser Kreise führen, ohne dass eine ausgesprochene Feldberechnung im Sinne der Lösung der partiellen Differentialgleichungen erforderlich ist. Wenn auf diesem Weg vorgegangen wird, gewinnt man auch Einblicke über den Einfluss der Gestaltung des magnetischen Kreises auf seine Eigenschaften. Die Lösung der Feldgleichungen ist bei einem derartigen Vorgehen i. Allg. nur notwendig, um Einflussfaktoren zu ermitteln, die im Sinne einer Verfeinerung der praktischen Berechnung die konkreten Feldverhältnisse genauer berücksichtigen. Für höhere Ansprüche an die Genauigkeit der Nachrechnung des magnetischen Kreises bietet sich die numerische Feldberechnung an.

2.1.1 Allgemeine Aussagen der Feldgleichungen für die Berechnung magnetischer Kreise

Die allgemeine Grundlage für die Berechnung des magnetischen Kreises bilden die Maxwellschen Beziehungen für den Sonderfall des stationären Magnetfelds, d. h. eines Magnetfelds, das zeitlich konstant ist bzw. sich nur so langsam ändert, dass es praktisch zu keinen auf das Feld Einfluss nehmenden Wirbelströmen kommt. Das Feld wird beschrieben durch die Ortsabhängigkeit der Flussdichte $\boldsymbol{B}$ und der magnetischen Feldstärke $\boldsymbol{H}$. Es wird hervorgerufen durch die vorliegende Verteilung der Stromdichte $\boldsymbol{S}$ bzw. durch die Wirkung der permanentmagnetischen Abschnitte. Die Quellenfreiheit des magnetischen Felds führt auf die Beziehung

$$\mathrm{div}\boldsymbol{B} = \mathrm{div}(\mu\boldsymbol{H}) = 0, \tag{2.1.1}$$

und das Durchflutungsgesetz lautet

$$\mathrm{rot}\boldsymbol{H} = \boldsymbol{S}. \tag{2.1.2}$$

Der Zusammenhang zwischen der Flussdichte $\boldsymbol{B}$ und der magnetischen Feldstärke $\boldsymbol{H}$ ist in isotropen Medien dadurch gegeben, dass die beiden Feldgrößen gleich gerichtet sind und dass zwischen ihren Beträgen die *Magnetisierungskurve*

$$B = f_{\mathrm{M}}(H) \tag{2.1.3}$$

vermittelt (s. Bild 2.1.3). Diese geht im Sonderfall magnetischer Linearität unter Einführung der Permeabilität μ, der Permeabilität des leeren Raums μ_0 und der relativen Permeabilität μ_{r} über in

$$B = \mu H = \mu_{\mathrm{r}}\mu_0 H. \tag{2.1.4}$$

Aufgrund der komplizierten räumlichen Anordnung der Wicklungen und der Konfiguration des magnetischen Kreises entsteht letztlich ein dreidimensionales Feldproblem mit äußerst komplizierten Randbedingungen. Daher sowie wegen des nichtlinearen Zusammenhangs der Feldgrößen in ferromagnetischen Werkstoffen (s. Bild 2.1.3) bestehen Lösungsaussichten der Feldgleichung für die praktische Berechnung nur nach Einführung mehr oder weniger stark vereinfachender Annahmen.

Die wichtigste vereinfachende Annahme zur Bestimmung der magnetischen Felder elektrischer Maschinen ist die Annahme ebener Felder, d. h. solcher Felder, die nur von zwei Ortskoordinaten abhängen. Da sich das Querschnittsbild einer elektrischen Maschine (s. Bild 2.1.1) längs der Maschinenachse im Wesentlichen nicht ändert, ist diese Annahme gerechtfertigt, zumal sich Einflüsse von Nebeneffekten (Ventilationskanäle) und Randeinflüsse (endliche Maschinenlänge) korrigierend berücksichtigen lassen. Normalerweise haben die maßgebenden durchflutungsbehafteten Gebiete die Permeabilität $\mu = \mu_0$. Damit ergibt sich unter Einführung des *magnetischen Vektorpotentials* $\boldsymbol{A}_\mathrm{m}$ entsprechend

$$\boldsymbol{B} = \mu_0 \boldsymbol{H} = \mathrm{rot}\boldsymbol{A}_\mathrm{m}$$

mit der Nebenbedingung

$$\mathrm{div}\boldsymbol{A}_\mathrm{m} = 0$$

und unter Berücksichtigung des Sachverhalts, dass im ebenen Fall nur die auf der Betrachtungsebene (x-y-Ebene) senkrecht stehenden z-Komponenten A_mz und S_z der Vektoren $\boldsymbol{A}_\mathrm{m}$ und $\boldsymbol{S}$ existieren, aus (2.1.2) die Poissonsche Differentialgleichung

$$\frac{\partial^2 A_\mathrm{mz}}{\partial x^2} + \frac{\partial^2 A_\mathrm{mz}}{\partial y^2} = -\mu_0 S_\mathrm{z}. \tag{2.1.5}$$

Für durchflutungsfreie Gebiete ist mit (2.1.2) $\mathrm{rot}\boldsymbol{H} = 0$, und damit lässt sich wegen $\mathrm{rot}\,(\mathrm{grad}\varphi_\mathrm{m}) = 0$ ein skalares Potential φ_m einführen als

$$\boldsymbol{H} = -\mathrm{grad}\varphi_\mathrm{m}. \tag{2.1.6}$$

Mit (2.1.1) folgt daraus für den allgemeinen Fall magnetischer Nichtlinearität, d. h. $\mu = f(H)$, die Poissonsche Differentialgleichung

$$\frac{\partial^2 \varphi_\mathrm{m}}{\partial x^2} + \frac{\partial^2 \varphi_\mathrm{m}}{\partial y^2} = \frac{\boldsymbol{H}}{\mu}\mathrm{grad}\mu = \frac{\boldsymbol{H}\dfrac{\partial \mu}{\partial H}\mathrm{grad}H}{\mu}, \tag{2.1.7}$$

die im Fall $\mu = \mathrm{konst.}$, d. h. im Fall magnetischer Linearität, in die Laplacesche Differentialgleichung

$$\frac{\partial^2 \varphi_\mathrm{m}}{\partial x^2} + \frac{\partial^2 \varphi_\mathrm{m}}{\partial y^2} = 0 \tag{2.1.8}$$

übergeht. Geschlossene Lösungen der Differentialgleichungen sind wegen der Komplexität der Randbedingungen auch unter der vereinfachenden Annahme ebener Felder i. Allg. nur für einfachste Anordnungen mit konstanter Permeabilität und ohne Durchflutung zu erhalten. Dabei kann mit Vorteil die konforme Abbildung genutzt werden. Für kompliziertere Anordnungen sind keine geschlossenen Lösungen zu erhalten. In der Vergangenheit wurde deshalb u. a. von der Analogie zwischen dem magnetischen Feld und dem elektrischen Strömungsfeld Gebrauch gemacht und mit Analogiemodellen in Form von Netzwerken oder Nachbildungen im elektrolytischen Trog oder mit Leitpapier gearbeitet. Einen anderen Weg stellt das zeichnerische Entwerfen von Feldbildern dar. Dazu werden keinerlei technische Hilfsmittel benötigt, und man erhält in kurzer Zeit eine gewisse Vorstellung von den Feldverhältnissen. Dadurch ist diese Vorgehensweise durchaus auch heute noch interessant und wird im Abschnitt 2.2.1 näher betrachtet. Für hohe Anforderungen bietet sich heute natürlich die numerische Feldberechnung an. Darauf wird im Abschnitt 9.3, Seite 573, zurückgekommen.

Eine wichtige Vereinfachung für die praktische Nachrechnung des magnetischen Kreises bildet die Zerlegung des Gesamtfelds in Teilfelder, die der Berechnung auf der Grundlage elementarer Beziehungen zugänglich sind. Voraussetzung dafür ist die Kenntnis der prinzipiellen Lage der Feldwirbel. Im Verlauf der Feldlinien liegen stets mehrere solcher Teilfelder bzw. zugeordnete Abschnitte des magnetischen Kreises mit elementar bestimmbaren magnetischen Eigenschaften hintereinander (s. Bild 2.1.1). Es können aber auch Abschnitte unterschiedlichen Charakters bezüglich des Feldlinienverlaufs nebeneinanderliegen. So liegen z. B. im Läufer einer Vollpol-Synchronmaschine zwei Abschnitte unterschiedlicher Nutung nebeneinander (s. Bild 2.1.1b).

Auf dieser Grundlage beruht die *konventionelle Magnetkreisberechnung*, die in den folgenden Abschnitten detailliert behandelt wird. Sie hat aus folgenden Gründen auch im Zeitalter der Tendenz zur numerischen Feldberechnung durchaus Bedeutung:

- In der Berechnungspraxis vieler Hersteller ist ihre Anwendung nach wie vor weitgehend üblich und auch in vollständigen Entwurfs- und Nachrechenprogrammen implementiert.
- Sie vermittelt Einblicke in die interessierenden Zusammenhänge und deren Einflussfaktoren.
- Sie ist mit einfachsten Rechenhilfsmitteln anwendbar.
- Sie liefert in entsprechend entfeinerter Form schnell überschlägige Ergebnisse für die interessierenden Zusammenhänge.

Für die Teilfelder nimmt man zunächst im Hinblick auf Geometrie und Feldverlauf idealisierte Randbedingungen an. Dadurch ergeben sich in vielen Fällen entweder näherungsweise homogene Feldgebiete oder Teilfelder mit eindimensionaler Ortsabhängigkeit der Feldgrößen (s. Abschn. 2.3.1, S. 169, u. 2.4, S. 185). Danach erfolgt der Versuch, die Ergebnisse durch Berücksichtigung der tatsächlichen geometrischen (s. Abschn. 2.3.2, S. 174) und magnetischen Randbedingungen zu korrigieren. Dabei zeigt sich, dass sich die Teilfelder der einzelnen Abschnitte gegenseitig beeinflussen (s. Abschn. 2.5, S. 199). In diesem Fall können die tatsächlichen magnetischen Randbedingungen oft nur auf iterativem Weg und meist nur angenähert ermittelt werden.

Aufgrund der magnetisch nichtlinearen Eigenschaften ferromagnetischer Werkstoffe kann man außerdem annehmen, dass sich das Feld in solchen Werkstoffen stets gleichmäßig über die gesamte zur Verfügung stehende Querschnittsfläche ausbreitet, d. h. dass die Nichtlinearität zu einer Vergleichmäßigung der Flussdichte führt. Die Flussdichte kann daher als über einer Querschnittsfläche weitgehend konstant unterstellt werden, was die Vernachlässigung der Übergangszonen bei schroffen Querschnittsänderungen erlaubt (s. Bild 2.1.2).

2.1.2 Prinzipieller Berechnungsgang bei der konventionellen Magnetkreisberechnung

Ausgangsgleichung für die Berechnung des magnetischen Kreises einer elektrischen Maschine ist das Durchflutungsgesetz in der Integralform

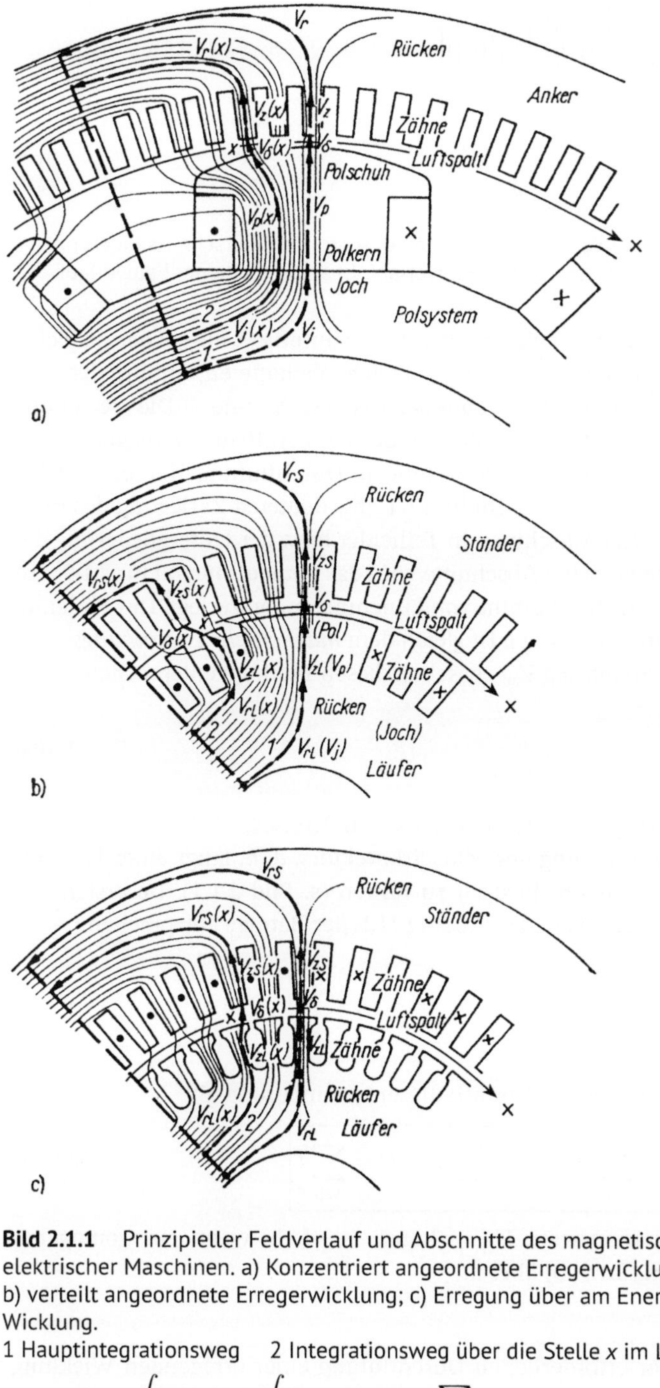

Bild 2.1.1 Prinzipieller Feldverlauf und Abschnitte des magnetischen Kreises elektrischer Maschinen. a) Konzentriert angeordnete Erregerwicklung (Innenpoltyp); b) verteilt angeordnete Erregerwicklung; c) Erregung über am Energieumsatz beteiligte Wicklung.
1 Hauptintegrationsweg 2 Integrationsweg über die Stelle x im Luftspalt

$$V_0 = \oint \boldsymbol{H} \cdot d\boldsymbol{s} = \int \boldsymbol{S} \cdot d\boldsymbol{A} = \Theta = \sum_{\text{vzb}} i. \qquad (2.1.9)$$

Das Umlaufintegral der magnetischen Feldstärke $\boldsymbol{H}$, d. h. die magnetische Umlaufspannung V_0, ist gleich dem durch den Integrationsweg festgelegten Flächenintegral

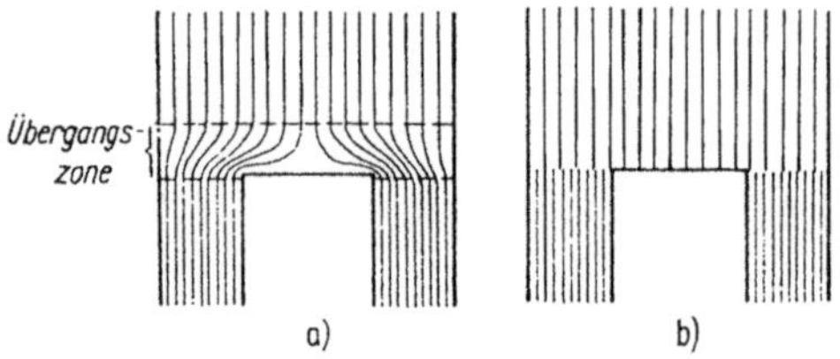

Bild 2.1.2 Vernachlässigung der Übergangszone bei schroffen Querschnittsänderungen des magnetischen Kreises. a) tatsächlicher Feldverlauf; b) angenommener Feldverlauf

der Stromdichte $\boldsymbol{S}$, d. h. gleich der elektrischen Durchflutung Θ, die wiederum gleich ist der in der Rechtsschraubenzuordnung vorzeichenbehafteten Summe der vom Integrationsweg des Umlaufintegrals eingeschlossenen Ströme i. Die Beziehung (2.1.9) ermöglicht die quantitative Ermittlung der zum Aufbau des magnetischen Felds einer elektrischen Maschine notwendigen Durchflutung der erregenden Wicklung. Entsprechend der im Abschnitt 2.1.1 angedeuteten Zerlegung des magnetischen Felds elektrischer Maschinen in Teilfelder bzw. der Untergliederung des magnetischen Kreises in einzelne Abschnitte wird das Umlaufintegral in (2.1.9) zur praktischen Auswertung in eine Summe von Linienintegralen zerlegt. Das Linienintegral zwischen den Punkten a und b ist gleich dem *magnetischen Spannungsabfall* bzw. der magnetischen Spannung V_{ab} zwischen diesen Punkten entsprechend

$$V_{\mathrm{ab}} = \int_a^b \boldsymbol{H} \cdot \mathrm{d}\boldsymbol{s}. \qquad (2.1.10a)$$

Für die praktische Berechnung des magnetischen Kreises wird vereinbart, den Integrationsweg stets in Richtung des Feldstärkevektors, d. h. längs einer Feldlinie des Feldstärkefelds, oder senkrecht dazu zu führen (s. Bild 2.1.1). Im ersten Fall geht das skalare Produkt $\boldsymbol{H} \cdot \mathrm{d}\boldsymbol{s}$ in das Produkt $H\,\mathrm{d}s$ der Beträge entsprechend

$$\boxed{V_{\mathrm{ab}} = \int_a^b H\,\mathrm{d}s} \qquad (2.1.10b)$$

über. Im zweiten Fall verschwindet es. Mit dieser Vereinbarung gilt

$$\boxed{V_{\mathrm{o}} = \oint \boldsymbol{H} \cdot \mathrm{d}\boldsymbol{s} = \sum \int H\,\mathrm{d}s = \sum V = \Theta = \sum_{\mathrm{vzb}} i}\,. \qquad (2.1.11)$$

Wenn längs des Integrationswegs $H = \text{konst.}$ ist, d. h. wenn ein homogenes Feldgebiet vorliegt, geht (2.1.10b) über in

$$\boxed{V_{\mathrm{ab}} = Hs}\,. \qquad (2.1.12)$$

Für die Berechnung der erforderlichen Durchflutung einer erregenden Wicklung wählt man stets einen Integrationsweg, der die erregende Wicklung gänzlich einschließt und eine möglichst einfache Ermittlung der magnetischen Spannungsabfälle gestattet. Diesen Integrationsweg nennt man *Hauptintegrationsweg*. Er überquert den Luftspalt stets in Polmitte oder allgemein beim Maximum des Luftspaltfelds (s. Bild 2.1.1).

In modernen elektrischen Maschinen sind die ferromagnetischen Werkstoffe vielfach magnetisch so hoch beansprucht, dass die gegenseitige Beeinflussung der Teilfelder nicht mehr vernachlässigbar ist. In diesem Fall müssen die einzelnen Teilfelder unter Berücksichtigung des gegenseitigen Einflusses ermittelt werden. Das geschieht dadurch, dass man das Durchflutungsgesetz außer auf den Hauptintegrationsweg auch noch auf andere Integrationswege anwendet. Dabei wird die Flussdichteverteilung oder auch die Verteilung der magnetischen Spannung zunächst für ein Teilfeld (in der Regel für das Luftspaltfeld) näherungsweise festgelegt. Danach lassen sich die Teilfelder meist mit ausreichender Genauigkeit auf iterativem Weg berechnen. Zur Ermittlung von vollständigen Magnetisierungs- oder Leerlaufkennlinien muss diese Berechnung dann für mehrere Werte der Durchflutung des magnetischen Kreises ausgeführt werden. Aus diesen Betrachtungen geht hervor, dass eine sehr große Zahl von Durchrechnungen notwendig sein kann, die aber mit Hilfe entsprechender Rechenprogramme bewältigbar ist. Für eine rein manuelle Berechnung ist dies nur eingeschränkt möglich.

Im Hinblick auf die Anordnung der erregenden Wicklung unterscheidet man Maschinen mit ausgeprägten Polen, auf denen konzentrierte Erregerwicklungen untergebracht sind (s. Bild 2.1.1a), und Maschinen, bei denen sich die erregende Wicklung in räumlich verteilten Nuten befindet (s. Bilder 2.1.1b,c). Der magnetische Kreis einer elektrischen Maschine mit ausgeprägten Polen, d. h. mit konzentrierter Erregerwicklung, besteht entsprechend Bild 2.1.1a aus den Abschnitten Poljoch (Index j), Pol (Index p), bestehend aus Polkern (Index pk) und Polschuh (Index sch), Luftspalt (Index δ), Zahngebiet (Index z) und Ankerrücken (Index r). Unter Vernachlässigung des sehr kleinen magnetischen Spannungsabfalls über dem Polschuh gilt $V_\mathrm{p} = V_\mathrm{pk}$ und demnach entsprechend dem im Bild 2.1.1a eingezeichneten Hauptintegrationsweg für die Durchflutung der Erregerwicklung eines Pols einer Schenkelpol-Synchronmaschine oder einer Gleichstrommaschine

$$\boxed{\Theta = V_\mathrm{j} + V_\mathrm{p} + V_\delta + V_\mathrm{z} + V_\mathrm{r}}\,. \tag{2.1.13a}$$

Bei der Vollpol-Synchronmaschine (s. Bild 2.1.1b) und der Induktionsmaschine (s. Bild 2.1.1c) ist die erregende Wicklung in Nuten verteilt angeordnet. Demnach befindet sich im Ständer (Index 1) und im Läufer (Index 2) je ein Zahn- und ein Rückengebiet. Damit ergibt sich für die Durchflutung auf dem Hauptintegrationsweg, die von der verteilten Wicklung aufgebracht werden muss,

$$\boxed{\Theta = V_\mathrm{r2} + V_\mathrm{z2} + V_\delta + V_\mathrm{z1} + V_\mathrm{r1}}\,. \tag{2.1.13b}$$

Die meisten übrigen elektrischen Maschinen lassen sich in eine der beiden angeführten Gruppen eingliedern.

Die in (2.1.10a,b) und (2.1.12) zur Ermittlung des magnetischen Spannungsabfalls eines Abschnitts erforderliche Feldstärke ergibt sich aus der magnetischen Flussdichte B. Bei anisotropen Werkstoffen (z. B. Texturblech) ist die Magnetisierbarkeit abhängig von der Feldrichtung. Dann haben die Vektoren $\boldsymbol{B}$ und $\boldsymbol{H}$ i. Allg. ungleiche Richtung. In isotropen Werkstoffen und für den Fall, dass anisotrope Werkstoffe längs oder quer zur magnetischen Vorzugsrichtung magnetisiert werden, liegen die Vektoren $\boldsymbol{B}$ und $\boldsymbol{H}$ in gleicher Richtung. In nicht ferromagnetischen Werkstoffen gilt (2.1.4), d. h. es ist $B = \mu H$ mit

$$\mu = \mu_0 \mu_r \tag{2.1.14}$$

$$\mu_0 = 0{,}4\pi \cdot 10^{-6} \frac{\mathrm{Vs}}{\mathrm{Am}}. \tag{2.1.15}$$

Dabei ist die dimensionslose relative Permeabilität μ_r für Luft und alle Nichteisenwerkstoffe gegeben mit $\mu_r = 1$, so dass $\mu = \mu_0$ wird; bei amagnetischen Stählen besitzt sie konstante Werte im Bereich von $\mu_r = 1 \dots 12$. Ferromagnetische Stoffe weisen entsprechend (2.1.3) einen nichtlinearen Zusammenhang

$$B = f_M(H) \tag{2.1.16}$$

auf, der als *Magnetisierungskurve* bezeichnet wird. Dabei treten bei gleicher Flussdichte wesentlich geringere Werte der Feldstärke auf als in nicht ferromagnetischen Stoffen. Eine formal als $\mu = B/H$ eingeführte Permeabilität wird eine Funktion von H und besitzt – zumindest im Anfangsbereich – sehr große Werte.

Bild 2.1.3 zeigt die Unterschiede im Magnetisierungsverhalten unterschiedlicher metallischer Werkstoffe: ausgewählter Stähle, Stahlguss sowie dem kristallinen Werkstoff FeCo50, der die höchsten Werte für die Sättigungspolarisation aufweist. Das Magnetisierungsverhalten von FeSi-Stählen, die als *Elektroblech* verwendet werden, ist besser als das des Generatorwellenstahls; jedoch wird eine geringere Sättigungspolarisation als im Fall von FeCo50 erreicht. Im Bild 2.1.4 ist der Bereich dargestellt, in dem typische Kurvenverläufe der Magnetisierungskurven $B = f(H)$ von nicht kornorientierten Elektroblechen liegen. Dabei zeigen solche Materialien, die im Bereich niedriger Feldstärken hohe Werte der Flussdichte aufweisen, im Bereich hoher Feldstärken meist eine schlechtere Magnetisierbarkeit, d. h. niedrigere Flussdichtewerte. Im Bild 2.1.4 sind zwei extreme Verläufe $B = f(H)$ gestrichelt angedeutet. Für die praktische Arbeit muss mit den Magnetisierungskurven gearbeitet werden, die von den Herstellern zur Verfügung gestellt werden. Weitere Erläuterungen zu Elektroblechen enthält Abschnitt 6.4.1.5, Seite 402.

Die Verknüpfung zwischen der magnetischen Flussdichte B und dem magnetischen Fluss Φ ist durch das Flächenintegral

$$\Phi = \int \boldsymbol{B} \cdot \mathrm{d}\boldsymbol{A} \tag{2.1.17a}$$

gegeben. Für die praktische Berechnung des magnetischen Kreises wird vereinbart, die Integrationsfläche stets so zu legen, dass die Flächenelemente d$\boldsymbol{A}$ vom Vektor der Flussdichte $\boldsymbol{B}$, d. h. von einer Feldlinie des Flussdichtefelds, senkrecht und in Richtung des Vektors d$\boldsymbol{A}$ durchstoßen werden. Dann wird aus dem skalaren Produkt von (2.1.17a) ein Produkt der Beträge, und (2.1.17a) geht über in

$$\boxed{\Phi = \int B \,\mathrm{d}A}. \tag{2.1.17b}$$

Wenn über der gesamten Integrationsfläche $B =$ konst. ist, d. h. wenn ein homogenes Feldgebiet vorliegt, geht (2.1.17b) über in

$$\boxed{\Phi = BA}. \tag{2.1.17c}$$

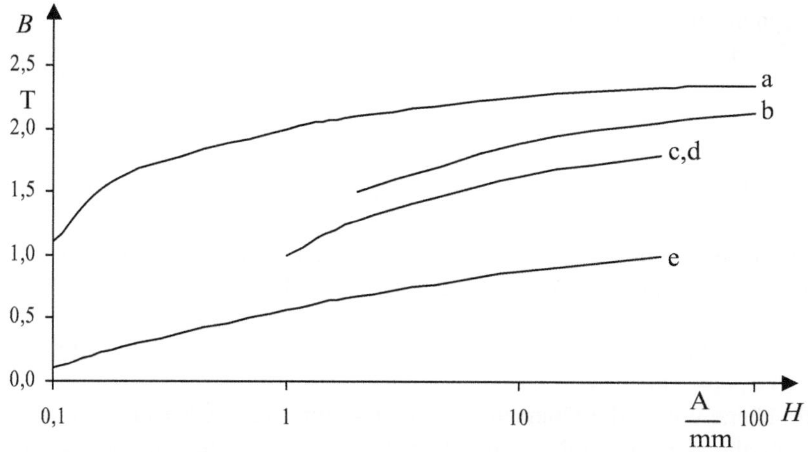

Bild 2.1.3 Magnetisierungskurven nach [15]. a) Kristallines FeCo50; b) Generatorwellenstahl 26NiCrMoV115; c) Nicht rostender Automatenstahl X7Cr13; d) Stahlguss GS 60 nach DIN 1681; e) Stahl für korrosionschemische Beanspruchung X1CrMoNb2842

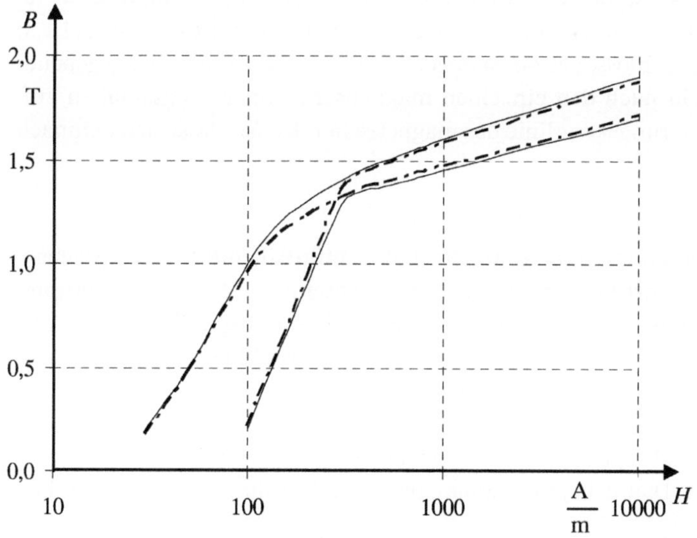

Bild 2.1.4 Bereich der Magnetisierungskurven von nicht kornorientierten Elektroblechen mit der Nenndicke 0,5 mm bei 50 Hz nach [16].
———— Grenzen des Bereichs – - – - extreme Verläufe

Mit Hilfe von (2.1.10a,b) bzw. (2.1.12), (2.1.16) und (2.1.17a,b,c) lässt sich die *Magnetisierungskennlinie*

$$\boxed{\Phi_{\text{ab}} = f(V_{\text{ab}}) \quad \text{bzw.} \quad B_{\text{char}} = f(V_{\text{ab}})} \tag{2.1.18}$$

jedes Abschnitts des magnetischen Kreises bestimmen. Dabei ist B_{char} eine Flussdichte, die an einer charakteristischen Stelle des Abschnitts herrscht. In Luft und allen Nichteisenwerkstoffen ist mit μ_0 = konst. auch der *magnetische Leitwert* Λ_{ab}

bzw. der magnetische Widerstand

$$R_{\mathrm{mab}} = \frac{1}{\Lambda_{\mathrm{ab}}} \tag{2.1.19}$$

des Abschnitts konstant. Die allgemeine Beziehung nach (2.1.18) geht dann über in

$$\boxed{\Phi_{\mathrm{ab}} = \Lambda_{\mathrm{ab}} V_{\mathrm{ab}} = \frac{V_{\mathrm{ab}}}{R_{\mathrm{mab}}}}\,. \tag{2.1.20a}$$

Wenn das Feld des betrachteten Abschnitts zusätzlich homogen ist, gelten die Beziehungen (2.1.12) und (2.1.17c), und aus (2.1.20a) wird

$$\boxed{\Phi_{\mathrm{ab}} = \Lambda_{\mathrm{ab}} V_{\mathrm{ab}} = \frac{\mu_0 A}{s} V_{\mathrm{ab}}}\,, \tag{2.1.20b}$$

wobei s die Länge und A der Querschnitt des Abschnitts sind. Über (2.1.11) bzw. (2.1.13a,b) ergibt sich schließlich die Magnetisierungskennlinie des gesamten magnetischen Kreises zu

$$\boxed{\Phi_\delta = f(\Theta) \quad \text{bzw.} \quad B_{\mathrm{max}} = f(\Theta)}\,. \tag{2.1.21}$$

Dabei ist Φ_δ der den Luftspalt überquerende Fluss, der sog. *Luftspaltfluss*. Die Bezugsflussdichte B_{max} ist die bei Vernachlässigung der Nutung in Polmitte auftretende maximale Luftspaltflussdichte. Da sich die Magnetisierungskurve nach (2.1.3) nicht in analytisch geschlossener Form angeben lässt, ist (2.1.13a,b) bei gegebener Durchflutung Θ nicht nach den einzelnen magnetischen Spannungsabfällen auflösbar. Die Magnetisierungskennlinie des magnetischen Kreises lässt sich demnach nur über den Weg

$$\Phi_\delta \to B \to V \to \Theta \quad \text{bzw.} \quad B_{\mathrm{max}} \to \Phi_\delta \to B \to H \to V \to \Theta$$

ermitteln. Dabei werden mehrere Werte der Luftspaltflussdichte B_{max} vorgegeben, wobei man sich an Erfahrungswerten orientiert (s. Abschn. 9.1.2.1, S. 540). Mitunter (z. B. bei der Induktionsmaschine) ist auch eine mittlere Luftspaltflussdichte Ausgangspunkt der Berechnung des magnetischen Kreises. Anschließend ermittelt man über die Flüsse, Flussdichten und Feldstärken die magnetischen Spannungsabfälle der einzelnen Abschnitte des magnetischen Kreises, deren Summe, entsprechend (2.1.13a,b) längs des Hauptintegrationswegs gebildet, schließlich die notwendige Durchflutung ergibt. Damit liegt die Magnetisierungskennlinie des magnetischen Kreises (2.1.21) fest.

Ausgehend von der Flussdichteverteilung des Luftspaltfelds lässt sich der für die Spannungsinduktion maßgebende Fluss und damit die induzierte Spannung E selbst nach (1.2.93), Seite 105, bzw. (1.3.24) oder (1.3.25), Seite 139, ermitteln. Entsprechend (2.1.9) ist der Erregerstrom I_{e} bzw. der Magnetisierungsstrom I_μ, wenn die Erregung von einer für den Energieumsatz maßgebenden Wicklung her erfolgt, proportional zur Durchflutung Θ. Damit ergibt sich die Beziehung für die *Leerlaufkennlinie* als

$$\boxed{E = f(I_{\mathrm{e}}) \quad \text{bzw.} \quad E = f(I_\mu)}\,. \tag{2.1.22}$$

Wegen der ferromagnetischen Abschnitte des magnetischen Kreises haben die Magnetisierungskennlinie des magnetischen Kreises und die Leerlaufkennlinie den prinzipiellen Verlauf einer Magnetisierungskurve (s. Bild 2.3.12, S. 184).

Die vorstehenden Betrachtungen lassen die in Tabelle 2.1.1 wiedergegebenen Analogien zwischen den Gesetzen des magnetischen Kreises und denen der elektrischen Gleichstromkreise erkennen. Dabei ist jedoch zu beachten, dass die Anwendung des magnetischen Ohmschen Gesetzes wegen der Feldstärkeabhängigkeit der Permeabilität μ für die Berechnung ferromagnetischer Teile des magnetischen Kreises unzweckmäßig ist.

2.2 Ermittlung magnetischer Felder

Die Darstellung magnetischer Felder erfolgt i. Allg. durch Feldbilder, deren Darstellungsgesetze für eine Feldbildauswertung äußerst wichtig sind. Deswegen soll auch kurz auf den manuellen Entwurf eines Feldbilds eingegangen werden, obwohl das kaum noch praktiziert wird und dieser Entwurf nur für Gebiete mit konstanter Permeabilität, d. h. praktisch nur für Felder in Luft, sinnvoll ist. Moderne numerische Methoden der Feldberechnung werden so weit, wie es im Rahmen des vorliegenden Buchs möglich ist, gesondert im Abschnitt 9.3, Seite 573, behandelt.

2.2.1 Feldgebiete konstanter Permeabilität ohne Durchflutung

2.2.1.1 Gesetze der Feldbilder

Das Element des räumlichen magnetischen Felds ist die *Flussröhre*. Die Flussröhre ist ein röhrenförmiges Gebilde rechteckigen Querschnitts (s. Bild 2.2.1), für dessen Mantelfläche die Bedingung $\boldsymbol{B} \cdot \mathrm{d}\boldsymbol{A} = 0$ gilt. Nach Abschnitt 2.1.2 ist diese Bedingung erfüllt, wenn die Kanten der Flussröhre durch Feldlinien gebildet werden.

Für Gebiete mit endlichen Abmessungen geht die Aussage der Quellenfreiheit des magnetischen Felds nach (2.1.1) über in das Hüllintegral

$$\oint \boldsymbol{B} \cdot \mathrm{d}\boldsymbol{A} = 0. \tag{2.2.1}$$

Wendet man dieses Integral auf die Hüllfläche eines durch die Flächen $\Delta\boldsymbol{A}_1$ und $\Delta\boldsymbol{A}_2$ festgelegten Flussröhrenabschnitts an, so ergibt sich mit (2.1.17a) unter Berücksichtigung der Vektoren der Flächenelemente im Bild 2.2.1a

$$\oint \boldsymbol{B} \cdot \mathrm{d}\boldsymbol{A} = \int \boldsymbol{B} \cdot \mathrm{d}(\Delta\boldsymbol{A}_2) - \int \boldsymbol{B} \cdot \mathrm{d}(\Delta\boldsymbol{A}_1) = \Delta\Phi_2 - \Delta\Phi_1 = 0,$$

Tabelle 2.1.1 Analogie zum elektrischen Kreis

	Elektrischer Kreis	**Magnetischer Kreis**
Maschensatz	$e = \sum_{\text{vzb}} u$	$\Theta = \sum_{\text{vzb}} V$
Knotenpunktsatz	$\sum_{\text{vzb}} i = 0$	$\sum_{\text{vzb}} \Phi = 0$
Ohmsches Gesetz	$u = Ri$	$V = R_\mathrm{m}\Theta$
Widerstand	$R = \dfrac{l}{\varkappa A}$	$R_\mathrm{m} = \dfrac{1}{\Lambda} = \dfrac{s}{\mu A}$

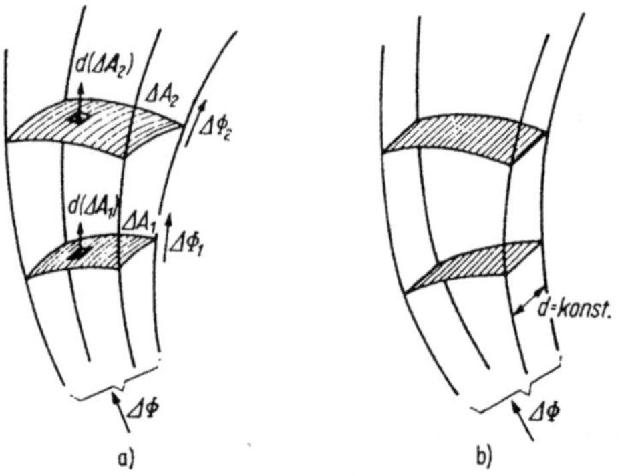

Bild 2.2.1 Flussröhre.
a) Räumliches Feld; b) ebenes Feld

d. h. die Aussage, dass der Fluss längs der Flussröhre entsprechend

$$\Delta\Phi_2 = \Delta\Phi_1 = \Delta\Phi \tag{2.2.2}$$

konstant ist. Ein ebenes Feld in der x-y-Ebene ist dadurch gekennzeichnet, dass die Feldvektoren keine Komponenten in z-Richtung besitzen. Die Feldlinien können demnach nur in der betrachteten x-y-Ebene oder parallel dazu verlaufen, d. h. die Dicke d der angepassten Flussröhren ebener Felder ist konstant (s. Bild 2.2.1b). Zur eindeutigen Darstellung eines ebenen Felds genügt das Feldbild der x-y-Ebene und eine Angabe über dessen Ausdehnung in z-Richtung.

Eine *Äquipotentialfläche* des magnetischen Felds ist eine Fläche konstanten magnetischen Potentials φ_m. Für jeden möglichen Weg auf dieser Fläche zwischen zwei Punkten a und b muss

$$\varphi_\mathrm{ma} - \varphi_\mathrm{mb} = V_\mathrm{ab} = \int_\mathrm{a}^\mathrm{b} \boldsymbol{H} \cdot \mathrm{d}\boldsymbol{s} = 0$$

gelten. Für beliebig kleine Wege wird das allgemein nur von $\boldsymbol{H} \cdot \mathrm{d}\boldsymbol{s} = 0$ bzw. bei isotropen Werkstoffen $\boldsymbol{B} \cdot \mathrm{d}\boldsymbol{s} = 0$ erfüllt, d. h. die Äquipotentialflächen werden von Feldlinien senkrecht durchstoßen. Bei ebenen Feldern zieht jede Äquipotentialfläche in allen x-y-Ebenen die gleiche Spur. Diese Spur nennt man *Potentiallinie.* Damit gilt schließlich:

Potentiallinien und Feldlinien ebener Felder schneiden einander senkrecht.

Wenn die Querschnittsflächen $\Delta\boldsymbol{A}$ einer Flussröhre Teile von Äquipotentialflächen und hinreichend klein sind, so dass $\boldsymbol{B}$ über diese Fläche konstant ist, liefert (2.1.17c) für den Fluss der Flussröhre mit der Breite b und der Dicke d

$$\Delta\Phi = B\Delta A = Bbd. \tag{2.2.3}$$

Der magnetische Spannungsabfall zwischen zwei im Abstand s hinreichend nahe nebeneinanderliegenden Potentiallinien folgt aus (2.1.10a), da $\boldsymbol{H}$ längs $\boldsymbol{s}$ konstant ist und senkrecht auf der Potentiallinie steht, zu

$$\Delta V = Hs. \tag{2.2.4}$$

Damit beträgt der magnetische Leitwert des Flussröhrenabschnitts

$$\Lambda = \frac{\Delta\Phi}{\Delta V} = \frac{Bdb}{Hs} = \mu_0 d\frac{b}{s}. \tag{2.2.5}$$

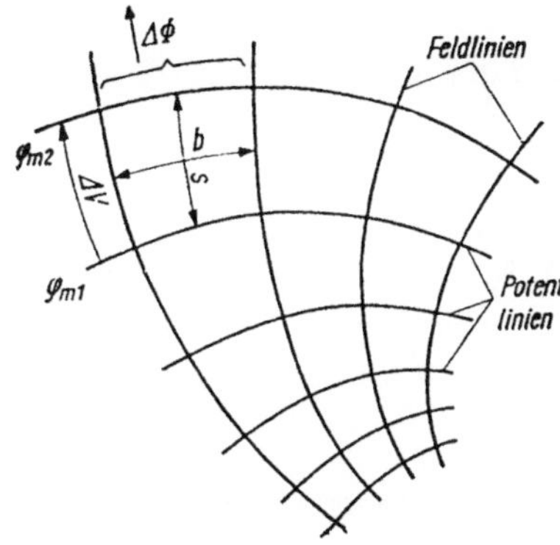

Bild 2.2.2 Feldbild

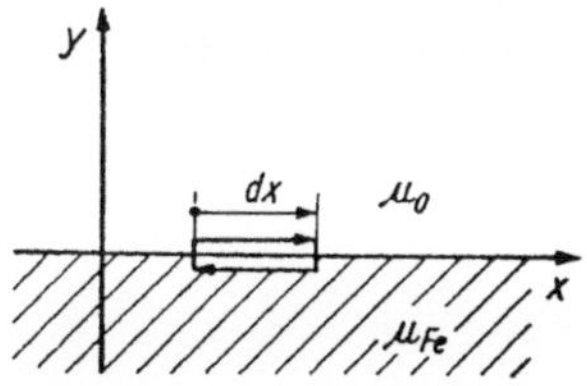

Bild 2.2.3 Trennfläche zwischen einem ferromagnetischen Gebiet mit μ_{Fe} und einem Gebiet mit μ_0

Das *Feldbild* eines ebenen Felds im Bild 2.2.2 besteht aus ausgewählten Feld- und Potentiallinien. Ausgewählte Feldlinien begrenzen Flussröhren mit gleichem Fluss $\Delta\Phi$, und ausgewählte Potentiallinien bilden Feldlinienabschnitte mit gleichem magnetischem Spannungsabfall ΔV. Damit sind auch die magnetischen Leitwerte aller Flussröhrenabschnitte gleich und besitzen ein bestimmtes Verhältnis der mittleren Breite b zur mittleren Länge s. Wenn man für dieses Verhältnis

$$\frac{b}{s} = 1 \tag{2.2.6}$$

wählt, bildet das Feldbild ein Netz mit quadratähnlichen Maschen (s. Bild 2.2.2). Im Sonderfall des homogenen Felds ist $H =$ konst. und $B =$ konst., so dass nach (2.2.4) alle ausgewählten Potentiallinien den gleichen Abstand s voneinander aufweisen und nach (2.2.3) alle ausgewählten Feldlinien den gleichen Abstand b. Mit $b/s = 1$ ergibt sich als Feldbild ein Netz mit exakt quadratischen Maschen.

2.2.1.2 Manueller Entwurf von Feldbildern

Mit den getroffenen Vereinbarungen bedeutet die Ermittlung eines ebenen Felds den Entwurf eines Netzes sich senkrecht schneidender Linien mit quadratähnlichen Maschen. Dabei müssen die Randbedingungen des darzustellenden Feldgebiets bekannt sein oder als bekannt angenommen werden. Die Ränder ebener Feldgebiete werden entweder durch Symmetrielinien oder durch die Spuren von Trennflächen gebildet. Die Anwendung von (2.2.1) auf den Trennflächenausschnitt $\mathrm{d}A = l\,\mathrm{d}x$ eines ebenen Felds zwischen einem ferromagnetischen Gebiet Fe mit der Permeabilität μ_{Fe} und einem Gebiet 1 mit der Permeabilität μ_0 – z. B. Luft – nach Bild 2.2.3 ergibt

$$B_{1\mathrm{y}} l\,\mathrm{d}x - B_{\mathrm{Fe\,y}} l\,\mathrm{d}x = 0 \quad \text{bzw.} \quad B_{1\mathrm{y}} = B_{\mathrm{Fe\,y}},$$

wobei l die Abmessung des Trennflächenausschnitts senkrecht zur x-y-Ebene ist. Die Anwendung des Durchflutungsgesetzes nach (2.1.9) auf einen Integrationsweg,

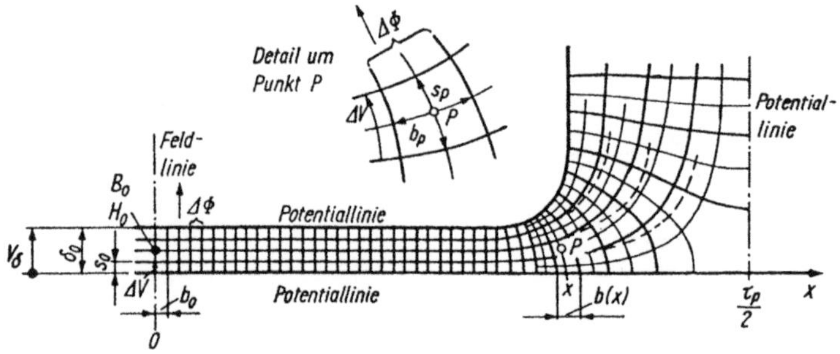

Bild 2.2.4 Entwurf eines Feldbilds. - - - - - Erster Entwurf der Potentiallinien

der den Trennlinienausschnitt ds im ferromagnetischen Gebiet in einer Richtung und im nicht ferromagnetischen Gebiet in der anderen Richtung durchläuft, ergibt für den vorliegenden durchflutungsfreien Fall

$$H_{1x}\,\mathrm{d}x - H_{\mathrm{Fe\,x}}\,\mathrm{d}x = 0 \quad \text{bzw.} \quad H_{1x} = H_{\mathrm{Fe\,x}} = \frac{B_{\mathrm{Fe\,x}}}{\mu_{\mathrm{Fe}}}.$$

Unter der Annahme $\mu_{\mathrm{Fe}} \to \infty$ wird

$$H_{1x} = H_{\mathrm{Fe\,x}} = 0$$

und damit auch

$$B_{1x} = \mu_0 H_{1x} = 0.$$

Die Feldlinien treten senkrecht aus der Oberfläche des ferromagnetischen Werkstoffs in den Luftraum aus. Die Trennfläche bzw. deren Spur ist Äquipotentialfläche bzw. Potentiallinie (s. Bild 2.2.4). Für $\mu_{\mathrm{Fe}} \neq \infty$ ist die Spur der Trennfläche i. Allg. keine Potentiallinie.

Symmetrielinien ebener Feldgebiete sind entweder Potential- oder Feldlinien. Ein erster Entwurf des Feldbilds zeigt meist sofort, ob eine Symmetrielinie Potential- oder Feldlinie ist (s. Bild 2.2.4).

Der Entwurf eines Feldbilds wird in einem homogenen oder nahezu homogenen Teil des Felds begonnen. Dort existiert entsprechend den Randbedingungen stets ein Paar bekannter, praktisch parallel verlaufender Potential- oder Feldlinien, die man als ausgewählte Linien ansetzt. Eine gleichmäßige Unterteilung des Abstands dieser beiden Linien liefert sofort das quadratische Liniennetz des homogenen Feldteils. Von hier aus setzt man den Entwurf des Feldbilds in den nicht homogenen Bereich fort, indem das Liniennetz der Potential- und Feldlinien solange iterativ verbessert wird, bis ein Netz quadratähnlicher Maschen vorliegt.

Der homogene Teil des idealisierten Lufspaltfelds einer elektrischen Maschine mit ausgeprägten Polen liegt in der Polmitte. Im Fall einer Gleichstrommaschine z. B. liefern die Oberflächen des Polschuhs und des ungenutet angenommenen Ankers die beiden bekannten ausgewählten Potentiallinien, deren Zwischenraum entsprechend dem dort vorliegenden homogenen Feld durch weitere gleichmäßig verteilte, ausgewählte Potentiallinien unterteilt wird (s. Bild 2.2.4). Die längs der Polachse verlaufende Feldlinie bildet eine Symmetrielinie des Luftspaltfelds. Sie wird als ausgewählte Feldlinie angesetzt. Die übrigen ausgewählten Feldlinien des homogenen Feldteils bilden mit den ausgewählten Potentiallinien ein Netz mit quadratähnlichen Maschen. Eine zweite Symmetrielinie des Luftspaltfelds ist die Mittellinie zwischen zwei benachbarten Polen. Sie wird von allen Feldlinien rechtwinklig geschnitten (s. Bild 2.1.1), d. h. sie ist eine Potentiallinie. Da sie mit der Ankeroberfläche in Verbindung steht, hat sie deren Potential und ist ebenfalls eine ausgewählte Potentiallinie. Existiert eine zweite Symmetrielinie, die wie die erste eine Feldlinie ist, dann bildet sie i. Allg. keine ausgewählte Feldlinie (s. Bild 2.3.5, S. 176). Bei kompliziert begrenzten Feldgebieten können mehrere Randelemente auftreten, die keine ausgewählten Feld- oder Potentiallinien sind.

2.2.1.3 Auswertung von Feldbildern

Aus den Feldbildern lassen sich die magnetischen Größen des Feldgebiets bestimmen. Wenn zwischen zwei Punkten in der Darstellungsebene nebeneinander n_Φ Flussröhren mit dem Fluss $\Delta\Phi$ liegen – wobei n_Φ i. Allg. nicht ganzzahlig ist – erhält man den Fluss durch eine zwischen den beiden Punkten und über die Länge der Anordnung aufgespannte Fläche zu

$$\Phi = \sum \Delta\Phi = n_\Phi \Delta\Phi. \tag{2.2.7}$$

Analog beträgt der magnetische Spannungsabfall zwischen zwei Punkten in der Darstellungsebene, die um n_V Flussröhrenabschnitte auseinanderliegen – wobei auch n_V i. Allg. nicht ganzzahlig ist –,

$$V = \sum \Delta V = n_\mathrm{V} \Delta V. \tag{2.2.8}$$

Damit gewinnt man über (2.2.5) mit (2.2.6) den magnetischen Leitwert Λ des zwischen den begrenzenden Feld- und Potentiallinien liegenden Bereichs, dessen Ausdehnung in z-Richtung gleich der Länge der Anordnung ist, zu

$$\Lambda = \frac{\Phi}{V} = \frac{\sum \Delta\Phi}{\sum \Delta V} = \frac{n_\Phi \Delta\Phi}{n_\mathrm{V} \Delta V} = \frac{n_\Phi}{n_\mathrm{V}} \mu_0 d. \tag{2.2.9}$$

Die Feldstärke im Punkt P des Felds ist nach (2.2.4)

$$H_\mathrm{P} = \frac{\Delta V}{s_\mathrm{P}}$$

und die Flussdichte nach (2.2.3)

$$B_\mathrm{P} = \mu_0 H_\mathrm{P} = \frac{\Delta\Phi}{b_\mathrm{P} d},$$

wobei s_P wie im Bild 2.2.4 der Abstand der dem Punkt zugeordneten beiden ausgewählten Potentiallinien und b_P der Abstand der zugeordneten beiden ausgewählten Feldlinien ist. Nach (2.2.3) kann man auch die Flussdichteverteilung längs einer Potentiallinie bestimmen, z. B. längs der Oberfläche eines rotationssymmetrischen Hauptelements einer elektrischen Maschine, dem wie bei der Gleichstrommaschine ein Hauptelement mit ausgeprägten Polen gegenüber steht. Entsprechend Bild 2.2.4 gilt

$$\Delta\Phi_0 = B_0 b_0 d = \Delta\Phi(x) = B(x) b(x) d.$$

Für das in Polmitte homogene Gebiet des Luftspaltfelds ergibt sich die Flussdichte zu

$$B_0 = \mu_0 H_0 = \mu_0 \frac{\Delta V}{s_0} = \mu_0 \frac{V_\delta}{\delta_0}.$$

Damit erhält man für die Flussdichteverteilung, die auch als *Feldkurve* oder Luftspaltfeldkurve bezeichnet wird,

$$B(x) = \frac{b_0}{b(x)} B_0 = \frac{b_0}{b(x)} \mu_0 \frac{V_\delta}{\delta_0}. \tag{2.2.10}$$

2.2.2 Feldgebiete konstanter Permeabilität mit Durchflutung

a) Berücksichtigung der Durchflutung durch einen äquivalenten Strombelag

Für die durch Wicklungen verursachten Durchflutungsgebiete gilt stets $\mu = \mu_0$. Die Wicklungen elektrischer Maschinen liegen in unmittelbarer Nähe von Trennflächen zwischen ferromagnetischem und nicht ferromagnetischem Werkstoff. In erster Annäherung kann man sich deshalb diese Wicklungen an den genannten Trennflächen konzentriert und kontinuierlich verteilt angeordnet denken. Das bedeutet die Annahme eines äquivalenten *Strombelags* an der Trennfläche (s. Bild 2.2.5). Diese Annahme hat nur wenig Einfluss auf die Feldausbildung in Gebieten, die sich in einiger Entfernung von den Durchflutungsgebieten befinden. Die Trennflächen können dabei auch in gewissem Maße idealisiert sein. Zum Beispiel denkt man sich den Strom der Ankerwicklung gleichmäßig verteilt auf einer glatten Ankeroberfläche fließend. Diese flächenhafte Strömung wird durch den Strombelag A gekennzeichnet. Dabei ist der Strombelag der auf das quer zur Strömung liegende Linienelement dx bezogene Strom (s. Bild 2.2.5a). Setzt man $\mu_{\text{Fe}} \to \infty$, so gilt wie im Abschnitt 2.2.1.2 $B_{1\text{y}} = B_{\text{Fe y}}$ und $H_{\text{Fe x}} = 0$. Die Anwendung des Durchflutungsgesetzes nach (2.1.9) auf einen Integrationsweg, der das Linienelement dx im ferromagnetischen Gebiet in der einen und im nicht ferromagnetischen Gebiet in der anderen Richtung durchläuft, ergibt dagegen jetzt

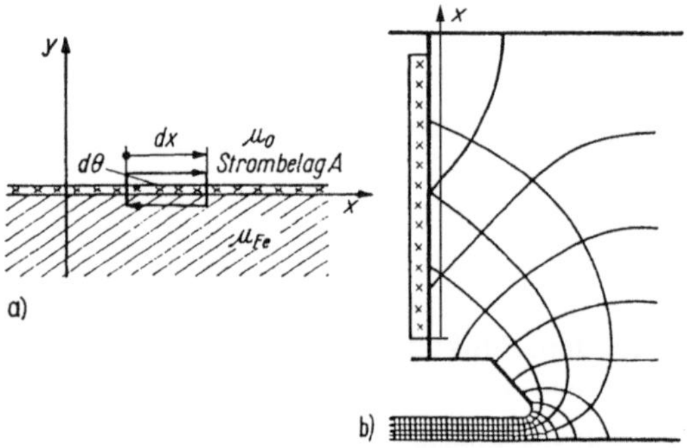

Bild 2.2.5 Ersatz der Durchflutung durch einen äquivalenten Strombelag.
a) Zur Herleitung der Trennflächenbedingungen;
b) Feldbild der Pollücke einer erregten Gleichstrommaschine

$$\oint \boldsymbol{H} \cdot \mathrm{d}\boldsymbol{s} = \mathrm{d}\Theta = \boldsymbol{H}_{1\mathrm{x}}\mathrm{d}x - \boldsymbol{H}_{\mathrm{Fe\,x}}\mathrm{d}x = A\,\mathrm{d}x. \tag{2.2.11}$$

Damit wird

$$H_{1\mathrm{x}} = A \quad \text{und} \quad B_{1\mathrm{x}} = \mu_0 A.$$

Es existiert demnach in x-Richtung eine Feldstärke- bzw. Flussdichtekomponente im Luftraum, und die Feldlinien treten nicht mehr senkrecht aus dem ferromagnetischen Gebiet aus. Im Bild 2.2.5b ist als Beispiel das Feldbild im Luftraum einer erregten Gleichstrommaschine dargestellt. Die Durchflutung der Erregerwicklung ist als Strombelag auf der Polkernoberfläche angenommen. Da dieser Strombelag bei rechteckigem Spulenquerschnitt örtlich konstant ist, gilt für die magnetische Spannung

$$V_{1\mathrm{x}} = H_{1\mathrm{x}}x = Ax \sim x,$$

d. h. sie ändert sich entlang der Polkernhöhe linear.

b) Feldbild mit Gradientenlinien

Innerhalb stromdurchflossener Gebiete gehen die Potentiallinien φ_{m} = konst. in sog. *Gradientenlinien* über. Gradientenlinien verlaufen ebenfalls orthogonal zu den Feldlinien, so dass das Linienintegral der Feldstärke nach (2.1.10a) längs der Gradientenlinien verschwindet. Bildet man längs zweier benachbarter *ausgewählter Gradientenlinien* (sie sind die Fortsetzungen ausgewählter Potentiallinien) das Umlaufintegral der magnetischen Feldstärke (z. B. im Bild 2.2.6 über die Punkte P_0, P_2 und P_3) entsprechend

$$\oint \boldsymbol{H} \cdot \mathrm{d}\boldsymbol{s} = \varphi_{\mathrm{m3}} - \varphi_{\mathrm{m2}} = \Delta V = \int_A S\,\mathrm{d}A, \tag{2.2.12}$$

so erkennt man, dass bei S = konst. wegen ΔV = konst. auch A = konst. sein muss, d. h. ausgewählte Gradientenlinien schließen gleiche Flächen des Durchflutungsgebiets ein. Die Gradientenlinien treffen sich in einem Punkt, dem sog. Indifferenzpunkt P_0. Für den Fall, dass das Durchflutungsgebiet an ein Gebiet mit $\mu_{\mathrm{Fe}} \to \infty$ angrenzt, ist die Grenzlinie eine Gradientenlinie, und P_0 liegt auf dieser Grenzlinie. Ist das nicht der Fall, so liegt P_0 im Durchflutungsgebiet. Schließt man das Umlaufintegral innerhalb des Durchflutungsgebiets, z. B. über die Strecke s im

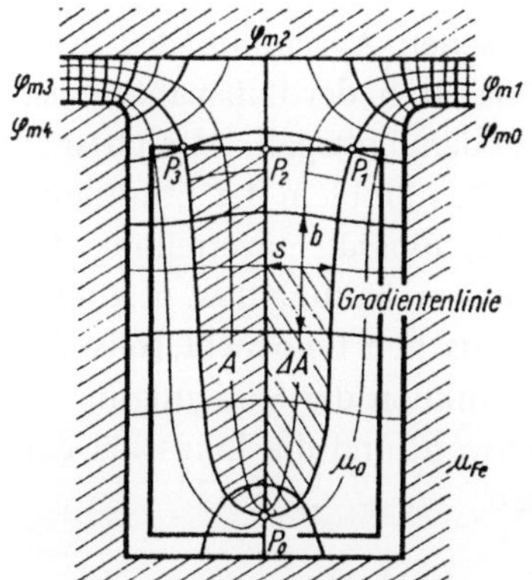

Bild 2.2.6 Feldbild eines durchfluteten Feldgebiets (Nut mit stromdurchflossenem Leitergebiet)

Bild 2.2.6, so erkennt man, dass die umfasste Durchflutung und damit ΔV zwischen den Gradientenlinien immer kleiner wird, je näher man mit der Strecke s dem Punkt P_0 kommt. Quadratähnliche Flussröhrenabschnitte führen demnach innerhalb der Durchflutungsgebiete kleinere Flüsse als außerhalb. Das erkennt man auch an den Beziehungen für den Röhrenfluss. Außerhalb des Durchflutungsgebiets gilt unter Berücksichtigung von (2.2.5) und (2.2.12)

$$\Delta \Phi = \Lambda \Delta V = \mu_0 d \frac{b}{s} \int_A S \, \mathrm{d}A. \tag{2.2.13a}$$

Innerhalb des Durchflutungsgebiets wird bei der Bildung des Umlaufintegrals in (2.2.12) nur die Fläche $\Delta A < A$ umfasst. Für den Röhrenfluss innerhalb des Durchflutungsgebiets ergibt sich demnach

$$\Delta \Phi' = \mu_0 d \left(\frac{b}{s}\right)' \int_{\Delta A} S \, \mathrm{d}A, \tag{2.2.13b}$$

und man erkennt, dass im Fall $(b/s)' = b/s$ tatsächlich $\Delta\Phi' < \Delta\Phi$ wäre. Ist S konstant, so ist $\Delta\Phi' = \Delta\Phi\Delta A/A$. Natürlich kann sich der Röhrenfluss beim Passieren der Grenze des Durchflutungsgebiets nicht ändern. Dann muss sich aber das Maschenverhältnis des Liniennetzes ändern. Mit $S =$ konst. und $\Delta\Phi' = \Delta\Phi$ folgt aus (2.2.13a) und (2.2.13b) für das Maschenverhältnis im Durchflutungsgebiet

$$\left(\frac{b}{s}\right)' = \frac{A}{\Delta A}\frac{b}{s}, \tag{2.2.14}$$

d. h. je näher man dem Indifferenzpunkt P_0 kommt, umso breiter werden die Maschen. Das Feldbild kann durch Korrektur eines auf der Basis äquivalenter Strombeläge entworfenen Feldbilds konstruiert werden. Man verlängert die außerhalb des Durchflutungsgebiets verlaufenden ausgewählten Potentiallinien unter der Bedingung gleicher eingeschlossener Flächen A als ausgewählte Gradientenlinien bis zu einem zunächst geschätzten Indifferenzpunkt P_0 in das Durchflutungsgebiet hinein. Danach zeichnet man die orthogonal dazu verlaufenden ausgewählten Feldlinien. Das Feldbild ist so lange iterativ zu korrigieren, bis (2.2.14) genügend genau erfüllt ist (s. Bild 2.2.6).

2.3 Luftspaltfelder

Vernachlässigt man den Einfluss der ferromagnetischen Abschnitte des magnetischen Kreises auf das Luftspaltfeld, so gilt (2.1.20a), d. h. der Luftspaltfluss ist proportional zum magnetischen Spannungsabfall über dem Luftspalt. Damit besitzt der Luftspalt eine lineare Magnetisierungskennlinie. Das Problem der Ermittlung des Luftspaltleitwerts liegt hierbei in der Erfassung der Flussdichteverteilung, die durch die Form des Luftspaltraums aufgrund von Polform, Nutung usw. bestimmt wird. Vernachlässigt man den Einfluss der ferromagnetischen Teile nicht, so ist die Flussdichteverteilung im Luftspalt zusätzlich eine Funktion der Sättigung dieser Abschnitte. Damit ändert sich der magnetische Leitwert, und die Linearität der Magnetisierungskennlinie des Luftspalts geht verloren.

2.3.1 Einfluss von Polform und Durchflutungsverteilung auf das Luftspaltfeld als ebenes Feld ohne Einfluss der Nutung

Ausgangspunkt für die Ermittlung der Magnetisierungskennlinie des Luftspaltfelds ist die Flussdichteverteilung, die auf der Grundlage folgender Annahmen gewonnen wird:

- glatte Oberfläche, d. h. keine Nuten und Ventilationskanäle,
- unendliche Permeabilität der den Luftspalt begrenzenden ferromagnetischen Teile.

Die unter diesen Bedingungen entstehende Flussdichteverteilung soll als *idealisierte Feldkurve* bezeichnet werden. Die beiden Annahmen werden später korrigiert. Außerdem vernachlässigt man i. Allg. die Krümmung des Luftspalts. Eine Korrektur dieser Vernachlässigung ist nur bei sehr großen Luftspaltlängen notwendig. Betrachtet man nur das von einer erregenden Wicklung herrührende Luftspaltfeld, so sind zwei prinzipielle Fälle zu unterscheiden. Den ersten Fall bilden die Maschinen mit ausgeprägten Polen (Gleichstrommaschine, Schenkelpol-Synchronmaschine). Ihre konzentriert angeordnete Erregerwicklung sorgt für die gleiche Durchflutung aller den Luftspalt überquerenden Feldlinien (s. Bild 2.1.1a, s. 155), und die Flussdichteverteilung wird nur durch die Polform bzw. die Polschuhform bestimmt. Im zweiten Fall ist die erregende Wicklung verteilt angeordnet (Induktionsmaschine, Vollpol-Synchronmaschine). Die Durchflutung für die den Luftspalt überquerenden Feldlinien ist damit unterschiedlich (s. Bild 2.1.1b). Da der Luftspalt in diesem Fall konstant ist, wird die Flussdichteverteilung durch die Durchflutungsverteilung bestimmt. Also beeinflussen sowohl die Polform als auch die Durchflutungsverteilung die Flussdichteverteilung längs des Umfangs.

> Die Darstellung der für glatte Luftspaltbegrenzungsflächen geltenden Flussdichteverteilung längs des Ankerumfangs nennt man die *Feldkurve* oder *Luftspaltfeldkurve* der Maschine.

2.3.1.1 Feldkurve bei der Erregung ausgeprägter Pole

Bei der Erregung ausgeprägter Pole umfassen alle den Luftspalt überquerenden Feldlinien die gleiche Durchflutung. In Verbindung mit der Annahme $\mu_{\mathrm{Fe}} \to \infty$ sind dann die Polschuhoberfläche und die als glatt angenommene Oberfläche des gegenüberliegenden rotationssymmetrischen Hauptelements Äquipotentialflächen. Man nimmt ferner an, dass das als eben vorausgesetzte Luftspaltfeld einer elektrischen Maschine längs der Maschinenachse nur über der *ideellen Länge* l_{i} als Ausschnitt der unendlich lang zu denkenden Anordnung existiert (s. Bild 2.3.1 u. Bd. *Grundlagen elektrischer Maschinen*, Abschn. 2.4.2). Mit den bekannten Potentiallinien als Randbedingungen kann nunmehr nach Abschnitt 2.2.1 das Feldbild des ebenen Luftspaltfelds ermittelt und unter Vorgabe eines Flussdichtewerts in der Polmitte $B(0) = B_{\max}$ nach (2.2.10) die Feldkurve dargestellt werden.

Das Flächenelement, auf dem die Flussdichte des in seiner axialen Abhängigkeit idealisierten Luftspaltfelds konstant ist, beträgt $\mathrm{d}A = l_{\mathrm{i}}\,\mathrm{d}x$ (s. Bild 2.3.1). Damit ergibt sich nach (2.1.17b, S. 158) der Luftspaltfluss eines Pols zu

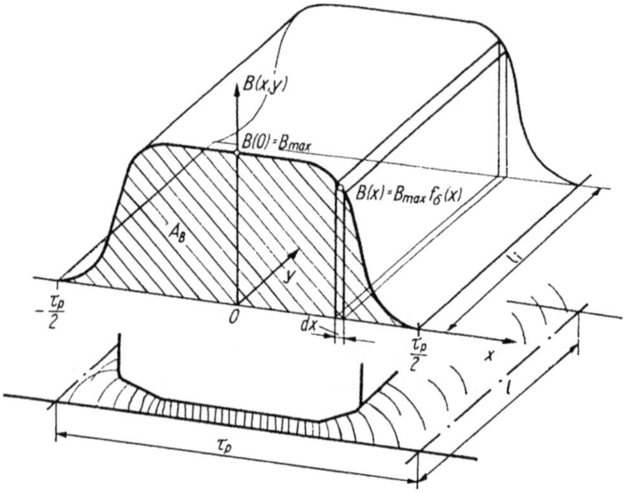

Bild 2.3.1 Idealisierte Flussdichteverteilung im Luftspalt bei Erregung ausgeprägter Pole

$$\boxed{\Phi_\delta = \int B\,\mathrm{d}A = l_\mathrm{i} \int_{-\tau_\mathrm{p}/2}^{+\tau_\mathrm{p}/2} B(x)\,\mathrm{d}x = B_\mathrm{max} l_\mathrm{i} \int_{-\tau_\mathrm{p}/2}^{+\tau_\mathrm{p}/2} f_\delta(x)\,\mathrm{d}x}\,. \tag{2.3.1}$$

In (2.3.1) ist $f_\delta(x) = B(x)/B_\mathrm{max}$ die auf die maximale Flussdichte B_max bezogene Feldkurve. Diese bezogene Feldkurve sagt nur etwas über die Form der Feldkurve aus. Sie soll deshalb *Feldform* genannt werden. Aus (2.3.1) folgt, dass der Luftspaltfluss proportional zur von der Feldkurve $B(x)$ eingeschlossenen Fläche A_B ist (s. Bild 2.3.1) und damit durch Integration gewonnen werden kann. Zur praktischen Berechnung ist es teilweise üblich, die dem Fluss proportionale Fläche der Feldkurve in eine flächengleiche Rechteckfläche umzuformen, da diese auf elementare Weise zu ermitteln ist. Das bedeutet aber nichts anderes, als dass man sich das Luftspaltfeld durch ein homogenes Feld gleichen Flusses ersetzt denkt.

Bei Gleichstrommaschinen sind die Polschuhe so gestaltet, dass der *Luftspalt* δ über einen größeren Bereich des Polbogens b_p konstant ist. Demzufolge ist auch die Flussdichte über einen weiten Bereich der Feldkurve konstant (s. Bild 2.3.2). Es liegt deshalb nahe, diese Feldkurve durch ein flächengleiches Rechteck der Höhe dieser konstanten Flussdichte B_max zu ersetzen. Die Breite des Rechtecks ist dabei gleich der Breite des homogenen Ersatzfelds. Wegen der in Wirklichkeit vorhandenen Krümmung der Ankeroberfläche nennt man diese Breite den *ideellen Polbogen* b_i. Bezieht man diesen Polbogen auf die Polteilung τ_p, so erhält man den *ideellen Polbedeckungsfaktor* $\alpha_\mathrm{i} = b_\mathrm{i}/\tau_\mathrm{p}$. Für die Bestimmung des Luftspaltflusses Φ_δ aus dem homogenen Ersatzfeld gilt dann

$$\Phi_\delta = B_\mathrm{max} b_\mathrm{i} l_\mathrm{i} = B_\mathrm{max} \alpha_\mathrm{i} \tau_\mathrm{p} l_\mathrm{i}, \tag{2.3.2}$$

wobei sich der ideelle Polbedeckungsfaktor aus der Gleichsetzung von (2.3.1) und (2.3.2) zu

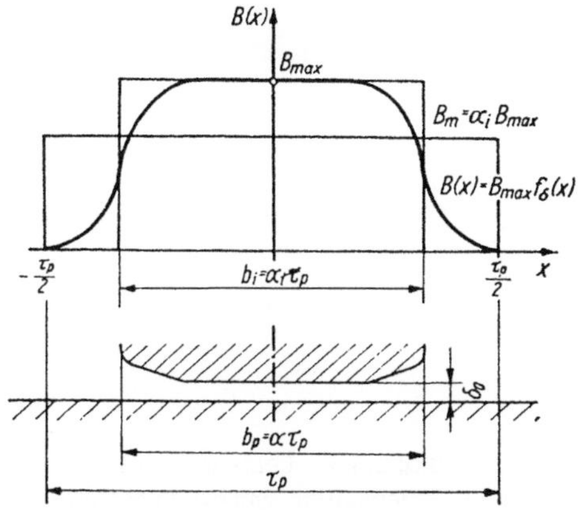

Bild 2.3.2 Feldkurve einer Gleichstrommaschine

$$\boxed{\alpha_i = \frac{b_i}{\tau_p} = \frac{1}{\tau_p} \int\limits_{-\tau_p/2}^{+\tau_p/2} f_\delta(x)\,dx} \tag{2.3.3}$$

ergibt. Er ist von der Form der Feldkurve abhängig und durch Integration der Feldkurve bestimmbar. Bei Gleichstrommaschinen variiert diese Form nur wenig, so dass man mit zwei Näherungsbeziehungen für α_i auskommt. Wenn $\alpha = b_p/\tau_p$ der auf die Polteilung τ_p bezogene *tatsächliche Polbogen* b_p bzw. der tatsächliche *Polbedeckungsfaktor* ist (s. Bild 2.3.2), so gilt für den Normalfall, dass der Luftspalt über $2/3$ des Polbogens den konstanten Wert δ_0 aufweist und sich bis zu den Polschuhkanten auf $2\delta_0$ erweitert,

$$\alpha_i \approx \alpha. \tag{2.3.4a}$$

Bei konstantem Luftspalt, der gelegentlich bei kleineren Maschinen und bei Maschinen mit Kompensationswicklung angewendet wird, gilt

$$\alpha_i \approx (1{,}05 \ldots 1{,}1)\alpha. \tag{2.3.4b}$$

Die größeren Werte gelten dabei für verhältnismäßig große Luftspaltlängen und für Polschuhe mit hohen Flanken, wie sie z. B. bei Maschinen mit Kompensationswicklung vorliegen.

Man kann auch ein homogenes Ersatzfeld mit der mittleren Flussdichte B_m über der gesamten Polteilung τ_p annehmen. Das entspricht einer Rechteckfeldkurve der Höhe B_m und der Breite τ_p (s. Bild 2.3.2), wobei ein Vergleich mit (2.3.2) die mittlere Flussdichte zu $B_m = \alpha_i B_{max}$ ergibt. Dann wird

$$\boxed{\Phi_\delta = B_m \tau_p l_i = B_{max} \alpha_i \tau_p l_i}\,. \tag{2.3.5}$$

Bei Synchrongeneratoren soll der zeitliche Verlauf der induzierten Spannung möglichst sinusförmig sein. Eine der Voraussetzungen dafür ist eine möglichst sinusförmige Feldkurve. Bei Schenkelpol-Synchronmaschinen erreicht man das durch entsprechende Formgebung der Polschuhe (s. Bild 2.3.3). Man nennt Pole mit solchen Polschuhen kurz *Sinusfeldpole*. Im Gegensatz dazu weisen sog. *Rechteckfeldpole* einen konstanten Luftspalt auf. Sie haben nur geringe praktische Bedeutung.

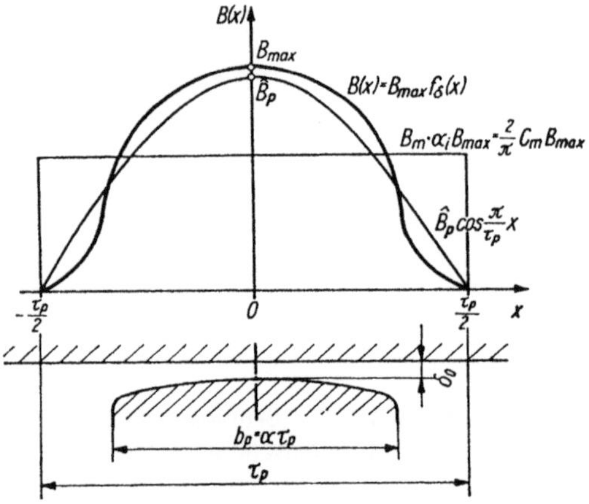

Bild 2.3.3 Feldkurve einer Schenkelpol-Synchronmaschine

Unter der Voraussetzung, dass im Polschuhbereich mit der Luftspaltlänge $\delta(x)$ ein quasihomogenes Feld existiert, gilt dort $V_\delta = H(x)\delta(x)$, und damit erhält man

$$B(x) = \mu_0 H(x) = \mu_0 \frac{V_\delta}{\delta(x)} \sim \frac{1}{\delta(x)}. \tag{2.3.6}$$

Das stellt eine Bemessungsgleichung für die Polschuhform von Sinusfeldpolen dar. Um

$$B(x) = \hat{B}_\mathrm{p} \cos \frac{\pi}{\tau_\mathrm{p}} x$$

zu erhalten, muss also

$$\delta(x) = \mu_0 \frac{V_\delta}{B(x)} = \mu_0 \frac{V_\delta}{\hat{B}_\mathrm{p} \cos \frac{\pi}{\tau_\mathrm{p}} x} = \frac{\delta_0}{\left|\cos \frac{\pi}{\tau_\mathrm{p}} x\right|} \tag{2.3.7}$$

ausgeführt werden, wobei δ_0 der Luftspalt in Polmitte ist. Dabei gilt

$$\hat{B}_\mathrm{p} = \mu_0 \frac{V_\delta}{\delta_0}. \tag{2.3.8}$$

Die aus (2.3.7) resultierende Polschuhform ist technologisch dadurch realisierbar, dass man sie durch einen Kreisbogen oder auch durch mehrere Kreisbögen annähert.

Die Ermittlung des Luftspaltflusses erfolgt entweder über eine Integration der Feldkurve nach (2.3.1) oder über (2.3.5). Dabei ist der ideelle Polbedeckungsfaktor α_i eine Funktion der Formgebung des Luftspaltraums, die beschrieben wird durch die Polschuhform, den relativen Luftspalt in Polmitte δ_0/τ_p und den Polbedeckungsfaktor $\alpha = b_\mathrm{p}/\tau_\mathrm{p}$ (s. Bild 2.5.8, S. 209). Statt des ideellen Polbedeckungsfaktors α_i verwendet man bei Synchronmaschinen auch den *Polformkoeffizienten*

$$\boxed{C_\mathrm{m} = \frac{\pi}{2} \frac{B_\mathrm{m}}{B_\mathrm{max}} = \frac{\pi}{2} \alpha_\mathrm{i}}\,. \tag{2.3.9}$$

Er lässt besser als α_i erkennen, wieweit die angestrebte Sinusform der Feldkurve erreicht worden ist, da bei sinusförmiger Feldkurve $\alpha_\mathrm{i} = 2/\pi$ und damit $C_\mathrm{m} = 1$ wird.

Für die Grundschwingung der induzierten Spannung ist die Hauptwelle der Feldkurve maßgebend, die sich aus einer Fourier-Analyse der Feldkurve ergibt.

Bezieht man die Amplitude der Hauptwelle auf die maximale Flussdichte, so erhält man den Polformkoeffizienten der Hauptwelle der Feldkurve zu

$$\boxed{C_\mathrm{p} = \frac{\hat{B}_\mathrm{p}}{B_\mathrm{max}}} \,. \tag{2.3.10}$$

Er ist ebenfalls eine Funktion der Formgebung des Luftspaltraums, beschrieben durch $\delta(x)/\delta_0$, δ_0/τ_p und $b_\mathrm{p}/\tau_\mathrm{p}$ (s. Bild 2.5.9, S. 210). Setzt man (2.3.6) in (2.3.1) ein, so erhält man für den Fluss der *Hauptwelle* des Luftspaltfelds, den sog. *Hauptwellenfluss* oder *Hauptfluss* der Maschine,

$$\boxed{\Phi_\mathrm{p} = \Phi_\mathrm{h} = \frac{2}{\pi}\hat{B}_\mathrm{p}\tau_\mathrm{p}l_\mathrm{i} = \frac{2}{\pi}C_\mathrm{p}B_\mathrm{max}\tau_\mathrm{p}l_\mathrm{i}} \,. \tag{2.3.11}$$

2.3.1.2 Feldkurve bei verteilt angeordneter Erregerwicklung

Die den Luftspalt überquerenden Feldlinien umfassen bei verteilt angeordneter Erregerwicklung unterschiedliche Durchflutungen. Mit $\mu_\mathrm{Fe} \to \infty$ ergibt sich für den magnetischen Spannungsabfall im Luftspalt $V_\delta(x) = \Theta(x)$, d. h. V_δ ist nicht konstant. Damit müsste das wesentlich kompliziertere Feldbild entsprechend der Vorgehensweise im Abschnitt 2.2.2 entworfen werden. Wegen der relativ geringen, in diesem Fall konstanten Länge δ des Luftspalts sind die Tangentialkomponenten des Felds von nur geringem Einfluss und deshalb vernachlässigbar. Man nimmt also weiterhin an, dass die Feldlinien den Luftspalt senkrecht zu den glatt angenommenen Begrenzungsflächen überqueren. Für ein solches Feld ist die magnetische Feldstärke H ebenfalls längs der Feldlinien konstant, d. h. es liegt ein sog. *quasihomogenes Feld* vor. Damit ist (2.1.12), Seite 156, anwendbar. Für die Feldkurve erhält man entsprechend (2.3.6) mit $H(x) = V_\delta(x)/\delta$

$$B(x) = \mu_0 \frac{V_\delta(x)}{\delta} = \mu_0 \frac{\Theta(x)}{\delta} \sim \Theta(x). \tag{2.3.12}$$

Zur Ermittlung von $\Theta(x)$ drückt man die Nutdurchflutung nach Unterabschnitt 2.2.2a durch einen äquivalenten Strombelag aus. Dieser kann als in der Mitte der Nutschlitze konzentriert oder über einen gewissen Teil des Umfangs (z. B. die Nutschlitzbreite oder die gesamte Nutteilung) gleichmäßig verteilt angenommen werden. Die *Felderregerkurve* bzw. *Durchflutungsverteilung* erhält man nach dem Durchflutungsgesetz (s. Bd. *Theorie elektrischer Maschinen*, Abschn. 1.5.5) aus der Strombelagsverteilung $A(x)$ bzw. $A(\gamma')$ durch Integration. Wenn nur mit der Hauptwelle des Strombelags gerechnet wird, erhält man für die Durchflutungsverteilung von vornherein ebenfalls nur die Hauptwelle

$$\Theta(x) = \hat{\Theta}_\mathrm{p} \cos \frac{\pi}{\tau_\mathrm{p}} x. \tag{2.3.13}$$

Die Annahme einer in den Nutschlitzmitten konzentrierten Nutdurchflutung führt auf eine treppenförmige Durchflutungsverteilung bzw. Felderregerkurve $\Theta(x)$ (s. Bild 1.2.43, S. 81, od. Bild 2.5.13, S. 213, u. Bd. *Theorie elektrischer Maschinen*, Abschn. 1.5.5). Damit erhält man ein abschnittsweise homogenes Luftspaltfeld. Wegen des in beiden Fällen starken Einflusses der ferromagnetischen Teile des magnetischen Kreises auf das Luftspaltfeld haben die nach (2.3.12) auf der Basis von $\mu_{\text{Fe}} \to \infty$ ermittelten Feldkurven keine Bedeutung für die Berechnung des magnetischen Kreises.

2.3.2 Einfluss der Unterbrechungen der Luftspaltbegrenzungsflächen auf das Luftspaltfeld

Infolge der Unterbrechungen der zunächst glatt angenommenen, d. h. idealisierten Luftspaltgrenzflächen durch Nutung, Ventilationskanäle und Stirnflächen weicht das tatsächliche Luftspaltfeld erheblich von dem z. B. im Bild 2.3.1 dargestellten idealisierten Feld ab. Das Luftspaltfeld wird inhomogener. Die *idealisierte Feldkurve*, die nach wie vor wegen ihrer Bedeutung bei der Bestimmung des Luftspaltflusses nur mit *Feldkurve* bezeichnet werden soll, geht in eine tatsächliche Flussdichteverteilung in Umfangsrichtung und in axialer Richtung über (s. Bild 2.3.4). Zur bequemen Ermittlung des magnetischen Spannungsabfalls über dem Luftspalt ist es zweckmäßig, ein möglichst homogenes Feldgebiet zu benutzen. Ein solches existiert in Polmitte, wenn sich an der gleichen Stelle die Zahn- und Blechpaketmitten von Ständer und Läufer befinden (im Bild 2.3.4 bei $x = 0$ und $y = 0$). Wegen des angedeuteten Vorteils führt auch der im Abschnitt 2.1.2 definierte Hauptintegrationsweg für die Anwendung des Durchflutungsgesetzes nach (2.1.9), (2.1.11) oder (2.1.13a,b), Seite 155, zur Berechnung des magnetischen Kreises (s. Bild 2.1.1) über diese Stelle. Die dort herrschende tatsächliche Luftspaltflussdichte soll mit B_δ bezeichnet werden. Die im Folgenden durchgeführte Bestimmung von B_δ und l_i geschieht unter der Voraussetzung, dass die Ermittlung des Flusses Φ_δ aus dem Maximalwert B_{max} bzw. dem Mittelwert B_m der idealisierten Feldkurve über (2.3.5) gültig bleibt.

2.3.2.1 Auftrennung der Einflüsse

Zur Ermittlung des Luftspaltflusses über (2.1.17b), Seite 158, wird für die Normalkomponente der Luftspaltflussdichte über einer auf dem rotationssymmetrischen Hauptelement aufliegenden, glatt gedachten Integrationsfläche der Ansatz

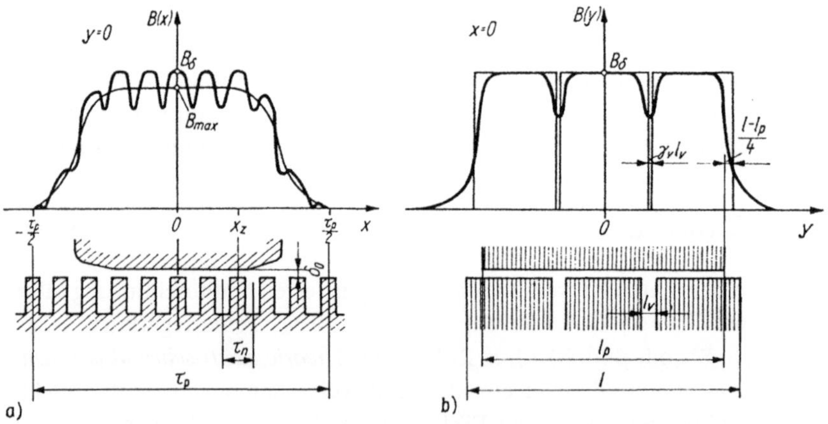

Bild 2.3.4 Luftspaltfeld bei einseitiger Nutung und einseitigen Ventilationskanälen. a) Querschnitt an der Stelle $y = 0$; b) Längsschnitt an der Stelle $x = 0$

$$B(x,y) = B(x)f(y) \tag{2.3.14}$$

gemacht. An der Stelle $y = 0$ gilt nach Bild 2.3.4a $B(x,0) = B(x)$. Folglich ist $f(0) = 1$. An der Stelle $x = 0$ gilt $B(x) = B_\delta$. Dann ergibt sich für die y-Abhängigkeit der Flussdichte nach Bild 2.3.4b $B(y) = B_\delta(y)$. Der Ansatz nach (2.3.14) gilt allerdings nur, wenn die Form der Feldkurve in Umfangsrichtung unabhängig von y und die der Feldkurve längs der Maschinenachse unabhängig von x ist. Die daraus resultierenden Bedingungen

$$\frac{B(x,y_1)}{B(0,y_1)} \neq f(y_1) \quad \text{und} \quad \frac{B(x_1,y)}{B(x_1,0)} \neq f(x_1)$$

sind an den Kreuzungsstellen von Nuten und Ventilationskanälen sowie im Nutbereich des Stirnfelds nicht erfüllt. Die Abweichungen sind jedoch vernachlässigbar klein.

Die Auftrennung in x-abhängige Einflüsse (Nutung) und y-abhängige Einflüsse (Ventilationskanäle, Stirnflächen) erfolgt durch Einsetzen von (2.3.14) in (2.1.17b) sowie einen Vergleich mit (2.3.5) und führt auf

$$\begin{aligned}\Phi_\delta &= \int_{-\infty}^{+\infty}\int_{-\tau_p/2}^{+\tau_p/2} B(x,y)\,\mathrm{d}A = \int_{-\infty}^{+\infty}\int_{-\tau_p/2}^{+\tau_p/2} B(x)f(y)\,\mathrm{d}x\,\mathrm{d}y \\ &= \int_{-\tau_p/2}^{+\tau_p/2} B(x)\,\mathrm{d}x \int_{-\infty}^{+\infty} f(y)\,\mathrm{d}y = B_m\tau_p l_i .\end{aligned} \tag{2.3.15}$$

Die Voraussetzung gleichen Flusses fordert nach (2.3.1) und (2.3.2) gleiche Flächen der idealisierten und der tatsächlichen Feldkurve, denn in beiden Fällen soll das gleiche l_i gelten. Folglich ist das Integral über $B(x)$ für beide Fälle gleich, und (2.3.1) gilt auch für die tatsächliche Feldkurve $B(x)$. Ein Vergleich mit (2.3.5) ergibt als Beziehung für die x-abhängigen Einflüsse

$$\int_{-\tau_p/2}^{+\tau_p/2} B(x)\,\mathrm{d}x = B_{max}\int_{-\tau_p/2}^{+\tau_p/2} f_\delta(x)\,\mathrm{d}x = B_m\tau_p . \tag{2.3.16}$$

Ein Vergleich der Beziehungen (2.3.15) und (2.3.16) liefert mit $B(y) = B_\delta f(y)$ ohne weiteres als Beziehung für die y-abhängigen Einflüsse

$$\int_{-\infty}^{+\infty} f(y)\,\mathrm{d}y = \frac{1}{B_\delta}\int_{-\infty}^{+\infty} B(y)\,\mathrm{d}y = l_i . \tag{2.3.17}$$

2.3.2.2 Einfluss der Nutung

Wie Bild 2.3.4a zeigt, überlagert sich der idealisierten Feldkurve unter dem Einfluss der Nutung eine periodische Funktion. Man kann annehmen, dass die Gleichheit der Flüsse nach der idealisierten und der tatsächlichen Feldkurve für jede Periode dieser Funktion gilt. Bei der zunächst betrachteten einseitigen Nutung ist die Länge dieser Periode die Nutteilung τ_n. Damit gilt (2.3.16) auch für die Nutteilung. Der *Nutteilungsfluss* Φ_n eines Zahngebiets mit der Zahnmitte bei x_z (s. Bild 2.3.4a) ergibt

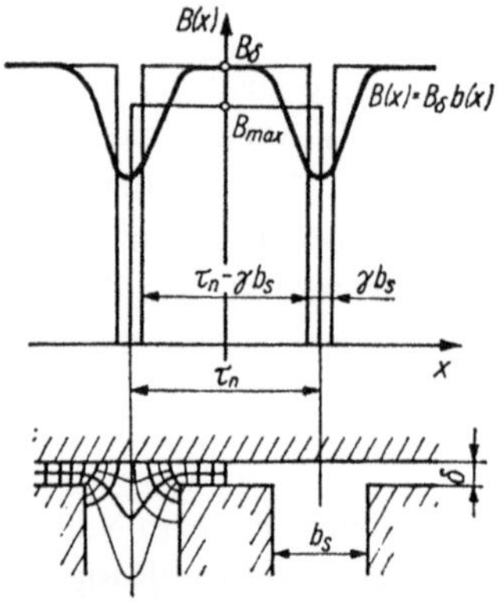

Bild 2.3.5 Feldbild und Feldkurve einer Nutteilung im Gebiet des Maximums der Feldkurve bei einseitiger Nutung

sich dann unter Anwendung von (2.3.1) aus dem tatsächlichen Flussdichteverlauf zu

$$\Phi_n(x_z) = B_{max} l_i \int_{x_z-\tau_n/2}^{x_z+\tau_n/2} f_\delta(x)\,dx = l_i \int_{x_z-\tau_n/2}^{x_z+\tau_n/2} B(x)\,dx. \quad (2.3.18a)$$

Für den Zahn, über den der Hauptintegrationsweg führt (s. Bild 2.1.1, S. 155) und der mit seiner Zahnmitte im Maximum der Feldkurve liegt, gilt entsprechend den Bildern 2.3.1, 2.3.2 und 2.3.3 $x = 0$. Damit erhält man für den Nutteilungsfluss im Gebiet des Maximums der Feldkurve (s. Bild 2.3.5)

$$\Phi_n = B_{max}\tau_n l_i = l_i \int_{-\tau_n/2}^{+\tau_n/2} B(x)\,dx. \quad (2.3.18b)$$

Analog zu (2.3.1) kann man auch den Feldverlauf der Nutteilung im Gebiet des Maximums der Feldkurve durch die tatsächliche maximale Flussdichte in der Polmitte B_δ und die Feldform der Nutteilung $b_n(x)$ als

$$B(x) = B_\delta b_n(x)$$

ausdrücken. Damit wird aus (2.3.18b)

$$\Phi_n = B_{max}\tau_n l_i = B_\delta l_i \int_{-\tau_n/2}^{+\tau_n/2} b_n(x)dx. \quad (2.3.18c)$$

Das Integral in (2.3.18c) entspricht der im Bereich τ_n von $b_n(x)$ eingefassten Fläche. Sie lässt sich entsprechend Bild 2.3.5 durch ein homogenes Ersatzfeld ersetzen, d. h. durch ein flächengleiches Rechteck der Höhe $b_n(x)_{max} = 1$ und der Breite $\tau_n - \gamma b_s$. Den Quotienten zwischen der maximalen Flussdichte B_δ der tatsächlichen Feldkurve und der maximalen Flussdichte B_{max} der idealisierten Feldkurve nennt man den *Carterschen Faktor* k_c. Der Cartersche Faktor dient damit der Ermittlung von B_δ aus B_{max}. Seine Bestimmung erfolgt nach (2.3.18c), wobei es sich zeigt, dass k_c durch ein einfach zu ermittelndes Längenverhältnis

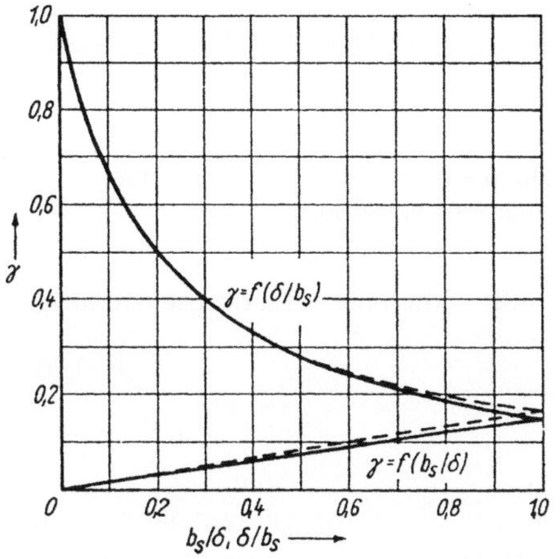

Bild 2.3.6 Hilfsgröße γ zur Ermittlung des Carterschen Faktors.
- - - - - Näherung nach (2.3.20)

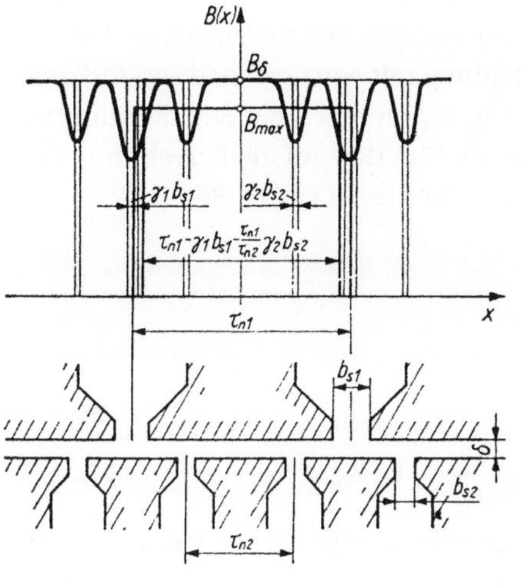

Bild 2.3.7 Feldkurve einer Ständernutteilung im Gebiet des Maximums der Feldkurve bei zweiseitiger Nutung

$$k_c = \frac{B_\delta}{B_{\max}} = \frac{\tau_n}{\int\limits_{-\tau_n/2}^{+\tau_n/2} b_n(x)\mathrm{d}x} = \frac{\tau_n}{\tau_n - \gamma b_s} \tag{2.3.19}$$

darstellbar ist, das in entsprechender Weise auch für die Nutteilungen außerhalb der Polmitte gilt. Der Ausdruck γb_s entspricht dem Flächenverlust der Feldkurve, der durch die von der Nutung verursachte Einsattelung der tatsächlichen Feldkurve entsteht. Er wird von der *Nutschlitzbreite* b_s, d. h. der Breite der Nutöffnung am Luftspalt, und dem Luftspalt δ bestimmt. Das genannte Längenverhältnis ergibt sich als Verhältnis der Gesamtlänge τ_n des betrachteten Feldabschnitts zur Gesamtlänge abzüglich des durch die Feldeinsattelung verursachten Längenverlusts γb_s (s. Bild 2.3.5). Unter den Annahmen $\mu_{Fe} \to \infty$ und unendlicher Nuttiefe lässt sich die Hilfsgröße γ mittels konformer Abbildung als Funktion von b_s/δ ermitteln (s. Bild 2.3.6). Da k_c eine Korrekturgröße ist, bleibt der durch die genannten Annahmen verursachte Feh-

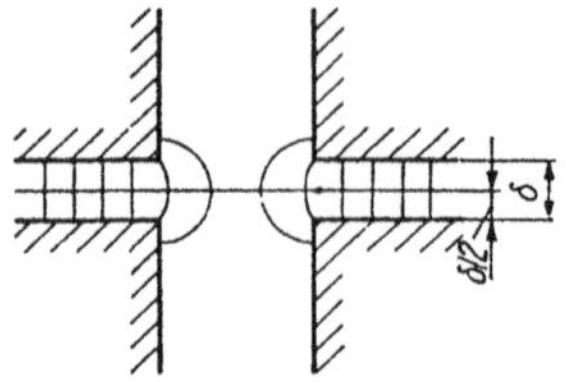

Bild 2.3.8 Feldbild einander gegenüberstehender Nuten mit gleich breiter Nutöffnung

ler vernachlässigbar klein. Deshalb kann man für γ auch die Näherungsbeziehung

$$\gamma = \frac{1}{1 + 5\dfrac{\delta}{b_s}} \tag{2.3.20}$$

verwenden. Sie gilt insbesondere für $\delta / b_s < 1$.

Wenn Ständer und Läufer einer elektrischen Maschine genutet sind, d. h. wenn beide Luftspaltbegrenzungsflächen durch Nutöffnungen unterbrochen sind, entstehen in der Feldkurve zusätzliche Einsattelungen. Stehen dabei sämtlichen Nutöffnungen Zähne gegenüber (s. Bild 2.3.7), so bilden sich die einzelnen Einsattelungen so aus, als wäre nur eine einseitige Nutung mit entsprechend vergrößerter Nutzahl vorhanden. Auf jede Ständernutteilung τ_{n1} entfallen ein Ständernutsattel und τ_{n1}/τ_{n2} Läufernutsättel. Die Anwendung von (2.3.18c) auf die Berechnung des Carterschen Faktors entsprechend (2.3.19) ergibt für diesen Fall (s. Bild 2.3.7)

$$\begin{aligned} k_c &= \frac{B_\delta}{B_{max}} = \frac{\tau_{n1}}{\tau_{n1} - \gamma_1 b_{s1} - \dfrac{\tau_{n1}}{\tau_{n2}} \gamma_2 b_{s2}} \\ &= \frac{\tau_{n1}\tau_{n2}}{\tau_{n1}\tau_{n2} - \tau_{n2}\gamma_1 b_{s1} - \tau_{n1}\gamma_2 b_{s2}} \\ &= \frac{\tau_{n1}\tau_{n2}}{(\tau_{n1} - \gamma_1 b_{s1})(\tau_{n2} - \gamma_2 b_{s2}) - \gamma_1\gamma_2 b_{s1} b_{s2}} \geq k_{c1} k_{c2}. \end{aligned} \tag{2.3.21a}$$

Hierin sind k_{c1} und k_{c2} die Carterschen Faktoren bei einseitiger Nutung des Ständers bzw. Läufers. Im anderen Fall, dass die Nutöffnungen einander gegenüberstehen, gilt

$$k_c \leq k_{c1} k_{c2}. \tag{2.3.21b}$$

Dabei wirkt sich nämlich die Nutöffnung der einen Seite auf die durch die Nutöffnung der anderen Seite bereits verminderte Luftspaltflussdichte aus und damit geringer, als bei unverminderter Luftspaltflussdichte. Der Fall gleich breiter Nutöffnungen lässt sich, wie man unschwer aus dem Feldlinienverlauf im Bild 2.3.8 erkennen kann, auf den Fall einseitiger Nutung bei halber Luftspaltlänge zurückführen. Für diesen Fall ergibt das Produkt der gleichen Carterschen Faktoren einseitiger Nutung, z. B. bei $b_s = 0{,}5\tau_n$ und $\delta = 0 \ldots b_s$, einen Wertebereich zwischen 4 und 1,17, während der tatsächliche Cartersche Faktor einen Wertebereich zwischen 2 und 1,16 umfasst.

Die Nutanordnung der ausgeführten Maschine sowie die Bewegung des Läufers bewirken, dass sich für k_c ein mittlerer Wert der beiden betrachteten Grenzfälle einstellt. Die tatsächlichen Verhältnisse werden hinreichend gut getroffen, wenn man

$$k_c = k_{c1} k_{c2} \tag{2.3.21c}$$

setzt.

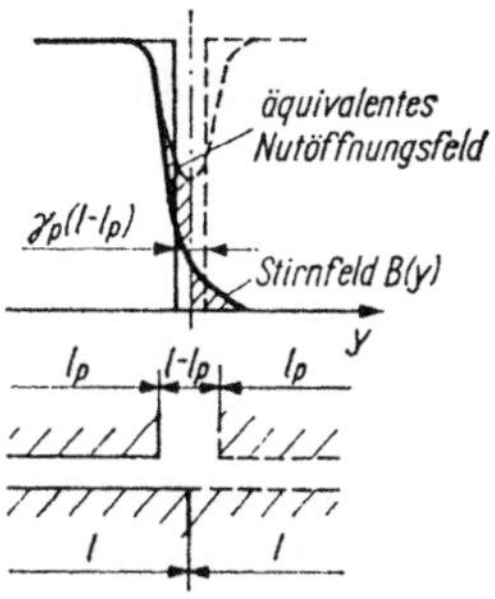

Bild 2.3.9 Umformung des Stirnfelds in ein äquivalentes Nutöffnungsfeld

2.3.2.3 Einfluss der Ventilationskanäle und Stirnflächen

Nach (2.3.17) werden die y-abhängigen Einflüsse auf das Luftspaltfeld durch eine entsprechende Festlegung der ideellen Länge l_i berücksichtigt, wobei man l_i aus der Integration der Feldkurve $B(y)$ bzw. der Feldform $f(y)$ erhält (s. Bild 2.3.4b). Auch hierbei entspricht das Integral der von $B(y)$ bzw. $f(y)$ eingefassten Fläche, die man analog zum Abschnitt 2.3.2.2 in eine Summe von Rechtecken der Höhe $B(y) = B_\delta$ bzw. $f(y) = 1$ und der Gesamtlänge

$$l_i = l - n_v\gamma_v l_v - \frac{l - l_p}{2} \tag{2.3.22}$$

umformen kann. Dabei wurde angenommen, dass das obere Hauptelement im Bild 2.3.4b keine Ventilationskanäle besitzt, wie es bei einer Ausführung mit ausgeprägten Polen oft zutrifft. Wenn Letzteres nicht der Fall ist, aber nach wie vor nur ein Hauptelement durch Ventilationskanäle unterbrochen ist, sind die Längen entsprechend zu handhaben. Bei Induktionsmaschinen mit Kurzschlussläufer z. B. gilt dann $l = l_1$ und $l_p = l_2$. Die Umformung bedeutet die Annahme eines gedachten homogenen Felds im Bereich des Maximums der Feldkurve mit der Flussdichte B_δ und der Länge l_i (s. Definition von l_i im Abschn. 2.3.1.1). Die Beziehung (2.3.22) gilt für den Fall einseitig angeordneter Ventilationskanäle sowie für den Fall zweiseitig angeordneter Ventilationskanäle, wenn sich keine Kanäle gegenüberstehen. Außerdem ist vorausgesetzt, dass alle n_v Kanäle die gleiche Kanalbreite l_v haben. In Analogie zu (2.3.19) lässt sich auch für die Ventilationskanäle als Längenverhältnis ein Carterscher Faktor entsprechend

$$l_i = l - n_v\gamma_v l_v - \frac{l - l_p}{2} = l\frac{(l/n_v) - \gamma_v l_v}{l/n_v} - \frac{l - l_p}{2} = l\frac{1}{k_{cv}} - \frac{l - l_p}{2} \tag{2.3.23}$$

einführen. Der Hilfsfaktor γ_v ist hierbei als Funktion von δ/l_v entweder Bild 2.3.6 zu entnehmen oder nach (2.3.20) zu berechnen, wobei l_v an die Stelle von b_s zu setzen ist.

Liegen zwei gleich breite Ventilationskanäle einander gegenüber, so bildet das Luftspaltfeld in Luftspaltmitte eine Potentiallinie aus (s. Bild 2.3.8). Damit ist dieser Fall ebenfalls auf den Fall einseitiger Unterbrechung bei halber Luftspaltlänge zurückgeführt (s. Abschn. 2.3.2.2). Bei der Anwendung von (2.3.22) bzw. (2.3.23) ist jedes Paar gegenüberliegender Ventilationskanäle einfach zu zählen und bei der Ermittlung von γ_v die halbe Luftspaltlänge einzusetzen. Liegen die Ventilationskanäle nur zum Teil einander gegenüber und haben sie in Ständer und Läufer unterschiedliche Breiten, so ist k_{cv} analog zu (2.3.21c) zu ermitteln.

Wenn der Einfluss unterschiedlicher Längen beider Hauptelemente genauer erfasst werden soll, lässt sich auch das Stirnfeld in ein äquivalentes Nutschlitzfeld umformen. Die beiden Stirngebiete werden dafür derart aneinandergefügt, dass die beiden Stirnflächen des längeren Hauptelements aufeinanderliegen. Dann bilden die beiden Stirnflächen des anderen Hauptelements eine Nut der Breite $l - l_p$ (s. Bild 2.3.9). Wenn dabei die im Bild 2.3.9 schraffierten Flächen einander annähernd gleich sind, so gilt die angedeutete Analogie zum Nutschlitzfeld, und auch für diesen Fall lässt sich als Längenverhältnis ein Carterscher Faktor definieren. Zur Einführung dieses Längenverhältnisses muss (2.3.22) umgeformt werden. Es gilt

$$\begin{aligned} l_i &= l - n_v \gamma_v l_v - \gamma_p (l - l_p) \\ &= l \frac{(l^2/n_v) - l\gamma_v l_v - (l/n_v)\gamma_p (l - l_p)}{(l/n_v) l} \\ &= l \frac{[(l/n_v) - \gamma_v l_v]\,[l - \gamma_p (l - l_p)] - \gamma_v \gamma_p l_v (l - l_p)}{(l/n_v) l} . \end{aligned}$$

Vernachlässigt man den letzten Ausdruck im Zähler, so erhält man analog zu (2.3.21c)

$$l_i = l \frac{1}{k_{cv} k_{cp}} = l \frac{1}{k_{cy}} . \tag{2.3.24}$$

Die zur Ermittlung der Carterschen Faktoren maßgebenden Größen sind in Tabelle 2.3.1 zusammengestellt.

Wenn Ständer und Läufer die gleiche Länge haben, wie dies i. Allg. bei Induktionsmaschinen der Fall ist, so liefern (2.3.22) und (2.3.24) keinen vom Stirnfeld herrührenden Beitrag zum Hauptfeld. In diesem Fall nimmt man für das Stirnfeld einen homogenen Feldanteil von insgesamt 2δ axialer Ausdehnung an (s. Bild 2.3.10). Damit wird unter Berücksichtigung von (2.3.23) aus (2.3.22)

Tabelle 2.3.1 Zur Bestimmung des Einflusses von Unterbrechungen der Luftspaltbegrenzungsflächen auf das Luftspaltfeld

Carterscher Faktor $k_c = \dfrac{\tau}{\tau - \gamma b}$ **mit** $\gamma = f\left(\dfrac{b}{\delta}\right)$

Unterbrechnung	k_c	τ	b	δ
Nutung einseitig	k_c	τ_n	b_s	δ
Nutung zweiseitig	$k_c = k_{c1} k_{c2}$	τ_{n1}, τ_{n2}	b_{s1}, b_{s2}	δ
n_v Ventilationskanäle gleicher Weite einseitig oder zweiseitig, nicht gegenüberliegend	k_{cv}	l/n_v	l_v	δ
n_v Paare gegenüberliegender Ventilationskanäle gleicher Weite	k_{cv}	l/n_v	l_v	$\delta/2$
n_{v1} und n_{v2} Ventilationskanäle ungleicher Weite, nicht gegenüberliegend	$k_{cv} = k_{cv1} k_{cv2}$	$l/n_{v1}, l/n_{v2}$	l_{v1}, l_{v2}	δ
Verkürzung eines Hauptelements	k_{cp}	l	$l - l_p$	δ
Ventilationskanäle und Verkürzung eines Hauptelements	$k_{cy} = k_{cv} k_{cp}$	–	–	–

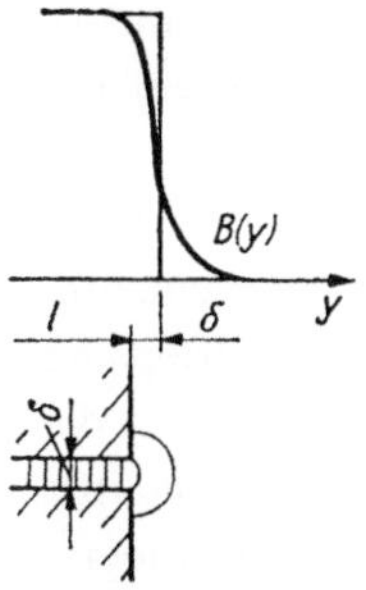

Bild 2.3.10 Stirnfeld bei gleicher Länge von Ständer und Läufer

$$l_\mathrm{i} = l\frac{1}{k_\mathrm{cy}} = l - n_\mathrm{v}\gamma_\mathrm{v}l_\mathrm{v} + 2\delta = l\frac{1}{k_\mathrm{cv}} + 2\delta \tag{2.3.25}$$

mit $$k_\mathrm{cy} = \frac{l}{l_\mathrm{i}} = \frac{1}{\frac{1}{k_\mathrm{cv}} + \frac{2\delta}{l}}. \tag{2.3.26}$$

Bei Maschinen mit relativ großen Luftspaltlängen oder für den Fall, dass nur wenige Ventilationskanäle vorgesehen sind, ist der Einfluss der Ventilationskanäle auf das Luftspaltfeld sehr klein ($n_\mathrm{v}\gamma_\mathrm{v}l_\mathrm{v} \approx 0$ bzw. $k_\mathrm{cv} \approx 1$). Damit ergeben sich aus (2.3.22) und (2.3.25) die Näherungsbeziehungen

$$l_\mathrm{i} \approx \frac{l + l_\mathrm{p}}{2} \quad \text{bzw.} \quad l_\mathrm{i} \approx l + 2\delta. \tag{2.3.27}$$

2.3.2.4 Magnetischer Spannungsabfall über dem Luftspalt

Der im Abschnitt 2.1.2, Seite 154, definierte Hauptintegrationsweg führt über das im Abschnitt 2.3.2.2 festgelegte homogene Feldgebiet im Bereich des Maximums der Feldkurve des Luftspaltfelds. In diesem Feldgebiet herrscht die Flussdichte B_δ längs des Pfadabschnitts δ_0, der durch den dort vorliegenden Luftspalt gegeben ist. Dieser ist wiederum bei Maschinen mit zwei rotationssymmetrischen Hauptelementen durch den längs des Umfangs konstanten Luftspalt δ gegeben oder bei Maschinen mit ausgeprägten Polen in einem der Hauptelemente durch den Luftspalt in Polmitte. Damit ergibt sich für den magnetischen Spannungsabfall über dem Luftspalt mit $B_\delta = \mu_0 H_\delta$ und $V_\delta = H_\delta \delta_0$ sowie (2.3.19)

$$\boxed{V_\delta = \frac{1}{\mu_0}B_\delta\delta_0 = \frac{1}{\mu_0}B_\mathrm{max}k_\mathrm{c}\delta_0 = \frac{1}{\mu_0}B_\mathrm{max}\delta_\mathrm{i}}\,. \tag{2.3.28}$$

Danach errechnet sich der magnetische Spannungsabfall über dem Luftspalt entweder aus den im Bereich des Maximums der Feldkurve herrschenden tatsächlichen Werten B_δ und δ_0 oder aus der Flussdichte B_max der idealisierten Feldkurve und dem *ideellen Luftspalt* $\delta_\mathrm{i} = k_\mathrm{c}\delta_0$, der einen unter Berücksichtigung der Nutung gegenüber δ_0 erweiterten Luftspalt darstellt. Die Flussdichte B_max ergibt sich aus dem Luftspaltfluss Φ_δ nach (2.3.5). Damit gilt für die Magnetisierungskennlinie des Luftspaltfelds

$$\Phi_\delta = B_\mathrm{max}\alpha_\mathrm{i}\tau_\mathrm{p}l_\mathrm{i} = \mu_0\frac{1}{\delta_0 k_\mathrm{c}}\alpha_\mathrm{i}\tau_\mathrm{p}l_\mathrm{i}V_\delta. \tag{2.3.29}$$

Ohne Berücksichtigung der noch zu behandelnden ferromagnetischen Einflüsse sind alle Faktoren in (2.3.29) konstant, und als Magnetisierungskennlinie $\Phi_\delta = f(V_\delta)$ des Luftspaltfelds ergibt sich die sog. *Luftspaltgerade* (s. Bild 2.3.12).

Die Berechnung der Magnetisierungskennlinie eines Abschnitts des magnetischen Kreises einer elektrischen Maschine hat allgemein zum Ziel, entsprechend (2.1.18), (2.1.20a,b) bzw. (2.1.21), Seite 159, zusammengehörige Wertepaare von Φ bzw. B und V des Abschnitts zu ermitteln. Für den Luftspalt sind das die Wertepaare des gesamten Luftspaltflusses Φ_δ bzw. des Hauptwellenflusses Φ_h und des magnetischen Spannungsabfalls V_δ über dem Luftspalt auf dem Hauptintegrationsweg. Die zur Gewinnung dieser Größen auftretenden Zwischengrößen können dabei unterschiedlich definiert sein.

2.3.2.5 Verwendung anderer Bezugslängen

In den bisherigen Betrachtungen wurden die charakteristischen Werte der Luftspaltflussdichte

- B_max als Maximalwert,
- $\hat{B}_\mathrm{p}$ als Hauptwellenamplitude,
- B_m als Mittelwert

der in Umfangsrichtung idealisierten Feldkurve eingeführt als auf die ideelle Länge l_i des in axialer Richtung als konstant angesehenen Luftspaltfelds bezogen. Damit gilt für

- den gesamten Luftspaltfluss Φ_δ die Beziehung (2.3.5),
- den Hauptwellenfluss Φ_h die Beziehung (2.3.11),
- den Nutteilungsfluss Φ_n im Bereich des Maximums der Feldkurve die Beziehung (2.3.18b).

Sowohl in der Literatur als auch bei den einzelnen Herstellern werden statt der ideellen Länge l_i auch andere Bezugslängen l_bez für die in Umfangsrichtung idealisierte Feldkurve verwendet. Dafür kommen prinzipiell in Frage

- die Gesamtlänge l eines der beiden Hauptelemente,
- die reine Paketlänge l_Fe eines der beiden Hauptelemente, d. h. die Länge des Blechpakets ohne die n_v Ventilationskanäle der Länge l_v, so dass

$$l_\mathrm{Fe} = l - n_\mathrm{v} l_\mathrm{v} \tag{2.3.30}$$

gilt. Unter Verwendung der allgemeinen Bezugslänge l_bez erhält man aus (2.3.5) für den gesamten Luftspaltfluss

$$\Phi_\delta = \tau_\mathrm{p} l_\mathrm{i} B_\mathrm{m} = \tau_\mathrm{p} l_\mathrm{bez} \frac{l_\mathrm{i}}{l_\mathrm{bez}} B_\mathrm{m} = \tau_\mathrm{p} l_\mathrm{bez} B_{\mathrm{m}\,\mathrm{l_{bez}}} \tag{2.3.31a}$$

bzw.

$$\Phi_\delta = \alpha_\mathrm{i} \tau_\mathrm{p} l_\mathrm{i} B_\mathrm{max} = \alpha_\mathrm{i} \tau_\mathrm{p} l_\mathrm{bez} \frac{l_\mathrm{i}}{l_\mathrm{bez}} B_\mathrm{max} = \alpha_\mathrm{i} \tau_\mathrm{p} l_\mathrm{bez} B_{\mathrm{max}\,\mathrm{l_{bez}}} . \tag{2.3.31b}$$

Zwischen den charakteristischen Werten des Mittelwerts und des Maximalwerts der Luftspaltflussdichte bestehen also die Beziehungen

$$B_\mathrm{m} = \frac{l_\mathrm{bez}}{l_\mathrm{i}} B_{\mathrm{m}\,\mathrm{l_{bez}}} \tag{2.3.32}$$

und $$B_{\max} = \frac{l_{\text{bez}}}{l_{\text{i}}} B_{\max\,\text{l}_{\text{bez}}}\,. \tag{2.3.33}$$

Analog ergibt sich aus (2.3.11) für den Hauptwellenfluss Φ_{h} bei Verwendung der allgemeinen Bezugslänge l_{bez}

$$\Phi_{\text{h}} = \frac{2}{\pi}\tau_{\text{p}} l_{\text{i}} \hat{B}_{\text{p}} = \frac{2}{\pi}\tau_{\text{p}} l_{\text{bez}} \frac{l_{\text{i}}}{l_{\text{bez}}} \hat{B}_{\text{p}} = \frac{2}{\pi}\tau_{\text{p}} l_{\text{bez}} \hat{B}_{\text{p}\,l_{\text{bez}}}\,, \tag{2.3.34}$$

d. h. es besteht zwischen den charakteristischen Werten der Hauptwellenamplitude der Luftspaltflussdichte in Analogie zu (2.3.32) und (2.3.33) die Beziehung

$$\hat{B}_{\text{p}} = \frac{l_{\text{bez}}}{l_{\text{i}}} \hat{B}_{\text{p}\,\text{l}_{\text{bez}}}\,. \tag{2.3.35}$$

Für den Nutteilungsfluss Φ_{n} im Bereich des Maximums der Feldkurve erhält man ausgehend von (2.3.18b)

$$\Phi_{\text{n}} = \tau_{\text{n}} l_{\text{i}} B_{\max} = \tau_{\text{n}} l_{\text{bez}} \frac{l_{\text{i}}}{l_{\text{bez}}} B_{\max} = \tau_{\text{n}} l_{\text{bez}} B_{\max\,\text{l}_{\text{bez}}}\,. \tag{2.3.36}$$

Man erkennt aus den vorstehenden Betrachtungen, dass es beim Austausch von Informationen über die charakteristischen Werte der Luftspaltflussdichte unerlässlich ist, die zugeordnete Bezugslänge anzugeben.

Wenn als ein erster Sonderfall als Bezugslänge die Gesamtlänge l eines der beiden Hauptelemente verwendet wird, folgt aus (2.3.33) mit (2.3.24)

$$B_{\max} = \frac{l}{l_{\text{i}}} B_{\max\,\text{l}} = B_{\max\,\text{l}} k_{\text{cy}}\,, \tag{2.3.37}$$

und aus (2.3.28) wird

$$V_{\delta} = \frac{1}{\mu_0} B_{\delta}\delta_0 = \frac{1}{\mu_0} B_{\max} k_{\text{c}} \delta_0 = \frac{1}{\mu_0} B_{\max\,\text{l}} k_{\text{cy}} k_{\text{c}} \delta_0 = \frac{1}{\mu_0} B_{\max\,\text{l}} \delta_{\text{i}\,\text{l}} \tag{2.3.38}$$

sowie aus (2.3.29)

$$\Phi_{\delta} = \alpha_{\text{i}} \tau_{\text{p}} l_{\text{i}} B_{\max} = \alpha_{\text{i}} \tau_{\text{p}} l B_{\max\,\text{l}} = \mu_0 \frac{1}{\delta_0 k_{\text{c}}} \alpha_{\text{i}} \tau_{\text{p}} l_{\text{i}} V_{\delta} = \mu_0 \frac{1}{\delta_0 k_{\text{cy}} k_{\text{c}}} \alpha_{\text{i}} \tau_{\text{p}} l V_{\delta}\,. \tag{2.3.39}$$

Der *ideelle Luftspalt* $\delta_{\text{i}\,\text{l}}$ beträgt in diesem Fall

$$\delta_{\text{i}\,\text{l}} = k_{\text{cy}} k_{\text{c}} \delta_0\,. \tag{2.3.40}$$

Wenn als ein zweiter Sonderfall als Bezugslänge die reine Paketlänge l_{Fe} eines der beiden Hauptelemente verwendet wird, folgt aus (2.3.33) mit (2.3.24)

$$B_{\max} = \frac{l_{\text{Fe}}}{l_{\text{i}}} B_{\max\,\text{l}_{\text{Fe}}} = B_{\max\,\text{l}_{\text{Fe}}} k_{\text{cy}} \frac{l_{\text{Fe}}}{l}\,. \tag{2.3.41}$$

Aus (2.3.28) wird

$$V_{\delta} = \frac{1}{\mu_0} B_{\delta}\delta_0 = \frac{1}{\mu_0} B_{\max} k_{\text{c}} \delta_0 = \frac{1}{\mu_0} B_{\max\,\text{l}_{\text{Fe}}} k_{\text{cy}} k_{\text{c}} \frac{l_{\text{Fe}}}{l} \delta_0 = \frac{1}{\mu_0} B_{\max\,\text{l}_{\text{Fe}}} \delta_{\text{i}\,\text{l}_{\text{Fe}}} \tag{2.3.42}$$

und aus (2.3.29)

$$\Phi_{\delta} = \alpha_{\text{i}} \tau_{\text{p}} l_{\text{i}} B_{\max} = \alpha_{\text{i}} \tau_{\text{p}} l_{\text{Fe}} B_{\max\,\text{l}_{\text{Fe}}} = \mu_0 \frac{1}{\delta_0 k_{\text{cy}} k_{\text{c}}} \alpha_{\text{i}} \tau_{\text{p}} l V_{\delta}\,. \tag{2.3.43}$$

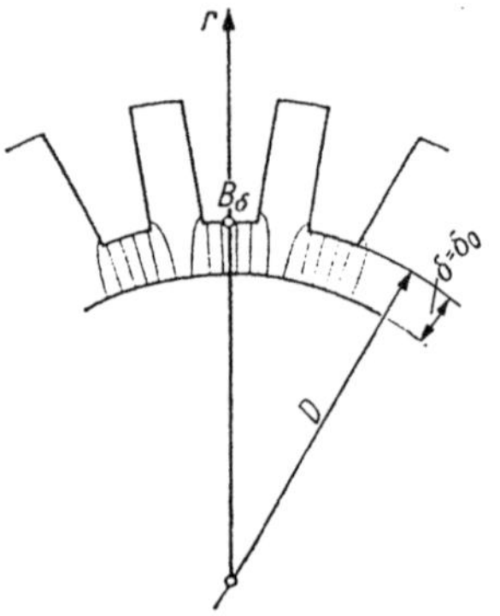

Bild 2.3.11 Zur Bestimmung des magnetischen Spannungsabfalls im Luftspalt bei einer Luftspaltlänge, die nicht mehr klein gegenüber dem Durchmesser ist

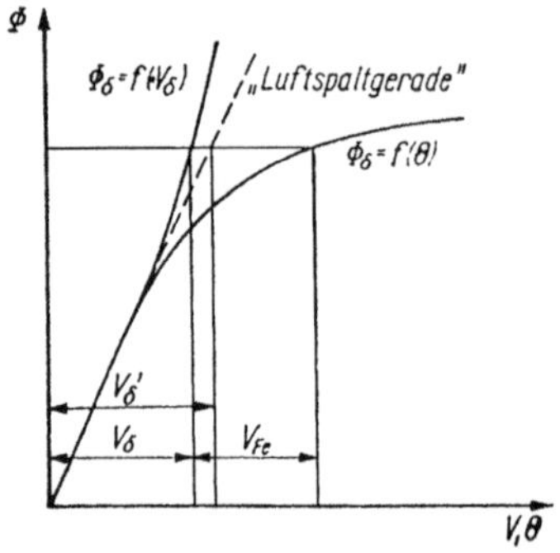

Bild 2.3.12 Magnetisierungskennlinie des magnetischen Kreises. V_{Fe}: magnetischer Spannungsabfall über den ferromagnetischen Abschnitten des magnetischen Kreises, V_δ: magnetischer Spannungsabfall über dem Luftspalt, V'_δ: magnetischer Spannungsabfall über dem Luftspalt bei Vernachlässigung des Sättigungseinflusses der ferromagnetischen Abschnitte (Luftspaltgerade)

Der ideelle Luftspalt $\delta_{\mathrm{i\,l_{Fe}}}$ ergibt sich in diesem Fall zu

$$\delta_{\mathrm{i\,l_{Fe}}} = k_{\mathrm{cy}} k_{\mathrm{c}} \frac{l_{\mathrm{Fe}}}{l} \delta_0 = k_{\mathrm{c}} \frac{l_{\mathrm{Fe}}}{l_{\mathrm{i}}} \delta_0. \tag{2.3.44}$$

Wenn die Luftspaltlänge nicht mehr klein gegenüber dem Durchmesser D ist, muss die Krümmung des Luftspalts berücksichtigt werden. Das trifft z. B. bei Turbogeneratoren zu (s. Bild 2.3.11). Dann gilt mit r als Radialkoordinate analog zur Entstehung von (2.3.28)

$$B(r) = B_\delta \frac{D}{2r}, \quad H(r) = H_\delta \frac{D}{2r}, \quad \mathrm{d}s = \mathrm{d}r$$

$$\begin{aligned} V_\delta &= \int_{\frac{D}{2}-\delta_0}^{\frac{D}{2}} H(r)\,\mathrm{d}r = \int_{\frac{D}{2}-\delta_0}^{\frac{D}{2}} H_\delta \frac{D}{2r}\,\mathrm{d}r = H_\delta \frac{D}{2} \ln \frac{\frac{D}{2}}{\frac{D}{2}-\delta_0} \\ &= H_\delta \frac{D}{2} \ln \frac{1}{1-\frac{2\delta_0}{D}} \approx H_\delta \frac{D}{2}\left(\frac{2\delta_0}{D} + \frac{2\delta_0^2}{D^2}\right) = H_\delta \delta_0 \left(1+\frac{\delta_0}{D}\right) \\ &= \frac{1}{\mu_0} B_\delta \delta_0 \left(1+\frac{\delta_0}{D}\right) = \frac{1}{\mu_0} B_{\max} k_{\mathrm{c}} \delta_0 \left(1+\frac{\delta_0}{D}\right). \end{aligned} \tag{2.3.45}$$

2.4 Charakteristische Abschnitte des ferromagnetischen Teils des magnetischen Kreises

Für alle ferromagnetischen Abschnitte des magnetischen Kreises hat die Magnetisierungskennlinie entsprechend (2.1.16), Seite 158, die Form einer Magnetisierungskurve. Damit erhält auch die Magnetisierungskennlinie $\Phi_\delta = f(\Theta)$ des gesamten magnetischen Kreises die Form einer Magnetisierungskurve (s. Bild 2.3.12). Im Folgenden soll die Ermittlung der Magnetisierungskennlinien der einzelnen ferromagnetischen Abschnitte des magnetischen Kreises behandelt werden. Die Darstellung wird nach Abschnitten mit gleichen charakteristischen Abhängigkeiten ihrer Feldgrößen gegliedert.

Bei der manuellen analytischen Behandlung der ferromagnetischen Abschnitte des magnetischen Kreises sieht man i. Allg. von vornherein davon ab, die Feldgleichungen unter den gegebenen Randbedingungen und den vorliegenden Materialeigenschaften lösen zu wollen. Voraussetzung für die manuelle analytische Behandlung dieser Abschnitte sind dann die folgenden zwei Annahmen:

- Erstens nimmt man an, dass die Flussdichte über den Querschnittsflächen der als magnetische Leiter anzusehenden ferromagnetischen Abschnitte konstant ist. Die Berechtigung zu dieser Annahme resultiert aus dem Verlauf der Magnetisierungskurve. Danach wächst bei den normalerweise auftretenden Flussdichten die örtliche magnetische Feldstärke progressiv mit der Flussdichte, was einen starken Drang zum Ausgleich ungleicher Flussdichteverteilungen zur Folge hat.
- Zweitens nimmt man an, dass alle Flussdichtekomponenten in der Ebene der Querschnittsflächen vernachlässigbar klein sind. Diese Annahme trifft nur für die Abschnitte mit annähernd homogenen Feldern gut zu. Für alle anderen Abschnitte ist mit mehr oder weniger großen Fehlern zu rechnen.

Auf der Grundlage der beiden Annahmen gilt nach (2.1.17c) $\Phi = BA$.

2.4.1 Abschnitte mit annähernd homogenen Feldern

Wenn sich längs des Integrationswegs weder Fluss noch Querschnittsfläche eines Abschnitts ändern, sind auch Flussdichte und Feldstärke längs des Integrationswegs konstant, und es gilt (2.1.12), Seite 156. Der betrachtete Abschnitt mit dem Querschnitt A und der Länge s hat ein homogenes Feld, und die Berechnung seiner Magnetisierungskennlinie geschieht nach dem Schema

$$\boxed{\Phi_{\mathrm{ab}} \to B = \Phi_{\mathrm{ab}}/A \to H \quad \text{aus} \quad B = f_{\mathrm{M}}(H) \to V_{\mathrm{ab}} = Hs \to \Phi_{\mathrm{ab}} = f(V_{\mathrm{ab}})} \,.$$

Abschnitte mit annähernd homogenem Feld sind z. B. die Joche und die Polkerne von Außenpolmaschinen. Wegen der verhältnismäßig großen Pollücke von Außenpolmaschinen ist der Streufluss von Polkern und Joch sehr gering, d. h. der Fluss längs dieser Abschnitte ändert sich kaum. Die Feldstärke in den Jochen ist gemäß $V_{\mathrm{ab}} = Hs =$ konst. umgekehrt proportional zum Radius, d. h. eigentlich über der Querschnittsfläche nicht konstant. Da aber die Radiusänderung vom Innen- zum

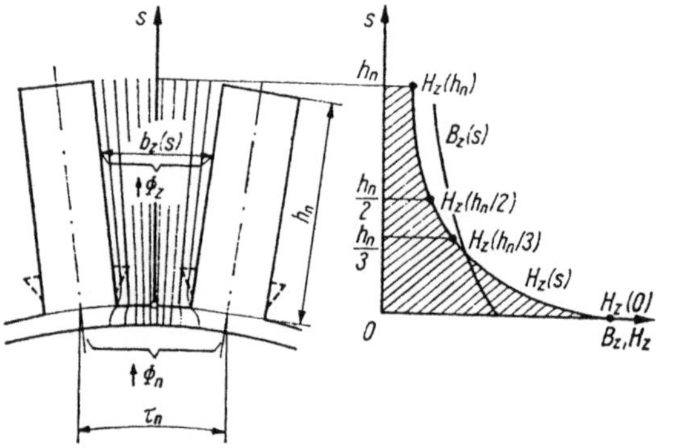

Bild 2.4.1 Zur Bestimmung des magnetischen Spannungsabfalls in den Zähnen bei einer Zahnflussdichte $B_z \leq 1{,}7\,\mathrm{T}$

Außenumfang des Jochs relativ gering und die Flussdichteänderung wegen der Magnetisierungskennlinie wesentlich kleiner als die Feldstärkeänderung ist, kann man diese Inhomogenität vernachlässigen. Die Joche von Innenpolmaschinen, besonders von solchen mit kleinerer Polpaarzahl, haben keine homogenen Felder. Ihr Beitrag zum Spannungsabfall des magnetischen Kreises ist jedoch so klein, dass man ihre Magnetisierungskennlinie ebenfalls nach dem einfachen Schema der homogenen Felder berechnet.

2.4.2 Abschnitte mit sich längs des Integrationswegs ändernder Querschnittsfläche

Abschnitte mit sich längs des Integrationswegs ändernder Querschnittsfläche sind normalerweise die Zähne aller elektrischen Maschinen (s. Bild 2.4.1). Ist b_z die Zahnbreite, $l_{Fe} = l - n_v l_v$ nach (2.3.30) die reine Paketlänge und $\varphi_{Fe} l_{Fe}$ die reine Eisenlänge, so ergibt sich für die Querschnittsfläche des Zahns entlang einer radial

Tabelle 2.4.1 Dicke der Blechisolierungsschicht d_{iso}
(nach Produktkatalog für nichtorientiertes Elektroband, ThyssenKrupp Steel AG, Mai 2006)

Art der Isolierung	Schichtdicke d_{iso} je Seite in µm
organische Beschichtung	1,5
anorganische Beschichtung mit organischen Bestandteilen	0,5 ...1,5
anorganische Beschichtung	0,5 ...1,5
anorganische Beschichtung mit organischen Bestandteilen, pigmentiert, ausführungsabhängig	0,3 ...1,0 1,0 ...2,0 2,0 ...3,5
organische Beschichtung, pigmentiert, ausführungsabhängig	3,0 ...5,0 4,0 ...7,0 6,0 ...9,0 7,0 ...10
organischer Backlack	5,0 ...8,0

gerichteten Koordinate s

$$\boxed{A_{\mathrm{z}} = b_{\mathrm{z}}(s)\varphi_{\mathrm{Fe}}l_{\mathrm{Fe}}}\,. \tag{2.4.1}$$

Der *Paketfüllfaktor* oder *Eisenfüllfaktor* oder *Stapelfaktor* φ_{Fe} gibt dabei das Verhältnis der Blechpaketlänge abzüglich der Blechisolierungsschichten zur gesamten Blechpaketlänge an. Er ergibt sich aus der Dicke und Rauheit der Bleche sowie der Dicke der Blechisolierungsschicht. Der Mittelwert der Rauheit R_{a} liegt bei schlussgeglühtem, nicht kornorientiertem Elektroband unter 1 µm. Die Maximalwerte $R_{\mathrm{a\,max}}$ können 2 µm erreichen. Bei nicht schlussgeglühtem, nicht kornorientiertem Elektroband finden sich Werte für R_{a} im Bereich von 1 bis 3,5 µm. Typische Schichtdicken der Isolierungsschicht je Blechseite für die unterschiedlichen Isolierungsarten sind in Tabelle 2.4.1 zusammengefasst. Die Werte für die Rauheit und für die Dicke d_{iso} der Isolierungsschicht je Seite ergeben im Zusammenhang mit der Blechdicke d_{Fe} den nicht mit Magnetmaterial ausgefüllten Raum. Der Eisenfüllfaktor errechnet sich daraus zu

$$\varphi_{\mathrm{Fe}} = \frac{d_{\mathrm{Fe}}}{d_{\mathrm{Fe}} + 2d_{\mathrm{iso}} + 2R_{\mathrm{a}}}\,. \tag{2.4.2}$$

Angaben zu den spezifischen Verlusten von Elektroblechen enthält Tabelle 6.4.1, Seite 403.

Wenn die Zahnflussdichte B_{z} kleiner als 1,7 T ist, kann der benachbarte Nutraum als praktisch feldfrei angesehen werden. Der Zahnfluss Φ_{z} ist dann gleich dem gesamten Nutteilungsfluss Φ_{n}. Für den Bereich des Maximums der Feldkurve, durch das der Hauptintegrationsweg tritt, gilt nach (2.3.18b)

$$\Phi_{\mathrm{z}} = \Phi_{\mathrm{n}} = B_{\mathrm{max}}\tau_{\mathrm{n}}l_{\mathrm{i}}\,.$$

Außerhalb des Maximums der Feldkurve gilt (2.3.18a).

Mit (2.1.17c), (2.3.18b) und (2.4.1) ergibt sich für die Flussdichte eines Zahns im Bereich des Maximums der Feldkurve

$$B_{\mathrm{z}} = \frac{\Phi_{\mathrm{z}}}{A_{\mathrm{z}}} = \frac{B_{\mathrm{max}}\tau_{\mathrm{n}}l_{\mathrm{i}}}{b_{\mathrm{z}}(s)\varphi_{\mathrm{Fe}}l_{\mathrm{Fe}}}\,. \tag{2.4.3}$$

Nimmt man an, dass außerhalb des Maximums der Feldkurve über der Nutteilung τ_{n} eine mittlere Luftspaltflussdichte B herrscht, so gilt analog zu (2.4.3)

$$B_{\mathrm{z}} = \frac{\Phi_{\mathrm{z}}}{A_{\mathrm{z}}} = \frac{B\tau_{\mathrm{n}}l_{\mathrm{i}}}{b_{\mathrm{z}}(s)\varphi_{\mathrm{Fe}}l_{\mathrm{Fe}}}\,. \tag{2.4.4}$$

Damit wird die Zahnfeldstärke H_{z} entsprechend der Magnetisierungskurve $B_{\mathrm{z}} = f_{\mathrm{M}}(H_{\mathrm{z}})$ des Zahnwerkstoffs ebenfalls eine Funktion von s, und zur Ermittlung des magnetischen Spannungsabfalls längs der Zähne muss (2.1.10b), Seite 156, angewendet werden entsprechend

$$V_{\mathrm{z}} = \int_0^{h_{\mathrm{n}}} H_{\mathrm{z}}(s)\,\mathrm{d}s = H_{\mathrm{zm}}h_{\mathrm{n}}\,. \tag{2.4.5a}$$

Die Lösung des Integrals (2.4.5a) kann durch grafische Integration der Funktion $H_{\mathrm{z}}(s)$ oder numerisch erfolgen. Für praktische Berechnungen genügt die

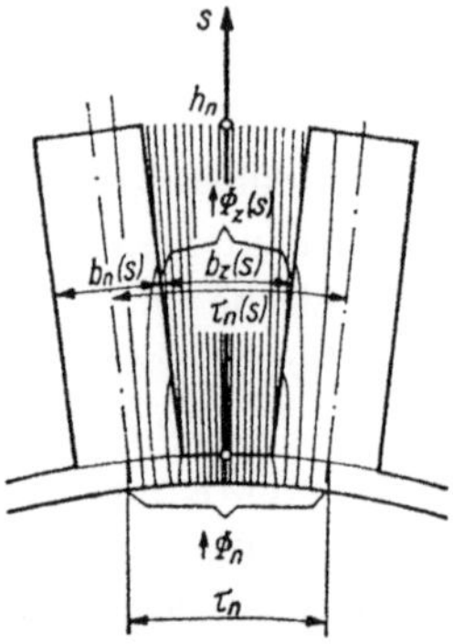

Bild 2.4.2 Zahnentlastung bei $B_z > 1{,}7\,\mathrm{T}$

Anwendung der Simpsonschen Regel mit drei Funktionswerten entsprechend

$$\boxed{V_z = \frac{1}{6}\left[H_z(0) + 4H_z(h_n/2) + H_z(h_n)\right] h_n}\,. \tag{2.4.5b}$$

Bei geringen Zahnflussdichten und geringer Änderung der Zahnbreite liefert auch die Näherung

$$V_z = H_z(h_n/3)h_n \tag{2.4.5c}$$

befriedigende Ergebnisse. Dabei wird $h_n/3$ von der engsten Stelle des Zahns aus gerechnet (s. Bild 2.4.1).

Wenn die Zahnflussdichte größer als 1,7 T ist, existiert im benachbarten Nutraum sowie auch in den Ventilationskanälen ein magnetisches Feld, das nicht mehr vernachlässigt werden kann. Der Nutteilungsfluss verläuft dann zum Teil durch den Nutraum (s. Bild 2.4.2). Damit tritt der bereits im Abschnitt 2.1.1, Seite 152, angedeutete Fall ein, dass Teilfelder bzw. Abschnitte mit unterschiedlichen Magnetisierungskennlinien bezüglich des Feldlinienverlaufs nebeneinanderliegen. Solche Abschnitte beeinflussen sich gegenseitig. Infolgedessen werden die magnetischen Größen längs des Hauptintegrationswegs auch von Abschnitten beeinflusst, durch die dieser Integrationsweg gar nicht führt. Im vorliegenden Fall verläuft der Hauptintegrationsweg durch den Zahn.

Nach Abschnitt 2.2.1.2, Seite 163, sind die längs einer Trennfläche liegenden Komponenten der Feldstärken der beiden angrenzenden Gebiete gleich. Nimmt man wie für den ferromagnetischen Zahn auch für den Nutraum konstante Flussdichte bzw. Feldstärke über dem Querschnitt an, so gilt für jede Querschnittsebene durch Zahn und Nut $H_z = H_{luft} =$ konst. Nimmt man weiterhin an, dass der Nutteilungsfluss Φ_n längs des magnetischen Pfads im Nutteilungsgebiet konstant bleibt, so gilt für eine Nutteilung im Bereich des Maximums der Feldkurve mit (2.3.18b), Seite 176,

$$\Phi_z(s) = B_z(s)A_z(s) = \Phi_n - \Phi_{luft}(s) = B_{max}\tau_n l_i - \mu_0 H_z(s)A_{luft}(s)\,. \tag{2.4.6}$$

Die vorausgesetzten Annahmen treffen im Gebiet des Maximums der Feldkurve mit guter Näherung zu. Für die Zahnfläche gilt (2.4.1). Die Differenz zwischen der Nutteilungsfläche $\tau_n(s)l$ und der Zahnfläche $A_z(s) = b_z(s)\varphi_{Fe}l_{Fe}$ ist die Fläche der parallelliegenden Luftwege $A_{luft}(s)$. Zu dieser Fläche gehört nicht nur die bereits erwähnte Nutfläche $b_n(s)l$, sondern zu ihr gehören auch die Flächen der n_v

Ventilationskanäle $b_z(s)n_v l_v$ und der Blechisolierung $b_z(s)(1-\varphi_{Fe})l_{Fe}$. Es gilt

$$A_{luft}(s) = \tau_n(s)l - b_z(s)\varphi_{Fe}l_{Fe} = b_n(s)l + b_z(s)n_v l_v + b_z(s)(1-\varphi_{Fe})l_{Fe}. \quad (2.4.7)$$

Aus (2.4.1) und (2.4.6) ist als Beziehung zwischen der Zahnflussdichte und der Zahnfeldstärke

$$\boxed{B_z(s) = \frac{\Phi_z(s)}{A_z(s)} = \frac{B_{max}\tau_n l_i}{b_z(s)\varphi_{Fe}l_{Fe}} - \mu_0 H_z(s)\frac{A_{luft}(s)}{A_z(s)}} \quad (2.4.8)$$

ermittelbar. In (2.4.8) ist

$$B_{zs}(s) = \frac{B_{max}\tau_n l_i}{b_z(s)\varphi_{Fe}l_{Fe}} = \frac{\Phi_n}{A_z(s)} \quad (2.4.9)$$

die sog. *scheinbare Zahnflussdichte*. Sie würde dann im Zahn auftreten, wenn der gesamte Nutteilungsfluss Φ_n wie in (2.4.3) durch den Zahn ginge. Das wäre bei $\mu_{luft} = 0$ der Fall. Der durch die parallelen Luftwege verlaufende Fluss vermindert die Zahnflussdichte gegenüber B_{zs} um $\mu_0 H_z(s)A_{luft}(s)/A_z(s)$. Diese Verminderung bezeichnet man als *Zahnentlastung*. Eine zweite Beziehung zur Ermittlung der Zahnflussdichte bzw. Zahnfeldstärke liefert die Magnetisierungskurve des Zahnwerkstoffs mit

$$B_z = f_M(H_z). \quad (2.4.10)$$

Die manuelle Lösung des Gleichungssystems (2.4.8) und (2.4.10) erfolgt grafisch (s. Bild 2.4.3) oder mittels einer Kurvenschar $B_{zs} = f(H_z, A_{luft}/A_z)$. Sie wird deshalb behandelt, weil sie für das Verständnis sowohl der physikalischen Zusammenhänge als auch rechentechnischer Verfahren notwendig ist.

Für die praktische Lösung nach Bild 2.4.3 ermittelt man über (2.4.9) die scheinbare Zahnflussdichte B_{zs}, die man sich auf der Ordinate des Diagramms der Magnetisierungskennlinie für den Zahnwerkstoff vormerkt. An dieser Stelle trägt man die Gerade nach (2.4.8) an, deren Neigung vom Verhältnis A_{luft}/A_z bestimmt wird. Der Schnittpunkt der Geraden nach (2.4.8) mit der Magnetisierungskurve nach (2.4.10) liefert die gesuchten Werte B_z und H_z. Die Bestimmung von H_z für verschiedene Werte von s liefert schließlich punktweise die Funktion $H_z(s)$, die man zur Berechnung von V_z entsprechend (2.4.5a) integrieren muss. Diese Integration kann grafisch erfolgen oder näherungsweise nach (2.4.5b) bzw. (2.4.5c), wobei nur die hierfür notwendigen Werte von H_z ermittelt werden müssen (s. Bild 2.4.1). Die Anwendung der Näherung (2.4.5b) liefert bei $b_z(h_n)/b_z(0) > 1{,}5$ und $B_z(0) = B_{z\,max} > 2{,}4\,\mathrm{T}$ um mehr als 10 % zu große Werte für V_z. Dann muss die Simpsonsche Regel mit mehr als drei Funktionswerten angewendet werden.

Die Magnetisierungskennlinie der Zähne $B = f(V_z)$ bzw. im Bereich des Maximums $B_{max} = f(V_z)$ ergibt sich schließlich nach dem Schema

$$\boxed{B \text{ bzw. } B_{max} \rightarrow B_{zs} \rightarrow H_z(s) \rightarrow V_z},$$

indem man für verschiedene Werte von B bzw. B_{max} die zugehörigen Werte für V_z ermittelt (s. Bild 2.4.4). Natürlich könnte man auch eine charakteristische Zahnflussdichte B_z als Bezugsflussdichte verwenden. Die Wahl der Luftspaltflussdichte B bzw. B_{max} ist deshalb vorteilhafter, weil für diese Flussdichte bereits V_δ bestimmt worden ist und damit sofort zusammengehörige Werte von V_δ und V_z gegeben sind.

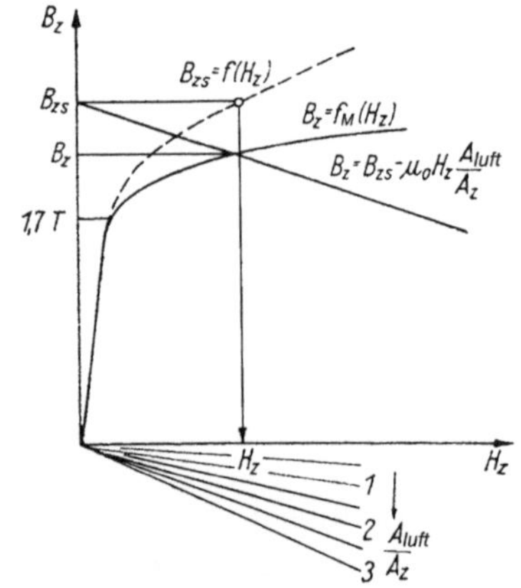

Bild 2.4.3 Zur Bestimmung der Zahnflussdichte B_z und der Zahnfeldstärke H_z bei $B_z > 1{,}7\,\mathrm{T}$

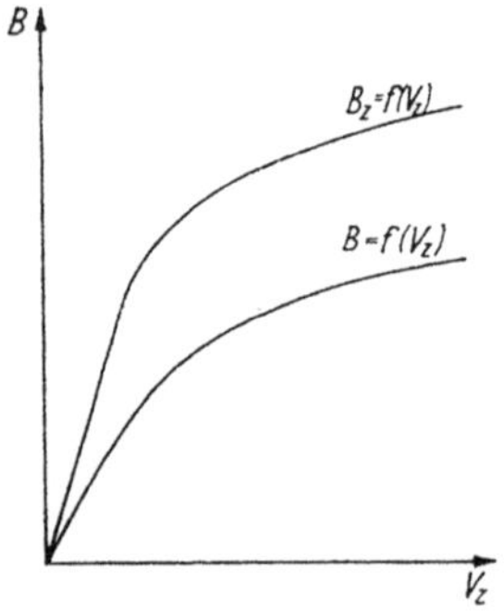

Bild 2.4.4 Magnetisierungskennlinie des Zahngebiets

Außerdem ist B_{max} entsprechend (2.1.21), Seite 160, meistens der Ausgangswert für die Berechnung des magnetischen Kreises überhaupt.

2.4.3 Abschnitte mit längs des Integrationswegs veränderlichem Fluss

Wenn sich innerhalb eines Abschnitts des magnetischen Kreises der Fluss Φ längs des Integrationswegs s ändert, bleiben auch die Flussdichte B und die Feldstärke H längs des Integrationswegs nicht konstant. Der magnetische Spannungsabfall V muss dann nach (2.1.10b), Seite 156, bestimmt werden. Das war bereits im vorangegangenen Abschnitt der Fall. Erschwerend kommt jetzt hinzu, dass die Änderung des Flusses entlang des Integrationswegs erfasst werden muss.

In rotierenden elektrischen Maschinen gibt es im Wesentlichen zwei charakteristische Abschnitte, für die eine Änderung des Flusses entlang des Integrationswegs erfasst werden muss. Diese beiden Abschnitte sind der Rücken (s. Bilder 2.1.1, S. 155, u. 2.4.5) und der ausgeprägte Pol von Innenpolmaschinen, da man bei Innenpolmaschinen den Streufluss des Polkerns nicht vernachlässigen darf (s. Bilder 2.1.1a u. 2.4.9).

Die Spur der Mantelfläche eines Abschnitts, über die der Fluss ein- bzw. austritt, ist weder Feld- noch Potentiallinie. Damit wird der Entwurf eines Feldbilds sehr kompliziert. Eine wesentliche Vereinfachung in der analytischen Behandlung bedeutet die bereits einleitend zum Abschnitt 2.4 erwähnte Annahme, dass die Flussdichte

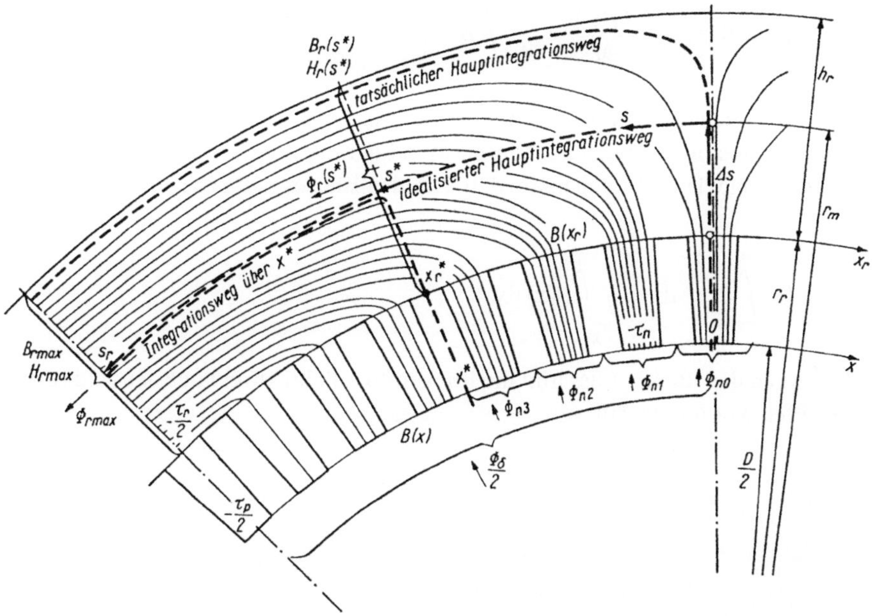

Bild 2.4.5 Zur Bestimmung des magnetischen Spannungsabfalls im Rückengebiet

über jeder Querschnittsfläche des Abschnitts konstant ist und die Feldlinien diese Fläche orthogonal durchsetzen. Dann lässt sich aus $\Phi(s)$ nach (2.1.17c), Seite 158, leicht $B(s)$ und damit auch $H(s)$ bestimmen. Für die gekrümmten Rückenabschnitte des magnetischen Kreises hat diese Annahme eine weitere Folge. Zur Berechnung des magnetischen Spannungsabfalls muss als Hauptintegrationsweg ein idealisierter Integrationsweg angenommen werden. Dieser idealisierte Integrationsweg setzt sich entsprechend Bild 2.4.5 aus dem mittleren Integrationsweg s in Umfangsrichtung und dem Teilstück Δs in radialer Richtung zusammen. Der mittlere Integrationsweg s durchstößt jede Querschnittsfläche senkrecht, so dass zumindest (2.1.10b) anwendbar ist. Für das Teilstück Δs trifft das nicht zu. Der magnetische Spannungsabfall über diesem Teilstück ist jedoch klein und kann vernachlässigt werden. Die Bestimmung des Flusses $\Phi(s)$ erfolgt nach (2.1.17b) und (2.2.1), wobei sich der Fluss durch die Mantelflächen eines Abschnitts aus der dortigen Flussdichteverteilung bzw. aus bekannten Teilflüssen durch diese Flächen ergibt.

2.4.3.1 Bestimmung des Flusses über die Flussdichteverteilung längs der Mantelfläche

Das im Folgenden entwickelte Verfahren wird vorwiegend zur Berechnung der Magnetisierungskennlinien der Rückenabschnitte angewendet. Wenn das im Bild 2.4.5 dargestellte Rückengebiet den reinen Eisenquerschnitt

$$\boxed{A_r = h_r \varphi_{Fe} l_{Fe}} \tag{2.4.11}$$

hat, so gilt nach (2.2.1), Seite 161, für den Rückenfluss Φ_r und die Rückenflussdichte B_r an einer bestimmten Stelle s^*

$$\Phi_r(s^*) = \Phi_r(x_r^*) = \varphi_{Fe} l_{Fe} \int_{x_r^*}^{0} B(x_r)\,dx, \tag{2.4.12a}$$

$$B_\mathrm{r}(s^*) = B_\mathrm{r}(x_\mathrm{r}^*) = \frac{\Phi_\mathrm{r}(s^*)}{A_\mathrm{r}} = \frac{1}{h_\mathrm{r}} \int_{x_\mathrm{r}^*}^{0} B(x_\mathrm{r})\,\mathrm{d}x. \tag{2.4.12b}$$

Dabei ist $B(x_\mathrm{r})$ die Normalkomponente der Flussdichte längs der an das Zahngebiet grenzenden Rückenmantelfläche. Nimmt man über diese Fläche die gleiche Flussdichteverteilung wie im Luftspalt an, d. h. ein idealisiertes radiales Feld, so folgt aus (2.2.1)

$$\varphi_\mathrm{Fe} l_\mathrm{Fe} \int_{x_\mathrm{r}^*}^{0} B(x_\mathrm{r})\,\mathrm{d}x = l_\mathrm{i} \int_{x^*}^{0} B(x)\,\mathrm{d}x.$$

Damit können der Rückenfluss und die Rückenflussdichte direkt aus der Feldkurve $B(x)$ ermittelt werden. Es gilt

$$\Phi_\mathrm{r}(s^*) = l_\mathrm{i} \int_{x^*}^{0} B(x)\,\mathrm{d}x, \tag{2.4.13a}$$

$$B_\mathrm{r}(s^*) = \frac{l_\mathrm{i}}{h_\mathrm{r}\varphi_\mathrm{Fe} l_\mathrm{Fe}} \int_{x^*}^{0} B(x)\,\mathrm{d}x. \tag{2.4.13b}$$

Ist r_m der für den mittleren Integrationsweg maßgebende Radius, r_r der Radius der genannten Mantelfläche und D der Bohrungsdurchmesser (s. Bild 2.4.5), so gilt für den Zusammenhang der verwendeten Koordinaten

$$x^* = \frac{D}{2r_\mathrm{r}} x_\mathrm{r}^* = \frac{D}{2r_\mathrm{m}} s^*. \tag{2.4.14}$$

An der Stelle $s^* = s_\mathrm{r}$ bzw. $x_\mathrm{r}^* = -\tau_\mathrm{r}/2$, wobei τ_r die dem Radius r_r zugeordnete Polteilung ist, bzw. $x^* = -\tau_\mathrm{p}/2$ treten die Maximalwerte von Φ_r und B_r

$$\Phi_\mathrm{r\,max} = \varphi_\mathrm{Fe} l_\mathrm{Fe} \int_{-\tau_\mathrm{r}/2}^{0} B(x)\,\mathrm{d}x = l_\mathrm{i} \int_{-\tau_\mathrm{r}/2}^{0} B(x)\,\mathrm{d}x = \frac{\Phi_\delta}{2}, \tag{2.4.15a}$$

$$\boxed{B_\mathrm{r\,max} = \frac{1}{h_\mathrm{r}} \int_{-\tau_\mathrm{r}/2}^{0} B(x_\mathrm{r})\,\mathrm{d}x = \frac{l_\mathrm{i}}{h_\mathrm{r}\varphi_\mathrm{Fe} l_\mathrm{Fe}} \int_{-\tau_\mathrm{r}/2}^{0} B(x)\,\mathrm{d}x = \frac{\Phi_\delta}{2h_\mathrm{r}\varphi_\mathrm{Fe} l_\mathrm{Fe}}} \tag{2.4.15b}$$

auf. (2.4.13a,b) sowie die beiden letzten Ausdrücke von (2.4.15a,b) gelten nur, wenn die an das betrachtete Rückengebiet angrenzenden Nuten keinen Strom führen. Befindet sich in den Nuten eine stromdurchflossene Wicklung in Form einer verteilten Erregerwicklung oder einer für den Energieumsatz maßgebenden Wicklung, so geht aufgrund des auftretenden Streufelds die Annahme des radialen Felds im Zahngebiet verloren.

Wie bereits im Abschnitt 2.1.2, Seite 154, angedeutet worden ist, müssen zur Bestimmung der gegenseitigen Beeinflussung der Teilfelder (s. Abschn. 2.5) auch Integrationswege gewählt werden, die an anderen Stellen den Luftspalt überqueren als der idealisierte Hauptintegrationsweg, d. h. bei $x \neq 0$. Für den an der Stelle x^*

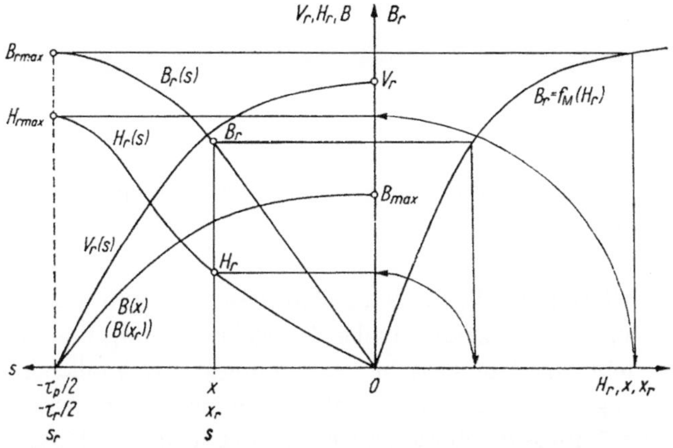

Bild 2.4.6 Kennlinien der magnetischen Größen im Rückengebiet

überquerenden Integrationsweg interessiert der magnetische Rückenspannungsabfall zwischen s^* und s_r

$$V_r(s^*) = \int_{s^*}^{s_r} H_r(s)\,ds. \tag{2.4.16a}$$

Dabei ergibt sich der Verlauf der Feldstärke $H_r(s)$ über die Magnetisierungskurve des Rückenwerkstoffs aus dem nach (2.4.12b) bzw. (2.4.13b) ermittelten Verlauf der Rückenflussdichte $B_r(s)$. Den gesamten magnetischen Spannungsabfall des Rückens längs des idealisierten Hauptintegrationswegs erhält man schließlich zu

$$V_r = \int_0^{s_r} H_r(s)\,ds. \tag{2.4.16b}$$

Die prinzipiellen Verläufe der Größen B_r und H_r entlang des idealisierten Hauptintegrationswegs und der Größe V_r für den jeweils an der Stelle x den Luftspalt überquerenden Integrationsweg, wodurch sich der Rückenspannungsabfall auch als $V_r(x)$ angeben lässt, sind im Bild 2.4.6 dargestellt.

Der angegebene Lösungsweg lässt sich mit erträglichem Aufwand manuell nur auswerten, wenn $B(x)$ als geschlossene Funktion angebbar ist. Das ist nur bei schwach gesättigten Maschinen (s. Bild 2.5.5, S. 204) annähernd der Fall bzw. bei Vernachlässigung sämtlicher höherer Harmonischer der Feldkurve. Nach (2.3.12) und (2.3.13), Seite 173, gilt dann

$$B(x) = \frac{\mu_0}{\delta}\hat{\Theta}_p \cos\frac{\pi}{\tau_p}x = \hat{B}_p \cos\frac{\pi}{\tau_p}x, \tag{2.4.17}$$

und aus (2.4.13b) wird

$$B_r(s) = \frac{\tau_p l_i}{\pi h_r \varphi_{Fe} l_{Fe}}\hat{B}_p \sin\left(\frac{D\pi}{2\tau_p r_m}s\right). \tag{2.4.18}$$

Damit kann punktweise $H_r(s)$ und schließlich nach (2.4.16a,b) V_r ermittelt werden. Die notwendige Integration wird grafisch, numerisch oder entsprechend (2.4.5b) näherungsweise vorgenommen.

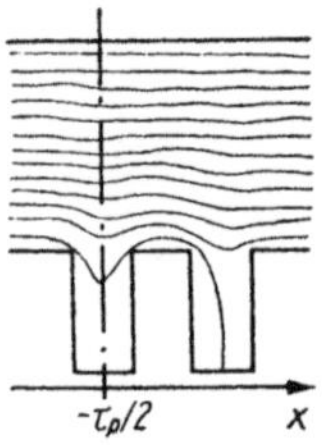

Bild 2.4.7 Einfluss der Zähne auf das magnetische Feld im Rückengebiet

An den Stellen maximaler Rückenflussdichte ist die Zahnflussdichte sehr gering (s. Bild 2.4.5). Infolgedessen wird das Rückenfeld in das Zahngebiet hineingedrängt (s. Bild 2.4.7), und es entsteht ein dem Feld im Nutöffnungsgebiet ähnliches Flussdichtefeld, wobei allerdings Feldlinien und Potentiallinien gerade vertauscht sind (s. Bild 2.3.5, S. 176). Der Einfluss der durch diesen Effekt verursachten Flussdichteverminderung auf den Rückspannungsabfall kann in ähnlicher Weise wie der Einfluss der Nutung auf den Luftspaltspannungsabfall berechnet werden. Da Feldlinien und Potentiallinien vertauscht sind, entspricht jedoch eine Vergrößerung der Luftspaltspannung einer Verkleinerung der Rückenspannung. Bei normalen Flussdichten beträgt die Abnahme des Rückenspannungsabfalls nur wenige Prozent. Sie liegt dann unterhalb der Berechnungsgenauigkeit des magnetischen Kreises und wird deshalb vernachlässigt. Durch den Tragkörper des Läufers bzw. die Welle und durch das Ständergehäuse treten ebenfalls Flussentlastungen ein. Dabei ist jedoch zu beachten, dass diese Teile aus massivem Material bestehen. Wechselflüsse werden deshalb stark gedämpft, so dass in diesem Fall die Flussentlastung oft vernachlässigbar ist.

Bei großen Durchmessern D müssen die Blechpakete aus einzelnen Blechsegmenten geschichtet werden. Dabei entstehen Stoßfugen, die das Rückenfeld überqueren muss (s. Bild 2.4.8). Die Folge ist, dass ein zusätzlicher magnetischer Spannungsabfall über diesen Stoßfugen auftritt. Um diesen Spannungsabfall klein zu halten und ausreichende mechanische Festigkeit zu erzielen, ordnet man die Stoßfugen von Schicht zu Schicht versetzt an, so dass der Fluss in die benachbarten Bleche ausweichen kann (s. Bild 2.4.8b). Auf diese Weise wirkt nur ein Bruchteil der Stoßfuge als zusätzlicher fiktiver Luftspalt δ_{zus}. Nur wenn die Zahl der Stoßfugen je Polteilung groß und der Luftspalt zwischen Ständer und Läufer relativ klein ist, muss der magnetische Spannungsabfall $\Delta V_{\text{r}} = B_{\text{r}}\delta_{\text{zus}}/\mu_0$ über diesen zusätzlichen Luftspalten berücksichtigt werden.

2.4.3.2 Bestimmung des Flusses über Teilflüsse

Wenn sich der durch die Hüllfläche eines Abschnitts des magnetischen Kreises tretende Fluss durch Teilflüsse Φ_{t} ausdrücken lässt, geht die Aussage der Quellenfreiheit des magnetischen Felds nach (2.2.1), Seite 161, unter Berücksichtigung von (2.1.17a) über in

$$\sum_{\text{vzb}} \Phi_{\text{t}} = 0. \tag{2.4.19}$$

Das Vorzeichen der einzelnen Summanden wird dabei durch (2.1.17a) festgelegt. Für das im Abschnitt 2.4.3.1 betrachtete Rückengebiet und die im Bild 2.4.5 angegebene Stelle s^* gilt z. B.

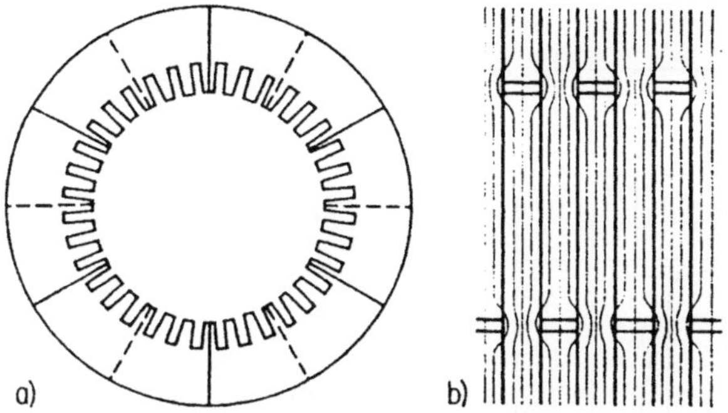

Bild 2.4.8 Einfluss der Stoßfugen von Blechsegmenten auf das magnetische Feld im Rückengebiet. a) Anordnung der Blechsegmente,
——— Stoßfugen der ersten, dritten, fünften usw. Schicht,
– – – – Stoßfugen der zweiten, vierten, sechsten usw. Schicht;
b) Feldverlauf an den Stoßfugen

$$\Phi_{\mathrm{r}}(s^*) = \sum \Phi_{\mathrm{n}} = \frac{\Phi_{\mathrm{n0}}}{2} + \Phi_{\mathrm{n1}} + \Phi_{\mathrm{n2}} + \Phi_{\mathrm{n3}}. \tag{2.4.20}$$

Mit Hilfe von (2.4.19) lassen sich allerdings nur einzelne Punkte des Verlaufs $\Phi(s)$ bestimmen, im Rückengebiet z. B. nur die Flüsse über den Nutmitten. Zur praktischen Ermittlung des gesamten Verlaufs müssen weitere, meistens vereinfachende Annahmen formuliert werden. Der einfachste Fall ist durch die Annahme abschnittsweise konstanten Flusses gegeben. Für das Rückengebiet z. B. wird dann der nach (2.4.20) errechnete Fluss über den einer Nutteilung entsprechenden Abschnitt des Integrationswegs, d. h. entsprechend (2.4.14) für den Bereich mit

$$\frac{2r_{\mathrm{m}}}{D}\left(-x_{\mathrm{n}} - \frac{\tau_{\mathrm{n}}}{2}\right) \leq s \leq \frac{2r_{\mathrm{m}}}{D}\left(-x_{\mathrm{n}} + \frac{\tau_{\mathrm{n}}}{2}\right), \tag{2.4.21}$$

als konstant angenommen, wobei $-x_{\mathrm{n}}$ die Nutmitte des betrachteten Abschnitts ist.

Die Bestimmung des Flusses über Teilflüsse ist immer dann erforderlich, wenn sich die Flussdichteverteilung längs der Mantelfläche eines Abschnitts des magnetischen Kreises mit sinnvollem analytischem Aufwand nicht angeben lässt. Das ist vor allem dann der Fall, wenn es sich um Abschnitte des magnetischen Kreises handelt, die durch Streuflüsse belastet werden. Für den im Bild 2.4.9 dargestellten ausgeprägten Pol z. B. gelten die Beziehungen

$$\Phi_{\mathrm{pk}}(h_{\mathrm{pk}}) = \Phi_{\delta} + \Phi_{\sigma\mathrm{sch}} \tag{2.4.22a}$$

$$\Phi_{\mathrm{pk}}(0) = \Phi_{\mathrm{pk\,max}} = \Phi_{\delta} + \Phi_{\sigma\mathrm{sch}} + \Phi_{\sigma\mathrm{pk}} = \Phi_{\delta} + \Phi_{\sigma\mathrm{p}}, \tag{2.4.22b}$$

wobei die Streuflüsse entsprechend (2.1.20a,b), Seite 160, ermittelt werden als

$$\boxed{\Phi_{\sigma} = \Lambda_{\sigma} V_{\sigma}}\,. \tag{2.4.23}$$

Da die Polschuhoberfläche und die Rückenquerschnittsfläche in der Mitte der Pollücke als Äquipotentialflächen angenommen werden können, ist der Maximalwert des Spannungsabfalls über dem vom Streufluss allein durchsetzten Teil des magnetischen Kreises bei stromlosen Nuten des gegenüberliegenden Hauptelements nach Bild 2.4.9 bzw. Bild 2.4.10 gleich dem Spannungsabfall über dem Luftspalt V_{δ}, dem Zahngebiet V_{z} und dem Rücken V_{r}. Schreibt man abkürzend

$$V_{\delta\mathrm{zr}} = V_{\delta} + V_{\mathrm{z}} + V_{\mathrm{r}}, \tag{2.4.24}$$

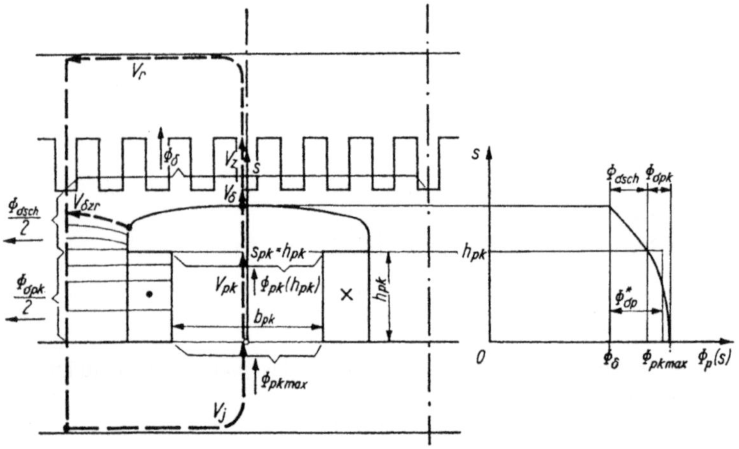

Bild 2.4.9 Zur Bestimmung des magnetischen Spannungsabfalls in ausgeprägten Polen

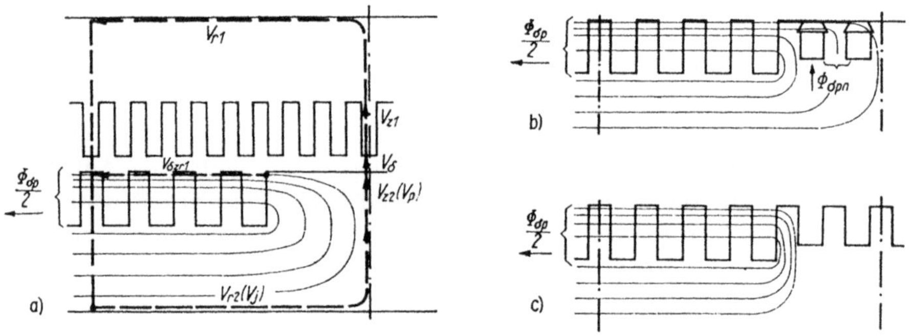

Bild 2.4.10 Polstreufeld in Vollpolläufern. a) Polkern ungenutet; b) Polkern mit Nuten und ferromagnetischen Nutkeilen; c) Polkern mit unverschlossenen Nuten

so geht (2.4.23) über in

$$\Phi_{\sigma p} = \Phi_{\sigma sch} + \Phi_{\sigma pk} = \Lambda_{\sigma p} V_{\delta zr}. \tag{2.4.25}$$

Die Bestimmung von $\Lambda_{\sigma p}$ erfolgt im Abschnitt 3.6.2, Seite 282.

Die Ermittlung des Flusses im unbewickelten Teil von Vollpolläufern wird in analoger Weise vorgenommen, wobei in (2.4.25) entsprechend Bild 2.4.10

$$V_{\delta zr1} = V_\delta + V_{z1} + V_{r1}$$

einzusetzen ist. Befinden sich in diesem Teil Nuten, die nicht durch magnetische Keile verschlossen sind, so werden wie im Bild 2.4.10c im Wesentlichen nur die Randzähne vom Polstreufluss belastet.

Eine praktisch ausreichende Möglichkeit der Berücksichtigung der durch den Streufluss verursachten Flussabhängigkeit vom Integrationsweg s ist die Annahme einer linearen Abhängigkeit. Damit ergibt sich z. B. für das Polkerngebiet von ausgeprägten Polen mit Bild 2.4.9

$$\Phi_{pk}(s) = \Phi_{pk}(0) + \frac{\Phi_{pk}(h_{pk}) - \Phi_{pk}(0)}{h_{pk}} s = \Phi_{pk\,max} - \frac{\Phi_{\sigma pk}}{h_{pk}} s. \tag{2.4.26}$$

Aus $\Phi_{pk}(s)$ lassen sich $B_{pk}(s)$, $H_{pk}(s)$ und schließlich V_{pk} ermitteln. Eine Integration zur Bestimmung von V_{pk} ist wegen der angenommenen Näherung sinnlos. Es genügt eine Berechnung entsprechend (2.4.5b). Dann braucht man die Werte für Φ_{pk}, B_{pk} und H_{pk} nur an den Stellen $s = 0$, $s = h_{pk}/2$ und $s = h_{pk}$ zu kennen.

Wegen des relativ großen Querschnitts und der kleinen Weglänge wird der magnetische Spannungsabfall ungenuteter Polschuhe vernachlässigt. Dabei ist allerdings zu beachten, dass die Polschuhe durch das in tangentialer Richtung in den Polschuhhörnern zur Pollücke hin sich ausbreitende Feld nicht zu stark magnetisch beansprucht werden. Das gilt vor allem, wenn in den Polschuhen von Schenkelpol-Synchronmaschinen Dämpferstäbe untergebracht sind.

2.4.3.3 Einführung homogener Ersatzfelder

Führt man in (2.4.16b) analog zu (2.4.5a) für das Rückengebiet eine mittlere Feldstärke

$$H_{rm} = \frac{1}{s_r} \int_0^{s_r} H_r(s)\, ds \tag{2.4.27}$$

ein, so kann man das als Zuordnung eines homogenen Ersatzfelds deuten. Damit vereinfacht sich (2.4.16b) unter Bezugnahme auf die Polteilung τ_r an der Grenzfläche zwischen Zahngebiet und Rücken (s. Bild 2.4.5) zu

$$\boxed{V_r = H_{rm} s_r = C_r H_{r\,max} \frac{\tau_r}{2}}\,. \tag{2.4.28a}$$

Entsprechend (2.4.27) ist die mittlere Feldstärke H_{rm} im Rücken eine Funktion des Verlaufs der Feldstärke $H_r(s)$ und damit abhängig vom Werkstoff und der geometrischen Anordnung des Abschnitts sowie vom Verlauf der Feldkurve. Bei annähernd sinusförmiger Feldkurve lässt sich das Verhältnis

$$C_r = \frac{H_{rm} s_r}{H_{r\,max} \dfrac{\tau_r}{2}}$$

in guter Näherung als Funktion der maximalen Rückenflussdichte $B_{r\,max}$ sowie einiger Parameter der geometrischen Anordnung wie der Polpaarzahl p und des Verhältnisses h_r/τ_r angeben (s. Bild 2.4.11).

Nach (2.4.27) wird das Rückenfeld durch ein homogenes Feld der mittleren Feldstärke H_{rm} längs des Integrationswegs s_r ersetzt. Natürlich kann man als homogenes Ersatzfeld auch ein Feld der Feldstärke $H_{r\,max}$ längs eines reduzierten Wegs $s_{red} < s_r$ annehmen. Dieser reduzierte Weg ist über (2.4.28a) definiert. Mit

$$V_r = H_{r\,max} s_{red} = C_r H_{r\,max} \frac{\tau_r}{2} \tag{2.4.28b}$$

erhält man

$$s_{red} = C_r \frac{\tau_r}{2} = C_r \frac{(D \pm 2h_n)\pi}{4p}\,. \tag{2.4.29}$$

Das positive Vorzeichen in (2.4.29) gilt für einen außenliegenden Rücken (Ständerrücken), das negative für einen innenliegenden Rücken (Läuferrücken). D ist im ersten Fall der Innendurchmesser und im zweiten der Außendurchmesser. Wenn der

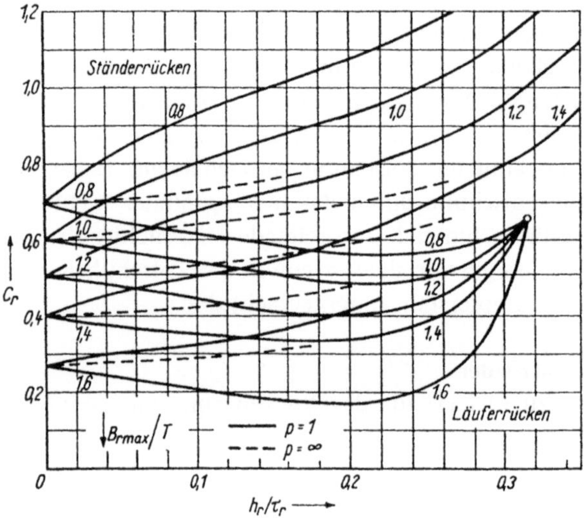

Bild 2.4.11 Zur Einführung einer mittleren magnetischen Feldstärke für das Rückengebiet nach [17] in Abhängigkeit von den Parametern p und h_r/τ_r

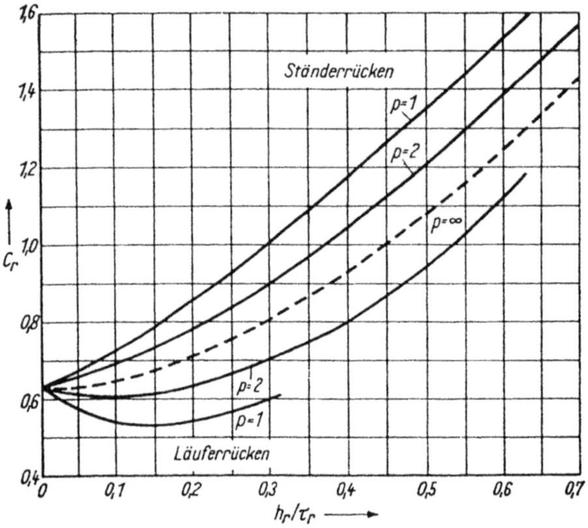

Bild 2.4.12 Zur Ermittlung eines reduzierten Integrationswegs nach [19]

magnetische Spannungsabfall im Rücken klein gegenüber dem im Luftspalt-Zahn-Gebiet ist, z. B. bei relativ kleinen Rückenflussdichten, lassen sich auch einfachere Diagramme (s. Bild 2.4.12) oder einfachere Beziehungen für den reduzierten Integrationsweg verwenden. Punga [18] gibt z. B. für Ständerrücken bzw. Läuferrücken

$$s_{\text{red1}} \approx \tau_{\text{p}}/3, \quad s_{\text{red2}} \approx \tau_{\text{p}}/4 \tag{2.4.30}$$

an. Bei relativ kleinem Spannungsabfall im Läuferrücken wie bei Gleichstrommaschinen rechnet man mit dem reduzierten Integrationsweg $s_{\text{red}} = s_{\text{r}}$.

Für die mit Streuflüssen belasteten Abschnitte führt man dadurch homogene Ersatzfelder ein, dass man längs des Abschnitts mit einem reduzierten konstanten Streufluss $\Phi_\sigma^* = C_\sigma \Phi_\sigma$ rechnet. So gilt z. B. für den Polkern (s. Bild 2.4.9)

$$\boxed{\Phi_{\text{pk}} = \Phi_\delta + \Phi_{\sigma\text{pk}}^* + \Phi_{\sigma\text{sch}}^* = \Phi_\delta + C_\sigma(\Phi_{\sigma\text{pk}} + \Phi_{\sigma\text{sch}})}\,. \tag{2.4.31}$$

Zur Berechnung des Streuflusses im Leerlauf gibt *Punga* [18] für Innenpolmaschinen $C_\sigma = 0{,}8$ bis $0{,}85$ und für Turbogeneratoren $C_\sigma = 0{,}82$ ($\Phi_{\sigma\mathrm{sch}} = 0$) an. Für Außenpolmaschinen kann man $\Phi_{\sigma\mathrm{pk}}$ vernachlässigen. Dann belastet $\Phi_{\sigma\mathrm{sch}}$ den gesamten Polkern, und es gilt $C_\sigma = 1$. Bei dem relativ kleinen magnetischen Spannungsabfall im Polkern von Außenpolmaschinen liefert der Ansatz

$$\Phi_{\mathrm{pk}} = (1{,}1\ldots1{,}2)\Phi_\delta \tag{2.4.32}$$

Werte ausreichender Genauigkeit. Dabei gelten die höheren Werte, wenn die Polschuhe hohe Flanken aufweisen wie im Fall von Gleichstrommaschinen mit Kompensationswicklung oder wenn bei Gleichstrommaschinen breite Wendepole ausgeführt sind.

2.5 Gegenseitige Beeinflussung der Abschnittsfelder

Die fiktive Zerlegung des magnetischen Felds elektrischer Maschinen in Teilfelder und der Versuch ihrer isolierten analytischen Behandlung ist nach Abschnitt 2.1.2, Seite 154, an die Annahme bestimmter Randbedingungen geknüpft. Dabei kann der gegenseitige Einfluss benachbarter Teilfelder oft nur unvollkommen oder gar nicht berücksichtigt werden. Die im Abschnitt 2.3, Seite 168, zur Behandlung des Luftspaltfelds angenommenen Randbedingungen enthalten z. B. nicht den Einfluss der Sättigung der ferromagnetischen Abschnitte des Magnetkreises. Dieser Einfluss bewirkt eine Veränderung der Feldkurve und damit auch rückwirkend eine Veränderung der ferromagnetischen Teilfelder. Von der Sättigung wird außerdem die Flussaufteilung auf nebeneinanderliegende Abschnitte des magnetischen Kreises beeinflusst, wie es z. B. am Einfluss der Zahnsättigung auf das Feld des benachbarten Nutraums (s. Abschn. 2.4.2) bereits gezeigt worden ist.

Wenn der gegenseitige Einfluss der Teilfelder berücksichtigt werden soll, muss man die sich beeinflussenden Feldgebiete gemeinsam betrachten, wie es z. B. bei der oben erwähnten Zahnentlastung bereits geschehen ist. In manchen Fällen muss sogar das gesamte Feld in der Maschine betrachtet werden. Wie schon angedeutet worden ist, bestehen für die Bestimmung dieses Felds über die Feldgleichungen wegen der komplizierten Verhältnisse in rotierenden elektrischen Maschinen kaum Lösungsaussichten. Kennt man den Verlauf der Feldlinien näherungsweise, so lassen sich über das Durchflutungsgesetz und durch Integration längs der Feldlinien entsprechend (2.1.11), Seite 156, die interessierenden Teilfelder mit Berücksichtigung der gegenseitigen Beeinflussung wenigstens näherungsweise bestimmen. Dabei wird die als Integrationsweg benutzte Feldlinie durch den Ort x ihrer Luftspaltüberquerung gekennzeichnet (s. Bild 2.1.1), so dass (2.1.13a,b) übergeht in

$$\Theta(x) = V_{\mathrm{j}}(x) + V_{\mathrm{p}}(x) + V_\delta(x) + V_{\mathrm{z}}(x) + V_{\mathrm{r}}(x) \tag{2.5.1a}$$

bzw.

$$\Theta(x) = V_{\mathrm{r2}}(x) + V_{\mathrm{z2}}(x) + V_\delta(x) + V_{\mathrm{z1}}(x) + V_{\mathrm{r1}}(x). \tag{2.5.1b}$$

Ohne zusätzliche Vereinfachungen ist auch (2.5.1a,b) nicht lösbar, da ja meist nur $\Theta(x)$ bekannt ist. Vereinfachungen ergeben sich vor allem dadurch, dass Abschnitte existieren, deren Magnetisierungskennlinie oder sogar auch deren magnetische

Spannungsabfälle unabhängig von x sind. Der Lösungsweg ist dann folgender: Man ermittelt zunächst eine erste Annäherung der Flussdichteverteilung eines Teilfelds. Normalerweise ist das die Flussdichteverteilung des Luftspaltfelds, d. h. die Feldkurve. Die erste Annäherung der Feldkurve wird unter Vernachlässigung eines Teils der magnetischen Spannungsabfälle gefunden. Ausgehend von dieser Feldkurve können die übrigen Spannungsabfälle berechnet und die Feldkurve auf iterativem Weg verbessert werden.

2.5.1 Einführende Betrachtung zur gegenseitigen Beeinflussung der Abschnittsfelder

Zunächst sollen über eine qualitative Betrachtung die Art und Tendenz der gegenseitigen Beeinflussung der Abschnittsfelder veranschaulicht und davon ausgehend Hinweise zur quantitativen Behandlung gegeben werden.

a) Einfluss der Zahnsättigung auf das Luftspaltfeld

Luftspaltfelder werden in der Regel zunächst unter Vernachlässigung der Spannungsabfälle im Eisen ermittelt. Damit ist die Feldkurve einer elektrischen Maschine nur von der Form der ungenutet angenommenen Luftspaltbegrenzungsflächen abhängig, d. h. von der Polform und von der Durchflutungsverteilung, der sog. Felderregerkurve. Wenn das Feld einer Maschine durch die Erregung ausgeprägter Pole aufgebaut wird, hat die Feldkurve in der Polmitte ein Maximum, von dem aus sie entsprechend der Polform nach beiden Seiten zu den Pollücken hin bis auf Null abfällt (s. Abschn. 2.3.1, S. 169). Nach (2.4.4) verläuft die Zahnflussdichte in einer bestimmten Zahnhöhe ebenso. Wegen der Zahnsättigung benötigt aber das Zahngebiet im Vergleich zum Luftspalt in der Polmitte einen relativ großen und zu den Pollücken hin einen relativ kleinen magnetischen Spannungsabfall. Bei Berücksichtigung dieses Spannungsabfalls verbleibt für den Luftspalt in der Polmitte eine wesentlich kleinere magnetische Spannung als zu den Pollücken hin. Das bedeutet ein Absenken der Feldkurve in der Polmitte bzw. ein Anheben außerhalb der Polmitte. Die Feldkurve nimmt unter dem Einfluss der Zahnsättigung eine breitere Form an. Oder anders interpretiert: Die Zahnsättigung wirkt sich unterdrückend auf die hohen Flussdichten aus.

Bild 2.5.1 zeigt die unbeeinflusste und die beeinflusste Feldkurve bei Erregung ausgeprägter Pole, wie sie bei Synchronmaschinen vorkommen. Die unbeeinflusste Feldkurve ist wegen der Annahme $\mu_{\mathrm{Fe}} \to \infty$ mit $B_\infty(x)$ bezeichnet worden. Im Bild 2.5.2 sind die entsprechenden Feldkurven einer Induktionsmaschine unter Voraussetzung einer sinusförmigen Durchflutungsverteilung und bezogen auf gleichen Luftspaltfluss Φ_δ dargestellt. Die unbeeinflusste Feldkurve hat selbstverständlich aufgrund der konstanten Luftspaltlänge und der magnetischen Linearität den gleichen sinusförmigen Verlauf wie die Durchflutungsverteilung. Die beeinflusste Feldkurve ist demgegenüber abgeplattet.

Unter dem Einfluss der Zahnsättigung erfolgt eine Abplattung der Feldkurve.

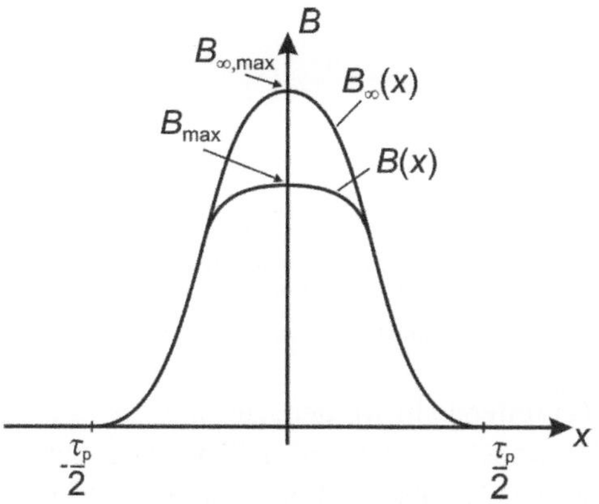

Bild 2.5.1 Einfluss des Zahngebiets auf die Feldkurve ausgeprägter Pole

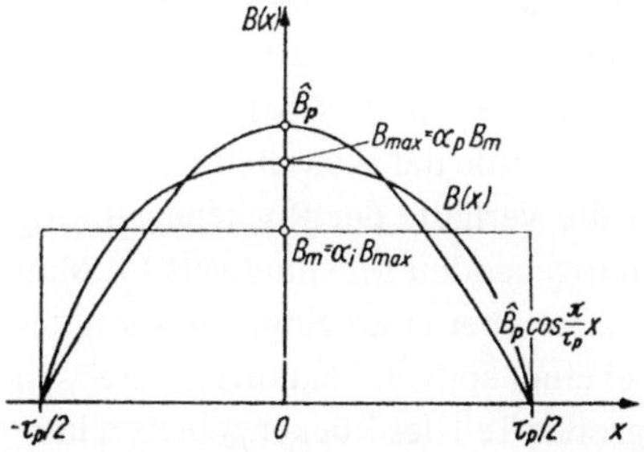

Bild 2.5.2 Feldkurve einer Induktionsmaschine

b) Gegenseitige Beeinflussung nebeneinanderliegender Abschnitte

Bei im magnetischen Kreis nebeneinander angeordneten Abschnitten beeinflusst die Sättigung die Flussaufteilung auf diese Abschnitte in der Weise, dass mit wachsendem Gesamtfluss die früher in die Sättigung kommenden Abschnitte das magnetische Feld in die später in die Sättigung kommenden Abschnitte abdrängen. Damit ändert sich die Flussaufteilung. Sie kann quantitativ über eine resultierende Magnetisierungskennlinie

$$\Phi = \sum \Phi_\mathrm{v} = f(V_\mathrm{ab})$$

ermittelt werden. Das ist aber nur möglich, wenn der magnetische Spannungsabfall V_ab über allen nebeneinanderliegenden Abschnitten der gleiche ist oder wenn – falls das betrachtete Gebiet nicht durchflutungsfrei ist – die örtliche Abhängigkeit der magnetischen Spannungsabfälle bekannt ist. Dann wird V_ab zur Bezugsgröße. Wenn nur zwei nebeneinanderliegende Abschnitte I und II vorhanden sind, ergibt sich entsprechend

$$\Phi_\mathrm{I} = \Phi - \Phi_\mathrm{II}$$

bei bekanntem Gesamtfluss Φ die im Bild 2.5.3 angedeutete Möglichkeit der grafischen Ermittlung der Flussaufteilung. Sie ist bereits im Abschnitt 2.4.2, Seite 186, zur Flussaufteilung auf Zähne und Nuten genutzt worden (s. Bild 2.4.3).

c) Gegenseitige Beeinflussung der Teilfelder im Rückengebiet und im Luftspalt

Nach Abschnitt 2.4.3.1, Seite 191, wird der Verlauf des Rückenspannungsabfalls $V_\mathrm{r}(x)$ maßgeblich durch die Feldkurve $B(x)$ bestimmt. Zunächst soll der Einfluss

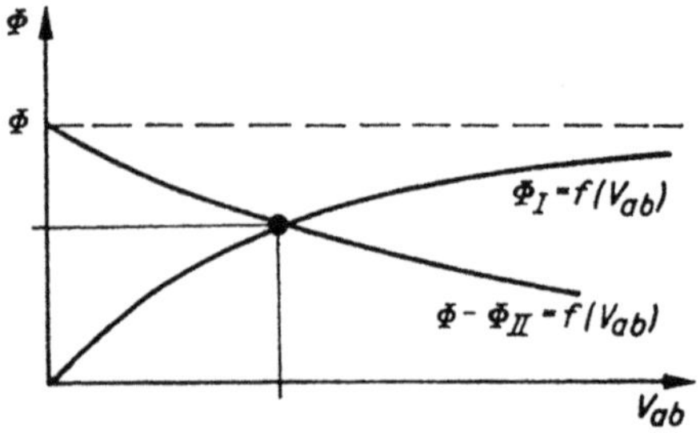

Bild 2.5.3 Zur Ermittlung der Flussaufteilung auf zwei nebeneinanderliegende Abschnitte

typischer Feldformen auf den Verlauf $V_r(x)$ untersucht werden. Im Bild 2.5.4 sind dazu drei typische Feldkurven dargestellt, wobei in allen drei Fällen der gleiche Luftspaltfluss vorliegt. Die breiteste Feldkurve (1) entspricht dem Fall der Gleichstrommaschine bzw. der stark gesättigten Induktionsmaschine. Die spitzeste Feldkurve (3) ist die der Synchronmaschine mit Schenkelpolen. Als mittlere Feldkurve (2) ist die einer reinen Hauptwelle des Luftspaltfelds dargestellt. Über die nach Abschnitt 2.4.3.1 qualitativ ermittelten zugehörigen Verläufe der Flussdichte $B_r(s)$ und der Feldstärke $H_r(s)$ des Rückens ergeben sich die Verläufe der Rückenspannung $V_r(s)$ mit dem für den Hauptintegrationsweg maßgebenden Maximalwert V_r. Man erkennt, dass die Rückenflussdichte nach Bild 2.5.4b bei einer Konzentration des Luftspaltflusses im Bereich der Polmitte, d. h. bei einer spitzen Feldkurve, bereits in diesem Bereich stark ansteigt, so dass in einem großen Teil des Rückengebiets relativ hohe Flussdichten herrschen. Eine weitere Folge davon ist das weniger gekrümmte Ansteigen der Rückenspannung von der Pollücke mit $s = s_r$ aus in Richtung zur Polmitte (s. Bild 2.4.5), was an der auf V_{r1} umgerechneten Kurve 3′ zu ersehen ist.

Der Verlauf der Rückenspannung wird zusätzlich durch den Grad der Rückensättigung beeinflusst. Wenn die maximale Rückenflussdichte $B_{r\,max}$ relativ klein ist (s. Bild 2.5.5, Fall a), wenn also eine geringe Sättigung des Rückens vorliegt, ergeben sich natürlich kleinere Werte für $H_{r\,max}$ und den Maximalwert $V_{r\,max}$ als bei hoher Rückensättigung (s. Bild 2.5.5, Fall b). Aus der auf V_{rb} umgerechneten Rückenspannungskennlinie a′ im Bild 2.5.5 erkennt man, dass die Rückenspannung von der Pollücke aus gerechnet in Richtung zur Polmitte bei geringer Rückensättigung zunächst schwächer ansteigt als bei hoher. Hohe Rückensättigung führt zur Konzentration des Anstiegs im Verlauf der Rückenspannung auf das Gebiet der Pollücke. Im Bild 2.5.5 sind die Verhältnisse bei sinusförmiger Verteilung der Rückenflussdichte dargestellt. Das entspricht ohne den Einfluss der nichtlinearen Spanungsabfälle über Rücken und Zähnen einer sinusförmigen Feldkurve. Bei ungesättigtem Rückengebiet folgt aus der sinusförmigen Flussdichteverteilung eine sinusförmige Feldstärkeverteilung und damit eine sinusförmige Spannungsverteilung im Rückengebiet.

Der Einfluss des Verlaufs der Rückenspannung auf die Feldform hängt von der Art der Erregung ab. Im Fall einer konzentrierten Erregerwicklung (s. Bild 2.1.1a, S. 155) gilt mit (2.5.1a)

$$V_\delta(x) + V_z(x) = \Theta - V_j - V_p - V_r(x) = k - V_r(x) \tag{2.5.2}$$

mit dem für alle Integrationswege konstanten Wert

$$k = \Theta - V_j - V_p. \tag{2.5.3}$$

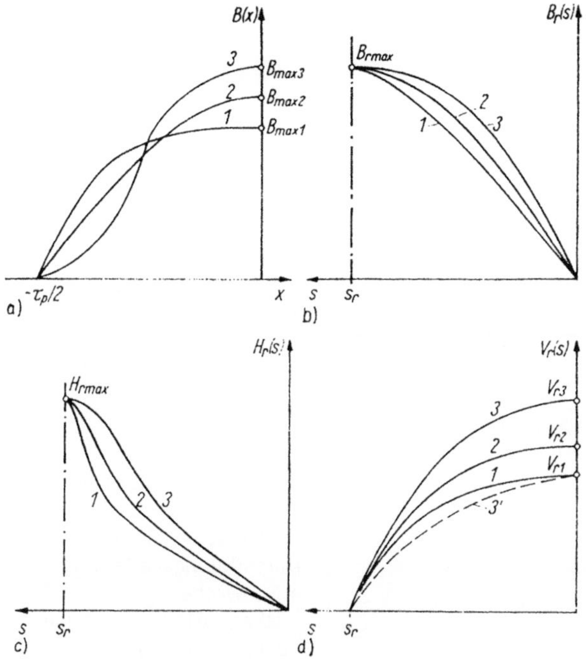

Bild 2.5.4 Abhängigkeit des magnetischen Spannungsabfalls im Rückengebiet von der Form der Feldkurve. a) Feldkurve; b) Flussdichteverteilung im Rückengebiet; c) Feldstärkeverlauf im Rückengebiet; d) Verlauf des magnetischen Spannungsabfalls im Rückengebiet. 1: Breite Feldkurve 2: sinusförmige Feldkurve mit gleichem Luftspaltfluss 3: spitze Feldkurve

Mit kleiner werdender Rückensättigung und spitzer werdender Feldkurve nähert sich $V_r(x)$ entsprechend Bild 2.5.4 zunehmend immer mehr einem linearen Verlauf. Stellt man sich als Grenzfall einen linearen Verlauf vor, so nimmt

$$V_{\delta z}(x) = V_\delta(x) + V_z(x)$$

nach (2.5.2) zur Polmitte hin linear ab. Damit sinkt zur Polmitte hin sowohl die magnetische Spannung V_z über den Zähnen als auch die Luftspaltspannung V_δ, und die Feldkurve wird wie unter dem Einfluss der Zahnsättigung (s. Abschn. 2.5.1a) abgeplattet. Bei großer Rückensättigung und breiter Feldkurve konzentriert sich der Anstieg der Rückenspannung zunehmend auf das Gebiet der Pollücke. Im Grenzfall ist $V_r(x)$ im Bereich des Polbogens praktisch konstant und hat keinen Einfluss mehr auf die Feldform, da in diesem Fall nach (2.5.2) auch $V_{\delta z}(x)$ konstant ist.

Im Fall einer verteilten erregenden Wicklung (s. Bild 2.1.1b u. c) wird aus (2.5.1b)

$$\begin{aligned} V_{\delta z}(x) &= V_{z2}(x) + V_\delta(x) + V_{z1}(x) = \Theta(x) - V_{r2}(x) - V_{r1}(x) \\ &= \Theta(x) - V_r(x) \end{aligned} \tag{2.5.4}$$

mit $\quad V_r(x) = V_{r2}(x) + V_{r1}(x). \qquad (2.5.5)$

Nimmt man eine sinusförmige Durchflutungsverteilung an, so gilt für den ungesättigten magnetischen Kreis (μ_{Fe} = konst.)

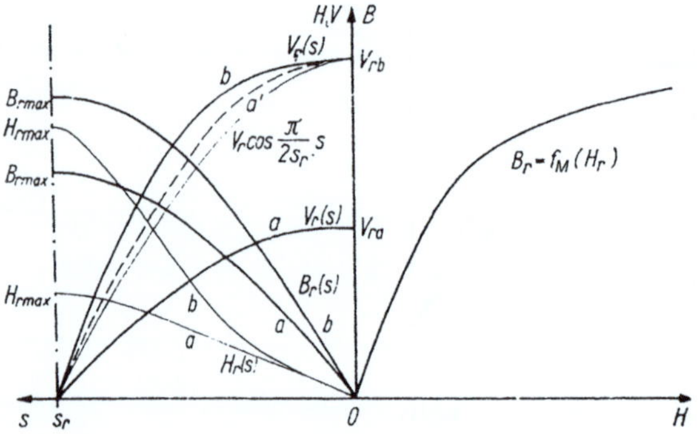

Bild 2.5.5 Einfluss der Rückensättigung auf den magnetischen Spannungsabfall im Rückengebiet. a: Geringe Rückensättigung; b: starke Rückensättigung

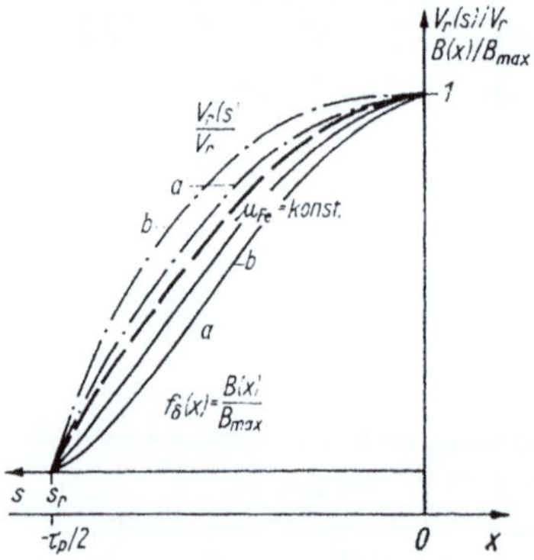

Bild 2.5.6 Einfluss des Rückengebiets auf die Feldkurve bei sinusförmiger Durchflutungsverteilung. a: Schwache Rückensättigung; b: starke Rückensättigung. ———— $V_r(s)/V_r$ und $B(x)/B_{max}$ bei $\mu_{Fe} \to \infty$, — · — · — $V_r(s)/V_r$, - - - - - - $B(x)/B_{max}$

$$\Theta = \hat{\Theta}_p \cos\frac{\pi}{\tau_p}x \to B = \hat{B}_p \cos\frac{\pi}{\tau_p}x \to B_r = \hat{B}_r \sin\frac{\pi}{2s_r}s \to H_r = \hat{H}_r \sin\frac{\pi}{2s_r}s$$

$$\to V_r = V_{r2} + V_{r1} = \hat{V}_r \cos\frac{\pi}{2s_r}s = \hat{V}_r \cos\frac{\pi}{\tau_p}x.$$

Folglich wird aus (2.5.4)

$$V_{\delta z}(x) = (\hat{\Theta}_p - \hat{V}_r)\cos\frac{\pi}{\tau_p}x,$$

d. h. der Rückenspannungsabfall hat, solange magnetische Linearität vorliegt, keinen Einfluss auf die Feldform. Mit zunehmender Rückensättigung konzentriert sich der Anstieg des Rückenspannungsabfalls V_r von $V_r = 0$ in der Pollücke auf V_r in Polmitte mehr und mehr auf das Gebiet der Pollücke (s. Bild 2.5.5). Dann muss der Anstieg von $V_{\delta z}(x)$ entsprechend (2.5.4) bei sinusförmiger Durchflutung $\Theta(x)$ in diesem Gebiet im gleichen Maße kleiner werden und, da B monoton mit $V_{\delta z}$ wächst (s. auch Bild 2.5.10), wird auch B kleiner, d. h. die Feldkurve wird spitzer.

Zusammenfassend kann gesagt werden, dass der Einfluss des Rückengebiets auf die Feldform mit zunehmender Abweichung des Rückenspannungsverlaufs $V_r(x)$ vom Verlauf der Durchflutungsverteilung $\Theta(x)$ zunimmt. Für $V_r(x) \sim \Theta(x)$ existiert kein Einfluss. Bei einer konzentrierten Erregerwicklung mit $\Theta(x)$ = konst. wächst der Einfluss mit gleichmäßigerem Anstieg von $V_r(x)$. Das ist entsprechend Bild 2.5.4 bei spitzer werdender Feldkurve der Fall. Bei einer verteilten erregenden Wicklung nimmt der Einfluss im Sinne einer spitzer werdenden Feldkurve mit wachsender Konzentration des Anstiegs von $V_r(x)$ in der Pollücke zu. Das ist der Fall bei breiter werdender Feldkurve und zunehmender Rückensättigung. Außerdem wächst der

Einfluss allgemein mit wachsender Pfadlänge s_r im Rücken, da damit der Anteil des Rückenspannungsabfalls am gesamten Spannungsabfall des magnetischen Kreises ansteigt. Das bedeutet, dass der Rückeneinfluss bei kleinen Polpaarzahlen (insbesondere bei $p = 1$) besonders groß ist und dass der Einfluss des Ständerrückens größer als der des Läuferrückens ist.

2.5.2 Iterative Ermittlung der gegenseitigen Beeinflussung

Ein zweckmäßiges Verfahren zur quantitativen Ermittlung der gegenseitigen Beeinflussung der Abschnittsfelder besteht in einer genäherten iterativen Bestimmung des gesamten Felds bei Erregung der Maschine, indem man das Durchflutungsgesetz nach (2.1.11), Seite 156, auf mehrere durch Feldlinien gegebene Integrationswege anwendet (s. Bild 2.1.1, S. 155). Dabei wird, ausgehend von einer ersten Annäherung der Feldkurve, die man aufgrund einiger vernachlässigter magnetischer Spannungsabfälle erhält, der gesamte magnetische Kreis durchgerechnet und die Feldkurve auf iterativem Weg verbessert. Voraussetzungen für die iterative Berechnung sind die Kenntnis des prinzipiellen Feldlinienverlaufs, was für elektrische Maschinen der Fall ist (s. Bild 2.1.1), und die möglichst eindeutige Abhängigkeit des gesamten Felds von der vorgegebenen Feldkurve. Dass dies der Fall ist, wird im Folgenden noch gezeigt. Da der magnetische Kreis für jeden Punkt der Magnetisierungskennlinie längs mehrerer Feldlinien in mehreren Iterationsschritten durchgerechnet werden muss, empfiehlt sich die Entwicklung eines entsprechenden Rechenprogramms. Trotzdem ist das Verfahren bei meist ausreichender Genauigkeit erheblich weniger aufwendig als die üblichen numerischen Verfahren der Feldberechnung.

Die Flussdichteverteilung im Luftspalt, d. h. die Feldkurve, wird deshalb als Ausgangsverteilung für die iterative Berechnung gewählt, weil ausgehend von ihr und der vorliegenden Geometrie alle Felder in den einzelnen Abschnitten des magnetischen Kreises bestimmt werden können. Nach (2.4.4), Seite 187, ist die Verteilung der Zahnflussdichte in einer bestimmten Zahnhöhe unmittelbar von der Luftspaltflussdichte abhängig. Diese Abhängigkeit führt für Bereiche konstanter Luftspaltlänge und gleichmäßiger Nutung des Zahngebiets zur resultierenden Luftspalt-Zahn-Kennlinie $B = f(V_{\delta z})$. Über (2.4.13a,b), Seite 192, bestimmt die Feldkurve auch die Feldverteilung in den Rückengebieten. Die Teilfelder im Polkern und im Joch werden lediglich durch den Luftspaltfluss und den geometriebedingten Polstreufluss festgelegt, da man für diese Teile (zumindest abschnittsweise) homogene Felder annimmt. Deshalb sind die entsprechenden magnetischen Spannungsabfälle auch unabhängig vom gewählten Integrationsweg.

Im Hinblick auf den Gang der iterativen Berechnung sind für die Haupttypen elektrischer Maschinen in Bezug auf die Ausführung der erregenden Wicklung drei prinzipielle Fälle zu unterscheiden (s. Tab. 2.5.1), die in den folgenden Abschnitten getrennt behandelt werden:
- konzentrierte erregende Wicklung,
- verteilte erregende Wicklung bei gleichmäßiger Nutung,
- verteilte erregende Wicklung bei ungleichmäßiger Nutung.

2.5.3 Konzentrierte Erregerwicklung

Konzentrierte Erregerwicklungen finden sich bei Gleichstrommaschinen, Einphasen-Reihenschlussmaschinen und Schenkelpol-Synchronmaschinen (s. Bild 2.1.1a, S. 155). Der zu betrachtende Fall hat folgende Kennzeichen:

- Die Durchflutung für alle Integrationswege, die entlang der den Luftspalt überquerenden Feldlinien verlaufen, ist konstant, d. h. es ist $\Theta(x) = \Theta_0 =$ konst.
- Die Luftspaltlänge δ ist nicht konstant, d. h. es ist $\delta = f(x)$, und damit ist die Magnetisierungskennlinie des Luftspalts $B = f(V_\delta, x)$ abhängig von x.
- Die Magnetisierungskennlinie des Zahngebiets $B = f(V_\mathrm{z})$ ist unabhängig von x.
- Die magnetischen Spannungsabfälle $V_\mathrm{p} = V_\mathrm{pk}$ und V_j über Polkern bzw. Joch sind unabhängig von x.

Damit macht das Durchflutungsgesetz die Aussage

$$\boxed{\Theta_0 = V_\mathrm{j} + V_\mathrm{p} + V_\delta(x) + V_\mathrm{z}(x) + V_\mathrm{r}(x) = V_\mathrm{j} + V_\mathrm{p} + V_{\delta\mathrm{z}}(x) + V_\mathrm{r}(x)}\,. \qquad (2.5.6)$$

a) Iterative Ermittlung der Feldkurve

Zur Ermittlung einer ersten Näherung der Feldkurve werden sämtliche Spannungsabfälle über den ferromagnetischen Abschnitten vernachlässigt, indem $\mu_\mathrm{Fe} \to \infty$ angenommen wird. Wenn man die Größen am Hauptintegrationsweg über die Polmitte ($x = 0$) mit dem Index 0 kennzeichnet, wird damit aus (2.5.6)

$$V_\delta(x) = V_\delta(0) = V_{\delta 0} = \text{konst.}. \qquad (2.5.7\text{a})$$

Das ist die Bedingung zur Ermittlung der ersten Näherung der Feldkurve $B_\infty(x)$ (s. Bild 2.5.7). Aus dieser ersten Näherung erhält man unter Vernachlässigung des relativ geringen Einflusses der Spannungsverteilung im Rückengebiet auf das Luftspaltfeld mit

Tabelle 2.5.1 Kennzeichen der prinzipiellen Anordnungen magnetischer Kreise elektrischer Maschinen

Erregende Wicklung	**konzentriert**	**verteilt angeordnet**	
Durchflutung	$\Theta = \Theta_0 =$ konst.	$\Theta = f(x)$	
Luftspaltlänge	$\delta = f(x)$	$\delta = \delta_0 =$ konst.	
Nutung	gleichmäßig	gleichmäßig	z. T. ungleichmäßig
Ortsabhängigkeit der Magnetisierungskennlinien	$B = f(V_\delta, x)$ Schar linearer Kennlinien, $B = f(V_\mathrm{z})$ ortsunabhängig	$B = f(V_{\delta\mathrm{z}}, x)$ ortsunabhängig	$B = f(V_{\delta\mathrm{z}}, x)$ zwei Kennlinien wegen $B = f(V_{\mathrm{z}2}, x)$
Maschinen mit erregender Wicklung im Ständer	Gleichstrommaschinen, Einphasen-Reihenschlussmaschinen	Induktionsmaschinen	–
Maschinen mit erregender Wicklung im Läufer	Synchronmaschinen mit Schenkelpolläufer	läufergespeiste Drehstrom-Kommutatormaschinen	Synchronmaschinen mit Vollpolläufer

$$V_{\delta z}(x) = V_{\delta}(x) + V_{z}(x) = V_{\delta 0} + V_{z0} = V_{\delta z0} = \text{konst.} \tag{2.5.7b}$$

bereits eine wesentlich bessere Näherung $B(x)$ der Feldkurve. Nimmt man nämlich an, dass (2.3.28), Seite 181, in entsprechender Weise im gesamten Polschuhbereich gilt, indem das Feld dort als quasihomogen angesehen wird, so ergibt sich unter Vernachlässigung der Ortsabhängigkeit des Carterschen Faktors über (2.5.7b) für die Luftspaltflussdichte

$$B(x) = \frac{\mu_0}{k_c\delta(x)} V_{\delta}(x) = \frac{\mu_0}{k_c\delta(x)} [V_{\delta z}(x) - V_z(x)] = \frac{\mu_0}{k_c\delta(x)} [V_{\delta z0} - V_z(x)]. \tag{2.5.8}$$

Für einen bestimmten Wert von x ist $B = f(V_z)$ also eine Gerade. Dabei kann $V_{\delta z0} = V_{\delta 0} + V_{z0}$ aus einem Vorgabewert der Luftspaltflussdichte $B_0 = B_{max}$ im Maximum der Feldkurve berechnet werden (s. Abschn. 2.3.2, S. 174, u. 2.4.2, S. 186). Weiterhin gilt an allen Stellen x die Magnetisierungskennlinie $B = f(V_z)$ des Zahngebiets (s. Bild 2.4.4, S. 190). Damit hat man zwei Beziehungen zwischen B und V_z, die an allen Stellen x gelten. Den gesuchten Wert $B(x)$ der Luftspaltflussdichte liefert der Schnittpunkt der Geraden nach (2.5.8) mit der Magnetisierungskennlinie $B = f(V_z)$ des Zahngebiets. Die Lage der Geraden nach (2.5.8) wird durch zwei Punkte bestimmt. Für $B = 0$ folgt aus (2.5.8) für den ersten Punkt

$$V_z(x) = V_{\delta z0}, \tag{2.5.9}$$

d. h. er ist unabhängig von x. Für $V_z = V_{z0}$ liefert (2.5.8)

$$B(x) = \frac{\mu_0}{k_c\delta(x)} [V_{\delta z0} - V_{z0}] = \frac{\mu_0}{k_c\delta(x)} V_{\delta 0} = B_{\infty}(x). \tag{2.5.10}$$

Dabei ist $B_{\infty}(x)$ unter Beachtung von (2.3.28), Seite 181, die Luftspaltflussdichte an der Stelle x, die der idealisierten Feldkurve bei $\Theta = V_{\delta 0}$ zugeordnet ist. Man erhält also den zweiten Punkt der Geraden nach (2.5.8) ausgehend von dem Flussdichtewert $B_{\infty}(x)$ der unkorrigierten Feldkurve an der Stelle x. Seine Lage ist damit nicht unabhängig von x. Die Reihenfolge der Ermittlung eines Werts $B(x)$ ist im Bild 2.5.7 durch Pfeile angedeutet. Man entnimmt der unkorrigierten Feldkurve für ein bestimmtes x den Wert $B_{\infty}(x)$. Mit diesem Wert legt man auf der Senkrechten zu $V_{z0} = $ konst. den zweiten Punkt der Geraden fest, die die Magnetisierungskennlinie $B = f(V_z)$ im Punkt $B(x)$ schneidet. Schließlich trägt man $B(x)$ über dem jeweiligen Wert von x auf und erhält so Punkt für Punkt die korrigierte Feldkurve zunächst im Polschuhbereich. Nimmt man im Bereich der Pollücke eine sättigungsunabhängige Feldform an, so gilt auch dort $B \sim V_{\delta}$, und das beschriebene Ermittlungsverfahren ist in diesem Bereich ebenfalls anwendbar. Wie die Bilder 2.5.1 und 2.5.7 erkennen lassen, werden die Fläche der Feldkurve und damit der Luftspaltfluss Φ_{δ} nach (2.3.1), Seite 170, bei unveränderter maximaler Flussdichte B_{max} unter dem Einfluss des Felds im Zahngebiet größer. Dieser Effekt vergrößert sich mit zunehmender Zahnsättigung. Aus diesem Grund wächst der Luftspaltfluss Φ_{δ} rascher als die maximale Luftspaltflussdichte B_{max} bzw. die der maximalen Luftspaltflussdichte nach (2.3.28) proportionale Luftspaltspannung V_{δ}. Als Folge davon ist die Magnetisierungskennlinie $\Phi_{\delta} = f(V_{\delta})$ des Luftspalts nach links gekrümmt (s. Bild 2.3.12, S. 184).

Zur Berücksichtigung des Rückeneinflusses auf die Feldkurve muss über die korrigierte Feldkurve $B(x)$ und den daraus ermittelten Luftspaltfluss Φ_{δ} nach (2.3.5)

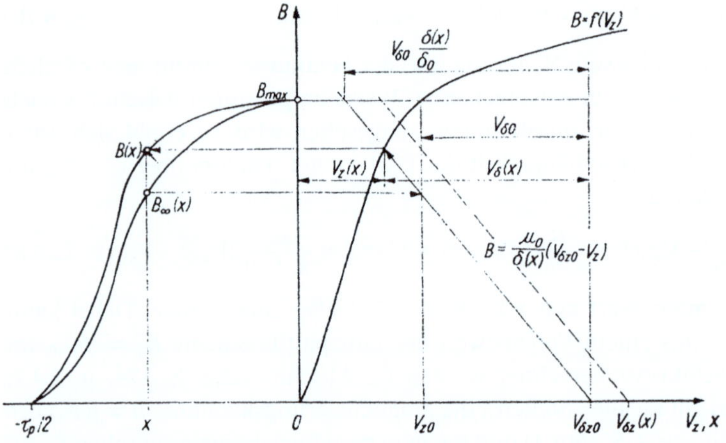

Bild 2.5.7 Zur Bestimmung des Zahneinflusses auf die Feldkurve ausgeprägter Pole

eine erste Näherung für den magnetischen Spannungsabfall des Rückens $V_r(x)$ ermittelt werden. Aus (2.5.6) folgt dann

$$V_\delta(x) + V_z(x) + V_r(x) = V_{\delta 0} + V_{z0} + V_{r0} = V_{\delta zr0}. \tag{2.5.11}$$

Dabei ist $V_r(x)$ auf der Grundlage der ersten Näherung ermittelt worden und damit für die weiteren Betrachtungen bekannt. Weiterhin ist die Magnetisierungskennlinie des Zahngebiets bekannt, und für den Luftspalt gilt nach wie vor

$$B(x) = \frac{\mu_0}{k_c\delta(x)} V_\delta(x) \tag{2.5.12}$$

bzw. mit (2.5.11)

$$B(x) = \frac{\mu_0}{k_c\delta(x)} [V_{\delta z}(x) - V_z(x)] = \frac{\mu_0}{k_c\delta(x)} [V_{\delta 0} + V_{z0} + V_{r0} - V_r(x) - V_z(x)]. \tag{2.5.13}$$

Das ist als Funktion von $V_z(x)$ für einen gegebenen Wert von x und mit aus dem Ergebnis der ersten Näherung bekanntem $V_r(x)$ wiederum eine Gerade. Diese liegt für $B = 0$ mit dem Punkt

$$V_z(x) = V_{\delta z}(x) = V_{\delta z0} + [V_{r0} - V_r(x)] \tag{2.5.14}$$

auf der Abszisse. Andererseits erhält man für

$$V_z(x) = V_{z0} + [V_{r0} - V_r(x)] \tag{2.5.15}$$

wiederum

$$B(x) = \frac{\mu_0}{k_c\delta(x)} V_{\delta 0} = B_\infty(x), \tag{2.5.16}$$

d. h. den Flussdichtewert der unkorrigierten Feldkurve. Die mit der Magnetisierungskennlinie des Zahngebiets zum Schnitt zu bringende Gerade ist also gegenüber dem Fall des vernachlässigten Rückenspannungsabfalls lediglich parallel verschoben. Sie ist im Bild 2.5.7 gestrichelt eingetragen. Wie man sieht, wird unter dem Einfluss des Rückenfelds die Feldkurve bei Bezug auf gleiche Flussdichte B_{max} außerhalb der Polmitte weiter angehoben. Mit der auf diese Weise erhaltenen Feldkurve lässt sich der magnetische Kreis genügend genau berechnen. Bei dem

Verfahren wird der unkorrigierten Feldkurve über (2.5.10) ein Verlauf $\delta(x)$ zugeordnet. Das entspricht innerhalb des Polbogens der Annahme eines quasihomogenen Felds und liefert außerhalb des Polbogens eine fiktive Größe für $\delta(x)$.

b) Vereinfachungen der Ermittlung

Die sog. korrigierte Feldkurve $B(x)$ kann im Polschuhbereich auch ohne Kenntnis der ersten Näherung $B_\infty(x)$ ermittelt werden. Für die Ermittlung der Geraden nach (2.5.8) ist nämlich der Punkt mit dem Wertepaar

$$V_\mathrm{z} = V_{\delta\mathrm{z}} - V_\delta = V_{\delta\mathrm{z}0} - V_{\delta 0}\frac{\delta(x)}{\delta_0},$$

$$B = \frac{\mu_0}{k_\mathrm{c}\delta_0} V_{\delta 0} = B_0 = B_\mathrm{max}$$

verwendbar, so dass man nicht auf das Wertepaar nach (2.5.10) angewiesen ist. Für den Bereich außerhalb des Polbogens muss der Verlauf $\delta(x)$ jetzt angenommen werden oder aus einem angenommenen Verlauf der unkorrigierten Feldkurve nach (2.5.10) ermittelt werden.

Der Einfluss des Rückenfelds auf das Luftspaltfeld ist i. Allg. klein, da er sich nach Unterabschnitt 2.5.1c bei hohen Rückensättigungen – dann gilt im Polschuhbereich $V_\mathrm{r}(x) = V_{\mathrm{r}0} =$ konst. – nur auf das Gebiet der Pollücke konzentriert, wo seine Auswirkung sehr gering ist, und da bei kleinen Rückensättigungen die Rückenspannung relativ klein ist. Er lässt sich wegen der gleichen Tendenz mit dem Einfluss des Zahnfelds zusammenfassen und mit für die Berechnungspraxis meist ausreichender Genauigkeit ohne Feldkurvenermittlung bestimmen. Das geschieht durch Einführung des Parameters $V_{\delta\mathrm{zr}}/V_\delta$ in den ideellen Polbedeckungsfaktor α_i bzw. den Polformkoeffizienten C_p (s. Bilder 2.5.8 u. 2.5.9 nach [17]). $V_{\delta\mathrm{zr}}/V_\delta$ stellt

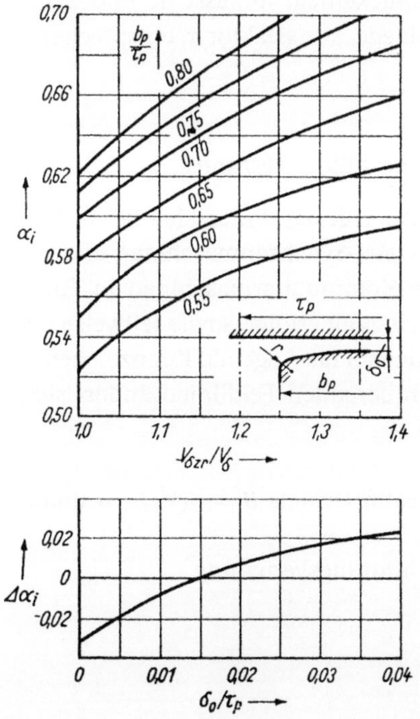

Bild 2.5.8 Polbedeckungsfaktor nach [17]; Polschuhform entsprechend $\delta = \delta_0/\cos(\pi x/\tau_\mathrm{p})$ im Bereich $-(b_\mathrm{p}/2 - r) \leq x \leq (b_\mathrm{p}/2 - r)$; $r = \delta_0$; $\delta_0/\tau_\mathrm{p} = 0{,}015$. Für $\delta_0/\tau_\mathrm{p} \neq 0{,}015$ gilt: $\alpha_\mathrm{i} = (\alpha_\mathrm{i})_{0{,}015} + \Delta\alpha_\mathrm{i}$ bei $b_\mathrm{p}/\tau_\mathrm{p} = \frac{2}{3}$, $\alpha_\mathrm{i} \approx (\alpha_\mathrm{i})_{0{,}015} + \Delta\alpha_\mathrm{i}$ bei $b_\mathrm{p}/\tau_\mathrm{p} \neq \frac{2}{3}$

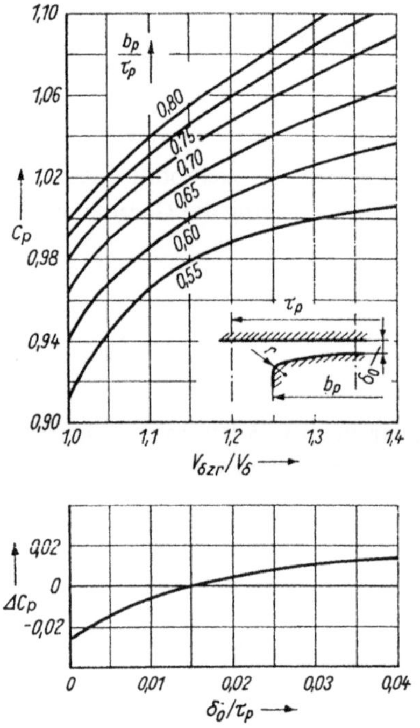

Bild 2.5.9 Polformkoeffizient des Erregerfelds nach [17]; Polschuhform entsprechend $\delta = \delta_0/\cos(\pi x/\tau_p)$ im Bereich $-(b_p/2 - r) \le x \le (b_p/2 - r)$; $r = \delta_0$; $\delta_0/\tau_p = 0{,}015$. Für $\delta_0/\tau_p \neq 0{,}015$ gilt: $C_p = (C_p)_{0,015} + \Delta C_p$ bei $b_p/\tau_p = \frac{2}{3}$, $C_p \approx (C_p)_{0,015} + \Delta C_p$ bei $b_p/\tau_p \neq \frac{2}{3}$

ein Maß für die Größe der Sättigung dar. Einen ersten Wert für α_i bzw. C_p gewinnt man mit dem Ansatz $V_r = 0$.

Bei Gleichstrommaschinen ist der Einfluss von Zahn- und Rückenfeld, der sich nur auf das Luftspaltfeld im Bereich $B(x) < B_{max}$ auswirkt, vernachlässigbar, da dieser Bereich im Wesentlichen nur das Pollückenfeld umfasst (s. Bild 2.3.2, S. 171). Aus diesem Grund ist auch der ideelle Polbedeckungsfaktor α_i entsprechend (2.3.4a,b), Seite 171, sättigungsunabhängig.

2.5.4 Verteilte erregende Wicklung bei gleichmäßiger Nutung

Verteilte erregende Wicklungen bei gleichmäßiger Nutung finden sich bei Induktionsmaschinen (s. Bild 2.1.1c, S. 155), bei Reluktanz-Synchronmaschinen und bei den heute kaum noch hergestellten Drehstrom-Kommutatormaschinen in Form der Arbeitswicklung, über die gleichzeitig die Erregung erfolgt, sowie teilweise bei Vollpol-Synchronmaschinen. Der zu betrachtende Fall hat folgende Kennzeichen:

- Die Durchflutung für die den Luftspalt überquerenden Feldlinien ändert sich innerhalb einer Polteilung, es ist also $\Theta = f(x)$.
- Die Luftspaltlänge δ ist konstant.
- Die Magnetisierungskennlinie des Luftspalt-Zahn-Gebiets $B = f(V_{\delta z})$ ist unabhängig von x.
- Es kann i. Allg. mit einer sinusförmigen Durchflutungsverteilung

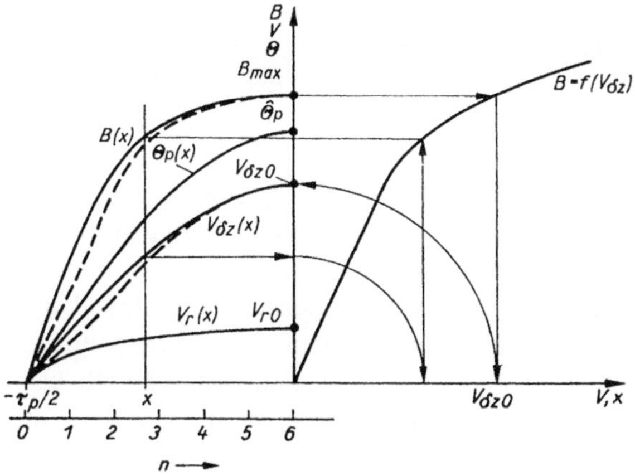

Bild 2.5.10 Zur iterativen Berechnung des magnetischen Kreises einer Induktionsmaschine

$$\Theta(x) = \Theta_{\mathrm{p}}(x) = \hat{\Theta}_{\mathrm{p}} \cos \frac{\pi}{\tau_{\mathrm{p}}} x$$

gerechnet werden.
Damit macht das Durchflutungsgesetz die Aussage

$$\boxed{\Theta(x) = V_{\mathrm{r2}}(x) + V_{\mathrm{z2}}(x) + V_{\delta}(x) + V_{\mathrm{z1}}(x) + V_{\mathrm{r1}}(x)}\,. \tag{2.5.17}$$

Dabei lässt sich für das Luftspalt-Zahn-Gebiet eine zusammengefasste Magnetisierungskennlinie angeben als

$$V_{\delta\mathrm{z}}(x) = V_{\delta}(x) + V_{\mathrm{z1}}(x) + V_{\mathrm{z2}}(x). \tag{2.5.18}$$

a) Iterative Berechnung des magnetischen Kreises

Eine erste Näherung der Feldkurve findet man unter Vernachlässigung der magnetischen Spannungsabfälle im Läufer- und Ständerrücken. Dann wird aus (2.5.17)

$$V_{\delta\mathrm{z}}(x) = V_{\mathrm{z2}}(x) + V_{\delta}(x) + V_{\mathrm{z1}}(x) = V_{\delta\mathrm{z0}} \cos \frac{\pi}{\tau_{\mathrm{p}}} x. \tag{2.5.19a}$$

Dabei kann $V_{\delta\mathrm{z0}}$ über einen Vorgabewert von $B_0 = B_{\max}$ aus der nach Abschnitt 2.3.2.4, Seite 181, und Abschnitt 2.4.2, Seite 186, berechneten Luftspalt-Zahn-Kennlinie $B = f(V_{\delta\mathrm{z}})$ ermittelt werden (s. Bild 2.5.10). Die gleiche Kennlinie dient auch zur punktweisen Ermittlung der ersten Näherung des Verlaufs $B(x)$ der Feldkurve aus der ersten Näherung der Verteilung $V_{\delta\mathrm{z}}(x)$ der Luftspalt-Zahn-Spannung nach (2.5.19a). Die Schritte des Verfahrens sind im Bild 2.5.10 durch Pfeile angegeben. Nach Abschnitt 2.4.3, Seite 190, lässt sich nun, ausgehend von der vorliegenden Feldkurve, eine erste Näherung für $V_{\mathrm{r}}(x) = V_{\mathrm{r2}}(x) + V_{\mathrm{r1}}(x)$ berechnen, dann mit einem ersten Wert der Durchflutungsamplitude $\hat{\Theta}_{\mathrm{p}} = V_{\delta\mathrm{z0}} + V_{\mathrm{r0}}$ eine bessere Näherung der Luftspalt-Zahn-Spannung

$$V_{\delta\mathrm{z}}(x) = \Theta_{\mathrm{p}}(x) - V_{\mathrm{r}}(x) \tag{2.5.19b}$$

ermitteln und schließlich über die vorliegende Magnetisierungskennlinie des Luftspalt-Zahn-Gebiets $B = f(V_{\delta\mathrm{z}})$ eine bessere Näherung der Feldkurve konstruieren, die im Bild 2.5.10 gestrichelt eingezeichnet ist. Durch erneute Berechnung von $V_r(x)$ können alle interessierenden Größen weiter verbessert werden.

Aus Bild 2.5.10 ist zu ersehen, dass unter dem Einfluss der Zahnsättigung die Feldkurve abgeplattet wird. Das war auch bei konzentrierter Erregerwicklung so. Im Gegensatz dazu bewirkt aber der Rückeneinfluss, der zur verbesserten Näherung der Feldkurve führt, eine spitzere Feldform (s. auch Bild 2.5.6). Der Rückeneinfluss wird umso größer, je größer der Anteil der Rückenspannung V_{r0} und je größer die Abweichung des Verlaufs $V_r(x)$ von der sinusförmigen Durchflutungsverteilung werden. Das ist entsprechend (2.5.19b) mit steigender Rückensättigung der Fall. Bild 2.5.10 lässt leicht erkennen, dass bei sinusförmigem Verlauf der Rückenspannung, was nach Unterabschnitt 2.5.1c, Seite 201, für ungesättigtes Rückengebiet gilt, kein korrigierender Einfluss auf den Verlauf der Luftspalt-Zahn-Spannung und auf die Feldkurve auftritt. Dann liefern (2.5.19a) und (2.5.19b) auch das gleiche Ergebnis.

b) Vereinfachungen der Berechnung

In vielen Fällen ist der Einfluss des Felds in den Rücken von Ständer und Läufer auf die Feldkurve vernachlässigbar. Das ist vor allem bei Maschinen mit $p > 1$ wegen des geringen Anteils der Rückenspannung der Fall. Damit wird die Form der Feldkurve nur noch von der Zahnsättigung bestimmt. Der Einfluss der Zahnsättigung auf die Feldkurve lässt sich als Funktion des Sättigungsfaktors

$$\boxed{k = \frac{V_{z0}}{V_{\delta 0}} = \frac{V_{z20} + V_{z10}}{V_{\delta 0}}} \tag{2.5.20}$$

ausdrücken. Der Sättigungsfaktor bestimmt, wie Bild 2.5.11 zeigt, die Form der Feldkurve bei Vorgabe des sinusförmigen Verlaufs $V_{\delta z}$ wesentlich. Mit der Form der Feldkurve liegt auch das Verhältnis B_{max}/B_m (s. Bild 2.5.2, S. 201), der sog. *Abplattungsfaktor* α_p, fest. Ausgehend von (2.3.5), Seite 171, erhält man für den Abplattungsfaktor mit (2.3.3)

$$\boxed{\alpha_p = \frac{B_{max}}{B_m} = \frac{1}{\alpha_i} = \frac{\tau_p}{\int_{-\tau_p/2}^{+\tau_p/2} f_\delta(x)\,dx} = f(k)}\,. \tag{2.5.21}$$

Diese Beziehung liefert bei einer vorliegenden Magnetisierungskennlinie des Luftspalt-Zahn-Gebiets für jeden Wert von B_{max} einerseits den Sättigungsfaktor

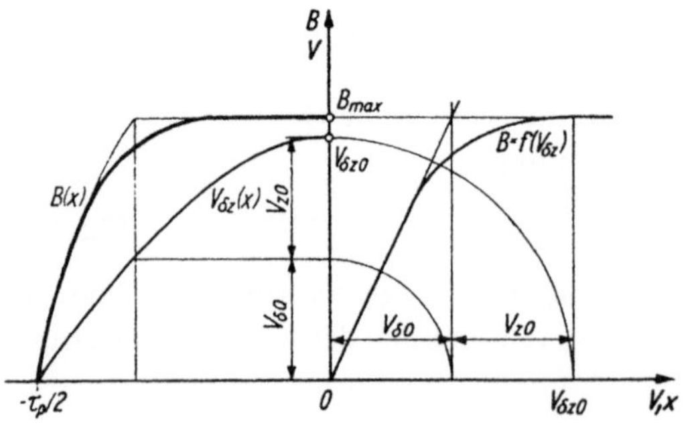

Bild 2.5.11 Abhängigkeit der Form der Feldkurve einer Induktionsmaschine vom magnetischen Spannungsabfall im Luftspalt-Zahn-Gebiet

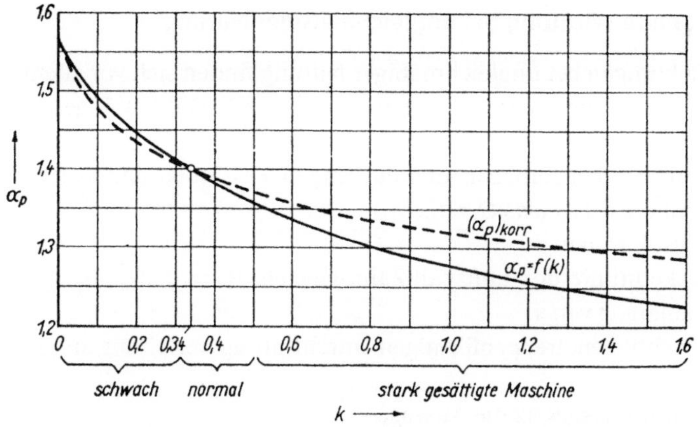

Bild 2.5.12 Abplattungsfaktor nach [20]

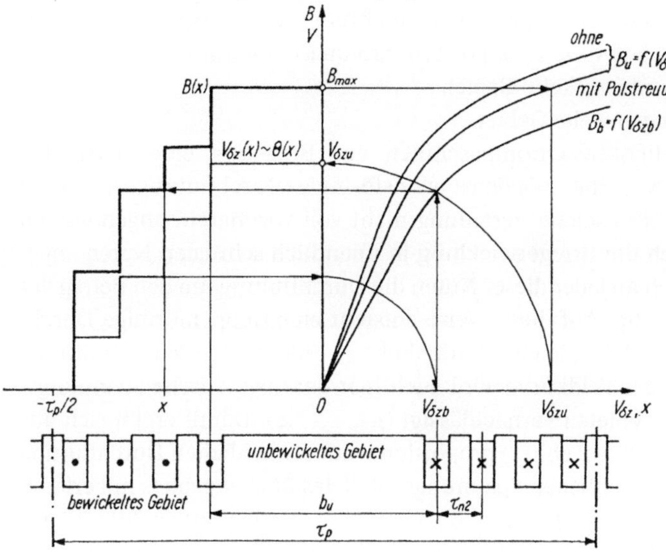

Bild 2.5.13 Erste Näherung der Feldkurve einer Vollpol-Synchronmaschine

und andererseits den Abplattungsfaktor. *Nürnberg* [20] hat aus der Analyse einer Vielzahl gebauter Induktionsmaschinen die im Bild 2.5.12 dargestellte Funktion $\alpha_p = f(k)$ ermittelt. Sie erlaubt die quantitative Berücksichtigung des Einflusses der Zahnsättigung auf das Luftspaltfeld ohne Kenntnis der abgeplatteten Feldkurve. Aus Bild 2.5.12 lässt sich unschwer erkennen, dass mit zunehmender Zahnsättigung, d. h. mit größerem Sättigungsfaktor k, auch die Abplattung zunimmt, d. h. α_p und B_{max} werden kleiner. Für den Fall der ungesättigten Maschine, d. h. bei sinusförmiger Feldkurve, ergeben sich $k = 0$ (weil $V_{z0} = 0$ wird) und $\alpha_p = \pi/2 = 1{,}57$. Auf die Bedeutung der Kurve $(\alpha_p)_{korr} = f(k)$ wird im Abschnitt 2.6.3 eingegangen.

2.5.5 Verteilte erregende Wicklung bei ungleichmäßiger Nutung

Verteilte erregende Wicklungen bei ungleichmäßiger Nutung finden sich vor allem im Läufer von Vollpol-Synchronmaschinen. Der zu betrachtende Fall hat folgende Kennzeichen:

- Die Durchflutung für die den Luftspalt überquerenden Feldlinien ändert sich innerhalb einer Polteilung, es ist also $\Theta = f(x)$.
- Die Luftspaltlänge δ ist konstant.
- Die Magnetisierungskennlinie des Luftspalt-Zahn-Gebiets $B = f(V_{\delta z})$ ist nur abschnittsweise unabhängig von x.
- Es muss von der tatsächlichen, treppenförmigen Durchflutungsverteilung ausgegangen werden.

Damit macht das Durchflutungsgesetz die Aussage

$$\boxed{\Theta(x) = V_{r2}(x) + V_{z2}(x) + V_{\delta}(x) + V_{z1}(x) + V_{r1}(x)}\,. \tag{2.5.22}$$

Dabei existieren für das Luftspalt-Zahn-Gebiet mehrere – i. Allg. zwei – Kennlinien $B = f(V_{\delta z})$. Im Fall des Läufers von Vollpol-Synchronmaschinen sind es

- $B_u = f(V_{\delta zu})$ für das unbewickelte Gebiet,
- $B_b = f(V_{\delta zb})$ für das bewickelte Gebiet.

Obwohl auch bei Vollpol-Synchronmaschinen zur Erzielung einer möglichst sinusförmigen Feldkurve eine möglichst sinusförmige Durchflutungsverteilung angestrebt wird, kann eine solche Verteilung nicht von vornherein angenommen werden. Man denkt sich die Erregerwicklung in unendlich schmalen Nuten angeordnet. Dann ändert sich an jeder dieser Nuten die Durchflutung um den Betrag der gesamten Nutdurchflutung. Auf diese Weise entsteht eine treppenförmige Durchflutungsverteilung mit i. Allg. gleicher Stufenhöhe (s. Bild 2.5.13). Zur Ermittlung einer ersten Näherung der Feldkurve wird auch hier der magnetische Spannungsabfall über den Rückengebieten vernachlässigt ($\mu_{Fe} \to \infty$). Damit ergibt sich aus (2.5.22) $V_{\delta z}(x) = \Theta_{\infty}(x)$, wobei $\Theta_{\infty}(x)$ proportional zur tatsächlichen Durchflutung $\Theta(x)$ sein soll, die den tatsächlichen Spannungsabfall des Rückengebiets mit erfasst. Wegen der nur abschnittsweise gleichmäßigen Nutung des Läufers (s. Bild 2.5.13) treten die beiden Kennlinien $B = f(V_{\delta z})$ auf. Dabei ist es möglich, gleich bei der ersten Näherung der Feldkurve die Polstreuung zu berücksichtigen.

a) Berechnung der Teilkennlinien

Im Bild 2.5.13 ist eine abgewickelte Polteilung eines Vollpolläufers dargestellt. Wie leicht einzusehen ist, gilt für das Luftspalt-Zahn-Gebiet des unbewickelten Abschnitts, in dem die Flussdichte B_{max} herrscht, eine andere Kennlinie $B = f(V_{\delta z})$ als für den bewickelten Teil. Zur Ermittlung der Feldkurve werden zunächst die Kennlinien der beiden nebeneinanderliegenden Abschnitte bestimmt. Dabei gibt man sich mehrere Werte der Luftspaltflussdichte B vor und berechnet für jeden die Luftspaltspannung V_{δ} über (2.3.28), Seite 181, und über B_{zs} und H_z den Zahnspannungsabfall V_z entsprechend Abschnitt 2.4.2, Seite 186. Damit sind die beiden

Teilkennlinien $B_u = f(V_{\delta zu})$ und $B_b = f(V_{\delta zb})$ gefunden (s. Bild 2.5.13). Nun könnte wie im Abschnitt 2.5.4 (s. Bild 2.5.10) auf dem Weg

$$B_{max} \to V_{\delta zu} = V_{\delta z0} \to V_{\delta z}(x) \sim V_{\delta z0}\frac{\Theta(x)}{\Theta_{max}} \sim \Theta(x) \to B(x)$$

eine erste Näherung der Feldkurve ermittelt werden. Dabei ist natürlich in jedem Abschnitt die entsprechende Teilkennlinie maßgebend. Die erhaltene Feldkurve stellt nicht nur wegen der Annahme $V_{\delta z}(x) \sim \Theta(x)$ eine Näherung dar, sondern auch wegen der Vernachlässigung der Polstreuung.

Nach Bild 2.4.10, Seite 196, ist der unbewickelte Abschnitt des Zahngebiets im Läufer zusätzlich durch den Polstreufluss belastet, so dass die Teilkennlinie bei Berücksichtigung der Polstreuung wegen des größeren magnetischen Spannungsabfalls tiefer liegt (s. Bild 2.5.13). Diese Kennlinie ließe sich dadurch ermitteln, dass man zunächst über die Annahme einer gleichmäßig gestuften Feldkurve den Luftspaltfluss abschätzt und $V_{\delta zr}$ berechnet. Damit ist nach Abschnitt 2.4.3.2, Seite 194, die Berechnung des Polstreuflusses und seine Berücksichtigung bei der Berechnung des unbewickelten Teils möglich.

Zweckmäßiger ist jedoch die Berücksichtigung der Polstreuung über die Berechnung weiterer Teilkennlinien. Dabei werden für mehrere vorgegebene Werte der Luftspaltflussdichte B bzw. B_{max} die magnetischen Spannungsabfälle des Luftspalts V_δ, der Ständerzähne V_{z1} sowie der Läuferzähne des unbewickelten Abschnitts V_{z2u} und des bewickelten Abschnitts V_{z2b} berechnet. Das Ergebnis sind die Teilkennlinien $B = f(V_{\delta z1})$, $B_u = f(V_{z2u})$ und $B_b = f(V_{\delta z2b})$. Zur Berücksichtigung der Belastung des unbewickelten Zahngebiets im Läufer durch den Polstreufluss denkt man sich den reduzierten Streufluss $\Phi^*_{\sigma p} = C_\sigma \Phi_{\sigma p}$ (s. Abschn. 2.4.3.3, S. 197) über das gesamte Zahngebiet und den Luftspalt verlaufend. Dann würde der Luftspaltfluss im unbewickelten Abschnitt des Läufers bei Anordnungen nach Bild 2.4.10a oder b bzw. in den Randzähnen dieses Abschnitts bei Anordnungen nach Bild 2.4.10c um den reduzierten Polstreufluss vergrößert. Das ergäbe eine fiktive Vergrößerung der Luftspaltflussdichte auf den Wert

$$B'_{max} = \frac{\Phi_{\delta u} + \Phi^*_{\sigma p}}{b_u l_i} = B_{max} + \frac{\Phi^*_{\sigma p}}{b_u l_i} = B_{max}\left(1 + \frac{\Phi^*_{\sigma p}}{\Phi_{\delta u}}\right) \tag{2.5.23a}$$

bzw. $$B'_{max} = \frac{\Phi_{n2u} + \Phi^*_{\sigma pn}}{\tau_{n2u} l_i} = B_{max} + \frac{\Phi^*_{\sigma pn}}{\tau_{n2u} l_i} = B_{max}\left(1 + \frac{\Phi^*_{\sigma pn}}{\Phi_{n2u}}\right). \tag{2.5.23b}$$

Dabei ist $\Phi_{\delta u} = B_{max} b_u l_i$ der tatsächliche Luftspaltfluss des unbewickelten Abschnitts des Läufers und $\Phi_{n2u} = B_{max}\tau_{n2u} l_i$ der tatsächliche Luftspaltfluss, der auf die Nutteilung τ_{n2u} des unbewickelten Abschnitts entfällt. Für die Berechnung von $\Phi_{\sigma p}$ bzw. $\Phi_{\sigma pn}$ nach Abschnitt 2.4.3.2 liefert die Annahme $V_{r1} = 0$ (denn die Rückenspannung ist zunächst noch nicht ermittelbar) ausreichend genaue Werte. Mit B'_{max} können aus der Teilkennlinie $B_u = f(V_{z2u})$ der Zahnspannungsabfall V'_{z2u} des unbewickelten Abschnitts mit Berücksichtigung der Polstreuung entnommen, die Zahnspannung $V_{\delta zu} = V_{\delta z10} + V'_{z2u} = V_{\delta z0}$ ermittelt und die erste Näherung der Feldkurve $B(x)$ konstruiert werden (s. Bild 2.5.14). Auf diese Weise lässt sich mit verschiedenen vorgegebenen Werten von B_{max} die gesamte Teilkennlinie $B_u = f(V_{\delta zu})$ bestimmen. Zu beachten ist, dass bei der Anordnung nach Bild 2.4.10b

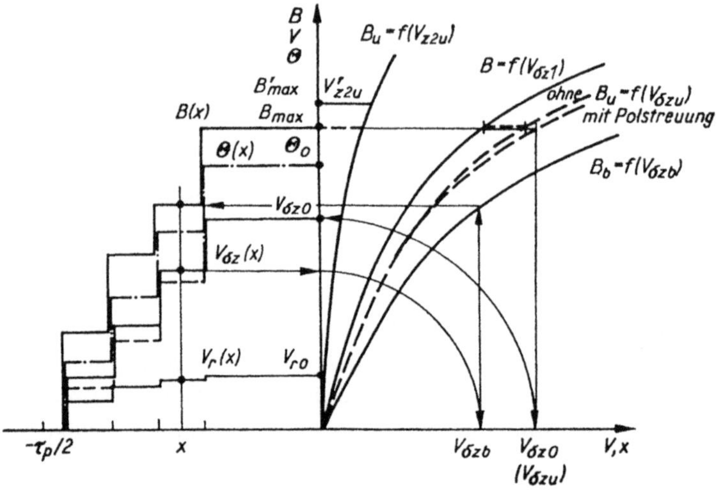

Bild 2.5.14 Feldkurve und Teilkennlinien einer Vollpol-Synchronmaschine

für jeden Läuferzahn des unbewickelten Gebiets ein anderer Streufluss, d. h. auch eine andere Kennlinie $B_u = f(V_{\delta zu})$, auftreten kann und dass bei der Anordnung nach Bild 2.4.10c nur die Randzähne des unbewickelten Gebiets mit Polstreufluss belastet sind. Für die übrigen Zähne des unbewickelten Gebiets gilt dann die Kennlinie $B_u = f(V_{\delta zu})$ ohne Einfluss der Polstreuung.

b) Iterative Berechnung des magnetischen Kreises

Über die erste Näherung der Feldkurve kann nach Abschnitt 2.4.3, Seite 190, eine erste Näherung des magnetischen Spannungsabfalls $V_r(x) = V_{r2}(x) + V_{r1}(x)$ im Rücken des Ständers und des Läufers berechnet und damit die Berechnung von $\Phi_{\sigma p}$ bzw. $\Phi_{\sigma pn}$ sowie von B'_{max} verbessert werden. Dabei genügt eine Berechnung für Integrationswege über die Polmitte und die Läuferzahnmitten und die der Durchflutungsverteilung entsprechende Annahme konstanter Rückenspannung über dem unbewickelten Abschnitt der Breite b_u bzw. über der Läufernutteilung τ_{n2} (s. Bild 2.5.14). Die erste Näherung der Rückenspannung liefert mit $\Theta_0 = V_{\delta z0} + V_{r0}$ über

$$V_{\delta z}(x) = \Theta(x) - V_r(x)$$

eine bessere Näherung der Verteilung der Zahnspannung und damit auch der Feldkurve, die im Bild 2.5.14 gestrichelt eingezeichnet wurde. Nur bei sehr großem Rückeneinfluss ist eine weitere iterative Verbesserung der Feldkurve notwendig.

c) Vereinfachungen der Berechnung

Vereinfachungen der Berechnung des magnetischen Kreises einer Vollpol-Synchronmaschine sind nicht in dem Maße möglich wie bei einer Schenkelpol-Synchronmaschine. Der Grund hierfür liegt vor allem darin, dass für Vollpol-Synchronmaschinen keine Möglichkeit besteht, die Berechnung durch Einführung von Polformkoeffizienten zu vereinfachen. Lediglich bei vernachlässigbarem Einfluss der Rückenspannung auf das Luftspaltfeld kann eine Verbesserung der ersten

Näherung der Feldkurve unterbleiben. Dies ist der Fall, wenn die Verteilung der Rückenspannung annähernd proportional zur Durchflutungsverteilung ist oder wenn die Rückenspannung relativ klein ist, denn dann genügt die Berechnung ihres Betrags V_{r0} für den Hauptintegrationsweg.

2.6 Bestimmung der Leerlaufkennlinie

Als Leerlaufkennlinie bezeichnet man die Abhängigkeit der im stationären Leerlaufbetrieb in der für den Energieumsatz maßgebenden Wicklung einer elektrischen Maschine induzierten Spannung E vom Erregerstrom I_e bzw. vom Magnetisierungsstrom I_μ (s. Abschn. 2.1.2, S. 154). Die Berechnung der Leerlaufkennlinie hat demnach zum Ziel, zusammengehörende Wertepaare von E und I_e bzw. E und I_μ zu ermitteln. Dabei ist der Erregerstrom I_e der nach (2.1.9) zur Erzeugung der Durchflutung des magnetischen Kreises notwendige Strom einer Gleichstromerregerwicklung und der Magnetisierungsstrom I_μ der Effektivwert eines Wechselstroms, wenn das Feld von einer wechselstromdurchflossenen, für den Energieumsatz maßgebenden Wicklung her aufgebaut wird. Wegen der Proportionalität zwischen der induzierten Spannung E und dem Luftspaltfluss Φ_δ bzw. dem Hauptfluss Φ_h einerseits sowie zwischen dem Erregerstrom I_e bzw. dem Magnetisierungsstrom I_μ und der Durchflutung Θ andererseits (s. Abschn. 2.1.2) geht die Leerlaufkennlinie aus der Magnetisierungskennlinie $\Phi_\delta = f(\Theta)$ bzw. $\Phi_h = f(\Theta)$ hervor. Die Wege zur Ermittlung der Magnetisierungskennlinie des magnetischen Kreises bzw. der Leerlaufkennlinie unterscheiden sich je nachdem, ob eine konzentrierte oder eine räumlich verteilte Erregerwicklung vorliegt und ob es sich um Gleichstrom- oder Wechselstromerregung handelt. Prinzipiell erfolgt die Ermittlung der genannten Kennlinien dadurch, dass man für verschiedene vorgegebene Werte von B_{max} den magnetischen Kreis der Maschine durchrechnet. Da häufig nur die Durchflutung für den Hauptintegrationsweg interessiert, ist es üblich, die Kennzeichnung mit dem Index 0 wegzulassen. Zur Veranschaulichung der Berechnungsgänge werden in den folgenden Abschnitten Schemata nach Art von Programmablaufplänen verwendet.

2.6.1 Gleichstromerregung mit konzentrierter Erregerwicklung

Die Kennzeichen der Gleichstromerregung mit konzentrierter Erregerwicklung sind:

- Die konzentrierte Erregerwicklung ist auf ausgeprägten Polen angeordnet.
- Die Durchflutung für alle Integrationswege, die entlang von den Luftspalt überquerenden Feldlinien verlaufen, ist konstant, d. h. es ist $\Theta = \Theta_0 =$ konst.
- Die Luftspaltlänge δ ist nicht konstant, d. h. es ist $\delta = f(x)$.
- Die Magnetisierungskennlinie des Zahngebiets $B = f(V_z)$ ist unabhängig von x.
- Die magnetischen Spannungsabfälle $V_p = V_{pk}$ und V_j über Polkern bzw. Joch sind unabhängig von x.
- Polkern und Joch werden durch Streufelder belastet.

Diese Erregungsart liegt bei Gleichstrommaschinen und bei Schenkelpol-Synchronmaschinen vor (s. Bild 2.1.1a, S. 155). Im Bild 2.6.1 ist der Berechnungsgang schematisch dargestellt. Ausgangspunkt der Berechnung ist die Annahme verschiedener Werte für B_{max} bis etwa 120 % oder 130 % des für die Erregung im Bemessungsbetrieb geschätzten Werts. Mit B_{max} liegt nach Abschnitt 2.3.2.4, Seite 181, über (2.3.28) der Luftspaltspannungsabfall V_δ fest, wobei k_c nach Abschnitt 2.3.2.2, Seite 175, zu bestimmen ist. Aus B_{max} ergeben sich weiterhin B_{zs}, H_z und der Zahnspannungsabfall V_z entsprechend Abschnitt 2.4.2, Seite 186. Die Ermittlung von V_z erfolgt vorzugsweise nach (2.4.5b). Eine Kontrolle des magnetischen Spannungsabfalls über den Nutkeileinschnitten ist höchstens bei Ständerzähnen nötig. Dabei berücksichtigt man nur die engste Zahnstelle (mit Zahnentlastung) und eine geschätzte Länge des Integrationswegs (z. B. 2 mm).

Im Fall der Gleichstrommaschine wird der Einfluss des Zahn- und des Rückengebiets auf die Feldkurve (s. Bild 2.3.2, S. 171) entsprechend Unterabschnitt 2.5.3b, Seite 209, vernachlässigt. Dann kann mit den nur von der Geometrie des Polgebiets abhängigen Werten des Polbedeckungsfaktors α_i nach (2.3.4a,b), Seite 171, und der ideellen Länge l_i entsprechend Abschnitt 2.3.2.3, Seite 179, der Luftspaltfluss Φ_δ unmittelbar über (2.3.5), Seite 171, nach Abschnitt 2.3.1.1 berechnet werden. Mit Φ_δ ist auch der Rückenfluss als $\Phi_r = \Phi_\delta/2$ (s. Bild 2.1.1a) festgelegt. Wegen des relativ geringen magnetischen Spannungsabfalls im Läuferrücken der Gleichstrommaschine kann dieser nach Abschnitt 2.4.3.3, Seite 197, mit $C_r = 0{,}7 \ldots 0{,}9$ ermittelt werden, wobei die Werte von C_r mit der Polpaarzahl p wachsen.

Im Fall der Synchronmaschine wird die Feldkurve vom Zahn- und vom Rückengebiet beeinflusst (s. Bild 2.5.7, S. 208). Zur Bestimmung des noch nicht bekannten Rückenspannungsabfalls V_r muss zunächst unter Vernachlässigung des Rückeneinflusses ein Näherungswert für Φ_δ ermittelt werden. Dafür gibt es zwei Möglichkeiten. Nach der ersten wird Φ_δ aus (2.3.5), Seite 171, mit Hilfe von α_i oder C_m nach (2.3.9) errechnet, wobei man zur Bestimmung von α_i nach Bild 2.5.8, Seite 209, näherungsweise zunächst $V_r = 0$ setzt, d. h. $V_{\delta zr} = V_{\delta z}$ annimmt. Die zweite Möglichkeit besteht in der Ermittlung und Integration der unbeeinflussten Feldkurve nach Abschnitt 2.3.1, Seite 169, der Berücksichtigung der Einflüsse des Zahn- und des Rückengebiets nach Unterabschnitt 2.5.3b, Seite 209, und der Bestimmung des Luftspaltflusses Φ_δ entsprechend Abschnitt 2.3.1.1 über (2.3.5). Nun lässt sich ein Näherungswert für V_r ermitteln. Das geschieht meist nach Abschnitt 2.4.3, Seite 190, mit $\Phi_r = \Phi_\delta/2$ (s. Bild 2.1.1a, S. 155, od. Bild 2.4.5, S. 191). Eine Kontrolle von α_i über den nunmehr vorliegenden Wert $V_{\delta zr}$ wird normalerweise nur eine vernachlässigbare Abweichung gegenüber dem über $V_{\delta z}$ ermittelten Wert zeigen, so dass sich in Anbetracht der bei Schenkelpol-Synchronmaschinen relativ geringen Größe von V_r eine Korrektur des Näherungswerts oft erübrigt. Dann genügt auch bei der Ermittlung der Feldkurve die Berücksichtigung des Einflusses des Zahngebiets, d. h. es kann mit $V_{\delta z}(x) = V_{\delta z0}$ gerechnet werden (s. Bild 2.5.7, S. 208). Der Rückeneinfluss muss nur im Sonderfall extrem hoher Rückenflussdichte berücksichtigt werden.

Der Polstreufluss $\Phi_{\sigma pk} + \Phi_{\sigma sch}$ (s. Bilder 2.1.1a, S. 155, u. 2.4.9, S. 196) wird nach (2.4.25), Seite 196, bestimmt. Für Außenpolmaschinen genügt zur Berechnung von V_p die Anwendung von (2.4.31), Seite 198, mit $\Phi_{\sigma pk} = 0$ und $C_\sigma = 1$ bzw. von (2.4.32). Wegen des relativ großen Polstreuflusses von Innenpolmaschinen muss

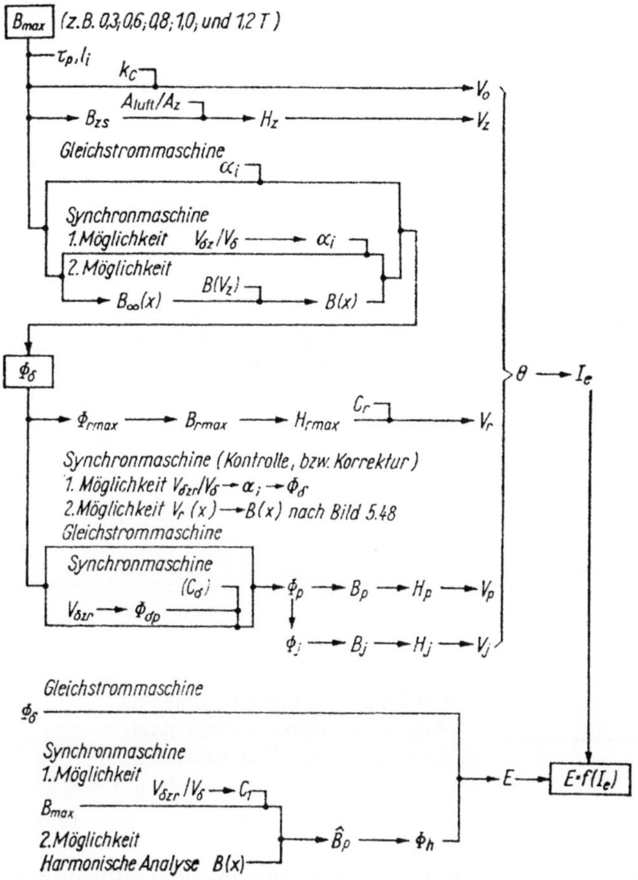

Bild 2.6.1 Berechnungsschema des magnetischen Kreises bei Gleichstromerregung mit konzentrierter Erregerwicklung

V_p meistens über (2.4.26) berechnet werden. Lediglich bei relativ geringen Polkernflussdichten genügt in diesem Fall die Berechnung über (2.4.31). Bei geblechten Polen beträgt der Polkernquerschnitt entsprechend (2.4.1), Seite 187,

$$A_\mathrm{pk} = b_\mathrm{pk}\varphi_\mathrm{Fe}l_\mathrm{pk}. \tag{2.6.1}$$

Für den Integrationsweg gilt $s_\mathrm{pk} = h_\mathrm{pk}$ mit der Polkernhöhe h_pk. Der magnetische Spannungsabfall ungenuteter Polschuhe wird vernachlässigt (s. Abschn. 2.4.3.2, S. 194). Das Zahngebiet genuteter Polschuhe zur Aufnahme der Kompensationswicklung bei Gleichstrommaschinen bzw. des Dämpferkäfigs bei Synchronmaschinen wird wie das Zahngebiet eines gleichmäßig genuteten Hauptelements behandelt. Maßgebend für den magnetischen Spannungsabfall in diesem Gebiet ist nach Abschnitt 2.4.2, Seite 186, die Flussdichte im Luftspalt. Die Berechnung des magnetischen Spannungsabfalls im Joch erfolgt nach Abschnitt 2.4.1, Seite 185. Dabei ist für den Fluss $\Phi_\mathrm{j} = \Phi_{\mathrm{p\,max}}/2$ mit dem Fluss $\Phi_{\mathrm{p\,max}}$ am Fuß des Polkerns einzusetzen (s. Bild 2.1.1a) und für den Integrationsweg s_j die Länge der mittleren Feldlinie bis zur Pollücke. Für kreisbogenförmige Joche gilt

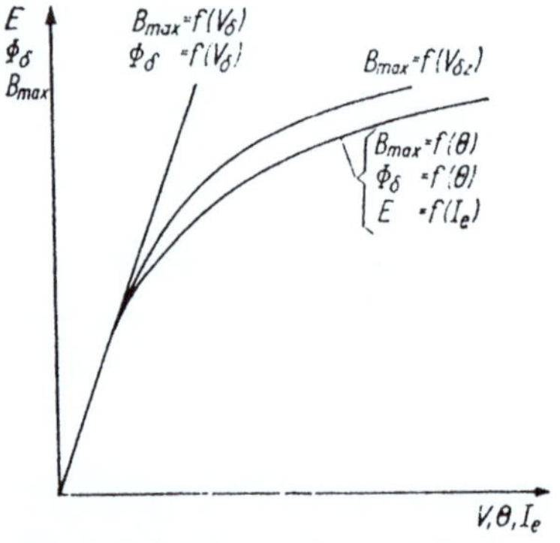

Bild 2.6.2 Leerlaufkennlinie und Magnetisierungskennlinien einer Gleichstrommaschine

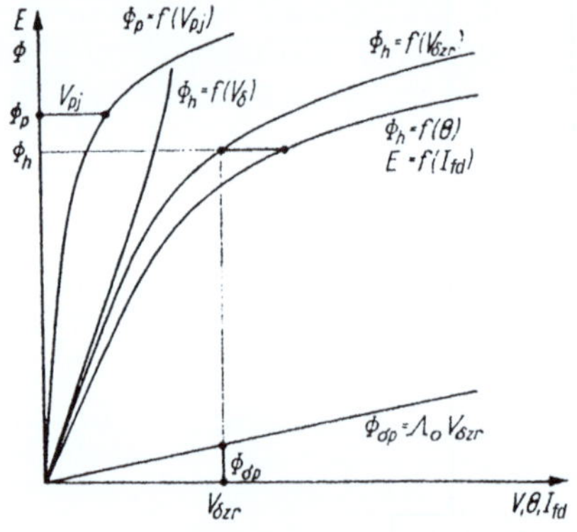

Bild 2.6.3 Leerlaufkennlinie und Magnetisierungskennlinien einer Schenkelpol-Synchronmaschine

$$s_\mathrm{j} = \frac{(D_\mathrm{j} + h_\mathrm{j})\pi}{4p}. \qquad (2.6.2)$$

Dabei ist D_j der innere Jochdurchmesser und h_j die Jochhöhe (in radialer Richtung). Für den Jochquerschnitt gilt

$$A_\mathrm{j} = h_\mathrm{j}\varphi_\mathrm{Fe}l_\mathrm{j} \qquad (2.6.3)$$

mit l_j als Jochlänge in axialer Richtung.

Aus den einzelnen magnetischen Spannungsabfällen längs des Hauptintegrationswegs ergibt sich nach (2.1.13a), Seite 157, die Leerlaufdurchflutung Θ und über (1.4.4), Seite 144, der dafür notwendige Erregerstrom I_e bzw. über (1.4.7) die notwendige Windungszahl von Reihenschluss-Erregerwicklungen.

Für die induzierte Spannung der Gleichstrommaschine gilt (1.3.24), Seite 139. Damit liegt mit gegebenen Werten von w, n und p auch die induzierte Spannung E fest. Die Leerlaufkennlinie $E = f(I_\mathrm{e})$ der Gleichstrommaschine ist damit ermittelt. Im Bild 2.6.2 sind außer der Leerlaufkennlinie $E = f(I_\mathrm{e})$ und der Magnetisierungskennlinie $\Phi_\delta = f(\Theta)$ bzw. $B_\mathrm{max} = f(\Theta)$ auch noch die Magnetisierungskennlinie des Luftspalts $\Phi_\delta = f(V_\delta)$ bzw. $B_\mathrm{max} = f(V_\delta)$ und die sog. Übertrittskennlinie $B_\mathrm{max} = f(V_{\delta\mathrm{z}})$ dargestellt. Die Übertrittskennlinie wird zur quantitativen Ermittlung der Ankerrückwirkung benötigt (s. Abschn. 2.7.1, S. 230). Über die Leerlaufkennlinie kann der Erregerstrom im Leerlauf ($E = U_\mathrm{N}$) ermittelt werden.

Im Fall der Synchronmaschine interessiert der Effektivwert der vom Fluss Φ_h der Hauptwelle des Luftspaltfelds induzierten Spannung E_h. Die Amplitude $\hat{B}_\mathrm{p}$

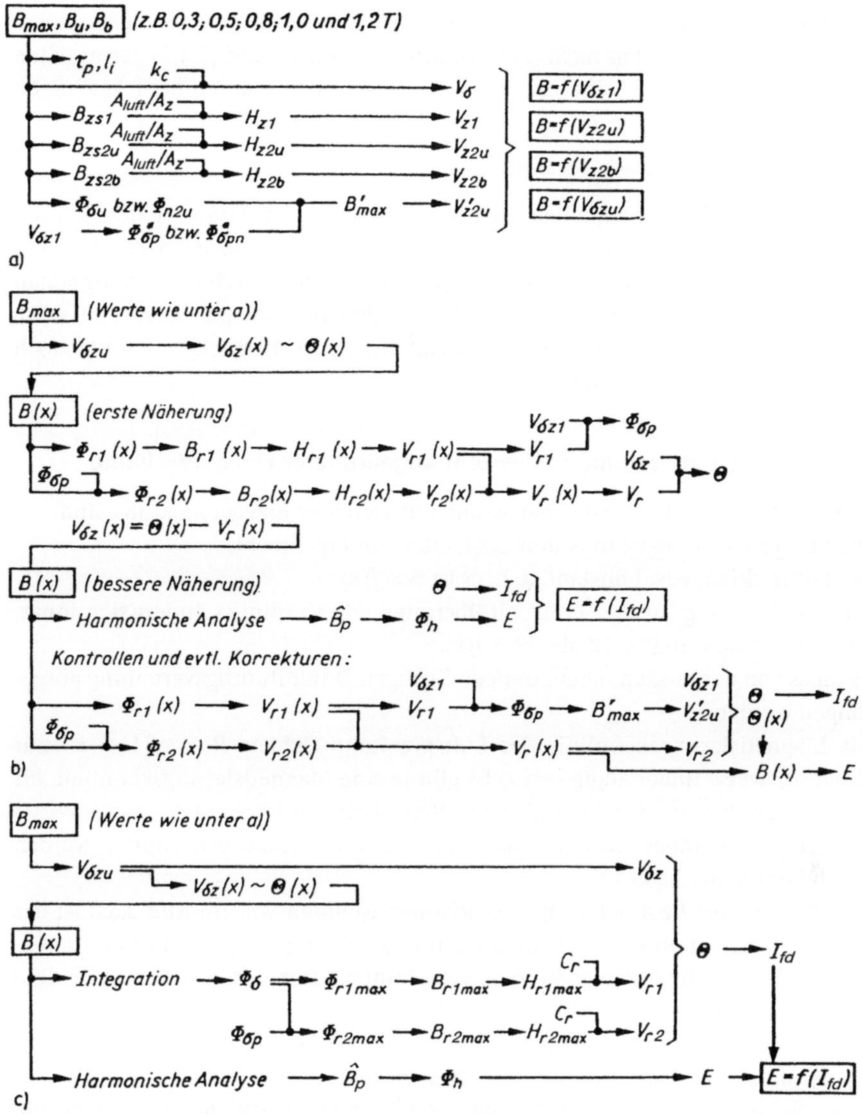

Bild 2.6.4 Berechnungsschema des magnetischen Kreises bei Gleichstromerregung mit verteilter Erregerwicklung. a) Teilkennlinien; b) Feldkurve und Leerlaufkennlinie; c) genäherte Berechnung

der Hauptwelle der Feldkurve erhält man entweder durch Fourier-Analyse der Feldkurve oder über (2.3.10), Seite 173, und Bild 2.5.9, Seite 210. Nach (2.3.11) lassen sich dann Φ_h und mit gegebenem ω, w und ξ_p nach (1.2.93), Seite 105, E_h berechnen. Die Leerlaufkennlinie $E = E_\mathrm{h} = f(I_\mathrm{fd})$ der Schenkelpol-Synchronmaschine ist damit ermittelt. Im Bild 2.6.3 sind außer der Leerlaufkennlinie $E = f(I_\mathrm{fd})$ die Magnetisierungskennlinie $\Phi_\mathrm{h} = f(\Theta)$, die Luftspaltkennlinie $\Phi_\mathrm{h} = f(V_\delta)$, die wegen des Zahn- und Rückeneinflusses keine Gerade mehr ist, sowie die zur Ermittlung und Berücksichtigung des Polstreuflusses notwendigen Teilkennlinien aufgetragen. Es ist gezeigt, wie man den nach (2.4.25), Seite 196, oder nach (2.4.31) ermittelten Polstreufluss $\Phi_{\sigma p}$ mit der Näherung $\Phi_p \approx \Phi_h + \Phi_{\sigma p}$ auch grafisch berücksichtigen kann. Für die Teilkennlinie $\Phi_p = f(V_{pj})$ gilt die Beziehung

$$V_{pj}(\Phi_p) = V_p(\Phi_p) + V_j(\Phi = \Phi_p/2).$$

Die Darstellung des prinzipiellen Berechnungsgangs des magnetischen Kreises einer elektrischen Maschine mit Gleichstromerregung und konzentrierter Erregerwicklung im Bild 2.6.1 bringt zum Ausdruck, dass der magnetische Spannungsabfall von Luftspalt und Zahngebiet von der Flussdichte im Luftspalt bestimmt wird, während für die magnetischen Spannungsabfälle von Ankerrücken, Pol und Joch der Luftspaltfluss maßgebend ist.

2.6.2 Gleichstromerregung mit verteilt angeordneter Erregerwicklung

Die Kennzeichen der Gleichstromerregung mit verteilter Erregerwicklung sind:
- Die Erregerwicklung ist in Nuten des Läufers untergebracht.
- Die Luftspaltlänge ist konstant, d. h. es ist $\delta \neq f(x)$.
- Die Durchflutung für den Luftspalt überquerende Feldlinien ändert sich innerhalb einer Polteilung; es ist also $\Theta = f(x)$.
- Es muss von der tatsächlichen, treppenförmigen Durchflutungsverteilung ausgegangen werden.
- Die Magnetisierungskennlinie des Luftspalt-Zahn-Gebiets $B = f(V_{\delta z})$ ist nur abschnittsweise unabhängig von x. Es gibt je eine Magnetisierungskennlinie für den bewickelten und für den unbewickelten Abschnitt.
- Die Zähne im unbewickelten Abschnitt und der Rücken des Läufers werden durch Streufelder belastet.

Diese Erregungsart liegt bei Vollpol-Synchronmaschinen vor. Im Bild 2.6.4 ist das Schema der Berechnung der Leerlaufkennlinie einer solchen Maschine dargestellt. Die Berechnung erfolgt in zwei Abschnitten. Der erste Abschnitt (s. Bild 2.6.4a) hat die Berechnung von Teilkennlinien zum Ziel. Im zweiten Abschnitt (s. Bild 2.6.4b) werden die Feldkurve und die Leerlaufkennlinie ermittelt. Der Rückeneinfluss auf das Luftspaltfeld darf dabei nicht vernachlässigt werden. Zur Berechnung der Leerlaufkennlinie sind für B_{max} mehrere Werte vorzugeben und nach (2.5.23a,b) die zugehörigen Werte B'_{max} zu berechnen. Wie im Bild 2.5.14 durch Pfeile angegeben ist, erhält man über die Teilkennlinien $B_u = B'_{max} = f(V_{z2u})$ und $B = B_u = B_{max} = f(V_{\delta z1})$ die Spannungsabfälle V_{z2u} und $V_{\delta z1}$, d. h. den Spannungsabfall $V_{\delta z} = V_{\delta zu} = V_{\delta z0}$ für den Hauptintegrationsweg. Mit der angenommenen Verteilung der Luftspalt-Zahn-Spannung $V_{\delta z}(x)$ lassen sich nun eine erste Näherung $B(x)$ der Feldkurve und nach Abschnitt 2.4.3, Seite 190, auch eine erste Näherung der Verteilung der Rückenspannung $V_r(x)$ ermitteln. Über die bessere Näherung $V_{\delta z}(x) = \Theta(x) - V_r(x)$ kann die Feldkurve $B(x)$ korrigiert werden. Zur Dimensionierung der Erregerwicklung bzw. zur Berechnung des Erregerstroms über $I_{fd} = \Theta/wp$ genügt die Ermittlung der Durchflutung und der magnetischen

Spannungsabfälle für den Hauptintegrationsweg $\Theta = V_{\delta z} + V_r$. Durch harmonische Analyse der Feldkurve erhält man die Amplitude $\hat{B}_p$ ihrer Hauptwelle, den Hauptfluss Φ_h über (2.3.11), Seite 173, und die induzierte Spannung E über (1.2.93). Mehrere Wertepaare von E und I_{fd} ergeben schließlich die Leerlaufkennlinie $E = f(I_{fd})$. Bei relativ kleinem Rückeneinfluss kann eine genäherte Berechnung der Leerlaufkennlinie über den Luftspaltfluss Φ_δ durch Integration der Feldkurve, die maximalen Rückenflussdichten und die mittleren magnetischen Feldstärken bzw. die reduzierten Pfadlängen nach Abschnitt 2.4.3.3, Seite 197, erfolgen (s. Bild 2.6.4c).

2.6.3 Mehrphasige Wechselstromerregung

Die Kennzeichen der mehrphasigen Wechselstromerregung sind:
- Die erregende Wicklung ist in Nuten verteilt.
- Die Luftspaltlänge ist konstant, d. h. es ist $\delta \neq f(x)$.
- Die Durchflutung für die den Luftspalt überquerenden Feldlinien ändert sich innerhalb einer Polteilung; es ist also $\Theta = f(x)$. Dabei kann mit einer sinusförmigen Durchflutungsverteilung gerechnet werden.
- Die Magnetisierungskennlinie des Luftspalt-Zahn-Gebiets $B = f(V_{\delta z})$ ist unabhängig von x.

Diese Erregungsart liegt bei *Induktionsmaschinen*, bei Reluktanz-Synchronmaschinen und bei den heute kaum noch hergestellten Drehstrom-Kommutatormaschinen vor. Bei Maschinen mit $p = 1$ bzw. auch $p = 2$ darf der Rückeneinfluss auf das Luftspaltfeld entsprechend Abschnitt 2.5.4, Seite 210, nicht vernachlässigt werden. Bei Maschinen mit größeren Polpaarzahlen ist dieser Einfluss vernachlässigbar.

a) Feldkurve vom Rückengebiet beeinflusst

Im Bild 2.6.5 ist der Berechnungsgang mit Berücksichtigung des Rückeneinflusses schematisch dargestellt. Ausgangspunkt der Berechnung sind vorgegebene Werte der Luftspaltflussdichte B bzw. B_{max}. Für diese Werte wird $V_{\delta z} = V_\delta + V_z$ berechnet und damit die Magnetisierungskennlinie für das Luftspalt-Zahn-Gebiet $B = f(V_{\delta z})$ gefunden (s. Bild 2.5.10, S. 211). Mit B_{max} ergibt sich aus dieser Kennlinie der zugehörige Wert von $V_{\delta z}$ und mit der Annahme $V_{\delta z}(x) = V_{\delta z} \cos \pi x/\tau_p$ die erste Näherung der Feldkurve $B(x)$ (s. Bild 2.5.10). Nun können nach Abschnitt 2.4.3.1, Seite 191, $B_r(x)$, $H_r(x)$, $V_r(x)$ und V_r berechnet werden. Über die Beziehung (s. Bd. *Theorie elektrischer Maschinen*, Abschn. 2.3.3)

$$\boxed{\hat{\Theta}_p = V_{max} = V_{\delta z} + V_r = \frac{m}{2}\frac{4}{\pi}\frac{w\xi_p}{2p}\sqrt{2}I_\mu = \frac{mw\xi_p}{\pi p}\sqrt{2}I_\mu} \tag{2.6.4}$$

lassen sich der Magnetisierungsstrom I_μ und über eine harmonische Analyse der Feldkurve sowie mit (1.2.93), Seite 105, und (2.3.11), Seite 173, die induzierte Spannung E_h bestimmen. Zur Kontrolle bzw. Korrektur des Rückeneinflusses kann aus $\Theta(x) = \hat{\Theta} \cos \pi x/\tau_p$ und dem errechneten Verlauf $V_r(x)$ ein korrigierter Verlauf $V_{\delta z}(x) = \Theta(x) - V_r(x)$ ermittelt werden. Über $B = f(V_{\delta z})$ ergibt sich dann eine bessere Näherung der Feldkurve $B(x)$, die im Bild 2.5.10, Seite 211, gestrichelt dargestellt ist und aus der in der beschriebenen Weise E_h und I_μ zu erhalten sind. Für mehrere

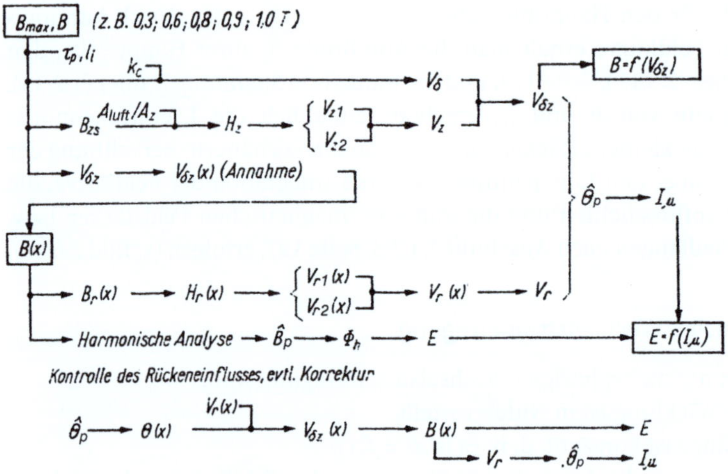

Bild 2.6.5 Berechnungsschema des magnetischen Kreises bei mehrphasiger Wechselstromerregung mit Berücksichtigung des Rückeneinflusses

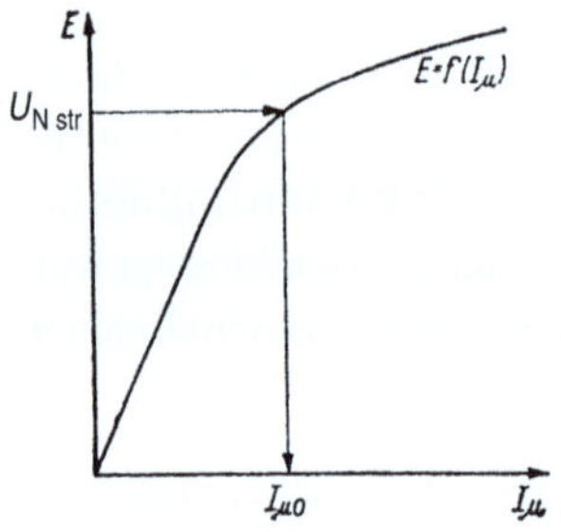

Bild 2.6.6 Leerlaufkennlinie bei mehrphasiger Wechselstromerregung

Werte B_{max} erhält man schließlich mit mehreren Wertepaaren von E_h und I_μ die Leerlaufkennlinie $E_h = f(I_\mu)$ (s. Bild 2.6.6), aus der für $E_h = U_{N\,str}$ im Leerlauf bei Bemessungsspannung der Magnetisierungsstrom $I_{\mu 0}$ entnommen werden kann.

b) Feldkurve vom Rückengebiet nicht beeinflusst

Wenn der Einfluss der Rückengebiete vernachlässigt werden kann, braucht die Feldkurve nicht ermittelt zu werden. Die Form der Feldkurve wird durch den Abplattungsfaktor α_p nach Abschnitt 2.5.4b, Seite 212, berücksichtigt. Das Berechnungsschema ist im Bild 2.6.7a dargestellt. Wie im Unterabschnitt 2.6.3a werden für mehrere vorgegebene Werte für B_{max} die Spannungsabfälle V_δ und V_z berechnet. Über (2.5.20) und Bild 2.5.12 ergeben sich aus V_z/V_δ der Sättigungsfaktor k und der Abplattungsfaktor α_p. Mit α_p lassen sich die mittlere Luftspaltflussdichte B_m über (2.5.21), der Luftspaltfluss Φ_δ über (2.3.5), Seite 171, und der Rückenspannungsabfall V_r entsprechend Abschnitt 2.4.3.3, Seite 197, bestimmen. Damit liegt für die vorgegebenen Werte von B_{max} mit $\hat{\Theta}_p = V_\delta + V_z + V_r$ der Magnetisierungsstrom I_μ fest, woraus sich mit der Annahme $\Phi_h = \Phi_\delta$, die mit guter Annäherung zutrifft, die induzierte Spannung E_h und damit auch die Leerlaufkennlinie $E_h = f(I_\mu)$ ergeben.

Da die Berechnung des magnetischen Kreises der Induktionsmaschine oder der Reluktanz-Synchronmaschine nur der Ermittlung des Magnetisierungsstroms und

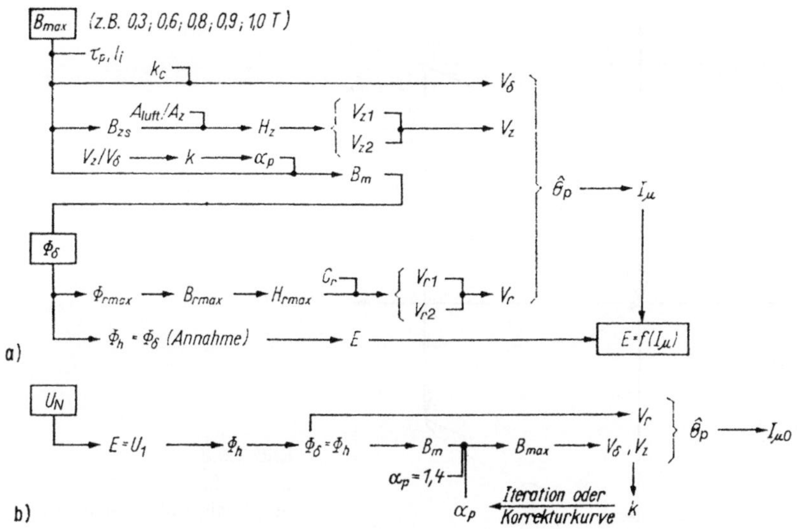

Bild 2.6.7 Berechnung des magnetischen Kreises bei mehrphasiger Wechselstromerregung ohne Rückeneinfluss. a) Leerlaufkennlinie; b) Magnetisierungsstrom bei Bemessungsspannung

damit der Ermittlung des Leistungsfaktors $\cos\varphi_1$ dient und nicht der Dimensionierung der erregenden Wicklung, kann in vielen Fällen auf eine Berechnung der gesamten Leerlaufkennlinie verzichtet werden. Wie das Berechnungsschema nach Bild 2.6.7b für diesen Fall zeigt, beginnt die Berechnung mit der Annahme $E = U_1$, die für größere Maschinen praktisch stets zulässig ist. Über (1.2.93), S. 105, ergibt sich dann der Hauptfluss Φ_h. Mit $\Phi_\delta = \Phi_\mathrm{h}$ erhält man V_r und B_m. Nun nimmt man mit $\alpha_\mathrm{p} = 1{,}4$ zunächst einen mittleren Wert des Abplattungsfaktors an und kann damit einen ersten Näherungswert für B_max, V_δ und V_z berechnen. Über $k = V_\mathrm{z}/V_\delta$ können α_p, V_δ und V_z entweder auf iterativem Weg bis zu genügender Genauigkeit korrigiert werden, oder man benutzt die im Bild 2.5.12, Seite 213, angegebene Korrekturkurve $(\alpha_\mathrm{p})_\mathrm{korr}$, die zur endgültigen Bestimmung von V_δ und V_z einen für die meisten Fälle genügend genauen Wert von α_p liefert. Mit $\hat{\Theta}_\mathrm{p} = V_\delta + V_\mathrm{z} + V_\mathrm{r}$ ergibt sich schließlich $I_{\mu 0}$.

2.6.4 Sonderfälle der Erregung

a) Einphasige Wechselstromerregung

Kennzeichen der einphasigen Wechselstromerregung sind:

- Die erregende Wicklung ist als konzentrierte Wicklung auf ausgeprägten Polen angeordnet.
- Die Luftspaltlänge δ ist im Bereich der ausgeprägten Pole (zumindest weitgehend) konstant.

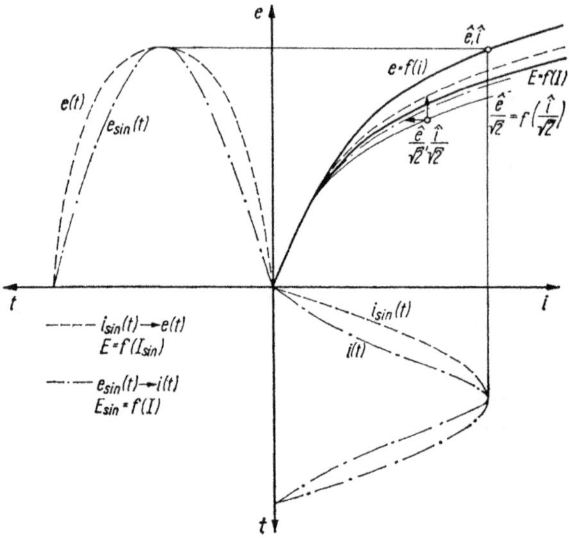

Bild 2.6.8 Leerlaufkennlinien für einphasige Wechselstrommagnetisierung

Diese Erregungsart liegt bei Einphasen-Reihenschlussmaschinen (s. Bd. *Grundlagen elektrischer Maschinen*, Abschn. 7.4) vor. Entsprechend den im Bild 2.6.8 dargestellten zeitlichen Verläufen von Erregerstrom i und induzierter Rotationsspannung $e = e_r \sim \Phi_d$[1] nach (1.3.25), Seite 139, lassen sich mehrere Leerlaufkennlinien definieren. Die aus der Berechnung des magnetischen Kreises nach Abschnitt 2.6.1, Seite 217, resultierende Leerlaufkennlinie gilt für die Augenblickswerte, also für $e = f(i)$. Bei Wechselstrommaschinen interessiert jedoch die Abhängigkeit der Effektivwerte. Eine Leerlaufkennlinie der Effektivwerte kann man dadurch konstruieren, dass man aus der Kennlinie der Augenblickswerte Wertepaare $\hat{e}$ und $\hat{i}$ der Amplituden von Wechselspannung und Wechselstrom entnimmt und sich die Effektivwerte $\hat{e}/\sqrt{2}$ und $\hat{i}/\sqrt{2}$ berechnet. Dabei wird zunächst angenommen, dass e und i trotz des nichtlinearen Zusammenhangs $e = f(i)$ praktisch sinusförmig bleiben.

Die Darstellung von $\hat{e}/\sqrt{2} = f(\hat{i}/\sqrt{2})$ ergibt eine Leerlaufkennlinie, die – bei Verwendung desselben Maßstabs – tiefer als die der Augenblickswerte liegt. Infolge der Krümmung der Leerlaufkennlinie können aber Spannung e und Strom i nicht gleichzeitig sinusförmig verlaufen. Nimmt man $i(t)$ sinusförmig an, so ergibt sich ein Spannungsverlauf $e(t)$, der über dem sinusförmigen Verlauf liegt. Damit wird der Effektivwert $E > \hat{e}/\sqrt{2}$, und die Leerlaufkennlinie der Effektivwerte wird angehoben (gestrichelte Kurven im Bild 2.6.8). Nimmt man $e(t)$ sinusförmig an, so ergibt sich ein Stromverlauf $i(t)$, der unter dem sinusförmigen Verlauf liegt. Damit wird $I < \hat{i}/\sqrt{2}$, und die Leerlaufkennlinie wird im Sättigungsbereich nach links verschoben (strichpunktierte Kurven im Bild 2.6.8). In der Praxis existieren weder sinusförmige Ströme noch sinusförmige Spannungen. Man rechnet deshalb mit einer mittleren Leerlaufkennlinie.

---

1 Dabei ist der Längsfluss Φ_d in (1.3.25), Seite 139, gleich dem durch die Bürstenebene des Kommutatorankers tretenden Fluss, der im Band *Grundlagen elektrischer Maschinen* als Φ_B bezeichnet ist.

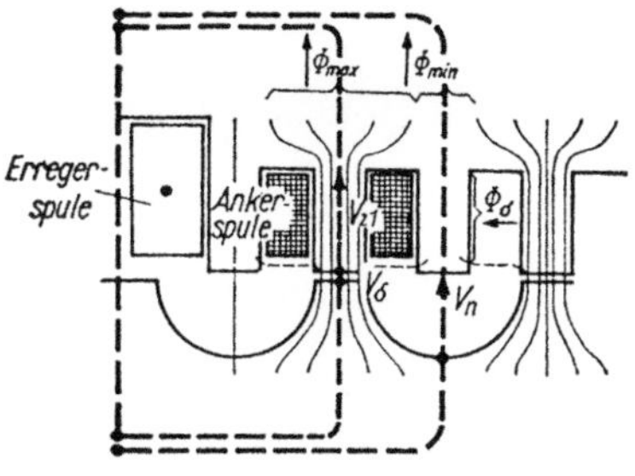

Bild 2.6.9 Magnetischer Kreis einer Flussmodulationsmaschine (Wechselpoltyp)

Gute Übereinstimmung mit den praktischen Verhältnissen ergibt sich nach der Beziehung

$$E = \frac{1}{3}\left(\hat{e}|_{\hat{\imath}=I} + 2 \cdot \left.\frac{\hat{e}}{\sqrt{2}}\right|_{\hat{\imath}/\sqrt{2}=I}\right) = f(I), \tag{2.6.5}$$

d. h. man bildet für jede Abszisse den Mittelwert aus einer Ordinate der Kennlinie $\hat{e} = f(\hat{\imath})$ und zwei Ordinaten der Kennlinie $\hat{e}/\sqrt{2} = f(\hat{\imath}/\sqrt{2})$.

b) Flussmodulationsmaschinen

Kennzeichen des Aufbaus von Flussmodulationsmaschinen sind:

- Ständer und Läufer sind genutet.
- Der Ständer oder der Läufer trägt eine Erregerwicklung oder einen permanentmagnetischen Abschnitt.
- Der Ständer trägt außerdem eine ein- oder mehrsträngige Wicklung.

Es gibt verschiedene Ausführungsformen von Flussmodulationsmaschinen. Relativ verbreitet ist die Ausführung als Hybrid-Schrittmotor (s. Bd. *Grundlagen elektrischer Maschinen*, Abschn. 8.1.1 u. 9.1.2). Das allen gemeinsame Wirkungsprinzip ist, dass bei Rotation infolge der durch die Nutung entstehenden Schwankungen des magnetischen Widerstands Flussschwankungen auftreten, durch die in der für den Energieumsatz maßgebenden Wicklung eine Wechselspannung induziert wird. Maßgebend für die Größe der induzierten Wechselspannung ist die Abweichung des Flusses von seinem Mittelwert.

Bild 2.6.9 zeigt als Beispiel die prinzipielle Anordnung der Wicklungen und Nuten einer elektrisch erregten Flussmodulationsmaschine vom sog. Wechselpoltyp. Die Erregerwicklung wird von Gleichstrom durchflossen. In der angegebenen Läuferstellung führen aufeinander folgende Ständerzähne abwechselnd maximalen und minimalen Fluss. Die angedeutete Ankerspule wird im dargestellten Zeitpunkt vom maximalen Fluss durchsetzt. Dreht sich der Läufer um eine Ständernutteilung weiter, so wird diese Ankerspule vom minimalen Fluss durchsetzt. Vernachlässigt man zunächst die magnetischen Spannungsabfälle in den Rückengebieten, in den Läuferzähnen und in den vom minimalen Fluss durchsetzten Ständerzähnen sowie den Streufluss, so gilt mit den Bezeichnungen der magnetischen Spannungen V nach Bild 2.6.9 und den zugeordneten Bezeichnungen der magnetischen Leitwerte Λ

$$\Phi_{\mathrm{max}} = \Lambda_{\mathrm{z1}} V_{\mathrm{z1}} = \Lambda_\delta V_\delta \tag{2.6.6a}$$

$$\Phi_{\mathrm{min}} = \Lambda_{\mathrm{n}} V_{\mathrm{n}} = \Lambda_{\mathrm{n}}(V_{\mathrm{z1}} + V_\delta), \tag{2.6.6b}$$

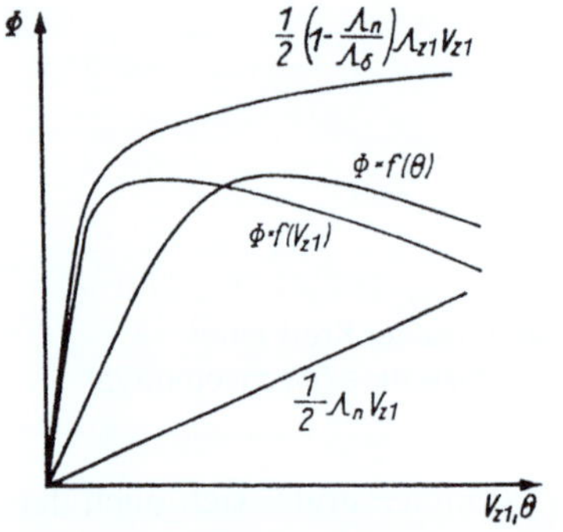

Bild 2.6.10 Magnetisierungskennlinien einer Flussmodulationsmaschine

da das Durchflutungsgesetz nach (2.1.11), Seite 156, angewendet auf die beiden angegebenen Integrationswege, die Aussage

$$\Theta = \sum V = V_n = V_{z1} + V_\delta \tag{2.6.7}$$

macht. Maßgebend für die Spannungsinduktion ist der Fluss

$$\begin{aligned}\Phi &= \Phi_{max} - \Phi_m = \Phi_{max} - \frac{\Phi_{max} + \Phi_{min}}{2} \\ &= \frac{\Phi_{max} + \Phi_{min}}{2} = \frac{1}{2}\left[\Lambda_{z1} - \Lambda_n\left(1 + \frac{V_\delta}{V_{z1}}\right)\right] V_{z1}.\end{aligned}$$

Setzt man für V_δ/V_{z1} nach (2.6.6a) $\Lambda_{z1}/\Lambda_\delta$ ein, so ergibt sich schließlich

$$\Phi = \frac{1}{2}\left[\left(1 - \frac{\Lambda_n}{\Lambda_\delta}\right)\Lambda_{z1} - \Lambda_n\right] V_{z1}. \tag{2.6.8}$$

Wenn b_{z1} und b_{z2} die Zahnbreiten von Ständer und Läufer am Luftspalt sind, gilt näherungsweise

$$\Lambda_\delta \approx \mu_0 \frac{b_{z1} + b_{z2}}{2\delta} l_i. \tag{2.6.9}$$

Den Läufernutleitwert Λ_n erhält man aus einem Feldbild und den Ständerzahnleitwert Λ_{z1} aus der Magnetisierungskennlinie $\Phi_{max} = f(V_{z1})$. Wegen des kleinen Luftspalts ($\delta \approx 0{,}1 \ldots 0{,}5$ mm) ist der Ausdruck Λ_n/Λ_δ in (2.6.8) klein gegenüber 1. Der Anteil $1/2(1 - \Lambda_n/\Lambda_\delta)\Lambda_{z1}V_{z1}$ in (2.6.8) verläuft wegen Λ_n/Λ_δ = konst. wie die Magnetisierungskennlinie $B_{max} = \Lambda_{z1}V_{z1} = f(V_{z1})$. Von diesem Anteil muss der lineare Anteil $1/2(\Lambda_n V_{z1})$ abgezogen werden. Daraus erklärt sich der im Bild 2.6.10 dargestellte, zunächst ansteigende und später abfallende Verlauf von $\Phi = f(V_{z1})$. Wegen (2.6.7) erhält man die Magnetisierungskennlinie des gesamten magnetischen Kreises

$$\Phi = f(\Theta) = f(V_{z1} + V_\delta)$$

durch Scherung der Kennlinie $\Phi = f(V_{z1})$.

Die genauere Berechnung der Magnetisierungskennlinie beginnt damit, dass man sich für einen vom maximalen Fluss belasteten Zahn verschiedene Werte der Flussdichte B_{z1} vorgibt und Φ_{max} sowie über H_{z1} den Spannungsabfall V_{z1} berechnet. Der Fluss Φ_{max} ist maßgebend für V_δ und näherungsweise für B_{z2} und V_{z2}. Mit $V_n \approx V_{z1} + V_\delta$ und mit bekanntem Wert für Λ_n lässt sich der Läufernutfluss

$\Phi_n = \Lambda_n V_n$ berechnen, mit dem sich der Ständernutstreufluss $\Phi_\sigma = \Lambda_\sigma V_{z1}$ (s. Bild 2.6.9) zu $\Phi_{min} = \Phi_n + \Phi_\sigma$ überlagert. Um den Streufluss Φ_σ vermindert sich Φ_{max} im Ständerzahn, was sich auf V_{z1} auswirkt, und die Berechnung muss eventuell wiederholt werden. Wenn auf den Bereich einer Erregerspule oder des permanentmagnetischen Abschnitts mehrere Läufernuten entfallen, liefert die Summe aller Ständerzahnflüsse $\sum \Phi_{max} + \sum \Phi_{min}$ den Fluss im Ständer- und im Läuferrücken, wobei ein kleiner Teil des Ständer- oder des Läuferrückens noch vom Streufluss der Erregerwicklung bzw. des permanentmagnetischen Abschnitts belastet wird. Die Berechnung von V_{r1} und V_{r2} kann nach Abschnitt 2.4.3.2, Seite 194, erfolgen. Für die Durchflutung der Erregerwicklung ergibt sich schließlich

$$\Theta = V_{r1} + V_{z1} + V_\delta + V_{z2} + V_{r2}.$$

Der Mittelwert einer Halbwelle der induzierten Spannung ergibt sich unter Einführung des Induktionsgesetzes zu

$$E_m = \frac{2}{T} \int_{T/2} e \, dt = \frac{2}{T} w \int_{T/2} d\Phi = \frac{2}{T} w (\Phi_{max} - \Phi_{min}) = 4fw\hat{\Phi} \qquad (2.6.10)$$

mit $$\hat{\Phi} = \frac{1}{2} (\Phi_{max} - \Phi_{min}). \qquad (2.6.11)$$

Wenn man annimmt, dass die Spannung noch praktisch sinusförmig ist, gilt für den Effektivwert

$$E = \frac{1}{\sqrt{2}} \frac{\pi}{2} E_m = \frac{1}{\sqrt{2}} \omega w \hat{\Phi}. \qquad (2.6.12)$$

Die Kreisfrequenz ω hängt außer von der Drehzahl von der Nutzahl und der Nutanordnung des Maschinentyps ab.

2.7 Einfluss der Belastungsströme auf das Feld der erregenden Wicklung

Die Belastungsströme in den für den Energieumsatz maßgebenden Wicklungen rufen ihrerseits ein magnetisches Feld hervor, das sich zum Teil über den Luftspalt und zum Teil über Streuwege schließt. Der Luftspaltanteil dieses Ankerfelds überlagert sich dem Luftspaltfeld der erregenden Wicklung und beeinflusst es. Diese Erscheinung nennt man auch *Ankerrückwirkung*. Das Ankerstreufeld belastet Teile des magnetischen Kreises und beeinflusst dort den magnetischen Spannungsabfall.

Bei Maschinen mit Gleichstromerregung und bei Einphasen-Reihenschlussmaschinen werden die Ankerrückwirkung und die Vergrößerung des magnetischen Spannungsabfalls durch eine Veränderung (meistens Vergrößerung) des Erregerstroms kompensiert. Bei Gleichstrom- und Wechselstrom-Kommutatormaschinen kann ein großer Teil des Ankerfelds bereits durch eine Kompensationswicklung kompensiert werden (s. Abschn. 1.4.2.1, S. 145, u. Bd. *Grundlagen elektrischer Maschinen*, Abschn. 3.2.3). Der sich schließlich bei Bemessungsbetrieb ergebende Erregerstrom ist der *Bemessungserregerstrom* I_{eN}.

Bei Maschinen, deren für den Energieumsatz maßgebende Wicklung eine mehrsträngige Wechselstromwicklung ist, wird deren vom Belastungsstrom hervorgerufenes Feld durch ein entsprechendes Feld des anderen Hauptelements kompensiert. Das ist bei der Induktionsmaschine ein durch Induktionswirkung entstehendes Feld, während es bei der Synchronmaschine durch eine zusätzliche Komponente des Erregerstroms entsteht. Im Fall der Induktionsmaschine ist der Hauptwelle der resultierenden Durchflutung im Leerlauf bei Bemessungsspannung der Magnetisierungsstrom $I_{\mu 0}$ zugeordnet (s. Abschn. 2.6.3). Im Bereich normaler Belastung ändert sich die resultierende Hauptwelle der Durchflutung und damit der zugeordnete Magnetisierungsstrom geringfügig.

Die Art der analytischen Behandlung des Einflusses der Belastungsströme richtet sich nach der Form der Durchflutungsverteilung der Belastungsströme und nach der Form des Luftspalts. Man unterscheidet einerseits eine im Bereich einer Polteilung wenigstens zum großen Teil lineare Durchflutungsverteilung von einer sinusförmigen Durchflutungsverteilung sowie andererseits einen konstanten Luftspalt von einem nicht konstanten Luftspalt.

2.7.1 Maschinen mit linearer Durchflutungsverteilung der Belastungsströme

Für Maschinen mit linearer Durchflutungsverteilung besteht die Möglichkeit, im Bereich mit δ = konst. die Feldkurve $B(x)$ bei Belastung und unter Berücksichtigung der Sättigung mit guter Näherung anzugeben. Damit kann der Einfluss der Ankerrückwirkung auf den Luftspaltfluss ermittelt werden. Das nur schwer angebbare Luftspaltfeld außerhalb des Bereichs mit δ = konst. ist von untergeordneter Bedeutung.

Eine im Bereich einer Polteilung wenigstens zum großen Teil lineare Durchflutungsverteilung liegt vor allem bei der Gleichstrommaschine vor.

a) Qualitativer Einfluss auf die Feldkurve

Entsprechend dem im Bild 2.7.1 angegebenen Nebenintegrationsweg ist die Durchflutungsverteilung der Ankerwicklung einer Gleichstrommaschine bei Annahme unendlich dichter Bewicklung bzw. eines fein verteilten Ankerstrombelags (s. Bd. *Grundlagen elektrischer Maschinen*, Abschn. 3.3.1) $\Theta_a(x) \sim x$. Für $\mu_{Fe} \to \infty$ folgt daraus für das Gebiet mit konstantem Luftspalt $B_a(x) \sim x$. Die Überlagerung der Teilfelder von Erreger- und Ankerwicklung $B(x) = B_e(x) + B_a(x)$ zeigt wegen

$$\int_{-\tau_p/2}^{+\tau_p/2} B_a(x)\, dx = 0$$

(s. Bild 2.7.1) keine Veränderung des Luftspaltflusses

$$\Phi_\delta = l_i \int_{-\tau_p/2}^{+\tau_p/2} B(x)\, dx = l_i \int_{-\tau_p/2}^{+\tau_p/2} B_e(x)\, dx$$

nach (2.3.1), Seite 170. Man beobachtet lediglich eine Feldverzerrung. Dagegen tritt bei endlichem μ_{Fe} wegen der Sättigung vor allem der Zähne im Gebiet hoher Luftspaltflussdichte ein Flussverlust $\Delta\Phi$ auf, der ein Absinken der induzierten Spannung zur Folge hat, falls er nicht kompensiert wird (s. Bild 2.7.1). Wenn eine

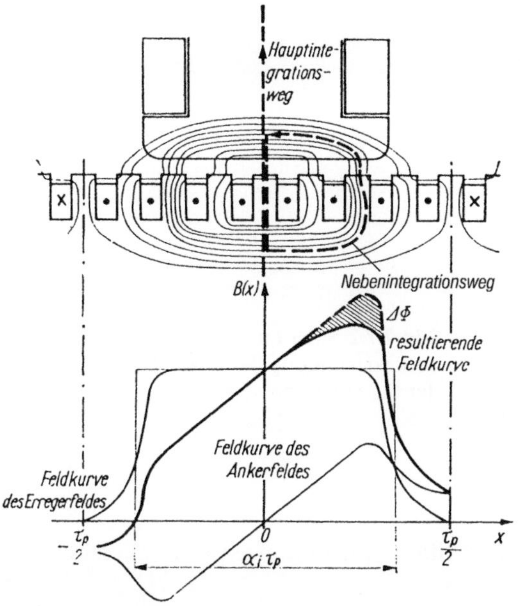

Bild 2.7.1 Ankerrückwirkung der Gleichstrommaschine

Kompensationswicklung vorhanden ist, kommt es nicht zur Feldverzerrung, und damit tritt kein Flussverlust auf.

Das Ankerstreufeld belastet im Wesentlichen nur Zähne im Bereich der Pollücke. Es hat damit keinen Einfluss auf den Zahnspannungsabfall $V_z = V_{z0}$ längs des Hauptintegrationswegs.

b) Näherungsverfahren zur Ermittlung der resultierenden Feldkurve unkompensierter Maschinen

Es wird vereinfachend angenommen, dass das Luftspaltfeld nur im Bereich $\alpha_i \tau_p$ existiert (s. Bild 2.3.2, S. 171) und dass in diesem Bereich eine konstante Luftspaltlänge δ vorliegt. Das Feld der Ankerströme ändert sich in Umfangsrichtung so hinreichend wenig, dass es als quasihomogen angesehen werden kann und damit die Beziehung (2.3.12), Seite 173, gilt. Da der zu berechnende Flussverlust $\Delta\Phi$ klein gegenüber Φ_δ ist, so dass der durch die Annahmen entstehende Fehler den Fehler einer Korrekturgröße darstellt, liefert die folgende Näherungsberechnung brauchbare Ergebnisse: Mit $D\pi = 2p\tau_p = N\tau_n$ sowie $z_n = z_a/N$ und $I = I_{zw}2a$ beträgt der *Ankerstrombelag* einer Gleichstrommaschine

$$\boxed{A = \frac{I_{zw} z_a}{D\pi} = \frac{I_{zw} z_a}{2p\tau_p} = \frac{I_{zw} z_n}{\tau_n} = \frac{I z_a}{2aD\pi}} . \tag{2.7.1}$$

Von dem im Bild 2.7.1 eingetragenen Nebenintegrationsweg wird die Ankerdurchflutung

$$\Theta_a(x) = \int_0^x A(x)\,dx \tag{2.7.2}$$

umfasst. Für eine unendlich fein verteilt angenommene Ankerwicklung einer Gleichstrommaschine gilt innerhalb einer Polteilung $A(x) = A =$ konst. Damit geht

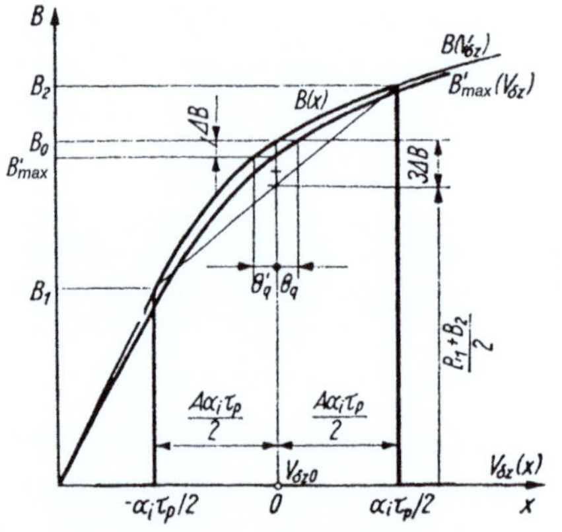

Bild 2.7.2 Zur quantitativen Berücksichtigung der Ankerrückwirkung der Gleichstrommaschine

(2.7.2) über in

$$\Theta_a(x) = Ax. \tag{2.7.3}$$

Mit dieser Durchflutung ergibt das Durchflutungsgesetz nach (2.1.11), Seite 156, angewendet auf den Nebenintegrationsweg,

$$\Theta_a(x) = \sum V = V_{\delta z}(x) - V_{\delta z0},$$

d. h. es wird

$$\boxed{V_{\delta z}(x) = V_{\delta z0} + Ax}. \tag{2.7.4}$$

Unter Voraussetzung der getroffenen Annahmen und mit (2.7.4) lässt sich die innerhalb des Bereichs $\alpha_i\tau_p$ geltende sog. Übertrittskennlinie $B_{max} = f(V_{\delta z})$ (s. Bild 2.6.2, S. 220) in eine idealisierte Feldkurve $B(x)$ überführen. Mit (2.7.4) gilt im Bereich $-\alpha_i\tau_p/2 \leq x \leq \alpha_i\tau_p/2$

$$V_{\delta z0} - \frac{\alpha_i\tau_p A}{2} \leq V_{\delta z} \leq V_{\delta z0} + \frac{\alpha_i\tau_p A}{2} \tag{2.7.5}$$

bzw. für die Luftspaltflussdichte

$$B(V_{\delta z}) = B(V_{\delta z0} + Ax) = f(x). \tag{2.7.6}$$

Wenn man die Maßstäbe entsprechend wählt und den Koordinatenursprung in die Polmitte legt, erhält man einen Verlauf der Luftspaltflussdichte $B(x)$, der sich im angegebenen Gültigkeitsbereich von (2.7.6) mit der Übertrittskennlinie deckt. Damit ist eine Näherung für die Feldkurve der Gleichstrommaschine unter Berücksichtigung der Ankerrückwirkung gefunden. In gleicher Weise lässt sich auch eine Näherung der Feldkurve von Einphasen-Reihenschlussmaschinen ermitteln.

c) Berechnung des Erregerstroms bei Belastung

Im Leerlauf der Gleichstrommaschine gilt unter der Annahme, dass das Luftspaltfeld entsprechend Bild 2.3.2, Seite 171, nur im Bereich $\alpha_i\tau_p$ existiert, mit $A = 0$ nach (2.7.6)

$$B(x) = B(V_{\delta z0}) = B_0 = B_{max},$$

und damit folgt aus (2.3.1), Seite 170, für den Luftspaltfluss

$$\Phi_\delta = \Phi_{\delta 0} = \alpha_i \tau_p l_i B_0 = \alpha_i \tau_p l_i B_{max}.$$

Für die belastete Maschine ergibt sich unter Anwendung der Simpsonschen Regel mit Bild 2.7.2

$$\begin{aligned} \Phi'_\delta &= \Phi_{\delta 0} - \Delta\Phi = l_i \int_{-\tau_p/2}^{+\tau_p/2} B(x)\,dx = \alpha_i \tau_p l_i B'_{max} \\ &= \alpha_i \tau_p l_i \frac{1}{6}(B_1 + 4B_0 + B_2). \end{aligned} \quad (2.7.7a)$$

Der Flussverlust $\Delta\Phi$ lässt sich auch durch einen Flussdichteverlust $\Delta B = B_0 - B'_{max}$ ausdrücken. Aus (2.7.7a) folgt dann

$$\Phi'_\delta = \alpha_i \tau_p l_i (B_0 - \Delta B) = \Phi_{\delta 0}\left(1 - \frac{\Delta B}{B_0}\right) \quad (2.7.7b)$$

mit dem Flussdichteverlust

$$\begin{aligned} \Delta B &= B_0 - B'_{max} = B_0 - \frac{1}{6}(B_1 + 4B_0 + B_2) \\ &= \frac{1}{3}\left(B_0 - \frac{B_1 + B_2}{2}\right), \end{aligned} \quad (2.7.8)$$

der unmittelbar entsprechend Bild 2.7.2 ermittelt werden kann. Der Fluss Φ'_δ ist nach (1.3.24), Seite 139, maßgebend für die bei Belastung unter Berücksichtigung der Ankerrückwirkung induzierte Spannung E'. Da sich aus Φ'_δ weder B_0 noch $V_{\delta z0}$, d. h. der Gültigkeitsbereich von (2.7.6), ermitteln lässt, ist man gezwungen, die Bestimmung von ΔB bzw. B'_{max} bzw. Φ'_δ für mehrere Werte von $V_{\delta z} = V_{\delta z0}$ bei Bemessungsbetrieb mit $I = I_N$ bzw. $A = A_N$ durchzuführen. Das Ergebnis ist die Übertrittskennlinie $B'_{max} = f(V_{\delta z})$, die die Ankerrückwirkung berücksichtigt (s. Bild 2.7.2). Damit erhält man auch die Magnetisierungskennlinie bzw. die Leerlaufkennlinie unter Berücksichtigung der Ankerrückwirkung bei Bemessungsbetrieb $B'_{max}(\Theta)$ bzw. $E'(I_e)_{I=I_N}$ nach Bild 2.7.3. Aus dieser Kennlinie lässt sich über die bei Bemessungsbetrieb auftretende induzierte Spannung E_N der Erregerstrom I_{eN} bei Bemessungsbetrieb bestimmen.

In vielen Fällen genügt eine angenäherte Bestimmung des zu kompensierenden Fluss- bzw. Flussdichteverlusts. Man bestimmt für $E = E_N$ über Φ_δ die Luftspaltflussdichte in Polmitte $B_{max} = B_0$. Über $B(V_{\delta z})$ ergibt sich $V_{\delta z0}$ und damit auch der Gültigkeitsbereich von (2.7.6). Nach (2.7.8) oder aus Bild 2.7.2 lässt sich der Flussdichteverlust ΔB ermitteln, der entsprechend der Kennlinie $B'_{max}(V_{\delta z})$ durch einen Durchflutungszuschlag Θ_q zu kompensieren ist entsprechend $B_0(V_{\delta z0}) = B'_{max}(V_{\delta z0} + \Theta_q)$. Nimmt man an, dass die beiden Kennlinien $B(V_{\delta z})$ und $B'_{max}(V_{\delta z})$ im Bereich ΔB parallel verlaufen, so gilt $\Theta'_q = \Theta_q$. Der Durchflutungszuschlag Θ'_q ergibt sich dabei aus dem Schnittpunkt der Kennlinie $B(V_{\delta z})$ mit der Geraden durch B'_{max} (s. Bild 2.7.2), wobei man B'_{max} über $B'_{max} = B_0 - \Delta B$ mit ΔB nach (2.7.8) erhält. Damit ist der Erregungszuschlag für den Bemessungsbetrieb ohne Kenntnis der Kennlinie $B'_{max}(V_{\delta z})$ bestimmbar. Ist $\Theta = \Theta_e$ der aus der Leerlaufkennlinie nach Bild 2.6.2, Seite 220, für $E = E_N$ entnommene Wert, so gilt für die

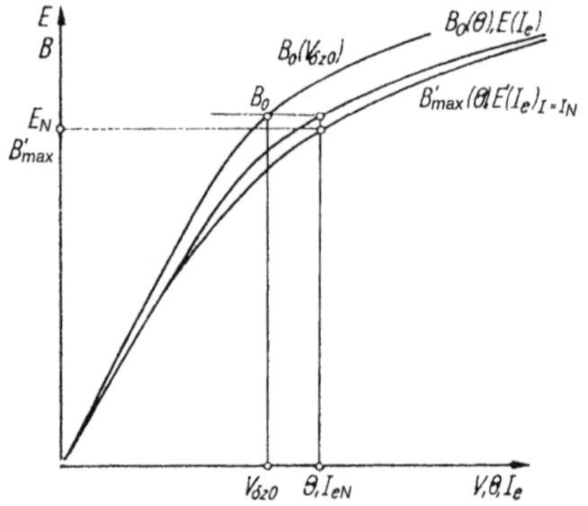

Bild 2.7.3 Zur Ermittlung des Bemessungserregerstroms einer Gleichstrommaschine

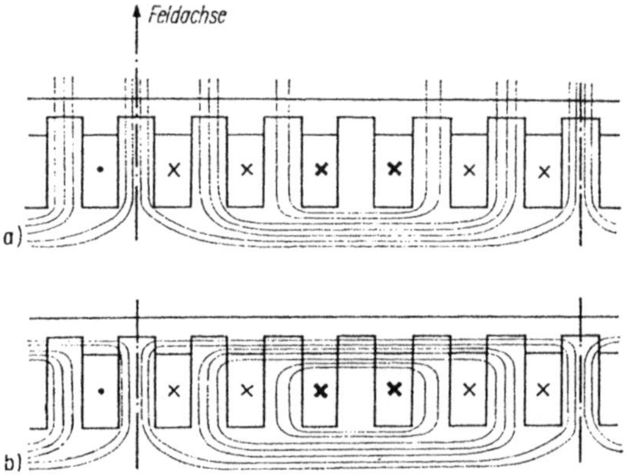

Bild 2.7.4 Felder bei sinusförmiger Durchflutungsverteilung.
a) Luftspaltfeld;
b) Nut-Zahnkopf-Streufeld

Durchflutung bei Bemessungsbetrieb mit Berücksichtigung der Ankerrückwirkung

$$\boxed{\Theta_\mathrm{N} = \Theta(E_\mathrm{N}) + \Theta_\mathrm{q} \approx \Theta(E_\mathrm{N}) + \Theta_\mathrm{q}'} \,. \tag{2.7.9}$$

2.7.2 Maschinen mit konstantem Luftspalt und sinusförmiger Durchflutungsverteilung der Belastungsströme

Für mehrphasige Wechselstrommaschinen kann man eine sinusförmige Durchflutungsverteilung der Belastungsströme annehmen. Bei einphasigen Wechselstrommaschinen trifft das mit etwas weniger guter Annäherung ebenfalls zu. Eine sinnvolle analytische Behandlung des Einflusses der Belastungsströme auf das magnetische Feld der Maschine zwingt darüber hinaus auch zur Annahme einer sinusförmigen Verteilung für die Durchflutung von Erregerwicklungen und sämtliche über x aufgetragenen magnetischen Spannungen. Wegen des konstanten Luftspalts ist dann auch die Feldkurve mehr oder weniger angenähert sinusförmig, so dass die Rechnung mit der Hauptwelle brauchbare Ergebnisse liefert. Bei sinusförmiger Durchflutungsverteilung von in Nuten verteilten Wicklungen werden nahezu sämtliche Zähne mit Streuflüssen belastet, so dass man mit einer Beeinflussung der Magnetisierungskennlinie des magnetischen Kreises rechnen muss.

2.7.2.1 Streuung bei sinusförmiger Durchflutungsverteilung

Im Bild 2.7.4 ist die einer sinusförmigen Durchflutungsverteilung entsprechende Verteilung der Ströme angegeben. Die Wirbel des Luftspaltfelds und die des Nut- und Zahnkopffelds zeigen die gleiche räumliche Verteilung. Das Nut-Zahnkopf-Streufeld wirkt demnach wie eine zusätzliche Hauptwelle des Luftspaltfelds in der Durchflutungsachse der betrachteten Wicklung. Es überlagert sich im Zahngebiet der vorhandenen resultierenden Hauptwelle des Luftspaltfelds $B_{\mathrm{p}}(x)$.

Denkt man sich das Streufeld in den Luftspalt hinein fortgesetzt, so entsteht dort die scheinbare Feldkurve

$$B_{\mathrm{sp}}(x) = B_{\mathrm{p}}(x) + B_{\sigma\mathrm{p}}(x). \tag{2.7.10}$$

Der mit der scheinbaren Feldkurve verknüpfte Fluss belastet Zähne und Rücken.

Zur Ermittlung des Streufeldeinflusses muss man die Amplitude und die räumliche Lage des scheinbaren Streufelds kennen. Die räumliche Lage ergibt sich aus dem Zeigerbild. Dazu ist im Bild 2.7.5 das Zeigerbild einer Wicklung für den häufigen Fall dargestellt, dass der Strom $\underline{I}$ der induzierten Spannung $\underline{E}_{\mathrm{h}}$ nacheilt. Der mit dem Strom in Phase liegende Streufluss $\underline{\Phi}_{\sigma\mathrm{nz}}$ eilt dem Hauptfluss $\underline{\Phi}_{\mathrm{h}}$ um den Winkel γ_σ nach. Nach (2.7.10) ergibt sich für den der scheinbaren Hauptwelle des Luftspaltfelds zugeordneten Fluss

$$\underline{\Phi}' = \underline{\Phi}_{\mathrm{h}} + \underline{\Phi}_{\sigma\mathrm{nz}}. \tag{2.7.11}$$

Er eilt dem Hauptfluss um den Winkel γ_{s} nach. Im Zeigerbild 2.7.5 ist die dem Fluss $\underline{\Phi}'$ entsprechende induzierte Spannung $\underline{E}' = \underline{E}_{\mathrm{h}} + \underline{E}_{\sigma\mathrm{nz}}$ dargestellt. Die vom Hauptfluss $\underline{\Phi}_{\mathrm{h}}$ und von sämtlichen Streuflüssen induzierte Spannung ist $\underline{E} = \underline{E}_{\mathrm{h}} + \underline{E}_\sigma$. Die in ihrer Wellendarstellung gegeneinander in Umfangsrichtung verschobenen Hauptwellendrehfelder bezüglich der Polpaarteilung induzieren in einem betrachteten Wicklungsstrang um das gleiche Argument, d. h. um den gleichen Winkel gegeneinander verschobene Grundschwingungsspannungen. Daraus folgt, dass die räumliche Verschiebung der Amplituden zweier Hauptwellendrehfelder, ausgedrückt durch die Differenz der Argumente in ihrer Wellendarstellung, gleich der Phasenverschiebung der von ihnen induzierten Spannungen ist. Die Amplituden der Felder ergeben sich für das Hauptfeld als $\hat{B}_{\mathrm{p}}$ aus (1.2.93), Seite 105, und (2.3.11), Seite 173, und für das Nut-Zahnkopf-Streufeld als $\hat{B}_{\sigma\mathrm{p}}$ aus

$$\frac{\hat{B}_{\sigma\mathrm{p}}}{\hat{B}_{\mathrm{p}}} = \frac{\Phi_{\sigma\mathrm{nz}}}{\Phi_{\mathrm{h}}} = \frac{E_{\sigma\mathrm{nz}}}{E_{\mathrm{h}}} = \frac{X_{\sigma\mathrm{nz}} I}{E_{\mathrm{h}}}. \tag{2.7.12}$$

Die Bestimmung von $X_{\sigma\mathrm{nz}}$ wird im Abschnitt 8.1.3.1, Seite 497, behandelt. Mit vorgegebenen $\underline{E}_{\mathrm{h}}$ bzw. $\underline{\Phi}_{\mathrm{h}}$ und $\underline{I}$ ist damit das Zeigerbild nach Bild 2.7.5 festgelegt.

Im Bild 2.7.6 ist die Überlagerung der Felder zum scheinbaren Luftspaltfeld für einen Zeitpunkt dargestellt. Das scheinbare Streufeld ist um γ_σ und das scheinbare Luftspaltfeld um γ_{s} gegenüber dem Hauptfeld verschoben. Demzufolge ist auch der Zahn-Rücken-Spannungsabfall $V_{\mathrm{zr}}(x)$, für den jetzt das scheinbare Luftspaltfeld verantwortlich ist, gegenüber dem Luftspalt-Spannungsabfall $V_\delta(x)$ um γ_{s} bzw. $\Delta x = \gamma_{\mathrm{s}}\tau_{\mathrm{p}}/\pi$ verschoben, und es gilt längs des Hauptintegrationswegs, der in der im Bild 2.7.6 eingeführten Koordinate γ bei $\gamma = 0$ liegt,

$$V_{\delta\mathrm{rz}} = V_\delta(\hat{B}_{\mathrm{p}}) + V_{\mathrm{zr}}(\hat{B}_{\mathrm{sp}}) \cos\gamma_{\mathrm{s}}. \tag{2.7.13a}$$

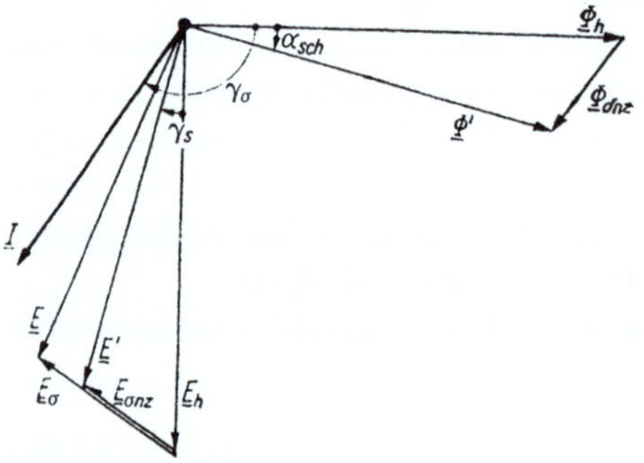

Bild 2.7.5 Zeigerbild zur Ermittlung des Streufeldeinflusses

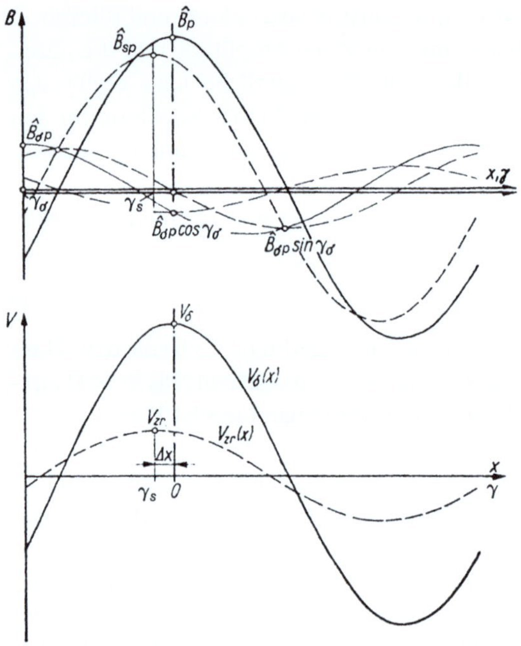

Bild 2.7.6 Feldkurven zur Ermittlung der magnetischen Teilspannungsabfälle bei Belastung

Bei der Berechnung von $V_{\delta\mathrm{zr}}$ kann man in guter Näherung $\cos\gamma_\mathrm{s} = 1$ setzen, da mit $\hat{B}_{\sigma\mathrm{p}} \ll \hat{B}_\mathrm{p}$ auch γ_s sehr klein ist. Damit gilt

$$V_{\delta\mathrm{zr}} = V_\delta(\hat{B}_\mathrm{p}) + V_\mathrm{zr}(\hat{B}_\mathrm{sp}). \tag{2.7.13b}$$

Nach (2.7.13b) ergibt sich ein etwas größerer Wert als nach (2.7.13a). Der Erregerstrom bzw. der Magnetisierungsstrom wird damit ebenfalls etwas größer berechnet.

2.7.2.2 Mehrphasen-Induktionsmaschine

Im Fall der mehrphasigen Induktionsmaschine tritt, ebenso wie im Fall der Reluktanz-Synchronmaschine, der die Hauptwelle des resultierenden Luftspaltfelds erregende Strom nur als fiktive Komponente eines Belastungsstroms in Erscheinung. Eine eigentliche Erregerwicklung ist nicht vorhanden. Sowohl die Ständerwicklung als auch die Läuferwicklung werden von Belastungsströmen durchflossen. Ihre Durchflutungen $\Theta_1(x)$ und $\Theta_2(x)$ überlagern sich zur resultierenden Magnetisierungsdurchflutung $\Theta_\mu(x)$, die den Magnetisierungsstrom I_μ bestimmt. Die einzelnen Durchflutungen $\Theta_1(x)$ und $\Theta_2(x)$ interessieren jetzt nur

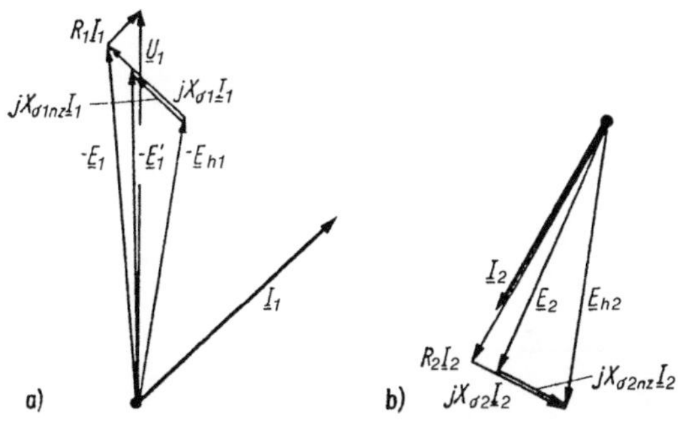

Bild 2.7.7 Zeigerbilder zur Ermittlung des Streufeldeinflusses bei Induktionsmaschinen.
a) Ständer; b) Läufer

im Hinblick auf die Streufelder, die das Zahn- und des Rückengebiet von Ständer und Läufer belasten. Wie im Abschnitt 2.7.2.1 müssen die für das scheinbare Luftspaltfeld maßgebenden Spannungen $\underline{E}_1'$ und $\underline{E}_2$ für jedes der beiden Hauptelemente, d. h. für Ständer und Läufer getrennt, mit Hilfe von $\underline{E}_{\sigma1\text{nz}} = -\text{j}X_{\sigma1\text{nz}}\underline{I}_1$ und $\underline{E}_{\sigma2\text{nz}} = -\text{j}X_{\sigma2\text{nz}}\underline{I}_2$ ermittelt werden (s. Bild 2.7.7). Das scheinbare Luftspaltfeld für den Ständer bzw. für den Läufer bestimmt entsprechend (2.7.13b) die Spannungsabfälle im Zahn- und im Rückengebiet des Ständers bzw. des Läufers. Im Zeigerbild nach Bild 2.7.7 muss die Phasenverschiebung des Ständerstroms gegenüber der Hauptfeldspannung zunächst geschätzt werden. Bei der Berechnung des magnetischen Kreises größerer Maschinen wird das Streufeld teilweise vernachlässigt, da es relativ klein und gegenüber dem Hauptfeld nahezu um 90° phasenverschoben ist. Auch der Spannungsabfall über dem Wicklungswiderstand dieser Maschinen ist vernachlässigbar klein. Damit gilt dann (s. Abschn. 9.2.3, S. 555)

$$E_{\text{h}1} = E_1' = U_1 .$$

Mit der Bemessungsspannung U_N liegt unmittelbar $\hat{B}_\text{p}$ fest, und der magnetische Kreis wird mit $\hat{B}_\text{p}$ bzw. Φ_h berechnet. Wegen $U_1 > E_1' > E_{\text{h}1}$ ergibt sich ein etwas zu großer Magnetisierungsstrom $I_{\mu0}$. Da keine eigentliche Erregerwicklung dimensioniert zu werden braucht, genügt diese angenäherte Berechnung des Magnetisierungsstroms zur groben Dimensionierung des Leiterquerschnitts der Ständerwicklung. Aufgrund der im Band *Grundlagen elektrischer Maschinen*, Abschnitt 5.5.2.1, beschriebenen Lastabhängigkeit des Magnetisierungsstroms ist zur Berechnung des Betriebsverhaltens die Ermittlung der Leerlaufkennlinie $E_\text{h} = f(I_\mu)$ erforderlich.

Die Behandlung einphasiger Induktionsmaschinen kann in gleicher Weise erfolgen.

2.7.2.3 Mehrphasige Vollpol-Synchronmaschine

Aus den im Abschnitt 2.7.2.2 dargelegten Gründen wird das Streufeld der Ankerwicklung bei der Berechnung des magnetischen Kreises von Vollpol-Synchronmaschinen ebenfalls vielfach vernachlässigt. Die Durchflutung $\Theta_\text{a}(x)$ der Ankerwicklung besitzt normalerweise eine relativ große Komponente, die der Durchflutung der Erregerwicklung im üblichen Betrieb mit Übererregung entgegenwirkt (s. Bilder 2.7.8 u. 2.7.9). Um die resultierende Durchflutungshauptwelle aufrecht zu erhalten, muss der Erregerstrom gegenüber dem Leerlauf belastungsabhängig vergrößert werden. Damit ist eine entsprechende Vergrößerung der Polstreuung

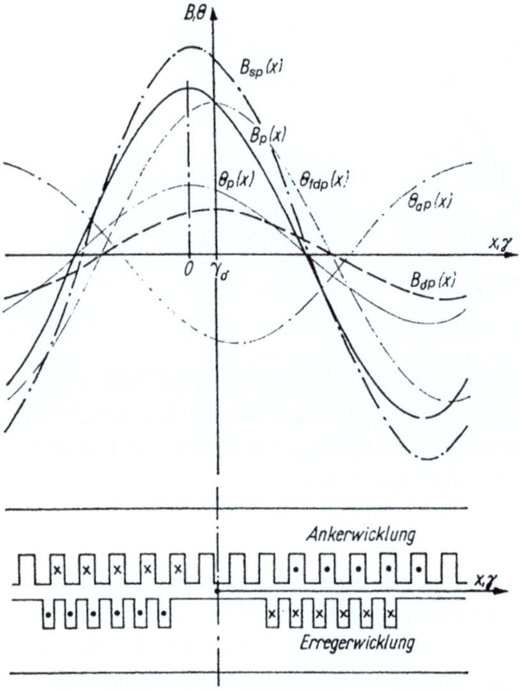

Bild 2.7.8 Durchflutungsverteilungen und Feldkurven der belasteten Vollpol-Synchronmaschine

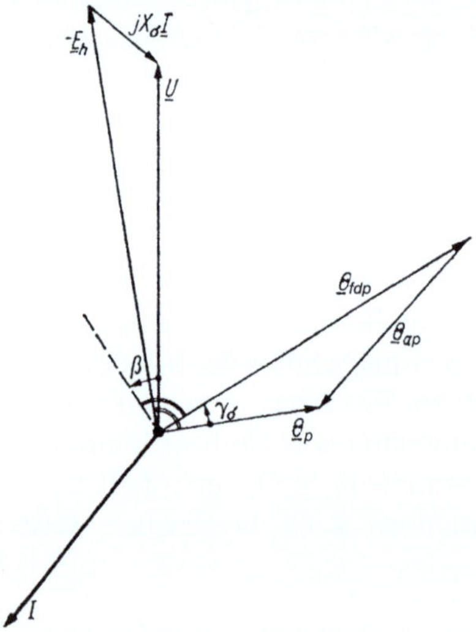

Bild 2.7.9 Zeigerbild der Vollpol-Synchronmaschine zur Ermittlung des Erregerstroms bei Belastung

gegenüber dem Leerlauf verbunden, für den die Nachrechnung des magnetischen Kreises zunächst erfolgt ist. Diese Zunahme der Polstreuung ist bei der Berechnung des magnetischen Kreises nicht mehr vernachlässigbar. Die eingangs erwähnte Annahme eines sinusförmigen Verlaufs der Zahnspannung $V_z(x)$ zwingt zur Annahme einer einheitlichen Magnetisierungskennlinie des Zahngebiets auch im Läufer.

Im Bild 2.7.9 ist das Zeigerbild der Vollpol-Synchronmaschine (s. Bd. *Grundlagen elektrischer Maschinen*, Abschn. 6.7.3) für $R = 0$ dargestellt. Dieses Zeigerbild ist maßgebend für die Lage und die Größe der Einzelfelder, die im Bild 2.7.8 angegeben sind. Die Durchflutung $\Theta_{\mathrm{fd\,p}}(x)$ der Erregerwicklung überlagert sich mit der Durchflutung $\Theta_{\mathrm{ap}}(x)$ der Ankerwicklung zur resultierenden Durchflutung $\Theta_{\mathrm{p}}(x)$, die die resultierende Hauptwelle des Luftspaltfelds $B_{\mathrm{p}}(x)$ aufbaut. Wie im Abschnitt 2.7.2.1 gezeigt worden ist, addieren sich die resultierende Hauptwelle des Luftspaltfelds $B_{\mathrm{p}}(x)$ und das Polstreufeld $B_{\sigma\mathrm{p}}(x)$ zum scheinbaren Luftspaltfeld $B_{\mathrm{sp}}(x)$. Wenn wiederum eine Koordinate γ eingeführt wird, in deren Ursprung das Maximum $\hat{B}_{\mathrm{p}}$ der resultierenden Hauptwelle des Luftspaltfelds liegt, so erhält man mit der Phasenverschiebung γ_σ zwischen der resultierenden Hauptwelle des Luftspaltfelds und dem Polstreufeld entsprechend Bild 2.7.9

$$\begin{aligned} B_{\mathrm{sp}}(\gamma) &= \hat{B}_{\mathrm{p}} \cos\gamma + \hat{B}_{\sigma\mathrm{p}} \cos(\gamma - \gamma_\sigma) \\ &= \hat{B}_{\mathrm{p}} \cos\gamma + \hat{B}_{\sigma\mathrm{p}} \left(\cos\gamma_\sigma \cos\gamma + \sin\gamma_\sigma \sin\gamma\right). \end{aligned} \tag{2.7.14}$$

Der Ausdruck $\hat{B}_{\sigma\mathrm{p}} \sin\gamma_\sigma \sin\gamma$ stellt eine Streufeldkomponente dar, deren Amplitude in der Nähe von $B_{\mathrm{p}}(x) = 0$ liegt. Sie hat keinen Einfluss auf die Berechnung des magnetischen Kreises und kann daher vernachlässigt werden. Demzufolge gilt

$$\hat{B}_{\mathrm{sp}} = \hat{B}_{\mathrm{p}} + \hat{B}_{\sigma\mathrm{p}} \cos\gamma_\sigma. \tag{2.7.15}$$

Die Amplitude der resultierenden Hauptwelle des Luftspaltfelds ist maßgebend für die induzierte Spannung E_{h} und den magnetischen Spannungsabfall V_δ im Luftspalt. Die Amplitude der scheinbaren Hauptwelle des Luftspaltfelds ist maßgebend für den magnetischen Spannungsabfall V_{zr2} im Zahn- und Rückengebiet des Läufers.

Die Ermittlung des Erregerstroms geschieht in folgender Weise: Gegeben sind $U_{\mathrm{N}}, I_{\mathrm{N}}$ und $\cos\varphi_{\mathrm{N}}$. X_σ lässt sich nach den Abschnitten 8.1.3.1, Seite 497, bzw. 8.1.4.1, Seite 503, berechnen. Damit sind die Zeiger $\underline{U}$, $\underline{I}$, $\mathrm{j}X_\sigma\underline{I}$ und $\underline{E}_{\mathrm{h}}$ des Zeigerbilds (s. Bild 2.7.9) für Bemessungsbetrieb festgelegt. Mit E_{h} liegt Φ_{h} und über die Magnetisierungskennlinie (s. Abschn. 2.6.2, S. 222) liegt der gegenüber $\underline{E}_{\mathrm{h}}$ um 90° voreilende Zeiger $\underline{\Theta}_{\mathrm{p}}$ fest. In Phase mit $\underline{I}$ liegt der Zeiger $\underline{\Theta}_{\mathrm{ap}}$, dessen Betrag sich entsprechend (2.6.4), Seite 223, zu

$$\hat{\Theta}_{\mathrm{ap}} = \frac{m\left(w\xi_{\mathrm{p}}\right)}{\pi p}\sqrt{2}I \tag{2.7.16}$$

ergibt. Der Zeiger $\underline{\Theta}_{\mathrm{fd\,p}} = \underline{\Theta}_{\mathrm{p}} - \underline{\Theta}_{\mathrm{ap}}$ stellt eine erste Näherung für die Durchflutung der Erregerwicklung dar, weil $\hat{\Theta}_{\mathrm{p}}$ aus der Leerlaufkennlinie und damit ohne den Einfluss der vergrößerten Polstreuung ermittelt worden ist. Bei Belastung kann der Polstreufluss nicht mehr über $V_{\delta\mathrm{zr1}}$ berechnet werden wie im Abschnitt 2.6.1, Seite 217, da der magnetische Spannungsabfall V_σ durch die Ankerrückwirkung vergrößert wird. Näherungsweise kann man $V_\sigma = \hat{\Theta}_{\mathrm{fd\,p}}$ setzen, wodurch man einen ersten Näherungswert erhält. Da dieser Näherungswert zu klein ist, rechnet man zum Ausgleich damit, dass das Läuferzahngebiet über die gesamte Zahnlänge mit

$$\Phi^*_{\sigma\mathrm{p}} = \Phi_{\sigma\mathrm{p}} = \Lambda_{\sigma\mathrm{p}}\hat{\Theta}_{\mathrm{fd\,p}} \tag{2.7.17}$$

belastet ist (s. Abschn. 3.6.2, S. 282). Aus den Teilkennlinien $\Phi_{\mathrm{h}} = f(V_{\delta\mathrm{zr1}})$ und $\Phi_{\mathrm{pp}}(V_{\mathrm{zr2}})$ (s. Bild 2.7.10), die man entweder der Berechnung der Leerlaufkennlinie (s. Abschn. 2.6.1 mit $\Phi_{\mathrm{pp}} \approx \Phi_{\mathrm{r2max}}$) entnimmt oder für die in der Einleitung zum

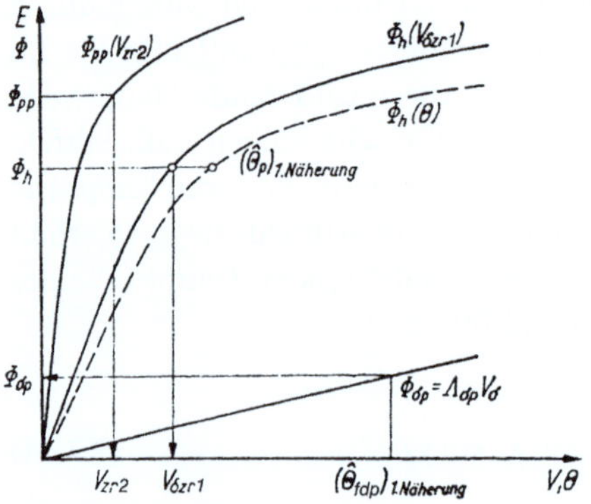

Bild 2.7.10 Teilkennlinien der Vollpol-Synchronmaschine zur Ermittlung des Erregerstroms bei Belastung

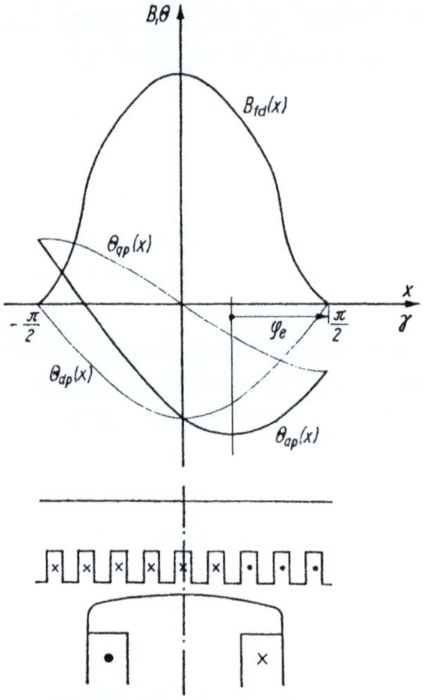

Bild 2.7.11 Komponenten der Durchflutungsverteilung der Ankerwicklung einer Schenkelpol-Synchronmaschine

vorliegenden Abschnitt genannten Annahmen neu berechnet, erhält man $V_{\delta \mathrm{zr1}}(\Phi_\mathrm{h})$ und über die aus (2.7.15) folgende Beziehung

$$\Phi_\mathrm{pp} = \Phi_\mathrm{h} + \Phi_{\sigma \mathrm{p}} \cos \gamma_\sigma \tag{2.7.18}$$

schließlich $V_\mathrm{zr2}(\Phi_\mathrm{pp})$. Aus $\hat{\Theta}_\mathrm{p} = V_{\delta \mathrm{zr1}} + V_\mathrm{zr2}$ resultiert eine bessere Näherung von $\hat{\Theta}_\mathrm{fd\,p}$ über $\underline{\Theta}_\mathrm{fd\,p} = \underline{\Theta}_\mathrm{p} - \underline{\Theta}_\mathrm{ap}$.

Wenn w_p die Windungszahl eines Pols der Erregerwicklung und $\xi_\mathrm{fd\,p}$ ihr Hauptwellenwicklungsfaktor ist, gilt für den Erregerstrom bei Bemessungsbetrieb

$$I_\mathrm{fd\,N} = \frac{\hat{\Theta}_\mathrm{fd\,p}}{\frac{4}{\pi} w_\mathrm{p} \xi_\mathrm{fd\,p}} . \tag{2.7.19}$$

Mit $\underline{\Theta}_\mathrm{fd}$ ergibt sich schließlich auch der Polradwinkel δ (s. Bild 2.7.9).

2.7.3 Maschinen mit nicht konstantem Luftspalt und sinusförmiger Durchflutungsverteilung der Belastungsströme

Eine Maschine mit nicht konstantem Luftspalt und sinusförmiger Durchflutungsverteilung der Ankerwicklung liegt als Schenkelpol-Synchronmaschine vor. Die Amplitude der Durchflutungsverteilung $\hat{\Theta}_{\mathrm{ap}}$ der Ankerwicklung einer Schenkelpol-Synchronmaschine liegt i. Allg. nicht in einer der beiden Symmetrieachsen (Längs- bzw. Querachse) des Polsystems (s. Bild 2.7.11). Zur vorteilhaften Bestimmung des Ankerfelds wird diese Durchflutungsverteilung in zwei Komponenten zerlegt, deren Amplituden in den beiden Achsen liegen. In der Pol- oder Längsachse wirkt das Längsfeld $\Theta_{\mathrm{dp}}(x)$, in der Querachse das Querfeld $\Theta_{\mathrm{qp}}(x)$ des Ankers (s. Bd. *Grundlagen elektrischer Maschinen*, Abschn. 6.4.2.2). Das Ankerlängsfeld beeinflusst das Feld der Erregerwicklung unmittelbar. Normalerweise, d. h. bei Betrieb mit Übererregung, ist es dem Erregerfeld entgegengerichtet. Außerdem beeinflusst es die Polstreuung. Sie wird bei Betrieb mit Übererregung vergrößert. Der Einfluss des Ankerquerfelds ist wegen der bei Schenkelpol-Synchronmaschinen vorliegenden Polschuhform nur gering.

Die Ermittlung der Komponenten des Ankerfelds erfolgt über eine Umrechnung in äquivalente Polfelder. Damit wird die Anwendung der Magnetisierungskennlinie auf diese Felder möglich. Nach (2.3.11), Seite 173, gilt für den Hauptfluss der Erregerwicklung

$$\Phi_{\mathrm{h}} = \frac{2}{\pi}\tau_{\mathrm{p}} l_{\mathrm{i}} \hat{B}_{\mathrm{p}} = \frac{2}{\pi}\tau_{\mathrm{p}} l_{\mathrm{i}} C_{\mathrm{p}} B_{\max}. \tag{2.7.20}$$

Hierbei lässt sich entsprechend (2.3.28), Seite 181, und $\Theta_{\mathrm{fd}} = \sum V$ die Luftspaltflussdichte $B_{\max}$ durch

$$B_{\max} = \frac{\mu_0}{\delta_{\mathrm{i}}} V_\delta = \frac{\mu_0}{\delta_{\mathrm{i}}} \frac{V_\delta}{\sum V} \Theta_{\mathrm{fd}} \tag{2.7.21}$$

ausdrücken. Damit wird aus der Beziehung für den Hauptfluss der Erregerwicklung

$$\Phi_{\mathrm{h}} = \frac{2}{\pi}\tau_{\mathrm{p}} l_{\mathrm{i}} C_{\mathrm{p}} \frac{\mu_0}{\delta_{\mathrm{i}}} \frac{V_\delta}{\sum V} \Theta_{\mathrm{fd}} = f_{\mathrm{MK}}\left(\Theta_{\mathrm{fd}}\right) \tag{2.7.22}$$

die zugeordnete Gleichung der Magnetisierungskennlinie des magnetischen Kreises. Nach Band *Theorie elektrischer Maschinen*, Abschnitt 1.5.7, gilt für die Amplituden der Hauptwellen der beiden Feldkomponenten des Ankerfelds bei $\mu_{\mathrm{Fe}} \to \infty$, d. h. bei $V_\delta / \sum V = 1$,

$$\hat{B}_{\mathrm{dp}} = C_{\mathrm{adp}} \frac{\mu_0}{\delta_{\mathrm{i}}} \hat{\Theta}_{\mathrm{dp}} \tag{2.7.23a}$$

$$\hat{B}_{\mathrm{qp}} = C_{\mathrm{aqp}} \frac{\mu_0}{\delta_{\mathrm{i}}} \hat{\Theta}_{\mathrm{qp}}. \tag{2.7.23b}$$

Setzt man diese beiden Beziehungen in (2.7.20) ein und ersetzt wie in (2.7.21) V_δ durch $\hat{\Theta} V_\delta / \sum V$, so erhält man für das Längsfeld

$$\Phi_{\mathrm{dp}} = \frac{2}{\pi}\tau_{\mathrm{p}} l_{\mathrm{i}} \hat{B}_{\mathrm{dp}} = \frac{2}{\pi}\tau_{\mathrm{p}} l_{\mathrm{i}} C_{\mathrm{p}} \frac{\mu_0}{\delta_{\mathrm{i}}} \frac{V_\delta}{\sum V} \frac{C_{\mathrm{adp}}}{C_{\mathrm{p}}} \hat{\Theta}_{\mathrm{dp}} = f_{\mathrm{MK}}\left(\frac{C_{\mathrm{adp}}}{C_{\mathrm{p}}} \hat{\Theta}_{\mathrm{dp}}\right) \tag{2.7.24a}$$

und für das Querfeld

$$\Phi_{\mathrm{qp}} = \frac{2}{\pi}\tau_{\mathrm{p}} l_{\mathrm{i}} \hat{B}_{\mathrm{qp}} = \frac{2}{\pi}\tau_{\mathrm{p}} l_{\mathrm{i}} C_{\mathrm{p}} \frac{\mu_0}{\delta_{\mathrm{i}}} \frac{V_\delta}{\sum V} \frac{C_{\mathrm{aqp}}}{C_{\mathrm{p}}} \hat{\Theta}_{\mathrm{qp}} = f_{\mathrm{MK}}\left(\frac{C_{\mathrm{aqp}}}{C_{\mathrm{p}}} \hat{\Theta}_{\mathrm{qp}}\right). \tag{2.7.24b}$$

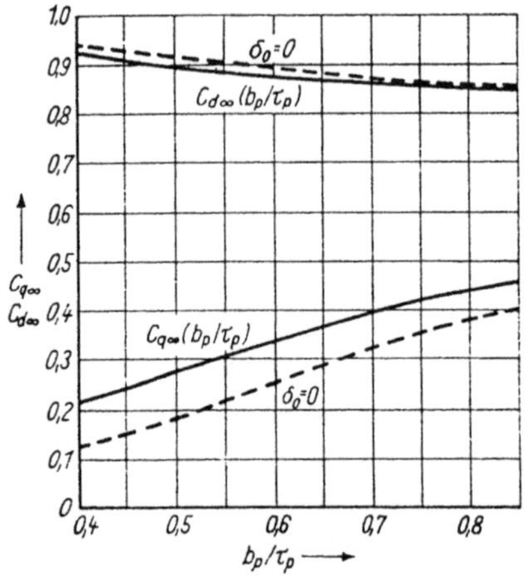

Bild 2.7.12 Abhängigkeit der Polformkoeffizienten vom relativen Polbogen. Polschuhform entsprechend $\delta = \delta_0/\cos(\pi x/\tau_\mathrm{p})$ im Bereich $-(b_\mathrm{p}/2 - r) \leq x \leq (b_\mathrm{p}/2 - r)$; $r = \delta_0$; $\delta_0/\tau_\mathrm{p} = 0{,}015$ (s. Bild 2.5.9, S. 210)

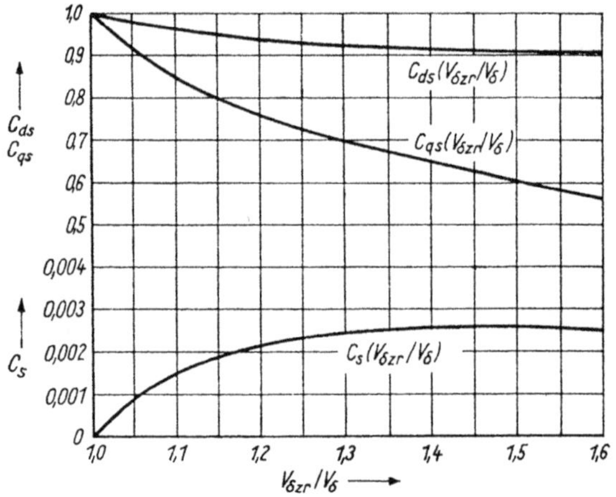

Bild 2.7.13 Abhängigkeit der Polformkoeffizienten von der Sättigung. Polschuhform entsprechend $\delta = \delta_0/\cos(\pi x/\tau_\mathrm{p})$ im Bereich $-(b_\mathrm{p}/2 - r) \leq x \leq (b_\mathrm{p}/2 - r)$; $r = \delta_0$; $\delta_0/\tau_\mathrm{p} = 0{,}015$ (s. Bild 2.5.9, S. 210)

Über die äquivalenten Durchflutungen

$$\hat{\Theta}'_\mathrm{dp} = \frac{C_\mathrm{adp}}{C_\mathrm{p}}\hat{\Theta}_\mathrm{dp} = C_{\mathrm{d}\infty} C_\mathrm{ds} \hat{\Theta}_\mathrm{dp} \tag{2.7.25a}$$

$$\hat{\Theta}'_\mathrm{qp} = \frac{C_\mathrm{aqp}}{C_\mathrm{p}}\hat{\Theta}_\mathrm{qp} = C_{\mathrm{q}\infty} C_\mathrm{qs} \hat{\Theta}_\mathrm{qp} \tag{2.7.25b}$$

ist die Magnetisierungskennlinie $\Phi = f(\Theta)$ bzw. die Leerlaufkennlinie $E = f(\Theta)$ (s. Bild 2.6.3, S. 220) unmittelbar zur Bestimmung von Φ_dp, Φ_qp, E_ad und E_aq anwendbar. Dabei berücksichtigen die Faktoren $C_{\mathrm{d}\infty}$ und $C_{\mathrm{q}\infty}$ (s. Bild 2.7.12) die Polform bei $\mu_\mathrm{Fe} \to \infty$ und die Faktoren C_ds und C_qs (s. Bild 2.7.13) die Sättigung (s. [17], Bd. II).

Die Ermittlung der Erregung im Bemessungsbetrieb geschieht auf folgende Weise: Über die gegebenen Werte U_N, I_N, $\cos\varphi_\mathrm{N}$ und die nach den Abschnitten 8.1.3.1, Seite 497, bzw. 8.1.4.1, Seite 503, berechenbare Streureaktanz X_σ liegt ein Teil des Zeigerbilds nach Bild 2.7.14 fest. Mit $R = 0$, was für größere Maschinen zulässig ist, ergeben sich daraus $E = E_\mathrm{h}$ und Φ_h entsprechend (1.2.93), Seite 105. Die Achse der zu Φ_h gehörenden Hauptwelle des Luftspaltfelds weicht i. Allg. etwas von der Polachse ab, so dass Φ_h nicht für die Berechnung des magnetischen Kreises maßgebend ist. Jedoch können mit Φ_h über die Teilkennlinien $\Phi_\mathrm{h} = f(V_\delta)$ und

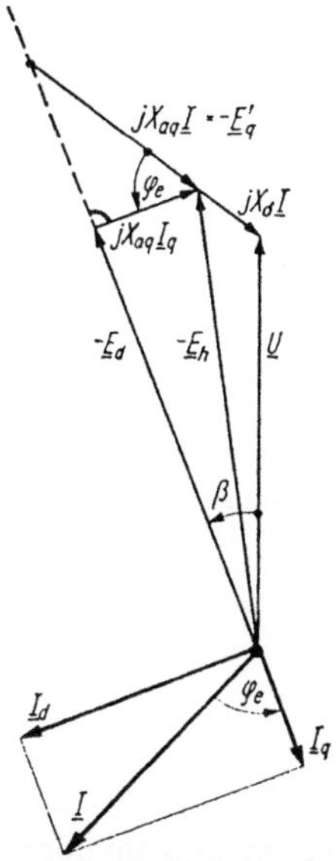

Bild 2.7.14 Zeigerbild der Schenkelpol-Synchronmaschine zur Ermittlung des Erregerstroms bei Belastung

$\Phi_\mathrm{h} = f(V_{\delta\mathrm{zr}})$ (s. Bild 2.6.3 bzw. 2.7.15) Näherungswerte für V_δ und $V_{\delta\mathrm{zr}}$ ermittelt werden, mit denen sich aus Bild 2.7.13 die Faktoren C_ds und C_qs entnehmen lassen.

Die Amplituden der Komponenten des Ankerfelds ergeben sich nach Bild 2.7.11 zu

$$\hat{\Theta}_\mathrm{dp} = \hat{\Theta}_\mathrm{ap} \sin \varphi_\mathrm{e}\,, \quad \hat{\Theta}_\mathrm{qp} = \Theta_\mathrm{ap} \cos \varphi_\mathrm{e}. \tag{2.7.26}$$

Zu ihrer Bestimmung muss der Winkel φ_e bekannt sein. Man erhält ihn aus dem Zeigerbild über die Hilfsgröße E'_q. Entsprechend Bild 2.7.14 gilt mit $I_\mathrm{q} = I \cos \varphi_\mathrm{e}$ unter Einführung der Reaktanz X_aq der Ankerrückwirkung für die Querachse (s. Bd. *Grundlagen elektrischer Maschinen*, Abschn. 6.4.2.2) und mit Φ_qp nach (2.7.24b) sowie der Beziehung zwischen E_aqp und Φ_qp entsprechend (1.2.93)

$$\begin{aligned} E'_q = X_\mathrm{aq} I &= \frac{X_\mathrm{aq} I_\mathrm{q}}{\cos \varphi_\mathrm{e}} = \frac{E_\mathrm{aqp}}{\cos \varphi_\mathrm{e}} = \frac{\omega_1 (w\xi_\mathrm{p}) \Phi_\mathrm{qp}}{\sqrt{2} \cos \varphi_\mathrm{e}} \\ &= \frac{\omega_1}{\sqrt{2}} (w\xi_\mathrm{p}) \frac{2}{\pi} \tau_\mathrm{p} l_\mathrm{i} C_\mathrm{p} \frac{\mu_0}{\delta_\mathrm{i}} \frac{V_\delta}{\sum V} \frac{C_\mathrm{aqp}}{C_\mathrm{p}} \frac{\hat{\Theta}_\mathrm{qp}}{\cos \varphi_\mathrm{e}} \\ &= \frac{\omega_1}{\sqrt{2}} (w\xi_\mathrm{p}) f_\mathrm{MK} \left(\frac{C_\mathrm{aqp}}{C_\mathrm{p}} \frac{\hat{\Theta}_\mathrm{qp}}{\cos \varphi_\mathrm{e}} \right) \\ &= \frac{\omega_1}{\sqrt{2}} (w\xi_\mathrm{p}) f_\mathrm{MK} (C_{\mathrm{q}\infty} C_\mathrm{qs} \hat{\Theta}_\mathrm{ap}) = \frac{\omega_1}{\sqrt{2}} (w\xi_\mathrm{p}) f_\mathrm{MK} \left(\hat{\Theta}'_\mathrm{ap} \right). \end{aligned} \tag{2.7.27}$$

Damit kann E'_q über die Durchflutung $\hat{\Theta}'_\mathrm{ap} = C_{\mathrm{q}\infty} C_\mathrm{qs} \hat{\Theta}_\mathrm{ap}$ aus der Leerlaufkennlinie bestimmt werden, so dass das Zeigerbild nach Bild 2.7.14 festliegt und die Größen E_d, Φ_d und δ gewonnen werden können. Nach (1.2.93), Seite 105, ergibt sich aus E_d der Hauptfluss $\Phi_\mathrm{hd} = \Phi_\mathrm{dp}$ der Längskomponente des resultierenden Felds und schließlich der Längsanteil des Luftspaltflusses $\Phi_{\delta\mathrm{d}}$ unter Berücksichtigung von (2.3.5), Seite 171, und (2.3.11) zu

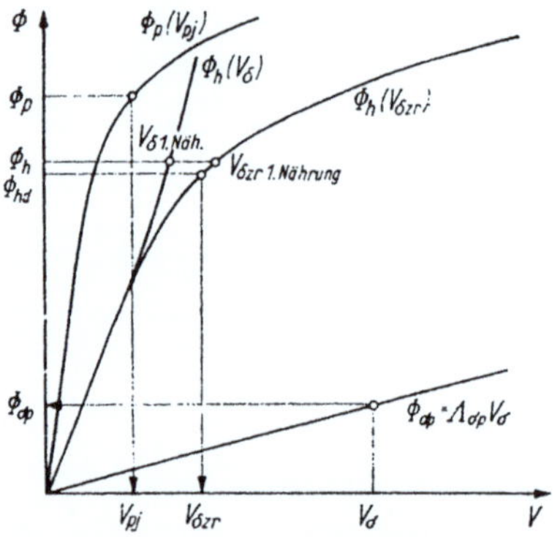

Bild 2.7.15 Teilkennlinien der Schenkelpol-Synchronmaschine zur Ermittlung des Erregerstroms bei Belastung

$$\Phi_{\delta \mathrm{d}} = \Phi_{\mathrm{hd}} \left(\frac{\Phi_\delta}{\Phi_\mathrm{h}}\right)_{\mathrm{Leerlauf}} = \frac{\pi}{2}\frac{\alpha_\mathrm{i}}{C_\mathrm{p}}\Phi_{\mathrm{hd}} = \frac{C_\mathrm{m}}{C_\mathrm{p}}\Phi_{\mathrm{hd}}. \tag{2.7.28}$$

Dieser Luftspaltfluss ist maßgebend für die Berechnung des magnetischen Kreises. Er verursacht den magnetischen Spannungsabfall $V_{\delta\mathrm{zr}}$, der mit $\Phi_{\mathrm{hd}} \approx \Phi_{\delta\mathrm{d}}$ aus der Kennlinie $\Phi_\mathrm{h} = f(V_{\delta\mathrm{zr}})$ entnommen werden kann. Im Polkern und im Joch überlagert sich dem Luftspaltfluss der Polstreufluss $\Phi_{\sigma\mathrm{p}}$. Im Leerlauf wird $\Phi_{\sigma\mathrm{p}}$ entsprechend (2.4.25), Seite 196, von $V_\sigma = V_{\delta\mathrm{zr}}$ angetrieben. Bei Belastung wird V_σ um die zur Kompensation der Ankerrückwirkung notwendigen Erregungszuschläge größer. Der notwendige Erregungszuschlag zur Kompensation des Ankerlängsfelds, das dem Erregerfeld in den meisten praktisch bedeutenden Betriebsfällen entgegenwirkt, ist nach (2.7.25a) gegeben zu $\hat{\Theta}'_{\mathrm{dp}} = C_{\mathrm{d}\infty} C_{\mathrm{ds}} \hat{\Theta}_{\mathrm{dp}}$.

Das Ankerquerfeld verursacht – wie bei der Gleichstrommaschine – eine erhöhte Sättigung des Zahngebiets im Bereich einer Polkante. Diese Sättigung steigt mit größer werdendem Querfluss, d. h. nach (2.7.24b) mit größer werdendem Verhältnis τ_p/δ. Aus diesem Grund beträgt der oft vernachlässigbar kleine Erregungszuschlag zur Kompensation des Flussverlusts, der infolge der Sättigung des Zahngebiets entsteht,

$$\hat{\Theta}''_{\mathrm{qp}} = C_\mathrm{s}\frac{\tau_\mathrm{p}}{\delta_\mathrm{i}}\hat{\Theta}_{\mathrm{qp}}. \tag{2.7.29}$$

Damit ergibt sich für den Polstreufluss

$$\Phi_{\sigma\mathrm{p}} = \Lambda_{\sigma\mathrm{p}} V_\sigma = \lambda_{\sigma\mathrm{p}}\left(V_{\delta\mathrm{zr}} + \hat{\Theta}'_{\mathrm{dp}} + \hat{\Theta}''_{\mathrm{qp}}\right). \tag{2.7.30}$$

Der Faktor C_s in (2.7.29) berücksichtigt den nichtlinearen Einfluss der Sättigung. Er ist im Bild 2.7.13 aus [17], Bd. II, aufgetragen.

Im Polkern und im Joch überlagern sich Luftspaltfluss und Polstreufluss zum Polfluss Φ_p. Den magnetischen Spannungsabfall $V_{\mathrm{pk}} \approx V_\mathrm{p}$ des Polkerns berechnet man nach den Abschnitten 2.4.3.2, Seite 194, bzw. 2.4.3.3, Seite 197, mit $\Phi_\delta = \Phi_{\delta\mathrm{h}}$ und den magnetischen Spannungsabfall V_j des Jochs nach Abschnitt 2.4.1, Seite 185. Wenn bei der Berechnung der Leerlaufkennlinie die Teilkennlinie $\Phi_\mathrm{p} = f(V_{\mathrm{pj}})$ ermittelt wurde, kann man dieser Kennlinie den Spannungsabfall V_{pj} mit $\Phi_\mathrm{p} = \Phi_{\delta\mathrm{d}} + \Phi^*_{\sigma\mathrm{p}}$ entnehmen (s. Bild 2.7.15). Schließlich ergibt sich die Durchflutung der Erregerwicklung im Bemessungsbetrieb zu

$$\Theta_{\mathrm{fd\,N}} = V_{\delta\mathrm{zr}} + V_{\mathrm{pj}} + \hat{\Theta}''_{\mathrm{dp}} + \hat{\Theta}''_{\mathrm{qp}}, \tag{2.7.31}$$

aus der man den Erregerstrom $I_{\mathrm{fd\,N}}$ im Bemessungsbetrieb bestimmen kann.

2.8 Erregung durch permanentmagnetische Abschnitte

Der Einsatz von permanentmagnetischen Abschnitten zur Erregung des magnetischen Kreises hat folgende Vorteile:

- Die Verluste werden um die Stromwärmeverluste in der Erregerwicklung kleiner.
- Es wird keine Einrichtung für die Speisung der Erregerwicklung benötigt.

Wegen dieser Vorteile und wegen des einfachen Aufbaus werden kleine Gleichstrom- und Synchronmaschinen praktisch nur noch durch permanentmagnetische Abschnitte erregt. Der Einsatz in größeren Maschinen hängt davon ab, in welchem Maße die Energiedichte von Permanentmagneten gesteigert und die Preise gesenkt werden können und inwieweit eine verlässliche Versorgung mit den erforderlichen Rohstoffen sichergestellt ist. Mit der Entwicklung und Herstellung hochwertiger Magnetwerkstoffe und der Verfügbarkeit leistungsfähiger und wirtschaftlicher Frequenzumrichter, die zur Speisung permanenterregter Synchronmaschinen i. Allg. erforderlich sind, hat der Einsatz in größeren Maschinen seit der Jahrtausendwende stark an Bedeutung gewonnen.

2.8.1 EntMagnetisierungskennlinie

Wenn man das Durchflutungsgesetz auf den magnetischen Kreis einer permanenterregten Maschine anwendet, so gilt wegen des Fehlens einer Erregerwicklung $\Theta = \sum V = 0$. Daraus folgt für den magnetischen Spannungsabfall über dem permanentmagnetischen Abschnitt in der einfachen Ausführung einer Außenpolmaschine nach Bild 2.8.1

$$\boxed{V_{\mathrm{M}} = V_{\mathrm{p}} = -(V_{\delta} + V_{\mathrm{z}} + V_{\mathrm{r}} + V_{\mathrm{j}}) = -V_{\delta\mathrm{zrj}} < 0}\,. \tag{2.8.1}$$

Der magnetische Spannungsabfall V_{M} und damit auch die magnetische Feldstärke H_{M} sind negativ. Der Arbeitspunkt des permanentmagnetischen Abschnitts liegt im Bereich negativer Feldstärke, d. h. im Entmagnetisierungsbereich seiner Magnetisierungskurve $B_{\mathrm{M}} = f(H_{\mathrm{M}})$. Den entsprechenden Kennlinienabschnitt nennt man deshalb Entmagnetisierungskurve. Bild 2.8.2 zeigt die prinzipiellen Verläufe der Entmagnetisierungskurven üblicher hartmagnetischer Werkstoffe. Dabei ergibt

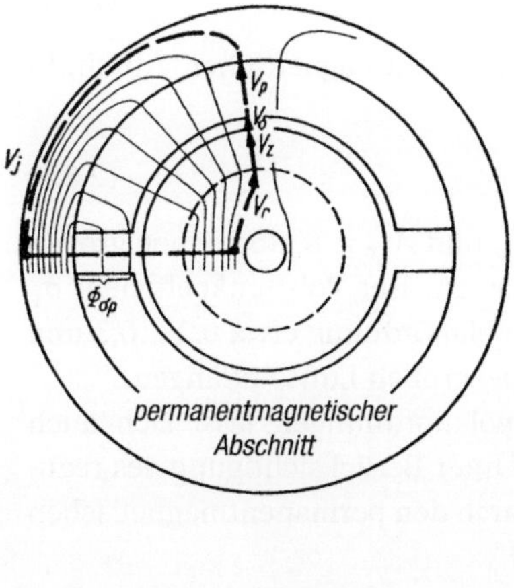

Bild 2.8.1 Magnetischer Kreis einer permanenterregten Kleinstmaschine in Außenpolausführung

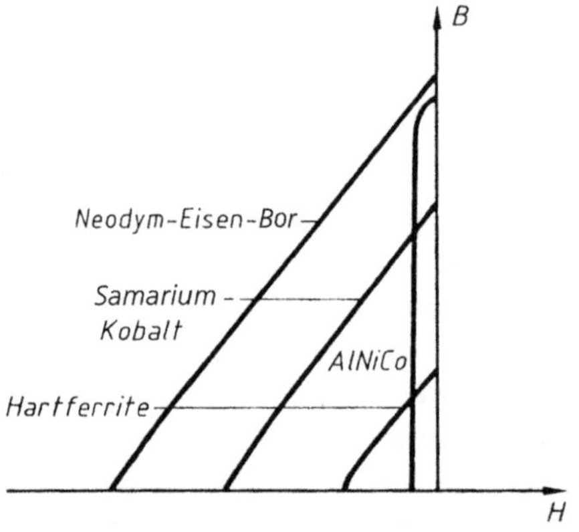

Bild 2.8.2 Entmagnetisierungskurven

sich der Arbeitspunkt des permanentmagnetischen Abschnitts als Schnittpunkt der Entmagnetisierungskurve mit der durch Flussdichte und magnetische Feldstärke über dem permanentmagnetischen Abschnitt ausgedrückten Kennlinie $B_\mathrm{M} = f(H_\mathrm{M})$ des gesamten äußeren magnetischen Kreises. Solange keine Eisensättigung wirksam ist, stellt die Kennlinie des äußeren magnetischen Kreises eine Gerade dar (s. Bild 2.8.3) und wird auch als *Luftspaltgerade* bezeichnet. Unter Berücksichtigung der Sättigung ergibt sich der im Bild 2.8.9 dargestellte gekrümmte Verlauf.

Die Luftspaltgerade wird am zweckmäßigsten zunächst in der Form $\Phi_\mathrm{M} = f(V_\mathrm{M})$ berechnet. Für einen vorgegebenen Wert des Luftspaltflusses Φ_δ lässt sich zunächst $V_\delta + V_\mathrm{z} + V_\mathrm{r} = V_{\delta\mathrm{zr}}$ berechnen. Das Joch ist zusätzlich zum Luftspaltfluss Φ_δ durch den Streufluss

$$\Phi_{\sigma\mathrm{p}} = \Lambda_{\sigma\mathrm{p}}(V_\mathrm{M} + V_\mathrm{j}) = \Lambda_{\sigma\mathrm{p}}(-V_{\delta\mathrm{zr}}) = \sigma_\mathrm{p}\Phi_\delta \tag{2.8.2}$$

belastet. Mit dessen Berücksichtigung erhält man den gesamten magnetischen Spannungsabfall V_j über dem Joch. Damit ergibt sich der gesamte magnetische Spannungsabfall $V_{\delta\mathrm{zrj}}$ des äußeren magnetischen Kreises zu

$$V_{\delta\mathrm{zrj}} = V_{\delta\mathrm{zr}} + V_\mathrm{j} \tag{2.8.3}$$

und damit die magnetische Spannung V_M über dem permanentmagnetischen Abschnitt als

$$V_\mathrm{M} = -V_{\delta\mathrm{zrj}}. \tag{2.8.4}$$

Unter Annahme eines homogenen Felds im permanentmagnetischen Abschnitt wird dort mit einem reduzierten Streufluss

$$\Phi^*_{\sigma\mathrm{p}} = C_\sigma\Phi_{\sigma\mathrm{p}} = C_\sigma\Lambda_{\sigma\mathrm{p}}(-V_{\delta\mathrm{zr}}) \tag{2.8.5}$$

gerechnet (s. Abschn. 2.4.3.3, S. 197), wobei sich C_σ und $\Lambda_{\sigma\mathrm{p}}$ z. B. über einen groben Entwurf eines Feldbilds der Pollücke schätzen lassen. Der Polstreukoeffizient σ_p beträgt bei der im Bild 2.8.1 dargestellten Außenpolanordnung etwa 0,2 ...0,3 und teilweise mehr. Die größeren Werte ergeben sich bei großen Luftspaltlängen.

Der Polstreufluss schenkelpolförmiger Innenpolanordnungen lässt sich auch analog zu Abschnitt 3.6.2, Seite 282, berechnen. Unter Berücksichtigung des reduzierten Streuflusses gewinnt man den Fluss Φ_M durch den permanentmagnetischen

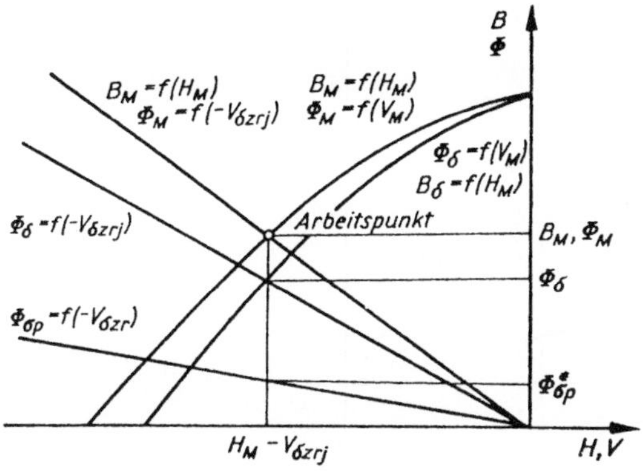

Bild 2.8.3
Magnetisierungskennlinien einer permamenterregten Maschine

Abschnitt zu

$$\Phi_\mathrm{M} = \Phi_\delta + \Phi^*_{\sigma\mathrm{p}} = (1 + \sigma^*_\mathrm{p})\Phi_\delta. \qquad (2.8.6)$$

Damit sind für den vorgegebenen Wert des Luftspaltflusses Φ_δ alle interessierenden Flüsse und magnetischen Spannungen bestimmt worden. Durch Variation des Luftspaltflusses Φ_δ erhält man Gruppen zusammengehöriger Wertepaare und damit die entsprechenden Kennlinien in der Φ-V-Ebene, wie sie Bild 2.8.3 zeigt. Darunter ist insbesondere auch die der Entmagnetisierungskurve des permanentmagnetischen Abschnitts zugeordnete EntMagnetisierungskennlinie

$$\Phi_\mathrm{M} = f(V_\mathrm{M}). \qquad (2.8.7)$$

Man erhält sie ausgehend von der Entmagnetisierungskurve $B_\mathrm{M} = f(H_\mathrm{M})$ des permanentmagnetischen Abschnitts unter Beachtung von

$$\Phi_\mathrm{M} = B_\mathrm{M} A_\mathrm{M} = B_\mathrm{M} b_\mathrm{M} l_\mathrm{M} \qquad (2.8.8)$$

$$V_\mathrm{M} = H_\mathrm{M} h_\mathrm{M}, \qquad (2.8.9)$$

wobei $A_\mathrm{M} = b_\mathrm{M} l_\mathrm{M}$ die Querschnittsfläche und h_M die Höhe des permanentmagnetischen Abschnitts sind. Wenn das Material und die Abmessungen der permanentmagnetischen Abschnitte festliegen, ergibt sich der Arbeitspunkt der Anordnung aus der im Luftspalt wirksamen Kennlinie $\Phi_\delta = f(V_\mathrm{M})$, d. h. aus der Dimensionierung des äußeren magnetischen Kreises.

2.8.2 Reversible Kennlinie

Wenn auf einen permanentmagnetischen Abschnitt ein Fremdfeld (z. B. durch Ankerrückwirkung) mit einer entmagnetisierenden Feldstärkekomponente ΔH einwirkt, so wird sich die Magnetisierungskennlinie K_M des äußeren magnetischen Kreises parallel z. B. auf die Kennlinie K'_M verschieben. Der Arbeitspunkt wandert dadurch entlang der EntMagnetisierungskennlinie K_e im Bild 2.8.4 von A nach A_1. Verschwindet das Fremdfeld wieder, so läuft der Vorgang für den Fall, dass A_1 von B_r aus gesehen nicht mehr im linearen Teil der Kennlinie liegt, nicht mehr auf der EntMagnetisierungskennlinie zurück, sondern auf einem Ast einer sog. inneren Hystereseschleife. Für alle weiteren Feldstärkeänderungen im Bereich $H_1 \leq H \leq 0$

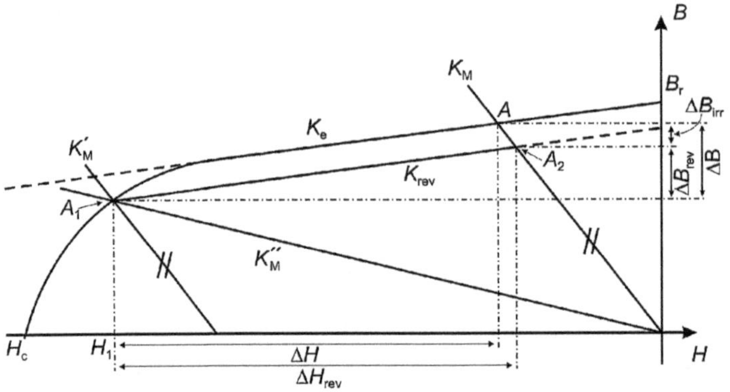

Bild 2.8.4 Reversible Kennlinie. B_r Remanenzflussdichte; H_c Koerzitivfeldstärke; K_M Luftspaltgerade; K'_M Verschiebung der Luftspaltgerade durch Ankerrückwirkung; K''_M Änderung der Luftspaltgerade bei Luftspaltvergrößerung (z. B. Ausbau des Ankers); K_e EntMagnetisierungskennlinie; K_{rev} reversible Kennlinie

lassen sich diese inneren Hystereseschleifen mit guter Annäherung durch eine Gerade, die sog. *reversible Kennlinie* K_{rev} darstellen, deren Steigung etwa der Tangente der Entmagnetisierungskurve im Punkt B_r entspricht. Es ergibt sich der neue Arbeitspunkt A_2, der erkennen lässt, dass die durch die Feldstärkeänderung ΔH bedingte Flussdichteänderung ΔB einen irreversiblen Anteil ΔB_{irr} enthält. Der reversible Anteil ist maßgebend für die *reversible Permeabilität*

$$\mu_{rev} = \frac{\Delta B_{rev}}{\Delta H_{rev}}. \tag{2.8.10}$$

Eine vergleichbare Arbeitspunktverschiebung erhält man, wenn sich der magnetische Widerstand des magnetischen Kreises vorübergehend vergrößert – z. B. durch Ausbau und Wiedereinbau des Ankers – was sich durch eine vorübergehende Veränderung der Magnetisierungskennlinie K_M in die Lage K''_M äußert.

Ein Magnet, der auf der reversiblen Kennlinie arbeitet, wird stabilisierter Permanentmagnet genannt. Solange sich der Arbeitspunkt noch auf der EntMagnetisierungskennlinie befindet, spricht man von einem unstabilisierten oder remanenten Magneten. Die EntMagnetisierungskennlinie nennt man deshalb auch *remanente Kennlinie*, die reversible Kennlinie auch *permanente Kennlinie* und die reversible Permeabilität auch *permanente Permeabilität*. Aufgrund des prinzipiellen Kennlinienverlaufs nach Bild 2.8.2 haben AlNiCo-Magnete einen besonders großen irreversiblen Flussdichteanteil bei Feldstärkeänderungen, während Hartferrite und Seltenerde-Werkstoffe für übliche Lagen des Arbeitspunkts bereits ohne vorübergehende Feldstärkeänderungen stabilisiert sind.

2.8.3 Hartmagnetische Werkstoffe

Hartmagnetische Werkstoffe werden hinsichtlich ihrer magnetischen Eigenschaften durch die Entmagnetisierungskurve in Form der magnetischen Flussdichte über der magnetischen Feldstärke $B = f(H)$ oder in Form der Polarisation $J = B - \mu_0 H$ über der magnetischen Feldstärke als $J = f(H)$ im jeweils zweiten Quadranten beschrieben. Dabei treten die charakteristischen Werte der Remanenzflussdichte

B_r bzw. der Sättigungspolarisation und der Koerzitivfeldstärke H_c in Erscheinung, wobei letztere in der Darstellung als $B = f(H)$ den Wert H_{cB} und in der Darstellung $J = f(H)$ den Wert H_{cJ} besitzt. Sofern der Knick der Kennlinie $B = f(H)$ im zweiten Quadranten liegt, gilt $H_{cB} \approx H_{cJ}$, und sofern der Knick im dritten Quadranten liegt, gilt $H_{cB} < H_{cJ}$. Eine irreversible Entmagnetisierung tritt erst beim Überschreiten von H_{cJ} auf, so dass auch negative Werte der Flussdichte möglich sind, ohne dass der permanentmagnetische Abschnitt (teil-)entmagnetisiert wird.

Die Entmagnetisierungskurven sind temperaturabhängig. Zur Kennzeichnung dieser Temperaturabhängigkeit werden die Temperaturkoeffizienten α_T eingeführt als Temperaturkoeffizient der Remanenzflussdichte B_r

$$\alpha_T(B_r) = \frac{1}{B_r}\frac{dB_r}{dT} \tag{2.8.11}$$

und als Temperaturkoeffizient der Koerzitivfeldstärke H_{cJ}

$$\alpha_T(H_{cJ}) = \frac{1}{H_{cJ}}\frac{dH_{cJ}}{dT}. \tag{2.8.12}$$

Gegenwärtig sind drei Gruppen hartmagnetischer Werkstoffe interessant: Hartferrite, AlNiCo und Seltenerdmagnete.

Hartferrite (Barium- und Strontium-Ferrit) sind oxydische Werkstoffe, die wegen ihres niedrigen Preises mengenmäßig an erster Stelle stehen. Nachteilig sind ihre kleine Remanenzflussdichte B_r und ihre großen Temperaturkoeffizienten α_T, d. h. ihre starke Abhängigkeit der magnetischen Daten von der Temperatur. Im Gegensatz zu allen anderen Magnetwerkstoffen besitzen Hartferrite einen positiven Temperaturkoeffizienten der Koerzitivfeldstärke $\alpha_T(H_{cJ})$ (s. Bild 2.8.5a). Sie sind damit nicht bei hohen, sondern bei tiefen Temperaturen gegen Entmagnetisierung gefährdet. Ihre Verarbeitung erfolgt i. Allg. durch Sintern. Daneben werden auch kunststoffgebundene Magnete hergestellt, die eine gewisse mechanische Flexibilität besitzen, jedoch eine geringere Remanenzflussdichte aufweisen.

AlNiCo-Werkstoffe sind, wie der Name sagt, Legierungen aus Aluminium, Nickel und Kobalt. Sie haben eine hohe Remanenzflussdichte und sehr kleine Temperaturkoeffizienten. Nachteilig sind die geringe Koerzitivfeldstärke $H_{cJ} \approx H_{cB}$ (s. Bild 2.8.2) und die Abhängigkeit der magnetischen Daten und der Stabilität von der Formgebung. Die Verarbeitung des Materials erfolgt durch Gießen oder Sintern.

Seltenerde-Werkstoffe sind Sinterwerkstoffe mit sehr hoher Koerzitivfeldstärke H_{cJ} und Remanenzflussdichte B_r, aber auch einem relativ hohen Preis. Von Bedeutung sind zum einen *Samarium-Kobalt-Magnete* und zum anderen *Neodym-Magnete.*

Bei Samarium-Kobalt-Magneten sind vor allem die Verbindungen $SmCo_5$ und Sm_2Co_{17} verbreitet. Trotz des hohen Kobaltgehalts ergibt sich, bezogen auf die hohe erreichbare magnetische Energiedichte $(BH)_{max}$, ein im Vergleich zu AlNiCo geringerer Kobaltanteil. Die Temperaturkoeffizienten sind relativ klein. Wegen der keramikartigen Struktur ist der Werkstoff mechanisch sehr spröde.

Neodym-Magnete bestehen aus Neodym, Eisen und Bor sowie ggf. weiteren Seltenerdmetallen wie Dysprosium oder Terbium. Sie werden entweder gesintert oder mit Kunststoffen vermischt ausgehärtet. Koerzitivfeldstärke und Remanenzflussdichte sind noch höher als bei Samarium-Kobalt-Werkstoffen, so dass die Energiedichte um 30 bis 40 % größer wird. Die Temperaturkoeffizienten von

Remanenzflussdichte $\alpha_T(B_r)$ und Koerzitivfeldstärke $\alpha_T(H_{cJ})$ sind deutlich größer als bei Samarium-Kobalt-Magneten, jedoch ist $\alpha_T(B_r)$ nur ca. halb so groß wie bei Hartferriten. Auf das maximale Energieprodukt bezogen sind Neodym-Magnete nur etwa doppelt so teuer wie Ferritmagnete.

Die wesentlichsten magnetischen Daten von hartmagnetischen Werkstoffen als Richtwerte enthält Tabelle 2.8.1.

2.8.4 Dimensionierung von permanentmagnetischen Abschnitten

Permanentmagnetische Abschnitte stellen die magnetische Energie des Felds in den übrigen Abschnitten des Magnetkreises bereit, da gemäß (2.8.1) nur in ihnen die Flussdichte und die magnetische Feldstärke verschiedene Vorzeichen besitzen. Somit ist das Volumen $\mathcal{V}_M$ eines permanentmagnetischen Abschnitts, das erforderlich ist, um ein gegebenes Aktivteilvolumen mit einer gegebenen Flussdichte zu magnetisieren, entsprechend $\mathcal{V}_M \sim 1/|B_M H_M|$ umgekehrt proportional zu dessen magnetischer Energiedichte. Die Dimensionierung von permanentmagnetischen Abschnitten kann z. B. unter dem Aspekt maximaler wirksamer magnetischer Energiedichte, d. h. maximalen Produkts BH im Magneten oder im Luftspalt, erfolgen. Das ist vor allem bei großem Luftspalt sinnvoll oder bei Verwendung von Seltenerdmagneten, wenn zu erwarten ist, dass die Kosten der Magnete für die Gesamtkosten der Maschine maßgeblich sind. Sofern der Knick der Magnetisierungskurve bei einer Flussdichte $B < B_r/2$ liegt, führt eine Dimensionierung auf maximale Energiedichte auf einen Arbeitspunkt des permanentmagnetischen Abschnitts bei der Flussdichte $B_M = B_r/2$, da bei Voraussetzung eines homogenen Felds innerhalb des permanentmagnetischen Abschnitts wegen des im linearen Bereichs der Magnetisierungskurve gültigen Zusammenhangs $B_M = B_r + \mu_{rev} H_m$ der Ausdruck

$$\frac{W_m}{\mathcal{V}_M} = \frac{1}{2} B_M H_M = \frac{1}{2\mu_{rev}} \left(B_M^2 - B_M B_r \right) \tag{2.8.13}$$

dann gerade maximal wird.

Unter Berücksichtigung aller Material- und Fertigungskosten erreicht man jedoch zumindest im Fall von an oder nahe der Oberfläche eines Hauptelements angeordneten permanentmagnetischen Abschnitten, bei denen $B_\delta \approx B_M$ gilt, ein Optimum der Gesamtkosten meist bei Arbeitspunkten mit deutlich höherer Flussdichte, als es dem maximalen Energieprodukt entsprechen würde, da durch die höhere Flussdichte der Ausnutzungsfaktor (s. Abschn. 9.1.1, S. 527) der Maschine ansteigt, woraus bei gegebenem Drehmoment ein kleineres Gesamtvolumen der Maschine resultiert. Für diesen Fall luftspaltnaher permanentmagnetischer Abschnitte lässt sich aus dem Luftspaltfluss Φ_δ, der z. B. bei einer Gleichstrommaschine durch die gewählte Windungszahl des Ankers, die Drehzahl und die induzierte Spannung bestimmt wird, mittels (2.8.6) der Fluss Φ_M im permanentmagnetischen Abschnitt ermitteln. Über die gewünschte Flussdichte, die wie erwähnt aus einem Kompromiss zwischen hohem Energieprodukt der permanentmagnetischen Abschnitte und hohem Ausnutzungsfaktor resultiert, ergibt sich dann die Querschnittsfläche $A_M = \Phi_M/B_M$. Der gesamte durch den Fluss Φ_δ verursachte magnetische Spannungsabfall des äußeren magnetischen Kreises $V_\delta + V_z + V_r + V_j = -V_M$ liefert schließlich mit der sich aus der Magnetisierungskennlinie für die gewünschte

Tabelle 2.8.1 Eigenschaften von hartmagnetischen Werkstoffen

	B_r T	μ_{rev}/μ_0	$-H_{cB}$ kA/m	$-H_{cJ}$ kA/m	$-(BH)_{max}$ kJ/m³	$\alpha_T(B_r)$ % /K	$\alpha_T(H_{cJ})$ % /K	ρ kg/m³	T_C °C
Hartferrite									
s., i.	0,19...0,23	1,25	120...146	200...300	7...8	−0,2	0,4	4,7...5,0	450
s., a.	0,38...0,45	1,05...1,10	280...345	260...460	24...34	−0,2	0,4	4,7...5,0	450
k., i.	0,08...0,15	1,30	50...92	170...210	0,8...4	−0,2	0,4	2,4...4,0	450
k., a.	0,22...0,29	1,10	160...210	180...230	8...15	−0,2	0,4	2,4...4,0	450
AlNiCo									
g., i.	0,58...0,62	4,0...6,0	38...115	40...120	12...22	−0,03	−0,03	7,1...7,2	820...870
g., a.	0,80...1,35	3,0...5,0	45...170	50...180	29...43	−0,02	±0,02	7,2...7,3	820...870
Samarium-Kobalt									
$SmCo_5$, s., a.	0,85...1,05	1,08	600...770	1000...2400	140...200	−0,04	−0,25	8,4	700...750
Sm_2Co_{17}, s., a.	0,98...1,15	1,08	710...860	650...2100	170...240	−0,03	−0,23	8,3	800...850
Neodym-Eisen-Bor									
s., a.	1,05...1,52	1,05	770...1120	800...3300	170...450	−0,08...−0,12	−0,5...−0,9	7,4...7,8	310...370
k., i.	0,52...0,74	1,20	340...490	640...1500	50...100	−0,07...−0,11	−0,4	5,0...6,2	305...470
k., a.	0,85...1,00	1,20...1,80	470...500	1000...1600	130...180	−0,09	−0,4	5,5...6,2	335...370

Abkürzungen: g. = gegossen, k. = kunststoffgebunden, s. = gesintert; a. = anisotrop, i. = isotrop

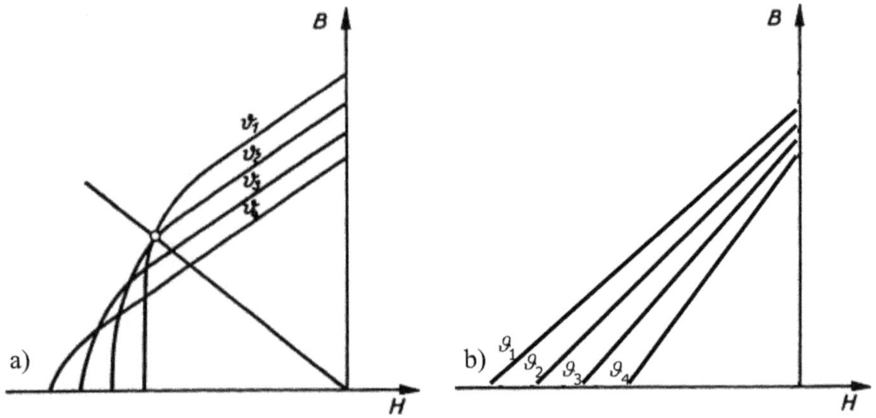

Bild 2.8.5 Temperaturabhängigkeit der Entmagnetisierungskurve hartmagnetischer Werkstoffe. a) Hartferrite; b) Seltenerdmagnete. $\vartheta_1 < \vartheta_2 < \vartheta_3 < \vartheta_4$

Flussdichte ergebenden Feldstärke die Magnethöhe $h_M = V_M/H_M$. Damit sind die Abmessungen des permanentmagnetischen Abschnitts gefunden.

Die weitere Optimierung des magnetischen Kreises erfolgt i. Allg. mittels numerischer Feldberechnung (s. Abschn. 9.3, S. 573). Dabei muss allerdings berücksichtigt werden, dass wichtige Effekte wie die lokale Entmagnetisierung durch Ankerrückwirkung (s. Abschn. 2.8.6) und der Übergang von der remanenten auf die reversible Kennlinie meist nicht automatisch berücksichtigt werden.

Die erhebliche Temperaturabhängigkeit von Hartferriten lässt sich theoretisch durch geeignete Wahl des Arbeitspunkts verringern. Bild 2.8.5a zeigt einen optimalen Arbeitspunkt für den Bereich ϑ_1 (z. B. Raumtemperatur) bis ϑ_2 (z. B. Betriebstemperatur). Allerdings ist dieser Arbeitspunkt hinsichtlich Fremdfeldeinfluss, magnetischer Energiedichte und Luftspaltfluss nicht optimal, d. h. für elektrische Maschinen normalerweise ungeeignet. Bild 2.8.5b deutet die prinzipielle Temperaturabhängigkeit von Seltenerdmagneten an, die bei Neodym-Eisen-Bor-Magneten deutlich ausgeprägter ist als bei Samarium-Kobalt-Magneten. Bei vielen Neodym-Eisen-Bor-Magneten wandert der Knick der Magnetisierungskurve, der bei Raumtemperatur in der Regel im dritten Quadranten liegt, mit steigender Temperatur in den zweiten Quadranten, so dass die Gefahr irreversibler Entmagnetisierung im Betrieb zunimmt.

2.8.5 Anordnung der permanentmagnetischen Abschnitte

Bei *Gleichstrommaschinen* und bei *bürstenlosen Maschinen für Gleichstrombetrieb* (s. Bd. *Grundlagen elektrischer Maschinen*, Abschn. 9.2) wird ein im Bereich der Pole möglichst konstantes Luftspaltfeld angestrebt. Dies lässt sich am Einfachsten erreichen, indem die permanentmagnetischen Abschnitte bei konstantem Luftspalt eine über ihre Breite konstante Höhe besitzen und wie im Bild 2.8.1 direkt an der Bohrung angeordnet sind bzw. im Fall einer bürstenlosen Maschine an der Läuferoberfläche. Die permanentmagnetischen Abschnitte werden dann als *Oberflächenmagnete* bezeichnet

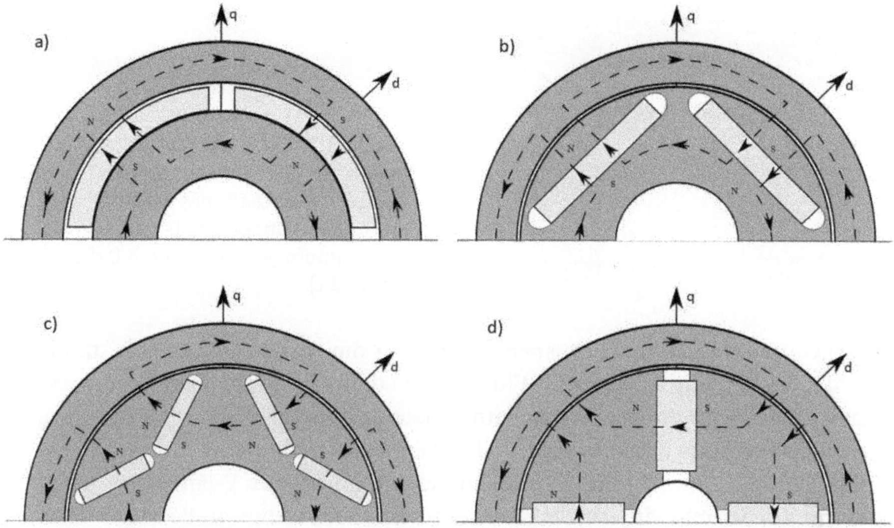

Bild 2.8.6 Grundtopologien für die Anordnung der permanentmagnetischen Abschnitte bei permanenterregten Synchronmaschinen. a) Oberflächenanordnung; b) Balkenanordnung; c) V-Anordnung; d) Speichenanordnung

Hartferrite und Seltenerdmagnete führen wegen der im Vergleich zu AlNiCo relativ hohen Koerzitivfeldstärke zu permanentmagnetischen Abschnitten großer Querschnittsfläche und kleiner Höhe. Um auf eine akzeptable Luftspaltflussdichte zu kommen, müsste bei Hartferriten aufgrund der vergleichsweise geringen Remanenzflussdichte die Querschnittsfläche des permanentmagnetischen Abschnitts etwa das Dreifache der Luftspaltfläche betragen. Das kann u. a. dadurch erreicht werden, dass der permanentmagnetische Abschnitt länger als das Blechpaket des Ankers ausgeführt wird. Eine drastische Verkleinerung der Luftspaltlänge führt dabei zu keinem Erfolg, da alle Permanentmagnete kleiner Remanenzflussdichte eine reversible Permeabilität haben, die nicht viel über der von Luft liegt, d. h. sie stellen praktisch Luftspalte im magnetischen Kreis dar. Beträgt die Höhe des permanentmagnetischen Abschnitts z. B. das Zwanzigfache der Luftspaltlänge, so wirkt sich bei einem Verhältnis der Querschnittsflächen von 3 : 1 eine Änderung der Luftspaltlänge nur zu 15 % auf den gesamten wirksamen Luftpfadanteil mit $\mu = \mu_0$ im magnetischen Kreis aus. Allerdings haben dann auch technologisch bedingte Fügeluftspalte kaum einen Einfluss auf den magnetischen Spannungsabfall des Kreises.

Alternativ können die permanentmagnetischen Abschnitte in geeigneter Weise in ein Blechpaket eingebettet werden. Im Zusammenhang mit entsprechenden Maßnahmen spricht man von einer *Flusskonzentration* bzw. von *Flusssammelanordnungen*.

Bei *permanenterregten Synchronmaschinen* haben sich zahlreiche verschiedene Topologien für die Anordnung der permanentmagnetischen Abschnitte herausgebildet. Neben der Oberflächenanordnung in Bild 2.8.6a ist die sog. Balkenanordnung (s. Bild 2.8.6b) verbreitet, bei der der ferromagnetische Bereich zwischen permanentmagnetischem Abschnitt und Läuferoberfläche einen gewissen Schutz gegen (Teil-)Entmagnetisierung im Feldschwächbetrieb oder bei hohem Ankerstrom bietet. Allerdings muss bei eingebetteten Permanentmagneten durch die Gestaltung

Bild 2.8.7 Sinusförmig gestaltete Kavitäten zum Erzielen eines möglichst sinusförmig am Umfang verteilten Luftspaltfelds bei konstantem geometrischem Luftspalt nach [21]

der Stege an den Kanten der Ausnehmungen für die Permanentmagnete und ggf. durch die Ausführung zusätzlicher Flusssperren dafür Sorge getragen werden, denjenigen Anteil des von den Permanentmagneten erzeugten Flusses zu begrenzen, der sich als Streufluss direkt innerhalb des Polsystems schließt.

Die Bilder 2.8.6c und d zeigen Flusssammelanordnungen in V-Form bzw. in Speichenform, bei der man die zur Flusskonzentration notwendige große Magnetfläche dadurch erhält, dass die permanentmagnetischen Abschnitte sternförmig mit ihrer Magnetisierungsrichtung quer zur Polachse angeordnet werden. Vor allem bei hohen Polzahlen ist dies sehr einfach realisierbar. Gelegentlich wird zwischen den innenliegenden Ecken der beiden Teilmagnete einer V-Anordnung noch ein dritter permanentmagnetischer Abschnitt angeordnet, so dass sich eine U-Anordnung ergibt. Diese Grundtopologien können erweitert werden – z. B. zu einer Doppel-V- oder Doppel-U-Anordnung – oder auch miteinander kombiniert werden, indem innerhalb einer V- oder U-Anordnung noch ein luftspaltnaher Balkenmagnet ergänzt wird, der im Bereich der Polmitte die bereitgestellte magnetische Spannung erhöht.

Grundsätzlich wird bei permanenterregten Synchronmaschinen ein möglichst sinusförmig am Umfang verteiltes Luftspaltfeld angestrebt. Das lässt sich entweder dadurch erreichen, dass bei einer Oberflächenanordnung die Höhe der permanentmagnetischen Abschnitte von der Polmitte zu den Pollücken hin abnimmt, was umgangssprachlich auch als *Brotlaibmagnet* bezeichnet wird, und der Luftspalt entsprechend zu den Pollücken hin größer wird. Oder es lässt sich dadurch erreichen, dass der Luftspalt bei in das Läuferblechpaket eingebetteten permanentmagnetischen Abschnitten ähnlich den Sinusfeldpolen von der Polmitte zu den Pollücken hin vergrößert wird. Ist aus anderen Gründen ein konstanter geometrischer Luftspalt erwünscht, kann ein ähnlicher Effekt durch das Einbringen von Kavitäten in das Blechpaket erreicht werden, wie sie in Bild 2.8.7 gezeigt sind [21]. Auch die oben beschriebenen erweiterten oder kombinierten Anordnungen zielen darauf ab, durch die höhere magnetische Spannung im Bereich der Polmitte ein sinusförmigeres Luftspaltfeld zu erreichen, als dies bei konstantem geometrischem Luftspalt durch eine einfache V- oder Speichenanordnung möglich wäre.

Eine Montage homogen aufmagnetisierter Teilmagnete führt aus Gründen der magnetischen Stabilität und wegen der auftretenden Grenzflächenkräfte von bis zu 6 N/cm^2 bei Hartferriten und bis zu 70 N/cm^2 bei Neodymmagneten auf erhebliche technologische Schwierigkeiten. Deshalb ist oft eine Aufmagnetisierung innerhalb der Maschine erwünscht. Hieraus resultieren mehrere Probleme:

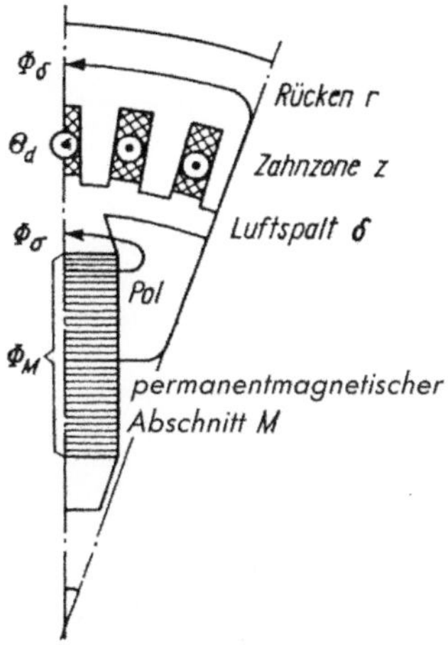

Bild 2.8.8 Innenpolanordnung mit Ankerlängsdurchflutung

- Die magnetische Belastung der teils zueinander parallelen, teils hintereinanderliegenden Teilabschnitte im Fall ergänzter oder kombinierter Anordnungen (z. B. bei Doppel-V- oder Doppel-U-Anordnungen) kann unterschiedlich sein.
- Zur Vermeidung magnetischer Kurzschlüsse von nicht in einer Ebene liegenden Teilmagneten sind Streuräume mit unkonventioneller Geometrie erforderlich.
- Bei der Aufmagnetisierung der Teilmagnete in der Maschine muss darauf geachtet werden, dass es nicht zu inhomogenen Magnetisierungszuständen kommt und dass alle Teilmagnete voll aufmagnetisiert werden, was aber nicht immer erreicht werden kann.

Damit ist eine Dimensionierung der permanentmagnetischen Abschnitte nach Abschnitt 2.8.4 nicht mehr möglich. Die Berechnung des magnetischen Kreises mit unterschiedlich belasteten parallelen Teilabschnitten – ggf. sogar unter Berücksichtigung einer ungleichmäßigen Aufmagnetisierung – überfordert die Möglichkeiten der konventionellen Magnetkreisberechnung. Im Allgemeinen muss dann zu numerischen Methoden wie der numerischen Feldberechnung gegriffen werden.

2.8.6 Einfluss der Ankerrückwirkung

Das Ankerquerfeld von Gleichstrommaschinen schließt sich im Fall eingebetteter permanentmagnetischer Abschnitte i. Allg. über die ferromagnetischen Polschuhe, so dass kaum eine Beeinflussung der permanentmagnetischen Abschnitte erfolgt. Bei einer Oberflächenanordnung wirkt das Ankerquerfeld an einer Polkante entmagnetisierend und an der anderen Polkante aufmagnetisierend.

Bei Synchronmaschinen besitzt das Ankerfeld i. Allg. eine Längskomponente, die dem Erregerfeld entgegenwirkt und somit eine entmagnetisierende Wirkung auf die permanentmagnetischen Abschnitte ausübt (s. Abschn. 2.7.2, S. 234, u. 2.7.3, S. 241). Besonders ausgeprägt ist dies im Feldschwächbetrieb von aus Frequenzumrichtern gespeisten Maschinen.

Synchronmaschinen mit Permanenterregung sind normalerweise Innenpolmaschinen. Bild 2.8.8 zeigt eine entsprechende Anordnung mit Flusskonzentration in Speichenanordnung. Mit der umfassten Ankerlängsdurchflutung $\Theta_\mathrm{d} < 0$ liefert der

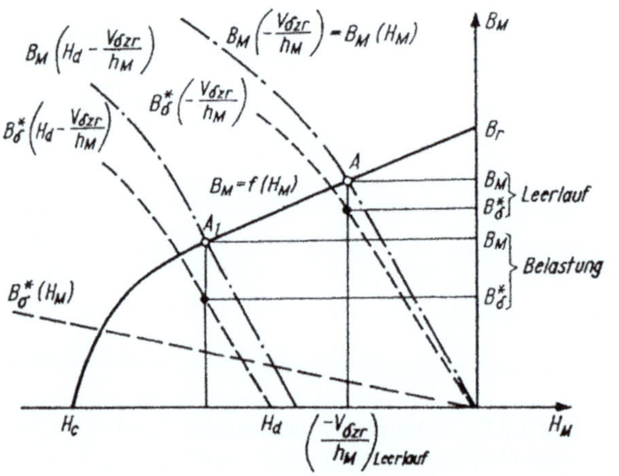

Bild 2.8.9 Grafische Ermittlung der Luftspaltflussdichte mit Ankerlängsdurchflutung

eingetragene Hauptintegrationsweg

$$\Theta_{\mathrm{d}} = V_{\mathrm{M}} + V_{\delta \mathrm{zr}} < 0 \quad \text{bzw.} \quad V_{\mathrm{M}} = \Theta_{\mathrm{d}} - V_{\delta \mathrm{zr}} < 0. \tag{2.8.14}$$

Bezieht man den Luftspaltfluss Φ_δ und den Streufluss Φ_σ auf die Magnetfläche A_{M} des permanentmagnetischen Abschnitts (s. auch Abschn. 2.8.1, S. 245) und die Durchflutungen sowie die magnetischen Spannungsabfälle auf die Magnethöhe h_{M}, so kann man die Ermittlung der Luftspaltgrößen Φ_δ und B_δ unmittelbar im B-H-Diagramm der Entmagnetisierungskurve $B_{\mathrm{M}} = f(H_{\mathrm{M}})$ vornehmen. Die dazu notwendigen Beziehungen sind

$$H_{\mathrm{M}} = \frac{V_{\mathrm{M}}}{h_{\mathrm{M}}} = \frac{\Theta_{\mathrm{d}}}{h_{\mathrm{M}}} - \frac{V_{\delta \mathrm{zr}}}{h_{\mathrm{M}}} = H_{\mathrm{d}} - \frac{V_{\delta \mathrm{zr}}}{h_{\mathrm{M}}}, \tag{2.8.15}$$

$$B_{\mathrm{M}} = \frac{\Phi_{\mathrm{M}}}{A_{\mathrm{M}}} = \frac{\Phi_{\mathrm{d}}}{A_{\mathrm{M}}} + \frac{\Phi_\sigma}{A_{\mathrm{M}}} = B_\delta^* + B_\sigma^*, \tag{2.8.16}$$

$$B_\sigma^* = \frac{\Phi_\sigma}{A_{\mathrm{M}}} = \frac{\Lambda_\sigma V_\sigma}{A_{\mathrm{M}}} = -\frac{\Lambda_\sigma V_{\mathrm{M}}}{A_{\mathrm{M}}} = -\frac{\Lambda_\sigma h_{\mathrm{M}}}{A_{\mathrm{M}}} H_{\mathrm{M}}. \tag{2.8.17}$$

Für den bezogenen Luftspaltfluss $B_\delta^* = \Phi_\delta / A_{\mathrm{M}}$ gilt die Magnetisierungskurve des äußeren Magnetkreises

$$B_\delta^* = f\left(H_{\mathrm{d}} - \frac{V_{\delta \mathrm{zr}}}{h_{\mathrm{M}}}\right). \tag{2.8.18}$$

Seine Ermittlung ist im Bild 2.8.9 angegeben. Für den Leerlauf mit $\Theta_{\mathrm{d}} = 0$ bzw. $H_{\mathrm{d}} = 0$ gilt die äußere Kennlinie

$$B_\delta^* = f\left(-\frac{V_{\delta \mathrm{zr}}}{h_{\mathrm{M}}}\right), \tag{2.8.19}$$

die auf üblichem Weg ermittelt wird (s. Abschn. 2.3, S. 168, u. 2.4, S. 185). Entsprechend (2.8.16) erhält man durch Addition von B_σ^* die Kennlinie $B_{\mathrm{M}}(H_{\mathrm{M}})$, deren Schnittpunkt mit der Entmagnetisierungskurve $B_{\mathrm{M}} = f(H_{\mathrm{M}})$ den Arbeitspunkt A mit den dazugehörigen aktuellen Werten B_{M} und B_δ^* im Leerlauf ergibt. Berücksichtigt man technologisch bedingte Fügeluftspalte im magnetischen Kreis, so ist deren magnetischer Spannungsabfall zu $V_{\delta \mathrm{zr}}$ hinzuzufügen.

Bei Belastung erfolgt eine Entmagnetisierung durch das Ankerlängsgegenfeld. Entsprechend (2.8.18) verschiebt sich dann die gesamte äußere Kennlinie um $\Theta_d < 0$ nach links. In gleicher Weise wie oben liefert die Addition von B_σ^* nach (2.8.16) den Arbeitspunkt A_1 mit den aktuellen Werten B_M und B_δ^* bei Belastung. Wenn dieser Arbeitspunkt noch auf dem geradlinigen Teil der Entmagnetisierungskurve liegen soll, darf die Ankerlängsfeldstärke H_d bzw. die Ankerlängsdurchflutung $\Theta_d = H_d h_M$ einen bestimmten Grenzwert nicht überschreiten. Damit liegt auch die zulässige Belastung bzw. Überlastung der permanenterregten Synchronmaschine fest. Sie kann entsprechend $\Theta_d = H_d h_M$ durch größere Magnethöhen vergrößert werden.

Wegen der geringen Permeabilität der permanentmagnetischen Abschnitte ist die synchrone Induktivität L_d der Längsachse bei permanenterregten Synchronmaschinen mit in das Blechpaket eingebetteten Magneten kleiner als die synchrone Induktivität L_q der Querachse. Das kann zu instabilen Arbeitspunkten bei kleinen Polradwinkeln führen (s. Bd. *Grundlagen elektrischer Maschinen*, Abschn. 6.11).

3
Streuung

3.1 Allgemeine Erscheinungen und ihre Bezeichnungen

Unter der *Streuung* bei magnetischen Feldern versteht man allgemein die Erscheinung, dass Wicklungen nie vollständig miteinander verkettet sind. Wenn eine von zwei magnetisch gekoppelten Wicklungen mit hoher Frequenz eingespeist wird, so dass die ohmschen Widerstände gegenüber den induzierten Spannungen vernachlässigbar sind, und die andere kurzgeschlossen ist, wird zwar entsprechend dem Induktionsgesetz die Flussverkettung der kurzgeschlossenen Wicklung zu Null, aber die eingespeiste Wicklung behält eine endliche Flussverkettung, der eine Induktivität der *Gesamtstreuung* zugeordnet werden kann. Im Fall der rotierenden elektrischen Maschinen besteht die Besonderheit, dass die beiden Hauptelemente Ständer und Läufer und damit auch die auf ihnen untergebrachten Wicklungen durch den Luftspalt voneinander getrennt sind, während andererseits die elektromechanische Energiewandlung gerade durch elektromagnetische Wechselwirkungen zwischen Ständer und Läufer zustande kommt. Das von einer Wicklung auf einem der beiden Hauptelemente aufgebaute Feld besteht in jedem Augenblick aus Feldwirbeln, die sich über den Luftspalt schließen, und solchen, die sich nur innerhalb dieses Hauptelements ausbilden. Erstere bilden das *Luftspaltfeld* und letztere das *Streufeld*, das sich i. Allg. aus den Streufeldern einzelner Bereiche zusammensetzt.

Die Streufelder eines Hauptelements rufen in einer Wicklung auf diesem Hauptelement Streuflussverkettungen hervor und belasten einzelne Abschnitte des magnetischen Kreises auf diesem Hauptelement mit Streuflüssen. Die Aufteilung des von einer Wicklung aufgebauten Felds in das Luftspaltfeld und das Streufeld ist in jedem Augenblick, d. h. bei jeder Stellung des Läufers, möglich; sie wird aber streng genommen durch den Einfluss des anderen Hauptelements auf die für das gesamte Feld wirksamen Randbedingungen in jeder Läuferstellung auf einen etwas anderen Wert der Streuflussverkettung führen. Diese Änderung kann man in guter Näherung vernachlässigen und kommt damit zum *Prinzip der Trennbarkeit der Streufelder*. Die Flussverkettung einer Wicklung auf einem Hauptelement mit dem Streufeld dieses Hauptelements ist dann unabhängig von der Läuferlage und kann damit auch unabhängig von ihr ermittelt werden. Der Einfluss der Läuferlage auf die Verkettung mit einer Wicklung auf dem anderen Hauptelement beschränkt sich auf das Luftspaltfeld. Die Flussverkettung einer Wicklung auf einem Hauptelement setzt sich zusammen aus ihrer Verkettung mit dem Luftspaltfeld und mit den Streufeldern dieses Hauptelements.

Wenn eine Wicklung auf dem einen Hauptelement mit hoher Frequenz eingespeist wird, so dass die ohmschen Widerstände gegenüber den induzierten Spannungen vernachlässigbar sind, und eine Wicklung auf dem anderen Hauptelement kurzgeschlossen ist, beobachtet man von der eingespeisten Wicklung her wiederum eine Gesamtstreuflussverkettung, der eine Gesamtstreuinduktivität zugeordnet ist. Dabei besitzt diese Gesamtstreuinduktivität offenbar Anteile, die von den Streufeldern des Ständers herrühren, und solche, die von den Streufeldern des Läufers herrühren. Sie werden durch die Streuinduktivitäten der beiden Wicklungen beschrieben. Hinzu tritt ein Anteil durch die unvollständige Kopplung der beiden Wicklungen über das Luftspaltfeld. Dieser Anteil soll im Folgenden als *Spaltstreuung* bezeichnet werden. Es ist zu erwarten, dass sich dieser Anteil im allgemeinen Fall mit der Lage der beiden Wicklungen zueinander, d. h. mit der Läuferbewegung, ändert. Dabei muss vermerkt werden, dass bezüglich der Bezeichnung der mit der unvollständigen Kopplung zweier Wicklungen über das Luftspaltfeld verbundenen Erscheinungen keine Einheitlichkeit besteht.

Aus den vorstehenden Betrachtungen ergeben sich folgende Anforderungen hinsichtlich der Bereitstellung von Berechnungsverfahren:

1. Entwicklung von Beziehungen zur Berechnung von Streuflüssen, die von dem Streufeld eines Hauptelements herrührend bestimmte Abschnitte des magnetischen Kreises dieses Hauptelements belasten.
2. Entwicklung von Beziehungen zur Berechnung der Streuflussverkettung einer Wicklung auf einem Hauptelement mit dem Streufeld dieses Hauptelements bzw. dessen einzelnen Anteilen und Gewinnung der zugeordneten Streuinduktivitäten.
3. Entwicklung von Beziehungen zur Berechnung des Beitrags zur Gesamtstreuinduktivität zwischen einer Wicklung auf dem Ständer und einer Wicklung auf dem Läufer aufgrund ihrer unvollständigen Kopplung über das Luftspaltfeld.

Hinsichtlich der Erfassung der Kopplung zwischen einer Ständerwicklung und einer Läuferwicklung über das Luftspaltfeld ergibt sich eine wesentliche Vereinfachung, wenn dafür das *Prinzip der Hauptwellenverkettung* als wirksam vorausgesetzt wird. Dabei nimmt man an, dass eine Wicklung auf einem Hauptelement nur mit der Hauptwelle ihres Luftspaltfelds zur Verkettung mit einer Wicklung auf dem anderen Hauptelement führt. Dieses Prinzip wird bei der analytischen Behandlung des Betriebsverhaltens der elektrischen Maschinen meist durchgängig angewendet, um das grundsätzliche Verhalten zu erfassen. Es bewirkt, dass die Oberwellen des von einer Wicklung aufgebauten Luftspaltfelds nur mit dieser Wicklung selbst, aber nicht mit einer Wicklung auf dem anderen Hauptelement verkettet sind. Diese Verkettung der erregenden Wicklung mit den Oberwellen ihres Luftspaltfelds liefert einen Beitrag zu ihrer Streuflussverkettung bzw. ihrer Streuinduktivität. Dieser Beitrag wird als *Oberwellenstreuung* bezeichnet.

Zur Streuflussverkettung bzw. Streuinduktivität einer Wicklung trägt also bei Wirksamkeit des Prinzips der Hauptwellenverkettung nicht nur das Streufeld selbst bei, sondern auch Teile des Luftspaltfelds in Form der Oberwellenstreuung und der im Abschnitt 3.3 eingeführten Schrägungsstreuung.

Die durch die Hauptwelle des Luftspaltfelds bedingte Flussverkettung einer Wicklung wird dann als Hauptflussverkettung und der Fluss einer Halbwelle dieser Hauptwelle als *Hauptfluss* bezeichnet.

Unter dem Gesichtspunkt der Wirksamkeit des Prinzips der Hauptwellenverkettung ergeben sich aus den vorstehenden Betrachtungen folgende weitere Anforderungen hinsichtlich der Bereitstellung von Berechnungsverfahren:

4. Entwicklung von Beziehungen zur Berechnung der Streuflussverkettung einer Wicklung oder eines Wicklungsteils (z. B. eines Strangs) auf einem Hauptelement mit den Oberwellenfeldern der Wicklungen oder Wicklungsteile auf dem gleichen Hauptelement und Gewinnung der zugeordneten Streuinduktivität.
5. Entwicklung von Beziehungen zur Berechnung des Beitrags zur Gesamtstreuinduktivität zwischen einer Wicklung auf dem Ständer und einer Wicklung auf dem Läufer aufgrund ihrer unvollständigen Kopplung über die Hauptwelle ihres Luftspaltfelds.

Die schon im Kapitel 2 dargelegte Unmöglichkeit der analytischen Erfassung des Gesamtfelds zwingt auch bei der analytischen Behandlung des Streufelds zum Versuch der Aufteilung in Teilfelder und zur isolierten Betrachtung dieser Teilfelder (s. Bd. *Grundlagen elektrischer Maschinen*, Abschn. 2.4.1, u. Bd. *Theorie elektrischer Maschinen*, Abschn. 1.3.6).

3.2 Einführung der Teilstreufelder

Eine Wicklung auf einem Hauptelement einer elektrischen Maschine baut ein Feld auf, dessen Wirbel sich zum Teil als Luftspaltfeld über den Luftspalt und zum Teil als Streufeld auf verschiedenen Wegen innerhalb des Hauptelements schließen. Diesen Wegen zugeordnet besteht das Streufeld aus den folgenden Teilstreufeldern:

- Nutstreufeld (n),
- Zahnkopfstreufeld (z),
- Wicklungskopfstreufeld (w),
- Polstreufeld (p).

Im Bild 3.2.1 ist die Aufteilung des Felds einer in Nuten untergebrachten Wicklung in das Luftspaltfeld und die Teilstreufelder dargestellt. Das Vorhandensein der Streufelder war schon im Zuge der Berechnung des magnetischen Kreises in den Abschnitten 2.4.3, 2.6, 2.7 und 2.8 vorausgesetzt worden. Sie belasten einzelne Abschnitte des magnetischen Kreises (s. Bilder 2.4.9, S. 196, 2.4.10 u. 2.7.4b, S. 234) und vergrößern i. Allg. die Flussdichte in diesen Abschnitten sowie damit meist auch den entsprechenden Beitrag zum magnetischen Spannungsabfall für den Hauptintegrationsweg. Eine Ausnahme bildet in dieser Hinsicht z. B. das Nutstreufeld des Ankers der Gleichstrommaschine entsprechend Bild 2.7.1, Seite 231.

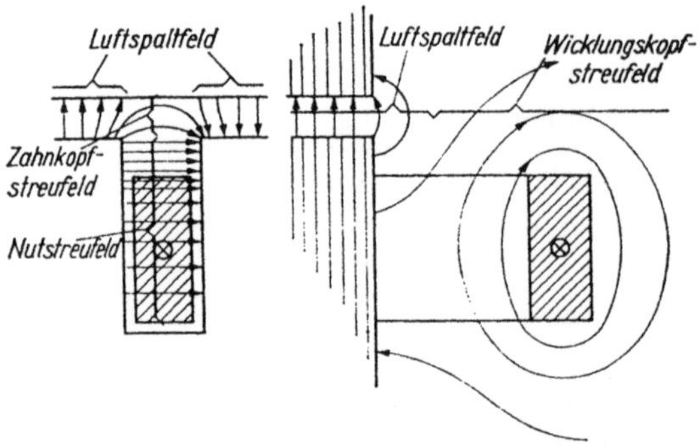

Bild 3.2.1 Aufteilung des Felds einer Wicklung, die in Nuten angeordnet ist

Das *Prinzip der Trennbarkeit der Streufelder* beinhaltet, dass sich das Streufeld und damit die Teilstreufelder unabhängig von der Lage des Läufers relativ zum Ständer und damit auch unabhängig von den Strömen in den Wicklungen des anderen Hauptelements ausbilden. Für die rechnerische Ermittlung der Streufelder und damit der zugeordneten Streuflüsse und Streuflussverkettungen wird dieses Prinzip vorausgesetzt. Eine Wicklung auf einem Hauptelement, von dem aus ein Streufeld aufgebaut wird, besitzt mit ihm eine Streuflussverkettung, die sich aus den Streuflussverkettungen mit den einzelnen Teilstreufeldern zusammensetzt. Von der Streuflussverkettung wird entsprechend ihrer zeitlichen Änderung eine Streuspannung induziert. Wenn das Streufeld ein Wechselfeld darstellt, wie es im stationären Betrieb zu erwarten ist, erhält man Streuspannungen gleicher Frequenz. Da die Streufelder normalerweise vom Belastungsstrom aufgebaut werden, sind die Streuspannungen belastungsabhängig und beeinflussen damit das Betriebsverhalten der Maschine. Das war im Zuge der Behandlung der Berechnung des magnetischen Kreises im Zusammenhang mit der Untersuchung des Einflusses der Belastung auf das magnetische Feld in der Maschine im Abschnitt 2.7, Seite 229, bereits vorausgesetzt worden.

Die Streuflussverkettung einer Wicklung stellt generell einen Anteil der mit einer Wicklung auf dem anderen Hauptelement bestehenden Gesamtstreuung dar, die vielfach für die elektromagnetischen Wechselwirkungen zwischen Ständer und Läufer maßgebend ist.

3.3 Spaltstreuung als Teil der Gesamtstreuung eines Wicklungspaars

Wie bereits in der Einleitung zu diesem Abschnitt angedeutet wurde, sind zwei Wicklungen über das Luftspaltfeld grundsätzlich nicht vollständig miteinander verkettet. Ursache der unvollständigen Verkettung zweier Wicklungen, die je auf einem der beiden Hauptelemente untergebracht sind, ist ganz allgemein die räumliche Verteilung und die Weite ihrer Spulen sowie die Schrägung zwischen Ständer und Läufer. Im Bild 3.3.1 werden diese Einflüsse erläutert. Man erhält herrührend vom Luftspaltfeld einen Beitrag zur Gesamtstreuflussverkettung, der, wie bereits erwähnt, als *Spaltstreuung* bezeichnet wird. Wenn also eine der beiden Wicklungen unter der Annahme, dass beide ausschließlich ein Luftspaltfeld, aber

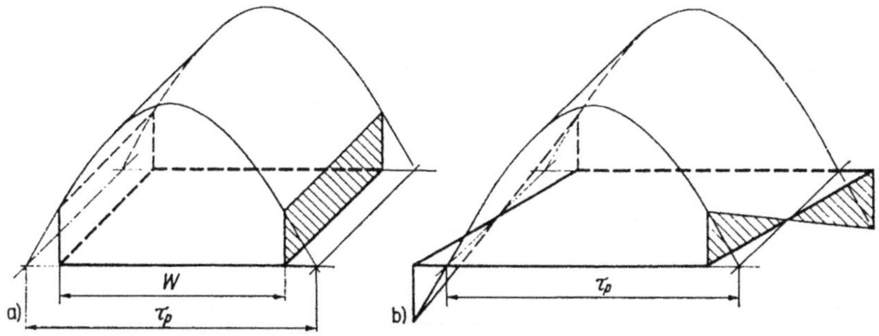

Bild 3.3.1 Verkleinerung der Flussverkettung mit dem Hauptfeld. a) Verkleinerung durch Wicklungssehnung; b) Verkleinerung durch Nutschrägung

keine Streufelder aufbauen, mit hoher Frequenz eingespeist und die andere kurzgeschlossen wird, so dass aufgrund des vernachlässigbaren ohmschen Widerstands ihre Flussverkettung Null sein muss, besitzt die eingespeiste Wicklung noch eine endliche Flussverkettung als Gesamtstreuflussverkettung.

Das Entstehen der Spaltstreuung soll an einem einfachen Beispiel verdeutlicht werden. Dazu zeigt Bild 3.3.2 einfache Anordnungen mit einer eingespeisten einsträngigen Ständerwicklung und einer kurzgeschlossenen dreisträngigen Läuferwicklung. Beide Wicklungen sollen ausschließlich ein Luftspaltfeld, aber keine Streufelder aufbauen, und zwischen Ständer und Läufer soll keine Schrägung vorliegen. Die Spulen von Ständer und Läufer sind weiterhin nicht gesehnt, und im Läufer besteht jeder Strang nur aus einer Spule. Wenn die Ständerwicklung mit hoher Frequenz eingespeist wird, müssen die Flussverkettungen der kurzgeschlossenen Läuferstränge stets verschwinden, d. h. im vorliegenden Fall mit nur einer Spule pro Strang darf diese von keinem Fluss durchsetzt werden. Das geschieht dadurch, dass in den Läufersträngen durch Induktionswirkung Ströme fließen, die ein rückwirkendes Luftspaltfeld aufbauen.

Im Bild 3.3.2a ist der Fall dargestellt, dass der Spule, die den Ständerstrang bildet, unmittelbar eine der die Läuferstränge bildenden kurzgeschlossenen Läuferspulen gegenübersteht. Das rechteckförmige Feld der eingespeisten Ständerwicklung durchsetzt die kurzgeschlossene Läuferspule 1 vollständig. Diese muss also ein Feld aufbauen, das den von der Ständerwicklung herrührenden Fluss vollständig kompensiert. Da dieses Feld ebenfalls rechteckförmig ist, kompensiert es das Feld der eingespeisten Ständerwicklung überall im Luftspalt. Dadurch werden die Flussverkettungen aller Läuferspulen Null, aber auch die der eingespeisten Ständerwicklung. Es existiert keine Gesamtstreuflussverkettung durch Spaltstreuung.

Im Bild 3.3.2b ist der Läufer bei gleicher Ausführung der Wicklungen um ein Sechstel der Polteilung gedreht worden. Jetzt sind die Läuferstränge 1 und 2 mit dem Feld der eingespeisten Ständerwicklung verkettet, während die Flussverkettung des Läuferstrangs 3 von vornherein Null ist. Die aus je einer Spule bestehenden Läuferstränge 1 und 2 rufen als Rückwirkung auf das Ständerfeld ihrerseits rechteckförmige Flussdichteverteilungen hervor. Sie kompensieren das Feld der eingespeisten Ständerwicklung dahingehend, dass ihre Flussverkettungen und damit die sie durchsetzenden Flüsse verschwinden. Man erhält – wie man

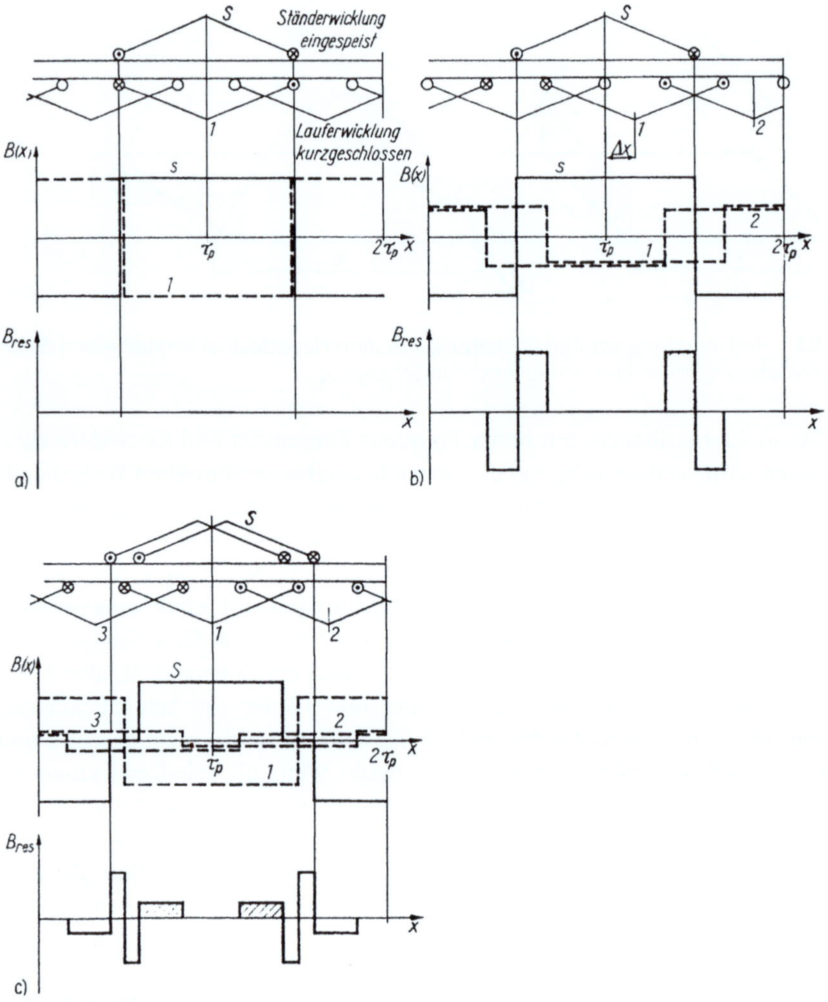

Bild 3.3.2 Zur Erläuterung der Spaltstreuung. a) Dem Ständerstrang mit $q = 1$ steht unmittelbar einer der kurzgeschlossenen Läuferstränge mit $q = 1$ gegenüber; b) dem Ständerstrang mit $q = 1$ steht ein gegenüber Bild a) um ein Sechstel der Polteilung verschobener Läufer gegenüber; c) dem Ständerstrang mit $q = 2$ steht unmittelbar einer der kurzgeschlossenen Läuferstränge mit $q = 1$ gegenüber

sich leicht überzeugen kann – die im Bild 3.3.2b dargestellte resultierende Flussdichteverteilung. Wie erforderlich besitzt keiner der Läuferstränge mit ihr eine Flussverkettung, d. h. der Fluss durch jede der Läuferspulen ist Null. Aber die eingespeiste Ständerwicklung weist eine durch Spaltstreuung bedingte endliche Flussverkettung als Gesamtstreuflussverkettung auf. Wenn sich der Läufer um ein weiteres Sechstel der Polteilung, d. h. nunmehr insgesamt gegenüber Bild 3.3.2a um ein Drittel der Polteilung, weiter bewegt hat, wird die Läuferspule 2 vollständig vom Feld der eingespeisten Ständerwicklung durchsetzt, und ihr Rückwirkungsfeld macht die resultierende Luftspaltflussdichte überall zu Null, so dass die Flussverkettung des Ständers wieder verschwindet, d. h. keine Spaltstreuung

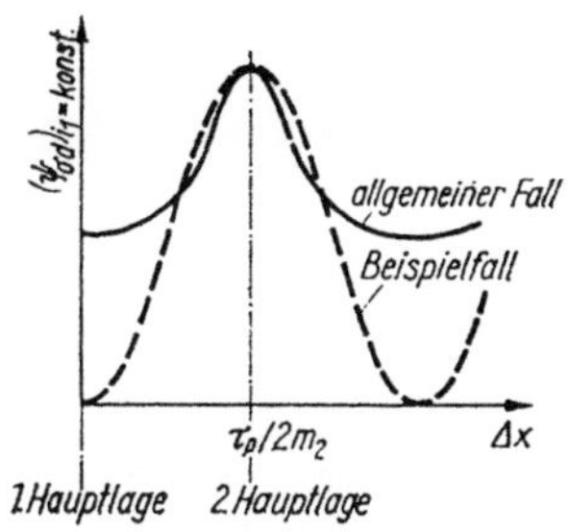

Bild 3.3.3 Abhängigkeit der Spaltstreuung von der Läuferstellung

auftritt. Daraus folgt verallgemeinernd, dass die der Spaltstreuung zugeordnete Gesamtstreuflussverkettung eine periodische Funktion der Läuferstellung ist.

Sie durchläuft in der sog. ersten Hauptlage ein Minimum und bei einer Weiterdrehung des Läufers um allgemein $\tau_p/(2m_2)$ in der sog. zweiten Hauptlage ein Maximum (s. Bild 3.3.3). Im Beispiel verschwindet die Spaltstreuung in der ersten Hauptlage gänzlich. Bei realen Wicklungsanordnungen ist das nicht der Fall. Wie im Bild 3.3.2c beispielhaft gezeigt ist, tritt bereits bei einer Ständerwicklung mit der Lochzahl $q = 2$ in der ersten Hauptlage, bei der die Achse des Ständerstrangs mit der Achse eines der Läuferstränge zusammenfällt, eine endliche Spaltstreuung auf.

Bei Einspeisung der Ständerwicklung mit Wechselspannung konstanter Amplitude durchläuft die Amplitude bzw. der Effektivwert des Stroms bei einer Drehung des kurzgeschlossenen Läufers eine periodische Funktion. Diese Erscheinung kann man beim langsamen Drehen des Läufers einer Induktionsmaschine beobachten.

Wenn weiter angenommen wird, dass die Wicklungen in Ständer und Läufer keine Streufelder aufbauen, aber nunmehr das Prinzip der Hauptwellenverkettung als wirksam vorausgesetzt wird, erfolgt die Kopplung zwischen einer Ständerwicklung und einer Läuferwicklung allein über die Hauptwelle des Luftspaltfelds. Solange keine Schrägung vorhanden ist, wirkt eine mehrsträngige Wicklung eines Hauptelements, z. B. des Läufers, auf eine Hauptwelle des Luftspaltfelds des eingespeisten anderen Hauptelements, z. B. des Ständers, mit einer Hauptwelle zurück, deren Amplitude unabhängig von der Läuferlage ist. Die Hauptwelle liefert dann keinen Beitrag zur Spaltstreuung. Die Oberwellenfelder sind jeweils nur mit den Wicklungen oder Wicklungsteilen jenes Hauptelements verkettet, von dem aus sie aufgebaut werden. Sie liefern einen Beitrag der Oberwellenstreuung zur Gesamtstreuflussverkettung. Die Spaltstreuung entartet in die Oberwellenstreuung der beiden Wicklungen als Mittelwert der ohne das Prinzip der Hauptwellenverkettung auftretenden stellungsabhängigen Spaltstreuung. Lediglich dann, wenn eine Schrägung vorhanden ist, erhält man auch einen Beitrag der Hauptwelle des Luftspaltfelds zur Spaltstreuung. In diesem Fall verkleinert sich die Flussverkettung der kurzgeschlossenen Wicklung mit der Flussdichtehauptwelle der eingespeisten Wicklung nach Maßgabe des Schrägungsfaktors nach (1.2.103), Seite 110. Damit braucht die kurzgeschlossene Wicklung nur eine etwas kleinere Flussdichtehauptwelle aufzubauen, die dafür sorgt, dass ihre Gesamtflussverkettung verschwindet. Diese rückwirkende Flussdichtehauptwelle ruft in der eingespeisten Wicklung eine Flussverkettung hervor, die wiederum um den Schrägungsfaktor verkleinert ist. Damit wird die durch das rückwirkende Feld der kurzgeschlossenen Wicklung in

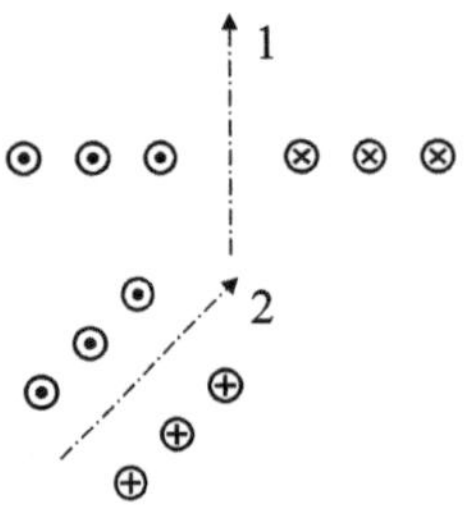

Bild 3.3.4 Flussverkettung zweier konzentrierter Spulen

der eingespeisten Wicklung zur Wirkung kommende Flussverkettung kleiner als die von ihr selbst hervorgerufene. Es verbleibt ein endlicher Beitrag zur Gesamtstreuflussverkettung in Form des Anteils der *Schrägungsstreuung* in der Spaltstreuung.

Bei Wirksamkeit des Prinzips der Hauptwellenverkettung ist die Spaltstreuung somit die Summe aus der Oberwellenstreuung und der Schrägungsstreuung.

3.4 Gesamtstreuung eines Wicklungspaars

Die Gesamtstreuinduktivität zwischen einer Ständer- und einer Läuferwicklung ist die entscheidende Größe für viele elektromagnetische Vorgänge in einer elektrischen Maschine. Sie wird im Folgenden analytisch untersucht. Im Bild 3.3.4 ist ein Wicklungspaar schematisch dargestellt. Dabei existiert kein magnetischer Kreis, der die Ausbildung des magnetischen Felds beeinflusst. Es ist offensichtlich, dass in diesem Fall keine Möglichkeit besteht, trennbare Streufelder und damit zugeordnete Streuinduktivitäten einzuführen. Es existieren nur die Selbstinduktivitäten L_{11} und L_{22} der beiden Wicklungen und die Gegeninduktivität L_{12} zwischen ihnen. Damit lassen sich die Flussverkettungsgleichungen formulieren als

$$\psi_1 = L_{11}i_1 + L_{12}i_2 \tag{3.4.1}$$

$$\psi_2 = L_{21}i_1 + L_{22}i_2, \tag{3.4.2}$$

wobei entsprechend der generellen Eigenschaft der Gegeninduktivitäten $L_{21} = L_{12}$ ist. Wenn man sich die Wicklung 1 mit großer Frequenz eingespeist denkt und die Wicklung 2 kurzgeschlossen ist, erzwingt das Induktionsgesetz, dass deren Flussverkettung verschwindet. Es ist also $\psi_2 = 0$. Damit folgt aus (3.4.2)

$$i_2 = -\frac{L_{21}}{L_{22}}i_1 \tag{3.4.3}$$

und aus (3.4.1)

$$\psi_1 = \left(L_{11} - \frac{L_{12}^2}{L_{22}}\right)i_1 = L_{11}\left(1 - \frac{L_{12}^2}{L_{11}L_{22}}\right)i_1 = \sigma L_{11}i_1 = L_{\sigma 1}i_1. \tag{3.4.4}$$

Wenn umgekehrt die Wicklung 2 mit großer Frequenz eingespeist gedacht wird und die Wicklung 1 kurzgeschlossen ist, folgt mit $\psi_1 = 0$ analog

$$\psi_2 = \left(L_{22} - \frac{L_{12}^2}{L_{11}}\right)i_2 = L_{22}\left(1 - \frac{L_{12}^2}{L_{11}L_{22}}\right)i_2 = \sigma L_{22}i_2 = L_{\sigma 2}i_2. \tag{3.4.5}$$

Zwischen der Flussverkettung der jeweils eingespeisten Wicklung und ihrem Strom vermitteln die *Gesamtstreuinduktivitäten*

$$L_{\sigma 1} = \sigma L_{11} \tag{3.4.6}$$

$$L_{\sigma 2} = \sigma L_{22}, \tag{3.4.7}$$

wobei der *Streukoeffizient der Gesamtstreuung* eingeführt wurde als

$$\sigma = 1 - \frac{L_{12}^2}{L_{11}L_{22}}. \tag{3.4.8}$$

Im Sonderfall der vollständigen Kopplung zwischen den beiden Wicklungen verschwindet mit dem Kurzschluss der nicht eingespeisten Wicklung außer ihrer Flussverkettung auch die der eingespeisten Wicklung. Das wäre z. B. weitgehend der Fall, wenn man eine Spule aus zwei miteinander verdrillten Leitern herstellt, die dann die beiden Wicklungen bilden. Bei Einspeisung der Wicklung 1 und Kurzschluss der Wicklung 2 wird dann außer $\psi_2 = 0$ auch $\psi_1 = 0$ und damit $\sigma = 0$ bzw.

$$L_{12} = \sqrt{L_{11}L_{22}}. \tag{3.4.9}$$

Bei der elektrischen Maschine ist ein magnetischer Kreis vorhanden, der aus einem Ständerteil und einem Läuferteil besteht, die durch den Luftspalt voneinander getrennt sind und in denen die Wicklungen untergebracht sind. Das Prinzip der Trennbarkeit der in den beiden Hauptelementen existierenden Streufelder kann als erfüllt angesehen werden. Es wird zunächst davon ausgegangen, dass auf beiden Hauptelementen je ein Wicklungsstrang untergebracht ist. Der Wicklungsstrang auf dem Ständer besitzt dann herrührend von seinem Strom eine Flussverkettung

$$\psi_{11} = (L_{\delta 1} + L_{\sigma 1\mathrm{nwz}})i_1 = L_{11}i_1, \tag{3.4.10}$$

wobei die Induktivität $L_{\delta 1}$ dem Luftspaltfeld und die Streuinduktivität $L_{\sigma 1\mathrm{nwz}}$ den Streufeldern im Nut-, Wicklungskopf- und Zahnkopfraum des Ständers zugeordnet ist. Für den Wicklungsstrang auf dem Läufer wirkt analog dazu die dem Luftspaltfeld zugeordnete Induktivität $L_{\delta 2}$ und die den Streufeldern des Läufers zugeordnete Streuinduktivität $L_{\sigma 2\mathrm{nwz}}$. Es ist also

$$\psi_{22} = (L_{\delta 2} + L_{\sigma 2\mathrm{nwz}})i_2 = L_{22}i_2. \tag{3.4.11}$$

Beide Wicklungsstränge sind gegenseitig nur über das Luftspaltfeld miteinander verkettet. Dieser Verkettung ist die Gegeninduktivität

$$L_{12} = L_{\delta 12} \tag{3.4.12}$$

zugeordnet, wobei wiederum

$$L_{12} = L_{21} = L_{\delta 12} = L_{\delta 21} \tag{3.4.13}$$

gilt. Dabei sind die der Verkettung mit dem Luftspaltfeld zugeordneten Induktivitäten $L_{\delta 1}$, $L_{\delta 2}$ und $L_{\delta 12}$ von der Lage des Läufers relativ zum Ständer abhängig. Im Folgenden wird zunächst davon ausgegangen, dass der Läufer eine bestimmte, zeitlich konstante Lage einnimmt. Das kann z. B. die sein, bei der die Achsen der beiden Wicklungsstränge zusammenfallen. Unter Verwendung der eingeführten Induktivitäten lassen sich nunmehr – in Fortsetzung der Beziehungen (3.4.10) und (3.4.11) – die Flussverkettungsgleichungen der beiden Wicklungsstränge formulieren als

$$\psi_1 = (L_{\delta 1} + L_{\sigma 1\mathrm{nwz}})i_1 + L_{\delta 12}i_2 = L_{11}i_1 + L_{12}i_2 \tag{3.4.14}$$

$$\psi_2 = (L_{\delta 2} + L_{\sigma 2\mathrm{nwz}})i_2 + L_{\delta 21}i_1 = L_{22}i_2 + L_{21}i_1 . \tag{3.4.15}$$

Bei Einspeisung des Ständerstrangs mit hoher Frequenz und Kurzschluss des Läuferstrangs erhält man aus (3.4.14) und (3.4.15) wegen $\psi_2 = 0$

$$\psi_1 = \left(L_{11} - \frac{L_{12}^2}{L_{22}}\right) i_1 = L_{\sigma 1}i_1 . \tag{3.4.16}$$

Dabei ergibt sich die vom Ständer her gesehene *Gesamtstreuinduktivität* $L_{\sigma 1}$ durch Einführen der dem Luftspalt und den Streufeldern zugeordneten Induktivitäten zu

$$L_{\sigma 1} = L_{\delta 1} + L_{\sigma 1\mathrm{nwz}} - \frac{L_{\delta 12}^2}{L_{\delta 2}\left(1 + \dfrac{L_{\sigma 2\mathrm{nwz}}}{L_{\delta 2}}\right)} . \tag{3.4.17}$$

Mit der Näherung

$$\frac{1}{1 + \dfrac{L_{\sigma 2\mathrm{nwz}}}{L_{\delta 2}}} \approx 1 - \frac{L_{\sigma 2\mathrm{nwz}}}{L_{\delta 2}} \tag{3.4.18}$$

folgt aus (3.4.17)

$$\begin{aligned} L_{\sigma 1} &= L_{\delta 1} + L_{\sigma 1\mathrm{nwz}} - \frac{L_{\delta 12}^2}{L_{\delta 2}} + \left(\frac{L_{\delta 12}}{L_{\delta 2}}\right)^2 L_{\sigma 2\mathrm{nwz}} \\ &= L_{\sigma 1\mathrm{nwz}} + \left(\frac{L_{\delta 12}}{L_{\delta 2}}\right)^2 L_{\sigma 2\mathrm{nwz}} + \left(L_{\delta 1} - \frac{L_{\delta 12}^2}{L_{\delta 2}}\right) . \end{aligned} \tag{3.4.19}$$

Die Gesamtstreuinduktivität setzt sich demnach, wie zu erwarten war, zusammen aus einem Anteil, der den Ständerstreufeldern zugeordnet ist, einem Anteil, der von den Läuferstreufeldern herrührt, und einem Anteil

$$L_{\sigma 1\mathrm{spt}} = L_{\delta 1} - \frac{L_{\delta 12}^2}{L_{\delta 2}} = L_{\delta 1}\left(1 - \frac{L_{\delta 12}^2}{L_{\delta 1}L_{\delta 2}}\right) = \sigma_{\mathrm{spt}}L_{\delta 1} , \tag{3.4.20}$$

der die unvollständige Kopplung der beiden Wicklungsstränge über das Luftspaltfeld berücksichtigt und für den bereits die Bezeichnung Spaltstreuung eingeführt wurde. Dabei ist

$$\sigma_{\mathrm{spt}} = \left(1 - \frac{L_{\delta 12}^2}{L_{\delta 1}L_{\delta 2}}\right) \tag{3.4.21}$$

der *Streukoeffizient der Spaltstreuung*.

Wenn man auf dem Läufer eine symmetrische mehrsträngige Wicklung vorsieht, wie z. B. auch im Bild 3.3.2, und den Ständerstrang bei kurzgeschlossenen Läufersträngen mit großer Frequenz einspeist, so dass die Flussverkettungen aller drei Läuferstränge unabhängig von der Läuferstellung stets verschwinden müssen, wird man in jeder Läuferstellung vom Ständer her gesehen eine Gesamtstreuinduktivität beobachten, die sich periodisch mit der Läuferstellung ändert. Die Periodizität war schon im Abschnitt 3.3 als entsprechend einem Drittel der Polteilung erkannt worden. Diese Änderung ist praktisch allein durch den Anteil der Spaltstreuung bedingt, da sich die der Verkettung über das Luftspaltfeld zugeordneten Induktivitäten mit der Läuferstellung ändern. Streng genommen ändert sich dadurch allerdings auch der Faktor $(L_{\delta 12}/L_{\delta 2})^2$, mit dem die Läuferstreuinduktivität auf den Ständer transformiert wird.

Unter Voraussetzung der Wirksamkeit des Prinzips der Hauptwellenverkettung werden die Verkettungsverhältnisse zwischen einer Ständerwicklung und einer Läuferwicklung weiter vereinfacht. In diesem Fall sind die Oberwellen des Luftspaltfelds einer Wicklung auf einem Hauptelement nur mit den Wicklungen oder Wicklungsteilen auf diesem Hauptelement verkettet, nicht aber mit Wicklungen oder Wicklungsteilen jenseits des Luftspalts. Es soll zunächst wieder eine Anordnung betrachtet werden, bei der im Ständer und im Läufer je ein Wicklungsstrang bei Übereinstimmung der Lage der Achsen existiert. Die allgemeine Beziehung für die vom eigenen Strom herrührende Flussverkettung eines Wicklungsstrangs auf dem Ständer nach (3.4.10) geht dann über in

$$\begin{aligned}\psi_{11} &= \psi_{\mathrm{h1}} + \psi_{\sigma 1\mathrm{nwzo}} = (L_{\delta 1} + L_{\sigma 1\mathrm{nwz}})i_1 = (L_{\mathrm{h1}} + L_{\sigma 1\mathrm{o}} + L_{\sigma 1\mathrm{nwz}})i_1 \\ &= (L_{\mathrm{h1}} + L_{\sigma 1\mathrm{nwzo}})i_1 = L_{11}i_1, \end{aligned} \qquad (3.4.22)$$

d. h. die Selbstinduktivität des Wicklungsstrangs ist jetzt gegeben als

$$\begin{aligned}L_{11} &= L_{\delta 1} + L_{\sigma 1\mathrm{nwz}} = L_{\mathrm{h1}} + L_{\sigma 1\mathrm{o}} + L_{\sigma 1\mathrm{nwz}} \\ &= L_{\mathrm{h1}} + L_{\sigma 1\mathrm{nwzo}} = L_{\mathrm{h1}}(1 + \sigma_1), \end{aligned} \qquad (3.4.23)$$

wobei $L_{\sigma 1\mathrm{o}}$ die der Verkettung mit den eigenen Oberwellen des Luftspaltfelds zugeordnete Induktivität darstellt. Diese wirkt also wie die den Streufeldern zugeordnete Streuinduktivität und kann mit dieser zusammengefasst werden.

Analog erhält man anstelle der allgemeinen Beziehung (3.4.11) für die vom eigenen Strom des Wicklungsstrangs auf dem Läufer herrührende Flussverkettung

$$\begin{aligned}\psi_{22} &= \psi_{\mathrm{h2}} + \psi_{\sigma 2\mathrm{nwzo}} = (L_{\delta 2} + L_{\sigma 2\mathrm{nwz}})i_2 = (L_{\mathrm{h2}} + L_{\sigma 2\mathrm{o}} + L_{\sigma 2\mathrm{nwz}})i_2 \\ &= (L_{\mathrm{h2}} + L_{\sigma 2\mathrm{nwzo}})i_2 = L_{22}i_2, \end{aligned} \qquad (3.4.24)$$

wobei die Selbstinduktivität des Läuferstrangs nunmehr gegeben ist als

$$\begin{aligned}L_{22} &= L_{\delta 2} + L_{\sigma 2\mathrm{nwz}} = L_{\mathrm{h2}} + L_{\sigma 2\mathrm{o}} + L_{\sigma 2\mathrm{nwz}} \\ &= L_{\mathrm{h2}} + L_{\sigma 2\mathrm{nwzo}} = L_{\mathrm{h2}}(1 + \sigma_2). \end{aligned} \qquad (3.4.25)$$

Andererseits ist für die Verkettung zwischen dem Ständer- und dem Läuferstrang unter Voraussetzung der Wirksamkeit des Prinzips der Hauptwellenverkettung nur die Hauptwelle des Luftspaltfelds verantwortlich. Das bedeutet, dass die der Hauptwelle des Luftspaltfelds zugeordnete Selbstinduktivität eines Wicklungsstrangs proportional zum Quadrat der hinsichtlich des Hauptwellenfelds wirksamen, sog. effektiven Windungszahl $(w\xi_{\mathrm{p}})_1$ ist und dass die Gegeninduktivität zwischen einem Ständerstrang und einem Läuferstrang bei Übereinstimmung ihrer Achsen dem Produkt $(w\xi_{\mathrm{p}})_1(w\xi_{\mathrm{p}})_2$ aus ihren effektiven Windungszahlen sowie zusätzlich dem Schrägungsfaktor $\xi_{\mathrm{schr,p}}$ proportional ist. Die Beziehungen für die Induktivitäten werden im Abschnitt 8.1.2.2, Seite 483, ausführlich entwickelt. Aufgrund der angestellten Überlegungen erhält man für die Gegeninduktivität zwischen den beiden Wicklungssträngen, ausgedrückt durch die der Hauptwelle des Luftspaltfelds zugeordnete Selbstinduktivität des Ständerstrangs und ausgehend von der allgemeinen Beziehung (3.4.13),

$$L_{12} = L_{21} = L_{\delta 12} = L_{\delta 21} = L_{\mathrm{h}1} \frac{(w\xi_{\mathrm{p}})_2}{(w\xi_{\mathrm{p}})_1} \xi_{\mathrm{schr,p}} \tag{3.4.26}$$

und für die der Hauptwelle des Luftspaltfelds zugeordnete Selbstinduktivität des Läuferstrangs

$$L_{\mathrm{h}2} = L_{\mathrm{h}1} \frac{(w\xi_{\mathrm{p}})_2^2}{(w\xi_{\mathrm{p}})_1^2}. \tag{3.4.27}$$

Die vom Ständer aus gesehene Gesamtstreuinduktivität bei Übereinstimmung der Achsen der beiden Wicklungsstränge ist allgemein als (3.4.19) gegeben. Dabei erhält man bei Voraussetzung der Wirksamkeit des Prinzips der Hauptwellenverkettung für den Faktor $(L_{\delta 12}/L_{\delta 2})^2$, der die Transformation der Streuinduktivität des Läufers auf den Ständer beschreibt, mit (3.4.25) und (3.4.26)

$$\left(\frac{L_{\delta 12}}{L_{\delta 2}}\right)^2 = \frac{(w\xi_{\mathrm{p}})_1^2}{(w\xi_{\mathrm{p}})_2^2} \xi_{\mathrm{schr,p}}^2 \frac{1}{\left(1 + \dfrac{L_{\sigma 2\mathrm{o}}}{L_{\mathrm{h}2}}\right)^2} \tag{3.4.28}$$

bzw. genähert

$$\left(\frac{L_{\delta 12}}{L_{\delta 2}}\right)^2 \approx \frac{(w\xi_{\mathrm{p}})_1^2}{(w\xi_{\mathrm{p}})_2^2} \xi_{\mathrm{schr,p}}^2. \tag{3.4.29}$$

Für den Anteil $L_{\delta 1} - L_{\delta 12}^2/L_{\delta 2}$ der Gesamtstreuinduktivität in (3.4.19), der der Spaltstreuung zugeordnet ist, ergibt sich mit (3.4.23), (3.4.25), (3.4.26) und (3.4.27)

$$\begin{aligned}
L_{\delta 1} - \frac{L_{\delta 12}^2}{L_{\delta 2}} &= L_{\mathrm{h}1} + L_{\sigma 1\mathrm{o}} - \frac{L_{\mathrm{h}1}^2 \dfrac{(w\xi_{\mathrm{p}})_2^2}{(w\xi_{\mathrm{p}})_1^2} \xi_{\mathrm{schr,p}}^2}{L_{\mathrm{h}1} \dfrac{(w\xi_{\mathrm{p}})_2^2}{(w\xi_{\mathrm{p}})_1^2} + L_{\sigma 2\mathrm{o}}} \\
&= L_{\mathrm{h}1} + L_{\sigma 1\mathrm{o}} - L_{\mathrm{h}1} \xi_{\mathrm{schr,p}}^2 \frac{1}{1 + \dfrac{(w\xi_{\mathrm{p}})_1^2}{(w\xi_{\mathrm{p}})_2^2} \dfrac{L_{\sigma 2\mathrm{o}}}{L_{\mathrm{h}1}}} \\
&\approx L_{\mathrm{h}1} + L_{\sigma 1\mathrm{o}} - L_{\mathrm{h}1} \xi_{\mathrm{schr,p}}^2 \left(1 - \frac{(w\xi_{\mathrm{p}})_1^2}{(w\xi_{\mathrm{p}})_2^2} \frac{L_{\sigma 2\mathrm{o}}}{L_{\mathrm{h}1}}\right) \\
&= L_{\mathrm{h}1}(1 - \xi_{\mathrm{schr,p}}^2) + L_{\sigma 1\mathrm{o}} + \frac{(w\xi_{\mathrm{p}})_1^2}{(w\xi_{\mathrm{p}})_2^2} \xi_{\mathrm{schr,p}}^2 L_{\sigma 2\mathrm{o}}.
\end{aligned} \tag{3.4.30}$$

Der Anteil der Gesamtstreuinduktivität, der der Spaltstreuung zugeordnet ist, zerfällt also in einen Anteil $L_{\mathrm{h}1}(1 - \xi_{\mathrm{schr,p}}^2)$ der *Schrägungsstreuung* und einen Anteil $L_{\sigma 1\mathrm{o}} + L_{\sigma 2\mathrm{o}} \xi_{\mathrm{schr,p}}^2 (w\xi_{\mathrm{p}})_1^2/(w\xi_{\mathrm{p}})_2^2$ der Oberwellenstreuung.

Wenn man einen Streukoeffizienten der Gesamtstreuung einführt entsprechend

$$\psi_{\sigma 1} = \left(L_{11} - \frac{L_{12}^2}{L_{22}}\right) i_1 = L_{11} \left(1 - \frac{L_{12}^2}{L_{11} L_{22}}\right) i_1 = \sigma L_{11} i_1, \tag{3.4.31}$$

lässt sich dieser bei Voraussetzung der Wirksamkeit des Prinzips der Hauptwellenverkettung mit (3.4.23), (3.4.25) und (3.4.26) als

$$\begin{aligned}\sigma &= 1 - \frac{L_{12}^2}{L_{11}L_{22}}\\ &= 1 - \frac{L_{\mathrm{h1}}^2 \dfrac{(w\xi_{\mathrm{p}})_2^2}{(w\xi_{\mathrm{p}})_1^2}\xi_{\mathrm{schr,p}}^2}{L_{\mathrm{h1}}(1+\sigma_1)L_{\mathrm{h2}}(1+\sigma_2)}\\ &= 1 - \frac{\xi_{\mathrm{schr,p}}^2}{(1+\sigma_1)(1+\sigma_2)} \qquad (3.4.32)\\ &\approx (1-\xi_{\mathrm{schr,p}}^2) + \sigma_1 + \sigma_2 \qquad (3.4.33)\end{aligned}$$

gewinnen. Dabei ist der Streukoeffizient des Ständerstrangs mit (3.4.22) und (3.4.23) gegeben als

$$\sigma_1 = \frac{\psi_{\sigma 1\mathrm{nwzo}}}{\psi_{\mathrm{h1}}} = \frac{L_{\sigma 1\mathrm{nwzo}}}{L_{\mathrm{h1}}} \qquad (3.4.34)$$

und der des Läuferstrangs mit (3.4.25) als

$$\sigma_2 = \frac{\psi_{\sigma 2\mathrm{nwzo}}}{\psi_{\mathrm{h2}}} = \frac{L_{\sigma 2\mathrm{nwzo}}}{L_{\mathrm{h2}}}. \qquad (3.4.35)$$

Wenn nunmehr wiederum zu einer Anordnung übergegangen wird, die im Läufer eine symmetrische mehrsträngige Wicklung aufweist wie z. B. bei der einfachen Ausführung nach Bild 3.3.2, tritt bei Voraussetzung der Wirksamkeit des Prinzips der Hauptwellenverkettung folgende Besonderheit in Erscheinung: Unter der gemeinsamen Wirkung der drei Läuferstränge erfährt eine vom Ständer her aufgebaute Hauptwelle des Luftspaltfelds in jeder Stellung des Läufers die gleiche Rückwirkung. In einem angenommenen Sonderfall, dass die Läuferstränge weder Streufelder noch Oberwellenfelder aufbauen, wird die Hauptwelle des Ständerfelds in jeder Läuferlage durch die Rückwirkung der drei Läuferstränge vollständig aufgehoben. Die Spaltstreuung wird keine Funktion der Läuferstellung, was eigentlich schon nach der Beziehung (3.4.30) zu erwarten war.

3.5 Prinzipielle Vorgehensweise zur Berechnung der Streuung

Zur Herleitung einer prinzipiellen Beziehung für die Berechnung der Streuung sollen die Streufelder außerhalb der ferromagnetischen Gebiete als quasihomogen angenommen werden, d. h. längs einer Streufeldlinie soll $V = Hs$ gelten. Außerdem wird in den ferromagnetischen Gebieten $\mu_{\mathrm{Fe}} \to \infty$ angenommen. Im Folgenden wird gezeigt, dass sich sowohl der Streufluss als auch die Streuflussverkettung durch magnetische Leitwerte ausdrücken lassen, die nur von der Geometrie der Maschine abhängig sind. Die Abweichungen aufgrund der zur Herleitung notwendigen Annahmen können in diesen Leitwerten korrigierend berücksichtigt werden.

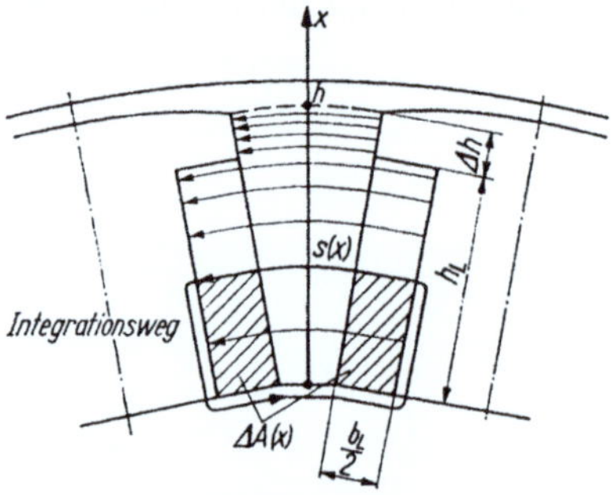

Bild 3.5.1 Zur prinzipiellen Berechnung von Streuflüssen

3.5.1 Prinzipielle Vorgehensweise zur Berechnung von Streuflüssen

Die prinzipielle Vorgehensweise zur Berechnung von Streuflüssen soll am Beispiel der Polstreuung gezeigt werden. Im Bild 3.5.1 ist das im Sinne der Annahmen idealisierte Streufeld zwischen zwei benachbarten Schenkelpolen, d. h. in der Pollücke, angegeben. Der zur Anwendung des Durchflutungsgesetzes notwendige Integrationsweg führt längs einer über die Stelle x verlaufenden Feldlinie. Im nicht ferromagnetischen Gebiet, d. h. im Luftraum der Pollücke einschließlich der Leitergebiete, beträgt seine Länge $s(x)$. Längs dieses Anteils herrscht die Flussdichte $B(x)$, die Feldstärke $H(x)$ und der magnetische Spannungsabfall $V(x)$. Vom Gesamtquerschnitt $A_{\text{pl}} = 2A_{\text{sp}}$ des durchfluteten Gebiets in der Pollücke bzw. von dessen Gesamtleiterzahl $z_{\text{pl}} = 2z_{\text{sp}}$ bzw. dessen Gesamtdurchflutung $\Theta_{\text{pl}} = 2\Theta_{\text{sp}}$ schließt der Integrationsweg die Anteile $\Delta A(x)$ bzw. $z(x)$ bzw. $\Theta(x)$ ein. Dabei sind mit dem Index sp die entsprechenden Größen der einzelnen Polspulen bezeichnet worden.

Wenn mit l die Ausdehnung des Streufelds in axialer Richtung bezeichnet wird, ergibt sich der Streufluss, der im Bild 3.5.1 durch die Fläche $A_\sigma = hl$ tritt, durch Anwendung des Durchflutungsgesetzes zu

$$\begin{aligned}\Phi_\sigma &= \int_{A_\sigma} B\,\mathrm{d}A = l\int_0^h B(x)\,\mathrm{d}x = \mu_0 l\int_0^h H(x)\,\mathrm{d}x\\ &= \mu_0 l\int_0^h \frac{V(x)}{s(x)}\,\mathrm{d}x = \mu_0 l\int_0^h \frac{\Theta(x)}{s(x)}\,\mathrm{d}x.\end{aligned} \tag{3.5.1}$$

Unter der Annahme, dass die beiden Polspulen aus einer großen Zahl gleichmäßig verteilter Leiter bestehen, gilt der Lage des Integrationswegs zugeordnet

$$\frac{\Theta(x)}{\Theta_{\text{pl}}} = \frac{z(x)}{z_{\text{pl}}} = \frac{\Delta A(x)}{A_{\text{pl}}}. \tag{3.5.2}$$

Wenn i_{L} der Strom durch die Leiter der Polspulen ist, erhält man für die Gesamtdurchflutung der Pollücke

$$\Theta_{\text{pl}} = z_{\text{pl}} i_{\text{L}} = 2\Theta_{\text{sp}} = 2w_{\text{sp}} i_{\text{L}}, \tag{3.5.3}$$

wobei w_{sp} die Windungszahl einer Polspule ist. Damit folgt aus (3.5.1)

$$\boxed{\begin{aligned}\Phi_\sigma &= \mu_0 l \Theta_{\mathrm{pl}} \int_0^h \frac{z(x)}{z_{\mathrm{pl}} s(x)}\,\mathrm{d}x = \mu_0 l \Theta_{\mathrm{pl}} \int_0^h \frac{\Delta A(x)}{A_{\mathrm{pl}} s(x)}\,\mathrm{d}x \\ &= \mu_0 l 2 w_{\mathrm{sp}} i_{\mathrm{L}} \int_0^h \frac{\Delta A(x)}{A_{\mathrm{pl}} s(x)}\,\mathrm{d}x \\ &= \Lambda_\sigma 2 w_{\mathrm{sp}} i_{\mathrm{L}} = \Lambda_\sigma \Theta_{\mathrm{pl}} = \Lambda_\sigma 2\Theta_{\mathrm{sp}}\end{aligned}}\,. \tag{3.5.4}$$

Man erkennt, dass der in (3.5.4) als Proportionalitätsfaktor zwischen Streufluss Φ_σ und zugeordnetem magnetischen Spannungsabfall eingeführte *Streuleitwert* Λ_σ nur von der Geometrie des Streufeldraums abhängt. Im vorliegenden Fall ist

$$\boxed{\Lambda_\sigma = \mu_0 l \int_0^h \frac{z(x)}{z_{\mathrm{pl}} s(x)}\,\mathrm{d}x = \mu_0 l \int_0^h \frac{\Delta A(x)}{A_{\mathrm{pl}} s(x)}\,\mathrm{d}x}\,. \tag{3.5.5}$$

Wenn der Integrationsweg die gesamte Durchflutung umfasst, wie das im Bild 3.5.1 im Bereich $\Delta h = h - h_{\mathrm{L}}$ der Fall ist, so wird $\Delta A(x) = A_{\mathrm{pl}}$ und damit

$$\Lambda_\sigma = \mu_0 l \int_{h_{\mathrm{L}}}^h \frac{1}{s(x)}\,\mathrm{d}x. \tag{3.5.6a}$$

In dem Extremfall, dass die Länge des Integrationswegs im nicht ferromagnetischen Gebiet entsprechend $s(x) = b_{\mathrm{n}}$ als konstant angesehen werden kann und die Breite des Leitergebiets mit der Höhe h_{L} ebenfalls konstant ist und den Wert b_{L} besitzt, wird $\Delta A(x) = 2b_{\mathrm{L}}x$ sowie $A_{\mathrm{pl}} = 2b_{\mathrm{L}}h_{\mathrm{L}}$, und (3.5.5) geht über in

$$\Lambda_\sigma = \mu_0 l \int_0^{h_{\mathrm{L}}} \frac{x}{h_{\mathrm{L}} b_{\mathrm{n}}}\,\mathrm{d}x = \mu_0 l \frac{h_{\mathrm{L}}}{2b_{\mathrm{n}}}. \tag{3.5.6b}$$

Oberhalb des Durchflutungsgebiets, d. h. im Bereich der Polschuhe, gilt (3.5.6a) mit $h = h_{\mathrm{L}} + \Delta h$ und $s(x) = b_{\mathrm{n}}$, und damit ergibt sich

$$\Lambda_\sigma = \mu_0 l \int_{h_{\mathrm{L}}}^{h_{\mathrm{L}}+\Delta h} \frac{1}{b_{\mathrm{n}}}\,\mathrm{d}x = \mu_0 l \frac{\Delta h}{b_{\mathrm{n}}}, \tag{3.5.6c}$$

wobei b_{n} jetzt der Abstand zwischen den Polschuhen in der Pollücke ist.

Der gesamte Streuleitwert mehrerer nebeneinanderliegender Abschnitte mit unterschiedlicher Geometrie ergibt sich offenbar als Summe der einzelnen Streuleitwerte. Wenn die einzelnen Abschnitte dabei parallele ferromagnetische Begrenzungen aufweisen, erscheint in der Beziehung für den gesamten Streuleitwert die Summe der jeweils maßgebenden Verhältnisse von Höhe zu Breite der einzelnen Abschnitte, die mit einem von der Lage der stromführenden Bereiche abhängigen Faktor beaufschlagt sein können. Im Fall des parallelflankig angenommenen Bereichs der Polspulen im Bild 3.5.1 hat dieser Faktor entsprechend (3.5.6b) den Wert $1/2$. Wegen dieser einfachen Darstellungsmöglichkeit ersetzt man näherungsweise nicht parallelflankige Streugebiete durch parallelflankige.

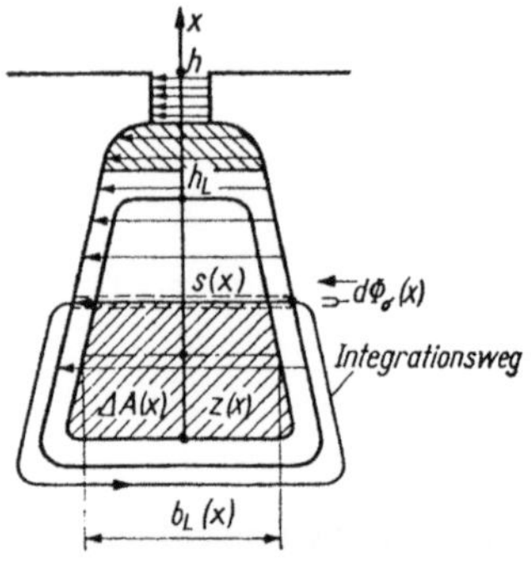

Bild 3.5.2 Zur prinzipiellen Berechnung von Streuflussverkettungen

3.5.2 Prinzipielle Vorgehensweise zur Berechnung von Streuflussverkettungen

Bei der Berechnung von Streuflussverkettungen muss unterschieden werden, ob das verkettete Feld durch die betrachtete Wicklung selbst oder durch eine andere Wicklung erregt wird. Es muss deshalb zwischen einer Streuflussverkettung $\psi_{\sigma s}$ der Selbstinduktion und einer Streuflussverkettung $\psi_{\sigma g}$ der Gegeninduktion unterschieden werden. Die prinzipielle Berechnung von Streuflussverkettungen soll am Beispiel der Nutstreuung gezeigt werden.

3.5.2.1 Streuflussverkettung der Selbstinduktion

Betrachtet wird zunächst der im Bild 3.5.2 dargestellte Fall, dass in der Nut die Leiter nur einer Spule liegen. Damit wird gegenüber Abschnitt 3.5.1 $A_{pl} = A_n = A_{sp}$, $z_{pl} = z_n = z_{sp}$, $w_{pl} = w_n = w_{sp}$, $\Theta_{pl} = \Theta_n = \Theta_{sp}$ und $\Theta_{sp} = z_{sp} i_L = w_{sp} i_L$, wobei der Index n hier darauf verweist, dass eine Nut betrachtet wird. Das im Bild 3.5.2 an der Stelle x durch die Fläche $l\,dx$ tretende Flusselement

$$d\Phi_\sigma(x) = B(x) l\,dx = \mu_0 H(x) l\,dx \tag{3.5.7}$$

ist mit allen sich über die nicht dargestellte zweite von der betrachteten Spule benutzte Nut schließenden Windungen verkettet, deren $z(x)$ Leiter unterhalb von x liegen. Wenn diese Leiter im Verlauf des Wicklungsstrangs in Reihe geschaltet sind, addieren sich die $z(x)$ gleichen Flussverkettungen mit dem Fluss $d\Phi_\sigma(x)$. Folglich liefert das Flusselement $d\Phi_\sigma(x)$ eine Gesamtflussverkettung der $z(x)$ Leiter von

$$d\psi_\sigma(x) = z(x)\,d\Phi_\sigma(x).$$

Für den Beitrag der im Bild 3.5.2 dargestellten Spulenseite zur Streuflussverkettung einer mit ihr gebildeten Spule mit dem gesamten Streufeld erhält man dann

$$\psi_\sigma = \int_0^h d\psi_\sigma(x) = \int_0^h z(x)\,d\Phi_\sigma(x)$$

und mit (3.5.7)

$$\boxed{\psi_\sigma = \mu_0 l \int_0^h z(x) H(x)\,dx}\,. \tag{3.5.8}$$

Das Streufeld wird im vorliegenden Fall vom Strom der betrachteten Spulenseite selbst aufgebaut. Man erhält also eine Streuflussverkettung der Selbstinduktion.

Die Anwendung des Durchflutungsgesetzes auf den Integrationsweg im Bild 3.5.2 liefert

$$H(x) = \frac{\Theta(x)}{s(x)} = \frac{z(x) i_{\mathrm{L}}}{s(x)}. \tag{3.5.9}$$

Wenn man (3.5.9) in (3.5.8) einsetzt, erhält man unter Berücksichtigung der zu (3.5.2) analogen Beziehung zwischen den Leiterzahlen z und den Flächen A der Leitergebiete

$$z(x) = z_{\mathrm{sp}} \frac{z(x)}{z_{\mathrm{sp}}} = w_{\mathrm{sp}} \frac{z(x)}{z_{\mathrm{sp}}} = w_{\mathrm{sp}} \frac{\Delta A(x)}{A_{\mathrm{sp}}} \tag{3.5.10}$$

für die Streuflussverkettung der Selbstinduktion

$$\begin{aligned} \psi_{\sigma \mathrm{s}} &= \mu_0 l i_{\mathrm{L}} \int_0^h z^2(x) \frac{1}{s(x)} \,\mathrm{d}x = \mu_0 l z_{\mathrm{sp}}^2 i_{\mathrm{L}} \int_0^h \left(\frac{z(x)}{z_{\mathrm{sp}}} \right)^2 \frac{1}{s(x)} \,\mathrm{d}x \\ &= \mu_0 l w_{\mathrm{sp}}^2 i_{\mathrm{L}} \int_0^h \left(\frac{\Delta A(x)}{A_{\mathrm{sp}}} \right)^2 \frac{1}{s(x)} \,\mathrm{d}x. \end{aligned} \tag{3.5.11}$$

In der Beziehung (3.5.10) ist $w_{\mathrm{sp}} = z_{\mathrm{sp}}$ die Windungszahl der Spule, zu der die Spulenseite nach Bild 3.5.2 gehört. Das Integral in (3.5.11) ist ähnlich aufgebaut wie das Integral in (3.5.6a,b). Es stellt in diesem Fall einen relativen Streuleitwert unter Berücksichtigung der Verkettungsverhältnisse des Streufelds dar. Dieser *relative Streuleitwert* ist also gegeben als

$$\boxed{\lambda_{\sigma \mathrm{s}} = \int_0^h \left(\frac{z(x)}{z_{\mathrm{sp}}} \right)^2 \frac{1}{s(x)} \,\mathrm{d}x = \int_0^h \left(\frac{\Delta A(x)}{A_{\mathrm{sp}}} \right)^2 \frac{1}{s(x)} \,\mathrm{d}x}. \tag{3.5.12}$$

Er ist eine dimensionslose Größe, die den Einfluss der das ebene Streufeld bestimmenden Geometrieverhältnisse erfasst. Durch Einführen des relativen Streuleitwerts nach (3.5.12) folgt aus (3.5.11) für den Beitrag der Spulenseite zur Streuflussverkettung der betrachteten Spule

$$\boxed{\psi_{\sigma \mathrm{s}} = \mu_0 l w_{\mathrm{sp}}^2 \lambda_{\sigma \mathrm{s}} i_{\mathrm{L}}}. \tag{3.5.13}$$

In (3.5.11) und (3.5.12) ist entsprechend Bild 3.5.2

$$\Delta A(x) = \int_0^x b_{\mathrm{L}}(x') \,\mathrm{d}x' \tag{3.5.14a}$$

die vom Integrationsweg umfasste Fläche des Leitergebiets und

$$A_{\mathrm{sp}} = \int_0^{h_{\mathrm{L}}} b_{\mathrm{L}}(x) \,\mathrm{d}x \tag{3.5.14b}$$

die gesamte Fläche des Leitergebiets. Für den Fluss Φ_σ, der das Leitergebiet der Spule durchsetzt, erhält man ausgehend von (3.5.7) mit (3.5.9)

$$\begin{aligned}\Phi_\sigma &= \mu_0 l \int_0^{h_L} H(x)\,dx \\ &= \mu_0 l w_{sp} i_L \int_0^{h_L} \frac{z(x)}{z_{sp}} \frac{1}{s(x)}\,dx \\ &= \mu_0 l w_{sp} i_L \int_0^{h_L} \frac{\Delta A(x)}{A_{sp}} \frac{1}{s(x)}\,dx. \end{aligned} \tag{3.5.15}$$

Für $0 < x < h_L$ gilt $\Delta A(x)/A_{sp} < 1$ und damit $[\Delta A(x)/A_{sp}]^2 < \Delta A(x)/A_{sp}$. Das von der betrachteten Spule aufgebaute Streufeld ist also – wie ein Vergleich von (3.5.15) mit (3.5.11) zeigt – mit ihr selbst nur unvollständig verkettet. Wenn der Integrationsweg das gesamte Leitergebiet umfasst, d. h. für das Gebiet in der Nut, das sich oberhalb der Spulenseite befindet, wird $\Delta A(x) = A_{sp}$, und aus (3.5.12) folgt

$$\lambda_{\sigma s} = \int_{h_L}^{h} \frac{1}{s(x)}\,dx. \tag{3.5.16}$$

Wenn man den Streufluss oberhalb des Leitergebiets mit $\Delta\Phi_\sigma$ bezeichnet, gilt

$$\Delta\Phi_\sigma = \mu_0 l w_{sp} i_L \int_{h_L}^{h} \frac{1}{s(x)}\,dx. \tag{3.5.17}$$

Damit ergibt sich für die Streuflussverkettung der Selbstinduktion oberhalb des Leitergebiets entsprechend (3.5.4), (3.5.13) und (3.5.16)

$$\psi_{\sigma s} = \mu_0 l w_{sp}^2 \lambda_{\sigma s} i_L = w_{sp}^2 \Lambda_\sigma i_L = w_{sp} \Delta\Phi_\sigma, \tag{3.5.18}$$

d. h. alle w_{sp} Windungen der Spule sind voll mit dem Fluss $\Delta\Phi_\sigma$ verkettet, und zwischen dem Streuleitwert Λ_σ und dem relativen Streuleitwert $\lambda_{\sigma s}$ gilt in diesem Fall

$$\Lambda_\sigma = \mu_0 l \lambda_{\sigma s}. \tag{3.5.19}$$

Für Gebiete mit parallel verlaufenden ferromagnetischen Begrenzungen und konstanter Breite b_L der Spulenseite wird die Länge des Integrationswegs für alle x entsprechend $s(x) = b_n$ gleich der Nutbreite b_n. Für die Fläche $\Delta A(x)$ des Leitergebiets unterhalb des Integrationswegs gilt

$$\Delta A(x) = b_L x,$$

und mit $A_{sp} = b_L h_L$ wird

$$\frac{\Delta A(x)}{A_{sp}} = \frac{x}{h_L}. \tag{3.5.20}$$

Damit geht (3.5.12) innerhalb des Leitergebiets ($0 \le x \le h_L$) über in

$$\lambda_{\sigma s} = \int_0^{h_L} \left(\frac{x}{h_L}\right)^2 \frac{1}{b_n}\,dx = \frac{h_L}{3 b_n}. \tag{3.5.21a}$$

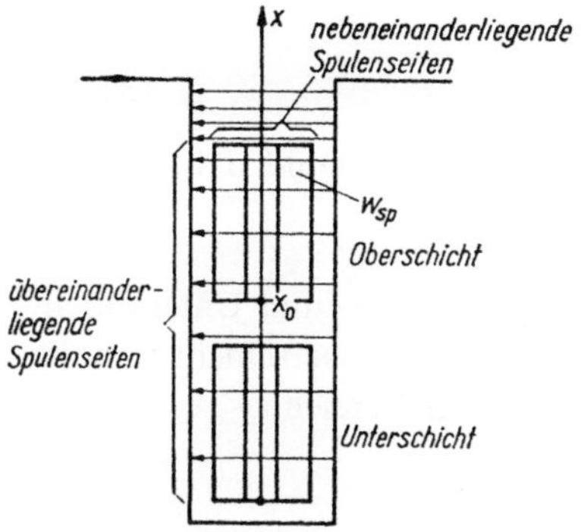

Bild 3.5.3 Zur Berechnung der Streuflussverkettungen einer Zweischichtwicklung

Außerhalb des Leitergebiets ($h_{\mathrm{L}} \leq x \leq h_{\mathrm{L}} + \Delta h$) gilt wieder $\Delta A(x) = A_{\mathrm{sp}}$. Damit wird aus (3.5.12)

$$\lambda_{\sigma\mathrm{s}} = \int_{h_{\mathrm{L}}}^{h_{\mathrm{L}}+\Delta h} \frac{1}{b}\,\mathrm{d}x = \frac{\Delta h}{b}. \tag{3.5.21b}$$

Der gesamte relative Streuleitwert mehrerer übereinanderliegender Abschnitte mit unterschiedlicher Geometrie ergibt sich offenbar als Summe der einzelnen relativen Streuleitwerte. Wenn die einzelnen Abschnitte dabei parallele ferromagnetische Begrenzungen aufweisen, erscheint in der Beziehung für den gesamten relativen Streuleitwert die Summe der jeweils maßgebenden Verhältnisse von Höhe zu Breite der einzelnen Abschnitte, die mit einem von der Lage der stromführenden Bereiche abhängigen Faktor beaufschlagt sein können.

3.5.2.2 Streuflussverkettung der Gegeninduktion

Im Fall der Gegeninduktion wird das mit einer Spule verkettete Streufeld von einer anderen Spule erregt. Bezeichnet man die Größen der verketteten Spule mit dem Index j und die Größen der erregenden Spule mit dem Index k, so wird aus (3.5.8)

$$\psi_{\sigma\mathrm{g}j} = \mu_0 l \int_0^h z_j(x) H_k(x)\,\mathrm{d}x \tag{3.5.22a}$$

bzw. aus (3.5.13)

$$\psi_{\sigma\mathrm{g}j} = \mu_0 l w_{\mathrm{sp}j} w_{\mathrm{sp}k} \lambda_{\sigma\mathrm{g}} i_{\mathrm{L}k}. \tag{3.5.22b}$$

In der Praxis treten folgende drei Fälle auf:

1. Fall: In einer Nut liegen – wie in Ober- und Unterschicht der Nut nach Bild 3.5.3 – Spulenseiten mit gleichem Aufbau unmittelbar nebeneinander. Sie sind dann in gleicher Weise mit dem Streufeld verkettet. In diesem Fall ist $z_j(x) = z_k(x) = z(x)$ und $w_{\mathrm{sp}j} = w_{\mathrm{sp}k} = w_{\mathrm{sp}}$. Damit wird mit (3.5.9)

$$\psi_{\sigma\mathrm{g}j} = \mu_0 l i_{\mathrm{L}k} \int_0^h z^2(x) \frac{1}{s(x)}\,\mathrm{d}x = \mu_0 l w_{\mathrm{sp}}^2 i_{\mathrm{L}k} \lambda_{\sigma\mathrm{g}}; \tag{3.5.23}$$

es ist also

$$\boxed{\lambda_{\sigma g} = \lambda_{\sigma s}}\,. \tag{3.5.24}$$

2. Fall: In einer Nut liegen zwei Spulenseiten mit gleicher Leiterzahl, d. h. mit

$$z_{\mathrm{sp}j} = z_{\mathrm{sp}k} = z_{\mathrm{sp}} = w_{\mathrm{sp}},$$

übereinander wie bei einer Zweischichtwicklung als Ober- und Unterschicht nach Bild 3.5.3. Wenn die verkettete Spulenseite j in der Oberschicht und die erregende Spulenseite k in der Unterschicht liegt, gilt im Bereich $x \leq x_\mathrm{o}$

$$z_j(x) = 0$$

und im Bereich $x \geq x_\mathrm{o}$ mit (3.5.9)

$$H_k(x) = \frac{\Theta_{\mathrm{sp}k}}{s(x)} = \frac{z_{\mathrm{sp}} i_{\mathrm{L}k}}{s(x)}.$$

Unter Berücksichtigung von $z(x)/z_{\mathrm{sp}} = \Delta A(x)/A_{\mathrm{sp}}$ ergibt sich damit für die Streuflussverkettung der Gegeninduktion

$$\psi_{\sigma gj} = \mu_0 l z_{\mathrm{sp}}^2 i_{\mathrm{L}k} \int_{x_\mathrm{o}}^{h} \frac{\Delta A(x)}{A_{\mathrm{sp}}} \frac{1}{s(x)}\,\mathrm{d}x = \mu_0 l w_{\mathrm{sp}}^2 i_{\mathrm{L}k} \lambda_{\sigma g}. \tag{3.5.25}$$

Wenn die verkettete Spulenseite in der Unterschicht und die erregende Spulenseite in der Oberschicht liegt, gilt im Bereich $x \leq x_\mathrm{o}$

$$H_k(x) = 0$$

und im Bereich $x \geq x_\mathrm{o}$

$$z_j(x) = z_{\mathrm{sp}},$$

$$H_k(x) = \frac{z_k(x) i_{\mathrm{L}k}}{s(x)}.$$

Damit erhält man wiederum die Flussverkettungsgleichung (3.5.25) mit dem gleichen relativen Streuleitwert $\lambda_{\sigma g}$. Wie ein Vergleich mit (3.5.5) zeigt, ist dieser relative Streuleitwert über $1/(\mu_0 l)$ proportional zum Streuleitwert $\Lambda_{\sigma k}$ für den Streufluss durch die Oberschichtspulenseite. Es ist also

$$\boxed{\lambda_{\sigma g} = \int_{x_\mathrm{o}}^{h} \frac{\Delta A(x)}{A_{\mathrm{sp}}} \frac{1}{s(x)}\,\mathrm{d}x = \frac{1}{\mu_0 l} \Lambda_{\sigma k}}\,. \tag{3.5.26}$$

3. Fall: Bei der Verkettung zwischen zwei Spulen über ihr Streufeld kann der Beitrag ihres Felds im Bereich der Leiter der Spulenseite vernachlässigt werden, wie es etwa bei der Wicklungskopfstreuung gegeben ist. In diesem Fall sind alle Leiter $z_{\mathrm{sp}j} = w_{\mathrm{sp}j}$ der verketteten Spule mit dem Feld der erregenden Spule voll verkettet. Die Beziehungen (3.5.4) und (3.5.22a,b) ergeben dann

$$\psi_{\sigma gj} = \mu_0 l w_{\mathrm{sp}j} w_{\mathrm{sp}k} \lambda_{\sigma g} i_{\mathrm{L}k} = w_{\mathrm{sp}j} w_{\mathrm{sp}k} \Lambda_{\sigma k} i_{\mathrm{L}k} = w_{\mathrm{sp}j} \Phi_{\sigma k} \tag{3.5.27}$$

mit $$\boxed{\lambda_{\sigma g} = \frac{1}{\mu_0 l}\Lambda_{\sigma k}}\,. \tag{3.5.28}$$

Häufig haben verkettete und erregende Spule die gleiche Windungszahl, d. h. es ist $w_{\mathrm{sp}j} = w_{\mathrm{sp}k} = w_{\mathrm{sp}}$. In diesem Fall wird

$$\psi_{\sigma gj} = \mu_0 l w_{\mathrm{sp}}^2 \lambda_{\sigma g} i_{\mathrm{L}k} = w_{\mathrm{sp}}^2 \Lambda_{\sigma k} i_{\mathrm{L}k}\,. \tag{3.5.29}$$

Für den Streuleitwert $\Lambda_{\sigma k}$ gilt (3.5.6a) bzw. (3.5.6c), falls die bei der Entwicklung dieser Beziehungen vorausgesetzten Annahmen erfüllt sind.

Außer den in der Einleitung zum Abschnitt 3.5 formulierten Annahmen hinsichtlich der Ausbildung der Streufelder gilt für einen Teil der im Abschnitt 3.5 hergeleiteten Beziehungen zur Ermittlung der Streuleitwerte Λ_σ und der relativen Streuleitwerte λ_σ die Voraussetzung hinreichend großer Windungszahlen bzw. hinreichend kleiner Leiterquerschnitte der erregenden Spule oder einer hinreichend kleinen Frequenz des speisenden Stroms. Bei großen Leiterquerschnitten bzw. Frequenzen – und das kann schon bei den üblichen Netzfrequenzen der Fall sein – machen sich innerhalb der Leiter Stromverdrängungserscheinungen bemerkbar (s. Kap. 5). Damit existiert im Durchflutungsgebiet keine gleichmäßige Stromverteilung mehr, und (3.5.2) verliert ihre Gültigkeit. Wie aus den Beziehungen zur Ermittlung der Streuleitwerte zu ersehen ist, betrifft das allerdings nur die Streuleitwerte der Flussanteile und Flussverkettungsanteile mit dem Streufeld innerhalb der Leitergebiete. Im Allgemeinen ist die Stromverdrängung unerwünscht und wird deshalb durch geeignete Maßnahmen unterdrückt (s. Kap. 5). In solchen Fällen liefert die Anwendung der im Abschnitt 3.5 hergeleiteten Beziehungen brauchbare Ergebnisse.

3.6 Ermittlung von Streuflüssen in der Berechnungspraxis

Die unmittelbare Berechnung von Streuflüssen interessiert in erster Linie unter dem Gesichtspunkt, dass sie Teile des magnetischen Kreises der elektrischen Maschine belasten. Derartige Streuflüsse rühren her vom Streufeld in der Pollücke bei Hauptelementen mit ausgeprägten Polen (s. Abschn. 2.4.3, S. 190) und vom Streufeld im Nut-Zahnkopf-Gebiet bei genuteten rotationssymmetrischen Hauptelementen. Außerdem kann die Streuflussverkettung bei voller Verkettung aller Leiter mit dem Streufluss ebenfalls nach (3.5.18) über den Streufluss berechnet werden.

Die Berechnung der Streuflüsse erfolgt dadurch, dass entsprechende Streuleitwerte Λ_σ nach (3.5.6a) bis (3.5.6c) ermittelt werden. Hinsichtlich der Ermittlung dieser Streuleitwerte sind zwei Fälle zu unterscheiden. Im ersten Fall lässt sich der Streuleitwert mit genügender Genauigkeit nach den angegebenen Beziehungen ermitteln; im zweiten Fall lässt sich der Streuleitwert nur annähernd oder gar nicht analytisch ermitteln. Der erste Fall trifft für das Nutstreufeld zu. Das Nutstreufeld spielt bei der Berechnung des Polstreufelds von Vollpol-Synchronmaschinen und des Nutanteils von Streufeldern der für den Energieumsatz maßgebenden Wicklungen auf rotationssymmetrischen Hauptelementen die dominierende Rolle. Der zweite Fall trifft für das Zahnkopfstreufeld, für das Polstreufeld von Maschinen mit ausgeprägten Polen und für das Wicklungskopfstreufeld zu. In diesem Fall gelten die im Abschnitt 3.5.1 angegebenen Beziehungen nicht mehr, da die Annahme quasihomogener Felder nicht mehr zutrifft. Dann müssen die Streufelder über konforme Abbildungen oder mittels analoger oder numerischer Methoden ermittelt werden. Das Ergebnis wird in Form der letzten beiden Ausdrücke in (3.5.4) dargestellt, wobei der Streuleitwert Λ_σ jetzt die Einflüsse der Abweichungen von den in (3.5.4) zur Ermittlung des Streuleitwerts Λ_σ getroffenen Annahmen beinhaltet, wie sie im Abschnitt 3.5 angesprochen wurden. Der Streuleitwert kann natürlich auch durch Messungen gewonnen werden. Im Folgenden wird auf den Index σ zur Kennzeichnung von Streuleitwerten bzw. relativen Streuleitwerten immer dann verzichtet, wenn nur der Leitwert einzelner Gebiete des Streufelds gemeint ist.

3.6.1 Nut-Zahnkopf-Streufluss

Alle Streuleitwerte der über dem Leitergebiet liegenden Anteile des Nut-Zahnkopf-Streufelds können über (3.5.16) aus den entsprechenden relativen Streuleitwerten der Selbstinduktion (s. Abschn. 3.7.1) berechnet werden. Im Leitergebiet gelten die Beziehungen (3.5.6a,b). Zur praktischen Berechnung des Streuleitwerts wird das Nutstreufeld weiter unterteilt (s. Bild 3.7.3). Wenn λ_z, $\lambda_\mathrm{ü}$, λ_k und λ_s die relativen Streuleitwerte der einzelnen Abschnitte des Nut-Zahnkopf-Gebiets sind, wie sie im Abschnitt 3.7.1 eingeführt werden, gilt für den gesamten Nut-Zahnkopf-Streuleitwert mit (3.5.6a,b)

$$\Lambda_\mathrm{nz} = \Lambda_\mathrm{L} + \mu_0 l(\lambda_\mathrm{ü} + \lambda_\mathrm{k} + \lambda_\mathrm{s} + \lambda_\mathrm{z}) = \Lambda_\mathrm{L} + \mu_0 l \lambda_\mathrm{res}, \tag{3.6.1}$$

wenn man mit Λ_L den magnetischen Streuleitwert des Leitergebiets und mit λ_res den resultierenden relativen Streuleitwert des Streufeldanteils bezeichnet, mit dem das Leitergebiet voll verkettet ist. Mit dem Streuleitwert Λ_nz ergibt sich schließlich der gesamte Nut-Zahnkopf-Streufluss *eines* Nutgebiets zu

$$\Phi_{\sigma\mathrm{nz\,n}} = \Lambda_\mathrm{nz} w_\mathrm{sp} i_\mathrm{L} = \Lambda_\mathrm{nz} \Theta_\mathrm{sp}. \tag{3.6.2}$$

Bei gleicher Nutdurchflutung ist der Nut-Zahnkopf-Streufluss aller Nuten gleich. Er bildet im Fall des Vollpolläufers den Polstreufluss einer Polhälfte (s. Bild 3.6.1a). Der gesamte Polstreufluss $\Phi_{\sigma\mathrm{p}}$ ist demnach gleich dem doppelten Nut-Zahnkopf-Streufluss $\Phi_{\sigma\mathrm{nz\,n}}$. Wenn Q_fd die Zahl der bewickelten Nuten je Pol eines Vollpolläufers ist und in jeder bewickelten Nut eine Spulenseite angeordnet ist, beträgt die Spulenzahl je Pol $Q_\mathrm{fd}/2$. Damit beträgt die Erregerdurchflutung einer Polwicklung

$$\Theta_\mathrm{fd} = \Theta_\mathrm{sp} \frac{Q_\mathrm{fd}}{2}. \tag{3.6.3}$$

Wenn man (3.6.3) in (3.6.2) einsetzt, erhält man schließlich für den Polstreufluss eines Vollpolläufers

$$\Phi_{\sigma\mathrm{p}} = 2\Phi_{\sigma\mathrm{nz\,n}} = 4\frac{\Lambda_\mathrm{nz}}{Q_\mathrm{fd}} \Theta_\mathrm{fd} = \Lambda_{\sigma\mathrm{p}} \Theta_\mathrm{fd} \tag{3.6.4}$$

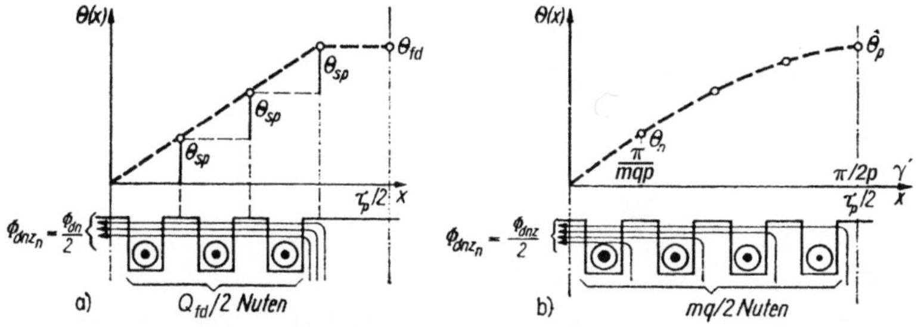

Bild 3.6.1 Zur Berechnung des Nut-Zahnkopf-Streuflusses verteilter Wicklungen.
a) Gleiche Durchflutung aller Nuten; b) sinusförmige Durchflutungsverteilung

und für den Streuleitwert des massiven Vollpolläufers mit der Länge l_p und der Spulenhöhe h_L sowie mit (3.5.6b)

$$\Lambda_{\sigma p} = 4\frac{\Lambda_{nz}}{Q_{fd}} = 4\mu_0 l_p \frac{1}{Q_{fd}}\left(\frac{h_L}{2b_n} + \lambda_{res}\right). \tag{3.6.5}$$

Im Fall des geblechten Vollpolläufers gelten die gleichen Überlegungen, wie sie im Folgenden für Hauptelemente mit mehrsträngigen Wicklungen angestellt werden. Entsprechend den in der Einleitung zum Abschnitt 3.5 formulierten Annahmen gilt (3.6.4) bei Vernachlässigung des magnetischen Spannungsabfalls in den ferromagnetischen Teilen des magnetischen Kreises. Vernachlässigt man diesen Spannungsabfall nicht, so muss im Leerlauf entsprechend Abschnitt 2.4.3 in (3.6.4) statt Θ_{fd} der magnetische Spannungsabfall $V_{\delta zr}$ nach (2.4.24), Seite 195, eingesetzt werden.

Nach Bild 3.6.1b ist der gesamte einer Polteilung zugeordnete Nut-Zahnkopf-Streufluss $\Phi_{\sigma nz}$ einer mehrsträngigen Wicklung, wie er im Abschnitt 2.7.2.1, Seite 235, eingeführt wurde, gleich dem doppelten Wert des Nut-Zahnkopf-Streuflusses $\Phi_{\sigma nz\,n}$ der Nut, in der die Amplitude der Nutdurchflutung herrscht. Die Länge, über der das Nut-Zahnkopf-Streufeld des betrachteten Hauptelements wirksam wird, ist sicherlich größer als die Länge l_{Fe} aller Teilpakete, da das Nutstreufeld auch in das Gebiet der Ventilationskanäle eindringt. Sie ist sicherlich kleiner als die Gesamtlänge des Blechpakets l, da das Streufeld im Ventilationskanal kleiner als im Nutraum ist. Maßgebend ist also ein Zwischenwert zwischen l_{Fe} und l. Es ist üblich, als Zwischenwert die ideelle Länge l_i entsprechend Abschnitt 2.3.2.3, Seite 179, einzusetzen, die bei nicht extremer Polverkürzung einen brauchbaren Wert liefert. Damit gilt in Analogie zu (3.6.1) und (3.6.2)

$$\Phi_{\sigma nz} = 2\Phi_{\sigma nz\,n} = 2(\Lambda_L + \mu_0 l_i \lambda_{res})\hat{\Theta}_n. \tag{3.6.6}$$

Die Zahl der Nuten je Polteilung ist nach (1.2.2), Seite 20, gegeben zu $N/2p = mq$. Auf die halbe Polteilung entfallen dann $mq/2$ Nuten. Damit ergibt sich für die Amplitude der Nutdurchflutung mit Bild 3.6.1b

$$\hat{\Theta}_n = \hat{\Theta}_p \sin p\frac{\pi}{mqp} \approx \hat{\Theta}_p \frac{\pi}{mq}$$

und für den Nut-Zahnkopf-Streufluss einer mehrsträngigen Wicklung

$$\Phi_{\sigma nz} = 2\pi\frac{1}{mq}(\Lambda_L + \mu_0 l_i \lambda_{res})\hat{\Theta}_p = \Lambda_{\sigma nz}\hat{\Theta}_p, \tag{3.6.7}$$

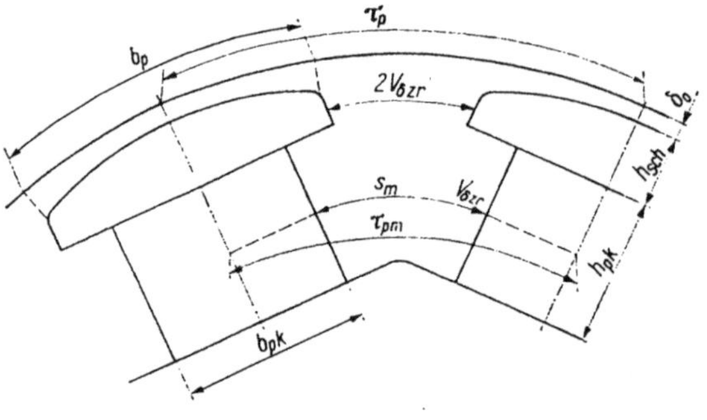

Bild 3.6.2 zur Berechnung des Polstreuflusses von ausgeprägten Polen

wobei der Nut-Zahnkopf-Streuleitwert

$$\Lambda_{\sigma\mathrm{nz}} = 2\pi \frac{1}{mq} (\Lambda_\mathrm{L} + \mu_0 l_\mathrm{i} \lambda_\mathrm{res}) \tag{3.6.8a}$$

eingeführt wurde. Für parallelflankige Nuten gilt mit (3.5.9)

$$\Lambda_{\sigma\mathrm{nz}} = 2\pi \mu_0 l_\mathrm{i} \frac{1}{mq} \left(\frac{h_\mathrm{L}}{2b_\mathrm{n}} + \lambda_\mathrm{res} \right). \tag{3.6.8b}$$

3.6.2 Polstreufluss ausgeprägter Pole

Die Anwendung von (3.5.4) zur Bestimmung des Polstreuflusses liefert nur eine grobe Näherung. Das hat im Wesentlichen zwei Gründe. Erstens weicht der zur Herleitung von (3.5.4) angenommene und im Bild 3.5.1 dargestellte Feldlinienverlauf merklich von den tatsächlichen Verhältnissen ab. Vor allem tritt ein erheblicher Teil des aus den Polschuhflanken tretenden Flusses in die Ankeroberfläche ein und gehört damit zum Luftspaltfluss. Zweitens erfasst (3.5.4) nicht den Streufluss, der aus den Stirnflächen der Polkerne und Polschuhe tritt. Berücksichtigt man diese Abweichungen in den Streuleitwerten, so lassen sich die Beziehungen (2.4.25), Seite 196, bzw. (3.5.4) zur Bestimmung der einzelnen Anteile des Streuflusses weiterhin verwenden.

Im Leerlauf besteht unter Berücksichtigung der Eisensättigung über der Pollücke oberhalb der Erregerwicklung (also zwischen den Polschuhen) der magnetische Spannungsabfall $2V_{\delta\mathrm{zr}}$ (s. Bild 2.4.9, S. 196). Unterhalb der Erregerwicklung ist der magnetische Spannungsabfall über der Pollücke vernachlässigbar klein. Im Gebiet der Erregerwicklung rechnet man entsprechend Bild 3.6.2 mit dem mittleren Wert $V_{\delta\mathrm{zr}}$.

Für den Streuleitwert des von Polkern zu Polkern, d. h. im Bereich der Leitergebiete innerhalb der axialen Länge l_p des Polkerns, verlaufenden Streufelds erhält man nach [22] mit den Abmessungen nach Bild 3.6.2

$$\Lambda_\mathrm{pk} = \mu_0 l_\mathrm{p} \frac{h_\mathrm{pk}}{s_\mathrm{m}} \left[1 + 0{,}075 \left(\frac{s_\mathrm{m}}{h_\mathrm{pk}} \right)^2 \right]. \tag{3.6.9}$$

Dabei gilt für die mittlere Pfadlänge s_m bei Innenpolausführungen

$$s_\mathrm{m} \approx \tau_\mathrm{pm} - b_\mathrm{pk} \tag{3.6.10}$$

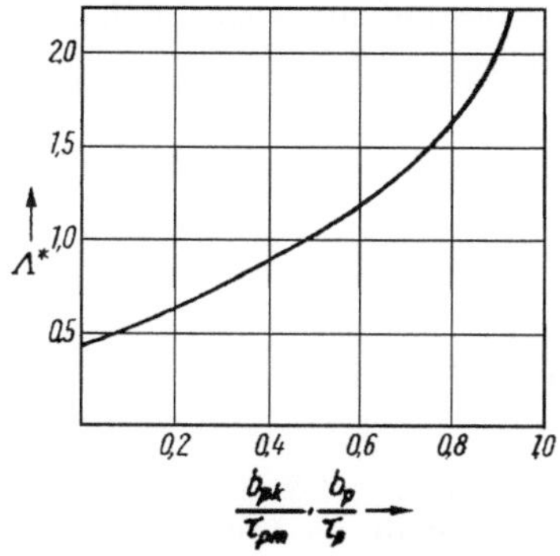

Bild 3.6.3 Hilfsfaktor zur Berechnung des Polstreuflusses von ausgeprägten Polen

mit $$\tau_{\mathrm{pm}} = \frac{(D - 2\delta_0 - 2h_{\mathrm{sch}} - h_{\mathrm{pk}})\pi}{2p}. \tag{3.6.11}$$

Der Streuleitwert von Polschuh zu Polschuh innerhalb der axialen Länge l_{p} beträgt

$$\Lambda_{\mathrm{sch}} = \mu_0 l_{\mathrm{p}} \frac{h'_{\mathrm{sch}}}{\tau_{\mathrm{p}} - b_{\mathrm{p}}}, \tag{3.6.12}$$

wobei h'_{sch} die Höhe des Polschuhs an der Polschuhkante bezeichnet. Ein Pol wird vom Streufluss der beiden benachbarten Pollücken belastet. Der mittlere magnetische Spannungsabfall beträgt über dem Polkern $V_{\delta\mathrm{zr}}$ und über dem Polschuh $2V_{\delta\mathrm{zr}}$. Damit gilt für den gesamten Streufluss durch die beiden Pollücken

$$\Phi_{\sigma\mathrm{pl}} = 2\left(\Lambda_{\mathrm{pk}} + 2\Lambda_{\mathrm{sch}}\right) V_{\delta\mathrm{zr}} = 2\Lambda_{\mathrm{pl}} V_{\delta\mathrm{zr}}.$$

Das Polstreufeld hat – wie bereits gesagt – auch eine Komponente, die sich im Stirnraum ausbildet. Dabei existiert ein von den Polkernen ausgehender Anteil mit dem Streuleitwert Λ_{pkw} und ein von den Polschuhen ausgehender Anteil mit dem Streuleitwert Λ_{schw}. Für die mittlere Pfadlänge ist τ_{pm} bzw. τ_{p} maßgebend. Die Streuleitwerte der beiden Anteile sind, bezogen auf $\mu_0 h_{\mathrm{pk}}$ bzw. $\mu_0 h_{\mathrm{sch}}$, im Bild 3.6.3 aufgetragen. Es gilt

$$\Lambda^*_{\mathrm{pkw}} = \left(\frac{b_{\mathrm{pk}}}{\tau_{\mathrm{pm}}}\right) \tag{3.6.13a}$$

$$\Lambda^*_{\mathrm{schw}} = \frac{\Lambda_{\mathrm{schw}}}{\mu_0 h_{\mathrm{sch}}} = f\left(\frac{b_{\mathrm{p}}}{\tau_{\mathrm{p}}}\right). \tag{3.6.13b}$$

Da jeder Schenkelpol zwei Stirnflächen hat, tritt jeder dieser Streufeldanteile doppelt auf. Zusammengefasst erhält man für den gesamten Polstreufluss

$$\boxed{\Phi_{\sigma\mathrm{p}} = 2(\Lambda_{\mathrm{pk}} + \Lambda_{\mathrm{pkw}} + 2\Lambda_{\mathrm{sch}} + 2\Lambda_{\mathrm{schw}})V_{\delta\mathrm{zr}} = \Lambda_{\sigma\mathrm{p}} V_{\delta\mathrm{zr}}} \tag{3.6.14}$$

mit dem Streuleitwert der Polstreuung

$$\Lambda_{\sigma\mathrm{p}} = 2(\Lambda_{\mathrm{pk}} + \Lambda_{\mathrm{pkw}} + 2\Lambda_{\mathrm{sch}} + 2\Lambda_{\mathrm{schw}}) = 2(\Lambda_{\mathrm{pl}} + \Lambda_{\mathrm{pkw}} + 2\Lambda_{\mathrm{schw}}). \tag{3.6.15}$$

Der Streufluss $\Phi_{\sigma\mathrm{p}}$ belastet zusätzlich zum Fluss des Luftspaltfelds den Polkern am unteren Ende, d. h. am Übergang zum Joch, und damit auch das Joch. Am Übergang zum Polschuh wird der Polkern zusätzlich zum Fluss des Luftspaltfelds durch den vom Polschuh austretenden Streufluss

$$\Phi_{\sigma\mathrm{psch}} = 4\,(\Lambda_{\mathrm{sch}} + \Lambda_{\mathrm{schw}})\,V_{\delta\mathrm{zr}} \tag{3.6.16}$$

belastet.

3.7 Ermittlung von Streuflussverkettungen in der Berechnungspraxis

Die Berechnung von Streuflussverkettungen dient vor allem der Ermittlung von Parametern, die das Betriebsverhalten elektrischer Maschinen bestimmen (s. Kap. 8). Im Betrieb einer elektrischen Maschine ändern sich die meisten Streuflussverkettungen als Funktion der Zeit. Im einfachsten Fall geschieht dies zeitlich sinusförmig und im allgemeinen Fall, der z. B. bei nichtstationären Betriebszuständen vorliegt, nach beliebigen Zeitfunktionen. Sie sind damit Ursache für die bereits im Abschnitt 3.2, Seite 261, erwähnten Streuspannungen, die wesentlichen Einfluss auf das Betriebsverhalten nehmen.

Die Berechnung der Streuflussverkettungen erfolgt dadurch, dass die entsprechenden relativen Streuleitwerte λ ermittelt werden. Wenn die Voraussetzungen für die im Abschnitt 3.5.2 behandelte prinzipielle Berechnung von Streuflussverkettungen bzw. von relativen Streuleitwerten nicht erfüllt sind, wird das im relativen Streuleitwert berücksichtigt. Damit behalten die Beziehungen (3.5.13) und (3.5.22b) ihre Gültigkeit.

Die Streuflussverkettungen werden als Funktion der Ströme ermittelt, die für den Aufbau der zugeordneten Felder verantwortlich sind. Dabei erhält man die Streuflussverkettung als eine dem Strom proportionale Funktion der maßgebenden geometrischen Größen. Als gesamter Proportionalitätsfaktor zwischen der Streuflussverkettung und dem Strom tritt die jeweilige Streuinduktivität in Erscheinung.

3.7.1 Nut- und Zahnkopfstreuung

a) Zahnkopf-Streuleitwert

Das Zahnkopfstreufeld kann nicht als quasihomogenes Feld angenommen werden. Damit verlieren für diesen Streufeldanteil die Beziehungen (3.5.11), (3.5.12) und (3.5.22a) ihre Gültigkeit. Der relative Zahnkopf-Streuleitwert muss auf einem der in der Einleitung zum Abschnitt 3.6 angedeuteten Wege ermittelt werden. Wie Bild 3.7.1 erkennen lässt, sind das Zahnkopfstreufeld und damit auch der relative Zahnkopf-Streuleitwert λ_z vom Verhältnis der Nutschlitzbreite b_s zur Luftspaltlänge δ abhängig. Die im Bild 3.7.2 angegebene Kurve liefert brauchbare Werte für λ_z. Wie leicht einzusehen ist, muss λ_z mit wachsendem b_s/δ abnehmen. Für sehr große Werte von b_s/δ wird das Luftspaltfeld mehr und mehr in die Nut hineingezogen. Der nach (3.5.12) ermittelte relative Nutstreuleitwert ist demnach zu groß. Diese Tatsache wird nach Bild 3.7.2 durch negative Werte von λ_z korrigiert.

b) Teilstreuleitwerte der Nut

Wie bereits im Abschnitt 3.6.1 angedeutet worden ist, wird das Nutstreufeld entsprechend Bild 3.7.3 zur praktischen Ermittlung des relativen Nutstreuleitwerts in vier Gebiete unterteilt: das Gebiet der stromdurchflossenen Leiter (L), das Nutgebiet über den stromdurchflossenen Leitern (ü), das Keilgebiet (k) und das Nutschlitzgebiet (s).

Für das Leitergebiet einer in parallelflankigen Nuten angeordneten Einschichtwicklung nach Bild 3.7.4a oder einer Wicklung mit zwei nebeneinanderliegenden Spulenseiten gilt entsprechend (3.5.21a)

$$\lambda_{\mathrm{L}} = \frac{h_{\mathrm{L}}}{3b_{\mathrm{n}}}. \qquad (3.7.1\mathrm{a})$$

Setzt man in (3.7.1a) für h_{L} die Leiterhöhen h_{Lo} bzw. h_{Lu} nach Bild 3.7.4b ein, so erhält man den relativen Nutstreuleitwert der Selbstinduktion für das Leitergebiet

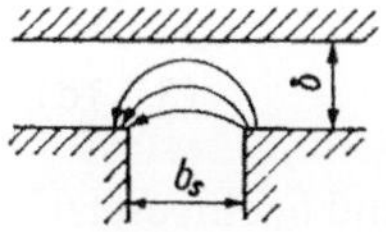

Bild 3.7.1 Zur Berechnung der Zahnkopfstreuung

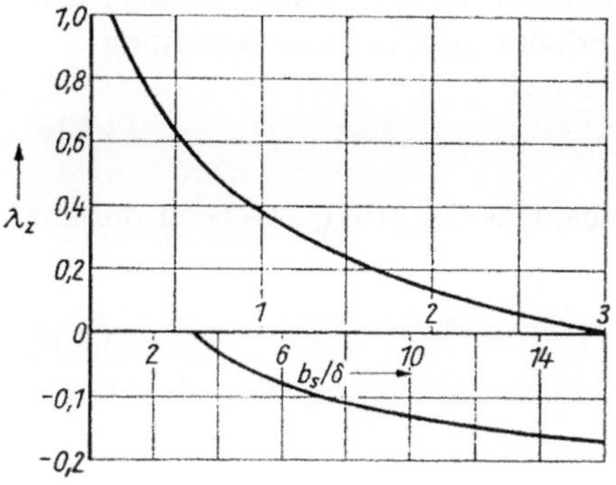

Bild 3.7.2 Relativer Streuleitwert der Zahnkopfstreuung

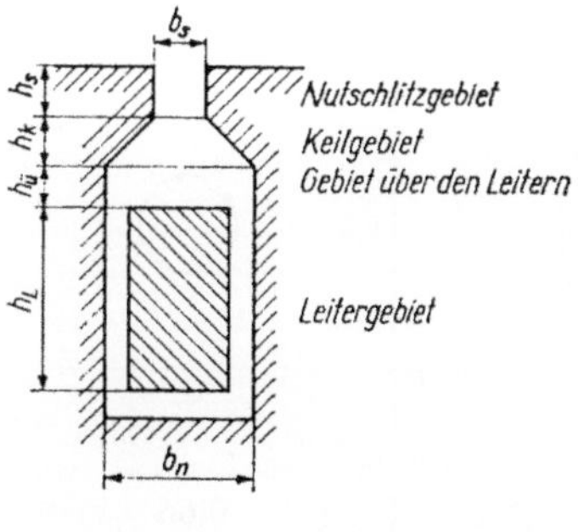

Bild 3.7.3 Unterteilung der Nut zur Berechnung der Nutstreuung

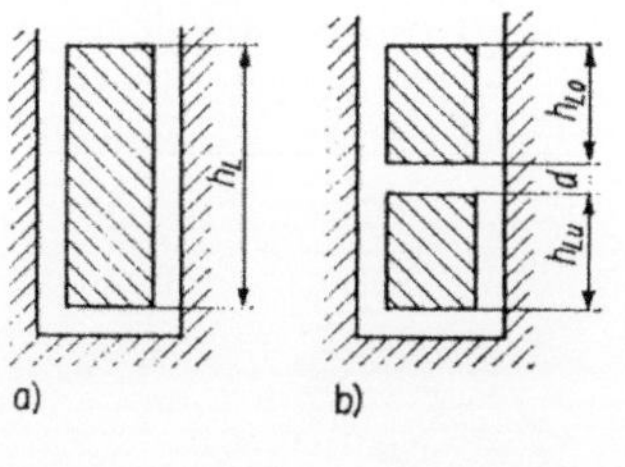

Bild 3.7.4 Zur Berechnung der Nutstreuung im Leitergebiet.
a) Einschichtwicklung;
b) Zweischichtwicklung

der Oberschicht bzw. Unterschicht einer Zweischichtwicklung in parallelflankigen Nuten zu

$$\lambda_{\mathrm{Lo}} = \frac{h_{\mathrm{Lo}}}{3b_{\mathrm{n}}} \quad \text{bzw.} \quad \lambda_{\mathrm{Lu}} = \frac{h_{\mathrm{Lu}}}{3b_{\mathrm{n}}}. \tag{3.7.1b}$$

Der relative Streuleitwert für das Leitergebiet nicht parallelflankiger Nuten ist nach (3.5.12) zu ermitteln. Näherungsbeziehungen sind in Tabelle 3.7.1 angegeben.

Wenn das Gebiet über den Leitern parallelflankig ist und dieses Gebiet wie im Bild 3.7.3 die Breite b_{n} hat, gilt entsprechend (3.5.21b)

$$\lambda_{\mathrm{ü}} = \frac{h_{\mathrm{ü}}}{b_{\mathrm{n}}}. \tag{3.7.1c}$$

Für nicht parallelflankige Gebiete über den Leitern ist der relative Streuleitwert nach (3.5.16) zu berechnen. Zu solchen Gebieten gehört auch das Keilgebiet. Es genügt, wenn man dieses Gebiet durch ein äquivalentes parallelflankiges Gebiet der Breite b_{k} ersetzt. Dann gilt nach (3.5.21b)

$$\lambda_{\mathrm{k}} = \frac{h_{\mathrm{k}}}{b_{\mathrm{k}}}. \tag{3.7.1d}$$

Dabei wird die Breite b_{k} geschätzt oder auch als Mittelwert von b_{n} und b_{s} eingesetzt, wie im Bild 3.7.5 angedeutet. Für den Fall eines sich von der Breite b'_{k} auf die Breite b_{k} verjüngenden trapezförmigen Keilgebiets erhält man als genaue Beziehung

$$\lambda_{\mathrm{k}} = \frac{h_{\mathrm{k}}}{b'_{\mathrm{k}} - b_{\mathrm{k}}} \ln \frac{b'_{\mathrm{k}}}{b_{\mathrm{k}}}. \tag{3.7.1e}$$

Für das parallelflankige Nutschlitzgebiet ist ebenfalls (3.5.21b) maßgebend, die jetzt übergeht in

$$\lambda_{\mathrm{s}} = \frac{h_{\mathrm{s}}}{b_{\mathrm{s}}}. \tag{3.7.1f}$$

Tabelle 3.7.1 Relative Streuleitwerte des Leitergebiets von Nuten mit nicht parallelen Flanken

Nutform	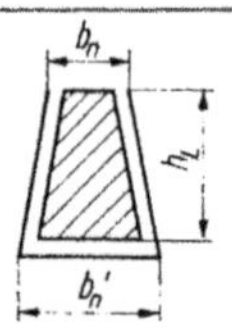	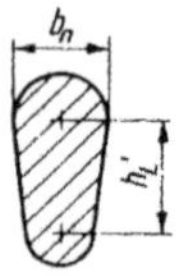	
λ_L	$\frac{h_L}{3b_{\mathrm{n}}}$ für $\frac{b'_{\mathrm{n}}}{b_{\mathrm{n}}} = 0{,}7 \ldots 1{,}2$	$0{,}6 + \frac{h'_L}{3b_{\mathrm{n}}}$	0,66

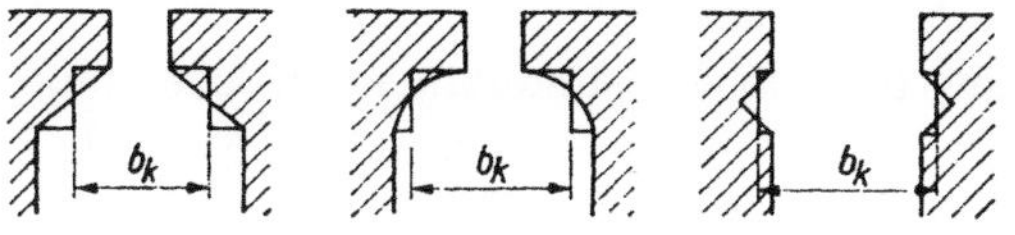

Bild 3.7.5 Zur Berechnung der Nutstreuung im Keilgebiet

c) Selbstinduktion innerhalb einer Nut

Der gesamte relative Streuleitwert der Selbstinduktion einer Nut mit parallelflankigem Leitergebiet nach Bild 3.7.3 ergibt sich bei einer Einschichtwicklung zu

$$\lambda_{nz} = \lambda_{nzs} = \lambda_L + \lambda_ü + \lambda_k + \lambda_s + \lambda_z = \frac{h_L}{3b_n} + \frac{h_ü}{b_n} + \frac{h_k}{b_k} + \frac{h_s}{b_s} + \lambda_z = \lambda_L + \lambda_{res}, \tag{3.7.2a}$$

wobei λ_{res} wiederum den relativen Streuleitwert bezeichnet, der dem Streufeld oberhalb des Leitergebiets zugeordnet ist. Für die Oberschichtspulenseite einer Zweischichtwicklung mit $h_{Lo} = h_{Lu} = h_L/2$ entsprechend Bild 3.7.4b erhält man

$$\begin{aligned} \lambda_o &= \lambda_{nzso} = \lambda_{Lo} + \lambda_ü + \lambda_k + \lambda_s + \lambda_z \\ &= \frac{h_L}{6b_n} + \frac{h_ü}{b_n} + \frac{h_k}{b_k} + \frac{h_s}{b_s} + \lambda_z = \lambda_{Lo} + \lambda_{res} \end{aligned} \tag{3.7.2b}$$

und für die Unterschichtspulenseite

$$\begin{aligned} \lambda_u &= \lambda_{nzsu} = \lambda_{Lu} + \lambda_ü + \lambda_k + \lambda_s + \lambda_z \\ &= \frac{h_L}{6b_n} + \frac{d + \frac{h_L}{2}}{b_n} + \frac{h_ü}{b_n} + \frac{h_k}{b_k} + \frac{h_s}{b_s} + \lambda_z = \lambda_{Lu} + \frac{d + \frac{h_L}{2}}{b_n} + \lambda_{res}. \end{aligned} \tag{3.7.2c}$$

Dabei sind λ_{Lo} und λ_{Lu} die der Selbstinduktion des jeweiligen Leitergebiets zugeordneten Streuleitwerte nach (3.7.1b). Die abgekürzte Kennzeichnung der relativen Streuleitwerte als λ_{nz}, λ_o und λ_u wurde mit Rücksicht auf die weitere Entwicklung eingeführt. Die entsprechenden Streuflussverkettungen der Selbstinduktion ergeben sich unter Verwendung der ermittelten Beziehungen für die relativen Streuleitwerte nach (3.5.13), Seite 275.

d) Gegeninduktion innerhalb einer Nut

Bei Zweischichtwicklungen liegen mehrere Spulenseiten in einer Nut, die gegenseitig verkettet sind. Nach (3.5.24) gilt für nebeneinanderliegende Spulenseiten $\lambda_g = \lambda_s$. Ein besonderer Wert für λ_g braucht deshalb nicht berechnet zu werden. Im Gegensatz dazu ergibt sich für den relativen Streuleitwert der gegenseitigen Verkettung übereinanderliegender Spulenseiten im Fall parallelflankiger Leitergebiete der Nut und mit $h_{Lo} = h_{Lu} = h_L/2$ nach (3.5.6b), Seite 273, (3.5.26) und (3.6.1)

$$\begin{aligned} \lambda_g &= \lambda_{nzg} = \lambda_{Lg} + \lambda_ü + \lambda_k + \lambda_s + \lambda_z \\ &= \frac{h_L}{4b_n} + \frac{h_ü}{b_n} + \frac{h_k}{b_k} + \frac{h_s}{b_s} + \lambda_z = \lambda_{Lg} + \lambda_{res}. \end{aligned} \tag{3.7.3}$$

Auch im relativen Streuleitwert der Gegeninduktion tritt der Anteil λ_{res} auf. Die entsprechende Streuflussverkettung der Gegeninduktion ergibt sich nach (3.5.22a,b) oder (3.5.25). Nebeneinanderliegende Spulenseiten treten bei Zahnspulenwicklungen und bei Kommutatorwicklungen auf. Im letztgenannten Fall interessiert die Flussverkettung einer Ankerspule für den Vorgang der Stromwendung (s. Kap. 4).

e) Flussverkettung eines Strangs einer Einschichtwicklung

In den Nuten einer Einschichtwicklung tritt nur Selbstinduktion auf. Jede Spule liegt in zwei Nuten. Die Flussverkettung einer Spule, herrührend vom Nut-Zahnkopf-Streufeld, ist deshalb mit (3.5.13) gegeben als

$$\psi_{\sigma \mathrm{nz\,sp}} = 2\psi_{\sigma \mathrm{nz\,n}} = 2\mu_0 l_\mathrm{i} w_\mathrm{sp}^2 \lambda_\mathrm{nz} i_\mathrm{L}. \tag{3.7.4}$$

Dabei wurde als maßgebende Länge wieder die ideelle Länge l_i verwendet. Die Gesamtflussverkettung eines Strangs ist gleich der Summe der Spulenflussverkettungen eines Zweigs dieses Strangs. Hat der Strang a parallele Zweige und entsprechend (1.2.2), Seite 20, eine Nutzahl

$$N_\mathrm{str} = \frac{2aw}{w_\mathrm{sp}} = \frac{N}{m} = 2pq, \tag{3.7.5}$$

so ist die Zahl der Spulen je Zweig $N_\mathrm{str}/2a$ und der Leiterstrom $i_\mathrm{L} = i/a$, wenn i der Strangstrom ist. Die für die Gesamtflussverkettung maßgebende Zweigwindungszahl beträgt dann $w = w_\mathrm{sp} N_\mathrm{str}/2a$. Damit ergibt sich für die Gesamtflussverkettung eines Strangs

$$\psi_{\sigma \mathrm{nz}} = \frac{N_\mathrm{str}}{2a} \psi_{\sigma \mathrm{nz\,sp}} = 2\mu_0 l_\mathrm{i} \frac{w^2}{N_\mathrm{str}} 2\lambda_\mathrm{nz} i = 2\mu_0 l_\mathrm{i} \frac{w^2}{pq} \lambda_\mathrm{nz} i. \tag{3.7.6}$$

f) Flussverkettung eines Strangs einer Zweischichtwicklung

Bei Zweischichtwicklungen sind zwei Spulen, von denen – abgesehen vom Sonderfall der Zahnspulenwicklungen (s. Unterabschn. g) – eine mit der Oberschicht und die andere mit der Unterschicht eine gemeinsame Nut belegen, über das Streufeld in dieser Nut gegeninduktiv miteinander verkettet. Das hat zur Folge, dass bei gesehnten mehrsträngigen Wicklungen Spulenseiten in einer Nut übereinanderliegen, die verschiedenen Strängen angehören. Damit kommt es zu einer gegeninduktiven Kopplung zwischen den Strängen über das Streufeld im Nut-Zahnkopf-Bereich. In einem Strang existieren allgemein N_v Nuten, in denen die Spulenseiten vollständig, N_o Nuten, in denen nur die Spulenseiten der Oberschicht, und N_u Nuten, in denen nur die Spulenseiten der Unterschicht zum betrachteten Strang gehören. Aufgrund dieser Betrachtung empfiehlt es sich, nicht von den Streuflussverkettungen der Spulen des betrachteten Strangs auszugehen, sondern von den Beiträgen der in den einzelnen Nuten liegenden Spulenseiten zu den Flussverkettungen der Spulen und damit der Flussverkettung des durch Hintereinanderschalten der Spulenseiten bzw. Spulen entstehenden Strangs. Wenn der Strang wieder aus a parallelen Zweigen besteht, sind die Spulenseiten von N_v/a, N_o/a und N_u/a Nuten in Reihe geschaltet, und durch die Spulen fließt der Leiterstrom $i_\mathrm{L} = i/a$. Die vom Streufeld im Nut-Zahnkopf-Bereich herrührende Gesamtflussverkettung der Selbstinduktion des betrachteten Strangs ist gleich der Summe der Beiträge aller Spulenseiten zur Flussverkettung der einzelnen Spulen des Strangs in allen von dem Strang belegten Nuten. Man erhält also ausgehend von (3.5.13), Seite 275,

$$\begin{aligned} \psi_{\sigma \mathrm{nz\,s}} &= \mu_0 l_\mathrm{i} w_\mathrm{sp}^2 \left(\frac{N_\mathrm{o}}{a} \lambda_\mathrm{o} + \frac{N_\mathrm{u}}{a} \lambda_\mathrm{u} + \frac{N_\mathrm{v}}{a} \lambda_\mathrm{v} \right) \frac{i}{a} \\ &= \mu_0 l_\mathrm{i} \frac{w_\mathrm{sp}^2}{a^2} (N_\mathrm{o} \lambda_\mathrm{o} + N_\mathrm{u} \lambda_\mathrm{u} + N_\mathrm{v} \lambda_\mathrm{v}) i. \end{aligned} \tag{3.7.7}$$

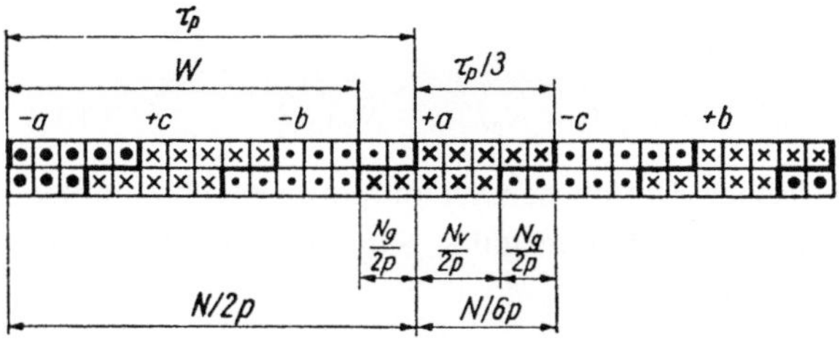

Bild 3.7.6 Zur Berechnung der Streuung einer dreisträngigen gesehnten Zweischichtwicklung unter Angabe der positiven Zählrichtung für die Strangströme

Dabei besteht die Flussverkettung in solchen Nuten, die vollständig vom betrachteten Strang belegt sind, nur mit dem Streufeld dieses Strangs. Diese Flussverkettung lässt sich in die in den Unterabschnitten c und d eingeführten Anteile aufgliedern. Die einzelnen Anteile sind

- die Flussverkettung der Oberschicht mit dem Feld der Oberschicht mit dem zugeordneten relativen Streuleitwert λ_o,
- die Flussverkettung der Unterschicht mit dem Feld der Unterschicht mit dem zugeordneten relativen Streuleitwert λ_u,
- die Flussverkettung der Oberschicht mit dem Feld der Unterschicht mit dem zugeordneten relativen Streuleitwert λ_g,
- die Flussverkettung der Unterschicht mit dem Feld der Oberschicht mit dem zugeordneten relativen Streuleitwert λ_g.

Für den relativen Streuleitwert, der für die gesamte Flussverkettung in diesen Nuten maßgebend ist, ergibt sich daraus die Beziehung

$$\lambda_\mathrm{v} = \lambda_\mathrm{o} + \lambda_\mathrm{u} + 2\lambda_\mathrm{g}. \tag{3.7.8}$$

In den Nuten des betrachteten Strangs, in denen auch noch Spulenseiten anderer Stränge liegen (N_o, N_u), besteht eine Flussverkettung der Gegeninduktion mit dem Nut-Zahnkopf-Streufeld des Stroms i_k des jeweils anderen Strangs. Bezeichnet man mit N_g die Zahl der Nuten, die zwei Stränge gemeinsam belegen, so gilt unter Berücksichtigung von (3.5.25), (3.7.3) und (3.7.7)

$$\psi_{\sigma\mathrm{nz\,g}} = \mu_0 l_\mathrm{i} \frac{w_\mathrm{sp}^2}{a^2} N_\mathrm{g} \lambda_\mathrm{g} i_k. \tag{3.7.9}$$

Im Folgenden sollen die wichtigsten Fälle betrachtet werden.

f1) Symmetrische dreisträngige Wicklung mit $2/3 \leq W/\tau_\mathrm{p} = y/y_\varnothing < 1$

Entsprechend Bild 3.7.6 ist $N_\mathrm{o} = N_\mathrm{u} = N_\mathrm{g}$. Die Flussverkettung eines Strangs, z. B. des Strangs a, besteht aus dem Flussverkettungsanteil der Selbstinduktion $\psi_{\sigma\mathrm{nz\,s}a}$ nach (3.7.7) und den Flussverkettungsanteilen der Gegeninduktion $\psi_{\sigma\mathrm{nz\,g}b}$ und $\psi_{\sigma\mathrm{nz\,g}c}$ mit den Strängen b und c nach (3.7.9). Entsprechend den im Bild 3.7.6 eingetragenen Zählpfeilen, wobei die Zählpfeile des betrachteten Strangs a hervorgehoben wurden, rufen die Ströme in den Strängen b und c negative Beiträge zur Streuflussverkettung des Strangs a hervor. Man erhält also für die gesamte Streuflussverkettung des Strangs a

$$\begin{aligned}\psi_{\sigma\mathrm{nz}\,a} &= \psi_{\sigma\mathrm{nz\,sa}} + \psi_{\sigma\mathrm{nz}\,gb} + \psi_{\sigma\mathrm{nz\,gc}}\\ &= \mu_0 l_\mathrm{i}\frac{w_\mathrm{sp}^2}{a^2}\left[(N_\mathrm{o}\lambda_\mathrm{o} + N_\mathrm{u}\lambda_\mathrm{u} + N_\mathrm{v}\lambda_\mathrm{v})i_a - N_\mathrm{g}\lambda_\mathrm{g} i_b - N_\mathrm{g}\lambda_\mathrm{g} i_c\right].\end{aligned} \tag{3.7.10a}$$

Wenn die Ströme ein symmetrisches Dreiphasensystem positiver Phasenfolge bilden, oder allgemein bei Fehlen eines Nullleiters gilt $i_a + i_b + i_c = 0$. Damit wird unter Berücksichtigung von (3.7.8) und $N_\mathrm{o} = N_\mathrm{u} = N_\mathrm{g}$

$$\begin{aligned}\psi_{\sigma\mathrm{nz}a} &= \mu_0 l_\mathrm{i}\frac{w_\mathrm{sp}^2}{a^2}\left[N_\mathrm{v}(\lambda_\mathrm{o} + \lambda_\mathrm{u} + 2\lambda_\mathrm{g}) + N_\mathrm{g}(\lambda_\mathrm{o} + \lambda_\mathrm{u} + \lambda_\mathrm{g})\right] i_a\\ &= \mu_0 l_\mathrm{i}\frac{w_\mathrm{sp}^2}{a^2}\left[(N_\mathrm{v} + N_\mathrm{g})\lambda_\mathrm{v} - N_\mathrm{g}\lambda_\mathrm{g}\right] i_a.\end{aligned} \tag{3.7.10b}$$

In dieser Beziehung erscheint nur noch der Strom i_a. Sie gilt demnach in gleicher Form auch für die übrigen Stränge, und der Index a kann weggelassen werden. Nach Bild 3.7.6 gilt für den vorliegenden Fall der dreisträngigen Wicklung und den eingeschränkten Grad der Sehnung

$$N_\mathrm{v} + N_\mathrm{g} = \frac{N}{3} \quad \text{und} \quad N_\mathrm{g} = N\left(1 - \frac{W}{\tau_\mathrm{p}}\right). \tag{3.7.11}$$

Mit (3.7.2b,c) und (3.7.3) wird aus (3.7.8)

$$\lambda_\mathrm{v} = 4\left(\frac{h_\mathrm{L}}{3b_\mathrm{n}} + \frac{d}{4b_\mathrm{n}} + \lambda_\mathrm{res}\right) = 4\left(\lambda_\mathrm{L} + \frac{d}{4b_\mathrm{n}} + \lambda_\mathrm{res}\right) \tag{3.7.12}$$

und unmittelbar aus (3.7.3)

$$\lambda_\mathrm{g} = \frac{h_\mathrm{L}}{4b_\mathrm{n}} + \lambda_\mathrm{res} = \frac{3}{4}\lambda_\mathrm{L} + \lambda_\mathrm{res}. \tag{3.7.13}$$

Setzt man (3.7.13), (3.7.12) und (3.7.11) in (3.7.10b) ein und berücksichtigt, dass sich die hintereinandergeschaltete Windungszahl eines Strangs einer symmetrischen dreisträngigen Zweischichtwicklung zu

$$w = \frac{N_\mathrm{str} w_\mathrm{sp}}{a} = \frac{N w_\mathrm{sp}}{ma} = 2pq\frac{w_\mathrm{sp}}{a} \tag{3.7.14}$$

ergibt, so folgt für die Streuflussverkettung eines Strangs mit dem Streufeld im Nut-Zahnkopf-Bereich schließlich

$$\begin{aligned}\psi_{\sigma\mathrm{nz}} &= 2\mu_0 l_\mathrm{i}\frac{w^2}{pq}\left\{\left[1 - \frac{9}{16}\left(1 - \frac{W}{\tau_\mathrm{p}}\right)\right]\lambda_\mathrm{L} + \left[1 - \frac{3}{4}\left(1 - \frac{W}{\tau_\mathrm{p}}\right)\right]\lambda_\mathrm{res} + \frac{d}{4b_\mathrm{n}}\right\} i\\ &= 2\mu_0 l_\mathrm{i}\frac{w^2}{pq}\left\{k_1\lambda_\mathrm{L} + k_2\lambda_\mathrm{res} + \frac{d}{4b_\mathrm{n}}\right\} i = 2\mu_0 l_\mathrm{i}\frac{w^2}{pq}\lambda_\mathrm{nz} i.\end{aligned} \tag{3.7.15}$$

Dabei fassen die Hilfsfaktoren k_1 und k_2 den Einfluss der Sehnung zusammen, und es wurde als λ_nz der resultierende relative Streuleitwert der Nut-Zahnkopf-Streuung eingeführt. Unter Berücksichtigung von (3.7.2a) erhält man für den resultierenden relativen Nut-Zahnkopf-Streuleitwert

$$\boxed{\lambda_\mathrm{nz} = k_1\frac{h_\mathrm{L}}{3b_\mathrm{n}} + k_2\left(\frac{h_\mathrm{ü}}{b_\mathrm{n}} + \frac{h_\mathrm{k}}{b_\mathrm{k}} + \frac{h_\mathrm{s}}{b_\mathrm{s}} + \lambda_\mathrm{z}\right) + \frac{d}{4b_\mathrm{n}}}\,. \tag{3.7.16}$$

Für eine ungesehnte Zweischichtwicklung ($W = \tau_\mathrm{p}$) wird $k_1 = k_2 = 1$. Setzt man dazu noch $d = 0$, so gehen (3.7.15) und (3.7.16) in die Beziehungen der Einschichtwicklung nach (3.7.6) und (3.7.2a) über. Die grafische Darstellung der Faktoren k_1

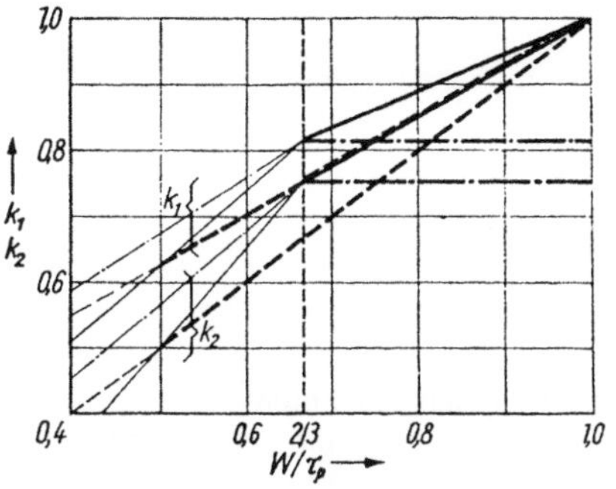

Bild 3.7.7 Hilfsfaktoren zur Berechnung der Streuung mehrsträngiger gesehnter Wicklungen.
———— $m = 3$, einfache Zonenbreite;
— · — · — $m = 3$, doppelte Zonenbreite;
- - - - - $m = 2$

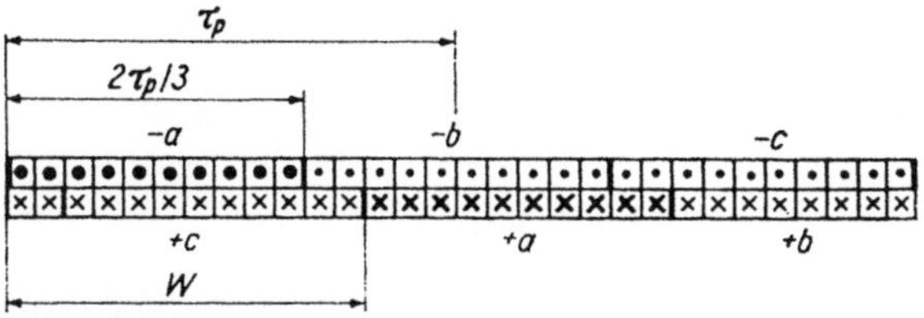

Bild 3.7.8 Zur Berechnung der Streuung einer Zweischichtwicklung mit doppelter Zonenbreite unter Angabe der positiven Zählrichtungen für die Strangströme

und k_2 zeigt Bild 3.7.7. Bild 3.7.6, das als Grundlage für die durchgeführte Ableitung gedient hat, gilt nur für Ganzlochwicklungen. Zeichnet man jedoch alle Nuten der Urwicklung einer symmetrischen Bruchlochwicklung unter Berücksichtigung ihrer relativen Lage in den Bereich eines Polpaars ein, so ergibt sich das gleiche Bild. Die Beziehungen (3.7.15) und (3.7.16) gelten demnach auch für symmetrische Bruchlochwicklungen. Der Fall $W/\tau_p \leq 2/3$ tritt nur in Sonderfällen auf, z. B. bei polumschaltbaren Wicklungen (s. Unterabschn. 1.2.2.3f, S. 60). Die Berechnung der Streuflussverkettung für diesen Fall soll deshalb nicht ausführlich behandelt werden. Sie verläuft prinzipiell genauso wie für den betrachteten Fall. Auch in diesem Fall ist die Darstellung des resultierenden relativen Nut-Zahnkopf-Streuleitwerts nach (3.7.16) möglich. Die entsprechenden Faktoren k_1 und k_2 sind im Bild 3.7.7 durch schwache ausgezogene Linien angegeben.

f2) Symmetrische dreisträngige Wicklung mit doppelter Zonenbreite
Entsprechend Bild 3.7.8 ist der Strang a im Bereich $2/3 \leq W/\tau_p \leq 1$ in $N/3$ Nuten sowohl mit dem Strang b als auch mit dem Strang c negativ verkettet. Bei einfacher Zonenbreite liegen im Fall $W/\tau_p = 2/3$ die gleichen Verhältnisse vor. Folglich gelten die hierfür zutreffenden Werte $k_1 = 13/16$ und $k_2 = 3/4$ im gesamten angegebenen Bereich der Wicklung mit doppelter Zonenbreite. Die Verläufe der Faktoren k_1 und k_2 für $W/\tau_p = 2/3$ sind im Bild 3.7.7 durch strichpunktierte Linien angegeben.

f3) Symmetrische zweisträngige Wicklung
Nach Bild 3.7.9 ist der Strang a jeweils mit der gleichen Zahl Nuten $N_g = N_o = N_u$ positiv und negativ mit dem Strang b verkettet, so dass die Verkettung mit dem Strang b wirkungslos wird. In diesen Nuten tritt demnach nur Selbstinduktion auf, und es gilt entsprechend Bild 3.7.9

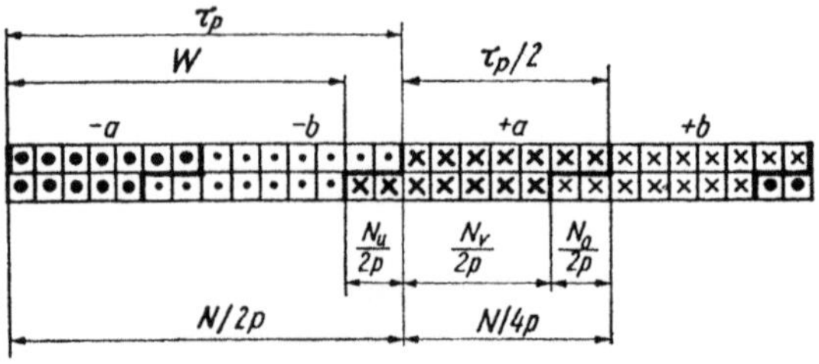

Bild 3.7.9 Zur Berechnung der Streuung einer zweisträngigen gesehnten Zweischichtwicklung unter Angabe der positiven Zählrichtungen für die Strangströme

$$N_\mathrm{v} + N_\mathrm{g} = \frac{N}{2} \quad \text{und} \quad N_\mathrm{g} = N\left(1 - \frac{W}{\tau_\mathrm{p}}\right). \tag{3.7.17}$$

Damit folgt aus (3.7.7) mit (3.7.8)

$$\begin{aligned}\psi_{\sigma\mathrm{nz}} &= \mu_0 l_\mathrm{i} \frac{w_\mathrm{sp}^2}{a^2} \left[N_\mathrm{v}\left(\lambda_\mathrm{o} + \lambda_\mathrm{u} + 2\lambda_\mathrm{g}\right) + N_\mathrm{g}\left(\lambda_\mathrm{o} + \lambda_\mathrm{u}\right)\right] i \\ &= \mu_0 l_\mathrm{i} \frac{w_\mathrm{sp}^2}{a^2} \left[\left(N_\mathrm{v} + N_\mathrm{g}\right)\lambda_\mathrm{v} - 2N_\mathrm{g}\lambda_\mathrm{g}\right] i.\end{aligned} \tag{3.7.18}$$

Dabei ist λ_v wiederum durch (3.7.12) und λ_g durch (3.7.13) gegeben. Mit (3.7.14) und $m = 2$ ergibt sich schließlich

$$\begin{aligned}\psi_{\sigma\mathrm{nz}} &= 2\mu_0 l_\mathrm{i} \frac{w^2}{pq} i \left\{\frac{1}{4}\left(1 + 3\frac{W}{\tau_\mathrm{p}}\right)\lambda_\mathrm{L} + \frac{W}{\tau_\mathrm{p}}\lambda_\mathrm{res} + \frac{d}{4b_\mathrm{n}}\right\} \\ &= 2\mu_0 l_\mathrm{i} \frac{w^2}{pq} i \left\{k_1\lambda_\mathrm{L} + k_2\lambda_\mathrm{res} + \frac{d}{4b_\mathrm{n}}\right\} = 2\mu_0 l_\mathrm{i} \frac{w^2}{pq} i\lambda_\mathrm{nz}.\end{aligned} \tag{3.7.19}$$

Die Verläufe der Faktoren k_1 und k_2 sind im Bild 3.7.7 als gestrichelte Linien dargestellt.

g) Flussverkettung eines Strangs einer Zweischicht-Zahnspulenwicklung

Bei Zweischicht-Zahnspulenwicklungen liegen jeweils zwei Spulenseiten nebeneinander in einer Nut, so dass

$$\lambda_\mathrm{nz} = \lambda_\mathrm{nzs} = \lambda_\mathrm{nzg} = \lambda_\mathrm{L} + \lambda_\mathrm{ü} + \lambda_\mathrm{k} + \lambda_\mathrm{s} + \lambda_\mathrm{z} \tag{3.7.20}$$

gilt mit den Teilstreuleitwerten gemäß den Unterabschnitten a und b. Bezeichnet man mit N_v wiederum die Zahl der Nuten, in denen beide Spulenseiten zum betrachteten Strang gehören, und mit N_g die Zahl der Nuten, die sich ein bestimmtes Strangpaar – z. B. die Stränge a und b – teilen, erhält man für die vom Streufeld im Nut-Zahnkopf-Bereich herrührende Gesamtflussverkettung der Selbstinduktion ausgehend von (3.5.13)

$$\begin{aligned}\psi_{\sigma\mathrm{nz\,s}} &= \mu_0 l_\mathrm{i} \lambda_\mathrm{nz} \left[\frac{N_\mathrm{v}}{a}\left(2w_\mathrm{sp}\right)^2 + 2\frac{N_\mathrm{g}}{a} w_\mathrm{sp}^2\right] \frac{i}{a} \\ &= \mu_0 l_\mathrm{i} \frac{w_\mathrm{sp}^2}{a^2} \lambda_\mathrm{nz} \left[4N_\mathrm{v} + 2N_\mathrm{g}\right] i\end{aligned} \tag{3.7.21}$$

und für die gesamte Streuflussverkettung des Strangs a analog zu (3.7.10a,b)

$$\begin{aligned}\psi_{\sigma\mathrm{nz}\,a} &= \psi_{\sigma\mathrm{nz\,s}a} + \psi_{\sigma\mathrm{nz\,g}b} + \psi_{\sigma\mathrm{nz\,gc}} \\ &= \mu_0 l_\mathrm{i} \frac{w_\mathrm{sp}^2}{a^2} \lambda_\mathrm{nz} \left[\left(4N_\mathrm{v} + 2N_\mathrm{g}\right) i_a - N_\mathrm{g} i_b - N_\mathrm{g} i_c\right].\end{aligned} \tag{3.7.22a}$$

Bei Fehlen eines Nullleiters gilt $i_a + i_b + i_c = 0$, so dass die Streuflussverkettung nur noch vom jeweiligen Strangstrom abhängig ist und zu

$$\psi_{\sigma\mathrm{nz}} = \mu_0 l_\mathrm{i} \frac{w_\mathrm{sp}^2}{a^2} \lambda_\mathrm{nz} \left(4N_\mathrm{v} + 3N_\mathrm{g}\right) i \tag{3.7.22b}$$

zusammengefasst werden kann. Mit $N_\mathrm{v} + N_\mathrm{g} = N/3$ und unter Einführung des Anteils der Nuten, in denen nur Spulenseiten eines Strangs liegen, als $a_\mathrm{v} = 3N_\mathrm{v}/N$ wird daraus

$$\psi_{\sigma\mathrm{nz}} = \mu_0 l_\mathrm{i} \frac{w_\mathrm{sp}^2}{a^2} \lambda_\mathrm{nz} \frac{N}{3} \left(a_\mathrm{v} + 3\right) i \tag{3.7.22c}$$

und mit (3.7.14) schließlich

$$\begin{aligned} \psi_{\sigma\mathrm{nz}} &= \mu_0 l_\mathrm{i} w^2 \lambda_\mathrm{nz} \frac{3}{N} \left(a_\mathrm{v} + 3\right) i \\ &= 2\mu_0 l_\mathrm{i} \frac{w^2}{p} \frac{\lambda_\mathrm{nz}}{4q} \left(a_\mathrm{v} + 3\right) i. \end{aligned} \tag{3.7.22d}$$

Für den Anteil a_v lässt sich, anders als im Unterabschnitt f für den Einfluss der Sehnung, keine geschlossene Lösung angeben, sondern a_v ergibt sich abhängig von der gewählten Lochzahl aus dem Wicklungsentwurf (s. Abschn. 1.2.2, S. 34).

3.7.2 Wicklungskopfstreuung

Das Wicklungskopf- oder Stirnstreufeld ist abhängig von der Art der Wicklung, der Form des Wicklungskopfs und der Anordnung der umgebenden ferromagnetischen Bauteile. Wegen der Kompliziertheit der räumlichen Anordnung aller für das Wicklungskopfstreufeld maßgebenden Elemente ist eine befriedigende Berechnung kaum möglich. Die in der Literatur angegebenen Streuleitwerte stützen sich auf experimentelle Untersuchungen und sind dadurch an ganz bestimmte geometrische Anordnungen des Wicklungskopfraums gebunden. Aufgrund der Vielfalt dieser Anordnungen ist die allgemeine Verwendung der für die Streuleitwerte oft mit mehreren Dezimalstellen angegebenen Werte sehr fraglich. Wegen des relativ großen Anteils der Wicklungskopfstreuung an der Gesamtstreuung ist deshalb andererseits eine übertriebene Genauigkeit bei der Bestimmung der Nutstreuung sinnlos.

Die im Folgenden gezeigte angenäherte rechnerische Behandlung der Wicklungskopfstreuung hat lediglich den Zweck, die wesentlichsten Abhängigkeiten aufzuzeigen. Sie geht davon aus, dass diese Abhängigkeiten bereits in der Streuflussverkettung der Selbstinduktion und bei Annahme konzentrierter Wicklungsköpfe einer Spulengruppe zum Ausdruck kommen. Für den Fall der konzentrierten Wicklungsanordnung, d. h. wenn das gesamte Streufeld voll mit der Wicklung verkettet ist, gelten (3.5.16) und (3.5.18), Seite 276. Nach Abschnitt 1.2.1.1, Seite 20, wird der Wicklungskopf einer ungeteilten Spulengruppe bei einfacher Zonenbreite von q Spulen gebildet. Bei a parallelen Zweigen fließt in den w_sp Windungen jeder Spule der Strom $i_\mathrm{L} = i/a$. Da sich das Streufeld nach Bild 3.7.10c längs des gesamten Wicklungskopfs ausbildet, ist in (3.5.16) für l die Wicklungskopflänge l_w zu setzen. Berücksichtigt man, dass der Wicklungskopf einer Spulengruppe von qw_sp Leitern gebildet wird, so ergibt sich nach (3.5.4) für den Streufluss beider Wicklungsköpfe der Spulengruppe

$$\Phi_{\sigma\mathrm{w}} = 2\Lambda_{\sigma\mathrm{w}} q w_\mathrm{sp} \frac{i}{a} = 2\mu_0 l_\mathrm{w} \lambda_\mathrm{ws} q w_\mathrm{sp} \frac{i}{a}. \tag{3.7.23}$$

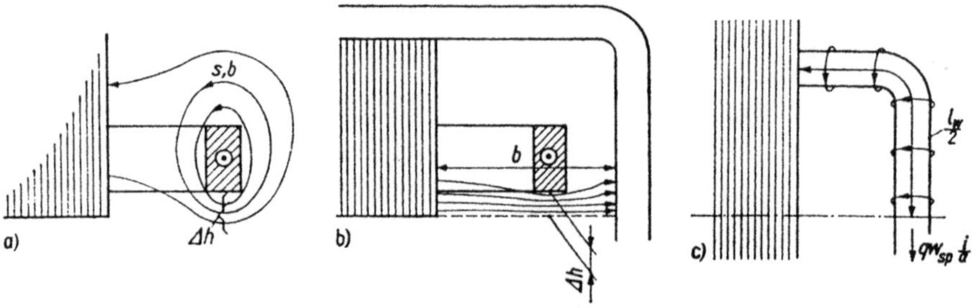

Bild 3.7.10 Zur Berechnung der Wicklungskopfstreuung. a) Wicklungskopfstreufeld ohne Berücksichtigung des Maschinengehäuses; b) Wicklungskopfstreufeld mit Berücksichtigung des Maschinengehäuses; c) zur Bestimmung der Querschnittsfläche, die vom Wicklungskopfstreufeld durchsetzt wird

Dabei wurde als relativer Streuleitwert der Wicklungskopfstreuung

$$\lambda_{\mathrm{ws}} = \frac{\Lambda_{\sigma\mathrm{w}}}{\mu_0 l_{\mathrm{w}}} \tag{3.7.24}$$

in Übereinstimmung mit (3.5.16) und unter Verwendung der Wicklungskopflänge l_{w} als maßgebender Länge eingeführt. Wenn man in (3.5.18) die Beziehungen (3.5.16) und (3.7.23) einsetzt, erhält man für die Flussverkettung der Wicklungsköpfe einer Spulengruppe mit dem eigenen Streufeld

$$\psi_{\sigma\mathrm{ws\,gr}} = \frac{qw_{\mathrm{sp}}}{a}\Phi_{\sigma\mathrm{w}} = 2\mu_0 l_{\mathrm{w}}\left(\frac{qw_{\mathrm{sp}}}{a}\right)^2 \lambda_{\mathrm{ws}} i. \tag{3.7.25}$$

Dabei ist zu beachten, dass auf eine Spulengruppe qw_{sp}/a in Reihe geschaltete Windungen entfallen. Wenn man im Sinne einer extremen Vereinfachung annimmt, dass das Streufeld im Wicklungskopf wie etwa im Bild 3.7.10b als ein homogenes Feld außerhalb des Leitergebiets mit der Pfadlänge b und einer Ausdehnung Δh in der Darstellungsebene angesehen werden kann, so folgt aus (3.5.21b), Seite 277, dass der relative Streuleitwert der Wicklungskopfstreuung als $\Delta h/b$ gegeben ist oder allgemein von dem Verhältnis von Werten abhängig sein wird, die Δh und b zugeordnet werden können. Je nach der geometrischen Anordnung bei der experimentellen Bestimmung der in der Literatur angegebenen Werte für λ_{ws} wird b dabei entweder mit dem Umfang des Wicklungskopfs wie im Bild 3.7.10a oder mit dem Abstand der Stirnfläche des Ankerblechpakets zu den den Wicklungskopf umgebenden ferromagnetischen Konstruktionselementen wie im Bild 3.7.10b in Verbindung gebracht.

Jeder Strang einer Einschichtwicklung und ebenso einer Zweischichtwicklung doppelter Zonenbreite hat nach Abschnitt 1.2.1.1 p Spulengruppen. Jeder Strang einer Zweischichtwicklung normaler Zonenbreite und ebenso einer Einschichtwicklung mit geteilten Wicklungsköpfen hat $2p$ Spulengruppen. Für die Windungszahlen der Einschichtwicklung gilt nach (3.7.5)

$$w_{\mathrm{sp}} = \frac{aw}{pq}$$

und für die der Zweischichtwicklung nach (3.7.14)

$$w_{\mathrm{sp}} = \frac{aw}{2pq}.$$

Die Beziehungen (3.7.23) und (3.7.25) wurden davon ausgehend entwickelt, dass je Spulengruppe q Spulen existieren. Das ist bei der normalen Einschichtwicklung und ebenso bei der normalen Zweischichtwicklung mit einfacher Zonenbreite auch der Fall. Dagegen besitzt die Zweischichtwicklung mit doppelter Zonenbreite $Q = 2q$ Spulen je Spulengruppe, und die Einschichtwicklung mit geteilten Spulengruppen weist $Q = q/2$ Spulen je Spulengruppe auf. An die Stelle von q in (3.7.29) tritt also im ersten Fall $2q$ und im zweiten Fall $q/2$. Unter Berücksichtigung der oben ermittelten unterschiedlichen Anzahl von Spulengruppen je Strang der einzelnen Wicklungsarten erhält man schließlich für die gesamte Wicklungskopfstreuung der Selbstinduktion eines Strangs für den Fall der Einschichtwicklung oder der Zweischichtwicklung mit doppelter Zonenbreite

$$\psi_{\sigma\mathrm{ws}} = p\psi_{\sigma\mathrm{ws\,gr}} = 2\mu_0 l_\mathrm{w}\frac{w^2}{p}\lambda_\mathrm{ws}i. \tag{3.7.26a}$$

Für den Fall der Zweischichtwicklung normaler Zonenbreite oder der Einschichtwicklung mit geteilten Spulengruppen erhält man

$$\psi_{\sigma\mathrm{ws}} = 2p\psi_{\sigma\mathrm{ws\,gr}} = 2\mu_0 l_\mathrm{w}\frac{w^2}{p}\frac{\lambda_\mathrm{ws}}{2}i. \tag{3.7.26b}$$

Die Wicklungsköpfe von Zweischichtwicklungen mit normaler Zonenbreite und von Einschichtwicklungen mit geteilten Spulengruppen haben wegen der relativ kleinen Querschnitte relativ große Werte für λ_ws, so dass der Unterschied der beiden Beziehungen (3.7.26a) und (3.7.26b) mehr oder weniger ausgeglichen wird. Der verbleibende Unterschied sowie die Verkettung mit dem Streufeld durch das Leitergebiet und dem Streufeld der anderen Stränge wird in den experimentell bestimmten Werten für λ_ws berücksichtigt. In Tabelle 3.7.2 sind Anhaltswerte für den relativen Streuleitwert λ_ws der Wicklungskopfstreuung zusammengestellt. Mit $\lambda_\mathrm{w} = \lambda_\mathrm{ws}l_\mathrm{w}/l_\mathrm{i}$ bzw. $\lambda_\mathrm{w} = \lambda_\mathrm{ws}l_\mathrm{w}/2l_\mathrm{i}$ ergibt sich schließlich die gesamte Flussverkettung eines Strangs mit dem Wicklungskopfstreufeld zu

$$\boxed{\psi_{\sigma\mathrm{w}} = 2\mu_0 l_\mathrm{i}\frac{w^2}{p}\lambda_\mathrm{w}i = 2\mu_0 l_\mathrm{i}\frac{w^2}{p}\lambda_\mathrm{ws}\frac{l_\mathrm{w}}{2l_\mathrm{i}}i}\,. \tag{3.7.27}$$

Tabelle 3.7.2 Anhaltswerte für den relativen Streuleitwert λ_ws der Wicklungskopfstreuung

Strangwicklungen	***m* = 3**			***m* = 1**
	Ständer		**Läufer**	**Ständer**
Einschichtwicklung	0,3		0,25	0,12
Zweischichtwicklung	0,25 … Zylinder-wicklung	0,4 Evolventen-wicklung	0,20	0,17
Käfigwicklung	–		0,05	–
Kommutatorwicklungen				
Einzelspule	**Zweibürstensatz**		**Dreibürstensatz**	**Sechsbürstensatz**
0,3	0,1 ($w = z_\mathrm{a}/4a$)		0,25 ($w = z_\mathrm{a}/12a$)	0,25 ($w = z_\mathrm{a}/6a$)

3.7.3 Oberwellenstreuung

Im Abschnitt 3.3, Seite 262, war gezeigt worden, dass bei Wirksamkeit des Prinzips der Hauptwellenverkettung die Oberwellenstreuung als Teil der Gesamtstreuung in Erscheinung tritt und dabei die Wicklungen jedes Hauptelements nur mit den Oberwellen des Luftspaltfelds verkettet sind, die sie selbst aufbauen. Die Streuflussverkettungen einer Wicklung mit den Oberwellenfeldern sind dann, wie die mit den Streufeldern in Nut-, Wicklungskopf- und Zahnkopfraum, nur von den Strömen in den Wicklungen bzw. Wicklungsteilen des gleichen Hauptelements abhängig. Für den Fall eines konstanten Luftspalts, gleichmäßiger Nutung und konzentrierter Nutdurchflutung wurde bereits im Abschnitt 1.2.4, Seite 88, ein Verfahren zur Ermittlung der Oberwellenstreuung mit Hilfe des Görges-Diagramms dargestellt. Ein anderer Weg zur Ermittlung der Oberwellenstreuung wird im Folgenden beschrieben. Dabei muss die Flussverkettung einer Wicklung mit den eigenen Oberwellenfeldern bestimmt werden. Für die Durchflutungsverteilung einer Harmonischen gilt nach Band *Theorie elektrischer Maschinen*, Abschnitt 1.5.5,

$$\Theta_{\nu'}(\gamma', t) = \frac{m(w\xi_{\nu'})}{\pi\nu'}\hat{i}\cos(\tilde{\nu}'\gamma' - \omega t - \varphi_{\mathrm{i}}), \tag{3.7.28}$$

wobei der Feldwellenparameter $\tilde{\nu}'$ entsprechend (1.2.36), Seite 51, als

$$\tilde{\nu}' = p\left(1 + \frac{2mg}{n}\right) \quad \text{mit} \quad g \in \mathbb{Z} \tag{3.7.29}$$

gegeben ist und für die Ordnungszahl ν' der Feldwelle

$$\nu' = |\tilde{\nu}'| \tag{3.7.30}$$

gilt. Bei Ganzlochwicklungen ist $n = 1$, und es treten entsprechend (3.7.29) nur Feldwellen auf, deren auf die Polpaarteilung bezogene Ordnungszahl $\nu = \nu'/p$ ungeradzahlig und nicht durch die Strangzahl teilbar ist.

Wenn eine Maschine mit konstantem Luftspalt betrachtet wird, also z. B. eine Induktionsmaschine, erhält man die Feldwelle mit der Ordnungszahl ν' unter der vereinfachenden Annahme eines für alle Feldwellen identischen magnetisch wirksamen Luftspalts δ_{i}'' entsprechend Abschnitt 2.3.1.1, Seite 169, zu

$$B_{\nu'}(\gamma', t) = \frac{\mu_0}{\delta_{\mathrm{i}}''}\Theta_{\nu'}(\gamma', t) = \frac{\mu_0 m(w\xi_{\nu'})}{\delta_{\mathrm{i}}''\pi\nu'}\hat{i}\cos(\tilde{\nu}'\gamma' - \omega t - \varphi_{\mathrm{i}}). \tag{3.7.31}$$

Mit dem Fluss dieser Flussdichteverteilung sind die einzelnen Stränge verkettet. Betrachtet man zunächst eine Spule mit w_{sp} Windungen, einer Spulenweite $W = \tau_{\mathrm{p}}$ bzw. $y = y_{\varnothing}$ und einer Spulenachse bei $\gamma' = 0$, so erhält man die Flussverkettung mit der Flussdichteverteilung nach (3.7.31) zu

$$\psi_{\mathrm{sp},\nu'} = w_{\mathrm{sp}} l_{\mathrm{i}} \int\limits_{-\tau_{\mathrm{p}}/2}^{+\tau_{\mathrm{p}}/2} B_{\nu'}(x,t)\,\mathrm{d}x = w_{\mathrm{sp}} l_{\mathrm{i}} \frac{D}{2} \int\limits_{-\pi/(2p)}^{+\pi/(2p)} B_{\nu'}(\gamma',t)\,\mathrm{d}\gamma'$$

$$= w_{\mathrm{sp}} \frac{D}{2} l_{\mathrm{i}} \frac{\mu_0 m (w\xi_{\nu'})}{\delta_{\mathrm{i}}'' \pi \nu'} \hat{i} \int\limits_{-\pi/(2p)}^{+\pi/(2p)} \cos(\tilde{\nu}'\gamma' - \omega t - \varphi_{\mathrm{i}})\,\mathrm{d}\gamma'$$

$$= 2 w_{\mathrm{sp}} \frac{p}{\pi} \tau_{\mathrm{p}} l_{\mathrm{i}} \frac{\mu_0 m (w\xi_{\nu'})}{\delta_{\mathrm{i}}'' \pi \tilde{\nu}' \nu'} \hat{i} \sin \frac{\tilde{\nu}'}{p} \frac{\pi}{2} \cos(\omega t + \varphi_{\mathrm{i}}). \tag{3.7.32}$$

Mit der Umformung

$$\frac{1}{\tilde{\nu}'} \sin \frac{\tilde{\nu}'}{p} \frac{\pi}{2} = \frac{1}{\tilde{\nu}'} \frac{\tilde{\nu}'}{|\tilde{\nu}'|} \sin \frac{|\tilde{\nu}'|}{p} \frac{\pi}{2} = \frac{1}{\nu'} \sin \frac{\nu'}{p} \frac{\pi}{2}$$

lässt sich in (3.7.32) der Spulenfaktor

$$\xi_{\mathrm{sp},\nu'} = \sin \frac{\nu'}{p} \frac{y}{y_{\varnothing}} \frac{\pi}{2}$$

einer Durchmesserspule mit $y = y_{\varnothing}$ bzw. $W = \tau_{\mathrm{p}}$ entsprechend (1.2.56), Seite 78, einführen. Bei beliebiger Spulenweite reduziert sich $\xi_{\mathrm{sp},\nu'}$ gegenüber dem für eine Durchmesserspule geltenden Wert, und man gewinnt, mit dem Gruppenfaktor $\xi_{\mathrm{gr},\nu'}$ multipliziert, den resultierenden Wicklungsfaktor $\xi_{\nu'}$ des Strangs. Mit

$$\psi_{\nu'} = \frac{w}{w_{\mathrm{sp}}} \xi_{\nu'} \psi_{\mathrm{sp},\nu'} \tag{3.7.33}$$

erhält man die Flussverkettung des gesamten Strangs mit der Feldwelle der Ordnungszahl ν' zu

$$\psi_{\nu'} = \frac{2}{\pi} p \tau_{\mathrm{p}} l_{\mathrm{i}} \frac{\mu_0 m (w\xi_{\nu'})^2}{\delta_{\mathrm{i}}'' \pi \nu'^2} \hat{i} \cos(\omega t + \varphi_{\mathrm{i}}). \tag{3.7.34}$$

Entsprechend (3.4.34) bzw. (3.4.35), Seite 271, ist der Streukoeffizient σ der Quotient der Streuflussverkettung zur Hauptwellenflussverkettung. Für die Oberwellenstreuung gilt damit

$$\boxed{\sigma_{\mathrm{o}} = \frac{\psi_{\sigma\mathrm{o}}}{\psi_{\mathrm{h}}} = \frac{\sum\limits_{\nu' \neq p} \psi_{\nu'}}{\psi_{\mathrm{h}}} = \sum_{\nu' \neq p} \left(\frac{p}{\nu'} \frac{\xi_{\nu'}}{\xi_{\mathrm{p}}} \right)^2}\,, \tag{3.7.35}$$

wobei natürlich nur alle existierenden Oberwellen zu berücksichtigen sind.

Die Wicklung eines Käfigläufers stellt praktisch eine vielsträngige Einlochwicklung dar. Damit gilt entsprechend (1.4.14), Seite 149, $\xi_{\nu'} = \xi_{\mathrm{p}} = 1$. Als Oberwellen treten nur die Nutharmonischen mit der Ordnungszahl $\nu' = gN_2 \pm p$ mit $g \in \mathbb{N}$ auf (s. Bd. *Theorie elektrischer Maschinen*, Abschn. 2.5.1). Für die Oberwellenstreuung von Käfigwicklungen wird daher (3.7.35) zu

$$\sigma_{\mathrm{o}} = \sum_{g} \frac{p^2}{(gN_2 \pm p)^2}. \tag{3.7.36a}$$

Da stets $gN_2/p \gg 1$ ist, geht (3.7.36a) über in

$$\sigma_o \approx \frac{1}{\sum_g \left(g\frac{N_2}{p}\right)^2} = \left(\frac{p}{N_2}\right)^2 \frac{1}{\sum_g g^2}. \tag{3.7.36b}$$

Dabei lässt sich die Reihe $1/\sum g^2$ für $g \in \mathbb{Z}$ summieren zu $1/\sum g^2 = \pi^2/3$, und damit folgt

$$\sigma_o \approx \frac{\pi^2 p^2}{3N_2^2}. \tag{3.7.36c}$$

Eine exakte geschlossene Lösung für die Oberwellenstreuung von Käfigwicklungen stellt die im Unterabschnitt 1.2.5j, Seite 104, als (1.2.92) hergeleitete Beziehung

$$\sigma_o = \frac{\left(\frac{\pi p}{N_2}\right)^2}{\sin^2 \frac{\pi p}{N_2}} - 1. \tag{3.7.36d}$$

dar.

Für Strangwicklungen lässt sich die Beziehung (3.7.35) für den *Streukoeffizienten der Oberwellenstreuung* i. Allg. nur mit großem Aufwand auswerten, da die angegebene Reihe sehr schlecht konvergiert. Die praktische Ermittlung der Oberwellenstreuung erfolgt deshalb zweckmäßiger entweder mit Hilfe des Görges-Diagramms oder über die magnetische Energie des Felds. Nimmt man an, dass die Größen B und H im Luftspalt längs der ideellen Länge l_i und längs der magnetisch wirksamen Luftspaltlänge δ_i'' konstant sind, d. h. dass ein quasihomogenes Feld vorliegt, so ergibt sich für die magnetische Energie des Luftspaltfelds

$$\begin{aligned} W_{m\delta} &= \frac{1}{2}Li^2 = \frac{1}{2}\int BH\,\mathrm{d}\mathcal{V} = \frac{1}{2}\int_0^{2\pi} B(\gamma')H(\gamma')l_i\delta_i''\frac{D}{2}\,\mathrm{d}\gamma' \\ &= \frac{\mu_0}{2}\int_0^{2\pi} H^2(\gamma')l_i\delta_i''\frac{D}{2}\,\mathrm{d}\gamma' = \frac{\mu_0 l_i D}{4\delta_i''}\int_0^{2\pi} \Theta^2(\gamma')\,\mathrm{d}\gamma'. \end{aligned} \tag{3.7.37}$$

Da mit dem magnetisch wirksamen Luftspalt δ_i'' gerechnet wird, ist $W_{m\delta}$ die gesamte gespeicherte magnetische Energie. Sie enthält die gespeicherte magnetische Energie des Hauptfelds

$$W_{mh} = \frac{1}{2}L_h i^2 = \frac{\mu_0 l_i D}{4\delta_i''}\int_0^{2\pi} \Theta_p^2(\gamma')\,\mathrm{d}\gamma' \tag{3.7.38a}$$

sowie die gespeicherte magnetische Energie der Oberwellenfelder

$$W_{m\sigma o} = \frac{1}{2}L_{\sigma o} i^2 = \frac{\mu_0 l_i D}{4\delta_i''}\int_0^{2\pi} \left[\Theta^2(\gamma') - \Theta_p^2(\gamma')\right]\,\mathrm{d}\gamma'. \tag{3.7.38b}$$

Entsprechend (3.4.34) bzw. (3.4.35), Seite 271, ergibt sich damit für den Streukoeffizienten der Oberwellenstreuung

$$\sigma_o = \frac{L_{\sigma o}}{L_h} = \frac{\int\limits_0^{2\pi} \left[\Theta^2(\gamma') - \Theta_p^2(\gamma')\right] d\gamma'}{\int\limits_0^{2\pi} \Theta_p^2(\gamma')\, d\gamma'} . \tag{3.7.39a}$$

Mit

$$\Theta(\gamma') = \Theta_p(\gamma') + \left[\Theta(\gamma') - \Theta_p(\gamma')\right]$$

wird

$$\Theta^2(\gamma') - \Theta_p^2(\gamma') = 2\Theta_p(\gamma')\left[\Theta(\gamma') - \Theta_p(\gamma')\right] + \left[\Theta(\gamma') - \Theta_p(\gamma')\right]^2 .$$

Der Ausdruck $\left[\Theta(\gamma') - \Theta_p(\gamma')\right]$ stellt die Summe aller Oberwellen dar. Der Ausdruck $2\Theta_p(\gamma')\left[\Theta(\gamma') - \Theta_p(\gamma')\right]$ ist demnach eine rein periodische Funktion, deren Integral über den Gesamtumfang 2π verschwindet. Der Ausdruck $[\Theta(\gamma') - \Theta_p(\gamma')]^2$ besteht wegen der Quadrierung aus einem Mittelwert und einer Summe rein periodischer Funktionen. Das Integral verschwindet nicht. Setzt man noch $\Theta_p = \hat{\Theta}_p \cos p\gamma'$, so gilt

$$\int\limits_0^{2\pi} \Theta_p^2(\gamma')\, d\gamma' = \hat{\Theta}_p^2 \int\limits_0^{2\pi} \cos^2 p\gamma'\, d\gamma' = \pi\hat{\Theta}_p^2 .$$

Damit wird schließlich aus (3.7.39a)

$$\sigma_o = \frac{1}{\pi\hat{\Theta}_p^2} \int\limits_0^{2\pi} \left[\Theta(\gamma') - \Theta_p(\gamma')\right]^2 d\gamma' . \tag{3.7.39b}$$

Bei Ganzlochwicklungen treten nur ganzzahlige höhere Harmonische auf. In diesem Fall ist der Integrand von (3.7.39b) periodisch in π/p, und das Integral liefert für jede Polteilung den gleichen Wert. Für Ganzlochwicklungen gilt demnach

$$\sigma_o = \frac{2p}{\pi\hat{\Theta}_p^2} \int\limits_0^{\pi/p} \left[\Theta(\gamma') - \Theta_p(\gamma')\right]^2 d\gamma' . \tag{3.7.39c}$$

In der praktischen Auswertung von (3.7.39b) bzw. (3.7.39c) bestimmt man zunächst die tatsächliche Durchflutungsverteilung $\Theta(\gamma')$ der untersuchten Wicklung und die Hauptwelle $\Theta_p(\gamma')$ dieser Durchflutungsverteilung. Die sog. Restkurve $[\Theta(\gamma') - \Theta_p(\gamma')]$ wird quadriert und integriert, wie Bild 3.7.11 zeigt. Im Bild 3.7.12 ist der *Streukoeffizient der Oberwellenstreuung* von Ganzlochwicklungen als Funktion der relativen Spulenweite dargestellt.

Eine anspruchsvolle Nachrechnung des Betriebsverhaltens einer Maschine, z. B. einer Induktionsmaschine, verlässt das Prinzip der Hauptwellenverkettung und berücksichtigt die Kopplung zwischen Ständer und Läufer über Oberwellenfelder. Das gilt in erster Linie, wenn der Läufer eine Käfigwicklung trägt. Dadurch kommt es zu

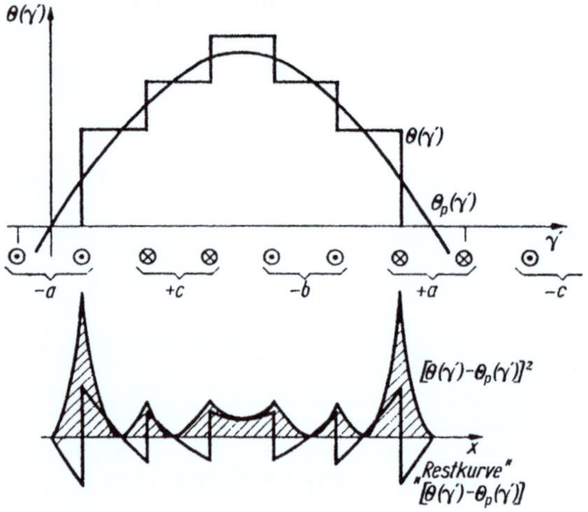

Bild 3.7.11 Zur Berechnung der Oberwellenstreuung

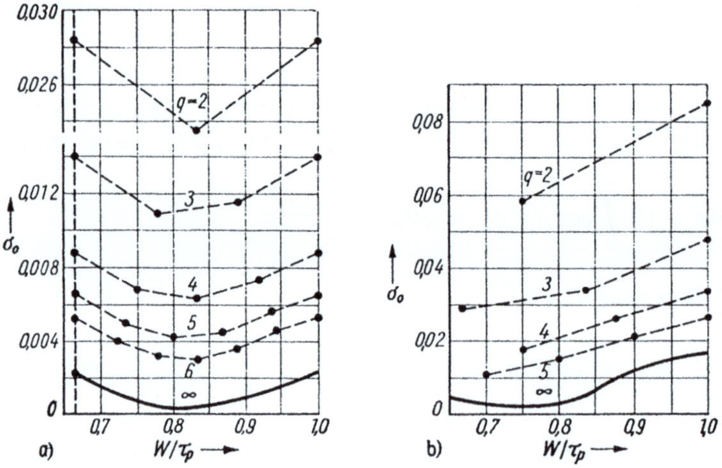

Bild 3.7.12 Streukoeffizienten der Oberwellenstreuung. a) $m = 3$; b) $m = 2$

den bekannten Erscheinungen, dass Oberwellendrehmomente und durch die Oberwellen im Käfig hervorgerufene Verluste auftreten. Andererseits werden die verursachenden Oberwellenfelder durch die Rückwirkung der Käfigströme verkleinert. Damit wird eine kleinere Oberwellenstreuung wirksam. Im Band *Theorie elektrischer Maschinen*, Abschnitt 2.5, wird ausführlich auf diese Erscheinungen eingegangen.

3.7.4 Polstreuung

Die Erregerwicklungen führen im stationären Betrieb in den meisten Fällen, also z. B. bei Gleichstrom- und bei Synchronmaschinen, Gleichstrom. Damit kommt es zu keinen Spannungsinduktionen durch das Streufeld, und die zugeordnete Streuflussverkettung ist nicht von Interesse. In nichtstationären Betriebszuständen dagegen ändert sich der Strom in der Erregerwicklung zeitlich und damit auch ihre Streuflussverkettung, deren zeitliche Änderung in die Spannungsgleichung eingeht. Damit werden Beziehungen für die Streuflussverkettung der Erregerwicklung benötigt.

Bei Vollpolläufern besteht die Streuflussverkettung der Erregerwicklung aus je einem Anteil des Streufelds im Nut-, Zahnkopf- und Wicklungskopfraum. Die Wicklung stellt eine einsträngige Ganzlochwicklung mit geteilten Spulengruppen dar. Wenn N_b bewickelte Nuten ausgeführt sind, erhält man für die Zahl der bewickelten Nuten der Erregerwicklung je Pol

$$Q_\mathrm{fd} = \frac{N_\mathrm{b}}{2p}, \tag{3.7.40}$$

und jede der $2p$ Spulengruppen besteht aus $Q_\mathrm{fd}/2$ Spulen mit jeweils w_sp Windungen. Damit beträgt die insgesamt hintereinandergeschaltete Windungszahl der pQ_fd Spulen der Erregerwicklung

$$w_\mathrm{fd} = pQ_\mathrm{fd}w_\mathrm{sp}. \tag{3.7.41}$$

Die Flussverkettung einer Spule mit dem Streufeld im Nut-Zahnkopf-Gebiet ist durch (3.7.4) mit dem relativen Streuleitwert λ_nz nach (3.7.2a) gegeben. Damit erhält man für die zugeordnete Streuflussverkettung der gesamten Erregerwicklung

$$\begin{aligned}\psi_{\sigma\mathrm{nz\,fd}} &= pQ_\mathrm{fd}\mu_0 l_\mathrm{p} w_\mathrm{sp}^2 2\lambda_\mathrm{nz} i_\mathrm{fd} \\ &= 2\mu_0 l_\mathrm{p}\frac{w^2}{pQ_\mathrm{fd}}\lambda_\mathrm{nz} i_\mathrm{fd}\end{aligned} \tag{3.7.42}$$

mit der Länge l_p des Vollpolläufers.

Die Flussverkettung einer Spulengruppe mit dem Streufeld im Bereich des Wicklungskopfs ist durch (3.7.25) gegeben, wobei an der Stelle von q die als $Q_\mathrm{fd}/2$ gegebene Zahl von Spulen je Spulengruppe der Erregerwicklung stehen muss und keine parallelen Zweige ausgeführt sind, so dass $a = 1$ ist. Damit wird

$$\psi_{\sigma\mathrm{w\,gr\,fd}} = 2\mu_0 l_\mathrm{w\,fd}\left(\frac{Q_\mathrm{fd}w_\mathrm{sp}}{2}\right)^2 \lambda_\mathrm{ws} i_\mathrm{fd} \tag{3.7.43}$$

mit dem relativen Streuleitwert der Wicklungskopfstreuung, für den in Tabelle 3.7.2 Anhaltswerte gegeben sind. Die zugeordnete Streuflussverkettung der gesamten aus $2p$ Spulengruppen bestehenden Erregerwicklung mit einer Gesamtwindungszahl nach (3.7.41) ergibt sich damit zu

$$\begin{aligned}\psi_{\sigma\mathrm{w\,fd}} &= 2\mu_0 l_\mathrm{w\,fd}\left(\frac{Q_\mathrm{fd}w_\mathrm{sp}}{2}\right)^2 \lambda_\mathrm{ws} i_\mathrm{fd} \\ &= 2\mu_0 l_\mathrm{w\,fd}\left(\frac{w_\mathrm{fd}}{p}\right)^2 \frac{\lambda_\mathrm{ws}}{2} i_\mathrm{fd}\end{aligned} \tag{3.7.44}$$

und entspricht demnach – wie zu erwarten war – der für Einschichtwicklungen mit geteilten Spulengruppen entwickelten Beziehung (3.7.26b).

Bei Schenkelpolläufern stößt die Berechnung der Streuflussverkettung des Polstreufelds auf noch größere Schwierigkeiten als die des Streuflusses im Abschnitt 3.6.2, Seite 282. Eine Berechnung der Anteile des Streufelds im Bereich der Leitergebiete der Pollücke kann näherungsweise dadurch erfolgen, dass eine Lösung von (3.5.12), Seite 275, versucht wird. Das kann – zumindest für Maschinen mit nicht zu kleinen Polpaarzahlen – dadurch geschehen, dass man die ferromagnetischen Begrenzungen des Raums im Leitergebiet der Pollücke als parallel verlaufend annimmt und als Pfadlänge den im Bild 3.6.2 eingeführten mittleren Wert s_m verwendet. Dann liefert (3.5.12) mit $\Delta A(x) = A_\mathrm{sp}x/h_\mathrm{pk}$ und $s(x) = s_\mathrm{m}$ für den relativen Streuleitwert

$$\lambda_{\sigma\mathrm{s}} = \int_0^{h_\mathrm{pk}} \left(\frac{x}{h_\mathrm{pk}}\right)^2 \frac{1}{s_\mathrm{m}}\,\mathrm{d}x = \frac{h_\mathrm{pk}}{3s_\mathrm{m}}. \tag{3.7.45}$$

Für den Beitrag einer Spulenseite zur Streuflussverkettung einer Polspule gilt dann (3.5.13). Es ist lediglich zu beachten, dass in der Pollücke $2w_\mathrm{sp}$ Leiter für den Feldaufbau verantwortlich sind, während es im Fall der Nut, für die (3.5.13) entwickelt wurde, nur w_sp Leiter sind. Man erhält also für den Beitrag einer Spulenseite zur Streuflussverkettung einer Polspule, die den Strom i_fd führt, ausgehend von (3.5.13)

$$\psi_{\sigma\mathrm{s}} = 2\mu_0 l_\mathrm{p} w_\mathrm{sp}^2 \lambda_{\sigma\mathrm{s}} i_\mathrm{fd} \tag{3.7.46}$$

mit der Länge des Polkerns l_p und der Windungszahl einer Polspule w_sp. Die Streuflussverkettung einer Polspule wird damit zu

$$\psi_{\sigma\mathrm{p}} = 2\psi_{\sigma\mathrm{s}} = 4\mu_0 l_\mathrm{p} w_\mathrm{sp}^2 \lambda_{\sigma\mathrm{s}} i_\mathrm{fd}. \tag{3.7.47}$$

Die $2p$ Polspulen der Erregerwicklung sind in Reihe geschaltet. Damit ergibt sich ihre Streuflussverkettung unter Vernachlässigung des Anteils im Stirnraum zu

$$\psi_{\sigma\mathrm{fd}} = 2p\psi_{\sigma\mathrm{p}} = 4p\psi_{\sigma\mathrm{s}} \tag{3.7.48}$$

und ihre Windungszahl zu

$$w_\mathrm{fd} = 2pw_\mathrm{sp}. \tag{3.7.49}$$

Aus (3.7.48) folgt mit (3.7.10a,b), Seite 290, und (3.7.14)

$$\psi_{\sigma\mathrm{fd}} = 2\mu_0 l_\mathrm{p} \frac{w_\mathrm{fd}^2}{p} \lambda_{\sigma\mathrm{s}} i_\mathrm{fd}. \tag{3.7.50}$$

Wenn man dem relativen Streuleitwert $\lambda_{\sigma\mathrm{s}}$ über

$$\Lambda_{\sigma\mathrm{v}} = 2\mu_0 l_\mathrm{p} \lambda_{\sigma\mathrm{s}} = 2\mu_0 l_\mathrm{p} \frac{h_\mathrm{pk}}{3s_\mathrm{m}} = \mu_0 l_\mathrm{p} \frac{2}{3} \frac{h_\mathrm{pk}}{s_\mathrm{m}} \tag{3.7.51}$$

einen Streuleitwert zuordnet, lässt sich die Flussverkettung einer Polspule mit dem Streufeld im Leitergebiet nach (3.7.47) darstellen als

$$\psi_{\sigma\mathrm{p}} = w_\mathrm{sp} 2\Lambda_{\sigma\mathrm{v}} w_\mathrm{sp} i_\mathrm{fd}. \tag{3.7.52}$$

Dabei ist $2\Lambda_{\sigma\mathrm{v}} w_\mathrm{sp} i_\mathrm{fd}$ ein fiktiver Streufluss, der vollständig mit der Polspule verkettet ist. Andererseits war als (3.5.4), Seite 273, mit dem Streuleitwert Λ_σ nach (3.5.6b) der tatsächliche Streufluss Φ_σ des Leitergebiets ermittelt worden. Es gilt also, wenn $2b_\mathrm{n}$ in (3.5.6b) entsprechend der bestehenden Zuordnung jetzt durch s_m ersetzt wird,

$$\Phi_\sigma = 2\Lambda_\sigma w_\mathrm{sp} i_\mathrm{fd} \tag{3.7.53}$$

mit

$$\Lambda_\sigma = \mu_0 l_\mathrm{p} \frac{h_\mathrm{pk}}{s_\mathrm{m}}. \tag{3.7.54}$$

Ein Vergleich mit (3.7.51) liefert

$$\Lambda_{\sigma\mathrm{v}} = \frac{2}{3}\Lambda_\sigma. \tag{3.7.55}$$

Mit dieser Beziehung wird verschiedentlich gearbeitet, wenn der Streuleitwert Λ_σ bekannt ist. Dabei werden in $\Lambda_{\sigma v}$ über (3.7.55) auch die in Λ_σ enthaltenen Beiträge der anderen Teile des Polstreufelds einbezogen.

Genauere Werte für den relativen Streuleitwert $\lambda_{\sigma s}$ des gesamten Streufelds der Erregerwicklung können auf der Grundlage von Messungen oder auf numerischem Weg gewonnen werden.

4
Stromwendung

Die Stromwendung oder auch Kommutierung ist ein spezifischer Vorgang bei allen elektrischen Maschinen, die einen mechanischen Kommutator besitzen, in den der Gleitkontakt zwischen dem Kommutator und den darauf schleifenden Bürsten einbezogen ist. Derartige Maschinen sind heute im Bereich größerer Leistungen meist Gleichstrommaschinen mit Wendepolen (s. Bd. *Grundlagen elektrischer Maschinen*, Bild 3.8.6) sowie im Bereich kleiner Leistungen Gleichstrommaschinen und Einphasen-Reihenschlussmaschinen (s. Bd. *Grundlagen elektrischer Maschinen*, Abschn. 7.4), die beide ohne Wendepole ausgeführt werden. Auf diese Gruppe konzentrieren sich die folgenden Ausführungen. Weitere elektrische Maschinen mit mechanischem Kommutator wie Einphasen-Reihenschlussmaschinen mit Wendepolen und Drehstrom-Kommutatormaschinen (s. Bd. *Grundlagen elektrischer Maschinen*, Abschn. 8.2.1) spielen heute kaum noch eine Rolle. Aussagen zu deren Stromwendung werden im Folgenden nur angedeutet.

Kommutatorwicklungen werden durch die auf dem Kommutator gleitenden Bürsten in mehrere Zweige unterteilt (s. Abschn. 1.3, S. 115). Normalerweise stehen die Bürsten räumlich fest. Dann haben diese Zweige trotz Rotation der Wicklung, d. h. trotz räumlicher Bewegung der Einzelspulen der Zweige, eine im Wesentlichen räumlich ruhende Lage. Deshalb bezeichnet man die Kommutatorwicklung auch als *pseudostationäre Wicklung* (s. Bd. *Grundlagen elektrischer Maschinen*, Abschn. 3.2.2). Im allgemeinen Fall sind die Ströme aufeinander folgender Zweige einander nicht gleich. Das durch die Drehung des Ankers verursachte Überwechseln der Einzelspulen von einem Zweig in den nächsten ist mit mehr oder weniger starken Stromänderungen innerhalb der Spule verbunden (s. Bd. *Grundlagen elektrischer Maschinen*, Abschn. 3.3.5 u. 7.4.2). Weil sich dabei in Gleichstrom- und Wechselstrom-Kommutatormaschinen das Vorzeichen des Spulenstroms bezüglich seiner positiven Zählrichtung ändert, bezeichnet man den Vorgang als Stromwendung oder Kommutierung.

In den sich in der Stromwendung befindenden Spulen werden Spannungen induziert, die den Stromwendevorgang erheblich beeinflussen. Die wesentlichsten Ursachen dafür sind die mit der Stromwendung zeitlich sich ändernden Streufelder der kommutierenden Spulen, das Luftspaltfeld im Bereich dieser Spulen und bei

Einphasen-Reihenschlussmaschinen und Drehstrom-Kommutatormaschinen auch die Flüsse der Hauptfelder.

Für die Berechnung der Stromwendung bestehen im Wesentlichen drei Aufgaben:

1. Für den Entwurf elektrischer Kommutatormaschinen mit Wendepolen müssen aus einem als günstig erachteten vorgegebenen Verlauf der Stromwendung die Daten für die Wendepoldimensionierung ermittelt werden.
2. Zur Kontrolle der erfolgten Wendepoldimensionierung ist eine Vorausberechnung der zu erwartenden sog. Kommutierungsgüte außerordentlich vorteilhaft.
3. Im Hinblick auf eine gezielte Beeinflussung des Verlaufs der Stromwendung besteht die Notwendigkeit, aus gegebenen geometrischen und elektromagnetischen Randbedingungen die Stromverläufe während der Kommutierung zu berechnen. Das ist zugleich die komplizierteste der drei Aufgaben.

Kleinmaschinen werden i. Allg. ohne Wendepole ausgeführt. Deren Funktion wird stattdessen annähernd durch eine Verschiebung der Bürsten aus der neutralen Zone oder durch eine sog. Schaltverschiebung erreicht (s. Bild 4.1.5). Die Aufgabe besteht in diesem Fall in der näherungsweisen Bestimmung der erforderlichen Bürsten- bzw. Schaltverschiebung.

4.1 Stromwendevorgang

Der Verlauf der Stromwendung wird nicht nur durch die bereits genannten induzierten Spannungen, sondern auch vom Verhalten des Bürstenkontakts beeinflusst, das wiederum vom Verlauf der Stromwendung abhängig ist. Erst in den 1970er Jahren hat man erkannt, dass sich der Stromwendevorgang hinsichtlich des Kontaktverhaltens in mehreren Phasen vollzieht [23]. Je nach dem prinzipiellen zeitlichen Verlauf des Stroms in den kommutierenden Spulen spricht man von linearer, verzögerter oder beschleunigter Stromwendung bzw. Kommutierung (s. Bd. *Grundlagen elektrischer Maschinen*, Abschn. 3.3.5). Maßgebend hierfür sind in erster Linie die während des Stromwendevorgangs induzierten Spannungen. Je nach der Art des Stromwendevorgangs wird der kommutierende Gleitkontakt, d. h. die Kontaktpaarung zwischen Bürste und Kommutatorstegen, mehr oder weniger beansprucht.

4.1.1 Phasen des Stromwendevorgangs

Im Allgemeinen läuft der Stromwendevorgang in vier Phasen ab. Diese Aufgliederung stützt sich auf die Erkenntnis, dass sich die Stromleitung zwischen Bürste und Kommutatorsteg auf eine bestimmte Anzahl von Kontaktpunkten, die sog. *Frittstellen*, konzentriert, die im Verlauf eines Formierungsprozesses entstehen. In der stromlosen Periode, die zwischen zwei aufeinander folgenden Bürstendurchläufen der Stege liegt, bedecken sich die Kontaktpunkte wieder mit dünnen Oxidhäuten und müssen nachformiert werden.

In der ersten Phase des Stromwendevorgangs, der sog. Blockierphase, findet noch kein Stromübergang statt, d. h. der Stromwendevorgang kann noch nicht beginnen (s. Bild 4.1.1). Sie ist gekennzeichnet durch eine rasch abfallende *Blockierspannung* u_{bl}. Übersteigt die über dem Bürstenkontakt liegende *Kontaktspannung* die

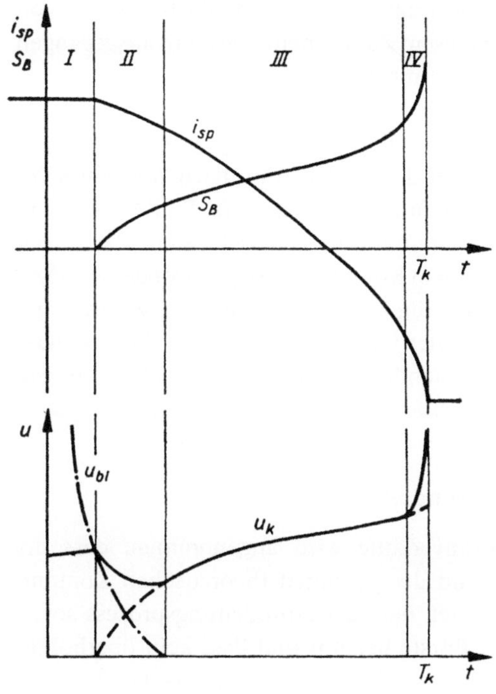

Bild 4.1.1 Phasen der Stromwendung.
I Blockierphase;
II Phase der Kontaktbildung;
III quasistationäre Phase;
IV Endphase;
——— tatsächlicher Verlauf von Kontaktspannung u_k, Spulenstrom i_{sp} und Bürstenstromdichte S_B;
– – – – Verlauf der Kontaktspannung nach der quasistationären Kennlinie;
· — · — · Verlauf der Blockierspannung u_{bl}.
Die Stromdichte ist auf die theoretische Kontaktfläche bezogen

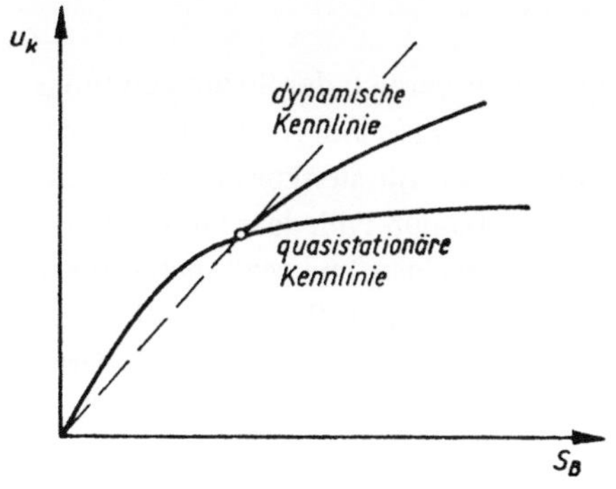

Bild 4.1.2 Kennlinien des Bürstenkontakts

Blockierspannung, so beginnt die Phase der Kontaktbildung, in der die Kontaktpunkte anfangen, leitfähig zu werden. Das geschieht, bevor der auflaufende Steg völlig von der Bürste überdeckt wird. In dieser Phase erfolgt der Stromleitungsprozess bei erhöhtem Spannungsbedarf gegenüber der nachfolgenden quasistationären Phase der vollflächigen Bedeckung, und es gilt die sog. *quasistationäre Kennlinie* $u_k = f(S_B)$ (s. Bild 4.1.2), die zum Ausdruck bringt, dass jeder bestimmten Stromdichte S_B ein bestimmter Formierungszustand des Kontakts und damit auch eine bestimmte Kontaktspannung u_k entspricht. Die sog. Endphase der Stromwendung verläuft i. Allg. mit sehr raschen Stromdichteänderungen, denen der Formierungszustand des Kontakts nicht folgen kann. Im Grenzfall unendlich rascher Stromdichteänderung ergäbe sich ein konstanter Kontaktwiderstand mit linearer Spannungs-Stromdichte-Kennlinie, der sich die für endlich rasche Vorgänge geltende *dynamische Kennlinie* weitgehend annähert (s. Bild 4.1.2). Ihre Neigung wird durch den vorausgegangenen quasistationären Arbeitspunkt bestimmt. Von einem endlich raschen Vorgang kann in diesem Zusammenhang dann ausgegangen werden, wenn $\mathrm{d}S/\mathrm{d}t$ größer als etwa 1000 A/(mm^2 s) wird.

Der Verlauf der Endphase der Kommutierung ist entscheidend dafür, ob der Stromwendevorgang mit oder ohne Funkenbildung, das sog. *Bürstenfeuer*, abschließt. Im Fall der Funkenbildung weicht der Spulenstrom nach Abschluss der sog. theoretischen Kommutierungsdauer vom Zweigstrom ab (s. Bild 4.1.3b), und die noch nicht beendete tatsächliche Kommutierung vollzieht sich über einen Lichtbogen zwischen Bürste und ablaufendem Kommutatorsteg. Besonders kritisch sind die Bedingungen für die sog. selbstständig kommutierenden Spulen. Das sind Spulen, deren zwei Spulenseiten als letzte der jeweiligen Nuten den Stromwendevorgang beenden müssen, d. h. ohne entlastende Verkettung über das Nutstreufeld mit noch kommutierenden Spulen.

4.1.2 Prinzipieller Verlauf der Stromwendung

Zur Darstellung der prinzipiellen Stromverläufe wird angenommen, dass die quasistationäre Kontaktkennlinie während der gesamten theoretischen Kommutierungsdauer maßgebend ist. Das bedeutet, dass der Stromleitungsprozess sofort mit dem Auflaufen eines Stegs auf die Bürste beginnt und dass kein überhöhter Spannungsbedarf auftritt.

a) Lineare Stromwendung

Bild 4.1.3a zeigt in schematischer Darstellung den im Bereich der Stromwendungszone liegenden Teil einer eingängigen Schleifenwicklung (s. Bd. *Grundlagen elektrischer Maschinen*, Bild 3.3.13). In den beiden durch den Bürstenkontakt gebildeten Zweigen fließen die Zweigströme i_{zw1} und i_{zw2}. Gesetzt den Fall, dass tatsächlich eine Wendung des Stroms stattfindet, sind die beiden Zweigströme bezüglich ihrer im Bild 4.1.3a angegebenen positiven Zählrichtungen gleich. Für die der im Bild 4.1.3a angegebenen Umfangsgeschwindigkeit v_{k} des Kommutators entsprechende Drehrichtung wird die mit Sp bezeichnete Spule während der Stromwendung vom Zweig 1 in den Zweig 2 geschaltet. Entsprechend dem eingetragenen Zählpfeil für den Spulenstrom i_{sp} fließt vor der Stromwendung in der Spule der Strom $i_{\mathrm{sp}} = i_{\mathrm{zw1}}$ und nach der Stromwendung der Strom $i_{\mathrm{sp}} = -i_{\mathrm{zw2}}$. Wendet man den Knotenpunktsatz auf die Gesamtschaltung der von der Bürste kurzgeschlossenen Spulen an, so ergibt sich der über die Bürste fließende Strom i_{B} als Summe der beiden Zweigströme

$$i_{\mathrm{B}} = i_{\mathrm{zw1}} + i_{\mathrm{zw2}}. \tag{4.1.1}$$

In der betrachteten Spule kann der Vorgang der Stromwendung beginnen, sobald beide Kommutatorstege der Spule von einer Bürste bzw. im Fall einer Wellenwicklung von zwei Bürsten (s. Bild 4.2.2b) kurzgeschlossen werden. Von diesem Augenblick an liegt die Spule nicht mehr im Zweig 1, und der Spulenstrom i_{sp} kann vom Zweigstrom i_{zw1} abweichen. Sobald die beiden Kommutatorstege nicht mehr kurzgeschlossen sind, ist die Spule in den Zweig 2 eingeschaltet. Sie führt den Zweigstrom $-i_{\mathrm{zw2}}$. Der Vorgang der Stromwendung ist beendet.

Zunächst soll vorausgesetzt werden, dass in den kommutierenden Spulen keine Spannung induziert wird ($e_{sp} = 0$), dass der Übergangswiderstand des Bürstenkontakts umgekehrt proportional zur Übergangsfläche ist ($R_{ü} \sim 1/A_{ü}$) und dass alle weiteren Widerstände der sich in der Stromwendung befindenden Spulen vernachlässigbar sind. Dann tritt in allen von den kommutierenden Spulen und der Bürste gebildeten Maschen nur eine Spannung u_k am Bürstenkontakt auf. Für jede Masche, die über zwei beliebige Punkte 1 und 2 der Bürstenkontaktfläche gebildet wird, gilt demnach $u_{k1} - u_{k2} = 0$ bzw. $u_{k1} = u_{k2}$, d. h. über der gesamten Kontaktfläche herrscht die gleiche Kontaktspannung u_k.

Bezeichnet man den zurückgelegten Weg der betrachteten Spule nach Beginn des Bürstenkurzschlusses mit x, die Bürstenbreite mit b_B und die Kurzschlusszeit mit T_k, so gilt unter Voraussetzung konstanter Umfangsgeschwindigkeit des Kommutators

$$v_k = \frac{x}{t} = \frac{b_B}{T_k} \tag{4.1.2}$$

und unter Vernachlässigung der Dicke der Stegisolierung für das Verhältnis der Teilströme i_1 und i_2 (s. Bild 4.1.3a) unter den getroffenen Voraussetzungen

$$\frac{i_2}{i_1} = \frac{R_{ü1}}{R_{ü2}} = \frac{A_{ü2}}{A_{ü1}} = \frac{b_B - x}{x} = \frac{T_k - t}{t} . \tag{4.1.3}$$

Nach Bild 4.1.3 gilt für den Spulenstrom $i_{sp} = i_{zw1} - i_1$. Damit und mit (4.1.1) sowie (4.1.3) erhält man schließlich für die Stromwendung von Gleichstrom- und Wechselstrom-Kommutatormaschinen, bei denen $i_{zw1} = i_{zw2} = i_{zw}$ gilt, die Beziehung

$$\boxed{i_{sp} = i_{zw}\left(1 - 2\frac{t}{T_k}\right)} , \tag{4.1.4}$$

d. h. einen linearen Verlauf (s. Bild 4.1.3a). Maßgebend für diese lineare Stromwendung ist das angenommene Verhalten des Übergangswiderstands und die ausschließliche Berücksichtigung der über diesem Übergangswiderstand liegenden Spannung. Man spricht deshalb auch von *Widerstandskommutierung*.

b) Verzögerte Stromwendung

In der Praxis treffen die im Unterabschnitt a formulierten Voraussetzungen nicht zu, und es ergeben sich Abweichungen von der linearen Stromwendung. Der Spulenwiderstand bewirkt z. B. eine Verkleinerung des Spulenstroms während der Stromwendung. Den größten Einfluss übt jedoch die in der Spule induzierte Spannung aus. Entsprechend Bild 4.1.4a ändert sich die Flussverkettung der kommutierenden Spule während der Bewegung von Lage 1 zu Lage 2 sowohl mit dem Nutstreufeld als auch mit dem Luftspaltfeld der Ankerwicklung gleichsinnig. In den meisten Fällen, vor allem bei allen Gleichstrommaschinen und Einphasen-Reihenschlussmaschinen, wechselt sie sogar das Vorzeichen. Die von der Flussverkettung der Spule mit beiden Feldanteilen induzierte Spannung wirkt – genauso wie ihr vom eigenen Streufeld durch Selbstinduktion allein induzierter Anteil – der Stromänderung entgegen. Die Stromwendung wird verzögert (s. Bild 4.1.3b). Durch die Verzögerung erreicht der Spulenstrom zum Zeitpunkt der Aufhebung des Bürstenkurzschlusses nicht den Wert des Stroms im Zweig 2. Es verbleibt ein Reststrom Δi, der wie bei einem

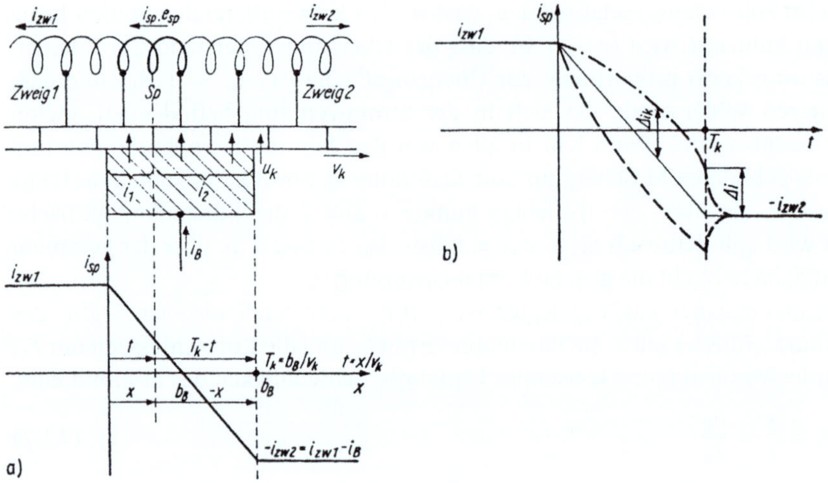

Bild 4.1.3 Prinzipieller Verlauf der Stromwendung. a) Lineare Stromwendung; b) verzögerte und beschleunigte Stromwendung (stark idealisiert);
· — · — · verzögerte Stromwendung;
– – – – beschleunigte Stromwendung

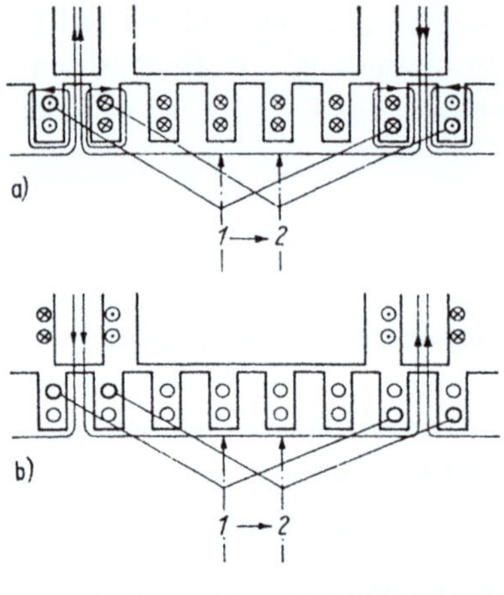

Bild 4.1.4 Flussverkettungen einer kommutierenden Spule. a) Mit dem Ankerfeld und dem Nut-Zahnkopf-Streufeld; b) mit dem Feld der Wendepole

normalen Abschaltvorgang eines induktiven Schaltelements so lange über einen Lichtbogen fließt (s. Bild 4.1.6a), bis der Vorgang der Stromwendung abgeschlossen ist. An der ablaufenden Bürstenkante entsteht *Bürstenfeuer*. Da der Spulenstrom bei verzögerter Stromwendung während der Bürstenkurzschlusszeit T_k der Spule nicht vollständig gewendet wird, spricht man auch von *Unterkommutierung*.

c) Beschleunigte Stromwendung

Durch ein dem Ankerfeld entgegengesetzt gerichtetes Feld, z. B. durch das der Wendepole (s. Bild 4.1.4b), kann die Flussverkettung der kommutierenden Spule mit dem Nutstreufeld und dem Ankerfeld aufgehoben und damit die verzögerte Stromwendung vermieden werden. Ist dieses Feld zu stark, so wird eine resultierende Spannung induziert, die die entgegengesetzte Wirkung wie die im Unterabschnitt b genannte hat. Sie beschleunigt die Stromwendung (s. Bild 4.1.3b).

Bei Kleinmaschinen wird aus Kostengründen i. Allg. auf die Ausführung von Wendepolen verzichtet. Um trotzdem die verzögerte Stromwendung zu vermei-

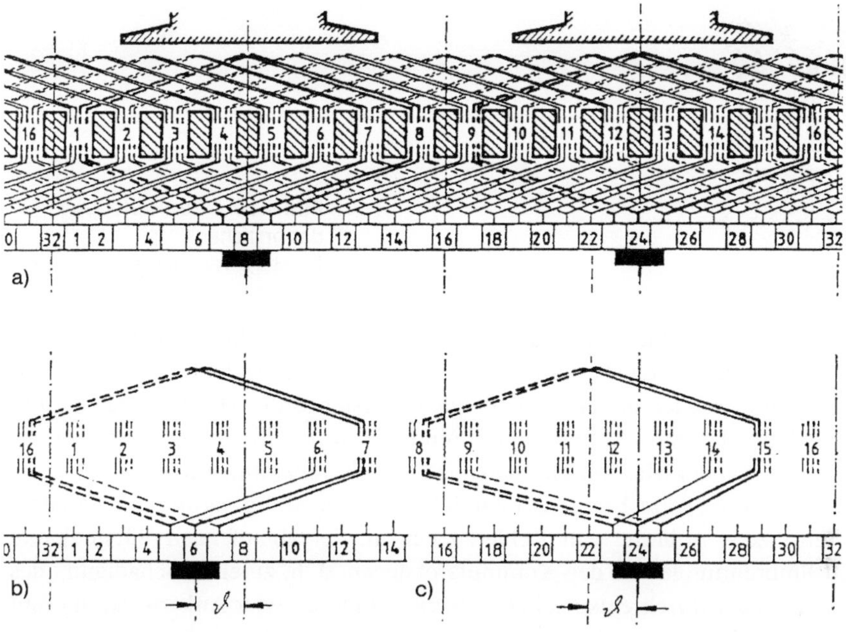

Bild 4.1.5 Flussverkettung einer kommutierenden Spule mit dem Erregerfeld.
a) Bürstenstellung in der neutralen Zone, keine Schaltverschiebung;
b) Bürstenverschiebung; c) Schaltverschiebung

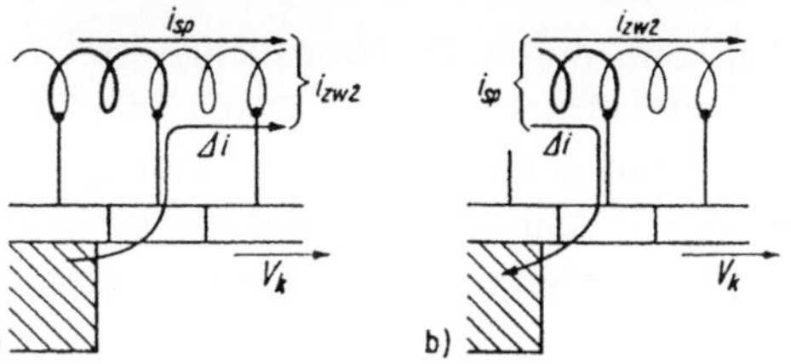

Bild 4.1.6 Reststrom bei nichtlinearer Stromwendung.
a) Verzögerte Stromwendung;
b) beschleunigte Stromwendung

den, können die Bürsten, wie im Bild 4.1.5b dargestellt, aus der neutralen Zone verschoben werden mit dem Ziel, eine Verkettung der kommutierenden Spulen mit dem resultierenden Luftspaltfeld zu erhalten, die die Verkettung mit dem Streufeld wenigstens im Bereich des Bemessungsbetriebs kompensiert. Das wird als *Bürstenverschiebung* bezeichnet. Eine identische Wirkung lässt sich dadurch erreichen, dass die Bürsten in der neutralen Zone verbleiben und stattdessen die Verbindung der Spulenseiten mit dem Kommutator entsprechend unsymmetrisch erfolgt (s. Bild 4.1.5c). Das wird *Schaltverschiebung* genannt. Eine zu starke Bürsten- bzw. Schaltverschiebung führt ebenfalls zu einer beschleunigten Stromwendung. Zwei grundsätzliche Nachteile sowohl der Bürsten- als auch der Schaltverschiebung sind, dass die Verschiebung eine Schwächung des Hauptflusses durch das Feld der Ankerwicklung zur Folge hat und dass die Verschiebung die Kommutierung nur für eine Drehrichtung in der gewünschten Weise verbessert.

Wenn die Stromwendung zu stark beschleunigt wird, erreicht der Spulenstrom innerhalb der Kurzschlusszeit T_k einen größeren Betrag als der Strom im Zweig 2. Ein Teil Δi des zu großen Spulenstroms muss nach der Aufhebung des Bürstenkurz-

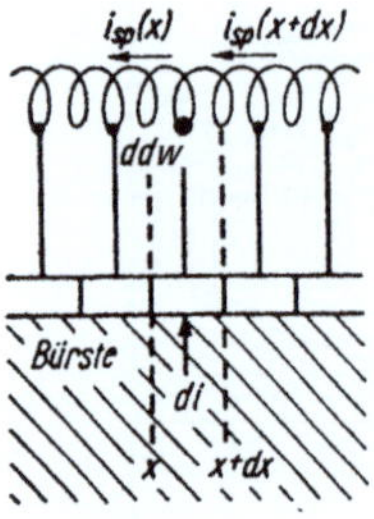

Bild 4.1.7 Zur Herleitung der örtlichen Bürstenstromdichte

schlusses über einen Lichtbogen solange zur Bürste zurückfließen (s. Bild 4.1.6b), bis der Spulenstrom den Betrag des Stroms im Zweig 2 erreicht hat. Es entsteht ebenfalls Bürstenfeuer an der ablaufenden Bürstenkante. Da der Spulenstrom bei beschleunigter Stromwendung während der Kurzschlusszeit T_k stärker als notwendig gewendet wird, spricht man auch von *Überkommutierung*.

Das durch verzögerte bzw. beschleunigte Stromwendung verursachte *Bürstenfeuer* führt zum Abbrand von Kohleteilchen an der ablaufenden Bürstenkante und zu Einbrennungen an den Kommutatorstegen, d. h. zu einer Schädigung des Bürstenkontakts. Durch entsprechende Dimensionierung der Ankerwicklung und des Wendepolkreises muss versucht werden, das Bürstenfeuer zu vermeiden.

4.1.3 Beanspruchung des Bürstenkontakts

Die Beanspruchung des Bürstenkontakts kann durch die Stromdichteverteilung bzw. den Verlauf der Kontaktspannung ausgedrückt werden. Denkt man sich die Ankerwicklung aus sehr vielen Spulen mit der sehr kleinen Windungszahl $\mathrm{d}w$ aufgebaut, so besteht der Kommutator aus sehr vielen Stegen der Breite $\mathrm{d}x$ (s. Bild 4.1.7). Über einen solchen Steg fließt der Strom $\mathrm{d}i$. Für den im Bild 4.1.7 angegebenen Knotenpunkt gilt

$$i_{\mathrm{sp}}(x) = \mathrm{d}i + i_{\mathrm{sp}}(x + \mathrm{d}x) = \mathrm{d}i + i_{\mathrm{sp}}(x) + \frac{\mathrm{d}i_{\mathrm{sp}}}{\mathrm{d}x}\mathrm{d}x. \tag{4.1.5}$$

Bezeichnet man die Bürstenabmessungen in axialer Richtung der Maschine mit l_{B}, so ergibt sich aus (4.1.5) für die Bürstenstromdichte am betrachteten Steg

$$\boxed{S_{\mathrm{B}}(x) = \frac{\mathrm{d}i(x)}{l_{\mathrm{B}}\mathrm{d}x} = \frac{1}{l_{\mathrm{B}}}\frac{\mathrm{d}i_{\mathrm{sp}}(x)}{\mathrm{d}x}}. \tag{4.1.6}$$

Im Fall der linearen Stromwendung mit $\mathrm{d}i/\mathrm{d}x = \text{konst.}$ ist die Stromdichte über der Bürstenfläche konstant, d. h. der Bürstenkontakt ist völlig gleichmäßig belastet. Jede Abweichung von der linearen Stromwendung führt zu einer ungleichmäßigen Verteilung der Stromdichte, d. h. zu einer ungleichmäßigen Belastung des Bürstenkontakts. Bei starker Unterkommutierung kommt es besonders in der Endphase zu sehr großen Stromdichten (s. Bild 4.1.1). Übersteigt dabei die Kontaktspannung einen dynamischen Grenzwert von etwa 5 V, bevor die Spulenstromstärke die Zweigstromstärke erreicht, so tritt an der ablaufenden Bürstenkante das bereits erwähnte Bürstenfeuer auf. Dieser Fall stellt die höchste Beanspruchung des Bürstenkontakts dar.

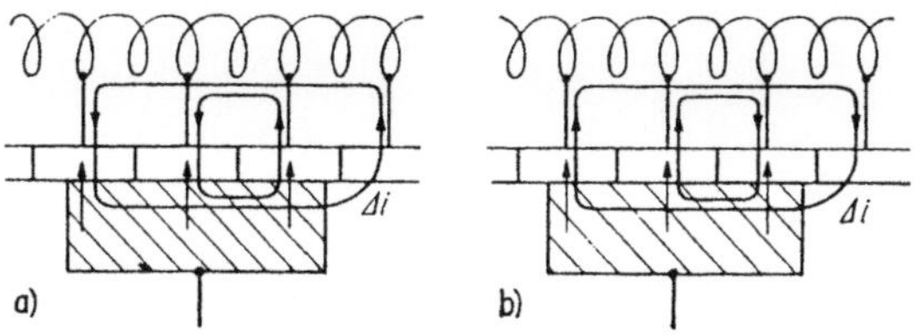

Bild 4.1.8 Zusätzliche Kurzschlussströme bei nichtlinearer Stromwendung. a) Verzögerte Stromwendung; b) beschleunigte Stromwendung

Die ungleichmäßige Stromdichteverteilung bei nichtlinearer Stromwendung kann man sich auch dadurch verursacht denken, dass dem gleichmäßig verteilten Strom der linearen Stromwendung ein zusätzlicher Kurzschlussstrom Δi_k überlagert ist, der von der in der kommutierenden Spule induzierten Spannung verursacht wird (vgl. Bild 4.1.3a mit Bild 4.1.8). An der ablaufenden Bürstenkante ist dieser zusätzliche Kurzschlussstrom identisch mit dem Reststrom Δi (vgl. Bild 4.1.6 mit Bild 4.1.8).

4.2 Prinzipielle analytische Behandlung der Stromwendung

Grundlage für die analytische Behandlung der Stromwendung ist die Maschengleichung der sog. kommutierenden Masche. Die kommutierende Masche wird aus der kommutierenden Spule, den beiden zugehörigen Kommutatorstegen einschließlich der Verbindungsleitungen und der kurzschließenden Bürste gebildet. Die mit dieser Masche bzw. mit der kommutierenden Spule bestehenden Flussverkettungsanteile beeinflussen die Stromwendung nur dann, wenn sie eine Spannung induzieren, d. h. wenn sie sich zeitlich ändern. Eine zeitliche Änderung der Flussverkettungsanteile mit dem Luftspaltfeld kann durch eine zeitliche Änderung der Erregung des Felds, durch eine Relativbewegung zwischen den kommutierenden Spulen und dem Feld oder durch eine zeitliche Änderung des magnetischen Leitwerts, d. h. durch eine Drehung des genuteten Läufers, verursacht werden. Eine zeitliche Änderung der Flussverkettungsanteile mit dem Streufeld der Spulen tritt im Wesentlichen nur während der Stromwendung der Spulen auf. In diesem Zusammenhang interessiert der Bereich des Ankerumfangs, in dem Spulenseiten kommutieren.

4.2.1 Maschengleichung der kommutierenden Masche

Die Maschengleichung der kommutierenden Masche (s. Bild 4.2.1) lautet

$$\sum u_j = \sum (Ri)_j = \mathrm{e}_{\mathrm{sp}j} = -\frac{\mathrm{d}\psi_{\mathrm{sp}j}}{\mathrm{d}t}. \tag{4.2.1}$$

Die Summe der Spannungsabfälle besteht aus dem Spannungsabfall der kommutierenden Spule $R_{\mathrm{sp}} i_{\mathrm{sp}j}$, den Spannungsabfällen über den Stegzuleitungen zum vor- bzw. nachlaufenden Steg $R_{\mathrm{s}} i_{\mathrm{sv}j}$ bzw. $R_{\mathrm{s}} i_{\mathrm{sn}j}$ und den Übergangsspannungen des Bürstenkontakts $u_{\mathrm{kv}j} = R_{\mathrm{üv}j} i_{\mathrm{sv}j}$ bzw. $u_{\mathrm{kn}j} = R_{\mathrm{ün}j} i_{\mathrm{sn}j}$. Mit diesen Spannungsabfällen wird unter Berücksichtigung der im Bild 4.2.1 angegebenen positiven Zählrichtungen aus (4.2.1)

$$\boxed{(R_{\mathrm{üv}j} + R_{\mathrm{s}}) i_{\mathrm{sv}j} + R_{\mathrm{sp}} i_{\mathrm{sp}j} - (R_{\mathrm{ün}j} + R_{\mathrm{s}}) i_{\mathrm{sn}j} = e_{\mathrm{sp}j} = -\frac{\mathrm{d}\psi_{\mathrm{sp}j}}{\mathrm{d}t}}\,. \tag{4.2.2}$$

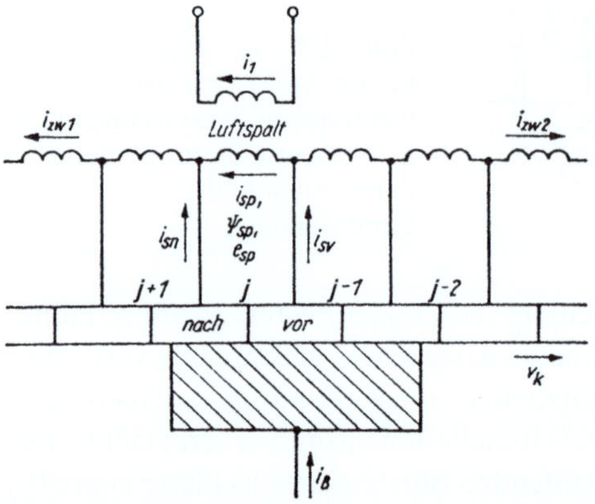

Bild 4.2.1 Zur Entwicklung der Maschengleichung der kommutierenden Masche

Die Flussverkettung ψ_{spj} der kommutierenden Spule besteht mit dem von allen Wicklungen der Maschine erregten Feld. Dieses Feld wird im Hinblick auf die analytische Behandlung entsprechend dem Verlauf und dem zeitlichen Verhalten in einzelne Anteile zerlegt. Die daraus resultierenden Flussverkettungsanteile lassen sich durch den erregenden Strom und die entsprechende Induktivität als $\psi = \sum Li$ ausdrücken. Wie schon erwähnt worden ist, können dabei sowohl L als auch i eine Zeitfunktion sein. Demnach ergibt sich für die in der kommutierenden Spule induzierte Spannung

$$\boxed{e_{spj} = -\frac{d\psi_{spj}}{dt} = -\sum\left(L\frac{di}{dt} + i\frac{dL}{dt}\right)}. \tag{4.2.3}$$

Nach Bild 4.2.1 sind die kommutierenden Spulen mit den Luftspaltfeldern der Ständerwicklungen, d. h. im Fall der Gleichstrommaschinen und der Einphasen-Reihenschlussmaschinen der Erregerwicklung, der Wendepolwicklung und der Kompensationswicklung, und mit den Feldern der nicht kommutierenden und der kommutierenden Ankerspulen des Läufers verkettet.

4.2.2 Wendezone

Die Wendezone ist der Bereich des Ankerumfangs, innerhalb dessen sich Spulenseiten in der Stromwendung befinden. Die Breite der Wendezone ist von der Dauer der Stromwendung einer Spule, der Zahl der in einer Nut nebeneinanderliegenden Spulenseiten und der Weite einer Spule abhängig. Die Bestimmung der Wendezonenbreite und der Staffelung der Stromwendevorgänge innerhalb der Wendezone erfolgt auf der Grundlage der Anwendung der Maschengleichung der kommutierenden Masche und ist damit Ausgangspunkt für die Dimensionierung der Wendepole oder die Festlegung der Bürsten- bzw. Schaltverschiebung.

a) Dauer der Stromwendung einer Spule

Nach Bild 4.1.3a beträgt die *theoretische Kurzschlusszeit* einer eingängigen Schleifenwicklung entsprechend (4.1.2)

$$T_k = \frac{b_B}{v_k}. \tag{4.2.4}$$

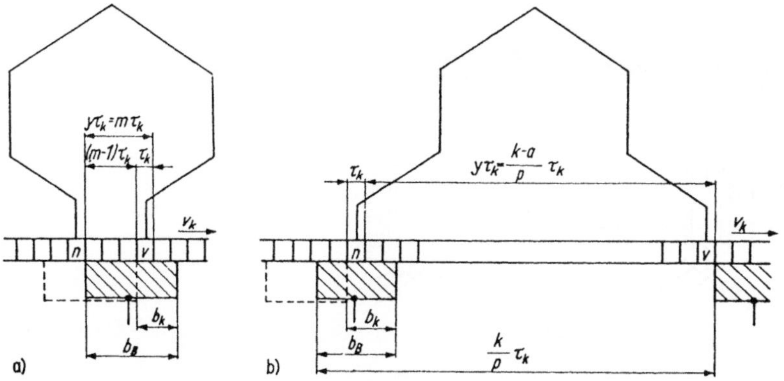

Bild 4.2.2 Zur Herleitung der Dauer der Stromwendung einer Spule.
a) Schleifenwicklung; b) Wellenwicklung

Der auf den Kommutatorumfang bezogene, von der kurzgeschlossenen Spule zurückgelegte Weg, d. h. der relative Weg der Bürste während dieser Zeit, soll *Kurzschlusszonenbreite* b_k genannt werden. Für die eingängige Schleifenwicklung gilt dann

$$b_k = T_k v_k = b_B. \tag{4.2.5a}$$

Die Kurzschlusszeit einer mehrgängigen Schleifenwicklung beginnt, wenn die Bürste den nachlaufenden Steg n berührt, und endet, wenn die Bürste den vorlaufenden Steg v verlässt. Der zuletzt genannte Fall ist im Bild 4.2.2a gestrichelt dargestellt. Demnach ergibt sich für die Kurzschlusszonenbreite der mehrgängigen Schleifenwicklung mit $y_r = m = a/p$ nach (1.3.4), Seite 121, und (1.3.5)

$$b_k = T_k v_k = b_B - (m-1)\tau_k = b_B + \left(1 - \frac{a}{p}\right)\tau_k. \tag{4.2.5b}$$

Wegen $m = a/p > 1$ ist diese Kurzschlusszonenbreite kleiner als die Bürstenbreite.

Zum Kurzschluss einer Spule einer Wellenwicklung sind zwei miteinander verbundene gleichnamige Bürsten notwendig (s. Bild 4.2.2b). Der Abstand der linken Kanten dieser Bürsten längs des Kommutatorumfangs ist gleich der auf den Kommutatordurchmesser bezogenen Polpaarteilung. Auf ein Polpaar entfallen k/p Stege mit einer Teilung τ_k. Damit gilt für die auf den Kommutatordurchmesser bezogene Polpaarteilung

$$\tau_{pk} = \frac{k}{p}\tau_k.$$

Der Abstand der zwei zu einer Spule einer Wellenwicklung gehörenden Stege entspricht dem resultierenden Wicklungsschritt. Mit $y_r = (k-m)/p = (k-a)/p$ entsprechend (1.3.8), Seite 121, und (1.3.9) ergibt sich im Fall der ungekreuzten Wicklung für diesen Abstand

$$y_r\tau_k = \frac{k-a}{p}\tau_k.$$

Damit erhält man nach Bild 4.2.2b zur Bestimmung der Kurzschlusszonenbreite der mehrgängigen Wellenwicklung die gleiche Beziehung wie für die mehrgängige

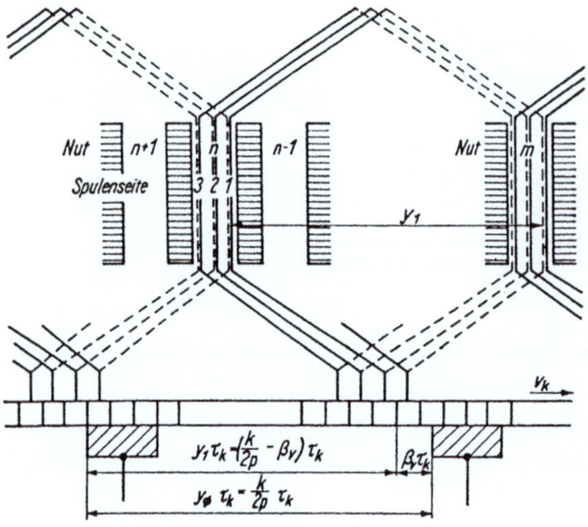

Bild 4.2.3 Zur Herleitung der Wendezonenbreite

Schleifenwicklung. Es gilt

$$b_\mathrm{k} = b_\mathrm{B} - \left[\frac{k}{p}\tau_\mathrm{k} - \frac{k-a}{p}\tau_\mathrm{k} - \tau_\mathrm{k}\right] = b_\mathrm{B} + \left(1 - \frac{a}{p}\right)\tau_\mathrm{k}. \tag{4.2.5c}$$

Bezieht man die Kurzschlusszonenbreite auf die Stegteilung, so erhält man die *relative Kurzschlusszonenbreite*

$$\boxed{\beta_\mathrm{k} = \frac{b_\mathrm{k}}{\tau_\mathrm{k}} = \frac{T_\mathrm{k}}{\tau_\mathrm{k}/v_\mathrm{k}} = \beta_\mathrm{B} + 1 - \frac{a}{p}}\,. \tag{4.2.6}$$

Dabei wurde die relative Bürstenbreite als

$$\beta_\mathrm{B} = \frac{b_\mathrm{B}}{\tau_\mathrm{k}} \tag{4.2.7}$$

eingeführt.

b) Wendezonenbreite

Die Wendezonenbreite b_wz ist der Weg einer Nut längs des Ankerumfangs, während sich in ihr Spulenseiten in der Stromwendung befinden. Man bestimmt sie über die auf den Kommutatordurchmesser bezogene Wendezonenbreite b_wzk. Das Verhältnis dieser beiden Wendezonenbreiten ist gleich dem Verhältnis der Durchmesser D/D_k von Anker und Kommutator.

Im Bild 4.2.3 sind die $u = 3$ Spulen einer Schleifenwicklung angedeutet, deren Spulenseiten in der Oberschicht der Nut n liegen. Diese Spulenseiten sind ausgezogen dargestellt, während die Spulenseiten der Unterschicht gestrichelt angegeben sind. Die eingezeichneten Bürsten sind zwei aufeinander folgende ungleichnamige Bürsten. Der Abstand ihrer linken Kanten entspricht einer Polteilung, d. h. er beträgt $k/2p$ Stegteilungen. Die auf den Kommutatorumfang bezogene Spulenweite ist nach (1.3.1), Seite 118,

$$\tau_\mathrm{k} y_1 = \tau_\mathrm{k}\left(\frac{k}{2p} - \beta_\mathrm{v}\right).$$

Im gezeichneten Augenblick läuft die linke Bürste auf den zweiten Steg der Spule auf, deren rechte Spulenseite die erste Spulenseite in der Unterschicht der Nut n ist. Die Spule beginnt zu kommutieren. Hat sich der Kommutator um eine Stegteilung weiterbewegt, so beginnt die Spule der zweiten Spulenseite in der Unterschicht der Nut n zu kommutieren und nach weiterer Drehung um eine Stegteilung die Spule der dritten Spulenseite.

Hat sich der Kommutator um β_v Stegteilungen aus der gezeichneten Lage bewegt, so läuft die rechte Bürste auf den zweiten Steg der Spule auf, deren linke Spulenseite die erste Spulenseite in der Oberschicht der Nut n ist. In diesem Augenblick beginnt diese Spule zu kommutieren. Die Spulen der beiden anderen Spulenseiten in der Oberschicht der Nut n folgen jeweils um eine Stegteilung später. Im Bild 4.2.4 sind die Kommutierungszeiten der einzelnen Spulen bzw. der dabei zurückgelegte Weg des Kommutatorumfangs für das Beispiel nach Bild 4.2.3 schematisch dargestellt. Dabei ist

$$\beta = \frac{x}{\tau_k} = \frac{t}{\tau_k/v_k} \tag{4.2.8}$$

allgemein der relative Kommutatorweg, d. h. die Zahl der Stege, um die sich der Kommutator weiterbewegt hat, bzw. die entsprechende relative Zeit, d. h. die Zeit für die Weiterdrehung des Kommutators bezogen auf die Zeit der Weiterdrehung um eine Stegteilung. Im Bild 4.2.4 ist für den Beginn der Stromwendung in der ersten Spulenseite in der Oberschicht der betrachteten Nut $\beta = 0$ gesetzt worden. Die Darstellung gilt für $u = 3$. Es lässt sich unschwer ableiten, dass für beliebige Werte von u die *relative Wendezonenbreite* bzw. die relative Wendezeit einer Nut

$$\beta_{wz} = \frac{b_{wzk}}{\tau_k} = \frac{b_{wz}}{\tau_n/u} = \frac{T_{wz}}{\tau_k/v_k} = \beta_v + \beta_k + (u-1) \tag{4.2.9}$$

beträgt. Dabei gilt mit $k = uN$

$$\frac{b_{wz}}{b_{wzk}} = \frac{D}{D_k} = \frac{N\tau_n}{k\tau_k} = \frac{\tau_n}{u\tau_k}.$$

Setzt man (4.2.6) in (4.2.9) ein, so erhält man schließlich

$$\boxed{\beta_{wz} = \beta_B + u + \beta_v - \frac{a}{p}}. \tag{4.2.10}$$

Wegen der Wicklungssymmetrie verlaufen die Vorgänge der Stromwendung in allen Nuten in der gleichen zeitlichen Folge. Die der Nut n nachlaufende Nut $n+1$ wendet um u Stegteilungen später, die vorauslaufende Nut $n-1$ um u Stegteilungen früher (s. Bild 4.2.4).

4.2.3 Gleichungssystem zur Berechnung der Stromwendung

Es ist prinzipiell möglich, die Spannungsabfälle über den Spulenzuleitungen in der Maschengleichung zu vernachlässigen. Führt man außerdem noch die Kontaktspannungsdifferenz $\Delta u_{kj} = u_{kvj} - u_{knj}$ ein und drückt die vom Luftspaltfeld in der Wendezone induzierte Spannung e_{wj} getrennt aus, so ergibt sich ausgehend von

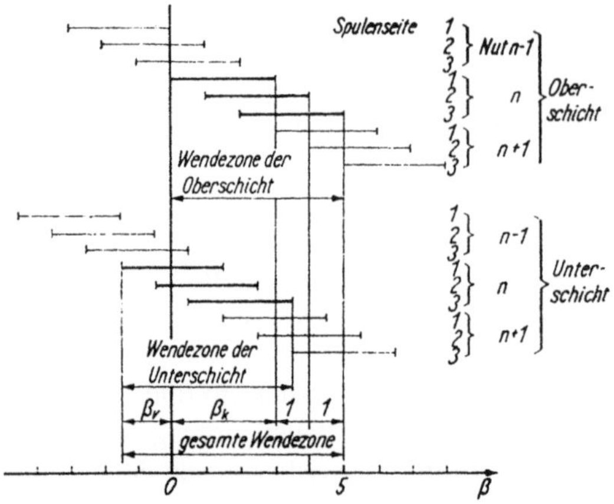

Bild 4.2.4 Zur Berechnung der Wendezonenbreite

(4.2.1) und (4.2.3) für die Spule j mit (4.1.5) die Maschengleichung

$$\boxed{\Delta u_{\mathrm{k}j} + R_{\mathrm{sp}} i_{\mathrm{sp}j} = e_{\mathrm{w}j} - \left(\sum L \frac{\mathrm{d}i}{\mathrm{d}t}\right)_j - \left(\sum i \frac{\mathrm{d}L}{\mathrm{d}t}\right)_j}\,. \tag{4.2.11}$$

Dabei sind in den Summenausdrücken von (4.2.11) auch die Verkettungen mit den benachbarten kommutierenden Spulen enthalten, d. h. man muss für alle miteinander verketteten kommutierenden Spulen (4.2.11) ansetzen, wobei noch die unterschiedliche relative Lage der Spulenseiten in den Nuten zu beachten ist. Da sich die Zahl der miteinander kommutierenden Spulen sprunghaft immer dann ändert, wenn eine Spule die Stromwendung beginnt bzw. beendet (s. Bild 4.2.4), muss der Stromwendevorgang der betrachteten Spule j in mehrere Abschnitte unterteilt werden. Damit ergibt sich für die Berechnung des Stromwendevorgangs einer Spule die Notwendigkeit, ein ganzes System von Maschengleichungen zu lösen. Das hat nur Aussicht auf Erfolg, wenn sämtliche Induktivitäten und deren zeitliche Abhängigkeit von der Ankerdrehung mit hoher Genauigkeit formuliert vorliegen und wenn der Verlauf von $\Delta u_{\mathrm{k}j}$ möglichst gut bekannt ist. Eine solche Berechnung ist nur mit rechentechnischen Mitteln möglich.

Genügend genau formulierte Luftspaltinduktivitäten sind für Maschinen mit Wendepolen in [24] ermittelt worden. Sie liegen in Form mehrgliedriger Ausdrücke mit sieben Koeffizienten vor. Zur Erfassung aller sinnvollen Varianten existiert ein Koeffizientenkatalog von mehr als 1000 Koeffizienten. Die üblichen Streuinduktivitäten, d. h. Nut-, Zahnkopf- und Wicklungskopfstreuung, weisen genügende Genauigkeit auf. Die Kontaktspannungsdifferenz muss entsprechend Abschnitt 4.1.1, Seite 306, unter Berücksichtigung der Phasen des Stromwendevorgangs aus den Kontaktspannungen berechnet werden. Dabei lässt sich die dynamische Kennlinie des Bürstenkontakts erst während des speziellen Stromwendevorgangs entsprechend dem sich ändernden Formierungszustand über die sich ändernde mittlere Stromdichte ermitteln. Für die quasistationäre Kennlinie des Bürstenkontakts ist der Ansatz

$$u_{\mathrm{k}} = a\sqrt[n]{S_{\mathrm{B}}} \tag{4.2.12}$$

üblich. Unter Einführung einer mittleren Bürstenstromdichte S_{Bm} kann man die dynamische Kennlinie entsprechend

$$u_{\mathrm{kdyn}} = a\sqrt[n]{S_{\mathrm{Bm}}}\frac{S_{\mathrm{B}}}{S_{\mathrm{Bm}}}$$

in für die Kommutierungsberechnung anwendbarer Weise auf die quasistationäre Kennlinie zurückführen. Aus den vorstehenden Betrachtungen geht hervor, dass eine hohen Ansprüchen genügende manuelle Berechnung der Stromwendung nicht möglich ist. Selbst für die rechentechnische Behandlung sind vereinfachende Annahmen notwendig. Andererseits hat eine genäherte manuelle Berechnung der Wendepoldurchflutung (s. Abschn. 4.3) bzw. der erforderlichen Bürsten- oder Schaltverschiebung für viele praktische Fälle durchaus Bedeutung.

4.2.4 Betrachtungen zur Lösung des Gleichungssystems

Die analytische Behandlung des Stromwendevorgangs macht, wie schon im Abschnitt 4.2.1 erwähnt worden ist, eine Aufgliederung der Flussverkettung der kommutierenden Masche notwendig. Dieser Aufgliederung entsprechen die Summen in (4.2.11). Jeder Summand stellt dabei die zeitliche Änderung einer Teilflussverkettung dar. Außerdem sind je nach der Aufgabenstellung vereinfachende Annahmen notwendig. Dabei können die bereits in der Einleitung zum Kapitel 4 genannten drei Aufgabenstellungen zwei prinzipiellen Berechnungszielen zugeordnet werden. Das eine Berechnungsziel ist die Berechnung des notwendigen Felds der Wendepole bzw. die Berechnung der notwendigen Bürsten- oder Schaltverschiebung zur Realisierung eines vorgegebenen Verlaufs der kommutierenden Ströme. Das andere Berechnungsziel ist die Berechnung der Stromverläufe aus den vorliegenden Verkettungsverhältnissen.

a) Teilflussverkettungen

Bei Vernachlässigung der Rückwirkungen der kommutierenden Ströme, der diskreten Wicklungsverteilung der Kommutatorwicklung und der Ankernutung fließt in den Ständerwicklungen elektrisch erregter Gleichstrommaschinen Gleichstrom. Für diesen Strom verschwindet in (4.2.11) der entsprechende Anteil in $\sum L\,\mathrm{d}i/\mathrm{d}t$. Eine Änderung der Flussverkettung der kommutierenden Masche mit den Feldern dieser Wicklungen kann dann nur aufgrund der Läuferdrehung erfolgen. Einerseits bewirkt die Nutung bei Läuferdrehung eine Pulsation der Teilflüsse; andererseits ändert sich mit der Läuferdrehung die Lage der kommutierenden Masche, d. h. die Flussverkettung mit den Teilfeldern der Wendepol- und der Kompensationswicklung bzw. im Fall einer Bürsten- oder Schaltverschiebung die Flussverkettung mit dem resultierenden Luftspaltfeld. Dieser Effekt wird zur gezielten Beeinflussung des Stromwendevorgangs genutzt.

In den Ständerwicklungen von Einphasen- und Dreiphasenmaschinen fließt Wechselstrom, und der entsprechende Anteil in $\sum L\,\mathrm{d}i/\mathrm{d}t$ nach (4.2.11) wird wirksam. In den Ständerwicklungen von Gleichstrommaschinen, die über Stromrichter gespeist werden, fließt ebenfalls ein sich zeitlich periodisch ändernder Strom.

In allen sich nicht in der Stromwendung befindenden Spulen der Ankerwicklung einer Gleichstrommaschine fließt unter Voraussetzung der genannten

Vernachlässigungen Gleichstrom. Eine Änderung der Flussverkettung der kommutierenden Masche mit den Teilfeldern dieser Spulen kann dann nur durch die Nutung verursacht werden. Aus dem gleichen Grund ändert sich auch die Flussverkettung mit den Feldern der kommutierenden Spulen. Der dominierende Anteil ist jedoch die auf der Stromwendung beruhende Änderung der Flussverkettung. Dieser Anteil wird weiter aufgegliedert in Anteile, die vom Luftspaltfeld, und solche, die von den Streufeldern der kommutierenden Spulen herrühren. Dabei ist die jeweils betrachtete Spule mit den Nut- und Zahnkopfstreufeldern der in den gleichen Nuten liegenden und mit den Wicklungskopfstreufeldern aller kommutierenden Spulen verkettet.

Bei Einphasen-Reihenschlussmaschinen und bei Drehstrom-Kommutatormaschinen fließt in allen nicht kommutierenden Spulen der Ankerwicklung Wechselstrom, der entsprechend dem Anteil in $\sum L\,\mathrm{d}i/\mathrm{d}t$ einen Betrag zur Spannungsgleichung der kommutierenden Masche liefert. In den Ankerwicklungen von Gleichstrommaschinen, die über Stromrichter gespeist werden, fließt ebenfalls ein sich zeitlich ändernder Strom.

b) Genäherte Berechnung des Luftspaltfelds in der Wendezone

Die Berechnung des Luftspaltfelds in der Wendezone geht von der Annahme linearer Stromwendung aus. Mit dieser Annahme verbunden ist nach Unterabschnitt 4.1.2a eine konstante Stromdichte S und damit auch eine konstante Kontaktspannung u_k über der gesamten Bürstenfläche bzw. $\Delta u_\mathrm{k} = 0$ sowie ein vernachlässigter Spulenwiderstand R_sp. Die Annahme setzt voraus, dass sich alle während des Stromwendevorgangs induzierten Spannungen – einschließlich der vom Feld in der Wendezone induzierten – vollständig kompensieren. Ferner nimmt man an, dass das Luftspaltfeld der Ankerwicklung in der Wendezone von der Läuferdrehung unabhängig ist und vollständig durch eine entsprechende Durchflutung der Wendepol- bzw. Kompensationswicklung bzw. durch die Bürsten- oder Schaltverschiebung kompensiert wird, so dass in (4.2.11) nur noch die ebenfalls als konstant angenommenen Streuinduktivitäten in Erscheinung treten. Wenn sich der Strom aller Spulen im Fall einer Gleichstrommaschine während der Stromwendezeit T_k linear um Δi_sp ändert, wird $\mathrm{d}i/\mathrm{d}t = \Delta i_\mathrm{sp}/T_\mathrm{k}$, und man erhält aus (4.2.11) die Beziehung

$$e_\mathrm{w} = \frac{\Delta i_\mathrm{sp}}{T_\mathrm{k}} \sum L_\sigma . \tag{4.2.13}$$

Wenn nun das Luftspaltfeld in der Wendezone in seinem Verlauf $B_\mathrm{w}(x)$ so realisiert würde, dass in jedem Augenblick durch Rotation die durch (4.2.13) erhaltene Spannung e_w induziert wird, wäre die Voraussetzung für die lineare Kommutierung erfüllt, und sie fände tatsächlich statt. Das Luftspaltfeld in der Wendezone kann bei Maschinen mit Wendepolen durch die Wahl des Luftspalts unter den Wendepolen, die Form der Wendepole und die Windungszahl der Wendepolwicklung eingestellt werden. Bei Maschinen ohne Wendepole ist dies nicht ohne weiteres möglich, da die Wendezone im Bereich der Hauptpole bzw. der entsprechenden permanentmagnetischen Abschnitte liegt und i. Allg. lediglich die Lage der Wendezone durch die Bürsten- oder Schaltverschiebung beeinflusst werden kann.

Die Ermittlung des Luftspaltfelds in der Wendezone über (4.2.13) stellt schon deshalb eine Näherung dar, weil niemals ein Verlauf $B_\mathrm{w}(x)$ des Luftspaltfelds realisiert

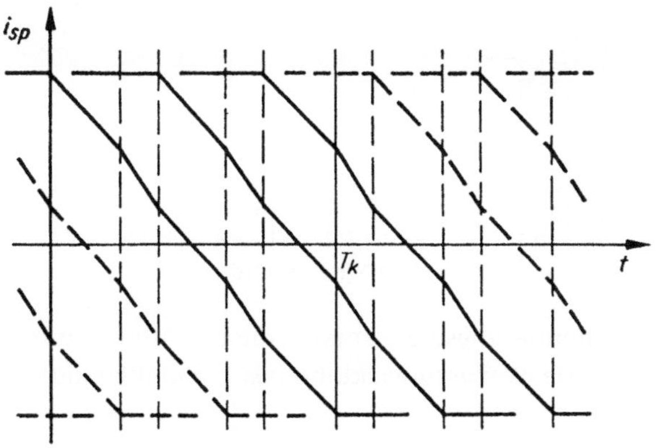

Bild 4.2.5
Durchschnittlich und abschnittsweise lineare Stromwendung

werden kann, dessen induzierte Spannung dem durch die rechte Seite gegebenen Zeitverlauf vollständig entspricht, wie im Abschnitt 4.3 noch deutlich werden wird.

Bei mit oberschwingungsbehaftetem Strom gespeisten Gleichstrommaschinen und bei Einphasen-Reihenschlussmaschinen muss zusätzlich noch der vom Hauptfeld transformatorisch induzierte Spannungsanteil kompensiert werden.

c) Vorausberechnung der Kommutierungsgüte

Bei der Bestimmung der Kommutierungsgüte handelt es sich zunächst ebenfalls um die Berechnung des Luftspaltfelds in der Wendezone. Das so ermittelte Feld wird anschließend im Hinblick auf seine Realisierbarkeit durch Wendepole [25] bzw. eine Bürsten- bzw. Schaltverschiebung überprüft. Für diese Überprüfung ist eine genäherte Berechnung des Felds der Wendepole nach Unterabschnitt b sinnlos. Man geht deshalb von der physikalisch besser begründbaren Annahme sog. durchschnittlich linearer Stromwendung aus [26]. Durchschnittlich lineare Stromwendung bedeutet, dass die Summe der Stromänderungen aller kommutierenden Spulen einer Wendezone konstant ist. Zur weiteren Vereinfachung wird angenommen, dass die Stromänderung jeder einzelnen kommutierenden Spule abschnittsweise linear verläuft (s. Bild 4.2.5).

Die Gestaltung des Felds in der Wendezone bzw. die Dimensionierung der Wendepole wird nunmehr auf die kleinste Abweichung des realisierbaren Felds vom geforderten Feld $B_W(x)$ hin optimiert. Sowohl die Größe dieser Abweichung als auch der maximale Wert des Felds der Wendepole werden als vorausberechenbares Kriterium der Kommutierungsgüte bewertet.

d) Berechnung der Stromverläufe

Die Berechnung der Stromverläufe stellt, wie in der Einleitung zum Kapitel 4 bereits erwähnt worden ist, die schwierigste Aufgabe dar, und zwar deshalb, weil einerseits (4.2.11) integriert werden muss und andererseits im Hinblick auf ernst zu nehmende Resultate die Kontaktspannungsdifferenz nicht mehr vernachlässigbar ist. Gegebenenfalls müssen sogar die technologisch bedingten Toleranzen der Felder in den Wendezonen berücksichtigt werden. Ausgehend von den geometrisch und elektromagnetisch bedingten Verkettungsverhältnissen erfolgt die schrittweise Berechnung der Stromverläufe der kommutierenden Spulen durch numerische Integration von (4.2.11) z. B. nach *Runge-Kutta* [27]. Weiterführende Arbeiten streben

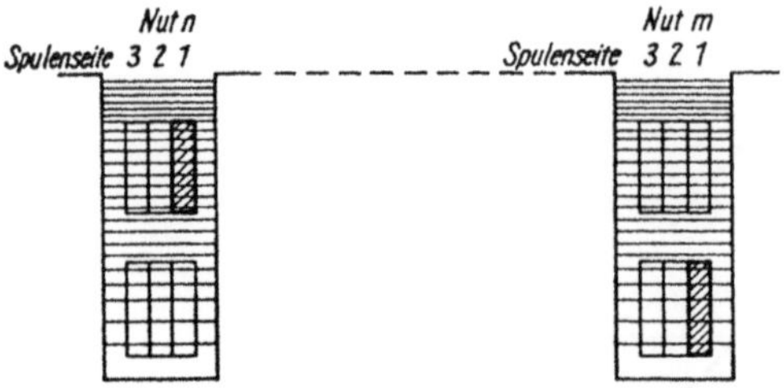

Bild 4.3.1 Flussverkettung mit dem Nutstreufeld

die Vorausberechnung der sog. Kommutierungsgrenzkurven, die Ermittlung günstiger Stromverläufe und eine fundierte Weiterentwicklung des kommutierenden Kontaktapparats an.

4.3 Genäherte Berechnung der Stromwendung

Die genäherte Berechnung der Stromwendung hat zum Ziel, den Wendepolkreis größerer Kommutatormaschinen auf Basis der allgemeinen Betrachtungen im Abschnitt 4.2.4 zu gestalten. Für die Vorausberechnung der Kommutierung kleiner Gleichstrom- und Wechselstrom-Kommutatormotoren ohne Wendepole muss auf die weiterführende Literatur [28] verwiesen werden.

Die folgenden Untersuchungen gehen wiederum davon aus, dass eine möglichst lineare Stromwendung (s. Bild 4.1.3) anzustreben ist. Dementsprechend setzen sie diese zunächst voraus und untersuchen, unter welchen Anforderungen an das Luftspaltfeld in der Wendezone dies erreicht werden kann. Es wird sich zeigen, dass ein der linearen Stromwendung angepasstes Feld der Wendepole für die üblichen Ausführungen der Ankerwicklung nicht realisierbar ist. Es hat also keinen Sinn, das auf durchweg linearer Stromwendung basierende Berechnungsverfahren noch weiter zu verfeinern.

4.3.1 Verlauf der Ankerreaktanzspannung

Die durch ihre Streufelder in den kommutierenden Spulen induzierte Spannung wird *Ankerreaktanzspannung* e_r genannt. Aufgabe der Berechnung der Stromwendung ist – außer der Bestimmung des Anteils der Wendepoldurchflutung zur Kompensation der Verkettung mit dem Luftspaltfeld – die Bestimmung einer geeigneten Flussdichteverteilung $B_\mathrm{w}(x)$ des Felds der Wendepole. Dieses induziert durch die Läuferbewegung in den kurzgeschlossenen Spulen Spannungen, die jeweils die Ankerreaktanzspannung kompensieren. Bei Vorgabe der linearen Stromwendung in den einzelnen kommutierenden Spulen lässt sich der Verlauf der Ankerreaktanzspannung ermitteln. Damit liegt auch die zur Kompensation notwendige Flussdichteverteilung des Felds der Wendepole, d. h. die *Wendefeldkurve* $B_\mathrm{w}(x)$, fest.

Wenn sich der Spulenstrom in jeder kommutierenden Spule während der Kurzschlusszeit T_k linear um (s. Bild 4.1.3a)

$$\Delta i_\mathrm{sp} = -i_\mathrm{zw2} - i_\mathrm{zw1} = -\Delta i_\mathrm{zw} \tag{4.3.1}$$

ändert, so gilt entsprechend (4.2.3) bzw. (4.2.13) für die Ankerreaktanzspannung

$$\boxed{e_\mathrm{r} = -\frac{\mathrm{d}\psi_{\sigma\mathrm{sp}}}{\mathrm{d}t} = -\sum L_\sigma \frac{\mathrm{d}i}{\mathrm{d}t} = \frac{\Delta i_\mathrm{zw}}{T_\mathrm{k}} \sum L_\sigma}\,. \tag{4.3.2}$$

Die einzelnen Induktivitäten werden dabei nur wirksam, wenn sich die entsprechenden Ströme ändern, d. h. wenn die Spulen kommutieren. Das soll im Folgenden durch den Faktor c ausgedrückt werden. Für kommutierende Spulen gilt $c = 1$, für nicht kommutierende $c = 0$. Innerhalb des Nutteils der Spulen sind nur die Spulenseiten miteinander verkettet, die in gleichen Nuten liegen (s. Bild 4.3.1). Folglich gilt für den vom Nut- und Zahnkopfstreufeld induzierten Anteil der Ankerreaktanzspannung einer kommutierenden Spule, z. B. jener, deren Spulenseiten im Bild 4.3.1 hervorgehoben angedeutet sind,

$$\begin{aligned} e_\mathrm{rnz} = \frac{\Delta i_\mathrm{zw}}{T_\mathrm{k}} \big[&(cL_\mathrm{so})_1 + (cL_\mathrm{go})_2 + (cL_\mathrm{go})_3 + (cL_\mathrm{ou})_1 + (cL_\mathrm{ou})_2 + (cL_\mathrm{ou})_3 \\ &+ (cL_\mathrm{su})_1 + (cL_\mathrm{gu})_2 + (cL_\mathrm{gu})_3 + (cL_\mathrm{uo})_1 + (cL_\mathrm{uo})_2 + (cL_\mathrm{uo})_3\big]. \end{aligned} \tag{4.3.3a}$$

Nach Abschnitt 3.5.2.2, Seite 277, sind die Flussverkettungen der Gegeninduktion innerhalb einer Schicht bei gleichem Strom gleich der Flussverkettung der Selbstinduktion. Demzufolge sind die entsprechenden Induktivitäten gleich, und es gilt

$$L_\mathrm{go} = L_\mathrm{so} \quad \text{und} \quad L_\mathrm{gu} = L_\mathrm{su}.$$

Aus dem gleichen Grund sind auch die Gegeninduktivitäten zwischen den Schichten gleich, und es gilt

$$L_\mathrm{ou} = L_\mathrm{uo} = L_\mathrm{g}.$$

Damit wird aus (4.3.3a)

$$e_\mathrm{rnz} = \frac{\Delta i_\mathrm{zw}}{T_\mathrm{k}} \left(\sum cL_\mathrm{so} + \sum cL_\mathrm{su} + \sum cL_\mathrm{g}\right), \tag{4.3.3b}$$

wobei der Ausdruck $\sum cL_\mathrm{g}$ doppelt so viele Summanden enthält wie die beiden anderen Summen. Nach Abschnitt 3.7.2, Seite 293, wird angenommen, dass alle innerhalb einer Polteilung liegenden, gleichzeitig kommutierenden Spulen ein gemeinsames Wicklungskopfstreufeld ausbilden, mit dem sie voll verkettet sind. Damit sind alle Gegeninduktivitäten gleich der Streuinduktivität $L_{\sigma\mathrm{w}}$ einer Spule, so dass sich für den Anteil der Wicklungskopfstreuung an der Ankerreaktanzspannung

$$e_\mathrm{rw} = \frac{\Delta i_\mathrm{zw}}{T_\mathrm{k}} \sum cL_{\sigma\mathrm{w}} \tag{4.3.3c}$$

ergibt. Die in (4.3.3b) und (4.3.3c) enthaltenen Induktivitäten sind gemäß $L = \psi/i$ aus (3.5.13), Seite 275, (3.5.25) und (3.7.25), Seite 294, zu bestimmen, wobei (3.7.25) auf eine Spule ($q = 1$, $a = 1$) mit dem Strom i_sp anzuwenden ist. Führt man die auf diese Weise ermittelten Induktivitäten mit den in den Abschnitten 3.7.1 und 3.7.2 definierten relativen Streuleitwerten in die Beziehungen (4.3.3b) und (4.3.3c) ein, so erhält man schließlich für die resultierende Ankerreaktanzspannung einer Spule mit $l = l_\mathrm{i}$

$$e_\mathrm{r} = e_\mathrm{rnz} + e_\mathrm{rw} = \frac{\Delta i_\mathrm{zw}}{T_\mathrm{k}} \mu_0 l_\mathrm{i} w_\mathrm{sp}^2 \left(\sum c\lambda_\mathrm{o} + \sum c\lambda_\mathrm{u} + \sum c\lambda_\mathrm{g} + 2\frac{l_\mathrm{w}}{l_\mathrm{i}} \sum c\lambda_\mathrm{ws}\right). \tag{4.3.4}$$

Der Ausdruck in Klammern stellt den resultierenden relativen Streuleitwert der kommutierenden Spule entsprechend

$$\lambda_{\mathrm{sp}} = \sum c\lambda_{\mathrm{o}} + \sum c\lambda_{\mathrm{u}} + \sum c\lambda_{\mathrm{g}} + 2\frac{l_{\mathrm{w}}}{l_{\mathrm{i}}}\sum c\lambda_{\mathrm{ws}} \tag{4.3.5}$$

dar. Er ist eine Funktion der Zeit bzw. der Stellung des Ankers und der relativen Lagen der Spulen in den Nuten. Man erhält ihn nach (4.3.5) aus der Summation der einzelnen Anteile. Die Zeitabschnitte, in denen $c = 1$ gilt, sind dem Bild 4.2.4 zu entnehmen. Es sind nur die Anteile solcher Spulen zu summieren, die sich während der Stromwendung gegenseitig beeinflussen. Im Nutteil beeinflussen sich nur Spulenseiten, die in der gleichen Nut liegen. Im Wicklungskopfteil beeinflussen sich die Wicklungsköpfe aller unmittelbar nebeneinanderliegenden, gleichzeitig kommutierenden Spulen.

Soll die in den kommutierenden Spulen induzierte Ankerreaktanzspannung kompensiert werden, so muss entsprechend $e_{\mathrm{sp}} = e_{\mathrm{r}} + e_{\mathrm{w}} = 0$ vom Feld der Wendepole $B_{\mathrm{w}}(x)$ eine Spannung

$$\boxed{e_{\mathrm{w}}(t) = w_{\mathrm{sp}} l_{\mathrm{i}} v \left[B_{\mathrm{w}}(x_{\mathrm{o}}) - B_{\mathrm{w}}(x_{\mathrm{u}})\right] = -e_{\mathrm{r}}(t)} \tag{4.3.6}$$

induziert werden. Nach Band *Grundlagen elektrischer Maschinen*, (2.4.30) mit $\partial\Phi/\partial t = 0$, ist dabei unter Beachtung von β nach (4.2.8) $x_{\mathrm{o}} = \beta_{\mathrm{o}}\tau_{\mathrm{n}}/u$ die Lage der (linken) Oberschichtspulenseiten und $x_{\mathrm{u}} = \beta_{\mathrm{u}}\tau_{\mathrm{n}}/u$ die Lage der (rechten) Unterschichtspulenseiten. Der Verlauf der zur Kompensation notwendigen Wendefeldflussdichte $B_{\mathrm{w}}(x)$ muss also dem Verlauf der Ankerreaktanzspannung $e_{\mathrm{r}}(t)$ entsprechen. Das ist allerdings nicht realisierbar, wie im Folgenden erläutert wird.

Zunächst lässt sich natürlich ein treppenförmiger Verlauf der Wendefeldflussdichte, wie es der Verlauf der Reaktanzspannung erfordert, generell nicht realisieren. Dazu kommen weitere Schwierigkeiten. Bei gesehnten Wicklungen kommutieren nach Bild 4.2.4 innerhalb einer Nut die Spulenseiten der Oberschicht gesehnter Wicklungen nicht in der gleichen Zeit bzw. nicht an der gleichen Stelle der Ankeroberfläche wie die der Unterschicht. Die Verläufe der Stromwendung in Ober- und Unterschicht und damit auch die das Feld der Wendepole bestimmenden Verläufe von e_{r} der Ober- und Unterschicht sind um β_{v} gegeneinander verschoben (s. Bild 4.3.2). Jede Schicht benötigt also einen anderen Verlauf der Wendefeldflussdichte, und das ist nicht realisierbar.

Bei ungetreppten Wicklungen ist zwar eine solche Aufteilung der Ankerreaktanzspannung in fiktive Teilspannungen möglich, dass ein einheitlicher Verlauf der zur Kompensation notwendigen Wendefeldflussdichte resultiert. Jedoch weist dieser Verlauf außer den vorhandenen Stufen i. Allg. auch noch Einsattelungen auf, so dass er ebenfalls nicht realisierbar ist. Bei getreppten Wicklungen sind bereits die Verläufe der Streuleitwerte der einzelnen Spulen unterschiedlich, und das Erreichen eines einheitlichen Verlaufs der zur Kompensation notwendigen Wendefeldflussdichte ist unmöglich.

Aus den vorstehenden Betrachtungen geht hervor, dass kein Feld der Wendepole realisierbar ist, das unter der Bedingung $e_{\mathrm{sp}} = 0$ eine lineare Stromwendung bewirkt. Praktisch existiert deshalb weder eine lineare Stromwendung noch der Fall $e_{\mathrm{sp}} = 0$. Die Folgen davon sind, dass die Bürsten nie gleichmäßig belastet sind und dass sie außerdem die Eigenschaft aufweisen müssen, die auftretenden

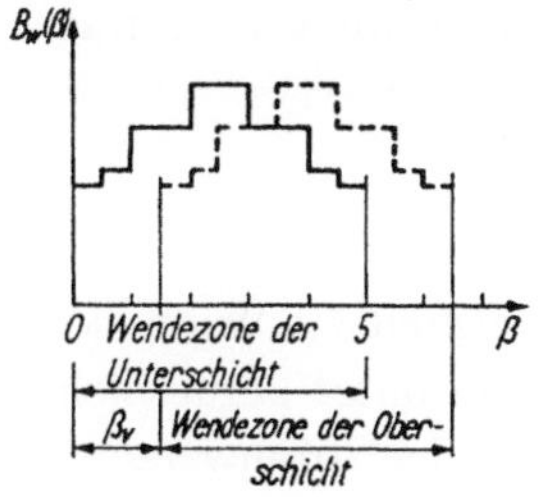

Bild 4.3.2 Wendefeldkurven, die zur Kompensation der Ankerreaktanzspannung bei linearer Stromwendung notwendig wären

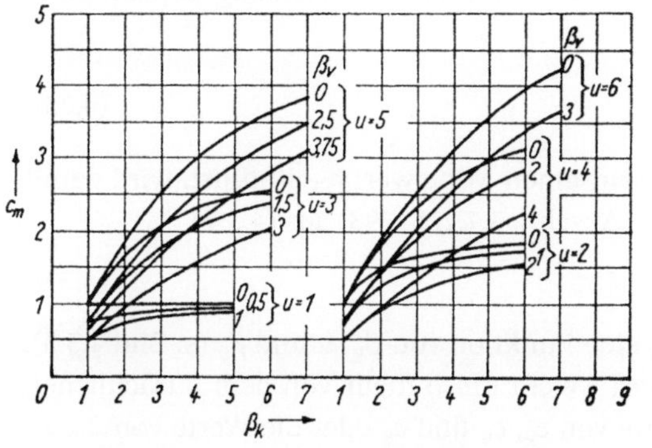

Bild 4.3.3 Hilfsfaktor zur Berechnung der mittleren Ankerreaktanzspannung

Restspannungen ohne nachteilige Folgen, d. h. ohne Bürstenfeuer, auszugleichen. Es ist einzusehen, dass es sinnlos ist, ein auf linearer Stromwendung basierendes verfeinertes Berechnungsverfahren der Stromwendung zu entwickeln. Entweder man begnügt sich mit weiter vereinfachten Verfahren, oder man setzt andere Stromwendeverläufe an. Ein solcher Ansatz ist die im Unterabschnitt 4.2.4c bereits erwähnte durchschnittlich geradlinige Stromwendung.

4.3.2 Mittlere Ankerreaktanzspannung

Ein weiter vereinfachtes Berechnungsverfahren, das für die Behandlung praktischer Fälle zu brauchbaren Ergebnissen führt, beruht auf der Kompensation des Mittelwerts e_{rm} der Ankerreaktanzspannung, der unter der Annahme linearer Stromwendung nach Abschnitt 4.3.1 ermittelt wurde, durch eine mittlere Wendefeldspannung e_{wm}. Prinzipiell erhält man die mittlere Ankerreaktanzspannung aus dem Mittelwert λ_{spm} des resultierenden Streuleitwerts aller sich beeinflussenden Spulen. Dabei ist zu beachten, dass i. Allg. die resultierenden Leitwerte der einzelnen Spulen unterschiedlich verlaufen. Einen brauchbaren Näherungswert der mittleren Ankerreaktanzspannung erhält man aus dem Mittelwert c_{m} der Zahl der gleichzeitig je Nut und Schicht kommutierenden Spulenseiten.

Wenn man in (4.3.5) die Zahl der gleichen Summanden durch c_{o}, c_{u}, $2c_{\mathrm{g}}$ bzw. c_{w} ausdrückt, so erhält man

$$\lambda_{\mathrm{sp}} = c_{\mathrm{o}}\lambda_{\mathrm{o}} + c_{\mathrm{u}}\lambda_{\mathrm{u}} + 2c_{\mathrm{g}}\lambda_{\mathrm{g}} + 2\frac{l_{\mathrm{w}}}{l_{\mathrm{i}}}c_{\mathrm{w}}\lambda_{\mathrm{ws}}. \tag{4.3.7}$$

Die einzelnen Werte c_{o}, c_{u} und c_{g} sind Zeitfunktionen mit dem möglichen Maximalwert u. Für ungetreppte Wicklungen gilt $c_{\mathrm{o}} = c_{\mathrm{u}}$, für ungetreppte Durchmesserwicklungen $c_{\mathrm{g}} = c_{\mathrm{o}} = c_{\mathrm{u}}$. Da sich im Wicklungskopf alle im Bereich einer Polteilung befindlichen gleichzeitig kommutierenden Spulen beeinflussen (s. Bild

4.2.3), ist c_w die Zahl dieser Spulen. Mit der Ankerumfangsgeschwindigkeit v beträgt für jede Spule die Durchlaufzeit durch eine Polteilung τ_p

$$\frac{\tau_\mathrm{p}}{v} = \frac{D\pi/2p}{v} = \frac{D_\mathrm{k}\pi/2p}{v_\mathrm{k}} = \frac{\tau_\mathrm{k}k/2p}{v_\mathrm{k}}.$$

Von dieser Zeit entfällt auf die Stromwendung die Kurzschlusszeit T_k. Wenn sich innerhalb der Polteilung $k/2p$ Spulen befinden, so erhält man unter Berücksichtigung von (4.2.6) für den Mittelwert der Zahl gleichzeitig in der Stromwendung befindlicher Spulen einer Polteilung, die für den Anteil der Wicklungskopfstreuung maßgebend ist,

$$c_\mathrm{wm} = \frac{T_\mathrm{k}}{\tau_\mathrm{p}/v}\frac{k}{2p} = \frac{T_\mathrm{k}}{\tau_\mathrm{k}/v_\mathrm{k}} = \beta_\mathrm{k}. \tag{4.3.8}$$

Wenn man für c_g, c_o und c_u den gemeinsamen Mittelwert c_m einführt, wird damit unter Beachtung von $\lambda_\mathrm{w} = \lambda_\mathrm{ws}l_\mathrm{w}/l_\mathrm{i}$ (s. Abschn. 3.7.2, S. 293) aus (4.3.7)

$$\lambda_\mathrm{spm} = c_\mathrm{m}(\lambda_\mathrm{o} + \lambda_\mathrm{u} + 2\lambda_\mathrm{g}) + 2\beta_\mathrm{k}\lambda_\mathrm{w}. \tag{4.3.9}$$

Wie aus Bild 4.2.4 hervorgeht, ist c_m eine Funktion von β_k, u und β_v (s. Bild 4.3.3). Der nach (4.3.9) bestimmte Mittelwert weicht umso mehr von dem tatsächlichen Mittelwert ab, je mehr die Mittelwerte von c_o, c_u und c_g oder die Werte von λ_o, λ_u und λ_g voneinander abweichen.

Mit (4.3.9) ergibt sich die mittlere Ankerreaktanzspannung nach (4.3.4) zu

$$e_\mathrm{rm} = \frac{\Delta i_\mathrm{zw}}{T_\mathrm{k}}\mu_0 l_\mathrm{i} w_\mathrm{sp}^2 \lambda_\mathrm{spm} = \frac{\Delta i_\mathrm{zw}}{T_\mathrm{k}}\mu_0 l_\mathrm{i} w_\mathrm{sp}^2 \left[c_\mathrm{m}(\lambda_\mathrm{o} + \lambda_\mathrm{u} + 2\lambda_\mathrm{g}) + 2\beta_\mathrm{k}\lambda_\mathrm{w}\right]. \tag{4.3.10}$$

In den meisten Fällen, vor allem bei Gleichstrommaschinen und bei Einphasen-Reihenschlussmaschinen, gilt $i_\mathrm{zw1} = i_\mathrm{zw2} = i_\mathrm{zw}$. Dann ergibt sich nach (4.3.1) $\Delta i_\mathrm{zw} = 2i_\mathrm{zw}$, und aus (4.3.10) wird

$$e_\mathrm{rm} = \frac{2i_\mathrm{zw}}{T_\mathrm{k}}\mu_0 l_\mathrm{i} w_\mathrm{sp}^2 \left[c_\mathrm{m}(\lambda_\mathrm{o} + \lambda_\mathrm{u} + 2\lambda_\mathrm{g}) + 2\beta_\mathrm{k}\lambda_\mathrm{w}\right].$$

Mit $\tau_\mathrm{p} = D\pi/(2p)$ und $w_\mathrm{sp} = z_\mathrm{a}/(2k)$ sowie mit (1.4.8), Seite 146, und (4.3.8) erhält man unter Einführung des Ankerstrombelags A

$$\frac{2i_\mathrm{zw}w_\mathrm{sp}}{T_\mathrm{k}} = \frac{\dfrac{2D\pi A}{2k}}{\dfrac{\beta_\mathrm{k}2p\tau_\mathrm{p}}{vk}} = \frac{Av}{\beta_\mathrm{k}}$$

und damit schließlich

$$\boxed{e_\mathrm{rm} = 2Aw_\mathrm{sp}l_\mathrm{i}v\mu_0\left[\frac{c_\mathrm{m}}{2\beta_\mathrm{k}}(\lambda_\mathrm{o} + \lambda_\mathrm{u} + 2\lambda_\mathrm{g}) + \lambda_\mathrm{w}\right] = 2Aw_\mathrm{sp}l_\mathrm{i}v\zeta}\,. \tag{4.3.11}$$

Die Größe

$$\zeta = \mu_0\left[\frac{c_\mathrm{m}}{2\beta_\mathrm{k}}(\lambda_\mathrm{o} + \lambda_\mathrm{u} + 2\lambda_\mathrm{g}) + \lambda_\mathrm{w}\right] \tag{4.3.12}$$

wird in der Fachliteratur *Pichelmayerscher Kommutierungsfaktor* oder *Hobartscher Streufaktor* genannt. Er beträgt etwa $(4\ldots 8)\cdot 10^{-6}$ Vs/(Am). Kleinere Werte gelten für Maschinen mittlerer Größe mit Stabwicklung sowie für große, schnell laufende

Maschinen und für große, langsam laufende Maschinen mit relativ großer Ankerlänge. Größere Werte gelten für kleinere Maschinen mit Spulenwicklung und für große, langsam laufende Maschinen mit relativ kleiner Ankerlänge. Mit der Näherung

$$\zeta \approx \mu_0 \left[\frac{h_\text{n}}{2b_\text{n}} + \frac{l_\text{w}}{l_\text{i}}\right] \tag{4.3.13}$$

lässt sich die mittlere Ankerreaktanzspannung rasch abschätzen. Für normale Maschinen gilt dabei $l_\text{w}/l_\text{i} \approx 0{,}7 \ldots 2$.

4.3.3 Wendepolwicklung

Mit der mittleren Wendefeldflussdichte $B_\text{wm} = B_\text{wm}(x_\text{u}) = -B_\text{wm}(x_\text{o})$, die über der Wendezonenbreite b_wz herrschen muss (s. Bild 4.3.5), ergibt sich entsprechend (4.3.6) für die mittlere Ankerreaktanzspannung

$$\boxed{e_\text{rm} = -e_\text{wm} = 2w_\text{sp}l_\text{i}vB_\text{wm}}\,. \tag{4.3.14}$$

Nach Abschnitt 4.1.1, Seite 306, beginnt der Stromwendevorgang später als der Bürstenkurzschluss (s. Bild 4.3.4). Die tatsächliche Kurzschlusszeit T_kt bzw. β_kt ist demnach kleiner als die theoretische Kurzschlusszeit T_k bzw. β_k. Nach (4.3.10) bzw. (4.3.11) ist damit die tatsächliche mittlere Ankerreaktanzspannung um einen Betrag Δe_r größer als die mit T_k bzw. β_k bestimmte. Tatsächlich gilt also

$$\begin{aligned} e_\text{rm} + \Delta e_\text{r} &= \left(1 + \frac{\Delta e_\text{r}}{e_\text{rm}}\right) e_\text{rm} = \left(1 + \frac{\Delta e_\text{r}}{e_\text{rm}}\right) 2Aw_\text{sp}l_\text{i}v\zeta \\ &= -e_\text{wm} = 2w_\text{sp}l_\text{i}vB_\text{wm}\,. \end{aligned} \tag{4.3.15}$$

Für die genäherte Berechnung der Stromwendung ist der Erfahrungswert $\Delta e_\text{r} = 0{,}5$ V brauchbar. Nach (4.3.15) erhält man eine mittlere Wendefeldflussdichte

$$B_\text{wm} = \left(1 + \frac{\Delta e_\text{r}}{e_\text{rm}}\right) A\zeta. \tag{4.3.16}$$

Mit Hilfe eines Faktors $k_\text{w} = B_\text{w\,max}/B_\text{wm} = f(b_\text{wz}/b_\text{w}, \delta_\text{w}/b_\text{w})$ lässt sich aus B_wm die für den magnetischen Spannungsabfall $V_{\text{w}\delta}$ im Wendepolluftspalt δ_w maßgebende maximale Wendefeldflussdichte als

$$B_\text{w\,max} = k_\text{w}B_\text{wm} = k_\text{w}\left(1 + \frac{\Delta e_\text{r}}{e_\text{rm}}\right) A\zeta \tag{4.3.17}$$

bestimmen (s. Bilder 4.3.5 u. 4.3.6). Berechnungen nach Unterabschnitt 4.2.4c haben gezeigt, dass es günstig ist, wenn die Wendepolbreite b_w etwa 2/3 der Wendezonenbreite b_wz beträgt. Für diese gilt nach (4.2.9) und (4.2.10)

$$\boxed{b_\text{wz} = \beta_\text{wz}\frac{\tau_\text{n}}{u} = \left(\beta_\text{B} + u + \beta_\text{v} - \frac{a}{p}\right)\frac{\tau_\text{n}}{u}}\,. \tag{4.3.18}$$

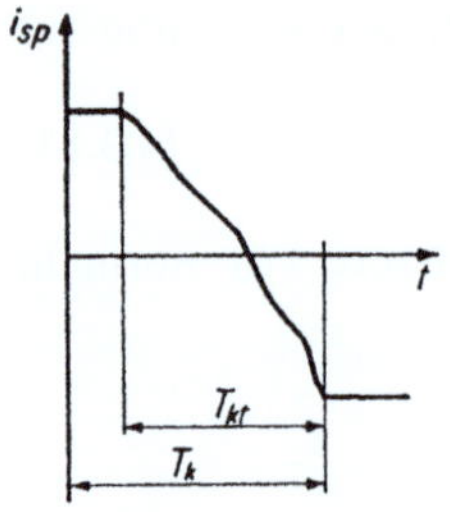

Bild 4.3.4 Tatsächliche Dauer der Stromwendung

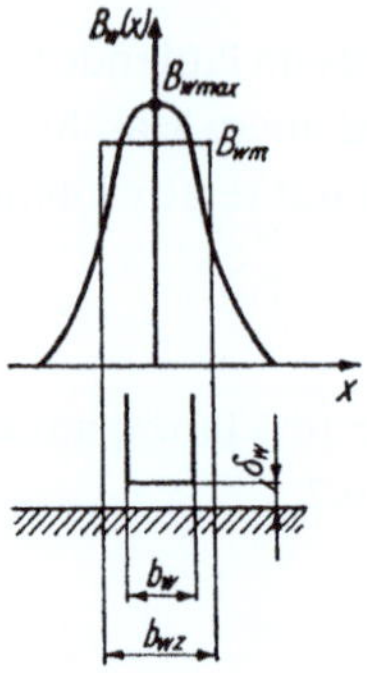

Bild 4.3.5 Zur Berechnung der mittleren Wendefeldflussdichte

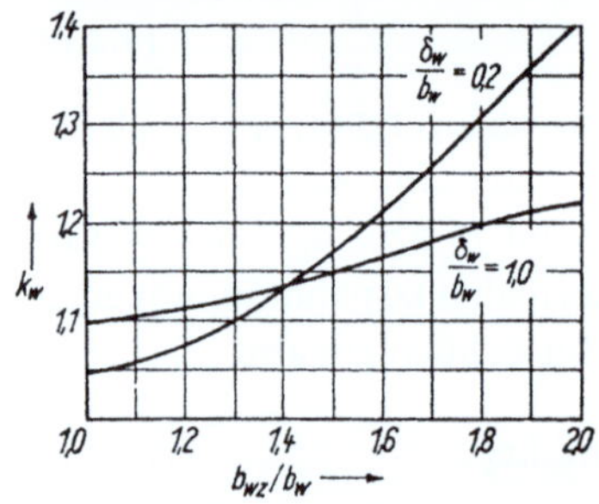

Bild 4.3.6 Hilfsfaktor zur Berechnung der mittleren Wendefeldflussdichte

Entsprechend (2.3.28), Seite 181, ergibt sich für den magnetischen Spannungsabfall im Wendepolluftspalt mit (4.3.17)

$$\boxed{V_{w\delta} = \frac{1}{\mu_0} B_{w\,max} k_{cw} \delta_w = \frac{1}{\mu_0} k_w \left(1 + \frac{\Delta e_r}{e_{rm}}\right) A \zeta k_{cw} \delta_w}\,. \tag{4.3.19}$$

Der Wendepolluftspalt δ_w beträgt bei kleinen und mittleren Maschinen mit Spulenwicklung 2 bis 5 mm, bei mittleren Maschinen mit Stabwicklung und bei großen, langsam laufenden Maschinen mit relativ kleiner Ankerlänge 4 bis 10 mm sowie bei großen, langsam laufenden Maschinen mit relativ großer Ankerlänge und bei großen, schnell laufenden Maschinen 10 bis 30 mm. Der Cartersche Faktor k_{cw} ist entsprechend (2.3.19), Seite 177, zu bestimmen. Für sehr große Wendepolluftspalte gilt $k_{cw} \approx 1$.

Nach (4.3.19) muss die zur Kompensation der Ankerreaktanzspannung notwendige magnetische Spannung des Wendepolluftspalts, abgesehen vom Korrekturglied $\Delta e_r/e_{rm}$, proportional zum Ankerstrombelag sein, d. h. proportional zum Belastungsstrom. Diese Proportionalität kann nur erreicht werden, wenn der magnetische Spannungsabfall über den ferromagnetischen Teilen des Wendepolkreises vernachlässigbar klein bleibt. Zwar sind die mittleren Wendefeldflussdichten selten größer als 0,2 T, aber es ist zu berücksichtigen, dass der Streufluss im Wendepol ein Vielfaches des Luftspaltflusses ist. Die Gründe dafür sind zum einen, dass der Wendepol gegenüber dem Hauptpol, dessen Streufluss 10 bis 20 % des Luftspaltflusses beträgt, eine wesentlich kleinere Breite, d. h. einen wesentlich kleineren Luftspaltfluss, besitzt. Zum anderen werden Luftspaltfluss und Streufluss im Hauptpolkreis von der gleichen Durchflutung angetrieben; im Wendepolkreis von Maschinen ohne Kompensationswicklung dagegen wird der Luftspaltfluss nur von der Differenz der Wendepoldurchflutung und der Ankerdurchflutung angetrieben, aber der Streufluss von der Wendepoldurchflutung. Da die Wendepoldurchflutung das Ankerfeld kompensieren muss, beträgt sie ein Vielfaches der genannten Differenz.

Maßnahmen zur Verringerung des Wendepolstreuflusses sind

1. eine solche Gestaltung des Wendepolkerns, dass seine Querschnittsfläche gleich der dem Luftspalt zugekehrten Wendepolfläche oder größer ist, wodurch die Flussdichte im Wendepolkern vermindert wird,
2. die Ausführung einer Kompensationswicklung, wodurch die Wendepoldurchflutung vermindert wird,
3. die Anordnung eines Teils des Wendepolluftspalts zwischen Wendepolkern und Joch, wodurch die über dem Streuweg liegende magnetische Spannung verringert wird,
4. die Konzentration der Wendepolwicklung in Luftspaltnähe, wodurch ihr Streuleitwert vermindert wird.

In unkompensierten Maschinen erreicht der Wendepolstreufluss das Drei- bis Fünffache, in kompensierten Maschinen das Zwei- bis Dreifache des Flusses im Wendepolluftspalt. Trotzdem ist der magnetische Spannungsabfall über dem ferromagnetischen Wendepolkern i. Allg. vernachlässigbar klein. In kritischen Fällen berücksichtigt man ihn durch einen Zuschlag von bis zu 25 % des Spannungsabfalls im Wendepolluftspalt. Nur in Sonderfällen ist eine genauere Nachrechnung des magnetischen Kreises der Wendepole notwendig. Das erfolgt nach Kapitel 2. Dabei muss man die Überlagerung des Hauptfelds und des Felds der Wendepole im Joch der Maschine beachten.

Für Gleichstrommaschinen wird der zur Kompensation des Ankerfelds notwendige Anteil der Wendepoldurchflutung über den Ankerstrombelag A der Maschine ermittelt. Erfolgt die Stromwendung unendlich schnell, so ist $b_{\mathrm{wz}} = 0$, der Ankerstrombelag ist rechteckförmig, und die Durchflutungsverteilung ist dreieckförmig (s. Bild 4.3.7 u. Bd. *Theorie elektrischer Maschinen*, Abschn. 1.5.5). Bei linearer Stromwendung aller Spulen geht der Strombelag innerhalb der Wendezone ebenfalls linear vom Wert des einen in den Wert des folgenden Zweigs über, da wegen der im stationären Betrieb konstanten Umfangsgeschwindigkeit $x \sim t$ gilt. Entsprechend $\Theta_{\mathrm{a}}(x) = \int A(x)\,\mathrm{d}x$ nach (2.7.2), Seite 231, verläuft dann $\Theta_{\mathrm{a}}(x)$ parabelförmig (s. Bild 4.3.7). Innerhalb der Wendezone wirkt ein Mittelwert Θ_{am}. Nach Bild 4.3.7 gelten für Zweig 1 wegen $A(x) = A$

$$\Theta_{\mathrm{a}}(x) = \int A(x)\,\mathrm{d}x = Ax, \tag{4.3.20a}$$

für Zweig 2 wegen $A(x) = -A$

$$\Theta_{\mathrm{a}}(x) = A(\tau_{\mathrm{p}} - x) \tag{4.3.20b}$$

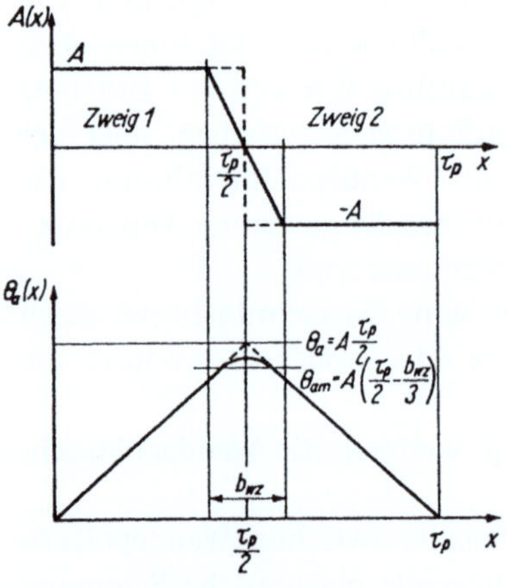

Bild 4.3.7 Zur Berechnung der mittleren Ankerdurchflutung der Wendezone

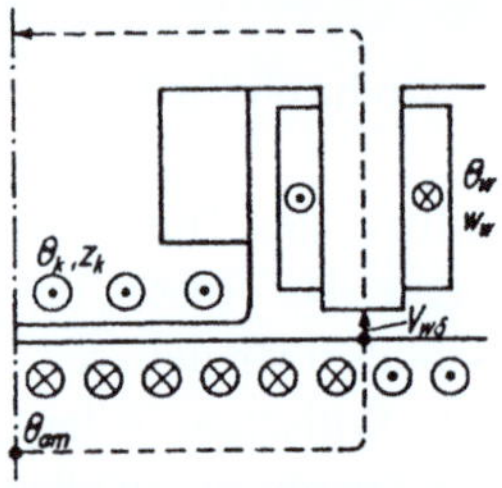

Bild 4.3.8 Zur Berechnung der Wendepoldurchflutung

und für die Wendezone wegen $A(x) = A(\tau_p - 2x)/b_{wz}$

$$\Theta_a(x) = A\left[\frac{\tau_p}{2} - \frac{b_{wz}}{4} - \frac{\left(x - \frac{\tau_p}{2}\right)^2}{b_{wz}}\right] \tag{4.3.20c}$$

und damit

$$\Theta_{am} = \frac{1}{b_{wz}} \int\limits_{\frac{\tau_p}{2} - \frac{b_{wz}}{2}}^{\frac{\tau_p}{2} + \frac{b_{wz}}{2}} \Theta_a(x)\,dx = A\left(\frac{\tau_p}{2} - \frac{b_{wz}}{3}\right) = \Theta_a - A\frac{b_{wz}}{3}. \tag{4.3.21}$$

Vernachlässigt man den magnetischen Spannungsabfall über den ferromagnetischen Teilen des magnetischen Kreises der Wendepole, so gilt nach Bild 4.3.8 für eine Maschine mit Kompensationswicklung

$$\Theta_w + \Theta_k - \Theta_{am} = V_{w\delta}.$$

Daraus resultiert als Durchflutung des Wendepolkreises

$$\boxed{\Theta_w = \Theta_{am} - \Theta_k + V_{w\delta}}\,. \tag{4.3.22}$$

Wenn im Polschuh des Hauptpols eine Kompensationswicklung angeordnet ist, durch die der Ankerstrom I fließt, so ergibt sich entsprechend dem im Bild 4.3.8 angegebenen Integrationsweg mit (1.4.10) und (1.4.11), Seite 146, für die Durchflutung der Kompensationwicklung

$$\Theta_k = \frac{z_k}{2}I \approx A\frac{\alpha_i \tau_p}{2}. \tag{4.3.23}$$

Setzt man (4.3.19), (4.3.21) und (4.3.23) in (4.3.22) ein, so erhält man für kompensierte Maschinen

$$\boxed{\Theta_\mathrm{w} \approx A\left[(1-\alpha_\mathrm{i})\frac{\tau_\mathrm{p}}{2} - \frac{b_\mathrm{wz}}{3} + \frac{\zeta}{\mu_0}\left(1+\frac{\Delta e_\mathrm{r}}{e_\mathrm{rm}}\right)k_\mathrm{w}k_\mathrm{cw}\delta_\mathrm{w}\right]} \tag{4.3.24a}$$

und für unkompensierte Maschinen mit $\Theta_\mathrm{k} = 0$

$$\boxed{\Theta_\mathrm{w} \approx A\left[\frac{\tau_\mathrm{p}}{2} - \frac{b_\mathrm{wz}}{3} + \frac{\zeta}{\mu_0}\left(1+\frac{\Delta e_\mathrm{r}}{e_\mathrm{rm}}\right)k_\mathrm{w}k_\mathrm{cw}\delta_\mathrm{w}\right]}\,. \tag{4.3.24b}$$

Wenn durch die Wendepolwicklung der Strom I_w fließt, gilt für die Windungszahl eines Wendepols

$$w_\mathrm{w} = \frac{\Theta_\mathrm{w}}{I_\mathrm{w}}\,. \tag{4.3.25}$$

In Gleichstrommaschinen ist bei Reihenschaltung aller Wendepolspulen der Wendepolstrom I_w gleich dem Ankerstrom I. Bezieht man die Wendepoldurchflutung unkompensierter Maschinen auf die Ankerdurchflutung $\Theta_\mathrm{a} = A\tau_\mathrm{p}/2$, so ergibt sich die *relative Wendepoldurchflutung* nach (1.3.31), Seite 141, und (1.4.8), Seite 146, zu

$$\frac{\Theta_\mathrm{w}}{\Theta_\mathrm{a}} = \frac{2a2pw_\mathrm{w}}{z_\mathrm{a}/2} = \frac{8apw_\mathrm{w}}{z_\mathrm{a}}\,. \tag{4.3.26}$$

Für kompensierte Maschinen erhält man den gleichen Ausdruck, wenn man die gesamte Durchflutung von Wendepol- und Kompensationswicklung $\Theta_\mathrm{w} + \Theta_\mathrm{k}$ auf die Ankerdurchflutung Θ_a bezieht. Die relative Wendepoldurchflutung beträgt etwa 1,1 ...1,4. Im Allgemeinen treten bei kompensierten Maschinen größere Werte auf als bei unkompensierten.

Mitunter werden die Wendepole zwecks Einsparung von Wicklungsmaterial verkürzt ausgeführt. Da der Wendepolfluss erhalten bleiben muss, erfordert diese Verkürzung eine Vergrößerung der Wendefeldflussdichte $B_\mathrm{w\,max}$ auf den Wert $B_\mathrm{w\,max}l_\mathrm{i}/l_\mathrm{wp}$, wenn man mit l_wp die Länge des verkürzten Wendepols bezeichnet. Außerdem wirkt auf den nicht überdeckten Teil der Wendezone das volle Ankerfeld ein. Die Flussdichte des Ankerfelds an der Ankermantelfläche lässt sich nach der empirisch gewonnenen Beziehung

$$B_\mathrm{a} \approx (2{,}5\ldots3)\mu_0 A \tag{4.3.27}$$

näherungsweise ermitteln. Sie muss durch eine Vergrößerung der Wendefeldflussdichte um den Wert $B_\mathrm{a}(l_\mathrm{i} - l_\mathrm{wp})/l_\mathrm{wp}$ kompensiert werden. Damit ergibt sich ein Zuschlag zur Wendefeldflussdichte von

$$\Delta B_\mathrm{w} = \frac{l_\mathrm{i} - l_\mathrm{wp}}{l_\mathrm{wp}}(B_\mathrm{w\,max} + B_\mathrm{a})\,, \tag{4.3.28}$$

der in (4.3.19) berücksichtigt werden muss.

Wenn während des Betriebs rasche Änderungen des Stroms zu erwarten sind, müssen die Wendepole aus Blechen aufgebaut werden, um die Verzögerung des Wendepolflusses gegenüber dem Ankerstrom zu verringern bzw. praktisch ganz zu vermeiden. Besteht die Ankerwicklung aus Leitern relativ großer Höhe, so kann eine merkliche Stromverdrängung auftreten. Die Folgen sind nicht nur zusätzliche Verluste, sondern auch Induktivitätsänderungen (s. Kap. 5), d. h. Änderungen der

Ankerreaktanzspannung. Damit wird z. B. die notwendige Wendepoldurchflutung drehzahlabhängig.

Bei Einphasen-Reihenschlussmaschinen (s. Bd. *Grundlagen elektrischer Maschinen*, Abschn. 7.4.2) gilt zwar ebenfalls $i_{zw1} = i_{zw2} = i_{zw}$, jedoch sind der Ankerzweigstrom i_{zw} und der Ankerstrombelag A Wechselgrößen. Für die Berechnung der Ankerreaktanzspannung wird wieder lineare Stromwendung angenommen, und es gelten (4.3.10) und (4.3.11). Danach ist die mittlere Ankerreaktanzspannung proportional zum Ankerstrombelag bzw. zum Ankerzweigstrom, d. h. sie ist eine zum Belastungsstrom proportionale Wechselgröße. Wie aus Bild 4.1.4a, Seite 310, zu ersehen ist, sind die kommutierenden Spulen voll mit dem Luftspaltfeld der Hauptpole verkettet. Das Luftspaltfeld der Hauptpole von Einphasen-Reihenschlussmaschinen ist natürlich ebenfalls ein Wechselfeld, das in den kommutierenden Ankerspulen zusätzlich die bereits im Unterabschnitt 1.3.3.2b, Seite 142, definierte Transformationsspannung induziert. Diese eilt dem Fluss um 90° nach. Damit wird aus (1.3.32)

$$\underline{E}_{\mathrm{tr}} = -\mathrm{j}\frac{2\pi}{\sqrt{2}} f w_{\mathrm{sp}} \underline{\Phi}_{\mathrm{d}}. \tag{4.3.29}$$

Solange keine Wendepole vorgesehen werden, wie es im Fall von Einphasen-Reihenschlussmaschinen im Bereich der Kleinmaschinen der Fall ist, erhält man für die gesamte in einer kommutierenden Spule induzierte Spannung

$$\underline{E}_{\mathrm{sp}} = \underline{E}_{\mathrm{rm}} + \underline{E}_{\mathrm{tr}}. \tag{4.3.30}$$

Diese Spannung muss dann durch die vom Luftspaltfeld nach Maßgabe der Bürstenverschiebung bzw. der Schaltverschiebung durch Rotation induzierte Spannung kompensiert werden. Dabei werden die einzelnen Wechselspannungen von den Spulen nur abschnittsweise, d. h. während ihrer Kommutierung, geführt (s. Band *Grundlagen elektrischer Maschinen*, Abschn. 7.4.2).

In der Vergangenheit wurden auch Einphasen-Reihenschlussmaschinen größerer Leistung vor allem als Bahnmotoren hergestellt und sind teilweise noch im Betrieb. In diesem Fall erfordert die Beherrschung der Kommutierung, dass Wendepole vorgesehen werden. Durch Rotation im Luftspaltfeld der Wendepole wird dann in den kommutierenden Spulen zusätzlich eine Spannung $\underline{E}_{\mathrm{w}}$ induziert, und man erhält für die gesamte in einer kommutierenden Spule induzierte Spannung

$$\underline{E}_{\mathrm{sp}} = \underline{E}_{\mathrm{rm}} + \underline{E}_{\mathrm{tr}} + \underline{E}_{\mathrm{w}}. \tag{4.3.31a}$$

Soll $e_{\mathrm{sp}} = 0$ bzw. $\underline{E}_{\mathrm{sp}} = 0$ werden, so muss das Feld der Wendepole die Spannung

$$\underline{E}_{\mathrm{w}} = -\underline{E}_{\mathrm{rm}} - \underline{E}_{\mathrm{tr}} \tag{4.3.31b}$$

induzieren. Nach (4.3.11) und (4.3.14) sind e_{rm} und e_{w} bzw. E_{rm} und E_{w} proportional zur Drehzahl $n = v/(\pi D)$, während e_{tr} bzw. E_{tr} nach (4.3.29) von der Drehzahl unabhängig ist. Demnach kann (4.3.31b) nur bei einer Drehzahl, z. B. der Bemessungsdrehzahl, befriedigt werden. Für diesen Fall wird die Wendepoldurchflutung berechnet. Entsprechend (4.3.14), (4.3.17) und (4.3.19) gilt für die magnetische Luftspaltspannung des Wendepolkreises

$$\hat{V}_{\mathrm{w}\delta} = \frac{\sqrt{2}k_{\mathrm{w}}k_{\mathrm{cw}}\delta_{\mathrm{w}}}{2\mu_0 w_{\mathrm{sp}} l_{\mathrm{i}} v} E_{\mathrm{w}}. \tag{4.3.32}$$

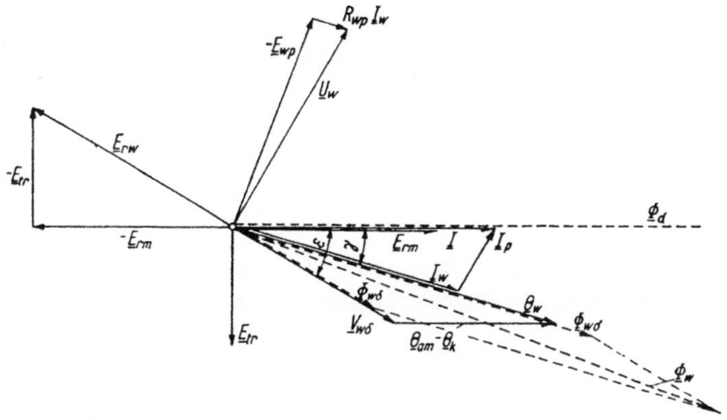

Bild 4.3.9 Zeigerbild der kommutierenden Spulen einer Einphasen-Reihenschlussmaschine

Die Darstellung von (4.3.22) lautet im Bereich der komplexen Wechselstromrechnung

$$\underline{\Theta}_{\mathrm{w}} = \underline{\Theta}_{\mathrm{am}} - \underline{\Theta}_{\mathrm{k}} + \underline{V}_{\mathrm{w}\delta}, \tag{4.3.33}$$

wobei der Zeiger $\underline{\Theta}_{\mathrm{am}} - \underline{\Theta}_{\mathrm{k}}$ mit dem Ankerstromzeiger $\underline{I}$ in Phase liegt.

Im Bild 4.3.9 ist das Zeigerbild der in den kommutierenden Spulen und in der Wendepolwicklung wirkenden Größen dargestellt. Da Ständer von Einphasen-Reihenschlussmaschinen aus Blechen aufgebaut sind, kann man in erster Näherung Einflüsse von Wirbelströmen vernachlässigen. Desgleichen soll zunächst die Hysterese vernachlässigt werden. Entsprechend der vorliegenden Reihenschaltung von Anker- und Erregerwicklung sind der Ankerstrom $\underline{I}$ und der Fluss $\underline{\Phi}_{\mathrm{d}}$ der Längskomponente des Luftspaltfelds, d. h. des Hauptpolflusses, phasengleich.

Dann haben der Ankerstrom $\underline{I}$ und der Längsfluss $\underline{\Phi}_{\mathrm{d}}$ dieselbe Phasenlage. $\underline{E}_{\mathrm{rm}}$ liegt in Phase mit $\underline{I} = 2a\underline{I}_{\mathrm{zw}}$, und $\underline{E}_{\mathrm{tr}}$ eilt um 90° nach. $\underline{V}_{\mathrm{w}\delta}$ liegt gegenphasig zur erforderlichen Wendefeldspannung $\underline{E}_{\mathrm{w}} = -\underline{E}_{\mathrm{rm}} - \underline{E}_{\mathrm{tr}}$. Zu $\underline{V}_{\mathrm{w}\delta}$ muss der Zeiger $\underline{\Theta}_{\mathrm{am}} - \underline{\Theta}_{\mathrm{k}}$ addiert werden. Das Ergebnis ist die notwendige Wendepoldurchflutung $\underline{\Theta}_{\mathrm{w}}$. Wie man sieht, liegen $\underline{I}$ und $\underline{I}_{\mathrm{w}} = \underline{\Theta}_{\mathrm{w}}/(\sqrt{2}w_{\mathrm{w}})$ nicht in Phase. Deshalb muss parallel zur Wendepolwicklung ein entsprechend dimensionierter Widerstand R_{p} geschaltet werden (s. Bild 4.3.10), damit dessen Strom $\underline{I}_{\mathrm{p}}$ den Wendepolstrom $\underline{I}_{\mathrm{w}}$ zu $\underline{I}_{\mathrm{a}}$ ergänzt. Von $\underline{\Theta}_{\mathrm{w}}$ wird der Wendepolstreufluss $\underline{\Phi}_{\mathrm{w}\sigma}$ bestimmt und von $\underline{V}_{\mathrm{w}\delta}$ der Fluss im Wendepolluftspalt $\underline{\Phi}_{\mathrm{w}\delta}$. Beide Flüsse überlagern sich zum Wendepolfluss $\underline{\Phi}_{\mathrm{w}}$, der in der Wendepolwicklung die um 90° nacheilende Spannung $\underline{E}_{\mathrm{wp}}$ induziert. Über der Parallelschaltung von Wendepolwicklung und Parallelwiderstand liegt die Spannung $\underline{U}_{\mathrm{w}} = -\underline{E}_{\mathrm{wp}} + R_{\mathrm{wp}}\underline{I}_{\mathrm{w}}$, die den Strom $\underline{I}_{\mathrm{p}} = \underline{U}_{\mathrm{w}}/R_{\mathrm{wp}}$ antreibt. Da $R_{\mathrm{wp}}I_{\mathrm{w}}$ klein gegen E_{wp} und $\Phi_{\mathrm{w}\delta}$ klein gegen $\Phi_{\mathrm{w}\sigma}$ sind, bilden $\underline{I}_{\mathrm{w}}$ und $\underline{I}_{\mathrm{p}}$ nahezu einen rechten Winkel, und es gelten die Näherungslösungen (s. Bild 4.3.9)

$$\hat{\Theta}_{\mathrm{w}} \approx (\hat{\Theta}_{\mathrm{am}} - \hat{\Theta}_{\mathrm{k}})\cos\varepsilon + \hat{V}_{\mathrm{w}\delta} \tag{4.3.34}$$

$$I_{\mathrm{w}} \approx I\cos\gamma \tag{4.3.35}$$

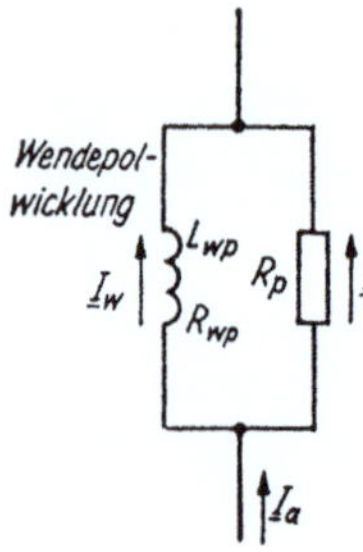

Bild 4.3.10 Parallelwiderstand zur Verbesserung der Stromwendung von Einphasen-Reihenschlussmaschinen

und damit

$$w_{\mathrm{w}} = \frac{\hat{\Theta}_{\mathrm{w}}}{\sqrt{2}I_{\mathrm{w}}} \approx \frac{\hat{\Theta}_{\mathrm{w}}}{\sqrt{2}I\cos\gamma} \tag{4.3.36}$$

$$R_{\mathrm{p}} \approx \frac{E_{\mathrm{wp}}}{I_{\mathrm{p}}} = \frac{\omega L_{\mathrm{wp}} I_{\mathrm{w}}}{I_{\mathrm{p}}} \approx \omega L_{\mathrm{wp}} \cot\gamma \tag{4.3.37}$$

mit

$$\varepsilon = \arctan\frac{E_{\mathrm{tr}}}{E_{\mathrm{rm}}} \tag{4.3.38}$$

$$\gamma = \arcsin\frac{\hat{V}_{\mathrm{w\delta}}\sin\varepsilon}{\hat{\Theta}_{\mathrm{w}}}. \tag{4.3.39}$$

In (4.3.37) ist L_{wp} die Induktivität der Wendepolwicklung. Berücksichtigt man Wirbelströme und Hysterese, so eilen sämtliche Flüsse ferromagnetischer Teile ihren Erregerdurchflutungen nach. Wenn der Ankerstrom höhere Harmonische hat, treten auch in den Spannungen e_{tr} und e_{rm} höhere Harmonische auf. Diese Harmonischen werden vom Feld der Wendepole nicht kompensiert, da die höheren Harmonischen des Ankerstroms im Wesentlichen durch den Parallelwiderstand R_{p} abgeleitet werden.

Bei über Stromrichter gespeisten Gleichstrommotoren besitzt der Strom infolge der Stromrichterspeisung eine überlagerte Wechselstromkomponente. Es müssen dann beide Komponenten des Stroms bei der Wendepoldimensionierung berücksichtigt werden. Massive Teile im magnetischen Kreis der Haupt- und der Wendepole müssen bei diesen Maschinen – abgesehen von Kleinmaschinen mit ohnehin geringer Dicke der Eisenwege – vermieden werden, da andernfalls erhebliche Phasenverschiebungen auftreten können [29].

4.4 Möglichkeiten zur Beeinflussung der Stromwendung

Wie bereits im Abschnitt 4.3.1 festgestellt worden ist, lässt sich die Ankerreaktanzspannung nicht vollkommen kompensieren. Das gilt nach Abschnitt 4.3.3 auch für die Transformationsspannung von Einphasen-Reihenschlussmaschinen. Wegen der vielen vereinfachenden Annahmen, die zur analytischen Behandlung der Stromwendung erforderlich sind, ist auch die ermittelte Mittelwertkompensation nicht vollkommen. Die Folge davon ist, dass stets unkompensierte Restspannungen auftreten, die umso größer sind, je größer die Ankerreaktanz- bzw. die Transformationsspannung ist. Wenn auch die Bürsten in der Lage sind, ein von

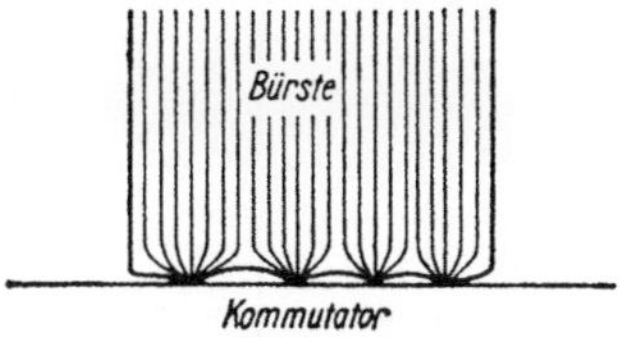

Bild 4.4.1 Strömungsfeld einer Bürste

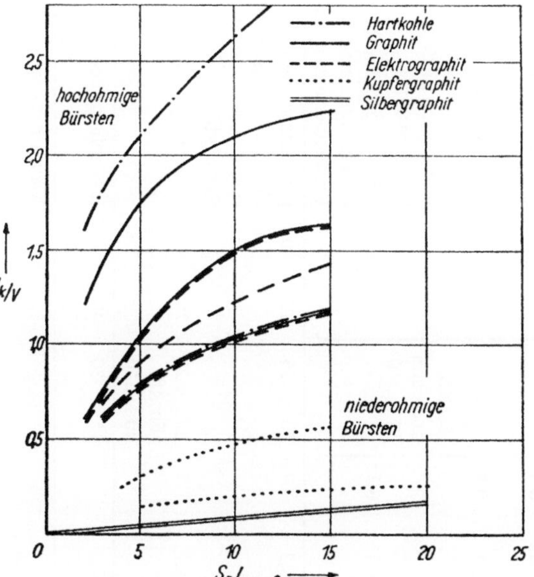

Bild 4.4.2 Kontaktspannungskennlinien

ihren Eigenschaften bestimmtes Maß an Restspannungen ohne Funkenbildung, d. h. ohne Bürstenfeuer, auszugleichen, darf die Ankerreaktanz- bzw. die Transformationsspannung bestimmte zulässige Grenzwerte doch nicht überschreiten. Diese Grenzwerte sind Erfahrungswerte.

Bei nicht funkenfreier Stromwendung von Motoren besteht die Gefahr, dass sich das Bürstenfeuer längs der Kommutatoroberfläche zum *Rundfeuer* ausweitet, d. h. zum Kurzschluss zweier aufeinander folgender Bürsten durch einen Lichtbogen. Diese Gefahr kann durch eine kleine Polbedeckung, eine möglichst wenig gesehnte Ankerwicklung, eine starke Stegisolierung und einen relativ großen Kommutatordurchmesser gemildert werden. Generatoren sind verhältnismäßig rundfeuersicher [30].

4.4.1 Einfluss der Bürsten

Der Mechanismus des Stromübergangs bei einem Gleitkontakt ist komplex. Für den Fall, dass der Gleitkontakt aus Kohle- oder Graphitbürsten einerseits und aus einem Kommutator mit Kupferlamellen andererseits besteht, bildet sich auf der Gleitfläche des Kommutators eine sog. *Patina*, die normalerweise aus einer Kupferoxidschicht, einer Graphitschicht und einer Wasserhaut von insgesamt etwa

Tabelle 4.4.1 Kennwerte und Anwendungsbereiche von Kohlebürsten

Bürsten-werkstoff		ρ $\Omega \cdot mm^2/m$	U_k V	S_B A/cm^2	$S_{B\,min}$ A/cm^2	μ_{rb}	p_B kPa	$v_{k\,max}$ m/s	Anwendung
Hartkohle	hochohmig	100 ... 450	1,5 ... 2,5	6	3	0,5	20 ... 40	20	Kleinmaschinen mit hoher Kommutierungs-beanspruchung
	normal	25 ... 60	0,5 ... 1,2	8	3	0,5	20 ... 40	20	Kleinmaschinen, besonders Universalmotoren
Graphit	hochohmig	100 ... 250	2,0 ... 3,0	12	5	0,1 ... 0,2	16 ... 20	30 ... 40	Kleinmaschinen, Universalmotoren
	normal	30 ... 70	1,0 ... 1,6	8	5	0,2	16 ... 20	40 ... 50	große Gleichstrommaschinen
	niederohmig	15 ... 30	0,7 ... 1,0	8	5	0,2 ... 0,8	16 ... 20 (für Kfz 35 ... 50)	40 ... 50	Stahlschleifringe, Kfz-Lichtmaschinen
Elektro-graphit	hochohmig	50 ... 80	1,0 ... 2,0	12	8	0,15 ... 0,3	}	50	große Gleichstrommaschinen, Bahnmotoren mit hoher Kommutierungsbeanspruchung
	normal	35 ... 50	0,8 ... 1,5	12	8	0,15 ... 0,3	16 ... 20 (für Kfz und Bahn 35 ... 50)	50	Gleichstrommaschinen mit hoher Kommutierungsbeanspruchung, Bahn-motoren mit niedriger Kommutierungs-beanspruchung
	niederohmig	15 ... 35	0,8 ... 1,5	12	8	0,15 ... 0,3	}	40 ... 80	Schleifringe, Kfz-Lichtmaschinen, Gleichstrommaschinen mit niedriger Kommutierungsbeanspruchung
Kupfer-graphit	normal	5 ... 15	0,9 ... 1,5	12	7	0,2	20 ... 25	20 ... 40	Gleichstrommaschinen mit niedriger Kommutierungsbeanspruchung, Nieder-spannungsmaschinen z. B. für Elektrolyse, Erdungsbürsten
	niederohmig	0,1 ... 2	0,2 ... 0,5	20	12	0,2	20 ... 25 (für Kfz 40 ... 70)	20 ... 40	Schleifringe, Kfz-Startermotoren
Silber-graphit		0,05 ... 2	0,1 ... 0,5	20		0,2	15 ... 30	40	Messschleifringe
Edel-metall		0,05 ... 0,2	0,01 ... 0,1	10				1	Kleinstmotoren

20 nm Dicke besteht. Der Stromübergang zwischen Bürste und Kommutatoroberfläche erfolgt über einzelne Kontaktpunkte (sog. a-Flächen). Die Strömung durch die Patina kann sich über metallisch leitende Brücken, sog. *Frittbrücken*, durch den Effekt der Halbleitung oder auch über Schadstellen der Patina vollziehen. Je nach der Stromdichte und anderen äußeren Bedingungen herrscht dabei einer der Vorgänge vor. Im normalen Stromdichtebereich, in dem die Frittstellenleitung dominiert, ist die eigentliche Kontaktspannung konstant. Sie beträgt etwa 0,5 V. Für anodische Bürsten ist sie etwas größer als für kathodische. Wegen des punktförmigen Stromübergangs existieren im Strömungsfeld der Kohlebürsten Einschnürungen, die sog. *Engestellen* (s. Bild 4.4.1). Über diesen Engestellen entsteht ein erheblicher Spannungsabfall, der im Wesentlichen vom Bürstenmaterial, vom spezifischen Bürstenwiderstand und von der Bürstenstromdichte abhängig ist. Er steigt mit wachsendem spezifischem Widerstand und mit wachsender Stromdichte. Die Summe aus der eigentlichen Kontaktspannung, der Spannung über dem Einschnürungsgebiet und der Spannung über der Bürste ergibt die resultierende Kontaktspannung U_k, deren Abhängigkeit von der Bürstenstromdichte S_B im Bild 4.4.2 für verschiedene Bürstenmaterialien dargestellt ist.

Die Kennwerte und Anwendungsbereiche verschiedener Bürstenmaterialien sind in Tabelle 4.4.1 zusammengestellt. Durch eine geeignete Wahl der Bürsten lassen sich gute Voraussetzungen für eine funkenfreie und damit einwandfreie Stromwendung schaffen. Hochohmige Bürsten haben sehr gute Stromwendungseigenschaften, da sie in der Lage sind, erhebliche Restspannungen aufzunehmen, ohne dass große zusätzliche Kurzschlussströme fließen. Wegen ihrer großen Kontaktspannung sind sie aber für Maschinen mit niedrigen Spannungen ungeeignet.

Bürsten mit steiler Kontaktspannungskennlinie eignen sich gut für parallelgeschaltete Bürsten, da die mit steigender Bürstenstromdichte stark ansteigende Kontaktspannung für gleiche Stromdichten der einzelnen Bürsten sorgt. Weichere Bürsten haben i. Allg. bessere Laufeigenschaften und eine geringere Geräuschentwicklung, aber einen stärkeren Abrieb als härtere. Außerdem sind sie mit höherer Stromdichte belastbar. Härtere Bürsten sind andererseits widerstandsfähiger gegen Erschütterungen. Elektrographitbürsten vereinigen in sich die mechanische Festigkeit der harten Kohlebürsten mit der hohen Belastbarkeit der weichen Graphitbürsten. Für Maschinen mit kleiner Spannung und für Schleifringgleitkontakte verwendet man metallhaltige Kohlebürsten.

Auch eine geeignete Wahl der Bürstenabmessungen trägt zur Güte der Stromwendung bei. Nach Abschnitt 1.3.1.2, Seite 119, müssen die Bürsten wenigstens m Stege überdecken. Damit gilt $\beta_B \geq m$. Im Fall der eingängigen Wicklung soll die Bürste $\beta_B = 2$ bis 4 Stege überdecken. Wenn sich aufgrund großer Ankerströme zu große Bürstenquerschnitte ergeben, ordnet man mehrere Bürsten von meist bis zu 25 bis 30 mm Länge hintereinander an. Zwecks gleichmäßiger Abnutzung der Kommutatorlauffläche erfolgt eine axiale Staffelung (Versetzung) der Bürsten (s. Bild 4.4.3). Diese Staffelung muss so ausgeführt werden, dass auf jeder Bahn gleich viele Bürsten jeder Polarität gleiten. Mit größer werdender Bürstenbreite nimmt die Kurzschlusszeit T_k bzw. β_k nach (4.2.6), Seite 316, zu und damit nach (4.3.4), Seite 323, die Ankerreaktanzspannung ab, was allerdings bei großen Werten von u

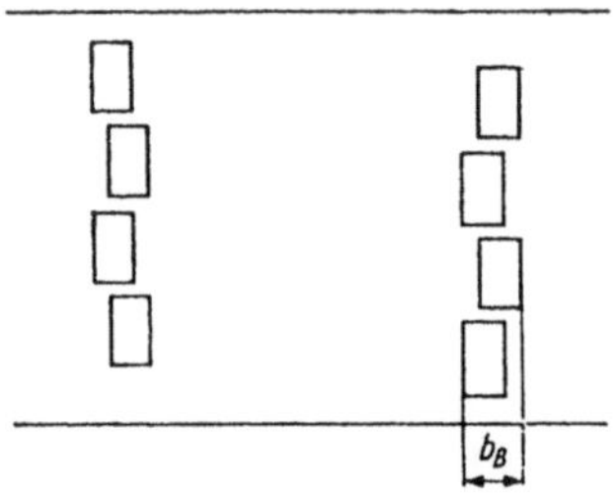

Bild 4.4.3 Bürstenstaffelung

infolge mehr oder weniger zunehmender Werte von c_{m} (s. Bild 4.3.3, S. 325) wieder etwas kompensiert wird. Ergibt sich eine zu große Bürstenbreite, so erfolgt auch hierbei eine Staffelung schmalerer Bürsten in tangentialer Richtung (s. Bild 4.4.3). Die wirksame Bürstenbreite b_{B} bzw. β_{B} ist dabei von der tatsächlichen Bürstenbreite und der Größe des Bürstenversatzes abhängig. Mit größer werdender relativer Bürstenbreite β_{B} wächst die Zahl der von der Bürste kurzgeschlossenen Spulen. Damit wächst auch die Summe der unter der Bürste wirkenden induzierten Spannungen, die sog. *Funkenspannung*. Eine zu große Funkenspannung führt ebenfalls zu Bürstenfeuer.

4.4.2 Einfluss der Wicklungsdimensionierung und der Wendepolgestaltung

Die Dimensionierung einer Kommutatorwicklung muss grundsätzlich so erfolgen, dass die bereits erwähnten zulässigen Grenzwerte der Ankerreaktanz- bzw. Transformationsspannung eingehalten werden.

- Zulässige Grenzwerte der mittleren Ankerreaktanzspannung sind
  - für Maschinen mit Wendepolen $e_{\mathrm{rm}} = 5\,\mathrm{V}$,
  - für Maschinen mit Wendepolen und Kompensationswicklung $e_{\mathrm{rm}} = 8\,\mathrm{V}$,
  - für große, schnell laufende Maschinen $e_{\mathrm{rm}} = 12\,\mathrm{V}$.

  Sie gelten auch für den zeitlichen Maximalwert bei Betrieb mit oberschwingungsbehaftetem Strom.

  Der relativ hohe Wert für große, schnell laufende Maschinen lässt sich nur mit Hilfe zusätzlicher Maßnahmen beherrschen, auf die im Folgenden noch näher eingegangen wird. Bei Maschinen ohne Wendepole darf die Summe der mittleren Ankerreaktanzspannung entsprechend (4.3.11) und der vom Ankerfeld induzierten Spannung

  $$e_{\mathrm{a}} = 2w_{\mathrm{sp}}l_{\mathrm{i}}vB_{\mathrm{a}}$$

  2 bis 3 V nicht übersteigen.
- Zulässige Grenzwerte der Transformationsspannung von Einphasen-Reihenschlussmaschinen mit eingängigen Schleifenwicklungen sind
  - bei Bemessungsbetrieb $E_{\mathrm{tr}} = 3\,\mathrm{V}$,
  - bei Anlauf $E_{\mathrm{tr}} = 3{,}5\,\mathrm{V}$.

  Für Reihenschlussmaschinen mit zweigängigen Schleifenwicklungen sind nahezu die doppelten Werte möglich.

Besonders bei großen Maschinen und bei erschwerten Betriebsbedingungen sind neben der Einhaltung der genannten Spannungsgrenzwerte weitere Maßnahmen zur Erzielung funkenfreier Stromwendung nötig. Bei Gleichstrommaschinen lassen sich Ungenauigkeiten der Berechnung, die aufgrund der vereinfachenden Annahmen entstehen, durch nachträgliches Verändern des Wendepolluftspalts korrigieren. Das erreicht man durch Anordnung dünner Eisenbleche zwischen Wendepolkern und Joch und Variation der Zahl dieser Bleche. Kompensationswicklungen bewirken kleinere Wendepolstreuflüsse und damit eine bessere Linearität zwischen Wendepoldurchflutung und Wendepolfluss. Getreppte Wicklungen und gesehnte Wicklungen führen auf gleichmäßigere, d. h. günstigere Verläufe der Ankerreaktanzspannung. Dabei ist entsprechend den Untersuchungen nach Unterabschnitt 4.2.4c, Seite 321, eine getreppte Wicklung vorteilhafter als eine nur gesehnte.

Ausgleichsverbindungen dritter Art teilen die kommutierenden Spulen zweigängiger Schleifenwicklungen in je zwei nacheinander kommutierende Halbspulen mit kleinerer Streuinduktivität. Wenn Maschinen mit schnell veränderlichen Strömen gespeist werden wie im Fall von Einphasen-Reihenschlussmaschinen bzw. aufgrund von Stromrichterspeisung oder Steuervorgängen, so muss der gesamte Wendepolkreis geblecht werden, um die Verzögerung des Wendepolflusses gegenüber dem Ankerstrom zu verringern bzw. praktisch ganz zu vermeiden. Richtwerte für die Wahl günstiger Wendepolluftspalte sind im Abschnitt 4.3.3, Seite 327, angegeben worden. Brauchbare Werte liefert auch die Näherungsbeziehung

$$\delta_{\mathrm{w}} = (1{,}3 \ldots 1{,}6)\delta, \tag{4.4.1}$$

wobei δ die Länge des Luftspalts unter den Hauptpolen ist. Die größeren Werte von δ_{w} wählt man bei relativ großen Ankerreaktanzspannungen.

5 Stromverdrängung

Wenn ein ausgedehntes elektrisch leitendes Gebiet von einem zeitlich veränderlichen Magnetfeld durchsetzt wird, entsteht in ihm nach dem Induktionsgesetz

$$\mathrm{rot}\boldsymbol{E} = -\frac{\partial}{\partial t}\boldsymbol{B} \tag{5.0.1}$$

ein Feldstärkewirbel, der entsprechend

$$\boldsymbol{S} = \kappa\boldsymbol{E} \tag{5.0.2}$$

einen Stromdichtewirbel bzw. einen *Wirbelstrom* zur Folge hat. In elektrischen Maschinen wird das in diesem Sinne auf die Leiter einwirkende Feld meist durch die in den Leitern fließenden Strömen selbst aufgebaut. Aus der Überlagerung des Leiterstroms und des Wirbelstroms resultiert dann eine ungleichmäßig über den Leiterquerschnitt verteilte Stromdichte. Diese Erscheinung wird *Stromverdrängung* genannt. Die Stromverdrängung führt zu einer Vergrößerung der Stromwärmeverluste, die man durch eine Widerstandsvergrößerung ausdrücken kann. In vielen Fällen ist die Verlustvergrößerung unerwünscht. In manchen Fällen nutzt man sie zur Erzielung bestimmter Betriebseigenschaften, z. B. bei der Induktionsmaschine mit Käfigläufer zur Vergrößerung des Anzugsmoments. Mit der Stromverdrängung ist eine *Feldverdrängung* verknüpft. Damit ändern sich auch die Streuflussverkettungen der Leiter bzw. deren Streuinduktivitäten.

5.1 Prinzipielle Abhängigkeiten der Stromverdrängung

Ein Wirbelstrom bildet in realen Anordnungen unter allgemeinen Betriebsbedingungen ein Strömungsfeld mit komplizierter zeitlicher und örtlicher Abhängigkeit. Dieses Feld lässt sich mit einfachen Mitteln kaum veranschaulichen. Eine übersichtliche Darstellung der wesentlichen Abhängigkeiten der Stromverdrängung ist nur für idealisierte Anordnungen möglich. Im Folgenden ist beabsichtigt, die Erscheinung der Stromverdrängung durch Herleitung einiger grundsätzlicher Beziehungen nachzuweisen, dabei die wesentlichen Abhängigkeiten aufzuzeigen und daraus resultierende Gesichtspunkte für die Gestaltung und Bemessung von Wicklungen abzuleiten.

5.1.1 Ermittlung der prinzipiellen Abhängigkeiten

Wie bereits bei der analytischen Behandlung des magnetischen Kreises und der Streuung (s. Kap. 2 u. 3) nimmt man auch bei der analytischen Behandlung der Stromverdrängung elektrischer Maschinen ebene magnetische Felder an. Mit dieser Annahme ergeben sich die realen Anordnungen als endliche Ausschnitte unendlich langer, gerader Anordnungen. Bild 5.1.1 zeigt einen solchen Ausschnitt eines unendlich langen, geraden, stromdurchflossenen Leiters. In diesem Leiter existieren von den Vektoren der elektrischen Feldstärke und der Stromdichte nur die Komponenten in Richtung der Leiterachse, während die Feldgrößen des magnetischen Felds darauf senkrecht stehende Komponenten besitzen. Das sich ohne Rückwirkung der Wirbelströme ausbildende ebene magnetische Feld ist im Bild 5.1.1 angedeutet. Wendet man das Induktionsgesetz auf den im Bild 5.1.1 angegebenen rechteckförmigen, vom Fluss $\Delta\Phi$ durchsetzten Integrationsweg an, so erhält man mit (5.0.2)

$$\oint \boldsymbol{E} \cdot \mathrm{d}\boldsymbol{s} = S_1 \frac{l}{\kappa} - S_2 \frac{l}{\kappa} = -\frac{\mathrm{d}}{\mathrm{d}t} \int \boldsymbol{B} \cdot \mathrm{d}\boldsymbol{A} = -\frac{\mathrm{d}}{\mathrm{d}t} \Delta\Phi \tag{5.1.1a}$$

bzw. $$S_2 - S_1 = \frac{\kappa}{l} \frac{\mathrm{d}}{\mathrm{d}t} \Delta\Phi. \tag{5.1.1b}$$

Die Beziehung (5.1.1b) sagt aus, dass die Stromdichte bei zeitlich veränderlichem Fluss $\Delta\Phi$ eine Funktion des Orts ($S_2 \neq S_1$) ist, d. h. sie ist über den Leiterquerschnitt ungleichmäßig verteilt. Im Fall von sinusförmigen Wechselgrößen geht (5.1.1b) in der Darstellung der komplexen Wechselstromrechnung über in

$$\underline{S}_2 = \underline{S}_1 + \mathrm{j}\frac{\omega\kappa}{l} \Delta\underline{\Phi}. \tag{5.1.2a}$$

Nach (5.1.2a) ist die Stromdichteverteilung umso ungleichmäßiger, d. h. die Stromverdrängung umso stärker, je größer der vom Integrationsweg umfasste Fluss, die Leitfähigkeit des Leiters und die Frequenz der Wechselgrößen sind. Bei rotierenden elektrischen Maschinen, die mit normaler Netzfrequenz betrieben werden, tritt im Wesentlichen nur in den in Nuten eingebetteten Leitern Stromverdrängung auf. Das rührt daher, dass der Fluss, der die Leiter durchsetzt, durch den umgebenden ferromagnetischen Werkstoff des magnetischen Kreises stark vergrößert wird. Wenn man innerhalb der Nut ein reines Querfeld annimmt, wie es Bild 5.1.2 zeigt, haben

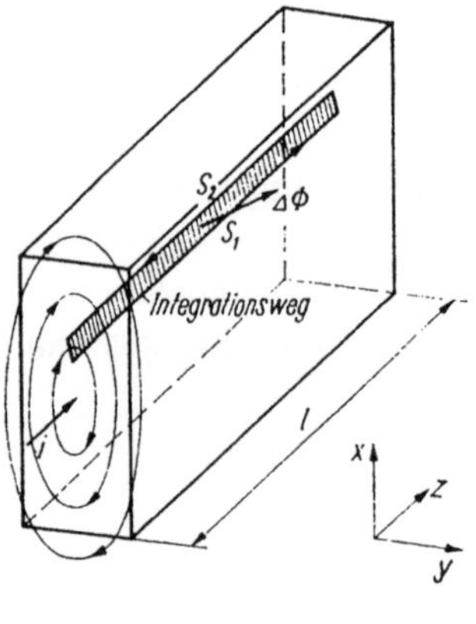

Bild 5.1.1 Zur Ermittlung der Stromverdrängung in einem Leiter

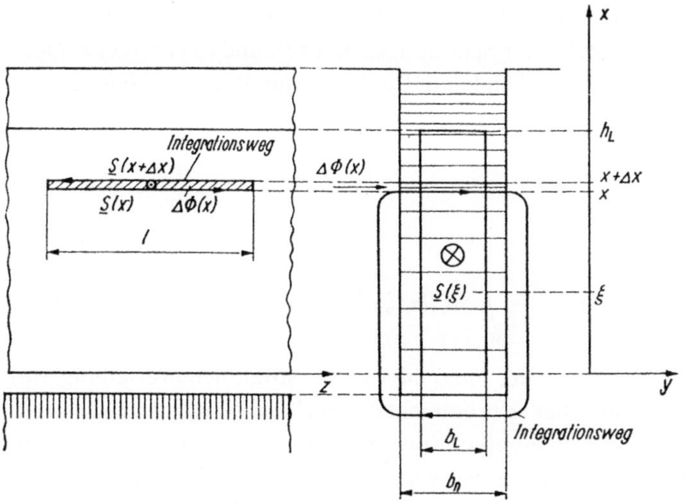

Bild 5.1.2 Stromverdrängung eines Leiters, der in einer Nut angeordnet ist

alle Größen nur noch eindimensionale Abhängigkeit. Entsprechend Bild 5.1.2 wird dann aus (5.1.2a)

$$\underline{S}(x+\Delta x) = \underline{S}(x) + \mathrm{j}\frac{\omega\kappa}{l}\Delta\underline{\Phi}(x). \tag{5.1.2b}$$

Ob die Stromdichte $S(x+\Delta x)$ größer oder kleiner als die Stromdichte $S(x)$ ist, entscheidet die Phasenverschiebung zwischen den beiden Summanden auf der rechten Seite von (5.1.2b). Es ist – wie sich zeigen wird – voreilig zu sagen, dass die Stromdichte in Richtung zur Nutöffnung ständig zunimmt, d. h. dass die Stromverdrängung ausschließlich in Richtung zur Nutöffnung hin stattfindet. Der Teilfluss $\Delta\Phi(x)$ lässt sich mit guter Annäherung aus der Flussdichte $B(x+\Delta x/2)$ bestimmen. Damit gilt für den Teilfluss

$$\begin{aligned}\Delta\underline{\Phi}(x) &= \underline{B}\left(x+\frac{\Delta x}{2}\right)l\Delta x = \mu_0\underline{H}\left(x+\frac{\Delta x}{2}\right)l\Delta x \\ &= \mu_0\frac{l\Delta x}{b_\mathrm{n}\left(x+\frac{\Delta x}{2}\right)}\underline{V}\left(x+\frac{\Delta x}{2}\right),\end{aligned} \tag{5.1.3}$$

wobei die Nutbreite b_n und der magnetische Spannungsabfall $\underline{V}$ über der Nut an der Stelle $x+\Delta x/2$ eingeführt wurden.

Wenn nunmehr von den Differenzen zu Differentialen übergangen wird, folgt aus (5.1.2b)

$$\underline{S}(x+\mathrm{d}x) = \underline{S}(x) + \mathrm{j}\frac{\omega\kappa}{l}\,\mathrm{d}\underline{\Phi}, \tag{5.1.4}$$

wobei das Flusselement entsprechend (5.1.3) gegeben ist als

$$\mathrm{d}\underline{\Phi} = \underline{B}(x)l\,\mathrm{d}x = \mu_0\underline{H}(x)l\,\mathrm{d}x = \mu_0\frac{l\,\mathrm{d}x}{b_\mathrm{n}(x)}\underline{V}(x). \tag{5.1.5a}$$

Bei Annahme von $\mu_{\text{Fe}} \to \infty$ für die ferromagnetische Umgebung der Nut tritt nur über dem Nutraum ein magnetischer Spannungsabfall auf, und es gilt $\underline{V}(x) = \underline{\Theta}(x)$. Die Durchflutung $\underline{\Theta}(x)$ ist entsprechend dem Durchflutungsgesetz gegeben als

$$\underline{\Theta}(x) = \int_0^x \underline{S}(\xi) b_{\text{L}}(\xi)\,\text{d}\xi.$$

Damit wird (5.1.5a) zu

$$\text{d}\underline{\Phi} = \mu_0 \frac{l\text{d}x}{b_{\text{n}}(x)} \underline{\Theta}(x) = \mu_0 \frac{l\text{d}x}{b_{\text{n}}(x)} \int_0^x \underline{S}(\xi) b_{\text{L}}(\xi)\,\text{d}\xi. \qquad (5.1.5\text{b})$$

Die Beziehung (5.1.5b) zeigt, dass der Fluss $\text{d}\Phi$ von der Stromdichteverteilung $S(\xi)$ und der Leiterform $b_{\text{L}}(\xi)$ unterhalb der betrachteten Stelle abhängig ist. Das bedeutet, dass die Stromverdrängung wesentlich von der Nutform und vom Gesamtstrom unterhalb der betrachteten Stelle im betrachteten Leiter beeinflusst wird. Dieser kann auch von weiteren, unter dem betrachteten Leiter liegenden Leitern mit vorgegebenem Strom herrühren. Mit großer Höhe x erreicht $\text{d}\Phi$ wegen der i. Allg. größer werdenden umfassten Durchflutung $\Theta(x)$ relativ große Werte, d. h. je größer die Leiterhöhe h_{L} eines Leiters ist und je höher der Leiter in einer mit mehreren Leitern gefüllten Nut liegt, umso größer wird i. Allg. auch die in ihm wirkende Stromverdrängung.

Der Strom ist also bestrebt, sich stets so in einem Leiter zu verteilen, dass die resultierende Impedanz $\underline{Z} = R + \text{j}\omega L$ gerade minimal wird. Für geringe Werte von ω bestimmt damit der ohmsche Widerstand R die Stromdichteverteilung, wobei R bei über den gesamten Leiterquerschnitt konstanter Stromdichte den kleinsten Wert besitzt. Für große Werte von ω bestimmt dagegen die dem magnetischen Feld in der Nut zugeordnete Induktivität L die Stromdichteverteilung, die im Fall eines einzelnen Leiters in der Nut dann ihren kleinsten Wert besitzt, wenn der gesamte Strom an der Oberkante des Leiters nahe der Nutöffnung fließt, da dann die gesamte darunterliegende Nut aufgrund der fehlenden Durchflutung feldfrei ist.

5.1.2 Gesichtspunkte für die Wicklungsdimensionierung

Wegen der Vergrößerung der Stromwärmeverluste ist die Stromverdrängung im stationären Betrieb unerwünscht. Sie bewirkt, dass sich die Stromwärmeverluste in der betrachteten Wicklung um die sog. *zusätzlichen Verluste* durch Stromverdrängung vergrößern. Es kommt zu einer scheinbaren Vergrößerung des Wicklungswiderstands, die als *Widerstandserhöhung* bezeichnet wird. Man ist deshalb bestrebt, die Stromverdrängung in Wicklungen, die während des Betriebs dauernd von netzfrequentem Wechselstrom durchflossen werden oder in denen betriebsmäßig andere große zeitliche Stromänderungen auftreten, möglichst wirksam zu unterdrücken. Solche Wicklungen sind vor allem die am Netz liegenden Wicklungen von Wechselstrommaschinen. Die Wirkungsweise der verschiedenen Maßnahmen zur Verringerung der Stromverdrängung lässt sich bereits aus den im Abschnitt 5.1.1 entwickelten prinzipiellen Abhängigkeiten erkennen. Zur Verringerung der Stromverdrängung werden allgemein folgende Maßnahmen angewendet (s. Bild 5.1.3):

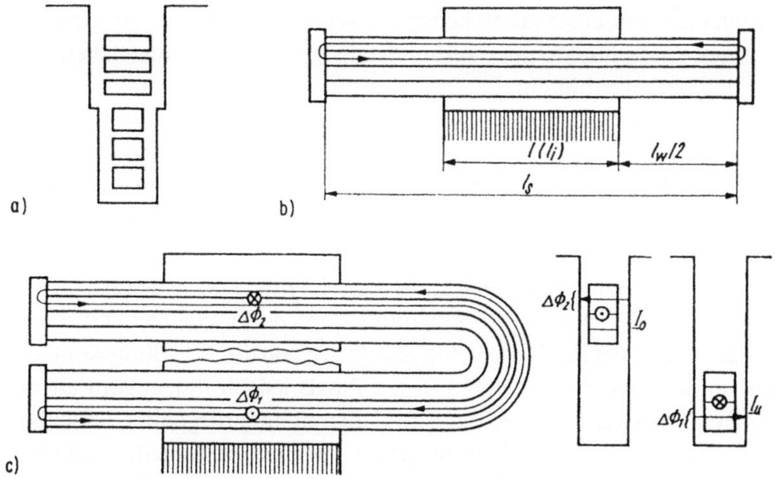

Bild 5.1.3 Möglichkeiten zur Unterdrückung der Stromverdrängung. a) Unterschiedliche Leiterhöhen und Nutbreiten; b) unterteilte Leiter; c) unterteilte Leiter mit Umschichtung

- Erhöhung der Zahl paralleler Zweige;
- Realisierung unterschiedlicher Leiterbreiten und -höhen übereinanderliegender Leiter;
- Unterteilung der Leiter in gegeneinander isolierte Teilleiter ohne Umschichtung;
- Unterteilung der Leiter in gegeneinander isolierte Teilleiter mit Umschichtung;
- Ausführung von Kunststäben, heute praktisch nur noch als sog. Gitter- oder Roebelstäbe.

Mit zunehmender Leiterhöhe nimmt die Stromverdrängung zu (s. Bild 5.2.3). Bei der Bildung paralleler Wicklungszweige erhält man kleinere Leiterquerschnitte und damit bei gleicher Leiterbreite kleinere Leiterhöhen. Wenn von der Ausführung ohne parallele Zweige zu einer Ausführung mit a parallelen Zweigen übergegangen wird, verkleinern sich die erforderliche Leiterhöhe von h_L auf h_L/a und der Leiterstrom von I auf I/a. Das hat einen erheblichen Rückgang der Stromverdrängung im Einzelleiter zur Folge. Andererseits steigt die Zahl in der Nut übereinanderliegender Leiter von z_n auf $z_n a$. Dadurch kommt es zu einer gewissen Vergrößerung der zusätzlichen Verluste, die aber durch die Verringerung aufgrund der kleineren Leiterhöhe mehr als ausgeglichen wird.

Im Abschnitt 5.1.1 ist gezeigt worden, dass die in einem Leiter auftretende Stromverdrängung i. Allg. umso größer wird, je höher der Leiter in der Nut liegt. Führt man die oberen Leiter einer Nut mit kleinerer Leiterhöhe und größerer Leiterbreite aus wie im Bild 5.1.3a, so wird die Stromverdrängung in diesen Leitern nicht nur aufgrund der kleineren Leiterhöhe, sondern auch wegen der größeren Nutbreite entsprechend (5.1.3) kleiner.

Die Wirkung einer über die Stablänge l_s ausgeführten Unterteilung in gegeneinander isolierte Teilleiter beruht darauf, dass der für eine Wirbelstrombahn maßgebende Integrationsweg außerhalb des Nutbereichs einen vernachlässigbar kleinen Teilfluss umfasst (s. Bild 5.1.3b). Damit verkleinert sich in (5.1.1b) bzw. (5.1.4) das Verhältnis $\Delta\Phi/l$, und die Stromverdrängung wird kleiner. Die Unterteilung der Leiter führt allerdings meistens nur mit einer zusätzlichen Umschichtung der nur am Anfang und am Ende einer Spule miteinander verbundenen Teilleiter zur ausreichenden Unterdrückung der Stromverdrängung.

Eine Umschichtung der Teilleiter, d. h. eine Veränderung der Reihenfolge ihrer Lage in den Nuten, tritt bei normalen Zweischicht-Formspulenwicklungen infolge der Gestaltung des Wicklungskopfs auf, wie Bild 5.1.3c zeigt. Sie hat zur Folge, dass der für eine Wirbelstrombahn maßgebende Integrationsweg Teilfelder entgegengesetzter Richtung umfasst. Damit kompensieren sich die einzelnen Flüsse zum Teil, und die resultierende Flussverkettung wird kleiner. Die bei Zweischicht-Formspulenwicklungen auftretende Umschichtung wird *natürliche Umschichtung* genannt. Beliebige sog. *künstliche Umschichtungen* innerhalb des Wicklungskopfbereichs sind prinzipiell möglich; sie werden in der Praxis jedoch nur ungern angewendet. Besteht ein Leiter aus einer größeren Zahl übereinanderliegender Teilleiter, wird teilweise eine sog. *Bündelverdrillung* ausgeführt, bei der die Teilleiter nicht an den Enden der Spule miteinander verbunden werden, sondern gegeneinander isoliert einzeln oder in Gruppen und unter zyklischer Vertauschung mit denen der benachbarten Spule verbunden werden.

Kunststäbe sind in gegeneinander isolierte Teilleiter unterteilte Leiter, bei denen die Umschichtung der Teilleiter innerhalb des Nutbereichs derart ausgeführt wird, dass die Flussverkettung jeder möglichen über die Teilleiter führenden Wirbelstrombahn verschwindet. Das geschieht dadurch, dass die entsprechenden Integrationswege wenigstens im Nutbereich, herrührend vom Nutquerfeld, abschnittsweise solche Teilflüsse umfassen, die sich vollständig gegenseitig kompensieren. Im Bild 5.3.15, Seite 375, ist dies für die heute allein angewendete Ausführungsform eines Kunststabs als *Gitter-* oder *Roebelstab* gezeigt. Es tritt demnach nur in den Teilleitern selbst Stromverdrängung auf, die jedoch wegen der kleinen Teilleiterhöhen relativ gering ist. Wenn die Unterteilung dieser Kunststäbe genügend fein ist, lässt sich in allen Fällen eine ausreichende Unterdrückung der vom Nutquerfeld herrührenden Stromverdrängung erreichen. Es verbleibt allerdings die endliche Verkettung der von den Teilleitern gebildeten Schleifen mit dem Feld im Stirnraum. Dadurch werden die Teilleiterströme trotz der Unwirksamkeit des Felds im Nutbereich ungleich. Es treten in den Teilleitern sog. Schlingströme auf, und man erhält zusätzliche Verluste, die auch als *Schlingstromverluste* bezeichnet werden. Zur Unterdrückung dieses Effekts werden die Stäbe großer Turbogeneratoren z. T. auch im Stirnraum verroebelt.

Bei ausreichender Unterdrückung der Stromverdrängung braucht die Feldverdrängung nicht berücksichtigt zu werden. Das rührt daher, dass von der Feldverdrängung weder die Flussverkettung der Selbstinduktion mit Feldern außerhalb des Leitergebiets noch die Flussverkettung der Gegeninduktion beeinflusst werden. Außerdem ist die durch die Feldverdrängung verursachte Induktivitätsänderung kleiner als die Widerstandserhöhung.

In Induktionsmaschinen mit Hochstab- oder Doppelkäfigläufern nutzt man die Erscheinung der Stromverdrängung zur Verbesserung der Anlaufeigenschaften aus (s. Bd. *Grundlagen elektrischer Maschinen*, Abschn. 5.4.2 u. 5.6). Diese Verbesserung beruht darauf, dass während des asynchronen Anlaufs wegen der relativ großen Läuferfrequenz eine starke Stromverdrängung auftritt, die eine erhebliche Verlustvergrößerung bzw. Widerstandsvergrößerung bewirkt. In diesem Fall ist auch die Feldverdrängung nicht mehr vernachlässigbar, und die Verminderung der Flussverkettung mit dem Nutquerfeld im Leiterbereich muss berücksichtigt werden. Die Gesamtstreuung wird kleiner, und der Anzugsstrom steigt. Im normalen Betrieb herrscht im Läufer die relativ kleine Schlupffrequenz, so dass sich die Stromverdrängung kaum bemerkbar macht und keine nennenswerten zusätzlichen Verluste entstehen.

5.2 Veranschaulichung der Erscheinung der Stromverdrängung

Die im Folgenden durchzuführende Berechnung der Stromverdrängung bei einer groben Diskretisierung der massiven Leiter dient zunächst dazu, die physikalischen Mechanismen zu veranschaulichen, die dabei wirksam werden. Sie kann auch auf die Betrachtung der Vorgänge übertragen werden, die bei der Ausführung von Leitern bzw. Spulen aus gegeneinander isolierten Teilleitern auftreten. Außerdem bildet sie die Grundlage für eine numerische Berechnung der Stromverdrängung. Bei genügend feiner Unterteilung liefert die abschnittsweise Berechnung genügend genaue Ergebnisse. Sie ist auf Leiter beliebigen Querschnitts anwendbar.

5.2.1 Einseitige Stromverdrängung

Zunächst wird der Fall betrachtet, dass in einer betrachteten Nut nur ein Leiter liegt. Man denkt sich diesen Leiter innerhalb des Nutbereichs der Länge l entsprechend Bild 5.2.1 in n übereinanderliegende Teilleiter unterteilt. Wenn der unterteilte Leiter den Ausschnitt eines unendlich langen Leiters darstellt, wird das Strömungsfeld durch die Unterteilung nicht gestört. Man setzt voraus, dass innerhalb eines Teilleiters keine Stromverdrängung auftritt. Für die Anwendung der Beziehung (5.1.5b) wird eine Konzentration des Stroms in der Mitte der Teilleiter angenommen.

Durch Anwendung des Induktionsgesetzes auf die p. Masche im Bild 5.2.1 erhält man

$$R_p \underline{i}_p - R_{p+1}\underline{i}_{p+1} = \underline{e}_p = -\mathrm{j}\omega\Delta\underline{\Phi}_p, \tag{5.2.1}$$

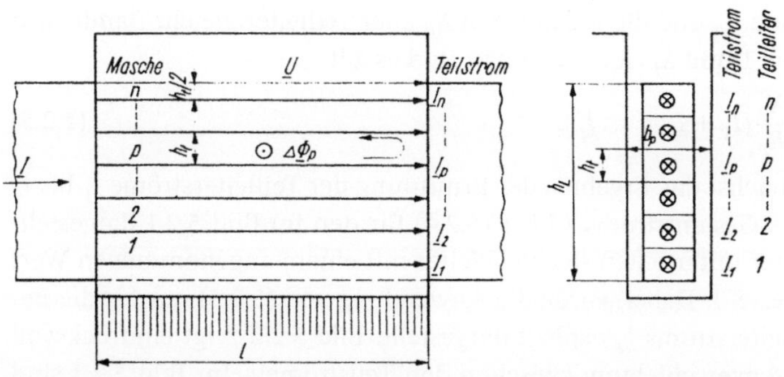

Bild 5.2.1 Zur Berechnung der Stromverdrängung in massiven Leitern

wobei $\Delta\underline{\Phi}_p$ aus (5.1.5b) entwickelt werden kann zu

$$\Delta\underline{\Phi}_p = \mu_0 \frac{lh_\mathrm{t}}{b_p} \sum_{k=1}^{p} \underline{i}_k . \tag{5.2.2}$$

Dabei bezeichnet i_p den Teilstrom im p. Teilleiter, b_p die Breite der Nut an der Stelle des p. Teilleiters und h_t die Teilleiterhöhe. Setzt man (5.2.2) in (5.2.1) ein und geht zu Effektivwerten über, so ergibt sich

$$R_p \underline{I}_p - R_{p+1} \underline{I}_{p+1} = -\mathrm{j}\omega\mu_0 \frac{lh_\mathrm{t}}{b_p} \sum_{k=1}^{p} \underline{I}_k \tag{5.2.3a}$$

und daraus

$$\underline{I}_{p+1} = \frac{R_p}{R_{p+1}} \underline{I}_p + \mathrm{j} \frac{X_p}{R_{p+1}} \sum_{k=1}^{p} \underline{I}_k \tag{5.2.3b}$$

mit $$X_p = \omega\mu_0 \frac{lh_\mathrm{t}}{b_p} . \tag{5.2.3c}$$

Bei Vorgabe des Teilstroms $\underline{I}_1$ lässt sich über (5.2.3b) der Strom I_2 als

$$\underline{I}_2 = \frac{R_1}{R_2} \underline{I}_1 + \mathrm{j} \frac{X_1}{R_2} \underline{I}_1$$

bestimmen. Der Teilstrom $\underline{I}_3$ ergibt sich dann zu

$$\underline{I}_3 = \frac{R_2}{R_3} \underline{I}_2 + \mathrm{j} \frac{X_2}{R_3} (\underline{I}_1 + \underline{I}_2) .$$

Auf diese Weise bestimmt sich Teilstrom für Teilstrom. Die Addition sämtlicher Teilströme liefert schließlich den Gesamtstrom als

$$\underline{I} = \sum_{p=1}^{n} \underline{I}_p . \tag{5.2.4}$$

Normalerweise ist der Gesamtstrom gegeben. Dann muss man trotzdem von einem vorgegebenen ersten Teilstrom ausgehen und nachträglich die Teilströme im Verhältnis des gegebenen Gesamtstroms zu dem nach (5.2.4) bei vorgegebenem erstem Teilstrom erhaltenen Gesamtstrom umrechnen.

Wenn der betrachtete Leiter einen rechteckförmigen Querschnitt hat, sind alle Nutbreiten b_p in Mitte der p. Masche gleich. Bei gleichen Teilleiterhöhen h_t sind dann auch die Widerstände R_p und die Reaktanzen X_p aller Teilleiter gleich. Damit wird in (5.2.3b) $R_p/R_{p+1} = 1$ und $X_p/R_{p+1} = \text{konst.}$, und es gilt

$$\underline{I}_{p+1} = \underline{I}_p + \mathrm{j} \frac{X_p}{R_p} (\underline{I}_1 + \underline{I}_2 + \ldots \underline{I}_p) . \tag{5.2.5}$$

Im Bild 5.2.2 ist zunächst das Ergebnis der Ermittlung der Teilleiterströme $\underline{I}_1$ bis $\underline{I}_6$ über (5.2.5) und des Gesamtstroms $\underline{I}$ über (5.2.4) für den im Bild 5.2.1 dargestellten, in sechs Teilleiter unterteilten Rechteckleiter mit einem angenommenen Wert $X_p/R_{p+1} = 1/2$ dargestellt. Dabei wurde die Anwendung von (5.2.5) nur für die Bestimmung des Teilleiterstroms $\underline{I}_4$ explizit dargestellt. Bild 5.2.2 zeigt eindrucksvoll die erhebliche Phasenverschiebung zwischen den Teilströmen. Im Bild 5.2.3 sind

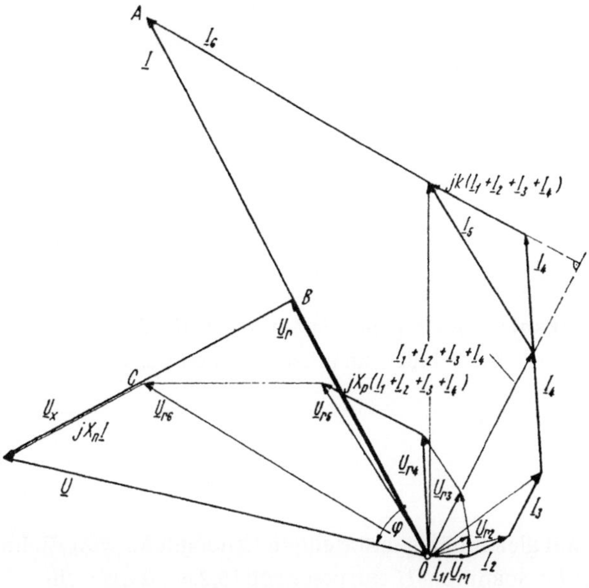

Bild 5.2.2 Zeigerbild der Ströme und Spannungen im massiven Leiter

die mit den Effektivwerten der Teilströme gebildeten Stromdichten aufgetragen. Die starke Stromverdrängung ist gut zu erkennen. Da die Stromdichte im vorliegenden Fall zur Nutöffnung hin stetig zunimmt, spricht man von *einseitiger Stromverdrängung*.

Die aus den Effektivwerten der Teilleiterströme gewonnene Verteilung der Stromdichte nach Bild 5.2.3 kann nicht dazu verwendet werden, um die Flussdichteverteilung des Nutquerfelds über die Nuthöhe zu gewinnen, da diese von den Augenblickswerten der Teilströme bestimmt wird und die Teilströme gegeneinander phasenverschoben sind. Für den Fall, dass keine Stromverdrängung auftritt, herrscht die aus dem Effektivwert des Gesamtstroms gebildete Stromdichte über dem ganzen Leiterquerschnitt. Sie ist im Bild 5.2.3 ebenfalls angegeben.

Der ohmsche Spannungsabfall im p. Teilleiter ist gegeben als

$$\underline{U}_{\mathrm{r}p} = R_p \underline{I}_p . \qquad (5.2.6a)$$

Bildet man in gleicher Weise den ohmschen Spannungsabfall über dem $(p+1)$. Teilleiter und setzt (5.2.3b) in die erhaltene Beziehung ein, so folgt

$$\underline{U}_{\mathrm{r}(p+1)} = R_{p+1}\underline{I}_{p+1} = \underline{U}_{\mathrm{r}p} + \mathrm{j}X_p \sum_{k=1}^{p} \underline{I}_k . \qquad (5.2.6b)$$

Auf diese Weise ergibt sich der ohmsche Spannungsabfall über einem Teilleiter aus dem des vorhergehenden Teilleiters. Im Bild 5.2.2 ist zunächst wiederum das Ergebnis der Ermittlung der ohmschen Spannungsabfälle $\underline{U}_{\mathrm{r}1}$ bis $\underline{U}_{\mathrm{r}6}$ über (5.2.6b) für den im Bild 5.2.1 dargestellten, in sechs Teilleiter unterteilten Rechteckleiter mit einem angenommenen Wert $X_p/R_{p+1} = 1/2$ dargestellt. Dabei wurde die Bestimmung des ohmschen Spannungabfalls $\underline{U}_{\mathrm{r}4}$ explizit dargestellt. Wenn unter Einbeziehung der

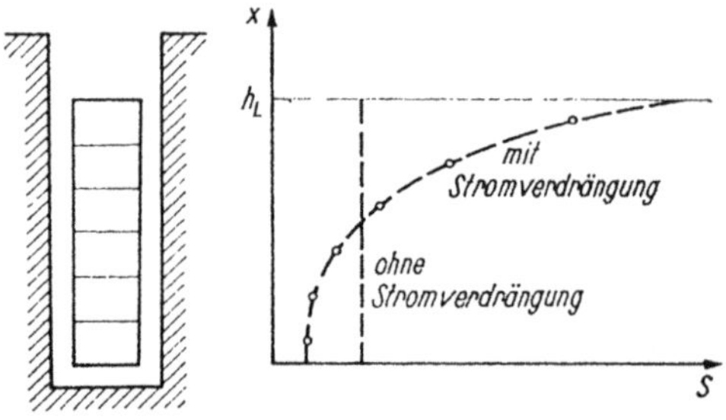

Bild 5.2.3 Einseitige Stromverdrängung im massiven Leiter

im Bild 5.2.1 an der Leiteroberkante eingetragenen Spannung $\underline{U}$ für die n. Masche das Induktionsgesetz angewendet wird, erhält man entsprechend (5.2.3a)

$$R_n\underline{I}_n - \underline{U} = -\mathrm{j}X_n \sum_{k=1}^{n} \underline{I}_k = -\mathrm{j}X_n\underline{I}$$

$$\underline{U} = \underline{U}_{\mathrm{r}n} + \mathrm{j}X_n\underline{I}. \tag{5.2.6c}$$

Für die rechteckförmige Nut mit gleichmäßig unterteiltem Leiter gilt $X_n = X_p/2$. Im Bild 5.2.2 ist die Bestimmung der Spannung $\underline{U}$ entsprechend (5.2.6c) dargestellt.

In der Literatur wird der fiktiv unterteilte Leiter oft mit einem sog. Kettenleiter verglichen. Die bestehende Analogie erkennt man sofort, wenn man das den Beziehungen (5.2.6a,b,c) entsprechende Ersatzschaltbild des Leiters entwickelt. Das ist im Bild 5.2.4 geschehen, und man erkennt, dass die durch (5.2.6c) definierte Spannung $\underline{U}$ zwischen den Klemmen liegt, über die der Gesamtstrom fließt. Die Spannung $\underline{U}$ als ohmscher Spannungsabfall entlang der Oberkante des obersten Teilleiters erscheint als Klemmenspannung des Kettenleiters.

Falls der Leiter tatsächlich über der Gesamtlänge in gegeneinander isolierte Teilleiter unterteilt ist, die an den Leiterenden miteinander verbunden sind, gelten die gleichen Beziehungen, wenn man für R_p den gesamten Widerstand des p. Teilleiters einsetzt. Ein nur über der Länge des Nutbereichs in gegeneinander isolierte Teilleiter unterteilter Leiter verhält sich wie ein massiver (bzw. fiktiv unterteilter) Leiter.

Wie schon angedeutet wurde, eignet sich die Diskretisierung des Leiters zur numerischen Berechnung der Stromverdrängung.

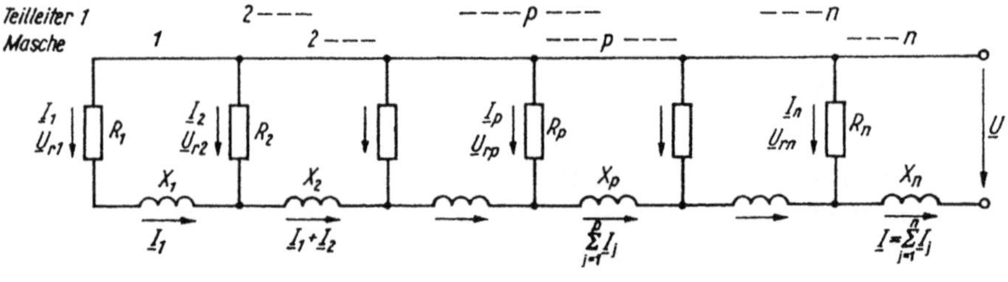

Bild 5.2.4 Ersatzschaltbild des massiven Leiters

5.2.2 Zweiseitige Stromverdrängung

Wenn in einer Nut mehrere Leiter übereinanderliegen, befinden sich die oberen Leiter nicht nur im Feld des eigenen Stroms, sondern auch im Feld der Ströme der darunterliegenden Leiter, wie Bild 5.2.5 zeigt. Damit ist der unterste Teilstrom in einem fiktiv unterteilten oberen Leiter auch von den Strömen der darunterliegenden Leiter abhängig und kann nicht mehr wie im Abschnitt 5.2.1 frei vorgegeben werden. Zur Lösung des Problems empfiehlt es sich, jeden Teilstrom $\underline{I}_p$ des betrachteten Leiters in zwei fiktive Komponenten zu zerlegen: in eine Komponente $\underline{I}'_p$, die durch das Feld der Ströme $\sum \underline{I}_{\mathrm{u}}$ der darunterliegenden Leiter verursacht wird, und in eine Komponente $\underline{I}''_p$, die gleich dem Teilleiterstrom für den Fall ist, dass der betrachtete Leiter allein in der Nut vorhanden ist. Dieser Fall ist im Abschnitt 5.2.1 behandelt worden. Das Zeigerbild der Ströme im Bild 5.2.2 gilt demnach auch für die Stromkomponenten $\underline{I}''_p$ der einzelnen Teilleiter des betrachteten Leiters. Zur Ermittlung der Teilleiterströme des betrachteten Leiters müssen also nur noch die Komponenten $\underline{I}'_p$ bestimmt werden.

Die Ströme der unteren Leiter verursachen im Bereich des betrachteten Leiters bei parallelflankigen Nuten ein magnetisches Feld örtlich konstanter Flussdichte. Das sich aufgrund dieser Flussdichte im oberen Leiter ausbildende Wirbelstromfeld muss symmetrisch zur Mittellinie des Leiters verlaufen. Daraus folgt, dass die Stromkomponenten $\underline{I}'_p$ in jedem von der Mittellinie des betrachteten Leiters gleich weit entfernten Teilleiterpaar entsprechend

$$\underline{I}'_{n-p+1} = -\underline{I}'_p \tag{5.2.7}$$

gleich groß, aber entgegengesetzt gerichtet sein müssen. Für die Teilleiterströme $\underline{I}'_p$, die vom Feld der unter dem betrachteten Leiter liegenden Leiter herrühren, lassen sich ähnlich wie im Fall der einseitigen Stromverdrängung Beziehungen entwickeln, mit deren Hilfe ein Teilleiterstrom aus dem des darunterliegenden Teilleiters bestimmt werden kann. Mit diesen Teilleiterströmen und den vom Leiterstrom im betrachteten Leiter selbst hervorgerufenen Teilleiterströmen $\underline{I}''_p$ ergeben sich die resultierenden Teilleiterströme im betrachteten Leiter zu

$$\underline{I}_p = \underline{I}'_p + \underline{I}''_p . \tag{5.2.8}$$

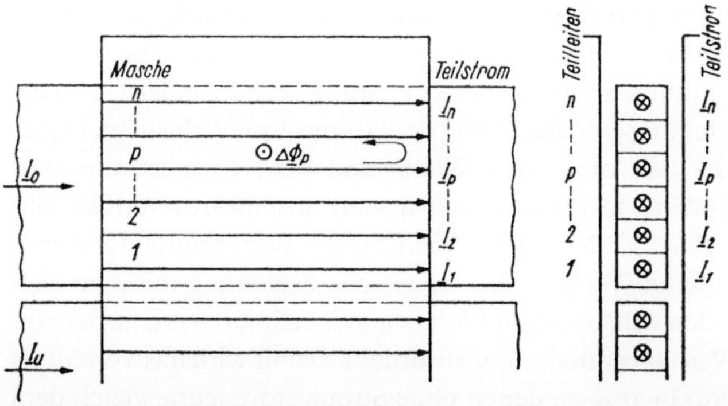

Bild 5.2.5 Zur Berechnung der Stromverdrängung in einem massiven Leiter, der in einer Nut über anderen stromdurchflossenen Leitern liegt

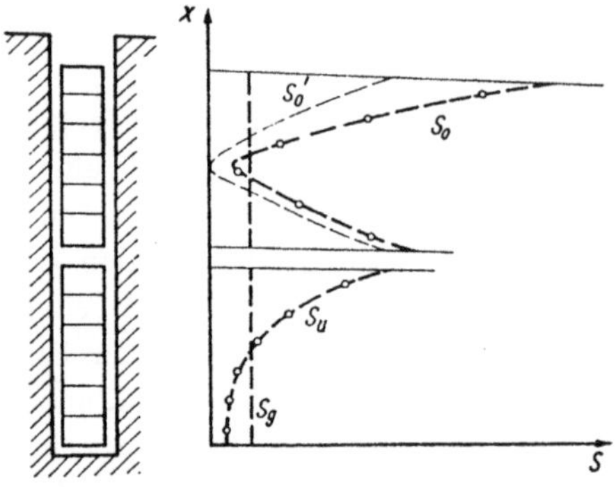

Bild 5.2.6 Stromverdrängung in zwei übereinanderliegenden massiven Leitern

Wenn man über die Effektivwerte der Teilleiterströme eine Verteilung der Stromdichte ermittelt, ergeben sich für den Fall von zwei in der Nut übereinanderliegenden, den gleichen Strom führenden Leitern die im Bild 5.2.6 dargestellten Verhältnisse. Für den unteren Leiter erhält man, herrührend von den Teilleiterströmen $\underline{I}_p''$, eine Verteilung der Stromdichte S_u, wie sie im Bild 5.2.3 für die einseitige Stromverdrängung gewonnen wurde. Im oberen Leiter würde, verursacht durch den eigenen Strom, die gleiche Verteilung entstehen. Herrührend vom Strom im unteren Leiter erhält man eine Verteilung der Stromdichte S_o', deren Verlauf die Symmetrieeigenschaft der Teilleiterströme $\underline{I}_p'$ nach (5.2.7) widerspiegelt. Die resultierende Verteilung der Stromdichte S_o ergibt sich aus den resultierenden Teilleiterströmen $\underline{I}_p$ nach (5.2.8). Die Stromdichte wird nicht mehr einseitig zur Oberkante des oberen Leiters hin verdrängt, sondern man erhält eine zweiseitige Stromverdrängung.

Wie man weiter aus Bild 5.2.6 erkennen kann, bewirken die Ströme der unteren Leiter eine erhebliche Verstärkung der Stromverdrängung im betrachteten Leiter. Zum Vergleich ist im Bild 5.2.6 die aus dem Effektivwert des Gesamtstroms gebildete Stromdichte S_g mit aufgetragen. Sie herrscht für den Fall, dass keine Stromverdrängung auftritt, über dem gesamten Leiterquerschnitt.

5.2.3 Definition von Parametern

Wie aus den Bildern 5.2.3 und 5.2.6 zu erkennen ist, bewirkt die Stromverdrängung nicht nur eine ungleichmäßige Stromverteilung, sondern auch eine Vergrößerung des mittleren Effektivwerts der Stromdichte. Da die im Leiter auftretenden Stromwärmeverluste proportional zum Quadrat der Stromdichte sind, verursacht nicht nur die Vergrößerung des mittleren Effektivwerts der Stromdichte, sondern auch die ungleichmäßige Stromverteilung eine Erhöhung der Stromwärmeverluste im Leiter.

Bezeichnet man mit R_0 den ohmschen Widerstand bzw. Gleichstromwiderstand des betrachteten Leiters, so ergeben sich dessen Stromwärmeverluste ohne Stromverdrängung zu $P_{vw0} = R_0 I^2$. Wenn man für die Berechnung der durch Stromverdrängung vergrößerten Verluste P_{vw} die gleiche Beziehung mit dem gleichen Leiterstrom I verwenden will, muss ein Widerstand R definiert werden, der entsprechend $P_{vw} = RI^2$ die Verlustvergrößerung ausdrückt. Damit wird das Verhältnis der Verluste mit Stromverdrängung zu denen ohne Stromverdrängung gleich dem Verhältnis der entsprechenden Widerstände. Man nennt dieses Verhältnis deshalb

Widerstandsverhältnis oder auch Widerstandserhöhungsfaktor

$$\boxed{k_\mathrm{r} = \frac{P_\mathrm{vw}}{P_\mathrm{vw0}} = \frac{R}{R_0}} . \tag{5.2.9}$$

Wenn Stromverdrängung auftritt, gilt $k_\mathrm{r} > 1$. Über k_r erfolgt die praktische Berechnung der Stromwärmeverluste mit Stromverdrängung (s. Abschn. 6.3.3, S. 389, u. 6.5.3, S. 419).

Unter Verwendung der Ergebnisse, die auf Basis der Diskretisierung des Leiters gewonnen wurden, erhält man die unter dem Einfluss der Stromverdrängung vergrößerten Verluste zu

$$P_\mathrm{vw} = \sum_{p=1}^{n} P_{\mathrm{vw}p} = \sum_{p=1}^{n} R_p I_p^2 .$$

Damit wird aus (5.2.9)

$$k_\mathrm{r} = \frac{\sum_{p=1}^{n} R_p I_p^2}{R_0 I^2} . \tag{5.2.10a}$$

Wenn sämtliche Teilleiter den gleichen Widerstand $R_p = nR_0$ besitzen, ergibt sich daraus

$$k_\mathrm{r} = \frac{n}{I^2} \sum_{p=1}^{n} I_p^2 . \tag{5.2.10b}$$

Für den Fall, dass längs eines Leiters unterschiedliche Stromverdrängungsverhältnisse auftreten, müssen die Verluste bzw. Widerstandsverhältnisse der einzelnen Abschnitte getrennt berechnet werden. Im Fall massiver Leiter elektrischer Maschinen herrschen z. B. im Nutteil (n) andere Stromverdrängungsverhältnisse als im Wicklungskopfteil (w). Mit

$$P_\mathrm{vw} = P_\mathrm{vwn} + P_\mathrm{vww} = (R_\mathrm{n} + R_\mathrm{w})I^2 = (k_\mathrm{rn} R_\mathrm{n0} + k_\mathrm{rw} R_\mathrm{w0})I^2$$

und $\quad P_\mathrm{vw0} = R_0 I^2 = (R_\mathrm{n0} + R_\mathrm{w0})I^2$

erhält man entsprechend (5.2.9) das mittlere Widerstandsverhältnis des gesamten Leiters zu

$$k_\mathrm{r} = \frac{k_\mathrm{rn} R_\mathrm{n0} + k_\mathrm{rw} R_\mathrm{w0}}{R_\mathrm{n0} + R_\mathrm{w0}} = \frac{k_\mathrm{rn} + k_\mathrm{rw} R_\mathrm{w0}/R_\mathrm{n0}}{1 + R_\mathrm{w0}/R_\mathrm{n0}} . \tag{5.2.11a}$$

Bei konstantem Leiterquerschnitt und überall gleicher Temperatur verhalten sich die Widerstände wie die Leiterlängen. Mit der Wicklungskopflänge l_w und der ideellen Länge l_i (s. Abschn. 2.3.1, S. 169) wird aus (5.2.11a)

$$k_\mathrm{r} = \frac{k_\mathrm{rn} + k_\mathrm{rw} l_\mathrm{w}/l_\mathrm{i}}{1 + l_\mathrm{w}/l_\mathrm{i}} . \tag{5.2.11b}$$

Meist tritt im Wicklungskopfteil eine vernachlässigbare Stromverdrängung auf. In diesem Fall wird $k_\mathrm{rw} = 1$ und damit

$$k_\mathrm{r} = \frac{k_\mathrm{rn} + l_\mathrm{w}/l_\mathrm{i}}{1 + l_\mathrm{w}/l_\mathrm{i}} , \tag{5.2.11c}$$

wobei k_{rn} z. B. nach (5.2.10a) oder (5.2.10b) berechnet werden kann. Weitere Berechnungsmöglichkeiten werden im Abschnitt 5.3 angegeben. Bei unterteilten Leitern mit gegeneinander isolierten Teilleitern wird im Wicklungskopfteil die gleiche Stromverteilung erzwungen wie im Nutteil. Damit werden $k_{rw} = k_{rn}$ und $k_r = k_{rn}$. In diesem Fall ist k_{rn} kleiner als bei massiven Leitern (s. Abschn. 5.2.1).

Mit der Stromverdrängung ist eine Feldverdrängung verbunden, d. h. es ändert sich das Streufeld des Leiters und damit auch die Streuinduktivität L_σ bzw. die Streureaktanz X_σ. Wie bereits im Abschnitt 5.1.2 erwähnt worden ist, interessiert die Feldverdrängung praktisch nur bei Stromverdrängungsläufern von Induktionsmaschinen. In den Stäben dieser Läufer tritt (unter Ausnahme von Mehrfachkäfigen mit getrennten Kurzschlussringen) einseitige Stromverdrängung auf, d. h. die Stromdichte steigt zur Nutöffnung hin an. Damit wird das Nutstreufeld innerhalb des Leitergebiets zur Nutöffnung hin verdrängt, und die Streuflussverkettung und damit die Streuinduktivität L_σ bzw. die Streureaktanz X_σ werden kleiner. Bezeichnet man mit $L_{\sigma0}$ bzw. $X_{\sigma0}$ die Werte ohne Stromverdrängung, so gilt für das sog. *Reaktanzverhältnis* bzw. *Streuungsverhältnis*

$$\boxed{k_x = \frac{X_\sigma}{X_{\sigma0}} = \frac{L_\sigma}{L_{\sigma0}}} . \tag{5.2.12}$$

Unter dem Einfluss der Feldverdrängung ist $k_x < 1$.

Die Berechnung der Streureaktanzen X_σ und $X_{\sigma0}$ kann über die magnetische Energie des Nutstreufelds erfolgen. Das wiederum ist unter Verwendung der Ergebnisse möglich, die auf Basis der Diskretisierung des Leiters gewonnen wurden. Das von der Masche p im Bild 5.2.1 umfasste Teilstreufeld besitzt den zeitlichen Mittelwert der magnetischen Energie (s. auch Bild 5.2.4)

$$\overline{W}_m = \frac{X_p}{2\omega} \left| \sum_{k=1}^{p} \underline{I}_k \right|^2 . \tag{5.2.13a}$$

Damit beträgt der zeitliche Mittelwert der magnetischen Energie für das Nutstreufeld im gesamten Leitergebiet

$$\overline{W}_m = \frac{X_\sigma I^2}{2\omega} = \sum_{p=1}^{n} \left[\frac{X_p}{2\omega} \left| \sum_{k=1}^{p} \underline{I}_k \right|^2 \right] . \tag{5.2.13b}$$

Im stromverdrängungsfreien Fall sind alle Teilströme $\underline{I}_k = \underline{I}_{k0}$ gleichphasig. Sie betragen $I_{k0} = IR_0/R_k$, wenn R_k der Widerstand des Teilleiters ist, in dem I_{k0} fließt, und I der Gesamtstrom im Leiter mit dem Widerstand R_0 ist. Damit wird aus (5.2.13b)

$$\frac{X_{\sigma0} I^2}{2\omega} = \sum_{p=1}^{n} \left[\frac{X_p}{2\omega} \left(\sum_{k=1}^{p} I_{k0} \right)^2 \right] = \frac{R_0^2 I^2}{2\omega} \sum_{p=1}^{n} \left[X_p \left(\sum_{k=1}^{p} \frac{1}{R_k} \right)^2 \right] . \tag{5.2.13c}$$

Setzt man (5.2.13b) und (5.2.13c) in (5.2.12) ein, so erhält man schließlich

$$k_{\mathrm{x}} = \frac{\sum_{p=1}^{n} \left[X_p \left| \sum_{k=1}^{p} I_k \right|^2 \right]}{R_0^2 I^2 \sum_{p=1}^{n} \left[X_p \left(\sum_{k=1}^{p} \frac{1}{R_k} \right)^2 \right]}. \tag{5.2.14a}$$

Für den gleichmäßig unterteilten Rechteckleiter nach Bild 5.2.1 gehört zur Masche n die Streureaktanz $X_n = X_p/2$ (s. Bem. zu (5.2.6c)). Die Streureaktanzen aller übrigen Maschen sind gleich. Mit $R_k = nR_0$ wird dann aus (5.2.14a)

$$k_{\mathrm{x}} = \frac{\sum_{p=1}^{n-1} \left| \sum_{k=1}^{p} I_k \right|^2 + \frac{1}{2} I^2}{\frac{I^2}{n^2} \left(\sum_{p=1}^{n-1} p^2 + \frac{n^2}{2} \right)}. \tag{5.2.14b}$$

5.3 Analytisch geschlossene Berechnung der Stromverdrängung

Die im Abschnitt 5.2 dargelegte rechnerische Erfassung der mit der Stromverdrängung verbundenen Erscheinungen auf Basis einer Diskretisierung der Leiter diente zunächst dazu, die physikalischen Mechanismen zu veranschaulichen, die dabei wirksam werden. Darüber hinaus kann davon ausgehend eine numerische Berechnung entwickelt werden, die es gestattet, bei der einseitigen Stromverdrängung beliebige Querschnittsformen der Leiter und der Nuten zu berücksichtigen.

Im Fall der zweiseitigen Stromverdrängung, die bei Vorhandensein mehrerer in der Nut übereinanderliegender Leiter auftritt, liegen i. Allg. parallelflankige Nuten vor. In diesem Fall lassen sich geschlossene Lösungen für die mit der Stromverdrängung verbundenen Erscheinungen entwickeln. Damit muss man für den wichtigen Sonderfall von Wicklungen in parallelflankigen Nuten nicht zur numerischen Lösung greifen. Im Folgenden werden die benötigten Beziehungen erarbeitet.

5.3.1 Entwicklung der Grundgleichungen

Unter der Annahme, dass alle Feldlinien des Nutquerfelds geradlinig und senkrecht zu den Nutflanken verlaufen, d. h. dass ein reines Querfeld vorhanden ist, wie es bereits im Bild 5.1.2, Seite 343, dargestellt wurde, bestehen die Vektoren der elektrischen Feldstärke $\boldsymbol{E}$ und der Stromdichte $\boldsymbol{S}$ mit den Festlegungen nach Bild 5.3.1 nur aus ihren z-Komponenten und die Vektoren der magnetischen Feldstärke $\boldsymbol{H}$ und der Flussdichte $\boldsymbol{B}$ nur aus ihren y-Komponenten. Damit gilt für die Beträge der Vektoren

$$|\boldsymbol{E}| = E = E_{\mathrm{z}}, \quad |\boldsymbol{S}| = S = S_{\mathrm{z}}, \quad |\boldsymbol{H}| = H = H_{\mathrm{y}}, \quad |\boldsymbol{B}| = B = B_{\mathrm{y}}.$$

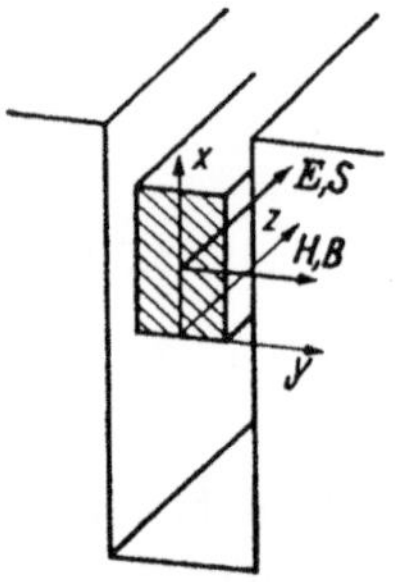

Bild 5.3.1 Zur analytisch geschlossenen Berechnung der Stromverdrängung

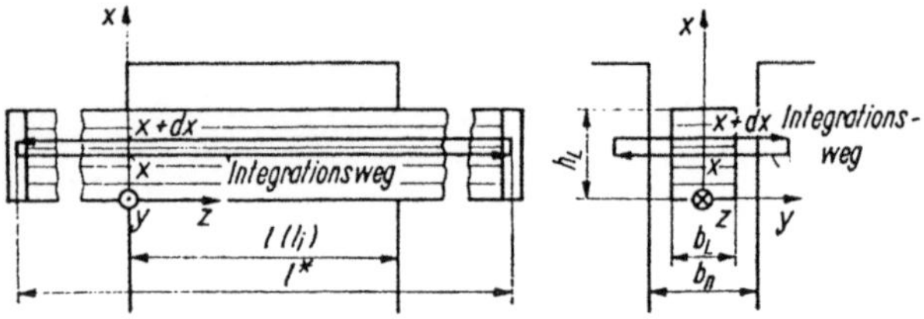

Bild 5.3.2 Zur Berechnung der Stromverdrängung in unterteilten Leitern

Mit $\mu_{\mathrm{Fe}} \to \infty$ und dem im Bild 5.3.2 angegebenen Integrationsweg liefert das Durchflutungsgesetz die Aussage

$$-H(x)b_{\mathrm{n}} + H(x + \mathrm{d}x)b_{\mathrm{n}} = b_{\mathrm{n}}\frac{\partial H}{\partial x}\,\mathrm{d}x = Sb_{\mathrm{L}}\,\mathrm{d}x. \tag{5.3.1a}$$

Damit erhält man die Differentialgleichung

$$\frac{\partial H}{\partial x} = \frac{b_{\mathrm{L}}}{b_{\mathrm{n}}}S = \frac{b_{\mathrm{L}}}{b_{\mathrm{n}}}\kappa E \tag{5.3.1b}$$

mit der Nutbreite b_{n} und der Leiterbreite b_{L}. In unterteilten Leitern mit gegeneinander isolierten Teilleitern wird längs des Leiterabschnitts zwischen zwei Verbindungsstellen der Teilleiter die gleiche Stromverteilung erzwungen. Dieser Leiterabschnitt führt in einem allgemeinen Fall durch mehrere Nuten. Er durchläuft dabei Feldgebiete unterschiedlicher Flussdichteverteilung. Da längs des gesamten Leiterabschnitts in jedem Teilleiter die gleiche elektrische Feldstärke herrscht, führt man den Integrationsweg zur Anwendung des Induktionsgesetzes dann über die gesamte Abschnittslänge l^* entlang benachbarter Teilleiter. Im Bild 5.3.2 ist dies für den Sonderfall gezeigt, dass sich der Leiterabschnitt nur über einen Stab der Wicklung erstreckt. Wenn sich ein Leiter in diesem Fall längs der ideellen Länge l_{i} im Nutquerfeld der Flussdichte B befindet und außerhalb der Länge l_{i} die Flussdichte vernachlässigbar klein ist, folgt für den im Bild 5.3.2 angegebenen Integrationsweg aus dem Induktionsgesetz

$$\begin{aligned} E(x)l^* - E(x + \mathrm{d}x)l^* &= -l^*\frac{\partial E}{\partial x}\,\mathrm{d}x \\ &= -\frac{\mathrm{d}}{\mathrm{d}t}(Bl_{\mathrm{i}}\,\mathrm{d}x), \end{aligned} \tag{5.3.2a}$$

und man erhält die Differentialgleichung

$$\frac{\partial E}{\partial x} = \frac{l_{\mathrm{i}}}{l^*}\frac{\mathrm{d}B}{\mathrm{d}t}. \tag{5.3.2b}$$

Wenn die Größen E, S, H und B sinusförmige Wechselgrößen sind, kann man zur Darstellung der komplexen Wechselstromrechnung übergehen. Mit Berücksichtigung von $S = \kappa E$ und $B = \mu_0 H$ ergibt sich dann aus (5.3.1b) und (5.3.2b)

$$\frac{\partial \underline{H}}{\partial x} = \frac{b_\mathrm{L}}{b_\mathrm{n}} \underline{S} = \frac{b_\mathrm{L}}{b_\mathrm{n}} \kappa \underline{E} \tag{5.3.3}$$

$$\frac{\partial \underline{E}}{\partial x} = \mathrm{j}\omega \frac{l_\mathrm{i}}{l^*} \underline{B} = \mathrm{j}\omega \frac{l_\mathrm{i}}{l^*} \mu_0 \underline{H}. \tag{5.3.4}$$

Daraus erhält man als Differentialgleichung für die elektrische Feldstärke

$$\frac{\partial^2 \underline{E}}{\partial x^2} = \mathrm{j}\omega\mu_0\kappa \frac{b_\mathrm{L}}{b_\mathrm{n}} \frac{l_\mathrm{i}}{l^*} \underline{E} = \mathrm{j}2\alpha^{*2} \underline{E} \tag{5.3.5}$$

mit $$\alpha^* = \sqrt{\pi f \mu_0 \kappa \frac{b_\mathrm{L}}{b_\mathrm{n}} \frac{l_\mathrm{i}}{l^*}}. \tag{5.3.6}$$

Der Ansatz

$$\underline{E} = \underline{C} \mathrm{e}^{\sqrt{\mathrm{j}2}\alpha^* x} = \underline{C} \mathrm{e}^{\pm(1+\mathrm{j})\alpha^* x} \tag{5.3.7}$$

liefert schließlich die allgemeine Lösung dieser Differentialgleichung zu

$$\underline{E} = \underline{C}_1 \mathrm{e}^{(1+\mathrm{j})\alpha^* x} + \underline{C}_2 \mathrm{e}^{-(1+\mathrm{j})\alpha^* x}.$$

Damit erhält man für die Stromdichte

$$\underline{S} = \kappa \underline{E} = \kappa \underline{C}_1 \mathrm{e}^{(1+\mathrm{j})\alpha^* x} + \kappa \underline{C}_2 \mathrm{e}^{-(1+\mathrm{j})\alpha^* x} \tag{5.3.8}$$

sowie für die magnetische Feldstärke über (5.3.4)

$$\underline{H} = \frac{l^*}{\mathrm{j}\omega\mu_0 l_\mathrm{i}} \frac{\partial \underline{E}}{\partial x} = \frac{(1+\mathrm{j})\alpha^* l^*}{\mathrm{j}\omega\mu_0 l_\mathrm{i}} \left[\underline{C}_1 \mathrm{e}^{(1+\mathrm{j})\alpha^* x} - \underline{C}_2 \mathrm{e}^{-(1+\mathrm{j})\alpha^* x} \right]. \tag{5.3.9}$$

Für die Bestimmung der Konstanten $\underline{C}_1$ und $\underline{C}_2$ ist die Kenntnis von zwei Randbedingungen erforderlich. Diese beiden Randbedingungen liefert das Durchflutungsgesetz. Die erste ergibt sich, wenn man das Durchflutungsgesetz auf einen Integrationsweg anwendet, der an der Unterkante des betrachteten Leiters, d. h. bei $x = 0$, die Nut überquert. Dieser Integrationsweg umfasst nach Bild 5.3.3 für den Fall, dass sich der Leiterabschnitt nur über einen Stab der Wicklung erstreckt, die Summe aller unterhalb des betrachteten Leiters fließenden Leiterströme $\underline{I}_\mathrm{u}$, und damit wird

$$\underline{H}_{x=0} = \underline{H}_0 = \frac{1}{b_\mathrm{n}} \sum \underline{i}_\mathrm{u} = \frac{\sqrt{2}}{b_\mathrm{n}} \sum \underline{I}_\mathrm{u}. \tag{5.3.10a}$$

Die zweite Randbedingung erhält man unter der gleichen Voraussetzung, wenn der Integrationsweg die Nut an der Stelle $x = h_\mathrm{L}$ überquert. Damit wird

$$H_{x=h_\mathrm{L}} = \underline{H}_\mathrm{h} = \frac{1}{b_\mathrm{n}} \left(\sum \underline{i}_\mathrm{u} + \underline{i} \right) = \frac{\sqrt{2}}{b_\mathrm{n}} \left(\sum \underline{I}_\mathrm{u} + \underline{I} \right) \tag{5.3.10b}$$

mit der Leiterhöhe h_L. Zur Bestimmung des Widerstandsverhältnisses k_r nach (5.2.9) benötigt man die im Leiter entstehenden Stromwärmeverluste P_vw. Für das Volumenelement der Länge l^*, der Breite b_L, der Höhe $\mathrm{d}x$ und mit der Stromdichte S ergibt

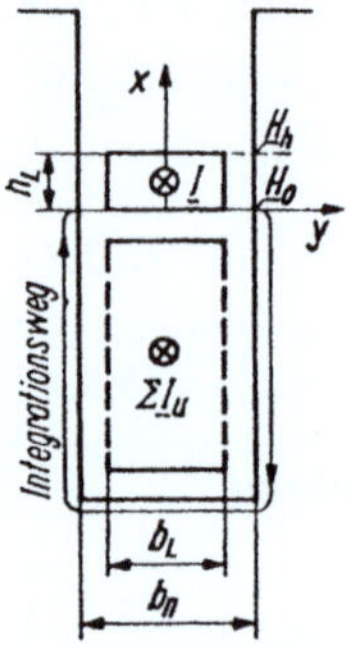

Bild 5.3.3 Randbedingungen der Stromverdrängung

sich bei gleicher Stromdichte längs l^*, d. h. im Fall der Ausführung mit gegeneinander isolierten Teilleitern und einer verschwindend kleinen Teilleiterhöhe,

$$\mathrm{d}P_{\mathrm{vw}} = \frac{l^* b_{\mathrm{L}}}{\kappa} S^2 \,\mathrm{d}x \tag{5.3.11a}$$

und für den gesamten Leiterabschnitt der Länge l^*

$$P_{\mathrm{vw}} = \frac{l^* b_{\mathrm{L}}}{\kappa} \int_0^{h_{\mathrm{L}}} S^2 \,\mathrm{d}x. \tag{5.3.11b}$$

Dabei muss natürlich in (5.3.11a) bzw. (5.3.11b) der Effektivwert der Stromdichte eingesetzt werden. Das Quadrat der Amplitude der Stromdichte $\hat{S} = \sqrt{2}S$ lässt sich durch das Produkt der komplexen Stromdichte $\underline{S}$ mit ihrem konjugiert komplexen Wert $\underline{S}^*$ ausdrücken, und es gilt

$$P_{\mathrm{vw}} = \frac{l^* b_{\mathrm{L}}}{2\kappa} \int_0^{h_{\mathrm{L}}} \hat{S}^2 \,\mathrm{d}x = \frac{l^* b_{\mathrm{L}}}{2\kappa} \int_0^{h_{\mathrm{L}}} \underline{S}\,\underline{S}^* \,\mathrm{d}x. \tag{5.3.11c}$$

Wie bereits im Abschnitt 5.2.3 praktiziert worden ist, kann die Bestimmung des durch (5.2.12) definierten Streuungsverhältnisses k_{x} über die magnetische Energie des im Leitergebiet existierenden Nutstreufelds erfolgen. Für das Volumenelement der Länge l_{i}, der Breite b_{n}, der Höhe dx und mit der magnetischen Feldstärke H gilt

$$\mathrm{d}W_{\mathrm{m}} = \frac{1}{2}\mu_0 \hat{H}^2 l_{\mathrm{i}} b_{\mathrm{n}} \,\mathrm{d}x. \tag{5.3.12a}$$

Da die Feldstärke H eine Wechselgröße ist, ergibt sich für den zeitlichen Mittelwert der magnetischen Energie des Volumenelements

$$\mathrm{d}\overline{W}_{\mathrm{m}} = \frac{1}{2}\mu_0 \frac{\hat{H}^2}{2} l_{\mathrm{i}} b_{\mathrm{n}} \,\mathrm{d}x \tag{5.3.12b}$$

und für den des gesamten Leitergebiets

$$\overline{W}_{\mathrm{m}} = \frac{1}{4}\mu_0 l_{\mathrm{i}} b_{\mathrm{n}} \int_0^{h_{\mathrm{L}}} \hat{H}^2 \,\mathrm{d}x = \frac{1}{2} L_\sigma I^2. \tag{5.3.12c}$$

Aus (5.3.12c) lässt sich schließlich die zur Berechnung von k_x notwendige Induktivität L_σ als

$$L_\sigma = \frac{\mu_0 l_i b_n}{2I^2} \int_0^{h_L} \hat{H}^2 \, dx = \frac{\mu_0 l_i b_n}{2I^2} \int_0^{h_L} \underline{H}\underline{H}^* \, dx \qquad (5.3.13)$$

bestimmen.

5.3.2 Massive Leiter

Zunächst soll jetzt der Fall untersucht werden, dass in einer Nut n massive Leiter übereinanderliegen, die alle vom gleichen sinusförmigen Wechselstrom durchflossen werden. Da für massive Leiter die durch Stromverdrängung verursachte Stromdichteverteilung über dem Leiterquerschnitt nur im Nutbereich besteht, darf der für das Induktionsgesetz maßgebende Integrationsweg nur über die Länge l_i erstreckt werden. Mit $l^* = l_i$ soll $\alpha^* = \alpha$ werden, und dafür folgt aus aus (5.3.6)

$$\boxed{\alpha = \sqrt{\pi f \mu_0 \kappa \frac{b_L}{b_n}}}\,. \qquad (5.3.14a)$$

Wenn man die Frequenz auf 50 Hz und die Leitfähigkeit auf 50 $\text{S} \cdot \text{m/mm}^2$ bezieht, erhält man als zugeschnittene Größengleichungen

$$\alpha = \sqrt{\left(\frac{f}{50\,\text{Hz}}\right)\left(\frac{\kappa}{50\,\text{Sm/mm}^2}\right)\frac{b_L}{b_n} 50 \frac{1}{\text{s}} 50 \frac{\text{Sm}}{\text{mm}^2} \pi 4 \cdot 10^{-7} \pi \frac{\text{Vs}}{\text{Am}}} \qquad (5.3.14b)$$

$$\alpha \approx \sqrt{\left(\frac{f}{50\,\text{Hz}}\right)\left(\frac{\kappa}{50\,\text{Sm/mm}^2}\right)\frac{b_L}{b_n} \frac{1}{\text{cm}}}\,. \qquad (5.3.14c)$$

Für betriebswarme Kupferwicklungen mit $\kappa = 50\,\text{Sm/mm}^2$ und $f = 50\,\text{Hz}$ gilt also die Näherung

$$\alpha \approx \sqrt{\frac{b_L}{b_n} \frac{1}{\text{cm}}}\,. \qquad (5.3.14d)$$

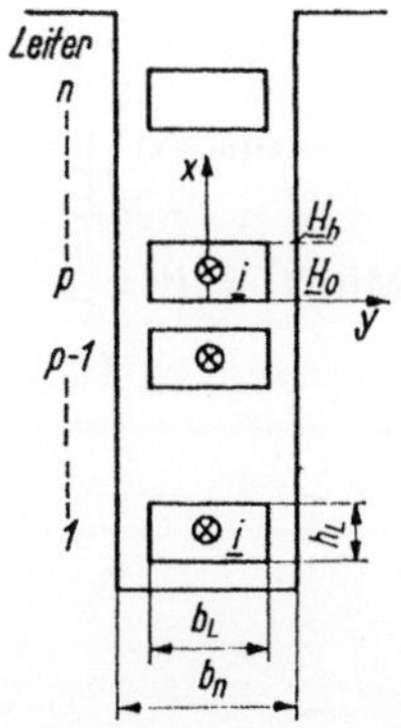

Bild 5.3.4 Zur Berechnung der Stromverdrängung in mehreren übereinanderliegenden massiven Leitern

Im Sonderfall des Käfigläufers wird $b_\mathrm{L} = b_\mathrm{n}$, und damit folgt allgemein aus (5.3.14c)

$$\alpha \approx \sqrt{\left(\frac{f}{50\,\mathrm{Hz}}\right)\left(\frac{\kappa}{50\,\mathrm{Sm/mm^2}}\right)}\frac{1}{\mathrm{cm}} \tag{5.3.14e}$$

sowie für betriebswarme Kupferwicklungen mit $\kappa = 50\,\mathrm{Sm/mm^2}$ und $f = 50\,\mathrm{Hz}$

$$\alpha \approx \frac{1}{\mathrm{cm}}. \tag{5.3.14f}$$

Zur Bestimmung der für den p. Leiter im Bild 5.3.4 maßgebenden Konstanten $\underline{C}_1$ und $\underline{C}_2$ sollen die Randbedingungen (5.3.10a) und (5.3.10b) in die allgemeine Beziehung für die magnetische Feldstärke nach (5.3.9) eingeführt werden. Mit der *reduzierten Leiterhöhe*

$$\boxed{\beta = \alpha h_\mathrm{L}} \tag{5.3.15}$$

sowie mit $l^* = l_\mathrm{i}$ und $\alpha^* = \alpha$ ergibt sich dann

$$\underline{H}_0 = \frac{p-1}{b_\mathrm{n}}\underline{i} = \frac{(1+\mathrm{j})\alpha}{\mathrm{j}\omega\mu_0}[\underline{C}_1 - \underline{C}_2]$$

$$\underline{H}_\mathrm{h} = \frac{p}{b_\mathrm{n}}\underline{i} = \frac{(1+\mathrm{j})\alpha}{\mathrm{j}\omega\mu_0}\left[\underline{C}_1\mathrm{e}^{(1+\mathrm{j})\beta} - \underline{C}_2\mathrm{e}^{-(1+\mathrm{j})\beta}\right],$$

und daraus folgt

$$\underline{C}_1 = \frac{\mathrm{j}\omega\mu_0\left[p-(p-1)\mathrm{e}^{-(1+\mathrm{j})\beta}\right]}{(1+\mathrm{j})b_\mathrm{n}\alpha\left[\mathrm{e}^{(1+\mathrm{j})\beta} - \mathrm{e}^{-(1+\mathrm{j})\beta}\right]}\underline{i} \tag{5.3.16}$$

$$\underline{C}_2 = \frac{\mathrm{j}\omega\mu_0\left[p-(p-1)\mathrm{e}^{(1+\mathrm{j})\beta}\right]}{(1+\mathrm{j})b_\mathrm{n}\alpha\left[\mathrm{e}^{(1+\mathrm{j})\beta} - \mathrm{e}^{-(1+\mathrm{j})\beta}\right]}\underline{i}. \tag{5.3.17}$$

Damit erhält man aus (5.3.8) für die Stromdichteverteilung im p. Leiter

$$\underline{S} = \frac{\mathrm{j}\omega\mu_0\kappa}{(1+\mathrm{j})b_\mathrm{n}\alpha\left[\mathrm{e}^{(1+\mathrm{j})\beta} - \mathrm{e}^{-(1+\mathrm{j})\beta}\right]}\cdot\Big[p\left(\mathrm{e}^{(1+\mathrm{j})\alpha x} + \mathrm{e}^{-(1+\mathrm{j})\alpha x}\right)$$
$$-(p-1)\left(\mathrm{e}^{-(1+\mathrm{j})\alpha(h_\mathrm{L}-x)} + \mathrm{e}^{(1+\mathrm{j})\alpha(h_\mathrm{L}-x)}\right)\Big]\underline{i}. \tag{5.3.18}$$

Der hierzu konjugiert komplexe Wert lautet

$$\underline{S}^* = \frac{-\mathrm{j}\omega\mu_0\kappa}{(1-\mathrm{j})b_\mathrm{n}\alpha\left[\mathrm{e}^{(1-\mathrm{j})\beta} - \mathrm{e}^{-(1-\mathrm{j})\beta}\right]}$$
$$\cdot\left[p\left(\mathrm{e}^{(1-\mathrm{j})\alpha x} + \mathrm{e}^{-(1-\mathrm{j})\alpha x}\right) - (p-1)\left(\mathrm{e}^{-(1-\mathrm{j})\alpha(h_\mathrm{L}-x)} + \mathrm{e}^{(1-\mathrm{j})\alpha(h_\mathrm{L}-x)}\right)\right]\underline{i}^*.$$

Das Produkt von $\underline{S}$ und $\underline{S}^*$ ergibt das Quadrat $\hat{S}^2$ der Amplitude. Mit $\underline{i}\,\underline{i}^* = \hat{i}^2 = 2I^2$ wird

$$
\begin{aligned}
\hat{S}^2 &= \underline{S}\,\underline{S}^* \\
&= \frac{\omega^2\mu_0^2\kappa^2 2I^2}{2b_\mathrm{n}^2\alpha^2\left[\mathrm{e}^{2\beta}+\mathrm{e}^{-2\beta}-\mathrm{e}^{\mathrm{j}2\beta}-\mathrm{e}^{-\mathrm{j}2\beta}\right]}\left[p^2\left(\mathrm{e}^{2\alpha x}+\mathrm{e}^{-2\alpha x}+\mathrm{e}^{\mathrm{j}2\alpha x}+\mathrm{e}^{-\mathrm{j}2\alpha x}\right)\right. \\
&\quad -(p-1)p\Big(\mathrm{e}^{\alpha(2x-h_\mathrm{L})}\mathrm{e}^{\mathrm{j}\alpha h_\mathrm{L}}+\mathrm{e}^{-\alpha(2x-h_\mathrm{L})}\mathrm{e}^{-\mathrm{j}\alpha h_\mathrm{L}}+\mathrm{e}^{\alpha(2x-h_\mathrm{L})}e^{-\mathrm{j}\alpha h_\mathrm{L}} \\
&\quad +\mathrm{e}^{-\mathrm{j}\alpha(2x-h_\mathrm{L})}\mathrm{e}^{\mathrm{j}\alpha h_\mathrm{L}}+\mathrm{e}^{-\mathrm{j}\alpha(2x-h_\mathrm{L})}e^{-\alpha h_\mathrm{L}}+\mathrm{e}^{-\mathrm{j}\alpha(2x-h_\mathrm{L})}\mathrm{e}^{-\alpha h_\mathrm{L}} \\
&\quad +\mathrm{e}^{\mathrm{j}\alpha(2x-h_\mathrm{L})}\mathrm{e}^{-\alpha h_\mathrm{L}}+\mathrm{e}^{-\mathrm{j}\alpha(2x-h_\mathrm{L})}e^{\alpha h_\mathrm{L}}\Big) \\
&\quad \left.+(p-1)^2\left(\mathrm{e}^{-2\alpha(h_\mathrm{L}-x)}+\mathrm{e}^{2\alpha(h_\mathrm{L}-x)}+\mathrm{e}^{-\mathrm{j}2\alpha(h_\mathrm{L}-x)}+\mathrm{e}^{\mathrm{j}2\alpha(h_\mathrm{L}-x)}\right)\right].
\end{aligned}
$$

Führt man statt der Exponentialfunktionen trigonometrische bzw. hyperbolische Funktionen ein und berücksichtigt, dass mit (5.3.14a) $\omega^2\mu_0^2\kappa^2/b_\mathrm{n}^2 = 4\alpha^4/b_\mathrm{L}^2$ ist, so erhält man

$$
\begin{aligned}
\hat{S}^2 = \frac{4\alpha^2 I^2}{b_\mathrm{L}^2 2\left[\cosh 2\beta-\cos 2\beta\right]}&\left\{2p^2(\cosh 2\alpha x+\cos 2\alpha x)\right. \\
&-4(p-1)p\left[\cos\beta\cosh\alpha(2x-h_\mathrm{L})+\cosh\beta\cos\alpha(2x-h_\mathrm{L})\right] \\
&\left.+2(p-1)^2\left[\cosh 2\alpha(x-h_\mathrm{L})+\cos 2\alpha(x-h_\mathrm{L})\right]\right\}.
\end{aligned}
$$

Diese Beziehung in (5.3.11c) mit $l^* = l_\mathrm{i}$ eingesetzt, ergibt für die Verlustleistung im p. Leiter

$$
\begin{aligned}
P_{\mathrm{vw}p} = \frac{l_\mathrm{i} I^2\beta}{\kappa h_\mathrm{L} b_\mathrm{L}\left[\cosh 2\beta-\cos 2\beta\right]}&\left[p(p-1)(2\sinh 2\beta+2\sin 2\beta\right. \\
&\left.-4\cos\beta\sinh 2\beta-4\cosh\beta\sin\beta)+(\sinh 2\beta+\sin 2\beta)\right].
\end{aligned}
$$

Nach einigen Umformungen der trigonometrischen bzw. hyperbolischen Funktionen[1] erhält man schließlich mit dem Widerstand $R_\mathrm{n0} = l_\mathrm{i}/(\kappa h_\mathrm{L} b_\mathrm{L})$ des Leiteranteils, in dem Stromverdrängung auftritt,

$$
P_{\mathrm{vw}p} = R_\mathrm{n0} I^2\left[\beta\frac{\sinh 2\beta+\sin 2\beta}{\cosh 2\beta-\cos 2\beta}+p(p-1)2\beta\frac{\sinh\beta-\sin\beta}{\cosh\beta+\cos\beta}\right]. \tag{5.3.19}
$$

Für die beiden Abhängigkeiten von β in (5.3.19) werden die Hilfsfunktionen

$$
\varphi(\beta) = \beta\frac{\sinh 2\beta+\sin 2\beta}{\cosh 2\beta-\cos 2\beta} \tag{5.3.20a}
$$

$$
\psi(\beta) = 2\beta\frac{\sinh\beta-\sin\beta}{\cosh\beta+\cos\beta} \tag{5.3.20b}
$$

eingeführt. Damit ergibt sich für das Widerstandsverhältnis des Nutanteils des p. Leiters nach (5.2.9)

$$
k_{\mathrm{rn}p} = \frac{P_{\mathrm{vw}p}}{P_{\mathrm{vw}p0}} = \frac{P_{\mathrm{vw}p}}{R_\mathrm{n0} I^2} = \varphi(\beta)+p(p-1)\psi(\beta)\,. \tag{5.3.21}
$$

Wenn der betrachtete Leiter der unterste in der Nut ist, gilt $p = 1$. Damit verschwindet in (5.3.21) der Ausdruck mit $\psi(\beta)$, und man erkennt, dass der Ausdruck $\varphi(\beta)$ die durch den Strom des betrachteten Leiters verursachte Stromverdrängung ausdrückt.

1 Man führt die einfachen Argumente ein und benutzt die Beziehungen $\cos^2\beta + \sin^2\beta = 1$ und $\cosh^2\beta - \sinh^2\beta = 1$.

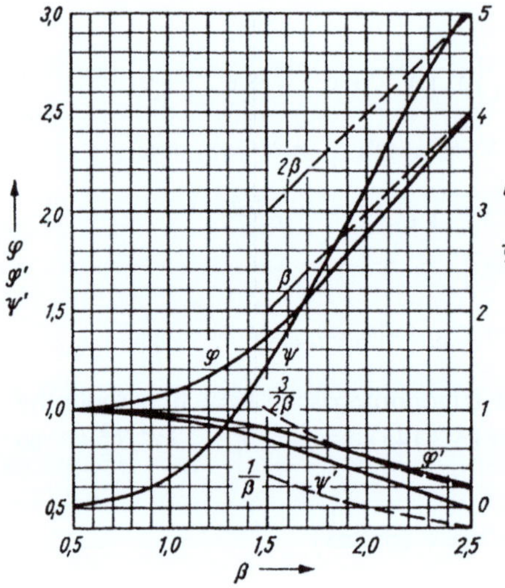

Bild 5.3.5 Hilfsfunktionen zur Berechnung der Stromverdrängung

Der Anteil mit $\psi(\beta)$ stellt den Einfluss der $p-1$ Leiter dar, die unter dem betrachteten Leiter liegen. Die Hilfsfunktionen $\varphi(\beta)$ und $\psi(\beta)$ sind im Bild 5.3.5 dargestellt. Außerdem gelten die im Folgenden entwickelten Näherungen.

Im Fall $\beta > 2$ wird $\sinh\beta \gg \sin\beta$, $\cosh\beta \gg \cos\beta$ sowie $\sinh\beta \approx \cosh\beta$, und damit gilt

$$\varphi(\beta) = \beta \tag{5.3.22a}$$

$$\psi(\beta) = 2\beta. \tag{5.3.22b}$$

Im Fall $\beta < 1$ erhält man eine Näherungslösung durch Reihenentwicklung der trigonometrischen bzw. hyperbolischen Funktionen. Es gilt

$$\varphi(\beta) \approx \beta \frac{4\beta + \frac{32}{60}\beta^5}{4\beta^2 + \frac{64}{360}\beta^6} = \frac{1 + \frac{2}{15}\beta^4}{1 + \frac{2}{45}\beta^4} \approx 1 + \frac{4}{45}\beta^4 \tag{5.3.22c}$$

$$\psi(\beta) \approx 2\beta \frac{\frac{1}{3}\beta^3}{2 + \frac{1}{12}\beta^4} = \frac{\frac{1}{3}\beta^4}{1 + \frac{1}{24}\beta^4} \approx \frac{1}{3}\beta^4. \tag{5.3.22d}$$

Das Widerstandsverhältnis des Nutanteils der ganzen Wicklung ergibt sich durch Ermittlung der in diesem Teil, d. h. in allen n in der Nut übereinanderliegenden Leitern, entstehenden Verluste. Für diese Verluste erhält man

$$P_{\mathrm{vw}} = R_{\mathrm{n0}} I^2 \sum_{p=1}^{n} \left[\varphi(\beta) + p(p-1)\psi(\beta)\right].$$

Mit den umgeformten Summenausdrücken

$$\sum_{p=1}^{n} \varphi(\beta) = n\varphi(\beta)$$

$$\sum_{p=1}^{n} p(p-1)\psi(\beta) = \left[\sum_{p=1}^{n} p^2 - \sum_{p=1}^{n} p\right] \psi(\beta) = \left[\frac{n(n+1)(2n+1)}{6} - \frac{n(n+1)}{2}\right] \psi(\beta)$$
$$= \frac{n(n^2-1)}{3} \psi(\beta)$$

folgt für die betrachteten Verluste

$$P_{\text{vw}} = nR_{\text{n0}}I^2 \left[\varphi(\beta) + \frac{n^2-1}{3}\psi(\beta)\right].$$

Der Ausdruck $nR_{\text{n0}}I^2$ stellt die Verluste P_{vw0} des Nutanteils der Wicklung im stromverdrängungsfreien Fall dar. Damit ergibt sich schließlich für das Widerstandsverhältnis des Nutanteils

$$\boxed{k_{\text{rn}} = \left(\frac{P_{\text{vw}}}{P_{\text{vw0}}}\right)_{\text{n}} = \varphi(\beta) + \frac{n^2-1}{3}\psi(\beta)}. \tag{5.3.23}$$

Der Fall $\beta > 2$ tritt nur im Kurzschlussläufer bzw. Stromverdrängungsläufer auf. Für einen Hochstab gilt $n = 1$ und $b_{\text{L}} = b_{\text{n}}$ und damit unter Verwendung von (5.3.15) und (5.3.22a)

$$k_{\text{rn}} = \varphi(\beta) = \beta = \alpha h_{\text{L}}. \tag{5.3.24a}$$

Im Stillstand am 50 Hz-Netz beträgt folglich das Widerstandsverhältnis des Nutanteils eines betriebswarmen Kupferkäfigs mit (5.3.14f)

$$k_{\text{rn}} \approx h_{\text{L}} \frac{1}{\text{cm}}. \tag{5.3.24b}$$

Das Widerstandsverhältnis ist also in diesem Fall etwa gleich der Leiterhöhe in cm.

Der Fall $\beta < 1$ hat praktisch nur für Wicklungen mit einer größeren Zahl übereinanderliegender Leiter relativ kleiner Leiterhöhe Bedeutung, d. h. für $n > 1$. Mit (5.3.22c) und (5.3.22d) erhält man dann aus (5.3.23) für das Widerstandsverhältnis die Näherung

$$k_{\text{rn}} \approx 1 + \frac{4}{45}\beta^4 + \frac{n^2-1}{3}\frac{1}{3}\beta^4 = 1 + \frac{n^2-0{,}2}{9}\beta^4 \approx 1 + \frac{n^2}{9}\beta^4. \tag{5.3.25}$$

Wenn man bei konstantem Verhältnis $b_{\text{L}}/b_{\text{n}}$ nur die Leiterhöhe h_{L} einer Wicklung mit n in der Nut übereinanderliegenden Leitern verändert, beeinflusst das deren wirksamen Widerstand nach zwei einander entgegenlaufenden Tendenzen. Mit zunehmendem h_{L} nehmen der Leiterquerschnitt zu und damit der Widerstand R_{n0} ab. Mit zunehmendem h_{L} erhöht sich aber auch die Stromverdrängung und damit das Widerstandsverhältnis k_{rn}. Es existiert eine sog. *kritische Leiterhöhe* h_{krit}, bei der der wirksame Widerstand $R_{\text{n}} = k_{\text{rn}}R_{\text{n0}}$ ein Minimum durchläuft. Mit $\beta < 1$ gilt (5.3.25), und der Widerstand R_{n} ergibt sich zu

$$R_{\text{n}} = n\frac{l_{\text{i}}}{\kappa b_{\text{L}} h_{\text{L}}}\left(1 + \frac{n^2}{9}\beta^4\right) = \frac{nl_{\text{i}}}{\kappa b_{\text{L}}}\left(\frac{1}{h_{\text{L}}} + \frac{n^2}{9}\alpha^4 h_{\text{L}}^3\right).$$

Daraus folgt für die Ableitung nach der Leiterhöhe

$$\frac{dR_n}{dh_L} = \frac{nl_i}{\varkappa b_L}\left(-\frac{1}{h_L^2} + \frac{n^2\alpha^4}{3}h_L^2\right),$$

und durch deren Nullsetzen erhält man für die kritische Leiterhöhe

$$h_{krit} = \frac{\sqrt[4]{3}}{\alpha\sqrt{n}} = \frac{1,32}{\alpha\sqrt{n}}. \tag{5.3.26}$$

Dabei ist die Voraussetzung für die durchgeführte Ableitung, dass $\beta = \alpha h_{krit} = 1,32/\sqrt{n} < 1$ ist, bereits mit $n = 2$ erfüllt. Die kritische Leiterhöhe liefert nach (5.3.25) und mit $\beta = \alpha h_L$ nach (5.3.15) ein Widerstandsverhältnis von

$$k_{rn} = 1 + \frac{n^2}{9}(\alpha h_{krit})^4 = 1 + \frac{n^2}{9}\left(\frac{3}{n^2}\right) \approx 1,33. \tag{5.3.27}$$

Wenn man die Leiterhöhe größer als die kritische Leiterhöhe ausführt, vergrößern sich trotz des größeren Wicklungsquerschnitts die Stromwärmeverluste der Wicklung. Der größere Materialeinsatz ist also sinnlos. Man wird deshalb stets unterhalb der kritischen Leiterhöhe bleiben. Das ist nach (5.3.27) mit Sicherheit bei $k_{rn} \leq 1,3$ der Fall, d. h. man darf nicht mehr als 30 % Verlustvergrößerung durch Stromverdrängung zulassen.

Aus den angestellten Betrachtungen geht hervor, dass die kritische Leiterhöhe eine *Grenzleiterhöhe* darstellt. Bei betriebswarmer Kupferwicklung, $f = 50\,\text{Hz}$ und $b_L/b_n \approx 0,8$ wird nach (5.3.14d) $\alpha = 0,9/\text{cm}$. Mit diesem Wert beträgt für $n > 1$ entsprechend (5.3.26) die Grenzleiterhöhe (s. auch Bild 5.3.14, S. 374)

$$h_{gr} \approx h_{krit} \approx \frac{1,5\,\text{cm}}{\sqrt{n}}. \tag{5.3.28}$$

Wenn man für $n = 1$ auch nur 30 % Verlustvergrößerung zulässt, wird nach (5.3.23) $\varphi(\beta) = k_{rn} \approx 1,3$, und aus Bild 5.3.5 folgt dazu $\beta \approx 1,4$. Für $\alpha \approx 0,9/\text{cm}$ liefert (5.3.15) dann eine Grenzleiterhöhe von $h_{gr} \approx 1,5\,\text{cm}$.

Die Herleitung des Streuungsverhältnisses nach (5.2.12), Seite 354, erfolgt prinzipiell auf dem gleichen Weg wie die Herleitung des Widerstandsverhältnisses. Ausgangsgleichungen sind hierbei die Beziehungen (5.3.9) für die magnetische Feldstärke und (5.3.13) für die dem Nutstreufeld zugeordnete Induktivität, wobei die gleichen Konstanten $\underline{C}_1$ und $\underline{C}_2$ nach (5.3.16) und (5.3.17) zur Wirkung kommen. Im Ergebnis erhält man

$$\boxed{k_{xn} = \frac{\varphi'(\beta) + (n^2-1)\psi'(\beta)}{n^2}} \tag{5.3.29}$$

mit den Hilfsfunktionen

$$\varphi'(\beta) = \frac{3(\sinh 2\beta - \sin 2\beta)}{2\beta(\cosh 2\beta - \cos 2\beta)} \tag{5.3.30a}$$

$$\psi'(\beta) = \frac{\sinh\beta + \sin\beta}{\beta(\cosh\beta + \cos\beta)}. \tag{5.3.30b}$$

Dabei gelten für den Fall $\beta > 2$ die Näherungen

$$\varphi'(\beta) = \frac{3}{2\beta} \tag{5.3.30c}$$

$$\psi'(\beta) \approx \frac{1}{\beta} \tag{5.3.30d}$$

und für den Fall $\beta < 1$ und $n > 1$ die Näherungen

$$\varphi'(\beta) \approx 1 - \frac{8}{315}\beta^4 \tag{5.3.30e}$$

$$\psi'(\beta) \approx 1 - \frac{1}{30}\beta^4. \tag{5.3.30f}$$

Es ist also

$$k_{\mathrm{xn}} \approx \frac{3}{2\beta} \quad \text{für} \quad \beta > 2 \quad \text{und} \quad n = 1 \tag{5.3.31a}$$

$$k_{\mathrm{xn}} \approx 1 - \frac{\beta^4}{30} \quad \text{für} \quad \beta < 1 \quad \text{und} \quad n > 1. \tag{5.3.31b}$$

Die Hilfsfunktionen $\varphi'(\beta)$ und $\psi'(\beta)$ sowie ihre Näherungen für $\beta > 2$ sind im Bild 5.3.5 dargestellt. Wenn die Leiterhöhe unterhalb der kritischen Leiterhöhe bleibt, ist in den meisten Fällen β erheblich kleiner als 1. Damit wird $k_{\mathrm{xn}} \approx 1$, wie bereits im Abschnitt 5.1.2, Seite 344, angedeutet worden ist. Überkritische Leiterhöhen werden nur in Stromverdrängungsläufern angewendet. Für einen stillstehenden, betriebswarmen Hochstabläufer aus Kupferstäben mit $\varkappa = 50\,\mathrm{Sm/mm^2}$ bei $f = 50$ Hz gilt im Fall $\beta > 2$, d. h. $h_{\mathrm{L}} > 2$ cm, mit (5.3.31a)

$$k_{\mathrm{xn}} \approx \frac{3\,\mathrm{cm}}{2h_{\mathrm{L}}}. \tag{5.3.31c}$$

In Bezug auf die Stromverdrängung wirken mehrere Leiter gleicher Leiterhöhe h_{L} und gleicher Stromstärke, die in einer Nut nebeneinanderliegen, wie ein Leiter der Höhe h_{L} und einer Breite b_{L}, die gleich der Summe der einzelnen Leiterbreiten ist.

Bei gesehnten Zweischichtwicklungen existieren Nuten, in denen zwischen den Leiterströmen der beiden Schichten eine Phasenverschiebung besteht. Das hat Einfluss auf die Randbedingungen für die Leiter der Oberschicht, und die bisher in diesem Abschnitt hergeleiteten Beziehungen (5.3.10a) und (5.3.10b) gelten nicht mehr. Gehört der betrachtete p. Leiter mit dem Strom $\underline{i}$ bzw. $\underline{I}$ zur Oberschicht, und fließt in jedem der $n/2$ Leiter der Unterschicht der Strom $\underline{i}_{\mathrm{u}}$ bzw. $\underline{I}_{\mathrm{u}}$, so gilt für den Fall massiver Leiter

$$\underline{H}_0 = \frac{1}{b_{\mathrm{n}}}\left[\frac{n}{2}\underline{i}_{\mathrm{u}} + \left(p - \frac{n}{2} - 1\right)\underline{i}\right]$$

$$\underline{H}_{\mathrm{h}} = \frac{1}{b_{\mathrm{n}}}\left[\frac{n}{2}\underline{i}_{\mathrm{u}} + \left(p - \frac{n}{2}\right)\underline{i}\right].$$

Wenn γ der Phasenverschiebungswinkel zwischen den Leiterströmen von Ober- und Unterschicht ist, erhält man das mittlere Widerstandsverhältnis für alle Leiter einer Nut zu

$$k_{\mathrm{rn}} = \varphi(\beta) + \left[\frac{5n^2 - 8}{24} + \frac{n^2}{8}\cos\gamma\right]\psi(\beta) \tag{5.3.32a}$$

und für den Fall $\beta < 1$ zu

$$k_{\mathrm{rn}} = 1 + n^2\left[\frac{5}{72} + \frac{1}{24}\cos\gamma\right]\beta^4. \tag{5.3.32b}$$

Liegt der betrachtete Wicklungsstrang in N_{v} Nuten in beiden Schichten und in N_{g} Nuten nur in der Oberschicht bzw. nur in der Unterschicht (s. Bild 3.7.6, S. 289), so gilt für die N_{v} Nuten $k_{\mathrm{rn}} = k_{\mathrm{rnv}}$ nach (5.3.23) und für die N_{g} Nuten $k_{\mathrm{rn}} = k_{\mathrm{rng}}$ nach

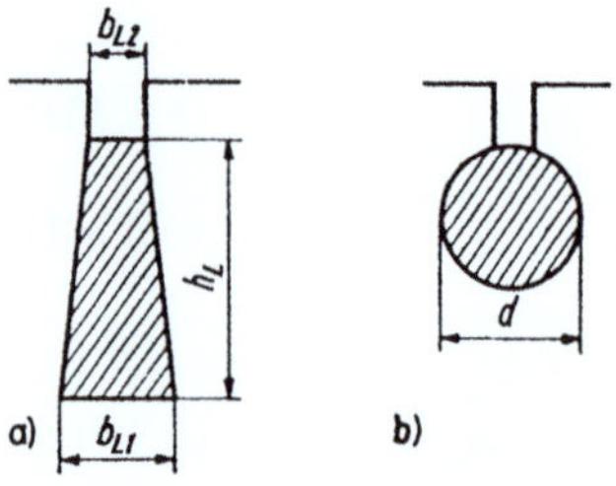

Bild 5.3.6 Zur Berechnung des Streuungsverhältnisses bei Stromverdrängung. a) Keilstab; b) Rundstab

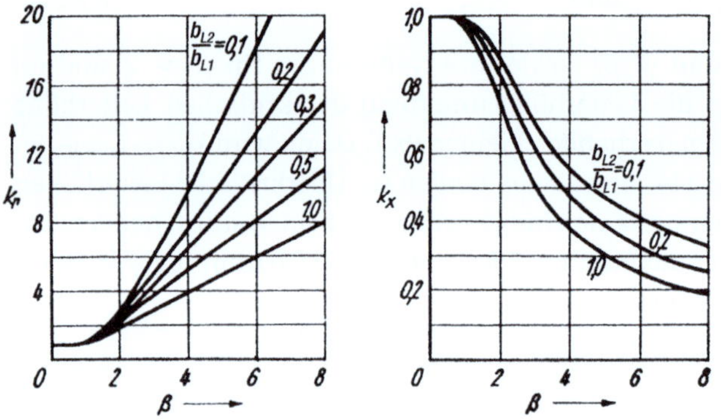

Bild 5.3.7 Widerstandsverhältnis und Streuungsverhältnis von Keilstäben

(5.3.32a) bzw. (5.3.32b). Damit ergibt sich ein mittleres Widerstandsverhältnis des Nutanteils zu

$$k_{rn} = \frac{N_v k_{rnv} + N_g k_{rng}}{N_v + N_g}. \tag{5.3.33}$$

Die Stäbe von Kurzschlussläufern haben außer rechteckigem Querschnitt bei Hochstabläufern auch noch andere Querschnittsformen (s. Bd. *Grundlagen elektrischer Maschinen*, Abschn. 5.2). Keilstäbe nach Bild 5.3.6a lassen sich bei geringer Schrägung durch Rechteckstäbe mit $b_L = (b_{L1} + b_{L2})/2$ bzw. $b_n = (b_{n1} + b_{n2})/2$ annähern. Genauere Werte sind im Bild 5.3.7 angegeben, wobei in (5.3.14a) $b_L/b_n = 1$ zu setzen ist. Zur Berechnung des Widerstands lassen sich Rundstäbe nach Bild 5.3.6b durch quadratische Stäbe mit $h_L = b_L = d$ annähern. Für das Streuungsverhältnis gilt in diesem Fall

$$k_{xn} = \frac{1 + 0{,}42\left(\dfrac{f}{50\,\text{Hz}}\right)^2}{1 + 0{,}78\left(\dfrac{f}{50\,\text{Hz}}\right)^2}. \tag{5.3.34}$$

Die Widerstands- und Streuungsverhältnisse beliebig geformter Stäbe von Kurzschlussläufern lassen sich auf numerischem Weg ausgehend von den Betrachtungen im Abschnitt 5.2.1, Seite 347, bestimmen.

In Leitern, die nicht in Nuten eingebettet sind, wie z. B. im Wicklungskopf und in Schaltverbindungen, tritt nur bei großen Leiterabmessungen oder hohen Frequenzen merkliche Stromverdrängung auf. Das Widerstandsverhältnis für die im Bild 5.3.8a dargestellten Leiteranordnungen zeigt Bild 5.3.8b. Wenn n Rechteckstäbe der Höhe h_L übereinanderliegen, gilt im Fall $\beta < 1$

$$k_{rw} \approx 1 + \frac{n^2 - 0{,}8}{36}\beta^4, \tag{5.3.35a}$$

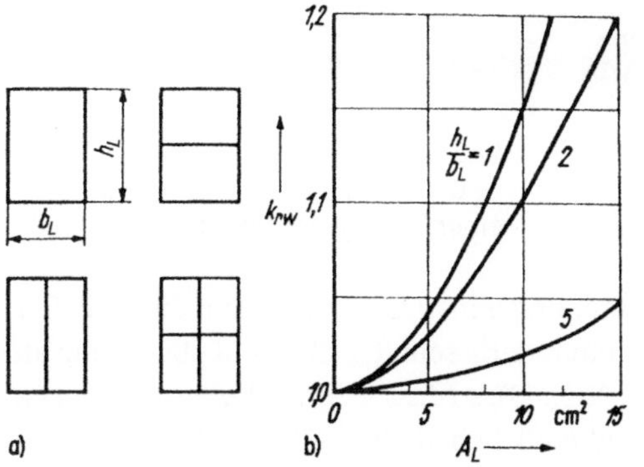

Bild 5.3.8 Stromverdrängung von Leitern, die nicht in Nuten angeordnet sind.
a) Äquivalente Leiteranordnungen;
b) Widerstandsverhältnisse

und für z Kupferdrähte mit dem Durchmesser d, die ein rundes Leiterbündel bilden, gilt nach [17]

$$k_{rw} \approx 1 + 0{,}005z \left(\frac{d}{\text{cm}}\right)^4 \left(\frac{f}{50\,\text{Hz}}\right)^2 . \tag{5.3.35b}$$

5.3.3 Unterteilte Leiter

Ein unterteilter Leiter besteht aus mehreren übereinander angeordneten, gegeneinander isolierten Teilleitern, die an den Enden des Leiters miteinander verbunden sind. Dabei durchläuft der Leiter bei der Spulenbildung i. Allg. mehrere Nutdurchgänge in unterschiedlichen Höhenlagen. Nimmt man zunächst flächenhafte Strombahnen an, d. h. eine derartig feine Unterteilung, dass aufgrund der geringen Teilleiterhöhe die Stromverdrängung innerhalb der Teilleiter vernachlässigt werden kann, und definiert man das im Bild 5.3.11 dargestellte leiterfeste Koordinatensystem, d. h. ein Koordinatensystem, das längs des Leiters überall die gleiche Lage zum Leiter hat, so herrscht längs des gesamten Leiters über der Leiterhöhe, d. h. zwischen den Teilleitern, die gleiche Stromdichteverteilung $S(x) \neq f(y, z)$. Mit der gleichen Stromdichteverteilung innerhalb des Leiters werden unabhängig von der Höhenlage der einzelnen Nutdurchgänge des Leiters, d. h. unabhängig vom Absolutwert $H(x)$ der magnetischen Feldstärke, nach (5.3.3), Seite 357, die gleiche örtliche Änderung der magnetischen Feldstärke $\partial H/\partial x \neq f(y, z)$ und nach $S = \kappa E$ die gleiche Verteilung $E(x)$ der elektrischen Feldstärke erzwungen. Folglich gilt überall zwischen den beiden Verbindungsstellen der Teilleiter die Differentialgleichung (5.3.5). Entsprechend den durch die Leiteranordnung gegebenen möglichen Bahnen der Wirbelströme wird der zur Anwendung des Induktionsgesetzes nach (5.3.2a) notwendige Integrationsweg so geführt, dass er längs zweier benachbarter Teilleiter über den gesamten zwischen zwei Verbindungsstellen der Teilleiter liegenden Leiterabschnitt verläuft.

Im Fall einer aus Runddrähten bestehenden *Träufelwicklung* besteht die besondere Schwierigkeit, dass die Positionen der einzelnen Kupferdrähte, d. h. der Teilleiter, in den Nuten unbestimmt und von Nut zu Nut unterschiedlich sind und dass insbesondere unbestimmt ist, wie die zueinander parallelgeschalteten Teilleiterzüge in den Nuten verteilt sind. Beispielsweise wäre es für die im Bild 5.3.9 dargestellten 60 Teilleiterpositionen bei $w_{sp} = 6$ Windungen und 10 parallelen Teilleitern ein

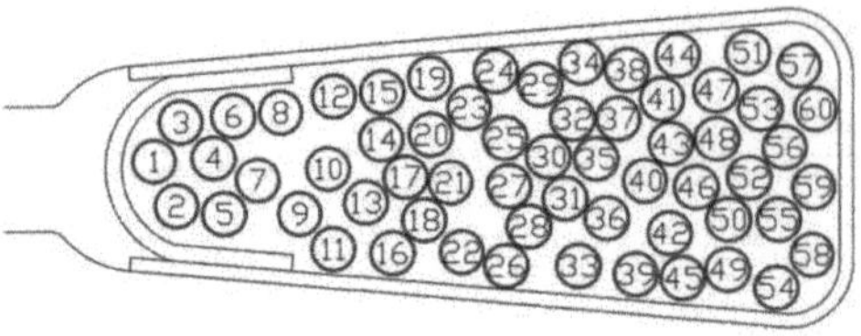

Bild 5.3.9 Beispiel für die Teilleiterpositionen in einer Nut einer Träufelwicklung nach [31]

im Hinblick auf eine geringe Stromverdrängung günstigster Fall, wenn die Teilleiter an den Positionen (1, 11, 21 ...51) hintereinandergeschaltet sind und ebenso die an den Positionen (2, 12, 22 ...52) ...(10, 20, 30 ...60), so dass jeder Teilleiterzug in etwa die gleichen Höhenlagen in der Nut – und natürlich auch in allen anderen Nuten – durchläuft und die Teilleiter (1 ...10), (11 ...20) ...(51 ...60) jeweils eine Windung der Spule bilden. Dies lässt sich erreichen, indem das Einträufeln der Spule in die Nut Windung für Windung erfolgt.

Besonders ungünstig wäre es, wenn die Teilleiter an den Positionen (1 ...6), (7 ...12) ...(55 ...60) hintereinandergeschaltet sind und die parallelgeschalteten Teilleiterzüge jeweils sehr unterschiedliche Höhenlagen in der Nut einnehmen. In diesem Fall würde der an der Nutöffnung liegende Teilleiterzug (1 ...6) – ähnlich der im Bild 5.2.3 dargestellten Stromverdrängung in einem massiven Leiter – den größten Anteil des Gesamtstroms tragen.

Für eine Vorausberechnung der Stromverdrängung müssten also Annahmen über die Teilleiterpositionen in allen zwischen zwei Verbindungsstellen der Teilleiter durchlaufenen Nuten getroffen werden. Die Vorausberechnung wäre jedoch nur von geringem Wert, da sich die Widerstandsverhältnisse k_r zweier sonst baugleicher Maschinen mit jeweils ungeordnet eingeträufelter Wicklung je nach den dann zufälligen Teilleiterpositionen der parallelgeschalteten Teilleiterzüge deutlich voneinander unterscheiden können. Die folgenden Ausführungen beschränken sich daher auf Wicklungen aus rechteckigen Teilleitern, deren Positionen und deren Hintereinander- oder Parallelschaltung durch den Herstellprozess eindeutig festgelegt sind.

a) Stabwicklungen mit gegeneinander isolierten Teilleitern

Zunächst wird angenommen, dass die Teilleiter an den Enden eines jeden Stabs untereinander verbunden sind wie im Bild 5.1.3b, Seite 345. In diesem Fall muss der Integrationsweg über den Abschnitt $l^* = l_\mathrm{s}$ geführt werden. In allen im Abschnitt 5.3.1 hergeleiteten Grundgleichungen ist demnach l^* durch l_s zu ersetzen. Da die Randbedingungen die gleichen sind wie für die massiven Leiter, gelten die im Abschnitt 5.3.2 hergeleiteten Beziehungen für massive Leiter (s. (5.3.6), S. 357) mit

$$\alpha^* = \sqrt{\pi f \mu_0 \kappa \frac{b_\mathrm{L}}{b_\mathrm{n}} \frac{l_\mathrm{i}}{l_\mathrm{s}}} = \alpha \sqrt{\frac{l_\mathrm{i}}{l_\mathrm{s}}} \tag{5.3.36}$$

$$\beta^* = \alpha^* h_\mathrm{L} \tag{5.3.37}$$

Dabei ist in (5.3.37) h_L die Höhe des gesamten Leiters (s. Bild 5.3.10). Längs der gesamten mittleren Leiterlänge l_s herrscht die gleiche Stromdichteverteilung. Demnach gilt für das Widerstandsverhältnis k_r nach (5.2.11a,b,c), Seite 353, dass $k_\mathrm{rn} = k_\mathrm{rw}$

und folglich $k_\mathrm{r} = k_\mathrm{rn}$ ist. Damit ergibt sich für das Widerstandsverhältnis der gesamten Wicklung entsprechend (5.3.23)

$$\boxed{k_\mathrm{r} = \varphi(\beta^*) + \frac{n^2-1}{3}\psi(\beta^*) \approx 1 + \frac{n^2}{9}\beta^{*4}}\,. \tag{5.3.38}$$

Bei normal ausgeführten Einschichtwicklungen findet keine Umschichtung der Teilleiter im Wicklungskopf statt. Die beiden eine Windung bildenden Stäbe haben die gleiche Lage in der Nut und besitzen damit auch das gleiche Widerstandsverhältnis. Folglich gilt dieses Widerstandsverhältnis für die ganze Windung, und es ist gleichgültig, ob nur jeder der beiden Stäbe oder die gesamte Windung unterteilt ist.

b) Spulenwicklungen mit gegeneinander isolierten Teilleitern

Bei Spulenwicklungen mit durchgängig gegeneinander isolierten Teilleitern werden eine gleiche Stromdichteverteilung $S(x) \neq f(y,z)$ zwischen den Teilleitern eines Leiters und eine gleiche Feldstärkeverteilung $E(x) \neq f(y,z)$ längs der gesamten Spule erzwungen. Wendet man das Durchflutungsgesetz auf den im Bild 5.3.10 angegebenen Integrationsweg an, so ergibt sich

$$\underline{H}(x)b_\mathrm{n} - \underline{H}_0 b_\mathrm{n} = \int_0^x \underline{S}(\xi) b_\mathrm{L}\,\mathrm{d}\xi, \tag{5.3.39}$$

wobei $\underline{H}_0$ die magnetische Feldstärke an der Stelle $x = 0$ des Leiters im jeweiligen Nutdurchgang und damit abhängig von der Lage des Leiters in der Nut ist. Der Anteil der vom eigenen Strom des Leiters an der Stelle x herrührenden magnetischen Feldstärke ergibt sich zu

$$\underline{H}_\mathrm{L}(x) = \frac{1}{b_\mathrm{n}} \int_0^x \underline{S}(\xi) b_\mathrm{L}\,\mathrm{d}\xi. \tag{5.3.40}$$

Damit folgt aus (5.3.39)

$$\underline{H}(x) = \underline{H}_\mathrm{L}(x) + \underline{H}_0. \tag{5.3.41}$$

Mit der längs des gesamten Leiters gleichen Stromdichteverteilung gilt nach (5.3.40) auch längs des gesamten Leiters der gleiche Verlauf $\underline{H}_\mathrm{L}(x)$. Wendet man das Induktionsgesetz entsprechend (5.3.2a), Seite 356, auf die betrachtete Spule an, so muss der

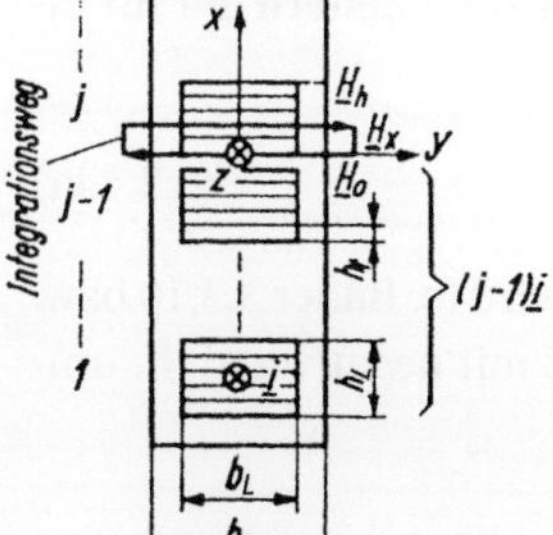

Bild 5.3.10 Zur Berechnung der Stromverdrängung in mehreren übereinanderliegenden unterteilten Leitern

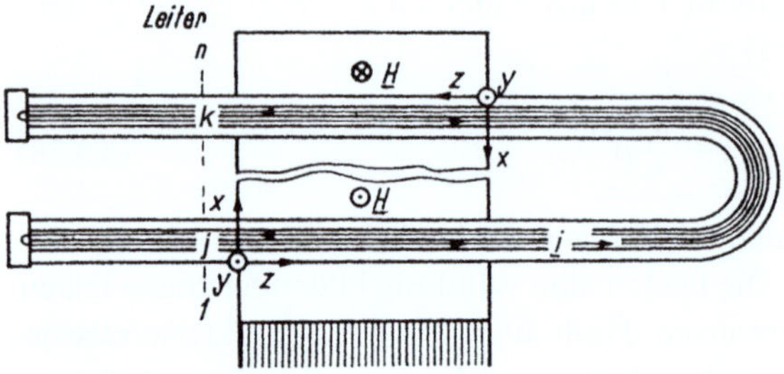

Bild 5.3.11 Zur Berechnung der Stromverdrängung in unterteilten Leitern mit Umschichtung

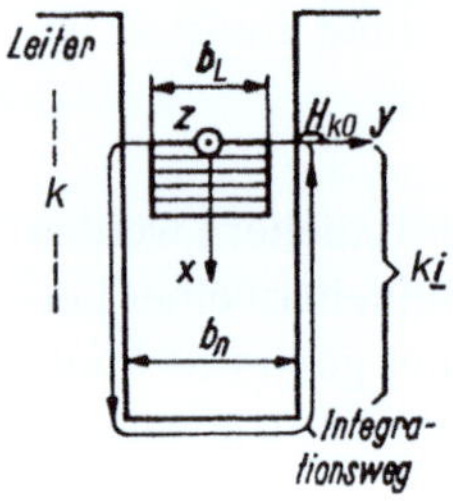

Bild 5.3.12 Leiter mit umgeschichteter Teilleiterfolge

Integrationsweg über zwei unmittelbar benachbarte Teilleiter längs der ganzen Spule erstreckt werden. Im Bild 5.3.11 ist das für eine Windung angedeutet. Wenn der Leiter der Spule $2w_{\mathrm{sp}}$ Nutdurchgänge durchläuft, geht (5.3.4) mit $l^{*} = 2w_{\mathrm{sp}}l_{\mathrm{s}}$ unter Berücksichtigung von (5.3.41) über in

$$\frac{\partial \underline{E}}{\partial x} = \mathrm{j}\omega \frac{1}{2w_{\mathrm{sp}}l_{\mathrm{s}}}\sum_{2w_{\mathrm{sp}}} l_{\mathrm{i}}\underline{B} = \mathrm{j}\omega\mu_0\frac{l_{\mathrm{i}}}{l_{\mathrm{s}}}\sum_{2w_{\mathrm{sp}}}\frac{\underline{H}}{2w_{\mathrm{sp}}} = \mathrm{j}\omega\mu_0\frac{l_{\mathrm{i}}}{l_{\mathrm{s}}}\left[\underline{H}_{\mathrm{L}} + \sum_{2w_{\mathrm{sp}}}\frac{\underline{H}_0}{2w_{\mathrm{sp}}}\right]. \quad (5.3.42)$$

Da nach (5.3.41) $\partial\underline{H}_{\mathrm{L}}/\partial x = \partial\underline{H}/\partial x$ ist, ergibt die zweite Ableitung der elektrischen Feldstärke unter Berücksichtigung von (5.3.3)

$$\frac{\partial^2 \underline{E}}{\partial x^2} = \mathrm{j}\omega\mu_0\frac{l_{\mathrm{i}}}{l_{\mathrm{s}}}\frac{\partial \underline{H}}{\partial x} = \mathrm{j}2\alpha^{*2}\underline{E} \quad (5.3.43)$$

und damit die Differentialgleichung (5.3.5) mit $l^{*} = l_{\mathrm{s}}$ und $\alpha^{*} = \alpha\sqrt{l_{\mathrm{i}}/l_{\mathrm{s}}}$, die demnach auch allgemein für die Spulenwicklung mit unterteilten Leitern gilt.

Wie schon im Abschnitt 5.1.2, Seite 344, erwähnt worden ist, sind die Wicklungsköpfe von Zweischicht-Formspulenwicklungen und mitunter auch die von Einschichtwicklungen so gestaltet, dass, vom Nutgrund aus gezählt, eine Änderung der Teilleiterfolge und damit eine Umschichtung der Teilleiter erfolgt. Wenn man das Koordinatensystem bei der Umschichtung wie vereinbart mitführt (s. Bild 5.3.11), bleiben trotzdem längs des Leiters die gleiche Stromdichteverteilung $S(x)$ und auch die gleiche Funktion $\underline{H}_{\mathrm{L}}(x)$ erhalten. Bei gleichem Strom in allen Leitern gilt für einen Nutdurchgang des betrachteten Leiters an der Stelle j

$$\underline{H}_{j0} = (j-1)\frac{\underline{i}}{b_{\mathrm{n}}}, \quad (5.3.44a)$$

wobei die Teilleiterfolge vom Nutgrund aus positiv gezählt wird (s. Bilder 5.3.10 bzw. 5.3.11). Für den Nutdurchgang eines Leiters an der Stelle k mit negativer, d. h. umgeschichteter Teilleiterfolge ergibt das Durchflutungsgesetz (s. Bild 5.3.12)

$$\underline{H}_{k0} = -k\frac{\underline{i}}{b_\mathrm{n}}. \tag{5.3.44b}$$

Wenn von den $2w_\mathrm{sp}$ Nutdurchgängen r Nutdurchgänge mit positiver Teilleiterfolge erfolgen, geht die Beziehung (5.3.42) mit (5.3.44a,b) über in

$$\begin{aligned}\frac{\partial \underline{E}}{\partial x} &= \mathrm{j}\omega\mu_0\frac{l_\mathrm{i}}{l_\mathrm{s}}\left[\underline{H}_\mathrm{L} + \frac{\sum\limits_{r}\underline{H}_{j0} + \sum\limits_{2w_\mathrm{sp}-r}\underline{H}_{k0}}{2w_\mathrm{sp}}\right] \\ &= \mathrm{j}\omega\mu_0\frac{l_\mathrm{i}}{l_\mathrm{s}}\left[\underline{H}_\mathrm{L} + \frac{\underline{i}}{b_\mathrm{n}}\frac{\sum\limits_{r}(j-1) - \sum\limits_{2w_\mathrm{sp}-r}k}{2w_\mathrm{sp}}\right].\end{aligned} \tag{5.3.45}$$

Nach (5.3.40) gilt $\underline{H}_\mathrm{L}(x=0) = 0$ und $\underline{H}_\mathrm{L}(x=h_\mathrm{L}) = \underline{i}/b_\mathrm{n}$. Unter Einführung von

$$\eta = \frac{\sum\limits_{r}(j-1) - \sum\limits_{2w_\mathrm{sp}-r}k}{2w_\mathrm{sp}} \tag{5.3.46}$$

geht (5.3.45) über in

$$\frac{\partial \underline{E}}{\partial x} = \mathrm{j}\omega\mu_0\frac{l_\mathrm{i}}{l_\mathrm{s}}\left[\underline{H}_\mathrm{L} + \eta\frac{\underline{i}}{b_\mathrm{n}}\right]. \tag{5.3.47a}$$

Unter Berücksichtigung von (5.3.4), Seite 357, (5.3.10a) und (5.3.41) gilt für den p. massiven Leiter mit $l_\mathrm{i}/l_\mathrm{s} = 1$

$$\frac{\partial \underline{E}}{\partial x} = \mathrm{j}\omega\mu_0\frac{l_\mathrm{i}}{l_\mathrm{s}}\left[\underline{H}_\mathrm{L} + (p-1)\frac{\underline{i}}{b_\mathrm{n}}\right]. \tag{5.3.47b}$$

Ein Vergleich mit (5.3.47a) zeigt, dass der Ausdruck η bei Wicklungen mit unterteiltem Leiter dem Ausdruck $p-1$ bei solchen mit massivem Leiter entspricht. Aus diesem Vergleich und aus (5.3.43) folgt, dass man formal das Widerstandsverhältnis der Wicklung mit unterteilten Leitern erhält, wenn man in der Beziehung für das Widerstandsverhältnis des massiven Leiters nach (5.3.21) p durch $\eta + 1$ und β durch β^* entsprechend (5.3.37) ersetzt. Es ist also

$$k_\mathrm{r} = \varphi(\beta^*) + (\eta+1)\eta\psi(\beta^*). \tag{5.3.48}$$

Bei einer Spule einer normalen Einschichtwicklung nach Bild 5.3.13a, bei der die Teilleiter im Wicklungskopf nicht umgeschichtet sind, durchläuft der Leiter in beiden Nuten die jeweils $w_\mathrm{sp} = n$ Nutdurchgänge mit positiver Teilleiterfolge. In (5.3.46) ist $r = 2w_\mathrm{sp} = 2n$ sowie $k = 0$, und die Summe über j ist zweimal über $j = 1\ldots n$ zu erstrecken. Damit erhält man

$$\eta = \frac{2\,[0+1+\ldots+(n-1)]}{2n} = \frac{n-1}{2},$$

und aus (5.3.48) folgt

$$k_\mathrm{r} = \varphi(\beta^*) + \frac{n^2-1}{4}\psi(\beta^*) \approx 1 + \frac{n^2}{12}\beta^{*4}. \tag{5.3.49}$$

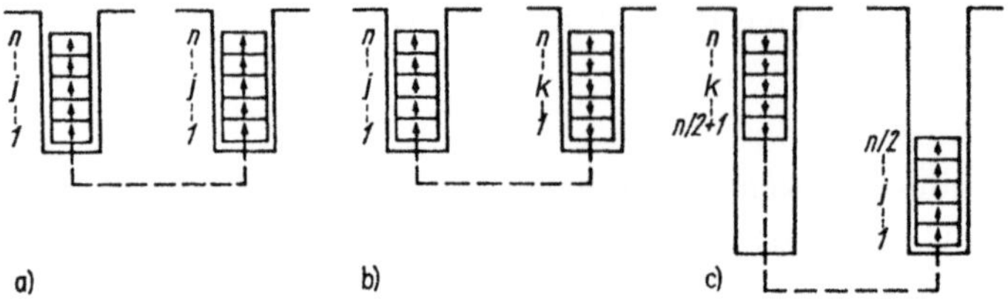

Bild 5.3.13 Teilleiterfolgen der üblichen Wicklungen.
a) Normale Einschichtwicklung; b) umgeschichtete Einschichtwicklung;
c) Zweischichtwicklung mit natürlicher Umschichtung

Bei einer Spule einer Einschichtwicklung mit Umschichtung nach Bild 5.3.13b, deren Wicklungskopf wie bei der Zweischichtwicklung ausgebildet ist, durchläuft der Leiter die $w_{sp} = n$ Nutdurchgänge der einen Nut mit positiver Teilleiterfolge und die der anderen mit negativer. In (5.3.46) ist $r = w_{sp} = n$, und die Summen sind über $j = 1 \dots n$ bzw. $k = 1 \dots n$ zu erstrecken. Damit erhält man

$$\eta = \frac{[0 + 1 + \dots + (n-1)] - (1 + 2 + \dots n)}{2n} = -\frac{1}{2},$$

und aus (5.3.48) folgt[2]

$$k_r = \varphi(\beta^*) - \frac{1}{4}\psi(b^*) = \varphi\left(\frac{\beta^*}{2}\right). \qquad (5.3.50)$$

Bei einer Spule einer Zweischichtwicklung nach Bild 5.3.13c liegt im Wicklungskopf von vornherein eine natürliche Umschichtung vor. Der Leiter durchläuft die $w_{sp} = n/2$ Nutdurchgänge der einen Nut mit positiver Teilleiterfolge und die $w_{sp} = n/2$ Nutdurchgänge der anderen mit negativer. In (5.3.46) ist $r = n/2$, und die Summen sind über $j = 1 \dots n/2$ bzw. $k = (n/2 + 1) \dots n$ zu erstrecken. Damit erhält man

$$\eta = \frac{\left[0 + 1 + \dots + \left(\frac{n}{2} - 1\right)\right] - \left[\left(\frac{n}{2} + 1\right) + \dots + n\right]}{n} = -\left(\frac{n}{4} + \frac{1}{2}\right),$$

womit aus (5.3.48)

$$k_r = \varphi(\beta^*) + \frac{n^2 - 4}{16}\psi(\beta^*) \approx 1 + \frac{n^2}{48}\beta^{*4} \qquad (5.3.51)$$

folgt. Die angeführten Näherungen gelten für $\beta^* < 1$. Das ist bei unterteilten Spulenwicklungen normalerweise immer der Fall.

Bei einer Zweischichtwicklung mit einer Windung je Spule ist $n = 2w_{sp} = 2$, und damit erhält man aus (5.3.51) für das Widerstandsverhältnis bei der Ausführung mit unterteilten Leitern, die nur am Anfang und am Ende der Spule miteinander verbunden sind, $k_r = \varphi\left(\beta^*\right)$.

Wie man durch Nullsetzen der Ableitung erkennt, durchläuft der Ausdruck $(\eta + 1)\eta$ in (5.3.48) bei $\eta = -1/2$ ein Minimum mit dem Wert $-1/4$. Damit wird entsprechend (5.3.50) $k_{r\,min} = \varphi(\beta^*/2)$. Das ist der günstigste Fall für Wicklungen mit unterteilten Leitern. Er liegt bei der Einschichtwicklung mit Umschichtung (s. (5.3.50) u. Bild 5.3.13b) von vornherein vor. Bei Zweischichtwicklungen ist

2 Diese Beziehung erhält man, wenn man in (5.3.20a) die einfachen Argumente einführt und für die weiteren Umformungen die Beziehungen $\cos^2\beta^* + \sin^2\beta^* = 1$ und $\cosh^2\beta^* - \sinh^2\beta^* = 1$ benutzt.

das Widerstandsverhältnis entsprechend (5.3.51) zunächst stets größer als $k_{\mathrm{r\,min}} = \varphi(\beta^*/2)$. Durch das künstliche Umschichten der Teilleiter im Wicklungskopf, wobei die Teilleiterfolge durch Verdrillen des Leiters umgekehrt wird, erreicht man Widerstandsverhältnisse, die diesem günstigen Fall nahekommen. In Tabelle 5.3.3 sind zweckmäßige Umschichtungen und damit entsprechend (5.3.46) und (5.3.48) erreichbare Werte für das Widerstandsverhältnis zusammengestellt. Dabei wurde davon ausgegangen, dass in einer Spule nur eine derartige Umschichtung stattfindet. Auf das Widerstandsverhältnis natürlich umgeschichteter Zweischichtwicklungen hat eine Phasenverschiebung zwischen den Schichtströmen einzelner Nuten keinen Einfluss [32].

c) Stromverdrängung in den Teilleitern

Die in den Unterabschnitten a und b hergeleiteten Beziehungen für das Widerstandsverhältnis gelten nur unter Voraussetzung unendlich feiner Leiterunterteilung, d. h. unter der Voraussetzung, dass in den Teilleitern keine Stromverdrängung auftritt. In realen Teilleitern existiert natürlich eine Stromverdrängung. Man bezeichnet sie als *Stromverdrängung zweiter Ordnung*. Damit die genannten Voraussetzungen hinreichend erfüllt werden, muss die Teilleiterhöhe h_{t} (s. Bild 5.3.10) genügend klein gewählt werden. Zur abschätzenden Kontrolle dieser Bedingung nimmt man näherungsweise gleichen Strom in allen Teilleitern an. Wenn n_{t} die Zahl aller in einer Nut übereinanderliegenden Teilleiter ist, liegt das im Abschnitt 5.3.2, Seite 359, behandelte Problem von n_{t} übereinanderliegenden massiven Leitern gleicher Stromstärke vor. Damit lassen sich die dort hergeleiteten Beziehungen für die Abschätzung der Stromverdrängung zweiter Ordnung verwenden. Mit (5.3.15) wird

$$\beta_{\mathrm{t}} = \alpha h_{\mathrm{t}} \ll 1, \tag{5.3.52}$$

und damit gilt entsprechend (5.3.25)

$$k_{\mathrm{rnt}} \approx 1 + \frac{n_{\mathrm{t}}^2}{9}\beta_{\mathrm{t}}^4. \tag{5.3.53}$$

Man erhält für die durch Stromverdrängung zweiter Ordnung verursachte Verlustzunahme

$$\boxed{\Delta k_{\mathrm{rn}} = (k_{\mathrm{rnt}} - 1) \approx \frac{n_{\mathrm{t}}^2}{9}\beta_{\mathrm{t}}^4}\,. \tag{5.3.54}$$

Die für die Berechnung der sog. *Stromverdrängung erster Ordnung* hergeleiteten Beziehungen gelten umso genauer, je kleiner die nach (5.3.54) abgeschätzte

Tabelle 5.3.1 Zur Bestimmung des Widerstandsverhältnisses von Zweischichtwicklungen mit künstlicher Umschichtung

$k_{\mathrm{r}} = \varphi(\beta^*) + C\psi(\beta^*)$	Spulenanfang in der Unterschicht					
	in der untersten Lage			in der obersten Lage		
Zahl n der Leiterlagen	4	6	8	4	6	8
Zahl der Windungen bis zur Umschichtungsstelle	$1\frac{1}{2}$	$1\frac{1}{2}$	$2\frac{1}{2}$	1	2	3
C	$-\frac{3}{16}$	$-\frac{5}{36}$	$-\frac{7}{64}$	0	$-\frac{2}{9}$	$-\frac{3}{16}$

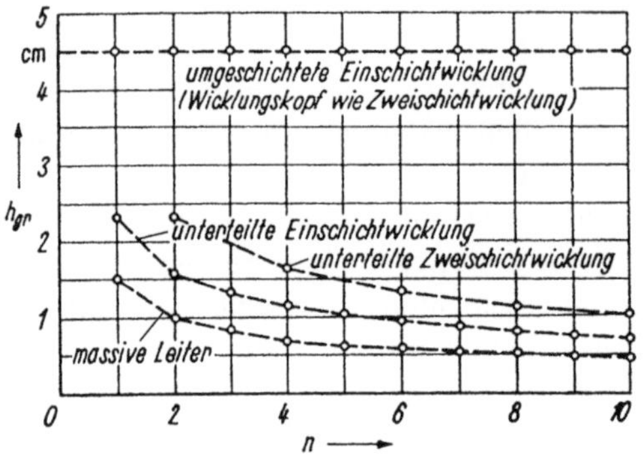

Bild 5.3.14 Grenzleiterhöhen

Widerstands- bzw. Verlustzunahme ist. Die Teilleiterhöhe muss so klein gewählt werden, dass diese Verlustzunahme unbedeutend ist. Das gilt besonders für den Fall, dass die Verlustzunahme durch Stromverdrängung erster Ordnung bereits nahe bei 30 % liegt. Dann darf die Verlustzunahme durch Stromverdrängung zweiter Ordnung höchstens 1 bis 2 % betragen.

d) Anwendungsgrenze unterteilter Leiter

Die Anwendungsgrenze unterteilter Leiter ist dadurch gegeben, dass die Stromverdrängung erster Ordnung bereits eine Verlustvergrößerung von mehr als 30 % verursacht. Die größten Leiterhöhen erreicht man in dem Fall, dass (5.3.50) gilt, z. B. bei Einschichtwicklungen mit natürlicher Umschichtung. Mit $k_r = \varphi(\beta^*/2) < 1{,}3$ ergibt sich nach Bild 5.3.5, Seite 362, $\beta^*/2 < 1{,}4$ bzw. $\beta^* < 2{,}8$. Für betriebswarme Kupferleiter erhält man mit $\alpha^* = \alpha\sqrt{l_i/l_s} \approx (0{,}6\ldots0{,}75)/\text{cm}$ nach (5.3.37) einen Maximalwert der Leiterhöhe, d. h. eine Grenzleiterhöhe von $h_{gr} \approx 4{,}5\,\text{cm}$. In allen anderen Fällen erreicht die Grenzleiterhöhe wesentlich kleinere Werte. Im Bild 5.3.14 sind die ermittelten Grenzleiterhöhen als Funktion der Zahl n von in der Nut übereinanderliegenden Leitern dargestellt.

Für normale Einschicht-Stabwicklungen mit $n = 1$ und Zweischicht-Stabwicklungen mit $n = 2$ gilt nach (5.3.38), (5.3.49) und (5.3.51) $k_r = \varphi(\beta^*)$. Mit $k_r < 1{,}3$ wird $\beta^* < 1{,}4$ und $h_{gr} = 2{,}3$ cm. Für massive Leiter ergibt sich über (5.3.23) mit $n = 1$ und $\alpha = 0{,}9/\text{cm}$ eine Grenzleiterhöhe von $h_{gr} \approx 1{,}5$ cm. Ist n größer als bei Stabwicklungen, so wird in allen Fällen $\beta < 1$, und es gelten die Näherungen von (5.3.38), (5.3.49) und (5.3.51) bzw. (5.3.25) Mit diesen Näherungen und $k_r < 1{,}3$ lassen sich die im Bild 5.3.14 dargestellten Grenzleiterhöhen ermitteln.

5.3.4 Kunststäbe

Wie schon im Abschnitt 5.1.2, Seite 344, erwähnt worden ist, sind Kunststäbe unterteilte Leiter, deren Teilleiter innerhalb des Nutbereichs derart umgeschichtet sind, dass die Streuflussverkettung jeder aus zwei beliebigen Teilleitern gebildeten Masche wenigstens für den Nutbereich verschwindet. Es gibt verschiedene Ausführungsformen solcher Kunststäbe. Wegen seiner technologischen Vorteile wird heute praktisch nur noch der sog. *Roebelstab* verwendet (s. Bild 5.3.15). Bei diesem Stab durchlaufen die Teilleiter gleichmäßig sämtliche Höhenlagen der Nut und

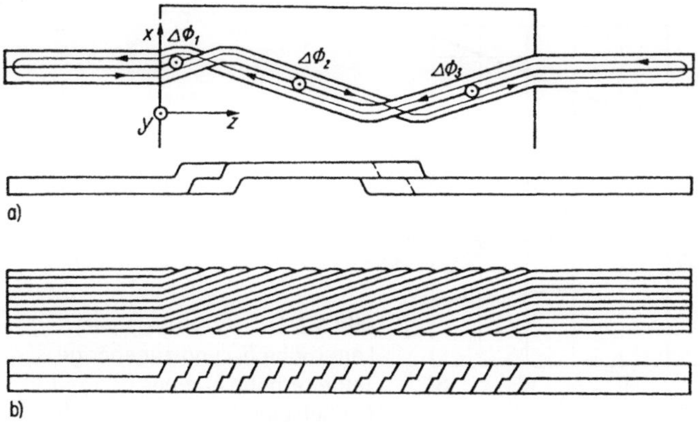

Bild 5.3.15 Roebelstab. a) Darstellung zweier benachbarter Teilleiter; b) kompletter Roebelstab

verlassen die Nut in der gleichen Höhenlage, in der sie in diese eintreten. Wie man leicht aus Bild 5.3.15a erkennen kann, hat das zur Folge, dass die von zwei z. B. benachbarten Teilleitern umfassten Teilflüsse $\Delta\Phi_1 + \Delta\Phi_3$ und $\Delta\Phi_2$ vom Betrag her gleich sind. Das gleiche gilt für jedes beliebige Paar von Teilleitern. Wendet man unter Beachtung des angegebenen Integrationswegs und der eingetragenen Zählpfeile für die Teilflüsse das Induktionsgesetz auf die beiden benachbarten Teilleiter an, so ergibt sich

$$\oint \boldsymbol{E} \cdot \mathrm{d}\boldsymbol{s} = \oint \frac{1}{\kappa}\boldsymbol{S} \cdot \mathrm{d}\boldsymbol{s} = \frac{l_\mathrm{t}}{\kappa}(S_1 - S_2) = -\frac{\mathrm{d}}{\mathrm{d}t}\int \boldsymbol{B} \cdot \mathrm{d}\boldsymbol{A}$$
$$= \frac{\mathrm{d}}{\mathrm{d}t}(\Delta\Phi_1 - \Delta\Phi_2 + \Delta\Phi_3) = 0. \tag{5.3.55}$$

In (5.3.55) sind S_1 und S_2 die Stromdichten und l_t die Längen der beiden betrachteten Teilleiter. Nach (5.3.55) ist $S_1 = S_2$, d. h. in den beiden Teilleitern und damit auch in allen anderen Teilleitern herrscht die gleiche Stromdichte. In allen Teilleitern fließt der gleiche Strom. Es tritt keine Stromverdrängung erster Ordnung auf. Das gilt allerdings nur, solange die Flüsse durch die von Teilleiterpaaren aufgespannten Flächen im Wicklungskopfraum vernachlässigt werden können. Tatsächlich treten aber dort sowohl die tangentiale als auch die axiale Komponente des Stirnraumfelds in Erscheinung und bewirken, dass der Gesamtfluss, der von jeweils zwei Teilleitern umfasst wird, nicht verschwindet, d. h. dass (5.3.55) trotz der Verdrillung der Teilleiter nicht mehr gilt. Den Teilleiterströmen, die entsprechend der gleichmäßigen Aufteilung des gesamten Leiterstroms fließen würden, überlagern sich, herrührend von den endlichen von jeweils zwei Teilleitern umfassten Flüssen, die sog. Schlingströme und führen zu den *Schlingstromverlusten*.

Für die Berechnung der Stromverdrängung in den Teilleitern, d. h. der Stromverdrängung zweiter Ordnung, wird davon ausgegangen, dass innerhalb der Nut n_t massive Teilleiter der Höhe h_t übereinanderliegen, in denen der gleiche Strom fließt. Das ist der im Abschnitt 5.3.2, Seite 359, behandelte und im Unterabschnitt 5.3.3c vorausgesetzte Fall. Folglich gelten für die Berechnung des Widerstandsverhältnisses von Roebelstäben die Beziehungen (5.3.52) und (5.3.53), d. h. man erhält

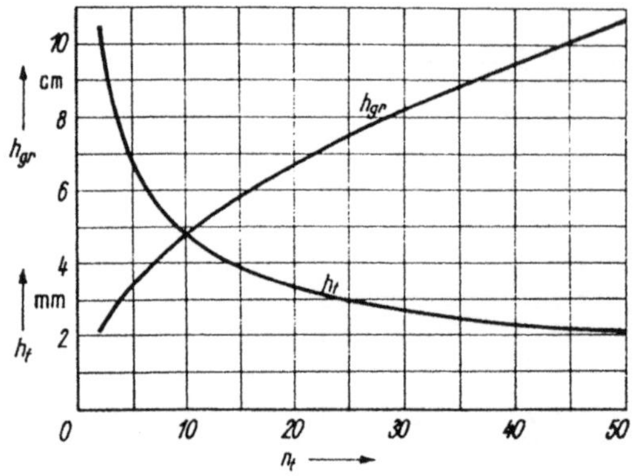

Bild 5.3.16 Grenzwert der Leiterhöhe h_{gr} und zugehörige Teilleiterhöhe h_t eines Roebelstabs

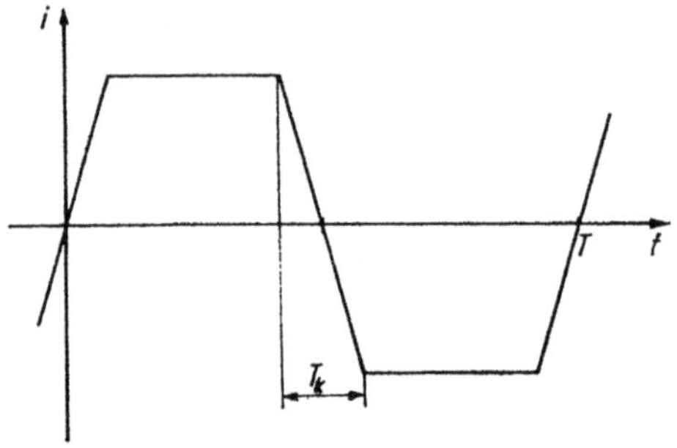

Bild 5.3.17 Verlauf des Leiterstroms bei Gleichstrommaschinen

$$\boxed{k_{rnt} \approx 1 + \frac{n_t^2}{9}\beta_t^4 = 1 + \frac{n_t^2}{9}(\alpha h_t)^4}. \tag{5.3.56}$$

Für eine betriebswarme Wicklung bei Betrieb mit $f = 50$ Hz kann unter Berücksichtigung des im Vergleich zu Wicklungen mit unterteilten Leitern etwas größeren Isolierungsaufwands quer zur Nut mit $\alpha = 0{,}85/\text{cm}$ gerechnet werden. Damit ergibt sich mit dem zugelassenen Maximalwert der Widerstandserhöhung von $k_{rn} = 1{,}3$ für die Teilleiterhöhe nach (5.3.56) der Grenzwert

$$h_t \approx \frac{1{,}5\,\text{cm}}{\sqrt{n_t}}. \tag{5.3.57}$$

Daraus folgt bei Vernachlässigung der Teilleiterisolierung für den Grenzwert der Leiterhöhe h_L

$$h_{gr} = h_t n_t \approx 1{,}5\sqrt{n_t}\,\text{cm}. \tag{5.3.58}$$

Im Bild 5.3.16 sind die Grenzwerte der Leiterhöhe h_{gr} nach (5.3.58) und die zugehörigen Teilleiterhöhen h_t nach (5.3.57) als Funktion der insgesamt in der Nut übereinanderliegenden Teilleiterzahl n_t dargestellt. Mit diesem Wert lassen sich alle praktisch notwendigen Leiterhöhen realisieren.

5.3.5 Kommutatorwicklungen

In den Ankerspulen der Gleichstrommaschinen fließen Ströme, deren zeitlicher Verlauf bei linearer Kommutierung (s. Abschn. 4.1.2a, S. 308) entsprechend Bild 5.3.17 trapezförmig ist. Die Periodendauer T dieser Ströme ist gleich der Zeit, die eine Spule für das Durchlaufen eines Polpaars der Maschine benötigt. Wenn v die Umfangsgeschwindigkeit und D der Durchmesser des Ankers sind, gilt also

$$T = \frac{D\pi}{pv}. \tag{5.3.59}$$

Die Stromwendezeit des Spulenstroms beträgt nach (4.2.6), Seite 316,

$$T_k = \beta_k \frac{\tau_k}{v_k}. \tag{5.3.60}$$

Bezieht man den Anteil der auf die Periodendauer T entfallenden Stromwendezeiten $2T_k$ auf diese Periodendauer, so erhält man aus (5.3.59) und (5.3.60) unter Einführung des Durchmessers D_k und der Umfangsgeschwindigkeit v_k sowie der Stegteilung τ_k des Kommutators mit $D_k/v_k = D/v$ und $\tau_k = D_k\pi/k$

$$\vartheta_k = \frac{2T_k}{T} = \beta_k \frac{2D_k\pi pv}{kv_k D\pi} = \frac{\beta_k}{k/2p}. \tag{5.3.61a}$$

Zur Ermittlung der Stromverdrängung zerlegt man den Stromverlauf mit Hilfe der harmonischen Analyse in die einzelnen Harmonischen und bestimmt entsprechend den vorangegangenen Abschnitten die Verluste, die durch sie verursacht werden. Aus der Summe der Verluste erhält man schließlich über (5.2.9), Seite 353, das resultierende Verlust- bzw. Widerstandsverhältnis.

Bei Kommutatorwicklungen liegen i. Allg. innerhalb einer Nut in jeder Schicht u Spulenseiten nebeneinander, in denen der Strom nacheinander wendet. Zur Vereinfachung der Rechnung nimmt man an, dass der Strom in diesen Spulenseiten während deren Gesamtwendezeit (s. Bild 4.2.4, S. 318)

$$T_s = \beta_s \frac{\tau_k}{v_k} = [\beta_k + u - 1]\frac{\tau_k}{v_k} = \left[\beta_B + u - \frac{a}{p}\right]\frac{\tau_k}{v_k}$$

gleichzeitig linear wendet. Damit geht (5.3.61a) über in

$$\vartheta_s = \frac{\beta_s}{k/2p} = \frac{\beta_B + u - a/p}{k/2p}. \tag{5.3.61b}$$

Mit (5.3.61b) ergibt sich nach [7] für Durchmesserwicklungen mit n übereinanderliegenden Leitern die Näherung

$$k_{rn} \approx 1 + \frac{0{,}05n^2\beta^4}{\vartheta_s + 0{,}13\beta^2}, \tag{5.3.62}$$

wobei zur Berechnung von β über α in (5.3.14a), Seite 359, $f = pn$ zu setzen ist. Das Widerstandsverhältnis gesehnter Wicklungen ist etwas kleiner, als (5.3.62) angibt.

6

Verluste

6.1 Energiebilanz der elektrischen Maschine

6.1.1 Verluste und Wirkungsgrad

Wie bei jedem Prozess der Energiewandlung treten auch bei der elektrischen Maschine zwischen der mechanischen Leistung, die über die Welle fließt, und der elektrischen Leistung, die mit einem angeschlossenen Netz ausgetauscht wird, Leistungsverluste oder kurz Verluste in Erscheinung. Im Band *Grundlagen elektrischer Maschinen*, Abschnitt 2.2.2.2, waren als deren wichtigste Komponenten bereits eingeführt worden:

- Wicklungsverluste durch Ströme, die im unmittelbaren Zusammenhang mit dem eigentlichen Energiewandlungsprozess stehen,
- Erregerverluste, die durch Ströme in Erregerwicklungen entstehen, die nicht in unmittelbarem Zusammenhang mit dem eigentlichen Energiewandlungsprozess stehen,
- Bürstenübergangsverluste nach Maßgabe der Bürstenübergangsspannung,
- Ummagnetisierungsverluste im Magnetkreis,
- Reibungsverluste durch Gas-[1] und Lagerreibung.

Die für die Berechnung des Wirkungsgrads der wichtigsten rotierenden elektrischen Maschinen maßgebenden Verluste, die im Folgenden ausführlich erläutert werden, sind in Tabelle 6.1.1 zusammengestellt. Verluste, die nur in Sonderfällen Bedeutung haben, sind dabei in Klammern angegeben.

Ganz allgemein erhält man die Gesamtverluste in einem Betriebszustand der Maschine entsprechend

$$P_{\mathrm{v}} = \sum_i P_{\mathrm{v}i} \tag{6.1.1}$$

1 Dies ist in der Regel Luft, bei großen Turbogeneratoren oder Phasenschiebern aber teils auch Wasserstoff.

Tabelle 6.1.1 Verluste der wichtigsten Maschinenarten

			Gleichstrom-maschinen	**Induktions-maschinen**	**Synchron-maschinen**	**Einphasen-Reihenschluss-maschinen und Drehstrom-Kommutator-maschinen**
Verluste in den Stromkreisen	am Energieumsatz beteiligte	Wicklung	P_{vwa}	$P_{\mathrm{vw1}}, P_{\mathrm{vw2}}$	P_{vwa}	P_{vwa}
	Wendepolwicklung		(P_{vww})	–	–	(P_{vww})
	Kompensationswicklung		(P_{vwk})	–	–	(P_{vwk})
	Erregerwicklung		P_{vwe}	–	P_{vwfd}	P_{vwe}
	Bürstenübergang		$P_{\mathrm{vü}}$	$(P_{\mathrm{vü}})$	$(P_{\mathrm{vü}})$	$P_{\mathrm{vü}}$
Verluste im magnetischen Kreis	Ummagnetisierung	Rücken	P_{vur2}	P_{vur1}	P_{vur1}	$P_{\mathrm{vur1}}, P_{\mathrm{vur2}}$
		Zähne	P_{vuz2}	P_{vuz1}	P_{vuz1}	$P_{\mathrm{vuz1}}, P_{\mathrm{vuz2}}$
	Oberflächen		$(P_{\mathrm{vo1}}, P_{\mathrm{von1}}, P_{\mathrm{vow1}})$	–	$(P_{\mathrm{vo2}}, P_{\mathrm{von2}}, P_{\mathrm{vow2}})$	–
	Pulsation		$(P_{\mathrm{vp1}}, P_{\mathrm{vp2}})$	$P_{\mathrm{vp1}}, P_{\mathrm{vp2}}$	$(P_{\mathrm{vp1}}, P_{\mathrm{vp2}})$	$P_{\mathrm{vp1}}, P_{\mathrm{vp2}}$
Mechanische Verluste	Gas- und Lagerreibung		P_{vrbG}	P_{vrbG}	P_{vrbG}	P_{vrbG}
	Bürstenreibung		P_{vrbB}	(P_{vrbB})	(P_{vrbB})	P_{vrbB}
Zusätzliche Verluste			P_{vz}	P_{vz}	P_{vz}	P_{vz}

als Summe der einzelnen Verlustkomponenten P_{vi} . Der Wirkungsgrad als Kenngröße für die Qualität des Prozesses der Energiewandlung ist definiert als

$$\eta = \frac{\text{abgegebene Leistung}}{\text{aufgenommene Leistung}} = \frac{P_{ab}}{P_{auf}} \tag{6.1.2}$$

bzw. unter Einführung der Gesamtverluste als

$$\eta = \frac{P_{auf} - P_v}{P_{auf}} = \frac{P_{ab}}{P_{ab} + P_v} = \frac{1}{1 + p_v}, \tag{6.1.3}$$

wobei die *relativen Verluste* eingeführt wurden als

$$p_v = \frac{P_v}{P_{ab}} = \frac{1 - \eta}{\eta}. \tag{6.1.4}$$

Die Verluste der Maschine wirken einerseits als Wärmequellen für den Erwärmungsvorgang und bestimmen andererseits entsprechend (6.1.3) den Wirkungsgrad bzw. entsprechend (6.1.4) die relativen Verluste. Daraus folgen zwei Forderungen an die Berechnung der Verluste:

1. Als Grundlage der Erwärmungsrechnung werden die tatsächlich im Bemessungsbetrieb auftretenden Verluste in ihrer räumlichen Verteilung in der Maschine benötigt.
2. Als Grundlage für die Berechnung des gewährleisteten Wirkungsgrads sind die Verluste zu ermitteln, die in dem Prüfverfahren auftreten, das zum Nachweis des gewährleisteten Wirkungsgrads zur Anwendung kommt.

Die elektrischen Maschinen werden häufig an einem Netz fester Spannung und Frequenz betrieben. Dann setzen sich die Gesamtverluste P_v aus einem lastunabhängigen Teil P_{vl}, der schon im Leerlauf vorhanden ist, und einem lastabhängigen Teil P_{vk}, der von der Höhe der Belastung abhängig ist, zusammen. Es ist also

$$P_v = P_{vl} + P_{vk}. \tag{6.1.5}$$

Die Unterteilung ist vor allem unter dem Gesichtpunkt der Prüfverfahren zur Ermittlung des gewährleisteten Wirkungsgrads bedeutsam. Sie liefert andererseits auch eine allgemeine Aussage über die Abhängigkeit des Wirkungsgrads von der Belastung. Da die lastabhängigen Verluste in erster Linie Stromwärmeverluste sind, die sich quadratisch mit dem Strom ändern, und da andererseits die abgegebene Leistung unter bestimmten Nebenbedingungen linear vom Strom bzw. vom Drehmoment abhängig ist, kann man formulieren

$$P_v = P_{vlN} + P_{vkN} \left(\frac{P_{ab}}{P_{abN}} \right)^2 = P_{vlN} + P_{vkN} p_{ab}^2 \tag{6.1.6}$$

mit der relativen abgegebenen Leistung

$$p_{ab} = \frac{P_{ab}}{P_{abN}}. \tag{6.1.7}$$

Damit liefert (6.1.4) mit (6.1.6) für die relativen Verluste

$$p_v = \frac{P_{vlN}}{P_{abN}} \frac{1}{p_{ab}} + \frac{P_{vkN}}{P_{abN}} p_{ab}. \tag{6.1.8}$$

Die relativen Verluste durchlaufen offensichtlich in Abhängigkeit von der Belastung ein Minimum, und damit durchläuft der Wirkungsgrad ein Maximum. Seine Lage erhält man durch Nullsetzen der Ableitung von (6.1.8) zu

$$p_{\mathrm{ab},\eta\,\mathrm{max}} = \sqrt{\frac{P_{\mathrm{vlN}}}{P_{\mathrm{vkN}}}}. \tag{6.1.9}$$

Das Verhältnis der lastunabhängigen Verluste zu den lastabhängigen Verlusten im Bemessungsbetrieb bestimmt also die Lage des Maximums des Wirkungsgrads.

6.1.2 Nachweis des Wirkungsgrads

Der gewährleistete Wirkungsgrad muss durch ein Prüfverfahren nachgewiesen werden. Dafür gibt es verschiedene, auch in den entsprechenden Normen, vor allem der DIN EN IEC 60034-2-1, festgelegte Möglichkeiten. Die wichtigsten sind die direkte Wirkungsgradbestimmung und die indirekte Wirkungsgradbestimmung über das Einzelverlustverfahren.

Bei der *direkten Wirkungsgradbestimmung* werden die abgegebene Leistung P_{ab} und die aufgenommene Leistung P_{auf} in dem interessierenden Arbeitspunkt, d. h. vor allem unter Bemessungsbedingungen, unmittelbar gemessen, und man erhält den Wirkungsgrad über (6.1.2). In diesem Fall müssen die tatsächlichen, im interessierenden Arbeitspunkt auftretenden Verluste berechnet werden, die dann gleichzeitig für die Erwärmungsberechnung maßgebend sind. Das Verfahren kann allerdings nur bei kleinen Maschinen mit relativ niedrigen Werten des Wirkungsgrads angewendet werden, da sich die Fehlergrenze des Wirkungsgrads, ausgehend von (6.1.2), ergibt zu

$$\frac{\Delta\eta}{\eta} = \frac{\Delta P_{\mathrm{ab}}}{P_{\mathrm{ab}}} + \frac{\Delta P_{\mathrm{auf}}}{P_{\mathrm{auf}}}. \tag{6.1.10}$$

Wenn man also z. B. eine Maschine mit einem Wirkungsgrad von 90 % betrachtet und die Leistungen mit einem Fehler von 1 % ermittelt, beträgt die Fehlergrenze im Wirkungsgrad 2 %. Man muss damit rechnen, dass dann der wahre Wert zwischen 88 % und 92 % liegt, und dieses Ergebnis ist natürlich vollständig unbefriedigend. Deshalb müssen bei Maschinen größerer Leistung andere Prüfverfahren zum Nachweis des gewährleisteten Wirkungsgrads herangezogen werden. Am häufigsten dient dazu die indirekte Wirkungsgradbestimmung über das Einzelverlustverfahren.

Bei der *indirekten Wirkungsgradbestimmung* über das *Einzelverlustverfahren* werden die einzelnen Verlustkomponenten durch gesonderte Messungen und Rechnungen ermittelt. Dabei kann nicht erwartet werden, dass aus der Summe der auf diesem Weg ermittelten Einzelverluste die tatsächlichen Gesamtverluste und damit der tatsächliche Wirkungsgrad im betrachteten Betriebszustand gewonnen werden. Man erhält einen deklarierten Wirkungsgrad, der bei mittelgroßen oder großen Maschinen aber näher am wahren Wert liegt als der über eine direkte Wirkungsgradbestimmung ermittelte Wert. Dieser deklarierte Wirkungsgrad ist auf der Grundlage der festgelegten Messungen und Rechnungen nachzuweisen. Um im Zuge der Vorausberechnung der Eigenschaften einer Maschine auch die zu erwartenden Ergebnisse der beim Einzelverlustverfahren durchzuführenden Messungen verfügbar zu haben, ist es erforderlich, die erwarteten Messwerte, also insbesondere auch die der Verluste, für die Bedingungen zu ermitteln, die bei dem jeweiligen Prüfverfahren vorliegen. Im Folgenden wird auf einige im Zusammenhang damit stehende Einzelheiten eingegangen.

Die Wicklungsverluste werden, sofern die Wicklungen an Klemmen geführt sind, dadurch gewonnen, dass man den Gleichstromwiderstand R misst und die Verluste mit dem bekannten oder auf einem geeigneten Weg ermittelten Strom entsprechend I^2R berechnet. Dabei wird der gemessene Gleichstromwiderstand auf eine *Referenztemperatur* umgerechnet, die i. Allg. von der in Anspruch genommenen Wärmeklasse des Isoliersystems abhängt.

Im Allgemeinen gehört auch der sog. *Leerlaufversuch* zur indirekten Wirkungsgradbestimmung über das Einzelverlustverfahren. Er wird bei Induktionsmaschinen, bei Reluktanz-Synchronmaschinen und bei permanenterregten Synchronmaschinen meist dadurch vorgenommen, dass die Maschine an einem gegebenen Netz als leerlaufender Motor betrieben wird. Elektrisch erregte Synchronmaschinen werden meist mit ihrer synchronen Drehzahl angetrieben und auf die gewünschte Spannung erregt. Aus der aufgenommenen Leistung gewinnt man, ggf. nach Abzug der Wicklungsverluste, die Summe aus Reibungs- und Ummagnetisierungsverlusten. Beide lassen sich durch Variation der Klemmenspannung trennen. Die Ummagnetisierungsverluste enthalten dabei auch die im Leerlauf auftretenden zusätzlichen Verluste. Diese entstehen z. B.

- durch Ausgleichsströme in einer Dreieckschaltung,
- durch im Leerlauf von Maschinen, deren Wicklung aus Roebelstäben oder aus Spulen mit übereinanderliegenden, gegeneinander isolierten Teilleitern besteht, auftretende Schlingstromverluste,
- durch die Abdämpfung von Oberwellenfeldern in einer Käfigwicklung,
- durch die Abdämpfung von Nutungsoberwellen der Ständernutung in einer Käfigwicklung bzw. als Oberflächenverluste von Maschinen mit massivem Läufer.

Bei der Vorausberechnung der im Leerlaufversuch erwarteten Ergebnisse müssen diese Verluste berücksichtigt werden. Das gleiche gilt streng genommen für den Temperatureinfluss dahingehend, dass bei der Berechnung von temperaturabhängigen Komponenten der Verluste die im Leerlaufversuch zu erwartende Temperatur maßgebend ist.

Bei elektrisch erregten Synchronmaschinen wird außer dem Leerlaufversuch auch der *Kurzschlussversuch* durchgeführt. Dabei wird die Maschine bei kurzgeschlossenen Ankerklemmen mit Bemessungsdrehzahl angetrieben und die Erregung auf einen solchen Wert eingestellt, dass der Bemessungsstrom fließt. Die gemessene über die Welle zugeführte Leistung deckt die bereits aus dem Gleichstromwiderstand und dem Bemessungsstrom ermittelten Wicklungsverluste, aber auch alle lastabhängigen zusätzlichen Verluste. Diese entstehen z. B.

- als Stromverdrängungsverluste in der Ankerwicklung,
- als von der Abdämpfung der Oberwellenfelder der Ständerwicklung herrührende Verluste in einer Käfigwicklung oder Oberflächenverluste bei massivem Läufer,
- als von der dritten Harmonischen des Ankerfelds, die bei Schenkelpol-Synchronmaschinen aus dem Zusammenwirken der Durchflutungshauptwelle mit der ersten Leitwertswelle aufgrund der Pollücken entsteht, herrührende Ummagnetisierungsverluste,

- als Schlingstromverluste, die in Maschinen auftreten, deren Wicklung aus Roebelstäben oder aus Spulen mit übereinanderliegenden, gegeneinander isolierten Teilleitern besteht.

Bei der Vorausberechnung der im Kurzschlussversuch erwarteten Ergebnisse müssen diese berücksichtigt werden. Das gleiche gilt streng genommen wiederum für den Temperatureinfluss.

Während die lastabhängigen zusätzlichen Verluste der Synchronmaschine bei der indirekten Wirkungsgradbestimmung über das Einzelverlustverfahren im Kurzschlussversuch als erfasst angesehen werden können, ist dies bei der Induktionsmaschine, aber auch bei der Gleichstrommaschine nicht der Fall. Bei diesen Maschinen werden als Verlustkomponente die sog. *Zusatzverluste* in Form festgelegter Zuschläge oder über ein besonderes Messverfahren ermittelter Werte aufgenommen. Diesem Vorgehen muss dann auch bei der Vorausberechnung des deklarierten Wirkungsgrads Rechnung getragen werden.

6.2 Mechanische Verluste

Mechanische Verluste sind Verluste, die durch Gas-, Lager- und Bürstenreibung entstehen. Genauer berechenbar sind nur die Bürstenreibungsverluste. Die Abhängigkeiten der Gasreibung lassen sich angeben und damit die Gasreibungsverluste unter Verwendung experimentell ermittelter Erfahrungswerte abschätzen. Die normalerweise kleinen Lagerreibungsverluste werden meistens in diesen Erfahrungswerten mit erfasst.

6.2.1 Verluste durch Gas- und Lagerreibung

Die an der Oberfläche eines in einem Gas rotierenden glatten Zylinders angreifende Gasreibungskraft ist abhängig von der Reibungsfläche und von deren Umfangsgeschwindigkeit. Die Reibungsleistung und damit die Reibungsverluste sind proportional zur Reibungsfläche und zum Quadrat der Umfangsgeschwindigkeit. Wenn D_2 der Durchmesser, l_2 die Länge und v_2 die Umfangsgeschwindigkeit des Läuferkörpers sowie D_w, l_w und v_w die entsprechenden Werte eines Wicklungskopfs sind, ergibt sich für den Verlustanteil der Läufermantelfläche $\sim D_2\pi l_2 v_2^2$ und den der beiden Mantelflächen der Wicklungsköpfe $\sim D_\mathrm{w}\pi 2 l_\mathrm{w} v_\mathrm{w}^2$. Setzt man näherungsweise $D_\mathrm{w} = 0{,}8D_2$, $v_\mathrm{w} = 0{,}8v_2$ und $l_\mathrm{w} = 0{,}6\tau_\mathrm{p}$, so erhält man mit dem experimentell ermittelten Faktor k_rb die Gasreibungsverluste zu

$$\boxed{P_\mathrm{vrbG} = k_\mathrm{rb} D_2 (l_2 + 0{,}8^3 0{,}6\tau_\mathrm{p}) v_2^2}\,. \tag{6.2.1}$$

Wenn die Maschine einen auf ihrer Welle sitzenden Lüfter besitzt, wird die *Lüfterantriebsleistung* als Bestandteil der Verluste durch Gas- und Lagerreibung mit gemessen. Diese ist allerdings im Gegensatz zu den Reibungsverlusten des Läufermantels proportional zur dritten Potenz der Drehzahl bzw. der Umfangsgeschwindigkeit des Läufers. In (6.2.1) wird dies durch entsprechende Wahl des Faktors k_rb berücksichtigt. Die in Tabelle 6.2.1 angegebenen Faktoren enthalten die Reibungsverluste aller übrigen reibenden Flächen, normaler Lüfter sowie normaler Lager [23]. Für bestimmte Maschinen ist (6.2.1) nicht anwendbar, da aufgrund ihrer Ausführung die Verlustfaktoren unterschiedlich sind. So haben z. B. Maschinen mit zusätzlichen Schwungmassen – wie Motoren für Kolbenkompressoren, Dieselgeneratoren, Generatoren mit vertikaler Welle und Turbinenlaufrad – wesentlich größere Verluste, als (6.2.1) angibt. Der Verlustfaktor bei Wasserstoffkühlung ist stark vom verwendeten Gasdruck abhängig.

6.2.2 Verluste durch Bürstenreibung

Die Bürstenreibungsverluste ergeben sich für eine Bürste aus dem Produkt der Reibungskraft und der Umfangsgeschwindigkeit der Reibfläche. Dabei ist die Reibungskraft gegeben als

$$F_{\mathrm{r}} = \mu_{\mathrm{rb}} F_{\mathrm{n}} \tag{6.2.2}$$

mit dem Reibungskoeffizienten μ_{rb} und der Normalkraft F_{n}. Andererseits kann man die Normalkraft als das Produkt

$$F_{\mathrm{n}} = p_{\mathrm{B}} A_{\mathrm{B}} \tag{6.2.3}$$

des Bürstendrucks p_{B} und der Bürstenfläche A_{B} darstellen. Damit erhält man für die Bürstenreibungsverluste

$$\boxed{P_{\mathrm{vrbB}} = \mu_{\mathrm{rb}} p_{\mathrm{B}} A_{\mathrm{B}} v_{\mathrm{k}}}\,. \tag{6.2.4}$$

Werte für μ_{rb} und p_{B} sind Tabelle 4.4.1, Seite 336, zu entnehmen. Der Reibungsfaktor liegt meist unter $\mu_{\mathrm{rb}} = 0{,}2$, und der Bürstendruck beträgt im Mittel $p_{\mathrm{B}} = 20$ kPa. Dabei erhält man über (6.2.4) die gesamten Bürstenreibungsverluste, wenn für A_{B} die gesamte Fläche aller aufsitzenden Bürsten eingesetzt wird.

Für eine Gleichstrommaschine mit einem Ankerstrom I wird nach Maßgabe der Bürstenstromdichte S_{B} eine Gesamtfläche aller aufsitzenden Bürsten von

$$A_{\mathrm{B}} = \frac{2I}{S_{\mathrm{B}}} \tag{6.2.5}$$

benötigt. Damit folgt aus (6.2.4) mit den mittleren Werten $\mu_{\mathrm{rb}} = 0{,}2$, $p_{\mathrm{B}} = 20\,\mathrm{kPa}$ und $S_{\mathrm{B}} = 8\,\mathrm{A/cm^2}$ für die Bürstenreibungsverluste

$$P_{\mathrm{vrbB}} = 0{,}1 \frac{\mathrm{Ws}}{\mathrm{Am}} I v_{\mathrm{k}}. \tag{6.2.6}$$

Tabelle 6.2.1 Faktoren der Gas- und Lagerreibung

Kühlungsart	k_{rb} $\mathrm{Ws^2/m^4}$
Oberflächenbelüftete Maschinen	15
Durchzugsbelüftete Maschinen	8 ... 10
Turbogeneratoren mit Luftkühlung	5
Turbogeneratoren mit Wasserstoffkühlung	< 3

6.3 Grundverluste in den Stromkreisen

Die in den Stromkreisen entstehenden Grundverluste sind die sog. *Stromwärmeverluste*. Sie werden in der Regel durch das Produkt RI^2 bestimmt, wobei R der Gleichstromwiderstand ist. In manchen Fällen ermittelt man sie entsprechend UI unter Verwendung des vom Strom I verursachten, aber ihm nicht notwendig proportionalen Spannungsabfalls U. Nach der ersten Möglichkeit werden vor allem die Verluste in den Wicklungen berechnet, wobei man zunächst den von der Geometrie und der Schaltung der Wicklung abhängigen Widerstand ermitteln muss. Die zweite Möglichkeit wird angewendet, wenn der Widerstand einer Anordnung nicht unmittelbar über ihre Gestaltung bestimmbar ist. Das gilt für den Übergangs- bzw. Kontaktwiderstand von Bürsten. Auch die Verluste in zur Maschine gehörenden Vor- und Parallelwiderständen, deren spezifische Dimensionierung nicht interessiert, berechnet man über den Spannungsabfall.

6.3.1 Eigenschaften der Leitermaterialien

Maßgebend für den Widerstand einer Leiteranordnung ist deren Geometrie und die temperaturabhängige *spezifische Leitfähigkeit* κ bzw. der *spezifische Widerstand*

$$\rho = \frac{1}{\kappa}. \tag{6.3.1}$$

In Tabelle 6.3.1 sind Richtwerte für die spezifische Leitfähigkeit interessierender Leitermaterialien für einige Werte der Temperatur gegeben. Die Abhängigkeit des spezifischen Widerstands von der Temperatur in der Celsiusskala ϑ wird für praktische Belange, ausgehend von dem Wert ρ_{20} bei einer Temperatur von 20 °C und unter Einführung des Temperaturbeiwerts α_{T}, linearisiert als

$$\rho = \rho_{20}\left[1 + \alpha_{\mathrm{T}} \cdot (\vartheta - 20\,^{\circ}\mathrm{C})\right]. \tag{6.3.2}$$

Dabei beträgt der Temperaturbeiwert für alle Metalle etwa $\alpha_{\mathrm{T}} \approx 0{,}4\,\%/\mathrm{K}$. Für Kupfer ist der genauere Wert $\alpha_{\mathrm{T}} \approx 0{,}392\,\%/\mathrm{K}$, und damit erhält man aus (6.3.2) die in der Berechnungspraxis vielfach übliche Beziehung

$$\rho = \rho_{20}\frac{235 + \vartheta/^{\circ}\mathrm{C}}{255}. \tag{6.3.3}$$

Für den Widerstand einer gegebenen Anordnung gilt dann ebenfalls

$$R = R_{20}\frac{235 + \vartheta/^{\circ}\mathrm{C}}{255}. \tag{6.3.4}$$

6.3.2 Wicklungswiderstände

Der Widerstand eines linearen Leiters mit der Länge l_{L} und dem Querschnitt A_{L} ergibt sich zu

$$R = \frac{l_{\mathrm{L}}}{\kappa A_{\mathrm{L}}}. \tag{6.3.5}$$

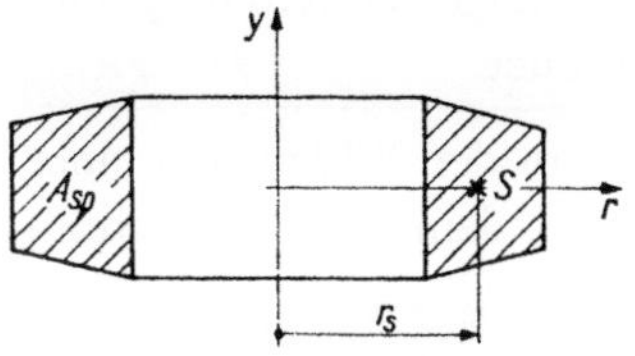

Bild 6.3.1 Zur Definition der mittleren Windungslänge

Wenn eine Spule mit der gesamten Leiterlänge l_{res} die mittlere Windungslänge l_m und die Windungszahl w_{sp} hat, so ergibt sich aus (6.3.5)

$$\boxed{R_{sp} = \frac{l_{res}}{\kappa A_L} = \frac{w_{sp} l_m}{\kappa A_L}}. \tag{6.3.6}$$

Die Längen der Windungen einer kreisringförmigen Spule beliebig geformten Querschnitts A_{sp} nach Bild 6.3.1 betragen $l = 2\pi r$. Damit ergibt sich die Gesamtlänge zu

$$l_{res} = \sum l = \sum 2\pi r.$$

Die Summation ist über die gesamte Windungszahl w_{sp} der Spule zu erstrecken. Im Grenzfall ist die Zahl der Windungen mit gleichem Radius unendlich klein und beträgt

$$\mathrm{d}w = \frac{w_{sp}}{A_{sp}} \mathrm{d}A = \frac{w_{sp}}{A_{sp}} \mathrm{d}r \, \mathrm{d}y,$$

während die Zahl der Glieder der Summe unendlich groß wird, d. h. die Summe in das Integral

$$l_{res} = \int 2\pi r \, \mathrm{d}w = w_{sp} 2\pi \frac{1}{A_{sp}} \int_{A_{sp}} r \, \mathrm{d}r \, \mathrm{d}y = w_{sp} l_m \tag{6.3.7}$$

übergeht. Nach (6.3.7) gilt für die mittlere Windungslänge

$$l_m = 2\pi \frac{1}{A_{sp}} \int_{A_{sp}} r \, \mathrm{d}r \, \mathrm{d}y = 2\pi r_s. \tag{6.3.8}$$

In (6.3.8) ist r_s der Abstand des Flächenschwerpunkts der Spulenquerschnittsfläche von der Spulenachse. Da sich jede Spule aus geraden Abschnitten und Kreisringstücken zusammensetzen lässt und die Leiterlängen aller Windungen in den geraden Abschnitten gleich sind, gilt allgemein:

Tabelle 6.3.1 Leitfähigkeiten von Leiterwerkstoffen

	Leitfähigkeit κ in $S \cdot m/mm^2$ bei ϑ			
Material	**20 °C**	**75 °C**	**95 °C**	**115 °C**
Kupferdraht	58	47,7	44,8	42,2
Aluminiumdraht	37	30,6	28,8	27,2
Aluminiumguss	30	24,8	23,4	22,1
Bronze	55 ... 18			
Messing	14 ... 11			

Die mittlere Windungslänge einer Spule ist gleich der Länge der Windung, die sich im Schwerpunkt der Spulenquerschnittsfläche befindet.

Mit Kenntnis der mittleren Windungslänge l_m erhält man den Widerstand einer Wicklung mit w hintereinander geschalteten Windungen, dem Leiterquerschnitt A_L und $\tilde{a}$ parallelen Zweigen zu

$$R = \frac{wl_m}{\tilde{a}\kappa A_L}. \tag{6.3.9}$$

a) Wicklungen auf ausgeprägten Polen

Bei Wicklungen auf ausgeprägten Polen lassen sich auf der Grundlage der vorstehenden Überlegungen für die mittleren Windungslängen der Polspulen einfache geschlossene Beziehungen entwickeln. Für Polspulen mit rechteckigem Querschnitt liegt der Schwerpunkt im Schnittpunkt der Diagonalen der Querschnittsfläche. Die im Bild 6.3.2 dargestellte Polspule hat z. B. eine mittlere Windungslänge von

$$\begin{aligned} l_m &= 2l_p + 2(b_{pk} - 2r_{sp}) + 2\pi r_s \\ &= 2\left[l_p + b_{pk} - 2r_{sp} + \pi\left(r_{sp} + \frac{b_{sp}}{2}\right)\right]. \end{aligned} \tag{6.3.10}$$

Der Widerstand einer Polspule mit w_{sp} Windungen ergibt sich dann mit (6.3.9) zu

$$R_{sp} = \frac{w_{sp}l_m}{\kappa A_L}. \tag{6.3.11}$$

Bei der üblichen Hintereinanderschaltung der $2p$ Polspulen erhält man mit $w = 2pw_{sp}$ für den Widerstand der gesamten Wicklung

$$R = 2pR_{sp} = \frac{2pw_{sp}l_m}{\kappa A_L} = \frac{wl_m}{\kappa A_L}. \tag{6.3.12}$$

b) Wicklungen mit ausgebildeten Strängen

Bei Wicklungen mit ausgebildeten Strängen hängt die mittlere Windungslänge von der Gestaltung der Wicklungsköpfe ab und muss ausgehend von deren Geometrie bestimmt werden. Einfache geschlossene Beziehungen wie für Polspulen lassen sich nur für den Sonderfall der Zahnspulenwicklungen angeben, für deren Spulenwiderstand (6.3.11) gilt.

Wenn die Spulengruppen mit Spulen gleicher Weite ausgeführt sind, haben alle Spulen der Wicklung die gleiche mittlere Windungslänge l_m. Im Fall von Spulengruppen mit q Spulen ungleicher Weite und damit verschiedenen mittleren Windungslängen $l_{m1}, l_{m2}, \ldots, l_{mq}$ erhält man die für den gesamten Strang wirksame mittlere Windungslänge zu

$$l_m = \frac{l_{m1} + l_{m2} + \ldots + l_{mq}}{q}. \tag{6.3.13}$$

Die Zahl der ausgeführten parallelen Zweige je Strang wird bei Wicklungen mit ausgebildeten Strängen mit a bezeichnet (s. Abschn. 1.2.6.1, S. 105). Es gilt also in (6.3.9) $\tilde{a} = a$. Damit erhält man für den Widerstand eines Wicklungsstrangs mit w hintereinandergeschalteten Windungen und dem Leiterquerschnitt A_L

$$R = \frac{wl_m}{a\kappa A_L}. \tag{6.3.14}$$

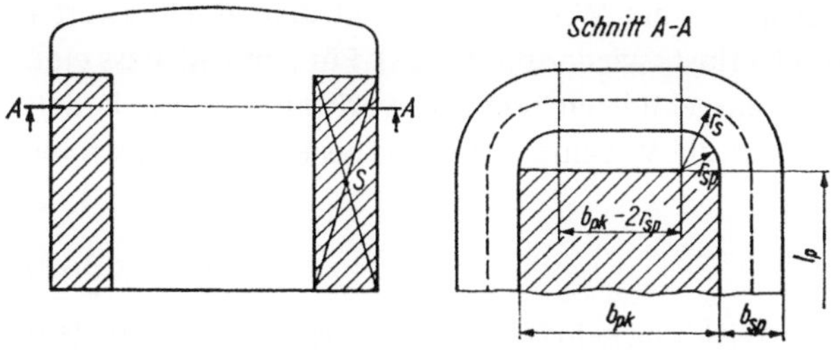

Bild 6.3.2 Zur Berechnung der mittleren Windungslänge einer Polspule

Diese Beziehung ergibt sich auch für Zahnspulenwicklungen mit m Strängen und N Nuten, d. h. mit N/m Zahnspulen je Strang, durch Einsetzen von (6.3.11) in

$$R = R_{\mathrm{sp}} \frac{N}{ma^2}, \tag{6.3.15}$$

wobei dann l_{m} natürlich nach (6.3.10) und nicht nach (6.3.13) zu berechnen ist.

c) Kommutatorwicklungen

Bei Kommutatorwicklungen werden stets Spulen gleicher Weite ausgeführt. Damit haben alle Spulen die gleiche mittlere Windungslänge l_{m}. Die Zahl der parallelen Zweige ist stets eine gerade Zahl (s. Abschn. 1.3.1.1, S. 116). Deshalb bezeichnet man die Zahl ihrer parallelen Zweige mit $2a$, und es gilt $\tilde{a} = 2a$. Wenn sich die Bürsten in Durchmesserstellung befinden, haben alle $2a$ Zweige die gleiche Windungszahl. Ist z_{a} die Gesamtzahl der Ankerleiter mit dem Querschnitt A_{L}, so ergibt sich für die Zweigwindungszahl $w = z_{\mathrm{a}}/4a$ und damit für den Zweigwiderstand

$$R_{\mathrm{zw}} = \frac{wl_{\mathrm{m}}}{\kappa A_{\mathrm{L}}} = \frac{z_{\mathrm{a}} l_{\mathrm{m}}}{4a\kappa A_{\mathrm{L}}},$$

und man erhält für den Gesamtwiderstand der Kommutatorwicklung schließlich

$$\boxed{R = \frac{R_{\mathrm{zw}}}{2a} = \frac{z_{\mathrm{a}} l_{\mathrm{m}}}{2(2a)^2 \kappa A_{\mathrm{L}}}}. \tag{6.3.16}$$

d) Käfigwicklungen

Käfigwicklungen lassen sich in symmetrische mehrsträngige Ersatzwicklungen überführen. Wenn N die Nut- bzw. Stabzahl, R_{s} der Stabwiderstand und R_{r} der Widerstand eines Ringsegments zwischen zwei benachbarten Stäben bzw. NR_{r} der gesamte Widerstand eines Rings ist, ergibt sich für den Widerstand eines Strangs einer dreisträngigen Ersatzwicklung (s. Bd. *Theorie elektrischer Maschinen*, Abschn. 1.8.2) unter Verwendung von (1.1.8), Seite 13,

$$R = \frac{N}{3}\left(R_{\mathrm{s}} + \frac{1}{2\sin^2\frac{\alpha_{\mathrm{n}}}{2}} R_{\mathrm{r}}\right) = \frac{N}{3}\left(R_{\mathrm{s}} + \frac{1}{2\sin^2\frac{\pi p}{N}} R_{\mathrm{r}}\right). \tag{6.3.17}$$

6.3.3 Wicklungsverluste

Die Wicklungsverluste einer Wicklung mit dem Widerstand R nach Abschnitt 6.3.2, die von einem Gleichstrom I durchflossen wird, betragen

$$P_{\mathrm{vw}} = RI^2. \tag{6.3.18}$$

Wenn an die Stelle des Gleichstroms ein Wechselstrom mit dem Effektivwert I tritt, gilt für die Wicklungsgrundverluste wiederum (6.3.18). Für den Fall, dass eine symmetrische Wicklung mit m ausgebildeten Strängen vorliegt, die jeweils den Widerstand R besitzen, erhält man die Wicklungsgrundverluste des Strangstroms I_{str} mit R nach (6.3.14) zu

$$P_{\mathrm{vw}} = mRI_{\mathrm{str}}^2. \tag{6.3.19}$$

Im Sonderfall der dreisträngigen Wicklung geht (6.3.19) bei Sternschaltung mit dem Außenleiterstrom $I = I_{\mathrm{str}}$ über in

$$P_{\mathrm{vw}} = 3RI^2 \tag{6.3.20}$$

und bei Dreieckschaltung mit dem Außenleiterstrom $I = \sqrt{3}I_{\mathrm{str}}$ in

$$P_{\mathrm{vw}} = RI^2. \tag{6.3.21}$$

Wenn im Strom höhere Harmonische auftreten, überlagern sich die Verluste sämtlicher Harmonischen, und es gilt

$$I^2 = \sum_{\lambda} I_{\lambda}^2. \tag{6.3.22}$$

Unter dem Einfluss der Stromverdrängung erhöht sich der wirksame Widerstand wechselstromdurchflossener Wicklungen entsprechend Kapitel 5 nach Maßgabe des Widerstandsverhältnisses k_{r}. Damit erhöhen sich die Wicklungsverluste gegenüber den Grundverlusten auf

$$P_{\mathrm{vw}\sim} = k_{\mathrm{r}} P_{\mathrm{vw}} \tag{6.3.23}$$

bzw. treten die zusätzlichen Verluste P_{vzw} durch Stromverdrängung

$$P_{\mathrm{vzw}} = P_{\mathrm{vw}\sim} - P_{\mathrm{vw}} = (k_{\mathrm{r}} - 1)P_{\mathrm{vw}} \tag{6.3.24}$$

auf. Auf die Gesamtheit der zusätzlichen Verluste wird ausführlich im Abschnitt 6.5, Seite 407, eingegangen.

6.3.4 Bürstenübergangsverluste

Der Bürstenübergangswiderstand (s. Abschn. 4.1.1, S. 306, u. 4.4.1, S. 335) ist nicht nur vom Bürstenquerschnitt und vom Material der Kontaktpartner, sondern auch von der Übergangsstromdichte und von weiteren Einflussfaktoren abhängig. Dagegen ist die *Übergangsspannung*, die auch als Kontaktspannung bezeichnet wird, im Wesentlichen nur eine Funktion der Übergangsstromdichte und des Materials der Kontaktpartner (s. Bild 4.4.2, S. 335, u. Tab. 4.4.1, S. 336). Wie schon angedeutet worden ist, werden die Bürstenübergangsverluste deshalb vorteilhaft unter Verwendung der Übergangsspannung berechnet. Bezeichnet man mit U_{k} die Übergangsspannung an einer Bürste und mit I_{B} den Gesamtstrom aller parallelgeschalteten Bürsten, so gilt für die gesamten Übergangsverluste

$$\boxed{P_{\mathrm{vü}} = 2U_{\mathrm{k}}I_{\mathrm{B}}}\,. \tag{6.3.25}$$

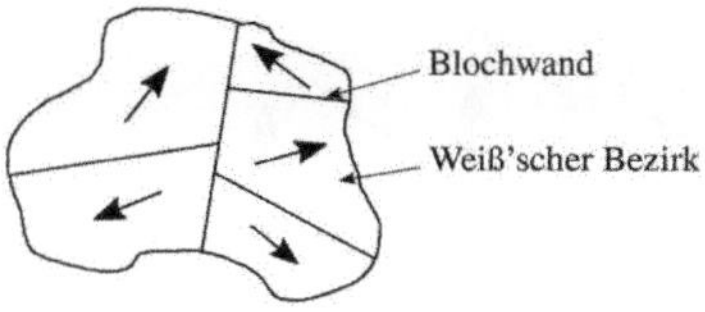

Bild 6.4.1 Domänenstruktur eines ferromagnetischen Werkstoffs nach [33]

Im Sonderfall der Gleichstrommaschine ist der Strom I_B gleich dem Ankerstrom I, und (6.3.25) geht über in

$$P_{vü} = 2U_k I. \tag{6.3.26}$$

Für Kohle- und für Graphitbürsten gilt $U_k \approx 0{,}5$ bis 1,5 V, für metallhaltige Bürsten $U_k \approx 0{,}2$ bis 0,5 V und für Edelmetall-Bürsten-Kommutator-Systeme $U_k \approx 0{,}01$ bis 0,1 V (s. Tab. 4.4.1).

6.4 Grundverluste im magnetischen Kreis

Wenn die ferromagnetischen Werkstoffe des magnetischen Kreises einer elektrischen Maschine ein Magnetfeld führen, das sich zeitlich ändert, treten *Ummagnetisierungsverluste* in Erscheinung. Diese entstehen zum einen durch den Prozess der Änderung des magnetischen Zustands in dem Material und zum anderen durch Wirbelströme, die aufgrund seiner endlichen Leitfähigkeit durch Induktionswirkung hervorgerufen werden.

Die feldverstärkende Wirkung ferromagnetischer Werkstoffe entsteht dadurch, dass die magnetischen Momente der einzelnen Atome, die aus den sog. Elektronenspins resultieren, so dass jeweils ein magnetischer Dipol entsteht, durch ein äußeres Magnetfeld ausgerichtet werden. Innere Bereiche mit parallel ausgerichteten magnetischen Dipolen werden als Weiß'sche Bezirke bezeichnet und deren Grenzen als Blochwände. Ohne äußeres Feld sind die Weiß'schen Bezirke ungeordnet (s. Bild 6.4.1), und der Werkstoff wirkt nach außen magnetisch neutral. Unter der Einwirkung eines äußeren Magnetfelds verändern sich die Weiß'schen Bezirke wie im Bild 6.4.2 angedeutet: Diejenigen, deren Dipole in ähnlicher Richtung wie das äußere Feld ausgerichtet sind, werden größer, d. h. ihre Blochwände verschieben sich, und Bezirke mit entgegen dem äußeren Feld ausgerichteten Dipolen werden kleiner, bis sie ganz verschwinden. Auf die Weiß'schen Bezirke mit ähnlich dem äußeren Feld ausgerichteten Dipolen wirkt ein Drehmoment, so dass es zu Drehprozessen kommt, bis schließlich bei Erreichen der Sättigungspolarisation alle magnetischen Dipole parallel in Richtung des äußeren Magnetfelds ausgerichtet sind.

Dabei existieren folgende Extremfälle der zeitlichen Änderung des magnetischen Felds (s. Bild 6.4.3):

- Der Vektor der Flussdichte in einem Volumenelement behält seine Lage, aber ändert seinen Betrag zeitlich periodisch. Es liegt dann der Fall der *wechselnden Magnetisierung* vor. Wenn zusätzlich ein Gleichanteil vorhanden ist, spricht man von einer Gleichstromvormagnetisierung.

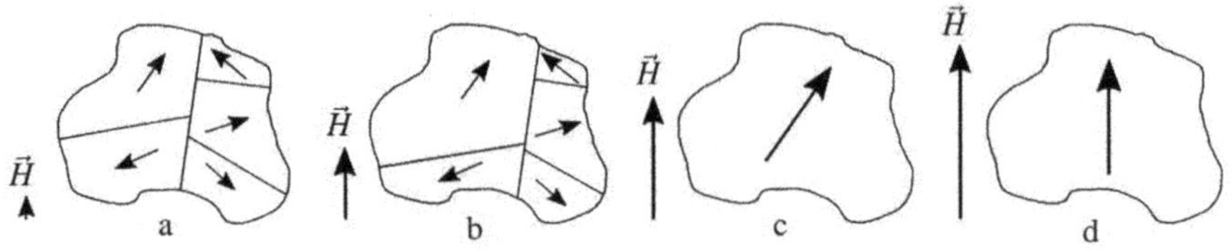

Bild 6.4.2 Änderung der Weiß'schen Bezirke durch ein äußeres Magnetfeld nach [34]. a) Reversible Blochwandverschiebungen; b) irreversible Blochwandverschiebungen und Drehprozesse; c) reversible Drehprozesse; d) vollständige Polarisation

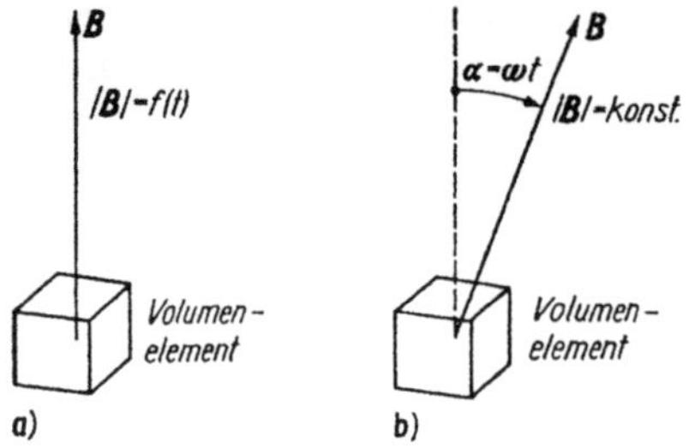

Bild 6.4.3 Arten von zeitlich periodisch verlaufender Magnetisierung. a) Wechselnde Magnetisierung; b) drehende Magnetisierung

- Der Vektor der Flussdichte in einem Volumenelement behält seinen Betrag, aber er ändert seine Lage mit konstanter Winkelgeschwindigkeit. Es liegt dann der Fall der *drehenden Magnetisierung* vor.

Wenn der Flussdichtevektor in einem Volumenelement sowohl seinen Betrag zeitlich periodisch als auch seine Lage mit konstanter Winkelgeschwindigkeit ändert, spricht man von einer *elliptischen Magnetisierung*. Sie stellt die Überlagerung einer wechselnden und einer drehenden Magnetisierung dar.

Eine wechselnde Magnetisierung tritt in mehr oder weniger reiner Form vor allem in den Kernen und Jochen von Transformatoren sowie in den Zähnen rotierender elektrischer Maschinen auf. Eine elliptische Magnetisierung existiert in den Zahnköpfen sowie im Rückengebiet von Induktions- oder Synchronmaschinen. Im Rückengebiet ist der Anteil der drehenden Magnetisierung allerdings klein. Seinen größten Wert besitzt er noch im Grenzgebiet zu den Zahnwurzeln. Zum Rand des Rückens hin nimmt er jedoch ab und verschwindet am Rand selbst vollständig. Es dominiert also auch im Rücken von Induktions- oder Synchronmaschinen die wechselnde Magnetisierung, und die Berechnungspraxis beschränkt sich meist auf deren Berücksichtigung. Bei höheren Ansprüchen an die Genauigkeit müssen die Form und der genauere Zeitverlauf der Magnetisierung bei der Verlustberechnung berücksichtigt werden.

6.4.1 Eigenschaften des Magnetmaterials

Die Materialeigenschaften bezüglich der Ummagnetisierungsverluste werden durch die Massendichte der Ummagnetisierungsverluste als sog. *spezifische Ummagnetisierungsverluste* entsprechend

$$v_{\mathrm{u}} = \frac{\mathrm{d}P_{\mathrm{vu}}}{\mathrm{d}m} \tag{6.4.1}$$

beschrieben. Diese stehen zu der Volumendichte $\tilde{v}_u$ der Ummagnetisierungsverluste in der Beziehung

$$\tilde{v}_u = \frac{dP_{vu}}{d\mathcal{V}} = \rho \frac{dP_{vu}}{dm} = \rho v_u, \tag{6.4.2}$$

wobei ρ die Dichte des Magnetmaterials bezeichnet. Die Ummagnetisierungsverluste in einem Abschnitt des magnetischen Kreises mit der Masse m_{Fe} erhält man ausgehend von (6.4.1) zu

$$P_{vu} = \int\limits_{m_{Fe}} v_u \, dm = \int\limits_{\mathcal{V}_{Fe}} v_u \rho \, d\mathcal{V}, \tag{6.4.3}$$

wobei die spezifischen Ummagnetisierungsverluste innerhalb des betrachteten Abschnitts eine Funktion der ortsabhängigen Flussdichte sind und von zusätzlichen, über die reinen Materialeigenschaften hinausgehenden Einflüssen abhängen.

In dem Sonderfall, dass die spezifischen Ummagnetisierungsverluste überall in dem betrachteten Abschnitt konstant sind – was zunächst dann zu erwarten ist, wenn überall die gleiche magnetische Beanspruchung vorliegt – folgt aus (6.4.3)

$$P_{vu} = v_u m_{Fe} = v_u \rho \mathcal{V}_{Fe}. \tag{6.4.4}$$

Dabei muss jetzt allerdings mit einem Wert der spezifischen Ummagnetisierungsverluste gearbeitet werden, der auch die zusätzlichen, über die reinen Materialeigenschaften hinausgehenden Einflüsse berücksichtigt, die – wie sich zeigen wird – auch von den Abmessungen des jeweiligen Abschnitts abhängen. Wegen dieser zusätzlichen Einflüsse lassen sich die Ummagnetisierungsverluste generell nur mit einer gewissen Unsicherheit berechnen. Die Berechnungspraxis benutzt deshalb meist von vornherein die Beziehung (6.4.4) und versucht, dem jeweils betrachteten Abschnitt einen solchen mit homogenem Feld und konstanten mittleren spezifischen Ummagnetisierungsverlusten zuzuordnen. Zuschlagfaktoren zur korrigierenden Berücksichtigung der über die reinen Materialeigenschaften hinausgehenden Einflüsse müssen dann unmittelbar für die spezifischen Ummagnetisierungsverluste v_u eingeführt werden. Wenn dies im Folgenden auch für die Komponenten der spezifischen Ummagnetisierungsverluste und für einzelne charakteristische zusätzliche Einflüsse geschieht, so um gewisse Vorstellungen über deren quantitative Wirkung zu vermitteln.

Die spezifischen Ummagnetisierungsverluste v_u enthalten einen Anteil v_{hyst}, der durch Hysterese verursacht wird, einen Anteil v_{wb}, der durch ‚klassische' Wirbelströme innerhalb der Bleche verursacht wird und im Folgenden einfach als Wirbelstromverluste bezeichnet wird, sowie einen Anteil v_{ano}, der durch Wirbelströme an sich verschiebenden Blochwänden verursacht wird und im Folgenden als Anomalieverluste bezeichnet wird. Es gilt also

$$v_u = v_{hyst} + v_{wb} + v_{ano}. \tag{6.4.5}$$

6.4.1.1 Verlustanteil durch Hysterese

Der Verlustanteil durch Hysterese entsteht durch den Prozess der Änderung des magnetischen Zustands. Zunächst soll dabei der Fall wechselnder Magnetisierung betrachtet werden. Wenn der Betrag eines Flussdichtevektors in einem

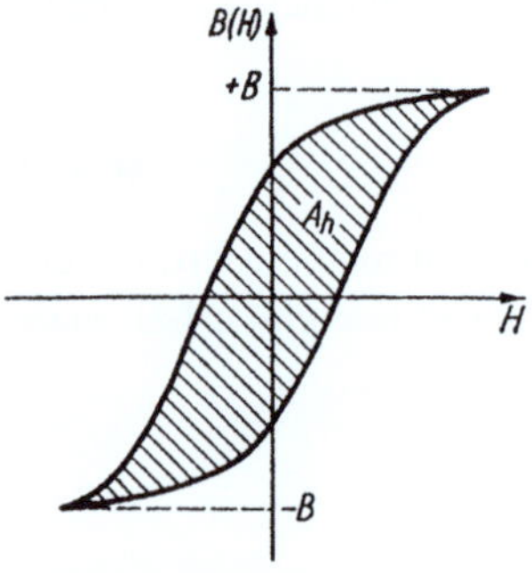

Bild 6.4.4 Zur Berechnung des Verlustanteils durch Hysterese

Volumenelement eines isotropen ferromagnetischen Werkstoffs um ΔB erhöht werden soll, muss ihm von außen Energie zugeführt werden. Als Volumendichte der Energie ausgedrückt, d. h. bezogen auf das Volumenelement $\mathrm{d}\mathcal{V}$, erhält man dafür

$$\Delta w_{\mathrm{m}} = \int_{\Delta B} H \,\mathrm{d}B. \tag{6.4.6}$$

Bei einem vollständigen Magnetisierungszyklus, der mit der positiven Flussdichte $+B$ beginnt und über die negative Flussdichte $-B$ gleichen Betrags zu $+B$ zurückkehrt, wird in der B-H-Ebene eine *Hystereseschleife* nach Bild 6.4.4 durchlaufen. Nach dem Umlauf befindet sich das Material bezüglich der in ihm existierenden magnetischen Größen B und H wieder im Ausgangszustand, d. h. in ihm herrscht auch die gleiche Volumendichte der gespeicherten magnetischen Energie. Aber ausgehend von (6.4.6) ist auch nach einem Magnetisierungszyklus, der so langsam durchlaufen wird, das keine nennenswerten Wirbelströme auftreten, entsprechend dem Wert des Umlaufintegrals $\oint H \mathrm{d}B$ eine endliche Energie in das Volumenelement geflossen, die als *Hysteresearbeit* bezeichnet wird und in Wärme umgewandelt worden sein muss. Ausgedrückt als Volumendichte beträgt diese also

$$w_{\mathrm{hyst}} = \oint H \,\mathrm{d}B \tag{6.4.7}$$

und ist proportional zur von der statischen, d. h. ohne den Einfluss von Wirbelströmen ermittelten Hystereseschleife eingeschlossenen Fläche. Im Fall der Wechselmagnetisierung mit der Frequenz f wird ein Magnetisierungszyklus während der Periodendauer $T = 1/f$ durchlaufen, und man erhält für die Volumendichte der mittleren in Wärme umgesetzten Leistung, d. h. für die Volumendichte der Hystereseverluste,

$$\tilde{v}_{\mathrm{hyst}} = \frac{\mathrm{d}P_{\mathrm{vhyst}}}{\mathrm{d}\mathcal{V}} = \frac{w_{\mathrm{hyst}}}{T} = \frac{1}{T}\oint H \,\mathrm{d}B = f\oint H \,\mathrm{d}B. \tag{6.4.8}$$

Die zugeordnete Massendichte der Verluste sind die *spezifischen Hystereseverluste*

$$v_{\mathrm{hyst}} = \frac{\tilde{v}_{\mathrm{hyst}}}{\rho} = \frac{\mathrm{d}P_{\mathrm{vhyst}}}{\mathrm{d}m} = \frac{w_{\mathrm{hyst}}}{\rho T} = \frac{1}{\rho T}\oint H \,\mathrm{d}B = \frac{f}{\rho}\oint H \,\mathrm{d}B. \tag{6.4.9}$$

Man erkennt zunächst, dass die spezifischen Hystereseverluste proportional zur Frequenz des Magnetisierungsvorgangs sind. Dabei spielt der zeitliche Verlauf während einer Periode offenbar keine Rolle, solange die Flussdichte während der einen Halbperiode monoton ansteigt und während der anderen monoton abfällt, so dass keine internen Schleifen, sog. Nebenhystereseschleifen (engl. *minor loops*), in der Magnetisierungskurve auftreten. Wenn die Form der Hystereseschleife als unabhängig von der maximalen Aussteuerung $B_{\max}$ angenommen werden kann, ändern sich die spezifischen Hystereseverluste wie die Fläche der statischen Hystereseschleife proportional zu $B_{\max}^2$, solange die Sättigungspolarisation des Materials noch nicht erreicht ist.

Ausgehend von den vorstehenden Betrachtungen wird für die spezifischen Hystereseverluste in der Berechnungspraxis mit der Beziehung

$$v_{\text{hyst}} = \sigma_{\text{hyst1,5}} \left(\frac{f}{50\ \text{Hz}}\right) \left(\frac{B_{\max}}{1{,}5\ \text{T}}\right)^2 \qquad (6.4.10)$$

gearbeitet. Dabei stellt der Materialkennwert $\sigma_{\text{hyst1,5}}$ die spezifischen Hystereseverluste bei $f = 50$ Hz und $B_{\max} = 1{,}5$ T dar. Er wird vom Hersteller des Materials sortenbezogen angegeben.

Bei drehender Magnetisierung treten im technisch interessierenden Flussdichtebereich entsprechend Bild 6.4.5 höhere spezifische Hystereseverluste auf als bei wechselnder Magnetisierung. Für Flussdichten unterhalb von ca. 0,5 T sind die Hystereseverluste bei drehender Magnetisierung nahezu doppelt so groß; bei Annäherung an die Sättigungspolarisation verschwinden sie bis auf einen geringen Rest, da sich dann die großen, vollständig polarisierten Domänen ohne erneute Blochwandverschiebungen nur noch drehen müssen. Bei hohen Ansprüchen an die Genauigkeit kann die Abhängigkeit der Hystereseverluste von der Art der Magnetisierung, ausgehend von der jeweils vorliegenden Flussdichteortskurve, durch einen Hystereserotationsfaktor berücksichtigt werden (s. [33], Abschn. 4.1.2). Auch die Verlustbeiträge, die bei nicht monoton steigendem bzw. fallendem zeitlichem Verlauf der Flussdichte aus internen Schleifen der Magnetisierungskurve entstehen, können dann einbezogen werden, auch wenn sie lt. [35] nur geringen Einfluss auf die Gesamtverluste haben.

Eine Erhöhung der spezifischen Hystereseverluste erfolgt auch unter dem Einfluss von Gefügeänderungen im Bereich der Schnittkante bei Schneidprozessen in der Fertigung oder aufgrund von inneren mechanischen Spannungen z. B. bei einem Presssitz des Blechpakets im Gehäuse. Dieser Einfluss ist der Berechnung kaum unmittelbar zugänglich, kann aber durch einen Zuschlagfaktor k_{hyst} berücksichtigt werden. Die Beziehung (6.4.10) geht damit über in

$$v_{\text{hyst}} = \sigma_{\text{hyst1,5}} k_{\text{hyst}} \left(\frac{f}{50\ \text{Hz}}\right) \left(\frac{B_{\max}}{1{,}5\ \text{T}}\right)^2 . \qquad (6.4.11)$$

Wenn die Berechnung der Ummagnetisierungsverluste, wie allgemein üblich, über (6.4.4) erfolgt, müssen für die spezifischen Verluste mittlere für den jeweiligen Abschnitt wirksame Werte verwendet werden. Diese sind aber von der Geometrie des Abschnitts abhängig. Die Gefügeänderung durch den Schneidprozess z. B. macht sich nur bis zu einem Abstand von wenigen Millimetern von der Schnittkante bemerkbar und ist noch dazu abhängig davon, wie stark das Stanzwerkzeug bereits abgenutzt ist. Damit wird der Schnittkanteneinfluss auf die mittleren spezifischen Hystereseverluste in einem Abschnitt des magnetischen Kreises von seiner Breite abhängig. Die Angabe verlässlicher Werte für den Zuschlagfaktor k_{hyst} ist daher

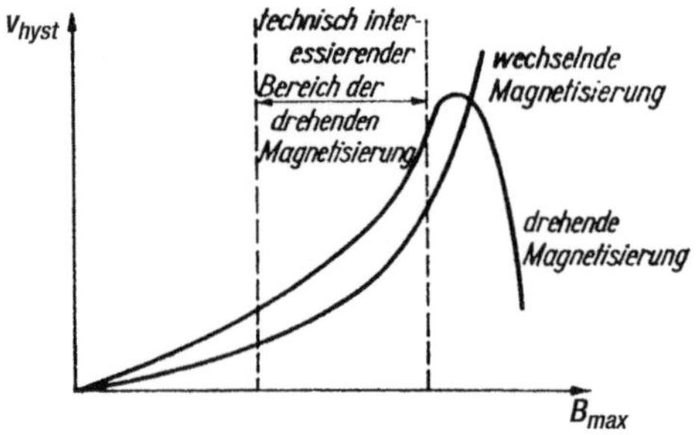

Bild 6.4.5 Einfluss der Magnetisierungsart auf die spezifischen Hystereseverluste

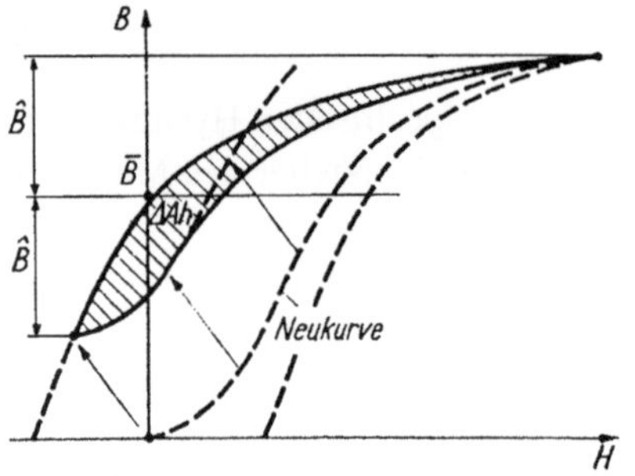

Bild 6.4.6 Zur Berechnung des Verlustanteils durch Hysterese bei Gleichstromvormagnetisierung

kaum möglich. Die Ergebnisse umfangreicher Messreihen, aus denen sich ggf. Anhaltswerte ableiten lassen, sind in [36] zusammengefasst.

Bei realen ferromagnetischen Werkstoffen und größeren Bereichen der Aussteuerung ändert sich die Form der Hystereseschleife mit der Aussteuerung, so dass der Exponent in (6.4.10) bzw. (6.4.11) vom Wert 2 abweichen wird. Da die Berechnung der gesamten Ummagnetisierungsverluste – wie bereits gesagt – wegen verschiedener analytisch kaum erfassbarer Einflüsse ohnehin nur mit bescheidenen Ansprüchen an die Genauigkeit erfolgen kann, wird i. Allg. trotzdem mit (6.4.10) bzw. (6.4.11) gerechnet und der Einfluss der Abhängigkeit der Hystereseverluste von der Aussteuerung ggf. im Zusammenhang mit der Einführung der Zuschlagfaktoren berücksichtigt. Bei höheren Ansprüchen an die Genauigkeit müssen die Hystereseverluste wie in [33] auf Basis der Polarisation $J = B - \mu_0 H$ anstelle der Flussdichte und unter Berücksichtigung der Elliptizität der Magnetisierung berechnet werden.

Für die Abschätzung des Hystereseanteils bei Gleichstromvormagnetisierung ist in [7] ein grafisches Verfahren angegeben, das Bild 6.4.6 zeigt. Nach diesem Verfahren fügt man am tiefsten Punkt des absteigenden Asts der Hystereseschleife, der beim Magnetisierungsvorgang erreicht wird, d. h. im Bild 6.4.6 bei der Flussdichte $(\overline{B} - \hat{B})$, die Neukurve an. Entlang der verschobenen Neukurve verläuft zunächst der Aufmagnetisierungsvorgang. Der weitere Verlauf bis zum höchsten Punkt, der beim Magnetisierungsvorgang erreicht wird, d. h. im Bild 6.4.6 bei der Flussdichte $(\overline{B} + \hat{B})$, muss geschätzt werden. Wenn A_{hyst} die Fläche der vollständigen Hystereseschleife und ΔA_{hyst} die Fläche der Teilschleife ist, gilt

$$v_{hyst} = \sigma_{hyst1,5} k_{hyst} \left(\frac{f}{50\,\text{Hz}}\right) \left(\frac{\overline{B} + \hat{B}}{1{,}5\,\text{T}}\right)^2 \frac{\Delta A_{hyst}}{A_{hyst}}. \qquad (6.4.12)$$

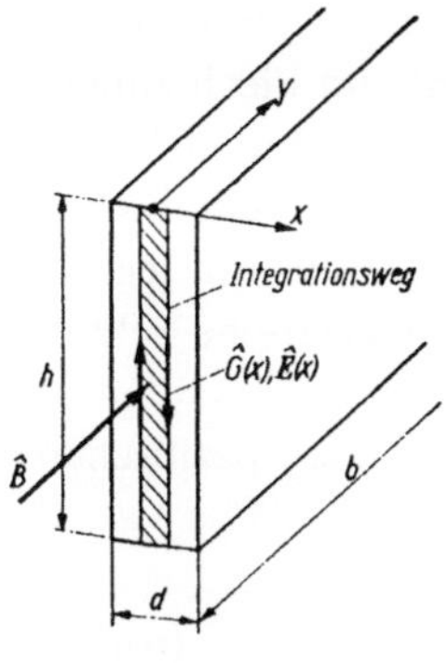

Bild 6.4.7 Zur Berechnung des Verlustanteils durch Wirbelströme in einem Blech

6.4.1.2 Verlustanteil durch Wirbelströme

Wie schon im Kapitel 5 einleitend gesagt wurde, hat ein sich zeitlich änderndes magnetisches Feld einen Wirbel der elektrischen Feldstärke und bei endlicher elektrischer Leitfähigkeit κ eine Wirbelströmung zur Folge. Diese Wirbelströmung verursacht Stromwärmeverluste. Zur Herleitung einer Beziehung zur Berechnung des im magnetischen Kreis auftretenden Verlustanteils durch Wirbelströme soll zunächst wechselnde Magnetisierung mit sinusförmigem Flussdichteverlauf ohne Rückwirkung der Wirbelströme auf das erregende Feld angenommen werden. Letzteres ist nur bei kleinen Frequenzen und bei Aufbau des magnetischen Kreises aus gegeneinander isolierten Blechen relativ kleiner Dicke d der Fall. Wird das im Bild 6.4.7 dargestellte Blech in Richtung der y-Achse von einem örtlich konstanten Wechselfeld durchsetzt, so gilt unter der Voraussetzung $d \ll h$ für den eingezeichneten Integrationsweg unter Berücksichtigung der Symmetrieeigenschaft $E(x) = -E(-x)$

$$\oint \boldsymbol{E} \cdot \mathrm{d}\boldsymbol{s} = E(x)2h = -\frac{\mathrm{d}}{\mathrm{d}t}\int \boldsymbol{B} \cdot \mathrm{d}\boldsymbol{A} = \frac{\mathrm{d}}{\mathrm{d}t}(B2xh). \tag{6.4.13}$$

Daraus folgt für sinusförmige Wechselgrößen bei Darstellung im Bereich der komplexen Wechselstromrechnung

$$\underline{S}(x) = \kappa\underline{E}(x) = -\mathrm{j}\omega\kappa x\underline{B} \tag{6.4.14a}$$

und damit

$$\hat{S}(x) = \omega\kappa x\hat{B}. \tag{6.4.14b}$$

Die Volumendichte der Wirbelstromverluste ergibt sich, ausgehend von der Amplitude $\hat{S}(x)$ der Stromdichte, als Funktion von x zu $\hat{S}^2(x)/(2\kappa)$. Damit erhält man die mittlere Volumendichte der Wirbelstromverluste im Blech als

$$\tilde{v}_{\mathrm{wb}} = \frac{2}{d}\int_0^{d/2} \frac{\hat{S}^2(x)}{2\kappa}\mathrm{d}x, \tag{6.4.15}$$

und daraus folgt unter Einführung von (6.4.14b) für die mittleren spezifischen Wirbelstromverluste

$$\begin{aligned} v_{\mathrm{wb}} &= \frac{1}{\rho\kappa d}\int_0^{d/2} \hat{S}^2(x)\,\mathrm{d}x = \frac{\omega^2\kappa^2\hat{B}^2}{\rho\kappa d}\frac{d^3}{24} \\ &= \frac{1}{24}\frac{\kappa}{\rho}d^2\omega^2\hat{B}^2. \end{aligned} \tag{6.4.16}$$

Man erkennt zunächst, dass die spezifischen Wirbelstromverluste quadratisch mit der Frequenz und der Amplitude der sinusförmigen Flussdichte im Blech zunehmen. Hinsichtlich der Materialeigenschaften verringern sie sich mit kleineren Werten der Blechdicke und der Leitfähigkeit. Zur Verringerung der Leitfähigkeit werden die ferromagnetischen Werkstoffe deshalb zum Teil mit Silizium legiert. Die Blechschichtung wird möglichst so angeordnet, dass das magnetische Feld in den Blechebenen verläuft.

Ausgehend von den vorstehenden Betrachtungen wird für die spezifischen Wirbelstromverluste in der Berechnungspraxis mit der Beziehung

$$v_{\mathrm{wb}} = \sigma_{\mathrm{wb1,5}} \left(\frac{f}{50\ \mathrm{Hz}}\right)^2 \left(\frac{\hat{B}}{1{,}5\ \mathrm{T}}\right)^2 \tag{6.4.17}$$

gearbeitet, die gültig ist, solange das Eindringmaß nach (6.5.8) nicht geringer ist als die halbe Blechdicke. In (6.4.17) stellt der Materialkennwert $\sigma_{\mathrm{wb1,5}}$ die spezifischen Wirbelstromverluste bei $f = 50$ Hz und $\hat{B} = 1{,}5$ T dar. Er wird vom Hersteller des Materials sortenbezogen auf der Basis von Messungen angegeben. Dabei treten größere Werte auf, als man über (6.4.16) ermittelt, da die Magnetisierungsvorgänge in der Mikrostruktur nicht sinusförmig verlaufen. Im vom Hersteller des Materials angegebenen Materialkennwert für die spezifischen Wirbelstromverluste, sofern dieser überhaupt getrennt nach spezifischen Hystereseverlusten und spezifischen Wirbelstromverlusten verfügbar ist, sind daher i. Allg. auch die sog. Anomalieverluste (s. Abschn. 6.4.1.3) mit enthalten.

Ebenso wie im Fall der spezifischen Hystereseverluste werden auch die spezifischen Wirbelstromverluste gegenüber dem Wert nach (6.4.17) durch verschiedene Einflüsse vergrößert. Diese Einflüsse lassen sich wiederum i. Allg. erst im Zusammenhang mit der Berechnung der Verluste in einem Abschnitt des magnetischen Kreises über (6.4.4) korrigierend berücksichtigen, da sie von der Geometrie des jeweiligen Abschnitts abhängen. Im Folgenden werden einige derartige Einflüsse auf die spezifischen Wirbelstromverluste näher betrachtet, um Vorstellungen über ihre quantitative Wirkung zu vermitteln. Dazu wird in (6.4.17) mit dem Maximalwert des zeitlichen Flussdichteverlaufs gerechnet und ein Zuschlagfaktor eingeführt, der dann auch die Beziehung zur Flussdichteamplitude der Grundschwingung berücksichtigt. Man erhält also aus (6.4.17)

$$v_{\mathrm{wb}} = \sigma_{\mathrm{wb1,5}} k_{\mathrm{wb}} \left(\frac{f}{50\ \mathrm{Hz}}\right)^2 \left(\frac{B_{\max}}{1{,}5\ \mathrm{T}}\right)^2 . \tag{6.4.18}$$

Wenn der zeitliche Flussdichteverlauf nicht sinusförmig ist, rufen die einzelnen Harmonischen der Ordnungszahl λ entsprechend (6.4.16) eigene Beiträge zu den spezifischen Wirbelstromverlusten hervor, die jeweils proportional zu $f_\lambda^2 \hat{B}_\lambda^2$ sind. Damit ergibt sich der zugeordnete Anteil k_{wb1} am Zuschlagfaktor k_{wb}, wenn nur ungeradzahlige Harmonische vorhanden sind, zu

$$k_{\mathrm{wb1}} = \frac{\hat{B}_1^2 + 3^2\hat{B}_3^2 + 5^2\hat{B}_5^2 + \dots}{B_{\max}^2} = \frac{\sum \left(\lambda \hat{B}_\lambda\right)^2}{B_{\max}^2} . \tag{6.4.19a}$$

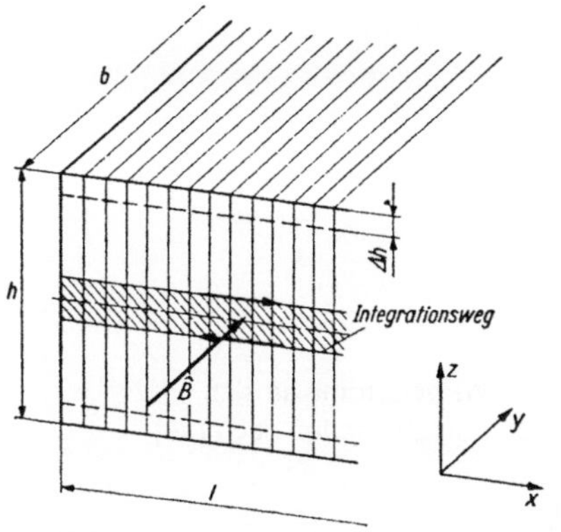

Bild 6.4.8 Zur Berechnung der Verluste, die durch unvollständige Blechisolierung und durch Gratbildung verursacht werden

Diese Vergrößerung der spezifischen Wirbelstromverluste erfolgt überall im betrachteten Abschnitt des magnetischen Kreises. Sie kann also dem durch die Materialeigenschaften gegebenen Wert unmittelbar zugeschlagen werden. Für den Fall, dass keine Harmonischen existieren, geht (6.4.19a) über in $k_{\mathrm{wb1}} = (\hat{B}_1/B_{\mathrm{max}})^2$ und sorgt dafür, dass die Übereinstimmung mit der ursprünglichen Beziehung (6.4.17) hinsichtlich der Abhängigkeit von der Flussdichte wieder hergestellt wird.

Bei elliptischer Magnetisierung, wie sie teilweise in den Rückengebieten und den Zahnköpfen elektrischer Maschinen auftritt, lässt sich die örtliche Flussdichte in zwei orthogonale Komponenten, z. B. die Radialkomponente B_{r} und die Tangentialkomponente B_{t}, zerlegen. Die von beiden Komponenten verursachten Verluste werden nach (6.4.16) getrennt berechnet und überlagert. Bezeichnet man die spezifischen Verluste bei elliptischer Magnetisierung mit v_{wbd} und bei wechselnder Magnetisierung mit $v_{\mathrm{wbw}} = v_{\mathrm{wb}}$, so erhält man mit B_{t} als Bezugsflussdichte für die Verlustvergrößerung bei elliptischer Magnetisierung

$$k_{\mathrm{wb2}} = \frac{v_{\mathrm{wbd}}}{v_{\mathrm{wbw}}} = \frac{v_{\mathrm{wbd}}}{v_{\mathrm{wb}}} = \frac{\hat{B}_{\mathrm{t}}^2 + \hat{B}_{\mathrm{r}}^2}{\hat{B}_{\mathrm{t}}^2} = 1 + \frac{\hat{B}_{\mathrm{r}}^2}{\hat{B}_{\mathrm{t}}^2}. \qquad (6.4.19\mathrm{b})$$

Bei reiner drehender Magnetisierung sind beide Komponenten $\hat{B}_{\mathrm{r}}$ und $\hat{B}_{\mathrm{t}}$ gleich groß, und die Verluste werden doppelt so groß wie der nach (6.4.16) für eine Komponente berechnete Wert. Dieser Fall kommt in elektrischen Maschinen nicht vor. Normalerweise beträgt die kleinere Komponente an wenigen Stellen des magnetischen Kreises elektrischer Maschinen höchstens 40 bis 70 % der maximalen Flussdichte. Das bedeutet eine mittlere Verlustzunahme von 10 bis 25 %.

Bei unvollständiger Blechisolierung bilden sich zusätzliche Wirbelstrombahnen über das gesamte Blechpaket einer elektrischen Maschine aus. Ein solches Blechpaket ist im Bild 6.4.8 angedeutet. Für $h \ll l$ liegen die gleichen Verhältnisse wie im Einzelblech vor. Mit $d = h$ und $\varkappa = \varkappa_{\mathrm{iso}}$, wobei als $\varkappa_{\mathrm{iso}}$ die aufgrund der unvollständigen Blechisolierung wirkende Leitfähigkeit in Richtung der x-Koordinate eingeführt wurde, gilt demnach (6.4.16) auch für den Verlustanteil der zusätzlichen Wirbelströme über das gesamte Blechpaket. Bezeichnet man die spezifischen Verluste unter Berücksichtigung der zusätzlichen Wirbelströme mit $v_{\mathrm{wb\,iso}}$, so ergibt sich die Verlustvergrößerung zu

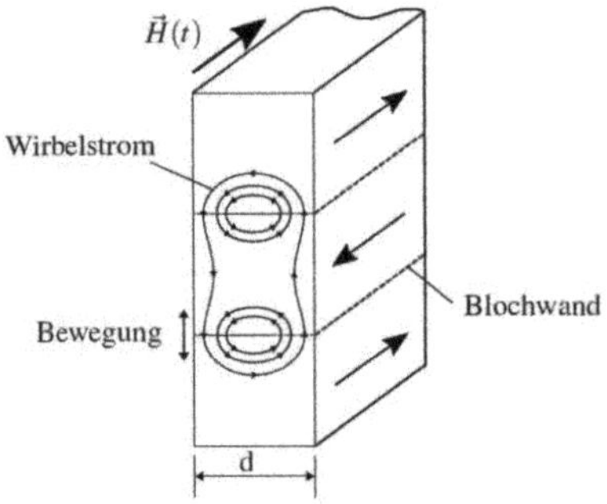

Bild 6.4.9 Wirbelströme an sich bewegenden Blochwänden nach [34]

$$k_{\text{wb3}} = \frac{v_{\text{wb iso}}}{v_{\text{wb}}} = \frac{\kappa d^2 + \kappa_{\text{iso}} h^2}{\kappa d^2} = 1 + \frac{\kappa_{\text{iso}} h^2}{\kappa d^2}. \tag{6.4.19c}$$

Je nach dem Verhältnis h/d und vor allem je nach der vorliegenden Isolierung beträgt die Verlustzunahme durch unvollständige Blechisolierung 5 bis 30 %. In diesem Fall ist also der Zuschlagfaktor von der Geometrie des betrachteten Abschnitts des magnetischen Kreises abhängig.

Wenn die einzelnen Bleche durch Stanzgrate leitend miteinander verbunden sind, fließen weitere zusätzliche Wirbelströme. Sie verursachen einen vierten Anteil zusätzlicher Verluste. Wenn der Stanzgrat entsprechend Bild 6.4.8 eine Breite Δh besitzt und die Leitfähigkeit κ_{g} aufweist, gilt nach (6.4.14b) mit $x = h/2$

$$\hat{S} = \omega \kappa_{\text{g}} \hat{B} \frac{h}{2},$$

und für die spezifischen Verluste erhält man bezogen auf das gesamte Blechpaket

$$\Delta v_{\text{wbg}} = \frac{P_{\text{vwbg}}}{m_{\text{Fe}}} = \frac{2lb\Delta h}{2\kappa_{\text{g}} \rho lbh} \hat{S}^2 = \frac{1}{4} \frac{\kappa_{\text{g}}}{\rho} h \Delta h \omega^2 \hat{B}^2.$$

Bezieht man die Verluste unter Berücksichtigung der Gratbildung auf die bei wechselnder Magnetisierung nach (6.4.16), so ergibt sich der Zuschlagfaktor k_{wb4} zu

$$k_{\text{wb4}} = \frac{v_{\text{wb}} + \Delta v_{\text{wbg}}}{v_{\text{wb}}} = 1 + 6 \frac{\kappa_{\text{g}}}{\kappa} \frac{h \Delta h}{d^2}. \tag{6.4.19d}$$

Der Zuschlagfaktor ist wiederum von der Geometrie des betrachteten Abschnitts des magnetischen Kreises abhängig.

Bei wechselnder Magnetisierung mit Gleichstromvormagnetisierung kann der Wirbelstromanteil der Verluste nach (6.4.18) berechnet werden, wobei für $B_{\max}$ die Amplitude des Wechselanteils einzusetzen ist.

6.4.1.3 Anteil der Anomalieverluste

Auch durch die sich aufgrund des äußeren Felds bewegenden Blochwände (s. Bild 6.4.2) kommt es zu einer zeitlichen Änderung der Flussdichte in deren unmittelbarer Umgebung, die wiederum zu Wirbelströmen führt (s. Bild 6.4.9). Der durch diese Wirbelströme hervorgerufene Verlustanteil wird als *anomale Wirbelstromverluste* oder kurz *Anomalieverluste* bezeichnet.

Die Wirbelströme besitzen eine andere Frequenz als die für die klassischen Wirbelstromverluste nach Abschnitt 6.4.1.2 verantwortlichen Wirbelströme, da die Verschiebungsgeschwindigkeit der Blochwände stark von der Größe der

Weiß'schen Bezirke abhängt. Je größer die Körner im Werkstoffgefüge sind, desto weniger Blochwände gibt es, so dass sich diese schneller bewegen können. Bei zeitlich sinusförmiger Änderung der Flussdichte gilt für die spezifischen Anomalieverluste oberhalb einer Grenzfrequenz von ca. 10 ... 20 Hz näherungsweise

$$v_{\mathrm{ano}} = \sigma_{\mathrm{ano1,5}} \left(\frac{f}{50\ \mathrm{Hz}}\right)^{\frac{3}{2}} \left(\frac{\hat{B}}{1{,}5\ \mathrm{T}}\right)^{\frac{3}{2}}, \tag{6.4.20}$$

wobei der Materialkennwert $\sigma_{\mathrm{ano1,5}}$ die spezifischen Anomalieverluste bei $f = 50$ Hz und $\hat{B} = 1,5$ T darstellt.

Bei drehender Magnetisierung ist das Verhalten der Anomalieverluste ähnlich dem der Hystereseverluste: Für Flussdichten unterhalb von ca. 0,5 T sind die Anomalieverluste bei drehender Magnetisierung nahezu doppelt so groß als bei wechselnder Magnetisierung; bei Annäherung an die Sättigungspolarisation verschwinden die Anomalieverluste bei drehender Magnetisierung aufgrund der nicht mehr erforderlichen Blochwandverschiebungen bis auf einen geringen Rest. Bei hohen Ansprüchen an die Genauigkeit müssen die Anomalieverluste daher ähnlich den Hystereseverlusten auf Basis der Polarisation anstelle der Flussdichte und, nach Einführung eines Anomalierotationsfaktors, unter Berücksichtigung der Elliptizität der Magnetisierung berechnet werden (s. [33], Abschn. 4.1.4).

Da eine direkte Bestimmung der Anomalieverluste durch Messungen und eine klare Trennung von den klassischen Wirbelstromverlusten in der Regel nicht möglich ist, stehen die spezifischen Anomalieverluste oft nicht als separater Materialkennwert zur Verfügung, sondern die spezifischen Anomalieverluste sind in den spezifischen Hystereseverlusten und den spezifischen Wirbelstromverlusten enthalten. Sind für die Verlustberechnung lediglich die Maximalwerte der Flussdichte bekannt, werden die Anomalieverluste in der Berechnungspraxis daher oft nicht als separater Verlustanteil berücksichtigt.

6.4.1.4 Gesamte Ummagnetisierungsverluste

Sofern kein separater Wert für die spezifischen Anomalieverluste vorliegt und dieser Verlustanteil in den für die beiden anderen Anteile der spezifischen Ummagnetisierungsverluste vorliegenden Angaben enthalten ist, lassen sich die spezifischen Hystereseverluste nach (6.4.11) und die spezifischen Wirbelstromverluste nach (6.4.18) zu den gesamten spezifischen Ummagnetisierungsverlusten zusammenfassen als

$$v_{\mathrm{u}} = v_{\mathrm{hyst}} + v_{\mathrm{wb}} = \left[\sigma_{\mathrm{hyst1,5}} k_{\mathrm{hyst}} \left(\frac{f}{50\ \mathrm{Hz}}\right) + \sigma_{\mathrm{wb1,5}} k_{\mathrm{wb}} \left(\frac{f}{50\ \mathrm{Hz}}\right)^{2}\right] \left(\frac{B_{\mathrm{max}}}{1{,}5\ \mathrm{T}}\right)^{2}. \tag{6.4.21}$$

Unter Einführung der spezifischen Ummagnetisierungsverluste $v_{\mathrm{u1,5}}$, die bei sinusförmiger Wechselmagnetisierung mit $f = 50$ Hz und $B_{\mathrm{max}} = 1{,}5$ T auftreten, geht (6.4.21) über in

$$v_{\mathrm{u}} = v_{\mathrm{u1,5}} F(f) \left(\frac{B_{\mathrm{max}}}{1{,}5\ \mathrm{T}}\right)^{2}, \tag{6.4.22}$$

wobei der Frequenzfaktor $F(f)$ gegeben ist als

$$F(f) = \frac{\sigma_{\text{hyst1,5}}}{v_{\text{u1,5}}} k_{\text{hyst}} \left(\frac{f}{50\,\text{Hz}}\right) + \frac{\sigma_{\text{wb1,5}}}{v_{\text{u1,5}}} k_{\text{wb}} \left(\frac{f}{50\,\text{Hz}}\right)^2 . \tag{6.4.23}$$

Wenn man auf die Zuschlagfaktoren auf der Ebene der Komponenten der spezifischen Verluste – außer dem für die Berücksichtigung der Harmonischen der Flussdichte – verzichtet und sie erst im Zusammenhang mit der Berechnung der Ummagnetisierungsverluste in den einzelnen Abschnitten des magnetischen Kreises einführt, folgt aus (6.4.21) und (6.4.22)

$$\begin{aligned} v_{\text{u}} = v_{\text{hyst}} + v_{\text{wb}} &= \left[\sigma_{\text{hyst1,5}} \left(\frac{f}{50\,\text{Hz}}\right) + \sigma_{\text{wb1,5}} k_{\text{wb1}} \left(\frac{f}{50\,\text{Hz}}\right)^2\right] \left(\frac{B_{\text{max}}}{1{,}5\,\text{T}}\right)^2 \\ &= v_{\text{u1,5}} F(f) \left(\frac{B_{\text{max}}}{1{,}5\,\text{T}}\right)^2 , \end{aligned} \tag{6.4.24}$$

wobei der Frequenzfaktor nach (6.4.23) übergeht in

$$F(f) = \frac{\sigma_{\text{hyst1,5}}}{v_{\text{u1,5}}} \left(\frac{f}{50\,\text{Hz}}\right) + \frac{\sigma_{\text{wb1,5}}}{v_{\text{u1,5}}} k_{\text{wb1}} \left(\frac{f}{50\,\text{Hz}}\right)^2 . \tag{6.4.25}$$

Die Materialkenngrößen $v_{\text{u1,5}}$, $\sigma_{\text{hyst1,5}}$ und $\sigma_{\text{wb1,5}}$ werden von den Herstellern der Bleche sortenbezogen angegeben. Dabei gilt

$$v_{\text{u1,5}} = \sigma_{\text{hyst1,5}} + \sigma_{\text{wb1,5}}, \tag{6.4.26}$$

und es ist je nach Werkstofflegierung und Blechdicke $\sigma_{\text{hyst1,5}} = (0{,}5 \ldots 0{,}9)\sigma_{\text{wb1,5}}$.

6.4.1.5 Elektrobleche

Elektrobleche werden heute ausschließlich auf schmelzmetallurgischem Weg als Elektroband hergestellt. Dabei ist grundsätzlich zu unterscheiden zwischen

- kornorientierten Blechen mit magnetischen Vorzugsrichtungen bezüglich der Walzrichtung,
- nicht kornorientierten Blechen ohne magnetische Vorzugsrichtungen bezüglich der Walzrichtung.

Für rotierende elektrische Maschinen kommen praktisch ausnahmslos nicht kornorientierte Bleche zum Einsatz. Dabei sind folgende Qualitäten zu unterscheiden:

- schlussgeglühtes (fullyfinished) Band als Standardsorten sowie als hochpermeable Sorten,
- nicht schlussgeglühtes (semifinished) Band als Standardsorten sowie als hochpermeable Sorten.

Bei Einsatz von nicht schlussgeglühtem Band erfolgt eine Schlussglühung beim Anwender nach Fertigung der Stanzteile. Diese besteht aus einer Entspannungsglühung und einer Glühung zur Einstellung der gewünschten magnetischen Eigenschaften. Dabei entsteht eine Oxidschicht an den Oberflächen der Bleche, die als Blechisolierung wirkt und aufgrund ihrer geringen Dicke einen hohen Stapelfaktor ermöglicht. Außerdem werden die Stanzgrate durch den Glühprozess abgetragen, und das Eisen wird entkohlt, was zu einer besseren magnetischen und elektrischen Leitfähigkeit führt. Aufgrund der besseren elektrischen Leitfähigkeit ist der Anteil der Wirbelstromverluste bei Semifinished-Blech höher als bei

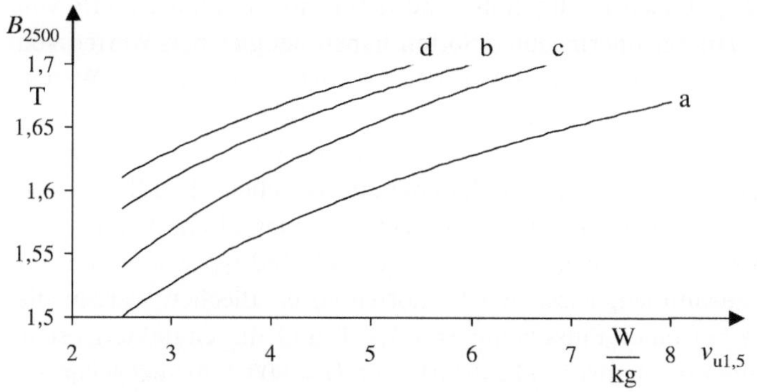

Bild 6.4.10 Typische Werte von B_{2500} in Abhängigkeit von den spezifischen Verlusten $v_{u1,5}$. a: Standardsorten, schlussgeglüht; b: Standardsorten, nicht schlussgeglüht; c: hochpermeable Sorten, schlussgeglüht; d: hochpermeable Sorten, nicht schlussgeglüht

Fullyfinished-Blech mit gleichen spezifischen Verlusten, wodurch die gesamten Ummagnetisierungsverluste stärker mit der Frequenz ansteigen. Semifinished-Blech wird daher vorzugsweise für Betriebsfrequenzen $f \leq 60$ Hz eingesetzt.

Hochpermeable Sorten zeichnen sich durch höhere Werte von B_{2500} – das ist die Flussdichte bei einer magnetischen Feldstärke von $H = 2500$ A/m – bei gleichen Werten der spezifischen Verluste aus (s. Bild 6.4.10).

Für die einzelnen Qualitäten ist dabei eine gegenläufige Abhängigkeit zwischen der charakteristischen Flussdichte B_{2500} und den spezifischen Verlusten $v_{u1,5}$ bei 50 Hz und 1,5 T charakteristisch, d. h. Materialien mit hohen und damit vorteil-

Tabelle 6.4.1 Typische Parameter von Elektroblechen bei 50 Hz

Werkstoff	Dicke mm	B_{800} T	B_{2500} T	$v_{u1,7}$ W/kg	$v_{u1,5}$ W/kg
kornorientiertes	0,23	1,75 ...1,91		0,85 ...1,27	
Elektroband	0,27	1,75 ...1,91		0,90 ...1,40	
	0,30	1,75 ...1,91		1,05 ...1,50	
	0,35	1,75 ...1,83		1,40 ...1,65	
schlussgeglühtes,	1,00		1,52 ...1,62		6,00 ...15,0
nicht kornorientiertes	0,65		1,51 ...1,63		3,10 ...13,0
Elektroband	0,50		1,52 ...1,65		2,50 ...10,0
(Standardsorten)	0,35		1,49 ...1,53		2,35 ...3,30
schlussgeglühtes, nicht	0,65		1,57 ...1,66		3,50 ...8,00
kornorientiertes Elektroband	0,50		1,58 ...1,68		3,30 ...8,00
(hochpermeable Sorten)	0,35		1,52 ...1,58		3,00 ...5,00
nicht schlussgeglühtes,	0,65		1,54 ...1,64		3,90 ...10,0
nicht kornorientiertes	0,50		1,54 ...1,64		3,40 ...10,0
Elektroband (Standardsorten)					
nicht schlussgeglühtes, nicht	0,65		1,60 ...1,69		3,50 ...8,00
kornorientiertes Elektroband	0,50		1,60 ...1,68		3,00 ...7,00
(hochpermeable Sorten)					

haften Werten von B_{2500} haben i. Allg. hohe und damit unvorteilhafte Werte von $v_{u1,5}$ und umgekehrt. Die hochpermeablen Sorten haben bei gleichen Werten von B_{2500} niedrigere Werte der spezifischen Verluste $v_{u1,5}$ bzw. bei gleichen Werten der spezifischen Verluste höhere Werte der charakteristischen Flussdichte B_{2500} als die Standardsorten. Die nicht schlussgeglühten Sorten tendieren bei gleichen spezifischen Verlusten zu höheren Werten der charakteristischen Flussdichte B_{2500} als die schlussgeglühten Sorten. Im Bild 6.4.10 sind charakteristische Verläufe für die einzelnen Sorten wiedergegeben, und in Tabelle 6.4.1 sind typische Parameter von Elektroblechen zusammengefasst. Bei kornorientierten Blechen werden die spezifischen Verluste bei einer Flussdichte von 1,7 T und die charakteristische Flussdichte B_{800} bei einer magnetischen Feldstärke von $H = 800$ A/m angegeben, da dies den magnetischen Belastungen in Transformatoren, in denen kornorientierte Bleche typischerweise eingesetzt werden, eher entspricht.

6.4.2 Ermittlung der Ummagnetisierungsverluste in der Berechnungspraxis

Die Ermittlung der Ummagnetisierungsverluste in der Berechnungspraxis hängt davon ab, ob als Ausgangspunkt – z. B. aus einer Magnetkreisberechnung nach Kapitel 2 – lediglich die Maximalwerte der Flussdichten in den Abschnitten des magnetischen Kreises vorliegen oder ob für die relevanten Teile des betrachteten Gebiets genauere Informationen über den zeitlichen Verlauf von Betrag und Richtung der Flussdichte z. B. in Form von Flussdichteortskurven (s. Bild 6.4.11) bekannt sind. Flussdichteortskurven lassen sich entweder den Ergebnissen numerischer Feldberechnungen (s. Abschn. 9.3, S. 573) entnehmen oder auch auf analytischen oder teilanalytischen Wegen, z. B. mittels konformer Abbildungen wie in [33], gewinnen. Mit diesen Informationen können dann auch detailliertere Verlustmodelle unter Einbeziehung der Elliptizität der Magnetisierung, des Zeitverlaufs der Polarisation sowie des Schnittkanteneinflusses genutzt werden, wie sie im Abschnitt 6.4.1 unter Verweis auf weiterführende Literatur angedeutet wurden.

Bei Anwendung numerischer Feldberechnung wird meist so vorgegangen, dass zunächst mit den aus Messungen oder aus Herstellerangaben vorliegenden spezifischen Ummagnetisierungsverlusten in Abhängigkeit von Flussdichte und Frequenz

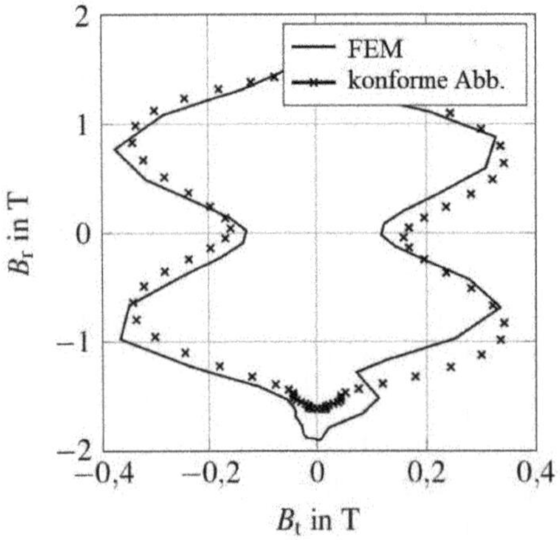

Bild 6.4.11 Ortskurve der Flussdichte im Zahnkopf einer Schenkelpol-Synchronmaschine nach [33]

mittels eines mathematischen Optimierungsverfahrens, z. B. durch Minimierung der Summe der Quadratwerte der Abweichungen, die Parameter einer der drei Funktionen

$$v_\mathrm{u} = c_1 f\hat{B}^2 + c_2 f^2 \hat{B}^2 \qquad \text{(nach \textit{Jordan})} \qquad (6.4.27a)$$

$$v_\mathrm{u} = c_\alpha f^\alpha \hat{B}^\beta \qquad \text{(nach \textit{Steinmetz}, modifiziert)} \qquad (6.4.27b)$$

$$v_\mathrm{u} = c_1 f\hat{B}^2 + c_2 f^2 \hat{B}^2 + c_{1,5} f^{\frac{3}{2}} \hat{B}^{\frac{3}{2}} \qquad \text{(nach \textit{Bertotti})} \qquad (6.4.27c)$$

ermittelt werden, wobei die Näherung für die Funktionen nach *Steinmetz* und nach *Bertotti* meist besser gelingt als für die Funktion nach *Jordan*, da zur Anpassung an die Messwerte drei anstelle von zwei Parametern zur Verfügung stehen. Aus den als Ergebnis der numerischen Feldberechnung für jedes der i Finiten Elemente vorliegenden Flussdichte-Ortskurven werden dann die Zeitverläufe der Radial- und der Tangentialkomponente der Flussdichte gewonnen und diese über eine Fouriertransformation in ihre einzelnen Frequenzanteile $f_\lambda = \lambda f_1$ zerlegt. Mit den Volumina und Dichten der i Finiten Elemente errechnen sich die gesamten Ummagnetisierungsverluste dann als

$$P_\mathrm{vu} = \sum_i \rho_i V_i \sum_\lambda v_{\mathrm{u}i}\left(\hat{B}_{i\lambda}, f_{i\lambda}\right). \qquad (6.4.28)$$

Aber auch bei Anwendung dieses aufwendigen Verfahrens dürfen keine sehr genauen Ergebnisse erwartet werden, da Effekte wie die Abnahme der spezifischen Hystereseverluste und der spezifischen Anomalieverluste bei Annäherung an die Sättigungspolarisation in Gebieten mit drehender Magnetisierung, der Verlauf interner Hystereseschleifen oder auch inhomogene oder anisotrope Materialeigenschaften nicht berücksichtigt werden oder nicht berücksichtigt werden können, zumal sie meist auch nicht genau bestimmbar sind. Oft werden die mit (6.4.28) ermittelten Ummagnetisierungsverluste daher noch mit aus der Erfahrung gewonnenen Korrekturfaktoren multipliziert. Analytische Verfahren wie in [33] können daher durchaus gleichwertige oder bessere Ergebnisse liefern.

Sind lediglich die Maximalwerte der Flussdichte bekannt, werden die Ummagnetisierungsgrundverluste im magnetischen Kreis im Normalfall für dessen einzelne Abschnitte wie Zähne und Rücken separat ermittelt. Dazu müsste man allgemein von (6.4.3), Seite 393, ausgehen und über die Verteilung der spezifischen Ummagnetisierungsverluste in dem Abschnitt integrieren, die der am jeweiligen Ort herrschenden Flussdichte und den dort maßgebenden Zuschlagfaktoren entsprechen. Wegen der großen Unsicherheit bei der Berechnung der Ummagnetisierungsgrundverluste wird i. d. R. von (6.4.4) ausgegangen und dem betrachteten Abschnitt dazu ein solcher mit praktisch homogenem Feld zugeordnet. In diesem herrscht eine gewisse Flussdichte B_max mit einer Frequenz f, und es wird ein mittlerer Zuschlagfaktor k_u eingeführt, für den Anhaltswerte in Tabelle 6.4.2 angegeben sind. Damit ergeben sich die Ummagnetisierungsgrundverluste eines Abschnitts des magnetischen Kreises zu

$$P_\mathrm{vu} = k_\mathrm{u} v_\mathrm{u} m_\mathrm{Fe} = k_\mathrm{u} v_\mathrm{u} \rho V_\mathrm{Fe}. \qquad (6.4.29)$$

Für die spezifischen Ummagnetisierungsverluste gilt (6.4.24) mit dem Frequenzfaktor nach (6.4.25) und dem Zuschlagfaktor für die Harmonischen der Flussdichte nach (6.4.19a).

Im Sonderfall der rein sinusförmigen Magnetisierung mit einer Frequenz von 50 Hz nimmt der Frequenzfaktor nach (6.4.25) den Wert $F(f) = 1$ an, und für die spezifischen Ummagnetisierungsverluste nach (6.4.24) erhält man

$$v_{\mathrm{u}} = v_{\mathrm{u}1,5}\left(\frac{\hat{B}_1}{1{,}5\,\mathrm{T}}\right)^2, \tag{6.4.30}$$

so dass sich die Ummagnetisierungsgrundverluste eines Abschnitts des magnetischen Kreises unmittelbar mit

$$P_{\mathrm{vu}} = k_{\mathrm{u}} v_{\mathrm{u}1,5}\left(\frac{\hat{B}_1}{1{,}5\,\mathrm{T}}\right)^2 m_{\mathrm{Fe}} \tag{6.4.31}$$

berechnen lassen.

Wenn die Magnetisierung zwar periodisch mit 50 Hz erfolgt, aber Harmonische der Flussdichte vorhanden sind, geht der Frequenzfaktor nach (6.4.25) mit dem Zuschlagfaktor k_{wb1} für die Harmonischen der Flussdichte nach (6.4.19a) über in

$$F(f) = \frac{\sigma_{\mathrm{hyst}1,5}}{v_{\mathrm{u}1,5}} + \frac{\sigma_{\mathrm{wb}1,5}}{v_{\mathrm{u}1,5}} k_{\mathrm{wb1}}, \tag{6.4.32}$$

und damit erhält man für die Ummagnetisierungsgrundverluste eines Abschnitts des magnetischen Kreises

$$P_{\mathrm{vu}} = k_{\mathrm{u}} v_{\mathrm{u}1,5}\left(\frac{\sigma_{\mathrm{hyst}1,5}}{v_{\mathrm{u}1,5}} + \frac{\sigma_{\mathrm{wb}1,5}}{v_{\mathrm{u}1,5}} k_{\mathrm{wb1}}\right)\left(\frac{B_{\mathrm{max}}}{1{,}5\,\mathrm{T}}\right)^2 m_{\mathrm{Fe}}. \tag{6.4.33}$$

Über den Faktor k_{wb1} werden z. B. die Ummagnetisierungsverluste erfasst, die von den Oberwellen des Felds der Erregerwicklung von Synchronmaschinen oder von den bei Frequenzumrichterspeisung durch Oberschwingungen des Ständerstroms zusätzlich erzeugten Feldwellen herrühren. Zur Berechnung der Ummagnetisierungsverluste in den Zähnen rechnet man i. Allg. mit der in Zahnmitte herrschenden Flussdichte und der Gesamtmasse aller Zähne. Die Ummagnetisierungsverluste im Rücken von Induktions- oder Synchronmaschinen erhält man davon ausgehend, dass sich die Rückenflussdichte in jedem Rückenquerschnitt mit der gleichen Amplitude zeitlich periodisch ändert. Der Rücken erfährt also in Bezug auf die Ummagnetisierungsverluste überall die gleiche magnetische Beanspruchung, die in einem Zeitpunkt an der Stelle mit der maximalen Rückenflussdichte auftritt. Das gleiche gilt für den Rücken des Ankers von Gleichstrommaschinen.

Wenn der betrachtete Abschnitt keine gleichmäßige magnetische Beanspruchung erfährt, wie z. B. der Rücken für den Fall eines reinen Wechselfelds im Luftspalt, muss entweder mit einer reduzierten Flussdichte oder mit verkleinerten Abmessungen des Abschnitts gerechnet werden.

Tabelle 6.4.2 Anhaltswerte für die Zuschlagfaktoren

	Zähne k_{u}	**Rücken** k_{u}
Synchron- oder Induktionsmaschinen	1,7 ... 2,5	1,5 ... 1,8
Gleichstrommaschinen	2,0 ... 2,5	–

6.5 Zusätzliche Verluste

Neben den Grundverlusten, wie sie im Abschnitt 6.2 als mechanische Verluste, im Abschnitt 6.3 als Grundverluste in Stromkreisen und im Abschnitt 6.4 als Grundverluste im Magnetkreis ermittelt wurden, treten entsprechend den Betrachtungen im Abschnitt 6.1.2, Seite 382, weitere Verluste auf, die als zusätzliche Verluste eingeführt wurden. Sie treten als lastunabhängige und als lastabhängige zusätzliche Verluste in Erscheinung. Im Bemessungsbetrieb sind beide Komponenten vorhanden, und die Kenntnis ihrer in diesem Betriebszustand vorliegenden Größe ist aus Sicht der Erwärmungsrechnung erforderlich. Lastunabhängige zusätzliche Verluste werden im Leerlaufversuch gemessen, und lastabhängige treten im Kurzschlussversuch in Erscheinung, der bei der Synchronmaschine durchgeführt wird. Im Folgenden werden einige Komponenten der zusätzlichen Verluste näher betrachtet und dabei auf ihre Zuordnung zu den lastunabhängigen und den lastabhängigen geachtet.

6.5.1 Zusätzliche Verluste durch Oberwellen im Luftspaltfeld

Oberwellen in der Feldkurve entstehen durch die Nutung und durch die Wicklungsverteilung. Infolge der Nutöffnungen wird die Feldkurve eingesattelt (s. Bilder 2.3.4, 2.3.5, 2.3.7, S. 174ff., u. 6.5.2). Die auf diese Weise entstehenden Harmonischen nennt man *Nutungsharmonische*. Sie haben die gleichen Ordnungszahlen wie die durch die Wicklungsverteilung entstehenden sog. nutharmonischen Wicklungsfelder oder kurz *Nutharmonischen*. Der Verlauf der Wirbel der Oberwellenfelder hängt von der Unterteilung der Luftspaltbegrenzungsflächen in Umfangsrichtung ab. Wenn die Teilung der Begrenzungsfläche wesentlich größer als die Wellenlänge λ der Oberwellen ist – das ist bei glatten, nicht genuteten Polschuhen wegen $\tau_\mathrm{p} > \lambda$ der Fall –, so schließen sich die Wirbel des Oberwellenfelds dicht unterhalb dieser glatten Oberflächen (s. Bild 6.5.1a), und das führt bei Relativbewegung zu *Oberflächenverlusten*.

Ist die Teilung kleiner als die Wellenlänge – z. B. bei genuteten Begrenzungsflächen mit $\tau_\mathrm{n} < \lambda$ – schließt sich das Oberwellenfeld über die Zähne und Teile der Rückengebiete (s. Bild 6.5.1b). Bei Relativbewegung zwischen Zähnen und Oberwellen entstehen in diesem Fall durch wechselnde Magnetisierung in den Zähnen *Pulsationsverluste*. Wenn Teilung und Wellenlänge von gleicher Größenordnung sind, treten neben den Pulsationsverlusten auch noch Oberflächenverluste in den Zahnköpfen auf (s. Bild 6.5.1c). Höhere Harmonische, deren Wellenlänge kleiner als die Nutteilung ist, führen zu Oberflächenverlusten in den Zahnköpfen. Der Wirbelstromanteil der Pulsationsverluste kann nach (6.4.18) für jede Harmonische gesondert berechnet werden. Nach Abschnitt 6.4.1.1, Seite 393, entstehen zusätzliche Hystereseverluste nur dann, wenn durch die höheren Harmonischen beim Durchlaufen der Hystereseschleife Umkehrpunkte verursacht werden.

Außerdem induzieren die Oberwellenfelder in den Maschen einer Käfigwicklung oder in der kurzgeschlossenen Läuferwicklung eines Schleifringläufers i. Allg. Spannungen, die dämpfende Ströme treiben. Dadurch entstehen in der Wicklung zusätzliche Stromwärmeverluste.

Die durch Nutung verursachten Verluste sind unabhängig von der Belastung; die durch Wicklungsoberfelder als Folge des Belastungsstroms verursachten Verluste sind dagegen belastungsabhängig.

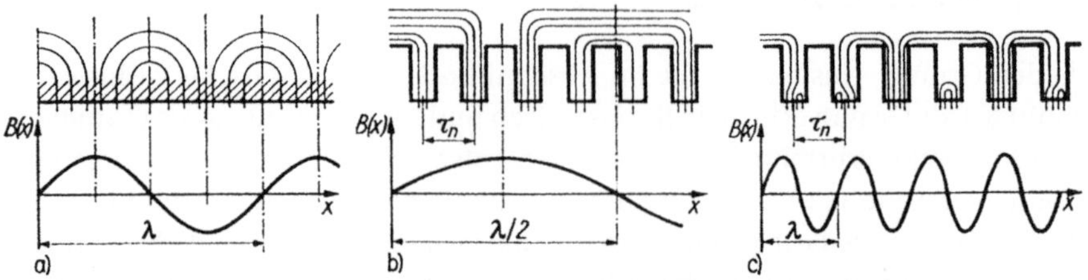

Bild 6.5.1 Verluste durch Oberwellen im Luftspaltfeld. a) Oberflächenverluste bei glatten Oberflächen; b) Pulsationsverluste bei genuteten Oberflächen; c) Oberflächen- und Pulsationsverluste bei τ_{n} und λ in gleicher Größenordnung

6.5.1.1 Oberflächenverluste durch Nutungsoberwellen

Nutungsoberwellen entstehen unter dem Einfluss der Nutöffnungen des Hauptelements, das dem Hauptelement mit der betrachteten Oberfläche gegenüber liegt. Sie existieren auch im Leerlauf, und die von ihnen hervorgerufenen Oberflächenverluste werden daher z. B. im Leerlaufversuch der Synchronmaschine mitgemessen. Um das zu erwartende Ergebnis des Leerlaufversuchs vorauszuberechnen, ist es also erforderlich, die Oberflächenverluste der Nutungsoberwellen zu ermitteln.

Wie Bild 6.5.2 zeigt, kann man bei Beschränkung auf einseitige Nutung für den längenbezogenen magnetischen Leitwert des Luftspalts oder kurz *Luftspaltleitwert*

$$\lambda_\delta = \lambda_{\delta 0} + \sum_g \hat{\lambda}_{\delta g\mathrm{N}} \cos g\frac{2\pi}{\tau_\mathrm{n}}x = \lambda_{\delta 0} + \sum_g \hat{\lambda}_{\delta g\mathrm{N}} \cos g\frac{N}{p}\frac{\pi}{\tau_\mathrm{p}}x \quad \text{mit} \quad g \in \mathbb{U} \qquad (6.5.1)$$

schreiben. Wenn x das Koordinatensystem des Ankers einer Synchronmaschine ist, erhält man im Koordinatensystem x_2 des Polsystems im stationären Betrieb mit der Transformationsbeziehung

$$\frac{\pi}{\tau_\mathrm{p}}x = \frac{\pi}{\tau_\mathrm{p}}x_2 - \omega t$$

für die erste Harmonische der Leitwertfunktion nach (6.5.1)

$$\lambda_{\delta\mathrm{N}} = \hat{\lambda}_{\delta\mathrm{N}} \cos\left(\frac{N}{p}\frac{\pi}{\tau_\mathrm{p}}x_2 - \frac{N}{p}\omega t\right). \qquad (6.5.2)$$

Mit dieser Leitwertfunktion liefert die resultierende Durchflutungshauptwelle, die ohne Berücksichtigung der Phasenlage gegeben ist als

$$\Theta = \hat{\Theta} \cos\frac{\pi}{\tau_\mathrm{p}}x_2,$$

die Flussdichteverteilung

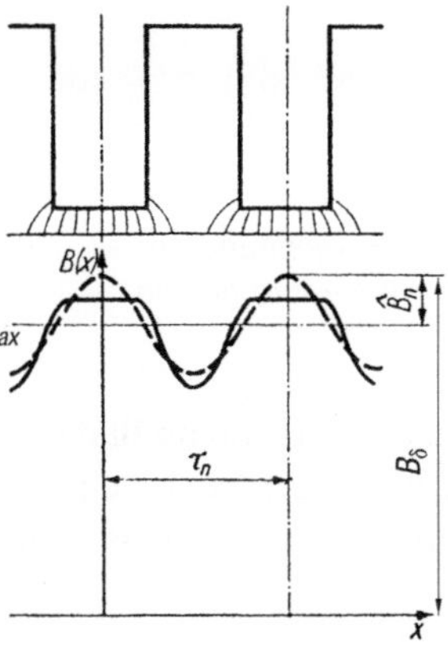

Bild 6.5.2 Zur Berechnung der Amplitude der Nutungsoberwellen

$$B_{\mathrm{n}} = \hat{\lambda}_{\delta \mathrm{N}} \hat{\Theta} \cos\left(\frac{N}{p}\frac{\pi}{\tau_{\mathrm{p}}}x_2 - \frac{N}{p}\omega t\right)\cos\frac{\pi}{\tau_{\mathrm{p}}}x_2 \tag{6.5.3}$$

$$= \frac{\hat{\lambda}_{\delta \mathrm{N}}\hat{\Theta}}{2}\left\{\cos\left[\left(\frac{N}{p}+1\right)\frac{\pi}{\tau_{\mathrm{p}}}x_2 - \frac{N}{p}\omega t\right] + \cos\left[\left(\frac{N}{p}-1\right)\frac{\pi}{\tau_{\mathrm{p}}}x_2 - \frac{N}{p}\omega t\right]\right\}.$$

Daraus folgt mit der Näherung $N/p + 1 \approx N/p \approx N/p - 1$

$$B_{\mathrm{n}} \approx \hat{B}_{\mathrm{n}} \cos\left(\frac{N}{p}\frac{\pi}{\tau_{\mathrm{p}}}x_2 - \frac{N}{p}\omega t\right). \tag{6.5.4}$$

Man erhält also relativ zum Polsystem Feldwirbel mit der Wellenlänge der Nutteilung entsprechend

$$\lambda = \frac{2\pi}{\frac{N}{p}\frac{\pi}{\tau_{\mathrm{p}}}} = \tau_{\mathrm{n}} \tag{6.5.5}$$

und mit der Frequenz

$$f_{\mathrm{n}} = \frac{\frac{N}{p}\omega}{2\pi} = N\frac{f}{p} = Nn_0, \tag{6.5.6}$$

die das N-fache der synchronen Drehzahl beträgt. Maßgebend für die Oberflächenverluste ist die Amplitude $\hat{B}_{\mathrm{n}}$, die zunächst ermittelt werden soll.

Nach Abschnitt 2.3.2.2, Seite 175, beträgt der durch einseitige Nutung verursachte Flächenverlust der von der Feldkurve eingefassten Fläche $\gamma b_{\mathrm{s}} B_\delta$. Nimmt man den im Bild 6.5.2 dargestellten sinusförmigen Verlauf der Flussdichteverteilung an, so beträgt der Flächenverlust $\tau_{\mathrm{n}}\hat{B}_{\mathrm{n}}$. Wenn man beide Verlustflächen gleichsetzt, erhält man eine Beziehung zur Abschätzung der Amplitude $\hat{B}_{\mathrm{n}}$ des durch die Nutung verursachten Oberwellenfelds. Mit dem Carterschen Faktor nach (2.3.19) ergibt sich

$$\hat{B}_{\mathrm{n}} = \frac{\gamma b_{\mathrm{s}}}{\tau_{\mathrm{n}}} B_\delta = \frac{k_{\mathrm{c}} - 1}{k_{\mathrm{c}}} B_\delta = (k_{\mathrm{c}} - 1) B_{\mathrm{max}}. \tag{6.5.7}$$

Das Oberwellenfeld dringt nach Maßgabe des Eindringmaßes[2]

$$\delta = \frac{1}{\sqrt{\pi f \mu \kappa}} \tag{6.5.8}$$

2 Das Eindringmaß wird z. T. auch als Eindringtiefe bezeichnet.

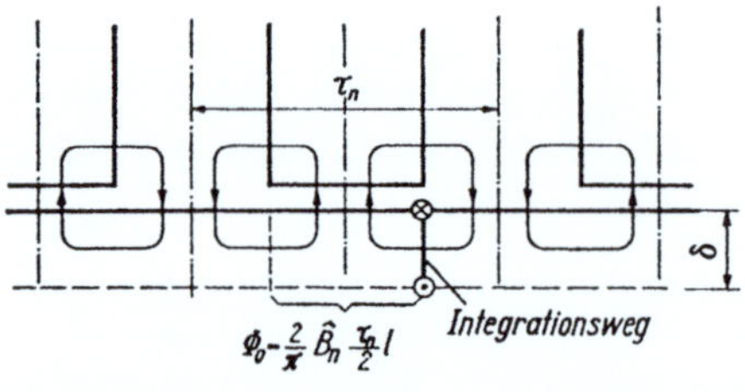

Bild 6.5.3 Zur Berechnung der Oberflächenverluste infolge von Nutungsoberwellen

in die den Nuten gegenüberliegenden glatten Oberflächen ein. Für den im Bild 6.5.3 angegebenen Integrationsweg, der in axialer Richtung entlang der Oberfläche mit der Länge l_i verläuft und im praktisch feldfreien Raum im Inneren des Polsystems zurückkehrt, liefert das Induktionsgesetz

$$\hat{E}_o l = \frac{\hat{S}_o}{\kappa} l = \omega \frac{1}{2} \Phi_o = \omega \frac{1}{2\pi} \tau_n l \hat{B}_n. \qquad (6.5.9)$$

Dabei ist

$$\Phi_o = \frac{2}{\pi} \frac{\tau_n}{2} l_i \hat{B}_n$$

der Fluss einer Halbwelle der Nutungsoberwelle. Aus (6.5.9) folgt für die Oberflächenstromdichte

$$\hat{S}_o = f \kappa \tau_n \hat{B}_n. \qquad (6.5.10)$$

Von den Beziehungen für den elektromagnetischen Halbraum ausgehend, deren Anwendbarkeit bereits mit der Einführung des Eindringmaßes vorausgesetzt wurde, erhält man für die Oberflächendichte der Verluste $\delta \hat{S}_o^2/(4\kappa)$. Damit ergeben sich die Oberflächenverluste unter Einführung der Oberflächenstromdichte nach (6.5.10) und mit dem Eindringmaß nach (6.5.8) zu

$$P_{vo} = \frac{\hat{S}_o^2}{4\kappa} \delta A_o = \frac{f^2 \kappa^2 \tau_n^2 \hat{B}_n^2}{4\kappa \sqrt{\pi f \mu \kappa}} A_o = \frac{1}{4\sqrt{\pi}} f^{1,5} \tau_n^2 \hat{B}_n^2 \sqrt{\frac{\kappa}{\mu}} A_o. \qquad (6.5.11)$$

Setzt man für die maßgebende Nutfrequenz $f = Nn$ ein, so erhält man für die Oberflächenverluste z. B. an Polschuhoberflächen (s. [17], Bd. I) die zugeschnittene Größengleichung

$$\boxed{\frac{P_{vo}}{\mathrm{W}} = \frac{k_o}{\mathrm{W/m^2}} \left(\frac{Nn}{10\,000/\mathrm{min}}\right)^{1,5} \left(\frac{\hat{B}_n}{\mathrm{T}} \frac{\tau_n}{\mathrm{mm}}\right)^2 \frac{A_o}{\mathrm{m^2}}}, \qquad (6.5.12)$$

wobei A_o die Oberfläche aller Polschuhe ist und $\hat{B}_n$ durch (6.5.7) gegeben ist.

Tabelle 6.5.1 Oberflächenfaktoren k_o nach [17], Bd. I

Polschuhe			**k_o W/m²**		**k_o W/m²**
massiv		Schmiedestahl	23,3	Grauguss	17,5
geblecht	schwach legiert	2 mm dick	8,6	0,5 mm dick	2,5
	stark legiert		–		1,5

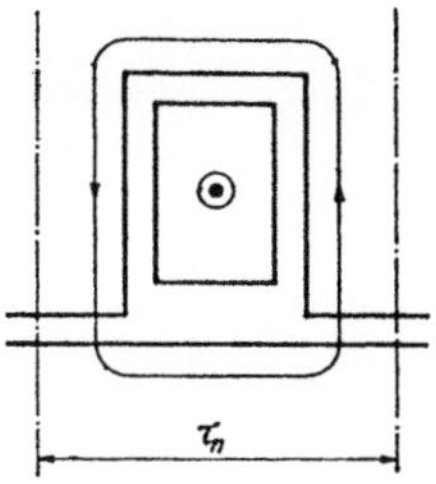

Bild 6.5.4 Zur Berechnung der Amplitude der Nutharmonischen

Der Oberflächenfaktor k_o in (6.5.12) folgt unter Beachtung von (6.5.11), wenn z. B. mit $\kappa = 8$ Sm/mm^2 und $\mu_r = 1000$ gerechnet wird, etwa zu dem Wert von $k_o = 23,3$ W/m^2, der in [17], Bd. II, und in Tabelle 6.5.1 für massive Polschuhe aus Schmiedestahl angegeben wird. Bei Grauguss erhält man wegen seiner schlechteren Leitfähigkeit verständlicherweise kleinere Werte. In Tabelle 6.5.1 sind entsprechend [17], Bd. II, auch Werte für den Oberflächenfaktor bei geblechten Polschuhen angegeben, obwohl die zur Entwicklung von (6.5.12) verwendeten Ansätze eigentlich nicht mehr erfüllt sind.

Die Oberflächenverluste in Polschuhen durch die Nutungsharmonischen des Luftspaltfelds sind unabhängig vom Belastungszustand der Maschine und zählen daher zu den lastunabhängigen zusätzlichen Verlusten.

6.5.1.2 Oberflächenverluste durch Wicklungsoberwellen

Die von einer mehrsträngigen Wicklung hervorgerufenen Oberwellenfelder werden durch den in dieser Wicklung fließenden Strom erregt. Dabei sind die Nutharmonischen besonders ausgeprägt. Sie überlagern sich im normalen Betrieb einer Maschine, d. h. beispielsweise im Bemessungsbetrieb, mit den Nutungsoberwellen, und dieses überlagerte Feld ruft dann die Oberflächenverluste hervor. Im Kurzschluss sind praktisch nur die Nutharmonischen wirksam, und deren Verluste werden daher z. B. im Kurzschlussversuch der Synchronmaschine mitgemessen. Um das zu erwartende Ergebnis des Kurzschlussversuchs vorauszuberechnen, ist es also erforderlich, die Oberflächenverluste der Nutharmonischen zu ermitteln.

Für die Amplitude der Nutharmonischen ist die Nutdurchflutung, d. h. der gesamte Strom einer Nut, maßgebend. Der Effektivwert dieses Stroms ergibt sich aus dem effektiven Strombelag A nach (8.1.61), Seite 494, und der Nutteilung τ_n zu $A\tau_n$. Wählt man einen Integrationsweg längs der im Bild 6.5.4 angegebenen Feldlinie des Oberwellenfelds einer Nut, so liefert das Durchflutungsgesetz für die prinzipielle Abhängigkeit der Flussdichteamplitude dieses Felds die Beziehung

$$\hat{B}_n = \mu_0 \hat{H}_n \sim \frac{V_\delta}{\delta} \sim \frac{A\tau_n}{\delta}.$$

Diese Beziehung muss jetzt in (6.5.12) eingesetzt werden. Unter Berücksichtigung des Einflusses der Nutschlitzbreite durch den Faktor k_n nach Bild 6.5.5 und weiterer Einflüsse der realen Anordnung erhält man für die durch Nutharmonische verursachten Oberflächenverluste abgeleitet aus [17], Bd. II, die zugeschnittene Größengleichung

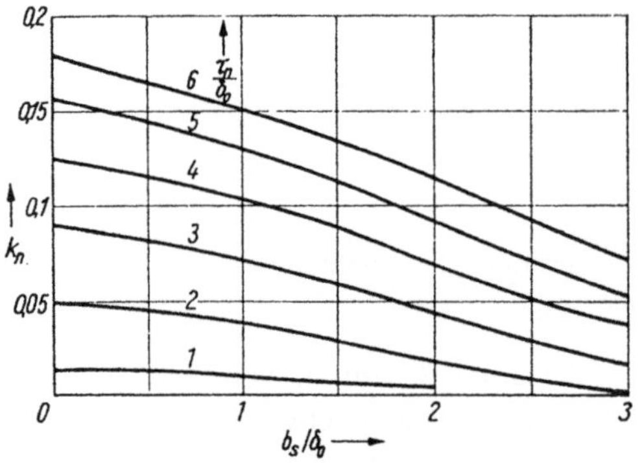

Bild 6.5.5 Hilfsfaktor zur Berechnung der durch Nutharmonische verursachten Oberflächenverluste

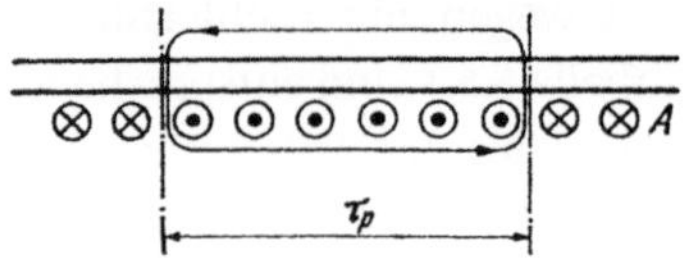

Bild 6.5.6 Zur Berechnung der Durchflutung der Hauptwelle des Luftspaltfelds einer Ankerwicklung

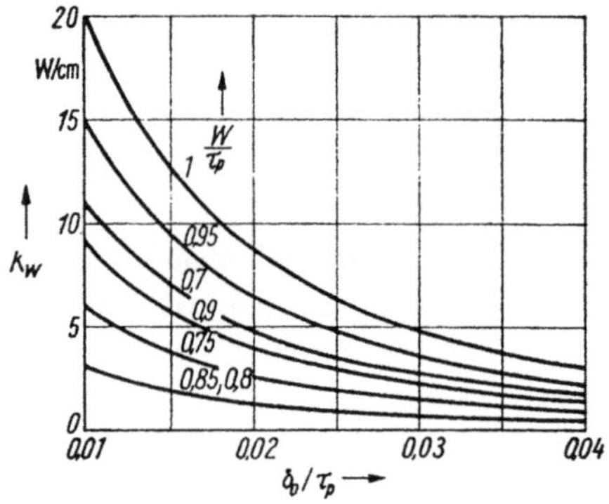

Bild 6.5.7 Hilfsfaktor zur Berechnung der durch Wicklungsoberwellen verursachten Oberflächenverluste

$$\boxed{\frac{P_{\mathrm{von}}}{\mathrm{W}} = 0{,}79\frac{k_{\mathrm{o}}}{\mathrm{W/m^2}}k_{\mathrm{n}}\left(\frac{Nn}{10\,000/\mathrm{min}}\right)^{1,5}\left(\frac{\tau_{\mathrm{n}}}{\delta_0}\frac{A\tau_{\mathrm{n}}}{1000\,\mathrm{A}}\right)^2\frac{A_{\mathrm{o}}}{\mathrm{m^2}}}\,. \tag{6.5.13}$$

Die Durchflutungen der übrigen Wicklungsoberwellen lassen sich auf die Hauptwellendurchflutung $A\tau_{\mathrm{p}}$ (s. Bild 6.5.6) beziehen. Das gleiche gilt auch für die Frequenzen und für die Flüsse. In die Beziehung (6.5.11) können also die Betriebsfrequenz und als Teilung die Polteilung τ_{p} eingesetzt werden. Für die durch eine allgemeine Wicklungsoberwelle verursachten Oberflächenverluste gilt dann abgeleitet aus (6.5.13)

$$P_{\mathrm{vow}} \sim f^{1,5}\left(\frac{\tau_{\mathrm{p}}}{\delta}\right)^2 (A\tau_{\mathrm{p}})^2 .$$

Berücksichtigt man die von der Wicklungssehnung abhängige Ausbildung der Wicklungsoberwellen, die üblichen Werte für den relativen Luftspalt δ/τ_{p} und weitere Einflüsse der realen Anordnung durch einen Faktor k_{w} nach Bild 6.5.7, so ergibt sich die Gesamtheit der für $f = 50$ Hz in massiven Polschuhen durch

Wicklungsoberwellen verursachten Oberflächenverluste, d. h. einschließlich der Verluste durch Nutharmonische, schließlich nach [17], Bd. II, zu

$$\boxed{\frac{P_{\mathrm{vow}}}{\mathrm{W}} = p\frac{l_{\mathrm{p}}}{\mathrm{cm}}\frac{k_{\mathrm{w}}}{\mathrm{W/cm}}\left(\frac{A\tau_{\mathrm{p}}}{10\,000\,\mathrm{A}}\right)^2}\,. \tag{6.5.14}$$

Wegen der relativ kleinen Ordnungszahlen der zuletzt betrachteten Wicklungsoberwellen treten in geblechten Polschuhen keine nennswerten Oberflächenverluste auf. Die durch Oberwellen der Luftspaltfeldkurve in den Zahnköpfen verursachten Verluste lassen sich nur näherungsweise in den Zuschlagfaktoren berücksichtigen.

Die Oberflächenverluste in Polschuhen durch die Wicklungsoberwellen des Luftspaltfelds sind mit diesen vom Belastungszustand der Maschine abhängig und zählen daher zu den lastabhängigen zusätzlichen Verlusten.

6.5.1.3 Pulsationsverluste

Die nutharmonischen bzw. nutungsharmonischen Luftspaltfelder eines Hauptelements schließen sich über die Zähne und Teile des Rückens im anderen Hauptelement (s. Bild 6.5.1b) und rufen in den Zähnen Pulsationsverluste hervor, wenn das nicht durch unmittelbar die Zähne umschließende Kurzschlussbahnen verhindert wird. Letzteres ist bei Käfigläufern von Induktionsmaschinen und durch den Dämpferkäfig von Synchronmaschinen gegeben. Dagegen können sich die zugeordneten Feldwirbel frei ausbilden, wenn das andere Hauptelement eine Wicklung mit ausgebildeten Strängen trägt. Die Frequenz, mit der die Nut- bzw. Nutungsharmonischen die Zähne des jeweils gegenüberliegenden Hauptelements durchsetzen, ist auch bei der Induktionsmaschine praktisch durch die Nutfrequenz $f = Nn$ gegeben. Im Folgenden werden Beziehungen für die Zahnflussdichte der Nutungsharmonischen entwickelt. Dabei wird zunächst davon ausgegangen, dass die Nutungsharmonische des Ständers auf den Läufer wirkt. Die Nutung bewirkt eine Einsattelung der Flussdichteverteilung. Der damit verbundene Flussverlust beträgt nach Abschnitt 2.3.2.2, Seite 175,

$$\Delta\Phi_1 = \gamma_1 b_{\mathrm{s1}} B_\delta l_{\mathrm{i}}.$$

Wenn angenommen wird, dass die durch $\Delta\Phi_1$ in den Läuferzähnen verursachte Flusspulsation zeitlich sinusförmig verläuft, gilt unter Berücksichtigung von (6.5.7) für deren Amplitude

$$\hat{\Phi}_{\mathrm{pn2}} = \frac{\Delta\Phi_1}{2} = \frac{l_{\mathrm{i}}\tau_{\mathrm{n1}}}{2}\frac{k_{\mathrm{c1}}-1}{k_{\mathrm{c1}}}B_\delta. \tag{6.5.15a}$$

Damit ergibt sich in den Läuferzähnen ein pulsierendes Feld der Flussdichteamplitude

$$\hat{B}_{\mathrm{pn2}} = \frac{\hat{\Phi}_{\mathrm{pn2}}}{(\varphi_{\mathrm{Fe}} l_{\mathrm{Fe}} b_{\mathrm{z}})_2} = \frac{l_{\mathrm{i}}\tau_{\mathrm{n1}}}{2(\varphi_{\mathrm{Fe}} l_{\mathrm{Fe}} b_{\mathrm{z}})_2}\frac{k_{\mathrm{c1}}-1}{k_{\mathrm{c1}}}B_\delta. \tag{6.5.15b}$$

Die vom Luftspaltfeld hervorgerufene Flussdichte in den Läuferzähnen erhält man ausgehend von (2.4.3), Seite 187, mit (2.3.19) und (2.3.21c) zu

$$B_{\mathrm{z2}} = \frac{\tau_{\mathrm{n2}} l_{\mathrm{i}} B_{\mathrm{max}}}{(\varphi_{\mathrm{Fe}} l_{\mathrm{Fe}} b_{\mathrm{z}})_2} = \frac{\tau_{\mathrm{n2}} l_{\mathrm{i}}}{(\varphi_{\mathrm{Fe}} l_{\mathrm{Fe}} b_{\mathrm{z}})_2}\frac{B_\delta}{k_{\mathrm{c2}} k_{\mathrm{c1}}}. \tag{6.5.16}$$

Damit kann die Flussdichte B_δ in (6.5.15b) entsprechend

$$B_\delta = \frac{(\varphi_{\mathrm{Fe}} l_{\mathrm{Fe}} b_{\mathrm{z}})_2}{\tau_{\mathrm{n}2} l_{\mathrm{i}}} k_{\mathrm{c}2} k_{\mathrm{c}1} B_{\mathrm{z}2} \tag{6.5.17}$$

durch die vom Luftspaltfeld hervorgerufene Flussdichte in den Läuferzähnen ausgedrückt werden, und man erhält für die von den Nutungsharmonischen hervorgerufene Flussdichteamplitude im Zahn ausgehend von (6.5.15b)

$$\hat{B}_{\mathrm{pn}2} = \frac{\tau_{\mathrm{n}1}}{2\tau_{\mathrm{n}2}} k_{\mathrm{c}2}(k_{\mathrm{c}1} - 1) B_{\mathrm{z}2}. \tag{6.5.18}$$

Die mittlere Zahnflussdichte des pulsierenden Felds gewinnt man, wenn in (6.5.18) die mittlere Flussdichte B_{z2m} verwendet wird. Damit ergibt sich schließlich

$$\hat{B}_{\mathrm{pn}2} = \frac{\tau_{\mathrm{n}1}}{2\tau_{\mathrm{n}2}} k_{\mathrm{c}2}(k_{\mathrm{c}1} - 1) B_{\mathrm{z2m}}. \tag{6.5.19a}$$

Umgekehrt gewinnt man bei analogem Vorgehen für die Amplitude des pulsierenden Felds in den Ständerzähnen herrührend von den Nutungsharmonischen des Läufers

$$\hat{B}_{\mathrm{pn}1} = \frac{\tau_{\mathrm{n}2}}{2\tau_{\mathrm{n}1}} k_{\mathrm{c}1}(k_{\mathrm{c}2} - 1) B_{\mathrm{z1m}}. \tag{6.5.19b}$$

In (6.5.19a,b) sind B_{z2m} bzw. B_{z1m} die vom Luftspaltfeld herrührenden mittleren Flussdichten in den Läuferzähnen bzw. in den Ständerzähnen. Die pulsierenden Felder verursachen im Wesentlichen Verluste durch Wirbelströme. Ist das Luftspaltfeld ein Hauptwellenfeld, so sind die Werte B_{zm} und damit auch die Werte $\hat{B}_{\mathrm{pn}}$ räumlich sinusförmig verteilt. Der in (6.4.18) einzusetzende räumliche Effektivwert (s. Abschn. 6.4.2) ist demnach $\hat{B}_{\mathrm{pn}}/\sqrt{2}$. Wenn man für die Nutfrequenz $f = Nn$ einführt und den Einfluss höherer Harmonischer durch einen Zuschlag von etwa 50 % berücksichtigt, erhält man schließlich für die Pulsationsverluste in den Läufer- und Ständerzähnen die zugeschnittenen Größengleichungen

$$\frac{P_{\mathrm{vpn}2}}{\mathrm{W}} = 8{,}3 \frac{\sigma_{\mathrm{wb}1{,}5}}{\mathrm{W/kg}} \left(\frac{N_1 n}{10\,000/\mathrm{min}}\right)^2 \left(\frac{\hat{B}_{\mathrm{pn}2}}{1{,}5\,\mathrm{T}}\right)^2 \frac{m_{\mathrm{z}2}}{\mathrm{kg}} \tag{6.5.20a}$$

$$\frac{P_{\mathrm{vpn}1}}{\mathrm{W}} = 8{,}3 \frac{\sigma_{\mathrm{wb}1{,}5}}{\mathrm{W/kg}} \left(\frac{N_2 n}{10\,000/\mathrm{min}}\right)^2 \left(\frac{\hat{B}_{\mathrm{pn}1}}{1{,}5\,\mathrm{T}}\right)^2 \frac{m_{\mathrm{z}1}}{\mathrm{kg}}. \tag{6.5.20b}$$

In den Beziehungen (6.5.20a,b) sind $m_{\mathrm{z}2}$ bzw. $m_{\mathrm{z}1}$ die Gesamtmassen der Läufer- bzw. der Ständerzähne.

Wenn durch das Vorhandensein von Käfigwicklungen Kurzschlussbahnen um die einzelnen Zähne existieren, kann sich das pulsierende Feld nicht über die Zähne schließen. Damit entstehen natürlich auch keine Pulsationsverluste. An ihrer Stelle erscheinen dann zusätzliche Stromwärmeverluste in den Kurzschlussbahnen, deren Ursache die Ströme sind, die das Eindringen des pulsierenden Felds verhindern.

Die Pulsationsverluste durch Nutungsharmonische liefern stets Beiträge zu den lastunabhängigen zusätzlichen Verlusten. Demgegenüber rufen die Nutharmonischen vor allem lastabhängige zusätzliche Verluste hervor. Im Fall der Induktionsmaschine treten allerdings auch bereits im Leerlauf gewisse Pulsationsverluste durch die Nutharmonischen des Leerlaufstroms in Erscheinung.

6.5.1.4 Zusätzliche Verluste in kurzgeschlossenen Läuferwicklungen

Die Oberwellen des Luftspaltfelds haben i. Allg. eine von Null verschiedene Relativgeschwindigkeit gegenüber dem Läufer. Sie induzieren daher insbesondere in der Läuferwicklung von Induktionsmaschinen bzw. dem Dämpferkäfig von Synchronmaschinen Spannungen, die dämpfende Ströme zur Folge haben. Ein Oberwellenfeld

$$B_{\nu'}(\gamma', t) = \hat{B}_{\nu'} \cos(\tilde{\nu}'\gamma' - \omega_{\nu'}t - \varphi_{\nu'})$$

besitzt gegenüber dem Läufer den sog. *Oberwellenschlupf*

$$s_{\nu'} = \frac{\omega_{\nu'}}{\omega_1} - (1-s)\frac{\tilde{\nu}'}{p}, \tag{6.5.21}$$

wobei $\omega_1 = 2\pi f_1$ die Kreisfrequenz der Ständerströme und s der Schlupf bezüglich der Hauptwelle des Luftspaltfelds sind (s. Bd. *Theorie elektrischer Maschinen*, Abschn. 1.9.3). Die dämpfenden Ströme besitzen daher die Frequenz

$$f_{2\nu'} = |s_{\nu'} f_1| \,. \tag{6.5.22}$$

Die im Käfig entstehenden zusätzlichen Stromwärmeverluste aus der Abdämpfung von Oberwellenfeldern der Ständerwicklung lassen sich elegant mit Hilfe des im Band *Theorie elektrischer Maschinen*, Abschnitt 1.9.3, eingeführten *Felddämpfungsfaktors*

$$\underline{d}_{\nu'} = 1 - \frac{\mathrm{j}X_{\mathrm{h}\nu'}\xi^2_{\mathrm{schr},\nu'}}{\frac{R'_{2\nu'}}{s_{\nu'}} + \mathrm{j}(X_{\mathrm{h}\nu'} + X'_{\sigma 2\nu'})} \tag{6.5.23}$$

berechnen. Dabei ist $\xi_{\mathrm{schr},\nu'}$ der Schrägungsfaktor des betreffenden Oberwellenfelds nach (1.2.103), Seite 110. Für die dem Oberwellenfeld zugeordnete Reaktanz $X_{\mathrm{h}\nu'}$ gilt analog zu und im Vorgriff auf (8.1.57), Seite 493,

$$X_{\mathrm{h}\nu'} = \omega_1 \frac{m_1}{2}\frac{\mu_0}{\delta_\mathrm{i}}\frac{2}{\pi}\frac{\pi D}{2\nu'} l_\mathrm{i} \frac{4}{\pi}\frac{(w\xi_{\nu'})^2}{2\nu'} = \left(\frac{\xi_{\nu'} p}{\nu' \xi_\mathrm{p}}\right)^2 X_\mathrm{h}. \tag{6.5.24}$$

Die für das Oberwellenfeld wirksame transformierte Streureaktanz $X'_{\sigma 2\nu'}$ der Läuferwicklung ist analog zu und im Vorgriff auf (8.1.129) bis (8.1.132a,b), Seite 510,

$$X'_{\sigma 2\nu'} = \frac{(w\xi_{\nu'})_1^2}{(w\xi_{\nu'})_2^2}\,(k_{\mathrm{x}\nu'} X_{\sigma\mathrm{nz}} + X_{\sigma\mathrm{w}} + X_{\sigma\mathrm{o}})_2, \tag{6.5.25}$$

und der für das Oberwellenfeld wirksame transformierte Widerstand $R'_{2\nu'}$ der Läuferwicklung ist analog zu (6.5.25) und unter Verwendung von (6.3.17), Seite 389,

$$R'_{2\nu'} = \frac{(w\xi_{\nu'})_1^2}{(w\xi_{\nu'})_2^2}\frac{N}{3}\left(k_{\mathrm{r}\nu'} R_\mathrm{s} + \frac{1}{2\sin^2\frac{\pi\nu'}{N}} R_\mathrm{r}\right) \quad \text{für Käfigläufer} \tag{6.5.26a}$$

$$R'_{2\nu'} = \frac{(w\xi_{\nu'})_1^2}{(w\xi_{\nu'})_2^2}\,(k_{\mathrm{r}\nu'} R_\mathrm{n} + R_\mathrm{w}) \quad \text{für Schleifringläufer.} \tag{6.5.26b}$$

$k_{\mathrm{r}\nu'}$ und $k_{\mathrm{x}\nu'}$ sind das Widerstands- und das Streuungsverhältnis der Läuferwicklung nach Abschnitt 5.3, Seite 355, für die Frequenz $f_{2\nu'}$. Im Fall einer Synchronmaschine sind die entsprechenden Werte der Hauptreaktanz sowie der transformierten Streureaktanz und des transformierten Widerstands des Dämpferkäfigs zu verwenden.

Der Felddämpfungsfaktor gibt an, wie sich ein Oberwellenfeld durch die Rückwirkung des Läufers in Amplitude und Phasenlage verändert. Im Fall der vollständigen Abdämpfung durch eine widerstands- und streuungslose Wicklung ist $\underline{d} = 0$, und im Fall, dass keine Abdämpfung stattfindet, gilt $\underline{d} = 1$.

Der transformierte Wert des dämpfenden Stroms errechnet sich nach Band *Theorie elektrischer Maschinen*, Abschnitt 1.9.3, nach der Beziehung

$$\underline{I}'_{2\nu'} = |\underline{d}_{\nu'} - 1|\,\underline{I}_1. \tag{6.5.27}$$

Die durch ihn verursachten Stromwärmeverluste ergeben sich folglich zu

$$P_{\mathrm{vw2}\nu'} = m_1 k_{\mathrm{r2}\nu'} R'_2 I'^2_{2\nu'} = m_1 R'_{\mathrm{r2}\nu'} \left|\underline{d}_{\nu'} - 1\right|^2 I_1^2 \tag{6.5.28}$$

und die aus der Abdämpfung aller Oberwellenfelder der Ständerwicklung resultierenden Stromwärmeverluste schließlich zu

$$P_{\mathrm{vw2z}} = \sum_{\nu' \neq \mathrm{p}} P_{\mathrm{vw2}\nu'} = \sum_{\nu' \neq \mathrm{p}} m_1 R'_{\mathrm{r2}\nu'} \left|\underline{d}_{\nu'} - 1\right|^2 I_1^2. \tag{6.5.29}$$

Bei Induktionsmaschinen mit Schleifringläufer sind die zusätzlichen Verluste aufgrund der Abdämpfung von Wicklungsoberwellen des Ständers i. Allg. deutlich geringer als im Fall einer Käfigwicklung. Der Grund dafür ist, dass die effektive Windungszahl bei Käfigwicklungen entsprechend (8.1.131), Seite 510, unabhängig von der Ordnungszahl des induzierenden Oberwellenfelds konstant ist, wohingegen sie sich bei Schleifringläufern entsprechend dem Wicklungsfaktor des Oberwellenfelds z. T. deutlich verringert. Dies führt zu einem wesentlich höheren Wert von $X'_{\sigma 2\nu'}$ bzw. $R'_{2\nu'}$ und damit zu deutlich kleineren dämpfenden Strömen.

Die zusätzlichen Verluste in kurzgeschlossenen Läuferwicklungen aufgrund von Oberwellenfeldern der Ständerwicklung stellen vor allem lastabhängige zusätzliche Verluste dar. Demgegenüber entstehen aus der Abdämpfung von Nutungsoberwellen des Luftspaltfelds zusätzliche lastunabhängige Verluste, die im Leerlaufversuch mit gemessen werden. Wie im Band *Theorie elektrischer Maschinen*, Abschnitt 1.5.7, dargestellt, überlagern sich die Nutungsharmonischen und die Nutharmonischen im belasteten Betrieb, wobei die Amplitude des resultierenden Oberwellenfelds im Bemessungsbetrieb abhängig vom der Lage des Koordinatenursprungs in Nutmitte oder in Zahnmitte und vom Vorzeichen von $\tilde{\nu}'_{\mathrm{NH}}$ teils kleiner und teils größer als die Amplitude der entsprechenden Nutharmonischen ist [37]. Daher liegen die zusätzlichen Verluste im belasteten Betrieb auch unter Berücksichtigung des Einflusses der Nutungsharmonischen nicht wesentlich über dem nach (6.5.29) ermittelten Wert.

Abgesehen von den zusätzlichen Stromwärmeverlusten haben die dämpfenden Ströme auch die Entstehung asynchroner Oberwellenmomente zur Folge. Diese werden im Band *Theorie elektrischer Maschinen*, Abschnitt 2.5.2, näher behandelt.

6.5.2 Zusätzliche Verluste durch Oberschwingungen der speisenden Spannung und des speisenden Stroms

Eine Oberschwingung der Frequenz $f_{1\lambda} = \lambda f_1$ im Ständerstrom von Induktions- oder Synchronmaschinen, wie sie sich z. B. ausbildet, wenn die Ständerwicklung durch einen Frequenzumrichter gespeist wird, verursacht zum einen zusätzliche Stromwärmeverluste in der Ständerwicklung, die sich mit den Beziehungen (6.3.20) bis (6.3.24), Seite 390, unter Berücksichtigung der für die Frequenz $f_{1\lambda}$ wirksamen Widerstandserhöhung aufgrund der Stromverdrängung berechnen lassen. Zum anderen erzeugt eine solche Stromoberschwingung sowohl ein *Oberschwingungs-Hauptfeld* als auch Oberschwingungs-Oberwellenfelder entsprechend

$$B_{\nu'\lambda}(\gamma', t) = \hat{B}_{\nu'\lambda} \cos(\tilde{\nu}'\gamma' - 2\pi\tilde{\lambda}f_1 t - \varphi_{1\lambda}) \tag{6.5.30}$$

mit $\tilde{\nu}' = p(1 + 2m_1 g/n)$, $g \in \mathbb{Z}$, nach (1.2.36), Seite 51, und unter Einführung des vorzeichenbehafteten Oberschwingungsparameters

$$\tilde{\lambda} = \lambda \quad \text{bei positiver Phasenfolge der Oberschwingung} \tag{6.5.31a}$$

$$\tilde{\lambda} = -\lambda \quad \text{bei negativer Phasenfolge der Oberschwingung.} \tag{6.5.31b}$$

Das Vorzeichen des Oberschwingungsparameters gibt also an, ob das von einer Oberschwingung hervorgerufene Hauptfeld denselben oder den entgegengesetzten Umlaufsinn hat wie das Grundschwingungs-Hauptfeld.

Die durch die Oberschwingung erzeugten Feldwellen rufen zusätzliche Ummagnetisierungsverluste im Blechpaket des Ständers hervor. Je höher die Frequenz der Oberschwingung ist, desto mehr dominieren zusätzliche Wirbelstromverluste gegenüber zusätzlichen Hystereseverlusten und zusätzlichen Anomalieverlusten. Die zusätzlichen Wirbelstromverluste lassen sich nach den im Abschnitt 6.4.1.2 entwickelten Beziehungen berechnen. Ein detaillierteres Berechnungsverfahren wird in [35] beschrieben.

Da die durch Stromoberschwingungen erzeugten Feldwellen i. Allg. eine von Null verschiedene Relativgeschwindigkeit gegenüber dem Läufer aufweisen, verursachen sie außerdem zusätzliche Verluste auf dem Läufer. Die gegenüber dem Läufer wirksame Frequenz ergibt sich dabei aus (6.5.21) und (6.5.22) und unter Berücksichtigung des vorzeichenbehafteten Oberschwingungsparameters nach (6.5.31a,b) zu

$$f_{2\lambda\nu'} = |s_{\nu'} f_1| = \left| \left(\tilde{\lambda} - (1 - s)\frac{\tilde{\nu}'}{p} \right) f_1 \right| . \tag{6.5.32}$$

Mit dieser Frequenz verursachen die Oberschwingungs-Feldwellen zum einen zusätzliche Ummagnetisierungsverluste im Läufer, bei denen aufgrund der meist hohen Frequenzen $f_{2\lambda\nu'}$ in der Regel ebenfalls die zusätzlichen Wirbelstromverluste gegenüber den zusätzlichen Hysterese- und Anomalieverlusten dominieren und die sich mit denselben Beziehungen berechnen lassen wie die Oberschwingungsverluste im Ständer. Zum anderen verursachen sie zusätzliche Stromwärmeverluste in kurzgeschlossenen Läuferwicklungen, die sich wie im Abschnitt 6.5.1.4 dargestellt errechnen lassen. Dabei muss die Summation in (6.5.29) allerdings unter Einbeziehung von $\nu' = p$ erfolgen, da die Abdämpfung des Oberschwingungs-Hauptfelds den größten Beitrag zur Verlustleistung liefert. Bei elektrisch erregten Synchronmaschinen können darüber hinaus zusätzliche Stromwärmeverluste

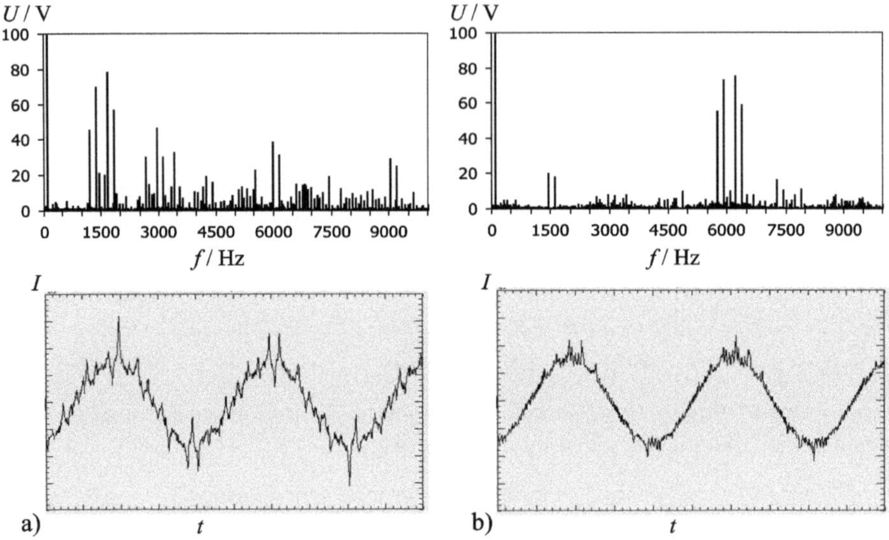

Bild 6.5.8 Spannungsspektrum und Strangstrom bei Speisung eines Käfigläufer-Induktionsmotors mit f_1 = 120 Hz aus einem Zweipunkt-Wechselrichter nach [38]. a) Für die Wechselrichter-Schaltfrequenz f_s = 1015 Hz; b) für die Wechselrichter-Schaltfrequenz f_s = 6060 Hz

durch Oberschwingungen des Erregerstroms entstehen, die vor allem durch in der Erregerwicklung induzierende Oberschwingungs-Hauptfelder hervorgerufen werden, und bei permanenterregten Synchronmaschinen entstehen durch die Oberschwingungs-Hauptfelder zusätzliche Wirbelstromverluste in den Permanentmagneten (s. Abschn. 6.5.4).

Bei stromeinprägenden Frequenzumrichtern stellen die Verluste durch Oberschwingungen vor allem lastabhängige zusätzliche Verluste dar. Bei spannungseinprägenden Frequenzumrichtern sind die Oberschwingungsverluste dagegen vor allem lastunabhängig. Für den häufig vorkommenden Fall eines Frequenzumrichters mit Spannungszwischenkreis und Zweipunkt-Wechselrichter zeigt Bild 6.5.8 beispielhaft die Spektren der Ausgangsspannung sowie den zugehörigen Zeitverlauf eines Strangstroms für zwei verschiedene Schaltfrequenzen f_s des Umrichters bei Speisung eines zweipoligen Käfigläufer-Induktionsmotors mit $f_1 = 120$ Hz Grundfrequenz. Es wird deutlich, dass die Stromoberschwingungen, d. h. die Abweichungen von einem sinusförmigen Zeitverlauf, mit steigender Schaltfrequenz deutlich geringer werden, obgleich die Beträge der größten Spannungsoberschwingungen nahezu unabhängig von der Schaltfrequenz sind. Dies ist darauf zurückzuführen, dass die Frequenzen der Spannungsoberschwingungen in etwa proportional zur Schaltfrequenz steigen und damit auch die für die Oberschwingungen wirksame Impedanz des Motors entsprechend $\underline{Z}_{1\lambda} = R_\lambda + \mathrm{j}2\pi f_{1\lambda} L_\lambda$ nahezu proportional zur Schaltfrequenz größer und die Oberschwingungsströme kleiner werden. Die zusätzlichen Stromwärmeverluste in der gespeisten Wicklung durch Oberschwingungen sinken also in etwa proportional zu $1/f_s^2$. Die zusätzlichen Ummagnetisierungsverluste durch Oberschwingungen bleiben jedoch nahezu unverändert, da, wie bereits erläutert, in ihnen der Anteil der Wirbelstromverluste dominiert, der wegen $P_{\mathrm{vu\,wb}\lambda} \sim f_\lambda^2 \hat{B}_\lambda^2$ und $\hat{B}_\lambda \sim I_{1\lambda} \sim 1/f_\lambda$ bei spannungseinprägenden Frequenzumrichtern unabhängig von der Schaltfrequenz konstant bleibt.

Im Vergleich besitzen Maschinen, bei denen sich auf dem Läufer keine die Oberschwingungsfelder dämpfenden Ströme ausbilden können, bei Speisung aus spannungseinprägenden Frequenzumrichtern geringere zusätzliche Verluste durch Oberschwingungen als Maschinen, bei denen die Oberschwingungsfelder dämpfende Ströme nennenswerter Größe hervorrufen. Zur ersten Gruppe gehören Reluktanz-Synchronmaschinen und elektrisch erregte Synchronmaschinen ohne Dämpferwicklung sowie permanenterregte Synchronmaschinen mit elektrisch nicht leitfähigen oder vorteilhaft segmentierten Permanentmagneten (s. Abschn. 6.5.4); zur zweiten Gruppe gehören Induktionsmaschinen mit Käfigläufer und Synchronmaschinen mit Dämpferwicklung sowie permanenterregte Synchronmaschinen mit nicht oder unvorteilhaft segmentierten, elektrisch leitfähigen Permanentmagneten.

Bei Maschinen mit mehr als drei Wicklungssträngen, die aus einem spannungseinprägenden Frequenzumrichter gespeist werden, entstehen vergleichsweise hohe Stromoberschwingungen und damit hohe zusätzliche Verluste für solche Frequenzen $f_{1\lambda}$, für die die Wicklung kein Oberschwingungs-Hauptfeld aufbaut und damit eine besonders geringe wirksame Impedanz besitzt. Wie im Unterabschnitt 1.2.2.3b2, Seite 55, erläutert wurde, trifft dies beispielsweise bei sechssträngigen Maschinen auf die Oberschwingungen mit $\tilde{\lambda} = 7 + 12g,\ g \in \mathbb{Z}$ zu. Dies gilt auch, wenn die Oberschwingungen nicht durch den Frequenzumrichter, sondern durch die in der Ankerwicklung einer Synchronmaschine induzierenden Polradoberfelder hervorgerufen werden [39].

6.5.3 Zusätzliche Verluste durch Stromverdrängung in Wicklungen

Die Wicklungsverluste einer Wechselstrom führenden Wicklung wurden allgemein im Abschnitt 6.3.3, Seite 389, unter Berücksichtigung des Einflusses der Stromverdrängung ermittelt. Dabei fanden die Ergebnisse der Behandlung der Stromverdrängungserscheinungen im Kapitel 5 Berücksichtigung. Unter dem Gesichtspunkt der Trennung von Grundverlusten und zusätzlichen Verlusten, die mit Rücksicht auf die Prüftechnik sinnvoll oder nach DIN EN IEC 60034-2-1 teils auch normativ gefordert ist, wurden nach (6.3.24) die zusätzlichen Verluste durch Stromverdrängung gewonnen als

$$P_{\mathrm{vzw}} = (k_{\mathrm{r}} - 1)P_{\mathrm{vw}}, \tag{6.5.33}$$

wobei P_{vw} die Wicklungsgrundverluste sind, die der Strom der betrachteten Wicklung im Gleichstromwiderstand hervorruft, und k_{r} das Widerstandsverhältnis für die gesamte betrachtete Wicklung darstellt, das man nach den Darlegungen im Kapitel 5 erhält. Bei einem zugelassenen Maximalwert für das Widerstandsverhältnis von $k_{\mathrm{r}} = 1{,}3$ erhält man demnach zusätzliche Verluste durch Stromverdrängung, die maximal 30 % der Grundverluste der Wicklung betragen.

Die zusätzlichen Verluste durch Stromverdrängung in Wicklungen stellen vor allem lastabhängige zusätzliche Verluste dar. Im Fall der Induktionsmaschine ruft allerdings auch bereits der Leerlaufstrom gewisse Verluste durch Stromverdrängung hervor.

6.5.4 Zusätzliche Verluste durch Wirbelströme in Permanentmagneten

Permanentmagnetische Abschnitte aus AlNiCo- oder Seltenerde-Werkstoffen sind, im Gegensatz zu solchen aus Hartferriten, in der Regel auch elektrisch leitfähig. Bei *permanenterregten Synchronmaschinen* werden sie, herrührend von Oberwellenfeldern des Ständerstroms oder von den durch Oberschwingungen des Ständerstroms hervorgerufenen Feldanteilen, einem magnetischen Wechselfeld oder Wechselfeldanteil der Amplitude $\hat{B}_{\mathrm{w}\lambda}$ und der Frequenz $f_{2\lambda\nu'}$ nach (6.5.32) ausgesetzt, der ein elektrisches Wirbelfeld induziert, das einen Wirbelstrom im permanentmagnetischen Abschnitt und damit zusätzliche Verluste hervorruft. Wenn das erregende Feld homogen ist, wie dies bei eingebetteten Magneten meist der Fall ist, und wenn die Rückwirkung des Wirbelstroms auf das erregende Feld vernachlässigt wird, lassen sich die Wirbelstromverluste in einem permanentmagnetischen Abschnitt der axialen Länge l_{M}, der Breite $b_{\mathrm{M}} \ll l_{\mathrm{M}}$, der Höhe h_{M} und der elektrischen Leitfähigkeit κ_{M} nach [40] durch die Näherung

$$P_{\mathrm{vzM}\lambda} \approx \frac{\pi^2}{6} h_{\mathrm{M}} l_{\mathrm{M}} b_{\mathrm{M}}^3 \kappa_{\mathrm{M}} f_{2\lambda\nu'}^2 \hat{B}_{\mathrm{w}\lambda}^2 \tag{6.5.34}$$

berechnen.

Meist kann die Rückwirkung des Wirbelstroms auf das erregende Feld jedoch nicht vernachlässigt werden. Zudem werden die permanentmagnetischen Abschnitte im Bestreben, die Wirbelstromverluste zu reduzieren, häufig segmentiert ausgeführt, d. h. sie werden aus gegeneinander isolierten Teilabschnitten aufgebaut, so dass die Bedingung $b_{\mathrm{M}} \ll l_{\mathrm{M}}$ für die Teilabschnitte nicht mehr erfüllt ist.

Durch die Rückwirkung des Wirbelstroms auf das erregende homogene Feld ist die resultierende Flussdichte in einem permanentmagnetischen (Teil-)Abschnitt nicht mehr homogen, sondern abhängig von den Koordinaten x in Breitenrichtung und z in axialer Richtung. Als Lösung dieses zweidimensionalen Feldproblems ergibt sich nach [41]

$$\underline{B}_{\mathrm{M}\lambda}(x,z) = \underline{B}_{\mathrm{w}\lambda} \left\{ \frac{\cosh\left[(1+\mathrm{j})\frac{x}{\delta}\right]}{\cosh\left[(1+\mathrm{j})\frac{b_{\mathrm{M}}}{2\delta}\right]} + \mathrm{j}8\frac{b_{\mathrm{M}}^2}{\delta^2} \right.$$
$$\left. \sum_{n=0}^{\infty} \frac{\sin\left[(2n+1)\frac{\pi}{2}\right]\cos\left[(2n+1)\pi\frac{x}{b_{\mathrm{M}}}\right]}{(2n+1)\pi} \frac{\cosh\left[\underline{\beta}_n \frac{z}{b_{\mathrm{M}}}\right]}{\underline{\beta}_n^2 \cosh\left[\underline{\beta}_n \frac{l_{\mathrm{M}}}{2b_{\mathrm{M}}}\right]} \right\} \tag{6.5.35}$$

mit dem Eindringmaß δ nach (6.5.8) und der komplexen Hilfsgröße

$$\underline{\beta}_n = \beta_{\mathrm{w}n} + \mathrm{j}\beta_{\mathrm{b}n} = \sqrt{(2n+1)^2\pi^2 + \mathrm{j}2\frac{b_{\mathrm{M}}^2}{\delta^2}}.$$

Dabei wurde vereinfachend ein idealer magnetischer Rückschluss unterstellt, so dass die Rückwirkung des Wirbelstroms auf das erregende Feld mit (6.5.35) etwas zu groß berechnet wird.

Um hiervon ausgehend die Wirbelstromverluste im permanentmagnetischen (Teil-)Abschnitt zu berechnen, wird zunächst die vom resultierenden Magnetfeld in einer gedachten, den Abschnitt umschließenden Windung induzierte Spannung berechnet. Der resultierende Fluss durch die gedachte Windung errechnet sich aus (6.5.35) unter Einführung der Verhältnisse aus Abschnittsbreite und Eindringmaß $\xi_\mathrm{M} = b_\mathrm{M}/\delta$ sowie aus Abschnittslänge und Abschnittsbreite $\eta_\mathrm{M} = l_\mathrm{M}/b_\mathrm{M}$ zu (vgl. [41])

$$
\begin{aligned}
\underline{\Phi}_{\mathrm{M}\lambda} &= \int_{-l_\mathrm{M}/2}^{l_\mathrm{M}/2}\int_{-b_\mathrm{M}/2}^{b_\mathrm{M}/2} \underline{B}_{\mathrm{M}\lambda}(x,z)\,\mathrm{d}x\,\mathrm{d}z \\
&= l_\mathrm{M} b_\mathrm{M} \underline{B}_{\mathrm{w}\lambda}\left\{\frac{1}{\xi_\mathrm{M}}\frac{\sinh\xi_\mathrm{M}+\sin\xi_\mathrm{M}}{\cosh\xi_\mathrm{M}+\cos\xi_\mathrm{M}}\right. \\
&\quad \left. + \frac{32\xi_\mathrm{M}^2}{\eta_\mathrm{M}}\sum_{n=0}^{\infty}\frac{\left[3\beta_{\mathrm{b}n}\beta_{\mathrm{w}n}^2-\beta_{\mathrm{b}n}^3\right]\sinh(\beta_{\mathrm{w}n}\eta_\mathrm{M})+\left[3\beta_{\mathrm{b}n}^2\beta_{\mathrm{w}n}-\beta_{\mathrm{w}n}^3\right]\sin(\beta_{\mathrm{b}n}\eta_\mathrm{M})}{(2n+1)^2\pi^2\left|\underline{\beta}_n\right|^6\left[\cos(\beta_{\mathrm{b}n}\eta_\mathrm{M})+\cosh(\beta_{\mathrm{w}n}\eta_\mathrm{M})\right]}\right\} \\
&\quad - \mathrm{j} l_\mathrm{M} b_\mathrm{M} \underline{B}_{\mathrm{w}\lambda}\left\{\frac{1}{\xi_\mathrm{M}}\frac{\sinh\xi_\mathrm{M}-\sin\xi_\mathrm{M}}{\cosh\xi_\mathrm{M}+\cos\xi_\mathrm{M}}\right. \\
&\quad \left. + \frac{32\xi_\mathrm{M}^2}{\eta_\mathrm{M}}\sum_{n=0}^{\infty}\frac{\left[3\beta_{\mathrm{b}n}^2\beta_{\mathrm{w}n}-\beta_{\mathrm{w}n}^3\right]\sinh(\beta_{\mathrm{w}n}\eta_\mathrm{M})-\left[3\beta_{\mathrm{b}n}\beta_{\mathrm{w}n}^2-\beta_{\mathrm{b}n}^3\right]\sin(\beta_{\mathrm{b}n}\eta_\mathrm{M})}{(2n+1)^2\pi^2\left|\underline{\beta}_n\right|^6\left[\cos(\beta_{\mathrm{b}n}\eta_\mathrm{M})+\cosh(\beta_{\mathrm{w}n}\eta_\mathrm{M})\right]}\right\}.
\end{aligned}
\tag{6.5.36}
$$

Dieser Fluss induziert in der gedachten Windung die Spannung

$$\underline{e} = -\mathrm{j}2\pi f_{2\lambda\nu'}\underline{\Phi}_{\mathrm{M}\lambda}. \tag{6.5.37}$$

Um das den Wirbelstrom erregende homogene Wechselfeld hervorzurufen, müsste in der gedachten Windung nach dem Durchflutungsgesetz ein Strom

$$\underline{i} = \frac{h''_\mathrm{M}}{\mu_\mathrm{M}}\underline{B}_{\mathrm{w}\lambda} \tag{6.5.38}$$

fließen, wobei μ_M die Permeabilität des permanentmagnetischen Abschnitts bezeichnet und die für die gedachte Windung magnetisch wirksame Höhe des permanentmagnetischen Abschnitts unter Einbeziehung des übrigen Magnetkreises als h''_M eingeführt wurde. Bei überschaubaren geometrischen Verhältnissen lässt sich eine weitgehend konstante Relation aus der Flussdichte B_δ im Luftspalt mit der magnetisch wirksamen Länge δ''_i und der Flussdichte B_M im gesamten permanentmagnetischen Abschnitt als

$$\frac{B_\delta}{B_\mathrm{M}} = k_{\sigma\mathrm{M}}\frac{A_\mathrm{M}}{A_\delta}$$

angeben, die durch die wirksamen Flächen A_δ des Luftspalts und A_M des permanentmagnetischen Abschnitts sowie ggf. unter Berücksichtigung von Streuung durch den Faktor $k_{\sigma\mathrm{M}} = \Phi_\delta/\Phi_\mathrm{M}$ bestimmt wird. Die Anwendung des Durchflutungsgesetzes liefert dann

$$i = \frac{h_\mathrm{M}}{\mu_\mathrm{M}}B_\mathrm{M} + \frac{\delta''_\mathrm{i}}{\mu_0}B_\delta,$$

und für die magnetisch wirksame Höhe des permanentmagnetischen Abschnitts folgt

$$h''_\mathrm{M} = h_\mathrm{M} + \delta''_\mathrm{i}\frac{\mu_\mathrm{M}}{\mu_0}\frac{B_\delta}{B_\mathrm{M}} = h_\mathrm{M} + \delta''_\mathrm{i}\frac{\mu_\mathrm{M}}{\mu_0}k_{\sigma\mathrm{M}}\frac{A_\mathrm{M}}{A_\delta}. \tag{6.5.39}$$

Damit lässt sich auch die Ungenauigkeit, die durch die in [41] getroffene Vereinfachung eines idealen magnetischen Rückschlusses für die Feldrückwirkung des Wirbelstroms entsteht, d. h. durch die Vernachlässigung der magnetischen Widerstände des Luftspalts und der ferromagnetischen Teile, auf einfache Weise korrigieren, indem die Hilfsgrößen ξ_{M} und $\underline{\beta}_n$ mit dem *vergrößerten Eindringmaß*

$$\tilde{\delta} = \frac{1}{\sqrt{\pi f_{2\lambda\nu'} \mu_{\mathrm{M}} \kappa_{\mathrm{M}} \frac{h_{\mathrm{M}}}{h''_{\mathrm{M}}}}} = \delta \sqrt{\frac{h''_{\mathrm{M}}}{h_{\mathrm{M}}}} \tag{6.5.40}$$

berechnet werden entsprechend

$$\xi_{\mathrm{M}} = \frac{b_{\mathrm{M}}}{\tilde{\delta}} = \frac{b_{\mathrm{M}}}{\delta} \sqrt{\frac{h_{\mathrm{M}}}{h''_{\mathrm{M}}}} \tag{6.5.41}$$

$$\begin{aligned} \underline{\beta}_n &= \beta_{\mathrm{w}n} + \mathrm{j}\beta_{\mathrm{b}n} = \sqrt{(2n+1)^2\pi^2 + \mathrm{j}2\frac{b_{\mathrm{M}}^2}{\tilde{\delta}^2}} \\ &= \sqrt{(2n+1)^2\pi^2 + \mathrm{j}2\frac{b_{\mathrm{M}}^2 h_{\mathrm{M}}}{\delta^2 h''_{\mathrm{M}}}}. \end{aligned} \tag{6.5.42}$$

Die Vergrößerung des wirksamen Eindringmaßes ergibt sich also analog zur Vergrößerung des wirksamen Eindringmaßes für die Stromverdrängung bei in Nuten eingebetteten massiven Leitern in Abhängigkeit vom Verhältnis aus Leiterbreite und Nutbreite bzw. zur Verminderung seines Kehrwerts α, wie sie z. B. als (5.3.14a), Seite 359, hergeleitet wurde. Mit ξ_{M} und $\underline{\beta}_n$ nach (6.5.41) bzw. (6.5.42) bleibt die Beziehung (6.5.36) für den resultierenden Fluss unverändert, und die Beziehung (6.5.35) gilt weiterhin, sofern dort anstelle von δ jeweils $\tilde{\delta}$ verwendet wird.

Mit (6.5.37) und (6.5.38) lässt sich dem Wirbelstrom im permanentmagnetischen (Teil-)Abschnitt die Impedanz

$$\underline{Z}_{\mathrm{M}\lambda} = -\frac{\underline{e}}{\underline{i}} = \mathrm{j}2\pi f_{2\lambda\nu'} \frac{\mu_{\mathrm{M}}}{h''_{\mathrm{M}}} \frac{\underline{\Phi}_{\mathrm{M}\lambda}}{\underline{B}_{\mathrm{w}\lambda}} = R_{\mathrm{M}\lambda} + \mathrm{j}2\pi f_{2\lambda\nu'} L_{\mathrm{M}\lambda} \tag{6.5.43}$$

zuordnen, und die Wirbelstromverluste im permanentmagnetischen (Teil-)Abschnitt ergeben sich aus denselben beiden Beziehungen zu

$$P_{\mathrm{vzM}\lambda} = \mathrm{Re}\left\{-\underline{E}\,\underline{I}^*\right\} = \frac{1}{2}\mathrm{Re}\left\{-\underline{e}\,\underline{i}^*\right\} = \pi f_{2\lambda\nu'} \frac{h''_{\mathrm{M}}}{\mu_{\mathrm{M}}} \hat{B}_{\mathrm{w}\lambda}^2 \mathrm{Im}\left\{-\frac{\underline{\Phi}_{\mathrm{M}\lambda}}{\underline{B}_{\mathrm{w}\lambda}}\right\}. \tag{6.5.44}$$

Die Rückwirkung der Wirbelströme auf das erregende Wechselfeld lässt sich mit (6.5.36) auch in Form eines *Felddämpfungsfaktors* des permanentmagnetischen Abschnitts als

$$\underline{d}_{\mathrm{M}\lambda} = \frac{\underline{\Phi}_{\mathrm{M}\lambda}}{l_{\mathrm{M}} b_{\mathrm{M}} \underline{B}_{\mathrm{w}\lambda}} \tag{6.5.45}$$

beschreiben, der angibt, wie stark das erregende Feld durch den Wirbelstrom in seiner Amplitude reduziert und in seiner Phasenlage verschoben wird (s. Bd. *Theorie elektrischer Maschinen*, Abschn. 1.9.3). Bei Speisung einer permanenterregten Synchronmaschine durch einen spannungseinprägenden Frequenzumrichter hat dies zur Folge, dass die für die eingeprägten Spannungsoberschwingungen wirksame Impedanz reduziert wird und entsprechend die Stromoberschwingungen und somit auch die zusätzlichen Stromwärmeverluste in der Ständerwicklung (s. Abschn.

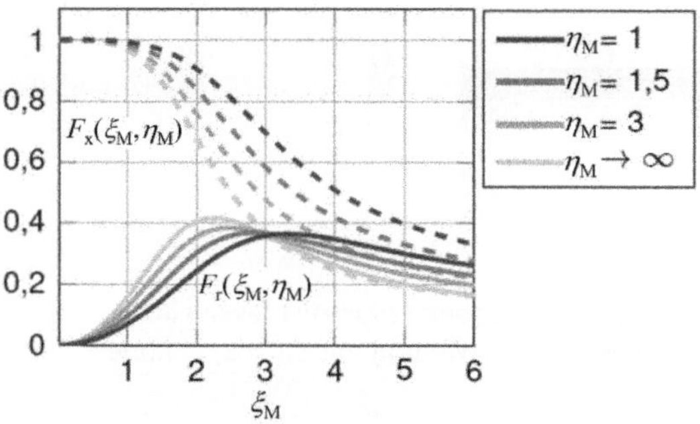

Bild 6.5.9 Normierter Widerstand F_r und normierte Reaktanz F_x in Abhängigkeit vom Verhältnis aus Abschnittsbreite und wirksamem Eindringmaß ξ_M für verschiedene Verhältnisse von Länge und Breite des (Teil-)Abschnitts η_M nach [41]

6.5.2) steigen. Mit zunehmender Feldrückwirkung durch den Wirbelstrom in den Permanentmagneten steigt dann auch der Anteil des Streuflusses am eingeprägten Oberschwingungsfluss, und der Oberschwingungs-Hauptfluss sinkt. Damit ist das erregende Wechselfeld $B_{w\lambda}$ auch im Fall eines spannungseinprägenden Frequenzumrichters keineswegs konstant, sondern es nimmt mit zunehmender Feldrückwirkung ab.

Bild 6.5.9 zeigt, wie sich der Wirk- und der Blindanteil der dem permanentmagnetischen Abschnitt zugeordneten Impedanz nach (6.5.43) abhängig von den Verhältnissen ξ_M und η_M und damit abhängig von den geometrischen Relationen und der Frequenz verändern. Dazu wurden beide Anteile auf die ohne Rückwirkung des Wirbelstroms wirksame Reaktanz der gedachten Windung

$$X_{0\lambda} = 2\pi f_{2\lambda\nu'} L_0 = 2\pi f_{2\lambda\nu'} \frac{\mu_M}{h''_M} l_M b_M \tag{6.5.46}$$

normiert entsprechend

$$F_r(\xi_M, \eta_M) = \frac{R_{M\lambda}}{X_{0\lambda}} \tag{6.5.47a}$$

$$F_x(\xi_M, \eta_M) = \frac{2\pi f_{2\lambda\nu'} L_{M\lambda}}{X_{0\lambda}}. \tag{6.5.47b}$$

Während die normierte Reaktanz mit wachsendem Verhältnis $\xi_M = b_M/\tilde{\delta}$, d. h. mit wachsender Frequenz, kontinuierlich sinkt, besitzt der normierte Widerstand ein Maximum bei $\xi_M = 2 \dots 3$ und verringert sich wieder, wenn das Eindringmaß bei steigender Frequenz auf unter ca. 1/3 der Breite des permanentmagnetischen (Teil-) Abschnitts sinkt.

Eine Segmentierung des permanentmagnetischen Abschnitts in gegeneinander isolierte Teilabschnitte führt somit für $\xi_M \leq 2 \dots 3$ stets zu einer Reduzierung des normierten Widerstands und damit zu einer Verringerung der Wirbelstromverluste. Für $\xi_M \geq 3$, d. h. bei in Relation zur Abschnittsbreite geringem Eindringmaß und somit hoher Rückwirkung des Wirbelstroms auf das erregende Feld wie im Bild 6.5.10b, bewirken die in x-Richtung verlaufenden Teile des Wirbelstrompfads dagegen eine Erhöhung des normierten Widerstands. Eine weitere Segmentierung des permanentmagnetischen Abschnitts kann in diesem Fall abhängig von der

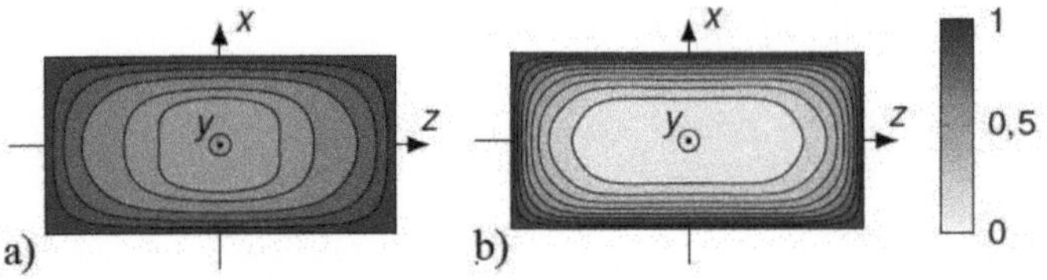

Bild 6.5.10 Wirbelstrombahnen und Betrag der bezogenen Flussdichteverteilung $B_{M\lambda}(x,z)/B_{w\lambda}$ für $\eta_M = 2$ nach [41]. a) Mittlere Feldrückwirkung mit $\xi_M = 3$; b) hohe Feldrückwirkung mit $\xi_M = 6$

Streuung der Ständerwicklung sogar eine Erhöhung der Wirbelstromverluste in den Permanentmagneten zur Folge haben; die zusätzlichen Stromwärmeverluste durch Oberschwingungen in der Ständerwicklung nehmen durch eine Segmentierung der permanentmagnetischen Abschnitte aber in jedem Fall ab. Für $\xi_M \approx 3$ hat η_M, d. h. das Verhältnis aus Breite und axialer Länge der (Teil-)Abschnitte, praktisch keinen Einfluss auf den normierten Widerstand.

Diese Überlegungen zeigen, dass die Berechnung der Wirbelstromverluste in permanentmagnetischen Abschnitten und die Entscheidung, in welchem Maße deren Segmentierung erforderlich oder überhaupt sinnvoll ist, neben einer Kenntnis von Frequenzen und Amplituden der erregenden Wechselfelder die Einbeziehung aller geometrischen, magnetischen und elektrischen Eigenschaften erfordert. Sofern das erregende Wechselfeld nicht homogen ist, wie dies z. B. für eine Oberflächenanordnung der permanentmagnetischen Abschnitte zutrifft, oder wenn auf dem Läufer weitere elektrisch leitfähige Komponenten vorhanden sind, in denen sich ebenfalls Wirbelströme ausbilden können, ist eine geschlossene analytische Lösung des Feldproblems im permanentmagnetischen Abschnitt deutlich aufwendiger, aber grundsätzlich ebenfalls möglich [42]. Alternativ kann auf numerische Berechnungsverfahren zurückgegriffen werden, bei denen allerdings Einflüsse durch anisotrope oder inhomogene Eigenschaften der Werkstoffe oder deren Hystereseverhalten oft ebenfalls nicht oder nur näherungsweise berücksichtigt werden, so dass die Berechnungsergebnisse trotz des hohen Modellierungsaufwands und hoher Rechenzeit ähnliche Ungenauigkeiten aufweisen können wie wie eine analytische Lösung.

Im häufig vorliegenden Fall, dass das die Wirbelströme erregende Wechselfeld vor allem durch die Oberschwingungen eines spannungseinprägenden Frequenzumrichters hervorgerufen wird, stellen die Wirbelstromverluste in Permanentmagneten vor allem lastunabhängige zusätzliche Verluste dar.

6.5.5 Quellen weiterer zusätzlicher Verluste

Ohne Anspruch auf Vollständigkeit sollen im Folgenden weitere Quellen zusätzlicher Verluste aufgezeigt werden:

- Ummagnetisierungsverluste in unmittelbar an den Rücken von Induktions- oder Synchronmaschinen anliegenden Gehäusen,
- Verluste durch Wirbelströme in tragenden oder abdeckenden Konstruktionsteilen,
- Verluste durch Ausgleichsströme innerhalb von Dreieckschaltungen und innerhalb paralleler Zweige (s. Bd. *Theorie elektrischer Maschinen*, Abschn. 1.9.5),

- Verluste durch Schlingströme innerhalb von Teilleitern bei Drahtwicklungen mit aus technologischen Gründen parallelen Leitern (s. dazu auch Einleitung von Abschn. 5.3.3, S. 367),
- Verluste durch vom Feld im Stirnraum von Synchronmaschinen hervorgerufene Schlingströme zwischen den Teilleitern und durch Wirbelströme in den Teilleitern im Wicklungskopf (für Berechnungsverfahren s. [43]),
- Verluste durch Wirbelströme innerhalb der Leiter im Nutgebiet durch das parallel zum Feld in den Zähnen verlaufende Zahnentlastungsfeld in den Nuten,
- Verluste durch Wirbelströme in den das Blechpaket abschließenden Druckplatten, hervorgerufen durch das Feld im Stirnraum (für Berechnungsverfahren s. [44]),
- Verluste durch Wirbelströme in den Deckblechen radialer Kühlkanäle (für Berechnungsverfahren s. [33]),
- Stromverdrängungsverluste in massiv ausgeführten Verbindungen im Wicklungskopf,
- Stromverdrängungsverluste in den Hohlleitern direkt flüssigkeitsgekühlter Wicklungen,
- Verluste durch die Nutungsoberwellen des Luftspaltfelds im Kurzschlusskäfig von Induktions- oder Synchronmaschinen,
- Verluste durch Querströme über das Blechpaket bei der üblicherweise fehlenden Isolierung der Stäbe von Induktionsmaschinen, insbesondere bei ausgeführter Schrägung,
- Ummagnetisierungsverluste durch die dritte Harmonische des Ankerfelds bei Schenkelpol-Synchronmaschinen, die aus dem Zusammenwirken der Hauptwelle der Durchflutung mit der ersten Leitwertswelle der Polform aufgrund der Pollücken entsteht,
- Verluste durch den Gleichtaktstrom bei Induktions- oder Synchronmaschinen, die aus Frequenzumrichtern mit hohem Gradienten der Ausgangsspannung gespeist werden,
- Kommutierungsverluste bei Gleichstrommaschinen.

6.6 Wärmeabführung

Zur Erwärmung einer elektrischen Maschine tragen in erster Linie die Verluste im Aktivteil und die mechanischen Verluste bei. Bei Maschinen, die direkter Sonnenstrahlung ausgesetzt sind, muss ggf. auch der Wärmeeintrag über diese Wärmestrahlung berücksichtigt werden.

Durch Kühlung muss erreicht werden, dass die durch die Verluste verursachten Erwärmungen bestimmte Grenzwerte nicht überschreiten, die vom eingesetzten Isoliersystem und von den Betriebsbedingungen abhängen (s. Bd. *Grundlagen elektrischer Maschinen*, Abschn. 2.5.2). Die Verluste können grundsätzlich durch Wärmeleitung, Konvektion oder Wärmestrahlung an die Umgebung abgeführt werden, wobei in der Regel Konvektion die größte Bedeutung besitzt. Die zugrundeliegenden physikalischen Mechanismen werden in der Thermodynamik und für Konvektion auch in der Strömungsmechanik behandelt. Zu diesen komplexen

Teilgebieten der Ingenieurwissenschaften existiert umfangreiche Spezialliteratur. Einen guten Überblick bietet z. B. [45].

Eine detaillierte Vorausberechnung der Temperaturverteilung in elektrischen Maschinen erfordert eine gekoppelte Lösung des dreidimensionalen Wärmeleitungsproblems und der dreidimensionalen Strömungen innerhalb und außerhalb der Maschine sowie in den ggf. vorhandenen Wärmetauschern. Grundsätzlich ist dies heute mit numerischen Verfahren möglich, z. B. durch Kopplung eines dreidimensionalen Finite-Elemente-Modells für die Wärmeleitung mit einem CFD-Verfahren (CFD = computational fluid dynamics) für die Strömungssimulation. Ungeachtet des sehr hohen Zeitaufwand für die Modellbildung und die Simulation selbst ist die Aussagekraft der Simulationsergebnisse aber eingeschränkt durch die nicht genau bekannten Wärmeübergänge zwischen Wicklung und Blechpaket, durch die aus strömungsmechanischer Sicht komplizierte Geometrie im Inneren der Maschine und durch die oft mangelnde Kenntnis strömungsmechanisch wichtiger geometrischer Details wie der Kantenradien an strömungsmechanischen Engstellen.

Da eine ausführliche Darstellung des Themas im Rahmen des vorliegenden Buchs kaum möglich ist, beschränken sich die folgenden Ausführungen auf die Darstellung grundlegender physikalischer Zusammenhänge und der für die Berechnungspraxis elektrischer Maschinen wichtigen Hilfsmittel z. B. in Form von Wärmequellen-Ersatzschaltbildern.

6.6.1 Kühlungskonzepte

Der Kühlungsmechanismus elektrischer Maschinen funktioniert in der Regel derart, dass die Verlustwärme durch Wärmeleitung an die Oberfläche der isolierten Spulen bzw. des Blechpakets oder des Gehäuses gelangt und von dort auf ein *Kühlmittel* übertragen wird. Dieses Kühlmittel kann die Verluste direkt an die Umgebung abführen (sog. primäres Kühlmittel), oder es überträgt sie als Zwischenkühlmittel in einem Wärmetauscher auf ein sekundäres Kühlmittel. Als Kühlmittel bei rotierenden elektrischen Maschinen dienen in erster Linie Luft und Wasser. Mitunter werden aber auch andere Gase benutzt, z. B. Wasserstoff bei großen Vollpol-Synchrongeneratoren.

Die Kühlarten rotierender elektrischer Maschinen können nach DIN EN IEC 60034-6 mit dem IC-Code (für **I**nternational **C**ooling) durch eine Kombination aus Buchstaben und Ziffern beschrieben werden, die den primären und den sekundären Kühlkreis kennzeichnen. Die Varianten sind dabei so zahlreich, dass sie nur unter Zuhilfenahme der Norm dechiffrierbar sind (s. auch Bd. *Grundlagen elektrischer Maschinen*, Abschn. 2.5.4). Im allgemeinen Sprachgebrauch unterscheidet man

Innenkühlung, bei der die Wärme an die die Maschine durchströmende Kühlluft abgegeben wird, welche sich ständig erneuert,

Oberflächenkühlung, bei der die Wärme von der Oberfläche der geschlossenen Maschine an das Kühlmittel abgegeben wird,

Kreislaufkühlung, bei der die Wärme über ein Zwischenkühlmittel aus dem Aktivteil abgeführt wird, das die Maschine und den Wärmetauscher im Kreislauf durchströmt.

Die gewählte Kühlart hat wesentlichen Einfluss auf den erzielbaren Ausnutzungsfaktor der Maschine (s. Abschn. 9.1, S. 526).

Wenn das Kühlmittel nur an die Oberflächen der isolierten Wicklungen, der Blechpakete oder des Gehäuses herangeführt wird, so spricht man von *indirekter Kühlung*. Bei der *direkten Leiterkühlung* wird das Kühlgas oder die Kühlflüssigkeit durch Hohlräume der Leiter gepresst. Da das Verhältnis von Oberfläche zu Volumen bei allen geometrischen Körpern mit zunehmender Größe kleiner und somit für die Kühlung ungünstiger wird, liegt das Einsatzfeld der direkten Leiterkühlung im Bereich der Grenzleistungsmaschinen, d. h. großer Vollpol-Synchrongeneratoren und großer Wasserkraftgeneratoren.

Nach dem Zustandekommen lässt sich die Kühlung auch einteilen in:

Selbstkühlung, bei der die Maschine ohne Verwendung eines Lüfters durch natürliche Konvektion und ggf. durch Wärmestrahlung oder Wärmeleitung gekühlt wird. Diese Art der Kühlung ist nur wirtschaftlich anwendbar bei kleinen Maschinen, bei denen das Verhältnis von Oberfläche zu Volumen groß ist, z. B. bei Webstuhlmotoren für die Textilindustrie, bei denen wegen des Faserflugs Luftbewegungen unerwünscht sind. Weitere Beispiele sind kleine Maschinen, die an größere Körper angeflanscht sind und die Wärme so durch Wärmeleitung abführen können, oder Rollgangsmotoren in Walzwerken (s. Bd. *Grundlagen elektrischer Maschinen*, Unterabschn. 5.13.5b).

Eigenkühlung, bei der die Kühlluft durch einen am Läufer angebrachten oder von ihm angetriebenen Lüfter bewegt wird. Die Eigenkühlung stellt die häufigste Methode zur Kühlung elektrischer Maschinen dar. Bei drehzahlveränderbaren Motoren mit Eigenkühlung ist zu beachten, dass die vom Lüfter geförderte Kühlluftmenge mit abnehmender Drehzahl stark sinkt, so dass sich Eigenkühlung nur für drehzahlvariable Pumpen- oder Lüfterantriebe eignet, bei denen das Lastmoment und damit die Verlustleistung des Motors mit der Drehzahl ebenfall stark sinken.

Fremdkühlung, bei der entweder die Kühlluft durch ein Lüfterrad bewegt wird, das nicht von der Welle der Maschine angetrieben wird, oder die Maschine anstelle von Luft durch ein anderes fremdbewegtes Kühlmittel gekühlt wird, z. B. die Kühlflüssigkeit bei einer Wassermantelkühlung. Fremdkühlung setzt man vorzugsweise bei Antrieben ein, deren Drehzahl in einem sehr weiten Bereich gestellt wird, oder dort, wo eine Kühlmittelbewegung auf andere Art nicht realisierbar ist.

Für die Kühlluftführung haben sich bei rotierenden elektrischen Maschinen eine Vielzahl von Varianten durchgesetzt, welche auch in Zusammenhang stehen mit den Schutzarten (s. Bd. *Grundlagen elektrischer Maschinen*, Abschn. 2.3.4 u. 2.5.4). Man muss zwischen rein axialen, gemischt axial-radialen und rein radialen Kühlluftführungen unterscheiden. Axial sind einseitige und zweiseitige Luftführungen üblich. Bei Synchronmaschinen mit massivem Vollpolläufer folgen axial oft auch mehrere Bereiche mit radial aus dem Ständerrücken austretender Warmluft und radial in den Ständerrücken eintretender Kaltluft im Wechsel aufeinander. Je nach Konstruktion

Tabelle 6.6.1 Richtwerte für Stoffkenngrößen bei 20 °C

	ρ kg/m³	c J/(kg K)	κ MS/m	λ_{th} W/(m K)	η_{dyn} μPa·s
Kupfer	8900	382	58	390	
Aluminium	2700	900	37	230	
Elektroblech	7600	440	2	25	
Stahl	7700	470	4	46	
Wasser	1000	4180			1001 ...354*
Luft (trocken, konst. Druck)	1,2	1010			18,2
Wasserstoff	0,09	14 300			8,4

* für 20 °C ...80 °C

erfolgt die Durchströmung der Aktivteile rotationssymmetrisch oder auch nicht. Das Kühlmittel kann durch radiale oder durch axiale Laufräder bewegt werden.

Bei der Bemessung der Kühlung spielt der erforderliche *Volumenstrom des Kühlmittels* $\dot{V}_K$ eine wichtige Rolle. Er lässt sich aus der abzuführenden Gesamtverlustleistung P_v, der spezifischen Wärmekapazität c_K und der Dichte ρ_K des Kühlmittels und der als zulässig vorgegebenen Aufheizung des Kühlmittels $\Delta\vartheta_K$ mittels

$$\dot{V}_K = \frac{P_v}{c_K \rho_K \Delta\vartheta_K} \tag{6.6.1}$$

berechnen. Richtwerte für die Erwärmung des Kühlmittels sind $\Delta\vartheta_K = 8$ K für Kühlwasser und $\Delta\vartheta_K = 30$ K für Luft als primäres Kühlmittel innengekühlter oder kreislaufgekühlter Maschinen. Eine Übersicht wichtiger *Stoffkenngrößen* zeigt Tabelle 6.6.1.

6.6.2 Erwärmung eines homogenen Körpers

Im Folgenden werden die Grundgleichungen der Erwärmung eines homogenen Körpers zusammengestellt. Elektrische Maschinen dürfen im strengen Sinn natürlich nicht als *Einkörperproblem* behandelt werden, bei dem eine einheitliche Temperatur des gesamten Körpers unterstellt wird. Die im Folgenden entwickelten Beziehungen reichen aber aus, um sich für viele praktisch wichtige Vorgänge einen Überblick zu verschaffen.

Solange der thermische Beharrungszustand $\mathrm{d}\vartheta/\mathrm{d}t = 0$ nicht erreicht ist, teilt sich die auftretende Verlustwärme in die in dem Körper gespeicherte Wärmeenergie und die an das Kühlmittel abgegebene Energie auf. Dieser Vorgang wird durch die aus einer Energiebilanz abgeleitete Differentialgleichung

$$P_v \mathrm{d}t = C_{th} \mathrm{d}(\Delta\vartheta) + A\alpha_{th} \Delta\vartheta \mathrm{d}t \tag{6.6.2}$$

beschrieben. Dabei bezeichnet $\Delta\vartheta$ die Übertemperatur des Körpers gegenüber dem Kühlmittel, $C_{th} = mc$ die Wärmekapazität des Körpers mit der Masse m und α_{th} den an der kühlenden Oberfläche A wirksamen Wärmeübergangskoeffizienten. Sofern die Verlustleistung $P_v \neq f(t)$ konstant ist und die (meist geringen) Temperaturabhängigkeiten der spezifischen Wärmekapazität und des Wärmeübergangskoeffizienten vernachlässigt werden, sind alle Koeffizienten der Differentialgleichung konstant. Sie besitzt dann die Lösung

$$\Delta\vartheta = \Delta\vartheta_\infty \left(1 - \mathrm{e}^{-\frac{t}{T_{th}}}\right). \tag{6.6.3}$$

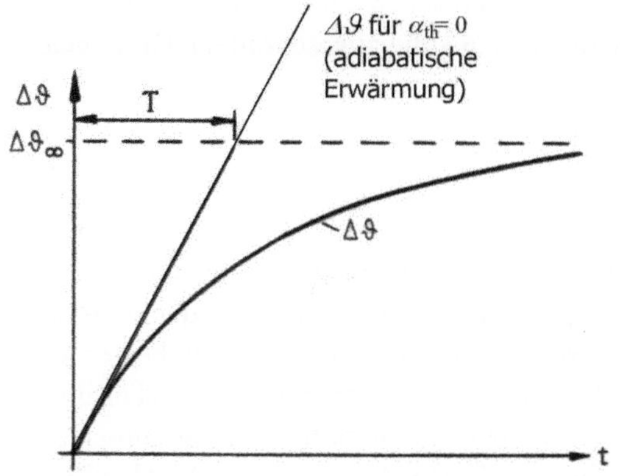

Bild 6.6.1 Erwärmungsvorgang bei einem Einkörperproblem

Die Übertemperatur strebt nach einer Exponentialfunktion mit der *thermischen Zeitkonstanten*

$$T_{\text{th}} = \frac{C_{\text{th}}}{\alpha_{\text{th}} A} \tag{6.6.4}$$

auf die Beharrungs-Übertemperatur

$$\Delta\vartheta_{\infty} = \vartheta_{\infty} - \vartheta_{\text{K}} = \frac{P_{\text{v}}}{\alpha_{\text{th}} A} \tag{6.6.5}$$

zu (s. Bild 6.6.1). Sofern die Verlustleistung nicht konstant ist, sondern sich aufgrund wechselnder Betriebszustände gemäß $P_{\text{v}} = f(t)$ zeitlich ändert, kann keine geschlossene Lösung der Differentialgleichung (6.6.2) angegeben werden. Der interessierende Zeitverlauf der Übertemperatur lässt sich dann durch numerische Integration der zu

$$\frac{\mathrm{d}\,(\Delta\vartheta)}{\mathrm{d}t} = \frac{P_{\text{v}}}{C_{\text{th}}} - \frac{A\alpha_{\text{th}}}{C_{\text{th}}}\Delta\vartheta \tag{6.6.6}$$

umgestellten Beziehung (6.6.2) gewinnen. Die Erwärmungszeitkonstanten liegen bei elektrischen Maschinen im Leistungsbereich zwischen 10 kW und 10 000 kW in der Größenordnung von 10 bis 20 min für die Ständerwicklung und von 1 bis 8 h für die gesamte Maschine.

Wenn bei einem Erwärmungsvorgang keine Energie an das Kühlmittel abgegeben wird ($\alpha_{\text{th}} = 0$), liegt eine *adiabatische Erwärmung* vor. Die Übertemperatur steigt dann entsprechend

$$\Delta\vartheta = \frac{P_{\text{v}}}{C_{\text{th}}} t \tag{6.6.7}$$

linear mit der Zeit an. Für einen Leiter mit der Länge l_{L}, der Querschnittsfläche A_{L} und der elektrischen Leitfähigkeit κ_{L} ergibt sich bei der Stromdichte $S = I/A_{\text{L}}$ die Verlustleistung nach (6.3.18) mit (6.3.5), Seite 386, zu

$$P_{\text{vw}} = RI^2 = \frac{l_{\text{L}}}{\kappa_{\text{L}} A_{\text{L}}} I^2 = \frac{l_{\text{L}} A_{\text{L}}}{\kappa_{\text{L}}} S^2 \tag{6.6.8}$$

und daraus die Übertemperatur zu

$$\Delta\vartheta = \frac{l_{\text{L}} A_{\text{L}}}{\kappa_{\text{L}} m_{\text{L}} c_{\text{L}}} S^2 t = \frac{S^2}{c_{\text{L}} \rho_{\text{L}} \kappa_{\text{L}}} t. \tag{6.6.9}$$

Für betriebswarmes Kupfer mit $\varkappa_L = 46$ MS/m lässt sich daraus mit der Dichte und der spezifischen Wärmekapazität aus Tabelle 6.6.1 die zugeschnittene Größengleichung

$$\Delta\vartheta = \frac{1}{156}\left(\frac{S}{\mathrm{A/mm^2}}\right)^2 \frac{t}{\mathrm{s}}\,\mathrm{K} \tag{6.6.10}$$

ableiten.

Die Anlaufzeit größerer elektrischer Antriebe liegt meist im Bereich zwischen 5 s und 10 s. In dieser kurzen Zeitspanne spielt die Wärmeabgabe von der Wicklung an das Kühlmittel oft noch keine große Rolle. Anlaufvorgänge können daher näherungsweise adiabatisch behandelt werden. Zudem sinkt der Ständerstrom bei einem Anlauf am Netz fester Spannung und Frequenz während nahezu des gesamten Anlaufs kaum gegenüber dem Wert im Stillstand ab. Mit (6.6.10) lässt sich daher leicht die Übertemperatur einer Ständerwicklung am Ende eines Anlaufvorgangs oder die Temperaturzunahme bei kurzzeitiger Überlast abschätzen. Wenn bei einem Induktionsmotor die Stromdichte bei Bemessungsstrom beispielsweise $S = 3{,}5\ \mathrm{A/mm^2}$ und der relative Anzugsstrom $I_a/I_N = 5{,}5$ betragen, so erwärmt sich die Ständerwicklung während eines Anlaufs der Dauer $t_a = 10$ s lediglich um näherungsweise $\Delta\vartheta = 24$ K. Die Übertemperatur der Läuferwicklung beim Anlauf, die vor allem durch das zu beschleunigende Massenträgheitsmoment und das Widerstandsmoment der Arbeitsmaschine bestimmt wird (s. Bd. *Grundlagen elektrischer Maschinen*, Abschn. 5.7.1.9), übersteigt in der Regel die Übertemperatur der Ständerwicklung.

6.6.3 Wärmewiderstände bei Wärmeleitung, Konvektion und Wärmestrahlung

Als Vorbereitung auf die Einführung von Wärmequellen-Ersatzschaltbildern im Abschnitt 6.6.4.2 sollen im Folgenden die den Wärmetransport beschreibenden Parameter kurz dargestellt werden.

Unter *Wärmeleitung* wird im Zusammenhang mit elektrischen Maschinen der Wärmefluss in einem Feststoff infolge eines Temperaturunterschieds verstanden. Er lässt sich durch die Einführung von Wärmewiderständen als Verhältnis von Temperaturunterschied $\Delta\vartheta$ und Wärmestrom P_{th} beschreiben. In Analogie zum elektrischen Widerstand gemäß (6.3.5) gilt für den Wärmeleitwiderstand $R_{th\,l}$ eines homogenen Festkörpers der Länge l, der Querschnittsfläche A und der Wärmeleitfähigkeit λ_{th} (s. Tab. 6.6.1)

$$R_{th\,l} = \frac{\Delta\vartheta}{P_{th}} = \frac{l}{\lambda_{th}A}. \tag{6.6.11}$$

Berechnungsvorschriften für kompliziertere Geometrien werden in [45] oder [39] angegeben.

Konvektion bezeichnet im Zusammenhang mit elektrischen Maschinen den Wärmeübergang von einem Festkörper zu einem Fluid, d. h. zu einem Kühlgas oder einer Kühlflüssigkeit. Dabei wird natürliche Konvektion, hervorgerufen durch den Auftrieb des sich erwärmenden Fluids, von erzwungener Konvektion unterschieden, bei der das Fluid durch eine Pumpe oder ein Lüfterrad in Bewegung gehalten wird. Analog zur Wärmeleitung lässt sich auch für Konvektion ein Wärmewiderstand der Form

$$R_{\text{th k}} = \frac{\Delta\vartheta}{P_{\text{th}}} = \frac{1}{\alpha_{\text{th k}} A} \qquad (6.6.12)$$

einführen. Allerdings lassen sich für die Berechnung des Wärmeübergangskoeffizienten $\alpha_{\text{th k}}$ bei Konvektion keine einfachen Beziehungen angeben, denn dieser ist von zahlreichen Parametern abhängig, wobei diese Abhängigkeiten teils stark nichtlinear sind. Zu diesen Parametern gehören neben der spezifischen Wärmekapazität, der Wärmeleitfähigkeit, der Dichte und der Viskosität des Fluids vor allem dessen Druck, Temperatur und Strömungsgeschwindigkeit. Zudem ist wichtig, ob das Fluid laminar oder turbulent strömt, was nicht nur von den bereits genannten Parametern, sondern auch von der Form und der Beschaffenheit der Oberfläche des Festkörpers abhängt, d. h. des Kühlkanals oder der Gehäuseoberfläche. In [46] werden u. a. Näherungen in Form zugeschnittener Größengleichungen genannt für den Fall natürlicher Konvektion eines horizontal angeordneten Zylinders ohne Rippen mit dem Durchmesser D in Luft als

$$\alpha_{\text{th k}} \approx 1{,}32 \left(\frac{\Delta\vartheta/\text{K}}{D/\text{m}}\right)^{0{,}25} \frac{\text{W}}{\text{m}^2\text{K}} \qquad (6.6.13)$$

und für den Fall erzwungener Konvektion durch Luft der Geschwindigkeit v_{luft} bei einem Gehäuse der Länge l als

$$\alpha_{\text{th k}} \approx 3{,}89 \sqrt{\frac{v_{\text{luft}}/(\text{m/s})}{l/\text{m}}} \frac{\text{W}}{\text{m}^2\text{K}}. \qquad (6.6.14)$$

Für den Wärmeübergangskoeffizienten zwischen den Blechpaketen von Ständer und Läufer und der Luft im Luftspalt kann jeweils die Näherung

$$\alpha_{\text{th k}} \approx \frac{\lambda_{\text{th}}\text{Nu}}{\delta} \qquad (6.6.15)$$

verwendet werden. Dabei bezeichnet δ wie üblich die Luftspaltlänge und λ_{th} die Wärmeleitfähigkeit des Gases im Luftspalt (s. Tab 6.6.1). Der Wert der Nußelt-Zahl Nu hängt stark von der Art der Strömung ab, d. h. davon, ob diese laminar oder turbulent ist. Nach [47] gilt

$$\left.\begin{array}{lll} \text{Nu} = 2 & \text{für } \text{Ta}_{\text{mod}} < 1700 & \text{(laminare Strömung)} \\ \text{Nu} = 0{,}128\,\text{Ta}_{\text{mod}}{}^{0{,}367} & \text{für } 1700 \leq \text{Ta}_{\text{mod}} < 10^4 & \\ \text{Nu} = 0{,}409\,\text{Ta}_{\text{mod}}{}^{0{,}241} & \text{für } 10^4 \leq \text{Ta}_{\text{mod}} < 10^7 & \end{array}\right\} \qquad (6.6.16)$$

mit der modifizierten Taylor-Zahl

$$\text{Ta}_{\text{mod}} \approx \text{Ta} = \frac{(2\pi n)^2 r_{\text{m}} \rho^2 \delta^3}{\eta_{\text{dyn}}^2}. \qquad (6.6.17)$$

Dabei bezeichnet n wie üblich die Drehzahl, r_{m} den mittleren Radius des Luftspalts und ρ bzw. η_{dyn} die Dichte bzw. die dynamische Viskosität des Gases im Luftspalt (s. Tab. 6.6.1).

Unter *Wärmestrahlung* wird der Wärmeaustausch zwischen Körpern verschiedener Temperatur mittels elektromagnetischer Wellen im Infrarotbereich verstanden.

Der von einem Körper mit der abstrahlenden Oberfläche A bei der absoluten Temperatur T abgegebene Wärmestrom wird dabei durch die Stefan-Boltzmann-Gleichung

$$P_{\text{th}} = \varepsilon_{\text{th}}\sigma_{\text{SB}}AT^4 \qquad (6.6.18)$$

beschrieben. Dabei ist

$$\sigma_{\text{SB}} = 5,67 \cdot 10^{-8}\,\frac{\text{W}}{\text{m}^2\text{K}^4} \qquad (6.6.19)$$

die Stefan-Boltzmann-Konstante und ε_{th} der temperaturabhängige Emissionsgrad der Oberfläche, der bei einem idealen schwarzen Strahler $\varepsilon_{\text{th}} = 1$ beträgt. Für den resultierenden Wärmestrom muss allerdings auch die Rückstrahlung der Umgebung berücksichtigt werden, so dass man für den von einer elektrischen Maschine an ihre Umgebung durch Wärmestrahlung resultierend abgegebenen Wärmestrom mit

$$P_{\text{th}} = \varepsilon_{\text{th res}}\sigma_{\text{SB}}A\left(T^4 - T_{\text{u}}^4\right) \qquad (6.6.20)$$

rechnet mit dem resultierenden Emissionsgrad für grau lackierte Metalloberflächen $\varepsilon_{\text{th res}} \approx 0{,}85$. Analog zur Wärmeleitung und zur Konvektion lässt sich auch für Wärmestrahlung ein thermischer Widerstand als

$$R_{\text{th s}} = \frac{\Delta\vartheta}{P_{\text{th}}} = \frac{T - T_{\text{u}}}{\varepsilon_{\text{th res}}\sigma_{\text{SB}}A\left(T^4 - T_{\text{u}}^4\right)} = \frac{1}{\alpha_{\text{th s}}A} \qquad (6.6.21)$$

einführen. Für den Wärmeübergangskoeffizienten durch Wärmestrahlung gilt damit

$$\alpha_{\text{th s}} = \varepsilon_{\text{th res}}\sigma_{\text{SB}}A\frac{T^4 - T_{\text{u}}^4}{T - T_{\text{u}}}, \qquad (6.6.22)$$

und mit $\varepsilon_{\text{th res}} \approx 0{,}85$, der Umgebungstemperatur $T_{\text{u}} = 293$ K entsprechend 20 °C sowie einer Oberflächentemperatur der Maschine $T = 333$ K entsprechend 60 °C erhält man den Richtwert

$$\alpha_{\text{th s}} \approx 6\frac{\text{W}}{\text{m}^2\text{K}}.$$

6.6.4 Vorausberechnung der Übertemperatur

6.6.4.1 Serienprodukte

Bei der Vorausberechnung der Wicklungstemperatur elektrischer Maschinen muss man unterscheiden zwischen der Auftragsabwicklung von in größeren Stückzahlen gefertigten Maschinen und grundlegenden Neuentwicklungen. Eine Vorausberechnung von Maschinenvarianten innerhalb einer Baureihe mit im Grundsatz feststehendem Kühlungskonzept nutzt in erster Linie gemessene Übertemperaturen von bereits ausgeführten Maschinen derselben Baureihe als Grundlage. Die erwartete Übertemperatur der im Einzelfall betrachteten Maschine wird aus diesen Messwerten unter Beachtung der veränderten Verluste im Grundsatz nach

$$\Delta\vartheta_\infty = \vartheta_\infty - \vartheta_{\text{K}} = \frac{P_{\text{v}}^*}{\alpha_{\text{th}}A} = \Delta\vartheta_{\infty\,\text{bek}}\frac{P_{\text{v}}^*}{P_{\text{v bek}}^*}\frac{A_{\text{bek}}}{A} \qquad (6.6.23)$$

umgerechnet, wobei die der bereits ausgeführten Maschine zugehörigen Werte durch den Index bek gekennzeichnet wurden. Je nach Kühlungsart werden für die Größe P_{v}^* anstelle der tatsächlichen Verluste sog. *bewertete Verluste* eingesetzt, die sich mit aus der Erfahrung gewonnenen Gewichtungen aus den Stromwärmeverlusten der betrachteten Wicklung und den übrigen Verlustanteilen zusammensetzen. Beispielsweise wird bei oberflächengekühlten Induktionsmotoren ohne Innenluftkreislauf zur Abschätzung der Übertemperatur der Ständerwicklung als bewertete Verluste

$$P_{\mathrm{v}}^{*} = 2P_{\mathrm{vw1}} + P_{\mathrm{vw2}} + P_{\mathrm{vu}} + P_{\mathrm{vz}} \tag{6.6.24}$$

verwendet, da die Wicklungsverluste einen größeren Einfluss auf die Übertemperatur der Wicklung nehmen als die übrigen Verlustanteile.

6.6.4.2 Großmaschinen und Temperaturverläufe bei nicht konstanter Verlustleistung

Für die Dimensionierung von nicht in größeren Stückzahlen gefertigten Maschinen, insbesondere von Großmaschinen, muss sich die Vorausbestimmung der Übertemperaturen in zwei Schritten vollziehen, nämlich der Berechnung der Verteilung des Kühlmittels auf die einzelnen Maschinenteile und darauf aufbauend der eigentlichen Erwärmungsrechnung. Diese Vorgehensweise ist notwendig, weil die Menge und die Geschwindigkeit des Kühlmittels an einer bestimmten Stelle den dort herrschenden Wärmeübergangskoeffizienten bestimmen. Zur Ermittlung der Mengen und Geschwindigkeiten des Kühlmittels müssen neben den nichtlinearen Druck-Volumen-Kennlinien der aktiven Elemente, d. h. der Lüfter, auch die ebenfalls nichtlinearen passiven Druck-Volumen-Kennlinien der einzelnen Strömungswege im Inneren der Maschine bekannt sein. Je nachdem, wie genau dies der Fall ist, lässt sich ein *Strömungsersatzschaltbild* mit nichtlinearen aktiven und passiven Zweipolen entwickeln. Da die geometrischen Verhältnisse in einer elektrischen Maschine nur selten in Einklang stehen mit den Modellvorstellungen der Strömungslehre, müssen die Elemente des Strömungsersatzschaltbilds in der Regel zunächst an gebauten Maschinen oder Versuchskörpern experimentell ermittelt werden und können dann mit aus der Strömungslehre bekannten Proportionalitäten auf ggf. andere geometrische Verhältnisse umgerechnet werden.

Zur eigentlichen Berechnung der Übertemperaturen der interessierenden Teile der Maschine benutzt man ein *Wärmequellen-Ersatzschaltbild*, das dem Verhalten der Maschine als Vielkörperproblem Rechnung trägt. Bild 6.6.2 zeigt das Beispiel

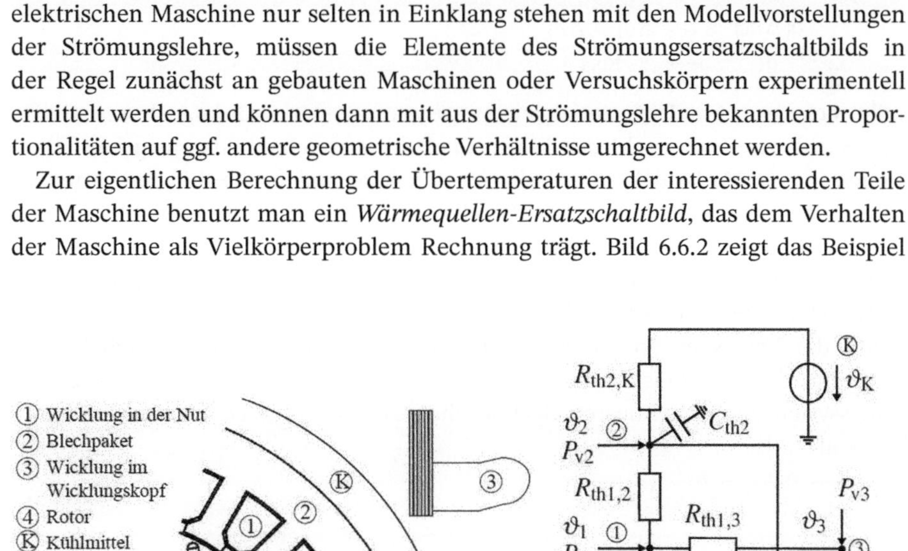

Bild 6.6.2 Beispiel für ein einfaches Wärmequellen-Ersatzschaltbild einer permanenterregten Synchronmaschine nach [48]

eines solchen Wärmequellen-Ersatzschaltbilds. Die verschiedenen Knotenpunkte des Netzwerks stellen die Bereiche des Aktivteils dar, für die die Übertemperaturen ermittelt werden sollen, beispielsweise die Ständerwicklung im Nutbereich, den Ständerwicklungskopf, das Ständerblechpaket und den Läufer. Die diesen Bereichen zugeordneten Verlustleistungsanteile werden an den Knotenpunkten als Wärmeströme eingeprägt, wobei beachtet werden muss, dass sowohl die Stromwärmeverluste in den Wicklungen als auch die Wirbelstromverluste im magnetischen Kreis aufgrund der Temperaturabhängigkeit der elektrischen Leitfähigkeit (s. Tab. 6.3.1, S. 387) von der Temperatur des jeweiligen Bereichs abhängen und entsprechend korrigiert werden sollten. Dies muss dann in der Regel iterativ geschehen.

Die einzelnen Knoten sind durch Wärmewiderstände verbunden. Bei den Wärmewiderständen muss, wie im Abschnitt 6.6.3 erläutert, unterschieden werden zwischen Wärmeleitwiderständen nach (6.6.11), wie sie z. B. zwischen dem Ständerwicklungskopf und der Ständerwicklung im Nutbereich oder zwischen der Ständerwicklung im Nutbereich und dem Ständerblechpaket vorliegen, und Wärmeübergangswiderständen nach (6.6.12), wie sie durch die Konvektion im Luftspalt zwischen dem Läufer und dem Ständerblechpaket und zum Teil auch der Ständerwicklung vorliegen oder auch zwischen dem Ständerblechpaket und der Kühlflüssigkeit in einem Wassermantel bzw. der umgebenden Luft.

Sofern auch die Zeitverläufe der Übertemperaturen von Interesse sind, z. B. bei Erwärmungsvorgängen oder bei nicht konstanter Verlustleistung aufgrund wechselnder Betriebszustände, kann jedem Knotenpunkt, wie im Bild 6.6.2 gezeigt, zusätzlich eine Wärmekapazität zugeordnet werden. Aus den Leistungsbilanzen der einzelnen Knoten j entsprechend (6.6.6)

$$C_{\mathrm{th}j}\frac{\mathrm{d}(\Delta\vartheta_j)}{\mathrm{d}t}+\sum_k\frac{\Delta\vartheta_j-\Delta\vartheta_k}{R_{\mathrm{th}jk}}=P_{\mathrm{th}j} \tag{6.6.25}$$

ergibt sich dann ein Differentialgleichungssystem erster Ordnung, dessen Gleichungszahl der Knotenzahl des Wärmequellen-Ersatzschaltbilds entspricht. Die Summe in (6.6.25) ist dabei über alle Knoten k zu bilden, die mit dem Knoten j über einen Wärmewiderstand verbunden sind. Aufgrund der zeitabhängigen Verlustleistungen, d. h. der zeitabhängigen eingeprägten Wärmeströme, müssen die gesuchten Zeitverläufe der Übertemperaturen der einzelnen Knoten mittels numerischer Integration ermittelt werden.

Sind die Verlustleistungen jeweils konstant und interessieren lediglich die Temperaturen im thermisch eingeschwungenen Zustand, vereinfacht sich das Gleichungssystem zu einem linearen algebraischen Gleichungssystem aus Gleichungen der Form

$$\sum_k\frac{\Delta\vartheta_{\infty j}-\Delta\vartheta_{\infty k}}{R_{\mathrm{th}jk}}=P_{\mathrm{th}j}. \tag{6.6.26}$$

Das Wärmequellen-Ersatzschaltbild im Bild 6.6.2 lässt sich natürlich noch beliebig verfeinern. So kann beispielsweise der das Blechpaket repräsentierende Knoten in separate Knoten für die Zähne, den Rücken und ggf. das Gehäuse aufgeteilt werden oder der Knoten für die Ständerwicklung im Nutbereich in separate Knoten für die Oberschicht und die Unterschicht einer Zweischichtwicklung. Zur Berücksichtigung von Temperaturunterschieden in axialer Richtung kann das Aktivteil in axiale

Einzelsegmente unterteilt werden, die wiederum durch Wärmeleitwiderstände miteinander verbunden sind oder zwischen denen Wärmeübergangswiderstände zur Berücksichtigung der Konvektion in radialen Kühlkanälen angeordnet sind. Und bei elektrisch erregten Synchronmaschinen muss der Läufer zumindest in separate Knoten für die Erregerwicklung im Nutbereich bzw. der Pollücke, den Erregerwicklungskopf und das Läufereisen unterteilt werden.

In der Praxis stößt die Bestimmung der Kenngrößen des Wärmequellen-Ersatzschaltbilds auf Schwierigkeiten. Die exakte Größe und der genaue Entstehungsort der Verluste, insbesondere der zusätzlichen Verluste, sind oft nicht hinreichend genau bekannt. Außerdem bereiten die Bestimmung des Wärmeleitwiderstands zwischen der Wicklung und dem Blechpaket, aber auch innerhalb der Nut sowie die Bestimmung der Wärmeübergangskoeffizienten für die Konvektion an den einzelnen Maschinenteilen große Schwierigkeiten. Daneben spielen Fertigungseinflüsse eine nicht unbedeutende Rolle. Beispielsweise sind die Wärmeleitwiderstände zwischen dem Ständerblechpaket und dem Ständergehäuse bei oberflächengekühlten Maschinen aufgrund der fertigungsbedingt unterschiedlichen Rauheiten des Blechpakets verschiedener zeichnungsgleicher Maschinen keineswegs identisch. Dasselbe gilt jedoch auch bei Verwendung der eingangs des Abschnitts 6.6 erwähnten aufwendigen numerischen Berechnungsverfahren. Daher soll hier auf die Angabe von detaillierten Berechnungsvorschriften für die einzelnen Wärmewiderstände und Wärmekapazitäten verzichtet werden. Bei Bedarf können diese z. B. [39] oder [45] entnommen werden.

Der Wert des Wärmequellen-Ersatzschaltbilds liegt vor allem in der einfachen Modellbildung und der schnellen Lösbarkeit des resultierenden Gleichungssystems, was bei Bedarf auch eine echtzeitfähige Berechnung der Übertemperaturen ermöglicht, und auch darin, dass sich aus derartigen analytischen Modellen in vielen Fällen besser und schneller erkennen lässt, wo Möglichkeiten zur Verbesserung eines Kühlsystems bestehen.

7 Kräfte

Im magnetischen Feld elektrischer Maschinen wirken
- Kräfte auf stromdurchflossene Leiter,
- Kräfte auf Grenzflächen zwischen Gebieten mit unterschiedlicher Permeabilität.

Sie lassen sich allgemein in geschlossener Form mit Hilfe des Maxwellschen Spannungstensors bestimmen.

Die eigentliche Aufgabe rotierender elektrischer Maschinen, eine elektromechanische Energiewandlung herbeizuführen, erfordert tangential wirkende Kräfte. Sie greifen in einander entgegengesetzten Richtungen tangential an der Ständerbohrung und am Läuferumfang der Maschine an und bilden das Drehmoment der Maschine. Zusätzlich wirken aber immer auch normal zur Ständerbohrung und zum Läuferumfang und z. T. auch axial gerichtete Grenzflächenkräfte auf die Blechpakete von Ständer und Läufer, die bei der Dimensionierung der Lagerung berücksichtigt werden müssen. Die Normalkräfte können zudem das Blechpaket zu Schwingungen anregen und über diesen Mechanismus sog. magnetische Geräusche verursachen.

Neben den auf das Blechpaket wirkenden Kräften sind in elektrischen Maschinen auch die direkt auf die Wicklungselemente in der Nut und im Bereich des Wicklungskopfs wirkenden Kräfte von Interesse, da sie ggf. zu einer unzulässigen mechanischen Beanspruchung der Isolierung führen können.

7.1 Allgemeine Beziehungen zur Ermittlung der Kräfte

Die allgemeinen Beziehungen zur Ermittlung der Kräfte in rotierenden elektrischen Maschinen werden im Band *Theorie elektrischer Maschinen*, Abschnitt 1.7.3, ausgehend vom Maxwellschen Spannungstensor hergeleitet. Sie werden im Folgenden zusammenfassend dargestellt.

7.1.1 Ermittlung der Kräfte auf stromdurchflossene Leiter ausgehend von den Feldgrößen

Auf einen linienhaften Leiter, der den Strom i führt und sich in einem magnetischen Feld der Flussdichte B befindet, wirkt die Streckenlast

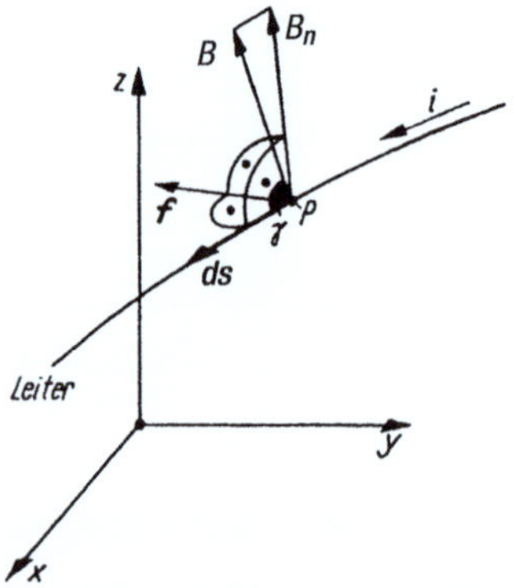

Bild 7.1.1 Richtungszuordnung zwischen Streckenlast $\boldsymbol{f}$, Leiterelement d$\boldsymbol{s}$ und Flussdichte $\boldsymbol{B}$ sowie Zählpfeil für i bei der Ermittlung der Kraftwirkung auf einen stromdurchflossenen Leiter

$$\boldsymbol{f} = \frac{\mathrm{d}\boldsymbol{F}}{\mathrm{d}s} = i\left(\frac{\mathrm{d}\boldsymbol{s}}{\mathrm{d}s} \times \boldsymbol{B}\right), \tag{7.1.1}$$

wobei der Strom i in Richtung von d$\boldsymbol{s}$ positiv zu zählen ist. Ihr Betrag ist gegeben durch

$$f = iB\sin\gamma = iB_\mathrm{n}, \tag{7.1.2}$$

wobei γ den Winkel zwischen d$\boldsymbol{s}$ und $\boldsymbol{B}$ bezeichnet und B_n der Betrag der Komponente $\boldsymbol{B}_\mathrm{n}$ von $\boldsymbol{B}$ ist, die in der Ebene durch d$\boldsymbol{s}$ und $\boldsymbol{B}$ senkrecht auf d$\boldsymbol{s}$ steht (s. Bild 7.1.1).

Die *Gesamtkraft* $\boldsymbol{F}$ auf einen Leiterabschnitt endlicher Länge in Bezug auf eine bestimmte vorgegebene Richtung erhält man durch Integration von (7.1.1). Für den Sonderfall, dass $\boldsymbol{B}$ längs eines Leiterabschnitts der Länge l konstant ist und überall senkrecht auf dem Leiter steht – was i. Allg. nur für einen geradlinigen Leiterabschnitt im homogenen Feld vorstellbar ist – folgt aus (7.1.1) die bekannte Beziehung

$$F = iBl. \tag{7.1.3}$$

7.1.2 Ermittlung der Grenzflächenkräfte

Wenn ein Magnetfeld aus einem Gebiet hoher relativer Permeabilität $\mu_{\mathrm{r}1}$ in ein Gebiet niedrigerer relativer Permeabilität $\mu_{\mathrm{r}2}$ übertritt, entstehen Grenzflächenkräfte in Richtung des Gebiets niedrigerer Permeabilität. Treten die Feldlinien senkrecht über die Grenzfläche, so gilt für die Zugspannung σ, die an einem Punkt der Oberfläche angreift,

$$\sigma = \frac{1}{2\mu_0}B_\mathrm{n}^2\left(\frac{1}{\mu_{\mathrm{r}2}} - \frac{1}{\mu_{\mathrm{r}1}}\right), \tag{7.1.4}$$

wobei B_n die allein vorhandene Normalkomponente der Flussdichte im betrachteten Punkt ist. Hinsichtlich der Grenzflächenkräfte, die an einem Bauteil einer elektrischen Maschine angreifen, interessiert im Folgenden lediglich der Sonderfall, dass die Feldlinien senkrecht aus einem ferromagnetischen Abschnitt mit großer Permeabilität austreten, wie es im Bild 7.1.2 dargestellt ist. In diesem Fall wird (7.1.4) mit $\mu_{\mathrm{r}1} \to \infty$ und $\mu_{\mathrm{r}2} = 1$ zu

$$\sigma = \frac{1}{2\mu_0}B_\mathrm{n}^2. \tag{7.1.5}$$

Wie erwähnt weist die Zugspannung immer in den Luftraum.

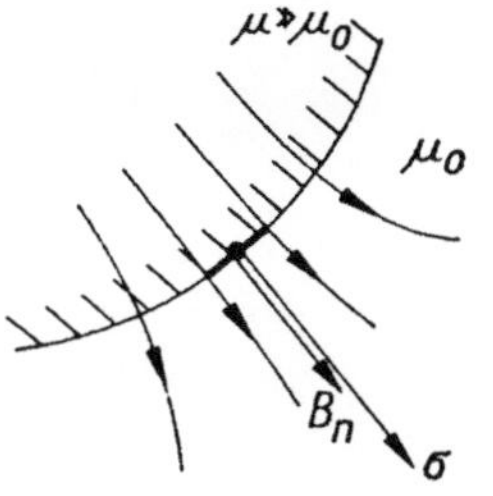

Bild 7.1.2 Zur Ermittlung der an der Oberfläche eines ferromagnetischen Körpers angreifenden Grenzflächenspannung

7.1.3 Ermittlung der Kräfte aus der Induktivitätsänderung

Die auf irgendein Konstruktionsteil wirkende Kraft magnetischen Ursprungs lässt sich in analoger Weise wie die übliche Ermittlung des Drehmoments einer Maschine auch dadurch bestimmen, dass man den Energieumsatz beobachtet, der stattfindet, wenn unter Wirkung der zu ermittelnden Kraft eine Bewegung des Konstruktionsteils erfolgt. Dabei wird die Ermittlung der Kraft zurückgeführt auf die Bestimmung der elektrischen Spannungen, die während dieser Bewegung in den elektrischen Kreisen induziert werden. Da dazu stets die gleiche Form des Induktionsgesetzes Verwendung findet, erhält man ein Ergebnis, das unabhängig davon ist, ob eine Kraft auf stromdurchflossene Leiter oder eine Grenzflächenkraft oder eine Kombination beider Kräfte vorliegt. Die entsprechenden Beziehungen werden im Band *Theorie elektrischer Maschinen*, Abschnitt 1.7.1, hergeleitet. Dabei werden im Folgenden lineare magnetische Verhältnisse vorausgesetzt, so dass sich Induktivitäten einführen lassen. Es ergibt sich für die an dem betrachteten Konstruktionsteil angreifende Kraft F_{x} in Richtung der Koordinate x, d. h. in Richtung der gedachten Verschiebung um dx, bei Vorhandensein nur eines elektrischen Kreises

$$F_{\mathrm{x}} = \frac{i^2}{2}\frac{\mathrm{d}L}{\mathrm{d}x} \tag{7.1.6}$$

und bei Vorhandensein von n magnetisch gekoppelten elektrischen Kreisen

$$F_{\mathrm{x}} = \frac{1}{2}\sum_{i=1}^{n}\sum_{k=1}^{n} i_i i_k \frac{\mathrm{d}L_{ik}}{\mathrm{d}x}. \tag{7.1.7}$$

Aus (7.1.6) folgt, dass in einem System mit nur einem elektrischen Kreis alle Kräfte in Richtung auf eine Vergrößerung der Induktivität wirken. So wollen sich z. B. Spulen verkürzen und aufweiten, und ferromagnetische Körper werden angezogen. Aus (7.1.7) erhält man die Aussage, dass die zwischen zwei elektrischen Kreisen bei positiven Strömen wirkenden Kräfte die Gegeninduktivität zwischen diesen Kreisen zu vergrößern suchen.

7.2 Tangentiale Kräfte auf Blechpakete

Um tangentiale Kräfte auf die Blechpakete und damit das Drehmoment einer Maschine zu bestimmen, wird – wie bereits erwähnt – i. Allg. nicht von den Einzelkräften bzw. den mechanischen Spannungen an den Oberflächen der Blechpakete

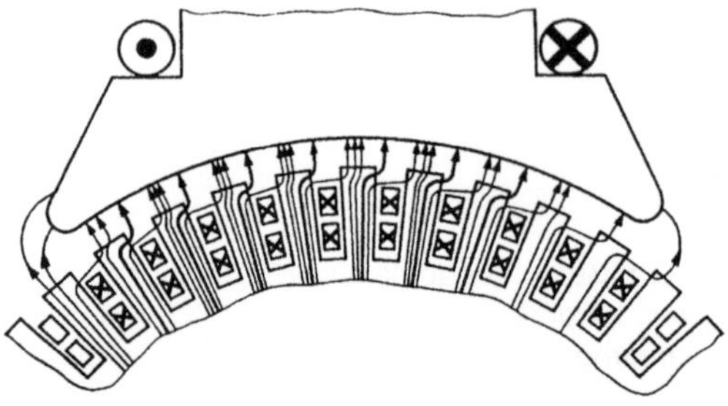

Bild 7.2.1 Entstehung des Drehmoments einer Gleichstrommaschine über die Kräfte der seitlich aus den Zahnflanken in den Luftspalt austretenden Feldlinien (diese Feldlinien sind stark ausgezogen)

ausgegangen. Wesentlich einfacher gewinnt man das Drehmoment vielmehr über eine Energiebilanz mit Hilfe der elektrischen Spannung, die bei einer kleinen, unter der Wirkung des Drehmoments erfolgenden Verdrehung des Läufers induziert wird (s. Bd. *Grundlagen elektrischer Maschinen*, Abschn. 2.2.1, bzw. Bd. *Theorie elektrischer Maschinen*, Abschn. 1.7.2). Der Vorteil des Verfahrens liegt darin, dass eine eingehende Analyse des Felds zunächst vermieden wird, aus der heraus erst eine Bestimmung der Kräfte möglich wäre. Der Nachteil der Drehmomentermittlung über die Energiebilanz ist, dass keine Aussagen über Größe und Angriffsort der das Drehmoment bildenden Kräfte gewonnen werden. Es ist deshalb vielfach unbekannt, dass diese Kräfte in erster Linie als Grenzflächenkräfte entwickelt werden, die an den Zahnflanken angreifen. Im Gebiet der Leiter innerhalb der Nuten existiert nur eine geringe Radialkomponente des magnetischen Felds, in der diese Leiter bei Stromfluss Tangentialkräfte erfahren könnten. Im Bild 7.2.1 wird am Beispiel einer Gleichstrommaschine schematisch gezeigt, dass durch Überlagerung des Ankerfelds und des Erregerfelds ein resultierendes Feld entsteht, dessen Feldlinien zum Teil aus den rechten Zahnflanken in den Luftspalt austreten. An diesen Stellen entstehen – entsprechend der Tendenz der Feldlinien, sich zu verkürzen – nach rechts gerichtete Zugspannungen.

Wie im Abschnitt 1.7.2 des Bands *Theorie elektrischer Maschinen* entwickelt wird, kann das Drehmoment auch aus den Verteilungen $B(\gamma', t)$ der Flussdichte, $A(\gamma', t)$ des Strombelags von Ständer bzw. Läufer und $\lambda_\delta(\gamma', t)$ des magnetischen Luftspaltleitwerts unter Einbeziehung der Nutung und der Pollücken von Ständer bzw. Läufer ermittelt werden. Da das auf den Ständer wirkende Drehmoment gleich dem auf den Läufer wirkenden sein muss, reicht es aus, sich auf die Ermittlung der auf ein rotationssymmetrisches Hauptelement wirkenden Tangentialkräfte zu beschränken. Dabei kann der Einfluss des magnetischen Leitwerts i. Allg. vernachlässigt werden. Unter dieser Voraussetzung erhält man die an einem Hauptelement angreifende Tangentialspannung als

$$\sigma_\mathrm{t}(\gamma', t) = A(\gamma', t)B(\gamma', t), \qquad (7.2.1)$$

wobei B die resultierende Flussdichteverteilung des Luftspaltfelds und A der Strombelag des betrachteten Hauptelements sind. Diese Beziehung erlaubt einerseits die Ermittlung der lokal auf einzelne Bereiche des Läufermantels bzw. der Ständerbohrung wirkenden Tangentialkräfte und liefert andererseits durch Integration das Drehmoment

$$M(t) = \frac{D}{2}F_\mathrm{t} = \frac{D}{2}l_\mathrm{i}\int_0^{2\pi}\sigma_\mathrm{t}(\gamma',t)\frac{D}{2}\,\mathrm{d}\gamma' = \frac{D^2}{4}l_\mathrm{i}\int_0^{2\pi}A(\gamma',t)B(\gamma',t)\,\mathrm{d}\gamma'. \tag{7.2.2}$$

Strombelag und Flussdichte liegen i. Allg. als Summen von Drehwellen entsprechend

$$A(\gamma',t) = \sum \hat{A}_{\mu'}\cos(\tilde{\mu}'\gamma' - \omega_{\mu'}t - \varphi_{\mu'}) \tag{7.2.3}$$

$$B(\gamma',t) = \sum \hat{B}_{\nu'}\cos(\tilde{\nu}'\gamma' - \omega_{\nu'}t - \varphi_{\nu'}) \tag{7.2.4}$$

vor. Für die Wechselwirkung einer einzelnen Drehwelle des Strombelags $A_{\mu'}$ mit einer einzelnen Drehwelle der Flussdichte $B_{\nu'}$ folgt also aus (7.2.2)

$$\begin{aligned}M(t) &= \frac{D^2}{4}l_\mathrm{i}\int_0^{2\pi}\hat{A}_{\mu'}\cos(\tilde{\mu}'\gamma' - \omega_{\mu'}t - \varphi_{\mu'})\hat{B}_{\nu'}\cos(\tilde{\nu}'\gamma' - \omega_{\nu'}t - \varphi_{\nu'})\,\mathrm{d}\gamma' \\ &= \frac{D^2}{8}l_\mathrm{i}\hat{A}_{\mu'}\hat{B}_{\nu'}\int_0^{2\pi}\left\{\cos\left[(\tilde{\mu}'+\tilde{\nu}')\gamma' - (\omega_{\mu'}+\omega_{\nu'})t - (\varphi_{\mu'}+\varphi_{\nu'})\right]\right. \\ &\quad \left. + \cos\left[(\tilde{\mu}'-\tilde{\nu}')\gamma' - (\omega_{\mu'}-\omega_{\nu'})t - (\varphi_{\mu'}-\varphi_{\nu'})\right]\right\}\,\mathrm{d}\gamma'.\end{aligned} \tag{7.2.5}$$

Bei der Auswertung von (7.2.5) lassen sich drei Fälle unterscheiden:

a) Für $\tilde{\mu}' \pm \tilde{\nu}' \neq 0$ liefert das Integral den Wert Null, und es folgt

$$M(t) = 0. \tag{7.2.6a}$$

Die Wechselwirkung von Drehwellen von Strombelag und Flussdichte mit nicht betragsgleicher Ordnungszahl liefert also keinen Beitrag zum resultierenden Drehmoment. Gleichwohl entstehen dabei entsprechend (7.2.1) lokal von Null verschiedene Werte der Tangentialspannung.

b) Für $\tilde{\mu}' \pm \tilde{\nu}' = 0$ und $\omega_{\mu'} \pm \omega_{\nu'} \neq 0$ entfällt die Abhängigkeit einer der Kosinus-Funktionen vom Umfangswinkel γ', und es ergibt sich

$$M(t) = 2\pi\frac{D^2}{8}l_\mathrm{i}\hat{A}_{\mu'}\hat{B}_{\nu'}\cos\left[(\omega_{\mu'} \pm \omega_{\nu'})t + (\varphi_{\mu'} \pm \varphi_{\nu'})\right]. \tag{7.2.6b}$$

Die Wechselwirkung von Drehwellen von Strombelag und Flussdichte mit betragsgleicher Ordnungszahl, die jedoch voneinander verschiedene Umlaufgeschwindigkeiten oder -richtungen besitzen, liefert also keinen Beitrag zum mittleren Drehmoment, sondern ein reines Pendelmoment.

c) Für $\tilde{\mu}' \pm \tilde{\nu}' = 0$ und $\omega_{\mu'} \pm \omega_{\nu'} = 0$ entfällt bei einer der Kosinus-Funktionen sowohl die Abhängigkeit vom Umfangswinkel γ' als auch die von der Zeit t, und es ergibt sich

$$M = 2\pi\frac{D^2}{8}l_\mathrm{i}\hat{A}_{\mu'}\hat{B}_{\nu'}\cos(\varphi_{\mu'} \pm \varphi_{\nu'}). \tag{7.2.6c}$$

Ein Beitrag zum mittleren Drehmoment entsteht also nur dann, wenn die beteiligten Drehwellen von Strombelag und Flussdichte dieselbe Ordnungszahl und keine Relativgeschwindigkeit zueinander besitzen.

7.3 Radiale Kräfte auf Blechpakete

7.3.1 Allgemeine Erscheinungen

Wie man am Beispiel im Bild 7.2.1 erkennt, tritt der größte Teil der Feldlinien radial zum Luftspalt hin aus den Hauptelementen aus bzw. in sie ein und erzeugt somit radial gerichtete Grenzflächenkräfte am Ankerblechpaket und am Polschuh, die i. Allg. einen deutlich größeren Betrag als die tangential gerichteten Kräfte haben. Unter der Voraussetzung, dass die Flussdichte an einander gegenüberliegenden Stellen eines Hauptelements betragsgleich ist, wie das bei symmetrisch aufgebauten und gespeisten Radialflussmaschinen der Fall ist, kompensieren sich die Radialkräfte vektoriell zu Null. Bei linearen Maschinen und bei Axialflussmaschinen müssen diese Normalkräfte durch die Führung des Läufers aufgenommen werden, sofern nicht durch Anordnung eines zweiten Luftspalts, über den derselbe Fluss geführt wird, wiederum eine Kompensation erreicht werden kann.

Bei einer Verlagerung des Läufers rotierender Maschinen aus der geometrischen Achse ist die Voraussetzung betragsgleicher Flussdichte an einander gegenüberliegenden Stellen des Umfangs nicht mehr gegeben, und die Radialkräfte bilden als resultierende Kraft den sog. *magnetischen Zug*, der versucht, das Läuferblechpaket an den Ständer heranzuziehen. Die gleichen Kräfte führen bei zeitlich periodisch veränderlichem Feld zu periodischen Verformungen des Blechpakets. Dadurch entstehen die sog. *magnetischen Geräusche.* Die folgenden quantitativen Betrachtungen beschränken sich auf rotationssymmetrische Hauptelemente am Beispiel des Ständers einer Induktionsmaschine bzw. des Ankers einer Synchronmaschine.

Die *Zugspannung* $\sigma_\mathrm{r}(\gamma', t)$, die an der Ständerbohrung angreift und nach innen gerichtet ist, erhält man aus dem gegebenen Luftspaltfeld $B(\gamma', t)$ in ihrer Abhängigkeit von γ' und t entsprechend (7.1.5) zu

$$\sigma_\mathrm{r}(\gamma', t) = \frac{1}{2\mu_0} B^2(\gamma', t). \tag{7.3.1}$$

Die größte Wirkung geht dabei von der Hauptwelle

$$B_\mathrm{p}(\gamma', t) = \hat{B}_\mathrm{p} \cos\left(p\gamma' - \omega t - \varphi_\mathrm{p}\right)$$

aus, die die dominierende Komponente des Luftspaltfelds ist. Sie liefert nach (7.3.1) als radial an der Ständerbohrung angreifende Zugspannung

$$\sigma_\mathrm{r}(\gamma', t) = \sigma_\mathrm{rm}\left[1 + \cos\left(2p\gamma' - 2\omega t - 2\varphi_\mathrm{p}\right)\right] \tag{7.3.2}$$

mit $$\sigma_\mathrm{rm} = \frac{\hat{B}_\mathrm{p}^2}{4\mu_0}. \tag{7.3.3}$$

Man erhält – räumlich gesehen – eine zeitliche konstante mittlere Vorspannung σ_rm, die das Ständerblechpaket gleichmäßig zu schrumpfen versucht, was einer Verformung nullter Ordnung entspricht, und einen periodischen Anteil, durch den das Blechpaket eine Biegeverformung erfährt. Die Gesamtspannung ist entsprechend ihrer Abhängigkeit von B^2 an keiner Stelle negativ. Bild 7.3.1 zeigt den Verlauf des Felds und der Zugspannung für einen Abschnitt eines Ständers mit relativ hoher Polpaarzahl. Dabei ist gleichzeitig versucht worden, die Belastung des Ständers

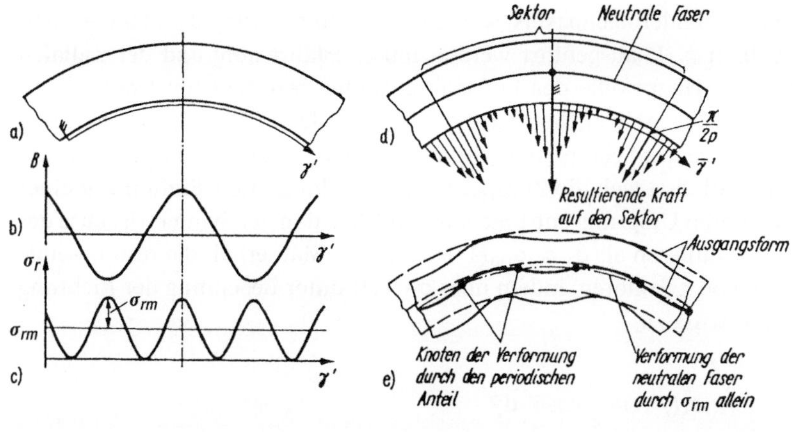

Bild 7.3.1 Radialkräfte auf das Ständerblechpaket aufgrund der Hauptwelle des Luftspaltfelds. a) Anordnung; b) Flussdichteverteilung; c) Verteilung der Zugspannung; d) schematische Darstellung der Belastung des Ständers durch die radiale Zugspannung; e) statische Verformung des Ständers unter dem Einfluss der radialen Zugspannung

durch die an der Ständerbohrung angreifende Zugspannungsverteilung sowie die von ihr hervorgerufene statische Verformung für einen Zeitpunkt darzustellen.

Der räumlich periodische Anteil der Zugspannungsverteilung $\sigma_r(\gamma', t)$ stellt eine sog. *Radialkraftwelle* dar. Das ist eine entlang der dem Luftspalt zugewendeten Blechpaketoberfläche fortschreitende Welle der Zugspannung. Ihre konstante Amplitude besitzt im vorliegenden Fall den Wert $\hat{\sigma}_r = \hat{B}_p^2/4\mu_0$, ihre Ordnungszahl beträgt $\nu'_\sigma = 2p$ und die Winkelgeschwindigkeit im Koordinatensystem γ' ist $\Omega = d\gamma'/dt = \omega/p$, d. h. sie entspricht der Winkelgeschwindigkeit des Drehfelds. An einer bestimmten Stelle der Blechpaketoberfläche beobachtet man aufgrund dieser Zugspannungswelle eine zeitlich sinusförmige Zugspannung mit der Kreisfrequenz $\omega_\sigma = 2\omega$, d. h. mit der doppelten Frequenz der Ständergrößen. Bei einer Netzfrequenz von 50 Hz beträgt die Anregefrequenz der Blechpakete, herrührend von der Hauptwelle des Luftspaltfelds, demnach 100 Hz. Diese Frequenz ist zwar bei den meisten Maschinen klein gegenüber der Eigenfrequenz des Ständerpakets für eine Biegeverformung mit der Ordnungszahl $\nu'_\sigma = 2p$, es kommt jedoch notwendigerweise zur Anregung erzwungener Schwingungen mit der doppelten Frequenz des speisenden Netzes. Diese treten vor allem bei zweipoligen Maschinen in den Gehäuse- und Fundamentschwingungen dominant in Erscheinung. Da die Ursache dieser Anregung die Hauptwelle des Luftspaltfelds ist, besteht auch keine Möglichkeit, sie zu vermeiden. Daher sollten Eigenfrequenzen in der Struktur von Gehäuse oder Fundament, die nahe der doppelten Betriebsfrequenz liegen, vermieden werden.

Bei zweipoligen Turbogeneratoren erfahren die Ständer eine Verformung mit $\nu'_\sigma = 2$, d. h. eine elliptische Verformung mit 4 Knotenpunkten (s. Bild 7.3.2c), und es besteht bei großen Maschinen die Gefahr, dass die Eigenfrequenz des Ständers gegenüber dieser elliptischen Verformung in der Nähe von 100 Hz liegt. Außerdem ist das Blechpaket generell relativ leicht elliptisch zu verformen, so dass auch außerhalb der eigentlichen Resonanz beträchtliche Amplituden entstehen können. Auf die Frage der Blechpaketschwingungen wird im Abschnitt 7.3.2 näher eingegangen.

Ein Sektor des Ständerblechpakets, wie er bei der Unterteilung des Ständers sehr großer Maschinen z. T. ausgeführt werden muss, erfährt aufgrund der radialen Zugspannung der Hauptwelle des Luftspaltfelds eine resultierende Kraft. Sie ist abhängig von der augenblicklichen Lage der Amplitude der Flussdichteverteilung zur Symmetrieachse des Sektors und wird am größten, wenn beide zusammenfallen. In diesem Fall lässt sich die Zugspannungsverteilung unter Einführung einer Koordinate $\overline{\gamma}'_\sigma$, deren Ursprung entsprechend Bild 7.3.1d in der Symmetrieachse des Sektors liegt, formulieren als $\sigma_\mathrm{r} = \sigma_\mathrm{rm}(1 + \cos 2p\overline{\gamma}')$. Man erhält die resultierende Kraft auf einen von z Sektoren, indem über $\sigma_\mathrm{r}(\overline{\gamma}', t)$ unter Beachtung der Richtung von σ_r integriert wird, zu

$$F_\mathrm{max} = \int_{-\pi/z}^{\pi/z} \sigma_\mathrm{r}(\overline{\gamma}', t) l_\mathrm{i} \frac{D}{2} \cos\overline{\gamma}' \,\mathrm{d}\overline{\gamma}'$$

$$= \frac{p\tau_\mathrm{p}}{\pi} l_\mathrm{i}\sigma_\mathrm{rm} \int_{-\pi/z}^{\pi/z} (1 + \cos 2p\overline{\gamma}') \cos\overline{\gamma}' \,\mathrm{d}\overline{\gamma}'$$

und nach einigen trivialen Umformungen

$$F_\mathrm{max} = \frac{2}{\pi} p\tau_\mathrm{p} l_\mathrm{i}\sigma_\mathrm{rm} \left(\sin\frac{\pi}{z} + \frac{2p \sin 2p\frac{\pi}{z} \cos\frac{\pi}{z} - \cos 2p\frac{\pi}{z} \sin\frac{\pi}{z}}{4p^2 - 1} \right). \tag{7.3.4}$$

Daraus folgt mit $z = 2p$ für den Maximalwert der Kraft auf den Sektor einer Polteilung

$$F_\mathrm{max} = \frac{2}{\pi} p\tau_\mathrm{p} l_\mathrm{i}\sigma_\mathrm{rm} \frac{4p^2}{4p^2 - 1} \sin\frac{\pi}{2p} = F_{\mathrm{max}\infty} \frac{\sin\frac{\pi}{2p}}{\frac{\pi}{2p}} \frac{4p^2}{4p^2 - 1}. \tag{7.3.5}$$

Dabei ist $F_{\mathrm{max}\infty}$ der Maximalwert der resultierenden Kraft auf eine Polteilung bei $p \to \infty$, d. h. ohne Berücksichtigung der Krümmung des Blechpakets. Die Krümmung macht sich umso stärker bemerkbar, je kleiner die Polpaarzahl ist. Man erhält im Extremfall $F_\mathrm{max} = 0{,}85 F_{\mathrm{max}\infty}$ für $p = 1$. Mit der Kraft nach (7.3.5) werden die Polschuhe ausgeprägter Pole zum Luftspalt hin angezogen, wenn das Maximum der Luftspaltflussdichte in der Polachse liegt. Eine Kraft in entgegengesetzter Richtung greift an der Polfußfläche an, wenn Pol und Joch, wie es bei großen Schenkelpol-Synchronmaschinen üblich ist, nicht aus einem Stück hergestellt sind. Diese Kraft erhält man ausgehend von (7.1.5) zu

$$F_\mathrm{p} = A_\mathrm{pk} \frac{B_\mathrm{pk}^2}{2\mu_0}, \tag{7.3.6}$$

wenn mit A_pk der Querschnitt des Polkerns und mit B_pk die im Polkern herrschende Flussdichte bezeichnet werden.

7.3.2 Zugspannungswellen des resultierenden Luftspaltfelds und ihre Wirkung

Das Luftspaltfeld lässt sich in der ständerfesten Koordinate γ' entsprechend (7.2.4) als Summe von Drehwellen

$$B(\gamma', t) = \sum_j \hat{B}_{\nu' j} \cos(\tilde{\nu}'_j \gamma' - \omega_{\nu' j} t - \varphi_{\nu' j})$$
$$B(\gamma', t) = B_{\nu' 1}(\gamma', t) + B_{\nu' 2}(\gamma', t) + B_{\nu' 3}(\gamma', t) + \ldots \tag{7.3.7}$$

darstellen. Dabei ist die Hauptwelle des Luftspaltfelds mit p Polpaaren für den Mechanismus der Drehmomentbildung der Maschine erforderlich, während die anderen Drehfelder als unvermeidliches Übel zusätzlich entstehen. Auf die verschiedenen Entstehungsursachen dieser Drehfelder wird ausführlich im Abschnitt 1.5.7 des Bands *Theorie elektrischer Maschinen* eingegangen.

Die radialen Zugspannungen, die, herrührend von der Flussdichteverteilung nach (7.3.7), an der Ständerbohrung bzw. dem Läufermantel angreifen, erhält man mit (7.3.1) zu

$$\begin{aligned}\sigma_{\mathrm{r}}(\gamma', t) = \frac{1}{2\mu_0} \Big[& B^2_{\nu' 1}(\gamma', t) + B^2_{\nu' 2}(\gamma', t) + B^2_{\nu' 3}(\gamma', t) + \ldots \\ & + 2B_{\nu' 1}(\gamma', t) B_{\nu' 2}(\gamma', t) + 2B_{\nu' 1}(\gamma', t) B_{\nu' 3}(\gamma', t) + \ldots \\ & + 2B_{\nu' 2}(\gamma', t) B_{\nu' 3}(\gamma', t) + \ldots \Big] .\end{aligned} \tag{7.3.8}$$

Eine Flussdichtewelle $B_{\nu' j}(\gamma', t)$ liefert demnach als ersten Beitrag zur resultierenden Zugspannungsverteilung eine Komponente

$$\sigma_{\mathrm{r}jj}(\gamma', t) = \frac{B^2_{\nu' j}(\gamma', t)}{2\mu_0} = \frac{\hat{B}^2_{\nu' j}}{4\mu_0} \left[1 + \cos(2\tilde{\nu}'_j \gamma' - 2\omega_{\nu' j} t - 2\varphi_{\nu' j}) \right] . \tag{7.3.9}$$

Sie besteht aus einem konstanten Mittelwert und einer Zugspannungswelle der Ordnungszahl $\nu'_\sigma = 2|\tilde{\nu}'_j|$, die das Ständerblechpaket mit der Kreisfrequenz $\omega_\sigma = 2\omega_{\nu' j}$ anregt. Die sich aus (7.3.9) für die Hauptwelle des Luftspaltfelds ergebende Beziehung ist bereits im Abschnitt 7.3.1 als (7.3.2) hergeleitet worden. Als weitere Beiträge zur resultierenden Zugspannungsverteilung liefert eine Flussdichtewelle $B_{\nu' j}(\gamma', t)$ entsprechend (7.3.8) mit jeder anderen Flussdichtewelle $B_{\nu' i}(\gamma', t)$ eine Komponente

$$\begin{aligned}\sigma_{\mathrm{r}ij}(\gamma', t) &= \frac{1}{\mu_0} B_{\nu' j}(\gamma', t) B_{\nu' i}(\gamma', t) \\ &= \frac{\hat{B}_{\nu' j} \hat{B}_{\nu' i}}{2\mu_0} \Big\{ \cos\left[(\tilde{\nu}'_j + \tilde{\nu}'_i)\gamma' - (\omega_{\nu' j} + \omega_{\nu' i})t - (\varphi_{\nu' j} + \varphi_{\nu' i}) \right] \\ &\quad + \cos\left[(\tilde{\nu}'_j - \tilde{\nu}'_i)\gamma' - (\omega_{\nu' j} - \omega_{\nu' i})t - (\varphi_{\nu' j} - \varphi_{\nu' i}) \right] \Big\} .\end{aligned} \tag{7.3.10}$$

Diese Komponente besteht aus zwei Zugspannungswellen. Die erste regt den Ständer in der Ordnungszahl $\nu'_\sigma = |\tilde{\nu}'_j + \tilde{\nu}'_i|$ mit der Kreisfrequenz $\omega_\sigma = |\omega_{\nu' j} + \omega_{\nu' i}|$ an und die zweite in der Ordnungszahl $\nu'_\sigma = |\tilde{\nu}'_j - \tilde{\nu}'_i|$ mit der Kreisfrequenz $\omega_\sigma = |\omega_{\nu' j} - \omega_{\nu' i}|$. Die resultierende Zugspannungsverteilung besteht demnach aus einem konstanten Mittelwert σ_{rm} und einer Summe von Zugspannungswellen $\sigma_{\mathrm{r}k}$ entsprechend

$$\sigma_{\mathrm{r}}(\gamma', t) = \sigma_{\mathrm{rm}} + \sum_k \hat{\sigma}_{\mathrm{r}k} \cos\left(\tilde{\nu}'_{\sigma k} \gamma' - \omega_{\sigma k} t - \varphi_{\sigma k} \right) . \tag{7.3.11}$$

Die Ordnungszahl ν'_σ der Zugspannungswelle entscheidet über die Art der auftretenden Verformung des Blechpakets. Bei $\nu'_\sigma = 0$ liegt eine Verformung nullter Ordnung vor, wie sie im Bild 7.3.2a dargestellt ist. Die Blechpakete atmen mit der Anregungsfrequenz.

Bei den Darstellungen im Bild 7.3.2 wurde angenommen, dass sich die Verformungen des Ständerblechpakets entlang des gesamten Umfangs frei ausbilden können. Der Querschnitt eines Innenläufers verhält sich näherungsweise starr, so dass seine Verformungen i. Allg. vernachlässigbar sind.

Die Zugspannungswellen mit $\nu'_\sigma = 0$ oder $\nu'_\sigma \geq 2$ üben keine resultierende Kraft auf Ständer oder Läufer aus. Nur für die Verformung der Ordnungszahl $\nu'_\sigma = 1$ erhält man eine von der Zugspannungsverteilung herrührende resultierende umlaufende Radialkraft auf den Läufer bzw. auf den Ständer, die als *Rüttelkraft* bezeichnet wird. Sie führt zu einer umlaufenden Durchbiegung der Läuferwelle (s. Bild 7.3.2b). Kritisch ist dabei vor allem der Fall, dass die Anregungsfrequenz in die Nähe der ersten Biegeeigenfrequenz des Läufers kommt. Ist die Anregungsfrequenz Null, spricht man vom *einseitigen magnetischen Zug* (s. Abschn. 7.3.4).

Bei $\nu'_\sigma \geq 2$ werden die Blechpakete auf Biegung beansprucht. Die Biegelinie besitzt $2\nu'_\sigma$ Knotenpunkte (s. Bild 7.3.2c u. d). Im Sonderfall $\nu'_\sigma = 2$ gehen die kreisrunden Blechpakete unter dem Einfluss der Zugspannungswellen in Ellipsen über. Man spricht deshalb auch von einer elliptischen Verformung (s. Bild 7.3.2c).

Die Verformbarkeit eines Blechpakets, d. h. die statische Ausbiegung unter dem Einfluss einer bestimmten zeitlich konstanten Zugspannung mit der Amplitude $\hat{\sigma}_\mathrm{r}$, ist abhängig von der Ordnungszahl der Verformung. Für $\nu'_\sigma \geq 2$ gilt die Proportionalität

$$\hat{y}_{\nu'} \sim \frac{\hat{\sigma}_\mathrm{r}}{\left(\nu'^2_\sigma - 1\right)^2}. \tag{7.3.12}$$

Am leichtesten lässt sich ein Blechpaket elliptisch verformen. Um das zu demonstrieren, sind in Tabelle 7.3.1 die Verformungsamplituden $\hat{y}_{\nu'}$ eines Ständerblechpakets mit einem Verhältnis der Rückenhöhe h_r zum mittleren Rückenradius $D_\mathrm{rm}/2$ von 0,2 bei gleichen Amplituden $\hat{\sigma}_\mathrm{r}$ der Zugspannung für die Ordnungszahlen $\nu'_\sigma = 2$ bis 7 dargestellt. Die Amplituden sind bezogen auf die Verformungsamplitude $\hat{y}_0$ der Verformung nullter Ordnung. Man erkennt, dass die Verformungsamplituden mit wachsender Ordnungszahl rasch abnehmen. Zugspannungswellen mit $\nu'_\sigma > 12$ haben – abgesehen vom Fall sehr großer Maschinen – aufgrund der kleinen Verformung i. Allg. keine technische Bedeutung.

Die statischen Verformungen sind i. Allg. uninteressant klein. Bei der Beurteilung des Wirksamwerdens einer Zugspannungswelle muss vielmehr beachtet werden, dass jeder Eigenform der Deformation des Ständerblechpakets eine Eigenfrequenz

Tabelle 7.3.1 Verformungsamplitude $\hat{y}_{\nu'}$ bezogen auf die Verformungsamplitude $\hat{y}_0$ der Nullschwingung für $2h_\mathrm{r}/D_\mathrm{rm}$ = 0,2 (nach *Jordan*)

ν'_σ	2	3	4	5	6	7
$\frac{\hat{y}_{\nu'}}{\hat{y}_0}$	33	4,7	1,35	0,31	0,25	0,13

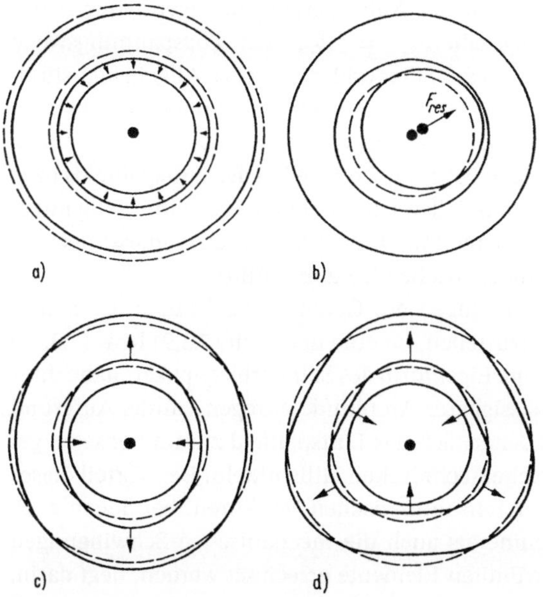

Bild 7.3.2 Verformungen durch Zugspannungswellen.
a) Zugspannungswelle nullter Ordnung $\nu'_\sigma = 0$;
b) Zugspannungswelle erster Ordnung $\nu'_\sigma = 1$;
c) Zugspannungswelle zweiter Ordnung $\nu'_\sigma = 2$ (elliptische Verformung);
d) Zugspannungswelle dritter Ordnung $\nu'_\sigma = 3$.
– – – Ausgangsgestalt;
—— Gestalt unter dem Einfluss der Zugspannungswelle

zugeordnet ist. Bei Anregung einer Eigenform in der Nähe ihrer Eigenfrequenz kann auch eine relativ geringe Zugspannungsamplitude eine erhebliche Verformung hervorrufen.

7.3.3 Magnetische Geräusche

Die im Abschnitt 7.3.2 beschriebenen Zugspannungswellen regen das Ständerblechpaket nach Maßgabe ihrer Frequenz und Ordnungszahl zu Schwingungen an. Diese Schwingungen werden auf das Gehäuse übertragen und als Luftschall abgestrahlt. Es entstehen magnetische Geräusche. Sie stellen neben den Lüftungs- und den Lagergeräuschen eine wichtige Ursache des Maschinenlärms dar.

Die magnetischen Geräusche setzen sich entsprechend der Vielzahl wirksamer Zugspannungswellen aus einem Gemisch vieler Frequenzen zusammen. Der Schalldruck bzw. die Schallleistung, die von einer Zugspannungswelle verursacht wird, hängt dabei, abgesehen von der Amplitude der Zugspannungswelle, vor allem von den Abstrahlungsbedingungen des Gehäuses ab. Dieses wird u. a. durch bauartbedingte Einzelheiten wie die Ankopplung des Blechpakets an das Gehäuse, ggf. ausgeführte Maßnahmen zur Schalldämmung oder Schalldämpfung, die Ankopplung der Wicklung an das Blechpaket und nicht zuletzt durch Fertigungseinflüsse geprägt. Eine treffsichere analytische Vorausberechnung des zu erwartenden Schalldruckpegels ist daher ohne die Einbeziehung von Erfahrungswerten aus Messungen an ähnlichen Maschinen i. Allg. nicht möglich. Trotz der genannten Einschränkungen hinsichtlich der Genauigkeit stellt die analytische Vorausberechnung der magnetischen Geräusche aus den im Folgenden angestellten Überlegungen ein wichtiges Instrument bei der Entwicklung elektrischer Maschinen dar.

Eine Zugspannungswelle k wird aufgrund der vorstehenden Überlegungen vor allem dann große Verformungen des Blechpakets hervorrufen, wenn ihre

Anregungsfrequenz $f_{\sigma k} = \omega_{\sigma k}/(2\pi)$ in der Nähe derjenigen Eigenfrequenz des Blechpakets liegt, die der Ordnungszahl $\nu'_{\sigma k} = |\tilde{\nu}'_{\sigma k}|$ der Zugspannungswelle zugeordnet ist. Da die Eigenfrequenzen des Ständerblechpakets i. Allg. im akustisch relevanten Bereich liegen, kann es dabei zu ausgeprägten Einzeltönen im Spektrum des magnetischen Geräuschs kommen. Deren Auftreten ist also an die Resonanz des Blechpakets gebunden. Das gleiche Paar von Drehwellen des Luftspaltfelds bzw. das zugehörige Paar von Zugspannungswellen kann in einer Maschine völlig ungefährlich sein, während es in einer anderen Maschine mit anderen Abmessungen zu einem ausgeprägten Einzelton im magnetischen Geräusch führt.

Auch ohne die Abstrahlungsbedingungen des Gehäuses zu kennen, ist es also mit guter Genauigkeit möglich festzustellen, ob eine der nach (7.3.9) bzw. (7.3.10) ermittelten Zugspannungswellen eine Eigenform des Ständerblechpakets nahe ihrer Eigenfrequenz mit nicht vernachlässigbarer Amplitude anregen würde. Aufgrund der Vielzahl von Drehwellen, aus denen sich das Luftspaltfeld zusammensetzt, geschieht dies sinnvollerweise mit rechentechnischen Hilfsmitteln. Der Vorteil dieses analytischen Verfahrens gegenüber rein numerischen Verfahren, bei denen z. B. sowohl das Magnetfeld der Maschine als auch die mechanischen Schwingungen des Ständers mit der Methode der Finiten Elemente errechnet werden, liegt darin, dass offenbar wird, aus welchen Drehwellen des Luftspaltfelds eine resonanznah anregende Zugspannungswelle entstanden ist. Dies ermöglicht es, gezielte Veränderungen im Entwurf der Maschine vorzunehmen, durch die genau diese Drehwellen des Luftspaltfelds vermieden oder in ihrer Amplitude reduziert werden.

Die wichtigsten Geräuschanregungen entstehen, wie im Abschnitt 2.5.5 des Bands *Theorie elektrischer Maschinen* erläutert wird, bei mit sinusförmigem Strom gespeisten Induktionsmaschinen mit Käfigläufer aus der Wechselwirkung zwischen den von der Ständerwicklung erzeugten Oberwellenfeldern mit $\tilde{\nu}' = p(1 + 2mg/n)$, $g \in \mathbb{Z}$, nach (1.2.36), Seite 51, und $\omega_{\nu'} = \omega_1$ und

- den Läufer-Restfeldern des Grundstrombelags mit $\tilde{\nu}' = p + N_2 g$ und $\omega_{\nu'} = \omega_1[1 + (1 - s)N_2 g/p]$,
- den Läufer-Restfeldern aufgrund der Abdämpfung der *Sättigungsoberwellen* des Luftspaltfelds mit $\tilde{\nu}' = 3p + N_2 g$ und $\omega_{\nu'} = \omega_1[3 + (1 - s)N_2 g/p]$ oder
- den Läufer-Restfeldern aus der Abdämpfung von *Exzentrizitätsoberwellen* des Luftspaltfelds mit $\tilde{\nu}' = p \pm 1 + N_2 g$ und $\omega_{\nu'} = \omega_1[1 + (1 - s)N_2 g/p]$ im Fall einer statischen Exzentrizität bzw. $\omega_{\nu'} = \omega_1[1 + (1 - s)(N_2 g \pm 1)/p]$ im Fall einer dynamischen Exzentrizität.

Bei Induktionsmaschinen mit Schleifringläufer wird die Läuferwicklung meist in Stern geschaltet, so dass die Sättigungsoberwelle mit der Ordnungszahl $\nu' = 3p$ in den Strängen gleichphasige Spannungen induziert und zu keinen dämpfenden Strömen führt. Sofern alle Spulengruppen der Läuferwicklung in Reihe geschaltet sind, werden auch Exzentrizitätsoberwellen nicht abgedämpft. Die wichtigsten Geräuschanregungen bei Schleifringläufern entstehen daher aus der Wechselwirkung zwischen den Oberwellenfeldern der Ständerwicklung und den Oberwellenfeldern der Läuferwicklung mit $\tilde{\nu}' = p(1 + 2m_2 g)$ und $\omega_{\nu'} = \omega_1[1 + (1 - s)2m_2 g]$.

Besonders hohe Amplituden der Zugspannungswellen entstehen dann, wenn es sich bei den beteiligten Wicklungsoberwellen um Nutharmonische handelt. Tabelle

Tabelle 7.3.2 Bedingungen an die Nutzahlen N_1 und N_2, wenn eine Radialkraftwelle der Ordnungszahl ν'_σ, herrührend vom Zusammenwirken der ersten Nutharmonischen des Ständers und des Läufers, vermieden werden soll

ν'_σ	**Bedingung** $N_1 - N_2 \neq$
0	$0;\ 2p$
1	$1;\ 2p-1;\ 2p+1$
2	$2;\ 2p-2;\ 2p+2$
3	$3;\ 2p-3;\ 2p+3$

7.3.2 zeigt, welche Bedingungen bei der Wahl der Nutzahlen von Ständer und Läufer eingehalten werden müssen, um dies zu vermeiden.
Die entstehenden Zugspannungswellen ändern sich sowohl in ihrer Amplitude als auch in ihrer Frequenz abhängig von der Belastung. Dies ist auf die sich lastabhängig ändernden Werte der Ströme in den Wicklungen, des Schlupfs und des Sättigungszustands zurückzuführen.

Besonders kritisch ist im Hinblick auf die entstehenden Geräuschanregungen die Speisung einer Maschine durch einen Frequenzumrichter. Zum einen hat dies i. Allg. Oberschwingungen der Ständerströme mit Frequenzen $f_\lambda = \lambda f_1$ zur Folge, die zusätzliche Drehfelder erzeugen. Besondere Bedeutung haben dabei die sog. *Oberschwingungs-Hauptfelder* mit $\tilde{\nu}' = p$ und $\omega_{\nu'} = \lambda\omega_1$, die in ihrer Wechselwirkung mit dem Hauptfeld nach (7.3.10) zu Zugspannungswellen mit $\nu'_\sigma = p \pm p = 0$ bzw. $2p$ und $\omega_\sigma = (1 \pm \lambda)\omega_1$ führen. Da zudem die Betriebsfrequenz $f_1 = \omega_1/(2\pi)$ der Maschine durch den Frequenzumrichter abhängig von der gewünschten Drehzahl in einem relativ großen Bereich verändert wird, ist es praktisch nicht zu vermeiden, dass die Frequenzen einiger dieser Zugspannungswellen bei bestimmten Drehzahlen mit einer der Eigenfrequenzen des Ständerblechpakets für die Ordnungszahlen 0 oder $2p$ zusammenfallen und damit deutliche Einzeltöne im Maschinengeräusch entstehen.

7.3.4 Einseitiger magnetischer Zug

Unter dem einseitigen magnetischen Zug wird jene Kraft verstanden, die auf einen exzentrisch in der Ständerbohrung befindlichen Läufer wirkt und bestrebt ist, die Exzentrizität zu vergrößern, d. h. den Läufer an der Stelle des kleinsten Luftspalts ganz an den Ständer heranzuziehen. Unmittelbare Ursache dieser Kraft sind die *Exzentrizitätsoberwellen* des Luftspaltfelds, die bei exzentrischer Lage des Läufers zusätzlich zur Hauptwelle des Luftspaltfelds aufgebaut werden.

Wie im Band *Theorie elektrischer Maschinen*, Abschnitt 1.5.6, gezeigt wird, entsteht bei einer exzentrischen Verlagerung der geometrischen Achse der Ständerbohrung gegenüber der geometrischen Achse des Läufers um die Strecke e (s. Bild 7.3.3) vor allem eine periodische Änderung des Luftspaltleitwerts mit der Ordnungszahl $\nu' = 1$ entsprechend

$$\lambda_\delta(\gamma', t) = \lambda_{\delta 0} + \hat{\lambda}_{\delta\varepsilon} \cos(\gamma' - \omega_\varepsilon t - \gamma'_{\varepsilon 0}). \tag{7.3.13}$$

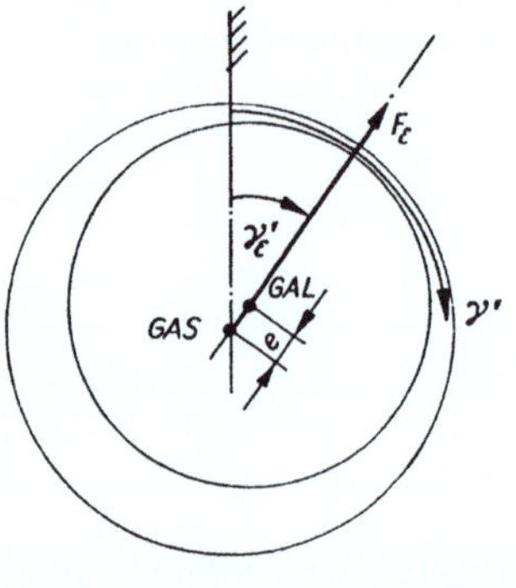

Bild 7.3.3 Ausgangsanordnung zur Ermittlung der Exzentrizitätsoberwellen des Luftspaltfelds. e Abstand zwischen der geometrischen Achse der Ständerbohrung (*GAS*) und der geometrischen Achse des Läufers (*GAL*); γ_ε' Lage der Exzentrizität (Stelle des geringsten Luftspalts)

Wenn die *relative Exzentrizität* als

$$\varepsilon = \frac{e}{\delta} \tag{7.3.14}$$

und die *magnetisch wirksame Exzentrizität* als

$$\varepsilon'' = \frac{e}{\delta_i''} \tag{7.3.15}$$

eingeführt werden, gilt

$$\lambda_{\delta 0} = \frac{\mu_0}{\delta_i''}\frac{1}{\sqrt{1-\varepsilon''^2}} \tag{7.3.16}$$

$$\hat{\lambda}_{\delta\varepsilon} = 2\lambda_{\delta 0}\frac{1-\sqrt{1-\varepsilon''^2}}{\varepsilon''} \approx \lambda_{\delta 0}\varepsilon''. \tag{7.3.17}$$

Eine Exzentrizität führt also zusätzlich zu einer Verkleinerung des mittleren Luftspaltleitwerts.

Bei einer *statischen Exzentrizität* des Läufers, d. h. wenn z. B. die Lager den Läufer exzentrisch führen, verändert sich die Lage der engsten Stelle des Luftspalts nicht, und es gilt $\omega_\varepsilon = 0$. Eine statische Exzentrizität liegt auch vor, wenn sich die Läuferwelle unter dem Einfluss des Eigengewichts des Läufers durchbiegt.

Bei einer *dynamischen Exzentrizität* des Läufers, d. h. wenn z. B. der Läuferkörper exzentrisch auf der Welle angeordnet ist, beträgt $\omega_\varepsilon = \Omega = 2\pi n$.

Mit dem Luftspaltleitwert nach (7.3.13) erhält man als Feld der Durchflutungshauptwelle

$$\Theta_p(\gamma', t) = \hat{\Theta}_p \cos(p\gamma' - \omega_1 t - \varphi_{\Theta p})$$

gemäß $B = \lambda\Theta$ (s. Bd. *Theorie elektrischer Maschinen*, Abschn. 1.5.7) unter Verwendung von (7.3.17)

$$\begin{aligned} B(\gamma', t) = {} & \hat{B}_p \cos(p\gamma' - \omega_1 t - \varphi_{\Theta p}) \\ & + \hat{B}_{p+1} \cos\left[(p+1)\gamma' - (\omega_1 + \omega_\varepsilon)t - (\varphi_{\Theta p} + \gamma_{\varepsilon 0}')\right] \\ & + \hat{B}_{p-1} \cos\left[(p-1)\gamma' - (\omega_1 - \omega_\varepsilon)t - (\varphi_{\Theta p} - \gamma_{\varepsilon 0}')\right] \end{aligned} \tag{7.3.18}$$

mit

$$\hat{B}_p = \lambda_{\delta 0}\hat{\Theta}_p \tag{7.3.19}$$

und

$$\hat{B}_{p+1} = \hat{B}_{p-1} = \frac{1}{2}\hat{\lambda}_{\delta\varepsilon}\hat{\Theta}_p = \hat{B}_p\frac{1-\sqrt{1-\varepsilon''^2}}{\varepsilon''} \approx \frac{\varepsilon''}{2}\hat{B}_p. \tag{7.3.20}$$

Dabei muss allerdings der Fall $p = 1$ gesondert betrachtet werden, da dann die Exzentrizitätsoberwelle $B_{\mathrm{p}-1}$ unipolar wird entsprechend

$$B_{\mathrm{p}-1}(\gamma', t) = \hat{B}_{\mathrm{p}-1} \cos\left[(\omega_1 - \omega_\varepsilon)t + (\varphi_{\Theta\mathrm{p}} - \gamma'_\varepsilon)\right] \tag{7.3.21}$$

mit $$\hat{B}_{\mathrm{p}-1} = \hat{B}_{\mathrm{p}} \frac{\Lambda_{\mathrm{st}}}{\pi D l_{\mathrm{i}} \lambda_{\delta 0} + \Lambda_{\mathrm{st}}} \frac{1 - \sqrt{1 - \varepsilon''^2}}{\varepsilon''} \approx \hat{B}_{\mathrm{p}} \frac{\varepsilon''}{2} \frac{\Lambda_{\mathrm{st}}}{\pi D l_{\mathrm{i}} \lambda_{\delta 0} + \Lambda_{\mathrm{st}}}, \tag{7.3.22}$$

wobei Λ_{st} den gesamten magnetischen Leitwert der Stirnräume bezeichnet. Wie im Band *Theorie elektrischer Maschinen*, Abschnitt 1.5.7, abgeleitet wird, entsteht dabei außerdem ein zusätzlicher Beitrag zur Hauptwelle des Luftspaltfelds, der jedoch wegen $\hat{\lambda}_{\delta\varepsilon} \ll \lambda_{\delta 0}$ i. Allg. vernachlässigbar ist.

Entsprechend (7.3.1) ruft das Luftspaltfeld nach (7.3.18) entlang der Oberflächen der Blechpakete von Ständer und Läufer die radiale Zugspannung

$$\sigma_{\mathrm{r}}(\gamma', t) = \frac{B^2(\gamma', t)}{2\mu_0}$$

hervor. Diese enthält nach (7.3.10) aus der Wechselwirkung zwischen der Hauptwelle und den beiden Exzentrizitätsoberwellen Zugspannungswellen der Ordnungszahl $\nu'_\sigma = 1$ mit

$$\sigma_{\mathrm{r}1}(\gamma', t) = \frac{\hat{B}_{\mathrm{p}} \hat{B}_{\mathrm{p}+1}}{2\mu_0} \cos\left(\gamma' - \omega_\varepsilon t - \gamma'_{\varepsilon 0}\right) + \frac{\hat{B}_{\mathrm{p}} \hat{B}_{\mathrm{p}-1}}{2\mu_0} \cos\left(-\gamma' + \omega_\varepsilon t + \gamma'_{\varepsilon 0}\right) \tag{7.3.23a}$$

$$= \frac{\hat{B}_{\mathrm{p}}(\hat{B}_{\mathrm{p}+1} + \hat{B}_{\mathrm{p}-1})}{2\mu_0} \cos\left(\gamma' - \omega_\varepsilon t - \gamma'_{\varepsilon 0}\right). \tag{7.3.23b}$$

Man erkennt, dass sich das Maximum der Zugspannungswelle jeweils an der Stelle mit dem engstem Luftspalt entsprechend

$$\gamma'_\varepsilon(t) = \omega_\varepsilon t + \gamma'_{\varepsilon 0}$$

befindet und daher bei einer statischen Exzentrizität wegen $\omega_\varepsilon = 0$ bezüglich des Ständers ruht und bei einer dynamischen Exzentrizität wegen $\omega_\varepsilon = \Omega = 2\pi n$ mit der Winkelgeschwindigkeit des Läufers umläuft.

Den magnetischen Zug erhält man durch Integration der in Richtung der engsten Luftspaltstelle wirkenden Komponente der Zugspannungswelle über die Bohrungsfläche zu

$$F_\varepsilon = l_{\mathrm{i}} \int_0^{2\pi} \sigma_{\mathrm{r}1}(\gamma', t) \cos\left(\gamma' - \omega_\varepsilon t - \gamma'_{\varepsilon 0}\right) \frac{D}{2} \,\mathrm{d}\gamma'$$

$$= \frac{\hat{B}_{\mathrm{p}}(\hat{B}_{\mathrm{p}+1} + \hat{B}_{\mathrm{p}-1})}{2\mu_0} \frac{l_{\mathrm{i}} D}{2} \int_0^{2\pi} \cos^2\left(\gamma' - \omega_\varepsilon t - \gamma'_{\varepsilon 0}\right) \mathrm{d}\gamma'$$

$$= \frac{l_{\mathrm{i}} \tau_{\mathrm{p}} p}{2\mu_0} \hat{B}_{\mathrm{p}}(\hat{B}_{\mathrm{p}+1} + \hat{B}_{\mathrm{p}-1}). \tag{7.3.24}$$

Im Fall $p > 1$ vereinfacht sich diese Beziehung mit (7.3.20) zu

$$F_\varepsilon \approx \frac{l_\mathrm{i}\tau_\mathrm{p} p}{2\mu_0}\hat{B}_\mathrm{p}^2\varepsilon''. \tag{7.3.25a}$$

Im Fall $p = 1$ gilt unter der Voraussetzung $\Lambda_\mathrm{st} \ll \pi D l_\mathrm{i}\lambda_{\delta 0}$ entsprechend (7.3.22) die Näherung $\hat{B}_{\mathrm{p}-1} \approx 0$, und damit erhält man für den magnetischen Zug

$$F_\varepsilon \approx \frac{l_\mathrm{i}\tau_\mathrm{p}}{2\mu_0}\hat{B}_\mathrm{p}^2\frac{\varepsilon''}{2}. \tag{7.3.25b}$$

Wenn eine statische Exzentrizität durch eine Durchbiegung der Welle aufgrund ihres Eigengewichts verursacht wird, wirkt die Federsteifigkeit der Welle dieser Durchbiegung entgegen. Die Rückstellkraft wächst proportional zur Durchbiegung. Der magnetische Zug ist nach (7.3.25a,b) zwar ebenfalls proportional zur Auslenkung, er wirkt jedoch im umgekehrten Sinn, d. h. er sucht die Durchbiegung zu vergrößern. Dadurch wird die Federsteifigkeit der Welle scheinbar verringert. Die statische Verformung wird daher durch den einseitigen magnetischen Zug größer.

Umgekehrt liegt eine dynamische Exzentrizität u. a. dann vor, wenn der Läufer durch die Zentrifugalkraft, die auf seinen außerhalb der geometrischen Achse liegenden Schwerpunkt wirkt, ausgelenkt wird. Dieser dynamischen Durchbiegung wirkt ebenfalls die durch den magnetischen Zug verminderte Federsteifigkeit der Welle entgegen. Dadurch wird die dynamische Durchbiegung unter dem Einfluss des Luftspaltfelds größer.

Die *magnetische Federkonstante*, die dem magnetischen Zug zugeordnet ist, ergibt sich aus (7.3.25a,b) mit $\varepsilon'' = e/\delta_\mathrm{i}''$ entsprechend (7.3.15) zu

$$c_\varepsilon = \frac{\mathrm{d}F_\varepsilon}{\mathrm{d}e} = \frac{l_\mathrm{i}\tau_\mathrm{p} p}{2\mu_0\delta_\mathrm{i}''}\hat{B}_\mathrm{p}^2 \quad \text{für} \quad p > 1 \tag{7.3.26a}$$

$$= \frac{l_\mathrm{i}\tau_\mathrm{p}}{4\mu_0\delta_\mathrm{i}''}\hat{B}_\mathrm{p}^2 \quad \text{für} \quad p = 1. \tag{7.3.26b}$$

Ihr Einfluss auf die Durchbiegung der Welle wird sich offenbar vor allem bei Maschinen mit relativ kleinem Luftspalt bemerkbar machen und muss dann bei der Bemessung der Welle berücksichtigt werden. Die Federwirkung nimmt aber auch Einfluss auf das Biege-Eigenschwingungsverhalten des Läufers in Form der sog. *biegekritischen Drehzahl*, bei der der Läufer – z. B. durch eine Restunwucht – gerade in seiner ersten Biegeeigenfrequenz angeregt wird. Wenn man den Läufer vereinfacht als Punktmasse m auffasst, die auf einer masselosen Welle mit der Federkonstante c_mech mittig zwischen zwei Schneidlagern angeordnet ist, so gilt für die biegekritische Drehzahl

$$n_\mathrm{krit} = \frac{1}{2\pi}\sqrt{\frac{c_\mathrm{mech} - c_\varepsilon}{m}}. \tag{7.3.27}$$

Die biegekritische Drehzahl sinkt also unter dem Einfluss des einseitigen magnetischen Zugs.

In den bisherigen Betrachtungen ist vorausgesetzt worden, dass sich die Exzentrizitätsoberwellen nach (7.3.18), (7.3.20) und (7.3.22) ungehindert ausbilden können. Das setzt aber voraus, dass sie in den Wicklungen der Maschine keine Spannungen induzieren, die über das Netz kurzgeschlossen sind oder in parallelgeschalteten Zweigen unterschiedliche Größe bzw. unterschiedliche Phasenlage besitzen. Andernfalls würden von diesen Spannungen Ausgleichsströme angetrieben, deren Felder die Exzentrizitätsoberwellen abdämpfen. Dadurch wird zwar im gleichen Maße der magnetische Zug verringert; es treten jedoch gleichzeitig zusätzliche Feldoberwellen auf, die zum magnetischen Geräusch beitragen können (s. Abschn. 7.3.2). Außerdem rufen die Ausgleichsströme zusätzliche Verluste hervor.

Bei Induktionsmaschinen mit Käfigläufer und Synchronmaschinen mit Dämpferkäfig induzieren die Exzentrizitätsoberwellen in den Maschen der Käfigwicklung Spannungen, und es kommt in jedem Fall zu einer Abdämpfung, die nach Band *Theorie elektrischer Maschinen*, Abschnitt 1.9.3, berechnet werden kann. Sie führt dazu, dass die Exzentrizitätsoberwellen in ihrer Amplitude verringert und in ihrer Phasenlage verändert werden. Dadurch weist auch der magnetische Zug nicht mehr in Richtung der engsten Stelle des Luftspalts. Aufgrund der Abdämpfung ist die Absenkung der biegekritischen Drehzahl i. Allg. unkritisch.

Bei solchen Induktionsmaschinen mit Schleifringläufer, deren Spulengruppen der Läuferwicklung in Reihe geschaltet sind, ist die in diesen Strängen induzierte Spannung Null, und die Exzentrizitätsoberwellen werden nicht abgedämpft. Die Absenkung der biegekritischen Drehzahl kann sich daher voll ausbilden, was die ausführbare Blechpaketlänge großer Maschinen spürbar beschränken kann. Bei Schleifringläufern kann es daher sinnvoll sein, die Ständerwicklung in mehreren parallelen Zweigen je Strang auszuführen und diese so zu schalten, dass die Exzentrizitätsoberwellen dämpfende Kreisströme innerhalb der parallelen Zweige treiben. Hierauf wird im Abschnitt 1.9.5 des Bands *Theorie elektrischer Maschinen* näher eingegangen.

Kommutatoranker mit Schleifenwicklung dämpfen die Exzentrizitätsoberwellen stark ab, da hier jede Feldunsymmetrie wegen der Parallelschaltung der Bürsten bzw. wegen der vorhandenen Ausgleichsverbindungen durch entsprechende Ausgleichsströme aufgehoben wird. Im Übrigen kann (7.3.25a,b) bei der Anwendung auf Maschinen mit ausgeprägten Polen im Ständer oder im Läufer ohnehin nur als Näherungsbeziehung angesehen werden.

7.4 Axiale Kräfte auf Blechpakete

7.4.1 Allgemeine Erscheinungen

Axiale Kräfte entstehen als Grenzflächenkräfte der axial im Bereich der Ventilationskanäle und des Stirnraums in das Blechpaket eintretenden Feldlinien sowie als Kräfte auf die stromdurchflossenen Leiter in den Wicklungsköpfen. Sie heben sich insgesamt in einer bestimmten Lage des Läufers gegeneinander auf, die als *magnetische Mitte* bezeichnet wird. Wenn man den Läufer von außen her aus dieser Lage verschiebt, sind die entstehenden Kräfte i. Allg. gegen diese Verschiebung gerichtet. Sofern die Lagerung ein ausreichendes Axialspiel aufweist, stellt sich ein Läufer bei Erregung der Maschine selbstständig in die magnetische Mitte ein. Lediglich beim asynchronen Anlauf oder beim Kurzschluss kann es – vor allem bei Maschinen mit Nutschrägung – zum Überwiegen solcher Kräfte kommen, die in Richtung der Verschiebung des Läufers aus der magnetischen Mitte wirken und den Läufer schließlich gegen den Lagerbund eines der Gleitlager drücken. Wenn

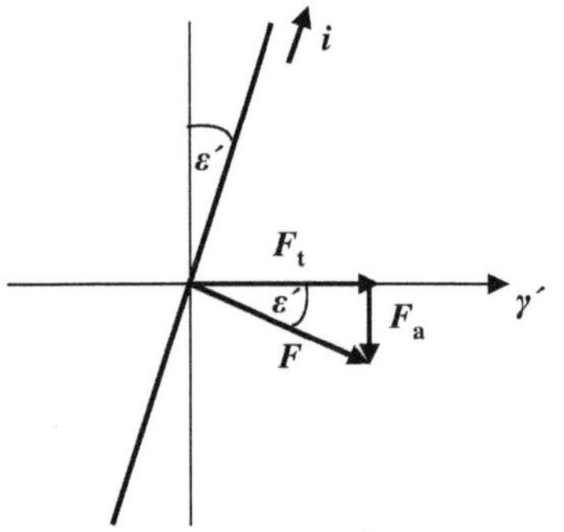

Bild 7.4.1 Zur Ermittlung der Axialkraft aufgrund der Nutschrägung

der Läufer in Wälzlagern läuft und dabei nicht in der magnetischen Mitte geführt wird, müssen diese die entstehenden Axialkräfte aufnehmen.

Die quantitative Ermittlung der Kräfte ist relativ leicht, wenn man sich auf den Fall beschränkt, dass nur in einem der beiden Hauptelemente Ströme fließen. Dann sind die Kräfte auf das andere Hauptelement ausschließlich Grenzflächenkräfte, die vom Luftspaltfeld herrühren. Dieser Fall liegt vor, wenn sich die Maschine im Leerlauf befindet. Die dabei entstehenden Axialkräfte überwiegen normalerweise auch unter Belastung. Erst bei Betriebszuständen mit gegenüber den Bemessungsströmen wesentlich erhöhten Strömen machen sich jene Kräfte bemerkbar, die vom Streufeld im Raum der Wicklungsköpfe herrühren und die in Richtung der Verschiebung des Läufers aus der magnetischen Mitte wirken können. Ihre quantitative Bestimmung ist mit einfachen Mitteln nicht möglich.

Im Fall einer Maschine mit Nutschrägung tritt eine weitere Komponente der Axialkraft hinzu, die entsprechend Bild 7.4.1 als

$$F_\mathrm{a} = F_\mathrm{t} \tan \varepsilon' = \frac{2M}{D} \tan \varepsilon' \tag{7.4.1}$$

proportional zur Tangentialkraft bzw. dem Drehmoment der Maschine und zum Tangens des Nutschrägungswinkels ε' ist. Dabei ist es unerheblich, ob der Ständer oder der Läufer geschrägt ist. Die Richtung der Kraft hängt, wie im Bild 7.4.1 erkennbar, vom Vorzeichen des Nutschrägungswinkels und der Richtung des Drehmoments ab.

7.4.2 Axiale Kräfte aufgrund des Luftspaltfelds

Zur Ermittlung der vom Luftspaltfeld herrührenden zentrierenden Kräfte wird die Maschine entsprechend den Überlegungen im vorangegangenen Abschnitt im Leerlauf betrachtet. Dabei soll das praktisch allein vorhandene Luftspaltfeld vom Ständer her aufgebaut werden. Man erhält die Kraft auf den Läufer über die Änderung der zugehörigen Hauptinduktivität L_h bei einer axialen Verschiebung x_0 des Läufers gegenüber jenem Wert $L_{\mathrm{h}0}$, den die Hauptinduktivität besitzt, wenn sich der Läufer in der magnetischen Mitte befindet. Den prinzipiellen Verlauf $L_\mathrm{h}(x)$ zeigt Bild 7.4.2. Wie die Überlegungen im Abschnitt 7.1.3, Seite 439, gezeigt haben, ist die Kraft in einem System mit nur einem elektrischen Kreis stets so gerichtet, dass sie die Induk-

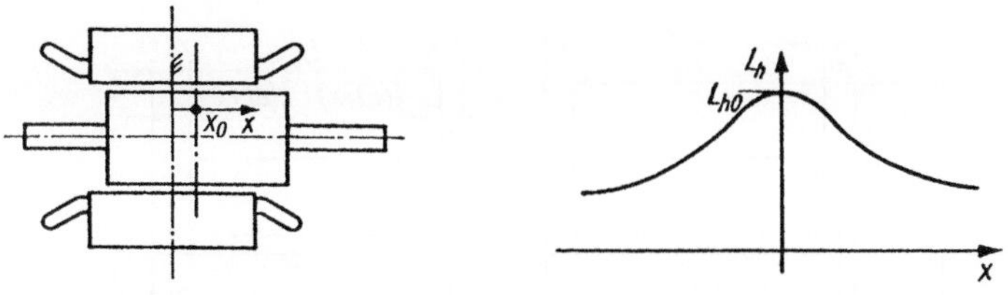

Bild 7.4.2 Prinzipielle Abhängigkeit der dem Luftspaltfeld zugeordneten Induktivität einer Ständerspule von der axialen Verschiebung x des Läufers aus der magnetischen Mitte. L_{h0} Hauptinduktivität bei symmetrischer Lage des Läufers

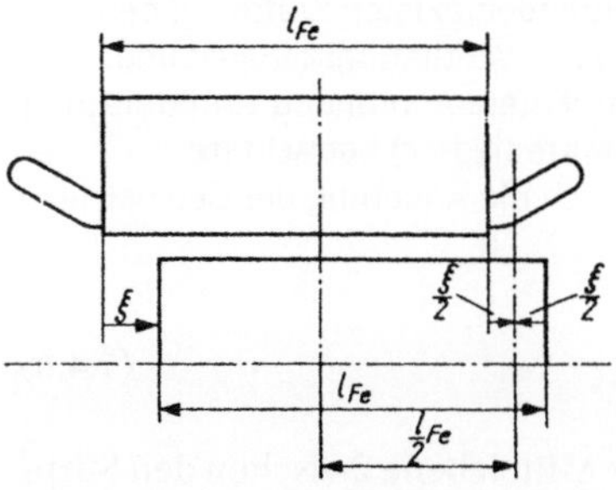

Bild 7.4.3 Anordnung, die den Beziehungen für die Induktivitätsänderung nach (7.4.2) bis (7.4.5) zugrunde liegt

tivität zu vergrößern sucht. Dementsprechend wirkt die vom Luftspaltfeld herrührende Axialkraft gegen eine Verschiebung des Läufers aus der magnetischen Mitte.

Zur quantitativen Ermittlung der Axialkräfte wird von dem aus [49] bekannten Ergebnis für die Änderung der dem Luftspaltfeld zugeordneten Induktivität L_h einer Spule in der Anordnung nach Bild 7.4.3 ausgegangen. Dabei ist

$$\begin{aligned}\Delta L_h &= \tilde{L}_{h0} - L_h \\ &= \frac{\tilde{L}_{h0}}{l_{Fe}}\delta\left\{\frac{2}{\pi}\frac{\xi}{\delta}\arctan\frac{\xi}{\delta} - \frac{1}{\pi}\ln\left[1+\left(\frac{\xi}{\delta}\right)^2\right]\right\} = \frac{\tilde{L}_{h0}}{l_{Fe}}\delta\, g\left(\frac{\xi}{\delta}\right)\end{aligned} \tag{7.4.2}$$

mit $$g\left(\frac{\xi}{\delta}\right) = \left\{\frac{2}{\pi}\frac{\xi}{\delta}\arctan\frac{\xi}{\delta} - \frac{1}{\pi}\ln\left[1+\left(\frac{\xi}{\delta}\right)^2\right]\right\} \tag{7.4.3}$$

und $$-\frac{dL_h}{d\xi} = \frac{d\Delta L_h}{d\xi} = \frac{\tilde{L}_{h0}}{l_{Fe}}\delta\frac{dg\left(\frac{\xi}{\delta}\right)}{d\xi} = \frac{\tilde{L}_{h0}}{l_{Fe}} f\left(\frac{\xi}{\delta}\right) = \frac{\tilde{L}_{h0}}{l_{Fe}}\frac{2}{\pi}\arctan\frac{\xi}{\delta} \tag{7.4.4}$$

mit $$f\left(\frac{\xi}{\delta}\right) = \frac{dg\left(\frac{\xi}{\delta}\right)}{d\left(\frac{\xi}{\delta}\right)}\,. \tag{7.4.5}$$

In diesen Beziehungen ist l_{Fe} die Blechpaketlänge, der die Hauptinduktivität $\tilde{L}_{h0}$ bei symmetrischer Lage des Läufers in einem Ständer gleicher Länge zugeordnet ist. Betrachtet man nur eine Stirnseite der Anordnung nach Bild 7.4.3, so wird

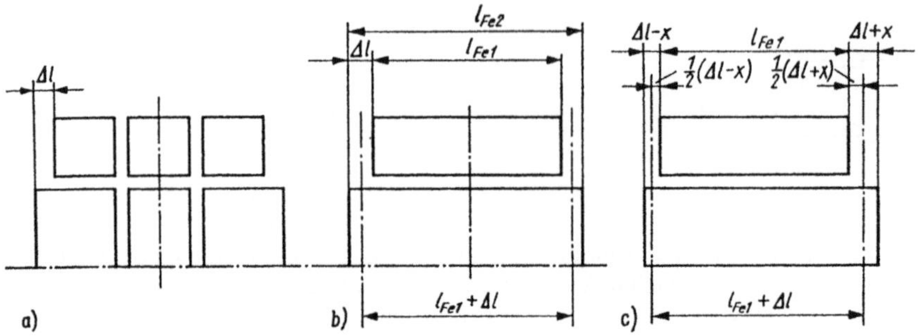

Bild 7.4.4 Zur Ermittlung der vom Luftspaltfeld herrührenden axialen Kräfte auf den Läufer einer realen Maschine. a) Allgemeine Anordnung mit Ventilationskanälen und unterschiedlicher Länge von Ständer und Läufer; b) betrachtete Anordnung zur Ermittlung der Induktivität, wenn der Läufer in der magnetischen Mitte liegt; c) betrachtete Anordnung zur Ermittlung der Induktivitätsänderung durch die Änderung der Geometrie der Stirnräume

$$\Delta L_{\mathrm{h}} = \frac{\tilde{L}_{\mathrm{h0}}}{l_{\mathrm{Fe}}} \delta \frac{1}{2} g\left(\frac{\xi}{\delta}\right), \tag{7.4.6}$$

wobei $l_{\mathrm{Fe}}/2$ entsprechend Bild 7.4.3 als Abstand der Mittelebene zwischen den Stirnflächen des Ständers und des Läufers von der Mitte der Gesamtanordnung erscheint.

Die reale Anordnung, für die die Axialkraft bestimmt werden soll, zeigt Bild 7.4.4a zunächst in symmetrischer Lage. Es sind sowohl im Ständer als auch im Läufer Ventilationskanäle vorhanden; Ständer und Läufer besitzen eine unterschiedliche Länge. Die Änderung der Induktivität $L_{\mathrm{h}}(x)$ soll unter Einführung einer Hilfsfunktion $\lambda(x)$, die für $x = 0$ den Wert $\lambda(0) = 1$ besitzt, ausgedrückt werden als

$$L_{\mathrm{h}}(x) = L_{\mathrm{h0}}\lambda(x). \tag{7.4.7}$$

Daraus folgt

$$-\frac{\mathrm{d}L_{\mathrm{h}}(x)}{\mathrm{d}x} = -L_{\mathrm{h0}}\frac{\mathrm{d}\lambda(x)}{\mathrm{d}x}. \tag{7.4.8}$$

Dabei ist L_{h0} der Wert der Hauptinduktivität der realen Anordnung in der symmetrischen Lage des Läufers. Zur Bestimmung der Hilfsfunktion $\lambda(x)$ wird von (7.4.2) bis (7.4.5) ausgegangen und ein vereinfachtes Modell der tatsächlichen Anordnung betrachtet. Dieses Modell nimmt an, dass sich im Bereich der Ventilationskanäle erst ein Feld ausbildet, wenn der Läufer verschoben wird. Die vom Feld im Stirnraum und vom Feld im Bereich der Ventilationskanäle herrührenden Einflüsse werden im Folgenden zunächst getrennt betrachtet.

a) Induktivitätsänderung aufgrund des Felds im Stirnraum

Die Hauptinduktivität bei symmetrischer Lage des Läufers und deren Änderung durch die Änderung des Stirnfelds kann aus der Anordnung nach den Bildern 7.4.4b,c ermittelt werden. Aus dem Vergleich mit Bild 7.4.3 folgt, dass hier als Länge l_{Fe}, der die Hauptinduktivität L_{h0} zugeordnet ist, $l_{\mathrm{Fe}} = l_{\mathrm{Fe1}} + \Delta l$ eingeführt werden muss. Die tatsächliche Hauptinduktivität L_{h0} für die symmetrische Lage des Läufers folgt dann aus (7.4.6) mit $\xi = \Delta l$ zu

$$L_{\mathrm{h0}} = \tilde{L}_{\mathrm{h0}} - \Delta L_{\mathrm{h0}} = \tilde{L}_{\mathrm{h0}} - 2\frac{\tilde{L}_{\mathrm{h0}}}{l_{\mathrm{Fe}}}\delta\frac{1}{2}g\Big((\frac{\Delta l}{\delta}\Big) = \tilde{L}_{\mathrm{h0}}\left[1 - \frac{\delta}{l_{\mathrm{Fe}}}g\left(\frac{\Delta l}{\delta}\right)\right]. \quad (7.4.9)$$

Bei der Verschiebung des Läufers um x_0 erhält man an beiden Stirnseiten unterschiedliche geometrische Verhältnisse und damit unterschiedliche Beiträge zur Änderung der Induktivität gegenüber dem Wert L_{h0}. Die Summe beider liefert unter Anwendung von (7.4.6) auf die Geometrie von Bild 7.4.4c für die Induktivitätsänderung den Anteil

$$\Delta L_{\mathrm{hw}}(x) = \frac{\tilde{L}_{\mathrm{h0}}}{l_{\mathrm{Fe}}}\delta\frac{1}{2}\left[g\left(\frac{\Delta l - x}{\delta}\right) + g\left(\frac{\Delta l + x}{\delta}\right)\right]. \quad (7.4.10)$$

b) Induktivitätsänderung aufgrund des Felds im Bereich der Ventilationskanäle

Durch das Feld im Bereich der Ventilationskanäle entsteht nur dann ein Beitrag $\Delta L_{\mathrm{hv}}(x)$ zur Induktivitätsänderung, wenn die Ventilationskanäle im Ständer und im Läufer wie im Bild 7.4.4a einander gegenüberliegen. Besitzt ein Hauptelement keine Ventilationskanäle oder sind die Ventilationskanäle im Ständer und im Läufer gegeneinander versetzt angeordnet, gilt $\Delta L_{\mathrm{hv}}(x) = 0$. Wenn der übliche Fall vorausgesetzt wird, dass die Ventilationskanäle im Ständer und im Läufer dieselbe axiale Länge haben, dann entsteht im Bereich der Ventilationskanäle bei der Verschiebung des Läufers an jeder Stirnseite eines Teilpakets eine Änderung der Geometrie, die unmittelbar dem Bild 7.4.3 entspricht. Damit erhält man den von den n_{v} einander gegenüberliegenden Ventilationskanälen herrührenden Anteil für die Induktivitätsänderung aus (7.4.6) mit $\xi = x$ zu

$$\Delta L_{\mathrm{hv}}(x) = 2n_{\mathrm{v}}\frac{\tilde{L}_{\mathrm{h0}}}{l_{\mathrm{Fe}}}\delta\frac{1}{2}g\left(\frac{x}{\delta}\right). \quad (7.4.11)$$

Die Beziehung (7.4.11) gilt natürlich nur, solange die axiale Verschiebung wesentlich kleiner als die axiale Länge der Ventilationskanäle ist.

c) Resultierende Induktivitätsänderung

Die gesamte Induktivitätsänderung gegenüber der Induktivität $\tilde{L}_{\mathrm{h0}}$ beträgt damit

$$\Delta L_{\mathrm{hres}}(x) = \tilde{L}_{\mathrm{h0}} - L_{\mathrm{h}} = \Delta L_{\mathrm{hw}}(x) + \Delta L_{\mathrm{hv}}(x). \quad (7.4.12)$$

Damit erhält man für $\lambda(x)$ nach (7.4.7) unter Berücksichtigung von (7.4.9) bis (7.4.12)

$$\lambda(x) = \frac{L_{\mathrm{h}}(x)}{L_{\mathrm{h0}}} = \frac{\tilde{L}_{\mathrm{h0}} - \Delta L_{\mathrm{hw}}(x) - \Delta L_{\mathrm{hv}}(x)}{\tilde{L}_{\mathrm{h0}} - \Delta L_{\mathrm{h0}}}$$
$$= \frac{1 - \frac{\delta}{l_{\mathrm{Fe}}}\left[\frac{1}{2}g\left(\frac{\Delta l - x}{\delta}\right) + \frac{1}{2}g\left(\frac{\Delta l + x}{\delta}\right) + n_{\mathrm{v}}g\left(\frac{x}{\delta}\right)\right]}{1 - \frac{\delta}{l_{\mathrm{Fe}}}g\left(\frac{\Delta l}{\delta}\right)}. \quad (7.4.13)$$

Diese Beziehung kann wegen $(\delta/l_{\mathrm{Fe}})g(\Delta l/\delta) \ll 1$ angenähert werden durch

$$\lambda(x) = 1 - \frac{\delta}{l_{\mathrm{Fe}}}\left[\frac{1}{2}g\left(\frac{\Delta l - x}{\delta}\right) + \frac{1}{2}g\left(\frac{\Delta l + x}{\delta}\right) - g\left(\frac{\Delta l}{\delta}\right) + n_{\mathrm{v}}g\left(\frac{x}{\delta}\right)\right]. \quad (7.4.14)$$

Wenn man zur Berücksichtigung des Einflusses der Nutung δ durch δ_i ersetzt und $l_{\mathrm{Fe}} = l_{\mathrm{Fe1}} + \Delta l \approx l_{\mathrm{i}}$ einführt, folgt daraus endgültig

$$\lambda(x) = 1 - \frac{\delta_{\mathrm{i}}}{l_{\mathrm{i}}}\left[g_{\mathrm{w}}\left(\frac{\Delta l}{\delta_{\mathrm{i}}}, \frac{x}{\delta_{\mathrm{i}}}\right) + n_{\mathrm{v}} g_{\mathrm{v}}\left(\frac{x}{\delta_{\mathrm{i}}}\right)\right] \tag{7.4.15}$$

mit $$g_{\mathrm{w}}\left(\frac{\Delta l}{\delta_{\mathrm{i}}}, \frac{x}{\delta_{\mathrm{i}}}\right) = \frac{1}{2} g\left(\frac{\Delta l}{\delta_{\mathrm{i}}} - \frac{x}{\delta_{\mathrm{i}}}\right) + \frac{1}{2} g\left(\frac{\Delta l}{\delta_{\mathrm{i}}} + \frac{x}{\delta_{\mathrm{i}}}\right) - g\left(\frac{\Delta l}{\delta_{\mathrm{i}}}\right) \tag{7.4.16}$$

und $$g_{\mathrm{v}}\left(\frac{x}{\delta_{\mathrm{i}}}\right) = g\left(\frac{x}{\delta_{\mathrm{i}}}\right). \tag{7.4.17}$$

Daraus erhält man für $\mathrm{d}\lambda(x)/\mathrm{d}x$ in (7.4.8)

$$\frac{\mathrm{d}\lambda(x)}{\mathrm{d}x} = -\frac{\delta_{\mathrm{i}}}{l_{\mathrm{i}}}\left[\frac{1}{2}\frac{\mathrm{d}g\left(\frac{\Delta l}{\delta_{\mathrm{i}}} - \frac{x}{\delta_{\mathrm{i}}}\right)}{\mathrm{d}x} + \frac{1}{2}\frac{\mathrm{d}g\left(\frac{\Delta l}{\delta_{\mathrm{i}}} + \frac{x}{\delta_{\mathrm{i}}}\right)}{\mathrm{d}x} + n_{\mathrm{v}}\frac{\mathrm{d}g\left(\frac{x}{\delta_{\mathrm{i}}}\right)}{\mathrm{d}x}\right]$$

und unter Einführung der Funktion $f(\xi/\delta)$ nach (7.4.4) bzw. (7.4.5)

$$\frac{\mathrm{d}\lambda(x)}{\mathrm{d}x} = -\frac{1}{l_{\mathrm{i}}}\left[f_{\mathrm{w}}\left(\frac{\Delta l}{\delta_{\mathrm{i}}}, \frac{x}{\delta_{\mathrm{i}}}\right) + n_{\mathrm{v}} f_{\mathrm{v}}\left(\frac{x}{\delta_{\mathrm{i}}}\right)\right] \tag{7.4.18}$$

mit $$f_{\mathrm{w}} = \frac{1}{2} f\left(\frac{\Delta l}{\delta_{\mathrm{i}}} - \frac{x}{\delta_{\mathrm{i}}}\right) + \frac{1}{2} f\left(\frac{\Delta l}{\delta_{\mathrm{i}}} + \frac{x}{\delta_{\mathrm{i}}}\right) \tag{7.4.19}$$

und $$f_{\mathrm{v}} = f\left(\frac{x}{\delta_{\mathrm{i}}}\right). \tag{7.4.20}$$

Die Funktionen $g(\Delta l/\delta_{\mathrm{i}}, x/\delta_{\mathrm{i}})$ und $f(\Delta l/\delta_{\mathrm{i}}, x/\delta_{\mathrm{i}})$ sind im Bild 7.4.5 dargestellt. In ihnen ist entsprechend der Ausgangsanordnung nach Bild 7.4.3 vorausgesetzt, dass keine Luftspalterweiterung nach den Stirnflächen hin – auch als Blechpaketabtreppung bezeichnet – vorliegt, wie dies bei großen Maschinen zur Verminderung der zusätzlichen Verluste in den Druckplatten z. T. ausgeführt wird. Wenn dies der Fall ist, nehmen beide Funktionen kleinere Werte an und müssen aus einer genaueren Feldbetrachtung gewonnen werden. Für kleine Auslenkungen ist $\lambda(x)$ ungefähr 1. Der Einfluss der Ventilationskanäle wird dadurch verringert, dass die Ständerkanäle den Läuferkanälen nicht überall genau gegenüberstehen.

d) Axialkraft bei einer Einphasenmaschine

Für eine leerlaufende einphasige Wechselstrommaschine folgt aus (7.1.6), Seite 439, unter Einführung von (7.4.8), dass bei einem sinusförmigen Strom $i = \sqrt{2} I \cos(\omega t + \varphi_{\mathrm{i}})$ außer der interessierenden zeitlich konstanten Kraft

$$\overline{F} = \frac{I^2}{2}\frac{\mathrm{d}L_{\mathrm{h}}}{\mathrm{d}x} = \frac{I^2}{2} L_{\mathrm{h0}} \frac{\mathrm{d}\lambda(x)}{\mathrm{d}x} \tag{7.4.21}$$

eine zweite Komponente der Kraft entsteht, die mit doppelter Betriebsfrequenz pulsiert. Im Allgemeinen interessiert diese zweite Komponente nicht weiter. Wenn

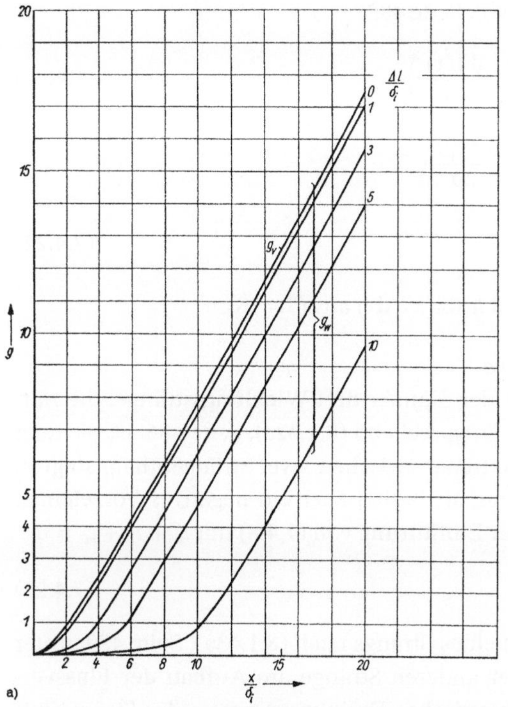

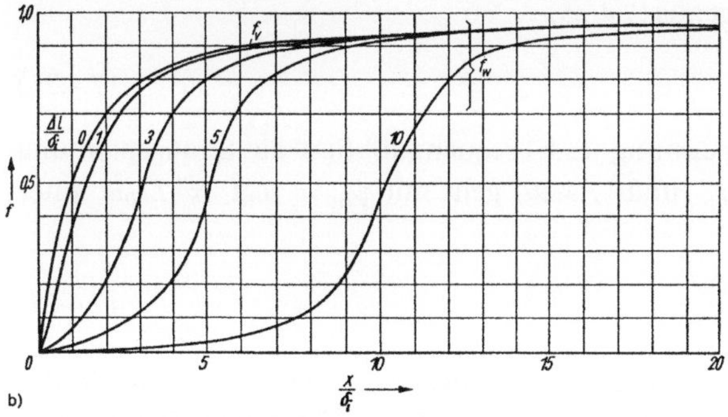

Bild 7.4.5 Diagramm zur Ermittlung der vom Luftspaltfeld herrührenden Axialkräfte.
a) $g(\Delta l/\delta_i, x/\delta_i)$ zur Ermittlung von $\lambda(x)$ nach (7.4.15) bis (7.4.17);
b) $f(\Delta l/\delta_i, x/\delta_i)$ zur Ermittlung von $\mathrm{d}\lambda(x)/\mathrm{d}x$ nach (7.4.18) bis (7.4.20)

die Maschine an einem Netz fester Spannung und Frequenz betrieben wird, diktiert die Spannung das resultierende Luftspaltfeld und damit die Flussverkettung entsprechend

$$\hat{\psi}_\mathrm{h} = L_\mathrm{h}\hat{i} = L_\mathrm{h0}\hat{i}_0 = \hat{e}/\omega \approx \hat{u}/\omega .$$

Dabei sind L_h0 die Hauptinduktivität des Strangs, wenn sich der Läufer in der magnetischen Mitte befindet, und I_0 der zugeordnete Effektivwert des Leerlaufstroms. Damit geht (7.4.21) unter Beachtung von (7.4.7) in

$$\overline{F} = \frac{I_0^2}{2} L_\mathrm{h0} \frac{1}{\lambda^2(x)} \frac{\mathrm{d}\lambda(x)}{\mathrm{d}x} \tag{7.4.22}$$

über. Daraus folgt mit L_{h0} nach (8.1.29b), Seite 485,

$$\overline{F} = \frac{I_0^2}{2}\mu_0 \frac{2}{\pi}\frac{\tau_\mathrm{p}}{\delta_\mathrm{i}}\frac{(w\xi_\mathrm{p})^2}{p}\frac{2}{\pi}\frac{1}{\lambda^2(x)}\left(l_\mathrm{i}\frac{\mathrm{d}\lambda(x)}{\mathrm{d}x}\right) \tag{7.4.23}$$

bzw. unter Einführung von $\hat{B}_\mathrm{p} = \frac{\mu_0}{\delta_\mathrm{i}}\frac{4}{\pi}\frac{(w\xi_\mathrm{p})}{2p}\sqrt{2}I_0$

$$\overline{F} = \frac{\pi}{8}\frac{D\delta_\mathrm{i}\hat{B}_\mathrm{p}^2}{\mu_0}\frac{1}{\lambda^2(x)}\left(l_\mathrm{i}\frac{\mathrm{d}\lambda(x)}{\mathrm{d}x}\right). \tag{7.4.24}$$

Dabei erhält man $\lambda(x)$ aus (7.4.15) und $l_\mathrm{i}(\mathrm{d}\lambda(x)/\mathrm{d}x)$ aus (7.4.18).

e) Axialkraft bei einer Dreiphasenmaschine

In einer Dreiphasenmaschine besitzt der Ständer drei Wicklungsstränge, die miteinander magnetisch gekoppelt sind. Entsprechend (8.1.32c), Seite 486, ist die dem Luftspaltfeld zugeordnete Gegeninduktivität zwischen zwei Strängen halb so groß wie die Selbstinduktivität eines Strangs; sie besitzt aber ein negatives Vorzeichen. Damit folgt aus (7.1.7), Seite 439, unter Einführung von (7.4.8) mit $i_a + i_b + i_c = 0$

$$F = \frac{1}{2}(i_a^2 + i_b^2 + i_c^2)\frac{3}{2}L_{\mathrm{h0}}\frac{\mathrm{d}\lambda(x)}{\mathrm{d}x}. \tag{7.4.25}$$

Dabei ist $^3/_2\,L_{\mathrm{h0}}$ die Selbstinduktivität eines Strangs nach (8.1.43a), Seite 489, unter Berücksichtigung der Mitwirkung der anderen Stränge am Aufbau der Flussverkettung dieses Strangs. Für ein symmetrisches Dreiphasensystem der Ströme mit $i_a = \sqrt{2}I\cos(\omega t + \varphi_\mathrm{i})$ usw. folgt aus (7.4.25)

$$F = \frac{3}{2}I^2\frac{3}{2}L_{\mathrm{h0}}\frac{\mathrm{d}\lambda(x)}{\mathrm{d}x}. \tag{7.4.26}$$

Bei Betrieb am Netz fester Spannung und Frequenz diktiert die Strangspannung $\hat{u} \approx \hat{e}$ die Flussverkettung $\hat{\psi}_\mathrm{h}$, und (7.4.26) geht mit $\hat{\psi}_\mathrm{h} = L_\mathrm{h}\hat{i} = L_{\mathrm{h0}}\hat{i}_0$ unter Beachtung von (7.4.7) in

$$F = \frac{3}{2}I_0^2\frac{3}{2}L_{\mathrm{h0}}\frac{1}{\lambda^2(x)}\frac{\mathrm{d}\lambda(x)}{\mathrm{d}x} \tag{7.4.27}$$

über. L_{h0} ist hier die Hauptinduktivität des Strangs, wenn sich der Läufer in der magnetischen Mitte befindet, und I_0 der zugeordnete Leerlaufstrom. Daraus folgt mit $^3/_2\,L_{\mathrm{h0}}$ aus (8.1.43a)

$$F = \frac{3}{2}I_0^2\mu_0\frac{2}{\pi}\frac{\tau_\mathrm{p}}{\delta_\mathrm{i}}\frac{(w\xi_\mathrm{p})^2}{p}\frac{2}{\pi}\frac{3}{2}\frac{1}{\lambda^2(x)}\left(l_\mathrm{i}\frac{\mathrm{d}\lambda(x)}{\mathrm{d}x}\right) \tag{7.4.28}$$

bzw. mit $\hat{B}_\mathrm{p} = \frac{\mu_0}{\delta_\mathrm{i}}\frac{3}{2}\frac{4}{\pi}\frac{(w\xi_\mathrm{p})}{2p}\sqrt{2}I_0$

$$F = \frac{\pi}{4}\frac{D\delta_\mathrm{i}\hat{B}_\mathrm{p}^2}{\mu_0}\frac{1}{\lambda^2(x)}\left(l_\mathrm{i}\frac{\mathrm{d}\lambda(x)}{\mathrm{d}x}\right). \tag{7.4.29}$$

7.4.3 Axiale Kräfte aufgrund des Streufelds des Wicklungskopfs

Axiale Kräfte, die vom Streufeld im Raum des Wicklungskopfs herrühren, machen sich i. Allg. erst bei Betriebszuständen bemerkbar, bei denen der Strom – wie z. B.

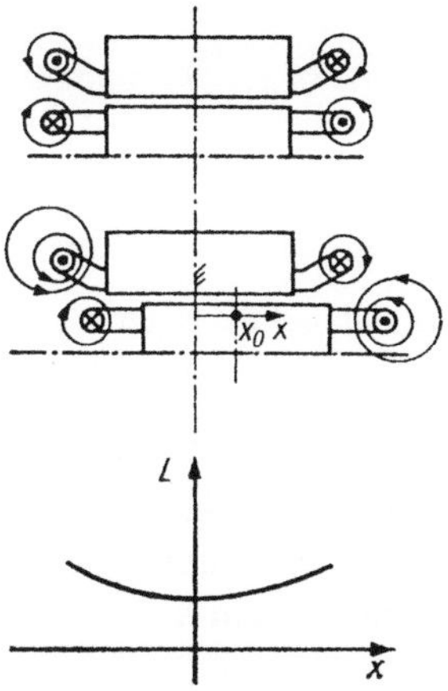

Bild 7.4.6 Änderung des Streufelds im Raum des Wicklungskopfs, wenn sich die Ständer- und die Läuferdurchflutung gegeneinander aufheben, und zugehörige Änderung der Induktivität der aus der Hintereinanderschaltung einer Ständer- und einer Läuferspule bestehenden Ersatzanordnung

bei Kurzschlüssen oder Anlaufvorgängen – gegenüber dem Bemessungsstrom wesentlich erhöht ist. Für Synchron- oder Induktionsmaschinen kann man in derartigen Betriebszuständen annehmen, dass sich die Durchflutungen von Ständer und Läufer gegeneinander aufheben. Damit existiert kein Luftspaltfeld, und es treten allein die vom Streufeld im Stirnraum herrührenden Kräfte auf. Außerdem kann man sich dieses Feld unter dieser Annahme durch den Strom eines einzigen elektrischen Kreises hervorgerufen denken, der aus der Hintereinanderschaltung einer Ständer- und einer Läuferwicklung mit gleicher Windungszahl besteht, wobei die beiden Wicklungen relativ zueinander ruhen. Um eine qualitative Vorstellung über die entstehenden Kräfte zu gewinnen, braucht damit nur die mit einer Verschiebung des Läufers aus der Mittellage einhergehende Änderung der Selbstinduktivität der Ersatzanordnung verfolgt zu werden. Aus Bild 7.4.6 ist ersichtlich, dass dabei mit einer Vergrößerung dieser Induktivität gerechnet werden muss, da sich mit der Verschiebung des Läufers wegen der Gegeneinanderschaltung der beiden Wicklungen i. Allg. größere Felder im Wicklungskopf aufbauen können. In diesem Fall entstehen dann entsprechend (7.1.6), Seite 439, am Läufer angreifende Kräfte, die im Sinne einer Verschiebung aus der symmetrischen Lage wirken. Für $x = 0$ gilt wegen $\mathrm{d}L/\mathrm{d}x = 0$ auch $F = 0$, und es besteht ein labiles Gleichgewicht.

7.5 Kräfte auf in Nuten eingebettete Leiter

7.5.1 Tangentiale Kräfte

Tangentiale Kräfte auf die Leiter in der Nut entstehen als Stromkräfte im Längsfeld der Nut, dessen Feldlinien parallel zu den Zahnflanken verlaufen. Dieses Längsfeld ist i. Allg. sehr klein, da sich die Feldlinien bevorzugt über die Zähne schließen. Es tritt erst merklich in Erscheinung, wenn die Zähne stark gesättigt sind, und bewirkt die im Abschnitt 2.4.2, Seite 186, behandelte magnetische Entlastung der Zähne. Dabei kann man entsprechend den dort angestellten Überlegungen annehmen, dass die am Nutrand existierende magnetische Feldstärke, die gleich der magnetischen Feldstärke im Zahn ist, im gesamten Nutquerschnitt herrscht. Um eine Vorstellung von der Größe der Tangentialkräfte zu vermitteln, wird die abgewickelte Anordnung

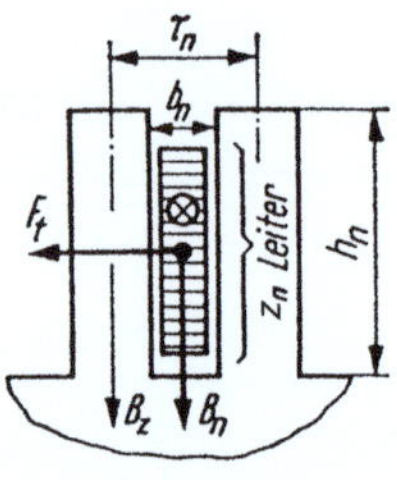

Bild 7.5.1 Zur Ermittlung der Tangentialkraft auf die Leiter in einer Nut

nach Bild 7.5.1 betrachtet. In diesem Fall herrscht überall im Zahn die Flussdichte B_z bzw. die zugehörige magnetische Feldstärke H_z und damit überall in der Nut die Flussdichte $B_n = \mu_0 H_z$. In diesem Feld erfahren die z_n Leiter der Nut mit dem Strom $i_L = i/a$ unter Anwendung von (7.1.3), Seite 438, die Tangentialkraft

$$F_t = \mu_0 z_n \frac{i}{a} l H_z .$$

Diese Kraft drückt das Leiterbündel gegen die Nutwand. Dabei erfährt die Isolierung eine Flächenpressung

$$p_t = \frac{F_t}{h_n l} = \mu_0 \frac{z_n i}{h_n a} H_z . \tag{7.5.1}$$

Unter Einführung des effektiven Strombelags als

$$A = \frac{z_n}{\tau_n a} \frac{\hat{i}}{\sqrt{2}}$$

folgt daraus

$$\hat{p}_t = \mu_0 \sqrt{2} A \left(\frac{\tau_n}{b_n}\right) \left(\frac{b_n}{h_n}\right) H_z . \tag{7.5.2}$$

Selbst mit dem hohen Wert von $A_{max} = 300$ A/mm, wie er bei modernen Turbogeneratoren mit direkter Leiterkühlung durch Wasser erreichbar ist, sowie mit $\tau_n / b_n = 2$, $b_n / h_n = 0{,}2$ und einem mit A_{max} zeitlich gleichzeitig auftretenden Maximalwert der Feldstärke im Zahn von $H_{zmax} = 2500$ A/m, was einer Zahnflussdichte von etwa 1,6 T entspricht, erhält man für die Flächenpressung im stationären Betrieb $p_{tmax} \approx 530$ N/m^2. Das ist ein praktisch vernachlässigbarer Wert. Darin äußert sich ein weiteres Mal die Tatsache, dass die das Drehmoment der Maschine bildenden Kräfte, abgesehen vom Sonderfall einer Luftspaltwicklung (s. Abschn. 1.2.2.3h, S. 72), in erster Linie als Grenzflächenkräfte an den Zahnflanken angreifen (s. Bild 7.2.1, S. 440). Selbstverständlich kann die Flächenpressung der Isolierung an den Zahnflanken im Kurzschluss oder im asynchronen Anlauf entsprechend den dann wesentlich größeren Werten des Strombelags Werte annehmen, die größer als 530 N/m^2 sind. Gefährlich hohe Werte sind allerdings auch dann nicht zu erwarten.

7.5.2 Radiale Kräfte

Radiale Kräfte auf die Leiter in der Nut entstehen als Stromkräfte im Querfeld der Nut, dessen Feldlinien senkrecht zu den Zahnflanken verlaufen und das von den Strömen der Leiter in der Nut selbst aufgebaut wird. Zur quantitativen Ermittlung der Kräfte bieten sich die Beziehungen (7.1.6) und (7.1.7), Seite 439, an, wobei die

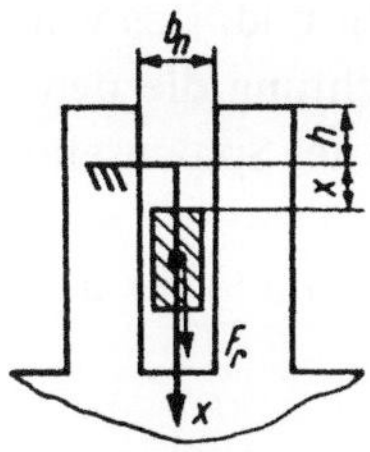

Bild 7.5.2 Zur Ermittlung der Radialkraft auf die Leiter in einer Nut

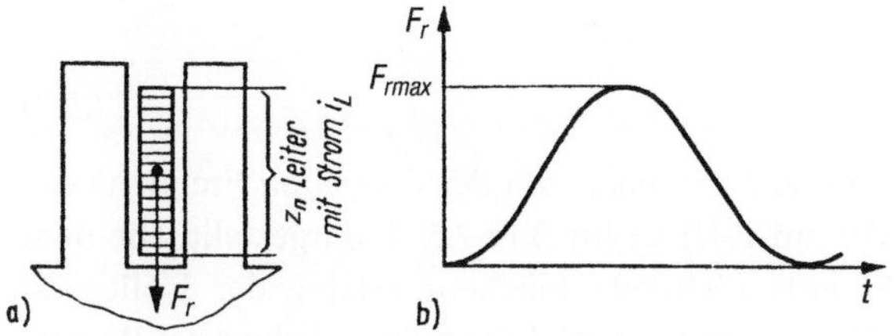

Bild 7.5.3 Radialkraft auf die Leiter einer Einschichtwicklung. a) Anordnung; b) zeitlicher Verlauf der Kraft bei sinusförmigem Strom

den Nutstreufeldern zugeordneten Selbst- und Gegeninduktivitäten einzuführen sind. Die Betrachtungen beschränken sich im Folgenden auf den wichtigen Fall parallelflankiger Nuten. Entsprechend den Untersuchungen im Abschnitt 3.5.2, Seite 274, wächst die dem Nutstreufeld zugeordnete Selbstinduktivität eines betrachteten Leiters 1 bzw. einer betrachteten Spulenseite 1 ebenso wie die dem Nutstreufeld zugeordnete Gegeninduktivität zu jedem anderen darunterliegenden Leiter 2 bzw. zu jeder anderen darunterliegenden Spulenseite 2 linear mit der Verschiebung des Leiters 1 in Richtung zum Nutgrund.[1] Diese Induktivitäten lassen sich demnach unter Benutzung der Bezeichnungen von Bild 7.5.2 darstellen als

$$L_{11} = L_{110} + \mu_0 l \frac{h+x}{b_\mathrm{n}} w_\mathrm{sp1}^2$$

bzw. $$L_{12} = L_{120} + \mu_0 l \frac{h+x}{b_\mathrm{n}} w_\mathrm{sp1} w_\mathrm{sp2},$$

wobei L_{110} bzw. L_{120} dem Feld im Bereich des Leiters bzw. der Spulenseite selbst zugeordnet sind. Damit erhält man für die Änderung der Selbstinduktivität

$$\frac{\mathrm{d}L_{11}}{\mathrm{d}x} = \mu_0 \frac{l}{b_\mathrm{n}} w_\mathrm{sp1}^2 \tag{7.5.3}$$

und für die Änderung der Gegeninduktivität

$$\frac{\mathrm{d}L_{12}}{\mathrm{d}x} = \mu_0 \frac{l}{b_\mathrm{n}} w_\mathrm{sp1} w_\mathrm{sp2}. \tag{7.5.4}$$

a) Einschichtwicklungen

In einer Nut einer Einschichtwicklung nach Bild 7.5.3a mit z_n Leitern übereinander, die den Strom $i_\mathrm{L} = i/a$ führen, folgt für den Augenblickswert der zum Nutgrund hin gerichteten, in der Spulenseite entwickelten Kraft mit den Beziehungen (7.1.6) und (7.5.3) sowie $w_\mathrm{sp1} = z_\mathrm{n}$

$$F_\mathrm{r} = \frac{1}{2}\frac{i^2}{a^2}\frac{\mathrm{d}L}{\mathrm{d}x} = \frac{\mu_0}{2b_\mathrm{n}} l \frac{z_\mathrm{n}^2}{a^2} i^2. \tag{7.5.5}$$

1 Das folgt unmittelbar aus der linearen Abhängigkeit der Streuleitwerte von der Höhe der zugeordneten Nutabschnitte.

Die Kraft ist stets positiv, d. h. sie drückt die Spulenseite zum Nutgrund. Das war zu erwarten, da sich bei Bewegung der Spulenseite in dieser Richtung die dem Nutstreufeld zugeordnete Induktivität nach Maßgabe des oberhalb der Spulenseite zusätzlich entstehenden Felds vergrößert.

Bei sinusförmigem Strom $i = \sqrt{2}I\cos(\omega t + \varphi_\mathrm{i})$ erhält man aus (7.5.5) für den Augenblickswert der Kraft

$$F_\mathrm{r}(t) = \frac{\mu_0}{2b_\mathrm{n}} l \frac{z_\mathrm{n}^2}{a^2} I^2 \left[1 + \cos 2\left(\omega t + \varphi_\mathrm{i}\right)\right] = \frac{F_\mathrm{rmax}}{2}\left[1 + \cos 2\left(\omega t + \varphi_\mathrm{i}\right)\right] \quad (7.5.6)$$

mit $$F_\mathrm{rmax} = \frac{\mu_0}{b_\mathrm{n}} l \frac{z_\mathrm{n}^2}{a^2} I^2 . \quad (7.5.7)$$

Es entsteht eine zwischen $F_\mathrm{r} = 0$ und $F_\mathrm{r} = F_\mathrm{rmax}$ mit der doppelten Frequenz des Stroms pulsierende Kraft. Der Verlauf $F_\mathrm{r}(t)$ ist im Bild 7.5.3b dargestellt. Die dem Maximalwert F_rmax nach (7.5.7) entsprechende Flächenpressung der Isolierung am Nutgrund erhält man unter Einführung des effektiven Strombelags bei Bemessungsstrom

$$A = \frac{z_\mathrm{n} I_\mathrm{N}}{\tau_\mathrm{n} a}$$

und des Verhältnisses $I_\mathrm{max}/I_\mathrm{N}$ zu

$$p_\mathrm{rmax} = \frac{F_\mathrm{rmax}}{l b_\mathrm{n}} = \mu_0 \left(\frac{\tau_\mathrm{n}}{b_\mathrm{n}}\right)^2 A^2 \left(\frac{I_\mathrm{max}}{I_\mathrm{N}}\right)^2 . \quad (7.5.8)$$

Mit $A = 300$ A/mm, $\tau_\mathrm{n}/b_\mathrm{n} = 2$ und $I_\mathrm{max}/I_\mathrm{N} = 18$, was den zulässigen Werten des Stoßkurzschlussstroms und dem Strombelag moderner direkt wassergekühlter Turbogeneratoren entspricht, ergibt sich eine maximale Flächenpressung von $p_\mathrm{rmax} \approx 146\ \mathrm{N/mm^2}$.

b) Zweischichtwicklungen

In einer Nut einer Zweischichtwicklung nach Bild 7.5.4a ist zu erwarten, dass in der Oberschichtspulenseite und der Unterschichtspulenseite unterschiedliche Kräfte entwickelt werden. Es wird sich deshalb empfehlen, die beiden Spulenseiten getrennt zu betrachten. Dabei ist zu beachten, dass der Oberschichtspulenstrom i_o gegenüber dem Unterschichtspulenstrom i_u in solchen Nuten, deren Spulenseiten aufgrund der Sehnung verschiedenen Strängen angehören, phasenverschoben ist. Bei einer Verschiebung der Oberschichtspulenseite zum Nutgrund hin ändert sich nicht nur deren Selbstinduktivität, sondern im gleichen Maße auch die Gegeninduktivität zwischen Ober- und Unterschichtspulenseite. Die Selbstinduktivität der Unterschichtspulenseite, die ihre Lage bei diesem Prozess beibehält, bleibt selbstverständlich konstant. Damit erhält man die Kraft F_ro der Oberschichtspulenseite ausgehend von (7.1.7) mit $\mathrm{d}L_{11}/\mathrm{d}x$ nach (7.5.3) und $\mathrm{d}L_{12}/\mathrm{d}x$ nach (7.5.4) sowie $w_\mathrm{sp1} = w_\mathrm{sp2} = z_\mathrm{n}/2$ zu

$$F_\mathrm{ro} = \frac{\mu_0}{2b_\mathrm{n}} l \frac{z_\mathrm{n}^2}{4} \left(i_\mathrm{o}^2 + 2 i_\mathrm{o} i_\mathrm{u}\right). \quad (7.5.9)$$

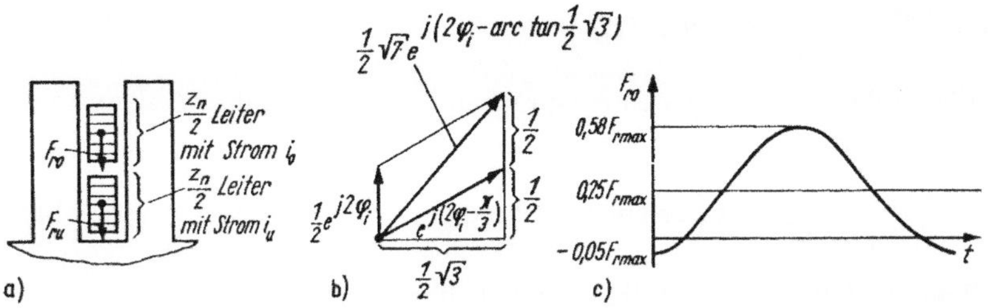

Bild 7.5.4 Radialkräfte auf die Spulenseiten einer Zweischichtwicklung. a) Anordnung; b) komplexe Addition der Wechselanteile, die bei sinusförmigen Strömen auf die Oberschichtspulenseite wirken; c) zeitlicher Verlauf der Kraft auf die Oberschichtspulenseite

Im Gegensatz dazu ändert sich bei einer Verschiebung der Unterschichtspulenseite zum Nutgrund hin nur deren Selbstinduktivität. Damit liefert (7.1.6) mit $\mathrm{d}L_{11}/\mathrm{d}x$ nach (7.5.3) und $w_{\mathrm{sp1}} = w_{\mathrm{sp2}} = z_{\mathrm{n}}/2$ für die Kraft F_{ru} der Unterschichtspulenseite

$$F_{\mathrm{ru}} = \frac{\mu_0}{2b_{\mathrm{n}}} l \frac{z_{\mathrm{n}}^2}{4} i_{\mathrm{u}}^2 . \tag{7.5.10}$$

Die Kraft F_{ro} der Oberschichtspulenseite wird, solange sie positiv ist, über die Unterschichtspulenseite auf den Nutgrund übertragen.

In denjenigen Nuten, deren Unterschichtspulenseiten demselben Strang angehören wie die Oberschichtspulenseiten, ist

$$i_{\mathrm{o}} = i_{\mathrm{u}} = \sqrt{2}\frac{I}{a}\cos(\omega t + \varphi_{\mathrm{i}}),$$

und man erhält aus (7.5.9) und (7.5.10) durch Vergleich mit dem Übergang von (7.5.5) zu (7.5.6)

$$F_{\mathrm{ro}} = \frac{3}{8} F_{\mathrm{rmax}} \left[1 + \cos 2(\omega t + \varphi_{\mathrm{i}})\right] \tag{7.5.11a}$$

$$F_{\mathrm{ru}} = \frac{1}{8} F_{\mathrm{rmax}} \left[1 + \cos 2(\omega t + \varphi_{\mathrm{i}})\right] . \tag{7.5.11b}$$

Da F_{ro} stets positiv ist, wirkt auf den Nutgrund die Summe der beiden Kräfte

$$F_{\mathrm{r}} = F_{\mathrm{ro}} + F_{\mathrm{ru}} = \frac{1}{2} F_{\mathrm{rmax}} \left[1 + \cos 2(\omega t + \varphi_{\mathrm{i}})\right] . \tag{7.5.12}$$

Dabei ist F_{rmax} durch (7.5.7) gegeben. Wie nicht anders zu erwarten ist, erfährt die Isolierung am Nutgrund in diesem Fall die gleiche Belastung wie bei der Einschichtwicklung.

In denjenigen Nuten, deren Unterschichtspulenseiten einen um $\pi/3$ nacheilenden Strom führen, erhält man mit

$$i_{\mathrm{o}} = \sqrt{2}\frac{I}{a}\cos(\omega t + \varphi_{\mathrm{i}})$$

$$i_{\mathrm{u}} = \sqrt{2}\frac{I}{a}\cos(\omega t + \varphi_{\mathrm{i}} - \pi/3)$$

aus (7.5.9) für die Kraft auf die Oberschichtspulenseite unter Einführung von F_{rmax} nach (7.5.7)

$$F_{\mathrm{ro}} = \frac{F_{\mathrm{rmax}}}{4} \left[\cos^2(\omega t + \varphi_{\mathrm{i}}) + 2\cos(\omega t + \varphi_{\mathrm{i}})\cos\left(\omega t + \varphi_{\mathrm{i}} - \frac{\pi}{3}\right)\right]$$

$$= \frac{F_{\mathrm{rmax}}}{4}\left[1 + \frac{1}{2}\cos(2\omega t + 2\varphi_{\mathrm{i}}) + \cos\left(2\omega t + 2\varphi_{\mathrm{i}} - \frac{\pi}{3}\right)\right]. \tag{7.5.13}$$

Die beiden Wechselanteile lassen sich entsprechend dem Zeigerbild 7.5.4b zusammenfassen. Damit wird

$$F_{\mathrm{ro}} = \frac{F_{\mathrm{rmax}}}{4}\left[1 + \frac{\sqrt{7}}{2}\cos\left(2\omega t + 2\varphi_{\mathrm{i}} - \arctan\frac{\sqrt{3}}{2}\right)\right]. \tag{7.5.14}$$

Für die Kraft auf die Unterschichtspulenseite folgt aus (7.5.10)

$$F_{\mathrm{ru}} = \frac{F_{\mathrm{rmax}}}{8}\left[1 + \cos\left(2\omega t + 2\varphi_{\mathrm{i}} - \frac{2\pi}{3}\right)\right]$$

und für die Kraft, mit der die Unterschichtspulenseite während des Zeitabschnitts mit $F_{\mathrm{o}} > 0$ – also auch im Zeitpunkt größter Belastung – zum Nutgrund gedrückt wird,

$$F_{\mathrm{r}} = F_{\mathrm{ro}} + F_{\mathrm{ru}} = \frac{3}{8}F_{\mathrm{rmax}}\left[1 + \cos\left(2\omega t + 2\varphi_{\mathrm{i}} - \frac{\pi}{3}\right)\right]. \tag{7.5.15}$$

Bei der Addition geht man zweckmäßig nicht von (7.5.14) für F_{ro} aus, sondern von (7.5.13). Der Maximalwert dieser Kraft ist etwas kleiner als in dem Fall, dass in beiden Spulenseiten gleiche Ströme fließen. Dafür nimmt die Kraft der Oberschichtspulenseite, deren zeitlicher Verlauf im Bild 7.5.4c dargestellt ist, auch negative Werte an. Während dieses Zeitabschnitts belastet sie das Nutverschlusselement.

Wenn die Spulenseiten über eine gewisse Strecke freiliegen, versuchen die Radialkräfte, die Spulenseiten zu deformieren. Der Deformation entgegen wirkt das Widerstandsmoment der Spulenseiten, das bei Hochspannungsmaschinen im Wesentlichen von der Isolierhülse gebildet wird. Bei einer mechanischen Überbeanspruchung besteht daher die Gefahr des Einreißens der Isolierung. Wenn ein Spiel vorhanden ist, werden die Spulenseiten durch die Kräfte i. Allg. zum Nutgrund hin gedrückt und bleiben dort liegen. Das trifft allerdings nicht für die Oberschichtspulenseiten jener Nuten zu, die in Ober- und Unterschicht phasenverschobene Ströme führen und auf die eine Kraft nach (7.5.14) wirkt. Da diese Kraft auch negative Werte besitzt, muss damit gerechnet werden, dass derartige Spulenseiten in dem durch das Einbauspiel gegebenen Raum schwingen. Die Folge ist eine dort erhöhte mechanische Beanspruchung der Isolierung, so dass man Schäden an der Isolierung, die durch Kräfte auf die Leiter in der Nut hervorgerufen worden sind, insbesondere an derartigen Spulenseiten beobachtet.

7.6 Kräfte auf die Leiter im Wicklungskopf

7.6.1 Allgemeine Erscheinungen und Beziehungen

Die Kräfte auf die Leiter im Wicklungskopf treten als Kräfte auf stromdurchflossene Leiter auf. Dabei rührt das Feld von diesen Leitern selbst her und wird von dem in der Nähe befindlichen Blechpaket beeinflusst. Dieser Einfluss kann bei der rechnerischen Behandlung durch die Einführung von Spiegelleitern berücksichtigt werden. Damit wird das Gesamtproblem auf die Bestimmung von Kräften zwischen stromdurchflossenen Leiterabschnitten zurückgeführt. Wenn man sich die Wicklung abgewickelt vorstellt bzw. die tatsächliche Anordnung durch eine solche ersetzt

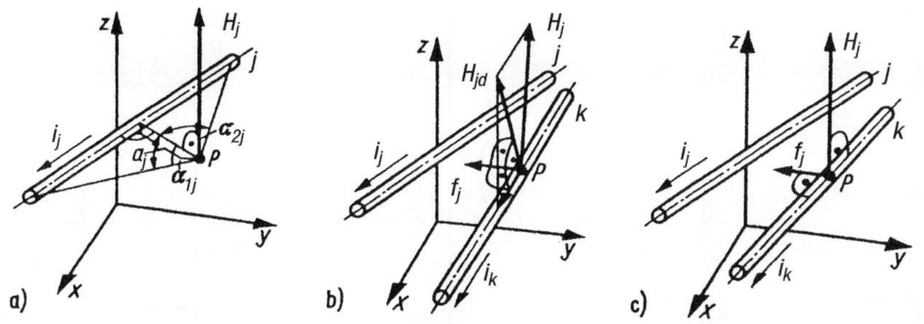

Bild 7.6.1 Zur Ermittlung der Kraft bzw. der Streckenlast auf einen geradlinigen Leiterabschnitt aufgrund des Felds benachbarter geradliniger Leiterabschnitte.
a) Feldstärke $\boldsymbol{H}_j$ im Punkt P, herrührend vom Strom i_j in einem geraden Leiterabschnitt;
b) Zerlegung der Feldstärke $\boldsymbol{H}_j$ im Punkt P in ihre Komponenten bezüglich der Richtung der Lage des zweiten Leiters k; c) Streckenlast im Punkt P auf den zweiten Leiter k, wenn dieser sich mit dem Leiter j in einer Ebene befindet

denkt, treten dabei ausschließlich geradlinige Leiterabschnitte auf. Die folgenden Betrachtungen beschränken sich deshalb auf die Ermittlung der Kraft F auf einen derartigen Leiterabschnitt bzw. auf die Ermittlung der Streckenlast $f = \mathrm{d}F/\mathrm{d}s$ über dem Leiterabschnitt herrührend von anderen in der Nähe befindlichen geradlinigen Leiterabschnitten.

Den Betrag der magnetischen Feldstärke in einem Punkt P, herrührend von dem Strom i_j in einem geradlinigen Leiterabschnitt j, erhält man über das Gesetz von *Biot-Savart* mit den Bezeichnungen von Bild 7.6.1a zu

$$H_j = \frac{i_j}{2\pi a_j}\frac{1}{2}\left(\sin\alpha_{1j} + \sin\alpha_{2j}\right). \tag{7.6.1}$$

Dabei steht $\boldsymbol{H}_j$ senkrecht auf der Ebene durch den Leiterabschnitt j und den Punkt P in der Rechtsschraubenzuordnung zur Richtung des Stroms i_j.

Ein zweiter Leiter k, der den Strom i_k führt und durch den Punkt P verläuft, erfährt im Punkt P entsprechend (7.1.1), Seite 438, eine Streckenlast. Sie steht senkrecht auf der Ebene, in der der Leiter k und der Vektor der magnetischen Feldstärke liegen, und fällt damit wieder in die Ebene durch den Leiter j und den Punkt P. Die Komponente der Feldstärke, die in die Richtung des Leiters k fällt, liefert keinen Beitrag zur Streckenlast. Es ist daher zweckmäßig, die Feldstärke zunächst in Komponenten bezüglich der Richtung des Leiters k zu zerlegen (s. Bild 7.6.1b).

In dem wichtigen Sonderfall, dass der Leiter k in der gleichen Ebene liegt wie der Leiter j (s. Bild 7.6.1c), existiert keine Komponente der magnetischen Feldstärke in Richtung des Leiters k, und man erhält die Streckenlast im Punkt P unmittelbar als

$$f_j = \mu_0\frac{i_j i_k}{2\pi a_j}\frac{1}{2}(\sin\alpha_{1j} + \sin\alpha_{2j}) = f_{j\infty}\eta_j \tag{7.6.2}$$

Dabei ist

$$f_{j\infty} = \mu_0\frac{i_j i_k}{2\pi a_j} \tag{7.6.3}$$

die Streckenlast, die bei unendlicher Länge des Leiterabschnitts j wirken würde, und

$$\eta_j = \frac{1}{2}(\sin\alpha_{1j} + \sin\alpha_{2j}) \tag{7.6.4}$$

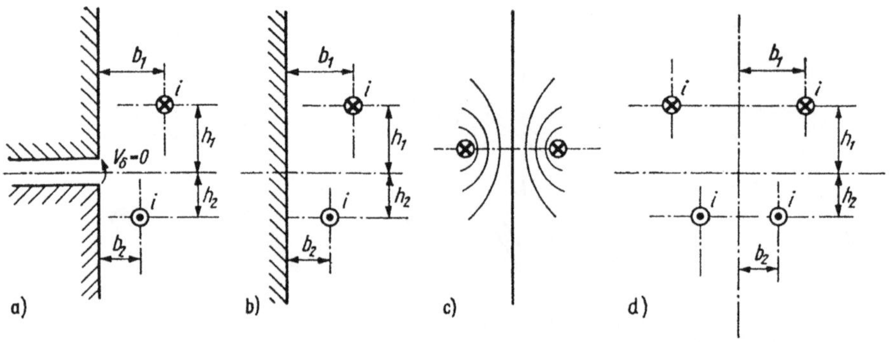

Bild 7.6.2 Einführung der Spiegelleiter für den Fall, dass die Ständerdurchflutung durch die Läuferdurchflutung vollständig kompensiert und damit $V_\delta = 0$ wird. a) Reale Anordnung der Leiter im Wicklungskopf; b) Ersatzanordnung unter Berücksichtigung von $V_\delta = 0$; c) Potentiallinien eines parallelen Leiterpaars mit gleich großem Strom in gleicher Richtung als Grundlage zur Einführung der Spiegelleiter; d) Ersatzanordnung unter Einführung der Spiegelleiter

stellt einen Reduktionsfaktor dar, der die endliche Länge des Leiters j berücksichtigt. Die Kraft F_j auf den gesamten Leiterabschnitt k, herrührend vom Strom im Leiter j, erhält man durch Integration von (7.6.2) über die Länge des Leiters k.

Die *Spiegelleiter* zur Berücksichtigung des Blechpaketeinflusses müssen unter der Annahme $\mu_{\mathrm{Fe}} \to \infty$ so angeordnet werden, dass dort, wo in der realen Anordnung die Stirnflächen des Blechpakets liegen, magnetische Potentialflächen mit dem magnetischen Potential der realen Anordnung erscheinen. In der Anwendung auf die abgewickelt gedachte elektrische Maschine treten dabei zwei Extremfälle auf.

Im ersten und wichtigeren dieser beiden Extremfälle wird die Ständerdurchflutung durch die Läuferdurchflutung praktisch vollständig kompensiert, so dass über dem Luftspalt kein magnetischer Spannungsabfall existiert (s. Bild 7.6.2a). Die gesamte Stirnfläche des Blechpakets besitzt dann ein und dasselbe magnetische Potential (s. Bild 7.6.2b). Wenn man sich diese Stirnfläche unendlich ausgedehnt vorstellt, so liefert ein davor liegender Leiter ein Feld, wie es auch von zwei parallelen Leitern aufgebaut wird, die den gleichen Strom i in gleicher Richtung führen (s. Bild 7.6.2c). In der Ersatzanordnung braucht deshalb lediglich zu jedem Leiter im Wicklungskopf vor der Stirnfläche der zugehörige Spiegelleiter im gleichen Abstand hinter der Stirnfläche des Blechpakets vorgesehen zu werden (s. Bild 7.6.2d). Dieser Extremfall, dass sich Ständer- und Läuferdurchflutung kompensieren, liegt praktisch bei allen Kurzschluss- und Anlaufvorgängen von Synchron- oder Induktionsmaschinen vor. Diese Vorgänge sind andererseits von besonderem Interesse, da dabei zugleich die größten Ströme auftreten, deren Kräfte mechanisch beherrscht werden müssen.

Im zweiten Extremfall tritt die Durchflutung einer Ständerwicklung oder einer Läuferwicklung vollständig als magnetischer Spannungsabfall V_δ über dem Luftspalt auf (s. Bild 7.6.3a). Um diesen Spannungsabfall unterscheiden sich dann die magnetischen Potentiale der Stirnflächen von Ständer und Läufer. In der Ersatzanordnung erhält man diesen Potentialunterschied durch einen weiteren Leiter, der an der Stelle des Luftspalts in der Stirnebene vorgesehen wird. Sein Feld ist in Form der Potentiallinien im Bild 7.6.3b dargestellt. Es sorgt zusammen mit

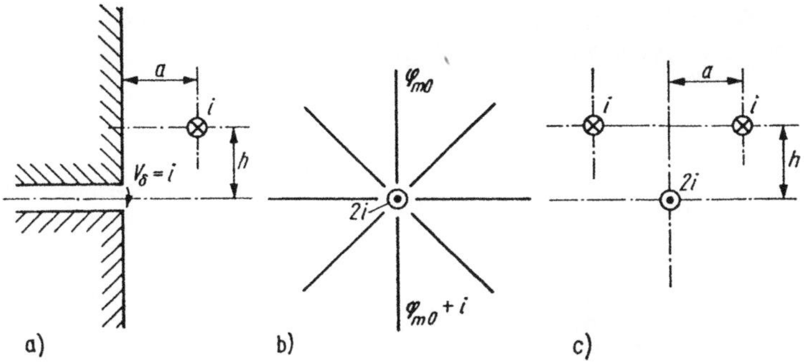

Bild 7.6.3 Einführung der Spiegelleiter für den Fall, dass die Ständerdurchflutung (oder die Läuferdurchflutung) vollständig als magnetischer Spannungsabfall über dem Luftspalt auftritt. a) Reale Anordnung der Leiter im Wicklungskopf; b) Potentiallinien eines einzelnen Leiters mit dem Strom 2*i*; c) Ersatzanordnung unter Einführung der Spiegelleiter

dem Spiegelleiter dafür, dass in der Ersatzanordnung nach Bild 7.6.3c das gleiche Feld aufgebaut wird wie in der tatsächlichen Anordnung.

Durch Einführung der Spiegelleiter wird die Bestimmung der Kräfte im Wicklungskopf auf die Ermittlung von Kräften zwischen stromdurchflossenen, geradlinigen Leiterabschnitten zurückgeführt. Als Grundlage der konstruktiven Gestaltung des Wicklungskopfs interessieren im Einzelnen:
- die Kraft bzw. Streckenlast auf eine einzelne Spulenseite einer Wicklung,
- die Kräfte auf die Verbindungselemente zwischen zwei Spulenseiten,
- die Kräfte auf die Abstützung des Wicklungskopfs, die den auf die Spiegelleiter wirkenden Kräften entsprechen.

Eine genaue Ermittlung dieser Kräfte erfolgt zweckmäßig mit Hilfe eines Rechenprogramms. Aus den Kräften bzw. Streckenlasten lässt sich schließlich die Durchbiegung der einzelnen Wicklungsteile unter Berücksichtigung der Lage der Versteifungselemente gewinnen. Die größten Kräfte wirken i. Allg. auf diejenigen Spulenseiten, die an der Trennstelle zwischen zwei Strängen liegen. Sie lassen sich durch Einsatz einer strangverschachtelten Wicklung (s. Abschn. 1.2.2.3e, S. 60) spürbar reduzieren.

7.6.2 Vereinfachte Berechnung

Für überschlägige Rechnungen kann davon Gebrauch gemacht werden, dass der Einfluss eines Leiters auf die Kraft eines anderen Leiters entsprechend (7.6.2) mit zunehmendem Abstand rasch sinkt. Im gleichen Maße, wie der Abstand wächst, kann deshalb die Genauigkeit reduziert werden, mit der der Einfluss eines Leiterabschnitts berücksichtigt wird. Daher lassen sich mehrere Leiter und im Extremfall der gesamte Wicklungskopf zu einem Ersatzleiter zusammenfassen. Der Ersatzleiter wird im elektrischen Schwerpunkt angeordnet, dessen Lage in Tabelle 7.6.1 für die wichtigsten Anordnungen angegeben ist. Er führt einen Strom, der dem Gesamtstrom der Spulengruppe bzw. der Wicklung entspricht, damit er

Tabelle 7.6.1 Lage und Strom der Ersatzleiter für die wichtigsten Wicklungsanordnungen; der zugehörige Ersatzleiter führt den Strom innerhalb einer Polteilung

	Anordnung	Anordnung des Ersatzleiters	Räumliche Amplitude des im Ersatzleiter sinusförmig verteilten Stroms
Spulengruppe einer Einschichtwicklung	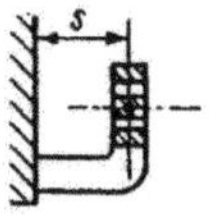	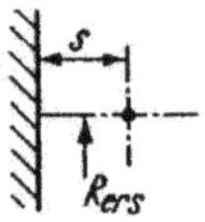	
Einschichtwicklung für $m = 3$	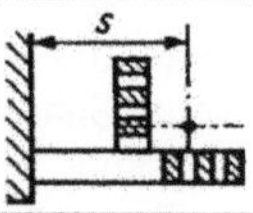	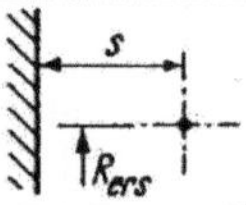	$\hat{i}_{ers} = \hat{\theta}_p$
Zweischichtwicklung für $m = 3$	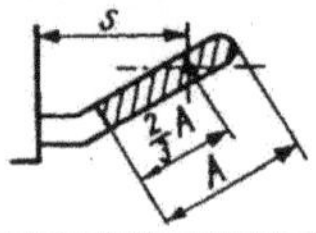	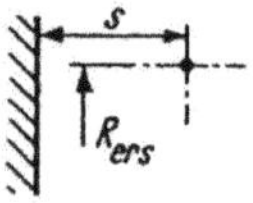	$\hat{i}_{ers} = \hat{\theta}_p$
Erregerwicklung auf ausgeprägten Polen	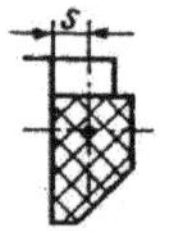	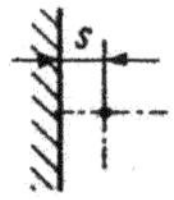	$\hat{i}_{ers} = 1{,}1 w_{fd} i_{fd}$
Erregerwicklung einer Vollpol-Synchronmaschine	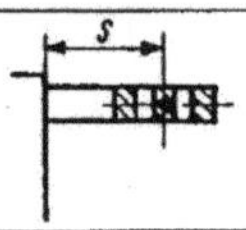	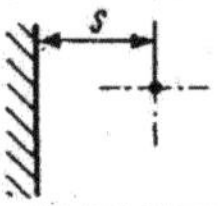	$\hat{i}_{ers} = 0{,}9 w_{fd} i_{fd}$
Kurzschlusskäfig		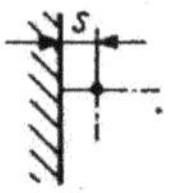	$\hat{i}_{ers} = \hat{\theta}_p$

die gleiche Durchflutung wie jene hervorruft. Dementsprechend müssten Ersatzleiter für verteilte Wicklungen einen Strom führen, der sich in Umfangsrichtung periodisch – in erster Näherung sinusförmig – ändert und dessen Maximalwert der Hauptwellenamplitude der Durchflutung der Wicklung zugeordnet ist. Nach *Schuisky* [7] kann man stattdessen mit hinreichender Genauigkeit einen Ersatzleiter annehmen, der innerhalb einer Polteilung den Maximalwert des Ersatzstroms führt, wenn die erhaltenen Kräfte mit dem Faktor 0,4 multipliziert werden. Dabei braucht der Einfluss der Ersatzleiter der benachbarten Polteilungen nicht berücksichtigt zu werden. Für die o. g. interessierenden Kräfte gilt im Einzelnen:

- Zur Bestimmung der Kraft bzw. Streckenlast auf eine einzelne Spulenseite einer Wicklung muss der Einfluss der unmittelbar benachbarten Spulenseiten berücksichtigt werden. Die Spulenseiten des anderen Hauptelements und ihre Spiegelleiter sowie die Spiegelleiter der Spulenseiten der betrachteten Wicklung sind i. Allg. so hinreichend weit entfernt, dass sie zu Ersatzleitern zusammengefasst werden können.

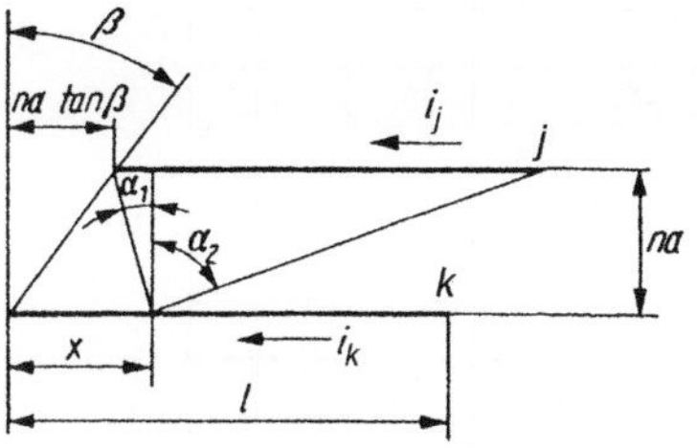

Bild 7.6.4 Ausgangsanordnung zur Ermittlung der Kräfte zwischen parallelen Leiterabschnitten gleicher Länge

- Zur Bestimmung der Kräfte auf die Verbindungselemente zwischen zwei Spulenseiten genügt es, die Kräfte auf die Spulenseiten zu ermitteln, die von den unmittelbar benachbarten Spulenseiten herrühren, da entfernt liegende Leiter auf beide Spulenseiten gleiche Kräfte ausüben.
- Zur Bestimmung der Kräfte auf die Abstützung des Wicklungskopfs genügt es, die Wicklungen beider Hauptelemente durch je einen Ersatzleiter zu ersetzen.

Hinsichtlich der Wirkung der Ströme des anderen Hauptelements muss bei der Ermittlung der Kräfte die Relativbewegung zwischen Ständer und Läufer berücksichtigt werden. Für den wichtigen Fall des Kurzschlusses oder des asynchronen Anlaufs von Synchron- oder Induktionsmaschinen erhält man Größe und Lage der Durchflutung des anderen Hauptelements aus der Überlegung, dass die Gesamtdurchflutung beider Wicklungen in jedem Augenblick praktisch Null ist.

Zur Ermittlung der Kräfte sind auf der vorgesehenen Näherungsebene zwei Grundanordnungen zu betrachten: parallele Leiterabschnitte gleicher Länge, die jedoch gegeneinander verschoben sein können, und Leiter von Zweischichtwicklungen, die verschiedenen Schichten angehören.

a) Kräfte zwischen parallelen Leiterabschnitten gleicher Länge

Die zu betrachtende Anordnung ist im Bild 7.6.4 dargestellt. Dabei wurde der Abstand zwischen den beiden Leiterabschnitten j und k mit Rücksicht darauf, dass er sich bei der Bestimmung von Kräften auf einen Leiter innerhalb eines Wicklungskopfs aus einer ganzen Zahl n von Abständen a zwischen zwei Spulenseiten zusammensetzt, von vornherein als na eingeführt. Für na kann natürlich auch jeder tatsächliche Abstand a' eingeführt werden.

Da beide Leiter in einer Ebene liegen, kann zur Ermittlung der Streckenlast unmittelbar (7.6.2) dienen. Dabei ist entsprechend Bild 7.6.4

$$\sin\alpha_1 = \frac{x - na\tan\beta}{\sqrt{(na)^2 + (x - na\tan\beta)^2}}$$

und $$\sin\alpha_2 = \frac{l + na\tan\beta - x}{\sqrt{(na)^2 + (l + na\tan\beta - x)^2}}.$$

Damit erhält man aus (7.6.2) unter Einführung von f_∞ entsprechend (7.6.3)

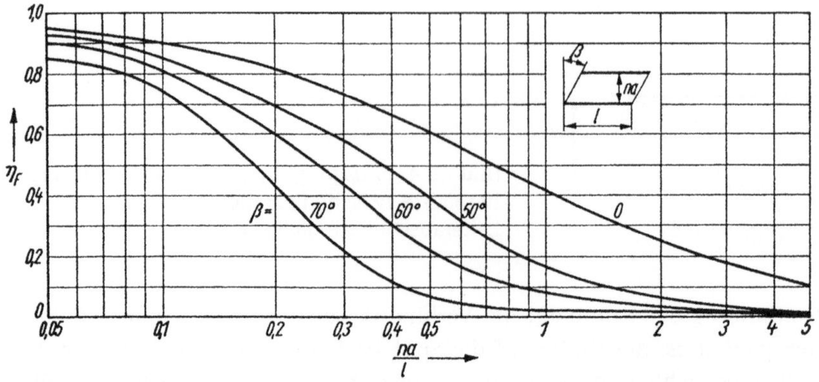

Bild 7.6.5 Reduktionsfaktor η_F in (7.6.6) für die Kraft zwischen parallelen Leiterabschnitten

$$
\begin{aligned}
f &= f_\infty \eta(x) \\
&= f_\infty \frac{1}{2}\left(\frac{x - na\tan\beta}{\sqrt{(na)^2 + (x - na\tan\beta)^2}} + \frac{l + na\tan\beta - x}{\sqrt{(na)^2 + (l + na\tan\beta - x)^2}}\right).
\end{aligned}
\tag{7.6.5}
$$

Die Gesamtkraft F auf den Leiter liefert die Integration von (7.6.5) zu

$$
F = f_\infty \int_0^l \eta(x)\,\mathrm{d}x = F_\infty \eta_\mathrm{F}
$$

$$
\begin{aligned}
F = f_\infty l \Bigg[&\sqrt{\left(\frac{na}{l}\right)^2 + \left(1 - \frac{na}{l}\tan\beta\right)^2} - 2\sqrt{\left(\frac{na}{l}\right)^2 + \left(\frac{na}{l}\right)^2 \tan^2\beta} \\
&+ \sqrt{\left(\frac{na}{l}\right)^2 + \left(1 + \frac{na}{l}\tan\beta\right)^2}\Bigg].
\end{aligned}
\tag{7.6.6}
$$

Dabei ist $F_\infty = f_\infty l$ jene Kraft, die der Leiter k erfahren würde, wenn der Leiter j unendlich lang wäre. Der Reduktionsfaktor η_F ist im Bild 7.6.5 als Funktion von na/l und β dargestellt. Mit Hilfe von (7.6.6) lassen sich bestimmen:
- die Kräfte auf Spulenseiten von Einschichtwicklungen,
- die von den Leitern in der gleichen Schicht herrührenden Kräfte auf Spulenseiten von Zweischichtwicklungen,
- die Kräfte von Ersatzleitern auf Spulenseiten, die in Umfangsrichtung verlaufen,
- die Kräfte auf Abstützungen im Wicklungskopf als Kräfte auf die zugehörigen Ersatzleiter.

b) Kräfte zwischen Leitern von Zweischichtwicklungen, die verschiedenen Schichten angehören

In Zweischichtwicklungen erfahren die einzelnen Spulenseiten einer Schicht nicht nur von den benachbarten Spulenseiten dieser Schicht her Kräfte, sondern auch von den Leitern der anderen Schicht. Diese Leiter bilden in der Draufsicht entsprechend

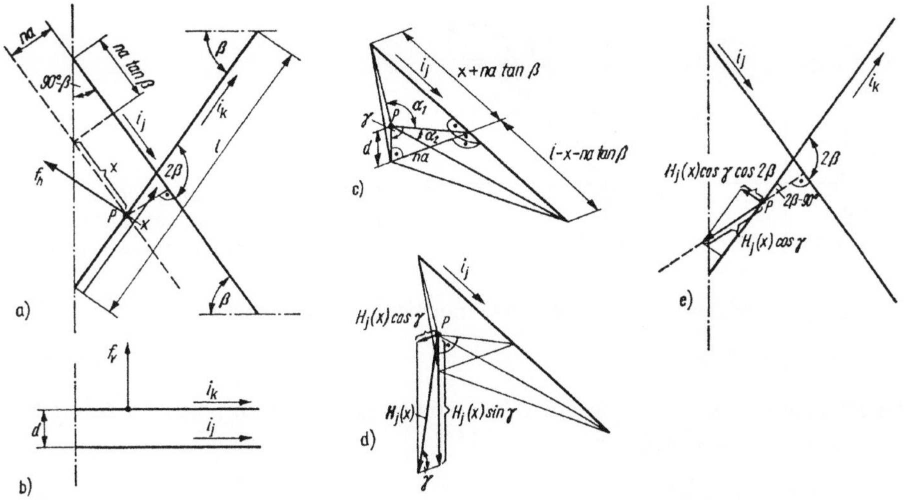

Bild 7.6.6 Zur Ermittlung der Kräfte auf eine Spulenseite im Wicklungskopf von Zweischichtwicklungen aufgrund der Ströme in Spulenseiten der anderen Schicht. a) Abgewickelte Anordnung in der Draufsicht; b) abgewickelte Anordnung im Längsschnitt; c) perspektivische Darstellung der Lage des Leiters *j* zum Punkt *P*, in dem das Feld herrührend vom Strom i_j zu bestimmen ist und durch den der Leiter *k* der anderen Schicht läuft; d) Zerlegung der Feldstärke $H_j(x)$ im Punkt *P*, herrührend vom Strom i_j, in eine Vertikalkomponente und eine Horizontalkomponente; e) Zerlegung der Horizontalkomponente $H_j(x)\cos\gamma$ der Feldstärke im Punkt *P*, herrührend vom Strom i_j, in Komponenten bezüglich des Leiters *k*

Bild 7.6.6a einen Winkel 2β miteinander. Sie liegen außerdem in zwei um den Abstand *d* voneinander entfernten Ebenen (s. Bild 7.6.6b). Für die Feldstärke $H_j(x)$ in einem Punkt *P* an der Stelle *x* auf dem Leiter *k*, in dem die Streckenlast aufgrund des Stroms i_j eines Leiters *j* in der anderen Schicht bestimmt werden soll, erhält man aus (7.6.1) entsprechend der vorliegenden Geometrie (s. Bild 7.6.6c)

$$H_j(x) = \frac{i_j}{2\pi\sqrt{(na)^2 + d^2}}\frac{1}{2}(\sin\alpha_1 + \sin\alpha_2) \tag{7.6.7}$$

mit
$$\sin\alpha_1 = \frac{x + na\tan\beta}{\sqrt{(x + na\tan\beta)^2 + (na)^2 + d^2}} \tag{7.6.8}$$

und
$$\sin\alpha_2 = \frac{l - x - na\tan\beta}{\sqrt{(l - x + na\tan\beta)^2 + (na)^2 + d^2}}. \tag{7.6.9}$$

Diese Feldstärke steht senkrecht auf der Ebene durch den Punkt *P* und den Leiter *j*. Ihre Vertikalkomponente besitzt entsprechend Bild 7.6.6d den Betrag $H_j(x)\sin\gamma$ und liefert die Horizontalkomponente

$$f_\mathrm{h} = i_k\mu_0 H_j(x)\sin\gamma \tag{7.6.10}$$

der Streckenlast bezüglich der im Bild 7.6.6a eingezeichneten positiven Zählrichtung. Die Horizontalkomponente $H_j(x)\cos\gamma$ der Feldstärke im Punkt *P* besitzt entsprechend Bild 7.6.6e eine senkrecht auf dem Leiter *k* stehende Komponente

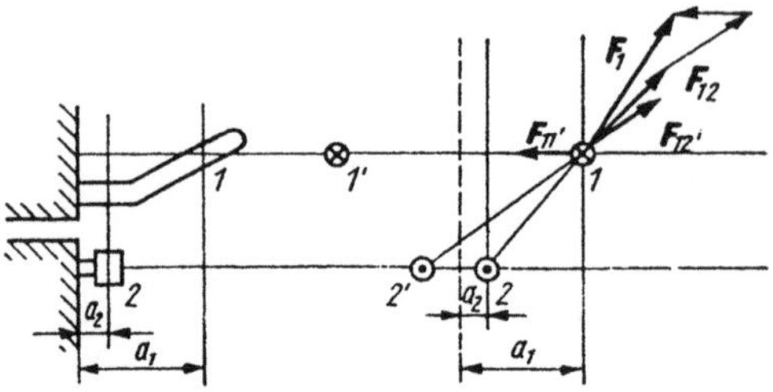

Bild 7.6.7 Ermittlung der resultierenden Kraft auf den Ersatzleiter einer Ständerwicklung

$H_j(x)\cos\gamma\cos 2\beta$. Diese ist die Ursache einer Vertikalkomponente

$$f_\text{v} = i_k\mu_0 H_j(x)\cos\gamma\cos 2\beta \tag{7.6.11}$$

der Streckenlast bezüglich der im Bild 7.6.6b eingezeichneten positiven Zählrichtung. Aus Bild 7.6.6c erhält man

$$\sin\gamma = \frac{na}{\sqrt{(na)^2 + d^2}}$$

$$\cos\gamma = \frac{d}{\sqrt{(na)^2 + d^2}}.$$

Damit lassen sich (7.6.10) und (7.6.11) unter Einführung von (7.6.7) als

$$f_\text{h} = \mu_0\frac{i_j i_k}{2\pi(na)}\eta_\text{h} = f_\infty\eta_\text{h} \tag{7.6.12}$$

$$f_\text{v} = f_\infty\eta_\text{v} \tag{7.6.13}$$

mit $$\eta_\text{h} = \frac{1}{2}\frac{(na)^2}{(na)^2 + d^2}(\sin\alpha_1 + \sin\alpha_2) \tag{7.6.14}$$

und $$\eta_\text{v} = \frac{1}{2}\frac{(na)d}{(na)^2 + d^2}(\sin\alpha_1 + \sin\alpha_2)\cos 2\beta = \eta_\text{h}\frac{d}{(na)}\cos 2\beta \tag{7.6.15}$$

formulieren, wobei $\sin\alpha_1$ und $\sin\alpha_2$ durch (7.6.8) und (7.6.9) gegeben sind.

c) Resultierende Kräfte auf die Abstützungen im Wicklungskopf

Entsprechend den Betrachtungen im Abschnitt 7.6.1 werden die Kräfte auf die Abstützungen im Wicklungskopf hinreichend genau bestimmt, wenn man die Wicklungen durch ringförmige Ersatzleiter nach Tabelle 7.6.1 ersetzt. Unter Einführung des bereits erwähnten Faktors 0,4, um den die Kräfte zu reduzieren sind, wenn mit einem über die Polteilung konstanten Strom im Ersatzleiter gerechnet wird, sowie des Faktors ρ zur Korrektur des durch die Abwicklung bedingten Fehlers erhält man für die Kraft auf eine Polteilung der Wicklung 1 herrührend von der Wicklung 2

$$F_{12} = 0{,}4\frac{\mu_0}{2\pi a_{12}}\hat{i}_\text{ers1}\hat{i}_\text{ers2}\tau_\text{p1}\rho\eta_\text{F} \tag{7.6.16}$$

mit dem Abstand a_{12} zwischen den Ersatzleitern, der Polteilung τ_p1 für den Ersatzleiter 1, dem Verhältnis der Durchmesser der Ersatzleiter $\rho = (D_2/D_1)$ und dem Reduktionsfaktor η_F nach (7.6.6) bzw. nach Bild 7.6.5. Der Faktor ρ wurde von *Schuisky* eingeführt und dient zur Korrektur des durch die Abwicklung bedingten Fehlers. Die resultierende Kraft auf einen Ersatzleiter einer Wicklung erhält man aus der Überlagerung der Kräfte, die vom Spiegelleiter ihres eigenen Ersatzleiters, dem Ersatzleiter der anderen Wicklung und dessen Spiegelleiter herrühren (s. Bild 7.6.7).

In dem wichtigen Sonderfall des Kurzschlusses von Synchron- oder Induktionsmaschinen heben sich die Ständerdurchflutung und die Läuferdurchflutung gegeneinander nahezu auf. Es gilt damit $\hat{i}_{\mathrm{ers1}} = -\hat{i}_{\mathrm{ers2}} = \hat{\Theta}_{\mathrm{p}}$, und man erhält aus (7.6.16)

$$F_{12} = 0{,}4\frac{\mu_0}{2\pi a_{12}}\hat{\Theta}_{\mathrm{p}}^2 \tau_{\mathrm{p1}}\rho\eta_{\mathrm{F}}.$$

Dabei ist die maximale Durchflutungsamplitude, die der Kurzschlussstrom I_{k} hervorruft, entsprechend $\hat{\Theta}_{\mathrm{p\,max}} = (I_{\mathrm{k}}/I_{\mathrm{N}})\hat{\Theta}_{\mathrm{p\,N}}$ um den Faktor $I_{\mathrm{k}}/I_{\mathrm{N}}$ größer als die Durchflutungsamplitude $\hat{\Theta}_{\mathrm{p\,N}}$ bei Bemessungsstrom I_{N}, für die $\hat{\Theta}_{\mathrm{p\,N}} \sim A_{\mathrm{N}}\tau_{\mathrm{p}}$ gilt. Daraus folgt, dass die Beherrschung der Kräfte mit zunehmender Maschinengröße schwieriger wird, denn es wachsen sowohl der Strombelag A_{N} bei Bemessungsbetrieb als auch die Polteilung τ_{p}.

8

Induktivitäten, Reaktanzen und Zeitkonstanten

8.1 Induktivitäten und Reaktanzen

8.1.1 Grundlegende Zusammenhänge

In den Spannungsgleichungen der Wicklungen einer elektrischen Maschine erscheinen neben den ohmschen Spannungsabfällen u_r die zeitlichen Änderungen ihrer Flussverkettungen ψ. Sowohl die ohmschen Spannungsabfälle als auch die Flussverkettungen sind Funktionen der Ströme i. Dabei treten bei den ohmschen Spannungsabfällen als Proportionalitätsfaktoren die Wicklungswiderstände R auf. Zwischen den Flussverkettungen und den Strömen vermitteln bei vorausgesetzter magnetischer Linearität Induktivitäten L als Proportionalfaktoren. Beide nehmen offensichtlich Einfluss auf das Betriebsverhalten einer Maschine unter bestimmten Betriebsbedingungen. Sowohl die Widerstände R als auch die Induktivitäten L sind sog. *Integralparameter*, denn sie vermitteln zwischen physikalischen Größen, die durch Integrale definiert sind ($u = \int \boldsymbol{E}\cdot\mathrm{d}\boldsymbol{s}, i = \int \boldsymbol{S}\cdot\mathrm{d}\boldsymbol{A}, \psi = \int \boldsymbol{B}\cdot\mathrm{d}\boldsymbol{A}$). Die Berechnung von Widerständen ist bereits im Abschnitt 6.3.2, Seite 386, behandelt worden. Im Folgenden soll die Berechnung von Induktivitäten bzw. Reaktanzen dargestellt werden.

Wenn magnetische Linearität vorausgesetzt wird, kann die Flussverkettung einer Wicklung ganz allgemein als Linearkombination ihrer von den einzelnen für das Feld verantwortlichen Strömen herrührenden Anteile dargestellt werden. Dabei treten als Proportionalitätsfaktoren Induktivitäten in Erscheinung. Danach gilt für die Flussverkettung ψ_j einer Wicklung j mit dem gesamten Feld des Stroms i_k der Wicklung k

$$\psi_j = L_{jk} i_k = \int\limits_{\text{Wicklung}\,j} \boldsymbol{B}_k \cdot \mathrm{d}\,\boldsymbol{A}. \tag{8.1.1}$$

Dabei stellt der Proportionalitätsfaktor zwischen der Flussverkettung einer Wicklung und ihrem eigenen Strom die *Selbstinduktivität* dar, während die Proportionalitätsfaktoren zu Strömen anderer Wicklungen *Gegeninduktivitäten* bilden. Ausgehend von (8.1.1) erhält man als allgemeine Berechnungsvorschrift für eine Induktivität L_{jk} die Beziehung

$$\boxed{L_{jk} = \frac{\psi_j}{i_k} = \frac{1}{i_k} \int\limits_{\text{Wicklung}\,j} \boldsymbol{B}_k \cdot \mathrm{d}\boldsymbol{A}}\,. \tag{8.1.2}$$

Man denkt sich die Wicklung k mit einem Strom i_k eingespeist, ermittelt das von ihm aufgebaute Feld und davon ausgehend die Flussverkettung ψ_j der Wicklung j mit diesem Feld, um schließlich als $L_{jk} = \psi_j/i_k$ die gesuchte Induktivität zu erhalten.

Im Fall der elektrischen Maschine sind bezüglich der Einführung von Induktivitäten einige Besonderheiten zu beachten. Sie hängen damit zusammen, dass die Wicklungen zum Teil auf dem Ständer und zum Teil auf dem durch den Luftspalt getrennten Läufer untergebracht sind und dass zwischen Ständer und Läufer eine Relativbewegung stattfindet. Eine allgemeine Ermittlung des Zusammenhangs zwischen den Flussverkettungen ihrer Wicklungen und deren Strömen unter Berücksichtigung der veränderlichen Lage des Läufers relativ zum Ständer ist deshalb in geschlossener Form praktisch nicht möglich. Die Verhältnisse werden aber durch die beiden bereits im Kapitel 3 eingeführten Prinzipien,

- das Prinzip der Trennbarkeit der Streufelder und
- das Prinzip der Hauptwellenverkettung,

so weit vereinfacht, dass eine geschlossene Formulierung möglich wird.

Das Prinzip der Trennbarkeit der Streufelder beinhaltet die Annahme, dass sich die nicht über den Luftspalt verlaufenden Feldwirbel einer Wicklung auf einem Hauptelement unabhängig von den Strömen der Wicklungen auf dem anderen Hauptelement und unabhängig von der augenblicklichen Läuferlage ausbilden. Diesen Feldwirbeln zugeordnet existieren die im Kapitel 3 näher behandelten Streufelder. Sie führen nur zu Verkettungen mit Wicklungen, die sich auf dem gleichen Hauptelement wie die erregende Wicklung befinden. Zwischen diesen Flussverkettungen und den Strömen der Wicklungen auf dem gleichen Hauptelement vermitteln die *Streuinduktivitäten*.

Die Feldwirbel einer Wicklung, die sich über den Luftspalt schließen, bilden das Luftspaltfeld. Mit dem Luftspaltfeld einer Wicklung auf einem Hauptelement sind grundsätzlich alle Wicklungen auf beiden Hauptelementen verkettet. Dabei ist diese Verkettung generell periodisch von der Läuferlage abhängig, wenn sich dem Hauptelement, das die erregende Wicklung trägt, ein solches mit ausgeprägten Polen gegenüber befindet. Bei Maschinen mit konstantem Luftspalt beschränkt sich die periodische Abhängigkeit von der Läuferlage auf die Verkettung zwischen Wicklungen, die auf verschiedenen Hauptelementen untergebracht sind. Induktivitäten, die der Verkettung über das gesamte Luftspaltfeld zugeordnet sind, werden im Folgenden allgemein mit $L_{\delta jk}$ bezeichnet.

Das Prinzip der Hauptwellenverkettung sagt aus, dass die Verkettung zwischen Wicklungen auf verschiedenen Hauptelementen nur über die Hauptwelle des Luftspaltfelds erfolgt. Die Folge ist, dass sich die Abhängigkeit der Verkettungen von der Läuferlage auf die einfachste periodische Abhängigkeit reduziert. Damit erhält man eine relativ überschaubare analytische Beschreibung des Verhaltens einer elektrischen Maschine. Induktivitäten, die der Verkettung über die Hauptwelle des Luftspaltfelds zugeordnet sind, werden im Folgenden allgemein mit $L_{\mathrm{h}jk}$ bezeichnet.

Das Prinzip der Hauptwellenverkettung schließt ein, dass die Oberwellen einer Wicklung auf einem der beiden Hauptelemente ebenso wie die Streufelder im Nut-, Wicklungskopf- und Zahnkopfraum nur mit Wicklungen dieses Hauptelements verkettet sind. Man erhält eine Oberwellen-Streuinduktivität $L_{\sigma jko}$, die sich mit der den Streufeldern im Nut-, Wicklungskopf- und Zahnkopfraum zugeordneten Streuinduktivität $L_{\sigma jk\mathrm{nwz}}$ zusammenführen lässt zu $L_{\sigma jk\mathrm{nwzo}}$. Dabei wird zusätzlich angenommen, dass $L_{\sigma jko}$ auch dann unabhängig von der Läuferlage ist, wenn das gegenüberliegende Hauptelement ausgeprägte Pole aufweist.

Für die Beschreibung der Lage des Läufers relativ zum Ständer wird eine bezogene Verschiebung ϑ zwischen einer festgelegten Wicklungsachse auf dem Ständer und einer festgelegten Wicklungsachse auf dem Läufer eingeführt, die sich um den Betrag 2π ändert, wenn sich der Läufer um zwei Polteilungen weiter bewegt hat. Zu einer entlang des Umfangs gemessenen Verschiebung besteht demnach die Beziehung

$$\vartheta = \frac{\pi}{\tau_\mathrm{p}} \Delta x. \tag{8.1.3}$$

Die Einführung von dem Luftspaltfeld zugeordneten Induktivitäten als Proportionalitätsfaktoren zwischen den Flussverkettungen und den Strömen erweist sich automatisch als sinnvoll, wenn ein analytisches Modell der Maschine ausgehend von ihrer gesamten Geometrie entwickelt wird. Zwischen den Flussverkettungen und den Strömen erscheinen dann als Proportionalitätsfaktoren Ausdrücke, die von der Geometrie abhängig sind und die Induktivitäten darstellen. Diese Proportionalitätsfaktoren werden z. T. Funktionen der Läuferlage ϑ. Diese Funktionen werden – wie bereits ausgeführt – auf die einfachste periodische Abhängigkeit reduziert, wenn das Prinzip der Hauptwellenverkettung als wirksam vorausgesetzt wird. Um überschaubare und handhabbare Modelle zu erhalten, wird davon praktisch stets ausgegangen. Solche Proportionalitätsfaktoren zwischen den Flussverkettungen und den Strömen, die von der Läuferlage abhängen, werden dann als

$$L_{jk}(\vartheta) = L_{\mathrm{h}jk} f(\vartheta) \tag{8.1.4}$$

eingeführt. Dabei ist die konstante Induktivität $L_{\mathrm{h}jk}$ einer ausgezeichneten Lage ϑ des Läufers zugeordnet. Diese Induktivitäten können auch ohne die Entwicklung eines vollständigen Maschinenmodells gewonnen werden, was im Folgenden geschieht.

Hinsichtlich der Funktion $f(\vartheta)$ in (8.1.4) ist ohne Weiteres einzusehen, dass sich eine Gegeninduktivität zwischen einer Wicklung auf einem beliebig ausgeführten Hauptelement und einer Wicklung auf einem rotationssymmetrischen Hauptelement bei Wirksamkeit des Prinzips der Hauptwellenverkettung sinusförmig mit ϑ ändert. Selbstinduktivitäten einer Wicklung auf einem rotationssymmetrischen Hauptelement und Gegeninduktivitäten zwischen Wicklungen oder Wicklungsteilen auf dem gleichen Hauptelement sind unabhängig von der Läuferlage ϑ, wenn das gegenüberliegende Hauptelement ebenfalls rotationssymmetrisch ist. Sie werden offensichtlich eine Funktion der Läuferlage, wenn das gegenüberliegende Hauptelement ausgeprägte Pole besitzt. Es ist plausibel, dass die Induktivitäten sich in diesem Fall sinusförmig mit 2ϑ um einen Mittelwert ändern werden. Dabei existieren zwei Extremwerte, die ausgezeichneten Läuferlagen zugeordnet sind.

Den Induktivitäten lassen sich im stationären Betrieb der Maschine, sofern sie dabei wirksam werden, Reaktanzen entsprechend

$$X = \omega L \tag{8.1.5}$$

zuordnen. Es hat sich vielfach eingebürgert, in den Maschinenmodellen bezogene Variablen und bezogene Parameter zu verwenden. Dabei erhält man die bezogenen Induktivitäten als

$$x = \frac{L}{L_{\text{bez}}} = \frac{X}{X_{\text{bez}}} \tag{8.1.6}$$

mit $$L_{\text{bez}} = \frac{X_{\text{bez}}}{\omega_{\text{bez}}}, \tag{8.1.7}$$

wobei als Bezugswert ω_{bez} die der Bemessungsfrequenz zugeordnete Kreisfrequenz Verwendung findet und die Bezugsreaktanz X_{bez} über die Bemessungswerte von Strom und Spannung der Maschine festgelegt wird. Es ist üblich, die bezogenen Induktivitäten – wie auch in (8.1.6) geschehen – mit x zu bezeichnen und ebenfalls als Reaktanzen anzusprechen.

Ausgehend von den vorstehenden Betrachtungen sind Beziehungen für die Induktivitäten für die im Folgenden aufgezeigten Fälle zu entwickeln:

- Selbstinduktivität einer Wicklung auf einem Hauptelement mit ausgeprägten Polen, dem sich ein rotationssymmetrisches Hauptelement gegenüber befindet. Man erhält

  $$L_{jj} = \frac{\psi_j}{i_j} = \frac{\psi_{\delta j}}{i_j} + \frac{\psi_{\sigma j}}{i_j} = L_{\delta jj} + L_{\sigma jj} = L_{\delta jj}(1 + \sigma_{\delta j}), \tag{8.1.8}$$

  wobei $L_{\delta jj} = L_{\delta j}$ dem gesamten Luftspaltfeld und $L_{\sigma jj} = L_{\sigma j}$ dem Polstreufeld zugeordnet ist.
- Selbstinduktivität einer Wicklung auf einem rotationssymmetrischen Hauptelement, dem sich ein rotationssymmetrisches Hauptelement oder für ausgezeichnete Läuferlagen ein Hauptelement mit ausgeprägten Polen gegenüber befindet, mit Wirksamkeit des Prinzips der Hauptwellenverkettung. Man erhält

  $$L_{jj} = \frac{\psi_j}{i_j} = \frac{\psi_{\text{h}j}}{i_j} + \frac{\psi_{\sigma j}}{i_j} = L_{\text{h}jj} + L_{\sigma jj} = L_{\text{h}jj}(1 + \sigma_{\text{h}j}), \tag{8.1.9}$$

  wobei $L_{\text{h}jj} = L_{\text{h}j}$ der Hauptwelle des Luftspaltfelds und $L_{\sigma jj} = L_{\sigma j}$ den Streufeldern im Nut-, Wicklungskopf- und Zahnkopfraum sowie den Oberwellenfeldern zugeordnet ist.
- Gegeninduktivität zwischen einer Wicklung auf einem Hauptelement und einer Wicklung auf dem gegenüberliegenden rotationssymmetrischen Hauptelement mit Wirksamkeit des Prinzips der Hauptwellenverkettung. Man erhält

  $$L_{jk} = \frac{\psi_j}{i_k} = \frac{\psi_{\text{h}j}}{i_k} = L_{\text{h}jk}, \tag{8.1.10}$$

  wobei $L_{\text{h}jk} = L_{\text{h}jk}(\vartheta)$ der Hauptwelle des Luftspaltfelds zugeordnet ist und eine Kopplung über Streufelder nicht stattfindet.
- Gegeninduktivität zwischen zwei Wicklungen oder Wicklungsteilen wie z. B. zwei Strängen auf einem rotationssymmetrischen Hauptelement mit Wirksam-

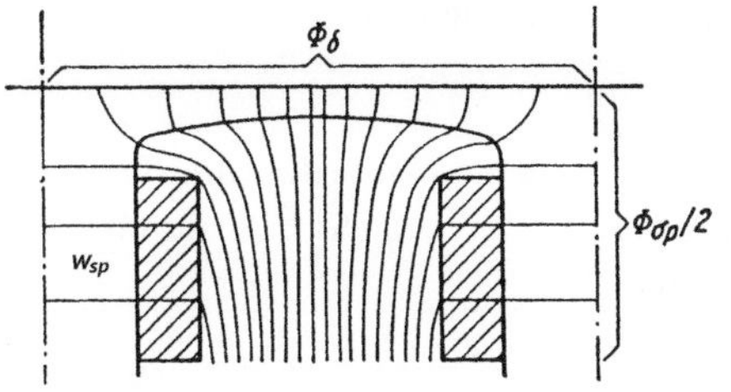

Bild 8.1.1 Aufteilung des magnetischen Felds einer Polwicklung

keit des Prinzips der Hauptwellenverkettung. Man erhält

$$L_{jk} = \frac{\psi_j}{i_k} = \frac{\psi_{hj}}{i_k} + \frac{\psi_{\sigma j}}{i_k} = L_{hjk} + L_{\sigma jk}, \tag{8.1.11}$$

wobei L_{hjk} der Hauptwelle des Luftspaltfelds und $L_{\sigma jk}$ den Streufeldern im Nut-, Wicklungskopf- und Zahnkopfraum sowie den Oberwellenfeldern zugeordnet ist. Für den Fall, dass das gegenüberliegende Hauptelement ausgeprägte Pole aufweist, ändert sich die Gegeninduktivität als Funktion der Läuferlage. Da diese Änderung bei Einführung der d-q-0-Komponenten (s. Bd. *Theorie elektrischer Maschinen*, Abschn. 3.1.2) aber gar nicht in Erscheinung tritt, kann sich die Ermittlung der Gegeninduktivität auf den Fall eines konstanten Luftspalts beschränken.

8.1.2 Induktivitäten und Reaktanzen des Luftspaltfelds

Zur Bestimmung der Induktivität, die der Flussverkettung ψ_j einer Wicklung j mit dem Luftspaltfeld des Stroms i_k in einer Wicklung k zugeordnet ist, muss man zunächst das Luftspaltfeld ermitteln, das der Strom i_k aufbaut, und davon ausgehend die Flussverkettung der Wicklung j mit diesem Feld bestimmen. Die Induktivitäten erhält man entsprechend den Beziehungen (8.1.8) bis (8.1.11).

8.1.2.1 Induktivitäten des Luftspaltfelds einer Wicklung auf ausgeprägten Polen

Entsprechend den einleitenden Betrachtungen interessiert der Fall, dass sich dem Hauptelement, das die ausgeprägten Pole aufweist, ein rotationssymmetrisches Hauptelement gegenüber befindet. Nur dieser Fall wird im Folgenden betrachtet.

a) Selbstinduktivität der Wicklung auf ausgeprägten Polen

Für eine auf einem ausgeprägten Pol angeordnete Polspule kann man annehmen, dass alle Windungen entsprechend Bild 8.1.1 vom Luftspaltfluss Φ_δ durchsetzt werden. Wenn w_{sp} die Windungszahl einer Polspule ist und $2p$ Polspulen zur gesamten Erregerwicklung mit der Windungszahl $w_{fd} = 2pw_{sp}$ in Reihe geschaltet sind, so ergibt sich für die Hauptflussverkettung der Erregerwicklung mit dem gesamten Luftspaltfeld

$$\psi_{\delta fd} = 2pw_{sp}\Phi_\delta = w_{fd}\Phi_\delta \tag{8.1.12}$$

und damit für die entsprechende dem Luftspaltfeld zugeordnete Induktivität der Erregerwicklung

$$L_{\delta fd} = \frac{\psi_{\delta fd}}{i_{fd}} = \frac{2pw_{sp}\Phi_\delta}{i_{fd}}. \tag{8.1.13}$$

Der gesamte Luftspaltfluss ist nach (2.3.5), Seite 171, gegeben als

$$\Phi_\delta = \tau_p l_i B_m$$

und, wenn die mittlere Flussdichte B_m mit Hilfe des ideellen Polbedeckungsfaktors α_i bzw. des Polformkoeffizienten C_m entsprechend (2.3.9), Seite 172, durch die maximale Flussdichte B_{max} ausgedrückt wird, als

$$\Phi_\delta = \tau_p l_i \alpha_i B_{max} = \tau_p l_i \frac{2}{\pi} C_m B_{max}. \tag{8.1.14}$$

Damit folgt aus (8.1.12)

$$\psi_{\delta fd} = 2pw_{sp}\alpha_i \tau_p l_i B_{max} = 2pw_{sp}\frac{2}{\pi} C_m \tau_p l_i B_{max}. \tag{8.1.15}$$

Vernachlässigt man zunächst durch Vorgabe von $\mu_{Fe} \to \infty$ den magnetischen Spannungsabfall über den ferromagnetischen Abschnitten des magnetischen Kreises, so gilt $\Theta_{fd} = w_{sp} i_{fd} = V_\delta$, und man erhält für die Flussdichte B_{max} entsprechend (2.3.28), Seite 181,

$$B_{max} = \frac{\mu_0}{\delta_i} V_\delta = \frac{\mu_0}{\delta_i} w_{sp} i_{fd}. \tag{8.1.16}$$

Damit geht (8.1.15) über in

$$\psi_{\delta fd} = 2pw_{sp}\alpha_i \tau_p l_i w_{sp} \frac{\mu_0}{\delta_i} i_{fd}, \tag{8.1.17}$$

und man erhält für den ungesättigten Wert der dem Luftspaltfeld zugeordneten Selbstinduktivität

$$\boxed{L_{\delta fd} = \mu_0 w_{sp}^2 l_i 2p \frac{\tau_p}{\delta_i}\alpha_i = \mu_0 w_{fd}^2 l_i \frac{1}{2p}\frac{\tau_p}{\delta_i}\frac{2}{\pi} C_m}. \tag{8.1.18}$$

Zur Ermittlung dieser Induktivität ist es nicht erforderlich, das Prinzip der Hauptwellenverkettung wirksam werden zu lassen. Die gesamte Selbstinduktivität ergibt sich nach (8.1.8), indem zu $L_{\delta fd}$ nach (8.1.18) die dem Polstreufeld zugeordnete Streuinduktivität $L_{\sigma fd}$ hinzugefügt wird. Man erhält

$$L_{fd} = L_{\delta fd} + L_{\sigma fd}. \tag{8.1.19}$$

Wie zu erwarten war, ist die dem Luftspaltfeld zugeordnete Selbstinduktivität einer Wicklung auf ausgeprägten Polen unabhängig von der Läuferlage.

b) Gegeninduktivität einer Wicklung auf ausgeprägten Polen zu einem Wicklungsstrang im gegenüberliegenden Hauptelement

Die Verkettung zwischen einer Wicklung auf ausgeprägten Polen und einem Wicklungsstrang auf dem gegenüberliegenden rotationssymmetrischen Hauptelement ist natürlich von der Läuferlage abhängig. Um diese Abhängigkeit auf die einfachste periodische Abhängigkeit zu reduzieren, muss man das Prinzip der Hauptwellenverkettung wirksam werden lassen. Andererseits kann es im Rahmen der vorliegenden Betrachtungen nur darum gehen, die Gegeninduktivität für die ausgezeichnete Läuferlage zu ermitteln, bei der die beiden Wicklungsachsen übereinstimmen.

Der Luftspalthauptwellenfluss Φ_h ist nach (2.3.11), Seite 173, unter Einführung des Polformkoeffizienten C_p nach (2.3.10) gegeben als

$$\Phi_h = \frac{2}{\pi}\tau_p l_i \hat{B}_p = \frac{2}{\pi}\tau_p l_i C_p B_{max}. \tag{8.1.20a}$$

Dabei gilt für $B_{\max}$ weiterhin (8.1.16), und damit folgt aus (8.1.20a)

$$\Phi_{\mathrm{h}} = \frac{\mu_0}{\delta_{\mathrm{i}}} \frac{2}{\pi} \tau_{\mathrm{p}} l_{\mathrm{i}} w_{\mathrm{sp}} i_{\mathrm{fd}} C_{\mathrm{p}}. \tag{8.1.20b}$$

Der Wicklungsstrang j mit der effektiven Windungszahl $(w\xi_{\mathrm{p}})_j$ besitzt mit der Hauptwelle des Luftspaltfelds der Wicklung auf ausgeprägten Polen bei der vorausgesetzten Übereinstimmung der Wicklungsachsen die Flussverkettung

$$\psi_{\mathrm{h}j} = (w\xi_{\mathrm{p}})_j \xi_{\mathrm{schr,p}} \Phi_{\mathrm{h}}, \tag{8.1.21}$$

wobei berücksichtigt wurde, dass – wie schon im Abschnitt 3.4, Seite 266, ausgeführt wurde – im Fall der gegenseitigen Kopplung zweier gegeneinander geschrägter Wicklungen über die Hauptwelle des Luftspaltfelds zusätzlich der Schrägungsfaktor $\xi_{\mathrm{schr,p}}$ der Hauptwelle zur Wirkung kommt, der etwas kleiner als Eins ist. Mit (8.1.20b) folgt aus (8.1.21)

$$\psi_{\mathrm{h}j} = (w\xi_{\mathrm{p}})_j \xi_{\mathrm{schr,p}} \frac{2}{\pi} \tau_{\mathrm{p}} l_{\mathrm{i}} \frac{\mu_0}{\delta_{\mathrm{i}}} w_{\mathrm{sp}} C_{\mathrm{p}} i_{\mathrm{fd}}, \tag{8.1.22}$$

und damit erhält man den ungesättigten Wert der Gegeninduktivität bei Übereinstimmung der Achsen der beiden Wicklungen unter Einführung der gesamten Windungszahl $w_{\mathrm{fd}} = 2pw_{\mathrm{sp}}$ der Erregerwicklung zu

$$L_{\mathrm{h}j\mathrm{fd}} = \frac{\psi_{\mathrm{h}j}}{i_{\mathrm{fd}}} = \frac{\mu_0}{\delta_{\mathrm{i}}} \frac{2}{\pi} \tau_{\mathrm{p}} l_{\mathrm{i}} \frac{(w\xi_{\mathrm{p}})_j w_{\mathrm{fd}}}{2p} \xi_{\mathrm{schr,p}} C_{\mathrm{p}}. \tag{8.1.23a}$$

In dem Sonderfall, dass die Wicklung auf dem rotationssymmetrischen Hauptelement eine symmetrische mehrsträngige Wicklung mit der gleichen effektiven Windungszahl $(w\xi_{\mathrm{p}})$ aller Stränge ist, wird die bei Übereinstimmung der Achsen vorliegende Gegeninduktivität für alle Stränge gleich und beträgt

$$L_{\mathrm{hafd}} = \frac{\psi_{\mathrm{h}j}}{i_{\mathrm{fd}}} = \frac{\mu_0}{\delta_{\mathrm{i}}} \frac{2}{\pi} \tau_{\mathrm{p}} l_{\mathrm{i}} \frac{(w\xi_{\mathrm{p}}) w_{\mathrm{fd}}}{2p} \xi_{\mathrm{schr,p}} C_{\mathrm{p}}. \tag{8.1.23b}$$

Im Band *Theorie elektrischer Maschinen*, Abschnitt 3.1.1, wird nach dieser Beziehung die Gegeninduktivität zwischen der Erregerwicklung und einem Strang der Ankerwicklung einer Synchronmaschine bei Übereinstimmung der Achsen ermittelt, worauf dort der Index a hinweist.

8.1.2.2 Induktivitäten der Hauptwelle des Luftspaltfelds von Wicklungen mit ausgebildeten Strängen auf einem rotationssymmetrischen Hauptelement

Für Wicklungen mit ausgebildeten Strängen muss grundsätzlich das Prinzip der Hauptwellenverkettung als wirksam angenommen werden. Das bedeutet, dass in den Beziehungen für die Selbst- und Gegeninduktivitäten der Wicklungsstränge entsprechend (8.1.10) und (8.1.11) die der Hauptwelle des Luftspaltfelds zugeordneten Induktivitäten $L_{\mathrm{h}jk}$ auftreten.

Ein Wicklungsstrang k mit der effektiven Windungszahl $(w\xi_{\mathrm{p}})_k$ und dem Strom i_k ruft eine Durchflutungshauptwelle mit der Amplitude

$$\hat{\Theta}_{k\mathrm{p}} = \frac{4}{\pi} \frac{(w\xi_{\mathrm{p}})_k}{2p} i_k \tag{8.1.24}$$

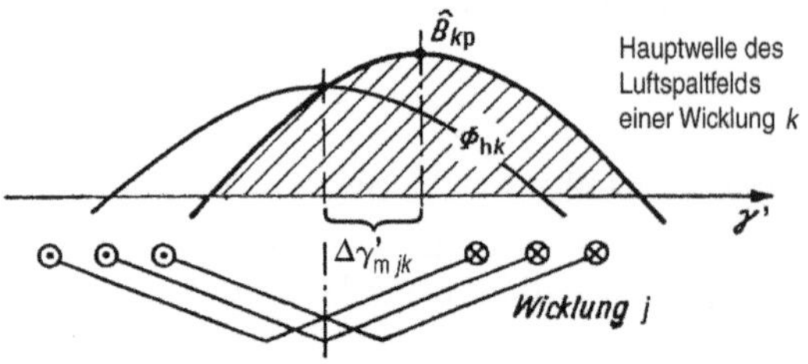

Bild 8.1.2 Zur Bestimmung der Flussverkettung eines Wicklungsstrangs mit der Hauptwelle des Luftspaltfelds

hervor. Diese Durchflutungshauptwelle hat eine Flussdichteverteilung mit der Hauptwellenamplitude $\hat{B}_{kp}$ zur Folge, deren Hauptwelle nach (8.1.20a) dem Fluss

$$\Phi_{hk} = \frac{2}{\pi}\tau_p l_i \hat{B}_{kp} \tag{8.1.25}$$

entspricht. Ein Wicklungsstrang j, der gegenüber dem Strang k im bezogenen Koordinatensystem γ um den Winkel $\Delta\gamma_{mjk} = p\Delta\gamma'_{mjk}$ räumlich versetzt ist, ist mit diesem Fluss nach Maßgabe von

$$\psi_{hj} = (w\xi_p)_j \frac{2}{\pi}\tau_p l_i \hat{B}_{kp}\xi_{schr,p} \cos\Delta\gamma_{mjk} \tag{8.1.26}$$

verkettet, wobei der Schrägungsfaktor nur dann einen von Eins etwas nach unten abweichenden Wert aufweist, wenn die beiden Wicklungsstränge auf verschiedenen Seiten des Luftspalts angeordnet sind. Der Einfluss der Verschiebung zwischen den beiden Wicklungssträngen äußert sich im Auftreten des Faktors $\cos\Delta\gamma_{mjk}$ entsprechend dem Sachverhalt, dass für die Flussverkettung des Wicklungsstrangs j nach Bild 8.1.2 nur die Komponente mit der Amplitude $\hat{B}_{kp}\cos\Delta\gamma_{mjk}$ der vom Strom i_k erregten Hauptwelle des Luftspaltfelds maßgebend ist.

Die Beziehung zwischen $\hat{B}_{kp}$ und $\hat{\Theta}_{kp}$ hängt davon ab, ob ein konstanter Luftspalt vorliegt oder ob im gegenüberliegenden Hauptelement ausgeprägte Pole ausgeführt sind.

a) Selbstinduktivität eines Wicklungsstrangs bei konstantem Luftspalt

Bei konstantem Luftspalt erhält man ausgehend von (8.1.24) für die Amplitude der Flussdichtehauptwelle mit (2.3.28), Seite 181, wobei jetzt $B_{max} = \hat{B}_p$ ist, den ungesättigten Wert

$$\hat{B}_{kp} = \frac{\mu_0}{\delta_i}\hat{\Theta}_{kp} = \frac{\mu_0}{\delta_i}\frac{4}{\pi}\frac{(w\xi_p)_k}{2p}i_k. \tag{8.1.27}$$

Da die Flussverkettung in dem Strang betrachtet wird, der auch das Feld erregt, d. h. mit $j = k$, ist $(w\xi_p)_k = (w\xi_p)_j$, $\xi_{schr,p} = 1$ sowie $\Delta\gamma_{mjk} = 0$, und damit geht (8.1.26) über in

$$\psi_{hj} = (w\xi_p)_j \frac{2}{\pi}\tau_p l_i \frac{\mu_0}{\delta_i}\frac{4}{\pi}\frac{(w\xi_p)_j}{2p}i_j. \tag{8.1.28}$$

Daraus folgt für den der Hauptwelle des Luftspaltfelds zugeordneten ungesättigten Wert der Selbstinduktivität des Strangs

$$L_{hjj} = L_{hj} = \frac{\psi_{hj}}{i_j} = \frac{\mu_0}{\delta_i}\frac{2}{\pi}\tau_p l_i \frac{4}{\pi}\frac{(w\xi_p)_j^2}{2p}. \tag{8.1.29a}$$

Im Band *Theorie elektrischer Maschinen*, Abschnitt 1.8.1, wird nach dieser Beziehung der Anteil der Hauptwelle des Luftspaltfelds an der Selbstinduktivität eines Wicklungsstrangs einer allgemeinen Maschine mit konstantem Luftspalt ermittelt.

In dem Sonderfall, dass die Wicklung eine symmetrische mehrsträngige Wicklung mit der gleichen effektiven Windungszahl $(w\xi_\mathrm{p})$ aller Stränge ist, besitzen alle Stränge die gleiche der Hauptwelle des Luftspaltfelds zugeordnete Selbstinduktivität

$$L_{\mathrm{h\,str\,s}} = L_{\mathrm{h\,str}} = \frac{\psi_{\mathrm{h}j}}{i_j} = \frac{\mu_0}{\delta_\mathrm{i}}\frac{2}{\pi}\tau_\mathrm{p} l_\mathrm{i}\frac{4}{\pi}\frac{(w\xi_\mathrm{p})^2}{2p}. \tag{8.1.29b}$$

Im Fall einer *permanenterregten Synchronmaschine* ist aufgrund der permanentmagnetischen Abschnitte im gegenüberliegenden Hauptelement aus Sicht der Wicklung ein größerer Luftspalt wirksam. Eine einfache, von der Winkellage des Läufers unabhängige Beziehung für die Selbstinduktivität lässt sich nur bei einer Oberflächenanordnung der Permanentmagnete angeben, denen dann analog zum Luftspalt ein relativer magnetischer Leitwert $\lambda_\mathrm{M} = \mu_\mathrm{M}/h_\mathrm{M}$ zugeordnet werden kann, so dass der für die Wicklung wirksame *ideelle Luftspalt*, der in 8.1.29b zu verwenden ist, aus der Hintereinanderschaltung der relativen magnetischen Leitwerte von Luftspalt und Permanentmagnet als

$$\delta_\mathrm{i} = \frac{1}{\frac{k_\mathrm{c}\delta}{\mu_0} + \frac{h_\mathrm{M}}{\mu_\mathrm{M}}} = \frac{\mu_0\mu_\mathrm{M}}{k_\mathrm{c}\delta\mu_\mathrm{M} + h_\mathrm{M}\mu_0} \tag{8.1.30}$$

gewonnen werden kann. Bei Anordnungen mit eingebetteten Magneten muss aufgrund der Abhängigkeit der Stranginduktivitäten von der Winkellage des Läufers auf numerische Berechnungsverfahren (s. Unterabschn. 9.3.3.3b, S. 593) zurückgegriffen werden. Dasselbe gilt für Reluktanz-Synchronmaschinen.

b) Gegeninduktivität zwischen zwei Wicklungssträngen auf demselben Hauptelement bei konstantem Luftspalt

Für die Amplitude der vom Strang k hervorgerufenen Flussdichtehauptwelle gilt weiterhin (8.1.27). Außerdem liegen die beiden Wicklungsstränge auf der gleichen Seite des Luftspalts, so dass $\xi_{\mathrm{schr,p}} = 1$ ist. Sie sind jedoch gegeneinander um den bezogenen Wert $\Delta\gamma_{\mathrm{m}jk}$ versetzt. Damit geht (8.1.26) mit (8.1.27) über in

$$\psi_{\mathrm{h}j} = (w\xi_\mathrm{p})_j\frac{2}{\pi}\tau_\mathrm{p} l_\mathrm{i}\frac{\mu_0}{\delta_\mathrm{i}}\frac{4}{\pi}\frac{(w\xi_\mathrm{p})_k}{2p} i_k \cos\Delta\gamma_{\mathrm{m}jk}, \tag{8.1.31}$$

und man erhält für den ungesättigten Wert der Gegeninduktivität

$$L_{\mathrm{h}jk} = \frac{2}{\pi}\tau_\mathrm{p} l_\mathrm{i}\frac{\mu_0}{\delta_\mathrm{i}}\frac{4}{\pi}\frac{(w\xi_\mathrm{p})_j(w\xi_\mathrm{p})_k}{2p}\cos\Delta\gamma_{\mathrm{m}jk}. \tag{8.1.32a}$$

Im besonders interessierenden Fall der symmetrischen dreisträngigen Wicklung haben alle Stränge den gleichen Aufbau, so dass $(w\xi_\mathrm{p})_k = (w\xi_\mathrm{p})_j = (w\xi_\mathrm{p})$ ist, und der Versatz entsprechend (1.2.4b), Seite 23, $\Delta\gamma_{\mathrm{m}jk} = 2\pi/3$ beträgt. Mit $\cos 2\pi/3 = -1/2$ erhält man aus (8.1.32a) für die der Hauptwelle des Luftspaltfelds zugeordnete Gegeninduktivität zwischen jeweils zwei Strängen

$$L_{\mathrm{h\,str\,g}} = -\frac{1}{2}\frac{\mu_0}{\delta_\mathrm{i}}\frac{2}{\pi}\tau_\mathrm{p} l_\mathrm{i}\frac{4}{\pi}\frac{(w\xi_\mathrm{p})^2}{2p}. \tag{8.1.32b}$$

Es ist also – wie ein Vergleich mit (8.1.29b) zeigt –

$$L_{\mathrm{h\,str\,g}} = -\frac{1}{2} L_{\mathrm{h\,str\,s}} = -\frac{1}{2} L_{\mathrm{h\,str}}. \tag{8.1.32c}$$

c) Gegeninduktivität zwischen einem Wicklungsstrang auf dem Ständer und einem Wicklungsstrang auf dem Läufer bei konstantem Luftspalt

Für die Amplitude der vom Strang k hervorgerufenen Flussdichtehauptwelle gilt weiterhin (8.1.27). Aber die beiden Wicklungsstränge unterscheiden sich natürlich hinsichtlich der effektiven Windungszahlen $(w\xi_{\mathrm{p}})_k$ und $(w\xi_{\mathrm{p}})_j$. Im allgemeinen Fall muss eine Schrägung berücksichtigt werden, und die Verschiebung zwischen den Wicklungsachsen ändert sich nach Maßgabe von

$$\Delta\gamma_{\mathrm{m}jk} = \Delta\gamma_{\mathrm{m}jk}(t) = \vartheta(t)$$

zeitlich. Damit geht (8.1.26) für den ungesättigten Fall mit (8.1.27) über in

$$\psi_{\mathrm{h}jk}(\vartheta) = (w\xi_{\mathrm{p}})_j \frac{2}{\pi} \tau_{\mathrm{p}} l_{\mathrm{i}} \frac{\mu_0}{\delta_{\mathrm{i}}} \frac{4}{\pi} \frac{(w\xi_{\mathrm{p}})_k}{2p} i_k \xi_{\mathrm{schr,p}} \cos\vartheta, \tag{8.1.33}$$

und man erhält als Proportionalitätsfaktor zwischen Flussverkettung und Strom

$$L_{\mathrm{h}jk}(\vartheta) = \frac{\mu_0}{\delta_{\mathrm{i}}} \frac{2}{\pi} \tau_{\mathrm{p}} l_{\mathrm{i}} \frac{4}{\pi} \frac{(w\xi_{\mathrm{p}})_j (w\xi_{\mathrm{p}})_k}{2p} \xi_{\mathrm{schr,p}} \cos\vartheta. \tag{8.1.34a}$$

Der Proportionalitätsfaktor ändert sich – wie zu erwarten war – sinusförmig mit der Verschiebung ϑ zwischen den Achsen der Wicklungsstränge, d. h. mit der Läuferlage. Bei Übereinstimmung der Achsen, d. h. mit $\vartheta = 0$, erhält man für die der Hauptwelle des Luftspaltfelds zugeordnete Gegeninduktivität zwischen einem Wicklungsstrang auf dem Ständer und einem Wicklungsstrang auf dem Läufer

$$L_{\mathrm{h}jk} = \frac{\mu_0}{\delta_{\mathrm{i}}} \frac{2}{\pi} \tau_{\mathrm{p}} l_{\mathrm{i}} \frac{4}{\pi} \frac{(w\xi_{\mathrm{p}})_j (w\xi_{\mathrm{p}})_k}{2p} \xi_{\mathrm{schr,p}}. \tag{8.1.34b}$$

Es ist also – wie ein Vergleich mit (8.1.29a) zeigt –

$$L_{\mathrm{h}jk} = \frac{(w\xi_{\mathrm{p}})_k}{(w\xi_{\mathrm{p}})_j} \xi_{\mathrm{schr,p}} L_{\mathrm{h}jj}. \tag{8.1.34c}$$

Im Band *Theorie elektrischer Maschinen*, Abschnitt 2.1.1, wird diese Beziehung für die der Hauptwelle des Luftspaltfelds zugeordnete Gegeninduktivität zwischen einem Wicklungsstrang auf dem Ständer und einem Wicklungsstrang auf dem Läufer einer Induktionsmaschine angegeben.

In dem Sonderfall, dass beide Wicklungen symmetrische mehrsträngige Wicklungen mit der gleichen effektiven Windungszahl $(w\xi_{\mathrm{p}})_1$ aller Ständerstränge und der gleichen effektiven Windungszahl $(w\xi_{\mathrm{p}})_2$ aller Läuferstränge sind, wird die bei Übereinstimmung der Achsen vorliegende Gegeninduktivität zwischen einem der Ständerstränge und einem der Läuferstränge gleich und beträgt

$$L_{\mathrm{h12str}} = \frac{\mu_0}{\delta_{\mathrm{i}}} \frac{2}{\pi} \tau_{\mathrm{p}} l_{\mathrm{i}} \frac{4}{\pi} \frac{(w\xi_{\mathrm{p}})_1 (w\xi_{\mathrm{p}})_2}{2p} \xi_{\mathrm{schr,p}}. \tag{8.1.35a}$$

Mit (8.1.29b) ist also

$$L_{\mathrm{h12str}} = \frac{(w\xi_{\mathrm{p}})_2}{(w\xi_{\mathrm{p}})_1} \xi_{\mathrm{schr,p}} L_{\mathrm{h1str}}, \tag{8.1.35b}$$

wobei

$$L_{\mathrm{h1str}} = \frac{\mu_0}{\delta_\mathrm{i}} \frac{2}{\pi} \tau_\mathrm{p} l_\mathrm{i} \frac{4}{\pi} \frac{(w\xi_\mathrm{p})_1^2}{2p} \xi_{\mathrm{schr,p}} \qquad (8.1.35c)$$

die der Hauptwelle des Luftspaltfelds zugeordnete ungesättigte Selbstinduktivität eines Ständerstrangs ist.

d) Selbstinduktivität eines Wicklungsstrangs in den ausgezeichneten Läuferlagen mit Längs- und Querstellung des Polsystems einer Synchronmaschine

Wenn dem Wicklungsstrang auf einem rotationssymmetrischen Hauptelement ein Hauptelement mit ausgeprägten Polen gegenüberliegt, ist zu erwarten, dass der Proportionalitätsfaktor zwischen Flussverkettung und Strom des Wicklungsstrangs sinusförmig mit 2ϑ um einen Mittelwert schwankt. Dabei existieren offenbar zwei ausgezeichnete Stellungen des Läufers, die Längs- und die Querstellung, die allein im Folgenden betrachtet werden sollen.

In der *Längsstellung* fällt die Längsachse des Polsystems, d. h. die Symmetrieachse des Pols, mit der Achse des Wicklungsstrangs zusammen, und damit gilt entsprechend (2.3.10), Seite 173, und (2.7.23a,b), Seite 241, unter Einführung des Polformkoeffizienten C_{adp} anstelle von (8.1.27) für die Amplitude der von dem Wicklungsstrang hervorgerufenen Flussdichtehauptwelle für den ungesättigten Fall

$$\hat{B}_{k\mathrm{dp}} = C_{\mathrm{adp}} B_{\mathrm{max}} = \frac{\mu_0}{\delta_\mathrm{i}} \frac{4}{\pi} \frac{(w\xi_\mathrm{p})_k}{2p} C_{\mathrm{adp}} i_k, \qquad (8.1.36)$$

d. h. es tritt der Polformkoeffizienten C_{adp} als zusätzlicher Faktor auf. Damit erhält man für die der Hauptwelle des Luftspaltfelds zugeordnete Selbstinduktivität eines Wicklungsstrangs in der Längsstellung des Polsystems anstelle von (8.1.29a)

$$L_{\mathrm{h}jj\mathrm{d}} = L_{\mathrm{h}j\mathrm{d}} = \frac{\psi_{\mathrm{h}j\mathrm{d}}}{i_j} = \frac{\mu_0}{\delta_\mathrm{i}} \frac{2}{\pi} \tau_\mathrm{p} l_\mathrm{i} \frac{4}{\pi} \frac{\left(w\xi_\mathrm{p}\right)_j^2}{2p} C_{\mathrm{adp}} = L_{\mathrm{h}jj} C_{\mathrm{adp}} = L_{\mathrm{h}j} C_{\mathrm{adp}} \qquad (8.1.37a)$$

bzw. für den Sonderfall, dass eine symmetrische mehrsträngige Wicklung mit der gleichen effektiven Windungszahl $(w\xi_\mathrm{p})$ aller Stränge vorliegt, anstelle von (8.1.29b)

$$L_{\mathrm{h\,str\,d}} = \frac{\mu_0}{\delta_\mathrm{i}} \frac{2}{\pi} \tau_\mathrm{p} l_\mathrm{i} \frac{4}{\pi} \frac{(w\xi_\mathrm{p})^2}{2p} C_{\mathrm{adp}}. \qquad (8.1.37b)$$

In der *Querstellung* fällt die Querachse des Polsystems, d. h. die Symmetrieachse der Pollücke, mit der Achse des Wicklungsstrangs zusammen, und damit gilt entsprechend (2.3.10) und (2.7.23a,b) unter Einführung des Polformkoeffizienten C_{aqp} anstelle von (8.1.37a)

$$L_{\mathrm{h}jj\mathrm{q}} = L_{\mathrm{h}j\mathrm{q}} = \frac{\psi_{\mathrm{h}jj\mathrm{h}}}{i_j} = \frac{\mu_0}{\delta_\mathrm{i}} \frac{2}{\pi} \tau_\mathrm{p} l_\mathrm{i} \frac{4}{\pi} \frac{(w\xi_\mathrm{p})_j^2}{2p} C_{\mathrm{aqp}} = L_{\mathrm{h}jj} C_{\mathrm{aqp}} = L_{\mathrm{h}j} C_{\mathrm{aqp}} \qquad (8.1.38a)$$

bzw. für den Sonderfall, dass eine symmetrische mehrsträngige Wicklung mit der gleichen effektiven Windungszahl $(w\xi_\mathrm{p})$ aller Stränge vorliegt,

$$L_{\mathrm{h\,str\,q}} = \frac{\mu_0}{\delta_\mathrm{i}} \frac{2}{\pi} \tau_\mathrm{p} l_\mathrm{i} \frac{4}{\pi} \frac{(w\xi_\mathrm{p})^2}{2p} C_{\mathrm{aqp}}. \qquad (8.1.38b)$$

e) Selbstinduktivität einer in Nuten verteilten Erregerwicklung von Vollpol-Synchronmaschinen

Wie bereits im Unterabschnitt 1.2.2.3c, Seite 56, dargelegt wurde, stellt die in Nuten verteilte Erregerwicklung von Vollpol-Synchronmaschinen eine einsträngige Wicklung dar. Sie wird als Einschichtwicklung mit geteilten Spulengruppen ausgeführt. Die für ihre Aufnahme vorgesehenen Nuten belegen entweder nicht den gesamten Umfang, oder die Wicklung belegt bei gleichmäßiger Nutung nur einen Teil der vorhandenen Nuten. Ihre Spulen ungleicher Weite sind zu Spulengruppen und diese zur gesamten Wicklung mit w_{fd} hintereinandergeschalteten Windungen verbunden. Entsprechend der vorliegenden Verteilung der Spulen erhält man einen Wicklungsfaktor ξ_{p} der Hauptwelle und damit eine für den Hauptwellenmechanismus effektive Windungszahl $(w\xi_{\mathrm{p}})_{\mathrm{fd}}$. Der Luftspalt ist konstant, sofern man vom Einfluss einer unterschiedlichen Nutung entlang des Umfangs absieht. Damit erhält man für die Selbstinduktivität der Erregerwicklung von Vollpol-Synchronmaschinen in Analogie zu (8.1.29b)

$$L_{\mathrm{hfd}} = \frac{\mu_0}{\delta_{\mathrm{i}}}\frac{2}{\pi}\tau_{\mathrm{p}}l_{\mathrm{i}}\frac{4}{\pi}\frac{(w\xi_{\mathrm{p}})_{\mathrm{fd}}^2}{2p} \tag{8.1.39}$$

und für die Gegeninduktivität der Erregerwicklung von Vollpol-Synchronmaschinen zu einem Wicklungsstrang j auf dem Ständer bei Übereinstimmung der Strangachsen ausgehend von (8.1.34b,c)

$$L_{\mathrm{hfd}j} = \frac{\mu_0}{\delta_{\mathrm{i}}}\frac{2}{\pi}\tau_{\mathrm{p}}l_{\mathrm{i}}\frac{4}{\pi}\frac{(w\xi_{\mathrm{p}})_{\mathrm{fd}}(w\xi_{\mathrm{p}})_j}{2p}\xi_{\mathrm{schr,p}} = \frac{(w\xi_{\mathrm{p}})_j}{(w\xi_{\mathrm{p}})_{\mathrm{fd}}}\xi_{\mathrm{schr,p}}L_{\mathrm{hfd}}. \tag{8.1.40}$$

Dieselbe Beziehung gilt dann auch für die Gegeninduktivität der Erregerwicklung von Vollpol-Synchronmaschinen zu einem Wicklungsstrang auf dem Läufer bei Übereinstimmung der Strangachsen, wie er z. B. als Ersatz für den Dämpferkäfig auftritt, wenn angenommen wird, dass dabei keine Verkettung über Streufelder wirksam ist.

8.1.2.3 Hauptinduktivitäten und Hauptreaktanzen von symmetrischen mehrsträngigen Wicklungen

Als Hauptinduktivitäten werden im Folgenden Proportionalitätsfaktoren zwischen der Flussverkettung und dem Strom eines Strangs einer symmetrischen mehrsträngigen Wicklung eingeführt, wenn in der Flussverkettung auch das Feld der anderen Stränge aufgrund bestehender allgemeiner Zusammenhänge berücksichtigt und auf einen Beitrag des Stroms im eigenen Strang zurückgeführt wird. Wenn der Strang a als Bezugsstrang Verwendung findet, erscheint dann in dessen Flussverkettung mit der Hauptwelle des Luftspaltfelds, herrührend von den Strömen aller Stränge des Wicklungssystems, der Beitrag

$$\psi_{\mathrm{h}a} = L_{\mathrm{h}}i_a, \tag{8.1.41}$$

wobei L_{h} die Hauptinduktivität darstellt. Die Hauptreaktanz ist der Hauptinduktivität über $X_{\mathrm{h}} = \omega L_{\mathrm{h}}$ zugeordnet.

a) Hauptinduktivitäten und Hauptreaktanzen von symmetrischen dreisträngigen Wicklungen

Unter Verwendung der bei konstantem Luftspalt wirksamen Selbstinduktivitäten der Stränge nach (8.1.29b) und Gegeninduktivitäten zwischen jeweils zwei Strängen nach (8.1.32b) bzw. nach (8.1.32c) erhält man für die der Hauptwelle des Luftspaltfelds zugeordnete Flussverkettung des Bezugsstrangs a, herrührend von den Strömen sämtlicher Stränge der dreisträngigen Wicklung,

$$\psi_{\mathrm{h}a} = L_{\mathrm{h\,str\,s}} i_a + L_{\mathrm{h\,str\,g}}(i_b + i_c) = L_{\mathrm{h\,str}} i_a - \frac{1}{2} L_{\mathrm{h\,str}}(i_b + i_c). \tag{8.1.42a}$$

Wenn in einem beliebigen Betriebszustand $i_a + i_b + i_c = 0$ ist, weil kein Nullleiter angeschlossen ist oder weil dieser – wie im Fall eines symmetrischen Dreiphasensystems der Strangströme – stromlos ist, folgt aus (8.1.42a)

$$\psi_{\mathrm{h}a} = \frac{3}{2} L_{\mathrm{h\,str}} i_a = L_{\mathrm{h}} i_a, \tag{8.1.42b}$$

wobei die Hauptinduktivität L_{h} der dreisträngigen Wicklung eingeführt wurde. Für die Stränge b und c gelten analoge Beziehungen. Für den ungesättigten Wert der Hauptinduktivität der dreisträngigen Wicklung erhält man mit (8.1.29b)

$$L_{\mathrm{h}} = \frac{3}{2} \frac{\mu_0}{\delta_{\mathrm{i}}} \frac{2}{\pi} \tau_{\mathrm{p}} l_{\mathrm{i}} \frac{4}{\pi} \frac{(w\xi_{\mathrm{p}})^2}{2p} \tag{8.1.43a}$$

und für die zugeordnete Hauptreaktanz

$$X_{\mathrm{h}} = \omega \frac{3}{2} \frac{\mu_0}{\delta_{\mathrm{i}}} \frac{2}{\pi} \tau_{\mathrm{p}} l_{\mathrm{i}} \frac{4}{\pi} \frac{(w\xi_{\mathrm{p}})^2}{2p}. \tag{8.1.43b}$$

Zu dem gleichen Ergebnis kommt man natürlich, wenn von vornherein von der gesamten Hauptwelle des Luftspaltfelds ausgegangen wird, das die drei Strangströme aufbauen. Entsprechend der Lage der Strangachsen bei $\gamma_{\mathrm{m}a} = 0$, $\gamma_{\mathrm{m}b} = 2\pi/3$ und $\gamma_{\mathrm{mc}} = 4\pi/3$ erhält man für die resultierende Durchflutungshauptwelle im Koordinatensystem γ mit (8.1.24)

$$\Theta_{\mathrm{p}}(\gamma) = \frac{4}{\pi} \frac{(w\xi_{\mathrm{p}})}{2p} \left[i_a \cos\gamma + i_b \cos\left(\gamma - \frac{2\pi}{3}\right) + i_c \cos\left(\gamma - \frac{4\pi}{3}\right) \right]. \tag{8.1.44a}$$

Daraus folgt mit $\cos(\alpha + \beta) = \cos\alpha \cos\beta - \sin\alpha \sin\beta$

$$\Theta_{\mathrm{p}}(\gamma) = \frac{4}{\pi} \frac{(w\xi_{\mathrm{p}})}{2p} \left[i_a - \frac{1}{2}(i_b + i_c) \right] \cos\gamma \tag{8.1.44b}$$

und, wenn kein Nullleiter vorhanden ist oder ein vorhandener Nullleiter keinen Strom führt, mit $i_a + i_b + i_c = 0$

$$\Theta_{\mathrm{p}}(\gamma) = \frac{3}{2} \frac{4}{\pi} \frac{(w\xi_{\mathrm{p}})}{2p} i_a \cos\gamma. \tag{8.1.44c}$$

Die Amplitude

$$\hat{\Theta}_{\mathrm{p}} = \frac{3}{2} \frac{4}{\pi} \frac{(w\xi_{\mathrm{p}})}{2p} i_a$$

der resultierenden Durchflutungshauptwelle liefert bei konstantem Luftspalt in jeder Lage des Läufers die Amplitude der von ihr hervorgerufenen Flussdichtehauptwelle entsprechend (2.3.28), Seite 181, zu

$$\hat{B}_\mathrm{p} = \frac{\mu_0}{\delta_\mathrm{i}}\frac{3}{2}\frac{4}{\pi}\frac{(w\xi_\mathrm{p})}{2p}i_a,$$

und damit erhält man für die Flussverkettung des Bezugsstrangs a ausgehend von (8.1.26)

$$\psi_{\mathrm{h}a} = (w\xi_\mathrm{p})\frac{2}{\pi}\tau_\mathrm{p}l_\mathrm{i}\frac{\mu_0}{\delta_\mathrm{i}}\frac{3}{2}\frac{4}{\pi}\frac{(w\xi_\mathrm{p})}{2p}i_a,$$

d. h. es tritt unmittelbar der ungesättigte Wert der Hauptinduktivität der dreisträngigen Wicklung nach (8.1.43a) in Erscheinung als

$$L_\mathrm{h} = \frac{3}{2}\frac{\mu_0}{\delta_\mathrm{i}}\frac{2}{\pi}\tau_\mathrm{p}l_\mathrm{i}\frac{4}{\pi}\frac{(w\xi_\mathrm{p})^2}{2p}. \tag{8.1.45}$$

Wenn das gegenüberliegende Hauptelement ausgeprägte Pole besitzt, können zunächst nur die Verhältnisse bei Übereinstimmung der Achse des betrachteten Strangs, d. h. im Folgenden des Bezugsstrangs a, mit den Symmetrieachsen des Polsystems betrachtet werden. In der Längsstellung des Polsystems zur Achse des Strangs liefert die Amplitude der resultierenden Durchflutungshauptwelle

$$\hat{\Theta}_\mathrm{p} = \frac{3}{2}\frac{4}{\pi}\frac{(w\xi_\mathrm{p})}{2p}i_a$$

analog zu (8.1.36) die Amplitude der von ihr hervorgerufenen Flussdichtehauptwelle

$$\hat{B}_\mathrm{p} = \frac{\mu_0}{\delta_\mathrm{i}}\frac{3}{2}\frac{4}{\pi}\frac{(w\xi_\mathrm{p})}{2p}C_\mathrm{adp}i_a,$$

und damit erhält man für die Flussverkettung des Bezugsstrangs a ausgehend von (8.1.26)

$$\psi_{\mathrm{h}a} = (w\xi_\mathrm{p})\frac{2}{\pi}\tau_\mathrm{p}l_\mathrm{i}\frac{3}{2}\frac{4}{\pi}\frac{(w\xi_\mathrm{p})}{2p}C_\mathrm{adp}i_a.$$

Daraus folgt der ungesättigte Wert der Hauptinduktivität der dreisträngigen Wicklung bei Übereinstimmung der Achse des Bezugsstrangs mit der Längsachse des Polsystems als

$$L_\mathrm{hd} = \frac{3}{2}\frac{\mu_0}{\delta_\mathrm{i}}\frac{2}{\pi}\tau_\mathrm{p}l_\mathrm{i}\frac{4}{\pi}\frac{(w\xi_\mathrm{p})^2}{2p}C_\mathrm{adp} = L_\mathrm{h}C_\mathrm{adp}. \tag{8.1.46a}$$

In der Querstellung des Polsystems zur Achse des Bezugsstrangs tritt an die Stelle des Polformkoeffizienten C_adp der Polformkoeffizient C_aqp, und man erhält als ungesättigten Wert der Hauptinduktivität der dreisträngigen Wicklung bei Übereinstimmung der Achse des Bezugsstrangs mit der Querachse des Polsystems unmittelbar

$$L_\mathrm{hq} = \frac{3}{2}\frac{\mu_0}{\delta_\mathrm{i}}\frac{2}{\pi}\tau_\mathrm{p}l_\mathrm{i}\frac{4}{\pi}\frac{(w\xi_\mathrm{p})^2}{2p}C_\mathrm{aqp} = L_\mathrm{h}C_\mathrm{aqp}. \tag{8.1.46b}$$

Analog gilt für die Reaktanzen

$$X_\mathrm{hd} = X_\mathrm{h}C_\mathrm{adp} \tag{8.1.47a}$$

$$X_\mathrm{hq} = X_\mathrm{h}C_\mathrm{aqp} \tag{8.1.47b}$$

mit X_h nach (8.1.43b). Dabei konnten im Fall der dreisträngigen Wicklung Beziehungen für die Hauptinduktivitäten gewonnen werden, ohne dass Einschränkungen über den Betriebszustand gemacht werden mussten. Es wurde zwar die Einschränkung gemacht, dass der Nullleiter entsprechend $i_a + i_b + i_c = 0$ keinen Strom führt; eine eingehende Analyse der Verkettungsverhältnisse in Maschinen mit symmetrischen dreisträngigen Wicklungen zeigt aber, dass ein endlicher Strom im Nullleiter keinen Einfluss auf die Hauptwelle des Luftspaltfelds nimmt, so dass auch dann die ermittelten Hauptinduktivitäten in Erscheinung treten.

Die Hauptinduktivität und die Hauptreaktanz, die der Verkettung einer symmetrischen dreisträngigen Ständerwicklung mit einem Wicklungsstrang auf dem Läufer bei konstantem Luftspalt zugeordnet sind, erhält man unmittelbar ausgehend von (8.1.44c). Die Amplitude der resultierenden Durchflutungshauptwelle des Ständers liefert mit $(w\xi_\mathrm{p}) = (w\xi_\mathrm{p})_1$ als Amplitude der zugeordneten Flussdichtehauptwelle

$$\hat{B}_\mathrm{p} = \frac{\mu_0}{\delta_\mathrm{i}} \frac{3}{2} \frac{4}{\pi} \frac{(w\xi_\mathrm{p})_1}{2p} i_{1a}.$$

Mit dieser Flussdichteverteilung besitzt der Bezugsstrang des Läufers, wenn seine Achse mit dem Maximum der Flussdichteverteilung zusammenfällt, entsprechend (8.1.26) die Flussverkettung

$$\psi_{\mathrm{h}2a} = (w\xi_\mathrm{p})_2 \frac{2}{\pi} \tau_\mathrm{p} l_\mathrm{i} \frac{\mu_0}{\delta_\mathrm{i}} \frac{3}{2} \frac{4}{\pi} \frac{(w\xi_\mathrm{p})_1}{2p} \xi_{\mathrm{schr,p}} i_{1a} = L_{\mathrm{h}12} i_{1a}. \tag{8.1.48}$$

Es ist also mit (8.1.43a)

$$L_{\mathrm{h}12} = L_\mathrm{h} \frac{(w\xi_\mathrm{p})_2}{(w\xi_\mathrm{p})_1} \xi_{\mathrm{schr,p}} \tag{8.1.49a}$$

bzw. $$X_{\mathrm{h}12} = X_\mathrm{h} \frac{(w\xi_\mathrm{p})_2}{(w\xi_\mathrm{p})_1} \xi_{\mathrm{schr,p}}. \tag{8.1.49b}$$

Die Angabe der Hauptinduktitäten und Hauptreaktanzen erfolgt gewöhnlich als die einem Strang der in Sternschaltung gedachten Maschine zugeordneten Werte. Das ist üblich, da die tatsächliche Schaltung der Maschine bei Messungen gar nicht bekannt sein muss und da andererseits im Zusammenhang mit Netzberechnungen die der Sternschaltung zugeordneten Reaktanzen benötigt werden, um sie unmittelbar mit den Reaktanzen der Leitungen und Transformatoren verbinden zu können. Wenn die Maschine tatsächlich in Dreieckschaltung mit der effektiven Windungszahl $(w\xi_\mathrm{p})_\triangle$ ausgeführt ist, erhält man die effektive Windungszahl der in Sternschaltung gedachten Maschine zu

$$(w\xi_\mathrm{p})_\curlywedge = \frac{1}{\sqrt{3}} (w\xi_\mathrm{p})_\triangle. \tag{8.1.50}$$

In den Beziehungen für die Hauptinduktivitäten erscheint als charakteristisches Geometrieverhältnis das Verhältnis von Polteilung zu ideellem Luftspalt. Davon ausgehend ist es z. T. üblich, einen relativen Hauptleitwert

$$\lambda_\mathrm{h} = \frac{3}{\pi^2} \frac{\tau_\mathrm{p}}{\delta_\mathrm{i}} \tag{8.1.51}$$

einzuführen. Damit geht (8.1.45) über in

$$L_{\mathrm{h}} = 2\mu_0 l_{\mathrm{i}} \frac{(w\xi_{\mathrm{p}})^2}{p} \lambda_{\mathrm{h}} \tag{8.1.52a}$$

bzw. (8.1.46a) im Fall ausgeprägter Pole im gegenüberliegenden Hauptelement bei Längsstellung in

$$L_{\mathrm{hd}} = 2\mu_0 l_{\mathrm{i}} \frac{(w\xi_{\mathrm{p}})^2}{p} \lambda_{\mathrm{h}} C_{\mathrm{adp}} \tag{8.1.52b}$$

und (8.1.46b) im Fall ausgeprägter Pole im gegenüberliegenden Hauptelement bei Querstellung in

$$L_{\mathrm{hq}} = 2\mu_0 l_{\mathrm{i}} \frac{(w\xi_{\mathrm{p}})^2}{p} \lambda_{\mathrm{h}} C_{\mathrm{aqp}}. \tag{8.1.52c}$$

b) Hauptreaktanzen von Wicklungen mit anderen Strangzahlen

Bei zweisträngigen Wicklungen, wie sie vor allem bei Einphasen-Induktionsmaschinen mit Haupt- und Hilfsstrang auftreten, sind die Strangachsen um eine halbe Polteilung gegeneinander versetzt, d. h. im Koordinatensystem γ um $\pi/2$. Folglich findet keine Verkettung zwischen den Wicklungssträngen über die Hauptwelle des Luftspaltfelds statt, wenn das gegenüberliegende Hauptelement keine ausgeprägten Pole besitzt. Damit wird die Einführung einer Hauptinduktivität bzw. Hauptreaktanz, die das Zusammenwirken aller Strangströme erfasst, gegenstandslos. Die Hauptinduktivität entspricht der der Hauptwelle zugeordneten Selbstinduktivität eines Strangs entsprechend $L_{\mathrm{h}} = L_{\mathrm{h\,str}}$.

Bei symmetrischen mehrsträngigen Wicklungen mit ungerader Strangzahl m, zu denen die bereits ausführlich betrachtete dreisträngige Wicklung als wichtiger Sonderfall gehört, sind die Stränge im Koordinatensystem γ allgemein um $\Delta\gamma_{\mathrm{m}jk} = 2\pi/m$ gegeneinander versetzt. Um eine Hauptreaktanz auch für $m > 3$ allgemein, d. h. bei beliebigen Augenblickswerten der Strangströme, zu ermitteln, stößt der Versuch eines analogen Vorgehens wie im Unterabschnitt a für die dreisträngige Anordnung auf Schwierigkeiten, da außer der an den Nullleiterstrom angebundenen Beziehung $\sum i_k = 0$ weitere Bedingungen an die Augenblickswerte der Strangströme erfüllt sein müssen. Dagegen lässt sich für den Sonderfall des stationären Betriebszustands mit einem symmetrischen Mehrphasensystem der Strangströme eine Hauptreaktanz einführen, wie im Folgenden gezeigt wird.

Die Strangströme sind bei gleicher Amplitude um den Winkel $2\pi/m$ gegeneinander phasenverschoben. Damit liefert ein Strang k als Beitrag zur resultierenden Durchflutungshauptwelle mit (8.1.24)

$$\begin{aligned}\Theta_{k\mathrm{p}} &= \frac{4}{\pi}\frac{(w\xi_{\mathrm{p}})}{2p}\hat{i}\cos\left(\omega t - k\frac{2\pi}{m}\right)\cos\left(\gamma - k\frac{2\pi}{m}\right)\\ &= \frac{1}{2}\frac{4}{\pi}\frac{(w\xi_{\mathrm{p}})}{2p}\hat{i}\left[\cos(\gamma - \omega t) + \cos\left(\gamma + \omega t - k\frac{4\pi}{m}\right)\right].\end{aligned} \tag{8.1.53}$$

Man erhält eine positiv und eine negativ umlaufende Durchflutungshauptwelle. Bei der Überlagerung der Durchflutungshauptwellen aller Stränge löschen sich die negativ umlaufenden gegeneinander aus, und man erhält als resultierende Durchflutungshauptwelle

$$\Theta_\mathrm{p} = \frac{m}{2}\frac{4}{\pi}\frac{(w\xi_\mathrm{p})}{2p}\hat{i}\cos(\gamma - \omega t), \tag{8.1.54}$$

d. h. in der Achse des Bezugsstrangs a wirkt eine Durchflutungshauptwelle mit der räumlichen und zeitlichen Amplitude

$$\hat{\Theta}_\mathrm{p} = \frac{m}{2}\frac{4}{\pi}\frac{(w\xi_\mathrm{p})}{2p}\hat{i}$$

und ruft bei konstantem Luftspalt, d. h. wenn das gegenüberliegende Hauptelement keine ausgeprägten Pole besitzt, entsprechend (8.1.29b) die Flussdichteamplitude

$$\hat{B}_\mathrm{p} = \frac{m}{2}\frac{\mu_0}{\delta_\mathrm{i}}\frac{4}{\pi}\frac{(w\xi_\mathrm{p})}{2p}\hat{i} \tag{8.1.55}$$

hervor. Damit erhält man mit (8.1.28) für die Amplitude der Flussverkettung des Bezugsstrangs a

$$\hat{\psi}_\mathrm{h} = (w\xi_\mathrm{p})\frac{2}{\pi}\tau_\mathrm{p} l_\mathrm{i}\frac{\mu_0}{\delta_\mathrm{i}}\frac{m}{2}\frac{4}{\pi}\frac{(w\xi_\mathrm{p})}{2p}\hat{i}. \tag{8.1.56}$$

Als ungesättigter Wert der Hauptreaktanz tritt also

$$X_\mathrm{h} = \omega\frac{m}{2}\frac{\mu_0}{\delta_\mathrm{i}}\frac{2}{\pi}\tau_\mathrm{p} l_\mathrm{i}\frac{4}{\pi}\frac{(w\xi_\mathrm{p})^2}{2p} \tag{8.1.57}$$

in Erscheinung, d. h. durchaus eine Verallgemeinerung der Hauptreaktanz der symmetrischen dreisträngigen Wicklung nach (8.1.43b), die selbst den Fall $m = 2$ mit einschließt. Wenn das gegenüberliegende Hauptelement ausgeprägte Pole trägt, tritt bei Übereinstimmung der Achse der resultierenden Durchflutungshauptwelle mit der Polachse in (8.1.55) analog zu (8.1.36) der Polformkoeffizient C_adp auf und bei Übereinstimmung mit der Symmetrieachse der Pollücke der Polformkoeffizient C_aqp. Damit gelten für die zugeordneten Reaktanzen weiterhin die Beziehungen (8.1.47a) und (8.1.47b).

Der relative Hauptleitwert, der für die dreisträngige Wicklung als (8.1.51) eingeführt wurde, geht für die m-strängige Wicklung in

$$\lambda_\mathrm{h} = \frac{m}{\pi^2}\frac{\tau_\mathrm{p}}{\delta_\mathrm{i}} \tag{8.1.58}$$

über. Damit gilt (8.1.52a) allgemein für eine m-strängige Wicklung, wenn ein konstanter Luftspalt vorliegt, und für den Fall ausgeprägter Pole im gegenüberliegenden Hauptelement gilt bei Längsstellung (8.1.52b) und bei Querstellung (8.1.52c).

c) Bezogene Hauptinduktivitäten und Hauptreaktanzen dreisträngiger Wicklungen

Die bezogenen Hauptinduktivitäten und Hauptreaktanzen wurden im Abschnitt 8.1.1, Seite 477, als (8.1.6) mit (8.1.7) eingeführt. Dabei ist zunächst noch nichts über die Bezugsgröße X_bez ausgesagt worden. Diese wird in Übereinstimmung damit, dass man die physikalische Größe einer Hauptinduktivität bzw. Hauptreaktanz einem Strang der gedachten Sternschaltung der Maschine zugeordnet versteht, festgelegt als

$$X_\mathrm{bez} = \frac{U_\mathrm{N}}{\sqrt{3}I_\mathrm{N}}, \tag{8.1.59}$$

d. h. als das Verhältnis der Bemessungswerte der Leiter-Erde-Spannung $U_\mathrm{N}/\sqrt{3}$ und des Außenleiterstroms I_N. Im Fall einer Sternschaltung lässt sich der Bemessungswert der Leiter-Erde-Spannung und damit der Strangspannung über (1.2.93), Seite 105, und (2.3.11), Seite 173, ausdrücken als

$$\frac{U_\mathrm{N}}{\sqrt{3}} \approx E_\mathrm{h} = \frac{1}{\sqrt{2}}\omega(w\xi_\mathrm{p})\frac{2}{\pi}\tau_\mathrm{p} l_\mathrm{i}\hat{B}_\mathrm{p}, \tag{8.1.60}$$

wobei $\hat{B}_\mathrm{p}$ die Amplitude der Flussdichtehauptwelle ist, die im Leerlauf die Spannung E_h induziert und die sich unwesentlich von der resultierenden Leiter-Erde-Spannung im Bemessungsbetrieb unterscheidet.

Andererseits kann der Bemessungsstrom I_N durch den *effektiven Strombelag* A im Bemessungsbetrieb ausgedrückt werden. Für diesen gilt nach (9.1.23c), Seite 540,

$$A = \frac{3\cdot 2wI_\mathrm{N}}{D\pi} = \frac{3wI_\mathrm{N}}{p\tau_\mathrm{p}}, \tag{8.1.61}$$

d. h. es ist

$$I_\mathrm{N} = \frac{p\tau_\mathrm{p}}{3w}A. \tag{8.1.62}$$

Damit erhält man für den bezogenen Wert der Hauptreaktanz im Fall eines konstanten Luftspalts ausgehend von (8.1.43b)

$$x_\mathrm{h} = \frac{X_\mathrm{h}}{X_\mathrm{bez}} = \frac{X_\mathrm{h}}{\dfrac{U_\mathrm{N}}{\sqrt{3}I_\mathrm{N}}} = \frac{\sqrt{2}}{\pi}\mu_0\xi_\mathrm{p}\frac{\tau_\mathrm{p}}{\delta_\mathrm{i}}\frac{A}{\hat{B}_\mathrm{p}}. \tag{8.1.63a}$$

Durch Einführen des relativen Leitwerts λ_h nach (8.1.51) geht (8.1.63a) über in

$$x_\mathrm{h} = \frac{\sqrt{2}\pi}{3}\mu_0\xi_\mathrm{p}\lambda_\mathrm{h}\frac{A}{\hat{B}_\mathrm{p}}. \tag{8.1.63b}$$

Wenn das gegenüberliegende Hauptelement ausgeprägte Pole besitzt, erhält man bei Längsstellung des Polsystems, d. h. wenn seine Längsachse mit der Achse des Bezugsstrangs übereinstimmt, ausgehend von (8.1.47a)

$$x_\mathrm{hd} = x_\mathrm{h}C_\mathrm{adp} \tag{8.1.64}$$

und bei Querstellung des Polsystems ausgehend von (8.1.47b)

$$x_\mathrm{hq} = x_\mathrm{h}C_\mathrm{aqp}. \tag{8.1.65}$$

Man erkennt, dass die bezogenen Werte der Hauptreaktanzen von den geometrischen Größen her durch das Verhältnis $\tau_\mathrm{p}/\delta_\mathrm{i}$ und von der elektromagnetischen Dimensionierung her durch das Verhältnis $A/\hat{B}_\mathrm{p}$ bestimmt werden.

Am Rande sei vermerkt, dass sich der relative Magnetisierungsstrom $i_\mu = I_\mu/I_\mathrm{N}$ der Dreiphasen-Induktionsmaschine bei (gedachter) Sternschaltung mit $I_\mu \approx U_\mathrm{N}/(\sqrt{3}X_\mathrm{h})$ unter Beachtung von (8.1.63a) zu

$$i_\mu \approx \frac{U_\mathrm{N}}{\sqrt{3}X_\mathrm{h}}\frac{1}{I_\mathrm{N}} = \frac{1}{x_\mathrm{h}} \tag{8.1.66}$$

ergibt, d. h. der relative Magnetisierungsstrom entspricht ungefähr dem Kehrwert der bezogenen Hauptreaktanz.

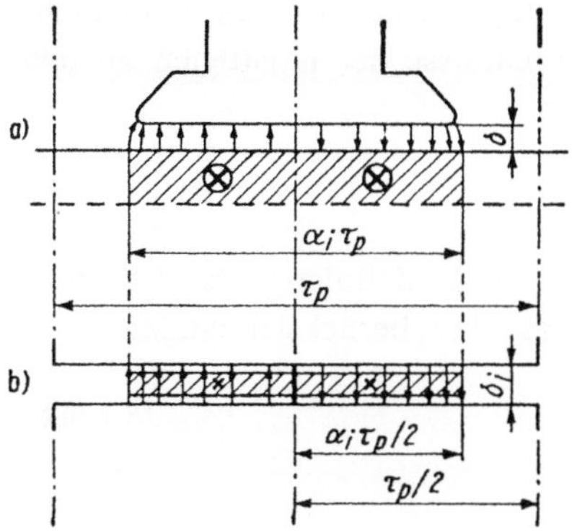

Bild 8.1.3 Zur Berechnung der Hauptinduktivität einer Kommutatorwicklung. a) Luftspaltfeld der Kommutatorwicklung; b) äquivalentes Nutstreufeld

8.1.2.4 Dem gesamten Luftspaltfeld zugeordnete Induktivität einer Kommutatorwicklung

Wenn man nach Bild 8.1.3 den Luftspalt unter einem Pol als zwei Ersatznuten der Höhe $\alpha_i\tau_p/2$ und der Breite δ_i auffasst, entspricht die Flussverkettung einer Kommutatorwicklung mit ihrem eigenen Luftspaltfeld bei $2p$ Bürsten und Vernachlässigung des Pollückenstreufelds dem Fall der Nutstreuflussverkettung einer in Nuten untergebrachten einsträngigen Wicklung mit $q = 2$ Nuten je Pol und Strang. Die effektive Strangwindungszahl ist $\alpha_i w = \alpha_i w_a/2a = \alpha_i z_a/4a$, da sich nur der Anteil α_i der w Windungen nach (1.3.26), Seite 139, im Bereich der Pole befindet. Die Beziehung (3.7.6), Seite 288, angewendet auf die Verkettung der Kommutatorwicklung mit dem gesamten Luftspaltfeld, ergibt schließlich

$$\psi_{\delta a} = 2\mu_0 l_i \frac{(w\alpha_i)^2}{qp} i\lambda_{\delta a}$$

mit dem relativen Leitwert entsprechend (3.5.21a), Seite 276,

$$\lambda_{\delta a} = \frac{h_L}{3b} = \frac{\tau_p\alpha_i}{6\delta_i}.$$

Setzt man diesen relativen Leitwert und $q = 2$ in die Beziehung $L_{\delta a} = \psi_{\delta a}/i$ ein, so erhält man den ungesättigten Wert der dem gesamten Luftspaltfeld zugeordneten Induktivität einer einsträngigen Kommutatorwicklung zu

$$\boxed{L_{\delta a} = 2\mu_0(w\alpha_i)^2 l_i \frac{1}{p}\frac{\tau_p\alpha_i}{12\delta_i}}. \tag{8.1.67}$$

8.1.2.5 Berücksichtigung von Sättigungserscheinungen

Die in den Abschnitten 8.1.2.1 bis 8.1.2.4 betrachteten Induktivitäten und Reaktanzen nennt man auch ungesättigte Induktivitäten bzw. Reaktanzen, da sie für den Fall linearer magnetischer Verhältnisse gelten. Die Einführung sog. *gesättigter Induktivitäten* bzw. *gesättigter Reaktanzen* hat nur Sinn für einen bestimmten Betriebspunkt mit definiertem Sättigungszustand, d. h. wenn die Abschnitte des magnetischen Kreises der Maschine mit bestimmten maximalen Flussdichten beansprucht werden. Bei Berücksichtigung der Sättigung darf man als ersten Einfluss in der Beziehung $\Theta = V_\delta + V_{Fe}$ den magnetischen Spannungsabfall V_{Fe}

über den ferromagnetischen Abschnitten des magnetischen Kreises nicht mehr vernachlässigen. Damit ergibt sich für die Verhältnisse der gesättigten zu den ungesättigten Induktivitäten

$$\frac{L_{\text{ges}}}{L} = \frac{V_\delta}{V_\delta + V_{\text{Fe}}} = \frac{\delta_{\text{i}} B_{\text{max}}}{\mu_0 \Theta} . \tag{8.1.68a}$$

In der Literatur ist es üblich, einen Ersatzluftspalt δ_{i}'' zu definieren, der den ferromagnetischen Anteil des magnetischen Spannungsabfalls berücksichtigt. Mit

$$\frac{\delta_{\text{i}}''}{\delta_{\text{i}}} = \frac{V_\delta + V_{\text{Fe}}}{V_\delta} = \frac{L}{L_{\text{ges}}} \tag{8.1.68b}$$

wird dieser Ersatzluftspalt

$$\boxed{\delta_{\text{i}}'' = \left(1 + \frac{V_{\text{Fe}}}{V_\delta}\right)\delta_{\text{i}} = \frac{\mu_0 \Theta}{B_{\text{max}}}} , \tag{8.1.69}$$

und man erhält für die gesättigten Induktivitäten bzw. Reaktanzen

$$\boxed{L_{\text{ges}} = L\frac{\delta_{\text{i}}}{\delta_{\text{i}}''} \quad \text{bzw.} \quad X_{\text{ges}} = X\frac{\delta_{\text{i}}}{\delta_{\text{i}}''}} . \tag{8.1.70}$$

Demnach ergeben sich die gesättigten Induktivitäten bzw. Reaktanzen, wenn man in den entsprechenden Beziehungen den ideellen Luftspalt δ_{i} durch den Ersatzluftspalt δ_{i}'' ersetzt. Ein zweiter Einfluss der Sättigungserscheinungen auf die dem gesamten Luftspaltfeld zugeordnete Induktivität und die Hauptinduktivitäten bzw. die entsprechenden Reaktanzen ist durch die Änderung der Form des Luftspaltfelds gegeben. Unter dem Einfluss der magnetischen Spannungsabfälle in den Zähnen kommt es zu einer Abplattung der Feldkurve, die durch den bereits im Abschnitt 2.5.4, Seite 210, eingeführten Abplattungsfaktor $\alpha_{\text{p}} = B_{\text{max}}/B_{\text{m}}$ beschrieben wird, der im ungesättigten Zustand der Maschine $\pi/2$ beträgt und mit zunehmender Sättigung kleiner wird. Unter der Annahme, dass der Fluss dabei praktisch unverändert bleibt, wird

$$\frac{B_{\text{max}}}{\alpha_{\text{p}}} = B_{\text{m}} \approx \frac{2}{\pi}\hat{B}_{\text{p}} ,$$

und damit tritt unter dem Einfluss der Sättigung

$$\hat{B}_{\text{p}} = \frac{\pi}{2}\frac{1}{\alpha_{\text{p}}}B_{\text{max}} = \frac{\mu_0}{\delta_{\text{i}}''}\frac{\pi}{2}\frac{1}{\alpha_{\text{p}}}\hat{\Theta}_{\text{p}} = \frac{\mu_0}{\delta_{\text{i}}}\frac{\delta_{\text{i}}}{\delta_{\text{i}}''}\frac{\pi}{2}\frac{1}{\alpha_{\text{p}}}\hat{\Theta}_{\text{p}} \tag{8.1.71}$$

an die Stelle von $\hat{B}_{\text{p}} = B_{\text{max}} = \hat{\Theta}_{\text{p}}\mu_0/\delta_{\text{i}}$ im ungesättigten Fall. Alle Hauptinduktivitäten und Hauptreaktanzen sind also bei Maschinen mit konstantem Luftspalt unter Berücksichtigung der Abplattung zusätzlich mit dem Faktor $\pi/(2\alpha_{\text{p}})$ zu multiplizieren.

Bei Maschinen mit ausgeprägten Polen im gegenüberliegenden Hauptelement werden die Polformkoeffizienten C_{adp} und C_{aqp} in (8.1.47a) und (8.1.47b) durch die Sättigung beeinflusst (s. Bild 2.7.13, S. 242).

8.1.3 Streuinduktivitäten und Streureaktanzen

Entsprechend der allgemeinen Definition der Induktivität stellt eine Streuinduktivität den Proportionalitätsfaktor zwischen der Streuflussverkettung einer Wicklung

j und dem das Streufeld aufbauenden Strom in einer Wicklung k dar. Man erhält die Streuinduktivität dementsprechend über die allgemeine Beziehung (8.1.2), Seite 478. Das prinzipielle Vorgehen zur Berechnung von Streuflussverkettungen wurde bereits im Abschnitt 3.5.2, Seite 274, dargelegt. Auf dieser Grundlage entstanden im Abschnitt 3.7, Seite 284, Beziehungen für die Streuflussverkettungen mit den einzelnen Teilstreufeldern, auf die im Folgenden zurückgegriffen wird.

8.1.3.1 Komponenten der Gesamtstreuinduktivität bzw. -reaktanz von Wicklungen mit ausgebildeten Strängen

a) Nut- und Zahnkopfstreuung

Die Beziehungen für die Streuflussverkettung mit den Teilstreufeldern im Nut- und Zahnkopfraum wurden im Abschnitt 3.7.1, Seite 284, entwickelt. Von ihnen ausgehend erhält man die zugeordneten Streuinduktivitäten L_σ. Die Streureaktanzen sind diesen stets als

$$X_\sigma = \omega L_\sigma \tag{8.1.72}$$

zugeordnet.

- Ein Strang einer *Einschichtwicklung* besitzt die Streuflussverkettung der Nut- und Zahnkopfstreuung nach (3.7.6), Seite 288, und damit erhält man als zugeordnete Streuinduktivität

$$L_{\sigma\mathrm{nz}} = \frac{\psi_{\sigma\mathrm{nz}}}{i} = 2\mu_0 \frac{w^2}{p} l_\mathrm{i} \frac{\lambda_\mathrm{nz}}{q} \tag{8.1.73}$$

  mit $\lambda_\mathrm{nz} = \lambda_\mathrm{nzs} = \lambda_\mathrm{ns} + \lambda_\mathrm{z}$ nach (3.7.2a) und λ_z nach Bild 3.7.2, Seite 285.
- Ein Strang einer *Zweischichtwicklung* besitzt im allgemeinen Fall einen selbstinduktiven Anteil der Streuflussverkettung aufgrund des eigenen Nut- und Zahnkopfstreufelds und einen gegeninduktiven Anteil aufgrund des Nut- und Zahnkopfstreufelds der anderen beiden Stränge. Der selbstinduktive Anteil ist allgemein durch (3.7.7) gegeben und führt auf eine Streuinduktivität $L_{\sigma\mathrm{nzs}}$ und der gegeninduktive nach (3.7.9) auf $L_{\sigma\mathrm{nzg}}$. Dabei geht in diese Streuinduktivitäten die zunächst beliebige Zuordnung der Spulenseiten zu den Strängen ein. Die Streuflussverkettung mit dem Nut- und Zahnkopfstreufeld des Bezugsstrangs a ergibt sich dann unter Berücksichtigung der Beiträge der anderen beiden Stränge einer dreisträngigen Wicklung zu

$$\psi_{\sigma a\mathrm{nz}} = L_{\sigma\mathrm{nzs}} i_a + L_{\sigma\mathrm{nzg}}(i_b + i_c), \tag{8.1.74}$$

  und man erhält, wenn kein Nullleiterstrom wirksam wird, mit $i_a + i_b + i_c = 0$

$$\psi_{\sigma a\mathrm{nz}} = (L_{\sigma\mathrm{nzs}} - L_{\sigma\mathrm{nzg}}) i_a = L_{\sigma\mathrm{nz}} i_a \tag{8.1.75}$$

  mit $$L_{\sigma\mathrm{nz}} = L_{\sigma\mathrm{nzs}} - L_{\sigma\mathrm{nzg}}. \tag{8.1.76}$$

  Wenn eine symmetrische dreisträngige oder zweisträngige Wicklung vorliegt, ist die Zuordnung der Spulenseiten zu den Strängen allein durch den Grad der Sehnung, d. h. durch das Verhältnis $y/y_\varnothing = W/\tau_\mathrm{p}$ von Spulenweite zu Polteilung abhängig. Man erhält die Streuinduktivität eines Strangs dann ausgehend von (3.7.15) zu

$$L_{\sigma\mathrm{nz}} = 2\mu_0 l_\mathrm{i} \frac{w^2}{p} \frac{\lambda_\mathrm{nz}}{q} \tag{8.1.77}$$

mit λ_nz nach (3.7.16) und den darin auftretenden Hilfsfaktoren k_1 und k_2 nach Bild 3.7.7, Seite 291.
Im Sonderfall einer *Zweischicht-Zahnspulenwicklung* tritt, wie im Unterabschnitt 3.7.1g, Seite 292, erläutert, (3.7.22d) an die Stelle von (3.7.15), und man erhält

$$L_{\sigma\mathrm{nz}} = 2\mu_0 l_\mathrm{i} \frac{w^2}{p} \frac{\lambda_\mathrm{nz}}{4q} (a_\mathrm{v} + 3) \tag{8.1.78}$$

mit λ_nz nach (3.7.20) und dem aus dem Wicklungsentwurf folgenden Anteil a_v der Nuten, in denen beide Spulenseiten zu demselben Strang gehören.

b) Wicklungskopfstreuung

Die Beziehung für die Streuflussverkettung mit dem Teilstreufeld im Wicklungskopfraum wurde im Abschnitt 3.7.2, Seite 293, entwickelt. Die Streuflussverkettung eines Strangs ist demnach gegeben als (3.7.27). Davon ausgehend erhält man für die zugeordnete Streuinduktivität

$$L_{\sigma\mathrm{w}} = 2\mu_0 l_\mathrm{i} \frac{w^2}{p} \lambda_\mathrm{w}. \tag{8.1.79}$$

Dabei ist λ_w im Fall von Einschichtwicklungen und Zweischichtwicklungen mit doppelter Zonenbreite durch

$$\lambda_\mathrm{w} = \lambda_\mathrm{ws} \frac{l_\mathrm{w}}{l_\mathrm{i}} \tag{8.1.80}$$

und im Fall von Einschichtwicklungen mit geteilten Spulengruppen und normalen Zweischichtwicklungen mit einfacher Zonenbreite durch

$$\lambda_\mathrm{w} = \lambda_\mathrm{ws} \frac{l_\mathrm{w}}{2 l_\mathrm{i}} \tag{8.1.81}$$

gegeben mit der Wicklungskopflänge l_w und Anhaltswerten für den relativen Streuleitwert der Wicklungskopfstreuung nach Tabelle 3.7.2, Seite 295.

c) Oberwellenstreuung

Die Oberwellenstreuung tritt entsprechend den Betrachtungen im Abschnitt 3.7.3, Seite 296, nach (3.4.30) als Anteil der Spaltstreuung in Erscheinung, der den Wicklungen auf den beiden Hauptelementen getrennt zugeordnet werden kann, wenn das Prinzip der Hauptwellenverkettung als wirksam angesehen wird. Davon ausgehend wurde im Abschnitt 3.7.3 eine Beziehung für die Flussverkettung eines Strangs mit den Oberwellenfeldern entwickelt. In diesem Zusammenhang ist bereits als (3.7.39a) für die zugeordnete Streuinduktivität eines Strangs mit der Hauptinduktivität L_h

$$L_{\sigma\mathrm{o}} = \sigma_\mathrm{o} L_\mathrm{h} \tag{8.1.82a}$$

eingeführt worden. Daraus folgt durch Einführung der Hauptinduktivität nach (8.1.52a)

$$L_{\sigma o} = 2\mu_0 l_i \frac{w^2}{p} \sigma_o \lambda_h \xi_p^2. \tag{8.1.82b}$$

Dabei ist der Streukoeffizient der Oberwellenstreuung eines Wicklungsstrangs mit den Oberwellenfeldern, die von sämtlichen Strängen des betrachteten Hauptelements aufgebaut werden, allgemein durch (3.7.35) bzw. durch die Diagramme im Bild 3.7.12, Seite 300, gegeben.

Der Streukoeffizient der Oberwellenstreuung eines Käfigläufers wird nach (3.7.36d) ermittelt. Die Hauptinduktivität ist in diesem Fall durch die dem Käfig zugeordnete mehrsträngige Wicklung gegeben.

d) Schrägungsstreuung

Die Schrägungsstreuung tritt entsprechend den Betrachtungen im Abschnitt 3.7.3, Seite 296, nach (3.4.30) als Anteil der Spaltstreuung in Erscheinung, wenn das Prinzip der Hauptwellenverkettung als wirksam angesehen wird. Im Abschnitt 3.7.3 ist der zugeordnete Beitrag zur Gesamtstreuinduktivität, die man von einem Strang mit der Hauptinduktivität L_h aus beobachtet, bereits entsprechend (3.4.30) als

$$L_{\sigma \text{schr}} = (1 - \xi_{\text{schr,p}}^2) L_h = \sigma_{\text{schr}} L_h \tag{8.1.83a}$$

eingeführt worden. Daraus folgt durch Einführung der Hauptinduktivität nach (8.1.52a)

$$L_{\sigma \text{schr}} = 2\mu_0 l_i \frac{w^2}{p} \sigma_{\text{schr}} \lambda_h \xi_p^2 \tag{8.1.83b}$$

mit dem *Streukoeffizienten der Schrägungsstreuung*

$$\sigma_{\text{schr}} = 1 - \xi_{\text{schr,p}}^2. \tag{8.1.84}$$

Für den Schrägungsfaktor der Hauptwelle gilt nach (1.2.103), Seite 110,

$$\xi_{\text{schr,p}} = \frac{\sin \frac{p\varepsilon'}{2}}{\frac{p\varepsilon'}{2}} \approx 1 - \frac{(p\varepsilon')^2}{24}, \tag{8.1.85}$$

wobei ε' der Schrägungswinkel ist, der sich mit Bild 8.1.4 als

$$\varepsilon' = \frac{\pi}{p\tau_p} \tau_{\text{schr}} = \frac{2\tau_{\text{schr}}}{D} \tag{8.1.86}$$

ergibt. Damit erhält man für den Streukoeffizienten der Schrägungsstreuung ausgehend von (8.1.84) mit (8.1.85)

$$\sigma_{\text{schr}} = 1 - \left(\frac{\sin \frac{p\varepsilon'}{2}}{\frac{p\varepsilon'}{2}} \right)^2 \approx \frac{(p\varepsilon')^2}{12} \approx 0{,}82 \left(\frac{\tau_{\text{schr}}}{\tau_p} \right)^2. \tag{8.1.87}$$

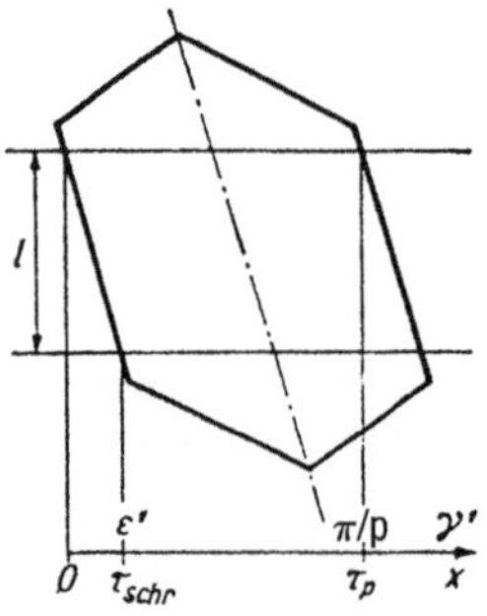

Bild 8.1.4 Zur Bestimmung des Streukoeffizienten der Schrägungsstreuung

e) Einheitliche und bezogene Form der Beziehungen für die Streuinduktivitäten und die Streureaktanzen

Die im vorliegenden Abschnitt entwickelten Beziehungen für die Streuinduktivitäten lassen sich auf die einheitliche Form

$$L_\sigma = 2\mu_0 l_i \frac{w^2}{p} \lambda_\sigma \tag{8.1.88a}$$

bringen, wobei die Abhängigkeiten für den allgemeinen relativen Streuleitwert λ_σ entsprechend (8.1.73), (8.1.77), (8.1.79), (8.1.82b) und (8.1.83b) in Tabelle 8.1.1 zusammengefasst sind. Für die Streureaktanzen folgt aus (8.1.88a)

$$X_\sigma = 2\omega\mu_0 l_i \frac{w^2}{p} \lambda_\sigma. \tag{8.1.88b}$$

Analog zum Vorgehen bezüglich der Hauptinduktivitäten bzw. Hauptreaktanzen im Unterabschnitt 8.1.2.3c lassen sich bezogene Streuinduktivitäten bzw. Streureaktanzen als

$$x_\sigma = \frac{X_\sigma}{X_{\text{bez}}} = \frac{X_\sigma}{\frac{U_\text{N}}{\sqrt{3}I_\text{N}}} = \frac{L_\sigma}{\frac{U_\text{N}}{\sqrt{3}I_\text{N}\omega_\text{N}}} \tag{8.1.89}$$

einführen, wobei L_σ bzw. X_σ im Fall der Dreieckschaltung mit der effektiven Windungszahl der gedachten Sternschaltung $(w\xi_\text{p})_\curlywedge$ nach (8.1.50) berechnet werden

Tabelle 8.1.1 Abhängigkeiten für den allgemeinen relativen Streuleitwert

Streuungskomponente	$\boldsymbol{\lambda_\sigma =}$
Nut- und Zahnkopfstreuung (Normalfall)	$\frac{\lambda_\text{nz}}{q}$
Nut- und Zahnkopfstreuung bei Zweischicht-Zahnspulenwicklungen	$\frac{\lambda_\text{nz}}{4q}(a_\text{v}+3)$
Wicklungskopfstreuung	λ_w
Oberwellenstreuung	$\sigma_\text{o}\lambda_\text{h}\xi_\text{p}^2$
Schrägungsstreuung	$\sigma_\text{schr}\lambda_\text{h}\xi_\text{p}^2$

muss. Mit $U_N/\sqrt{3}$ nach (8.1.60) und I_N nach (8.1.62) erhält man

$$x_\sigma = \frac{\omega_N L_\sigma}{X_{bez}} = \frac{\sqrt{2}\pi}{3}\mu_0 \frac{1}{\xi_p}\lambda_\sigma \frac{A}{\hat{B}_p}. \tag{8.1.90}$$

Ein Vergleich von (8.1.90) mit der Beziehung (8.1.63b) für die bezogene Hauptreaktanz zeigt, dass für die bezogenen Streureaktanzen eine ähnliche Abhängigkeit besteht. Sie wird einerseits durch den relativen Streuleitwert als von der geometrischen Dimensionierung der Maschine herrührender Größe und andererseits wiederum durch das Verhältnis $A/\hat{B}_p$ bestimmt, das durch die elektromagnetische Bemessung festgelegt wird.

Wenn X_σ die Gesamtstreureaktanz eines Strangs der in Sternschaltung gedachten Maschine ist, stellt $X_\sigma I_N$ die im Bemessungsbetrieb induzierte Streuspannung $E_{\sigma N}$ dar. Ihr bezogener Wert, d. h. die relative Streuspannung, ist dann

$$e_{\sigma N} = \frac{E_{\sigma N}}{\frac{U_N}{\sqrt{3}}} = x_\sigma .$$

Nach (8.1.89) ist also die bezogene Streureaktanz x_σ eines Strangs gleich der relativen Streuspannung $e_{\sigma N}$.

8.1.3.2 Streuinduktivität einer Erregerwicklung

a) Erregerwicklung auf ausgeprägten Polen

Die Beziehung für die Streuflussverkettung mit dem Polstreufeld wurde im Abschnitt 3.7.4, Seite 300, bei Beschränkung auf das Streufeld in den Leitergebieten der Pollücke als (3.7.50) entwickelt. Davon ausgehend erhält man für die diesem Streufeld zugeordnete Streuinduktivität

$$L_{\sigma fd} = 2\mu_0 l_p \frac{w_{fd}^2}{p}\lambda_{\sigma s} \tag{8.1.91}$$

mit dem relativen Streuleitwert

$$\lambda_{\sigma s} = \frac{h_p}{3 s_m} \tag{8.1.92}$$

nach (3.7.45). Das ist natürlich wegen der Vernachlässigung des von den Polschuhen ausgehenden und des im Stirnraum vorhandenen Streufelds nur ein Näherungswert.

Ausgehend von den Überlegungen im Abschnitt 3.7.4 kann man die Streuflussverkettung und damit die Streuinduktivität auch gewinnen, indem man vom gesamten Streufluss ausgeht, der am Polfuß in den Polkern eintritt und über (3.6.14), Seite 283, gegeben ist. Dabei werden außer dem Streufeld in den Leitergebieten der Pollücke auch die Streufelder berücksichtigt, die sich im Stirnraum ausbilden. Mit Rücksicht auf den dominierenden Anteil durch das Streufeld in den Leitergebieten der Pollücke ist der Leitwert entsprechend (3.7.55) bei der Ermittlung der Flussverkettung mit $2/3$ zu multiplizieren. Unter Vernachlässigung der magnetischen Spannungsabfälle in den ferromagnetischen Abschnitten des magnetischen Kreises, d. h. mit $V_{\delta zr} = \Theta_p = w_{sp} i_{fd}$, erhält man damit ausgehend von (3.6.14) mit $w_{fd} = 2pw_{sp}$ für die Streuflussverkettung

$$\psi_{\sigma fd} = 2pw_{sp}\frac{2}{3}\Lambda_{\sigma p} w_{sp} i_{fd} = \frac{2}{3}\Lambda_{\sigma p}\frac{w_{fd}^2}{2p} i_{fd} \tag{8.1.93}$$

mit $\Lambda_{\sigma p}$ nach (3.6.15). Daraus folgt für die Streuinduktivität

$$L_{\sigma fd} = \frac{2}{3}\Lambda_{\sigma p}\frac{w_{fd}^2}{2p}. \tag{8.1.94}$$

b) In Nuten verteilte Erregerwicklung von Vollpol-Synchronmaschinen

Die in Nuten verteilte Erregerwicklung von Vollpol-Synchronmaschinen stellt eine einsträngige Wicklung dar mit der hintereinandergeschalteten Windungszahl w_{fd} und dem Wicklungsfaktor $\xi_{fd,p}$ der Hauptwelle. Sie ist mit ihren Streufeldern im Nut- und Zahnkopfraum, ihren Streufeldern im Wicklungskopfraum sowie bei Voraussetzung der Wirksamkeit des Prinzips der Hauptwellenverkettung mit den von ihr aufgebauten Oberwellen des Luftspaltfelds verkettet. Es gilt die einheitliche Form der zugeordneten Streuinduktivitäten nach (8.1.88a) mit w_{fd} anstelle von w, d. h.

$$L_{\sigma fd} = 2\mu_0 l_i \frac{w_{fd}^2}{p}\lambda_\sigma. \tag{8.1.95}$$

Dabei gilt für die Nut- und Zahnkopfstreuung entsprechend Tabelle 8.1.1

$$\lambda_{\sigma nz} = \frac{\lambda_{nz}}{Q_{fd}} \tag{8.1.96}$$

mit λ_{nz} nach (3.7.2a), Seite 287, und λ_z nach Bild 3.7.2, Seite 285, und für die Wicklungskopfstreuung nach (8.1.81)

$$\lambda_{\sigma w} = \lambda_w = \lambda_{ws}\frac{l_w}{2l_i} \tag{8.1.97}$$

mit Anhaltswerten für λ_{ws} nach Tabelle 3.7.2, Seite 295. Für die Oberwellenstreuung erhält man nach (8.1.82a,b)

$$\lambda_{\sigma o} = \sigma_o \lambda_h \xi_{fd,p}^2, \tag{8.1.98}$$

wobei der Streukoeffizient σ_o der Oberwellenstreuung für die spezielle Ausführung der Wicklung auf der Grundlage der im Abschnitt 3.7.3, Seite 296, entwickelten Beziehungen zu ermitteln ist. Die Diagramme nach Bild 3.7.12, Seite 300, können dafür nicht herangezogen werden. Unter Einführung von (8.1.96) bis (8.1.98) folgt aus (8.1.95)

$$L_{\sigma fd} = 2\mu_0 l_i \frac{w_{fd}^2}{p}\left(\frac{\lambda_{nz}}{Q_{fd}} + \lambda_{ws}\frac{l_w}{2l_i} + \sigma_o\lambda_h\xi_{fd,p}^2\right). \tag{8.1.99}$$

8.1.3.3 Streuinduktivität einer Kommutatorwicklung

Eine Kommutatorwicklung ist normalerweise eine Zweischichtwicklung, bei der i. Allg. innerhalb einer Nut mehrere Spulenseiten nebeneinanderliegen (s. Bild 1.3.2, S. 117), die über das Nut-Zahnkopf-Streufeld miteinander verkettet sind. Nach Abschnitt 1.3.1.1 bildet die Kommutatorwicklung $2a$ parallele Zweige mit der Zweigspulenzahl $k/2a$ und dem Zweigstrom $i_{zw} = i/2a$, der entsprechend Abschnitt 3.7, Seite 284, zur Streuflussverkettung

$$\psi_{\sigma nz\,sp} = \mu_0 l_i w_{sp}^2 i_{zw} \lambda_{nz\,sp}$$

jeder Spule mit dem Nut-Zahnkopf-Streufeld führt. Für $\lambda_{\mathrm{nz\,sp}}$ gilt (4.3.7), Seite 325, mit $c_\mathrm{o} = c_\mathrm{u} = c_\mathrm{g} = u$ ohne den Wicklungskopfanteil. Berücksichtigt man (1.1.19), Seite 18, nebst (1.3.26), Seite 139, sowie (3.7.2a,b,c) und (3.7.3), Seite 287, so erhält man über

$$\psi_{\sigma\mathrm{nz}} = \frac{k}{2a}\psi_{\sigma\mathrm{nz\,sp}} = \frac{k}{2a}\mu_0 l_\mathrm{i}\left(\frac{2aw}{k}\right)^2 \frac{i}{2a}u(\lambda_\mathrm{o} + \lambda_\mathrm{u} + 2\lambda_\mathrm{g})$$

den Nut- und Zahnkopfanteil der Streuinduktivität eines Kommutatorzweigs als

$$\boxed{L_{\sigma\mathrm{nz}} = \frac{\psi_{\sigma\mathrm{nz}}}{i} = \mu_0 w^2 l_\mathrm{i}\frac{4}{N}\lambda_\mathrm{nz}}\,. \tag{8.1.100a}$$

Wendet man auf die Nutzahl N die Beziehung $N = 2pq$ entsprechend (1.2.2), Seite 20, mit $m = 1$ an, so ergibt sich der übliche analytische Ausdruck (vgl. Abschn. 8.1.3.1)

$$L_{\sigma\mathrm{nz}} = 2\mu_0 w^2 l_\mathrm{i}\frac{1}{p}\frac{\lambda_\mathrm{nz}}{q}. \tag{8.1.100b}$$

Die Beziehungen (8.1.100a,b) gelten unter Vernachlässigung des Einflusses der Kommutierungszone. Die Berechnung des Wicklungskopfanteils der Streuinduktivität erfolgt entsprechend (3.7.27), Seite 295, als

$$L_{\sigma\mathrm{w}} = \frac{\psi_{\sigma\mathrm{w}}}{i} = 2\mu_0 w^2 l_\mathrm{i}\frac{1}{p}\lambda_\mathrm{w}. \tag{8.1.101}$$

8.1.4 Charakteristische Induktivitäten und Reaktanzen

Unter charakteristischen Induktivitäten und Reaktanzen sollen solche verstanden werden, die bei der analytischen Behandlung von stationären und nichtstationären Betriebszuständen der einzelnen Maschinenarten in Erscheinung treten.

8.1.4.1 Charakteristische Induktivitäten und Reaktanzen der Synchronmaschine

Die charakteristischen Induktivitäten der Synchronmaschine sind
- die synchrone Induktivität der Längsachse L_d,
- die transiente Induktivität der Längsachse L'_d,
- die subtransiente Induktivität der Längsachse L''_d,
- die synchrone Induktivität der Querachse L_q,
- die subtransiente Induktivität der Querachse L''_q.

Diesen Induktivitäten sind über $X_i = \omega_\mathrm{N} L_i$ die entsprechenden Reaktanzen und über

$$x_i = \frac{L_i}{L_\mathrm{bez}} = \frac{X_i}{X_\mathrm{bez}}$$

die entsprechenden bezogenen Induktivitäten bzw. Reaktanzen zugeordnet. Sie treten in einem Modell der Synchronmaschine in Erscheinung, dessen realer Dämpferkäfig durch je eine Ersatzdämpferwicklung in der Längsachse und in der Querachse ersetzt wird. Dieses Modell wird im Band *Theorie elektrischer Maschinen* im Abschnitt 3.1 auf Basis von Abschnitt 1.8 desselben Bands entwickelt. Als Grundlage für die Berechnung der charakteristischen Induktivitäten dienen dabei

Ersatzschaltbilder für die Flussverkettungsgleichungen der Längsachse und der Querachse. Die entwickelten Beziehungen werden im Folgenden zusammenfassend wiederholt. Zur Gewährleistung der Überschaubarkeit wird dabei auf die Berücksichtigung einer Reihe von Feinheiten verzichtet. Dementsprechend wird von folgenden vereinfachenden Annahmen ausgegangen:

- Die Ersatzdämpferwicklungen bilden die Stränge einer zweisträngigen Ersatzwicklung, die einem vollständig symmetrischen Kurzschlusskäfig in einem gleichmäßig genuteten Blechpaket mit N_{D} Nuten zugeordnet sind. Die Parameter der Ersatzdämpferwicklungen werden unter Vernachlässigung des Einflusses der Beiträge der Kurzschlussringe und der Oberwellenstreuung des Dämpferkäfigs ermittelt.
- Auf die Berücksichtigung der gegeninduktiven Kopplung zwischen der Ersatzdämpferwicklung der Längsachse und der Erregerwicklung über Streufelder wird verzichtet.
- Es wird von Näherungsbeziehungen ausgegangen, die voraussetzen, dass die maßgebenden Streuinduktivitäten klein gegenüber den zugeordneten Hauptinduktivitäten sind.

Die Folge der Annahme eines vollständig symmetrischen Kurzschlusskäfigs anstelle des realen Dämpferkäfigs ist, dass dessen Rückwirkung auf ein Ankerfeld für Längs- und Querachse gleich ist. Der reale Käfig dagegen übt in der Längsachse wegen der fehlenden Stäbe im Bereich der Pollücke eine geringere Rückwirkung aus als in der Querachse. Nach Maßgabe dieses Sachverhalts entstehen mit den getroffenen Annahmen gewisse Fehler bei der Berechnung der subtransienten Induktivitäten. Ein verfeinertes Modell wird im Band *Theorie elektrischer Maschinen*, Abschnitt 3.1.10, entwickelt. Für die Parameter der zweisträngigen Ersatzwicklung, deren Stränge die Ersatzdämpferwicklungen bilden, erhält man nach Abschnitt 1.8.2 des Bands *Theorie elektrischer Maschinen*:

- die hinsichtlich des Hauptwellenmechanismus effektive Windungszahl

  $$(w\xi_{\mathrm{p}})_{\mathrm{Dd}} = (w\xi_{\mathrm{p}})_{\mathrm{Dq}} = (w\xi_{\mathrm{p}})_{\mathrm{ers}} = \frac{N_{\mathrm{D}}}{4} \tag{8.1.102}$$

  mit $$N_{\mathrm{D}} = 2pN_{\mathrm{Dp}}, \tag{8.1.103}$$

  wobei N_{Dp} die Zahl der Dämpferstäbe pro Pol bezeichnet;
- den Widerstand eines Strangs der dem Dämpferkäfig zugeordneten zweisträngigen Wicklung unter Vernachlässigung der Beiträge der Kurzschlussringe

  $$R_{\mathrm{Dd}} = R_{\mathrm{Dq}} = R_{\mathrm{ers}} = \frac{N_{\mathrm{D}}}{2} R_{\mathrm{s}}, \tag{8.1.104}$$

  wobei R_{s} den Widerstand eines Stabs des Dämpferkäfigs bezeichnet;
- die Streuinduktivität eines Strangs der dem Dämpferkäfig zugeordneten zweisträngigen Wicklung unter Vernachlässigung der Beiträge der Kurzschlussringe und der Oberwellenstreuung

  $$L_{\sigma\mathrm{Dd}} = L_{\sigma\mathrm{Dq}} = L_{\sigma\mathrm{ers}} = \frac{N_{\mathrm{D}}}{2} L_{\sigma\mathrm{s}}, \tag{8.1.105}$$

  wobei die Streuinduktivität eines Stabs des Dämpferkäfigs gegeben ist als

  $$L_{\sigma\mathrm{s}} = \mu_0 l_{\mathrm{s}} \lambda_{\mathrm{nz}} \tag{8.1.106}$$

mit der Länge l_s eines Stabs des Dämpferkäfigs und dem relativen Streuleitwert λ_{nz} der Nut- und Zahnkopfstreuung eines Stabs des Dämpferkäfigs nach (3.7.2a), Seite 287, und λ_z nach Bild 3.7.2, Seite 285.

Die *synchronen Induktivitäten* erhält man entsprechend Band *Theorie elektrischer Maschinen*, Abschnitt 3.1.1, zu

$$L_d = L_h C_{adp} + L_\sigma = L_{hd} + L_\sigma \tag{8.1.107}$$

$$L_q = L_h C_{aqp} + L_\sigma = L_{hq} + L_\sigma, \tag{8.1.108}$$

wobei die Streuinduktivität L_σ der dreisträngigen Ankerwicklung gegeben ist als $L_\sigma = L_{\sigma nz} + L_{\sigma w} + L_{\sigma o}$ mit $L_{\sigma i}$ nach (8.1.88a) und $\lambda_{\sigma i}$ nach Tabelle 8.1.1 und der ungesättigte Wert der Hauptinduktivität L_h entsprechend (8.1.45) als

$$L_h = \frac{3}{2}\frac{\mu_0}{\delta_i}\frac{2}{\pi}\tau_p l_i \frac{4}{\pi}\frac{(w\xi_p)_a^2}{2p}. \tag{8.1.109}$$

Die Berücksichtigung der Sättigung erfolgt wiederum nach Abschnitt 8.1.2.5, Seite 495.

Für die Flussverkettungsgleichungen der Längsachse wird im Band *Theorie elektrischer Maschinen*, Abschnitt 3.1.10, ein Ersatzschaltbild entwickelt. Es ist im Bild 8.1.5 etwas vereinfacht wiedergegeben. Dabei betrifft diese Vereinfachung den Wegfall einer Induktivität in dem Zweig, der den Strom $i'_{Dd} + i'_{fd}$ führt. Diese ist der gegeninduktiven Kopplung zwischen der Ersatzdämpferwicklung und der Erregerwicklung zugeordnet und enthält auch eine durch die Schrägung bedingte Komponente.

Ausgehend von dem Ersatzschaltbild ergibt sich die synchrone Induktivität der Längsache als die bei Einspeisung des Ankers und offener Ersatzdämpferwicklung der Längsachse sowie offener Erregerwicklung wirksame Induktivität. Es ist also

$$L_d = \tilde{L}_{hd} + \tilde{L}_{\sigma d}, \tag{8.1.110}$$

und man erhält mit den Beziehungen für $\tilde{L}_{hd}$ und $\tilde{L}_{\sigma d}$ im Abschnitt 3.1.10 des Bands *Theorie elektrischer Maschinen*

$$\tilde{L}_{hd} = L_h C_{adp} \xi_{schr,p} \tag{8.1.111}$$

$$\tilde{L}_{\sigma d} = L_\sigma + (1 - \xi_{schr,p}) L_h C_{adp} \tag{8.1.112}$$

erwartungsgemäß wiederum (8.1.107). Eine Betrachtung der synchronen Induktivität der Querachse würde mit

$$\tilde{L}_{hq} = L_h C_{aqp} \xi_{schr,p} \tag{8.1.113}$$

auf das analoge Ergebnis führen. Die Beziehungen gelten für $C_{adp} \approx C_{adq} \approx 1$ auch für den Fall der Vollpol-Synchronmaschine. Es ist dann $L_{hd} \approx L_{hq} \approx L_h \xi_{schr,p}$.

Für die *Streukoeffizienten der Gesamtstreuung* zwischen jeweils zwei beteiligten Wicklungen erhält man entsprechend den Abschnitten 3.1.8 und 3.1.10 des Bands *Theorie elektrischer Maschinen* bzw. aus dem Bild 8.1.5 entnehmbar die Näherungsbeziehungen

$$\sigma_{aDd} \approx \frac{1}{\tilde{L}_{hd}}\left(\tilde{L}_{\sigma d} + \tilde{L}'_{\sigma Dd}\right) \tag{8.1.114a}$$

$$\sigma_{\mathrm{afd}} \approx \frac{1}{\tilde{L}_{\mathrm{hd}}}\left(\tilde{L}_{\sigma\mathrm{d}} + \tilde{L}'_{\sigma\mathrm{fd}}\right) \tag{8.1.114b}$$

$$\sigma_{\mathrm{Dfd}} \approx \frac{1}{\tilde{L}_{\mathrm{hd}}}\left(\tilde{L}'_{\sigma\mathrm{fd}} + \tilde{L}'_{\sigma\mathrm{Dd}}\right) \tag{8.1.114c}$$

$$\sigma_{\mathrm{aDq}} \approx \frac{1}{\tilde{L}_{\mathrm{hq}}}\left(\tilde{L}_{\sigma\mathrm{q}} + \tilde{L}'_{\sigma\mathrm{Dq}}\right). \tag{8.1.114d}$$

Die Kennzeichnung $\tilde{L}'_{\sigma i}$ weist hierbei darauf hin, dass die Werte $\tilde{L}_{\sigma i}$ der Läuferwicklungen auf die Ständerwicklung transformiert sind (s. (8.1.118) bis (8.1.120)).

Die *transiente Induktivität der Längsachse* ergibt sich mit Hilfe des Ersatzschaltbilds nach Bild 8.1.5 zu

$$L'_{\mathrm{d}} = \tilde{L}_{\sigma\mathrm{d}} + \frac{\tilde{L}_{\mathrm{hd}}\tilde{L}'_{\sigma\mathrm{fd}}}{\tilde{L}_{\mathrm{hd}} + \tilde{L}'_{\sigma\mathrm{fd}}} \approx \tilde{L}_{\sigma\mathrm{d}} + \tilde{L}'_{\sigma\mathrm{fd}} \approx \tilde{L}_{\mathrm{hd}}\sigma_{\mathrm{afd}} \approx L_{\mathrm{d}}\sigma_{\mathrm{afd}}. \tag{8.1.115}$$

Die *subtransiente Induktivität der Längsachse* erhält man zu

$$L''_{\mathrm{d}} = \tilde{L}_{\sigma\mathrm{d}} + \frac{1}{\dfrac{1}{\tilde{L}_{\mathrm{hd}}} + \dfrac{1}{\tilde{L}'_{\sigma\mathrm{Dd}}} + \dfrac{1}{\tilde{L}'_{\sigma\mathrm{fd}}}} \approx \tilde{L}_{\sigma\mathrm{d}} + \frac{1}{\dfrac{1}{\tilde{L}'_{\sigma\mathrm{Dd}}} + \dfrac{1}{\tilde{L}'_{\sigma\mathrm{fd}}}} \tag{8.1.116}$$

und die *subtransiente Induktivität der Querachse* analog zu

$$L''_{\mathrm{q}} = \tilde{L}_{\sigma\mathrm{q}} + \frac{\tilde{L}_{\mathrm{hq}}\tilde{L}'_{\sigma\mathrm{Dq}}}{\tilde{L}_{\mathrm{hq}} + \tilde{L}'_{\sigma\mathrm{Dq}}} \approx \tilde{L}_{\sigma\mathrm{q}} + \tilde{L}'_{\sigma\mathrm{Dq}} \approx \tilde{L}_{\mathrm{hq}}\sigma_{\mathrm{aDq}} \approx L_{\mathrm{q}}\sigma_{\mathrm{aDq}}. \tag{8.1.117}$$

Für die Schenkelpol-Synchronmaschine werden im Abschnitt 3.1.10 des Bands *Theorie elektrischer Maschinen* die Beziehungen für die Streuinduktivitäten $\tilde{L}'_{\sigma i}$ im Ersatzschaltbild als

$$\tilde{L}'_{\sigma\mathrm{Dd}} = (1 - \xi_{\mathrm{schr,p}})L_{\mathrm{h}}C_{\mathrm{adp}} + \frac{3}{2}\frac{(w\xi_{\mathrm{p}})^2_{\mathrm{a}}}{(w\xi_{\mathrm{p}})^2_{\mathrm{Dd}}}L_{\sigma\mathrm{Dd}} \tag{8.1.118}$$

$$\tilde{L}'_{\sigma\mathrm{Dq}} = (1 - \xi_{\mathrm{schr,p}})L_{\mathrm{h}}C_{\mathrm{aqp}} + \frac{3}{2}\frac{(w\xi_{\mathrm{p}})^2_{\mathrm{a}}}{(w\xi_{\mathrm{p}})^2_{\mathrm{Dq}}}L_{\sigma\mathrm{Dq}} \tag{8.1.119}$$

$$\tilde{L}'_{\sigma\mathrm{fd}} = (1 - \xi_{\mathrm{schr,p}})L_{\mathrm{h}}C_{\mathrm{adp}} + L_{\mathrm{h}}C_{\mathrm{adp}}\left(\frac{4}{\pi}\frac{C_{\mathrm{adp}}C_{\mathrm{m}}}{C_{\mathrm{p}}^2} - 1\right) + \frac{3}{2}\frac{4}{\pi}\frac{C_{\mathrm{adp}}}{C_{\mathrm{p}}}\frac{(w\xi_{\mathrm{p}})^2_{\mathrm{a}}}{w^2_{\mathrm{fd}}}L_{\sigma\mathrm{fd}} \tag{8.1.120}$$

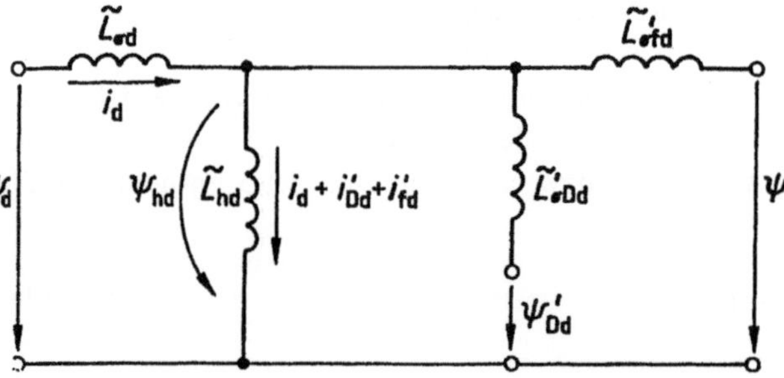

Bild 8.1.5 Ersatzschaltbild zur Einführung transformierter Läufergrößen für die d-Achse

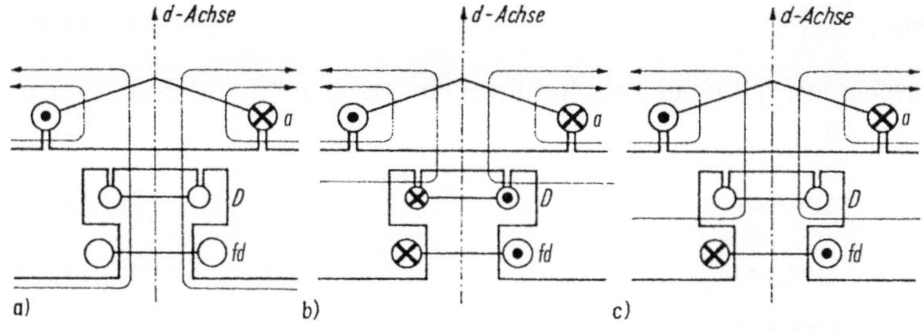

Bild 8.1.6 Prinzipielle Feldverhältnisse bei Einspeisung des Ankers einer Schenkelpol-Synchronmaschine in Längsstellung des Polsystems. a) Entsprechend der synchronen Induktivität; b) entsprechend der transienten Induktivität; c) entsprechend der subtransienten Induktivität. a Ankerwicklung, D Dämpferwicklung, fd Erregerwicklung

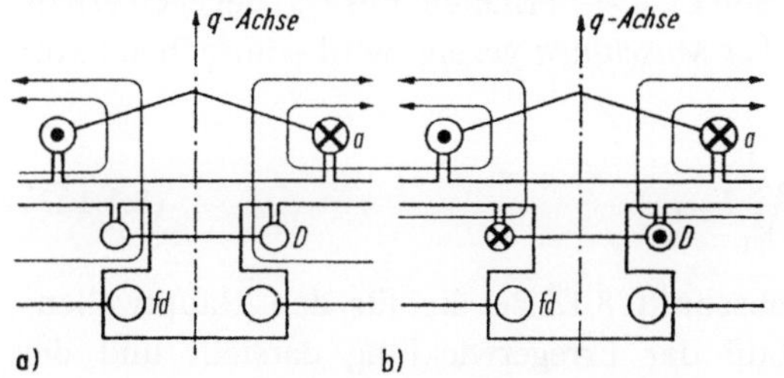

Bild 8.1.7 Prinzipielle Feldverhältnisse bei Einspeisung des Ankers einer Schenkelpol-Synchronmaschine in Querstellung des Polsystems. a) Entsprechend der synchronen Induktivität; b) entsprechend der subtransienten Induktivität. a Ankerwicklung, D Dämpferwicklung

entwickelt mit $(w\xi_p)_{Dd} = (w\xi_p)_{Dq}$ nach (8.1.102) und $L_{\sigma Dd} = L_{\sigma Dq}$ nach (8.1.105). Dabei bezeichnet $L_{\sigma fd}$ die Streuinduktivität der Erregerwicklung nach (8.1.94) und w_{fd} deren hintereinandergeschaltete Windungszahl. In (8.1.120) ist der Anteil

$$\tilde{L}'_{\sigma o\,fd} = L_h C_{adp} \left(\frac{4}{\pi} \frac{C_{adp} C_m}{C_p^2} - 1 \right)$$

der Oberwellenstreuung der Erregerwicklung einer Schenkelpol-Synchronmaschine zugeordnet. In den Bildern 8.1.6 für die Längsachse und 8.1.7 für die Querachse werden die prinzipiellen Feldverhältnisse angedeutet, die den charakteristischen Induktivitäten der Synchronmaschine zugeordnet sind.

Die *Polformkoeffizienten C* wurden bereits in den Abschnitten 2.3.1.1, Seite 169, und 2.7.3, Seite 241, eingeführt. Für eine überschlägige Ermittlung der Induktivitäten ist es möglich, unter Vernachlässigung des Felds in der Pollücke, des magnetischen Spannungsabfalls in den Zähnen und dem Rücken sowie des Radius an den Polschuhkanten geschlossene Lösungen für C_{adp}, C_{aqp} und C_p zu entwickeln. Dies führt (vgl. [17], Bd. II) mit $\alpha = b_p/\tau_p$ für *Sinusfeldpole* mit einer Polschuhform entsprechend $\delta = \delta_0/\cos(\pi x/\tau_p)$ im Bereich $-b_p/2 \leq x \leq b_p/2$ auf

$$C_{adp} = \frac{4}{3\pi} \sin\left(\frac{\alpha\pi}{2}\right) \left[2 + \cos^2\left(\frac{\alpha\pi}{2}\right)\right] \tag{8.1.121a}$$

$$C_{aqp} = \frac{4}{3\pi} \sin^3\left(\frac{\alpha\pi}{2}\right) \tag{8.1.121b}$$

$$C_p = \alpha + \frac{1}{\pi} \sin(\alpha\pi) \tag{8.1.121c}$$

$$C_{\mathrm{m}} = \sin\left(\frac{\alpha\pi}{2}\right) \tag{8.1.121d}$$

und für *Rechteckfeldpole* mit einer Polschuhform entsprechend $\delta = \delta_0$ im Bereich $-b_{\mathrm{p}}/2 \leq x \leq b_{\mathrm{p}}/2$ auf

$$C_{\mathrm{adp}} = \alpha + \frac{1}{\pi}\sin(\alpha\pi) \tag{8.1.122a}$$

$$C_{\mathrm{aqp}} = \alpha - \frac{1}{\pi}\sin(\alpha\pi) \tag{8.1.122b}$$

$$C_{\mathrm{p}} = \frac{4}{\pi}\sin\left(\frac{\alpha\pi}{2}\right) \tag{8.1.122c}$$

$$C_{\mathrm{m}} = \frac{\pi}{2}\alpha. \tag{8.1.122d}$$

Für die *Vollpol-Synchronmaschine* bleiben die Beziehungen für $\tilde{L}'_{\sigma\mathrm{Dd}}$ nach (8.1.118) und $\tilde{L}'_{\sigma\mathrm{Dq}}$ nach (8.1.119) mit $C_{\mathrm{adp}} \approx 1$ und $C_{\mathrm{aqp}} \approx 1$ erhalten. Für $\tilde{L}'_{\sigma\mathrm{fd}}$ dagegen erhält man – wie im Band *Theorie elektrischer Maschinen* gezeigt wird – ausgehend von (8.1.39) und (8.1.40), Seite 488,

$$\tilde{L}'_{\sigma\mathrm{fd}} = (1 - \xi_{\mathrm{schr,p}})L_{\mathrm{h}} + \frac{3}{2}\frac{(w\xi_{\mathrm{p}})^2_{\mathrm{a}}}{(w\xi_{\mathrm{p}})^2_{\mathrm{fd}}}L_{\sigma\mathrm{fd}}, \tag{8.1.123}$$

wobei $(w\xi_{\mathrm{p}})_{\mathrm{fd}}$ entsprechend Unterabschnitt 8.1.2.2e die für den Hauptwellenmechanismus effektive Windungszahl der Erregerwicklung darstellt und die Streuinduktivität $L_{\sigma\mathrm{fd}}$ der Erregerwicklung jetzt nach Unterabschnitt 8.1.3.2b durch (8.1.95) bzw. (8.1.99) gegeben ist.

Die Beziehungen (8.1.107) und (8.1.108) liefern die beiden synchronen Induktivitäten – wobei für die Vollpol-Synchronmaschine $C_{\mathrm{adp}} \approx 1$ und $C_{\mathrm{aqp}} \approx 1$ gilt –, und über die Beziehungen (8.1.115), (8.1.116) und (8.1.117) erhält man unmittelbar Näherungswerte für die transienten und die subtransienten Induktivitäten. Dazu werden außer den Polformkoeffizienten die Hauptinduktivität L_{h} nach (8.1.109), die Streuinduktivität L_σ der dreisträngigen Ankerwicklung sowie die im Ersatzschaltbild in Erscheinung tretenden Streuinduktivitäten $\tilde{L}'_{\sigma i}$ nach (8.1.118) bis (8.1.120) benötigt. Auf dem gleichen Weg gewinnt man die Streukoeffizienten nach (8.1.114a) bis (8.1.114d), die im Abschnitt 8.2.2.2, Seite 518, zur Berechnung der charakteristischen Zeitkonstanten der Synchronmaschine Verwendung finden werden.

Die den Induktivitäten L_i zugeordneten Reaktanzen ergeben sich zu $X_i = \omega_{\mathrm{N}}L_i$ und die bezogenen Induktivitäten bzw. Reaktanzen zu

$$x_i = \frac{L_i}{L_{\mathrm{bez}}} = \frac{X_i}{X_{\mathrm{bez}}}.$$

Dabei ist die Bezugsreaktanz $X_{\mathrm{bez}} = \omega L_{\mathrm{bez}}$ bereits als (8.1.59) eingeführt worden, und man erhält mit (8.1.60) und (8.1.61)

$$L_{\mathrm{bez}} = \frac{3\sqrt{2}}{\pi}\frac{w^2\xi_{\mathrm{p}}}{p}l_{\mathrm{i}}\frac{\hat{B}_{\mathrm{p}}}{A} \tag{8.1.124}$$

mit der Amplitude $\hat{B}_{\mathrm{p}}$ der Flussdichtehauptwelle im Leerlauf bei Bemessungsspannung und dem effektiven Strombelag A bei Bemessungsstrom. Damit ergibt sich die der ungesättigten Hauptreaktanz nach (8.1.109) zugeordnete bezogene Reaktanz zu

$$x_\mathrm{h} = \frac{\sqrt{2}}{\pi}\mu_0\xi_\mathrm{p}\frac{\tau_\mathrm{p}}{\delta_\mathrm{i}}\frac{A}{\hat{B}_\mathrm{p}},$$

die bereits als (8.1.63a) entwickelt wurde. Dabei tritt als Einflussgröße der Geometrie der Maschine das Verhältnis $\tau_\mathrm{p}/\delta_\mathrm{i}$ in Erscheinung, und von der elektromagnetischen Dimensionierung her bestimmt das Verhältnis $A/\hat{B}_\mathrm{p}$ die Größe der bezogenen Reaktanz. Im Fall der transienten und der subtransienten Reaktanzen treten an die Stelle des Verhältnisses $\tau_\mathrm{p}/\delta_\mathrm{i}$ Ausdrücke, die den geometrischen Verhältnissen der Streufelder zugeordnet sind, aber es bleibt bei der Abhängigkeit vom Verhältnis $A/\hat{B}_\mathrm{p}$. Die Berücksichtigung der Sättigung erfolgt wiederum nach Abschnitt 8.1.2.5, Seite 495.

In Tabelle 8.1.2 sind Anhaltswerte für die bezogenen Reaktanzen von Synchronmaschinen wiedergegeben. Bei Vollpol-Synchronmaschinen mit massivem Läufer und bei Schenkelpol-Synchronmaschinen mit massiven Polschuhen wirken die gesamten Eisenteile als Dämpferwicklung. Daraus resultieren erheblich größere Zeitkonstanten, und die transienten Vorgänge lassen sich nicht ohne weiteres von den subtransienten trennen.

Die dargestellte Berechnung der subtransienten und der transienten Reaktanzen kann nur als Näherungsmethode bezeichnet werden. Eine genaue Berechnung ist außerordentlich schwierig und kann nur anhand spezieller Literatur erfolgen [50, 51].

Nach Band *Theorie elektrischer Maschinen*, Abschnitt 1.8.3, gilt für die *Nullinduktivität* bzw. *Nullreaktanz*

$$L_0 = L_{\sigma\mathrm{s}} + 2L_{\sigma\mathrm{g}} \tag{8.1.125a}$$

$$X_0 = X_{\sigma\mathrm{s}} + 2X_{\sigma\mathrm{g}}. \tag{8.1.125b}$$

Die Induktivitäten $L_{\sigma\mathrm{s}}$ und $L_{\sigma\mathrm{g}}$ können aus den Flussverkettungen $\psi_{\sigma\mathrm{s}}$ und $\psi_{\sigma\mathrm{g}}$ nach den Abschnitten 3.5.2, Seite 274, und 3.7, Seite 284, berechnet werden. Verwendet man für die Berechnung der Oberwellenstreuung (3.7.35) bzw. Bild 3.7.12, Seite 300, so muss man die vom Nullstrom im Luftspaltfeld erzeugte Harmonische der Ordnungszahl $\nu' = 3p$ in L_0 gesondert berücksichtigen. Das geschieht nach [7] durch die Näherung $0{,}02L_\mathrm{h}$.

Tabelle 8.1.2 Bezogene Reaktanzen ausgeführter Synchronmaschinen

Maschinenart	x'_d	x''_d	x''_q	x_0	x_2
Zweipolige Turbogeneratoren	0,13 … 0,35	0,09 … 0,25	0,09 … 0,35	0,02 … 0,1	0,09 … 0,3
Vierpolige Turbogeneratoren	0,35 … 0,45	0,25 … 0,37	0,3 … 0,36	0,12 … 0,15	
Schenkelpol-Synchronmaschinen mit Dämpferwicklung	0,2 … 0,5	0,14 … 0,35	0,14 … 0,4	0,03 … 0,3	0,14 … 0,3
Schenkelpol-Synchronmaschinen ohne Dämpferwicklung	0,2 … 0,45	0,2 … 0,45	0,5 … 0,9*)	0,03 … 0,3	0,35 … 0,65

* Schenkelpol-Synchronmaschinen mit massiven Polschuhen $x''_q \approx 0{,}25$

Bei unsymmetrischem Betrieb tritt ein gegenlaufendes Drehfeld auf. Für die von diesem Drehfeld induzierte Spannung ist die *Gegenfeldinduktivität* bzw. *Gegenfeldreaktanz* oder *Inversreaktanz* maßgebend. Nach Band *Theorie elektrischer Maschinen*, Abschnitt 3.2.1, gilt hierfür

$$\boxed{x_2 \approx \frac{x''_\mathrm{d} + x''_\mathrm{q}}{2}}\,. \tag{8.1.126}$$

8.1.4.2 Charakteristische Induktivitäten und Reaktanzen der dreisträngigen Induktionsmaschine

Die charakteristischen Reaktanzen des stationären Betriebs der Induktionsmaschine sind die Reaktanz im ideellen Leerlauf, die ideelle Kurzschlussreaktanz und die Durchmesserreaktanz. Dabei ist es üblich, sämtliche Läuferreaktanzen mit der Ständerfrequenz ω_1 (z. B. als $X_2 = \omega_1 L_2$) zu verknüpfen und die Beziehung zur Läuferfrequenz über Einführung des Schlupfs herzustellen (s. Bd. *Grundlagen elektrischer Maschinen*, Abschn. 5.4.1).

Die *ideelle Leerlaufreaktanz* tritt im Synchronismus auf, d. h. im ideellen Leerlauf mit stromlosem Läufer. In Anlehnung an (8.1.9), Seite 480, ergibt sie sich als gesamte Ständerreaktanz

$$\boxed{X_{11} = X_\mathrm{h} + X_{\sigma 1} = (1 + \sigma_1)X_\mathrm{h}} \tag{8.1.127}$$

mit der Ständerstreureaktanz $X_{\sigma 1}$ nach (8.1.88b) mit λ_σ nach Tabelle 8.1.1 sowie der Hauptreaktanz $X_\mathrm{h} = X_\mathrm{h1}$ nach (8.1.43b) mit $(w\xi_\mathrm{p}) = (w\xi_\mathrm{p})_1$, wobei zur Berücksichtigung der Sättigungserscheinungen die Ausführungen im Abschnitt 8.1.2.5, Seite 495, zu beachten sind.

Die *ideelle Kurzschlussreaktanz* tritt im ideellen Kurzschluss auf, d. h. bei vernachlässigtem Ständerwiderstand und mit $s \to \infty$. Entsprechend Band *Theorie elektrischer Maschinen*, Abschnitt 2.3.1, gilt mit genügender Genauigkeit

$$\boxed{X_\mathrm{i} \approx X_{\sigma 1} + X'_{\sigma 2} + \sigma_\mathrm{schr} X_\mathrm{h} = X_{\sigma 1} + X'_{\sigma 2} + X_{\sigma\,\mathrm{schr}}}\,. \tag{8.1.128}$$

Dabei ist $X'_{\sigma 2}$ die nach Maßgabe des reellen Übersetzungsverhältnisses

$$\ddot{u}_\mathrm{h} = \frac{(w\xi_\mathrm{p})_1}{(w\xi_\mathrm{p})_2} \tag{8.1.129}$$

entsprechend

$$X'_{\sigma 2} = \ddot{u}_\mathrm{h}^2 X_{\sigma 2} \tag{8.1.130}$$

auf die Ständerseite transformierte Läuferstreureaktanz $X_{\sigma 2}$. In $\ddot{u}_\mathrm{h}$ erscheint als $(w\xi_\mathrm{p})_2$ die effektive Windungszahl eines Strangs des dreisträngigen Schleifringläufers oder der dreisträngigen Ersatzwicklung des Käfigläufers, wie sie im Band *Theorie elektrischer Maschinen*, Abschnitt 1.8.2, als

$$(w\xi_\mathrm{p})_2 = \frac{N_2}{6} \tag{8.1.131}$$

eingeführt wird. Damit wird erreicht, dass der Strom in den Ersatzsträngen den gleichen Betrag besitzt wie in den Stäben des tatsächlichen Käfigs. Außerdem erhält man Beziehungen, um die Widerstände und die Streureaktanzen durch die Nut-

und Zahnkopfstreuung sowie die Oberwellenstreuung der Ersatzstränge aus der Geometrie des Käfigs zu bestimmen.

Für die Läuferstreureaktanz gilt im Fall eines Schleifringläufers wiederum

$$X_{\sigma 2} = (X_{\sigma \mathrm{nz}} + X_{\sigma \mathrm{w}} + X_{\sigma \mathrm{o}})_2 \tag{8.1.132a}$$

nach (8.1.88b) und mit λ_σ nach Tabelle 8.1.1 sowie natürlich $w = w_2$. Wenn $X_{\sigma \mathrm{s}}$ die Streureaktanz eines Stabs und $X_{\sigma \mathrm{r}}$ die Streureaktanz eines Ringsegments zwischen zwei benachbarten Stäben bzw. $N_2 X_{\sigma \mathrm{r}}$ die gesamte Streureaktanz eines Rings ist, ergibt sich im Fall eines Käfigläufers für die Streureaktanz eines Strangs einer dreisträngigen Ersatzwicklung

$$X_{\sigma 2} = \frac{N_2}{3}\left(X_{\sigma \mathrm{s}} + \frac{1}{2\sin^2 \dfrac{\pi p}{N_2}} X_{\sigma \mathrm{r}}\right) + \sigma_{\mathrm{o}} X_{\mathrm{h}}. \tag{8.1.132b}$$

Für die Streureaktanz eines Stabs gilt dabei unter Vernachlässigung des Beitrags ggf. vorhandener Stabüberstände

$$X_{\sigma \mathrm{s}} = \omega \mu_0 l_{\mathrm{i}} \lambda_{\mathrm{nz}} \tag{8.1.133}$$

mit λ_{nz} nach Abschnitt 3.7.1, Seite 284, und für die Streureaktanz eines Ringsegments gilt

$$X_{\sigma \mathrm{r}} = \omega \mu_0 \frac{\pi D_{\mathrm{r}}}{N_2} \lambda_{\mathrm{r}} \tag{8.1.134}$$

mit dem mittleren Ringdurchmesser D_{r} und dem relativen Streuleitwert λ_{r} des Rings, der je nach konstruktiver Ausführung des Stirnraums im Bereich $\lambda_{\mathrm{r}} \approx 0{,}25 \ldots 0{,}5$ liegt.

Die Streureaktanz $X_{\sigma \mathrm{schr}}$ der Schrägungsstreuung tritt in der ideellen Kurzschlussreaktanz als Anteil der Gesamtstreuung auf, der weder dem Ständer noch dem Läufer zugeordnet werden kann. Man erhält $X_{\sigma \mathrm{schr}}$ über (8.1.88b) und λ_σ nach Tabelle 8.1.1. Bei der praktischen Berechnung der ideellen Kurzschlussreaktanz fasst man meistens die Wicklungskopfstreuung von Ständer- und Läuferwicklung zusammen.

Für die *Durchmesserreaktanz*, die den Durchmesser des Ossanna-Kreises als Stromortskurve bestimmt, gilt nach Band *Theorie elektrischer Maschinen*, Abschnitt 2.3.1,

$$\boxed{X_\varnothing = X_{22}\frac{R_1^2 + X_{11}^2}{X_{21}^2} - X_{11} = X_{\mathrm{i}} \frac{1 + \dfrac{R_1^2}{X_{11} X_{\mathrm{i}}}}{1 - \dfrac{X_{\mathrm{i}}}{X_{11}}}}\,. \tag{8.1.135}$$

Dabei ist die Ständerreaktanz X_{11} durch (8.1.127) gegeben und die der gegeninduktiven Kopplung zwischen Ständer und Läufer über die Hauptwelle des Luftspaltfelds zugeordnete Reaktanz nach (8.1.49b) als

$$X_{12} = X_{\mathrm{h}12} = X_{\mathrm{h}} \frac{(w\xi_{\mathrm{p}})_2}{(w\xi_{\mathrm{p}})_1} \xi_{\mathrm{schr,p}} = X_{\mathrm{h}} \frac{1}{\ddot{\mathrm{u}}_{\mathrm{h}}} \xi_{\mathrm{schr,p}}. \tag{8.1.136}$$

Für die Läuferreaktanz X_{22} gilt analog zu (8.1.127)

$$X_{22} = X_{\mathrm{h}2} + X_{\sigma 2} = X_{\mathrm{h}2}(1 + \sigma_2), \tag{8.1.137}$$

wobei die Hauptreaktanz des Läufers nach (8.1.43b) mit $(w\xi_\mathrm{p}) = (w\xi_\mathrm{p})_2$ gegeben ist als

$$X_\mathrm{h2} = X_\mathrm{h}\frac{(w\xi_\mathrm{p})_2^2}{(w\xi_\mathrm{p})_1^2} = X_\mathrm{h}\frac{1}{\ddot{\mathrm{u}}_\mathrm{h}^2} \tag{8.1.138}$$

und die Läuferstreureaktanz mit (8.1.132a,b). Den Ständerwiderstand erhält man über (6.3.9), Seite 388, wobei ggf. eine Widerstandsvergrößerung durch Stromverdrängung beachtet werden muss.

Die im Abschnitt 3.7.3, Seite 296, ermittelte Oberwellenstreuung enthält nicht den Einfluss der Nutöffnungen und den Einfluss dämpfender Wicklungen. Bei halb geschlossenen Nuten vermindert sich die Oberwellenstreuung um etwa 20 %, bei offenen Nuten um mehr als 50 %. Die Veränderung der Oberwellen nach Betrag und Phasenlage aufgrund der Dämpfung durch die kurzgeschlossene Läuferwicklung lässt sich mit Hilfe des im Band *Theorie elektrischer Maschinen*, Abschnitt 1.9.3, beschriebenen komplexen Felddämpfungsfaktors berechnen. In Strangwicklungen tritt kaum eine Dämpfung in Erscheinung. Käfigwicklungen dämpfen die Oberwellenstreuung der Ständerwicklung um etwa 20 %. Die Wirkung geschrägter, nicht isolierter Läuferstäbe wird infolge von Querströmen zum Teil aufgehoben. Dadurch vermindert sich die Reaktanz der Schrägungsstreuung schätzungsweise um etwa 50 % [7].

Für den ersten Augenblick eines nichtstationären Vorgangs der Induktionsmaschine gilt der im Bild 8.1.8 schematisch dargestellte Verlauf der Feldwirbel der Ständerwicklung.

Diesem Feld ist die vom Ständer her gesehene Gesamtstreuinduktivität zugeordnet. Dazu wurden im Abschnitt 3.4, Seite 266, ausführliche allgemeine Betrachtungen angestellt. Dabei war zunächst von einem allgemeinen Wicklungspaar ausgegangen worden. Im Fall der dreisträngigen Induktionsmaschine mit ihrem konstanten Luftspalt können die beiden allgemeinen Wicklungen als Ständer- und Läuferwicklung angesehen werden, wobei mit Wirksamkeit des Prinzips der Hauptwellenverkettung die Hauptinduktivitäten in Erscheinung treten. Man erhält aus (3.4.19) für die vom Ständer her gesehene Gesamtstreuinduktivität, die man auch als Übergangsinduktivität bezeichnen kann, unter Einführung des Übersetzungsverhältnisses über (3.4.29) und des Anteils der Spaltstreuung über (3.4.30)

$$L_{\sigma1\mathrm{res}} = L_{\sigma1\mathrm{nwz}} + \xi_\mathrm{schr,p}^2\ddot{\mathrm{u}}_\mathrm{h}^2 L_{\sigma2\mathrm{nwz}} + L_\mathrm{h}\left(1 - \xi_\mathrm{schr,p}^2\right) + L_{\sigma1\mathrm{o}} + \xi_\mathrm{schr,p}^2\ddot{\mathrm{u}}_\mathrm{h}^2 L_{\sigma2\mathrm{o}}. \tag{8.1.139}$$

Mit dem Streukoeffizienten der Schrägungsstreuung nach (8.1.84) entsprechend $\sigma_\mathrm{schr} = 1 - \xi_\mathrm{schr,p}^2$ und der Zuordnung der beiden Anteile der Oberwellenstreuung folgt daraus

$$L_{\sigma1\mathrm{res}} = L_{\sigma1\mathrm{nwzo}} + \xi_\mathrm{schr,p}^2\ddot{\mathrm{u}}_\mathrm{h}^2 L_{\sigma2\mathrm{nwzo}} + \sigma_\mathrm{schr}L_\mathrm{h}. \tag{8.1.140}$$

Analog erhält man als vom Läufer her gesehene Gesamtstreuinduktivität bzw. Übergangsinduktivität

$$L_{2\sigma\mathrm{res}} = L_{2\sigma\mathrm{nwzo}} + \frac{\xi_\mathrm{schr,p}^2}{\ddot{\mathrm{u}}_\mathrm{h}^2}L_{\sigma1\mathrm{nwzo}} + \sigma_\mathrm{schr}L_\mathrm{2h}. \tag{8.1.141}$$

Der Verlauf der Feldwirbel im Bild 8.1.8 entspricht auch dem, der im ideellen Kurzschluss vorliegt. Dem zugeordnet ist die vom Ständer her gesehene Übergangs-

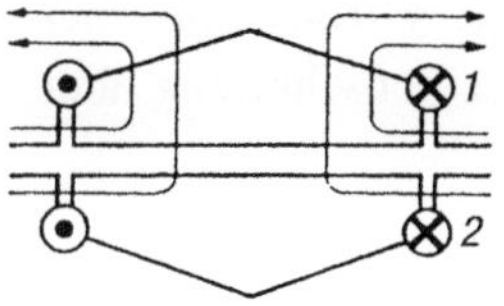

Bild 8.1.8 Feld der Ständerwicklung einer Induktionsmaschine im ersten Augenblick eines nichtstationären Vorgangs

reaktanz, die formal als $X_1' = \omega L_1'$ einzuführen ist und die offenbar identisch der ideellen Kurzschlussreaktanz X_i ist. Ein Vergleich mit (8.1.128) bestätigt das.

8.2 Zeitkonstanten

Der nichtstationäre Betrieb elektrischer Maschinen ist i. Allg. gekennzeichnet durch elektromagnetische und mechanische Übergangsvorgänge. Massgebend für den zeitlichen Ablauf dieser Vorgänge sind Zeitkonstanten. Je nach den beteiligten physikalischen Vorgängen spricht man von elektromagnetischen, mechanischen und elektromechanischen Zeitkonstanten. Übergangsvorgänge eines Elements (z. B. einer Wicklung) verlaufen entsprechend der Eigenzeitkonstante des Elements. Sind mehrere Elemente miteinander verkettet, so laufen im nichtstationären Betriebsfall mehrere Ausgleichsvorgänge mit unterschiedlichen Zeitkonstanten ab. Diese Zeitkonstanten bestehen häufig aus Funktionen von Eigenzeitkonstanten, und man nennt sie dann charakteristische Zeitkonstanten. Die Ermittlung der Zeitkonstanten basiert auf der Annahme linearer Verhältnisse. Thermische Übergangsvorgänge elektrischer Maschinen haben i. Allg. kaum Einfluss auf das nichtstationäre Betriebsverhalten.

8.2.1 Eigenzeitkonstanten

Die Eigenzeitkonstante eines Elements wird durch Parameter dieses Elements bestimmt. Im elektromagnetischen Fall sind das die Selbstinduktivität und der Widerstand der Wicklung, im mechanischen Fall das Massenträgheitsmoment und das wirkende Drehmoment des rotierenden Körpers, und im elektromechanischen Fall, d. h. bei rotierenden elektrischen Maschinen, treten beide Parametergruppen in Erscheinung.

8.2.1.1 Eigenzeitkonstante einer Wicklung

Die Eigenzeitkonstante einer Wicklung bestimmt den zeitlichen Verlauf der elektrischen und magnetischen Größen in einem nichtstationären Betriebszustand dieser Wicklung. Sie ist deshalb eine *elektromagnetische Zeitkonstante.* Für die Eigenzeitkonstante T_j einer Wicklung j, die häufig auch als T_{j0} bezeichnet wird, sind deren Selbstinduktivität $L_{jj} = L_{\delta jj} + L_{\sigma jj}$ und ohmscher Widerstand R_j maßgebend. Mit (8.1.8), Seite 480, ergibt sich für eine Wicklung auf ausgeprägten Polen

$$\boxed{T_j = \frac{L_{jj}}{R_j} = \frac{L_{\delta jj} + L_{\sigma jj}}{R_j} = \frac{L_{\delta jj}}{R_j}(1 + \sigma_{\delta j})} \,. \qquad (8.2.1)$$

Nicht stationären Betriebszuständen lässt sich i. Allg. kein definierter Sättigungszustand zuordnen. Es hat demnach keinen Sinn, in (8.2.1) die gesättigten Werte von Induktivitäten einzusetzen. Folglich erhält man die *Eigenzeitkonstante einer aus konzentrierten Spulen bestehenden Erregerwicklung* mit Reihenschaltung aller Polspulen über (8.1.18), Seite 482, und (1.4.1), Seite 143, zu

$$\boxed{T_\mathrm{e} = \mu_0 \frac{\tau_\mathrm{p} l_\mathrm{i}}{\delta_\mathrm{i} l_\mathrm{me}} \frac{2}{\pi} C_\mathrm{m} \varkappa A_\mathrm{we}(1 + \sigma_\mathrm{e})}\,. \tag{8.2.2}$$

Dabei ist $A_\mathrm{we} = w_\mathrm{sp} A_\mathrm{Le}$ der effektive Querschnitt einer Polwicklung, l_me deren mittlere Windungslänge und $(2/\pi)C_\mathrm{m} = \alpha_\mathrm{i}$ der ideelle Polbedeckungsfaktor. Liegt der magnetische Kreis einer elektrischen Maschine fest, so ist die Zeitkonstante der Erregerwicklung proportional zum Wicklungsquerschnitt. Wenn die Streuflussverkettung näherungsweise als $\psi_{\sigma\mathrm{e}} = L_{\sigma\mathrm{e}} i_\mathrm{e} = w_\mathrm{e} \Phi_{\sigma\mathrm{p}}$ durch den Polstreufluss ausgedrückt wird, erhält man mit $\psi_{\delta\mathrm{e}} = L_{\delta\mathrm{e}} i_\mathrm{e} = w_\mathrm{e} \Phi_\delta$ für den Streukoeffizienten

$$\sigma_\mathrm{e} = \frac{L_{\sigma\mathrm{e}}}{L_{\delta\mathrm{e}}} = \frac{\Phi_{\sigma\mathrm{p}}}{\Phi_\delta}\,. \tag{8.2.3}$$

Mit (2.1.13a,b), Seite 157, und (2.3.28), Seite 181, ergibt sich für den Ausdruck $A_\mathrm{we}/\delta_\mathrm{i}$ in (8.2.2)

$$\frac{A_\mathrm{we}}{\delta_\mathrm{i}} = \frac{w_\mathrm{sp} i_\mathrm{e}}{\delta_\mathrm{i} S_\mathrm{e}} \approx \frac{V_\delta}{\delta_\mathrm{i} S_\mathrm{e}} = \frac{B_\mathrm{max}}{\mu_0 S_\mathrm{e}},$$

wobei S_e die Stromdichte in der Erregerwicklung ist. Da die Größen B_max und S_e einer bestimmten Maschinenart nur wenig variieren, ist $A_\mathrm{we}/\delta_\mathrm{i}$ annähernd konstant. Damit wird die Zeitkonstante der Erregerwicklung annähernd proportional zum Ausdruck $\tau_\mathrm{p} l_\mathrm{i}/l_\mathrm{me}$, d. h. T_e wächst im Wesentlichen mit der Polteilung τ_p. Die Zeitkonstante T_e der Erregerwicklung von Maschinen oberhalb des Leistungsbereichs der Kleinstmaschinen liegt etwa im Bereich 0,2 bis 15 s. Die Beziehung (8.2.2) gilt in entsprechender Weise für alle konzentriert angeordneten Wicklungen.

Setzt man in (8.2.1) die Beziehungen (8.1.67), Seite 495, und (6.3.16), Seite 389, ein, so erhält man als *Eigenzeitkonstante einer Kommutatorwicklung* mit $2p$ Bürsten

$$\boxed{T_\mathrm{a} = \mu_0 \frac{\tau_\mathrm{p} l_\mathrm{i}}{6\delta_\mathrm{i} l_\mathrm{wa}} \alpha_\mathrm{i}^3 \varkappa A_\mathrm{wa}(1 + \sigma_\mathrm{a})}\,. \tag{8.2.4}$$

Hierin sind $A_\mathrm{wa} = z_\mathrm{a} A_\mathrm{La}/(2p)$ der effektive Ankerwicklungsquerschnitt je Pol, l_wa die mittlere Windungslänge und $\sigma_\mathrm{a} = L_{\sigma\mathrm{a}}/L_{\delta\mathrm{a}}$ der *Streukoeffizient der Kommutatorwicklung*. Auch die Zeitkonstante T_a wächst mit dem Wicklungsquerschnitt und der Polteilung, d. h. mit dem Wicklungsvolumen. Mit zunehmender Luftspaltlänge wird sie kleiner. Für die Ermittlung der Zeitkonstante des gesamten Ankerkreises sind die resultierende Induktivität und der resultierende Widerstand aller im Ankerkreis liegenden Wicklungen maßgebend.

Die Ankerzeitkonstanten von Gleichstrommaschinen sind von besonderem Interesse, da von Gleichstrommaschinen i. Allg. gute dynamische Eigenschaften gefordert werden. Diese Zeitkonstanten lassen sich über einfache Näherungen leicht abschätzen. Aus (1.3.24), Seite 139, und (2.3.5), Seite 171, ergibt sich für die Klemmenspannung der Maschine

$$U_\mathrm{N} \approx -E = 4wn_\mathrm{N} p \Phi_\delta = c\Phi_\delta n_\mathrm{N} = 2w\alpha_\mathrm{i} \pi B_\mathrm{max} D l_\mathrm{i} n_\mathrm{N},$$

wobei

$$c = 4wp = z_\mathrm{a}\frac{p}{a} \tag{8.2.5}$$

die im Band *Grundlagen elektrischer Maschinen*, Abschnitt 3.3.2, eingeführte Maschinenkonstante der Gleichstrommaschine ist. Mit dem daraus ermittelten Ausdruck für $w\alpha_\mathrm{i}$ geht (8.1.67), Seite 495, über in

$$L_{\delta\mathrm{a}} \approx \frac{U_\mathrm{N}^2\alpha_\mathrm{i}\mu_0\tau_\mathrm{p}}{24\pi^2 B_\mathrm{max}^2 D^2 l_\mathrm{i} n_\mathrm{N}^2 p\delta_\mathrm{i}} .$$

Setzt man nach (9.1.3), Seite 528,

$$\frac{U_\mathrm{N}}{\pi^2 B_\mathrm{max} D^2 l_\mathrm{i} n_\mathrm{N}} \approx \frac{\alpha_\mathrm{i} A}{I_\mathrm{N}}$$

und den sich ergebenden Ausdruck $(\mu_0\tau_\mathrm{p}A)/(\delta_\mathrm{i}B_\mathrm{max})$ nach (9.1.33a,b), Seite 545, im Fall nicht kompensierter Maschinen zu 2,5 ... 3 – wobei berücksichtigt ist, dass zur Erzielung guter Betriebseigenschaften gerne relativ große Werte für den Luftspalt ausgeführt werden – und im Fall kompensierter Maschinen zu 4,5, so erhält man mit $\alpha_\mathrm{i} \approx 2/3$

$$L_{\delta\mathrm{a}} \approx (0{,}0445\ldots 0{,}06)\frac{U_\mathrm{N}}{I_\mathrm{N}pn_\mathrm{N}} \quad \text{bzw.} \quad L_{\delta\mathrm{a}} \approx 0{,}08\frac{U_\mathrm{N}}{I_\mathrm{N}pn_\mathrm{N}} . \tag{8.2.6}$$

Für Gleichstrommaschinen ohne Kompensationswicklung beträgt der Streukoeffizient $\sigma_\mathrm{a} \approx 0{,}3\ldots 0{,}35$, und für kompensierte Maschinen mit $L_{\delta\mathrm{a}} \approx 0$ beträgt er $\sigma_\mathrm{a} \approx 0{,}45\ldots 0{,}5$. Mit dem relativen Spannungsabfall $u_\mathrm{r} = R_\mathrm{a}I_\mathrm{N}/U_\mathrm{N}$ ergibt sich schließlich

$$T_\mathrm{a} \approx \frac{(3{,}5\ldots 5)\mathrm{s}}{u_\mathrm{r}pn_\mathrm{N}/\mathrm{min}^{-1}} \quad \text{für unkompensierte Maschinen} \tag{8.2.7a}$$

$$T_\mathrm{a} \approx \frac{(2\ldots 2{,}5)\mathrm{s}}{u_\mathrm{r}pn_\mathrm{N}/\mathrm{min}^{-1}} \quad \text{für kompensierte Maschinen.} \tag{8.2.7b}$$

Bei sehr großen Luftspalten ergeben sich auch noch kleinere Werte für $L_{\delta\mathrm{a}}$ und T_a.

Die *Eigenzeitkonstanten von Strangwicklungen* erhält man aus (8.2.1) durch Einsetzen der Induktivitäten nach den Abschnitten 8.1.2.2, Seite 483, und 8.1.3.1, Seite 497, sowie des Widerstands nach Abschnitt 6.3.2, Seite 386.

Zu beachten ist, dass die Übergangsvorgänge bei massiven Wicklungskernen bzw. Magnetkreisen infolge der Verkettung mit den entstehenden Wirbelströmen nicht mehr nach den Eigenzeitkonstanten der Wicklungen verlaufen.

8.2.1.2 Eigenzeitkonstante eines massiven Eisenkreisabschnitts

Die Eigenzeitkonstante eines massiven Eisenkreisabschnitts nach Bild 8.2.1 beträgt näherungsweise [52]

$$T_\mathrm{Fe} \approx \mu_0\frac{d_\mathrm{Fe}\kappa_\mathrm{Fe}}{\delta\pi^2}\frac{ab}{\frac{a}{b}+\frac{b}{a}} . \tag{8.2.8}$$

Hat der massive Eisenkreisabschnitt einen anderen Querschnitt $A_\mathrm{Fe} = ab$ als der Luftspalt A_δ, so ist in (8.2.8) mit einem Luftspalt $\delta^* = \delta A_\mathrm{Fe}/A_\delta$ zu rechnen.

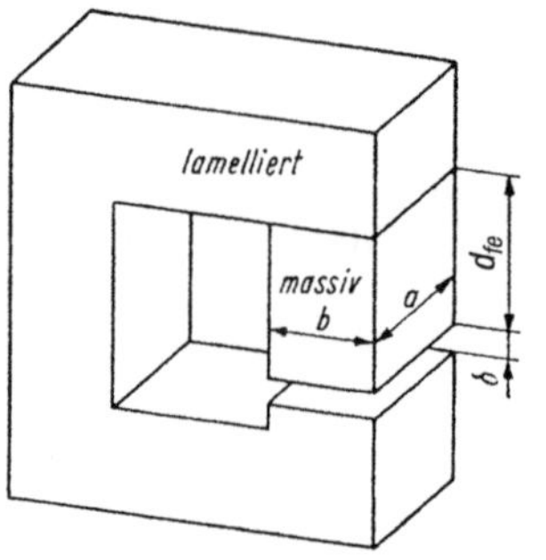

Bild 8.2.1 Zur Berechnung der Zeitkonstante eines massiven Eisenkreisabschnitts

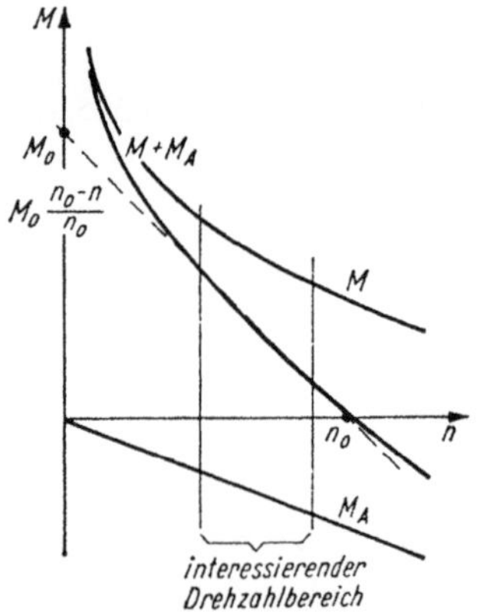

Bild 8.2.2 Zur Bestimmung der mechanischen Zeitkonstante eines Maschinenläufers

8.2.1.3 Zeitkonstanten eines Läufers

Wenn auf einen rotierenden Körper mit dem Massenträgheitsmoment J ein resultierendes Drehmoment $M + M_A$ einwirkt, das im interessierenden Drehzahlbereich proportional oder annähernd proportional zur Drehzahldifferenz $n_0 - n$ gegenüber der Leerlaufdrehzahl n_0 ist, so dass mit Bild 8.2.2

$$M + M_A = M_0 \frac{n_0 - n}{n_0}$$

gilt, so erhält man nach Band *Theorie elektrischer Maschinen*, Abschnitt 1.7.7, für quasistationäre Bewegungsvorgänge innerhalb des linear verlaufenden Drehzahlbereichs für die *mechanische Zeitkonstante*

$$\boxed{T_0 = \frac{2\pi J n_0}{M_0}} . \tag{8.2.9}$$

Dies ist insbesondere bei Gleichstrom-Nebenschlussmaschinen der Fall, wobei dann M_0 das Anzugsmoment darstellt. Wird das resultierende Drehmoment aus dem elektromechanischen Drehmoment der Maschine und einem konstanten Drehmoment einer Arbeitsmaschine gebildet, so gilt für alle quasistationären Bewegungsvorgänge im Fall einer normalen Gleichstrommaschine mit konstantem Luftspaltfluss Φ_δ bei Betrieb an konstanter Ankerspannung die *elektromechanische Zeitkonstante* einer Gleichstrommaschine (s. Bd. *Theorie elektrischer Maschinen*, Abschn. 4.2)

$$\boxed{T_m = \frac{(2\pi)^2 R_a J}{(c\Phi_\delta)^2}} \tag{8.2.10}$$

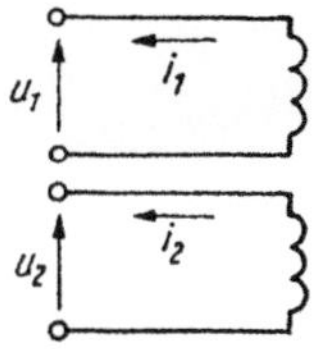

Bild 8.2.3 Zur Berechnung der Zeitkonstanten von zwei miteinander verketteten Wicklungen

mit der Maschinenkonstante c der Gleichstrommaschine nach (8.2.5).

Die *elektromechanische Zeitkonstante einer Synchronmaschine* beträgt nach Band *Theorie elektrischer Maschinen*, Abschnitt 3.1.3,

$$\boxed{T_\mathrm{m} = J\frac{(\omega_\mathrm{N}/p)^2}{P_\mathrm{sN}} = J\frac{(2\pi n_0)^2}{P_\mathrm{sN}}} . \tag{8.2.11}$$

Dabei ist ω_N die Kreisfrequenz des speisenden Netzes, n_0 die synchrone Drehzahl und $P_\mathrm{sN} = \sqrt{3}U_\mathrm{N}I_\mathrm{N}$ die Bemessungsscheinleistung der dreisträngigen Maschine.

8.2.2 Charakteristische Zeitkonstanten

Wie in der Einleitung zum Abschnitt 8.2 bereits angedeutet wurde, verlaufen die Übergangsvorgänge mehrerer elektromagnetisch oder elektromechanisch miteinander verketteter Vorgänge nach charakteristischen Zeitkonstanten. Wenn mehrere Vorgänge aufeinander folgend wirken, die aber nicht miteinander verkettet sind, wie z. B. der elektromagnetische Vorgang im Erregerkreis und der elektromechanische Vorgang des Ankers bei einer Gleichstrommaschine, verläuft der Gesamtvorgang entsprechend einer Überlagerung der Einzelvorgänge.

8.2.2.1 Zeitkonstanten von zwei miteinander verketteten Wicklungen

Für die beiden im Bild 8.2.3 dargestellten miteinander verketteten Wicklungen 1 und 2 gelten unter der Voraussetzung linearer magnetischer Verhältnisse die Spannungsgleichungen (s. Abschn. 3.4, S. 266)

$$u_1 = R_1 i_1 + L_{11}\frac{\mathrm{d}i_1}{\mathrm{d}t} + L_{12}\frac{\mathrm{d}i_2}{\mathrm{d}t} \tag{8.2.12a}$$

$$u_2 = R_2 i_2 + L_{22}\frac{\mathrm{d}i_2}{\mathrm{d}t} + L_{21}\frac{\mathrm{d}i_1}{\mathrm{d}t} . \tag{8.2.12b}$$

Es soll der Vorgang beim Einschalten einer Spannung u_1 bei kurzgeschlossener Wicklung 2, d. h. bei $u_2 = 0$, betrachtet werden. Mit den Anfangsbedingungen $i_1(t = 0) = i_2(t = 0) = 0$, entsprechend dem stromlosen Ausgangszustand, und unter Einführung der Eigenzeitkonstanten $T_1 = L_{11}/R_1$ und $T_2 = L_{22}/R_2$ sowie der Reziprozität der Gegeninduktivitäten $L_{21} = L_{12}$ erhält man im Unterbereich der Laplace-Transformation[1] das Gleichungssystem

$$u_1 = R_1(1 + pT_1)i_1 + L_{12}pi_2 \tag{8.2.13a}$$

$$0 = L_{12}pi_1 + R_2(1 + pT_2)i_2 \tag{8.2.13b}$$

1 Eine Tabelle der korrespondierenden Funktionen der Laplace-Transformation findet sich im Anhang des Bands *Theorie elektrischer Maschinen*.

mit den Lösungen

$$i_1 = \frac{R_2(1 + pT_2)}{R_1R_2(1 + pT_1)(1 + pT_2) - L_{12}^2 p^2} u_1 \tag{8.2.14a}$$

$$i_2 = \frac{-L_{12}p}{R_1R_2(1 + pT_1)(1 + pT_2) - L_{12}^2 p^2} u_1 . \tag{8.2.14b}$$

Die Wurzeln des Nenners im Gleichungssystem (8.2.14a,b) bestimmen den Zeitverlauf der beiden Ströme. Führt man den resultierenden Streukoeffizienten entsprechend (3.4.8), Seite 267, als

$$\sigma_{12} = 1 - \frac{L_{12}^2}{L_{11}L_{22}}$$

ein, so geht der Nenner in $R_1R_2\left[p^2\sigma_{12}T_1T_2 + p(T_1 + T_2) + 1\right]$ über. Bei der Rücktransformation des Gleichungssystems nach (8.2.14a,b) erscheinen zwei Exponentialfunktionen mit den Koppelzeitkonstanten T_{I} und T_{II}, die den Wurzeln p_{I} und p_{II} der Nennerfunktion

$$R_1R_2\left[p^2\sigma_{12}T_1T_2 + p(T_1 + T_2) + 1\right] = 0$$

über $T_{\mathrm{I}} = -1/p_{\mathrm{I}}$ und $T_{\mathrm{II}} = -1/p_{\mathrm{II}}$ zugeordnet sind. Im Allgemeinen ist der Streukoeffizient der Gesamtstreuung $\sigma_{12} < 0{,}3$. Dann erhält man Näherungslösungen für p_{I} und p_{II}, die für die Koppelzeitkonstanten auf die Näherungswerte

$$T_{\mathrm{I}} = -\frac{1}{p_{\mathrm{I}}} \approx \frac{\sigma_{12}T_1T_2}{T_1 + T_2} \tag{8.2.15a}$$

$$T_{\mathrm{II}} = -\frac{1}{p_{\mathrm{II}}} \approx T_1 + T_2 \tag{8.2.15b}$$

führen. Die Summe der beiden Eigenzeitkonstanten liefert die größere der beiden wirksamen Koppelzeitkonstanten, die für die Übergangsvorgänge zweier miteinander verketteter Wicklungen charakteristisch ist. Sie ist maßgebend für den Aufbau des Hauptfelds, denn ohne Streuung ist $\sigma_{12} = 0$ und damit auch $T_{\mathrm{I}} = 0$. Man nennt T_{II} deshalb auch die *Hauptfeldzeitkonstante* T_{h} und T_{I} entsprechend ihrer Abhängigkeit vom Streukoeffizienten der Gesamtstreuung die *Streufeldzeitkonstante* T_σ. Diese Überlegungen gelten auch, wenn eine der beiden Wicklungen durch Wirbelstrombahnen im massiven Eisen gebildet wird. Mithin erhält man für die Hauptfeldzeitkonstante einer Wicklung j, die auf einem ganz oder teilweise massiven Eisenkern angeordnet ist,

$$T_{\mathrm{h}} \approx T_j + T_{\mathrm{Fe}} \tag{8.2.16}$$

mit T_j nach (8.2.1) und T_{Fe} nach (8.2.8). Für den Fall, dass $T_1 \ll T_2$ ist, gehen die Näherungen (8.2.15a,b) über in

$$T_{\mathrm{I}} \approx \sigma_{12}T_1 \tag{8.2.17a}$$

$$T_{\mathrm{II}} \approx T_2 . \tag{8.2.17b}$$

8.2.2.2 Zeitkonstanten der Synchronmaschine

Die charakteristischen Zeitkonstanten der Synchronmaschine sind

- die transiente Leerlaufzeitkonstante der Längsachse T'_{d0},
- die subtransiente Leerlaufzeitkonstante der Längsachse T''_{d0},

- die transiente Kurzschlusszeitkonstante der Längsachse T'_{d},
- die subtransiente Kurzschlusszeitkonstante der Längsachse T''_{d},
- die subtransiente Leerlaufzeitkonstante der Querachse T''_{q0},
- die subtransiente Kurzschlusszeitkonstante der Querachse T''_{q}.

Hinzu kommt noch die Ankerzeitkonstante T_{a}.

Die Leerlaufzeitkonstanten treten in Eigenvorgängen der Ströme und Flussverkettungen in den Kreisen der Längs- bzw. Querachse in Erscheinung, wenn die Ankerstränge offen sind. Dagegen beobachtet man die Kurzschlusszeitkonstanten in Eigenvorgängen dieser Größen, wenn die Ankerstränge kurzgeschlossen sind und die Läuferdrehzahl groß ist. Die oben angeführten charakteristischen Zeitkonstanten treten in einem Modell der Synchronmaschine auf, dessen realer Dämpferkäfig durch je eine Ersatzdämpferwicklung in der Längs- und in der Querachse ersetzt wird, d. h. in dem gleichen Modell, das auch zur Einführung der charakteristischen Induktivitäten bzw. Reaktanzen im Abschnitt 8.1.4.1, Seite 503, führte. Dieses Modell wird im Band *Theorie elektrischer Maschinen* im Abschnitt 3.1 auf Basis von Abschnitt 1.8 desselben Bands entwickelt. Die dabei gewonnenen Beziehungen werden im Folgenden übernommen und zur Sicherung der Nachvollziehbarkeit zusammenfassend wiederholt. Dabei wird – wie im Abschnitt 8.1.4.1 – auf die Berücksichtigung einer Reihe von Feinheiten verzichtet, so dass die gleichen vereinfachenden Annahmen zur Wirkung kommen, die im Abschnitt 8.1.4.1 einleitend zusammengestellt wurden.

Die charakteristischen Zeitkonstanten der Synchronmaschine leiten sich aus den Eigenzeitkonstanten der Wicklungen des Polsystems ab. Diese Eigenzeitkonstanten sind entsprechend Abschnitt 3.1.8 des Bands *Theorie elektrischer Maschinen* für den Fall, dass anstelle der bezogenen Größen x und r die physikalischen Größen L und R Verwendung finden, gegeben als Eigenzeitkonstante der Erregerwicklung

$$T_{\mathrm{fd0}} = \frac{L_{\mathrm{ffd}}}{R_{\mathrm{fd}}}, \tag{8.2.18}$$

wobei L_{ffd} die Selbstinduktivität und R_{fd} der Widerstand der Erregerwicklung sind, und als Eigenzeitkonstanten der Ersatzdämpferwicklungen in der Längsachse

$$T_{\mathrm{Dd0}} = \frac{L_{\mathrm{DDd}}}{R_{\mathrm{Dd}}} \tag{8.2.19}$$

und der Querachse

$$T_{\mathrm{Dq0}} = \frac{L_{\mathrm{DDq}}}{R_{\mathrm{Dq}}}. \tag{8.2.20}$$

Dabei ist L_{DDd} die Selbstinduktivität der Ersatzdämpferwicklung der Längsachse, L_{DDq} die Selbstinduktivität der Ersatzdämpferwicklung der Querachse, R_{Dd} der Widerstand der Ersatzdämpferwicklung der Längsachse und R_{Dq} der Widerstand der Ersatzdämpferwicklung der Querachse.

Die Beziehungen für die Selbstinduktivitäten sind im Band *Theorie elektrischer Maschinen* auf der Basis der Einführung der Ersatzdämpferwicklungen als Stränge einer zweisträngigen Ersatzwicklung, die einem vollständig symmetrischen Kurzschlusskäfig in einem gleichmäßig genuteten Blechpaket mit N_{D} Nuten zugeordnet sind, entwickelt worden.

Im Fall einer *Schenkelpol-Synchronmaschine* gilt für die Erregerwicklung

$$L_{\mathrm{ffd}} = L_{\mathrm{h}} \frac{2}{3} \frac{\pi}{4} \frac{w_{\mathrm{fd}}^2}{(w\xi_{\mathrm{p}})^2} C_{\mathrm{m}} + L_{\sigma\mathrm{fd}}, \tag{8.2.21}$$

wobei L_{h} die Hauptinduktivität nach (8.1.109), C_{m} der Polformkoeffizient nach (2.3.9), Seite 172, w_{fd} die hintereinandergeschaltete Windungszahl aller $2p$ Pole und $L_{\sigma\mathrm{fd}}$ die Streuinduktivität der Erregerwicklung nach (8.1.94), Seite 502, sind. Für die Ersatzdämpferwicklungen gilt analog

$$L_{\mathrm{DDd}} = L_{\mathrm{h}} \frac{2}{3} \frac{\pi}{4} \frac{(w\xi_{\mathrm{p}})_{\mathrm{Dd}}^2}{(w\xi_{\mathrm{p}})^2} C_{\mathrm{adp}} + L_{\sigma\mathrm{Dd}} \tag{8.2.22}$$

$$L_{\mathrm{DDq}} = L_{\mathrm{h}} \frac{2}{3} \frac{\pi}{4} \frac{(w\xi_{\mathrm{p}})_{\mathrm{Dq}}^2}{(w\xi_{\mathrm{p}})^2} C_{\mathrm{aqp}} + L_{\sigma\mathrm{Dq}} \tag{8.2.23}$$

wobei $(w\xi_{\mathrm{p}})_{\mathrm{Dd}} = (w\xi_{\mathrm{p}})_{\mathrm{Dq}} = N_{\mathrm{D}}/4$ die hintereinandergeschalteten effektiven Windungszahlen aller $2p$ Pole nach (8.1.102), C_{adp} und C_{aqp} die Polformkoeffizienten nach (2.7.23a) bzw. (2.7.23b), Seite 241, und $L_{\sigma\mathrm{Dd}} = L_{\sigma\mathrm{Dq}} = L_{\sigma\mathrm{s}}N_{\mathrm{D}}/2$ die Streuinduktivitäten nach (8.1.105) mit der Streuinduktivität eines Stabs $L_{\sigma\mathrm{s}}$ nach (8.1.106) sind.

Im Fall einer *Vollpol-Synchronmaschine* gelten ausgehend von den Überlegungen im Unterabschnitt 8.1.2.2e – wie im Band *Theorie elektrischer Maschinen* ausführlich gezeigt wird – die Beziehungen

$$L_{\mathrm{ffd}} = L_{\mathrm{h}} \frac{2}{3} \frac{(w\xi_{\mathrm{p}})_{\mathrm{fd}}^2}{(w\xi_{\mathrm{p}})^2} + L_{\sigma\mathrm{fd}} \tag{8.2.24}$$

$$L_{\mathrm{DDd}} = L_{\mathrm{h}} \frac{2}{3} \frac{(w\xi_{\mathrm{p}})_{\mathrm{Dd}}^2}{(w\xi_{\mathrm{p}})^2} + L_{\sigma\mathrm{Dd}} \tag{8.2.25}$$

$$L_{\mathrm{DDq}} = L_{\mathrm{h}} \frac{2}{3} \frac{(w\xi_{\mathrm{p}})_{\mathrm{Dq}}^2}{(w\xi_{\mathrm{p}})^2} + L_{\sigma\mathrm{Dq}} \tag{8.2.26}$$

mit der effektiven Windungszahl $(w\xi_{\mathrm{p}})_{\mathrm{fd}}$ aller hintereinandergeschalteten $2p$ Pole der Erregerwicklung und der Beziehung für die Streuinduktivität der Erregerwicklung nach (8.1.95) bzw. (8.1.99), Seite 502.

Für die Widerstände der Ersatzdämpferwicklungen auf Basis der Einführung der Ersatzdämpferwicklungen als Stränge einer zweisträngigen Ersatzwicklung, die einem vollständig symmetrischen Kurzschlusskäfig in einem gleichmäßig genuteten Blechpaket mit N_{D} Nuten zugeordnet sind, erhält man nach (8.1.104)

$$R_{\mathrm{Dd}} = R_{\mathrm{Dq}} = \frac{N_{\mathrm{D}}}{2} R_{\mathrm{s}} \tag{8.2.27}$$

mit dem Widerstand R_{s} eines Stabs des Dämpferkäfigs. Mit Hilfe der Beziehungen (8.2.18) bis (8.2.27) lassen sich die Eigenzeitkonstanten der Wicklungen des Polsystems ermitteln. Davon ausgehend erhält man die charakteristischen Zeitkonstanten unter Verwendung der Beziehungen, die im Abschnitt 3.1.8.2 des Bands *Theorie elektrischer Maschinen* entwickelt wurden. Dabei wird im Folgenden davon ausgegangen, dass die Eigenzeitkonstante T_{Dd0} der Ersatzdämpferwicklung der Längsachse praktisch stets klein gegenüber der Eigenzeitkonstante T_{fd0} der Erregerwicklung ist, so dass die entsprechenden Näherungsbeziehungen aus den Abschnitten 3.1.8.2 und 3.1.6.3 des Bands *Theorie elektrischer Maschinen* Verwendung finden können. Damit ergibt sich

- die transiente Leerlaufzeitkonstante der Längsachse als

$$T'_{\mathrm{d0}} \approx T_{\mathrm{fd0}} + T_{\mathrm{Dd0}} \approx T_{\mathrm{fd0}} \tag{8.2.28}$$

mit T_{fd0} nach (8.2.18) und T_{Dd0} nach (8.2.19),

- die subtransiente Leerlaufzeitkonstante der Längsachse als

$$T''_{\mathrm{d0}} \approx \sigma_{\mathrm{Dfd}} \frac{T_{\mathrm{fd0}} T_{\mathrm{Dd0}}}{T_{\mathrm{fd0}} + T_{\mathrm{Dd0}}} \approx \sigma_{\mathrm{Dfd}} T_{\mathrm{Dd0}} \tag{8.2.29}$$

mit σ_{Dfd} nach (8.1.114c),

- die transiente Kurzschlusszeitkonstante der Längsachse als

$$T'_{\mathrm{d}} \approx \sigma_{\mathrm{afd}} T_{\mathrm{fd0}} + \sigma_{\mathrm{aDd}} T_{\mathrm{Dd0}} \approx \sigma_{\mathrm{afd}} T_{\mathrm{fd0}} \approx \frac{L'_{\mathrm{d}}}{L_{\mathrm{d}}} T_{\mathrm{fd0}} \tag{8.2.30}$$

mit σ_{afd} nach (8.1.114b) und σ_{aDd} nach (8.1.114a),

- die subtransiente Kurzschlusszeitkonstante der Längsachse als

$$T''_{\mathrm{d}} \approx \frac{L''_{\mathrm{d}}}{\sigma_{\mathrm{afd}} L_{\mathrm{d}}} T''_{\mathrm{d0}} \approx \frac{L''_{\mathrm{d}}}{L'_{\mathrm{d}}} T_{\mathrm{Dd0}} \tag{8.2.31}$$

mit L''_{d} nach (8.1.116) und L'_{d} nach (8.1.115),

- die subtransiente Leerlaufzeitkonstante der Querachse als

$$T''_{\mathrm{q0}} \approx T_{\mathrm{Dq0}}, \tag{8.2.32}$$

- die subtransiente Kurzschlusszeitkonstante der Querachse als

$$T''_{\mathrm{q}} \approx \frac{L''_{\mathrm{q}}}{L_{\mathrm{q}}} T''_{\mathrm{q0}} = \sigma_{\mathrm{aDq}} T''_{\mathrm{q0}} = \sigma_{\mathrm{aDq}} T_{\mathrm{Dq0}} \tag{8.2.33}$$

mit L''_{q} nach (8.1.117), L_{q} nach (8.1.108) mit (8.1.109) und σ_{aDq} nach (8.1.114d).

Die *Ankerzeitkonstante* T_{a} wird im Abschnitt 3.4.5.1 des Bands *Theorie elektrischer Maschinen* eingeführt als

$$T_{\mathrm{a}} = \frac{2L''_{\mathrm{d}} L''_{\mathrm{q}}}{R_{\mathrm{a}}(L''_{\mathrm{d}} + L''_{\mathrm{q}})} \tag{8.2.34}$$

mit dem Widerstand R_{a} eines Strangs der Ankerwicklung.

Im Bild 8.2.4 sind Anhaltswerte für die charakteristischen Zeitkonstanten von Synchronmaschinen wiedergegeben.

8.2.2.3 Zeitkonstanten der Induktionsmaschine

Im Abschnitt 8.1.4.2, Seite 510, wurden als (8.1.140) und (8.1.141) die vom Ständer bzw. vom Läufer her gesehenen Übergangsinduktivitäten $L_{\sigma 1\mathrm{res}}$ und $L_{\sigma 2\mathrm{res}}$ einge-

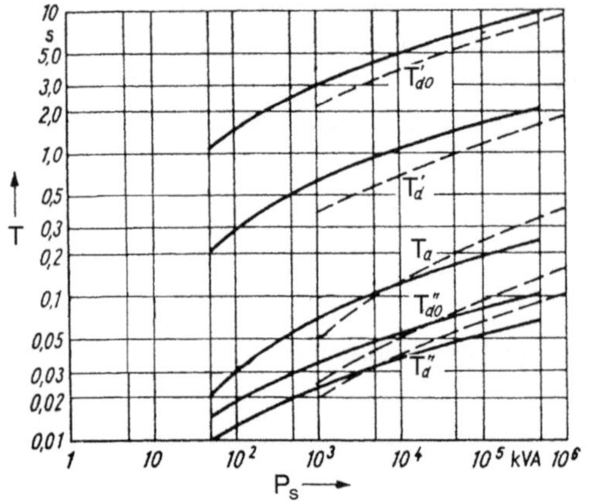

Bild 8.2.4 Charakteristische Zeitkonstanten von Synchronmaschinen. – – Schenkelpol-Synchronmaschine; ____ Vollpol-Synchronmaschine

führt. Diese bestimmen zusammen mit den zugeordneten Widerständen die Zeitkonstanten, die für die Übergangsvorgänge von Induktionsmaschinen bei Betrieb mit großen Drehzahlen, also z. B. im Bemessungsbetrieb, maßgebend sind. Es gilt

$$T_{\sigma 1} = \frac{L_{\sigma 1\text{res}}}{R_1} \tag{8.2.35a}$$

$$T_{\sigma 2} = \frac{L_{\sigma 2\text{res}}}{R_2}. \tag{8.2.35b}$$

Beide Zeitkonstanten sind praktisch gleich, nehmen mit der Maschinenleistung zu und betragen etwa 0,02 bis 0,05 s [7]. Der Stillstand der Induktionsmaschine entspricht dem Fall zweier verketteter ruhender Wicklungen, und es gelten die Beziehungen (8.2.15a,b), wobei für T_1 und T_2 die Eigenzeitkonstanten der Ständer- und der Läuferwicklung

$$T_1 = \frac{L_{11}}{R_1} \tag{8.2.36a}$$

$$T_2 = \frac{L_{22}}{R_2} \tag{8.2.36b}$$

einzusetzen sind. Diese Zeitkonstanten sind ebenfalls praktisch gleich und betragen etwa 0,1 bis 3 s. Entsprechend (8.2.15a) ergibt sich als Streufeldzeitkonstante

$$\boxed{T_{\text{I}} \approx \frac{\sigma_{12} T_1 T_2}{T_1 + T_2} \approx \frac{\sigma_{12} T_1}{2} = \frac{T_{\sigma 1}}{2}} \tag{8.2.37a}$$

und entsprechend (8.2.15b) als Hauptfeldzeitkonstante

$$\boxed{T_{\text{II}} \approx T_1 + T_2 \approx 2T_1}. \tag{8.2.37b}$$

Wird die Induktionsmaschine mit kurzgeschlossener Läuferwicklung vom Netz getrennt, so klingt ihr Feld mit der Läuferzeitkonstanten T_2 ab.

8.2.2.4 Zeitkonstanten der Gleichstrommaschine

Bei Vorgängen mit Drehzahländerung der belasteten Gleichstrommaschine tritt über die induzierte Spannung $e = f(n)$ bzw. das entwickelte Drehmoment $m = f(i)$

eine Verkettung zwischen den elektromagnetischen und den mechanischen Vorgängen auf. Dann existieren auch für die Gleichstrommaschine charakteristische Zeitkonstanten.

Für den Fall konstanter Erregung treten nach Band *Theorie elektrischer Maschinen*, Abschnitt 4.2, die charakteristischen Zeitkonstanten

$$T_{\mathrm{I,II}} = \frac{T_{\mathrm{m}}}{2}\left(1 \pm \sqrt{1 - 4\frac{T_{\mathrm{a}}}{T_{\mathrm{m}}}}\right) \tag{8.2.38}$$

auf. Dabei ist T_{a} die Ankerzeitkonstante, die durch Induktivität und Widerstand des Ankers bestimmt wird, und T_{m} die elektromechanische Zeitkonstante, die von der Neigung der Drehzahl-Drehmoment-Kennlinie und dem Massenträgheitsmoment abhängt. Die Zeitkonstanten T_{I} und T_{II} sind z. B. maßgebend für die Vorgänge bei sprunghafter Veränderung der Ankerspannung oder des Belastungsmoments (s. Bd. *Theorie elektrischer Maschinen*, Abschn. 4.2). Wegen $T_{\mathrm{a}} < T_{\mathrm{m}}$ gelten die Näherungen

$$T_{\mathrm{I}} \approx T_{\mathrm{m}} - T_{\mathrm{a}} \approx T_{\mathrm{m}} \tag{8.2.39a}$$

$$T_{\mathrm{II}} \approx T_{\mathrm{a}}, \tag{8.2.39b}$$

d. h. T_{I} charakterisiert das elektromechanische und T_{II} das elektromagnetische Verhalten der Maschine. Praktische Werte normal ausgeführter Maschinen für T_{m} sind 0,02 bis 0,1 s und für T_{a} 0,005 bis 0,02 s. Stellmotoren haben Werte von 0,005 bis 0,02 s für T_{m} und 0,001 bis 0,02 s für T_{a}.

Bei Vorgängen mit Änderungen sowohl der Drehzahl als auch der Erregung komplizieren sich die Verhältnisse, so dass zugunsten einer überschaubaren analytischen Behandlung Vereinfachungen eingeführt werden müssen. Mit der Annahme einer sehr kleinen Ankerinduktivität L_{a} treten die elektromagnetischen Ausgleichsvorgänge des Ankerkreises nicht in Erscheinung. Wenn man weiterhin annimmt, dass die Ankerwicklung nicht auf die Erregerwicklung zurückwirkt, d. h. dass keine Ankerrückwirkung auftritt, verlaufen die Übergangsvorgänge nach den Zeitkonstanten T_{e} und T_{m}, d. h. nach der Eigenzeitkonstante der Erregerwicklung und der elektromechanischen Zeitkonstante (s. Bd. *Theorie elektrischer Maschinen*, Abschn. 4.2).

9
Entwurfs- und Berechnungsgänge

Ziel des Entwurfs einer elektrischen Maschine ist es, aus den gegebenen Bemessungswerten und weiteren geforderten Eigenschaften sowohl die Hauptabmessungen – den Bohrungs- bzw. Ankerdurchmesser D und die Länge l bzw. die ideelle Länge l_i – als auch die übrigen Abmessungen aller elektromagnetisch aktiven Bauteile der elektrischen Maschine zu ermitteln. Dabei werden die endgültigen Abmessungen meistens erst durch Optimierung zunächst näherungsweise gefundener Ausgangswerte gewonnen. Diese näherungsweise Ermittlung der Ausgangswerte wird als Grobentwurf bezeichnet und im Abschnitt 9.1 behandelt. Die weitere Ausarbeitung und Optimierung erfolgt dann analytisch mit Hilfe sog. *Nachrechenprogramme* (s. Abschn. 9.2, S. 549) und mittels *numerischer Feldberechnung* (s. Abschn. 9.3, S. 573).

In der Praxis ist ein völliger Neuentwurf selten. Meist stützt man sich auf eine ähnliche, bereits ausgeführte Maschine, deren Abmessungen und Wicklungsdimensionierung entsprechend den neuen Entwurfsbedingungen umgerechnet werden. So verfährt man auch, wenn eine vorhandene, in den Abmessungen festliegende Maschine für andere Bemessungswerte – z. B. eine andere Spannung – dimensioniert werden soll. Das geschieht durch *Umrechnung der Wicklung* (s. Abschn. 9.4, S. 605).

Die Hauptabmessungen D und l bzw. l_i bestimmen im Wesentlichen die Baugröße. Ihre Ermittlung bildet das Kernstück eines jeden Entwurfs. Maßgebend für die Hauptabmessungen sind die beiden wichtigsten elektromagnetischen Beanspruchungsgrößen der Maschine: die Luftspaltflussdichte und der Strombelag. Auch die übrigen Abmessungen werden durch elektromagnetische Beanspruchungsgrößen festgelegt, d. h. durch zulässige Flussdichten und Stromdichten. Für diese elektromagnetischen Beanspruchungsgrößen gibt es Richtwerte, die i. Allg. zu einem brauchbaren Entwurf führen.

Voraussetzung für das Verständnis der genannten Umrechnungen sowie für die Ausführung eines Neuentwurfs ist die Kenntnis des prinzipiellen Entwurfsgangs. Der Entwurf einer elektrischen Maschine basiert zunächst stets auf der Einhaltung zulässiger Erwärmungen der elektromagnetisch aktiven Bauteile. Diese Bedingung resultiert aus der begrenzten Wärmebeständigkeit der Isoliersysteme. Sie findet ihren Ausdruck in den bereits erwähnten zulässigen elektromagnetischen Beanspruchungen. Mit den ständig steigenden wirtschaftlichen und technischen Forderungen an die elektrische Maschine treten mehr und mehr zusätzliche Bedingungen geometrischer, mechanischer und elektromagnetischer Natur in Erscheinung. So fordert man ein Minimum an Kosten für die Herstellung und den Betrieb – vor allem in Form eines maximalen Wirkungsgrads – sowie ein Minimum an Materialeinsatz. Oft ist der Entwurf einer elektrischen Maschine an bestimmte vorgegebene Maße oder im Sinne einer rationellen Fertigung an die vielseitige Verwendung bestimmter Bauteile gebunden. In vielen Fällen begrenzt die zulässige mechanische Beanspruchung der rotierenden Bauteile die Umfangsgeschwindigkeit bzw. den Durchmesser des Läufers. Die Hauptabmessungen großer Gleichstrommaschinen werden durch die zulässige Stegspannung bzw. durch die zulässige Ankerreaktanzspannung begrenzt. Die Betriebssicherheit von Synchronmaschinen fordert die Einhaltung bestimmter Werte der charakteristischen Reaktanzen. Induktionsmaschinen haben bestimmte Werte des Anzugsmoments sowie Grenzen des relativen Anzugsstroms und des relativen Kippmoments einzuhalten. Die Verluste einer Maschine sollen möglichst klein sein, und der Wirkungsgrad soll einen bestimmten lastabhängigen Verlauf haben.

Einige dieser zusätzlichen Bedingungen lassen sich bereits in die Entwurfsgleichung einführen, andere lassen sich durch Näherungen berücksichtigen. Viele der geforderten Bedingungen kann man jedoch nur über die Berechnung verschiedener Varianten und die anschließende Auswahl der geeignetsten Variante erfüllen. Wegen der großen Zahl von Entwurfsvariablen ist das nur mit Einsatz rechentechnischer Hilfsmittel ökonomisch durchführbar. Ein vollständig automatisierter Entwurf und eine vollständig automatisierte Optimierung sind dabei aufgrund der großen Zahl von Freiheitsgraden bis heute nur unzureichend realisierbar.

9.1 Grobentwurf

Der prinzipielle Entwurfsgang für eine elektrische Maschine beginnt mit der Ermittlung der Hauptabmessungen D und l bzw. l_i. Sind keine zusätzlichen Bedingungen vorgegeben, so erhält man über eine Entwurfsgleichung aus der Bemessungsleistung und der Bemessungsdrehzahl der Maschine zunächst das Volumen, das von der am Luftspalt liegenden Mantelfläche eingeschlossen wird. Die Aufteilung in die Hauptabmessungen erfolgt über geometrische Richtwerte. In diesem Fall spricht man von einem *freien Entwurf* bzw. von einer *natürlichen Bemessung* der Maschine. Mit den Hauptabmessungen sowie der Polpaarzahl der Maschine und der Luftspaltflussdichte liegt der Luftspaltfluss der Maschine fest. Luftspaltfluss, Frequenz bzw. Drehzahl und Bemessungsspannung bilden die Grundlage für den Entwurf der Wicklung, die für den Energieaustausch mit dem äußeren Netz verantwortlich ist, d. h. der Ankerwicklung von Gleichstrom- oder Synchronmaschinen bzw. der Ständerwicklung von Induktionsmaschinen (s. Abschn. 1.2.6.1, S. 105, u. 1.3.3.1, S. 138). Die Abmessungen der Bauteile des magnetischen Kreises werden durch den Fluss und Richtwerte der Flussdichte bestimmt und die Abmessungen der Wicklungen durch die Bemessungsstromstärken und Richtwerte der Stromdichte. Alle im Entwurfsgang gefundenen Maße können i. Allg. erst nach mehrfacher Durchrechnung der Maschine endgültig festgelegt werden.

Die in diesem Abschnitt angegebenen Richtwerte für elektromagnetische und geometrische Bemessungsgrößen sind Werte von etwa ab Mitte des 20. Jahrhunderts bis heute gebauten elektrischen Maschinen. Dabei liegen die Werte der elektromagnetischen Beanspruchungen – sofern das andere Entwurfsbedingungen zulassen – und vor allem die des Ausnutzungsfaktors heutiger elektrischer Maschinen normalerweise an der oberen Grenze der angegebenen Bereiche. Eine weitere Steigerung dieser Werte ist technisch durchaus möglich, wird aber vor allem wegen der damit verbundenen progressiven Steigerung der Verlustleistung (s. Bd. *Grundlagen elektrischer Maschinen*, Abschn. 2.7.2) und wegen des dann häufig erforderlichen Übergangs zu aufwendigeren Kühlverfahren meist nicht angestrebt.

9.1.1 Entwurfsgleichung

Die Entwurfsgleichung elektrischer Maschinen beinhaltet den Zusammenhang zwischen den Bemessungswerten des stationären Betriebs und der Baugröße. Sie dient demnach zur Ermittlung der Baugröße aus den geforderten Bemessungswerten. Ihre prinzipielle Form ist (s. Bd. *Grundlagen elektrischer Maschinen*, Abschn. 2.7.1)

$$\boxed{P = CD^2 ln}\,. \tag{9.1.1}$$

Man erkennt, dass das Bohrungsvolumen $D^2\pi l/4 \sim D^2 l$ durch das Drehmoment $M \sim P/n$ der Maschine festgelegt wird bzw. dass die Leistung einer elektrischen Maschine bestimmter Baugröße proportional zur Drehzahl ist. Der Faktor C, der sog. *Ausnutzungsfaktor*, ist ein Maß für die elektromagnetische Beanspruchung bzw. Ausnutzung des Volumens. In der Literatur sind auch die Bezeichnungen *spezifisches Drehmoment* und *Essonscher Faktor* zu finden. Der Ausnutzungsfaktor enthält – wie im Folgenden gezeigt wird – als Ausdruck der elektromagnetischen Beanspruchung das Produkt aus Strombelag A und Luftspaltflussdichte B. Er ist diesem Produkt proportional. Lediglich die Form der Gleichungen für den Proportionalitätsfaktor und die Wahl der charakteristischen Flussdichte sind für die einzelnen Maschinenarten etwas unterschiedlich. Da vor allem der zulässige Strombelag – wie ebenfalls noch gezeigt werden wird – eine Funktion des Kühlsystems und der Baugröße der Maschine ist, hängt auch der Ausnutzungsfaktor im Wesentlichen vom Kühlsystem und von der Baugröße der Maschine ab. Entsprechend (8.1.63a), Seite 494, und (8.1.90), Seite 501, ist dabei allerdings zu beachten, dass die charakteristischen Reaktanzen von Induktions- oder Synchronmaschinen proportional zum Verhältnis $A/\hat{B}_\mathrm{p}$ sind und sich daher bei einer Erhöhung des Strombelags unter Beibehaltung der Luftspaltflussdichte entsprechend ändern.

9.1.1.1 Herleitung der Entwurfsgleichung

a) Gleichstrommaschinen

Bei Gleichstrommaschinen erfolgt kein Energietransport über den Luftspalt. Nach Band *Grundlagen elektrischer Maschinen*, Abschnitt 2.2.2, gilt dann mit $P_\delta = 0$ für den Energieumsatz im Läufer unter Vernachlässigung der Ummagnetisierungs- und der Reibungsverluste

$$P_\mathrm{mech} = -EI.$$

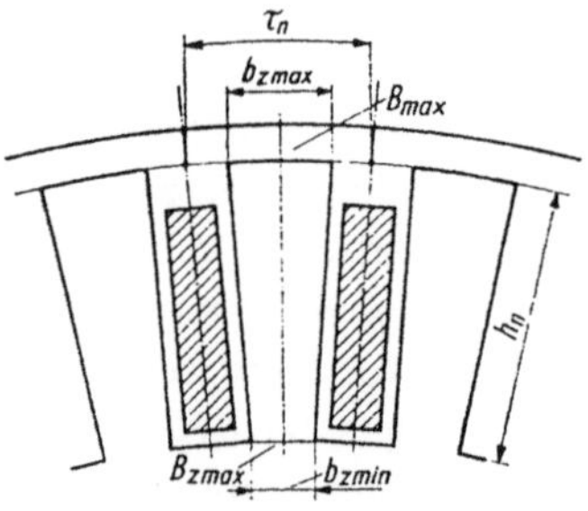

Bild 9.1.1 Zur Ermittlung der Grenzwerte der Luftspaltflussdichte von Gleichstrommaschinen

Da E die vom Luftspaltfluss Φ_δ in der Ankerwicklung induzierte Spannung entsprechend (1.3.24), Seite 139, und I der in der Ankerwicklung fließende Strom sind, nennt man den Ausdruck $-EI$ auch die *innere Leistung* P_i der Maschine. Diese Leistung ist für die elektromechanische Energiewandlung maßgebend, und zur Entwicklung der speziellen Form der Ausnutzungsbeziehung (9.1.1) muss von dieser Leistung ausgegangen werden. Mit (1.3.24) folgt dann

$$P_\mathrm{i} = -EI = 4wnp\Phi_\delta I = z\frac{p}{a}n\Phi_\delta I, \tag{9.1.2}$$

wobei für den Entwurf einer elektrischen Maschine die Vorzeichen der einzelnen Größen keine Bedeutung haben. Im Folgenden sind also stets nur die Beträge gemeint. Führt man in (9.1.2) die Beziehungen (1.1.16) (S. 18), (1.3.26) (S. 139), (2.3.2) (S. 170) und (2.7.1) (S. 231) ein, so erhält man

$$\boxed{P_\mathrm{i} = \pi^2 \alpha_\mathrm{i} A B_\mathrm{max} D^2 l_\mathrm{i} n}\,, \tag{9.1.3}$$

d. h. für den Ausnutzungsfaktor von Gleichstrommaschinen gilt

$$C = \pi^2 \alpha_\mathrm{i} A B_\mathrm{max}. \tag{9.1.4}$$

Der erreichbare Wert des Strombelags ist im Wesentlichen vom Kühlsystem der Maschine und von der Nuthöhe h_n abhängig (s. Unterabschn. 9.1.2.1a, S. 540); der erreichbare Wert der Luftspaltflussdichte hängt, wie Bild 9.1.1 demonstriert, nach

$$B_\mathrm{max} \approx B_\mathrm{zmax}\frac{b_\mathrm{zmin}}{\tau_\mathrm{n}} = B_\mathrm{zmax}\frac{b_\mathrm{zmax}}{\tau_\mathrm{n}}\frac{b_\mathrm{zmin}}{b_\mathrm{zmax}}$$

vom zulässigen Wert der Zahnflussdichte B_zmax, dem Anteil der Zahnbreite an der Nutteilung und dem Zahnbreitenverhältnis $b_\mathrm{zmax}/b_\mathrm{zmin}$ ab. Je größer die Nuthöhe ist, um so größer kann der Ankerstrombelag sein; je größer der Anteil der Zahnbreite an der Nutteilung und je kleiner das Zahnbreitenverhältnis sind, um so größer kann die Luftspaltflussdichte sein. Mit zunehmendem Durchmesser von Innenankern kann bei konstantem Verhältnis $b_\mathrm{zmin}/\tau_\mathrm{n}$ die Nuthöhe zunehmen bzw. bei konstanter Nuthöhe das Verhältnis $b_\mathrm{zmin}/\tau_\mathrm{n}$ abnehmen. Meistens erfolgt die Nutgestaltung so, dass mit zunehmendem Ankerdurchmesser die Nuthöhe zunimmt und das Zahnbreitenverhältnis abnimmt. Dann sind der Ankerstrombelag und die Luftspaltflussdichte und damit auch der Ausnutzungsfaktor Funktionen des Ankerdurchmessers D (s. Bild 9.1.2).

A und B_max lassen sich ohne wesentliche Verminderung von C innerhalb eines gewissen Bereichs gegenläufig variieren. Bei konstantem D und τ_n würde z. B. eine

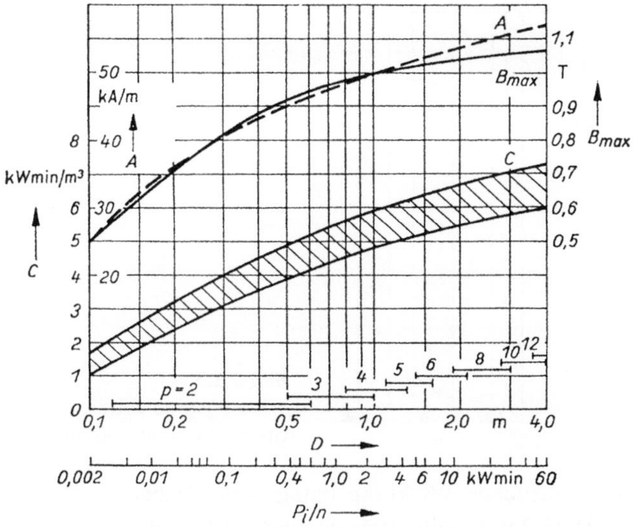

Bild 9.1.2 Elektromagnetische Beanspruchungen und Ausnutzungsfaktor von Gleichstrommaschinen. A, B_{max} und P_i/n für mittlere Werte von C, $\alpha_i = 2/3$ und $\lambda = l_i/\tau_p = 1$

Erhöhung von B_{max} mit einer Erhöhung der Zahnbreite und folglich einer Verringerung der Nutbreite einhergehen, was bei konstanter Stromdichte und Nuthöhe zu einer Verringerung des Leiterquerschnitts und damit des Strombelags führt.

Die Darstellung $C = f(D)$ nach Bild 9.1.2 ist für den Entwurf schlecht nutzbar, da der Ankerdurchmesser zu Entwurfsbeginn noch nicht bekannt ist. Es ist daher vorteilhaft, den Ausnutzungsfaktor auch als Funktion von P_i/n darzustellen. Die Berechtigung hierzu beruht darauf, dass, von speziellen Maschinen abgesehen, die *relative Länge*

$$\lambda = \frac{2pl_i}{\pi D} = \frac{l_i}{\tau_p} \tag{9.1.5}$$

nur in verhältnismäßig engen Grenzen variiert. Daher ist P_i/n wie C im Wesentlichen nur noch eine Funktion des Ankerdurchmessers, und es lassen sich Wertepaare von P_i/n und C einander zuordnen (s. Bild 9.1.2). Die innere Leistung von Gleichstrommaschinen ergibt sich aus der über die Ankerklemmen fließenden Leistung $P = UI$ zu

$$P_i = \frac{E}{U}P. \tag{9.1.6}$$

Wenn R der Widerstand des gesamten Ankerkreises ist, gilt

$$E = U \mp RI \mp 2U_B, \tag{9.1.7}$$

wobei das positive Vorzeichen für Generatoren und das negative für Motoren gilt. Näherungsweise kann man

$$P_i \approx [1 \mp 0{,}7(1 - \eta)]P \tag{9.1.8}$$

setzen. Dabei wird der Wirkungsgrad geschätzt oder Bild 9.1.3 entnommen.

b) Induktionsmachienen und Synchronmaschinen

Für die elektromechanische Energiewandlung von Induktions- oder Synchronmaschinen sind die induzierten Spannungen und Ströme der für den Energieaustausch

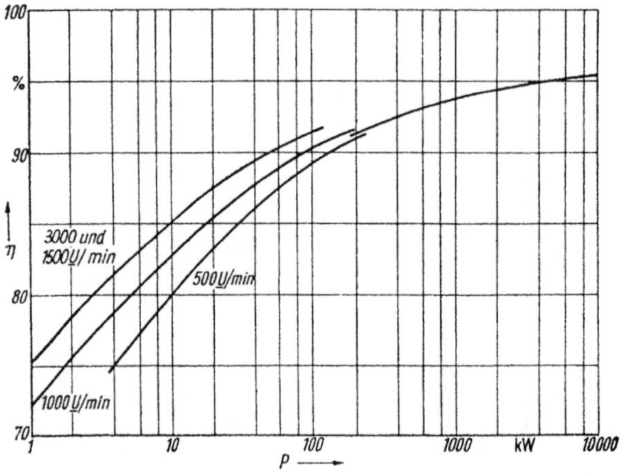

Bild 9.1.3
Wirkungsgrad von Gleichstrommaschinen

mit dem äußeren Netz verantwortlichen Wicklung maßgebend. Dabei bestimmt die induzierte Spannung nach (1.2.93), Seite 105, den Hauptfluss Φ_h, d. h. im Wesentlichen die Beanspruchung des magnetischen Kreises, und der Effektivwert des Stroms – unabhängig von der Phasenverschiebung zur Spannung – die thermische Beanspruchung der Wicklung. Folglich wird die elektromagnetische Beanspruchung der Induktions- oder Synchronmaschinen im Wesentlichen von der inneren Scheinleistung bestimmt. Mit (1.2.93) gilt

$$P_\mathrm{si} = mE_\mathrm{h}I = m\frac{\omega}{\sqrt{2}}(w\xi_\mathrm{p})\Phi_\mathrm{h}I. \tag{9.1.9}$$

Setzt man hierin (1.1.16) (S. 18), (1.2.94) (S. 106), (2.3.11) (S. 173), (8.1.61) (S. 494) und $\omega = 2\pi f = 2\pi p n_0$ ein, so folgt

$$P_\mathrm{si} = \frac{\pi^2}{\sqrt{2}}\xi_\mathrm{p}A\hat{B}_\mathrm{p}D^2 l_\mathrm{i} n_0 = CD^2 l_\mathrm{i} n_0, \tag{9.1.10}$$

d. h. für den Ausnutzungsfaktor gilt

$$C = \frac{\pi^2}{\sqrt{2}}\xi_\mathrm{p}A\hat{B}_\mathrm{p}. \tag{9.1.11}$$

Induktionsmaschinen werden normalerweise als Motoren betrieben. Mit den in den Bildern 9.1.4 und 9.1.5 angegebenen Werten für den Wirkungsgrad η und den Leistungsfaktor $\cos\varphi$ ausgeführter Maschinen lässt sich eine Entwurfsgleichung entwickeln, die von der mechanischen Bemessungsleistung P_mech ausgeht. Mit (9.1.9) gilt

$$P_\mathrm{mech} = \eta P_\mathrm{el} = \eta m U I \cos\varphi = \eta\cos\varphi\frac{U}{E_\mathrm{h}}P_\mathrm{si}. \tag{9.1.12}$$

Führt man den Mittelwert der Flussdichte als $B_\mathrm{m} = (2/\pi)\hat{B}_\mathrm{p}$ ein, so folgt schließlich

$$\boxed{P_\mathrm{mech} = \frac{\pi^3}{2\sqrt{2}}\xi_\mathrm{p}\eta\cos\varphi\frac{U}{E_\mathrm{h}}AB_\mathrm{m}D^2 l_\mathrm{i} n_0 = C_\mathrm{mech}D^2 l_\mathrm{i} n_0} \tag{9.1.13}$$

mit dem auf die mechanische Leistung zugeschnittenen Ausnutzungsfaktor

$$C_\mathrm{mech} = \frac{\pi^3}{2\sqrt{2}}\xi_\mathrm{p}\eta\cos\varphi\frac{U}{E_\mathrm{h}}AB_\mathrm{m} = \eta\cos\varphi\frac{U}{E_\mathrm{h}}C. \tag{9.1.14}$$

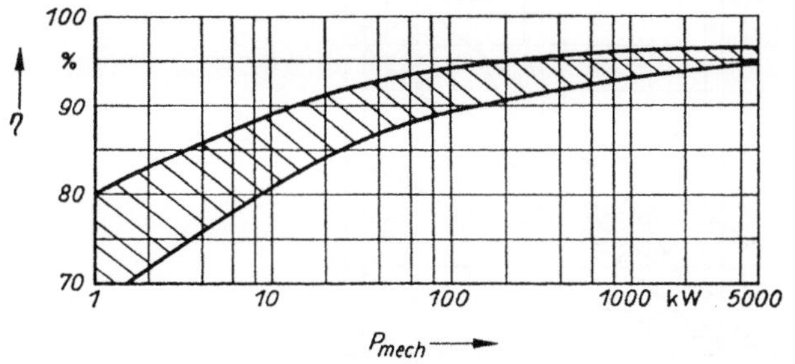

Bild 9.1.4
Wirkungsgrad von Induktionsmaschinen

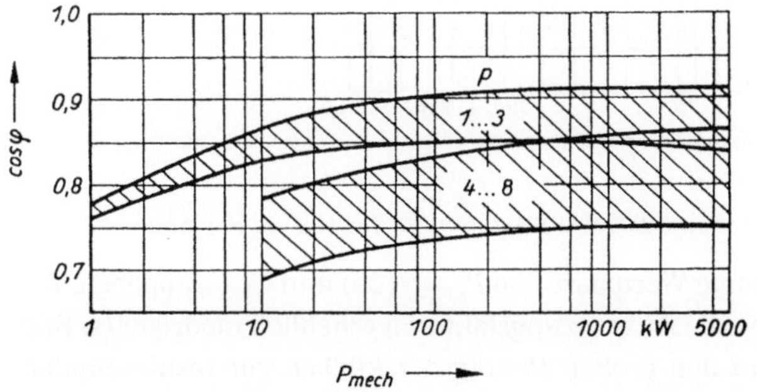

Bild 9.1.5
Leistungsfaktor von Induktionsmaschinen

Der Ausnutzungsfaktor von Induktionsmaschinen wird vor allem durch den zulässigen effektiven Strombelag A bestimmt. Die Ständernuthöhe ist grundsätzlich unabhängig vom Läuferdurchmesser. Dieser hat deshalb auch keinen Einfluss auf den Strombelag. Der Strombelag wird in erster Linie durch die Kühlung begrenzt, die vom gewählten Kühlsystem und von der Umfangsgeschwindigkeit v des Läufers abhängig ist. Für die Umfangsgeschwindigkeit des Läufers gilt mit (1.1.16), Seite 18, allgemein

$$v = D\pi n = 2p\tau_\mathrm{p} n \tag{9.1.15a}$$

und für die Umfangsgeschwindigkeit v_0 des Drehfelds, von der die Umfangsgeschwindigkeit des Läufers normalerweise nur wenig abweicht,

$$v_0 = D\pi n_0 = 2p\tau_\mathrm{p}\frac{f}{p} = 2f\tau_\mathrm{p}. \tag{9.1.15b}$$

Bei konstanter Betriebsfrequenz f ist die Umfangsgeschwindigkeit des Drehfelds, d. h. die synchrone Umfangsgeschwindigkeit, proportional zur Polteilung. Der zulässige Strombelag und damit auch der Ausnutzungsfaktor von Induktionsmaschinen sind demnach eine Funktion der Polteilung τ_p und der Frequenz f. Da die Polteilung nicht unmittelbar aus den Bemessungswerten der Maschine bestimmbar ist, stellt man den Ausnutzungsfaktor von Maschinen mit Bemessungsfrequenzen im Bereich der Netzfrequenz als Funktion der Polleistung $P_\mathrm{mech}/(2p)$ dar (s. Bild 9.1.6). Die Berechtigung dafür resultiert aus dem Umstand, dass sich das Verhältnis $l_\mathrm{i}/\tau_\mathrm{p}$ bei Induktionsmaschinen im Mittel nur wenig mit der Polpaarzahl ändert. Damit wird die Polleistung bei unveränderter Frequenz nach (9.1.13) unter Berücksichtigung von (1.1.16) und mit $n_0 = f/p$ ebenfalls im Wesentlichen eine Funktion von τ_p. Über

$$\frac{P_\mathrm{mech}}{2p} = C_\mathrm{mech}(\tau_\mathrm{p})\frac{2}{\pi^2}\tau_\mathrm{p}^2 l_\mathrm{i}(\tau_\mathrm{p})f = f(\tau_\mathrm{p}) \tag{9.1.16}$$

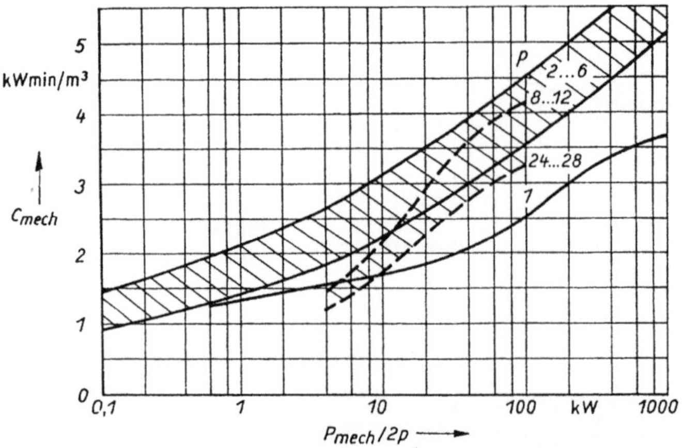

Bild 9.1.6 Ausnutzungsfaktor von Induktionsmaschinen für $f = (50\ldots60)$ Hz

lassen sich einander zugeordnete Wertpaare von $P_{\text{mech}}/(2p)$ und C_{mech} angeben. Bei zweipoligen Maschinen liegen die Ausnutzungsfaktoren erheblich niedriger (s. Bild 9.1.6), weil mit Rücksicht auf den großen Beitrag der Rücken zur resultierenden Durchflutung die Rückenflussdichte herabgesetzt werden muss, indem die Nuthöhe und damit der realisierbare Strombelag oder die Luftspaltflussdichte herabgesetzt werden. Die oberen Werte von Bild 9.1.6 gelten für Maschinen mit Innen- oder Kreislaufkühlung. Oberflächenkühlung durch Luft oder Selbstkühlung und der Einfluss von Sonderbedingungen führen meist zu einer Reduktion des Ausnutzungsfaktors um den Faktor k_{red} nach Tabelle 9.1.1. Eine Oberflächenkühlung über ein von einer Kühlflüssigkeit durchströmtes Gehäuse, oft kurz als *Wassermantelkühlung* bezeichnet, führt dagegen in der Regel zu einer Erhöhung des Ausnutzungsfaktors. Die angegebenen Werte gelten für eine Eintrittstemperatur des Primärkühlmittels von 40 °C und reduzieren sich für höhere Eintrittstemperaturen des Kühlmittels. Hohe Anforderungen an den Wirkungsgrad, z. B. in Form hoher IE-Wirkungsgradklassen (vgl. Bd. *Grundlagen elektrischer Maschinen*, Abschn. 2.7.2 u. 2.7.3) führen unabhängig von der Kühlart zu einer Reduktion des Ausnutzungsfaktors.

Anhaltswerte für den Ausnutzungsfaktor von Maschinen mit von $(50\ldots60)$ Hz deutlich abweichenden Bemessungsfrequenzen f_{N} können Bild 9.1.6 entnommen werden, wenn P_{mech} im Verhältnis $50\,\text{Hz}/f_{\text{N}}$ umgerechnet wird.

Bei *Synchronmaschinen* ist es zweckmäßig, in die Entwurfsgleichung die Scheinleistung P_{s} an den Klemmen der Maschine einzuführen. Für Synchrongeneratoren stellt diese Leistung die Bemessungsleistung dar; für elektrisch erregte Synchronmotoren ist sie wegen des gegebenen Leistungsfaktors und des aus der Erfahrung bekannten Wirkungsgrads (s. Bild 9.1.7) leicht aus der mechanischen Leistung als Bemessungsleistung berechenbar. Anhaltswerte für den Leistungsfaktor und den Wirkungsgrad von permanenterregten Synchronmaschinen und von Reluktanz-Synchronmaschinen können Tabelle 9.1.2 entnommen werden. Dabei gelten die kleineren Werte für ca. 1 kW und die größeren Werte für ca. 50 kW Bemessungsleistung bei einer Drehzahl von 1500 /min.

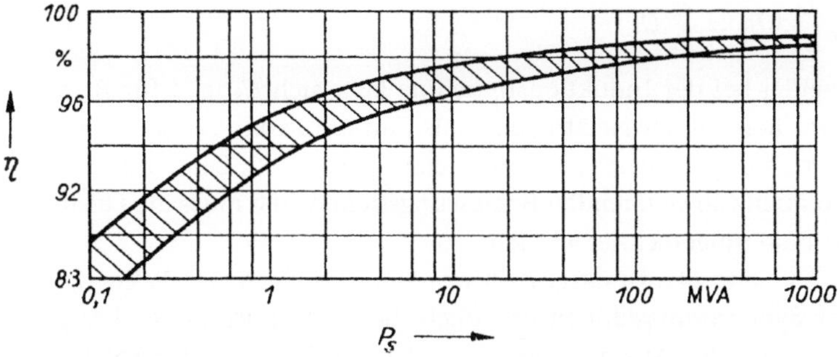

Bild 9.1.7 Wirkungsgrad von elektrisch erregten Synchronmaschinen

Mit (9.1.10) gilt für den Zusammenhang zwischen Scheinleistung, innerer Scheinleistung und mechanischer Leistung

$$P_\mathrm{s} = \frac{P_\mathrm{mech}}{\eta \cos\varphi} = mUI = \frac{U}{E_\mathrm{h}} P_\mathrm{si} \quad \text{für Motoren,} \tag{9.1.17a}$$

$$P_\mathrm{s} = \frac{\eta P_\mathrm{mech}}{\cos\varphi} = mUI = \frac{U}{E_\mathrm{h}} P_\mathrm{si} \quad \text{für Generatoren,} \tag{9.1.17b}$$

$$P_\mathrm{s} = \frac{\pi^2}{\sqrt{2}} \xi_\mathrm{p} \frac{U}{E_\mathrm{h}} A \hat{B}_\mathrm{p} D^2 l_\mathrm{i} n = C_\mathrm{s} D^2 l_\mathrm{i} n \quad \text{allgemein} \tag{9.1.17c}$$

Tabelle 9.1.1 Einfluss der Kühlung auf den Ausnutzungsfaktor von Induktionsmaschinen

Ausführung und Betriebsart	k_{red}
Innen- oder Kreislaufkühlung	
Käfigläufer	1,0
Schleifringläufer	0,9 ... 0,95
Oberflächenkühlung durch Luft	
Käfigläufer	0,7 ... 0,9
Schleifringläufer	0,65 ... 0,8
Oberflächenkühlung durch Flüssigkeit	
Käfigläufer	1,4 ... 1,8
Explosionsgeschützte Maschine in Zündschutzart Ex eb	
Käfigläufer	0,45 ... 0,6

Tabelle 9.1.2 Richtwerte für Leistungsfaktor und Wirkungsgrad von permanenterregten Synchronmaschinen und von Reluktanz-Synchronmaschinen

	$\cos\varphi$	η
permanenterregte Synchronmaschinen	0,75 ...0,85	88 % ...97 %
Reluktanz-Synchronmaschinen	0,65 ...0,8	85 % ...95 %

mit $$C_\mathrm{s} = \frac{\pi^2}{\sqrt{2}}\xi_\mathrm{p}\frac{U}{E_\mathrm{h}}A\hat{B}_\mathrm{p} = \frac{U}{E_\mathrm{h}}C. \qquad (9.1.17\mathrm{d})$$

Analog zum Vorgehen bei der Induktionsmaschine lässt sich C_s jetzt für Bemessungsfrequenzen im Bereich der Netzfrequenz als Funktion von $P_\mathrm{s}/(2p)$, d. h. der Scheinleistung je Pol, mit p als Parameter angeben (s. Bild 9.1.8). Bei deutlich vom Bereich der Netzfrequenz abweichenden Bemessungsfrequenzen muss die Leistung wiederum proportional umgerechnet werden.

Im Abschnitt 2.7.3, Seite 241, ist dargestellt worden, dass die Ankerrückwirkung elektrisch erregter Synchronmaschinen erheblich die Durchflutung der Erregerwicklung und damit auch den Ausnutzungsfaktor C_s beeinflusst. Mit der Abhängigkeit dieses Einflusses vom Leistungsfaktor ist auch C_s vom Leistungsfaktor abhängig. Die Werte im Bild 9.1.8 gelten für $\cos\varphi = 0{,}8$ bei übererregter Maschine. Für $\cos\varphi = 1$ ist C_s – sofern hinsichtlich des Kippmoments keine zusätzlichen Bedingungen bestehen (s. Unterabschn. 9.1.2.2b, S. 544) – um etwa 5 % größer, und für $\cos\varphi = 0$ (übererregt) ist C_s um etwa 20 % kleiner als die angegebenen Werte. Die Werte für permanenterregte Synchronmaschinen liegen etwas oberhalb und die für Reluktanz-Synchronmaschinen etwas unterhalb des im Bild 9.1.8 angegebenen Bereichs.

c) Einphasen-Reihenschlussmaschinen und Drehstrom-Kommutatormaschinen

Einphasen-Reihenschlussmaschinen und Drehstrom-Kommutatormaschinen entwirft man kaum über eine der Beziehung (9.1.10) entsprechende Entwurfsgleichung, da jeder Entwurf von entscheidenden zusätzlichen Bedingungen abhängig ist. Wie im Unterabschnitt 1.3.3.2b, Seite 142, dargelegt worden ist, müssen bei Einphasen-Reihenschlussmaschinen und bei Drehstrom-Kommutatormaschinen zulässige Transformationsspannungen eingehalten werden. Diese begrenzen den Hauptfluss der Maschine. So gilt z. B. nach (1.3.32), Seite 143,

$$\Phi_\mathrm{d} = \frac{E_\mathrm{tr}\sqrt{2}}{2\pi f w_\mathrm{sp}}.$$

Wegen des meist begrenzten Einbauvolumens ist außerdem die ideelle Länge begrenzt. Damit liegt über die zulässige Luftspaltflussdichte die Polteilung fest. Wie man erkennt, ist also ein freier Entwurf nicht möglich.

d) Mittlerer Drehschub

Anstelle des Ausnutzungsfaktors wird teilweise – vornehmlich bei Motoren – ein mittlerer Drehschub σ eingeführt. Man erhält ihn als mittlere Kraft F_δ am Umfang des Läufers bezogen auf die ideelle Bohrungsfläche $D\pi l_\mathrm{i}$. Für Motoren gilt

$$\sigma = \frac{F_\delta}{D\pi l_\mathrm{i}} = \frac{M}{(D/2)D\pi l_\mathrm{i}} = \frac{P_\mathrm{i}}{2\pi n(D/2)D\pi l_\mathrm{i}} = \frac{1}{\pi^2}\frac{P_\mathrm{i}}{D^2 l_\mathrm{i} n} = \frac{1}{\pi^2}C. \qquad (9.1.18)$$

Wenn der mittlere Drehschub auch für Generatoren mit C_s anstelle von C Verwendung findet, stellt er natürlich eine fiktive Größe dar.

e) Beeinflussung des Ausnutzungsfaktors

Zur Verminderung des spezifischen Materialeinsatzes ist man i. Allg. bestrebt, den Ausnutzungsfaktor C und damit die elektromagnetische Beanspruchung der

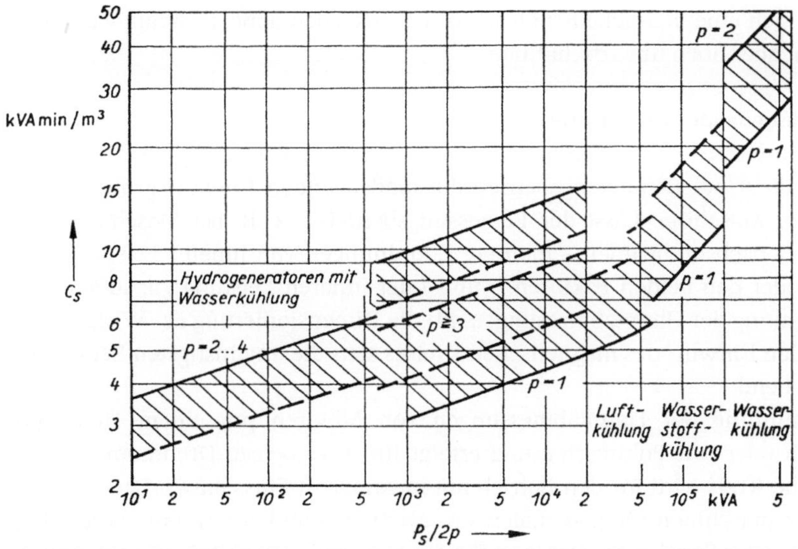

Bild 9.1.8 Ausnutzungsfaktor von elektrisch erregten Synchronmaschinen für $f = (50\ldots60)$ Hz

elektromagnetisch aktiven Bauteile zu vergrößern. Begrenzt wird C entsprechend (9.1.4) bzw. (9.1.11) einerseits durch die höchstzulässige Flussdichte im Luftspalt, die wiederum durch die maximal möglichen Flussdichtewerte im Blechpaket eine Obergrenze besitzt, und andererseits durch den höchstzulässigen Strombelag. Dieser wird vor allem durch die Nuthöhe und die unter thermischen Gesichtspunkten zulässige Stromdichte begrenzt (s. Abschn. 9.1.2.1) und damit durch die höchstzulässigen Dauertemperaturen der Isoliersysteme, da eine Steigerung der Stromdichte mit einer Steigerung der Verluste in den Stromkreisen und damit auch mit einer Steigerung der Wicklungserwärmung verbunden ist. Aus dieser Überlegung resultieren die folgenden Möglichkeiten für eine Vergrößerung des Ausnutzungsfaktors C:

- Verwendung wärmebeständigerer Isoliersysteme,
- Intensivierung der Kühlung.

Wärmebeständigere Isoliersysteme gestatten eine Verschiebung der Grenze für C. Intensivere Kühlsysteme bewirken bei gleicher Erwärmung die Abführung größerer Verluste. Die diesbezügliche Entwicklung ging von der Luftkühlung aus und führte bei großen Synchrongeneratoren über die Wasserstoffkühlung bis zur direkten Leiterkühlung durch Wasser. Durch den Einsatz einer Wassermantelkühlung für Maschinen mittlerer Größe, wie sie z. B. für Antriebsmotoren für Elektrofahrzeuge verbreitet ist, kann der Ausnutzungsfaktor im Vergleich zu einer Oberflächenkühlung mit Luft mehr als verdoppelt werden.

Außerdem wird die Wicklungstemperatur positiv durch die Verwendung solcher Werkstoffe für die aktiven Bauteile beeinflusst, die verlustärmer sind oder die eine bessere Wärmeleitfähigkeit besitzen. Der Einsatz supraleitender Leiterwerkstoffe, durch den sich eine deutliche Erhöhung von C erreichen ließe, ist heute technisch ausführbar, aber noch unwirtschaftlich.

9.1.1.2 Maßgebende Entwurfsgrößen

Wie aus Abschnitt 9.1.1.1 hervorgeht, sind die innere Leistung P_i bzw. P_si und die Drehzahl n bei Bemessungsbetrieb die maßgebenden Entwurfsgrößen einer elektrischen Maschine. Lässt der Bemessungsbetrieb – z. B. bei Maschinen mit mehreren Betriebsdrehzahlen – mehrere Zuordnungen von innerer Leistung und Drehzahl oder den beiden Faktoren E und I der inneren Leistung zu, so sind für die Bestimmung der Hauptabmessungen, für die Dimensionierung der Wicklungen sowie für den Entwurf des magnetischen Kreises stets die ungünstigsten Bedingungen maßgebend.

Die Ermittlung der Hauptabmessungen von Motoren mit einem Drehzahlstellbereich oder mit Polumschaltung erfolgt für das höchste Drehmoment. Der magnetische Kreis wird für den Betrieb mit maximalem Fluss entworfen, d. h. bei Gleichstrommaschinen für maximalen Erregerstrom und bei umrichtergespeisten Induktions- oder Synchronmaschinen für das maximale Verhältnis von Spannung und Frequenz. Bezüglich zulässiger Schwankungen der Betriebsspannung und -frequenz (s. DIN EN IEC 60034-1) müssen die für den Energieaustausch mit dem äußeren Netz maßgebende Wicklung für die Kombination aus höchster Frequenz und niedrigster Spannung und der magnetische Kreis für die Kombination aus niedrigster Frequenz und höchster Spannung dimensioniert werden. Die Hauptabmessungen werden damit über eine innere Leistung ermittelt, die aus dem Produkt von höchster induzierter Spannung und höchstem Strom folgt, der bei der niedrigsten Spannung auftritt. Auch bei Generatoren werden die magnetischen Kreise für die höchste Spannung und die Wicklungen für die höchste Stromstärke dimensioniert. Für die Ermittlung der Hauptabmessungen gilt wiederum die Kombination aus höchster Spannung und höchster Stromstärke. Weitere die Dimensionierung elektrischer Maschinen beeinflussende Anforderungen können dem Band *Grundlagen elektrischer Maschinen*, Abschnitte 2.6.1, 2.7.3, 5.12.1 und 6.13.1, entnommen werden.

Bei Maschinen, die entsprechend den in DIN EN IEC 60034-1 definierten Betriebsarten nicht mit konstanter Belastung betrieben werden, sind die Bemessungsleistung bei gleichem Bohrungsvolumen und damit auch der Ausnutzungsfaktor größer als bei Betrieb mit konstanter Belastung, d. h. bei Dauerbetrieb. Die Bestimmung der Bemessungsleistung erfolgt hierbei über eine Verlustbilanz. Ist bei periodischer Belastung die Spieldauer so klein, dass sich eine nahezu konstante Übertemperatur einstellt, und bleiben dabei die Kühlungsbedingungen unverändert, so ist für die Bemessungsleistung der Effektivwert der Stromstärke maßgebend. Das gilt auch für aus einem Frequenzumrichter gespeiste Maschinen, wobei jedoch abgesehen von Dreiphasen-Wechselstrommaschinen, die aus Thyristorwechselrichtern gespeist werden, meist nur eine unbedeutende Vergrößerung der maßgebenden Stromstärke auftritt.

9.1.1.3 Ermittlung der Hauptabmessungen

a) Unmittelbare Bestimmung des Anker- bzw. Bohrungsdurchmessers

Die Auflösung der Entwurfsgleichung (9.1.3) nach den Hauptabmessungen liefert das Produkt $D^2 l_i$. Eine Auftrennung des Produkts kann über die relative Länge $\lambda = l_i/\tau_p$ entsprechend (9.1.16) erfolgen. Damit wird die ideelle Länge l_i eine Funktion von D und p bzw. τ_p. Da auch C eine Funktion von D bzw. τ_p ist (s. Abschn. 9.1.1.1), lässt sich der Ausdruck P_{si}/n durchweg als Funktion von D und p bzw. τ_p entsprechend

$$\frac{P_{si}}{n} = C(D)D^2 \frac{\lambda D\pi}{2p} = \frac{\lambda\pi}{2p} D^3 C(D)$$

darstellen. Diese Beziehung gestattet eine unmittelbare Bestimmung des Anker- bzw. Bohrungsdurchmessers entweder zu

$$\boxed{D = \sqrt[3]{\frac{P_{si} 2p}{nC\lambda\pi}}}, \qquad (9.1.19a)$$

falls C ohne Kenntnis von D bestimmbar ist, oder andernfalls über eine empirisch gewonnene Beziehung zu

$$\boxed{D = k_1 + k_2 \sqrt[3]{\frac{P_{si}/n}{\mathrm{VA} \cdot \mathrm{min}} \frac{p}{\lambda}}}. \qquad (9.1.19b)$$

Die Werte für k_1 und k_2 sind in Tabelle 9.1.3 angegeben. Sie führen zu brauchbaren ersten Näherungen für den Anker- bzw. Bohrungsdurchmesser.

Für Gleichstrommaschinen lässt sich $P_{si} = P_i$ nach (9.1.8) abschätzen. Für Induktions- und für Synchronmaschinen – mit Ausnahme permanenterregter Synchronmaschinen – ist C eine Funktion der Leistung pro Pol $P/2p$ (s. Bilder 9.1.6 u. 9.1.8), und es gilt $n \approx f/p$ bzw. $n_0 = f/p$. Dann wird nach (9.1.19a,b)

$$\frac{D}{p} = \sqrt[3]{\left(\frac{P_{si}}{2p}\right) \frac{4}{C\lambda\pi f}}$$

bzw. $$\frac{D}{p} = \frac{k_1}{p} + k_2 \sqrt[3]{\frac{\left(\frac{P_{si}}{2p}\right) \frac{2}{\lambda f}}{\mathrm{VA} \cdot \mathrm{min}}}$$

ebenfalls eine Funktion der Leistung pro Pol. Unter Vorgabe von $P_{si}/(2p)$ und Werten von D/p, die über $C(P_{si}/(2p))$ ermittelt wurden, lassen sich die Konstanten k_1/p und k_2 der obigen Beziehung bestimmen. Mit $k_1/p = \text{konst.}$ wird aber $k_1 \sim p$. Die hierfür in Tabelle 9.1.3 angegebenen Werte gelten für den Reduktionsfaktor (s. Unterabschn. 9.1.1.1b) $k_{red} = 1$, die relative Länge $\lambda = l_i/\tau_p = 1$ und $f = 50$ Hz sowie für die Annahme von $P_{si} = P_{mech}$ bzw. $P_{si} = P_s$ und $n = n_0$ in (9.1.19b). Für $k_{red} \neq 1$ bzw. bei großen Abweichungen von $\lambda = 1$ erhält man D durch Umrechnung entsprechend

$$D(k_{red}, \lambda) = \frac{D^*}{\sqrt[3]{k_{red}\lambda}},$$

wobei D^* der nach (9.1.19b) mit $\lambda = l_i/\tau_p = 1$ errechnete Durchmesser ist.

Tabelle 9.1.3 Faktoren der Durchmessergleichung

Maschinenart	k_1 cm	k_2 cm
Gleichstrommaschinen	7	4,4 ... 4,7
Induktionsmaschinen		
$p = 1$	3	5,3
$p = 2 \ldots 6$	$2p$	4,7 ... 5,2
$p = 8 \ldots 28$	$2p$	4,7 ... 5,5
elektrisch erregte Synchronmaschinen		
$P/2p \leq 600\,\mathrm{kVA}$ $p = 2 \ldots 4$	$3p$	4,4 ... 5,0
$P/2p > 600\,\mathrm{kVA}$ $p \geq 3$	$(9 \ldots 11)p$	3,7 ... 4,2
Wasserkraftgeneratoren mit Wasserkühlung	$(7 \ldots 8)p$	3,2 ... 3,6
Reluktanz-Synchronmaschinen		
$p = 2 \ldots 4$	$2p$	4,7 ... 5,2

Bei am Netz fester Spannung und Frequenz betriebenen Induktions- oder Synchronmaschinen liegt die Polpaarzahl mit der gegebenen Drehzahl und Frequenz fest. Bei Gleichstrommaschinen und bei an einem Frequenzumrichter betriebenen Induktions- oder Synchronmaschinen muss sie zunächst angenommen werden. Kriterien dafür sind zum einen vorteilhafte Polzahlen bzw. Polteilungen und zum anderen vorteilhafte Bereiche der Frequenz sowie Beschränkungen bezüglich der Ausgangsfrequenz des Frequenzumrichters. So ergeben sich bei Induktionsmaschinen und bei Reluktanz-Synchronmaschinen meist für $2p = 4$ oder $2p = 6$ vorteilhafte geometrische Verhältnisse und hohe Leistungsfaktoren. Bei zu kleiner Betriebsfrequenz steigt der relative Spannungsabfall am Widerstand der Ständer- bzw. Ankerwicklung; bei zu großer Betriebsfrequenz nimmt die Stromverdrängung zu bzw. steigt der Aufwand, der erforderlich ist, um die Stromverdrängung zu begrenzen.

Mit der angenommenen Polpaarzahl und dem sich nach (9.1.19a,b) ergebenden Durchmesser muss über $\tau_\mathrm{p} = D\pi/(2p)$ überprüft werden, ob sich ein vernünftiger Wert für die Polteilung (s. Tab. 9.1.10) ergibt. Die Werte für $\lambda = l_\mathrm{i}/\tau_\mathrm{p}$ lassen sich der Tabelle 9.1.4 entnehmen. Kleine Werte von λ führen zu verhältnismäßig kurzen Maschinen mit guten Kühlungsverhältnissen, aber großen Massenträgheitsmomenten und großen Wicklungskopfanteilen der Leiterlängen. Große Werte von λ ergeben umgekehrte Verhältnisse.

Bei permanenterregten Synchronmaschinen bestehen grundsätzlich größere Freiheiten bei der Wahl der relativen Länge. Zum einen lassen sich kleinere Polteilungen ausführen als bei den anderen Maschinenarten, da die zum Aufbau des Luftspaltfelds erforderliche magnetische Spannung durch die Höhe der permanentmagnetischen Abschnitte aufgebracht wird und nicht durch eine Erregerwicklung bzw. eine Magnetisierungsdurchflutung der Ständerwicklung. Zum anderen kann durch die Wahl einer Zahnspulenwicklung der Wicklungskopfanteil am Widerstand und der Streuinduktivität deutlich reduziert werden, so dass geringere relative Längen ausführbar sind als bei anderen Maschinenarten.

Tabelle 9.1.4 Richtwerte für die relative Länge

$\lambda = l_i/\tau_p$	$p = 1$	$p > 1$
Gleichstrommaschinen	0,45 ... 2,0 (... 6*)	
Induktionsmaschinen	0,6 ... 1	1 ... 4
elektrisch erregte Synchronmaschinen	1 ... 4	0,5 ... 2,5
Reluktanz-Synchronmaschinen		1 ... 4

* Stellmotoren

Nach Festlegung des Bohrungsdurchmessers erfolgt die Bestimmung der ideellen Länge l_i entweder über C, C_{mech} oder C_s nach (9.1.5), (9.1.13) oder (9.1.17c) oder über das gewählte λ nach (9.1.1). Die tatsächliche Länge l ergibt sich nach (2.3.22), (2.3.24) oder (2.3.25), Seite 181. Für den ersten Entwurf wird l geschätzt.

b) Mittelbare Bestimmung des Anker- bzw. Bohrungsdurchmessers

Natürlich kann die Entwurfsgleichung unmittelbar zur Bestimmung der Hauptabmessungen verwendet werden. Dann ermittelt man aus P_i/n (s. Bild 9.1.2), $P_{mech}/2p$ (s. Bild 9.1.6) oder $P_s/2p$ (s. Bild 9.1.8) den entsprechenden Wert von C, C_{mech} oder C_s und nach (9.1.3), (9.1.13) oder (9.1.17c) das Produkt $D^2 l_i$. Danach gibt man verschiedene Werte für D vor, wobei man die Abhängigkeit des Ausnutzungsfaktors C von D bzw. τ_p benutzen oder auch zusätzliche Bedingungen – z. B. in Bezug auf die maximale Umfangsgeschwindigkeit oder das Massenträgheitsmoment des Läufers – berücksichtigen kann, und berechnet l_i. Aus den verschiedenen Entwürfen wird der günstigste ausgewählt.

Die Luftspaltflussdichte von Induktions- oder Synchronmaschinen als Amplitude der Hauptwelle über der ideellen Länge l_i variiert nur wenig. In diesem Fall bestimmt der effektive Strombelag A im Wesentlichen die Größe der Ausnutzung, und es lässt sich eine Entwurfsgleichung auf der Grundlage allein des effektiven Strombelags A herleiten. Setzt man in (9.1.9) die Beziehungen (1.1.16), Seite 18, und (8.1.61), Seite 494, ein, so erhält man für die innere Scheinleistung

$$P_{si} = \frac{\omega\pi}{2\sqrt{2}}\xi_p A \Phi_h D \tag{9.1.20}$$

bzw. für das Produkt aus Durchmesser und Hauptfluss

$$D\Phi_h = \frac{2\sqrt{2}P_{si}}{\omega\pi\xi_p A}. \tag{9.1.21}$$

Die Aufteilung des Produkts $D\Phi_h$ erfolgt dadurch, dass man für mehrere Kombinationen von D und Φ_h über (2.3.11), Seite 173, $l_i = \Phi_h\pi/(2\hat{B}_p\tau_p)$ berechnet. Aus den mit diesen Werten gegebenen Entwürfen wird der günstigste ausgewählt.

9.1.2 Entwurfsrichtwerte

Die eigentliche Berechnung einer elektrischen Maschine, d. h. die Ermittlung der von der Dimensionierung der Maschine abhängigen Eigenschaften, kann erst nach dem vollständigen Entwurf der Maschine erfolgen. Bei hohen Ansprüchen an die Erzielung gewünschter Eigenschaften muss deshalb der Vorgang Entwurf und Berechnung iterativ mehrfach wiederholt werden. Zur möglichst guten Annäherung an die gewünschten Eigenschaften schon beim ersten Entwurf der Maschine dienen Entwurfsrichtwerte, die entweder auf theoretischen Überlegungen oder auf praktischen Erfahrungen beruhen.

9.1.2.1 Elektromagnetische Richtwerte

Elektromagnetische Richtwerte dienen zur Ermittlung brauchbarer Werte für die Abmessungen der elektromagnetisch aktiven Bauteile einer elektrischen Maschine, d. h. ihrer Wicklungen und ihres magnetischen Kreises. Maßgebend hierfür sind die im Hinblick auf die zulässigen Verluste bzw. die zulässige Erwärmung einzuhaltenden Werte der elektromagnetischen Beanspruchung.

a) Elektrische Beanspruchung

Maßgebend für die elektrische Beanspruchung eines Leiters ist die Stromdichte S. Ihr durch die zulässigen Wicklungsverluste begrenzter zulässiger Wert bestimmt als elektrischer Richtwert den Mindestleiterquerschnitt entsprechend

$$A_\mathrm{L} \geq \frac{I_\mathrm{L}}{S_\mathrm{zul}}. \tag{9.1.22}$$

Eng mit der Stromdichte verknüpft ist der in den Beziehungen für den Ausnutzungsfaktor eingeführte Strombelag

$$A = \frac{z_\mathrm{n} I_\mathrm{L}}{\tau_\mathrm{n}}, \tag{9.1.23a}$$

der im Fall von Synchron- oder Induktionsmaschinen auch als *effektiver Strombelag* bezeichnet wird. Für Kommutatormaschinen lässt sich der Strombelag mit $I_\mathrm{L} = I/(2a)$ entsprechend (1.3.32), Seite 143, $z_\mathrm{n} = z_\mathrm{a}/N$ und $\tau_\mathrm{n} = \pi D/N$ entsprechend (1.1.14), Seite 18, auch in der Form

$$A = \frac{z_\mathrm{a} I}{2a\pi D} = \frac{2wI}{\pi D} \tag{9.1.23b}$$

schreiben, wobei für die letzte Form der Beziehung (1.3.26), Seite 139, verwendet wurde. Für Synchron- und für Induktionsmaschinen folgt mit $I_\mathrm{L} = I/a$, $z_\mathrm{n} = 2wma/N$ entsprechend (1.2.96), Seite 106, und $\tau_\mathrm{n} = \pi D/N$

$$A = \frac{2wmI}{\pi D}. \tag{9.1.23c}$$

Tabelle 9.1.5 enthält für verschiedene Wicklungsarten zulässige Werte der Stromdichte und des effektiven Strombelags. Dabei gelten die geringeren Werte des Strombelags für kleinere Maschinen mit geringer Nuthöhe und die höheren Werte entsprechend für größere Maschinen mit hohen Nuten. Bei Synchronmaschinen beziehen sich die für direkte Leiterkühlung und für indirekte Kühlung mit Wasserstoff angegebenen Werte auf große Generatoren, da diese Kühlarten bei kleineren Maschinen nicht vorkommen.

Ein Maß für die thermische Beanspruchung einer mit Luft indirekt gekühlten Wicklung ist die sog. *Nutwandbeanspruchung*. Die Betrachtung geht davon aus, dass jedem Isoliersystem im Hinblick auf eine ausreichende Lebensdauer eine Grenzübertemperatur zugeordnet wird (s. Bd. *Grundlagen elektrischer Maschinen*, Abschn. 2.5.2). Zur Abführung der im Nutteil der Wicklung entstehenden Wärme über die Isolierung der Nutwand zum Blechpaket ist ein bestimmtes Temperaturgefälle $\Delta\vartheta$ notwendig. Wegen der genannten Grenzübertemperatur der Wicklung darf dieses Temperaturgefälle einen zulässigen Wert nicht übersteigen. Die durch den

Tabelle 9.1.5 Richtwerte für Strombeläge und Stromdichten

	Gleichstrommaschinen	**Synchronmaschinen**					**Induktionsmaschinen**	
	indirekte Kühlung	**indirekte Kühlung**			**direkte Leiterkühlung**		**indirekte Kühlung**	
	Luft	**Luft**	**Wasserstoff**	**Wasser**	**Wasserstoff**	**Wasser**	**Luft**	**Wasser**
A A/mm	20 … 80	30 … 120	90 … 150	60 … 150	120 … 200	160 … 300	20 … 120	40 … 150
S A/mm²	Ankerwicklungen	Ankerwicklungen					Ständerwicklungen	
	3,5 … 9	3 … 7	4 … 8	10 … 15	5 … 10	7 … 18	3 … 8	10 … 15
	Nebenschlusswicklungen	Erregerwicklungen Vollpolläufer					Läuferwicklungen Kupfer	
	1,5 … 5,5	3 … 7	6 … 15	3 … 9	6 … 15	13 … 18	3 … 8	5 … 9
	Reihenschlusswicklungen	einlagige Wicklungen von Schenkelpolläufern					Aluminium	
	2 … 8	2 … 5					3 … 6,5	3 … 7,5
	einlagige Wicklungen	mehrlagige Wicklungen von Schenkelpolläufern						
	3 … 5,5	1,5 … 3,5		3 … 7				

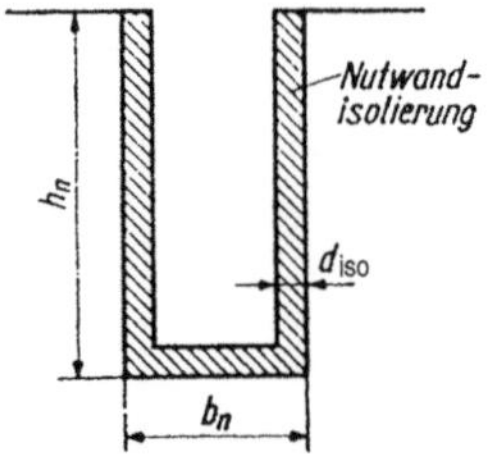

Bild 9.1.9 Zur Ermittlung der Nutwandbeanspruchung

Leiterstrom I_L in einer Nut entstehenden Verluste betragen unter Berücksichtigung der Widerstandserhöhung durch Stromverdrängung über den Faktor k_r

$$P_{vn} = z_n I_L^2 \frac{k_r l}{\kappa A_L} = \frac{k_r}{\kappa} \frac{z_n I_L}{\tau_n} \frac{I_L}{A_L} \tau_n l = \frac{k_r}{\kappa} AS \tau_n l. \tag{9.1.24}$$

Bei der Berechnung des Temperaturgefälles $\Delta\vartheta$ kann die zum Luftspalt abgeführte Wärme vernachlässigt werden, da der Wärmewiderstand wegen des relativ kleinen Querschnitts und der relativ großen Isolierungsdicke einschließlich Keil relativ groß ist. Mit der Wärmeleitfähigkeit λ_w der Nutisolierung und den im Bild 9.1.9 eingetragenen Maßen ergibt sich dann für den Wärmewiderstand der Nutisolierung

$$R_w = \frac{d_{iso}}{\lambda_w l(2h_n + b_n)} \tag{9.1.25}$$

und für das Temperaturgefälle über der Nutisolierung

$$\Delta\vartheta = P_{vn} R_w = \frac{k_r}{\kappa} AS \frac{d_{iso}}{\lambda_w} \frac{\tau_n}{2h_n + b_n}. \tag{9.1.26}$$

Löst man (9.1.26) nach dem Produkt aus Strombelag und Stromdichte

$$AS = \frac{\kappa}{k_r} \frac{\lambda_w}{d_{iso}} \frac{2h_n + b_n}{\tau_n} \Delta\vartheta \tag{9.1.27}$$

auf, so erkennt man, dass das höchstzulässige Temperaturgefälle $\Delta\vartheta$ eine Grenze für die elektrische Beanspruchung AS zieht. Da der Ausdruck $(2h_n + b_n)/\tau_n$ der Erfahrung nach nur wenig variiert, erhält man eine höhere zulässige elektrische Beanspruchung AS im Wesentlichen durch höhere Werte für λ_w und $\Delta\vartheta$ und durch kleinere Werte für d_{iso}, d. h. durch den Einsatz hochwertiger Isoliersysteme. Natürlich lässt sich die Temperatur der Isolierung auch noch durch intensivere Kühlung vermindern. Für Kupferwicklungen beträgt die zulässige elektrische Beanspruchung je nach Maschinengröße und Intensität der Kühlung

$$AS = (100 \ldots 350) \frac{\text{A}}{\text{mm}} \frac{\text{A}}{\text{mm}^2}. \tag{9.1.28}$$

Wird die Wärme innerhalb des Leiters abgeführt, wie das bei direkter Leiterkühlung der Fall ist, so erreicht man wesentlich höhere Werte für AS.

Aus (9.1.28) geht hervor, dass bei Wahl eines großen Strombelags nur eine kleine Stromdichte zulässig ist und umgekehrt. Der Gesamtleiterquerschnitt lässt sich unter Einführung des auf den reinen Leiterquerschnitt bezogenen Nutfüllfaktors φ_n im Vorgriff auf (9.1.37) als

$$A_L = b_L h_L = \frac{b_n h_n \varphi_n}{z_n}$$

darstellen. Berechnet man die Stromdichte innerhalb einer Nut über die gesamte Nutdurchflutung $z_n I_L = A\tau_n$ und den Gesamtleiterquerschnitt zu

$$S = \frac{z_n I_L}{h_n b_n \varphi_n} = \frac{A\tau_n}{h_n b_n \varphi_n},$$

so erkennt man, dass ein konstantes Produkt

$$AS = \frac{A^2 \tau_n}{h_n b_n \varphi_n} = (AS)_{zul} = \text{konst.}$$

bei konstanten Werten von τ_n, b_n und φ_n für die Wicklung die Beziehungen

$$A \sim \sqrt{h_n}$$

$$S \sim \frac{1}{A} \sim \frac{1}{\sqrt{h_n}}$$

liefert. Danach bestimmt die Nuthöhe erstens die Aufteilung des Produkts AS, und zweitens erkennt man, dass der zulässige Strombelag mit zunehmender Nuthöhe ansteigt.

b) Magnetische Beanspruchung

Die Querschnitte der Teile des magnetischen Kreises werden durch zulässige magnetische Beanspruchungen, d. h. durch zulässige Werte der Flussdichte B (s. Tab. 9.1.6), als

$$A_{Fe} = b_{Fe} l_{Fe} \varphi_{Fe} \geq \frac{\Phi}{B_{zul}} \tag{9.1.29}$$

bestimmt. Im Fall ungeblechter, d. h. massiver Teile ist $\varphi_{Fe} = 1$; in den übrigen Fällen ist φ_{Fe} Tabelle 2.4.1, Seite 186, zu entnehmen. Speziell für die Rückenhöhen gilt

$$h_r \geq \frac{\Phi_{rmax}}{l_{Fe} \varphi_{Fe} B_{rzul}}, \tag{9.1.30}$$

wobei Φ_{rmax} der Rückenfluss an der Stelle der höchsten magnetischen Beanspruchung ist. In erster Näherung kann man dabei $\Phi_{rmax} \approx B_m \tau_p l_i / 2$ setzen.

Wenn die Werte der zulässigen Flussdichten in den ferromagnetischen Teilen des magnetischen Kreises überschritten werden, steigen die Ummagnetisierungsverluste und der Durchflutungsbedarf derart an, dass Schwierigkeiten in der Abführung der Verlustwärme und in der Einhaltung des vorgegebenen Wirkungsgrads entstehen. Eine wesentliche Unterschreitung dieser Werte führt zu schlecht ausgenutzten Maschinen.

c) Gesichtspunkte für die Wahl der Luftspaltflussdichte und des Strombelags

Der Ausnutzungsfaktor einer elektrischen Maschine enthält als wesentlichsten Bestandteil das Produkt aus Luftspaltflussdichte und Strombelag. Die Aufspaltung dieses Produkts erfolgt ebenfalls nach Richtwerten für B_{max}, B_m oder $\hat{B}_p$ und A (s. Bild 9.1.2, S. 529, u. Tab. 9.1.5 u. 9.1.6). Bei konstantem Produkt hat eine begrenzte Abweichung der beiden Faktoren von den Richtwerten nur untergeordneten Einfluss auf die Hauptabmessungen der Maschine. Höhere Werte der Luftspaltflussdichte verursachen größere Ummagnetisierungsverluste und Stromwärmeverluste in der erregenden Wicklung, d. h. größere Leerlaufverluste bzw. einen kleineren Leistungsfaktor. Höhere Werte des Strombelags führen zu größeren Stromwärmeverlusten,

d. h. zu größeren Lastverlusten. Da die Leerlaufverluste lastunabhängig und die Lastverluste lastabhängig sind, bestimmt das Verhältnis A/B_{max} bzw. $A/\hat{B}_p$ den Verlauf des Wirkungsgrads in Abhängigkeit von der Belastung. Dieser Verlauf ist maßgebend für eine optimale Anpassung an bestimmte Betriebsverhältnisse. Außerdem bestimmt das Verhältnis $A/\hat{B}_p$ bzw. $\hat{B}_p/A$ nach (8.1.63a), Seite 494, und (8.1.90), Seite 501, die bezogenen Haupt- und Streureaktanzen von Wechselstrommaschinen sowie den relativen Magnetisierungsstrom von Induktionsmaschinen oder Synchron-Reluktanzmaschinen und damit auch deren Leistungsfaktor $\cos\varphi$. Aus (2.6.4), Seite 223, (8.1.61) und (8.1.69), Seite 496, angewendet auf $\hat{B}_p$ und $\hat{\Theta}_p$, ergibt sich nämlich

$$i_\mu = \frac{I_\mu}{I_N} = \frac{\sqrt{2}\delta_i'' p}{\mu_0 \xi_p D} \frac{\hat{B}_p}{A}, = \frac{\pi \delta_i''}{\mu_0 \sqrt{2} \xi_p \tau_p} \frac{\hat{B}_p}{A}, \tag{9.1.31}$$

wobei A der effektive Strombelag im Bemessungsbetrieb ist.

9.1.2.2 Geometrische Richtwerte

Geometrische Richtwerte als Ausgangswerte für die Festlegung weiterer Abmessungen der aktiven Bauteile ergeben sich entweder als Erfahrungswerte günstig dimensionierter Maschinen oder über Näherungsbeziehungen mit Berücksichtigung zulässiger elektromagnetischer Beanspruchungen.

a) Hauptabmessungen

Die Hauptabmessungen lassen sich unter Vorgabe von P, p, n und λ, wie im Abschnitt 9.1.1.3 dargestellt, ermitteln. Die dafür erforderlichen Richtwerte für die relative Länge λ normal bemessener Maschinen sind in Tabelle 9.1.4 dargestellt.

b) Luftspalt

Die Grenzen für die Länge des Luftspalts werden nach unten durch Fertigungstechnik und Betriebssicherheit sowie durch unzulässige Auswirkungen der Ankerrückwirkung und der Nutung gezogen und nach oben durch unzulässig hohe Erregerverluste bzw. unzulässig niedrige Leistungsfaktoren.

Tabelle 9.1.6 Richtwerte für Flussdichten

	***B* in T**			
	Gleichstrom-maschinen	**Synchron-maschinen mit Schenkelpol-läufer**	**Synchron-maschinen mit Vollpolläufer**	**Induktions-maschinen**
Luftspalt	0,5 ... 1,1 (B_{max})	0,8 ... 1,05 ($\hat{B}_p$)	0,75 ... 1,05 ($\hat{B}_p$)	0,4 ... 0,65 (B_m)
Ständerjoch bzw. Ständerrücken	1,1 ... 1,5	1,0 ... 1,45	1,1 ... 1,5	1,3 ... 1,65 (... 2)
Zähne (scheinbare Maximalwerte)	1,8 ... 2,5	1,6 ... 2,0	1,6 ... 2,0	1,4 ... 2,1 (Stdr.) 1,5 ... 2,2 (Lfr.)
Läuferjoch bzw. Läuferrücken	1,0 ... 1,5	1,0 ... 1,5	1,3 ... 1,6	0,4 ... 1,6 (... 2)
Polkern	1,2 ... 1,7	1,3 ... 1,8	1,1 ... 1,7	–

b1) Gleichstrommaschinen

Als Richtwert dient bei Gleichstrommaschinen die durch die Auswirkung der Ankerrückwirkung nach unten gezogene Grenze. Sie wird dadurch bestimmt, dass die Ankerrückwirkung innerhalb des Polbogens keine Umkehr der Luftspaltflussdichte verursachen soll. Die Bestimmung des Luftspalts von Gleichstrommaschinen erfolgt – sofern keine zusätzlichen Bedingungen bestehen – stets für das größte auftretende Verhältnis von Strombelag zu Luftspaltflussdichte (s. Abschn. 9.1.2.1b). Nach Bild 2.7.2, Seite 232, und (2.3.28), Seite 181, muss demnach

$$\frac{A\alpha_\mathrm{i}\tau_\mathrm{p}}{2} \leq V_{\delta\mathrm{z}0} = \frac{V_{\delta\mathrm{z}0}}{V_{\delta 0}}V_{\delta 0} = \frac{V_{\delta\mathrm{z}0}}{V_{\delta 0}}B_\mathrm{max}\frac{k_\mathrm{c}\delta}{\mu_0}$$

$$\delta \geq \frac{V_{\delta 0}}{V_{\delta\mathrm{z}0}}\frac{\mu_0\alpha_\mathrm{i}}{2k_\mathrm{c}}\frac{\tau_\mathrm{p}A}{B_\mathrm{max}} \qquad (9.1.32)$$

gelten. Mit den für Gleichstrommaschinen üblichen Werten des ideellen Polbedeckungsfaktors α_i, des Carterschen Faktors k_c sowie des Verhältnisses $V_{\delta\mathrm{z}0}/V_{\delta 0}$ ergibt sich für unkompensierte Maschinen $\delta \geq 0{,}2\mu_0\tau_\mathrm{p}A/B_\mathrm{max}$. Zur Erzielung kleiner Ankerzeitkonstanten wendet man in der Praxis wesentlich größere Luftspaltlängen von etwa

$$\frac{\delta}{\mathrm{mm}} \geq 0{,}4\frac{\tau_\mathrm{p}}{\mathrm{m}}\frac{\frac{A}{\mathrm{A/mm}}}{\frac{B_\mathrm{max}}{\mathrm{T}}} \qquad (9.1.33\mathrm{a})$$

an. Mit Rücksicht auf geringe Erregerverluste wird ein Luftspalt gewählt, der möglichst wenig von der durch (9.1.33a) gegebenen Grenze abweicht. Für Maschinen ohne Wendepole wählt man einen um etwa 30 % größeren Luftspalt. Bei kompensierten Maschinen kann wegen der im Wesentlichen unterdrückten Ankerrückwirkung der Luftspalt kleiner gewählt werden. Üblich ist ein Wert von

$$\frac{\delta}{\mathrm{mm}} \geq (0{,}22\ldots0{,}25)\frac{\tau_\mathrm{p}}{\mathrm{m}}\frac{\frac{A}{\mathrm{A/mm}}}{\frac{B_\mathrm{max}}{\mathrm{T}}}. \qquad (9.1.33\mathrm{b})$$

b2) Synchronmaschinen

Bemessungsgrundlage des Luftspalts von elektrisch erregten Synchronmaschinen ist die Ankerrückwirkung bzw. das geforderte relative Kippmoment, d. h. die geforderte Überlastbarkeit der Maschine. Die synchrone Längsreaktanz darf dazu einen bestimmten Wert nicht überschreiten. Nach (8.1.63a), Seite 494, erhält man für den Luftspalt in Polmitte

$$\delta_0 = \frac{\sqrt{2}\mu_0\xi_\mathrm{p}\tau_\mathrm{p}}{\pi x_\mathrm{h}}\frac{A}{\hat{B}_\mathrm{p}}, \qquad (9.1.34)$$

wobei x_h der ungesättigte Wert der bezogenen Hauptreaktanz ist. Die Sättigung, die Vergrößerung des wirksamen Luftspalts durch die Nutöffnungen und der Einfluss der Schrägung können ebenso wie der Einfluss der Streuung und des Polformkoeffizienten, die den Zusammenhang zwischen x_h und einem geforderten x_d bilden, für den Grobentwurf abgeschätzt oder vernachlässigt werden. Wenn hinsichtlich des Kippmoments keine besonderen Forderungen vorliegen, erhält man brauchbare

Werte des Luftspalts für Schenkelpol-Synchronmaschinen mit Sinusfeldpolen oder mit kreisbogenförmiger Polkontur über

$$\frac{\delta_0}{\mathrm{mm}} \approx 0{,}45 \frac{\tau_\mathrm{p}}{\mathrm{m}} \frac{\frac{A}{\mathrm{A/mm}}}{\frac{\hat{B}_\mathrm{p}}{\mathrm{T}}}, \tag{9.1.35a}$$

für Schenkelpol-Synchronmaschinen mit Rechteckfeldpolen, d. h. mit $\delta = \delta_0$, über

$$\frac{\delta}{\mathrm{mm}} \approx 0{,}7 \frac{\tau_\mathrm{p}}{\mathrm{m}} \frac{\frac{A}{\mathrm{A/mm}}}{\frac{\hat{B}_\mathrm{p}}{\mathrm{T}}} \tag{9.1.35b}$$

und für Vollpol-Synchronmaschinen über

$$\frac{\delta}{\mathrm{mm}} \approx 0{,}25 \frac{\tau_\mathrm{p}}{\mathrm{m}} \frac{\frac{A}{\mathrm{A/mm}}}{\frac{\hat{B}_\mathrm{p}}{\mathrm{T}}}. \tag{9.1.35c}$$

Bei permanenterregten Synchronmaschinen wächst entsprechend (2.8.4) und (2.8.9), Seite 246, die erforderliche Höhe der permanentmagnetischen Abschnitte in etwa proportional mit dem gewählten Luftspalt, so dass sich ein unnötig großer Luftspalt schon aus wirtschaftlichen Überlegungen verbietet. Andererseits ist zum Schutz gegen irreversible Entmagnetisierung eine gewisse Mindesthöhe der permanentmagnetischen Abschnitte erforderlich. Bei Maschinen mittlerer Größe ist daher $\delta \approx 1$ mm oft ein günstiger Wert. Für Reluktanz-Synchronmaschinen gelten dieselben Richtwerte wie für Induktionsmaschinen (s. Unterabschn. b3).

b3) Induktionsmaschinen

Aus dem Zusammenhang

$$\hat{B}_\mathrm{p} = \frac{\mu_0}{\delta_\mathrm{i}''} \hat{\Theta}_\mathrm{p}$$

folgt mit (2.6.4), Seite 223, dass der Magnetisierungsstrom I_μ von Induktionsmaschinen proportional zum Luftspalt $\delta \sim \delta_\mathrm{i}''$ ist. Um bei Betrieb einen möglichst großen Leistungsfaktor zu erhalten, wählt man den Luftspalt daher so klein, wie es Fertigungstechnik, Betriebssicherheit und Oberflächenverluste (s. Abschn. 6.5, S. 407) zulassen. Brauchbare Werte ergeben sich mit den Richtwerten

$$\frac{\delta}{\mathrm{mm}} \approx 0{,}4 \sqrt[4]{\frac{P_\mathrm{mech}}{\mathrm{kW}}} \qquad \text{für} \quad p = 1 \tag{9.1.36a}$$

$$\frac{\delta}{\mathrm{mm}} \approx 0{,}25 \sqrt[4]{\frac{P_\mathrm{mech}}{\mathrm{kW}}} \qquad \text{für} \quad p > 1. \tag{9.1.36b}$$

Aus Gründen der Fertigungstechnik und der Betriebssicherheit sollte dabei ein kleinster Wert von

$$\delta \geq 0{,}2\,\mathrm{mm} \tag{9.1.36c}$$

nicht unterschritten werden.

Tabelle 9.1.7 Richtwerte für auf den reinen Leiterquerschnitt bezogene Nutfüllfaktoren

	Runddrahtwicklungen		**Formspulen- oder Stabwicklungen**		**Mehrschicht-Steckwicklungen**
	Niederspannung	Hochspannung	Niederspannung	Hochspannung	Niederspannung
φ_n	0,30 ... 0,50	0,20 ... 0,40	0,35 ... 0,60	0,30 ... 0,45	0,65 ...0,75

c) Anker von Gleichstrom- oder Synchronmaschinen bzw. Ständer von Induktionsmaschinen
Zur Vermeidung hoher Wirbelstromverluste erfolgt der Aufbau aus isolierten Blechen. Die Blechdicken üblicher Elektrobleche betragen 0,35 mm, 0,5 mm oder 0,65 mm (s. Abschn. 6.4.1.5, S. 402). Bei Maschinen mit indirekter radialer Gaskühlung und einer Blechpaketlänge von mehr als 200 mm werden radiale Kühlkanäle von normalerweise $l_v = (6 \ldots 10)$ mm Weite angeordnet. Die dabei entstehenden Teilpakete sind meist 30 bis 80 mm lang. Um über die gesamte Länge des Blechpakets eine gleichmäßige Wicklungstemperatur zu erreichen, wird die Länge der Kühlkanäle und der Teilpakete z. T. auch innerhalb des Blechpakets variiert, wobei die kürzeren Teilpakete je nach axialer Lufteintrittsgeschwindigkeit und verwendetem Kühlsystem entweder in der Mitte oder am Ende des Blechpakets liegen können.

Die Nutteilung ergibt sich in Verbindung mit der Wahl der Wicklung über die gewählte Nutzahl N bzw. die Nutzahl q je Pol und Strang. Bei größeren Maschinen strebt man eine Nutteilung von ca. (30...70) mm an. Bei Turbogeneratoren und großen Wasserkraftgeneratoren werden z. T. auch noch größere Werte ausgeführt. Bei kleinen Maschinen versucht man, einen Wert von (10...20) mm nicht zu unterschreiten.

Die Breite der Nuten folgt aus der Nutteilung und der kleinstmöglichen Zahnbreite, die durch die zulässige Zahnflussdichte festgelegt wird. Die Nuthöhe wird durch den benötigten Nutquerschnitt bestimmt, der zunächst mit Hilfe des auf den reinen Leiterquerschnitt bezogenen *Nutfüllfaktors*[1] (s. Tab. 9.1.7)

$$\boxed{\varphi_n = \frac{z_n A_L}{A_n}} \tag{9.1.37}$$

überschlägig ermittelt werden kann. In (9.1.37) ist z_n die Leiterzahl der Nut, A_L der Leiterquerschnitt und $A_n = h_n b_n$ der gesamte Nutquerschnitt. Genaue Nutmaße erhält man in jedem Fall nur durch eine Nutraumbilanz, indem man an Hand einer Skizze der Leiteranordnung innerhalb der Nut den Platzbedarf der isolierten Leiter einschließlich der Nutisolierung und zusätzlicher Elemente – wie z. B. Zwischenstreifen – unter Beachtung der notwendigen Toleranzen überprüft. Die Nuthöhe von Innenankern ist naturgemäß durch den unter konstruktiven Gesichtspunkten erforderlichen Wellendurchmesser und die erforderliche Rückenhöhe begrenzt. Brauchbare Werte für parallelflankige Nuten bei größeren Maschinen ergeben sich aus der empirisch ermittelten Beziehung

$$h_n = 60\,\mathrm{mm}\frac{D}{D + 300\,\mathrm{mm}}. \tag{9.1.38}$$

1 Bei Runddrahtwicklungen wird z. T. auch eine Form des Nutfüllfaktors verwendet, bei der anstelle des reinen Leiterquerschnitts $\pi D_L^2/4$ die Fläche $D_{L,iso}^2$ verwendet wird.

Wenn man in (9.1.30) zulässige Flussdichten und übliche Werte für B_m sowie φ_Fe einsetzt, erhält man mit $l_\mathrm{i} \approx l_\mathrm{Fe}$ die in Tabelle 9.1.8 angegebenen Richtwerte für die relative Rückenhöhe $h_\mathrm{r}/\tau_\mathrm{p}$. Dabei gelten die kleineren Werte für kleine und die größeren Werte für große Polpaarzahlen.

Richtwerte für die mittlere Windungslänge der Wicklungen zur näherungsweisen Berechnung des Wicklungswiderstands bzw. der Stromwärmeverluste ergeben sich zu

$$l_\mathrm{m} \approx 2\left[l + 1{,}3\tau_\mathrm{p} + \left(0{,}03 + 0{,}02\frac{U}{\mathrm{kV}}\right)\mathrm{m}\right]. \tag{9.1.39}$$

Bei Schleifringläufern kann man mit $l_\mathrm{m} \approx 2(l + 1{,}2\tau_\mathrm{p})$ rechnen.

d) Polsystem

Geometrische Richtwerte für den Entwurf des Polsystems von Gleichstrommaschinen und von Schenkelpol-Synchronmaschinen sind die Polkernhöhe (s. Tab. 9.1.8) und der Polbogen (s. Tab. 9.1.9). Dabei gelten die kleineren Werte wiederum jeweils für kleine und die größeren Werte für große Polpaarzahlen. Übliche Polteilungen von Gleichstrommaschinen sind in Tabelle 9.1.10 angegeben. Die Polteilungen von Induktions- oder Synchronmaschinen liegen mit dem gewählten Durchmesser fest, da die Polpaarzahl durch die mit der Bemessungsdrehzahl bestimmte synchrone Drehzahl gegeben ist. In Tabelle 9.1.10 gelten die kleineren Werte für kleine und die größeren Werte für große Durchmesser. Hinweise zur Gestaltung des Polsystems permanenterregter Synchronmaschinen werden im Abschnitt 2.8.5, Seite 252, gegeben.

9.1.2.3 Einschränkungen durch mechanische Randbedingungen

Beim Entwurf müssen neben den rein elektromagnetischen Anforderungen meist weitere Randbedingungen berücksichtigt werden, die zu Einschränkungen in der Wahl der Hauptabmessungen und ggf. zu einer Begrenzung des Ausnutzungsfaktors führen. Als zusätzliche mechanische Bedingung tritt häufig die Umfangsgeschwin-

Tabelle 9.1.8 Richtwerte für relative Polkern- und Rückenhöhen

	Gleichstrommaschinen	**Synchronmaschinen**	**Induktionsmaschinen**
$h_\mathrm{pk}/\tau_\mathrm{p}$	0,25 … 0,60	0,20 … 0,55	–
$h_\mathrm{r}/\tau_\mathrm{p}$	0,15 … 0,40	0,20 … 0,40	0,13 … 0,28

Tabelle 9.1.9 Richtwerte für relative Polbögen

	Gleichstrommaschinen		**Synchronmaschinen**
	mit Wendepolen	**ohne Wendepole**	
$\alpha = b_\mathrm{p}/\tau_\mathrm{p}$	0,60 … 0,73	0,65 … 0,75	0,60 … 0,75

Tabelle 9.1.10 Richtwerte für Polteilungen von Gleichstrommaschinen

	$p \leq 2$	$p > 2$
$\tau_\mathrm{p}/\mathrm{mm}$	100 … 400	250 … 600

digkeit in Erscheinung. Sie wird durch die zulässige mechanische Beanspruchung der rotierenden Teile begrenzt. Diese zulässige Beanspruchung darf auch dann nicht überschritten werden, wenn im Störungsfall sog. *Durchgangsdrehzahlen* auftreten. Bei der Feststellung der zulässigen Umfangsgeschwindigkeit im Bemessungsbetrieb muss deshalb die von den Einsatzbedingungen abhängige Durchgangsdrehzahl berücksichtigt werden. Für Schenkelpol-Synchronmaschinen mit geschmiedeten Läufern lässt sich eine maximale Umfangsgeschwindigkeit von 150 m/s und mit geschichteten Läufern eine solche von 130 m/s erreichen. Wenn – wie z. B. im Fall von Wasserkraftgeneratoren – relative, d. h. auf die Bemessungsdrehzahl bezogene Durchgangsdrehzahlen von 180 bis 250 % gefordert sind, so ergeben sich zulässige Umfangsgeschwindigkeiten im Bemessungsbetrieb, die nur noch bei 50 bis 80 m/s liegen. Die zulässige Umfangsgeschwindigkeit im Bemessungsbetrieb von massiven Vollpolläufern beträgt etwa 180 bis 200 m/s und von geblechten Vollpolläufern etwa 130 bis 150 m/s. Mit Käfigläufern und bei permanenterregten Synchronmaschinen lassen sich auch noch höhere Umfangsgeschwindigkeiten realisieren.

Mit der zulässigen Umfangsgeschwindigkeit im Bemessungsbetrieb v_{zul} und der gegebenen Bemessungsdrehzahl liegt über $v = D\pi n$ sofort der maximal ausführbare Durchmesser D_{max} fest. Für Maschinen mit diesem Durchmesser folgt die ideelle Ankerlänge unmittelbar aus der Entwurfsgleichung (9.1.1), Seite 527, bzw. (9.1.3) zu

$$l_{\mathrm{i}} = \frac{P}{CD_{\mathrm{max}}^2 n}. \tag{9.1.40}$$

Der maximal mögliche Durchmesser zweipoliger Turbogeneratoren für $f = 50$ Hz beträgt damit etwa 1,25 m, der von vierpoligen Maschinen etwa 2,5 m.

Wegen der relativ kleinen möglichen Durchmesser von Maschinen für hohe Betriebsdrehzahlen lassen sich größere Leistungen nur durch eine Erhöhung der ideellen Länge erreichen. Dabei ziehen wieder mechanische Bedingungen wie die Vermeidung von Biegeeigenfrequenzen in der Nähe der Betriebsdrehzahl oder des vorgesehenen Drehzahlstellbereichs die Grenze. Bei zweipoligen Turbogeneratoren sind Längen bis etwa 9 m, bei vierpoligen bis etwa 12 m möglich. Damit sind Grenzleistungen bei $f = 50$ Hz von etwa 3000 MVA erreichbar, wobei dann weitere mechanische Aspekte wie die zulässigen Werte von Biegewechselbeanspruchung, Durchbiegung, Torsionsbeanspruchung, Lagerbelastung beim Durchfahren kritischer Drehzahlen etc. zu beachten sind.

9.2 Detaillierte Dimensionierung und analytische Nachrechnung

9.2.1 Grundsätzliches Vorgehen

Mit dem Abschnitt 9.2 wird das Ziel verfolgt, das Vorgehen und wesentliche zu beachtende Zusammenhänge beim Entwurf und der Dimensionierung elektrischer Maschinen, der Wahl und Dimensionierung der Wicklungen, der Berechnung des magnetischen Kreises sowie ggf. der Anwendung der in den Kapiteln 3 bis 8 dargestellten Berechnungselemente durch die Darstellung geschlossener analytischer Berechnungsgänge für die einzelnen Arten elektrischer Maschinen aufzuzeigen.

Zur deutlichen Veranschaulichung dieser Zusammenhänge beschränkt sich die Darstellung dabei auf die wichtigsten Maschinenarten und auf das Grundsätzliche ihrer sonst prinzipiell gleichartigen Berechnungsgänge. Verfeinerungen der Berechnung lassen sich bei Bedarf an Hand der übrigen Kapitel erarbeiten und dem Grundsätzlichen hinzufügen.

Selbstverständlich verfügen die Hersteller elektrischer Maschinen über wesentlich umfangreichere und detailliertere Berechnungsgänge mit eigenen Erfahrungsfaktoren und Erfahrungsbeziehungen, die aus aktuellen Analysen von Messungen an ihren Produkten gewonnen worden sind. Diese Berechnungsgänge liegen meist in Form analytischer Nachrechenprogramme vor, so dass die Rechnungen – abgesehen vom Grobentwurf und speziellen Fragestellungen – nicht mehr manuell ausgeführt werden. Man benötigt jedoch nicht nur zur Aufstellung und Weiterentwicklung der Berechnungsgänge, sondern auch zu ihrem Verständnis und zur sinnvollen Anwendung stets die Kenntnis der grundsätzlichen Zusammenhänge. Die vollständige Darstellung solcher Berechnungsgänge ist nicht nur wegen des erheblichen Umfangs in diesem Buch nicht möglich, sondern auch, weil sie oft stark auf die Konstruktionsweise und die Fertigungstechnik des jeweiligen Herstellerbetriebs zugeschnitten sind.

Der prinzipielle Entwurfs- und Berechnungsgang einer elektrischen Maschine erfolgt praktisch immer nach demselben Schema:

1. *Ermittlung der Hauptabmessungen*; diese werden nach Abschnitt 9.1.1, Seite 527, im Wesentlichen durch die vorgegebene Bemessungsleistung und die vorgegebene Bemessungsdrehzahl bestimmt. Bei Vorgabe eines Drehzahlstellbereichs oder mehrerer Betriebsdrehzahlen erfolgt die Festlegung der für den Entwurf maßgebenden Leistung und Drehzahl nach den im Abschnitt 9.1.1.2 dargelegten Gesichtspunkten.
2. *Entwurf der Wicklungen und des magnetischen Kreises*, d. h. der übrigen Abmessungen der elektromagnetisch aktiven Bauteile der Maschine; dies erfolgt ausgehend von der vorgegebenen Bemessungsspannung und Bemessungsdrehzahl bzw. Bemessungsfrequenz (s. Abschn. 1.2.6, S. 105, bzw. 1.3.3, S. 137, u. 9.1.2, S. 539).
3. *Berechnung des magnetischen Kreises*; dieses Kernstück der Nachrechnung bildet die Grundlage für die Dimensionierung der Erregerwicklung oder der permanentmagnetischen Abschnitte bzw. im Fall einer Induktionsmaschine oder einer Reluktanz-Synchronmaschine für die Berechnung des Magnetisierungsstroms.
4. *Berechnung der Widerstände und Reaktanzen*; diese werden zur Berechnung der interessierenden Betriebspunkte benötigt.
5. *Berechnung wichtiger Betriebspunkte*; hierbei interessieren neben den Strömen vor allem die Verluste als Ausgangspunkt für die Kontrolle der Erwärmung sowie für die Ermittlung des Wirkungsgrads.
6. *Berechnung von Sonderfragen*; so ist bei Kommutatormaschinen z. B. die Berechnung der durch die Kommutierung verursachten Ankerreaktanzspannung als Grundlage für die Dimensionierung der Wendepolwicklung bzw. für die Kontrolle der Kommutierungsverhältnisse erforderlich.

Die Punkte 1. und 2. erfolgen dabei meist manuell, die Berechnungsgänge 3. bis 6. sind i. Allg. in Nachrechenprogrammen hinterlegt. Die Verfeinerung und Optimierung des Entwurfs erfolgt dann iterativ. Dabei muss die Dimensionierung der Maschine so lange variiert bzw. korrigiert werden, bis eine Dimensionierung gefunden ist, die die vorgegebenen Eigenschaften gewährleistet. Die Zahl der Iterationsschritte hängt dabei von der Erfahrung und dem Geschick des Berechners ab.

9.2.2 Gleichstrommaschinen

Typisch für den Entwurf einer Gleichstrommaschine ist die relativ freie Wahl der Ankerfrequenz, was dazu führt, dass die Polpaarzahl nicht an die Drehzahl gebunden ist. Die Berechnung des magnetischen Kreises ist verhältnismäßig einfach. Die Grenzleistung von Gleichstrommaschinen wird außer von der höchstzulässigen Umfangsgeschwindigkeit von der höchstzulässigen Stegspannung und der höchstzulässigen Ankerreaktanzspannung bestimmt. Diese Bedingungen resultieren aus dem notwendigen Vorhandensein eines Kommutators. Besonderheiten der Berechnung sind die Berechnung der durch die Kommutierung verursachten Ankerreaktanzspannung und die Berechnung der Ankerrückwirkung. Der Entwurf und die Berechnung einer Gleichstrommaschine gehen von folgenden Bemessungswerten aus:

Bemessungsleistung	P_N,
Bemessungsdrehzahl	n_N,
Bemessungsspannung	U_N.

Die wesentlichsten zusätzlichen Bedingungen sind Bemessungsbetriebsart, Erregungsart, Drehzahlstellbereich, Spannungsbereich und Massenträgheitsmoment.

Beim Entwurfsgang einer Gleichstrommaschine ist der Bemessungswert des Ankerstroms aus den vorgegebenen Bemessungswerten bei der Betrachtung eines Generators unmittelbar bestimmbar. Bei der Betrachtung eines Motors wird zunächst über (9.1.8), Seite 529, die innere Leistung berechnet, daraus mit (9.1.6) die induzierte Spannung E und mit (9.1.2) schließlich der Bemessungswert des Ankerstroms. Zur Abschätzung der induzierten Spannung kann auch die Näherung $E \approx (1 \pm 0,05)U_\mathrm{N}$ verwendet werden, wobei das Pluszeichen für Generatorbetrieb und das Minuszeichen für Motorbetrieb gilt.

9.2.2.1 Ermittlung der Hauptabmessungen

Über (9.1.6) oder (9.1.8) ergibt sich die innere Leistung P_i. Mit $P_\mathrm{i}/n_\mathrm{N}$ folgt aus Bild 9.1.2, Seite 529, ein erster Näherungswert für die Polpaarzahl p und den Ausnutzungsfaktor C. Aus (9.1.3), Seite 528, lässt sich mit (9.1.4) nunmehr das Produkt $D^2 l_\mathrm{i}$ ermitteln. Dieses Produkt ist mit einem nach Tabelle 9.1.4, Seite 539, gewählten Wert für λ über (9.1.16), Seite 531, in Einzelwerte von Ankerdurchmesser D und ideeller Länge l_i auftrennbar. Damit hat man zumindest Näherungswerte für die Hauptabmessungen gefunden. Liefert die Kontrolle der Polteilung τ_p einen normalen Wert (s. Tab. 9.1.10), so können die endgültigen Maße für D und l_i festgelegt werden. Ist das nicht der Fall, so ist der Entwurfsvorgang mit einem anderen Wert von p zu wiederholen.

Eine weitere Möglichkeit zur Ermittlung der Hauptabmessungen besteht darin, dass man den zu C gehörenden Wert D (s. Bild 9.1.2, S. 529) wählt, über C nach (9.1.3) l_i ermittelt und λ sowie τ_p kontrolliert. Schließlich lässt sich mit einem gewählten Wert von λ und den entsprechenden Werten von k_1 und k_2 (s. Tab. 9.1.3, S. 538) über (9.1.19b), Seite 537, unmittelbar D bestimmen und τ_p kontrollieren. Über den gleichen Wert von λ oder auch über C erfolgt dann die Berechnung von l_i.

Mit dem gewählten Wert von D ergeben sich aus Bild 9.1.2 erste Werte für die maximale Luftspaltflussdichte B_{max} und den Strombelag A. Die im Bild 9.1.2 dargestellten Werte sind einander so zugeordnet, dass aus ihnen mit $\alpha_i \approx 2/3$ die angegebenen Werte von C resultieren. Wählt man für eine der beiden Größen B_{max} oder A einen von Bild 9.1.2 abweichenden Wert, dann muss man die andere Größe über C und (9.1.4), Seite 528, ausrechnen. Die Ankerumfangsgeschwindigkeit $v = D\pi n_N$ soll in der Regel (50 ...55) m/s nicht überschreiten. Normale Werte der Ankerfrequenz $f = pn$ sind (35 ...45) Hz. Abweichungen davon führen zu reduzierten Ausnutzungsfaktoren. Zur Verminderung des Feldanteils, der aus den Polen in die Ankerstirnflächen eintritt und in den Endblechen zu erheblichen Wirbelstromverlusten führen würde, wählt man bei größeren Maschinen mitunter die Pollänge l_p bis zu 10 mm kleiner als die Ankerlänge l. Beide Längen müssen so festgelegt werden, dass sich die erforderliche ideelle Ankerlänge l_i ergibt (s. Abschn. 2.3.2.3, S. 179). Das Ankerblechpaket von Gleichstrommaschinen wird meist aus 0,5 mm dicken, kaltgewalzten, nicht kornorientierten, schlussgeglühten Elektroblechen (s. Tab. 6.4.1, S. 403) hergestellt.

9.2.2.2 Entwurf der Ankerwicklung

Aus der maximalen Luftspaltflussdichte B_{max}, der ideellen Länge l_i, der Polteilung τ_p und dem entsprechend Tabelle 9.1.9 gewählten relativen Polbogen $\alpha = b_p/\tau_p$ lässt sich über (2.3.2), Seite 170, und (2.3.4a,b) ein erster Wert des Luftspaltflusses ermitteln. Mit den Werten für E, n und p ergibt sich daraus nach (1.3.24), Seite 139, ein erster Wert für die Windungszahl w eines Zweigs. Entsprechend dem möglichen Wertebereich der Kommutatorstegzahl k nach (1.3.29), Seite 140, erfolgt mit (1.3.26) bzw. Tabelle 1.3.3, Seite 141, die Wahl der Spulenwindungszahl w_{sp} und der Zahl der parallelen Zweige $2a$, d. h. die Wahl der Wicklung und die Festlegung der endgültigen Werte für k, w und die Nutzahl N. Dabei soll N/p möglichst nicht geradzahlig sein (s. Abschn. 1.3.1.4c, S. 129), und es müssen die Symmetriebedingungen (s. Abschn. 1.3.1.4), die Beziehung $k = Nu$ sowie der mögliche Wertebereich für N nach (1.3.30), Seite 140, berücksichtigt werden.

Anschließend empfiehlt sich eine Kontrolle der Nutteilung τ_n und der mittleren Stegspannung u_{st} nach (1.3.27), Seite 140. Außerdem sind nunmehr eine Umrechnung von Φ_δ und B_{max} auf die endgültige Windungszahl w sowie die Berechnung des Strombelags A nach (9.1.23b), Seite 540, möglich. Nach der Wahl der Wicklungsschritte y_r, y_1 und y_2 kann das Schema der Ankerwicklung entworfen werden (s. Abschn. 1.3.2, S. 134).

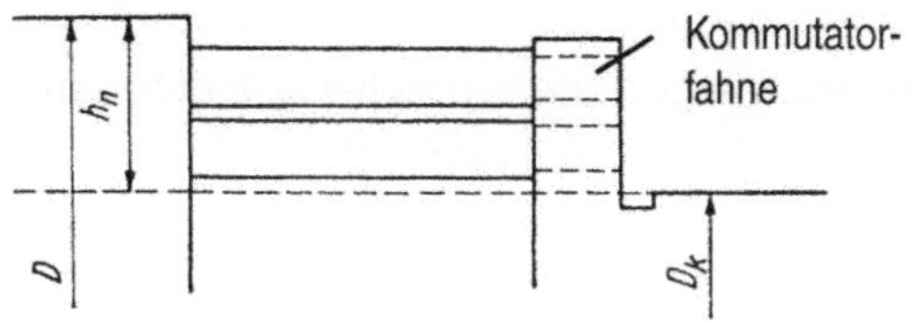

Bild 9.2.1 Zur Bestimmung des Kommutatordurchmessers

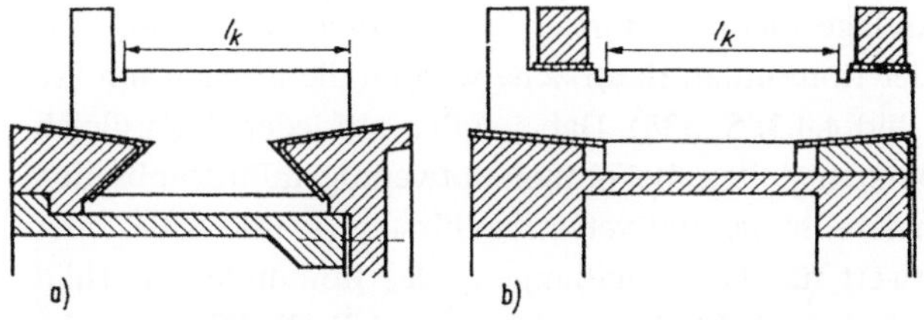

Bild 9.2.2 Ausführungsformen von Kommutatoren. a) Schwalbenschwanzkommutator; b) Schrumpfringkommutator

Über den Ankerzweigstrom I_{zw} nach (1.3.31), Seite 141, folgt entsprechend einer zulässigen Stromdichte S (s. Tab. 9.1.5, S. 541) die Auswahl der Ankerleiter mit dem Querschnitt A_L. Über den Nutfüllfaktor φ_n (s. Tab. 9.1.7) lässt sich der Nutquerschnitt A_n mit (9.1.37) näherungsweise bestimmen. Mit der nach (9.1.38) angenommenen Nuthöhe h_n ergibt sich die notwendige Nutbreite $b_n = A_n/h_n$. Die endgültigen Nutmaße werden nach einer Nutraumbilanz (s. Abschn. 9.1.2.2c) festgelegt. Schließlich wird die minimale Zahnbreite b_{zmin} bestimmt und die dort herrschende scheinbare maximale Zahnflussdichte B_{zmax} nach (2.4.9), Seite 189, und Tabelle 9.1.6 kontrolliert. Dies kann aber auch im Rahmen der Nachrechnung erfolgen.

9.2.2.3 Entwurf des Kommutators

Der Durchmesser D_k des Kommutators ist meistens erheblich kleiner als der des Ankers. Bei Stabwicklungen muss die Höhe der sog. Kommutatorfahne wenigstens in etwa gleich der Nuthöhe h_n sein (s. Bild 9.2.1). Daraus ergibt sich

$$D_k \lesssim D - 2h_n. \tag{9.2.1a}$$

Erfahrungsgemäß gilt

$$D_k \approx (0{,}6\ldots0{,}9)D. \tag{9.2.1b}$$

Liegt der Kommutatordurchmesser fest, so können die Stegteilung τ_k nach (1.3.28), Seite 140, und die Umfangsgeschwindigkeit des Kommutators $v_k = D_k\pi n_N$ berechnet und kontrolliert werden. Die Stegteilung sollte bei größeren Maschinen (3 ...8) mm betragen. Die zulässigen Umfangsgeschwindigkeiten hängen von der Ausführung des Kommutators ab (s. Bild 9.2.2). Zulässige Werte sind

$$\begin{aligned} v_{kzul} &= 35\ \mathrm{m/s} \quad \text{für Schwalbenschwanzkommutatoren,} \\ u_{kzul} &= 60\ \mathrm{m/s} \quad \text{für Schrumpfringkommutatoren.} \end{aligned} \tag{9.2.2}$$

Bei größeren Maschinen hat die Isolierung zwischen den Stegen normalerweise eine Breite von (0,6 ...0,8) mm. Die Bürsten müssen mindestens so viel Stege überdecken, wie die Wicklung Gänge hat. Die relative Bürstenbreite nach (4.2.7), Seite 316, wählt man für eingängige Wicklungen zu $\beta_B = 2 \ldots 4$. Die Wahl der Bürstensorte erfolgt nach Tabelle 4.4.1, Seite 336. Die Bürstenabmessungen ergeben sich aus dem Strom I_B je Bürstenbolzen, der bei voller Bürstenbestückung mit p gleichpoligen Bolzen

$$I_B = \frac{I}{p} \tag{9.2.3}$$

beträgt. Übersteigt die Bürstenlänge größerer Maschinen (25 ...32) mm, so ordnet man zwecks besserer Auflage mehrere Bürsten axial hintereinander an. Zur gleichmäßigen Abnutzung der Kommutatorlauffläche werden die Bürsten um (10 ...20) mm axial versetzt (s. Bild 4.4.3, S. 338). Dabei sollen auf jeder Bahn gleich viele positive und negative Bürsten gleiten. Bei großen notwendigen Bürstenbreiten b_B verwendet man oft schmalere, tangential versetzte Bürsten (s. Bild 4.4.3) oder Doppelbürsten. Einen Richtwert für die Schleiflänge l_k des Kommutators erhält man, wenn man für die Bürstenstromdichte $S_B \approx 8\ \text{A/cm}^2$ und für die Bürstenbreite $b_B \approx 12$ mm wählt. Ist l_B die Gesamtlänge aller nebeneinander angeordneten Bürsten und b_B ihre Breite, so ergibt sich

$$l_k \gtrapprox l_B = \frac{I_B}{S_B b_B} \approx \frac{I_B}{\text{A}}\ \text{mm}. \tag{9.2.4}$$

9.2.2.4 Entwurf des Magnetkreises

Die Länge des Luftspalts δ wird nach Unterabschnitt 9.1.2.2b bestimmt. Mit der Ankerwicklung sind im Abschnitt 9.2.2.2 bereits die Abmessungen des Zahngebiets festgelegt worden. Für die Abmessungen der übrigen Teile des magnetischen Kreises sind nach (9.1.29), Seite 543, die Flüsse und die zulässigen Flussdichten nach Tabelle 9.1.6, Seite 544, maßgebend.

Der für die Rückenhöhe h_r maßgebende maximale Fluss im Ankerrücken beträgt nach (2.4.15a), Seite 192, die Hälfte des Luftspaltflusses $\Phi_{\text{rmax}} = \Phi_\delta/2$ (s. Bild 2.1.1, S. 155). Daraus ergibt sich der Innendurchmesser des Ankerblechpakets zu

$$D_i = D - 2h_n - 2h_r. \tag{9.2.5}$$

Der Fluss im Polkern ist entsprechend (2.4.22a,b), Seite 195, um den Polstreufluss größer als der Luftspaltfluss. Nach (2.4.32), Seite 199, gilt für Gleichstrommaschinen $\Phi_p = (1{,}1 \ldots 1{,}2)\Phi_\delta$. Der erste Wert für die Polhöhe kann nach Tabelle 9.1.8 geschätzt werden. Der endgültige Wert ergibt sich nach dem Entwurf der Polwicklung, der im Anschluss an die Berechnung des magnetischen Kreises erfolgt.

Die Höhe der Polhornwurzel h_{ph} (s. Bild 9.2.3) muss so gewählt werden, dass die Flussdichte in der Polhornwurzel 2 T nicht übersteigt. Im Joch findet wieder eine Flussteilung statt, so dass $\Phi_j = \Phi_p/2$ gilt. Die Abmessungen des Jochs werden z. T. so gewählt, dass das Joch die Erregerwicklung axial überdeckt und damit vor Beschädigungen schützt. Da Gleichstrommaschinen heute i. Allg. über Stromrichter gespeist werden und im Betrieb dynamischen Anforderungen mit raschen Stromänderungen unterliegen, werden Pole und Joch heute praktisch immer aus Blechen aufgebaut.

9.2.2.5 Nachrechnung

Die Nachrechnung einer Gleichstrommaschine umfasst im Wesentlichen die Berechnung der von der Kommutierung verursachten Ankerreaktanzspannung, die Berechnung des Magnetkreises und die Berechnung der Verluste. Die Berechnung

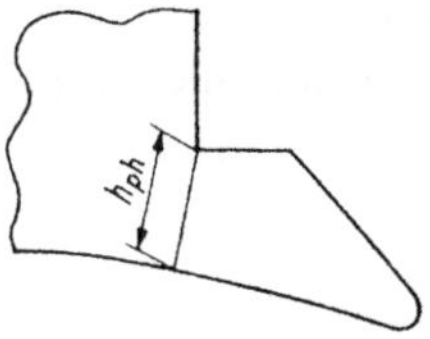

Bild 9.2.3 Polhornwurzel

der Ankerreaktanzspannung erfolgt nach Abschnitt 4.3, Seite 322. Sie dient der Kontrolle der Kommutierungsverhältnisse und dem Entwurf der Wendepolwicklung. Die Berechnung des magnetischen Kreises liefert die Grundlage für die Dimensionierung der Erregerwicklung und die Berechnung der Ummagnetisierungsverluste. Sie erfolgt zunächst für den Leerlauf nach dem im Bild 2.6.1, Seite 219, dargestellten Berechnungsschema. Die Berücksichtigung der Ankerrückwirkung erfolgt durch einen Erregungszuschlag (s. Abschn. 2.7.1, S. 230, u. Bild 2.7.2, S. 232). Außerdem sind bei der Dimensionierung der Erregerwicklung die in DIN EN IEC 60034-1 oder anderen Vereinbarungen festgelegten zulässigen Abweichungen der Spannung oder auch der abgegebenen Leistung von ihren Bemessungswerten zu beachten (s. Abschn. 9.1.1.2, S. 536).

Bei fremderregten Motoren besteht die Möglichkeit, dass der Abfall des Luftspaltflusses infolge der Ankerrückwirkung den Abfall der induzierten Spannung bei Belastung überwiegt. Nach (1.3.24), Seite 139, reagiert die Maschine auf diesen Vorgang durch Drehzahlanstieg, was zu unstabilem Betrieb führen kann. Aus diesem Grund werden bei unkompensierten Motoren 5 % ... 10 % der notwendigen Erregerdurchflutung einer Reihenschlusswicklung zugeordnet. Bei Motoren mit einer entsprechend dimensionierten Kompensationswicklung tritt keine Ankerrückwirkung auf.

Die Berechnung der Verluste nach Kapitel 6 dient zur Ermittlung des Wirkungsgrads und zur Berechnung der Erwärmung. Für die Berechnung der Wicklungsverluste wird dabei eine betriebswarme Maschine zugrunde gelegt. Generell gilt, dass die Verluste im Hinblick auf die Ermittlung des Wirkungsgrads für die Bedingungen zu berechnen sind, unter denen auch der prüftechnische Nachweis erfolgen soll. Die Ergebnisse der Erwärmungsberechnung sind Kriterien für die Zulässigkeit der angenommenen elektromagnetischen Beanspruchungen. Die Summe aus Reibungsverlusten und Ummagnetisierungsverlusten bildet die Differenz zwischen der inneren Leistung $P_\mathrm{i} = EI$ und der abgegebenen bzw. aufgenommenen mechanischen Leistung P_mech.

9.2.3 Induktionsmaschinen

Die Drehzahl der Induktionsmaschine liegt bei Motorbetrieb normalerweise nur wenig unterhalb und bei Generatorbetrieb nur wenig oberhalb der durch Frequenz und Polpaarzahl bestimmten synchronen Drehzahl $n_0 = f_1/p$. Größere Abweichungen haben entsprechend $P_\mathrm{vw2} = sP_\delta$ große Stromwärmeverluste in der Läuferwicklung zur Folge, oder sie erfordern spezielle Speisungssysteme (s. Bd. *Grundlagen elektrischer Maschinen*, Abschn. 5.8). Die Berechnung des magnetischen Kreises dient neben der Bestimmung der Ummagnetisierungsverluste nur zur Bestimmung des Magnetisierungsstroms, da der Entwurf einer Erregerwicklung entfällt. Der Magnetisierungsstrom ist maßgebend für den Leistungsfaktor. Aussagen über die

Betriebseigenschaften der Induktionsmaschine sind vor allem an die Berechnung der Reaktanzen geknüpft. Induktionsmaschinen werden normalerweise als Motoren betrieben. Im Gegensatz zu Gleichstrommaschinen oder Synchronmaschinen wird die ausführbare Grenzleistung von Käfigläufern abgesehen vom Sonderfall umrichtergespeister, schnell laufender Motoren nicht durch die zulässige Umfangsgeschwindigkeit bestimmt, sondern durch die Netzkurzschlussleistung und den zulässigen Spannungseinbruch beim Anfahren.

Der Entwurf und die Berechnung gehen von folgenden Bemessungswerten aus:

Bemessungsleistung	P_N,
synchrone Drehzahl bei Bemessungsfrequenz	n_0,
Bemessungsspannung	U_N,
Bemessungsfrequenz	f_N,
Strangzahl	m_1.

Dazu kommen meistens noch zusätzliche Bedingungen. Solche Bedingungen sind z. B. Schaltung, Betriebsart, IE-Wirkungsgradklasse, relativer Anzugsstrom, relatives Anzugsmoment und relatives Kippmoment.

Im Entwurfsgang ergibt sich aus den Bemessungswerten unmittelbar die Polpaarzahl p und aus der Schaltung die Spannung U_1 eines Ständerstrangs. Den Bildern 9.1.4 und 9.1.5, Seite 531, lassen sich erste Werte für den Wirkungsgrad η_N und den Leistungsfaktor $\cos\varphi_N$ entnehmen. Damit wird der Bemessungsstrom I_N berechnet. Die induzierte Spannung E_h erhält man zunächst aus Näherungsbeziehungen. Für Maschinen mit $P_N > 30\,\mathrm{kW}$ kann man $E_h = U_1$ setzen. Bei Maschinen mit $P_N < 30\,\mathrm{kW}$ kann man mit $E_h = (0{,}92 \ldots 0{,}96)U_1$ rechnen. Bei sehr kleinen Motoren erfolgt die näherungsweise Bestimmung von E_h über eine Abschätzung des Magnetisierungsstroms und ein genähertes Zeigerbild nach einem ersten groben Entwurf der Maschine.

9.2.3.1 Ermittlung der Hauptabmessungen

Für Induktionsmotoren liegt über $P_N/(2p) = P_{mech}/(2p)$ nach Bild 9.1.6, Seite 532, unmittelbar ein Richtwert für den Ausnutzungsfaktor C_{mech} fest und damit nach (9.1.13), Seite 530, auch für das Produkt $D^2 l_i$. Meist erfolgt nun entsprechend den standardisierten Achshöhen die Entscheidung für einen bestimmten Durchmesser D und die Berechnung von l_i. Bei Maschinenreihen führt man mehrere Leistungen mit dem gleichen Durchmesser und unterschiedlichen Längen unter Verwendung des gleichen Blechschnitts aus (s. Abschn. 9.4.3, S. 607). Bei einem freien Entwurf kann man das Produkt $D^2 l_i$ auch über eine gewählte relative Länge λ (s. Tab. 9.1.4, S. 539) auftrennen, oder man berechnet D nach (9.1.19b), Seite 537, aus der inneren Scheinleistung P_{si}, die nach (9.1.12), Seite 530, ermittelt werden kann. Aus D lässt sich τ_p berechnen. Die Längen von Ständer und Läufer der Induktionsmaschinen sind meistens gleich, d. h. es ist $l_1 = l_2 = l$. Diese Längen müssen so gewählt werden, dass sie unter Berücksichtigung der Unterteilung des Ständers und des Läufers in einzelne Teilpakete (s. Unterabschn. 9.1.2.2c, S. 547) nach (2.3.25), Seite 181, die erforderliche Länge l_i ergeben. Meistens ordnet man im Ständer und im Läufer die gleiche Zahl einander gegenüberliegender Ventilationskanäle an. Wegen des bei Induktionsmaschinen sehr kleinen Luftspalts ist die ideelle Länge l_i nur wenig größer als die gesamte Blechpaketlänge l_{Fe}. Ständer und Läufer von Induktionsmaschinen werden meistens aus 0,5 mm oder 0,65 mm dickem, kaltgewalztem, nicht kornorientiertem, schlussgeglühtem oder auch nicht schlussgeglühtem Elektroblech (s. Tab. 6.4.1, S. 403) hergestellt.

9.2.3.2 Entwurf der Wicklungen

Aus der mittleren Luftspaltflussdichte B_m (s. Tab. 9.1.6, S. 544), der Polteilung τ_p und der ideellen Länge l_i kann nach (2.3.5), Seite 171, der Luftspaltfluss Φ_δ errechnet werden, der für den Wicklungsentwurf mit genügender Genauigkeit gleich dem Hauptfluss Φ_h gesetzt werden kann. Über (1.2.93), Seite 105, lässt sich mit $\omega = 2\pi f_N$ und einem geschätzten Wicklungsfaktor ξ_p, der bei Maschinen mit Einschichtwicklung $\xi_p \approx 0{,}96$ und bei Maschinen mit gesehnter Zweischichtwicklung $\xi \approx 0{,}92$ ist, ein erster Wert für die Strangwindungszahl w_1 der Ständerwicklung bestimmen. Anschließend muss die Nutzahl q_1 je Pol und Strang (s. Abschn. 1.2.6.3, S. 112) so gewählt werden, dass sich ein nach Unterabschnitt 9.1.2.2c, Seite 547, normaler Wert

$$\tau_{n1} = \frac{\pi D}{2pm_1q_1} \tag{9.2.6}$$

für die Nutteilung im Ständer ergibt. Damit liegt auch die Nutzahl $N_1 = 2pm_1q_1$ fest. Die Strangwindungszahl

$$w_1 = \frac{N_1 z_{n1}}{2a_1m_1} = pq_1\frac{z_{n1}}{a_1}$$

entsprechend (1.2.96), Seite 106, muss dann durch die Wahl geeigneter Werte der Leiterzahl z_{n1} je Nut und der Zahl der parallelen Zweige a_1 möglichst gut realisiert werden. Φ_h, Φ_δ und B_m müssen anschließend auf die endgültige Windungszahl w_1 umgerechnet werden. Nach der Wahl von q_1 kann auch das Wicklungsschema entworfen (s. Abschn. 1.2.2, S. 34) und der Wicklungsfaktor ξ_p berechnet werden (s. Abschn. 1.2.3, S. 74). Bei Zweischichtwicklungen ist dabei ein geeigneter Wicklungsschritt $y/y_\varnothing$ z. B. als 5/6-Sehnung (s. Abschn. 1.2.6.3, S. 112) zu wählen.

Entsprechend der Schaltung der Wicklung ergeben sich aus dem Bemessungsstrom I_N der Strom I_1 eines Ständerwicklungsstrangs und der Zweigstrom $I_{1zw} = I_1/a_1$. Die Strangwindungszahl w_1 und der Strangstrom I_1 der Ständerwicklung bestimmen über (9.1.23c), Seite 540, den effektiven Ständerstrombelag A_1. Der Zweigstrom I_{1zw} und die zulässige Stromdichte S_1 der Ständerwicklung (s. Tab. 9.1.5, S. 541) legen den Querschnitt A_{L1} der Leiter der Ständerwicklung fest. Mit der Leiterzahl z_{n1} der Ständernut und dem Nutfüllfaktor φ_{n1} (s. Tab. 9.1.7, S. 547) ergibt sich ein erster Wert des Nutquerschnitts A_{n1}. Die Aufteilung in Nuthöhe h_{n1} und Nutbreite b_{n1} erfolgt entweder nach Erfahrungswerten entsprechend $h_{n1}/b_{n1} = 3\ \ldots 5{,}5$ oder nach der durch die zulässige maximale Zahnflussdichte B_{z1max} (s. Tab. 9.1.6, S. 544) bestimmten minimalen Zahnbreite b_{z1min}. Als Ausgangswerte für die Feindimensionierung kann in erster Näherung auch von

$$b_{n1} \approx \frac{\tau_{n1}}{2} \tag{9.2.7a}$$

$$h_{n1} \approx \frac{A_{n1}}{b_{n1}} = \frac{z_{n1}A_{L1}}{\varphi_{n1}b_{n1}} \tag{9.2.7b}$$

ausgegangen werden. Die Festlegung der endgültigen Nutform kann erst nach einer Nutraumbilanz erfolgen. Bei Ständerwicklungen aus Runddraht wählt man häufig Nutformen, die parallele Zahnflanken ergeben.

Der Entwurf der Läuferwicklung geht bei Käfigläufern von der Wahl der Nutzahl unter Berücksichtigung der im Abschnitt 1.2.6.3, Seite 112, genannten Kriterien aus und bei Schleifringläufern von der Wahl der Nutzahl je Pol und Strang. Da im Ständer und im Schleifringläufer i. Allg. dreisträngige Ganzlochwicklungen eingesetzt werden, wird dann meist $q_2 = q_1 - 1$ gewählt. Damit liegt auch $N_2 = 2pm_2q_2$ fest. Der Stab- bzw. Leiterquerschnitt errechnet sich aus der zulässigen Stromdichte nach Tabelle 9.1.5, Seite 541, und dem Stab- bzw. Strangstrom I_2, den man mit Hilfe folgender Überlegung abschätzen kann:

Die konstante Ständerspannung erzwingt nach (1.2.93), Seite 105, wegen $E_\mathrm{h} \approx U_1$ einen annähernd konstanten Fluss des resultierenden Drehfelds, d. h. eine annähernd konstante Magnetisierungsdurchflutung, die von der Ständerwicklung aufgebracht wird. Bei Belastung fließt in der Läuferwicklung ein Strom, der eine Läuferdurchflutung zur Folge hat. Diese Läuferdurchflutung muss von einer zusätzlichen Durchflutung der Ständerwicklung kompensiert werden (s. Bd. *Grundlagen elektrischer Maschinen*, Abschn. 5.3.2). Wegen der geringen Betriebsfrequenz des Läufers hat der Läuferstrom nur eine geringe Phasenverschiebung gegenüber der induzierten Läuferspannung. Da der Magnetisierungsstrom ein fast reiner Blindstrom ist, ist der Kompensationsstrom des Ständers annähernd gleich der Wirkkomponente des Ständerstroms. Damit gilt für die Durchflutungsamplituden der entsprechenden Ströme $\hat{\Theta}_\mathrm{p2} \approx \hat{\Theta}_\mathrm{p1} \cos\varphi$ und für die Strombeläge $A_2 \approx A_1 \cos\varphi$ bzw. für die Ströme entsprechend Abschnitt 1.4.2.3, Seite 148,

$$I_2' = \frac{m_2(w\xi_\mathrm{p})_2}{m_1(w\xi_\mathrm{p})_1} I_2 = I_1 \cos\varphi \tag{9.2.8a}$$

und daraus schließlich

$$I_2 = \frac{m_1(w\xi_\mathrm{p})_1}{m_2(w\xi_\mathrm{p})_2} I_1 \cos\varphi . \tag{9.2.8b}$$

Der Stabstrom und der Ringstrom eines Käfigläufers ergeben sich aus (9.2.8b) mit $m_2 = N_2/(2p)$ und $(w\xi_\mathrm{p})_2 = 1$ entsprechend Abschnitt 1.4.2.3, Seite 148, zu

$$I_\mathrm{s} = \frac{I_2}{p} \tag{9.2.9}$$

$$I_\mathrm{r} = \frac{I_2}{2p \sin\dfrac{\pi p}{N_2}} . \tag{9.2.10}$$

Damit liegen der Stab- und der Ringquerschnitt unter Berücksichtigung der angestrebten Stromdichte (s. Tab. 9.1.5, S. 541) fest, wobei im Ring i. Allg. eine geringere Stromdichte als im Stab gewählt wird.

Die Leiterzahl z_n2 je Nut einer Schleifringwicklung bzw. deren Windungszahl w_2 werden mit Rücksicht auf eine günstige Dimensionierung des Anlasserwiderstands häufig so gewählt, dass der Quotient aus der Schleifringspannung im Stillstand und dem Schleifringstrom bei Bemessungsbetrieb 1,5 bis 2,0 Ω beträgt. Damit ergibt sich im Fall der meistens verwendeten Sternschaltung für den Quotienten der

Stranggrößen

$$\frac{U_{20}}{I_2} \approx \frac{1{,}5 \ldots 2}{\sqrt{3}}\Omega \approx (0{,}85 \ldots 1{,}15)\,\Omega. \tag{9.2.11}$$

U_{20} lässt sich durch Wicklungsdaten und die mittlere Luftspaltflussdichte ausdrücken, indem man $U_{20} = E_{2h}$ setzt und (1.2.93), Seite 105, (1.2.94) und (2.3.5), Seite 171, mit $\Phi_h \approx \Phi_\delta$ anwendet. Wenn außerdem I_2 entsprechend (8.1.61), Seite 494, durch den effektiven Strombelag A_2 ersetzt wird, geht (9.2.11) in

$$\frac{U_{20}}{I_2} = \frac{\pi f_N N_2^2 z_{n2}^2 \xi_{p2} B_m l_i}{2\sqrt{2} m_2 a_2^2 p A_2} \approx (0{,}85 \ldots 1{,}15)\,\Omega \tag{9.2.12}$$

über, und daraus erhält man für die Leiterzahl je Läufernut

$$z_{n2} \approx \frac{a_2}{N_2}\sqrt{\frac{(0{,}75 \ldots 1{,}05)\,\Omega \cdot m_2 w_2 p A_2}{f_N \xi_{p2} l_i B_m}}. \tag{9.2.13}$$

Für große Maschinen wählt man a_2 möglichst so, dass sich $z_{n2} = 2$ ergibt.

Als erster Ansatz für die Nutabmessungen kann bei Schleifringläufern von

$$b_{n2} \approx \frac{\tau_{n2}}{2} \tag{9.2.14a}$$

$$h_{n2} \approx \frac{z_{n2} A_{L2}}{\varphi_{n2} b_{n2}} \tag{9.2.14b}$$

ausgegangen werden. Bei Käfigläufern ist die Wahl der Nutform, der Nutabmessungen und des Leitermaterials immer ein Kompromiss zwischen den Erfordernissen des Betriebs mit gutem Wirkungsgrad, was einen geringen Bemessungsschlupf und damit einen geringen Widerstand der Käfigwicklung verlangt, und den Erfordernissen des asynchronen Anlaufs nach einer hohen Einschaltgüte, was einen hohen Widerstand der Käfigwicklung im Stillstand erfordert.

9.2.3.3 Entwurf des Magnetkreises

Die Bestimmung des Luftspalts δ erfolgt nach Unterabschnitt 9.1.2.2b, Seite 544. Die Abmessungen im Zahngebiet sind bereits im Abschnitt 9.2.3.2 festgelegt worden. Es brauchen also nur noch die Abmessungen der Rückengebiete ermittelt zu werden. Dafür maßgebend ist (9.1.30), Seite 543. Der maximale Fluss im Läuferrücken ist wegen der Flussteilung (s. Bild 2.1.1c, S. 155) entsprechend $\Phi_{r2max} = \Phi_\delta/2$ halb so groß wie der Luftspaltfluss. Der maximale Fluss im Ständerrücken ist wegen des Nutstreuflusses entsprechend $\Phi_{r1max} \approx 1{,}05\Phi_\delta/2$ um etwa 5 % größer. Mit den zulässigen Flussdichten nach Tabelle 9.1.6, Seite 544, $l_i \approx l_{Fe}$ und $\varphi_{Fe} \approx 0{,}95$ ergeben sich erste Werte für die Rückenhöhen h_{r1} und h_{r2} (s. Tab. 9.1.8, S. 548), wobei die kleineren Werte für die Läuferrücken und die größeren Werte für die Ständerrücken gelten. Daraus folgen mit

$$D_{a1} = D_{i1} + 2h_{n1} + 2h_{r1} \tag{9.2.15a}$$

$$D_{i2} = D_{a2} - 2h_{n2} - 2h_{r2} \tag{9.2.15b}$$

der Ständeraußen- und der Läuferinnendurchmesser. Der Ständeraußendurchmesser ist dabei i. Allg. nicht frei wählbar, sondern es existiert aufgrund von zur Verfügung stehenden Coilbreiten der Elektrobleche oder vorhandenen Stanzwerkzeugen bzw. Gehäusekonstruktionen eine relativ kleine Zahl von Vorzugswerten.

Da die Feindimensionierung und die Optimierung heute i. Allg. mit Hilfe eines Nachrechenprogramms erfolgen, ist es ausreichend, den ersten manuellen Entwurf des Magnetkreises relativ grob vorzunehmen.

9.2.3.4 Nachrechnung

Die Nachrechnung der Induktionsmaschine umfasst im Wesentlichen die Berechnung des Magnetkreises, der Verluste und der Induktivitäten bzw. der Reaktanzen. Vorzugeben sind die Daten des Bemessungspunkts und alle Geometrie-, Material- und Wicklungsdaten des Aktivteils.

Die Berechnung des Magnetkreises erfolgt nach Kapitel 2. Bei zweipoligen Maschinen muss dabei der Rückeneinfluss wie im Berechnungsschema nach Bild 2.6.5, Seite 224, berücksichtigt werden. Ohne Berücksichtigung des Rückeneinflusses wird nach dem Berechnungsschema im Bild 2.6.7a vorgegangen. Die Berechnung des Magnetkreises dient neben der Bestimmung der Ummagnetisierungsverluste der Ermittlung des Magnetisierungsstroms I_μ in Abhängigkeit von der induzierten Spannung E_h und bestimmt damit die Hauptreaktanz unter Berücksichtigung der Eisensättigung.

Zur Berechnung von Drehmoment, Ständer- und Läuferstrom, Leistungsfaktor, Verlusten und Wirkungsgrad für die interessierenden Betriebspunkte wie Bemessungsbetrieb, Teillast, Kipppunkt und Stillstand werden die Ströme mit Hilfe des Ersatzschaltbilds für einen vorgegebenen Wert des Schlupfs s berechnet (s. Bd. *Grundlagen elektrischer Maschinen*, Abschn. 5.4). Dafür müssen zuvor die Elemente des Ersatzschaltbilds nach den Abschnitten 6.3.2, Seite 386, und 8.1.4.2, Seite 510, ermittelt werden. Die Hauptreaktanz folgt aus der bei der Nachrechnung des Magnetkreises ermittelten Kennlinie $E_\mathrm{h} = f(I_\mu)$. Für größere Schlupfwerte muss die Stromverdrängung in der Läuferwicklung nach Kapitel 5 berücksichtigt werden. Es ist außerdem sinnvoll, die Abdämpfung der Oberfelder der Ständerwicklung durch den Käfig z. B. mit Hilfe des im Band *Theorie elektrischer Maschinen*, Abschnitt 1.9.3, eingeführten *Felddämpfungsfaktors* zu berücksichtigen.

Zusammen mit der Berechnung der Betriebspunkte werden auch die Verluste (s. Kap. 6) als Grundlage für die Ermittlung des Wirkungsgrads und der Erwärmung ermittelt, wobei hinsichtlich des spezifischen Widerstands eine betriebswarme Maschine angenommen wird. Generell gilt, dass die Verluste im Hinblick auf die Ermittlung des Wirkungsgrads für die Bedingungen zu berechnen sind, unter denen auch der prüftechnische Nachweis erfolgen soll. Dabei ist zum einen zu berücksichtigen, dass die Reibungsverluste die abgegebene mechanische Leistung vermindern. Zum anderen muss der Ständerstrom um eine Wirkkomponente I_1v erhöht werden, durch die die im Ersatzschaltbild nicht erfassten Verlustkomponenten einbezogen werden. Sie beträgt

$$I_\mathrm{1v} = \frac{P_\mathrm{vu} + P_\mathrm{vzus}}{m_1 U_1} . \tag{9.2.16}$$

Zur Nachrechnung eines bestimmten Betriebspunkts ist der vorgegebene Schlupf iterativ so lange zu korrigieren, bis bei derBerechnung von Teillastpunkten die ermittelte abgegebene Leistung dem gewünschten Wert entspricht bzw. bis bei der Berechnung des Kipppunkts das abgegebene Drehmoment tatsächlich sein Maximum erreicht.

Die Ergebnisse der Nachrechnung müssen vor allem im Hinblick auf

- die Einhaltung der zulässigen thermischen, magnetischen und mechanischen Belastungen,
- die festgelegten Anforderungen z. B. in Bezug auf das Kippmoment, das Anzugsmoment und den Anzugsstrom,
- das Vorliegen eines guten Kompromisses aus minimalem Materialeinsatz bzw. minimalen Herstellkosten, maximalem Wirkungsgrad und maximalem Leistungsfaktor

kontrolliert werden. Verbesserungen einzelner Größen lassen sich vor allem wie folgt erreichen:

- *Erhöhung des Leistungsfaktors* durch Verkleinerung des Luftspalts, Vergrößerung des Verhältnisses $A/\hat{B}_{\mathrm{p}}$ (s. Abschn. 9.4.2, S. 606) oder Vergrößerung der Zahnbreite auf Kosten der Nutbreite;
- *Steigerung des Wirkungsgrads* durch Erhöhung der Baugröße (s. Bd. *Grundlagen elektrischer Maschinen*, Abschn. 2.7.2), Verbesserung der Leitfähigkeit des Käfigmaterials oder Veränderung des Verhältnisses von Zahn- und Nutbreite mit dem Ziel, eine bessere Balance zwischen lastabhängigen und lastunabhängigen Verlusten zu erreichen (s. Bild 9.2.10);
- *Reduzierung der Wicklungserwärmung* durch Erhöhung des Leiter- und damit des Nutquerschnitts auf Kosten des Eisenquerschnitts, Erhöhung der Kühlmittelmenge oder Einsatz von Elektroblechen mit besserer Wärmeleitfähigkeit oder geringeren spezifischen Verlusten;
- *Erhöhung des Kippmoments* durch Reduzierung der Streureaktanzen, d. h. vor allem durch Verringerung des Koeffizienten der Oberwellenstreuung mittels der Wahl höherer Nutzahlen, durch Verringerung des Streuleitwerts der Nuten in Ständer und Läufer oder durch Verminderung des Verhältnisses $A/\hat{B}_{\mathrm{p}}$;
- *Erhöhung des Anzugsmoments von Käfigläufern* durch dieselben Maßnahmen wie zur Erhöhung des Kippmoments, durch Verringerung des Stabquerschnitts bzw. der spezifischen Leitfähigkeit des Stabmaterials oder durch Erhöhung der Stromverdrängung in den Läufernuten;
- *Verringerung des Anzugsstroms von Käfigläufern* durch Erhöhung der Streureaktanzen, d. h. vor allem durch Erhöhung des Streuleitwerts der Nuten in Ständer und Läufer, durch Vergrößerung des Koeffizienten der Oberwellenstreuung mittels der Wahl geringerer Nutzahlen oder durch Vergrößerung des Verhältnisses $A/\hat{B}_{\mathrm{p}}$.

Dabei ist zu beachten, dass die Verbesserung eines dieser Werte meist eine Verschlechterung anderer Werte zur Folge hat. So bewirkt z. B. die erwünschte Erhöhung des Anzugsmoments durch Verringerung des Stabquerschnitts eine unerwünschte Verringerung des Wirkungsgrads. Sind diese Verschlechterungen nicht akzeptabel, ist es i. Allg. notwendig, das Volumen der aktiven Bauteile – z. B. durch Vergrößerung der Länge – zu erhöhen und damit die Ausnutzung zu reduzieren. Für Maschinen mit hohen Schaltbeanspruchungen empfiehlt sich eine Kontrolle der in den Wicklungen auftretenden Kräfte (s. Kap. 7).

9.2.4 Synchronmaschinen

Die Drehzahl einer Synchronmaschine liegt mit der Frequenz und der Polpaarzahl fest. Die Berechnung des magnetischen Kreises von Schenkelpol-Synchronmaschinen verläuft ähnlich wie bei Gleichstrommaschinen. Da das Ankerfeld der Synchronmaschine im Belastungsfall eine relativ große Komponente in der Polachse ausbildet, erfolgt eine starke Beeinflussung des Luftspaltflusses der Erregerwicklung. Die Querkomponente des Ankerfelds beeinflusst den Luftspaltfluss nur wenig. Bei Schenkelpol-Synchronmaschinen müssen die beiden Komponenten des Ankerfelds, die Längs- und die Querkomponente, getrennt berechnet werden (s. Abschn. 2.7.3, S. 241). Abgesehen von Erregermaschinen und vergleichsweise seltenen anderen Sonderausführungen sind Schenkelpol-Synchronmaschinen als Innenpolmaschinen ausgebildet (s. Bild 2.1.1a, S. 155). Der dadurch bedingte geringere Polabstand führt zu größerer Polstreuung als bei Außenpolmaschinen. Die Polstreuung wird außerdem durch das dem Polfeld entgegenwirkende Ankerlängsfeld verstärkt (s. Abschn. 2.7.3).

Bei der Berechnung des magnetischen Kreises von Vollpol-Synchronmaschinen ist zu beachten, dass die Erregerwicklung entlang des Umfangs verteilt angeordnet ist. Diese Verteilung erstreckt sich jedoch nicht über den ganzen Läuferumfang, so dass ein unbewickelter und ein bewickelter Teil mit unterschiedlichen Magnetisierungskennlinien für das Luftspalt-Zahn-Gebiet entstehen (s. Bild 2.1.1b u. Abschn. 2.5.5, S. 214). Vom Läufer aus gesehen ist die Lage der Achse des Ankerfelds stark vom Leistungsfaktor der Maschine abhängig. Diese Abhängigkeit überträgt sich auf die Größe des Ankerlängsfelds und damit auf die Größe der erforderlichen Erregerdurchflutung. Deshalb wird auch die Baugröße der Maschine bzw. ihr Ausnutzungsfaktor vom Leistungsfaktor abhängig. Darüber hinaus haben die von der Maschine geforderten dynamischen Eigenschaften wesentlichen Einfluss auf die Baugröße. Grundlage für die Ermittlung dieser Eigenschaften ist die Berechnung der charakteristischen Reaktanzen und Zeitkonstanten. Die Grenzleistung moderner Synchronmaschinen wird von der maximalen Baugröße, d. h. von der zulässigen Größe mechanischer Beanspruchungen, und von der Wirksamkeit des Kühlsystems bestimmt.

Der Entwurf und die Berechnung eines elektrisch erregten Synchrongenerators oder Synchronmotors gehen von folgenden Bemessungswerten aus:

Bemessungsleistung	P_N,
Bemessungsdrehzahl	n_N,
Bemessungsspannung	U_N,
Bemessungsfrequenz	f_N,
Bemessungsleistungsfaktor	$\cos \varphi_N$,
Strangzahl	m.

Zusätzlich werden meistens noch bestimmte Werte der Reaktanzen und Zeitkonstanten sowie die Einhaltung maximal zulässiger Abweichungen der Spannungsform im Leerlauf von der Sinusform gefordert.

Bei permanenterregten Synchronmaschinen oder Reluktanz-Synchronmaschinen wird kein Bemessungs-Leistungsfaktor vorgegeben, sondern dieser ergibt sich aus dem übrigen Entwurf. Da diese Maschinenarten in der Regel an einem Frequenzumrichter betrieben werden, ist die Frequenz und damit auch die Polpaarzahl nach Maßgabe der Bemessungsdrehzahl und unter Berücksichtigung der Grenzen des Frequenzumrichters hinsichtlich seiner Ausgangsfrequenz frei wählbar. Bei Reluktanz-Synchronmaschinen erhält man – ähnlich wie bei umrichtergespeisten Induktionsmaschinen – in der Regel für $p = 2$ oder $p = 3$ vorteilhafte Entwürfe, da der erreichbare Leistungsfaktor mit wachsender Polpaarzahl immer geringer wird. Der Grund hierfür ist, dass die Polteilung τ_p, innerhalb derer die Ständerwicklung die Magnetisierungsdurchflutung aufbringen muss, bei gegebenem Durchmesser mit wachsender Polzahl immer geringer wird, wodurch der Anteil des Magnetisierungsstroms am Gesamtstrom steigt. Bei permanenterregten Synchronmaschinen existiert dieser Zusammenhang nicht, da die zum Feldaufbau erforderliche magnetische Spannung bei dieser Maschinenart durch die Höhe der permanentmagnetischen Abschnitte aufgebracht wird, so dass in diesem Fall auch höhere Polpaarzahlen gewählt werden können.

Synchronmaschinen arbeiten normalerweise im Dauerbetrieb. Die Bemessungsleistung von Generatoren ist die im Bemessungsbetrieb abgegebene elektrische Scheinleistung; die Bemessungsleistung von Motoren ist die im Bemessungsbetrieb abgegebene mechanische Leistung.

Aus den Bemessungswerten von Frequenz und Drehzahl ergibt sich unmittelbar die Polpaarzahl p und aus der Schaltung der Ankerwicklung die Strangspannung U und beim Generator auch unmittelbar der Strangstrom I. Über einen geschätzten oder dem Bild 9.1.7, Seite 533, entnommenen Wirkungsgrad η_N, der für große Maschinen nahe Eins liegt und dann auf den Entwurfsgang keinen Einfluss hat, lässt sich die Scheinleistung P_s und damit der Strangstrom beim Motor ermitteln.

Für $\cos \varphi_N = 1$ gilt $E_h \approx U$, und für $\cos \varphi_N = 0{,}8$ gilt $E_h \approx (1 \pm 0{,}05)U$ mit dem Pluszeichen bei übererregter und dem Minuszeichen bei untererregter Maschine.

9.2.4.1 Ermittlung der Hauptabmessungen

Mit $P_s/(2p)$ lässt sich aus Bild 9.1.8, Seite 535, der Ausnutzungsfaktor C_s ablesen und über (9.1.17c), Seite 533, das Produkt $D^2 l_i$ ermitteln. In vielen Fällen – besonders bei großen Vollpol-Synchronmaschinen, aber auch bei manchen

Schenkelpol-Synchronmaschinen – muss von vornherein mit der maximal zulässigen Umfangsgeschwindigkeit gerechnet werden.

Mit der maximal zulässigen Umfangsgeschwindigkeit liegen D sowie τ_p fest. Über C_s kann dann auch l_i errechnet werden. Wenn D nicht festliegt, kann das Produkt $D^2 l_i$ über einen nach Tabelle 9.1.4, Seite 539, gewählten Wert von λ aufgeteilt werden. In diesem Fall empfiehlt sich eine nachträgliche Kontrolle der Umfangsgeschwindigkeit v. Eine weitere Möglichkeit für die Ermittlung des Durchmessers D ergibt sich nach (9.1.19b). Die hierzu notwendige innere Scheinleistung P_{si} erhält man aus (9.1.12) oder (9.1.17a,b). Die Pollänge l_p und die Ankerlänge l müssen so gewählt werden, dass sich die geforderte Länge l_i ergibt (s. Abschn. 2.3.2.3, S. 179). Die Ständer von Synchronmaschinen schichtet man meistens aus 0,35 mm, 0,5 mm oder 0,65 mm dicken, kaltgewalzten, nicht kornorientierten, schlussgeglühten Elektroblechen (s. Tab. 6.4.1, S. 403). Die Unterteilung in einzelne Teilpakete erfolgt nach Unterabschnitt 9.1.2.2c, Seite 547.

9.2.4.2 Entwurf der Ankerwicklung

Der Wicklungsentwurf erfolgt mit der Leerlaufspannung $E_{h0} = U$, der auch die Luftspaltflussdichte $\hat{B}_p$ (s. Tab. 9.1.6, S. 544) zugeordnet ist. Mit $\hat{B}_p$, τ_p und l_i ergibt sich nach (2.3.11), Seite 173, der Hauptwellenfluss Φ_h und über (1.2.93), Seite 105, mit $\omega = 2\pi f_N$ und $\xi_p \approx 0{,}92$ ein erster Wert für die Strangwindungszahl w. Mit τ_n nach Unterabschnitt 9.1.2.2c, Seite 547, folgt ein vorläufiger Wert für die Nutzahl N, auf dessen Basis ein geeigneter Wert der Lochzahl q gewählt werden muss, aus dem sich dann der endgültige Wert von N ergibt. Mit dem gewählten Wert von q lassen sich nach (1.2.96) mögliche Wertepaare von z_n und a entsprechend

$$\frac{z_n}{a} = \frac{w}{pq}$$

ermitteln. Außerdem ist eine Korrektur von Φ_h sowie $\hat{B}_p$ erforderlich. Nach der Wahl der Sehnung $y/y_\varnothing$ können der Entwurf des Wicklungsschemas (s. Abschn. 1.2.2, S. 34) und die Berechnung des Wicklungsfaktors ξ_p (s. Abschn. 1.2.3, S. 74) erfolgen. Der Strangstrom I und die Strangwindungszahl w bestimmen nach (9.1.23c), Seite 540, den effektiven Strombelag A und den Zweigstrom $I_{zw} = I/a$. Mit der Stromdichte S nach Tabelle 9.1.5, Seite 541, folgen der Leiterquerschnitt $A_L = I_{zw}/S$ und daraus der Nutquerschnitt $A_n = z_n A_L/\varphi_n$ mit dem Nutfüllfaktor nach Tabelle 9.1.7, Seite 547, und ein erster Wert für die Nutabmessungen $b_n \approx \tau_n/2$ und $h_n = A_n/b_n$. Die endgültige Festlegung der Nutmaße kann erst nach einer Nutraumbilanz (s. Unterabschn. 9.1.2.2c, S. 547), der Kontrolle der Nutstreuung und der an der Stelle der kleinsten Zahnbreite b_{zmin} auftretenden maximalen Zahnflussdichte B_{zmax} (s. Tab. 9.1.6, S. 544) erfolgen. Eine Kontrolle der Stromverdrängung (s. Kap. 5) gibt Aufschluss, ob Unterdrückungsmaßnahmen notwendig sind. Der Entwurf einer Dämpferwicklung erfolgt nach Abschnitt 1.4.2.2, Seite 146.

9.2.4.3 Entwurf des Magnetkreises

Der Luftspalt δ ergibt sich nach Unterabschnitt 9.1.2.2b, Seite 544, aus den Werten für $\hat{B}_p$, A und τ_p. Für den Entwurf des Magnetkreises genügt die Abschätzung des Luftspaltflusses $\Phi_\delta \approx \Phi_h$. Die Rückenhöhe des Ankers berechnet man wie bei der Induktionsmaschine mit $\Phi_{rmax} = \Phi_\delta/2$. Setzt man in (9.1.30), Seite 543,

$B_\mathrm{m} = \hat{B}_\mathrm{p}2/\pi$, $l_\mathrm{i}/l_\mathrm{Fe} \approx 1{,}1$, $\varphi_\mathrm{Fe} = 0{,}95$ und die zulässigen Werte für $\hat{B}_\mathrm{p}$ und B_rmax nach Tabelle 9.1.6, Seite 544, ein, so erhält man den in Tabelle 9.1.8, Seite 548, angegebenen Bereich für die Rückenhöhe von Synchronmaschinen. Bei großen Schenkelpol-Synchronmaschinen wählt man aus Gründen der mechanischen Festigkeit die größeren Werte aus Tabelle 9.1.8. Die Polteilungen großer zweipoliger Vollpol-Synchronmaschinen sind relativ groß. Zur Vermeidung unwirtschaftlich großer Rückenhöhen wählt man dann relativ kleine Luftspaltflussdichten, große Rückenflussdichten und die kleineren Werte aus Tabelle 9.1.8. Der Polkern von Schenkelpol-Synchronmaschinen wird durch den Luftspaltfluss und den Polstreufluss belastet. Für die Bestimmung der Polkernabmessungen nach (9.1.29) nimmt man an, dass der gesamte Polkern mit einem Polstreufluss belastet ist, der entsprechend $\Phi_\mathrm{pk} = (1{,}15 \ldots 1{,}25)\Phi_\delta$ etwa 15 bis 25 % des Luftspaltflusses beträgt. Werte für die Abschätzung der Polkernhöhe von Schenkelpol-Synchronmaschinen sind in Tabelle 9.1.8, Seite 548, zu finden. Der Jochfluss beträgt $\Phi_\mathrm{j} = \Phi_\mathrm{pk}/2$ (s. Bild 2.1.1a, S. 155). Die verschiedenen Ausführungsformen des Läufers werden im Band *Grundlagen elektrischer Maschinen*, Abschnitt 6.14.1, beschrieben.

9.2.4.4 Nachrechnung

Die Nachrechnung der Synchronmaschine umfasst im Wesentlichen die Berechnung des Magnetkreises, der Verluste, der Induktivitäten bzw. Reaktanzen und der Zeitkonstanten. Vorzugeben sind die Daten des Bemessungspunkts und alle Geometrie-, Material- und Wicklungsdaten des Aktivteils. Permanenterregte Synchronmaschinen und Reluktanz-Synchronmaschinen werden aufgrund ihrer meist komplizierten Läufergeometrie mit hoch gesättigten Streustegen in der Regel mittels numerischer Feldberechnung nachgerechnet.

Die Berechnung des Magnetkreises elektrisch erregter Synchronmaschinen erfolgt nach Abschnitt 2.6, Seite 217. Für die Berechnung der Leerlaufkennlinie von Schenkelpol-Synchronmaschinen gilt das Schema im Bild 2.6.1, Seite 219, und für die Berechnung der Leerlaufkennlinie von Vollpol-Synchronmaschinen das Schema im Bild 2.6.4. Der Einfluss der Ankerrückwirkung wird für Vollpol-Synchronmaschinen nach Abschnitt 2.7.2, Seite 234, und für Schenkelpol-Synchronmaschinen nach Abschnitt 2.7.3, Seite 241, berechnet.

Mit Hilfe des Zeigerbilds (s. Bd. *Grundlagen elektrischer Maschinen*, Abschn. 6.4) werden ausgehend vom Ankerstrom für die interessierenden Lastpunkte Drehmoment, Erregerstrom, Polradwinkel, Verluste und Wirkungsgrad ermittelt. Dabei liegt der Ankerstrom bei Generatoren mit der vorgegebenen Leistung fest; bei Motoren muss er ausgehend von einem geschätzten Anfangswert iterativ korrigiert werden. Dafür müssen zuvor die Elemente des Ersatzschaltbilds nach den Abschnitten 6.3.2, Seite 386, 8.1.2, Seite 481, und 8.1.3, Seite 496, ermittelt werden. Die Hauptreaktanzen in Längs- und Querachse folgen aus der Nachrechnung des Magnetkreises. Bei der Berechnung der Kenngrößen des Kipppunkts muss aufgrund des zunächst unbekannten Ankerstroms zur Berechnung des Zeigerbilds vorerst der Polradwinkel vorgegeben und dann iterativ korrigiert werden. Dabei wird hinsichtlich des spezifischen Widerstands eine betriebswarme Maschine angenommen.

Zusammen mit der Berechnung der Betriebspunkte werden auch die Verluste (s. Kap. 6) als Grundlage für die Berechnung der Erwärmung und des Wirkungsgrads ermittelt. Wie bei der Induktionsmaschine ist dabei zum einen zu berücksichtigen, dass die Reibungsverluste bei Motoren die abgegebene mechanische Leistung vermindern. Zum anderen muss der Ständerstrom um eine Wirkkomponente I_v erhöht werden, durch die die im Ersatzschaltbild nicht erfassten Verlustkomponenten entsprechend

$$I_v = \frac{P_{vu} + P_{vzus}}{mU} \tag{9.2.17}$$

einbezogen werden. Generell gilt, dass die Verluste im Hinblick auf die Ermittlung des Wirkungsgrads für die Bedingungen zu berechnen sind, unter denen auch der prüftechnische Nachweis erfolgen soll.

Zunehmend bestimmen auch die geforderten dynamischen Eigenschaften die Dimensionierung einer Synchronmaschine. Diese Eigenschaften lassen sich vor allem durch die transiente und die subtransiente Reaktanz ausdrücken. Deshalb kann die entworfene Maschine erst nach der Berechnung der Reaktanzen und Zeitkonstanten (s. Kap. 8) endgültig beurteilt werden. Die Wicklungen von Synchronmaschinen werden bei Schalthandlungen und ähnlichen plötzlichen Änderungen des Betriebszustands, die mit dem Auftreten großer Stromstöße verbunden sind, mechanisch stark beansprucht. Das gilt besonders für den Kurzschluss von Synchrongeneratoren. Aus diesem Grund empfiehlt sich eine Kontrolle der auftretenden Kräfte (s. Abschn. 7.6, S. 466).

Die Ergebnisse der Nachrechnung müssen vor allem im Hinblick auf

- die Einhaltung der zulässigen thermischen, magnetischen und mechanischen Belastungen,
- die festgelegten Anforderungen z. B. in Bezug auf das Kippmoment oder den Oberschwingungsgehalt der Leerlaufspannung,
- das Vorliegen eines guten Kompromisses aus minimalem Materialeinsatz bzw. minimalen Herstellkosten und maximalem Wirkungsgrad,
- die Vermeidung einer irreversiblen (Teil-)Entmagnetisierung permanentmagnetischer Abschnitte im Fall permanenterregter Synchronmaschinen

kontrolliert werden. Verbesserungen einzelner Größen lassen sich vor allem wie folgt erreichen:

- *Steigerung des Wirkungsgrads* durch Erhöhung der Baugröße (s. Bd. *Grundlagen elektrischer Maschinen*, Abschn. 2.7.2), oder durch Veränderung des Verhältnisses von Zahn- und Nutbreite mit dem Ziel, eine bessere Balance zwischen lastabhängigen und lastunabhängigen Verlusten zu erreichen;
- *Reduzierung der Wicklungserwärmung* durch Erhöhung des Leiter- und damit des erforderlichen Nutquerschnitts auf Kosten des Eisenquerschnitts oder durch Erhöhung der Kühlmittelmenge oder Einsatz von Elektroblechen mit besserer Wärmeleitfähigkeit oder geringeren spezifischen Verlusten;
- *Erhöhung des Kippmoments* durch Vergrößerung des Luftspalts oder durch Verminderung des Verhältnisses $A/\hat{B}_p$ (s. Abschn. 9.4.2);
- *Erhöhung der subtransienten Reaktanzen* durch Erhöhung der Streureaktanzen, d. h. vor allem durch Erhöhung des Streuleitwerts der Nuten in Ständer und Läufer, oder durch Vergrößerung des Verhältnisses $A/\hat{B}_p$;

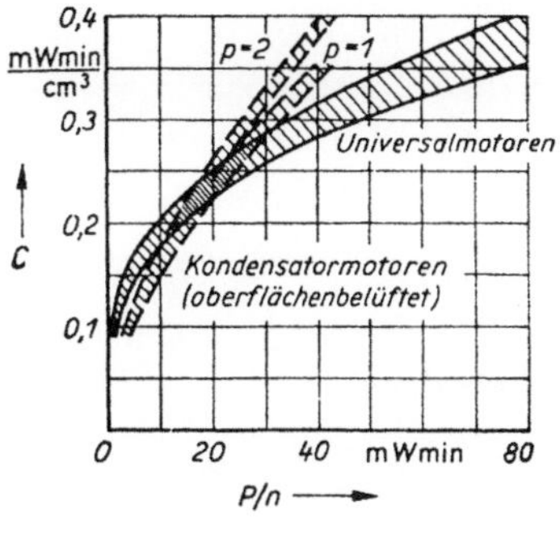

Bild 9.2.4 Ausnutzungsfaktoren von Einphasen-Kleinmotoren [53, 54]

- *Vermeidung einer irreversiblen (Teil-)Entmagnetisierung der permanentmagnetischen Abschnitte* im Fall permanenterregter Synchronmaschinen durch Wahl einer größeren Magnethöhe;
- *Geringeres Gesamtvolumen der permanentmagnetischen Abschnitte* von permanenterregten Synchronmaschinen durch Wahl eines Arbeitspunkts der permanentmagnetischen Abschnitte in der Nähe von $B_{\mathrm{M}} \approx B_{\mathrm{r}}/2$, in dem sie die größte volumenbezogene magnetische Feldenergie erzeugen, wobei einer unerwünschten Verringerung der Flussdichte im Luftspalt durch Wahl einer Flusskonzentrationsanordnung entgegengewirkt werden kann.

Die Verbesserung eines dieser Werte hat allerdings meist eine Verschlechterung anderer Werte zur Folge.

9.2.5 Kleinmaschinen

Prinzipiell gilt für den Entwurf von Kleinmaschinen ebenfalls die im Abschnitt 9.1.1.1, Seite 527, hergeleitete Entwurfsgleichung $P = CD^2 ln$, und prinzipiell lassen sich auch Erfahrungswerte des Ausnutzungsfaktors C für die Grundtypen angeben (s. Bild 9.2.4, S. 567). Die typische Entwurfsaufgabe lautet jedoch nicht Ermittlung der Hauptabmessungen aus gegebenen Betriebsparametern, sondern Ermittlung der maximalen Leistung bzw. des maximalen Drehmoments der Maschine bei vorgegebenem Gesamtvolumen unter Einhaltung einer Reihe technischer und ökonomischer Randbedingungen. Der wesentliche Grund für dieses Vorgehen liegt darin, dass Kleinmaschinen wegen ihrer oft außerordentlich großen Stückzahlen in starkem Maße auf den speziellen Anwendungsfall zugeschnitten werden, wobei die Güte des Entwurfs vor allem durch ökonomische Parameter wie Fertigungskosten, Materialeinsatz und Betriebskosten bestimmt wird. Trotzdem ist eine Bauteilvereinheitlichung möglich und zur Rationalisierung der Fertigung auch notwendig. Dies betrifft z. B. – soweit möglich – einheitliche Ständerblechschnitte für alle Induktions- und Synchronmaschinen mit verteilter Wicklungsanordnung, d. h. für Einphasen- und Dreiphasen-Induktions- und Synchronmotoren, und – zumindest für jede Polpaarzahl – einheitliche Läuferblechschnitte für alle Einphasen- oder Dreiphasen-Induktionsmotoren mit Käfigläufer [55] sowie einheitliche elektromagnetisch inaktive Bauteile wie Gehäuse, Lagerbügel, Lager usw. [22]. So verwendet man bei zwei-, vier- und sechspoligen Induktionsmaschinen meist

Bild 9.2.5 H-Wicklung

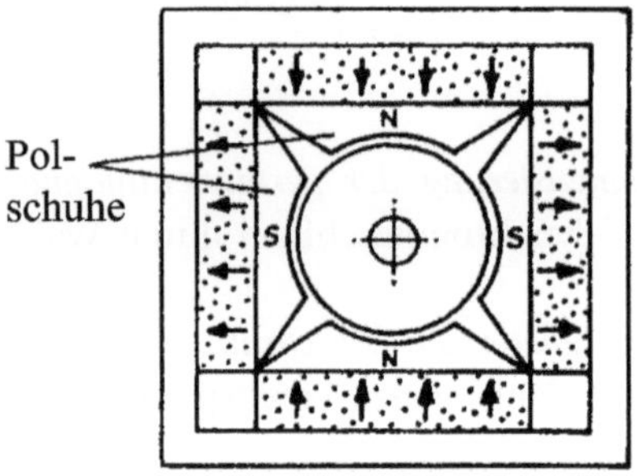

Bild 9.2.6 Permanenterregte Gleichstrommaschine mit Polschuhen zur Flusskonzentration (nach [8])

sowohl für zwei- als auch für dreisträngige Wicklungen einen Ständerblechschnitt mit $N_1 = 24$ Nuten. Die Blechpaketlängen folgen ebenso wie die Durchmesser einer festgelegten Stufung. Für die inaktiven Bauteile und andere Komponenten – wie z. B. die Kondensatoren von Kondensator-Motoren – werden aus Kostengründen vorzugsweise Standard-Bauteile eingesetzt, auch wenn dies unter rein technischen Gesichtspunkten nicht optimal sein sollte.

Ein weiterer Grund für den unüblichen Lösungsweg der Entwurfsaufgabe ist die Vielfalt spezieller Ausführungen wie Spaltpolständer, Ständer mit verteilten Wicklungen oder Zahnspulenwicklungen, Magnetringläufer, Scheibenläufer, Glockenläufer, Hystereseläufer usw. Wegen dieser Ausführungsvielfalt und der Kleinheit der Abmessungen wird die Berechnung der Maschinen ebenfalls problematisch. Der Hauptgrund hierfür liegt vor allem in der nicht mehr möglichen Vernachlässigung von Randeffekten bei der Felderfassung, aber auch im wachsenden Einfluss der Toleranzen aufgrund der kleinen Abmessungen. Aber auch die speziellen Anordnungen, die Kompliziertheit der Streufelder – besonders bei Permanenterregung – und die Schwierigkeit der Magnetkreisberechnung bei elliptischen Drehfeldern erschweren eine analytische Berechnung.

Bei vorgegebenen Bemessungswerten P und n kann der Entwurf der Grundtypen wie bei normalen Maschinen vorgenommen werden. Ein freier Entwurf ist jedoch selten erforderlich, da meistens ähnliche ausgeführte Maschinen vorhanden sind, deren Entwurf dann nur abgewandelt werden muss. Grundsätzlich wird bei gegebenen Außenabmessungen auf maximale Leistung oder im Fall von batteriegespeisten Kleinmotoren auf maximalen Wirkungsgrad optimiert, wobei – wie bereits erwähnt – die zu erwartenden Herstellkosten eine große Rolle spielen. Da wegen der angedeuteten Schwierigkeiten analytisch nur eine relativ grobe Berechnung durchgeführt werden kann, sind im Wesentlichen nur die Tendenzen der Berechnungsergebnisse zur Ermittlung von Entwurfshinweisen verwertbar. Die letzte Entscheidung über die Güte des Entwurfs einer Kleinmaschine muss bisher vor allem experimentell getroffen werden.

Abgesehen von Ausführungen mit ausgeprägten Polen und von Spaltpolmotoren treten in der Wicklungsdimensionierung von Induktions- oder Synchronmaschinen keine wesentlichen Besonderheiten auf. Nach [56] beträgt der durch die Kurzschlusswicklung abgeschirmte Polteil normaler Spaltpolmotoren 25 % ...50 % des Gesamtpols. Die Anker von Gleichstromkleinmotoren führt man bei sehr kleinen Leistungen und geringen Ansprüchen – z. B. bezüglich Drehmomentschwankungen – mit 3 Nuten aus. Gerade Nutzahlen ermöglichen mit der sog. *H-Wicklung* (s. Bild 9.2.5) eine günstigere Wickeltechnologie, bei der jeweils zwei Ankerspulen gleichzeitig gewickelt werden können. Da bei dieser Fertigungstechnik die beiden zuerst gewickelten Spulen mit beiden Spulenseiten in der Unterschicht liegen und die beiden zuletzt gewickelten Spulen mit beiden Spulenseiten in der Oberschicht, besitzen sie verschiedene Werte der Streuinduktivität, was sich negativ auf die Kommutierung auswirken kann. Ungerade Nutzahlen mit $N \geq 5$ haben jedoch relativ größere Hauptflussverkettungen, d. h. größere relative Spulenweiten W/τ_p, zur Folge als H-Wicklungen, und sie führen auch auf geringere Drehmomentschwankungen in Folge von Nutungsharmonischen.

Die Berechnung des magnetischen Kreises erfolgt, soweit sie analytisch vorgenommen wird, in Anlehnung an die Berechnung normaler Maschinen, oder sie wird über ein magnetisches Ersatzschaltbild durchgeführt. Meist erfolgt jedoch die Nachrechnung und Optimierung des magnetischen Kreises von Kleinmaschinen mittels numerischer Feldberechnung (s. Abschn. 9.3). Kleine Induktionsmaschinen haben mittlere Luftspaltflussdichten von 0,4 ...0,55 T. Für permanenterregte Maschinen wird dieser Wert durch den gewählten Arbeitspunkt des Permanentmagneten bestimmt. Permanenterregte Maschinen mit normalen Polschuhen haben Feldkurven wie elektrisch erregte Maschinen. Die Polschuhe können hierbei zur Flusskonzentration dienen (s. Bild 9.2.6), um bei Maschinen mit Hartferrit-Magneten auf übliche Luftspaltflussdichten im Bereich bis 0,6 T und bei Stellmotoren mit hochwertigen Magnetmaterialien zur Realisierung kleiner Bohrungsdurchmesser und damit auch kleiner Läuferdurchmesser bzw. kleiner Läuferträgheitsmomente auf extrem hohe Luftspaltflussdichten bis 1,7 T zu kommen. Für kleine permanenterregte zweipolige Maschinen mit Magnetringen, die nur über $^2/_3\,\tau_\mathrm{p}$ aufmagnetisiert sind, gilt

$$\alpha_\mathrm{i} \approx 0{,}7, \tag{9.2.18a}$$

und für Maschinen mit Magnetsegmenten, die $b_\mathrm{pm} = (0{,}6 \ldots 0{,}8)\tau_\mathrm{p}$ umfassen, gilt nach [57] für den ideellen Polbedeckungsfaktor

$$\alpha_\mathrm{i} \approx 0{,}2 + \frac{0{,}5 b_\mathrm{pm}}{\tau_\mathrm{p}}. \tag{9.2.18b}$$

Eine Besonderheit von Kleinmaschinen ist, dass sich der Schnittkanteneinfluss, der in einem mehrere Millimeter breiten Bereich entlang der Schnittkante zu einer Erhöhung der Hystereseverluste führt (s. Abschn. 6.4.1.1, S. 393), aufgrund der geringen Zahnbreiten praktisch über die gesamte Zahnbreite auswirkt, so dass die Ummagnetisierungsverluste deutlich höher sind, als nach den nominellen spezifischen Verlusten zu erwarten wäre. Da der Schnittkanteneinfluss durch eine Schlussglühung verschwindet, ist die Verwendung nicht schlussgeglühten Blechs

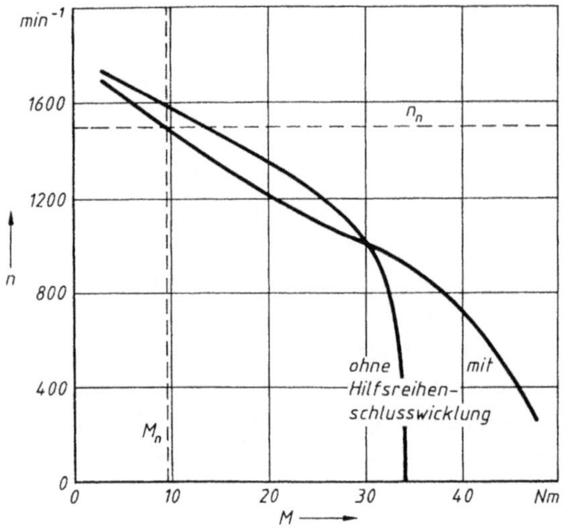

Bild 9.2.7 Drehzahl-Drehmoment-Kennlinie eines fremderregten Gleichstrommotors mit $P_N = 1{,}5$ kW

vorteilhaft (s. Abschn. 6.4.1.5, S. 402). Dessen Einsatz beschränkt sich allerdings auf Induktionsmaschinen, weil die Wirbelstromverluste bei nicht schlussgeglühtem Blech aufgrund der höheren elektrischen Leitfähigkeit wesentlich stärker mit zunehmender Frequenz anwachsen als bei schlussgeglühtem Blech und weil die Ankerfrequenz kleiner Kommutatormaschinen i. Allg. deutlich höher als 50 Hz ist.

Wegen der besonders bei der H-Wicklung relativ kleinen bezogenen Spulenweiten W/τ_p sind die Ankerspulen nicht voll mit dem Luftspaltfluss $\Phi_\delta = \alpha_i B_{max} \tau_p l_i$ verkettet. Die verminderte Flussverkettung soll durch den Faktor α_e ausgedrückt werden. Damit wird aus (1.3.24), Seite 139,

$$E = -4\alpha_e wnp\Phi_\delta \tag{9.2.19}$$

mit $\alpha_e \approx 0{,}7 + \dfrac{W}{3\tau_p}$ bei Magnetringen, (9.2.20a)

$\alpha_e \approx 1$ bei Magnetsegmenten. (9.2.20b)

Die Luftspaltlängen von Kleinmaschinen betragen bei
- permanenterregten Gleichstrommaschinen
  mit eisenbehaftetem Läufer 0,2 ... 0,4 mm,
  mit Glockenläufer 0,5 ... 2,0 mm,
- Induktionsmaschinen 0,25 ... 0,35 mm,
- Synchronmaschinen 0,25 ... 0,4 mm,
- Schrittmotoren 0,05 ... 0,15 mm.

Eine Besonderheit permanenterregter Gleichstrommotoren kleiner Leistung ist, dass sie bei relativ geringen Überlastungen ihre ohnedies wegen des relativ großen Ankerwiderstands bzw. Ankerspannungsabfalls schon steiler abfallende Nebenschlusskennlinie völlig verlieren. Bei Erreichen eines Drehmoments, das bereits bei zwei- bis dreifachem Bemessungsmoment liegen kann, steigt die Neigung der Drehzahlkennlinie stark an (s. Bild 9.2.7). Unter Umständen sinkt das Drehmoment

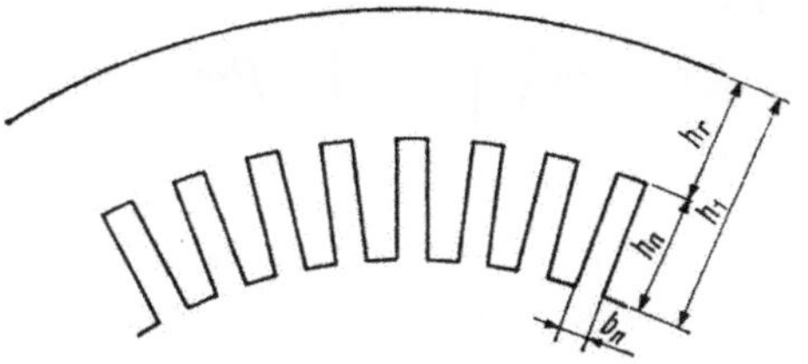

Bild 9.2.8 Zur Optimierung der Nutform

sogar nach Erreichen eines Maximalwerts wieder [58, 59]. Bei Überlastung ‚kippt' eine solche Maschine also und bleibt stehen (s. Bild 9.2.7). Das ist dann kritisch, wenn im Normalbetrieb solcher Maschinen kurzzeitige Überlastungen auftreten wie z. B. bei Elektrorollstühlen, wenn Bodenunebenheiten oder Bordsteinkanten überwunden werden müssen. Lässt sich das maximale Drehmoment entwurfsseitig nicht steigern, so muss man, sofern die Maschine elektrisch erregt ist, eine Hilfsreihenschlusswicklung vorsehen, die das ungünstige Drehzahl-Drehmoment-Verhalten etwas verbessert.

9.2.6 Optimierung des Entwurfs

Die bisher behandelten Entwurfsgänge liefern i. Allg. eine Maschine mit den gewünschten technischen Eigenschaften einschließlich der Einhaltung zulässiger Verluste. In den meisten Fällen können die geforderten Eigenschaften durch mehrere Entwurfsvarianten erreicht werden. Offensichtlich ist die Variante mit den kleinsten Verlusten bzw. dem größten Wirkungsgrad eine hinsichtlich ihrer Betriebskosten optimale Variante. Im Folgenden wird zunächst die in diesem Sinne optimale Gestaltung einzelner Maschinenteile gezeigt.

Als erstes Beispiel lässt sich durch entsprechende Optimierung der Nutform der Blechschnitte von Induktions- oder Synchronmaschinen bereits ein Minimum des magnetischen Zahn-Rücken-Spannungsabfalls oder der Ummagnetisierungsverluste im Zahn-Rücken-Gebiet erreichen. Zu diesem Zweck variiert man z. B. bei konstantem Nutquerschnitt $A_\mathrm{n} = b_\mathrm{n} h_\mathrm{n}$ und konstanter Höhe h_1 des Ständerblechpakets einer in den Hauptabmessungen und der Nutzahl festliegenden Maschine die Nuthöhe h_n. Die prinzipiellen Abhängigkeiten der Flussdichten B_zmax im Zahnkopf und B_rmax im Rücken ergeben sich nach (2.3.5), Seite 171, (2.4.3), Seite 187, und (2.4.15b), Seite 192, näherungsweise zu

$$B_\mathrm{zmax} \approx \frac{B_\mathrm{max}\tau_\mathrm{n}}{\tau_\mathrm{n} - b_\mathrm{n}} = \frac{B_\mathrm{max}}{1 - \dfrac{A_\mathrm{n}}{\tau_\mathrm{n}}\dfrac{1}{h_\mathrm{n}}} \tag{9.2.21a}$$

$$B_\mathrm{rmax} \approx \frac{B_\mathrm{max}\alpha_\mathrm{i}\tau_\mathrm{p}}{2(h_1 - h_\mathrm{n})} = \frac{B_\mathrm{max}\alpha_\mathrm{i}\tau_\mathrm{p}}{2h_1\left(1 - \dfrac{h_\mathrm{n}}{h_1}\right)} \tag{9.2.21b}$$

(s. Bild 9.2.8). Diese Abhängigkeiten sind im Bild 9.2.9a dargestellt. Für die magnetischen Spannungsabfälle V_m existieren keine geschlossenen Lösungen. Mit

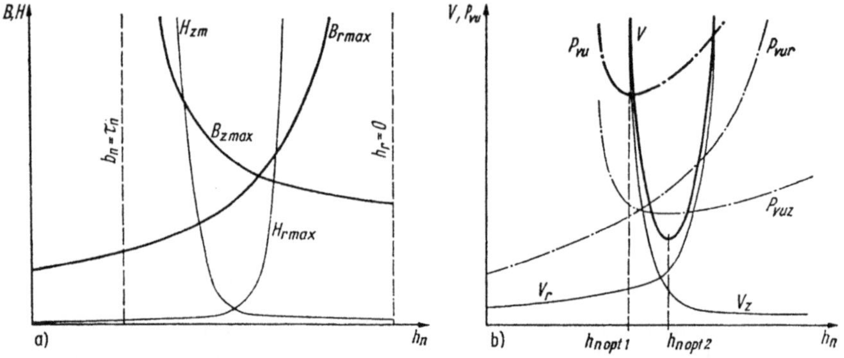

Bild 9.2.9 Abhängigkeiten von der Nuthöhe bei Veränderung der Nutform.
a) Magnetische Feldstärken und Flussdichten; b) magnetische Spannungsabfälle und Ummagnetisierungsverluste

(2.4.5a), Seite 187, (2.4.5b), (2.4.8), (2.4.28b), Seite 197, und (2.4.30) erhält man

$$V_\mathrm{z} = h_\mathrm{n} H_\mathrm{zm}\left(B_\mathrm{zmax}, \frac{b_\mathrm{zmax}}{b_\mathrm{zmin}}, \frac{A_\mathrm{L}}{A_\mathrm{z}}\right) \tag{9.2.22a}$$

$$V_\mathrm{r} \approx \frac{\tau_\mathrm{p}}{3} H_\mathrm{rmax}(B_\mathrm{rmax}). \tag{9.2.22b}$$

Die prinzipiellen Verläufe der magnetischen Feldstärken und Flussdichten sind im Bild 9.2.9a und die der magnetischen Spannungsabfälle im Bild 9.2.9b dargestellt. Wie man erkennen kann, durchläuft der resultierende magnetische Spannungsabfall $V = V_\mathrm{z} + V_\mathrm{r}$ in Abhängigkeit von h_n ein Minimum. Nach (6.4.31), Seite 406, gilt bei konstanter Frequenz für die Ummagnetisierungsverluste

$$P_\mathrm{vu} = P_\mathrm{vur} + P_\mathrm{vuz} \sim [B_\mathrm{r}^2 m_\mathrm{r}(h_\mathrm{n}) + B_\mathrm{z}^2 m_\mathrm{z}(h_\mathrm{n})]. \tag{9.2.22c}$$

Sie durchlaufen in Abhängigkeit von h_n ebenfalls ein Minimum, das aber i. Allg. an einer anderen Stelle als das Minimum des resultierenden magnetischen Spannungsabfalls liegt. Dabei nimmt die Rückenmasse m_r mit zunehmender Nuthöhe ab, während die Zahnmasse m_z zunimmt.

Als zweites Beispiel soll die Optimierung der Nutbreite b_n bei festliegenden Bemessungswerten, Hauptabmessungen und Wicklungskennwerten sowie konstanter Nuthöhe h_n gezeigt werden. Nimmt man außerdem ein konstantes Widerstandsverhältnis k_r und einen konstanten Nutfüllfaktor φ_n an, so gilt nach Abschnitt 6.3.3, Seite 389, für die Wicklungsverluste

$$P_\mathrm{vw} = mRI^2 \sim \frac{1}{A_\mathrm{L}} = \frac{z_\mathrm{n}}{\varphi_\mathrm{n} A_\mathrm{n}} \sim \frac{1}{b_\mathrm{n}}. \tag{9.2.23a}$$

Für die Ummagnetisierungsverluste in den Zähnen ergibt sich entsprechend (9.2.21a) und (9.2.22c)

$$P_\mathrm{vu} \sim B_\mathrm{z}^2 m_\mathrm{z} \approx k_2 \frac{B_\mathrm{max}^2}{\tau_\mathrm{n} - b_\mathrm{n}} \sim \frac{1}{\tau_\mathrm{n} - b_\mathrm{n}}, \tag{9.2.23b}$$

wenn für die Zahnmasse $m_\mathrm{z} \approx k_1(\tau_\mathrm{n} - b_\mathrm{n})$ gesetzt wird. Die prinzipiellen Verläufe der Stromwärme- und der Ummagnetisierungsverluste zeigt Bild 9.2.10. Wie man erkennt, durchläuft die Summe $P_\mathrm{v} = P_\mathrm{vw} + P_\mathrm{vu}$ bei $b_\mathrm{n\,opt}$ ein Minimum.

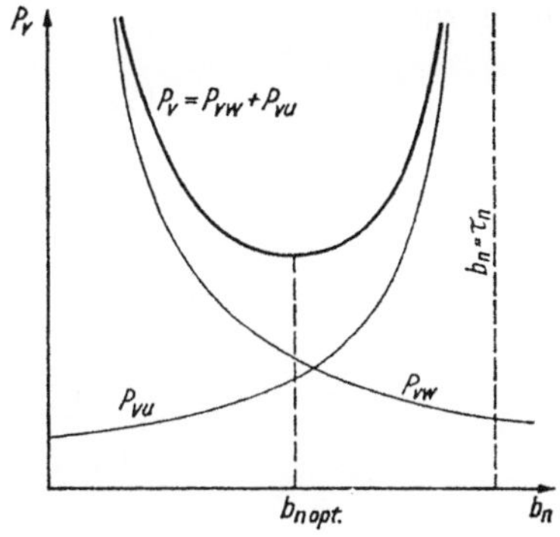

Bild 9.2.10 Abhängigkeit der Verluste von der Nutbreite

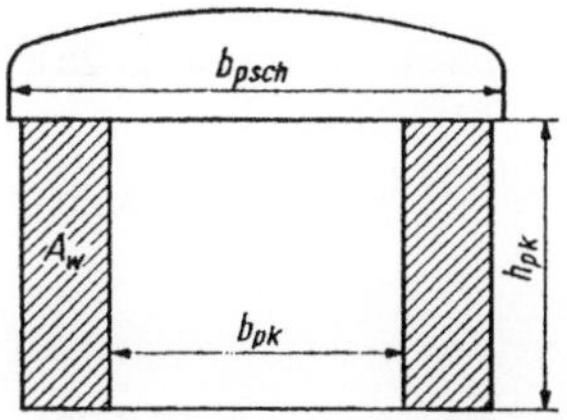

Bild 9.2.11 Zur Optimierung der Form von Schenkelpolen

Auch die Gestaltung der Pole von Innenpol-Synchronmaschinen gestattet eine Optimierung. Eine Vergrößerung der Polkernhöhe h_{pk} (s. Bild 9.2.11) erlaubt einerseits meistens eine Vergrößerung des Wicklungsquerschnitts A_w und damit eine Verlustabsenkung in der Polwicklung; andererseits vergrößern sich aber der Polstreufluss $\Phi_{\sigma p}$ und damit auch der magnetische Spannungsabfall im Polkern, und die Verluste in der Polwicklung nehmen dadurch wieder zu. Eine Vergrößerung der Polkernbreite b_{pk} bewirkt einerseits eine Verkleinerung der Polkernflussdichte und folglich auch des magnetischen Spannungsabfalls im Polkern und der Verluste in der Polwicklung; andererseits erfolgt aber eine Verlustvergrößerung infolge des kleineren Wicklungsquerschnitts und des größeren Polstreuflusses. Eine Vergrößerung der Polschuhbreite b_{sch} führt wegen des kleiner werdenden Spannungsabfalls im Luftspalt zu einer Verlustverkleinerung; andererseits werden die Verluste durch den größeren Streufluss vergrößert. Die Stromwärmeverluste in der Polwicklung durchlaufen wegen der aufgezeigten gegenläufigen Tendenzen in Abhängigkeit von den genannten Polabmessungen normalerweise Minima, so dass eine Optimierung möglich ist.

9.3 Nachrechnung mit Hilfe numerischer Feldberechnung *von K. Reichert*

9.3.1 Grundlagen

9.3.1.1 Grundgleichungen

Numerische Feldberechnungsmethoden lösen die Maxwellschen Gleichungen zur Beschreibung elektromagnetischer Felder. Zur Entwicklung der Beziehungen wird im Folgenden auf das Instrumentarium der Vektoranalysis zurückgegriffen. Die

Maxwellschen Gleichungen lauten in ihrer Differentialform

$$\mathrm{rot}\boldsymbol{H} = \boldsymbol{S} + \frac{\partial \boldsymbol{D}}{\partial t} \tag{9.3.1a}$$

$$\mathrm{rot}\boldsymbol{E} = -\frac{\partial \boldsymbol{B}}{\partial t} - \mathrm{rot}\,(\boldsymbol{B} \times \boldsymbol{v}) \tag{9.3.1b}$$

mit den Bedingungen

$$\mathrm{div}\boldsymbol{B} = 0 \tag{9.3.1c}$$

$$\mathrm{div}\boldsymbol{S} = 0 \tag{9.3.1d}$$

$$\mathrm{div}\boldsymbol{D} = \rho \tag{9.3.1e}$$

bzw. in ihrer Integralform

$$\oint \boldsymbol{H} \cdot \mathrm{d}\boldsymbol{s} = \int \left(\boldsymbol{S} + \frac{\partial \boldsymbol{D}}{\partial t}\right) \cdot \mathrm{d}\boldsymbol{A} = \Theta \tag{9.3.2a}$$

$$\oint \boldsymbol{E} \cdot \mathrm{d}\boldsymbol{s} = -\int \frac{\partial \boldsymbol{B}}{\partial t} \cdot \mathrm{d}\boldsymbol{A} - \oint (\boldsymbol{B} \times \boldsymbol{v}) \cdot \mathrm{d}\boldsymbol{s} = -\frac{\mathrm{d}\psi}{\mathrm{d}t} \tag{9.3.2b}$$

mit den Bedingungen

$$\oint \boldsymbol{B} \cdot \mathrm{d}\boldsymbol{A} = \Phi = 0 \tag{9.3.2c}$$

$$\oint \boldsymbol{S} \cdot \mathrm{d}\boldsymbol{A} = 0 \tag{9.3.2d}$$

$$\oint \boldsymbol{D} \cdot \mathrm{d}\boldsymbol{A} = \rho. \tag{9.3.2e}$$

Außerdem sind die Materialgleichungen

$$\boldsymbol{D} = \varepsilon \boldsymbol{E} \quad \text{für Dielektrika} \tag{9.3.3a}$$

$$\boldsymbol{S} = \varkappa \boldsymbol{E} \quad \text{für elektrische Leiter} \tag{9.3.3b}$$

$$\boldsymbol{B} = \mu \boldsymbol{H} \quad \text{für dia- und paramagnetische Werkstoffe} \tag{9.3.3c}$$

zu beachten. Dabei bezeichnet ρ die Raumladungsdichte, D die Verschiebungsflussdichte und ε die Dielektrizitätskonstante. Bei ferromagnetischen Werkstoffen ist der Zusammenhang zwischen magnetischer Feldstärke und Flussdichte entsprechend (2.1.16), Seite 158, nichtlinear, und die Permeabilität μ ist eine Funktion der magnetischen Feldstärke H. Die reversible Gerade hartmagnetischer Werkstoffe lässt sich nach Abschnitt 2.8.3, Seite 248, als

$$B = \mu_{\mathrm{rev}} H + B_{\mathrm{r}} = \mu_{\mathrm{rev}} H + J_{\mathrm{r}} \tag{9.3.4a}$$

beschreiben. Dieser Zusammenhang kann allgemein auch in der Form

$$\boldsymbol{B} = \mu(H)\boldsymbol{H} + \boldsymbol{J}_{\mathrm{r}} = \mu_0 \boldsymbol{H} + \boldsymbol{J}(H) \tag{9.3.4b}$$

mit entweder einer konstanten remanenten Polarisation $\boldsymbol{J}_{\mathrm{r}}$ und einer feldstärkeabhängigen Permeabilität $\mu(H)$ oder einer feldstärkeabhängigen Polarisation $\boldsymbol{J}(H)$ und der Permeabilitätskonstante μ_0 dargestellt werden.

Man unterscheidet

- stationäre Probleme mit $\partial/\partial t = 0$, d. h. elektrostatische oder magnetostatische Felder,

- quasistationäre Probleme mit $\partial/\partial t \neq 0$ und $\boldsymbol{D} = 0$, d. h. elektromagnetische Felder mit Wirbelströmen ohne Verschiebungsströme,
- zeitperiodische Probleme mit $\boldsymbol{D} = 0$, bei denen im Zuge der Einführung der komplexen Wechselstromrechnung anstelle von $\partial/\partial t$ der Ausdruck $\mathrm{j}\omega$ erscheint, d. h. mit komplexen Größen dargestellte elektromagnetische Felder mit Wirbelströmen,
- nichtstationäre Probleme mit $\partial/\partial t \neq 0$ und $\boldsymbol{D} \neq 0$, d. h. elektromagnetische Felder mit Wellenausbreitung.

Bei der Simulation der magnetischen Felder in elektrischen Maschinen kann die Verschiebungsflussdichte $\boldsymbol{D}$ vernachlässigt werden.

Grundsätzlich sind die Feldverhältnisse in einer elektischen Maschine dreidimensional, d. h. die Feldgrößen $\boldsymbol{B}$, $\boldsymbol{H}$, usw. sind Vektoren im Raum. Sie können vereinfacht werden, wenn eine der Feldkomponenten konstant oder gleich Null ist. Man spricht dann von einem zweidimensionalen Feld. Elektrische Maschinen sind i. Allg. zylinderförmig, d. h. die Feldverhältnisse sind im Inneren zweidimensional und in axialer Richtung konstant, im Bereich der Wicklungsköpfe dagegen dreidimensional. Die folgenden Darstellungen erfolgen, wo nicht anders vermerkt, in kartesischen Koordinaten.

Der Aufwand der Simulation wird durch die Anzahl der Unbekannten bestimmt. Er kann durch die Verwendung von Potentialgrößen anstelle der Feldvektoren wesentlich vermindert werden. Das *magnetische Skalarpotential* φ_{m} ersetzt in einem stationären und stromlosen Gebiet die Feldkomponenten H_{x}, H_{y} und H_{z}, wobei zwischen φ_{m} und $\boldsymbol{H}$ die Beziehung

$$\boldsymbol{H} = -\mathrm{grad}\varphi_{\mathrm{m}} \tag{9.3.5}$$

besteht. Damit folgt aus (9.3.1a) die Differentialgleichung

$$\mathrm{div}\,(\mu\,\mathrm{grad}\varphi_{\mathrm{m}}) = 0$$

$$\text{bzw.}\quad \frac{\partial}{\partial x}\mu\frac{\partial\varphi_{\mathrm{m}}}{\partial x} + \frac{\partial}{\partial y}\mu\frac{\partial\varphi_{\mathrm{m}}}{\partial y} + \frac{\partial}{\partial z}\mu\frac{\partial\varphi_{\mathrm{m}}}{\partial z} = 0. \tag{9.3.6}$$

Zerlegt man die magnetische Feldstärke in einen stromunabhängigen und in einen stromabhängigen Anteil

$$\boldsymbol{H} = \boldsymbol{H}_{\mathrm{m}} + \boldsymbol{H}_{\mathrm{s}} \tag{9.3.7a}$$

$$\text{mit}\quad \mathrm{rot}\boldsymbol{H}_{\mathrm{m}} = 0 \tag{9.3.7b}$$

$$\mathrm{rot}\boldsymbol{H}_{\mathrm{s}} = \boldsymbol{S}, \tag{9.3.7c}$$

so kann das Feld durch ein *reduziertes magnetisches Skalarpotential* $\varphi_{\mathrm{m\,red}}$ beschrieben werden, und es gilt entsprechend (9.3.5)

$$\boldsymbol{H}_{\mathrm{m}} = -\mathrm{grad}\varphi_{\mathrm{m\,red}}\,. \tag{9.3.8}$$

Damit können auch strombehaftete Felder behandelt werden, wenn der Feldstärkeanteil $\boldsymbol{H}_{\mathrm{s}}$ bekannt ist oder z. B. mit Hilfe des Gesetzes von Biot-Savart bestimmt wurde. Es gilt dann

$$\operatorname{div}(\mu\, \operatorname{grad}\varphi_{\mathrm{m\,red}}) = \operatorname{div}(\mu \boldsymbol{H}_{\mathrm{s}}). \tag{9.3.9}$$

Mit dem *magnetischen Vektorpotential* $\boldsymbol{A}_{\mathrm{m}}$ können alle Feldprobleme beschrieben werden. Zwischen der magnetischen Flussdichte und dem Vektorpotential besteht die Beziehung

$$\boldsymbol{B} = \operatorname{rot}\boldsymbol{A}_{\mathrm{m}}. \tag{9.3.10}$$

Das Vektorpotential wird jedoch durch die Definition (9.3.10) nicht eindeutig festgelegt, da zu ihm der Gradient eines beliebigen Skalars k addiert werden kann, ohne dass dadurch das $\boldsymbol{B}$-Feld beeinflusst wird. Die eindeutige Festlegung des Vektorpotentials $\boldsymbol{A}_{\mathrm{m}}$ erfolgt durch Eichung, z. B. durch die Coulomb-Eichung

$$\operatorname{div}\boldsymbol{A}_{\mathrm{m}} = 0,$$

d. h. durch Hinzufügen einer Bedingung über die Divergenz des Vektorpotenials.

Im Fall von zweidimensionalen Feldern in der x-y-Ebene reduzieren sich die Komponenten des Vektorpotentials, da $\boldsymbol{A}_{\mathrm{m}}$ dann nur von x und y abhängig ist und auf der x-y-Ebene senkrecht steht. Damit gilt $A_{\mathrm{mx}} = A_{\mathrm{my}} = 0$ und $A_{\mathrm{mz}} = A_{\mathrm{m}}$, und es wird

$$B_{\mathrm{x}} = \frac{\partial A_{\mathrm{m}}}{\partial y} \tag{9.3.11a}$$

$$B_{\mathrm{y}} = -\frac{\partial A_{\mathrm{m}}}{\partial x}. \tag{9.3.11b}$$

Der magnetische Fluss Φ, der durch eine Fläche A tritt, kann aus dem Vektorpotential $\boldsymbol{A}_{\mathrm{m}}$ sehr einfach ermittelt werden. Es gilt

$$\Phi = \iint \boldsymbol{B} \cdot \mathrm{d}\boldsymbol{A} = \oint \boldsymbol{A}_{\mathrm{m}} \cdot \mathrm{d}\boldsymbol{s}, \tag{9.3.12}$$

d. h. in zweidimensionalen Problemstellungen sind die Feldlinien Linien mit konstantem Vektorpotential A_{m} und der Fluss zwischen zwei Stellen entspricht der Differenz der zugeordneten Werte des Vektorpotentials.

Die sich nach (9.3.1a) bis (9.3.4b) ergebenden Grundgleichungen für das Magnetfeld eines stationären Problems mit $\partial/\partial t = 0$ lauten

$$\operatorname{rot}\boldsymbol{H} = \boldsymbol{S} \tag{9.3.13a}$$

$$\operatorname{div}\boldsymbol{B} = 0 \tag{9.3.13b}$$

$$\boldsymbol{H} = \frac{\boldsymbol{B} - \boldsymbol{J}_{\mathrm{r}}}{\mu(H)}. \tag{9.3.13c}$$

Sie werden mit dem Vektorpotential $\boldsymbol{A}_{\mathrm{m}}$ auf *eine* Differentialgleichung für das unbekannte $\boldsymbol{A}_{\mathrm{m}}$ bei gegebener Stromdichte $\boldsymbol{S}$ und remanenter Polarisation $\boldsymbol{J}_{\mathrm{r}}$ reduziert. Diese lautet

$$\operatorname{rot}\left(\frac{1}{\mu}\operatorname{rot}\boldsymbol{A}_{\mathrm{m}}\right) = \boldsymbol{S} + \operatorname{rot}\frac{\boldsymbol{J}_{\mathrm{r}}}{\mu} \tag{9.3.14a}$$

bzw. für den zweidimensionalen Fall

$$\frac{1}{\mu}\left(\frac{\partial^2 A_{\mathrm{m}}}{\partial x^2} + \frac{\partial^2 A_{\mathrm{m}}}{\partial y^2}\right) = -S - \frac{1}{\mu_{\mathrm{rev}}}\left(\frac{\partial J_{\mathrm{ry}}}{\partial x} - \frac{\partial J_{\mathrm{rx}}}{\partial y}\right). \tag{9.3.14b}$$

Bei der Lösung dieser Gleichung sind zusätzlich die folgenden Randbedingungen zu berücksichtigen:

- an Feld- oder Feldsymmetrielinien nach *Dirichlet*

$$\boldsymbol{A}_{\mathrm{m}} = 0 \quad \text{oder} \quad \boldsymbol{A}_{\mathrm{m}} = f(A_{\mathrm{o}})\ ;$$

- an Symmetrielinien der Geometrie und an Oberflächen ferromagnetischer Werkstoffe mit $\mu \to \infty$ nach *Neumann*

$$\frac{\partial \boldsymbol{A}_{\mathrm{m}}}{\partial \boldsymbol{n}} = 0\ ;$$

- allgemein nach *Robin* mit der Randfläche A_{o} und dem Normalenvektor $\boldsymbol{n}$

$$f_1(A_{\mathrm{o}})\frac{\partial \boldsymbol{A}_{\mathrm{m}}}{\partial \boldsymbol{n}} + f_2(A_{\mathrm{o}})\boldsymbol{A}_{\mathrm{m}} = f_3(A_{\mathrm{o}}).$$

Für die Beschreibung eines zeitveränderlichen Feldproblems ist zu den Grundgleichungen (9.3.13a,b,c) noch das Induktionsgesetz

$$\mathrm{rot}\boldsymbol{E} = -\frac{\partial \boldsymbol{B}}{\partial t} - \mathrm{rot}\,(\boldsymbol{v} \times \boldsymbol{B})$$

nach (9.3.1b) hinzuzufügen. Die Beziehungen (9.3.14a,b) werden dann ergänzt durch

$$\boldsymbol{S} = -\kappa\frac{\partial \boldsymbol{A}_{\mathrm{m}}}{\partial t} - \kappa\boldsymbol{v} \times \mathrm{rot}\boldsymbol{A}_{\mathrm{m}} - \kappa\,\mathrm{grad}\varphi \qquad (9.3.15)$$

mit einem zusätzlichen elektrischen Potential φ zur Erfüllung äußerer Bedingungen, z. B. im Fall einer vorgegebenen Stromdichte $\boldsymbol{S} = -\kappa\mathrm{grad}\varphi$.

9.3.1.2 Sekundärgrößen

Aus den Werten des Vektorpotentials $\boldsymbol{A}_{\mathrm{m}}(x, y, z)$ lassen sich einige Größen ermitteln, die aus Sicht der numerischen Feldberechnung als sog. Sekundärgrößen bezeichnet werden. Dabei folgen die Zählrichtungen, wie in der Vektoranalysis üblich und in den Bildern 9.3.1 und 9.3.2 dargestellt, grundsätzlich der Rechtsschraubenzuordnung. Die Sekundärgrößen sind:

- die magnetische Flussdichte $\boldsymbol{B}$ nach (9.3.10) bzw. im zweidimensionalen Fall nach (9.3.11a,b);

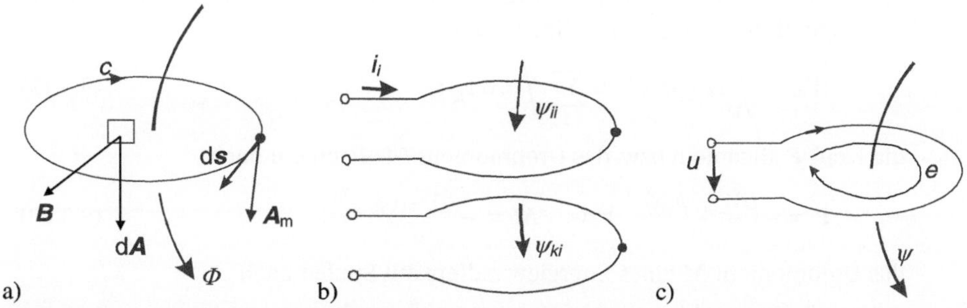

Bild 9.3.1 Zur Ermittlung a) des Zusammenhangs zwischen Vektorpotential $\boldsymbol{A}_{\mathrm{m}}$, Flussdichte $\boldsymbol{B}$ und Fluss Φ, b) von Selbst- und Gegeninduktivität, c) der induzierten Spannung

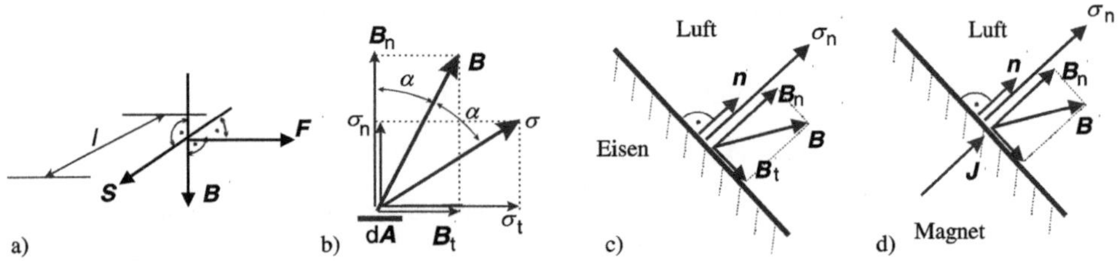

Bild 9.3.2 Zur Ermittlung a) der Kraft auf ein stromdurchflossenes Gebiet, b) der Kraft auf eine Fläche, c) der Oberflächenspannung eines ferromagnetischen Gebiets, d) der Oberflächenspannung eines permanentmagnetischen Gebiets

- der magnetische Fluss Φ nach (9.3.12), wobei die Zählrichtung der Größen Bild 9.3.1a entnommen werden kann, und die Flussverkettung einer Spule $\psi = \sum_w \Phi$;
- die Selbstinduktivität einer Spule i nach $L_{ii} = \psi_{ii}/i_i$ und die Gegeninduktivität zwischen zwei Spulen i und k nach $L_{ki} = \psi_{ki}/i_i$ (s. Bild 9.3.1b);
- die induzierte Spannung (s. Bild 9.3.1c)

$$e = -\frac{d\psi}{dt} = -\frac{\partial\psi}{\partial t} - \frac{\partial\psi}{\partial\gamma'}\frac{d\gamma'}{dt}, \tag{9.3.16}$$

wobei der erste Term den Anteil aufgrund von Flussänderung und der zweite den Anteil aufgrund von Rotation angibt, wenn γ' den Winkel zwischen den gegeneinander rotierenden Spulenachsen bezeichnet;
- die Stromdichte $\boldsymbol{S}$ nach (9.3.15);
- der elektrische Strom in einem Gebiet mit der Fläche A nach

$$i = \int_A \boldsymbol{S} \cdot d\boldsymbol{A} = \int_A \text{rot}\boldsymbol{H} \cdot d\boldsymbol{A}; \tag{9.3.17}$$

- die Stromwärmeverluste P_{vw} nach

$$P_{vw} = \int_{\mathcal{V}} \frac{\boldsymbol{S}^2}{\kappa} d\mathcal{V} = \oint_{A_o} (\boldsymbol{E} \times \boldsymbol{H}) \cdot d\boldsymbol{A}_o, \tag{9.3.18}$$

wobei A_o die Oberfläche des Volumens $\mathcal{V}$ bezeichnet;
- die Ummagnetisierungsverluste P_{vu} nach Abschnitt 6.4, Seite 391, wobei im Fall einer einmaligen Feldberechnung einer rotierenden Anordnung durch Multiplikation der gesamten Eisenverluste mit einem sog. Feldfaktor $k \geq 1{,}8$ berücksichtigt werden muss, dass real jedes Element die volle Hystereseschleife durchläuft;
- die magnetische Energie W_m allgemein nach

$$W_m = \int_{\mathcal{V}} \boldsymbol{H} \cdot d\boldsymbol{B}\, d\mathcal{V} = \sum_i \int i_i\, d\psi_{ii}; \tag{9.3.19}$$

- die Kraft $\boldsymbol{F}$ allgemein bzw. das Drehmoment $\boldsymbol{M}$ allgemein nach

$$\boldsymbol{F} = -\frac{\partial W_m(\psi, x)}{\partial \boldsymbol{x}} \quad \text{bzw.} \quad \boldsymbol{M} = -\frac{\partial W_m(\psi, \gamma')}{\partial\text{"}\boldsymbol{\gamma}\text{'}}; \tag{9.3.20}$$

- das Drehmoment $\boldsymbol{M}$ eines Energiewandlers mit Spulen nach

$$\boldsymbol{M} \approx \sum_i i_i \frac{d\psi_{ii}}{d\gamma'}; \tag{9.3.21}$$

- die Kraft auf ein stromdurchflossenes Gebiet im Magnetfeld (s. Bild 9.3.2a) nach

$$\boldsymbol{F} = \int_{\mathcal{V}} \boldsymbol{S} \times \boldsymbol{B} \, \mathrm{d}\mathcal{V}; \tag{9.3.22}$$

- die Grenzflächenkraft auf eine Fläche (s. Bild 9.3.2b) nach

$$\boldsymbol{F} = \int_{A_o} \sigma \, \mathrm{d}A_o \tag{9.3.23}$$

mit der Normal- und der Tangentialkomponente der Grenzflächenspannung

$$\sigma_\mathrm{n} = \frac{B_\mathrm{n}^2 - B_\mathrm{t}^2}{2\mu} \tag{9.3.24a}$$

$$\sigma_\mathrm{t} = \frac{B_\mathrm{n} B_\mathrm{t}}{\mu} = B_\mathrm{n} H_\mathrm{t}; \tag{9.3.24b}$$

- die auf die Oberfläche eines Gebiets mit konstanter relativer Permeabilität μ_r wirkende Grenzflächenspannung (s. Bild 9.3.2c) nach

$$\sigma_\mathrm{n} = \frac{1}{2\mu_0}\left[B_\mathrm{n}^2\left(1 - \frac{1}{\mu_\mathrm{r}}\right) + B_\mathrm{t}^2(\mu_\mathrm{r} - 1)\right]\boldsymbol{n} \tag{9.3.25a}$$

$$\approx \frac{1}{2\mu_0}\left(B_\mathrm{n}^2 + \mu_\mathrm{r} B_\mathrm{t}^2\right)\boldsymbol{n} \tag{9.3.25b}$$

bzw. an der Oberfläche eines gesättigten ferromagnetischen Gebiets mit $B = \mu_0 H + J_\mathrm{r}$ nach

$$\sigma_\mathrm{n} = \left(\frac{B^2}{2\mu_0} - \int_0^B H \, \mathrm{d}B\right)\boldsymbol{n} \approx \left(\frac{J_\mathrm{r}^2}{2\mu_0} + H J_\mathrm{r}\right)\boldsymbol{n}; \tag{9.3.25c}$$

- die auf die Oberfläche eines permanentmagnetischen Gebiets mit konstanter Permabilität μ_rev und remanenter Polarisation $\boldsymbol{J}_\mathrm{r}$ wirkende Grenzflächenspannung (s. Bild 9.3.2d) nach

$$\sigma = -\boldsymbol{n}(\boldsymbol{H}_\mathrm{n} \cdot \boldsymbol{J}_\mathrm{r}) = -\boldsymbol{n}\left(\frac{\boldsymbol{B}_\mathrm{n}}{\mu_0} \cdot \boldsymbol{J}_\mathrm{r}\right). \tag{9.3.26}$$

9.3.2 Numerische Feldberechnungsmethoden

9.3.2.1 Übersicht

Es gibt verschiedene Verfahren zur Behandlung magnetischer Feldprobleme (s. Bild 9.3.3). Man kann von den Feldgleichungen in ihrer Differentialform nach (9.3.1a) bis (9.3.1e), in ihrer Integralform nach (9.3.2a) bis (9.3.2e) oder auch von den Potentialgleichungen nach (9.3.6) oder (9.3.14a,b) ausgehen. Einfache lineare Probleme können analytisch gelöst werden. Beispiele dafür sind die Berechnung des Carterschen Faktors oder der Nutstreuung. Man erhält damit allgemeine analytische Beziehungen.

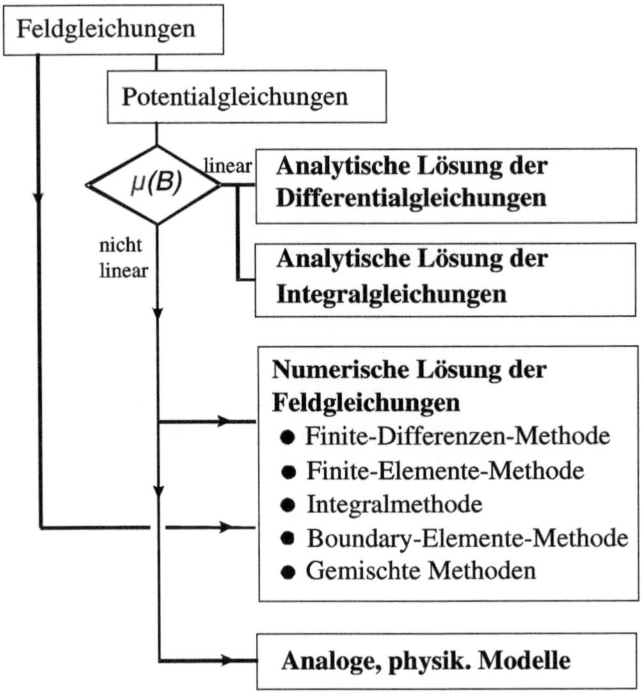

Bild 9.3.3 Methoden zur Feldberechnung

Die numerischen Verfahren beruhen alle auf einer Diskretisierung der Feldgrößen und des Feldgebiets. Sie liefern zeit- und raumdiskrete Zustände, jedoch keine Beziehungen. Analoge Verfahren gehören der Vergangenheit an. Sie wurden durch die numerischen Verfahren abgelöst. Im Folgenden werden die verbreitetsten numerischen Verfahren beschrieben und miteinander verglichen.

Methode der Finiten Differenzen

Bei der Methode der Finiten Differenzen (FDM) wird der Feldbereich mit einem durchgehenden rechtwinkligen oder polaren Gitternetz belegt. Den Kreuzungspunkten werden unbekannte Potentialwerte $A_{\mathrm{m}i}$ zugeordnet (s. Bild 9.3.4).

Die Differentiale nach (9.3.14a,b) für das Vektorpotential $\boldsymbol{A}_{\mathrm{m}}$, d. h. die Ausdrücke $\partial^2 A_{\mathrm{m}}/\partial x^2$ und $\partial^2 A_{\mathrm{m}}/\partial y^2$, kann man entweder durch Differenzen entsprechend

$$\frac{\partial^2 A_{\mathrm{m}}}{\partial x^2} \approx \frac{2A_{\mathrm{m1}}}{q(p+q)} + \frac{2A_{\mathrm{m3}}}{p(p+q)} - \frac{2A_{\mathrm{m0}}}{pq} \tag{9.3.27a}$$

$$\frac{\partial^2 A_{\mathrm{m}}}{\partial y^2} \approx \frac{2A_{\mathrm{m2}}}{r(r+s)} + \frac{2A_{\mathrm{m4}}}{s(r+s)} - \frac{2A_{\mathrm{m0}}}{rs} \tag{9.3.27b}$$

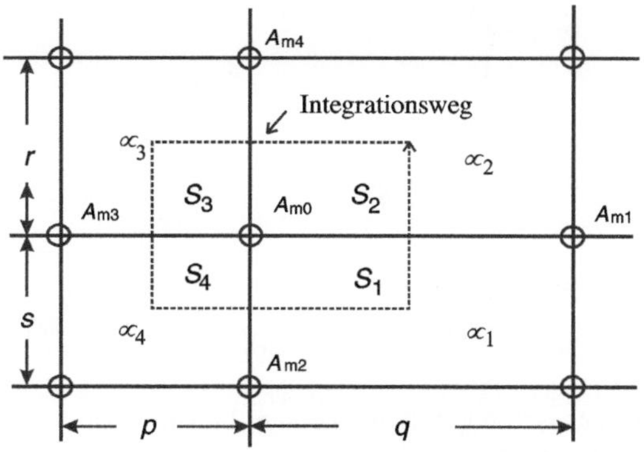

Bild 9.3.4 Ausschnitt aus einer Finite-Differenzen-Anordnung

ersetzen oder für die Diskretisierung von (9.3.14a,b) das Durchflutungsgesetz nach (9.3.2a) auf den Integrationsweg um den Punkt mit dem Potential A_{m0} anwenden. Dies führt auf [60, 61]

$$\Theta = \oint \boldsymbol{H} \cdot \mathrm{d}\boldsymbol{s} = \oint \frac{\mathrm{rot}\boldsymbol{A}_{\mathrm{m}}}{\mu} \cdot \mathrm{d}\boldsymbol{s} \tag{9.3.28}$$

und schließlich auf

$$\frac{sqS_1 + qrS_2 + rpS_3 + psS_4}{4} \approx -\left[\frac{A_{\mathrm{m1}} - A_{\mathrm{m0}}}{2q}\left(\frac{s}{\mu_1} + \frac{r}{\mu_2}\right) + \frac{A_{\mathrm{m2}} - A_{\mathrm{m0}}}{2r}\left(\frac{q}{\mu_1} + \frac{p}{\mu_4}\right) + \frac{A_{\mathrm{m3}} - A_{\mathrm{m0}}}{2p}\left(\frac{r}{\mu_3} + \frac{s}{\mu_4}\right) + \frac{A_{\mathrm{m4}} - A_{\mathrm{m0}}}{2s}\left(\frac{p}{\mu_3} + \frac{q}{\mu_2}\right)\right].$$

Man erhält so eine Beziehung zwischen den Vektorpotentialen A_{m0} bis A_{m4} und den Stromdichten S_1 bis S_4. p, q, r und s sind die Abstände zwischen den Kreuzungspunkten. Auf den Randknotenpunkten sind die Vektorpotentiale gegeben (z. B. zu Null) oder – im Fall der Randbedingung $\partial A_{\mathrm{m}}/\partial n = 0$ – unbekannt.

Die Anwendung der Beziehung auf alle Knotenpunkte des Netzes ergibt ein symmetrisches, schwach besetztes Gleichungssystem, dessen Lösung die diskretisierte Verteilung des Vektorpotentials A_{m} und damit der Flussdichte B und der Sekundärgrößen ergibt. Die Abhängigkeit der Permeabilität μ der Teilgebiete von der Flussdichte B kann durch mehrfaches Lösen des Gleichungssystems und Unterrelaxation der Permeabilitäten berücksichtigt werden. Zur Lösung kann auch das Newton-Raphson-Verfahren eingesetzt werden.

Die Methode der Finiten Differenzen lässt sich sehr einfach programmieren [60]. Sie eignet sich jedoch nicht zur Behandlung komplexer Geometrien. Die Genauigkeit des Verfahrens ist gegeben durch die verhältnismäßig einfachen Ansätze für den Verlauf des Vektorpotentials A_{m} zwischen den Knotenpunkten.

9.3.2.2 Methode der Finiten Elemente

Bei der Methode der Finiten Elemente (FEM) wird der Feldbereich mit einem beliebigen Netz von geometrischen Elementen belegt. Den Kreuzungspunkten werden unbekannte Potentialwerte $A_{\mathrm{m}i}$ zugeordnet (s. Bild 9.3.5).

Die Gestalt der Elemente ist beliebig. Gebräuchlich sind Dreiecke, Rechtecke und trapezförmige Elemente. Innerhalb eines Elements sind die physikalischen Eigenschaften J_{x}, J_{y}, S, μ und κ ortsunabhängig, ggf. jedoch wie im Fall der Permeabilität μ abhängig von der Flussdichte.

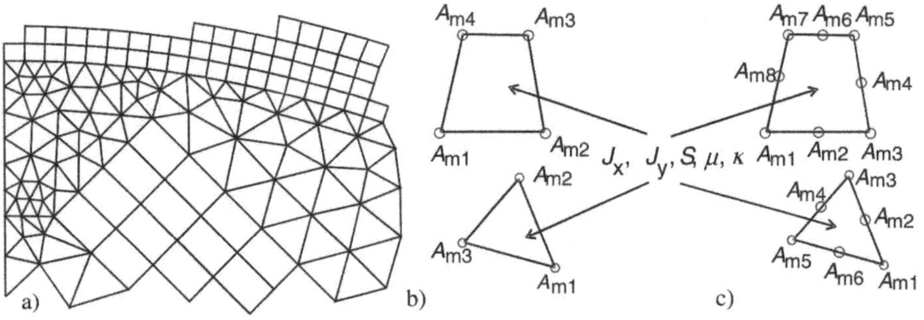

Bild 9.3.5 Finite-Elemente-Anordnung. a) Ausschnitt; b) lineare und bi-lineare Basiselemente erster Ordnung; c) Basiselemente zweiter Ordnung

Der örtliche Verlauf des Potentials innerhalb eines Elements wird durch eine *Formfunktion N* entsprechend

$$A_\mathrm{m} = \sum_{i=1}^{n} A_{\mathrm{m}i} N_i(x,y) \tag{9.3.29}$$

beschrieben. Man unterscheidet lineare, bi-lineare und quadratische Elemente erster, zweiter und *n*. Ordnung. In einem Dreieck mit drei Knotenpunkten ist die Formfunktion $N_i(x,y)$ linear von x und y abhängig, d. h. die Komponenten der Flussdichte $B_\mathrm{x} = \partial A_\mathrm{m}/\partial y$ und $B_\mathrm{y} = -\partial A_\mathrm{m}/\partial x$ sind konstant. Das Verfahren geht für stationäre Vorgänge im Fall des Vektorpotentials A_m von (9.3.14a) aus. Bei zweidimensionalen Problemen wird (9.3.14b) mit der Methode von *Galerkin* in die Grundgleichung der FEM

$$\begin{aligned}&\iint\limits_{A_\mathrm{o}} \frac{1}{\mu}\left(\frac{\partial N}{\partial x}\frac{\partial A_\mathrm{m}}{\partial x} + \frac{\partial N}{\partial y}\frac{\partial A_\mathrm{m}}{\partial y}\right)\mathrm{d}x\,\mathrm{d}y \\ &= \iint\limits_{A_\mathrm{o}} NS\,\mathrm{d}x\,\mathrm{d}y - \iint\limits_{A_\mathrm{o}} \frac{1}{\mu}\left(J_\mathrm{x}\frac{\partial N}{\partial y} - J_\mathrm{y}\frac{\partial N}{\partial x}\right)\mathrm{d}x\,\mathrm{d}y - \frac{1}{\mu}\oint\limits_{c} N\frac{\partial A_\mathrm{m}}{\partial n}\,\mathrm{d}c\end{aligned} \tag{9.3.30}$$

umgewandelt [62]. Das Umlaufintegral $\oint N(\partial A_\mathrm{m}/\partial n)\,\mathrm{d}c$ muss nur auf der Berandung c berücksichtigt werden. Normalerweise wird es zu Null gesetzt, d. h. die Randbedingung $\partial A_\mathrm{m}/\partial n = 0$ ist dann in (9.3.30) enthalten. Bei einer Kopplung der FEM mit der Boundary-Elemente-Methode (s. Abschn. 9.3.2.4) ist es jedoch zu berücksichtigen. Mit (9.3.29) ergibt sich aus (9.3.30) für ein Element mit n Knotenpunkten die Beziehung

$$\begin{aligned}&\sum_{j=1}^{n}\iint\limits_{A_\mathrm{o}} \frac{1}{\mu}\left(\frac{\partial N_i}{\partial x}\frac{\partial N_j}{\partial x} + \frac{\partial N_i}{\partial y}\frac{\partial N_j}{\partial y}\right)\mathrm{d}x\,\mathrm{d}y A_{\mathrm{m}j} \\ &= \iint\limits_{A_\mathrm{o}} N_i S\,\mathrm{d}x\,\mathrm{d}y - \iint\limits_{A_\mathrm{o}} \frac{1}{\mu}\left(J_\mathrm{x}\frac{\partial N_i}{\partial y} - J_\mathrm{y}\frac{\partial N_i}{\partial x}\right)\mathrm{d}x\,\mathrm{d}y\end{aligned} \tag{9.3.31}$$

für $i = 1, \ldots, n$. Diese Beziehung wird auf alle Elemente angewendet und ergibt so die Koeffizienten des Gleichungssystems für die unbekannten Vektorpotentiale

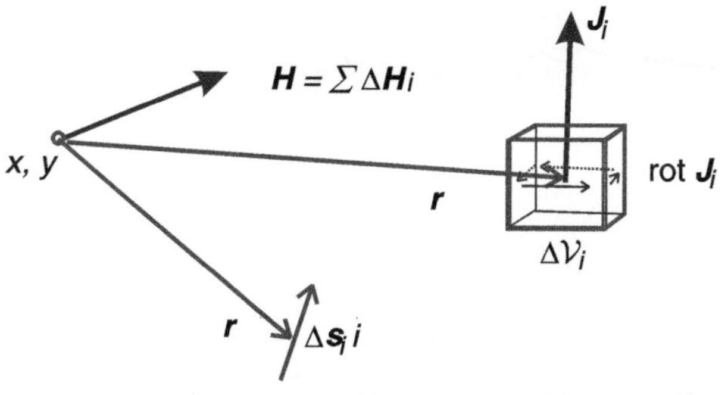

Bild 9.3.6 Anordnung zur Auswertung der Finiten Integrale

der Knotenpunkte. Dabei werden nur die Integrale für Elemente erster Ordnung aufgrund der Knotenpunktkoordinaten analytisch bestimmt. Bei den Elementen höherer Ordnung wird die Gauss'sche Quadratur verwendet [63, 64].

Das Gleichungssystem der FEM ist symmetrisch, schwach besetzt und ggf. nichtlinear. Das Verfahren eignet sich besonders zur Behandlung komplexer Geometrien. Die Genauigkeit des Verfahrens ist durch die Ordnung der Formfunktion sowie durch die Verteilung und durch die Form der Elemente gegeben [65, 66].

9.3.2.3 Methode der Finiten Integrale

Der Vorteil der Methode der Finiten Integrale (IM) besteht darin, dass nur die Quellen des Felds, d. h. die stromführenden Bereiche mit dem Strom $\boldsymbol{i}$, die ferromagnetischen Gebiete und die permanentmagnetischen Gebiete mit der Polarisation $\boldsymbol{J}$ zu diskretisieren sind. Die Grundgleichung des Verfahrens beruht auf einer Fundamentallösung von (9.3.9) [67]

$$\boldsymbol{H} = \frac{1}{4\pi}\int \frac{i\,\mathrm{d}\boldsymbol{s}\times\boldsymbol{r}}{r^3} + \frac{1}{4\pi}\int \frac{\mathrm{rot}\boldsymbol{J}\times\boldsymbol{r}}{\mu}\frac{\mathrm{d}\mathcal{V}}{r^3}. \tag{9.3.32}$$

Die Beziehung (9.3.14a) ergibt die magnetische Feldstärke $\boldsymbol{H}$ in einem Aufpunkt x, y (s. Bild 9.3.6). Der Verlauf der Stromdichte $\boldsymbol{S}$ und der remanenten Polarisation $\boldsymbol{J}_\mathrm{r}$ wird elementweise durch Formfunktionen beschrieben. Die Integrale werden numerisch gelöst. Während die Stromdichte und die remanente Polarisation permanentmagnetischer Gebiete als gegeben zu betrachten sind, ist die Feldstärke ferromagnetischer Gebiete zunächst unbekannt. Im allgemeinsten Fall ist daher ein voll besetztes, symmetrisches, nichtlineares Gleichungssystem für die unbekannten Vektoren der Feldstärke $\boldsymbol{H}$ zu lösen. Die Randbedingungen sind im Ansatz enthalten. Das Verfahren ist einfach zu programmieren, jedoch auf eine geringe Anzahl von Unbekannten beschränkt [67].

9.3.2.4 Boundary-Elemente-Methode

Der Vorteil der Boundary-Elemente-Methode (BEM) besteht darin, dass nur die Oberflächen des Feldproblems diskretisiert werden müssen. Dies geschieht durch Linien- oder Flächenelemente, die sog. Boundary-Elemente [66]. Die Beziehung (9.3.14a,b) wird ersetzt durch ihre Integralform. Im zweidimensionalen Fall ergibt sich so

$$c_\mathrm{i}A_\mathrm{m} + \int A_\mathrm{m}\frac{\partial G}{\partial n}\,\mathrm{d}c = \int G\frac{\partial A_\mathrm{m}}{\partial n}\,\mathrm{d}c + \int \left(S + \mathrm{rot}\frac{J_\mathrm{r}}{\mu}\right) G\,\mathrm{d}A, \tag{9.3.33}$$

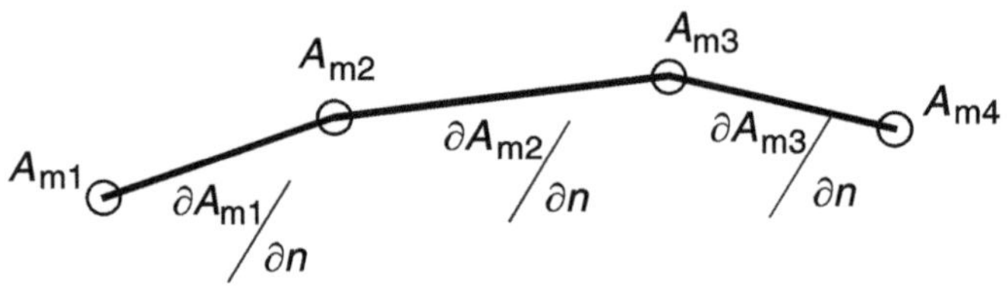

Bild 9.3.7 Linienelemente der zweidimensionalen Boundary-Elemente-Methode

Tabelle 9.3.1 Vergleich der Methoden

Methode	FDM, FEM	IM	BEM
Feldprobleme	alle	alle	stationäre
Problembereich	geschlossen	offen	offen
Geometrien	beliebig	beliebig	beliebig
Material	nichtlinear	nichtlinear	linear
Elementverteilung	überall	Feldquellen	Ränder
Systemmatrix	schwach besetzt	voll besetzt	voll besetzt
Netzerzeugung	einfach	einfach	einfach
Randbedingungen	angenähert	alle	angenähert
Ergebnisse, Feldgrößen	indirekt	direkt	indirekt
Anwendung	2D, 3D	3D	offene Probleme, Kopplung mit FEM

wobei G die Green'sche Funktion

$$G = \frac{1}{2\pi} \ln \frac{1}{r} \tag{9.3.34}$$

ist. Die Konstante c_i beträgt für zweidimensionale Problemstellungen $c_i = 0{,}5$; c bezeichnet wiederum die Berandung der Fläche A. Die Unbekannten A_m und $\partial A_m/\partial n$ werden elementweise durch Formfunktionen

$$A_m = \sum A_{mi} N_i(x,y)$$
$$\frac{\partial A_m}{\partial n} = \sum \frac{\partial A_{mi}}{\partial n} N_i(x,y)$$

beschrieben (s. Bild 9.3.7). Die Randbedingungen sind im Ansatz enthalten. Die Systemgleichungen sind unsymmetrisch und voll besetzt. Die BEM kann mit der FEM gekoppelt werden.

Tabelle 9.3.1 gibt einen vergleichenden Überblick über die Eigenschaften der behandelten Methoden.

9.3.2.5 Fehlerprobleme der Finite-Elemente-Methode

Numerische Verfahren liefern Ergebnisse mit einer endlichen Genauigkeit. Man unterscheidet Diskretisierungs-, Interface-, Parameter- und Modellierungsfehler [68].

Diskretisierungsfehler entstehen dadurch, dass die Formfunktion eine Näherung ist und dass die Dichte der Elemente in einem Feldproblem nicht beliebig groß gemacht werden kann.

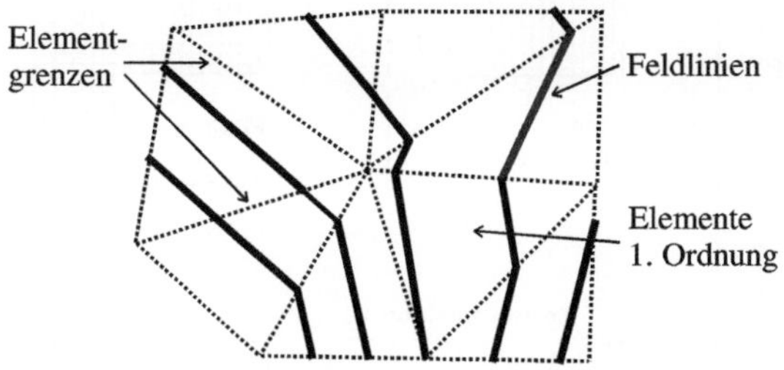

Bild 9.3.8 Ausschnitt aus einer Feldberechnung mit linearen Elementen erster Ordnung

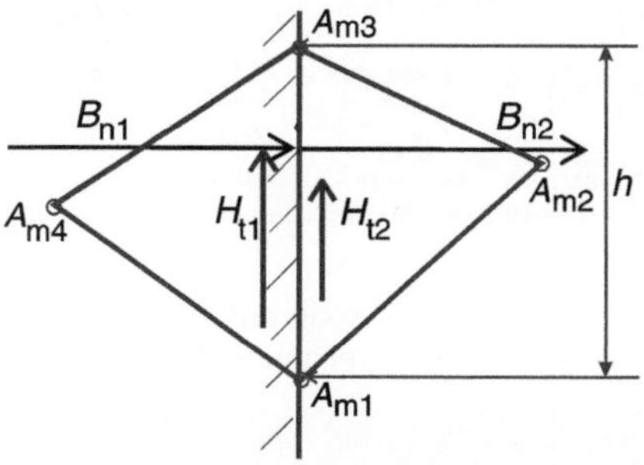

Bild 9.3.9 Interface-Fehler

Bei einer linearen Approximation des Vektorpotentials in einem Element sind die Feldlinien geradlinig, und die Flussdichte B im Element ist konstant (s. Bild 9.3.8). An den Elementgrenzen tritt eine Brechung der Feldlinien auf, d. h. die Randbedingungen div$\boldsymbol{B} = 0$ bzw. $B_{n1} = B_{n2}$ sowie rot$\boldsymbol{H} = 0$ bzw. $H_{t1} = H_{t2}$ sind nur zum Teil erfüllt. Es tritt ein *Interface-Fehler* auf, der abhängig von der Wahl des Potentials ist. Das Vektorpotential A_m erfüllt nur die erste Bedingung: Nach Bild 9.3.9 ist

$$B_{n1} = B_{n2} = \frac{A_{m2} - A_{m1}}{h}.$$

Dagegen ist nicht gesichert, dass $B_{t1} = B_{t2}$ ist. Zwischen den Elementen 1 und 2 kann sich daher die Feldstärke $\boldsymbol{H}$ sprungartig ändern, d. h. es kann $H_{t1} \neq H_{t2}$ sein. Als Feldquelle kann daher zusätzlich zu den äußeren Feldquellen $\boldsymbol{S}$ und $\boldsymbol{J}$ ein Fehlerstrombelag $A_f = H_{t1} - H_{t2}$ zwischen den Elementen erscheinen, der einen Fehler im Feld verursacht. Das Skalarpotential φ_m verhält sich umgekehrt wie das Vektorpotential A_m: Es erfüllt nur die Bedingung $H_{t1} = H_{t2}$, aber es gilt i. Allg. $B_{n1} \neq B_{n2}$.

Parameterfehler werden durch Fehler in der Eingabe der Eigenschaftswerte, wie z. B. der Magnetisierungskurve $B(H)$ oder der Remanenzflussdichte B_r bzw. der Remanenzpolarisation J_r, verursacht.

Sekundärgrößen reagieren sehr unterschiedlich auf Diskretisierungs- und Interface-Fehler: Lokale und differentielle Größen wie die Flussdichte B oder die Grenzflächenspannung σ werden stärker beeinflusst als integrale Größen wie der Fluss Φ oder die Induktivität L.

Die Modellierung, d. h. die Art, die Dichte und die Verteilung der Elemente, hat einen großen Einfluss auf die Genauigkeit der Ergebnisse, insbesondere auf den Drehmomentverlauf, was zu *Modellierungsfehlern* führen kann (s. Bild 9.3.10). Durch eine automatische Netzverfeinerung auf der Grundlage geeigneter Kriterien kann die Genauigkeit der Sekundärgrößen verbessert werden [68]. Die Erfahrung

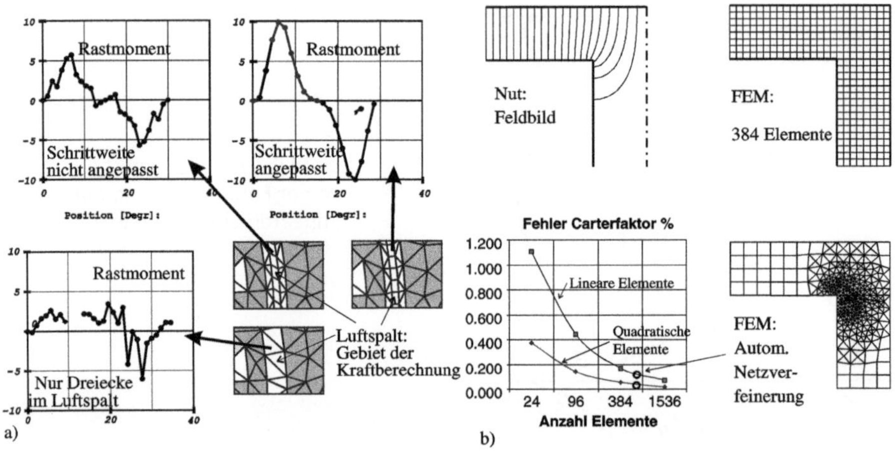

Bild 9.3.10 Zum Einfluss des Netzes. a) Einfluss des Netzes im Luftspalt auf die Berechnung des Rastmoments; b) Einfluss der Netzdichte auf die Berechnung des Carterschen Faktors

zeigt jedoch, dass mit einer strategisch geplanten Elementgenerierung gleichwertige Ergebnisse erzielt werden können.

9.3.3 Anwendung numerischer Feldberechnungsmethoden

Die Anwendung numerischer Feldberechnungsmethoden soll im Folgenden am Beispiel der Finite-Elemente-Methode behandelt werden. Wo sinnvoll, wird dabei Bezug auf Begriffe und Berechnungsgänge des numerischen Feldberechnungsprogramms FEMAG Classic genommen, das auf die Berechnung elektrischer Maschinen besonders zugeschnitten ist. Die Leser können über die Internetadresse https://www.gtisoft.com/gt-femag/ kostenlos Zugang zur aktuellen, jedoch auf die Grundfunktionalitäten begrenzten Programmversion GT-FEMAG Designer erhalten. Wenn nicht anders vermerkt, werden wiederum kartesische Koordinaten verwendet.

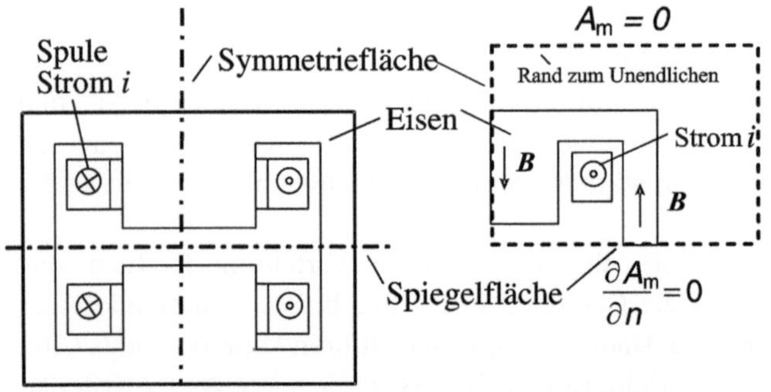

Bild 9.3.11 Zur Festlegung eines Modells unter Berücksichtigung von Symmetriebedingungen. a) Vollständige Anordnung; b) Modell

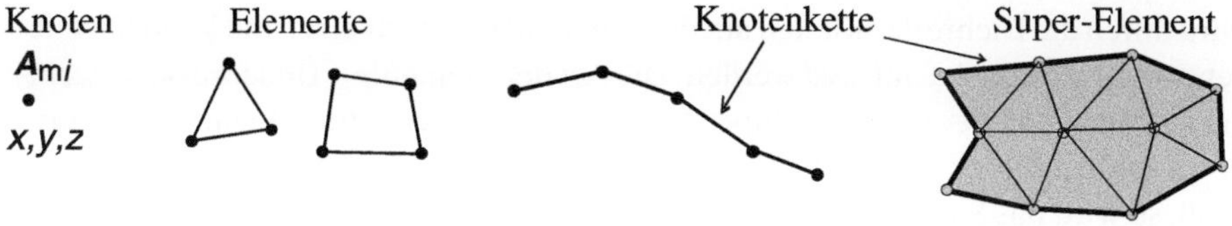

Bild 9.3.12 Grundelemente der FEM

9.3.3.1 Vorgehen

Das grundsätzliche Vorgehen besteht aus den folgenden Schritten:

1. Festlegung der Aufgabenstellung und des Rechenmodells, Auswahl einer geeigneten Berechnungsmethode;
2. Festlegung eines Modells unter Berücksichtigung von Symmetrie-, Periodizitäts- und Randbedingungen (s. Bild 9.3.11);
3. Vereinfachung des Modells durch Vernachlässigung kleiner Luftspalte, Löcher und Rundungen;
4. Festlegung der Ergebnisgrößen;
5. Eingabe des Modells in ein Programm mit Hilfe von CAD-Daten, Teilmodellen etc.;
6. Durchführung der Berechnungen;
7. Auswertung und Bewertung der Ergebnisse.

9.3.3.2 FEM-Modell

a) Grundelemente eines Modells

Für die Definition und Vorgabe eines FEM-Modells benötigt man (s. Bild 9.3.12):

- Knotenpunkte (*Nodes*): Punkte im Raum mit den Koordinaten x, y, z und dem Potential $\boldsymbol{A}_\mathrm{m}$,
- Finite Elemente (*Elements*): geschlossene Teilgebiete mit Knoten, Seitenlinien und gegebenen Eigenschaften,
- Knotenketten (*Node chains*): Folgen zusammenhängender Linien mit Knoten,
- Super-Elemente (*Super elements*): Gebiete, die durch eine einfach zusammenhängende Knotenkette begrenzt sind und aus Elementen gleicher Eigenschaften bestehen,
- Regionen (Subregions): Mengen von Super-Elementen mit gleichen Eigenschaften,
- Wicklungsteile (*Windings*): Mengen von Regionen, welche aus Spulen mit in Reihe geschalteten Spulenseiten bestehen,
- Geometrieelemente: Linien, Polygonzüge, Kreisbögen und Kreise zur Beschreibung der Umrisse eines Modells.

b) Netzerzeugung

Der Algorithmus für die Erzeugung der Finiten Elemente geht von den Super-Elementen und damit von den Knoten und Knotenketten aus. Die Dichte der Elemente wird durch die Dichte der Knoten auf den Knotenketten festgelegt und kann über deren Vorgabe direkt beeinflusst werden. Die Art der Elemente – Dreiecke oder Rechtecke – hängt von der Form der Super-Elemente ab. Hat ein Super-Element die Form eines Rechtecks und ist die Anzahl der Knoten auf gegenüberliegenden Seiten gleich groß, so wird das Super-Element im Programm FEMAG mit Rechtecken gefüllt.

Im Luftspalt einer elektrischen Maschine sind mindestens zwei Knotenketten so anzuordnen, dass zwischen ihnen ein Super-Element mit Rechtecken entsteht. Dies bildet die ‚Gleitschicht' für eine Bewegung des Läufers und den Ort für die Berechnung der Kraft bzw. des Drehmoments. Der Abstand der Knoten ist dabei so zu wählen, dass sich daraus sinnvolle Bewegungsschritte ergeben, ohne dass eine Verzerrung der Elemente eintritt (s. Bilder 9.3.10 u. 9.3.13). Die Elemente behalten nur dann ihre Form, wenn die Bewegungsschritte ein Vielfaches der Elementweite in Bewegungsrichtung umfassen. In diesem Fall ist der Diskretisierungsfehler am kleinsten.

c) Randbedingungen

Die Eingabe der Randbedingungen ist eine wesentliche Aufgabe. Die Systemgleichungen sind singulär, wenn den Knoten keine Randbedingungen zugeordnet werden. Mindestens ein Knoten muss den Potentialwert Null haben. Jeder beliebigen Folge von Knoten können entweder extern oder intern Randbedingungen zugeordnet werden. Für die Zuordnung der Vektorpotentiale zu den Knoten bestehen die folgenden Möglichkeiten (s. Bild 9.3.14):

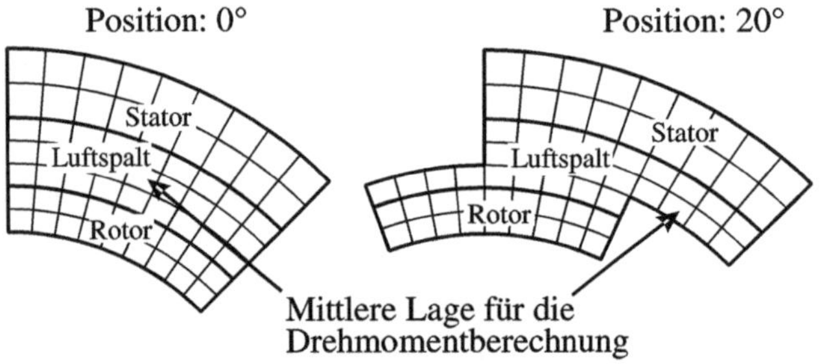

Bild 9.3.13 Zum Aufbau des Netzes im Luftspalt

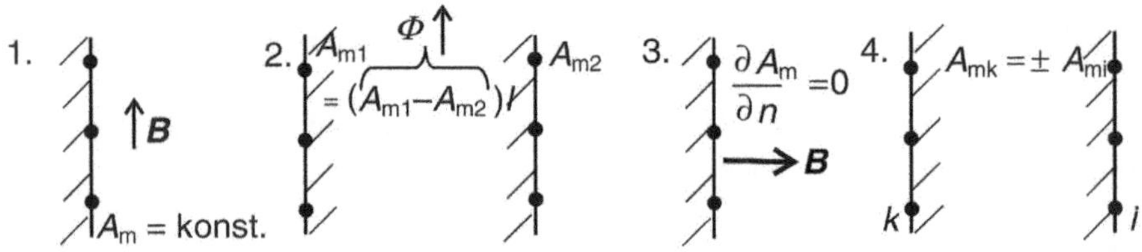

Bild 9.3.14 Randbedingungen

1. Vektorpotential A_m = konst., d. h. der Rand ist eine Feldlinie, und der Vektor der Flussdichte $\boldsymbol{B}$ verläuft tangential zum Rand. Meist wird $A_\mathrm{m} = 0$ vorgegeben.
2. Vektorpotential A_m = konst. in einzelnen Knoten, d. h. der magnetische Fluss zwischen den Knoten 1 und 2

$$\Phi = \iint \boldsymbol{B} \cdot \mathrm{d}\boldsymbol{A} = \oint \boldsymbol{A}_\mathrm{m} \cdot \mathrm{d}\boldsymbol{s} = \frac{A_\mathrm{m2} - A_\mathrm{m1}}{l}$$

   ist vorgegeben.
3. Vektorpotential A_m unbekannt, d. h. die Flussdichte steht auf dem Rand senkrecht. Diese Bedingung ist in der FEM mit Vektorpotentialansatz enthalten.
4. Das Vektorpotential $A_{\mathrm{m}i}$ des Knotens i steht mit dem Vektorpotential $A_{\mathrm{m}k}$ des Knotens k in der Beziehung $A_{\mathrm{m}i} = A_{\mathrm{m}k}$ (positiv periodische Randbedingung) oder $A_{\mathrm{m}i} = -A_{\mathrm{m}k}$ (negativ periodische Randbedingung) (s. Bild 9.3.15). Die Eingabe einer periodischen Randbedingung setzt voraus, dass die Anordnung der Knotenketten zwischen den im Bild 9.3.16 dargestellten Punkten 1 und 2 identisch ist zu der zwischen den Punkten 3 und 4.

d) Materialien

Die Beschreibung der Magnetisierungskurve $B(H)$ geht in FEMAG-DC entweder von Stützpunkten (B_i, H_i) mit einer internen Extrapolation im gesättigten Bereich aus oder von einer der beiden analytischen Näherungen

$$B(H) = B_\mathrm{r} \arctan\left(\frac{H}{k}\frac{2}{\pi}\right) + \mu_0\mu_\mathrm{r}H \tag{9.3.35a}$$

$$B(H) = B_\mathrm{r}\left[A_1\left(1 - e^{-H/t_1}\right) + A_2\left(1 - e^{-H/t_2}\right)\right] + \mu_0\mu_\mathrm{r}H \tag{9.3.35b}$$

mit den Parametern k bzw. A_1, t_1, A_2 und t_2. Die $B(H)$-Kennlinien geschichteter magnetischer Materialien werden unter Berücksichtigung der magnetischen Entlastung durch die Blechisolierungsschicht entsprechend

$$B_\mathrm{eff}(H) = \varphi_\mathrm{Fe}B(H) + (1 - \varphi_\mathrm{Fe})\mu_0 H \tag{9.3.36}$$

umgerechnet.

e) Zweidimensionale Modellierung dreidimensionaler Anordnungen

Bei einer elektrischen Maschine können sich die axialen Längen des Läufer- und des Ständerblechpakets oder auch einzelner Teile wie der Polschuhe, der Polkerne oder des Jochs voneinander unterscheiden. Bei einer zweidimensionalen Modellierung wird i. Allg. die ideelle Länge l_i entsprechend Abschnitt 2.3.2.3, Seite 179, als Bezugswert verwendet. Im Ersatzmodell nach Bild 9.3.17b haben alle Bauteile diese Länge. Die Flussdichte-, Polarisations- und Permeabilitätswerte müssen dann entsprechend

$$B' = B\frac{l}{l_\mathrm{i}} \tag{9.3.37a}$$

$$J' = J\frac{l}{l_\mathrm{i}} \tag{9.3.37b}$$

$$\mu' = \mu\frac{l}{l_\mathrm{i}} \tag{9.3.37c}$$

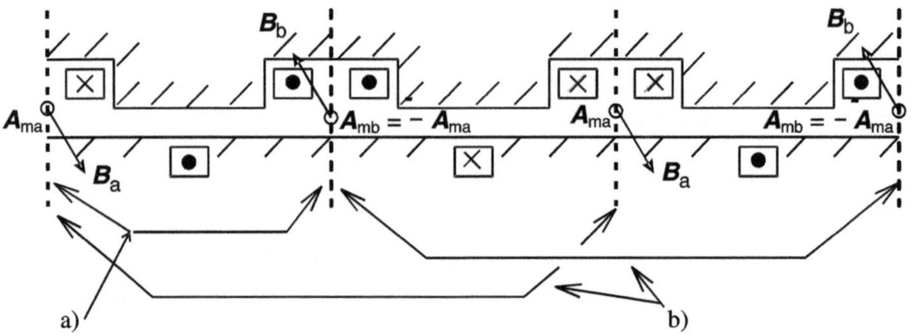

Bild 9.3.15 Periodische Randbedingungen. a) Ränder mit negativ periodischer Randbedingung; b) Ränder mit positiv periodischer Randbedingung

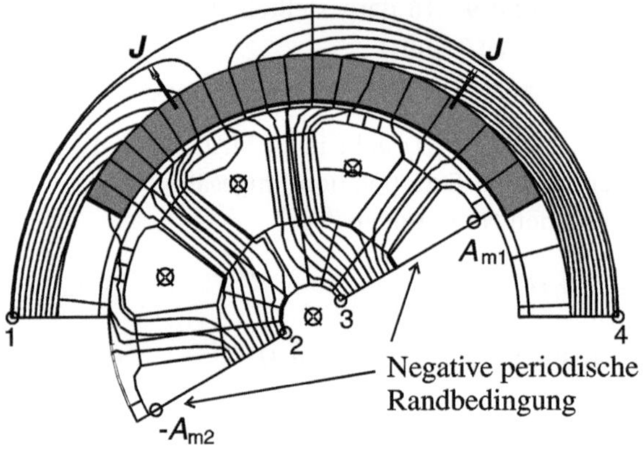

Bild 9.3.16 Modell mit negativ periodischer Randbedingung

umgerechnet werden. In FEMAG-DC werden die tatsächlichen Flussdichte- und Permeabilitätswerte auf dem Weg

$$A_{\mathrm{m}} \rightarrow B' \rightarrow B = B'\frac{l_{\mathrm{i}}}{l} \rightarrow \mu(B) \rightarrow \mu' = \mu\frac{l}{l_{\mathrm{i}}} \tag{9.3.38}$$

ermittelt.

f) Außenraum

Theoretisch verlangen die FDM und die FEM eine Diskretisierung des gesamten Raums bis ins Unendliche. Praktisch muss der Außenraum, d. h. die eine elektrische Maschine umgebende Luft, nur dann mit Elementen belegt werden, wenn das Joch gesättigt wird und das Magnetfeld aus dem Joch austritt. Grundsätzlich gibt es zwei Verfahren zur Berücksichtigung des Außenraums:

1. Anordnung einer Knotenkette mit dem Potential $A_{\mathrm{m}} = 0$ in einem hinreichenden Abstand zum Objekt, der mindestens der drei- bis fünffachen Objektgröße entsprechen sollte (s. Bild 9.3.18).
2. Festlegung einer Grenzknotenkette mit unbekannten Potentialen um das Objekt und Abbildung des Außenraums auf das Elementnetz des Innenraums (s. Bild 9.3.19), in FEMAG-DC als *Infinite BC* bezeichnet.

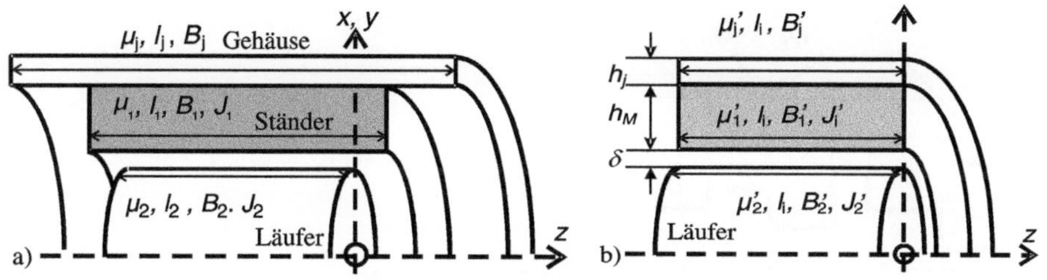

Bild 9.3.17 Modell zur angenäherten Berücksichtigung eines Längenunterschieds in z-Richtung. a) Ausgangsanordnung; b) Ersatzmodell

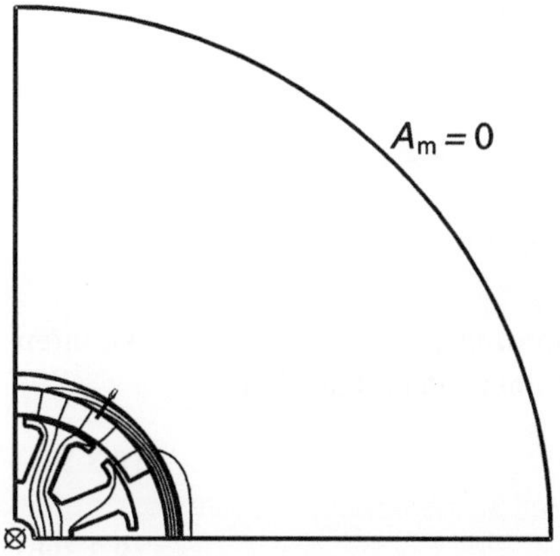

Bild 9.3.18 Knotenkette mit $A_m = 0$ als Rand zum Unendlichen

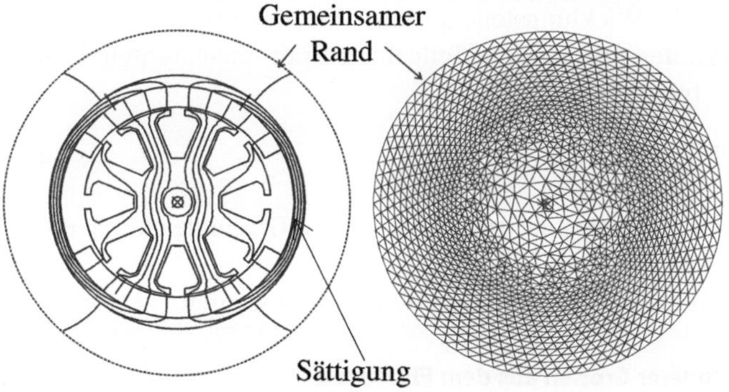

Bild 9.3.19 Abbildung des Außenraums auf das Elementnetz des Innenraums

g) Nebenbedingungen für Fluss und Strom

Die FE-Analyse magnetischer Felder geht normalerweise von einer gegebenen Stromdichte S und/oder einer gegebenen Polarisation permanentmagnetischer Gebiete J aus. Die Lösung technischer Probleme, z. B. die Bestimmung von Streuinduktivitäten oder von Wirbelstromproblemen bei Induktionsmaschinen, die aus Spannungsquellen mit unbekannten Ständer- und Läuferströmen gespeist werden, verlangt dagegen FE-Methoden mit

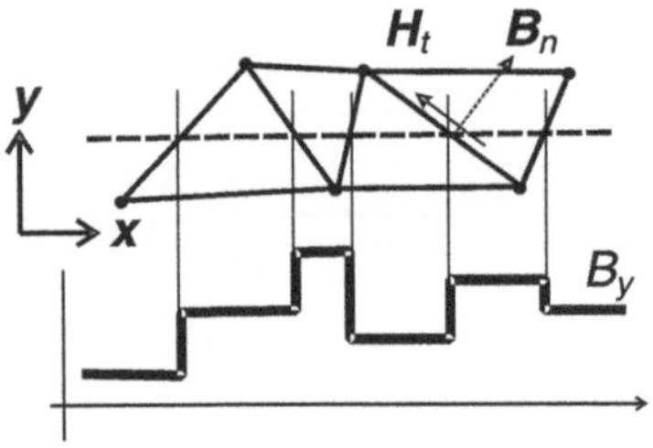

Bild 9.3.20 Zur Auswertung der Flussdichte *B*

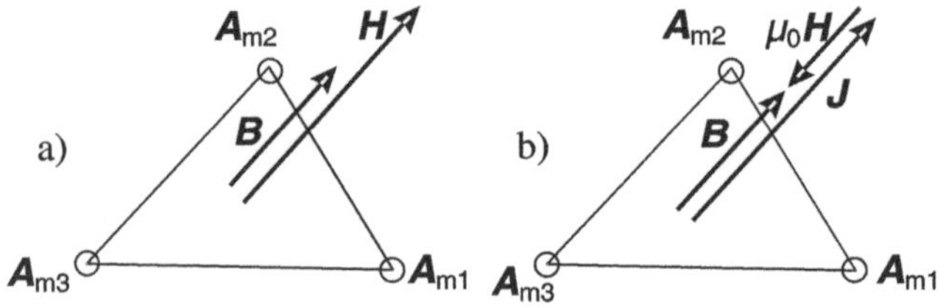

Bild 9.3.21 Magnetische Feldstärke *H*. a) Ferromagnetisches Element; b) isotropes hartmagnetisches Element

- bekannten Flussverkettungen ψ oder Spannungsquellen u und unbekannten Strömen i in den Wicklungsteilen, d. h. mit einer Integralgleichung

$$\psi = \oint \boldsymbol{A}_{\mathrm{m}} \cdot \mathrm{d}\boldsymbol{s} + Li \tag{9.3.39a}$$

bzw. $$u = \frac{\mathrm{d}\psi}{\mathrm{d}t} = \oint \frac{\mathrm{d}\boldsymbol{A}_{\mathrm{m}}}{\mathrm{d}t} \cdot \mathrm{d}\boldsymbol{s} + L\frac{\mathrm{d}i}{\mathrm{d}t} \tag{9.3.39b}$$

  als Nebenbedingung für die Wicklungsteile mit unbekannter Stromdichte S,
- Stromquellen mit bekannten Strömen i in Teilgebieten mit unbekannten Stromdichten S, d. h. mit der Integralgleichung

$$i = \int \left(-\kappa \frac{\mathrm{d}\boldsymbol{A}_{\mathrm{m}}}{\mathrm{d}t} + \boldsymbol{S} \right) \cdot \mathrm{d}\boldsymbol{A} \tag{9.3.40}$$

  als Nebenbedingung für ein Teilgebiet zusätzlich zu den Grundgleichungen des Felds (9.3.14a) und (9.3.15).

Die Systemgleichungen müssen dann entsprechend erweitert werden.

9.3.3.3 Bestimmung sekundärer Größen aus dem FE-Modell

a) Lokale Größen in zweidimensionalen Anordnungen

Für die *Flussdichte* gelten (9.3.10) und (9.3.11a,b). In linearen Elementen gilt

$$A_{\mathrm{m}} = \sum A_{\mathrm{m}i} N_i(x,y) = a + bx + cy$$

mit den Parametern a, b und c, d. h. B_{x} und B_{y} sind konstant und verlaufen entsprechend $B_{\mathrm{x}} = c$ und $B_{\mathrm{y}} = -b$ unstetig (s. Bild 9.3.20). Die *Feldstärke* $\boldsymbol{H} = (\boldsymbol{B}-\boldsymbol{J})/\mu$ lässt sich aus der Flussdichte ermitteln. (s. Bild 9.3.21). Für die *Stromdichte* gilt (9.3.15), wenn das Vektorpotential A_{m} gegeben ist. In einer zweidimensionalen Anordnung ist der Anteil $S_{\mathrm{e}} = -\kappa \mathrm{grad}\varphi$ der Stromdichte in einem massiven Teilgebiet unabhängig von x und y, d. h. er ist konstant. S und A_m sind skalare Größen und stehen auf der 2D-Ebene senkrecht. Im zeitperiodischen Fall sind S und A_m komplexe Größen. Bezüglich der Wirbelstrombildung kann man die folgenden Fälle unterscheiden:

- Drehende Anordnungen mit dem Winkel γ' oder linear bewegte Anordnungen mit der Verschiebung x gegenüber der Ausgangslage, d. h. (9.3.15) wird zu

$$\begin{aligned}\boldsymbol{S} &= -\varkappa\,\mathrm{rot}\boldsymbol{A}_\mathrm{m} \times \boldsymbol{v} - \varkappa\,\mathrm{grad}\varphi \\ &= -\varkappa\Omega\frac{\mathrm{d}\boldsymbol{A}_\mathrm{m}}{\mathrm{d}\gamma'} - \varkappa\,\mathrm{grad}\varphi \quad \text{mit} \quad \Omega = \frac{\mathrm{d}\gamma'}{\mathrm{d}t}\end{aligned}$$

bzw. $$\boldsymbol{S} = -\varkappa v\frac{\mathrm{d}\boldsymbol{A}_\mathrm{m}}{\mathrm{d}x} - \varkappa\,\mathrm{grad}\varphi \quad \text{mit} \quad v = \frac{\mathrm{d}x}{\mathrm{d}t}.$$

Die Wirbelstromdichte S in einem 2D-Element der Fläche A wird in der FEM dann über

$$\boldsymbol{S} = \boldsymbol{S}_\mathrm{w} + \boldsymbol{S}_\mathrm{e} = -\varkappa\Omega\frac{\frac{\mathrm{d}}{\mathrm{d}\gamma'}\sum\limits_{i=1}^{n}\int \boldsymbol{A}_{\mathrm{m}i}N_i\,\mathrm{d}A}{A} - \varkappa\,\mathrm{grad}\varphi \tag{9.3.41}$$

ermittelt. Der Verlauf des Integrals wird abschnittsweise durch ein Polynom mit drei Stützstellen beschrieben und daraus seine Ableitung nach dem Winkel oder dem Weg bestimmt.

- Stationäre Anordnungen mit eingeprägter Geschwindigkeit $\boldsymbol{v}$, d. h. (9.3.15) wird zu

$$\begin{aligned}\boldsymbol{S} &= -\varkappa\frac{\partial\boldsymbol{A}_\mathrm{m}}{\partial t} - \varkappa\,\mathrm{rot}\boldsymbol{A}_\mathrm{m} \times \boldsymbol{v} - \varkappa\,\mathrm{grad}\varphi = -\varkappa\frac{\mathrm{d}\boldsymbol{A}_\mathrm{m}}{\mathrm{d}t} - \varkappa\,\mathrm{grad}\varphi \\ &= \boldsymbol{S}_\mathrm{w} + \boldsymbol{S}_\mathrm{e} = -\varkappa\frac{\sum\limits_{i=1}^{n}\int \boldsymbol{A}_{\mathrm{m}i}\left(\frac{\partial N_i}{\partial y}v_\mathrm{y} - \frac{\partial N_i}{\partial x}v_\mathrm{x}\right)\mathrm{d}A}{A} - \varkappa\,\mathrm{grad}\varphi.\end{aligned} \tag{9.3.42}$$

Im zeitperiodischen Fall ist

$$\Omega\frac{\mathrm{d}}{\mathrm{d}\gamma'} = \frac{\mathrm{d}}{\mathrm{d}t} = \mathrm{j}\omega.$$

In einem massiven und abgeschlossenen Teilgebiet muss die Stromsumme gleich Null sein, d. h. es muss

$$\begin{aligned}\int \boldsymbol{S}\cdot\mathrm{d}\boldsymbol{A} &= \int \boldsymbol{S}_\mathrm{w}\cdot\mathrm{d}\boldsymbol{A} - \varkappa\,\mathrm{grad}\varphi\cdot\int\mathrm{d}\boldsymbol{A} \\ \boldsymbol{S}_\mathrm{e} = -\varkappa\,\mathrm{grad}\varphi &= \frac{\int \boldsymbol{S}_\mathrm{w}\cdot\mathrm{d}\boldsymbol{A}}{\int\mathrm{d}\boldsymbol{A}}\end{aligned}$$

sein. In einem offenen Teilgebiet ist $\boldsymbol{S}_\mathrm{e}$ entweder gleich Null oder gegeben. Damit erhält man dann die Stromdichte in einem Element nach (9.3.41) oder (9.3.42).

b) Integrale Größen in zweidimensionalen Anordnungen

Kräfte und *Drehmomente* auf Super-Elemente werden mit der Grenzflächenspannung nach (9.3.24a,b) ermittelt. Die Genauigkeit der Kraftberechnung wird vom Integrationsweg, von der Elementeinteilung und von der Form, der Verzerrung sowie der Ordnung der Elemente festgelegt.

Der *Fluss* Φ durch ein Element oder Super-Element folgt aus

$$\Phi = \frac{\int\int A_\mathrm{m}\,\mathrm{d}\boldsymbol{s}\cdot\mathrm{d}\boldsymbol{A}}{\int \mathrm{d}\boldsymbol{A}},$$

d. h. in der FEM ist

$$\Phi = \sum_{i=1}^{n} \frac{A_{\mathrm{m}i}\int N_i\,\mathrm{d}\boldsymbol{A}}{A}. \tag{9.3.43}$$

Die Flussverkettung mit einer Wicklung ergibt sich durch Addition der mit ihren einzelnen Windungen verketteten Flüsse unter Berücksichtigung des Wicklungssinns.

Selbst- und Gegeninduktivitäten sind bei linearen Verhältnissen entsprechend $L = \psi/i$ oder $L = 2W_\mathrm{m}/i^2$ mit $W_\mathrm{m} = {}^1/_2\int SA_\mathrm{m}\mathrm{d}\mathcal{V}$ konstant. Bei nichtlinearen Verhältnissen ändert sich $L = \psi/i$ stromabhängig. Als Proprotionalitätsfaktor zwischen induzierter Spannung und Ableitung des Stroms entsprechend $e = -L^*\mathrm{d}i/\mathrm{d}t$ ergibt sich dann eine Ersatzinduktivität

$$L^* = L + i\frac{\mathrm{d}L}{\mathrm{d}i}. \tag{9.3.44}$$

Bei der Ermittlung der Selbst- und Gegeninduktivitäten einer elektrischen Maschine mit linearen Verhältnissen, d. h. ohne Berücksichtigung der Sättigung, ermittelt man für jede Läuferposition über eine doppelte Polteilung hinweg mit einem beliebigen Strom, z. B. $i_k = 1$ A, die Vektorpotentiale A_m der Knoten und damit über

$$L_{ik}(\gamma') = L_{ik0} + \sum L_{ik\nu'}\cos\left(\nu'\gamma' - \gamma'_{\nu'}\right) \tag{9.3.45}$$

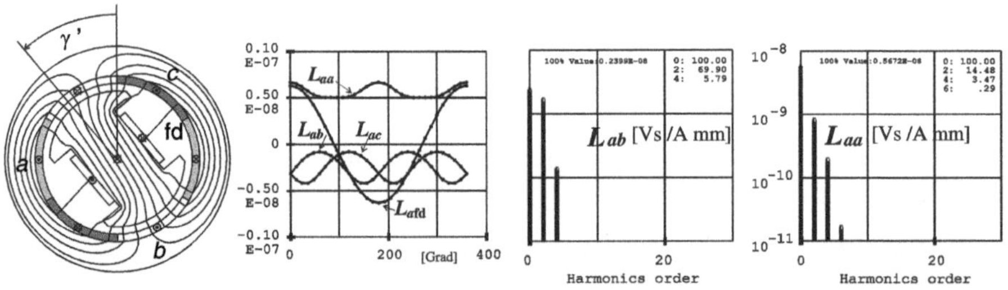

Bild 9.3.22 Selbst- und Gegeninduktivitäten einer Synchronmaschine

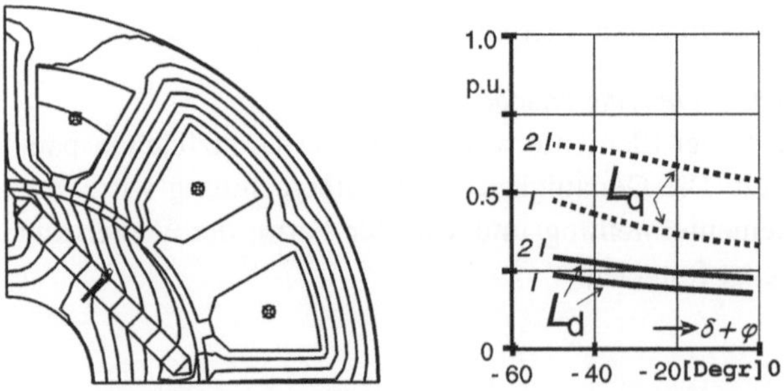

Bild 9.3.23 Beispiel für die L_d-L_q-Identifikation eines permanenterregten Synchronmotors mit Hilfe der FEMAG-DC-Funktion *Ld/Lq-Identification*

die Selbst- und Gegeninduktivitäten. Die Fourieranalyse von $L(\gamma')$ ergibt die Komponenten (s. Bild 9.3.22)

$$L_{aa} = L_\sigma + L_{\mathrm{h0}} + L_{\mathrm{h\,2p}} \cos(2p\gamma') \tag{9.3.46a}$$

$$L_{ab} = -\frac{1}{2}L_{\mathrm{h0}} + L_{\mathrm{h\,2p}} \cos\left(2p\gamma' - \frac{2}{3}\pi\right) \tag{9.3.46b}$$

$$L_{a\mathrm{fd}} = (L_{\mathrm{h0}} + L_{\mathrm{h\,2p}}) \cos(p\gamma'), \tag{9.3.46c}$$

wobei γ' den Winkel zwischen der Achse des Ständerwicklungsstrangs a und der d-Achse bezeichnet. Damit erhält man

$$L_{\mathrm{d}} = L_\sigma + \frac{3}{2}(L_{\mathrm{h0}} + L_{\mathrm{h\,2p}}) \tag{9.3.47a}$$

$$L_{\mathrm{q}} = L_\sigma + \frac{3}{2}(L_{\mathrm{h0}} - L_{\mathrm{h\,2p}}). \tag{9.3.47b}$$

Eine andere Methode zur Bestimmung der Selbst- und Gegeninduktivitäten einer Synchronmaschine besteht darin, Leerlauf- und Lastsimulationen auszuwerten. Ausgehend von einem d-q-Modell für eine Synchronmaschine mit Permanenterregung

$$u_{\mathrm{d}} = \omega(\psi_{\mathrm{M}} + L_{\mathrm{d}} i_{\mathrm{d}}) \tag{9.3.48a}$$

$$u_{\mathrm{q}} = -\omega L_{\mathrm{q}} i_{\mathrm{q}} \tag{9.3.48b}$$

$$M = \frac{m}{2} p \left[(\psi_{\mathrm{M}} + L_{\mathrm{d}} i_{\mathrm{d}})\, i_{\mathrm{q}} - L_{\mathrm{q}} i_{\mathrm{q}} i_{\mathrm{d}}\right] \tag{9.3.48c}$$

mit $u_{\mathrm{d}} = U\cos\delta$, $u_{\mathrm{q}} = U\sin\delta$, $i_{\mathrm{d}} = I\sin(\delta+\varphi)$, $i_{\mathrm{q}} = I\cos(\delta+\varphi)$, $\delta = \angle(U, U_{\mathrm{p}})$ und $\delta + \varphi = \angle(I, U_{\mathrm{p}})$, werden aus den Grundschwingungswerten einer Leerlauf- und einer Lastsimulation für einen gegebenen Strom I und inneren Phasenverschiebungswinkel $\delta+\varphi$ die Induktivitäten $L_{\mathrm{d}}(I, \delta+\varphi)$ und $L_{\mathrm{q}}(I, \delta+\varphi)$ wie folgt bestimmt (s. Bild 9.3.23):

- Die Leerlaufsimulation ergibt die Lage der Polradspannung U_{p} und damit die Bezugsachse für die innere Phasenverschiebung $(\delta+\varphi)$ und den Polradwinkel δ.
- Eine Lastsimulation mit $\delta + \varphi = 0$, d. h. mit dem Strom $i_{\mathrm{q}} = I$ und $i_{\mathrm{d}} = 0$, ergibt das Drehmoment M und damit aus (9.3.48c) die Flussverkettung ψ_{m}.
- Eine Lastsimulation mit $i_{\mathrm{d}} = I\sin(\delta+\varphi) \neq 0$ und $i_{\mathrm{q}} = I\cos(\delta+\varphi) \neq 0$ ergibt die Spannung U mit dem Winkel δ und damit u_{d} und u_{q}. Aus (9.3.48a,b) erhält man dann $L_{\mathrm{d}}(I, \delta+\varphi)$ und $L_{\mathrm{q}}(I, \delta+\varphi)$.

9.3.4 Praktischer Einsatz der Finite-Elemente-Methode zur numerischen Feldberechnung

9.3.4.1 Grundsätzliches Vorgehen

Das grundsätzliche Vorgehen bei der Anwendung der FEM zeigt das Flussdiagramm im Bild 9.3.24 und das Beispiel in den Bildern 9.3.25 und 9.3.26.

Die Ergebnisse der FEM werden durch die Eingabe bestimmt. Fehler können gemacht werden bei der Eingabe der Knotenketten, der Materialien und der Randbedingungen. Die Ergebnisse müssen daher anhand der folgenden Fragen überprüft werden:

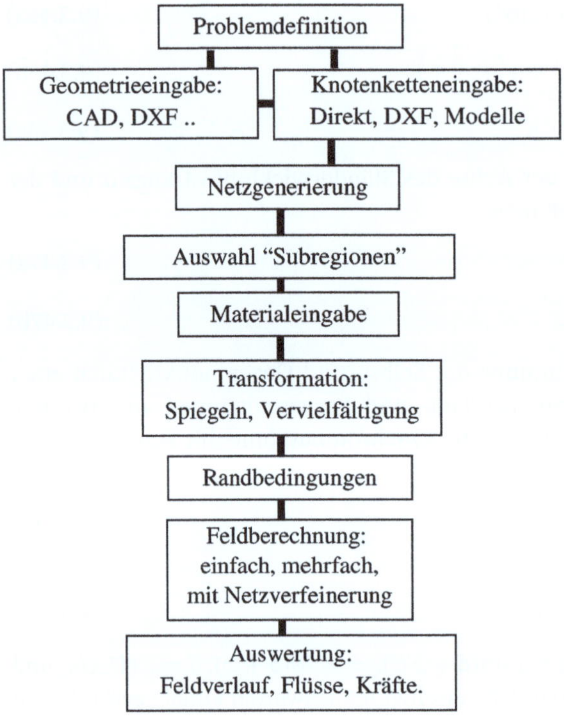

Bild 9.3.24
Flussdiagramm zur FEM

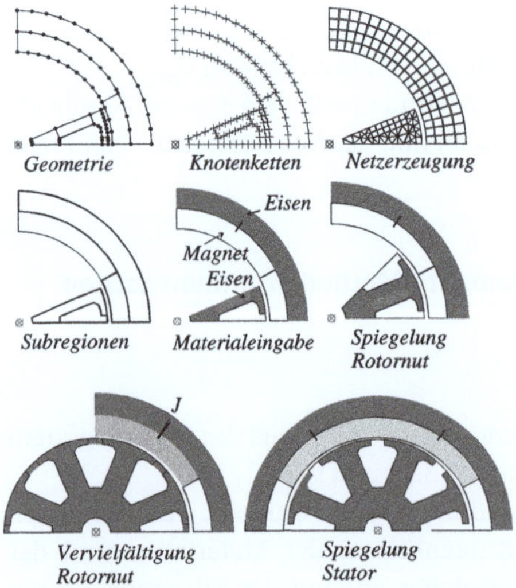

Bild 9.3.25 Reihenfolge der Bearbeitung

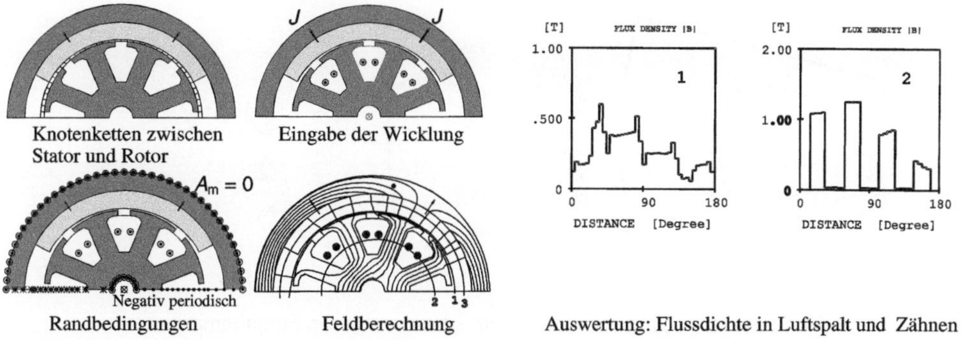

Bild 9.3.26 Reihenfolge der Bearbeitung

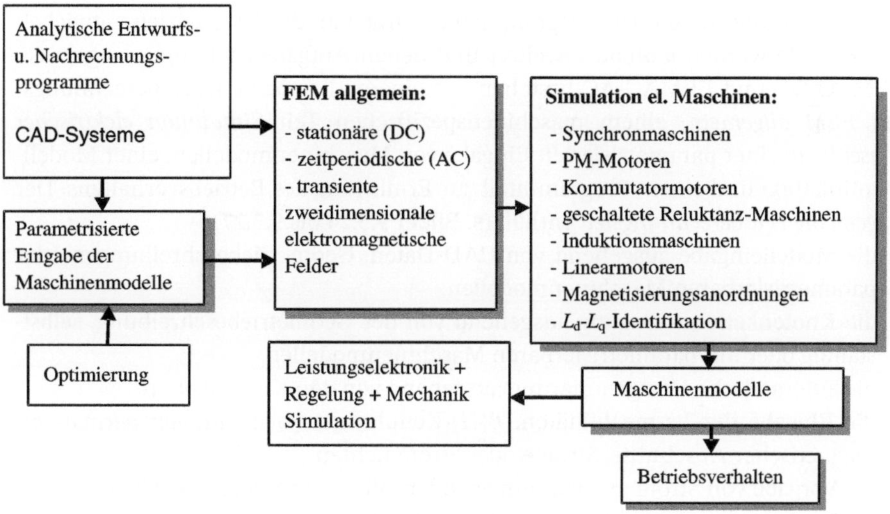

Bild 9.3.27 Übersicht über FEMAG-DC und FEMAG-AC

- Plausibilität: Ist der Feldlinienverlauf sinnvoll? Sind die Randbedingungen physikalisch richtig eingegeben? Hat die Flussdichte *B* sinnvolle Werte? Ist das Durchflutungsgesetz erfüllt? Hat die Netzgenerierung ein gleichmäßiges Netz erzeugt? Sind die Ergebnisse mit Näherungsbetrachtungen vergleichbar?
- Konvergenz: Ist der Rechenprozess konvergiert? Welchen Einfluss hat die Elementdichte auf das Ergebnis?

9.3.4.2 Das Feldberechnungsprogramm FEMAG

Das Feldberechnungsprogramm FEMAG besteht aus den Teilen FEMAG-DC für statische Berechnungen, FEMAG-AC für zeitharmonische Berechnungen und FEMAG-TS für transiente Berechnungen magnetischer Felder. Hinzu kommen FEMAG-TH für die Berechnung statischer Temperaturfelder und FEMAG-ME für statische strukturmechanische Berechnungen. FEMAG ermöglicht somit die numerische Berechnung zweidimensionaler Feldprobleme in elektrischen Maschinen

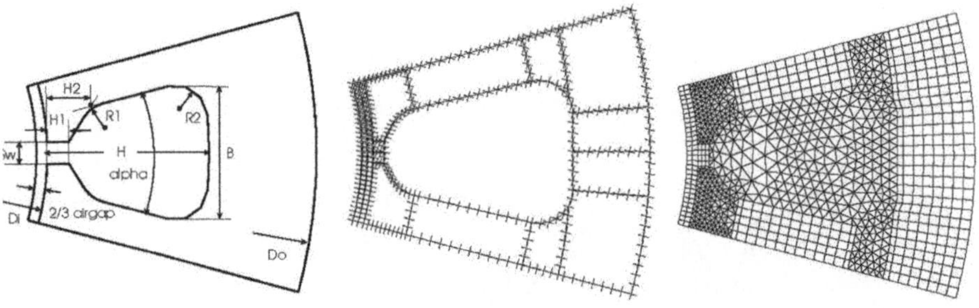

Bild 9.3.28 Netzerzeugung mit Nutmodell – Nutparameter, Eingabemaske, Knotenketten und FE-Netz

mit der Methode der Finiten Elemente sowie die Simulation des Betriebsverhaltens elektrischer Maschinen. Die Programmteile wurden an der ETH Zürich entwickelt [64, 68]. Sie werden laufend erweitert und neuen Aufgabenstellungen angepasst. FEMAG-DC und FEMAG-AC bestehen aus einem allgemeinen Feldberechnungsteil *FEM allgemein*, einem maschinenspezifischen Teil *Simulation elektrischer Maschinen*, einer parametrisierten Eingabe von Maschinenmodellen, einer Modellidentifikation und einem Programmteil zur Ermittlung des Betriebsverhaltens. Der *allgemeine Feldberechnungsteil* enthält (s. Bilder 9.3.24 bis 9.3.27):

- die Modelleingabe ausgehend von CAD-Daten, Geometriebeschreibungen oder parametrisierbaren Maschinenmodellen,
- die Knotenkettenerzeugung ausgehend von der Geometriebeschreibung, selbstständig oder mit parametrisierbaren Maschinenmodellen,
- die automatische Netzgenerierung ausgehend von den Knotenketten,
- die Eingabe der Permeabilitäten, $B(H)$-Kennlinien, Polarisationen permanentmagnetischer Abschnitte, Ströme oder Stromdichten,
- die Vorgabe von Strömen, Spannungen oder Flüssen in Wicklungsteilen,
- die Transformationsfunktionen zum Spiegeln, Kopieren und Vervielfältigen,
- die Eingabe oder Definition von Magnetisierungskurven für ferro- und für hartmagnetische Werkstoffe, isotrop oder anisotrop,
- die Eingabe der Randbedingungen,
- die Feldberechnung, ein- oder mehrfach, mit oder ohne Bewegung,
- die Auswertung der Flüsse, Kräfte, Drehmomente, Flussdichten, magnetischen Spannungen, Verluste und Flächen,
- die graphische Darstellung der Ergebnisse.

Mit dem *maschinenspezifischen Teil* können

- vollständige Maschinenmodelle erstellt werden (*CAD-Parameter*),
- Wicklungen eingegeben und analysiert werden (Spannungsstern, Wicklungsfaktoren),
- drehende Maschinen als FEM-Modelle mit Stromeinspeisung analysiert werden, d. h. es werden Drehmoment, Spannung sowie Verluste in den Wicklungen, in ferromagnetischen und in permanentmagnetischen Gebieten ermittelt,
- Maschinenmodelle ermittelt werden (L_d-L_q-Identifikation) und damit die Betriebskennlinien $M(n)$, $U(n)$, $I(n)$, $\cos\varphi(n)$ etc.,
- Induktionsmaschinen mit Spannungsspeisung analysiert werden,
- Wirbelstromprobleme behandelt werden,

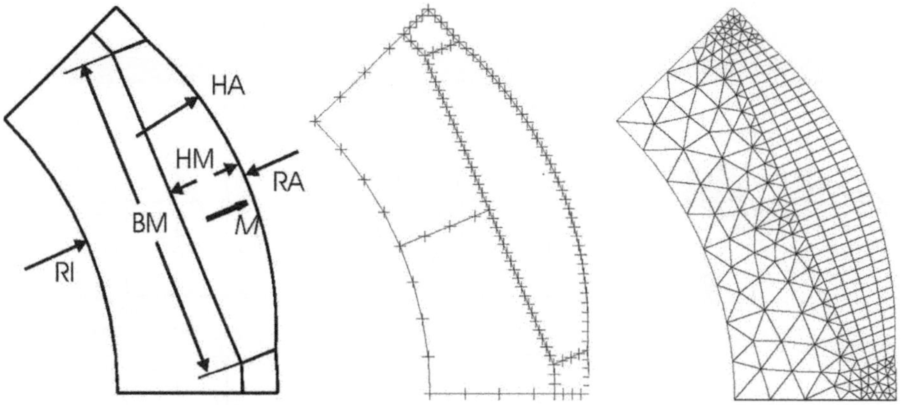

Bild 9.3.29 Netzerzeugung mit Magnetmodell – Nutparameter, Eingabemaske, Knotenketten und FE-Netz

– Magnetisierungs- und Entmagnetisierungsvorgänge behandelt werden.

Die Programme können entweder interaktiv oder über sog. *FSL-Skripte* selbstständig betrieben werden. Die Ergebnisse werden als Grafik oder als Datensätze ausgegeben.

9.3.4.3 Anwendungsbeispiele

a) Modellierung elektrischer Maschinen mit Nut- und Magnetmodellen

Die Nut- und Magnetformen elektrischer Maschinen können katalogisiert und parametrisiert werden. Der sehr zeitaufwendige Weg von der Geometrie über die Knotenketten zum FE-Netz kann dann mit einem Funktionsaufruf erledigt werden. FEMAG-DC nutzt diese Möglichkeit. Dabei werden die besonderen Anforderungen an die FE-Netze im Bereich des Luftspalts berücksichtigt. Beispiele dafür zeigen die Bilder 9.3.28 und 9.3.29.

b) Simulation von Synchronmaschinen mit Permanenterregung

Ausgehend von einem vollständigen Modell der Maschine mit Netz und allen Eigenschaften wird die Simulation permanenterregter Synchronmaschinen bzw. bürstenloser Gleichstrommaschinen mit dem FEMAG-DC-Modul *PM/Reluctance Motor Simulation* in mehreren Schritten durchgeführt:

1. Der Läufer wird schrittweise gedreht. Die Wicklungen sind stromlos. Beobachtet werden das Drehmoment, d. h. das Rastmoment, und die Wicklungsflüsse. Daraus werden die Leerlaufspannungen und die Lage der q-Achse abgeleitet (s. Bild 9.3.30).
2. Der Läufer wird schrittweise gedreht. Die Wicklungen führen Mehrphasenströme, die einen sinusförmigen oder beliebigen anderen Zeitverlauf haben können. Beobachtet werden das Drehmoment und die Wicklungsflüsse (s. Bild 9.3.31). Zur Kontrolle wird das Drehmoment sowohl mit der Grenzflächenspannung nach (9.3.42) als auch mit der Beziehung

$$M = \sum i \frac{\mathrm{d}\psi}{\mathrm{d}\gamma'}$$

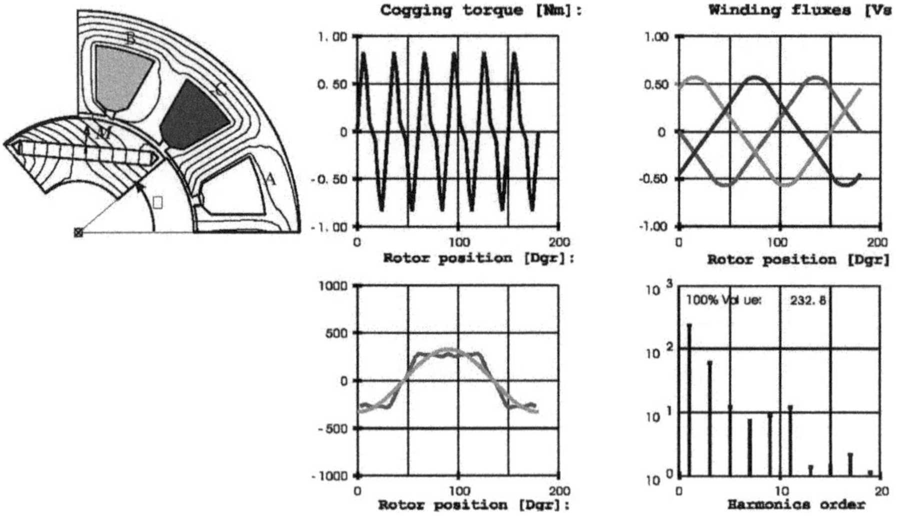

Bild 9.3.30 FEM-Simulation eines Synchronmotors bei Leerlauf

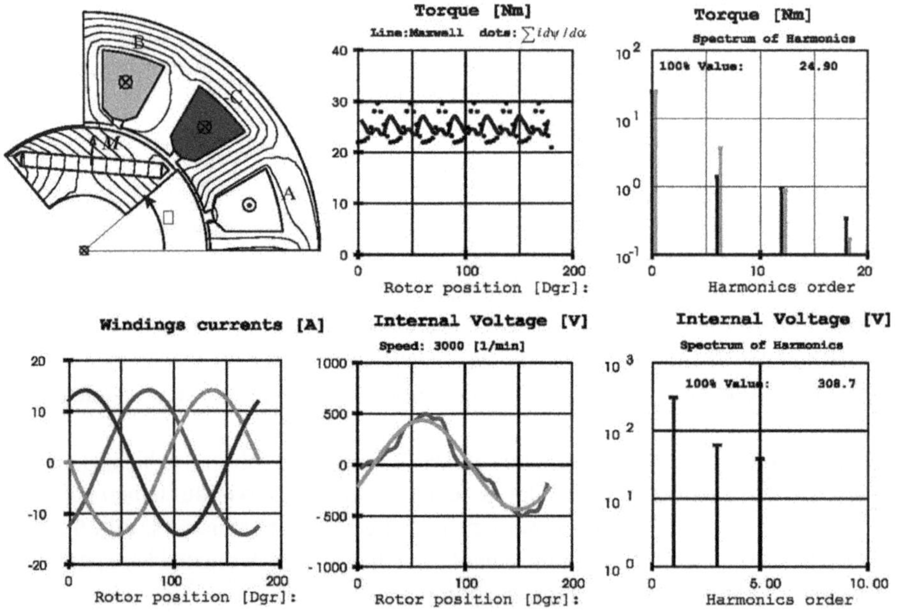

Bild 9.3.31 FEM-Simulation eines Synchronmotors bei Belastung

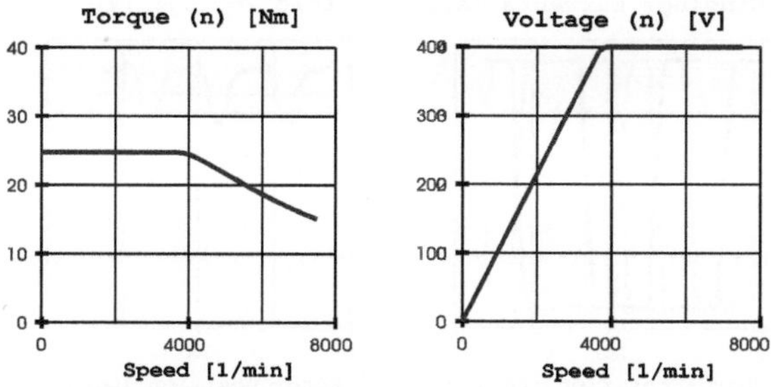

Bild 9.3.32 Betriebskennlinien eines Synchronmotors mit Permanenterregung im Betrieb mit Feldschwächung

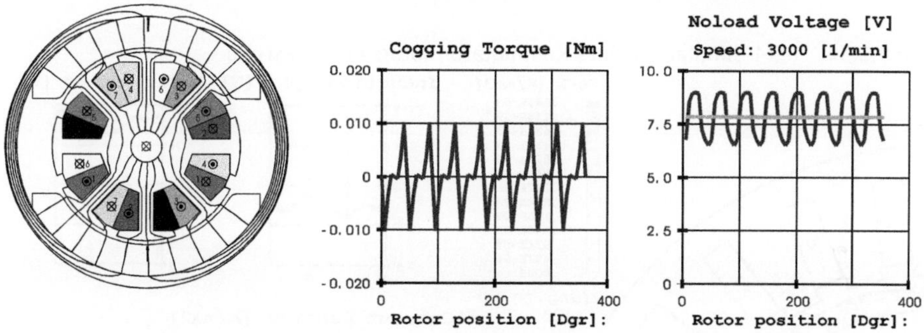

Bild 9.3.33 FEM-Simulation eines Kommutatormotors bei Leerlauf

ermittelt. Der Unterschied zwischen den beiden Werten ist ein fiktives Reluktanzmoment $M_{\text{rel}} = -\partial W_{\text{m}}/\partial\gamma'$, welches durch die Nichtlinearität der ferromagnetischen Materialien verursacht wird (s. Bild 9.3.31).

3. Aus den Ergebnissen der Leerlauf- und der Lastsimulation wird dann, wie im Abschnitt 9.3.3.3 beschrieben, ein Maschinenmodell mit den Parametern L_{d}, L_{q} und ψ_{M} ermittelt. Während der Simulation, d. h. der Drehung des Läufers und Stromeinspeisung der Ständerwicklung, werden in jedem Element die Komponenten der Flussdichte $\boldsymbol{B}$ beobachtet. Man erhält so den zeitlichen Verlauf der Feldgrößen. Damit werden die Verluste in ferromagnetischen und in hartmagnetischen Materialien (s. Unterabschn. d) ermittelt.
4. Mit den Modelldaten L_{d}, L_{q} und ψ_{M} sowie (9.3.48a, b, c) können dann die Betriebskennlinien $M(n)$, $U(n)$, $I(n)$, $\cos\varphi(n)$ etc. ermittelt werden (s. Bild 9.3.32).

c) Simulation von Kommutatormotoren

Kommutatormotoren lassen sich mit Hilfe des FEMAG-DC-Moduls *Commutatormotor Simulation* simulieren. Die Kommutatorwicklung wird dazu in einzelne Wicklungsstränge aufgelöst, deren Ströme mit rechteckförmigem Zeitverlauf eingeprägt werden. Dabei wird der Kommutierungsvorgang berücksichtigt. Der Ablauf der Simulation erfolgt in denselben Schritten Leerlauf (s. Bild 9.3.33), Belastung (s. Bild 9.3.34), Modellbildung und Ermittlung der Betriebskennlinien $M(n)$ und $I(n)$ wie bei Synchronmaschinen.

d) Ermittlung der Verluste in permanentmagnetischen Abschnitten

Permanentmagnete sind in elektrischen Maschinen Wechselfeldern ausgesetzt. Diese werden verursacht durch die Nutung des gegenüberliegenden Hauptelements,

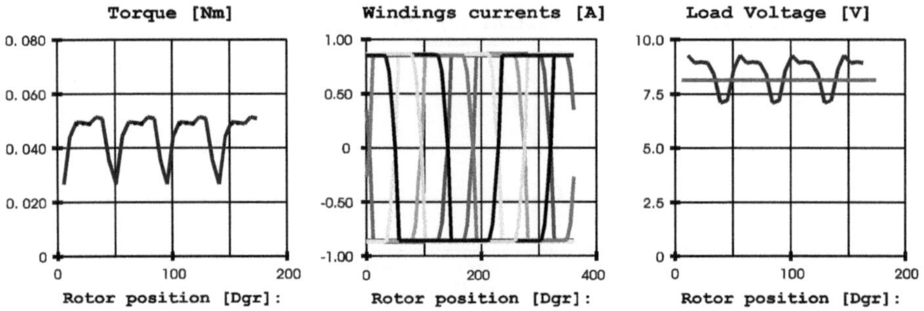

Bild 9.3.34 FEM-Simulation eines Kommutatormotors bei Belastung

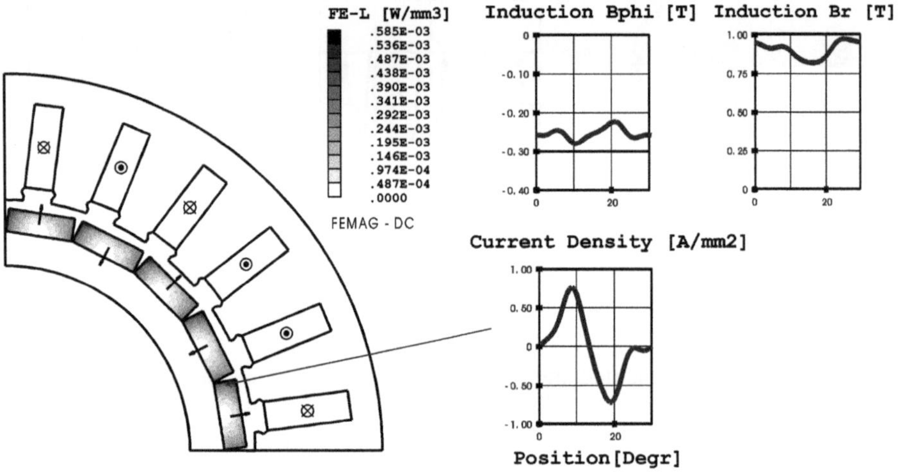

Bild 9.3.35 Wirbelstromverluste in den permanentmagnetischen Gebieten eines Motors mit Zahnspulenwicklung

durch die räumliche Anordnung der Wicklungen und durch die Oberschwingungen in den Wicklungsströmen. Grundsätzlich kann diese Problemstellung nur mit einer transienten Variante der FEM in einem Zeitschrittverfahren behandelt werden. Vernachlässigt man jedoch die Rückwirkung der Wirbelströme, so kann die Wirbelstrombildung mit einer quasistationären Variante der FEM, d. h. mit FEMAG-DC, ermittelt werden. Ausgehend von einem zeitlichen Verlauf des Vektorpotentials A_{m}, dem Ergebnis der FEMAG-DC-Funktion *PM/Reluctance Motor Simulation*, wird mit (9.3.41) die Stromdichte in jedem Element unter Berücksichtigung von (9.3.40) für jedes Super-Element berechnet. Die Vernachlässigung der Rückwirkung ist zulässig, sofern wegen des hohen Widerstands der Seltenerdmagnete das elektrische Eindringmaß sehr groß ist. Bild 9.3.35 zeigt die Verlustdichteverteilung in den permanentmagnetischen Abschnitten eines Motors mit Zahnspulenwicklung.

e) Problemstellungen mit Fluss- oder Stromvorgabe

Die Implementierung einer Fluss- oder Stromvorgabe in FEMAG-DC und -AC erfolgt innerhalb der Vorgabe der Wicklungsteile (*windings*) in einer der folgenden Varianten:

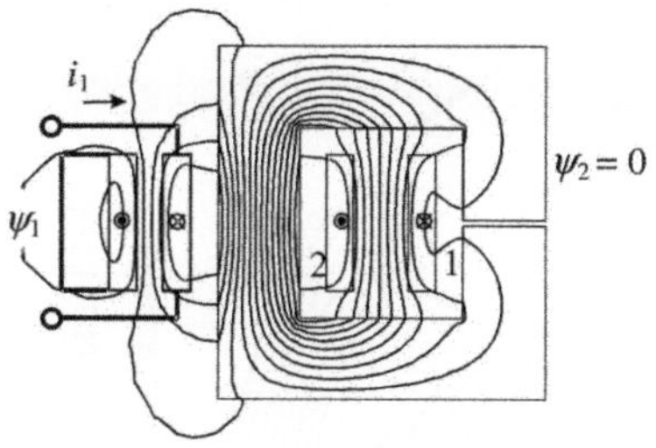

Bild 9.3.36 Kurzgeschlossener Transformator

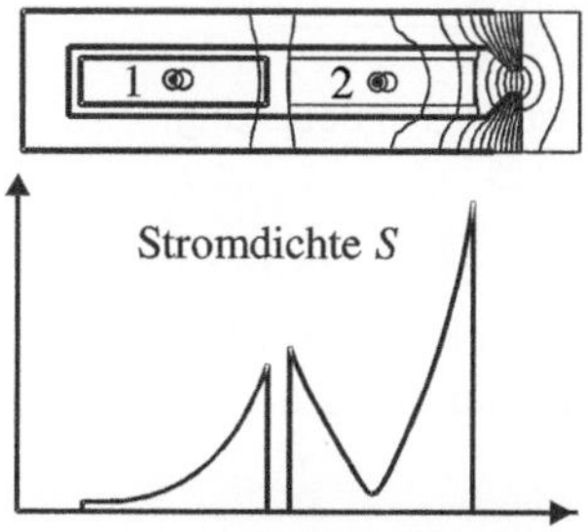

Bild 9.3.37 Stromverdrängung mit Stromvorgabe

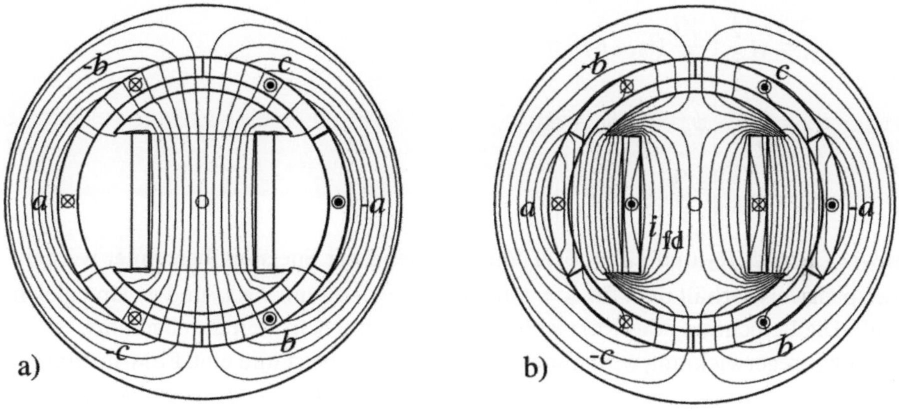

Bild 9.3.38 Feldbilder einer Synchronmaschine. a) L_d im Leerlauf; b) L_d im Kurzschluss

a) Wicklung mit gegebenem Strom I (*wire&current*) und unbekannter Flussverkettung ψ;
b) Wicklung mit gegebener Flussverkettung ψ (*wire&flux*) oder Spannung U (*wire&voltage*) und unbekanntem Strom I, z. B. die Bestimmung der Streureaktanz L_σ eines Transformators, indem bei kurzgeschlossener Sekundärwicklung deren Flussverkettung zu Null gesetzt und dann $L_\sigma = \psi_1/i_1$ ausgewertet wird (s. Bild 9.3.36);
c) massive Leiter mit gegebenem Gesamtstrom I (*bar&current*) und unbekannter Spannung U und Stromdichte S, z. B. zur Bestimmung der Stromverdrängung in einer Zweischichtwicklung mit Stromvorgabe in beiden Stäben (s. Bild 9.3.37).

Ein weiteres Beispiel ist der Stoßkurzschluss in Synchronmaschinen, bei dem die Flussverkettungen der Ankerstränge konstant sind. Die FEM-Rechnung zur Be-

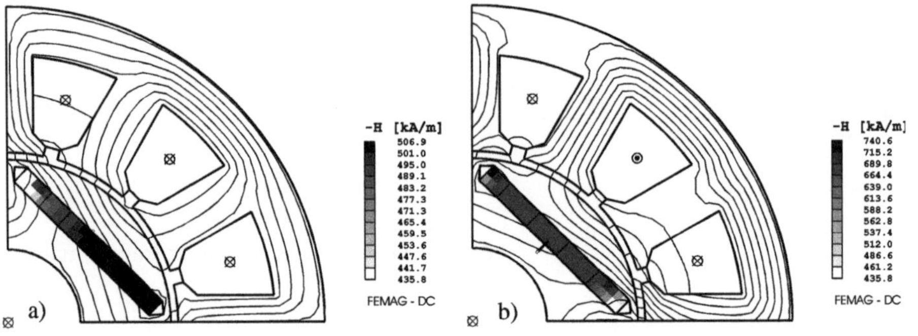

Bild 9.3.39 Feldbilder einer permanenterregten Synchronmaschine. a) Belastung; b) Stoßkurzschluss

stimmung der synchronen Induktivitäten L_d und L_q geht von einer Stromverteilung i_a, i_b und i_c in den Ankersträngen aus. Damit werden die Flussverkettungen der Ankerstränge ψ_a, ψ_b und ψ_c ermittelt, aus denen die d-q-Komponenten

$$i_\mathrm{d} = \sqrt{\frac{2}{3}}\left[i_a - \frac{1}{2}\left(i_b + i_c\right)\right] = \sqrt{\frac{3}{2}} i_a$$

$$i_\mathrm{q} = \sqrt{\frac{2}{3}}\left[\frac{\sqrt{3}}{2}\left(i_b - i_c\right)\right]$$

$$\psi_\mathrm{d} = \sqrt{\frac{2}{3}}\left[\psi_a - \frac{1}{2}\left(\psi_b + \psi_c\right)\right]$$

$$\psi_\mathrm{q} = \sqrt{\frac{2}{3}}\left[\frac{\sqrt{3}}{2}\left(\psi_b - \psi_c\right)\right]$$

sowie $L_\mathrm{d} = \psi_\mathrm{d}/i_\mathrm{d}$ und $L_\mathrm{q} = \psi_\mathrm{q}/i_\mathrm{q}$ entsprechend der Speisung berechnet werden. Beispielsweise erhält man für $i_a = \hat{i}$ und $i_b = i_c = -\hat{i}/2$ nur L_d; i_q und ψ_q sind gleich Null. Die Berechnung des Kurzschlusses wird in drei Schritten durchgeführt:

1. Die Erregerwicklung wird mit einem Strom i_fd gespeist und eine FEM-Rechnung durchgeführt. Daraus werden dann die Flussverkettungen der Ständerstränge bestimmt.
2. Den Ständersträngen werden diese Flussverkettungen vorgegeben (*wire&flux*), und die Richtung des Erregerstroms wird umgekehrt. Die FEM-Rechnung ergibt dann die im Bild 9.3.38 dargestellten Feldverhältnisse und die Ständerströme i_a, i_b und i_c.
3. Man ermittelt aus den Flussverkettungen und den Strömen wie oben beschrieben die transienten Induktivitäten L'_d und L'_q.

g) Entmagnetisierung permanentmagnetischer Gebiete bei Belastung und Kurzschluss

Im Betrieb, bei Überlastungen oder bei Klemmenkurzschlüssen kann die Flussdichte B in den permanentmagnetischen Gebieten so klein werden, dass die magnetische Feldstärke H in die Nähe der Koerzitivfeldstärke H_cJ kommt. Das Ergebnis einer FEM-Rechnung für einen entsprechenden Betriebsfall kann so ausgewertet werden, dass aus der Flussdichte mit Hilfe der Beziehung

$$\boldsymbol{H} = \frac{\boldsymbol{B} - \boldsymbol{J}_\mathrm{r}}{\mu_\mathrm{rev}} \tag{9.3.49}$$

die Verteilung des Betrags der magnetischen Feldstärke H in den Elementen der permanentmagnetischen Gebiete dargestellt werden kann (s. Bild 9.3.39). Dabei wird angenommen, dass die Magnetisierungskurve $B(H)$ durch eine Gerade mit den Parametern remanente Polarisation J_r und reversible Permeabilität μ_{rev} angenähert werden kann. Diese Simulationen zeigen, dass vor allem bei einem Stoßkurzschluss kritische Beanspruchungen auftreten können.

h) Problemstellungen mit Spannungs-, Wirkleistungs- und Blindleistungsvorgabe
Aufgabenstellung bei der FEM-Simulation einer Synchronmaschine im stationären Betrieb ist, aus gegebenen Werten für Wirkleistung, Blindleistung, Ankerspannung und Frequenz die gesuchten Größen Erregerstrom, Polradwinkel und die synchronen Reaktanzen X_d und X_q zu ermitteln. Die Lösung dieser Aufgabe besteht in einer iterativen Lösung der FEM-Systemgleichungen [69].

9.4 Wicklungsumrechnung

9.4.1 Anpassung an eine andere Bemessungsspannung

Eine Aufgabe, die bei der Berechnung elektrischer Maschinen häufig auftritt, besteht darin, einen vorhandenen Maschinenentwurf so abzuwandeln, dass er für eine andere Bemessungsspannung und ggf. auch eine andere Bemessungsfrequenz geeignet ist. Dies soll im Folgenden am Beispiel der Ständerwicklung einer Induktions- oder Synchronmaschine betrachtet werden. Die Schlussfolgerungen lassen sich aber auch auf andere Wicklungen übertragen.

Der Entwurf sollte bei der Anpassung an eine andere Bemessungsspannung so verändert werden, dass die charakteristischen magnetischen Beanspruchungen und damit der Fluss konstant bleiben. Wenn man berücksichtigt, dass sich die induzierte Spannung nicht wesentlich von der Klemmenspannung unterscheidet, folgt aus der Beziehung

$$U \approx E_h = \frac{\omega}{\sqrt{2}}(w\xi_p)\Phi_h \tag{9.4.1}$$

entsprechend (1.2.93), Seite 105, dass im Fall unveränderter Frequenz die Strangwindungszahl proportional zur Strangspannung geändert werden muss. Mit

$$w = \frac{Nz_n}{2am} = pq\frac{z_n}{a} \tag{9.4.2}$$

entsprechend (1.2.96) ist dies bei Beibehaltung der Zahl a paralleler Zweige gleichbedeutend mit einer Erhöhung der Leiterzahl z_n je Nut. Steigt die Spannung um den Faktor k, so muss auch z_n um diesen Faktor erhöht werden. Aufgrund der feststehenden Nutabmessungen sinkt damit der ausführbare Leiterquerschnitt A_L umgekehrt proportional zu k. Da aber andererseits wegen

$$P = mUI\eta\cos\varphi = \text{konst.}$$

auch der Strom umgekehrt proportional zu k sinkt, bleiben die Stromdichte und damit auch die Wicklungsverluste unverändert.

Daraus folgt, dass sich bei gegebenen Werten für Leistung, Frequenz und die Abmessungen der Blechpakete durch eine Änderung der Betriebsspannung weder

der Wirkungsgrad noch die Masse des Wicklungsmaterials ändern. Für Spannungen oberhalb von 3000 V muss diese Aussage allerdings dahingehend eingeschränkt werden, dass eine Erhöhung der Spannung auch eine dickere Isolierung erfordert, was bei gegebenen Nutabmessungen zur Folge hat, dass der Leiterquerschnitt stärker als mit $1/k$ sinkt und dass die dickere Isolierung die Wärmeabführung der Wicklung behindert. Dadurch muss der Strom ebenfalls stärker als mit $1/k$ reduziert werden, so dass die realisierbare Leistung bei einer Erhöhung der Spannung etwas sinkt.

Ein weiteres Problem besteht darin, dass für die Leiterzahl je Nut nur ganzzahlige Werte – bei Zweischichtwicklungen sogar nur geradzahlige Werte – ausführbar sind. Wenn der sich rechnerisch ergebende neue Wert kz_n dieser Bedingung nicht genügt, sind ggf. weitere Änderungen am Entwurf erforderlich, wie z. B. die Verringerung der Zahl a paralleler Zweige, eine Änderung der Sehnung zur Anpassung des Wicklungsfaktors ξ_p oder eine Veränderung der Länge des Blechpakets und damit der ideellen Länge l_i. Bei zu geringen Werten von z_n und damit hohen Werten des Leiterquerschnitts A_L müssen ggf. Maßnahmen ergriffen werden, die der Stromverdrängung in den Leitern entgegenwirken.

9.4.2 Beeinflussung der charakteristischen Reaktanzen

Die charakteristischen Reaktanzen einer Synchron- oder Induktionsmaschine hängen von einer Reihe geometrischer Größen ab, die im Einzelnen den im Abschnitt 8.1, Seite 477, gegebenen Beziehungen entnommen werden können. Diese Größen sind innerhalb gewisser Grenzen veränderbar. Oft wird jedoch übersehen, dass sich die bezogenen Werte der charakteristischen Reaktanzen entsprechend (8.1.63a), Seite 494, und (8.1.90), Seite 501, besonders effektiv durch die Wahl des Verhältnisses von effektivem Strombelag zu Hauptwellenflussdichte beeinflussen lassen. Dabei wird der Ausnutzungsfaktor der Maschine nicht beeinträchtigt, wenn die Änderung von A und $\hat{B}_p$ gegenläufig erfolgt. Nach (8.1.20a), Seite 482, sowie (9.4.1) und (9.1.23c), Seite 540, beträgt das Verhältnis $A/\hat{B}_p$ mit $U \approx E_h$

$$\frac{A}{\hat{B}_p} = \frac{2wmI}{\pi D}\frac{\omega}{\sqrt{2}}(w\xi_p)\frac{2}{\pi}\tau_p l_i \frac{1}{U}, \tag{9.4.3}$$

und mit $\omega = 2\pi f$ und (9.4.2) erhält man schließlich

$$\frac{A}{\hat{B}_p} = \frac{I}{U}\left(\frac{Nz_n}{a}\right)^2 \frac{\xi_p}{m\sqrt{2}} l_i \frac{f}{p}. \tag{9.4.4}$$

Das Verhältnis von effektivem Strombelag zu Hauptwellenflussdichte ist also bei sonst identischen Werten für Länge, Spannung und Strom und damit auch identischer Ausnutzung über die Änderung der Strangwindungszahl veränderbar. Da alle wesentlichen Reaktanzen der Maschine ebenso wie die ohmschen Widerstände proportional zum Quadrat der Windungszahl sind, können über eine Änderung des Verhältnisses wichtige reaktanzabhängige Parameter wie der Einschaltstrom bei Induktionsmaschinen oder die Subtransientreaktanz bei Synchronmaschinen wirkungsvoll verändert werden. Parallel dazu müssen natürlich auch das Verhältnis von Nut- zu Zahnbreite und der Leiterquerschnitt angepasst werden, um die Zahnflussdichte und die Wicklungserwärmung im gewünschten Bereich zu halten.

9.4.3 Berechnung einer Maschinenreihe

Die Aufgabenstellung bei der Berechnung einer Maschinenreihe ist i. Allg., mit möglichst geringen Änderungen am Aktivteil für eine bestimmte Polpaarzahl, Bemessungsspannung und Bemessungsfrequenz Maschinen unterschiedlicher Leistung zu dimensionieren. Möglichst geringe Änderungen ergeben sich dann, wenn der gesamte Querschnitt des Magnetkreises unverändert bleiben kann und lediglich die Maschinenlänge entsprechend der gewünschten Leistungsstufung verändert wird.

Die Leistungsstufung unterliegt aber einer wichtigen Randbedingung. Aus (8.1.20a), Seite 482, und (9.4.1) ergibt sich mit $U \approx E_\mathrm{h}$ der Zusammenhang

$$\hat{B}_\mathrm{p} = \frac{\sqrt{2}Ump}{\xi_\mathrm{p} l_\mathrm{i} \pi D f} \frac{a}{N z_\mathrm{n}} . \tag{9.4.5}$$

Da sowohl Spannung als auch Frequenz und Hauptwellenflussdichte innerhalb der Reihe unverändert bleiben sollen, folgt daraus

$$l_\mathrm{i} \frac{z_\mathrm{n}}{a} = \text{konst.} \tag{9.4.6}$$

Um die Wicklungsausführung nicht ändern zu müssen, wird bei Hochspannungsmaschinen meist auch die Zahl der parallelen Zweige a nicht verändert. Dann müssen l_i und z_n umgekehrt proportional zueinander geändert werden.

Im Bereich der sog. Normmotoren gibt es nach DIN EN IEC 60072-1 eine feste, genormte Zuordnung von Achshöhe, Gehäuselänge und Bemessungsleistung sowie Polpaarzahl. Der Bereich umfasst alle Achshöhen bis zu 315 mm. Im sog. Transnormbereich gibt es diese genormte Zuordnung nicht.

Zur Reduzierung der Bemessungsleistung innerhalb einer Achshöhe erhöht man also die Spulenwindungszahl um einen Faktor k – z. B. von 4 auf 5 – und reduziert die Länge des Blechpakets um den Faktor $1/k$. Da die Nut nicht vergrößert werden soll, muss gleichzeitig der Leiterquerschnitt um den Faktor $1/k$ reduziert werden. Da die Stromdichte aus Erwärmungsgründen nicht erhöht werden kann, muss auch der Bemessungsstrom um den Faktor $1/k$ reduziert werden. Der effektive Strombelag bleibt auf diese Weise unverändert. Damit sinkt jedoch die Bemessungsleistung ebenfalls um den Faktor $1/k$. Da sich Leistung und Länge proportional zueinander ändern, bleibt der Ausnutzungsfaktor C konstant.

Ausgehend von der Leiterzahl z_n je Nut bzw. der Spulenwindungszahl w_sp sind nur diskrete Leistungssprünge um $k = 1/(w_\mathrm{sp} - 1)$ nach oben bzw. um $k = 1/(w_\mathrm{sp} + 1)$ nach unten möglich. So entstehen diskrete Maschinen innerhalb einer Maschinenreihe. Bild 9.4.1 zeigt diese natürliche Leistungsstufung anhand eines Beispiels. Am Läufer sind hierbei – abgesehen von der Längenänderung – keine Veränderungen erforderlich. Häufig bleiben auch viele Inaktivteile wie die Lagerschilde und das Maschinengehäuse unverändert, so dass sich die Kostenänderung innerhalb der Reihe auf das aktive Material beschränkt.

Dieses Vorgehen stößt dort an seine Grenze, wo statt einer weiteren Verlängerung oder Verkürzung des Aktivteils ein Durchmessersprung wirtschaftlicher ist. Die maximale Länge für einen bestimmten Durchmesser ist üblicherweise – insbesondere bei einseitig gekühlten Maschinen – durch den Abfall des Ausnutzungsfaktors bei Überschreiten einer Grenzlänge, durch konstruktive Kriterien wie die Biegeeigenfrequenz des Läufers oder durch fertigungstechnische Aspekte fest-

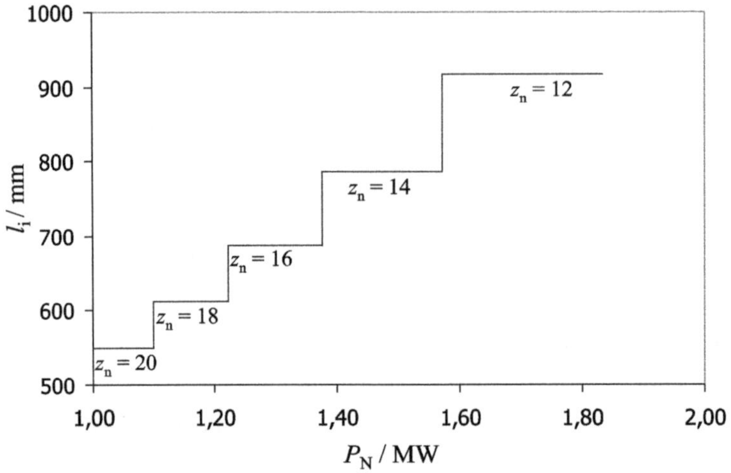

Bild 9.4.1 Natürliche Abstufung der Bemessungsleistung innerhalb einer Maschinenreihe am Beispiel vierpoliger Induktionsmaschinen mit Käfigläufer für U_N = 10 kV, f = 50 Hz, D = 700 mm, N = 48, a = 1

gelegt. Da schlanke Maschinen in der Regel wirtschaftlicher sind als gedrungene, ergibt sich die kleinste Leistung in einem bestimmten Durchmesser aus der im nächstkleineren Durchmesser maximal ausführbaren Leistung. Der Grund dafür ist, dass bei schlanken Maschinen der relative Anteil des Wicklungskopfs und inaktiver Komponenten wie der Lagerschilde und Lager an der Gesamtmasse der Maschine geringer ist. Der innerhalb einer Reihe konstante absolute Beitrag des Wicklungskopfs zu Widerstand und Streureaktanz führt auch zu einer gewissen Änderung der charakteristischen Daten innerhalb einer Reihe. Daher steigt z. B. der relative Anzugsstrom mit zunehmender Länge etwas an.

Literaturverzeichnis

[1] *Sequenz, H.*: Die Wicklungen elektrischer Maschinen. Bd. I: Wechselstrom-Ankerwicklungen. Wien: Springer-Verlag 1950. Bd. II: Wenderwicklungen. Wien: Springer-Verlag 1952. Bd. III: Wechselstrom-Sonderwicklungen. Wien: Springer-Verlag 1954

[2] *Behrendt, C.-N.; Eschenmann, L. P.; Ponick, B.*: Investigation of the Influence of Different Hairpin Winding Patterns on the Common Mode. Elektrotech. Inftech. 143 (2025) S. 75

[3] *Eschenmann, L. P.; Aufderheide, S.; Ponick, B.*: Method for Efficient Generation of Preferable Hairpin Winding Diagrams. Singapore: IECON (2023)

[4] *Dittmann, J.; England, M.; Ponick, B.*: Design of Hairpin Windings Considering the Transient Potential Distribution. Elektrotech. Inftech. 140 (2023) S. 271

[5] *Raziee, M.*: Unconventional Windings for Traction Motors in Electric Vehicles. Garbsen: TEWISS-Verlag 2024

[6] *Kremser, A.*: Theorie der mehrsträngigen Bruchlochwicklungen und Berechnung der Zweigströme in Drehfeldmaschinen. Düsseldorf: VDI-Verlag 1988

[7] *Schuisky, W.*: Berechnung elektrischer Maschinen. Wien: Springer-Verlag 1960

[8] *Stölting, H.-D.; Beisse, A.*: Elektrische Kleinmaschinen. Stuttgart: B. G. Teubner 1987

[9] *Hortig, G.*: PAM-Motoren. Polumschaltbare Motoren mit Pol-Amplituden-Modulation. Elektrische Maschinen 56 (1977) H. 7, S. 216

[10] *Huth, G.; Qian, K.*: Permanentmagneterregte AC-Servomotoren mit vereinfachten Wicklungssystemen. In: Innovative Klein- und Mikroantriebstechnik, ETG-Fachbericht 96, Berlin und Offenbach: VDE-Verlag 2004, S. 15

[11] *Hagemann, B.*: Entwicklung von Permanentmagnet-Mikromotoren mit Luftspaltwicklung. Diss., Univ. Hannover 1998

[12] *Jordan, H.; Lax, F.*: Untersuchungen des Einflusses einer nicht in den Nutmittellinien konzentriert vorausgesetzten Duchflutung auf die doppeltverkettete Streuung. E u. M 58 (1940) S. 393

[13] *Klima, V.*: On the Theorem of the Sum of Squares of Winding Factors Invariance. Acta Technica (1979) H. 3, S. 365

[14] *England, M.; Dotz, B.; Ponick, B.*: Evaluation of Winding Symmetry and Circulating Currents of Hairpin Windings. IEMDC (2021)

[15] *Boll, R.*: Weichmagnetische Werkstoffe. Vaccuumschmelze GmbH 1990

[16] *Schneider, J.; Schoppa, A.; Wuppermann, C.-D.*: Meform 2003. TU Bergakademie Freiberg, Inst. f. Metallformung, S. 159

[17] *Richter, R.*: Elektrische Maschinen. Bd. I: Allgemeine Berechnungselemente. Die Gleichstrommaschinen. 3. Aufl. Basel, Stuttgart: Verlag Birkhäuser 1967. Bd. II: Synchronmaschinen und Einankerumformer. 3. Aufl. Basel, Stuttgart: Verlag Birkhäuser 1963. Bd. IV: Die Induktionsmaschinen. 2. Aufl. Basel, Stuttgart: Verlag Birkhäuser 1954. Bd. V: Stromwendermaschinen für ein- und mehrphasigen Wechselstrom. Berlin, Göttingen, Heidelberg: Springer-Verlag 1950

[18] *Punga, F.*: Vorlesung über Elektromaschinenbau. Darmstadt: Technische Hochschule 1931

[19] *Klamt, J.*: Berechnung und Bemessung elektrischer Maschinen. Berlin, Göttingen, Heidelberg: Springer-Verlag 1962

[20] *Nürnberg, W.*: Die Asynchronmaschine. Berlin, Göttingen, Heidelberg: Springer-Verlag 1976

[21] *England, M.*: Geräusch- und Schwingungsreduktion bei permanentmagneterregten Synchronmaschinen durch neuartige Blechschnitte. Garbsen: TEWISS-Verlag 2024

[22] *Müller, G.; Reiche, H.; Vogt, K.*: Elektrische Maschinen. In: Taschenbuch Elektrotechnik in sechs Bänden. Hrsg. *E. Philippow*, Bd. 5. Berlin: Verlag Technik; München, Wien: Carl Hanser-Verlag 1980

[23] *Paulig, E.*: Der Kohlebürstengleitkontakt im Elektromaschinenbau. Diss. B, TU Dresden 1980

[24] *Schneider, W.*: Beitrag zur Kommutierungsberechnung von Gleichstrommaschinen. Diss. A, TU Dresden 1972

[25] *Paulig, E.; Schubert, P.*: Die Beurteilung der Kommutierungseigenschaften von Gleichstrommaschinen. Wiss. Z. der TU Dresden 27 (1978) H. 2, S. 399

[26] *Dreyfus, L.*: Die Stromwendung großer Gleichstrommaschinen. Berlin: Springer-Verlag 1929

[27] *Schubert, P.; Stupin, P.*: Möglichkeiten der digitalen Kommutierungsberechnung nach Dreyfus. Elektrie 27 (1973) H. 7, S. 367

[28] *Möckel, A.*: Kontaktsystem und Kommutierung der Kommutatormotoren kleiner Leistung. Habil. TU Ilmenau 2007

[29] *Budig, P.-K.*: Thyristorgespeiste, dynamisch hochwertige Gleichstrommaschinen. Elektrie 33 (1979) H. 5, S. 248; H. 6, S. 309; H. 7, S. 348

[30] *Vogt, K.*: Beitrag zur Klärung der Rundfeuerentwicklung an Kommutatoren von Gleichstrommaschinen. Diss. TU Dresden 1962. Wiss. Z. der TU Dresden 10 (1961) S. 631

[31] *Helmholdt-Zhu, T.*: Influences of Stator Conductor Spatial Positions on Transient Potential Distributions in Electric Machines fed from Wide-Bandgap Inverters. Garbsen: TEWISS-Verlag 2025

[32] *Müller, G.*: Die Stromverdrängungsverluste in Dreiphasenwicklungen aus unterteilten Leitern. Deutsche Elektrotechnik 10 (1956) H. 6, S. 225

[33] *Rehfeldt, A.*: Verbesserte Berechnung von Magnetfeldern und Ummagnetisierungsverlusten in elektrischen Maschinen. Garbsen: TEWISS-Verlag 2020

[34] *Neuschl, Z.*: Rechnerunterstützte experimentelle Verfahren zur Bestimmung der lastunabhängigen Eisenverluste in permanentmagnetisch erregten elektrischen Maschinen mit additionalem Axialfluss. Diss. TU Cottbus 2007

[35] *Zhang, B.*: Modellierung und hocheffiziente Berechnung der lastabhängigen Eisenverluste in permanentmagneterregten Synchronmaschinen. Karlsruhe: KIT Scientific Publishing 2018

[36] *Elfgen, S.*: Beitrag zur Untersuchung des Schnittkanteneinflusses von nicht-kornorientiertem Elektroband auf das Betriebsverhalten rotierender elektrischer Maschinen. Düren: Shaker-Verlag 2019

[37] *Boller, H. W.; Jordan, H.*: Über die phasenrichtige Addition der nutharmonischen Wicklungsoberfelder und der Nutungsoberfelder bei phasenreinen Mehrphasenwicklungen. ETZ-A 84 (1963) S. 235

[38] *Heimbrock, A.*: Analyse der Oberschwingungsverluste zweipoliger Induktionsmaschinen am Pulsumrichter. Düsseldorf: VDI-Verlag 2004

[39] *Müller-Deile, F.*: Modulierbare und skalierbare Antriebssysteme für Elektrofahrzeuge. Düsseldorf: VDI-Verlag 2018

[40] *Hullmann, M.; Ponick, B.*: General Analytical Description of the Effects of Segmentation on Eddy Current Losses in Rectangular Magnets. Valencia: ICEM (2022) S. 1757

[41] *Krotsch, J.; Hullmann, M.; Schierl, W.*: Ermittlung der Wicklungsimpedanz für die Vorausberechnung der Stromoberschwingungen und Zusatzverluste von PMSM bei Pulswechselrichterbetrieb. Symposium Elektromagnetismus, Technische Akademie Esslingen (2025)

[42] *Hullmann, M.*: Vorausberechnung von Wirbelstromverlusten in den Permanentmagneten von permanentmagneterregten Synchronmaschinen. Garbsen: TEWISS-Verlag 2026

[43] *Bresemann, E. M.*: Das Stirnraumfeld und sein Einfluss auf Schlingströme bei Schenkelpolsynchronmaschinen. Garbsen: TEWISS-Verlag 2018

[44] *Fricke, T.*: Compression System Losses in Large Salient Pole Synchronous Machines. Garbsen: TEWISS-Verlag 2022

[45] *Stephan, P.; Kabelac, S.; Kind, M.; Mewes, D.; Schaber, K.; Wetzel, T. (Hrsg.)*: VDI-Wärmeatlas. 12. Aufl. Berlin, Heidelberg: Springer Vieweg 2019

[46] *Miller, T. J. E.*: Switched Reluctance Motors and Their Control. Hillsboro: Magna Physics 1993

[47] *Becker, K. M.; Kaye, J.*: Measurements of Diabatic Flow in an Annulus with an Inner Rotating Cylinder. Journal of Heat Transfer 84 (1962) S. 97

[48] *Boseniuk, F.*: Parametrisierung von thermischen Modellen für permanentmagneterregte Synchronmaschinen mittels experimenteller Identifikationsmethoden. Garbsen: TEWISS-Verlag 2020

[49] *Kŭcera*: Axialer magnetischer Zug bei elektrischen Maschinen. E u. M 59 (1941) S. 305

[50] *Müller, G.*: Eine Methode zur rechnerischen Vorausbestimmung der Reaktanzen und Zeitkonstanten von Synchronmaschinen. IX. Internat. Kolloquium Elektromaschinenbau, TH Ilmenau (1964) S. 39

[51] *Kleinrath, H.*: Vorausberechnung der Reaktanzen und Zeitkonstanten von Schenkelpol-Synchronmaschinen mit geblechtem Polläufer. Archiv für Elektrotechnik 52 (1969) H. 4, S. 211

[52] *Rüdenberg, R.*: Elektrische Schaltvorgänge. Berlin, Göttingen, Heidelberg: Springer-Verlag 1953, S. 73

[53] *Pustola, J.; Sliwinski, T.*: Kleine Einphasenmotoren. Berlin: Verlag Technik 1962

[54] *Schelenz, J.; Schult, U.*: Kleinmotoren. Grundlagen der magnetischen Signalspeicherung. Bd. 5. Berlin: Akademie-Verlag 1975

[55] *Kunze, W.*: Probleme der Auslegung kleiner Wechselstrommaschinen. Elektrie 30 (1976) H. 1, S. 30

[56] *Lăzăaroiu, D. F.; Şlaiher, S.*: Elektrische Maschinen kleiner Leistung. Berlin: Verlag Technik 1976

[57] *Richter, C.*: Faktoren für die Erfassung des Luftspalteinflusses bei permanenterregten Gleichstromkleinstmaschinen. Elektrie 32 (1978) H. 2, S. 100

[58] *Vogt, K.*: Drehzahl-Drehmoment-Kennlinien konstant erregter Gleichstrom-Kleinstmotoren. Elektrie 41 (1987) H. 9, S. 347

[59] *Oesingmann, D.; Morgenfrüh, B.*: Gesichtspunkte für die Auslegung der Erregerwicklung zweipoliger Gleichstrommaschinen. Elektrie 41 (1987) H. 7, S. 254

[60] *Reichert, K.*: Über ein numerisches Verfahren zur Berechnung von Magnetfeldern und Wirbelströmen in elektrischen Maschinen. Habil. TU Stuttgart 1968

[61] *Reichert, K.*: Ein numerisches Verfahren zur Berechnung magnetischer Felder, insbesondere in Anordnungen mit Permanentmagneten. Archiv für Elektrotechnik 52 (1968) H. 3, S. 176

[62] *Salon, S. J.*: Finite Element Analysis of Electrical Machines. Kluwer Academic Publishers 1995

[63] *Zienkiewicz, O. C.*: The Finite Element Method in Structural and Continuum Mechanics. London: McGraw Hill 1970

[64] *Egli, R.*: Über die Entwicklung eines interaktiven Systems zur numerischen Feldberechnung für Arbeitsplatzcomputer. Diss. ETH Zürich 1987

[65] *Silvester, P. P.; Ferrari, R. I.*: Finite Elements for Electrical Engineers. Cambridge: Cambridge University Press 1983

[66] *Zhou, P.*: Numerical Analysis of Electromagnetic Fields. Berlin, Heidelberg: Springer-Verlag 1993

[67] *Frei, B.*: Ein Beitrag zur Berechnung der Kräfte im Wickelkopf großer Synchronmaschinen. Diss. ETH Zürich 1998

[68] *Taernhuvud, T.*: Beitrag zur Lösung des Fehler- und Genauigkeitsproblems der Methode der finiten Elemente für elektromagnetische Felder. Diss. ETH Zürich 1990

[69] *Lory, M.*: Bestimmung der Reaktanzen von Turbogeneratoren mit der FE-Methode. Diss. ETH Zürich 1998

Ergänzungsliteratur

Amrhein, W.; Fräger, C. (Hrsg.): Handbuch elektrische Kleinantriebe. De Gruyter 2020

Binner, A.: Numerische Berechnung stationärer und nichtstationärer elektromagnetischer Felder in elektrotechnischen Erzeugnissen. Diss. TU Dresden 1989

Binns, K. J.; Kahan, P. A.: Effect of Load on the Flux Pulsations and Radial-Force Pulsations of Induction Motor Teeth. Proc. IEE 127 (1980) H. 4, S. 223

Budig, P.-K.: Elektrische Traktionsmotoren. Berlin: Verlag Technik 1975

Hesse, M. H.: Air Gap Permeance in Doubly-Slotted Asynchronous Machines. IEEE Transaction on Energy Conversion 7 (1992) H. 6, S. 491

Khan, A. S.; Mukerji, S. K.: Field between two unequal opposite and displaced slots in electric machines. IEEE Transactions on Energy Conversion 7 (1992) H. 1, S. 154

Kolbe, J.: Zur numerischen Berechnung und analytischen Nachbildung des Luftspaltfeldes von Drehstrommaschinen. Diss. Hochschule der Bundeswehr Hamburg 1983

Kost, A.: Numerische Methoden in der Berechnung elektromagnetischer Felder. New York: Springer-Verlag 1994

Kreuth, H. P.: Schrittmotoren. München, Wien: Oldenbourg 1988

Kunze, W.: Überführen der elektrischen Maschine in berechenbare Feldprobleme und Feldabschnitte. Dresden: Wiss. Z. TU Dresden 34 (1985) H. 3, S. 130

Moczala, H. u. a.: Elektrische Kleinmotoren. Grafenau: expert-Verlag 1987

Münch, U. u. a.: Der Entwurf elektrischer Maschinen mit Hilfe der Polyoptimierung. Elektrie 40 (1986) H. 2, S. 63

Münch, U.: Algorithmen zur Nachrechnung und Optimierung elektrisch erregter Gleichstrommaschinen und Ableitung von Auslegungsrichtlinen. Diss. TU Dresden 1988

Oberretl, K.: 13 Regeln für minimale Zusatzverluste in Induktionsmotoren. Bulletin Oerlikon 389/390 (1969) S. 1

Pfeiffer, R.: Bestimmung der Leitwertwellen im Luftspalt elektrischer Machinen mit doppelseitiger Nutung. Diss. TH Darmstadt 1977

Reiche, H.; Glöckner, G.: Maschinelles Berechnen elektrischer Maschinen. VEM-Handbuch. Berlin: Verlag Technik 1973

Richter, C.: Servoantriebe kleiner Leistung. Weinheim, New York, Basel, Cambridge: VCH 1993

Seinsch, H. O.: Oberfelderscheinungen in Drehfeldmaschinen. Stuttgart: B. G. Teubner 1992

Taegen, P.: Zusatzverluste von Asynchronmaschinen. Acta Technica VSAV (1968) H. 1, S. 1

Vogt, K.; Münch, U.; Klaus, R.: Wissenschaftliche Grundlagen für die Entwicklung von Gleichstrommaschinen. VEM Elektromaschinen, Technische Mitteilungen 11 (1990) H. 1, S. 30

Weppler, R.: Die Berechnung der Spaltstreuung bei Kurzschlußläufermotoren mit Berücksichtigung der Eisensättigung. Diss. TH Hannover 1962

Wiedemann, E.; Kellenberger, W.: Konstruktion elektrischer Maschinen. Berlin, New York: Springer-Verlag 1967

Stichwortverzeichnis

A
Abplattungsfaktor, 212
AlNiCo-Magnete, 249
Ankerrückwirkung, 229
Ankerreaktanzspannung, 322
Ankerstrombelag, 146, 231
Ankerwicklung, 1
Ankerzeitkonstante, 521
Anomalieverluste, 400
Äquipotentialfläche, 162
Ausgleichsverbindungen, 130
Ausnutzungsfaktor, 527

B
Bündelverdrillung, 346
Bürstenübergangsverluste, 390
Bürstenfeuer, 308, 310, 312
Bürstenverschiebung, 311
Bemessung, natürliche, 526
Bertotti, 405
Bezugswicklung, 75
biegekritische Drehzahl, 452
Biot-Savart, 467
Blockierspannung, 306
Boundary-Elemente-Methode, 583
Breitenfaktor, 81

C
Carterscher Faktor, 176

D
Dämpferwicklung, 1, 146
Dahlanderwicklung, 64
Diskretisierungsfehler, 584
Drehmoment, spezifisches, 527
Drehschub, mittlerer, 534
Drehstromwicklung, 19
Dreietagenwicklung, 10
Durchflutungsverteilung, 173
Durchgangsdrehzahl, 549
Durchmesserreaktanz, 511
Durchmesserschritt, 18
Durchmesserspule, 6
Durchmesserwicklung, 6

E
Eigenzeitkonstante, 514
Eindringmaß, 409
  vergrößertes, 422
Einkörperproblem, 428
Einlegewicklung, 7
Einlochwicklung, 75
Einschichtwicklung, 6, 35, 82
  gesehnte, 59
  strangverschachtelte, 84
Einzelverlustverfahren, 382
Einziehwicklung, 7, 43
Eisenfüllfaktor, 187
Eisenquerstrom, 114
Elektroblech, 158, 402
Engestelle, 337
Entwurf
  Einphasen-Reihenschlussmaschine, 534
  freier, 526
  Gleichstrommaschine, 527
  Induktionsmaschine, 530

Synchronmaschine, 532
Entwurfsgleichung, 106, 527
Erregerstrom, Bemessungs-, 229
Erregerwicklung, 1
Erwärmung, adiabatische, 429
Essonscher Faktor, 527
Evolventenwicklung, 8, 10
Exzentrizität, 450
Exzentrizitätsoberwelle, 448, 449

F
Füllfaktor, 144
Federkonstante, magnetische, 452
Feld, quasihomogenes, 173
Feldberechnung,
numerische, 525, 573
Feldbild, 163
Felddämpfungsfaktor, 415, 422, 560
Felderregerkurve, 173
Feldform, 170
Feldkurve, 166, 169
idealisierte, 169, 174
Feldverdrängung, 341
Ferrit-Magnete, 249
Finite Differenzen, 580
Finite Elemente, 581
Finite Integrale, 583
Flussdichteortskurve, 404
Flusskonzentration, 253
Flussmodulationsmaschine, 227
Flussröhre, 161
Flusssammelanordnung, 253
Formelzeichen, xvi
Formfunktion, 582
Formspulen, 8
Formspulenwicklung, 7
Frittbrücke, 337
Frittstelle, 306
Funkenspannung, 338

G
Ganzlochwicklung, 20
äquivalente, 87
Gegenfeldinduktivität, 510
Gegenfeldreaktanz, 510
Gegeninduktivität, 477
Geräusche, 114, 442, 447
Gesamtkraft, 438
Gesamtstreuinduktivität, 267, 268
Gesamtstreuung, 259
Gitterstab, 346
Gleichstrommaschine, 527, 551
Gradientenlinie, 167
Grenzflächenkraft, 438
Grenzleiterhöhe, 364
Grobentwurf, 526
Gruppenfaktor, 79

H
H-Wicklung, 569
Haarnadelwicklung, 7, 44
Hairpin-Wicklung, 7, 44
Halbformspulenwicklung, 7
Hartferrit-Magnete, 249
Hauptabmessungen, 544
Hauptelement, 3
Hauptfluss, 173, 261
Hauptintegrationsweg, 157
Hauptwelle, 12, 173
Hauptwellenfluss, 173
Hauptwellenverkettung, 260
Huth, 69
Hysteresearbeit, 394
Hystereseschleife, 394
Hystereseverluste, 393
spezifische, 394

I
Induktionsmaschine,
223, 236, 530, 555
Induktivität
gesättigte, 495
subtransiente, 506
synchrone, 505
transiente, 506
Insertertechnik, 7
Integralparameter, 477
Interface-Fehler, 585
Inversreaktanz, 510

J
Jordan, 405, 446

K
Käfigwicklung, 148

Kühlmittel
  Kenngrößen, 428
  Volumenstrom, 428
Kegelmantelwicklung, 10
Kennlinie
  dynamische, 307
  permanente, 248
  quasistationäre, 307
  remanente, 248
  reversible, 248
Klima, 86, 93, 109
Kommutierungsfaktor,
    Pichelmayerscher, 326
Kommutierungsgüte, 321
Kompensationswicklung, 1
Kontaktspannung, 306
Koordinate
  bezogene, 17
  Längen-, 2, 17
  Winkel-, 17
Korbwicklung, 8
Kreise, parallele, 116
Kunststab, 346, 374
Kurzschlussreaktanz, ideelle, 510
Kurzschlussversuch, 383
Kurzschlusszeit, theoretische, 314
Kurzschlusszonenbreite, 315

L
Länge
  ideelle, 169
  relative, 529
Längsstellung, 487
Läuferwicklung, 113
Lüfterantriebsleistung, 384
Leerlaufkennlinie, 160
Leerlaufreaktanz, ideelle, 510
Leerlaufversuch, 383
Leistung, innere, 528
Leiter, 3
Leiterhöhe
  kritische, 363
  reduzierte, 360
Leitermaterial, 386
Leiterzahl, gesamte, 18
Leitfähigkeit, spezifische, 386
Leitwert, magnetischer, 160
Lochzahl, 20
Luftspalt, 170
  ideeller, 181, 183, 485
Luftspaltfeld, 259
Luftspaltfeldkurve, 169
Luftspaltfluss, 160
Luftspaltgerade, 182, 246
Luftspaltleitwert, 408
Luftspaltwicklung, 72

M
magnetische Mitte, 453
magnetischer Zug, 442, 446, 449
Magnetisierungsarten, 391
Magnetisierungskennlinie, 159
Magnetisierungskurve, 152, 158
Magnetkreisberechnung,
    konventionelle, 154
Mehrphasensystem
  normales, 24
  radialsymmetrisches, 24
  reduziertes, 24
Modellierungsfehler, 585

N
Nachrechenprogramm, 525
Neodym-Magnete, 249
Nullinduktivität, Nullreaktanz, 509
Nürnberg, 213
Nutenschritt, 19
Nutenspannung, 12
Nutenspannungsstern, 12
Nutenwinkel, 13
Nutfüllfaktor, 547
Nutharmonische, 407
Nutraumbilanz, 547
Nutschlitzbreite, 177
Nutschlitzfaktor, 81
Nutstreuleitwert, 285
Nutteilung, 18
Nutteilungsfluss, 176
Nutungseinfluss, 175
Nutungsharmonische, 407
Nutwandbeanspruchung, 540
Nutzahl, 13
  je Pol und Strang, 20

O
Oberflächenverluste, 407, 408, 411
Oberschichtzone, 24

Oberschwingungs-Hauptfeld, 417, 449
Oberwellenmoment
 asynchrones, 113
 synchrones, 114
Oberwellenschlupf, 415
Oberwellenstreuung, 260

P
Paketfüllfaktor, 187
Parameterfehler, 585
Patina, 335
Permeabilität
 permanente, 248
 reversible, 248
Phase, 5
Pol-Amplituden-Modulation, 67
Polarkoordinate, 2
Polbedeckungsfaktor, 171
Polbogen, 170
Polformkoeffizienten, 172, 507
Polpaarzahl, 13
Polteilung, 18
Polwicklung, 143
Potentiallinie, 162
Pulsationsverluste, 407, 413
Punga, 199
Pungaverbindungen, 133
Pungawicklung, 63

Q
Querstellung, 487

R
Rüttelkraft, 114, 446
Radialkraftwelle, 443
Randbedingungen, 588
Reaktanz, gesättigte, 495
Reaktanzverhältnis, 354
Rechteckfeldpole, 171, 508
Rechteckspulenwicklung, 8
Referenztemperatur, 383
Roebelstab, 346, 374
Rundfeuer, 335
Runge-Kutta-Integration, 321

S
Sättigung, 495
Sättigungsoberwelle, 448
Samarium-Kobalt-Magnete, 249
Schaltschritt, 120
Schaltungssymmetrie, 124
Schaltverbindung, 4
Schaltverschiebung, 311
Schicht, 3
Schleifenwicklung, 8, 120, 122
Schlingstromverluste, 346, 375
Schrägungsstreuung, 266, 270
Schrittverkürzung, 18
Schrittwinkel, 42
Schuisky, 470, 474
Sehnenwicklung, 6
Sehnung, optimale, 109
Sehnungsfaktor, 78
Sehnungswinkel, 18
Selbstinduktivität, 477
Seltenerdmagnete, 249
Sinusfeldpole, 171, 507
Skalarpotential, magnetisches, 575
Spaltstreuung, 260, 262
Spannungsabfall, magnetischer, 156
Spannungsvieleck, Spannungspolygon, 125
Spiegelleiter, 468
Spule, 3
 gesehnte, 6
 negative und positive, 41
Spulenfaktor, 78
Spulengruppe, 5
 gekröpfte, 37
Spulenkopf, 3
Spulenschritt, 19, 118
Spulenseite, 3
 negative und positive, 35
Spulenweite, 3
Spulenwicklung, 6
Spulenwindungszahl, 18
Spulenzahl, gesamte, 18
Stab, 3
Stabwicklung, 6
Stapelfaktor, 187
Steckwicklung, 7, 44, 85
Stegoberschwingung, 116
Steinmetz, 405

Stirnverbindung, 3
Stirnwicklung, 10
Stoffkenngrößen, 428
Strömungsersatzschaltbild, 433
Strang, 4
Strangachse, 75
Strangverschachtelung, 25, 60
Strangwicklung, 19
Strangwindungszahl, 105
Strangwinkel, 26
Strangzahl, geradzahlige, 54
Streufaktor, Hobartscher, 326
Streufeld, 259
Streuflussverkettung
  der Gegeninduktion, 277
  der Selbstinduktion, 274
Streuinduktivität, 478
Streukoeffizient
  der Gesamtstreuung, 267, 505
  der Kommutatorwicklung, 514
  der Oberwellenstreuung, 298, 299
  der Schrägungsstreuung, 499
  der Spaltstreuung, 268
Streuleitwert, 273
  relativer, 275
Streuung, 259
Streuungsverhältnis, 354
Strombelag, 146, 166
  effektiver, 494, 540
Stromverdrängung, 341
  einseitige, 347, 349
  erster Ordnung, 373
  zweiseitige, 351
  zweiter Ordnung, 373
Stromwendung
  beschleunigte, 310
  lineare, 308
  verzögerte, 309
Stromwendungsdauer, 314
Subharmonische, 51
Symmetrie, elektrische, 125
Synchronmaschine, 532, 562
  permanenterregte, 253, 420, 485
  Reluktanz-, 223, 236

T
Teilschritt, 19, 118, 120
Teilsymmetrie, 129
Träufelwicklung, 7, 367
Transformationsspannung, 143
Trapezspulenwicklung, 8
Trennbarkeit der Streufelder, 259, 262
Treppenwicklung, 118

U
Übergangsspannung, 390
Überkommutierung, 312
Übersehnung, 63
Umkehrverbindung, 42, 52
Ummagnetisierungsverluste, 391, 401
  spezifische, 392
Umschichtung, 346
Unterkommutierung, 310
Unterschichtzone, 24
Urverteilung, 14
Urwicklung, 14, 32

V
Vektorpotential, magnetisches, 153, 576
Verluste
  bewertete, 432
  mechanische, 384
  relative, 381
  Stromwärme-, 386
  Ummagnetisierungs-, 391
  zusätzliche, 344, 407
  Zusatz-, 384

W
Wärmequellen-Ersatzschaltbild, 433
Wechselstromwicklung, 19
Wellenwicklung, 9, 121, 123
Wendefeldkurve, 322
Wendepoldurchflutung, relative, 331
Wendepolwicklung, 1
Wendezonenbreite, 316
Wickelraumbilanz, 144
Wicklung

doppelt gesehnte, 40, 84, 85
doppelte Zonenbreite, 84
einsträngige, 56
gekreuzte, 121
gesehnte, 6
getreppte, 118, 135
polumschaltbare, 64
pseudostationäre, 305
quasisymmetrische, 115
symmetrische, 74
teilsymmetrische, 129
unsymmetrische, 114
zweisträngige, 54
Wicklungsfaktor, 74
Wicklungskopf, 3
-ebene, -etage, 3
Wicklungsschema, 35
Wicklungsschicht, 3
Wicklungsschritt, 18
resultierender, 120
Wicklungsstrang, 4
Wicklungssymmetrie, 28
Wicklungsumrechnung, 525
Wicklungsverluste, 389
Wicklungswiderstand, 386
Wicklungszone, 5
Wicklungszweige, parallele, 116
Widerstand, spezifischer, 386
Widerstandserhöhung, 344
Widerstandskommutierung, 309
Widerstandsverhältnis, 352
Windungszahl
gesamte, 18
spannungshaltende, 105
wirksame oder effektive, 105
Winkel, elektrischer, 3
Winkelkoordinate, 17
bezogene, 3, 17
Wirbelstrom, 341
Wirbelstromverluste, 397
anomale, 400
Wirkungsgradbestimmung, 382

Z

Zahnentlastung, 189
Zahnflussdichte, scheinbare, 189
Zahnkopf-Streuleitwert, 284
Zahnspulenwicklung, 4, 69
Zeiger, ruhender, 12
Zeigerwinkel, 15
Zeitkonstante
elektromagnetische, 513
elektromechanische, 516
Gleichstrommaschine, 522
Hauptfeld-, 518
Induktionsmaschine, 521
mechanische, 516
Streufeld-, 518
Synchronmaschine, 518
thermische, 429
Zone
elektrische, 38
geometrische, 5
negative, 21
positive, 21
Zonenänderung, 25
Zonenbreite, doppelte, 84
Zonenfaktor, 79
Zonenplan, 35
Zonenverschachtelung, 25
Zugspannung, 442
Zwei-Drittel-Bewicklung, 57
Zweietagenwicklung, 10
Zweig, 5
paralleler, 116
Zweischichtwicklung, 6, 39, 82
strangverschachtelte, 85
Zylindermantelwicklung, 10